# 编委会


| | |
|---|---|
| 编　著 | 秦　松　李文军　蒲　洋　王　琪 |
| 参　编 | 葛保胜　赵福利　谢明远　丁　涓 |
| | 马丞博　翟诗翔　臧　帆　杨贵兰 |
| | 张兵权　于建成　刘润泽　吕康宁 |
| | 卢宪文　王　静　郑　行　甄张赫 |


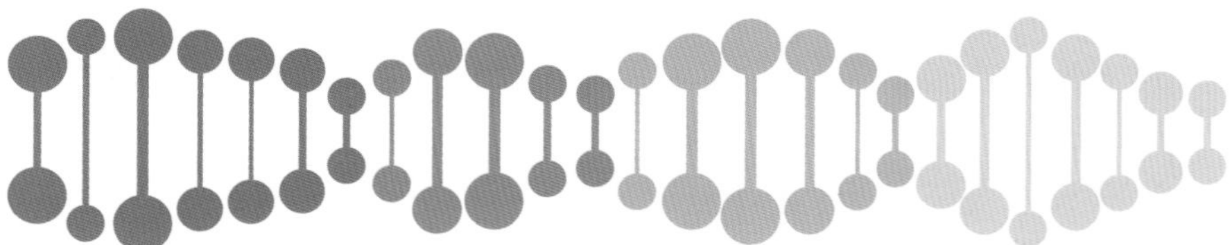

中国海洋生物资源研究丛书

# Structure and Function of Phycobiliproteins: From Theory to Application

# 藻胆蛋白的结构与功能 从理论到应用

秦松 李文军 蒲洋 王琪 ◎ 编著

華中科技大學出版社
http://press.hust.edu.cn
中国 · 武汉

## 内 容 简 介

本书共十章，主要从藻胆蛋白的结构、藻胆体的组装与能量传递、藻胆蛋白的进化与适应、藻胆蛋白的体内生物合成、天然藻胆蛋白的生产，以及藻胆蛋白在生物医学中的应用等方面介绍了国内外相关研究进展，为藻胆蛋白的深入研究和精准应用提供了重要的参考。

本书可供从事光合作用基础研究的科研人员及学生参考，也适合从事荧光探针及功能食品等产品开发的企业工作人员阅读。

**图书在版编目(CIP)数据**

藻胆蛋白的结构与功能：从理论到应用/秦松等编著. —武汉：华中科技大学出版社，2023.10
ISBN 978-7-5680-9310-1

Ⅰ. ①藻…　Ⅱ. ①秦…　Ⅲ. ①藻胆朊-研究　Ⅳ. ①Q949.2

中国国家版本馆 CIP 数据核字(2023)第 082745 号

**藻胆蛋白的结构与功能：从理论到应用**　　秦　松　李文军　蒲　洋　王　琪　编著
Zaodandanbai de Jiegou yu Gongneng：cong Lilun dao Yingyong

策划编辑：罗　伟
责任编辑：曾奇峰　余　琼
封面设计：廖亚萍
责任校对：李　弋
责任监印：周治超
出版发行：华中科技大学出版社(中国·武汉)　电话：(027)81321913
武汉市东湖新技术开发区华工科技园　邮编：430223
录　排：华中科技大学惠友文印中心
印　刷：湖北金港彩印有限公司
开　本：889mm×1194mm　1/16
印　张：32
字　数：983 千字
版　次：2023 年 10 月第 1 版第 1 次印刷
定　价：398.00 元

# 序一

光合作用是一种古老而重要的化学反应过程，是植物、藻类和某些细菌在光照条件下，将太阳能转化为可被活细胞直接利用的化学能的过程。光合作用能通过提供能量和碳水化合物，促进光合生物的生长，为人类提供粮食等食物，还能够产生氧气和消耗二氧化碳，是地球上所有生物得以生存的基础。

为了能有效地捕捉环境中的光能，藻类和高等植物分别进化出了具有特定结构和功能的捕光天线系统：以红藻、蓝藻为主的藻胆蛋白体系和以高等植物为主的叶绿素蛋白体系。

藻胆蛋白是藻胆体高效捕光和复杂结构的基础，但是迄今为止，国内尚无一部全面系统论述藻胆蛋白的专业图书。以秦松为首的科研团队，积三十余年的基础理论与应用研究经验，对国内外藻胆蛋白的研究、开发与应用成果进行梳理和凝练，编写成《藻胆蛋白的结构与功能：从理论到应用》。该书将有助于读者全面系统地了解藻胆蛋白的研究与发展现状，提升我国藻类活性蛋白的科学研究和生产技术水平，促进藻类的资源开发利用，具有重要的社会经济意义和学术价值。

中国科学院院士

国际欧亚科学院院士

中国植物学会理事长

中国科学院植物研究所研究员

# 序二

20 世纪 60 年代美国的 Glazer 院士和 Gantt 院士等发现藻胆体是红藻、蓝藻中主要的捕光天线复合物，是光合放氧生物两大捕光蛋白复合物类型之一。藻胆体由水溶性的藻胆蛋白和疏水的连接蛋白聚集而成，具有极高的捕光效率和多样的结构。自此以后，藻胆体和藻胆蛋白一直是研究光合作用的良好材料。

中国科学院海洋研究所的曾呈奎院士等自 20 世纪 70 年代初开始，在国内率先展开了藻胆体和藻胆蛋白的相关研究，经过 30 余年的发展，中国科学院植物研究所、中国科学院物理研究所、华中农业大学、山东大学、清华大学、中国海洋大学和中山大学等单位的相关团队，围绕天然藻胆体和藻胆蛋白结构、功能及应用，以及藻胆体和藻胆蛋白的体外重组，取得了一系列国际前沿成果。

本书编写团队基于多年的研究工作，从藻胆蛋白的结构、藻胆体的组装与能量传递、藻胆蛋白的进化与适应、藻胆蛋白的体内生物合成、天然藻胆蛋白的生产，以及藻胆蛋白在生物医学中的应用等方面介绍了国内外相关研究进展，为藻胆蛋白的深入研究和精准应用提供了重要的参考。

本书图文并茂，汇集了具有国际先进水平的研究成果，编写团队专业权威，内容全面系统、专业性强。


**国际宇航科学院院士**

**中国海洋湖沼学会生态学分会副理事长**

**中国科学院水生生物研究所研究员，博士生导师**

# 序三

早在32亿年前，藻胆蛋白就伴随着蓝藻出现在地球上，是光合分子中的“活化石”。藻胆蛋白在不同藻类中的差别，成为藻类起源和进化研究以及光合作用原初反应理论研究的重要依据。

藻胆蛋白通过构成有序的藻胆体，使藻类可以吸收水下的蓝光、绿光，并且能量在藻胆体内能够以95％以上的效率传递到光反应中心。此外，藻胆蛋白也是红藻、蓝藻的氮库，为藻类抗逆提供营养。由于藻胆蛋白具有优异的光学特性和营养特性，其在食品、医药、荧光染料等领域具有广泛的应用前景。

本书具有较高的学术价值和现实意义，应用价值较高，中国科学院烟台海岸带研究所秦松研究员的团队在藻胆蛋白研究领域有着深厚积累，其余作者也均为相关专业的权威人士，为本书的撰写奠定了良好的基础。

**中国海洋湖沼学会常务理事**

**中国藻类学会副理事长**

**暨南大学教授，博士生导师**

# 前言

光合作用是一种古老而重要的化学反应过程，是植物、藻类、光合细菌在光照条件下，将太阳能转化为可被活细胞直接利用的化学能的过程。光合作用通过提供能量和碳水化合物，促进光合生物的生长，为人类提供粮食等食物，还能够通过产生氧气和消耗二氧化碳，为地球上所有生物提供得以生存的环境。由于光合作用有着非常重要的意义，有关光合作用的研究曾先后多次获得诺贝尔化学奖，光合作用的科学研究对于解决粮食危机和能源危机、提高农作物产量等均有重大意义。

光合作用的第一步是高效捕获光能，为此，藻类和高等植物分别进化出了具有特定结构和功能的捕光天线系统：以红藻、蓝藻为主的藻胆蛋白体系和以高等植物为主的叶绿素蛋白体系。

20 世纪 60 年代美国科学院 Glazer 和 Gantt 院士等发现藻胆体是红藻、蓝藻中主要的捕光天线复合物，是光合放氧生物两大捕光蛋白复合物的类型之一。藻胆体由水溶性的藻胆蛋白和疏水的连接蛋白聚集而成，具有极高的捕光效率和多样的结构。自此以后，藻胆体和藻胆蛋白一直是研究光合作用的良好材料。中国科学院海洋研究所的曾呈奎院士等自 20 世纪 80 年代开始，在国内率先开展藻胆体和藻胆蛋白的相关研究，取得了一系列国际前沿成果。

藻胆蛋白是藻胆体高效捕光和复杂结构的基础，本书从藻胆蛋白的结构，藻胆体的组装与能量传递，藻胆蛋白的进化与适应，藻胆蛋白的体内生物合成，天然藻胆蛋白的生产，藻胆蛋白的重组表达、组合生物合成及应用，藻胆蛋白在生物医学中的应用，藻胆蛋白的光学特性及应用，藻胆蛋白在色素添加剂中的应用方面，结合编者的工作，系统介绍了该领域的相关研究工作及主要进展，以期为藻胆蛋白的深入研究及精准应用抛砖引玉。

**编者**

## 第 5 章 藻胆蛋白的体内生物合成



## 第 6 章 天然藻胆蛋白的生产



## 第 7 章 藻胆蛋白的重组表达、组合生物合成及应用



## 第 8 章 藻胆蛋白在生物医学中的应用



## 第 9 章 藻胆蛋白的光学特性及应用



## 第 10 章 藻胆蛋白在色素添加剂中的应用

# 第 1 章 绪论

## 1.1 藻胆蛋白研究简述

放氧光合作用是一个古老而重要的生化过程，早在 32 亿年前，藻胆蛋白这一色彩鲜艳的捕光蛋白作为光合作用的活化石，伴随蓝藻出现在地球上。在 16 亿年前藻胆蛋白又成为真核藻类演化过程中具有特殊意义的标志分子。19 世纪初，Esenbeck 等在蓝藻和红藻中发现藻胆蛋白，1843 年，Kützing 对其进行了命名(Tang,2004)。据目前所知，藻胆蛋白存在于原核蓝藻、真核红藻、隐藻和甲藻中，由脱辅基蛋白和硫醚键共价连接的开环四吡咯结构色基——藻胆素(phycobilin)组成(Li 等,2019)。从 20 世纪 60 年代藻胆体被发现后，人们对藻胆蛋白的结构、功能、进化及应用进行了系统的研究，随着生物化学、分子生物学、电镜技术和超快光谱技术的不断发展和进步，相关研究也不断深入(Noam 等,2020;Gantt 等,1965;Gantt 等,1966)。除了对天然藻蓝蛋白进行研究之外，2001 年美国科学家首先在大肠杆菌中合成了偶联色基、具有完整光能传递功能的藻胆蛋白全亚基，开启了藻胆蛋白的人工组合生物合成研究的序幕(Tooley 等,2001;Tooley 等,2002)。

## 1.2 藻胆蛋白的基本特征

### 1.2.1 藻胆蛋白的主要类别

藻胆蛋白根据其光谱性质可分为四类：藻红蛋白(phycoerythrin,PE;吸收光谱 540～570 nm)、藻蓝蛋白(phycocyanin,PC;吸收光谱 615～640 nm)、别藻蓝蛋白(allophycocyanin,APC;吸收光谱 650～655 nm)和藻红蓝蛋白(phycoerythrocyanin,PEC;吸收光谱 570 nm)(Apt 等,1995;MacColl,1998)。在研究中，也会使用前缀来区分不同起源的藻类，例如，"R-"表示来自红藻门，"C-"表示来自蓝藻门，"Cr-"表示来自隐藻门。

### 1.2.2 藻胆蛋白的基本结构

过去的几十年中，人们已经解析了不同来源的多个藻胆蛋白晶体结构，其基本构成是包含 α 亚基和 β 亚基的单体，每个亚基的分子量为 10000～20000，包含 160～165 个氨基酸(Li 等,2019)。在红藻、蓝藻中，单体再自组装为$(\alpha\beta)_3$三聚体，两个$(\alpha\beta)_3$形成三重对称的$(\alpha\beta)_6$六聚体结构，这些三聚体或六聚体在连接蛋白的帮助下组装成核单元和杆单元进而形成稳定的藻胆体(Anwer 等,2015;Zhang 等,2017;Ma 等,2020;Xiao 等,2021)。真核红藻经第二次内共生后所形成的藻胆蛋白，与红藻、蓝藻的藻胆蛋白有很大区别，其单体自组装为$(\alpha\beta)_2$二聚体，并不形成藻胆体结构，且最终以二聚体的形式高密度存在于类囊体腔内(Broughton 等，2006；Harry 等，2021)。

### 1.2.3 藻胆蛋白的进化

藻胆蛋白作为光合作用标志分子，其进化过程部分记录了光合生物进化的历史。研究藻类的进化历史对理解生命起源与进化有着承前启后的重要意义(Wang 和 Qin，2015)。通过适应性进化，藻胆蛋白在不同藻类中产生分化，这为研究藻类进化和光合作用原初理论提供了重要基础(Glazer，1984)。藻红蛋白基因是唯一同时存在于蓝藻、红藻和隐藻中的藻胆蛋白基因，适用于研究这些光合生物的进化关系。利用已经完成或接近完成全基因组测序的红藻、蓝藻基因组提供的信息，人们通过生物信息学方法对四种藻胆蛋白(藻蓝蛋白、藻红蛋白、别藻蓝蛋白和连接蛋白)家族进行了基因组学和分子系统进化分析。已有证据显示，祖先藻胆蛋白分子的分化是一个在正选择作用促进下的非常古老的事件，研究者发现藻胆蛋白的基因具有高度保守性，通过研究环境-结构-功能之间的相互作用和联系，可为藻类捕光色素进化机制研究提供科学依据(Glazer，1984；Kim 等，2017；Zhao 等，2005)。

### 1.2.4 藻胆蛋白的能量传递

藻胆蛋白是存在于红藻、蓝藻和部分隐藻中的主要捕光复合物，是海洋蓝藻和红藻的捕光天线——藻胆体的重要组成部分，与光敏色素共同构成蓝藻和红藻的捕光系统(MacColl，1998)。藻胆蛋白的核心功能是收集光能，并依照特定的方式和途径在多种色基之间传递能量，最终传递给光反应中心用于光合作用。它以典型的激子离域方式捕获光子并进行激发能高效快速传递，平均效率超过 90%，从而实现通过色基吸收可见光光谱中间部分的能量，然后下转换并共振传递给光反应中心色素(Nir 等，2018；Green，2019)。目前，用来描述光合作用过程中的无辐射能量传递过程的机制主要有三种，即 Föster 共振能量转移(Föster resonance energy transfer，FRET)、激子耦合理论(也被称为 Dexter 机制)和相干态能量传递机制(Leng 等，2016；Dean 等，2016)。这些机制在光保护、非光化学猝灭、氮缺乏补充等过程中，具有重要作用。

## 1.3 藻胆蛋白的制备简述

### 1.3.1 藻胆蛋白的提取

藻胆蛋白是一种水溶性胞内蛋白，其提取的第一步是选择合适的方法从细胞中释放出藻胆蛋白，同时维持藻胆蛋白结构和功能不受影响。一般来说，藻细胞的破碎程度越高，藻胆蛋白的产量就越高。然而，剧烈的破碎可能会对藻胆蛋白的结构和功能产生负面影响。常见的藻细胞破碎方法包括机械方法(研磨、高压均质、超声波等)和非机械方法(反复冷冻-解冻、溶菌酶处理、渗透等)(Sekar 和 Chandramohan，2007)。可根据蓝藻或红藻的种类决定合适的藻胆蛋白提取方法。重复冷冻-解冻、溶菌酶处理和细菌(肺炎克雷伯菌)处理等方法对螺旋藻属等微藻中 C-PC 的提取效率较高，但玻璃珠研磨和超声处理效率不高(Zhu 等，2007)。此外，采用渗透法相比重复冻融和超声处理等其他方法可以更高效地从紫球藻中提取藻胆蛋白(Bermejo 等，2003)。然而，为了提高提取效率，实验室通常采用多种方法组合来提取藻胆蛋白。

### 1.3.2 藻胆蛋白的纯化

粗蛋白质中藻胆蛋白的浓度相对较低，因此，必须进一步提高藻胆蛋白的纯度。纯化过程通常包括多个步骤，常用的方法包括硫酸铵分级沉淀、色谱分离、双水相萃取等。硫酸铵分级沉淀在藻胆蛋白纯化过程中被广泛使用，但溶液中铵浓度的增加可能会破坏蛋白质表面的胶体稳定性(Burgess，2009)。

目前，人们已经开发了多种色谱技术以纯化藻胆蛋白，包括凝胶过滤色谱法、离子交换色谱法、羟基磷灰石色谱法、膨胀床吸附色谱法、疏水作用色谱法等。上述方法中的双水相萃取法与其他分离方法相比，藻胆蛋白的提取效率较低，但是易于规模化生产；因此，这是一种低纯化成本、大规模获得工业级藻胆蛋白产品的现实方案。

### 1.3.3 重组藻胆蛋白的生产

基于基因工程技术，可以实现低成本、大规模生产重组藻胆蛋白。早在1999年，APC和PC亚基的基因已在大肠杆菌或毕赤酵母中成功表达（Qin等，2004）。藻胆蛋白的生物合成涉及两个过程：①脱辅基蛋白和藻胆素的合成；②通过酶催化将藻胆素与脱辅基蛋白结合。当细菌被工程化以产生重组藻胆蛋白时，通常采用特殊的分子标签以促进重组藻胆蛋白的纯化（Gambetta和Lagarias，2001；Kohchi等，2001；Zhao等，2005；Li等，2017）。通常重组藻胆蛋白亚基的末端含有His标签或麦芽糖结合蛋白标签，因此，重组藻胆蛋白可以通过亲和色谱进行纯化。研究表明，重组藻胆蛋白亚基表现出与天然藻胆蛋白亚基相似的光谱特征（Guan等，2007；Ge等，2009；Li等，2017）。通过分子设计和重组合成，可以获得具有多种功能的各种类型的藻胆蛋白，以供未来应用。

## 1.4 藻胆蛋白的精准应用

### 1.4.1 生物活性

对藻胆蛋白生物活性的研究已有20多年的历史。研究发现，藻胆蛋白可通过消除过量的活性氧（ROS）和增加抗氧化酶的含量，从而表现出显著的抗氧化活性（Wu等，2016），因此，藻胆蛋白具有治疗由氧化应激引起的多种疾病的潜力。自从藻胆蛋白的抗氧化作用被发现以来，这些蛋白质已被广泛用于治疗体内和体外的多种疾病的研究（Fernandez-Rojas等，2014）。此外，多种体内外模型研究表明，藻胆蛋白具有抗炎、抗病毒、抗肿瘤、免疫增强、抗动脉粥样硬化、调节器官疾病（肝脏疾病、肾脏疾病、肺部疾病、肠道疾病）等作用（Vogiatzi等，2009；Day和James，1998；Fernandez-Rojas等，2014；Li等，2017a，b；González等，1999）。

### 1.4.2 光学应用

#### 1.4.2.1 光动力治疗

藻胆蛋白在激光照射后可以发出强烈的荧光，可以用于光动力治疗和荧光探针的研发等。早在20世纪80年代，研究人员就发现PC可以用作细胞毒性光敏剂。C-PC在没有激光照射的情况下不显示光毒性，但当用625 nm激光照射时，C-PC可在癌细胞内产生氧自由基和ROS，诱导细胞凋亡（Bharathiraja等，2016）。此外，APC具有与PC类似的色素结构，并且激光脉冲辐射技术已被用于表征APC光化学和光物理瞬态中间体。在激光照射下，APC能够产生三重态和阳离子自由基，表明APC可以同时进行光激发和光电离，有望成为Ⅰ型和Ⅱ型光敏剂（Suping等，2001）。

#### 1.4.2.2 荧光探针

藻胆蛋白荧光探针的发展受到了极大的关注（Siiman等，1999；Guan等，2007），德国Boehringer Ingelheim以及美国Sigma和Molecular Probes等公司已经开发了藻胆蛋白相关的多种探针产品。APC通常被用作检测细胞凋亡的荧光探针（Tang等，2017；Li等，2019）。然而，相比于APC，PE中γ亚基的稳定性较高，是理想的荧光探针，因此，PE相比其他藻胆蛋白更常用作荧光探针（Leney等，2018）。此外，利用基因工程技术和大规模发酵，可凭较低的成本生产重组藻胆蛋白，并改善其荧光特性。对基因重组藻胆蛋白的研究也将为构建基于藻胆蛋白的人工太阳能捕光装置奠定物质和技术基础。

## 参考文献

[1] ADIR N, BAR-ZVI S, HARRIS D, 2020. The amazing phycobilisome[J]. Biochimica et Biophysica Acta Bioenergetics, 1861(4): 148047.

[2] ANWER K, SONANI R, MADAMWAR D, et al, 2015. Role of N-terminal residues on folding and stability of C-phycoerythrin: simulation and urea-induced denaturation studies[J]. Journal of Biomolecular Structure & Dynamics, 33(1): 121-133.

[3] APT K E, CONLIER J L, GROSSMAN A R, 1995. Evolution of the phycobiliproteins[J]. Journal of Molecular Biology, 248(1): 79-96.

[4] BERMEJO R, ACIÉN F G, IBÁÑEZ M J, et al, 2003. Preparative purification of B-phycoerythrin from the microalga *Porphyridium cruentum* by expanded-bed adsorption chromatography[J]. Life Science, 790(1-2): 317-325.

[5] BHARATHIRAJA S, SEO H, MANIVASAGAN P, et al, 2016. In vitro photodynamic effect of phycocyanin against breast cancer cells[J]. Molecules, 21(11): 1470.

[6] BROUGHTON M J, HOWE C J, HILLER R G, 2006. Distinctive organization of genes for light-harvesting proteins in the cryptophyte alga *Rhodomonas*[J]. Gene, 369: 72-79.

[7] BURGESS R R, 2009. Protein precipitation techniques[J]. Methods in Enzymology, 463: 331-342.

[8] CALCOTT P H, MACLEOD R A, 1975. The survival of *Escherichia coli* from freeze-thaw damage: the relative importance of wall and membrane damage[J]. Canadian Journal of Microbiology, 21(12): 1960-1968.

[9] DAY C P, JAMES O F, 1998. Steatohepatitis: a tale of two "hits"? [J]. Gastroenterology, 114(4): 842-845.

[10] FERNANDEZ-ROJAS B, HERNANDEZ-JUAREZ J, PEDRAZA-CHAVERRI J, 2014. Nutraceutical properties of phycocyanin[J]. Journal of Functional Foods, 11: 375-392.

[11] GAMBETTA G A, LAGARIAS J C, 2001. Genetic engineering of phytochrome biosynthesis in bacteria[J]. Proceedings of the National Academy of Sciences of the United States of America, 98(19): 10566-10571.

[12] GANTT E, CONTI S F, 1965. The ultrastructure of *Porphyridium cruentum*[J]. Journal of Cell Biology, 26(2): 365-381.

[13] GANTT E, CONTI S F, 1966. Granules associated with the chloroplast lamellae of *Porphyridium cruentum*[J]. Journal of Cell Biology, 29(3): 423-434.

[14] GE B, SUN H, FENG Y, et al, 2009. Functional biosynthesis of an allophycocyan beta subunit in *Escherichia coli*[J]. Journal of Bioscience and Bioengineering, 107(3): 246-249.

[15] GLAZER A N, 1984. Phycobilisome: a macromolecular complex optimized for light energy transfer[J]. Biochimica et Biophysica Acta-Reviews on Cancer, 1984, 768(1): 29-51.

[16] GONZÁLEZ R, RODRÍGUEZ S, ROMAY C, et al, 1999. Anti-inflammatory activity of phycocyanin extract in acetic acid-induced colitisin rats[J]. Pharmacological Research, 39(1): 55-59.

[17] GREEN B R, 2019. What happened to the phycobilisome? [J]. Biomolecules, 9(11): 748.

[18] GUAN X, QIN S, SU Z, et al, 2007. Combinational biosynthesis of a fluorescent cyanobacterial holo-alpha-phycocyanin in *Escherichia coli* by using one expression vector[J]. Applied

Biochemistry and Biotechnology, 142(1): 52-59.

[19] JUMPER C C, VAN STOKKUM I H M, MIRKOVIC T, et al, 2018. Vibronic wavepackets and energy transfer in cryptophyte light-harvesting complexes[J]. Journal of Physical Chemistry B, 122(24): 6328-6340.

[20] KEREN N, PALTIEL Y, 2018. Photosynthetic energy transfer at the quantum/classical border [J]. Trends in Plant Science, 23(6): 497-506.

[21] KIM J I, MOORE C E, ARCHIBALD J M, et al, 2017. Evolutionary dynamics of cryptophyte plastid genomes[J]. Genome Biology and Evolution, 9(7): 1859-1872.

[22] KOHCHI T, MUKOUGAWA K, FRANKENBERG N, et al, 2001. The *Arabidopsis* HY2 gene encodes phytochromobilin synthase, a ferredoxin-dependent biliverdin reductase[J]. Plant Cell, 13(2): 425-436.

[23] LENEY A C, TSCHANZ A, HECK A J R, 2018. Connecting color with assembly in the fluorescent B-phycoerythrin protein complex[J]. FEBS Journal, 285(1): 178-187.

[24] LENG X, WANG Z, WENG Y X, 2016. Evolution mode and energy transfer of photosynthetic light trapping antenna system[J]. Plant Physiology Journal, 52(11): 1681-1691.

[25] LI C, YU Y, LI W, et al, 2017. Phycocyanin attenuates pulmonary fibrosis via the TLR2-MyD88-NF-kappaB signaling pathway[J]. Scientific Reports, 7(1): 5843.

[26] LI R, ZHANG H, ZHENG X, 2018. MiR-34c induces apoptosis and inhibits the viability of M4e cells by targeting BCL2[J]. Oncology Letters, 15(3): 3357-3361.

[27] LI W, PU Y, GAO N, et al, 2017. Efficient purification protocol for bioengineering allophycocyanin trimer with N-terminus histag[J]. Saudi Journal of Biological Sciences, 24(3): 451-458.

[28] LI W, SU H N, PU Y, et al, 2019. Phycobiliproteins: molecular structure, production, applications, and prospects[J]. Biotechnology Advances, 37(2): 340-353.

[29] MA J, YOU X, SUN S, et al, 2020. Structural basis of energy transfer in *Porphyridium purpureum* phycobilisome[J]. Nature, 579(7797): 146-151.

[30] MACCOLL R, 1998. Cyanobacterial phycobilisomes[J]. Journal of Structural Biology, 124(2-3): 311-334.

[31] QIN S, TANG Z, LIN F, et al, 2004. Genomic cloning, expression and recombinant protein purification of α and β subunits of the allophycocyanin gene (APC) from the cyanobacterium *Anacystis nidulans* UTEX 625[J]. Journal of Applied Phycology, 16: 483-487.

[32] RATHBONE H W, MICHIE K A, LANDSBERG M J, et al, 2021. Scaffolding proteins guide the evolution of algal light harvesting antennas[J]. Nature Communications, 12(1): 1890.

[33] SEKAR S, CHANDRAMOHAN M, 2007. Phycobiliproteins as a commodity: trends in applied research, patents and commercialization[J]. Journal of Applied Phycology, 20: 113-136.

[34] SIIMAN O, WILKINSON J, BURSHTEYN A, et al, 1999. Fluorescent neogly coproteins: antibody-aminodextran-phycobiliprotein conjugates [J]. Bioconjugate Chemistry, 10 (6): 1090-1106.

[35] TANDEAU DE MARSAC N, 2003. Phycobiliproteins and phycobilisomes: the early observations[J]. Photosynthesis Research, 76(1-3): 193-205.

[36] TANG Y, XIE M, JIANG N, et al, 2017. Icarisid Ⅱ inhibits the proliferation of human osteosarcoma cells by inducing apoptosis and cell cycle arrest [J]. Tumour Biology, 39 (6): 1010428317705745.

[37] TOOLEY A J,CAI Y A,GLAZER A N,2001. Biosynthesis of a fluorescent cyanobacterial C-phycocyanin holo-alpha subunit in a heterologous host[J]. Proceedings of the National Academy of Sciences of the United States of America,98(19):10560-10565.

[38] TOOLEY A J, GLAZER A N, 2002. Biosynthesis of the cyanobacterial light-harvesting polypeptide phycoerythrocyanin holo-alpha subunit in a heterologous host[J]. Journal of Bacteriology,184(17):4666-4671.

[39] VOGIATZI G,TOUSOULIS D,STEFANADIS C,2009. The role of oxidative stress in athero sclerosis[J]. Hellenic Journal of Cardiology,50(5):402-409.

[40] WANG Y C, QIN S, 2015. Evolution of eukaryotic algae: a mini-review of progress and problems[J]. Journal of Biology,32(3):70-72.

[41] WU Q, LIU L, MIRON A, et al, 2016. The antioxidant, im munomodulatory, and anti-inflammatory activities of Spirulina:an overview[J]. Archives of Toxicology,90(8):1817-1840.

[42] ZHANG J,MA J,LIU D,et al,2017. Structure of phycobilisome from the red alga *Griffithsia pacifica*[J]. Nature,551(7678):57-63.

[43] ZHANG S P,PAN J X,HAN Z H,et al,2001. Generation and identification of the transient intermediates of allophycocyanin by laser photolytic and pulse radiolytic techniques[J]. International Journal of Radiation Biology,77(5):637-642.

[44] ZHAO K H, SU P, BÖHM S, et al, 2005. Reconstitution of phycobilisome core-membrane linker,LCM,by autocatalytic chromophore binding to ApcE[J]. Biochimica et Biophysica Acta-Reviews on Cancer,1706(1-2):81-87.

[45] ZHU Y,CHEN X B,WANG K B,et al,2007. A simple method for extracting C-phycocyanin from *Spirulina platensis* using *Klebsiella pneumoniae*[J]. Applied Microbiology and Biotechnology,74(1):244-248.

# 第 2 章 藻胆蛋白的结构

## 2.1 导　　论

大多数植物和藻类含有叶绿素 a($\lambda_a \approx 430$ 和 680 nm)和叶绿素 b($\lambda_b \approx 450$ 和 660 nm)以捕捉光能。这些生物在可见光波长范围内具有光合作用活性。蓝藻和红藻缺乏叶绿素 b，由于叶绿素 a 主要在可见光谱的蓝色和红色区域吸收光，为了补偿较大的吸收间隙并优化光能收集，它们在类囊体膜中组装了一种超分子复合物，称为藻胆体(PBS)，其吸收范围为 500～660 nm(Manirafasha 等，2016；Schulze 等，2014)。每一个藻胆体都是由被称为藻胆蛋白(PBP)的有色蛋白质组成的，如蓝色的藻蓝蛋白(PC)、红色的藻红蛋白(PE)和天蓝色的别藻蓝蛋白(APC)。这些分子呈天线状排列，吸收的能量以高于 95%(图 2-1)的效率被引导到光系统Ⅱ(PSⅡ)的反应中心。因此，蓝藻和红藻可以利用红光、黄光、绿光和部分蓝光(Schulze 等，2014)。

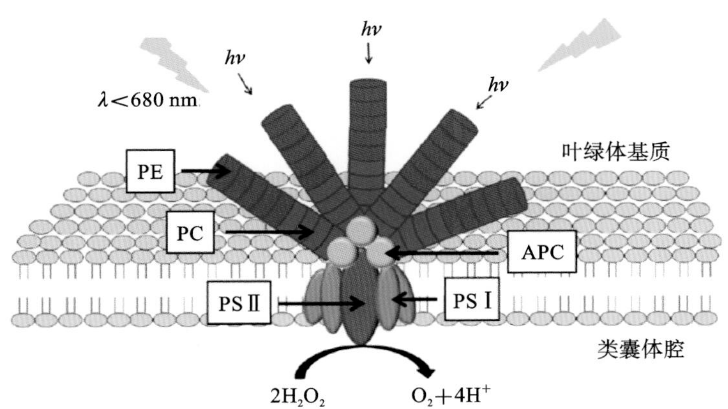


**图 2-1　藻胆体的结构**

这种捕光复合物是由不同的藻胆蛋白按特定顺序组装而成的，能够高效地将能量单向转移到反应中心。能量传递的级联：从 PE(红色)到 PC(蓝色)和 APC(绿色)，最后到 PSⅡ(紫色)和 PSⅠ(橙色)的反应中心(Hsieh-Lo 等，2019)

藻胆蛋白的种类由发色团决定，每个藻胆蛋白亚基由一个脱辅基蛋白(apoprotein)和 1～5 个藻胆素(phycobilin)组成，藻胆素与脱辅基蛋白的半胱氨酸残基共价连接。其吸收光谱取决于其所连接的藻胆素，可以是线性四吡咯结构的藻蓝胆素(PCB)或藻红胆素(PEB)(图 2-2)(Kuddus 等，2013；Martelli 等，2014)。

如今，不同的行业已将藻胆蛋白产品商业化，其价格有很大的不同，这取决于产品的最终纯度和应用。如表 2-1 所示，所售产品大多用于实验室分析，尤其是 PE。此外，PC 产品由于其作为天然食品着色剂的潜力，主要用于可食用产品，如冰激凌、乳制品、口香糖、软糖、软饮料和果冻，以及美容产品如口

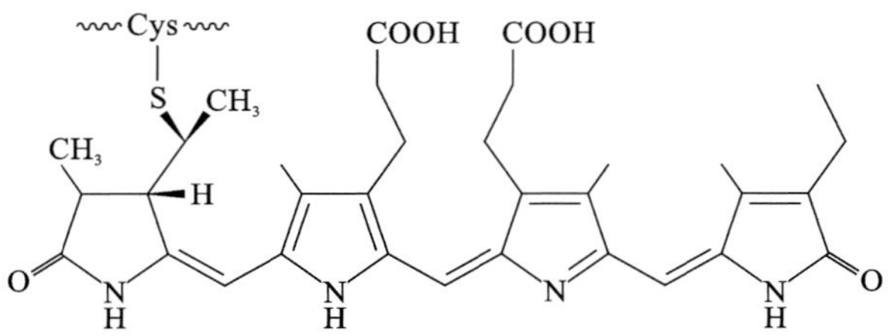

(a)

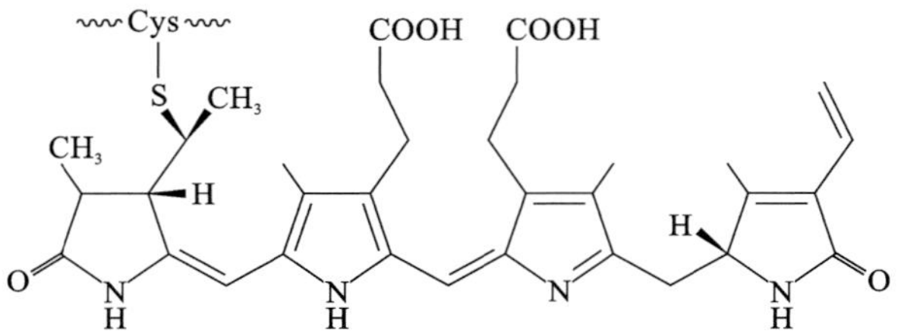

(b)

**图 2-2　发色团的化学结构(Hsieh-Lo 等,2019)**

(a)PCB;(b)PEB

红、眼影和眼线(Kuddus 等,2013;Sekar 和 Chandramohan,2008)。PE 用作荧光试剂时所需纯度较高,价格比 PC 昂贵。PE 可用于标记抗体和受体,应用于免疫分析、显微镜和 DNA 分析,作为非放射性标记物(Mishra 等,2012)。此外,PE 还可以用作天然的红色着色剂。然而,市面上很少有含有藻胆蛋白的食品。缺乏新兴的微藻类产品是因为这些产品难以长期保存。随着对提高藻胆蛋白稳定性研究的进展,市场上使用这些蛋白质基色素作为添加剂的产品数量可能会增加。

**表 2-1　含有 PC 和 PE 的市售产品(Hsieh-Lo 等,2019)**

| 化合物 | 产　　品 | 来　　源 | 制　造　商 |
|---|---|---|---|
| PC | PC 粉 | 螺旋藻(节旋藻) | 西安品诚生物科技有限公司 |
| | 冻干 C-PC | 螺旋藻(节旋藻) | Sigma-Aldrich |
| | 超强度蓝色螺旋藻 | 螺旋藻(节旋藻) | Life Stream |
| | 天然 PC(ab123471) | 钝顶节旋藻 | Abcam |
| | LINABLUE | 螺旋藻 *Spirulina*(*Arthrospira*) | Earth Rise Nutritional |
| | PC 色素 | — | Kolorjet Chemicals Pvt. Ltd. |
| PE | R-PE | 甘紫菜 *Porphyra tenera* 或<br>高氏肠枝藻 *Gastroclonium coulteri* | ThermoFisher |
| | R-PE | — | SureLight |
| | R-PE 结合试剂盒(ab102918) | — | Abcam |
| | R-PE(RPE+,红藻) | 紫菜 *Porphyra* 属藻株 | PROzyme |
| | R-PE,生物制剂,凝胶电泳 | — | Sigma-Aldrich |
| | R-PE 冻干粉 | 甘紫菜 *Porphyra tenera* "Nori" | Sigma-Aldrich |
| | B-PE 冻干粉 | 一种紫球藻 *Porphyridium cruentum* | Sigma-Aldrich |
| | B-PE,活化,适用于<br>荧光分析,生物制剂 | — | Sigma-Aldrich |

C-PC 提取自蓝藻;R-PE 提取自红藻;B-PE 提取自红毛藻

藻胆蛋白存在蓝藻、红藻及隐藻的光合组织中的一种色彩鲜艳的捕光蛋白(Grossman 等,1993;Sidler 等,1994;Sinha 等,1995;Apt 等,1995)。Esenbeck 于 1836 年首次发现了藻胆蛋白,Kuiring 在

1943 年将其正式命名为“phycobiliprotein”。根据吸收光谱的不同，藻胆蛋白有四种类型，分别为 APC、PC、PE 和藻红蓝蛋白(PEC)(潘重，2008；王建林，2008)。一般情况下，红藻藻胆体不含有 PEC；蓝藻藻胆体一般含有两种藻胆蛋白，分别为 PC 和 APC，个别蓝藻除含有这两种藻胆蛋白外，还含有 PEC。

根据藻胆蛋白的主要来源，其可分为两类，每一类以前缀字母来区分，例如，来源于红藻门(Rhodophyta)的藻胆蛋白前缀为 R，来源于蓝藻门(Cyanophyta)的藻胆蛋白前缀为 C(Tandeau de Marsac，2003)。随着对藻胆蛋白研究的深入，人们发现曾经认为只属于某一门的藻胆蛋白也可以存在于其他门中，例如存在于蓝藻中的 C-PC，在红藻门中也被发现(Kursar 等，1983)，所以现在多用光谱特性而非来源对藻胆蛋白进行分类(Tandeau de Marsac，2003)。例如 PE，根据其吸收光谱和荧光光谱等特性，可以分为R-PE、C-PE、B-PE 和 b-PE，而 PC 可以分为 R-PC 和 C-PC，APC 可分为 APC 和 APC-Ⅱ等。根据每一类藻胆蛋白光谱性质的细微差异，R-PE 还可以分为 R-PE Ⅰ、Ⅱ、Ⅲ 和 Ⅳ 四种类型(MacColl 等，1996)，C-PE 可以分为 C-PE Ⅰ、Ⅱ 等类型，R-PC 可以分为 R-PC Ⅰ、Ⅱ 等类型。

## 2.2 藻胆蛋白的一级结构

藻胆蛋白的结构汇总如表 2-2 所示。

**表 2-2 藻胆蛋白的结构汇总**

| | 藻胆蛋白来源 | 类型 | PDB ID | 对称单元 | 分辨率/Å | 参考文献 |
|---|---|---|---|---|---|---|
| 蓝藻 | 纤细席藻 *Phormidium tenue* (PT-PE) | F-αPE | 3MWN | α | 2.6 | Singh 等，2010 |
| 蓝藻 | 钝顶螺旋藻 *Spirulina platensis* (Sp-APC) | APC | 1ALL | (αβ) | 2.3 | Brejc，1995 |
| 蓝藻 | 层理鞭枝藻 *Mastigocladus laminosus* (Ml-APC) | APC. LC 7.8 | 1B33 | $2\times(\alpha\beta)_3$ | 2.2 | Reuter 等，1999 |
| 蓝藻 | 细长嗜热聚球藻 *Thermosynechococcus elongatus* | APC | 2V8A | $(\alpha\beta)_3$ | 3.5 | Murray 等，2007 |
| 蓝藻 | 一种嗜热聚球藻 *Thermosynechococcus vulcanus* | APC | 3DBJ | $(\alpha\beta)_3$ | 2.9 | McGregor 等，2008 |
| 蓝藻 | 一种席藻 A09DM *Phormidium rubidum* A09DM | APC | 4RMP | $(\alpha\beta)_3$ | 2.51 | Sonani 等，2015 |
| 蓝藻 | 细长聚球藻 PCC 7942<br>集胞藻 PCC 6803<br>一种嗜热聚球藻 *T. vulcanus* | PC<br>APC | 4F0T<br>4F0U<br>4GXE<br>4GY3<br>4H0M | (αβ)<br>$(\alpha\beta)_3$ | — | Marx 和 Adir，2013 |

续表

| | 藻胆蛋白来源 | 类型 | PDB ID | 对称单元 | 分辨率/Å | 参考文献 |
|---|---|---|---|---|---|---|
| 蓝藻 | 集胞藻 PCC 6803 | AP-B | 4PO5 | [(Apc D/Apc B)]$_3$ | 1.75 | Peng 等，2014 |
| 蓝藻 | 层理鞭枝藻 *Mastigocladus laminosus* (Ml-PC) | C-PC | — | (αβ) | 2.1 | Schirmer 等，1985<br>Schirmer，1987 |
| 蓝藻 | 聚球藻 PCC 7002 | PC | — | $(\alpha\beta)_3$ | 2.5 | Schirmer 等，1986 |
| 蓝藻 | 一种弗氏双虹藻 *Fremyella diplosiphon* (Fd-PC) | C-PC | 1CPC | (αβ) | 1.66 | Duerring 等，1991 |
| 蓝藻 | 一种嗜热蓝藻 *Cyanidium caldarium* (Cc-PC) | C-PC | 1PHN | 2×(αβ) | 1.65 | Stec 等，1999 |
| 蓝藻 | 钝顶螺旋藻 *Spirulina platensis* (Sp-PC) | C-PC<br>C-PC | 1GH0<br>1HA7 | $2\times(\alpha\beta)_6$<br>$2\times(\alpha\beta)_6$ | 2.2<br>2.2 | Wang 等，2001<br>Padyana 等，2001 |
| 蓝藻 | 一种嗜热聚球藻 *Thermosynechococcus vulcanus* (Tv-PC) | C-PC<br>C-PC<br>PC 612 | 1I7Y<br>1KTP<br>1ON7 | (αβ)<br>(αβ)<br>(αβ) | 2.5<br>1.6<br>2.7 | Adir 等，2001<br>Adir 等，2002<br>Adir 和 Lerner，2003 |
| 蓝藻 | 细长嗜热聚球藻 *Thermosynechococcus elongates* (Te-PC) | C-PC | 1JBO | (αβ) | 1.45 | Nield 等，2003 |
| 蓝藻 | 层理鞭枝藻 *Mastigocladus laminosus* (Ml-PEC) | PEC | — | (αβ) | 2.7 | Duerring 等，1990 |
| 蓝藻 | 层理鞭枝藻 *Mastigocladus laminosus* | PEC α | 2C7J<br>2C7K<br>2C7L | (αβ) | 2.85<br>(110 K) | Schmidt 等，2006 |
| 蓝藻 | 鱼腥藻 *Anabaena* sp. | | 2KY4 | — | NMR | — |
| 蓝藻 | 集胞藻 PCC 6803 | N-$L_R$ | 3NPH | $L_R^{30}$ | 1.9 | Gao 等，2011 |
| 蓝藻 | 念珠藻(鱼腥藻) *Nostoc* (*Anabaena*) sp. PCC 7120 | Cpc T(Al 15339) | 4O4O<br>4O4S | Cpc T<br>CpcT (+PCB) | 1.95<br>2.50 | Zhou 等，2014 |
| 蓝藻 | 集胞藻 *Synechocystis* sp. | PcyA | 3NB8<br>3NB9 | — | NMR | — |
| 蓝藻 | 导入 h74q 的集胞藻 *h74q Synechocystis* sp. | PcyA | 4EOC<br>4EOD<br>4EOE | — | NMR | — |

续表

| 藻胆蛋白来源 | | 类型 | PDB ID | 对称单元 | 分辨率/Å | 参考文献 |
|---|---|---|---|---|---|---|
| 红藻 | 一种紫球藻 *Porphyridium sordidum* (Ps-PE) | B-PE | — | $2\times(\alpha\beta)$ | 2.2 | Ficner 等,1992 |
| 红藻 | 一种多管藻 *Polysiphonia urceolata* (Pu-PE) | R-PE | 1LIA | $(\alpha\beta)_3$ | 2.8 | Chang 等,1996 |
| 红藻 | 一种格里菲斯藻 *Griffithsia monilis* (Gm-PE) | PE | 1B8D | $2\times(\alpha\beta)$ | 1.9 | Rg 等,1999 |
| 红藻 | 智利江蓠 *Gracilaria chilensis* (Gc-PE) | R-PE | 1EYX | $2\times(\alpha\beta)$ | 2.2 | Contreras-Martel 等,2007 |
| 红藻 | 一种紫球藻 *Porphyridium cruentum* | B-PE | 3V57<br>3V58 | $(\alpha\beta)_3$ | 1.85<br>1.70 | Camara-Artigas 等,2012 |
| 红藻 | 条斑紫菜 *Porphyra yezoensis* (Py-APC) | APC | 1KN1 | $(\alpha\beta)$ | 2.2 | Jp 等,1999 |
| 红藻 | 一种多管藻 *Polysiphonia urceolata* (Pu-PC) | PC | 1F99 | $(\alpha\beta)_3$ | 2.4 | Jiang 等,2001 |
| 红藻 | 智利江蓠 *Gracilaria chilensis* (FRET) | PC-PC | 2BV8 | $(\alpha\beta)_6$ | 2.0 | Contreras-Martel 等,2007 |
| 隐藻 | 隐藻红胞藻 *Rhodomonas* CS24 | PE 545 | 1QGW | $(\alpha_1\alpha_2\beta\beta)$ | 1.63 | Wilk 等,1999 |
| 隐藻 | 隐藻红胞藻 *Rhodomonas* CS24 | PE 545 | 1XF6<br>1XG0 | $(\alpha_1\alpha_2\beta\beta)$ | 1.1<br>0.97 | Doust 等,2004 |

不同类型的藻胆蛋白在一级结构的氨基酸残基序列上有较大差别，但是它们起重要作用的关键位点氨基酸残基是非常保守的。通过对藻胆蛋白的序列和高级结构进行分析，一般认为有一个共同的藻胆蛋白祖先进化出了目前的各种藻胆蛋白，进化顺序依次为 C-PC→R-PC→PE(苏海楠，2010)。通过推导核苷酸序列或直接测序确定了连接蛋白的一些氨基酸序列。这些序列显示，连接蛋白通常是 pI 为 8～9 的碱性蛋白质。此外，比对结果表明，连接子的一级序列相比其相关的藻胆蛋白亚基的保守程度低，在不同类型的藻胆蛋白中，其序列同源性约为 75%。在 PBS 的核心，$L_C$ 在不同藻类来源的连接蛋白中表现出较高的同源性，表明了祖先连接蛋白之间的保守性。同样，在连接杆蛋白中，许多保守的结构已经被报道。据推测，在藻胆蛋白六聚体的中心通道中，N-末端附近多达 6 个保守区域起着关键的填充作用，而其他区域则可能提供杆-盘之间的组装界面(Anderson 和 Toole，1998；Lundell 等，1981；Yu 和 Glazer，1982)。棒状核心连接子与棒状连接子蛋白的关系更为密切。然而，在这些连接蛋白的 N-末端也发现了 6 个保守结构域(Glauser 等，1992)，它们被认为占据了$(\alpha\beta)_3^{pc}$的中心孔，因为 22 kDa 片段在蛋白质水解处理中受到了很好的保护。

与隐藻相比,红藻、蓝藻的藻胆蛋白研究较为深入。红藻、蓝藻的藻胆蛋白通常由α、β、γ三种亚基构成,其中α亚基和β亚基分别含有161～164个和161～177个氨基酸,而γ亚基含有317～319个氨基酸(Apt等,1995)。不同类型的藻胆蛋白虽然在一级结构序列上具有较大差异,与能量吸收和传递相关的关键位点的氨基酸序列却非常保守,例如,β亚基中Asp-14与Arg-97之间会发生电荷作用,在维持亚基间的稳定性方面发挥重要作用;Pro-130、Asp-142、Asp-194等则在维持亚基螺旋构象方面起关键作用(Apt等,1995);β亚基Tyr-98与α亚基的Asp-14因在维持(αβ)单体上具有不可替代的作用而非常保守(李文军,2013)。

### 2.2.1 藻红蛋白(PE)

PE只在一些蓝藻和红藻的藻胆体里存在(Grossman等,2004;MacColl,1998;Xc,1999;隋正红等,2002)。通常根据其连接在蛋白骨架上的藻胆色素的类型来区分各种PE的种类。PE一般位于藻胆体杆状结构域的顶端,是藻胆体光能传递的起始部位。与其他藻胆蛋白相同,PE也是由藻胆素和脱辅基寡聚蛋白共价结合而成的。PE单体一般含有5个藻胆素,与PC相比,多出的2个色基中一个与α-Cys-143结合,另一个结合在β-Cys-50和β-Cys-61上。此外,PE的组装需要在三聚体中加入一个与一个色基共价结合的γ亚基作为连接蛋白(Liu等,2005;Wang等,1998)。后来,人们在红藻中也发现了C-PE的存在,因此以藻类来源进行分类的方法已无实际意义,仅仅代表不同光谱与结构特性的藻胆蛋白。

B-PE的每个发色团都是借助硫醚键通过连接位点(α84、α184、β84、β155和β50/β61)与亚基中的Cys残基相连,其中,α84、α184、β84、β155位点中的PEB通过A环与Cys残基相连,而β50/β61位点中的PEB既通过A环与位点β50连接,也通过D环与β61位点上的残基相连。在已有的研究报道中,B-PE中的α亚基和β亚基分别由164个和177个氨基酸组成,然而关于γ亚基的氨基酸组成的报道较少。Ma等(2020)对来自一种紫球藻 *Porphyridium purpureum* 的B-PE中的亚基进行了研究,获得了其序列信息(图2-3)。

| | | | | | |
|---|---|---|---|---|---|
| 1 | MLDAFSRVVV | NSDAKAAYVG | GSDLQALKSF | IADGNKRLDA | VNSIVSNASC |
| 51 | MVSDAVSGMI | CENPGLISPG | GNCYTNRRMA | ACLRDGEIIL | RYVSYALLAG |
| 101 | DASVLEDRCL | NGLKETYIAL | GVPTNSSIRA | VSIMKAQAVA | FITNTATERK |
| 151 | MSFAAGDCTS | LASEVASYFD | RVGAAIS | | |

**图2-3 来自一种紫球藻 *Porphyridium purpureum*(PDB:6KGY)的B-PE的β亚基序列(Ma等,2020)**

来自单细胞红藻紫球藻的B-PE分别由17817 Da和18554 Da的多个α亚基和β亚基组成,还有特征性较差的γ亚基,其表观分子质量为30～33 kDa(Glazer和Hixson,1975;Jiang等,2006)(图2-4)。α亚基包含2个与半胱氨酸残基82和139共价结合的PEB,而β亚基包含4个PEB,分别与Cys-82、Cys-158、Cys-50和Cys-61相互连接(Ong,1987)。γ亚基携带4个发色团(2个PEB和2个PUB)。因此在整个B-PE六聚体中,共携带32个PEB和2个PUB(Bermejo等,2001;Ficner等,1992)。

R-PE通常携带PEB和PUB两种藻胆素。根据已有的研究,PEB是R-PE发射黄色荧光的主要原因,而PUB并不参与R-PE的荧光发射,只在能量传递中发挥作用(Chang等,1996;周百成和曾呈奎,1990)。每个(αβ)单体含有5个藻胆素(4个PEB,1个PUB)。其中,α亚基携带2个PEB,通过A环与位点α84和α140中的Cys残基共价连接;β亚基携带3个藻胆素(2个PEB,1个PUB),PEB分别与β84和β155的Cys残基通过A环结合,而PUB分别与位点β50和β61的Cys残基通过A环和D环以双硫醚键共价连接。R-PE中的γ亚基携带4个藻胆素(1个PEB和3个PUB),PEB位于γ94,而3个PUB分别位于γ133、γ209和γ297(Six等,2005;王璐,2010)。一种格里菲斯 *Griffithsia monilis* 的R-PE的α亚基含有164个氨基酸,在Cys-82和Cys-139两个位点各结合PEB;β亚基含有177个氨基酸,在Cys-82、Cys-158位点各结合1个PEB,而且PUB的A环和D环分别结合在Cys-50和Cys-61之间;γ亚基为连接蛋白(马建飞,2015)。

C-PE一般可以分为C-PEⅠ和C-PEⅡ两个子类:C-PEⅠ的最大吸收和最大荧光发射波长分别位

于 565 nm 和 575 nm 处。每个 C-PEⅠ(αβ)单体携带 5 个 PEB,每个 PEB 通过硫醚键分别与位点 α84、α140/143、β84/β82、β50/β61 和 β155/β159 中的 Cys 残基相互连接。随着研究的不断深入,改变光源的光照强度可使一些实验室培养的海生聚球藻产生的 C-PEⅠ携带 1～4 个 PUB(Six 等,2005)。

Nair 等(2018)结合所有的肽序列数据,基于与其他藻类同源蛋白的重叠序列和序列相似性,得到了来源于一种海洋纵胞藻 *Centroceras clavulatum* PC α 亚基和 β 亚基的近全序列信息(图 2-5(a)、图 2-5(b))。为了提高序列覆盖率和识别 Mascot 未检测到的肽,他们使用 PEAKS 和 Novor 产生的高质量从头序列标签进行 MS-BLAST 和人工验证。通过分析肽质谱,他们得到了含有 104 个氨基酸的 PE α 亚基的部分序列(图 2-5(c))。他们以类似的方法又推导出了由 153 个氨基酸残基组成的 PE β 亚基的近全序列(图 2-5(d))。对序列的研究发现来源于一种海洋纵胞 *C. clavulatum* 的 PC α 亚基的序列与从一种海洋丽丝菜 *Aglaothamnion neglectum* 分离的 C-PC α 亚基具有 87%的同源性。但从光谱特征上看,一种海洋纵胞藻 *C. clavulatum* PC 在 551 nm 和 617 nm 处有特征吸收,在 632 nm 处的荧光发射最强,属于 R-PC。尽管如此,一种海洋纵胞藻 *C. clavulatum* 的 R-PC α 亚基显示出 81%的序列相似性。与之类似,一种海洋纵胞藻 *C. clavulatum* 的 R-PC β 亚基与紫球藻的 R-PC β 亚基具有很强的序列相似性(85%)。一种海洋纵胞藻 *C. clavulatum* PE α 亚基的氨基酸序列与其他藻类相比,具有 44%～65%的序列同源性。据报道,从两种紫球藻 *P. purpureum* 和 *P. sordidum* 中分离得到的蛋白质中有 65%属于 B-PE。BLASTP 分析进一步证实,来自一种海洋纵胞藻 *C. clavulatum* 的 R-PE α 亚基与从一种格里菲斯藻 *Griffithsia monilis* 和智利江蓠 *Gracilaria chilensis* 中分离的蛋白质具有 63%的序列同一性。使用一种海洋纵胞藻 *C. clavulatum* R-PE β 亚基的部分衍生氨基酸序列进行的相似分析显示,其与衍生自一种多管藻 *Polysiphonia boldii*、甘紫菜 *Pyropia tenera* 和条斑紫菜 *Pyropia yezoensis* 的蛋白质具有 68%的序列相似性。

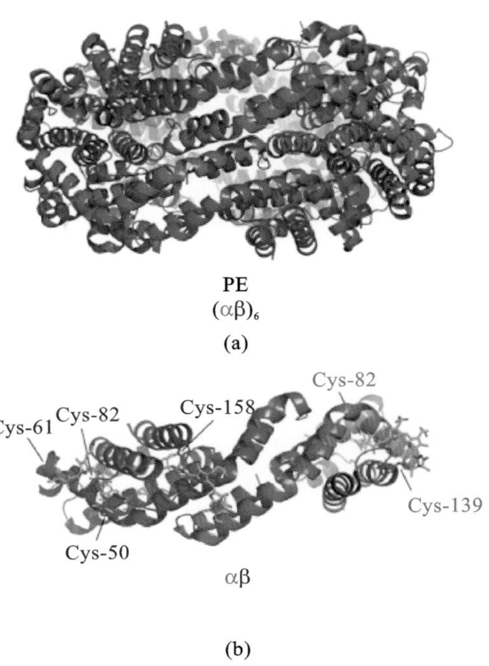


**图 2-4 B-PE 复合物的结构(Nair 等,2018)**

(a)来自一种席藻 *Phormidium rubidum*(PDB:5AQD)的 PE$(\alpha\beta)_6$ 的侧视图;(b)B-PE(αβ)(PDB:3V57)的侧视图。α 亚基和 β 亚基上的胆红素分子显示为绿色。α 亚基和 β 亚基分别呈红色和蓝色。注意,虽然 γ 亚基存在于 B-PE 结晶过程中,但没有相关的结构信息

Miyabe 等(2017)发现从掌状红皮藻 *Palmaria palmata* 中提取得到的 PE 水解物显示出较高的血管紧张素转化酶(ACE)抑制活性。他们对 PE 水解物的结构进行研究,并探讨了其结构与功能的关系。采用 cDNA 克隆法分析编码 PE 的核苷酸序列,发现 PE 水解物包括 α 亚基和 β 亚基,它们分别由 164 个氨基酸和 177 个氨基酸组成。PE 水解物含有保守的半胱氨酸残基,可用作发色团附着位点。在该 PE 与其他红藻 PE 的氨基酸序列比对中,序列同源性很高(81%～92%)。通过对 PE 水解物基因的分析,获得了 1560 bp 的核苷酸序列,以及编码 PE 水解物的基因(*rpeA* 和 *rpeB*)结构(图 2-6)。如图 2-6 所示,PE 水解物基因由 α 亚基和 β 亚基基因和富含 AT 的间隔区组成。PE 水解物基因中间隔区的 AT 含量为 79%(60 bp/76 bp)。Bernard 等(1992)报道了一种红藻 *Rhodella violacea* 的 *rpeB* 基因通过插入序列被分隔开,该序列具有真核生物中典型的Ⅱ型内含子特征,而 PE 水解物基因没有内含子。*rpeA* 和 *rpeB* 的位置与其他藻相同,如细基江蓠 *Gracilaria tenuistipitata*(Hagopian 等,2004)、角叉菜 *Chondrus crispus*、条斑紫菜 *Porphyra yezoensis*(Wang 等,2013)、坛紫菜 *Porphyra haitanensis*(Wang 等,2013)和一种紫菜 *Porphyra purpurea*。PE 水解物的核苷酸序列也显示出与其他红藻(表 2-3)相当高的同源性(约 80%)。

PE 水解物 α 亚基和 β 亚基的推导氨基酸序列如图 2-5 所示。PE 水解物 α 亚基由 164 个氨基酸组

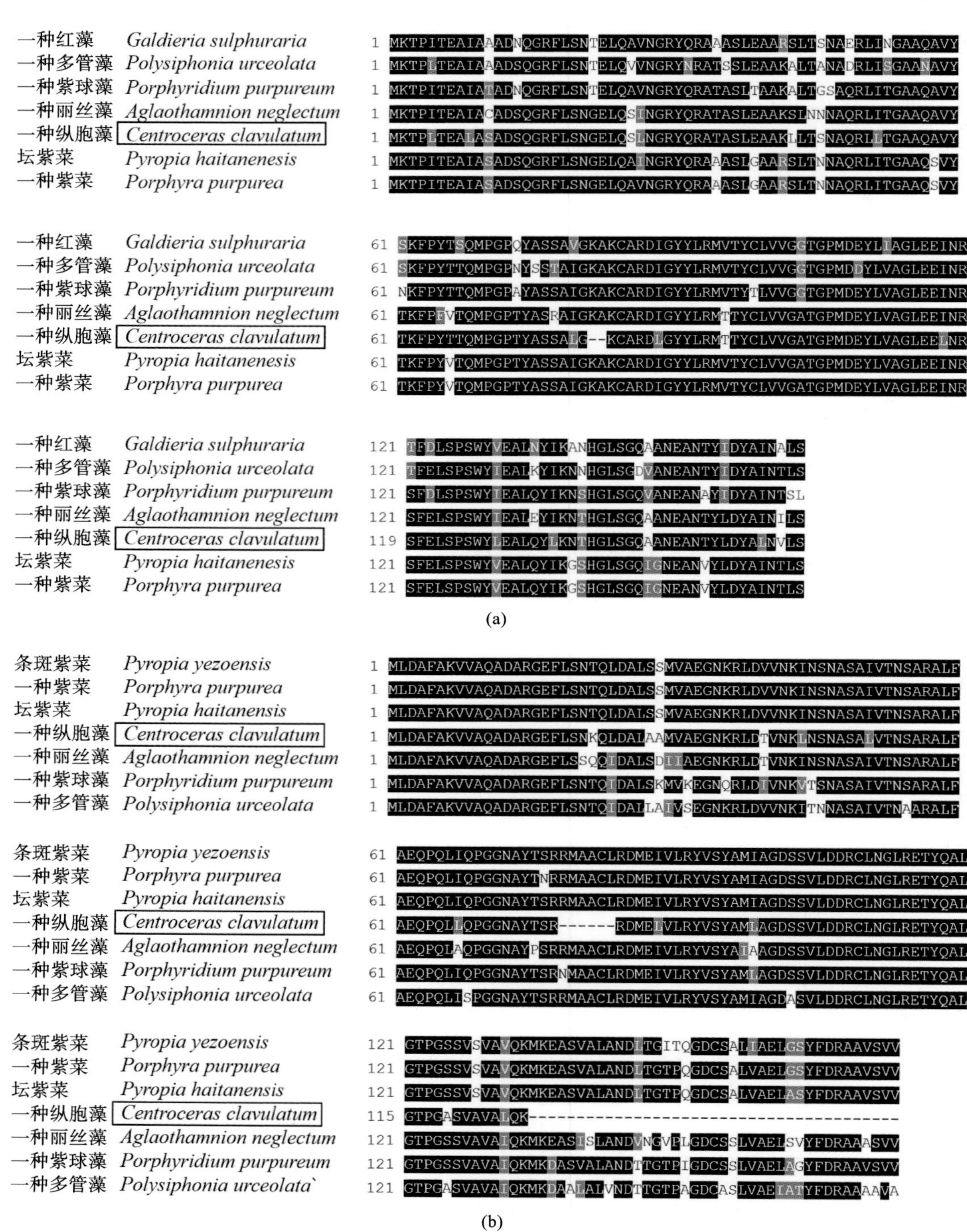

图 2-5 R-PC、R-PE 的 α、β 亚基与其他藻类密切相关蛋白的多重序列比对(Nair 等,2018)

(a)R-PC α 亚基;(b)R-PC β 亚基;(c)R-PE α 亚基;(d)*C. clavulatum* R-PE β 亚基

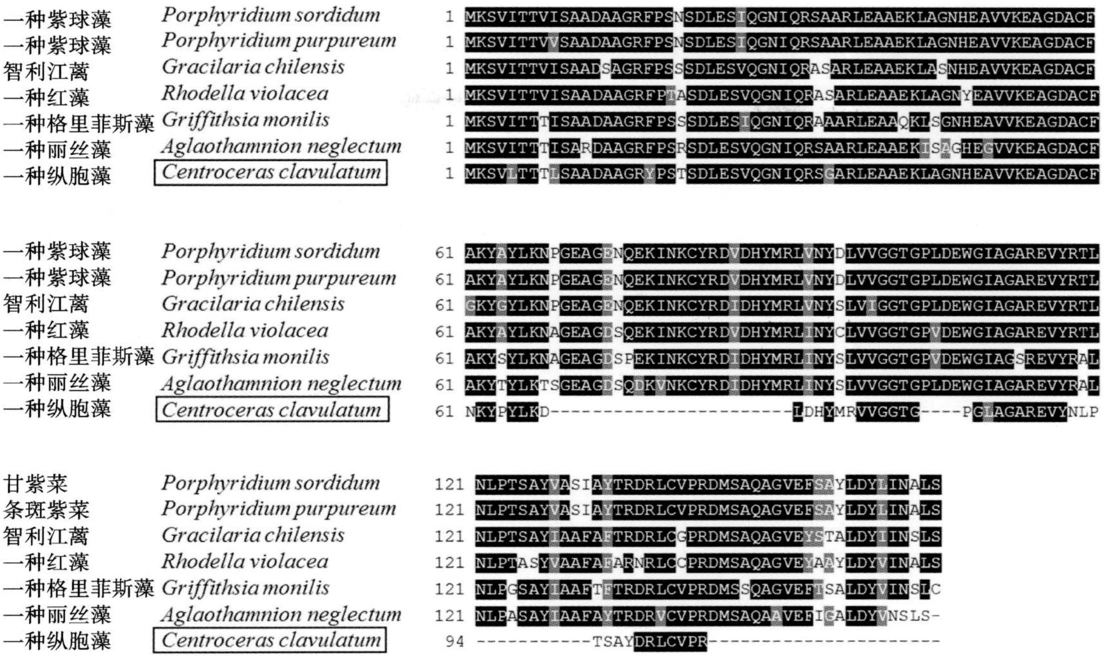

```
一种紫球藻      Porphyridium sordidum       1  MKSVITTVISAADAAGRFPSNSDLESIQGNIQRSAARLEAAEKLAGNHEAVVKEAGDACF
一种紫球藻      Porphyridium purpureum      1  MKSVITTVVSAADAAGRFPSNSDLESIQGNIQRSAARLEAAEKLAGNHEAVVKEAGDACF
智利江蓠        Gracilaria chilensis        1  MKSVITTVISAADSAGRFPSSSDLESVQGNIQRASARLEAAEKLASNHEAVVKEAGDACF
一种红藻        Rhodella violacea           1  MKSVITTVISAADAAGRFPTASDLESVQGNIQRASARLEAAEKLAGNYEAVVKEAGDACF
一种格里菲斯藻  Griffithsia monilis         1  MKSVITTTISAADAAGRFPSSSDLESIQGNIQRAAARLEAAQKLSGNHEAVVKEAGDACF
一种丽丝藻      Aglaothamnion neglectum     1  MKSVITTTISARDAAGRFPSRSDLESVQGNIQRSAARLEAAEKISAGHEGVVKEAGDACF
一种纵胞藻      Centroceras clavulatum      1  MKSVLTTTLSAADAAGRYPSTSDLESVQGNIQRSGARLEAAEKLAGNHEAVVKEAGDACF

一种紫球藻      Porphyridium sordidum      61  AKYAYLKNPGEAGENQEKINKCYRDVDHYMRLVNYDLVVGGTGPLDEWGIAGAREVYRTL
一种紫球藻      Porphyridium purpureum     61  AKYAYLKNPGEAGENQEKINKCYRDVDHYMRLVNYDLVVGGTGPLDEWGIAGAREVYRTL
智利江蓠        Gracilaria chilensis       61  GKYGYLKNPGEAGENQEKINKCYRDIDHYMRLVNYSLVIGGTGPLDEWGIAGAREVYRTL
一种红藻        Rhodella violacea          61  AKYAYLKNAGEAGDSQEKINKCYRDVDHYMRLINYCLVVGGTGPVDEWGIAGAREVYRTL
一种格里菲斯藻  Griffithsia monilis        61  AKYSYLKNAGEAGDSPEKINKCYRDIDHYMRLINYSLVVGGTGPVDEWGIAGSREVYRAL
一种丽丝藻      Aglaothamnion neglectum    61  AKYTYLKTSGEAGDSQDKVNKCYRDIDHYMRLINYSLVVGGTGPLDEWGIAGAREVYRAL
一种纵胞藻      Centroceras clavulatum     61  NKYPYLKD----------------------LDHYMRVVGGTG----PGLAGAREVYNLP

甘紫菜          Porphyridium sordidum     121  NLPTSAYVASIAYTRDRLCVPRDMSAQAGVEFSAYLDYLINALS
条斑紫菜        Porphyridium purpureum    121  NLPTSAYVASIAYTRDRLCVPRDMSAQAGVEFSAYLDYLINALS
智利江蓠        Gracilaria chilensis      121  NLPTSAYIAAFAFTRDRLCGPRDMSAQAGVEYSTALDYIINSLS
一种红藻        Rhodella violacea         121  NLPTASYVAAFAFARNRLCCPRDMSAQAGVEYAAYLDYVINALS
一种格里菲斯藻  Griffithsia monilis       121  NLPGSAYIAAFTFTRDRLCVPRDMSSQAGVEFTSALDYVINSLC
一种丽丝藻      Aglaothamnion neglectum   121  NLPASAYIAAFAYTRDRVCVPRDMSAQAAVEFIGALDYVNSLS-
一种纵胞藻      Centroceras clavulatum     94  -----------TSAYDRLCVPR----------------------
```

(c)

```
甘紫菜          Pyropia tenera              1  MLDAFSRVVVNSDAKAAYVGGSDLQALKKFIADGNKRLDSVNAIVSNASCIVSDAVSGMI
条斑紫菜        Pyropia yezoensis           1  MLDAFSRVVVNSDAKAAYVGGSDLQALKKFIAGGNKRLDSVNAIVSNASCIVSDAVSGMI
一种紫菜        Porphyra purpurea           1  MLDAFSRVVVNSDAKAAYVGGSDLQALKKFIADGNKRLDSVNAIVSNASCIVSDAVSGMI
一种紫球藻      Porphyridium purpureum      1  MLDAFSRVVVNSDAKAAYVGGSDLQALKSFIADGNKRLDAVNSIVSNASCMVSDAVSGMI
一种紫球藻      Porphyridium sordidum       1  MLDAFSRVVVNSDAKAAYVGGSDLQALKSFIADGNKRLDSVNAIVSNASCMVSDAVSGMI
一种多管藻      Polysiphonia boldii         1  MLDAFSRVVVNSDSKAAYVSGSDLQALKTFINDGNKRLDAVNYIVSNSSCIVSDAISGMI
一种纵胞藻      Centroceras clavulatum      1  MLDAFSRVVVNSDAKAAYVSGSDLQALKTFLSEGNKRLDAVNYLTSNASSLVANAARALF

甘紫菜          Pyropia tenera             61  CENPGLIAPGGNCYTNRRMAACLRDGEIILRYVSYALLAGDPSVLEDRCLNGLKETYIAL
条斑紫菜        Pyropia yezoensis          61  CENPGLIAPGGNCYTNRRMAACLRDGEIILRYVSYALLAGDPSVLEDRCLNGLKETYIAL
一种紫菜        Porphyra purpurea          61  CENPGLIAPGGNCYTNRRMAACLRDGEIILRYVSYALLAGDPSVLEDRCLNGLKETYIAL
一种紫球藻      Porphyridium purpureum     61  CENPGLISPGGNCYTNRRMAACLRDGEIILRYVSYALLAGDASVLEDRCLNGLKETYIAL
一种紫球藻      Porphyridium sordidum      61  CENPGLISPGGNCYTNRRMAACLRDGEIILRYVSYALLAGDASVLEDRCLNGLKETYIAL
一种多管藻      Polysiphonia boldii        61  CENPGLITPGGNCYTNRRMAACLRDGEIILRYVSYALLAGDASVLEDRCLNGLKETYIAL
一种纵胞藻      Centroceras clavulatum     61  AEQEQLIQPGGNAYTSR-MAACLRDGELLLRYVSYALLSGDASVLEDRCLNGLKETYAVS

甘紫菜          Pyropia tenera            121  GVPTNSSVRAVSIMKAAAVAFITNTASQRKMATADGDCSALASEVASYCDRVAAAIS
条斑紫菜        Pyropia yezoensis         121  GVPTNSSVRAVSIMKAAAVAFITNTASQRKMATADGDCSALASEVASYCDRVAAAIS
一种紫菜        Porphyra purpurea         121  GVPTNSSVRAVSIMKASAVAFITNTASQRKMATADGDCSALASEVASYCDRVAAAIS
一种紫球藻      Porphyridium purpureum    121  GVPTNSSIRAVSIMKAQAVAFITNTATERKMSFAAGDCTSLASEVASYFDRVGAAIS
一种紫球藻      Porphyridium sordidum     121  GVPTNSSIRAVSIMKAQAVAFITNTATERKMSFAAGDCTSLASEVASYFDRVGAAIS
一种多管藻      Polysiphonia boldii       121  GVPTNSTVRAVSIMKAAAVCFISNTASQRKVEVIEGDCSALASEVASYCDRVVAAVS
一种纵胞藻      Centroceras clavulatum    120  ------------LMKAAAVAFVTNTASQR-----------KASEVASYCDRVAASLS
```

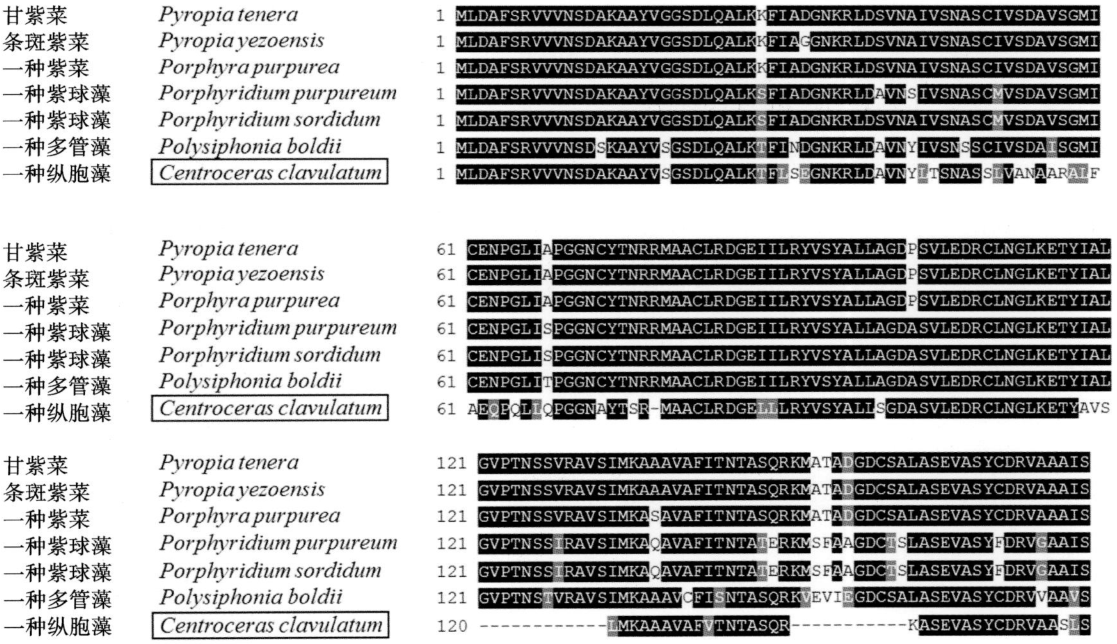

(d)

**续图 2-5**

成，分子质量为 17638 Da，等电点为 5.40。红藻 PE 通常有藻红胆素和藻尿胆素两种发色团。一般来说，红藻 PE α 亚基与两个 Cys 残基结合(Ficner 等，1992；Lundell 等，1984)。PE 水解物 α 亚基还在相应位置保留 Cys 残基(α-Cys-82 和 α-Cys-139 位点处)(图 2-6 和图 2-7(a))。PE 水解物 β 亚基由 177 个氨基酸组成，其分子质量和等电点分别为 18407 Da 和 5.42。已知一个藻尿胆素和两个藻红胆素通过硫醚键与 β 亚基 apo 蛋白中的四个 Cys 残基结合(Ficner 等，1992；Lundell 等，1984)。在 PE 水解物 β 亚基中，与藻尿胆素(图 2-6 和图 2-7(b)中的 β-Cys-50 和 β-Cys-61)和藻红胆素(β-Cys-82 和 β-Cys-158)结合的相应 Cys 残基均具有保守性(Miyabe 等，2017)。

5′-ATAATTAAATTTATGATTAAAAACAGTAAGTTTTAAATCCTCTATTTTTAACTAAATTTTATTGTTACAATATATTACTTTGTTCTTAATAGGTTATTAGAACTGTCATATATTATGTAT 120

TCGATACTAATACATCAGCAAGTTCAATTTTTTAACAGCTGAAACAGCTAAGTCCTTTATATTTGTAATAAGGAGAGTTCCATGCTTGACGCATTTTCCAGAGTTGTAGTAAATTCAGAC 240

M L D A F S R V V V N S D

GCTAAAGCTGCTTACGTTGGTGGCAGTGACCTACAGGCTCTAAAAAAATTCATTACTGATGGTAACAAACGCTTAGATTCTGTTAGCTTTGTTGTTTCAAACGCTAGCTGTATCGTTTCT 360

A K A A Y V G G S D L Q A L K K F I T D G N K R L D S V S F V V S N A S C I V S

GATGCAGTATCAGGTATGATTTGTGAAAATCCTGGCTTAATTGCTCCTGGTGGTAATTGTTACACTAATCGTCGTATGGCTGCTTGTCTACGTGATGGTGAAATCATTCTACGTTATGCT 480

D A V S G M I C E N P G L I A P G G N C Y T N R R M A A C L R D G E I I L R Y A

TCTTATGCTTTACTAGCTGGCGATCCTTCTGTACTAGAAGATCGTTGTCTTAATGGATTAAAAGAAACTTACATTGCGTTAGGAGTTCCTACTAATTCATCAGTAAGAGCTGTAAGCATT 600

S Y A L L A G D P S V L E D R C L N G L K E T Y I A L G V P T N S S V R A V S I

ATGAAAGCTTCAGCTACAGCGTTTGTATCAGGCACAGCTTCTGACCGTAAAATGGCTTGTCCTGATGGAGACTGTTCAGCTCTAGCATCAGAACTAGGTAGCTATTGTGATAGAGTTGCT 720

M K A S A T A F V S G T A S D R K M A C P D G D C S A L A S E L G S Y C D R V A

GCTGCAATTAGCTAATAAAAGCTGTTATAGACTAGAGTATATAAATTTTTATACTCTTAGGCTAAATACTTAATAAAAAAAGGAGATTAATATGAAATCAGTTATGACTACAACGATTAG 840

A A I S *　　　　M K S V M T T T I S

TGCTGCAGACGCAGCTGGTCGTTTCCCTTCATCTTCAGATCTTGAATCAGTTCAAGGTAATATTCAACGTGCTGCTGCTAGATTAGAAGCTGCTGAAAAGTTAGCTAGTAATCATGAAGC 960

A A D A A G R F P S S S D L E S V Q G N I Q R A A A R L E A A E K L A S N H E A

TGTTGTAAAAGAAGGTGGAGACGCTTGTTTTGCTAAGTATTCTTACTTAAAAAATCCAGGTGAAGCTGGCGATAGCCAAGAAAAAGTAAACAAGTGCTACAGAGACGTTGATCATTATAT 1080

V V K E G G D A C F A K Y S Y L K N P G E A G D S Q E K V N K C Y R D V D H Y M

GCGTCTTGTAAACTATTCTTTAGTAGTTGGCGGAACTGGTCCTCTTGATGAGTGGGCTATTGCTGGTGCTCGTGAAGTTTATAGAACTTTAAATCTTCCATCAGCTTCTTATGTTGCTGC 1200

R L V N Y S L V V G G T G P L D E W A I A G A R E V Y R T L N L P S A S Y V A A

TTTCGCTTTCACTCGTGATAGACTATGTGTGCCACGTGACATGTCTGCTCAAGCAGGTGGAGAATATGTTGCAGCTCTAGATTATATTGTTAATGCTTTAACCTAATTTATAGCTTGATA 1320

F A F T R D R L C V P R D M S A Q A G G E Y V A A L D Y I V N A L T *

ATATAATAAACAAATAAAATAGCTAAGCAAGCTTATTGCTTAGCTATTTTATTTGTTTATTGAACAACTAAGCTCAGTTATGATATTGATGTATAGTAGTACTATATAATATACGTAATT 1440

ATAAATACTACATACGTTGGAGCTTATTATGGATTCAAGTACAATGCAAAATACATGCATTAATATATCTTTTGGTCTTCTACTAGTGACTTTATTGGCTTATTGGACAAGTATTGCCTT- 3′ 1560

**图 2-6　PE 的核苷酸序列及推导的氨基酸序列（Miyabe 等，2017）**

星号表示终止密码子；单下划线和双下划线分别表示假定的－10 和－35 一致序列；* 表示假定的 RNA 聚合酶结合

**表 2-3　PE 的 GC 含量、核苷酸序列和氨基酸序列分析（Miyabe 等，2017）**

| 来　源 | 基因名 | | GC 含量/(%) | 与 *Palmaria palmata* 的核苷酸同源性/(%) | 与 *Palmaria palmata* 的氨基酸同源性/(%) | 登　记　号 |
|---|---|---|---|---|---|---|
| 掌状红皮藻 *Palmaria palmata* | PE | α 亚基 | 40.2 | — | — | AB625450 |
| | | β 亚基 | 40.5 | — | — | |
| 细基江蓠 *Gracilaria tenuistipitata* | PE | α 亚基 | 37.0 | 79 | 87 | AY673996 |
| | | β 亚基 | 38.8 | 78 | 81 | |
| 爱尔兰苔 *Chondrus crispus* | PE | α 亚基 | 37.2 | 82 | 85 | HF562234 |
| | | β 亚基 | 39.1 | 80 | 85 | |
| 条斑紫菜 *Porphyra yezoensis* | PE | α 亚基 | 42.6 | 82 | 89 | D89878 |
| | | β 亚基 | 40.6 | 82 | 92 | |
| 坛紫菜 *Porphyra haitanensis* | PE | α 亚基 | 41.2 | 83 | 90 | HM008261 |
| | | β 亚基 | 41.4 | 83 | 92 | |
| 一种紫菜 *Porphyra purpurea* | PE | α 亚基 | 41.8 | 82 | 90 | NC_ 000925.1 |
| | | β 亚基 | 42.0 | 83 | 92 | |

```
                                     1        10        20        30        40        50
掌状红皮藻 Palmaria palmata          MKSVMTTTISAADAAGRFPSSSDLESVQGNIQRAAARLEAAEKLASNHEA
细基江蓠　 Gracilaria temuistipitata MKSVITTVISAADAAGRFPSSSDLESIQGNIQRASARLEAAEKLADNHDA
爱尔兰苔　 Chondrus crispus          MKSVITTIISAADAAGRFLTSSDLESVQGNIQRAGARLEAAEKLANNHEA
条斑紫菜　 Porphyra yezoensis        MKSVITTTIGAADAAGRFPSSSDLESVQGNIQRAAARLEAAEKLASNHEA
坛紫菜　　 Porphyra haitanensis      MKSVITTTISAADAAGRFPSSSDLESVQGNIQRAAARLEAAEKLASNHEA
一种紫菜　 Porphyra purpurea         MKSVITTTISAADAAGRFPSSSDLESVQGNIQRAAARLEAAEKLASNHEA
                                      **         *   *     *
                                             60        70        80        90       100
掌状红皮藻 Palmaria palmata          VVKEGGDACFAKYSYLKNPGEAGDSQEKVNKCYRDVDHYMRLVNYSLVVG
细基江蓠　 Gracilaria temuistipitata VVKEAGDACFGKYSYLKNAGEAGENQEKVNKCYRDIDHYMRLVNYSLVVG
爱尔兰苔　 Chondrus crispus          VVKEAGDACFAKYSFLKNSGEAGDSQEKVNKCYRDIDHYMRLINYALIVG
条斑紫菜　 Porphyra yezoensis        VVKEAGDACFAKYSYLKNPGEAGDSQEKVNKCYRDVDHYMRLVNYCLVVG
坛紫菜　　 Porphyra haitanensis      VVKEAGDACFAKYSYLKNPGEAGDSQEKVNKCYRDVDHYMRLVNYCLVVG
一种紫菜　 Porphyra purpurea         VVKEAGDACFAKYSYLKNPGEAGDSQEKVNKCYRDVDHYMRLVNYCLVVG
                                                                    *        *
                                            110       120       130       140       150
掌状红皮藻 Palmaria palmata          GTGPLDEWAIAGAREVYRTLNLPSASYVAAFAFTRDRLCVPRDMSAQAGG
细基江蓠　 Gracilaria temuistipitata GTGPLDEWAIAGAREVYRTLNLPTSAYVAAFAFTRDRLCVPRDMSAQAGV
爱尔兰苔　 Chondrus crispus          GTGPFDEWGIAGAREVYRALNLPSASYLAAFVFTRDRLCVPRDMSAQAGL
条斑紫菜　 Porphyra yezoensis        GTGPVDEWGIAGAREVYRTLNLPTSAYVASFAFARDRLCVPRDMSAQAGV
坛紫菜　　 Porphyra haitanensis      GTGPVDEWGIAGAREVYRTLNLPTSAYVASFAFARDRLCVPRDMSAQAGV
一种紫菜　 Porphyra purpurea         GTGPVDEWGIAGAREVYRTLNLPTSAYVASFAFARDRLCVPRDMSAQAGV
                                          *                                *
                                            160
掌状红皮藻 Palmaria palmata          EYVAALDYIVNALT
细基江蓠　 Gracilaria temuistipitata EYTTALDYIINSLS
爱尔兰苔　 Chondrus crispus          EYGAALDYVINSLS
条斑紫菜　 Porphyra yezoensis        EYAGNLDYLINALS
坛紫菜　　 Porphyra haitanensis      EYAGNLDYIINSLC
一种紫菜　 Porphyra purpurea         EYAGNLDYIINSLC
```

(a)

```
                                     1        10        20        30        40        50
掌状红皮藻 Palmaria palmata          MLDAFSRVVVNSDAKAAYVGGSDLQALKKFITDGNKRLDSVSFVVSNASC
细基江蓠　 Gracilaria temuistipitata MLDAFSRVVIDSDTKAAYVGGSNLQALKTFISEGNQRLDAVNSIVSNASC
爱尔兰苔　 Chondrus crispus          MLDAFSRVVVNSDAKAAYVGGSDLQALKTFIADGNKRLDAVNSIVSNASC
条斑紫菜　 Porphyra yezoensis        MLDAFSRVVVNSDAKAAYVGGSDLQALKKFIADGNKRLDSVNAIVSNASC
坛紫菜　　 Porphyra haitanensis      MLDAFSRVVVNSDAKAAYVGGSDLQALKKFIADGNKRLDSVNAIVSNASC
一种紫菜　 Porphyra purpurea         MLDAFSRVVVNSDAKAAYVGGSDLQALKKFIADGNKRLDSVNAIVSNASC
                                       *                                              *
                                             60        70        80        90       100
掌状红皮藻 Palmaria palmata          IVSDAVSGMICENPGLIAPGGNCYTNRRMAACLRDGEIILRYASYALLAG
细基江蓠　 Gracilaria temuistipitata IVSDAVSGMICENPGLTSPGGNCYTNRRMAACLRDGEIILRYISYALLAG
爱尔兰苔　 Chondrus crispus          IVSDAVSGMICENPGLIAPGGNCYTNRRMAACLRDGEIILRYISYALLAG
条斑紫菜　 Porphyra yezoensis        IVSDAVSGMICENPGLIAPGGNCYTNRRMAACLRDGEIILRYVSYALLAG
坛紫菜　　 Porphyra haitanensis      IVSDAVSGMICENPGLIAPGGNCYTNRRMAACLRDGEIILRYVSYALLAG
一种紫菜　 Porphyra purpurea         IVSDAVSGMICENPGLIAPGGNCYTNRRMAACLRDGEIILRYVSYALLAG
                                               *            * *     *        *   *
```

**图 2-7　红藻 PE 氨基酸序列的比对(Miyabe 等,2017)**

(a)PE α 亚基;(b)PE β 亚基

*表示分子中特有的氨基酸残基

```
                                              110       120       130       140       150
掌状红皮藻  Palmaria palmata            DPSVLEDRCLNGLKETYIALGVPTNSSVRAVSIMKASATAFVSGTASDRK
细基江蓠    Gracilaria temuistipitata   DPSVLEDRCLNGLKETYIALGVPITSSARAVNIMKASVAAFILNTAPGRK
爱尔兰苔    Chondrus crispus            DASVLEDRCLNGLKETYIALGVPNNSSIRSVVIMKAAAVAFVNNTASQRK
条斑紫菜    Porphyra yezoensis          DPSVLEDRCLNGLKETYIALGVPTNSSVRAVSIMKAAAVAFITNTASQRK
坛紫菜      Porphyra haitanensis        DPSVLEDRCLNGLKETYIALGVPTNSSVRAVSIMKAAAVAFITNTASQRK
一种紫菜    Porphyra purpurea           DPSVLEDRCLNGLKETYIALGVPTNSSVRAVSIMKASAVAFITNTASQRK
                                                *
                                              160       170
掌状红皮藻  Palmaria palmata            MACPDGDCSALASELGSYCDRVAAAIS
细基江蓠    Gracilaria temuistipitata   MDTASGDCTALASEVGSYFDRVCAAIS
爱尔兰苔    Chondrus crispus            MATTSGDCSALSAEVASYCDRVGAALS
条斑紫菜    Porphyra yezoensis          MATADGDCSALASEVASYCDRVAAAIS
坛紫菜      Porphyra haitanensis        MATADGDCSALASEVASYCDRVAAAIS
一种紫菜    Porphyra purpurea           MATADGDCSALASEVASYCDRVAAAIS
                                                *
```

(b)

**续图 2-7**

### 2.2.2 藻蓝蛋白(PC)

目前,人们发现红藻、蓝藻以及一些隐藻中均存在 PC,PC 是分布最广泛的藻胆蛋白。在藻胆体结构模型中,PC 位于藻胆体杆状部分的底端,其外侧与 PE 相连,内侧与藻胆体核结构相连,在藻胆体的构建和能量传递过程中发挥着重要的纽带作用。PC 在 580～630 nm 范围内有很强的紫外吸收,且其主要的荧光发射光谱范围在 634～645 nm(Alexander,1984;Zilinskas 和 Greenwald,1986)。R-PC 根据其光谱性质进一步分为三类:①R-PCⅠ:最大吸收波长为 619 nm,最大发射波长为 640 nm。②R-PCⅡ:最大吸收波长为 533、554 和 632 nm,最大发射波长为 646 nm。③R-PCⅢ:最大吸收波长为 555 nm(Glazer 和 Hixson,1975;Ong 和 Glazer,1987)。在海生红藻多管藻中分离得到的 R-PC 中未发现 γ 亚基,其由 α 亚基和 β 亚基两种亚基组成,分子质量分别为 18.2 kDa 和 20.0 kDa 左右(曲艳艳等,2013)。R-PC 的最大吸收峰分别位于约 545 nm 和 615 nm 处,其最大荧光发射峰通常位于约 636 nm 处。每个 R-PC(αβ)单体携带 3 个发色团,其中 α 亚基和 β 亚基均携带 1 个 PCB,此外,β 亚基还携带 1 个 PEB。R-PCⅠ主要存在于红藻中,其中 α84 和 β84 携带的都是 PCB,而 β155 携带的则是 PEB。R-PCⅡ主要分布于蓝藻中,其中 α84 携带的是 PEB,而 β155 和 β84 携带的是 PCB;R-PCⅢ主要分布于蓝藻中,其 α84 携带的是 PUB,而 β84 和 β155 携带是 PCB(Debreczeny 等,1995;Kaya 等,2006;Sun 等,2009;Wiegand 等,2002)。

最初 C-PC 主要是根据它的来源以及光谱特性命名的,但在一种嗜热蓝藻 *Cyanidium caldarium* 中也发现了 C-PC。每个 C-PC 六聚体以(αβ)单体为基本单位,可分别在 α84、β84 和 β155 处携带 1 个发色团。每个 C-PC 三聚体中含有 3 个 α PCB 和 6 个 β PCB。因此,C-PC 的吸收光谱中在 610～620 nm 处只存在 1 个吸收峰(Bryant 等,1978;Wiegand 等,2002)。

1990 年,瑞士的 Sidler 等测定了隐藻 PC-645 的全序列,并确定了所有色基的连接位点,这为研究隐藻藻胆蛋白的结构组成奠定了重要的基础。此时,Reith 和 Douglas 则从基因技术开始,对编码隐藻藻胆蛋白的基因进行了测序。他们发现该编码基因的开放阅读框包括 177 个氨基酸,这与 Sidler 报道的 β 亚基相符合。但是 α 亚基基因与其并不接近,也不共转录,另外也没有证据表明其 N-末端、C-末端有参与转运的修饰作用(Sidler 等,1990)。

与研究较多的红藻、蓝藻不同的是,隐藻藻胆蛋白 PC-645 序列结构具有其特殊性,如图 2-8 所示。PC-645 含有 3 个亚基,分别为 α1、α2、β,不含 γ 亚基(Sidler 等,1990)。PC-645 的 α 亚基较小,约为红

藻、蓝藻 α 亚基的一半，其中，α1 亚基包含 70 个氨基酸残基，α2 亚基含有 80 个氨基酸残基，每个 α 亚基的 Cys-18 连接有一个 MBV 发色团，并且具有大量负电荷。PC-645 的 β 亚基含有 177 个氨基酸残基，两个 PCB 发色团分别结合在 Cys-82 和 Cys-158 上，一个 DBV 发色团通过两个共价键连接于 Cys-50 和 Cys-61 上(李文军，2013)。

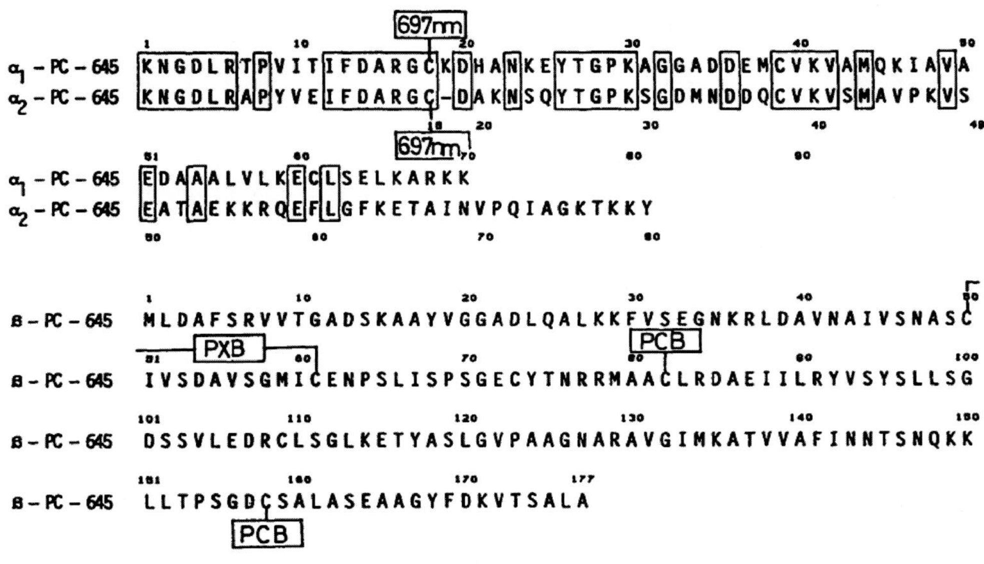


**图 2-8　蓝隐藻 PC-645 亚基序列(Sidler 等，1990)**

通过与红藻、蓝藻亚基氨基酸序列的比对，可发现 PC-645 的 β 亚基与一种紫球藻 *Porphyridium cruentum* 的亚基有 73%的氨基酸序列相似性，而与蓝藻藻胆蛋白 β 亚基的同源序列较少，所以 PC-645 的 β 亚基可能起源于红藻 PE(Reith 和 Douglas，1990；Sidler 等，1990)。但是 PC-645 α 亚基与已知的红藻、蓝藻藻胆蛋白各种亚基的序列并没有明显的相似性，例如与红藻、蓝藻的连接蛋白或者集光蛋白相比，仅有 15%～20%的氨基酸序列相似性(李文军，2013)。

将 PC-645 的亚基与隐藻红胞藻 *Rhodomonas* CS24 的 PE-545 亚基序列进行比对，研究者发现二者的 β 亚基序列高度同源，具有 86.4%的氨基酸序列相似性；而 α 亚基序列的相似性则较低，约为 37%，并且相似序列都分布于 α 亚基所连的色基附近(PCB-645 为 Cys-18 的 MBV，PEB-545 为 Cys-19 的 DBV)，例如 PC-645 和 PE-545 的 α1 亚基色基两边分别具有 PVITIFD RG 和 A KEYTG KAGG DDEM VK 两个保守序列，这再一次表明与能量吸收和传递相关的关键位点的氨基酸序列非常保守。隐藻藻胆蛋白 α 亚基与红藻、蓝藻序列差异非常大，即使在隐藻间，除了色基周围的保守区外，一级序列同源性也不高，这表明隐藻藻胆蛋白 α 亚基很可能代表了一类特殊的、不同于其他天线多肽的藻胆蛋白(李文军，2013)。目前最新证据表明：隐藻藻胆蛋白由 α 亚基和 β 亚基组成单体组成 αβ 二聚体。其中隐藻的 β 亚基从红藻 PBS 的藻红蛋白 β 亚基(PEβ)进化而来，通过质体编码完成。隐藻 α 亚基在结构和进化上与红藻 PBS α 亚基不同，是从以前未知的红藻 PBS 支架蛋白家族进化而来，并且是通过细胞核编码完成(Rathbone 等，2021)。

目前，氨基酸序列比对和系统发育分析已经被用于藻胆蛋白的进行分析(Apt 等，1995)。Shi 等(2011)为研究藻胆蛋白间的分子内协同进化，对 21 株蓝藻和 5 株红藻的 PC α 亚基进行了多重序列比对(图 2-9)，发现根据 Zhao 和 Qin 的研究(Zhao 和 Qin，2006)中聚球藻 *S.* sp. PCC 6803 PC α 亚基的编号，在后验概率大于 0.95 的正选择下，这些残基分别为 4P、5L、7E、15Q、25Q、66T、88I、107L、118S、119P、134K 和 140H，但只有 107L 和 140H 参与了共同进化分析。阳性选择残基通常位于共同进化位点之间或附近，如共同进化残基 115I、116D 和 120R 内的 118S 和 119P。在 PC β 亚基中，30T、57R、

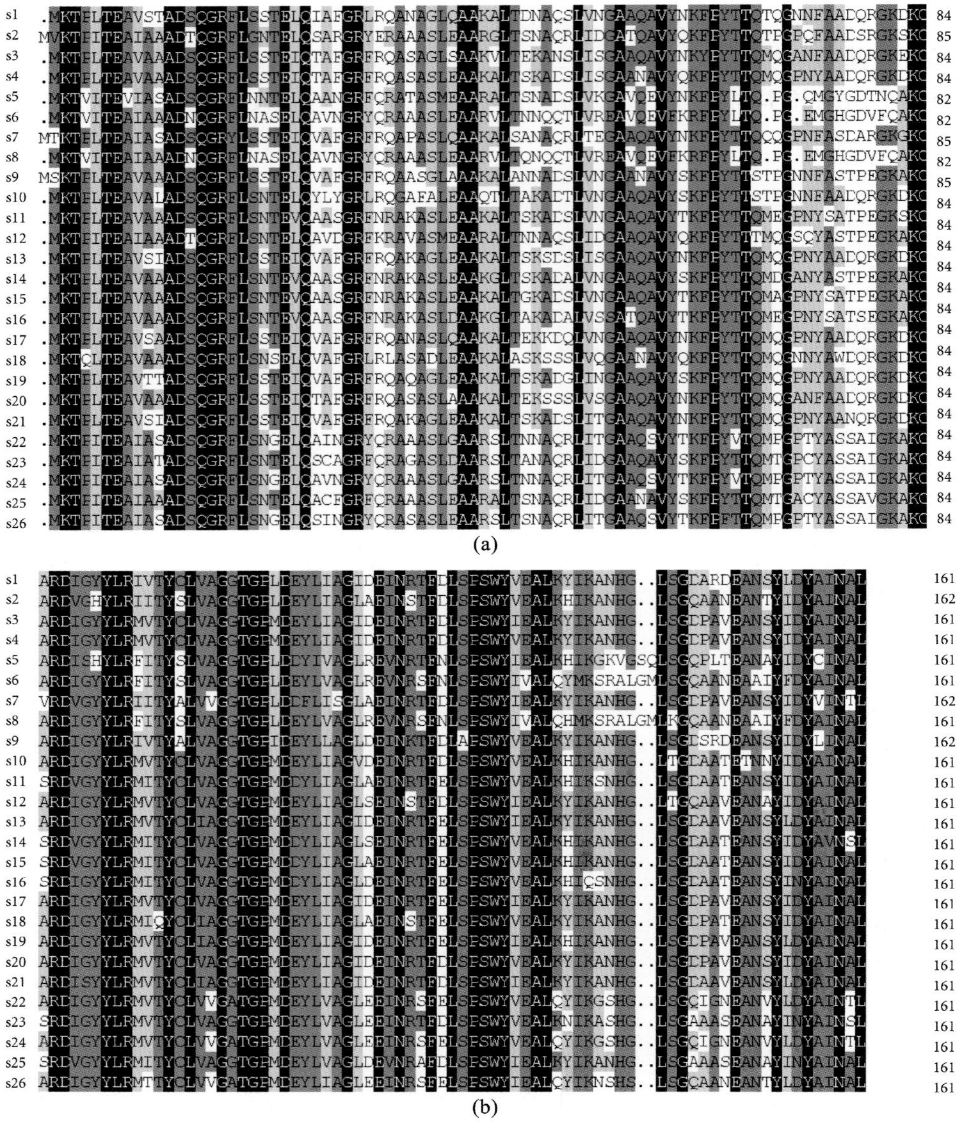

(a)

(b)

**图 2-9　蓝藻和红藻 PC α 亚基的多重序列比对(Shi 等,2011)**

PC-α(物种名称,登录号):s1 为 *Synechocystis* sp. PCC 6803,NP_440551.1;s2 为 *N.* sp. PCC 7120,NP_484573.1;s3 为 *M. aeruginosa* NIES-843,YP_001657460.1;s4 为 *C.* sp. ATCC 51142,YP_001804066.1;s5 为 *G. violaceus* PCC 7421,NP_924131.1;s6 为 *Synechococcus* sp. JA-2-3B a(2-13),YP_477182.1;s7 为 *N. punctiforme* PCC 73102,YP_001868554.1;s8 为 *S.* sp. JA-3-3Ab,YP_473707.1;s9 为 *S. elongatus* PCC 6301,YP_171205.1;s10 为 *S.* sp. PCC 7002,YP_001735446.1;s11 为 *S.* sp. WH 8102,NP_898114.1;s12 为 *T. elongates* BP-1,NP_682748.1;s13 为 *A. platensis* str. Paraca,ZP_06380686.1;s14 为 *S.* sp. CC9902,YP_377910.1;s15 为 *S.* sp. CC9605,YP_380751.1;s16 为 *S.* sp. CC9311,YP_729715.1;s17 为 *C.* sp. PCC 7424,YP_002375498.1;s18 为 *C.* sp. PCC 7425,YP_002482426.1;s19 为 *L.* sp. PCC 8106,ZP_01619119.1;s20 为 *C.* sp. PCC 8801,YP_002373212.1;s21 为 *A. platensis*,ABD64608.1;s22 为 *P. yezoensis*,YP_537059.1;s23 为 *C. caldarium*,NP_045082.1;s24 为 *P. purpurea*,NP_053988.1;s25 为 *C. merolae* strain 10D,NP_848986.1;s26 为 *G. tenuistipitata* var. *liui*,YP_063694.1

61A、103S、127V、129A、130G、133K、139L、167A、168A 和 171V 处于适应性选择之下,但只有一个残留 61A 被检测到共同进化。大多数位点也属于共变异位点,显示了共变异与选择性残基之间的潜在联系。他们发现,共进化的位置发生在整个分子中,而在不同的藻胆蛋白谱系中,$d_N/d_S$ 值(非同义替换与同义替换的频率)升高的许多位点位于发色团结合区和螺旋发夹区(X 和 Y)。

苏海楠(2010)借助螺旋藻 PC 的晶体结构分析了 PC 亚基之间的相互作用面。发现相互作用面和紧密结合区存在于(αβ)单体和三聚体两种寡聚状态中。如图 2-10 所示，在紧密结合区有一些相互作用比较强的氨基酸残基稳定住相互作用面，进而使 PC 三级结构更加稳定。精氨酸、天冬氨酸等带电氨基酸在锚定位点处的出现频率很高，且 PC 的 α 亚基和 β 亚基中的带电氨基酸含量非常丰富：带正电的精氨酸(α 亚基 7 个、β 亚基 11 个)、带负电的天冬氨酸(α 亚基 9 个、β 亚基 10 个)和谷氨酸(α 亚基 8 个、β 亚基 8 个)。与 APC 相同的是，在 PC 中精氨酸和天冬氨酸为稳定色基的构象通常也会位于色基附近。而且，序列比对显示，在不同来源的蓝藻中，起锚定作用的关键残基高度保守，即使有氨基酸残基发生改变，它们本族的氨基酸也会将其替代(图 2-11)。

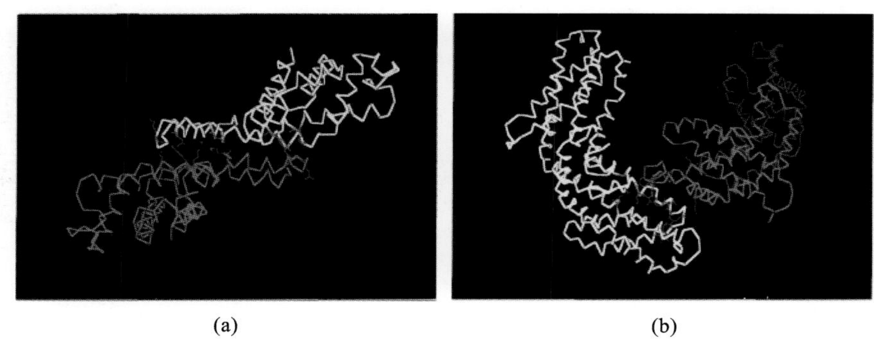

(a)　　　　(b)

**图 2-10　PC 分子内部的相互作用面上的氨基酸(苏海楠,2010)**

(a)PC 单体内两个亚基相互作用面上的重要氨基酸残基；(b)单体之间相互作用面上重要的氨基酸残基

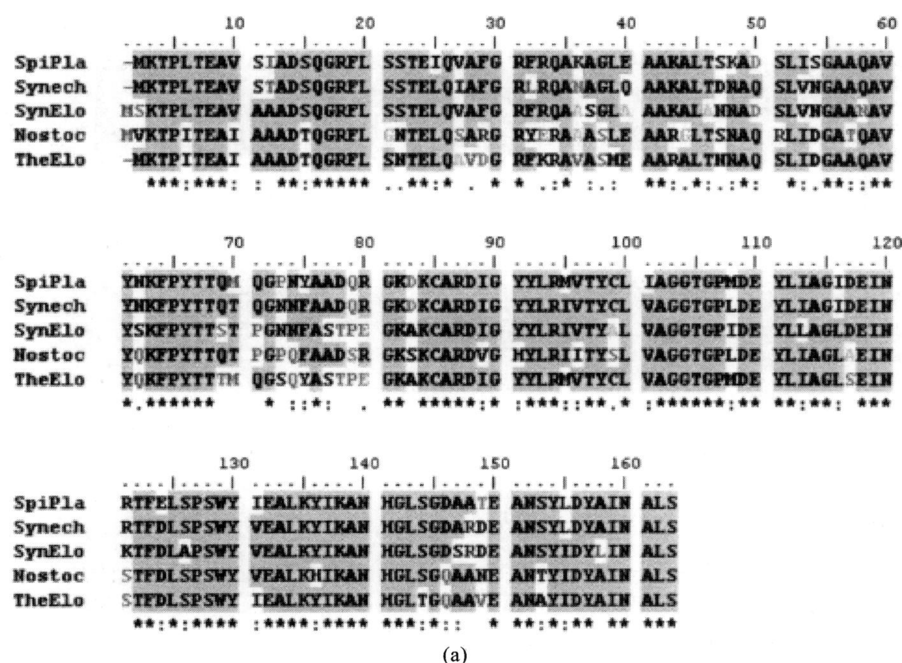


(a)

**图 2-11　不同来源 PC 的 α 亚基和 β 亚基一级结构的序列分析(苏海楠,2010)**

(a)α 亚基；(b)β 亚基

SynElo 为细长聚球藻 *Synechococcus elongates* PCC 6301；TheElo 为细长嗜热聚球藻 *Thermosynechococcus elongates* BP-1；SpiPla 为钝顶螺旋藻 *Spirulina platensis*；Nostoc 为念珠藻 *Nostoc* sp. PCC 7120；Synech 为集胞藻 PCC 6803

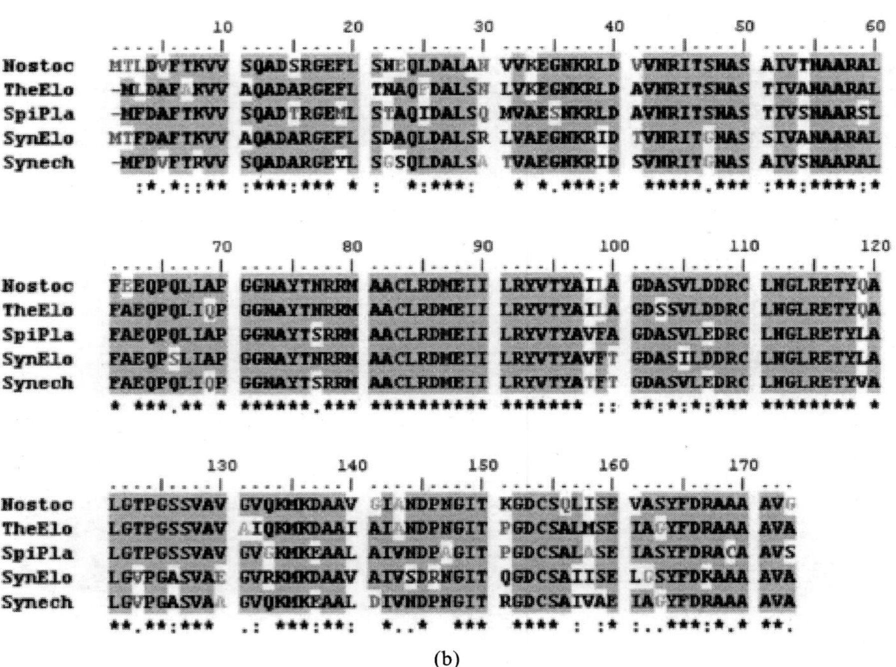


(b)

**续图 2-11**

Patel 等(2019)为确定念珠藻 *Nostoc* sp. WR13 PC 的 X 射线晶体结构,先对其亚基进行了序列分析。通过测序获得 PC α 亚基和 β 亚基的基因序列。在多重序列比对中,在发色团结合囊的大部分保守区域观察到氨基酸的差异。其中一些残基被不同的疏水性氨基酸取代,主要是异亮氨酸、缬氨酸和丙氨酸。将对亚基的序列比对用于构建系统发育树。在系统发育树中,PC 的 α 亚基和 β 亚基被聚集成一个与一种蓝藻 *Acaryochloris marina* 不同的分支(图 2-12)。来自念珠藻 *Nostoc* sp. WR13 的 PC 的 α 亚基和 β 亚基的序列与来自含有多种蛋白质亚型的一种蓝藻 *Acaryochloris marina* 的 PC 有 85%的同源

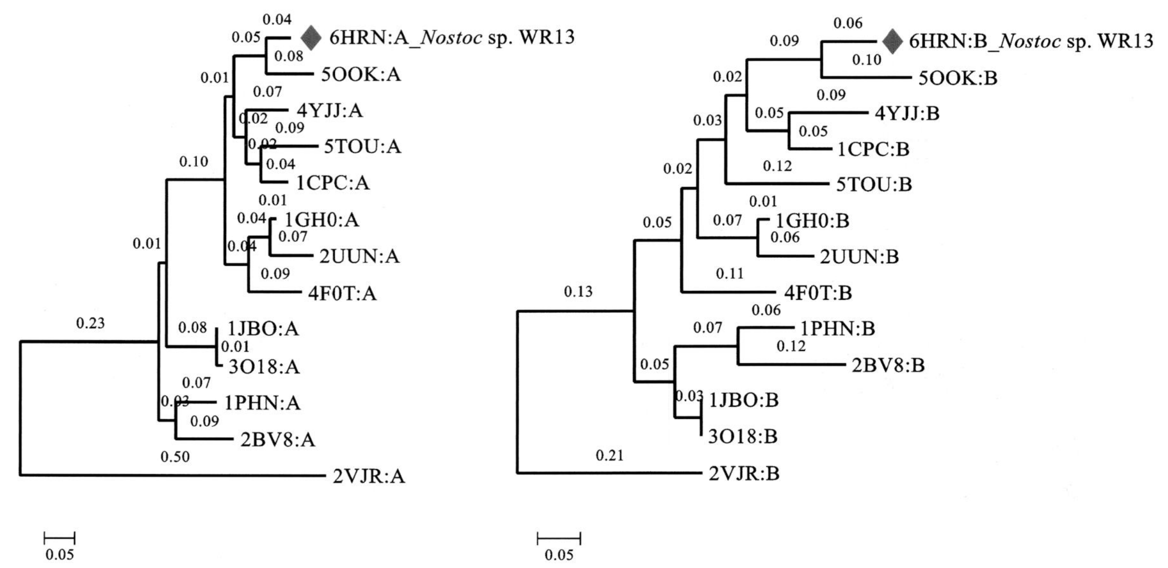


**图 2-12 念珠藻 *Nostoc* sp. WR13 PC 亚基的系统发育树(Patel 等,2019)**

在基于 JTT 矩阵的 MegaX 模型的基础上,利用极大似然法推导出进化史。树的绘制比例为 0.05,分支长度以每个站点的替换数量为单位。本研究获得的 Nst-PC 基因序列用红色标记表示。一种蓝藻 *Acaryochloris marina*(5OOK)和一种席藻 *Phormidium rubidium*(4YJJ)的 PC 亚基序列属于海洋环境。伪鱼腥藻 *Pseudanabaena* sp. LW0831(5TOU)属于与 *Nostoc* sp. WR13 PC 最接近的低温环境

性(Bar-Zvi 等,2018)。系统发育树的分支长度表明了 PC 亚基的进化程度。

### 2.2.3 别藻蓝蛋白(APC)

APC 与 PE 和 PC 的颜色均不相同,为浅蓝色,主要参与藻胆体核结构域的组装。其离体时主要以三聚体的形式存在,但在低浓度状态下易解离,以单体的形式存在。根据已报道的藻胆体核结构域的组成,别藻蓝蛋白可以分为 APC、APC-B、APC-核膜连接蛋白($APC-L_{CM}$)三类。这三种蛋白质中,APC 参加了所有核圆柱体的组装,在藻胆体中的含量最高;APC-B 和 $APC-L_{CM}$ 仅参与两个基部核圆柱体的组装,两者在藻胆体中的含量相等(Alexander,1984;Glazer 和 Clark,1986;Zilinskas 和 Greenwald,1986)。

APC 三聚体由 α 亚基和 β 亚基组成,其中 α 亚基和 β 亚基分别含有小于 160 个和小于 161 个氨基酸。α 和 β 两个亚基序列相似度约 35%,而不同物种间的亚基序列相似度在 85%以上(Apt 等,1995)。每个 APC(αβ)单体结构中含有两个 PCB 发色团,分别位于 α84 和 β84 处。APC 有一个吸收峰,位于小于 650 nm 波长处,但在小于 620 nm 处存在一个吸收肩峰(Delange 等,1981;Holzwarth 等,1987;Liu 等,1999)。

$APC-L_{CM}$ 是由 APC 三聚体和 $L_{CM}$ 以 1∶1 的比例组成的。但 $L_{CM}$ 是一种自身携带发色团的连接蛋白,使得 $APC-L_{CM}$ 与 APC 的吸收光谱非常相似(Ley 和 Butler,1977;Liu 等,2005;Loos 等,2004)。APC-B 也是由 α 和 β 两种亚基组成,与 APC 的结构组成相似,但是 APC-B 有一个独特的 α 亚基($\alpha^{APB}$),APC-B 与 APC 的吸收光谱也十分相似(Bald 等,1996)。

由于条斑紫菜 APC 的氨基酸序列尚不清楚,Liu 等(1999)利用以下 6 个 APC 的氨基酸序列得到了一个一致的模型构建序列,在这些序列中,有 4 个来自鱼腥藻(Minami 等,1985)、丝状蓝藻 *Calotrix* PCC 7601(Houmard 等,1988)、弗氏双虹藻 *Fischerella* PCC 7603(Sidler 等,1981)和聚球藻 *Synechococcus* PCC 6301(Houmard 等,1986),2 个来自一种丽丝藻 *Aglaothamnion neglectum*(Apt 和 Grossman,1993)和一种嗜热蓝藻 *Cyanidium caldarium*(Offner 和 Troxler,1983)。这 6 个序列的排列如图 2-13 所示。比较 APC-PY 和 APC-SP 最终模型的晶体学序列,发现有 37 个不同的残基,α 亚基中有 25 个残基,β 亚基中有 12 个残基(图 2-14)(Liu 等,1999)。

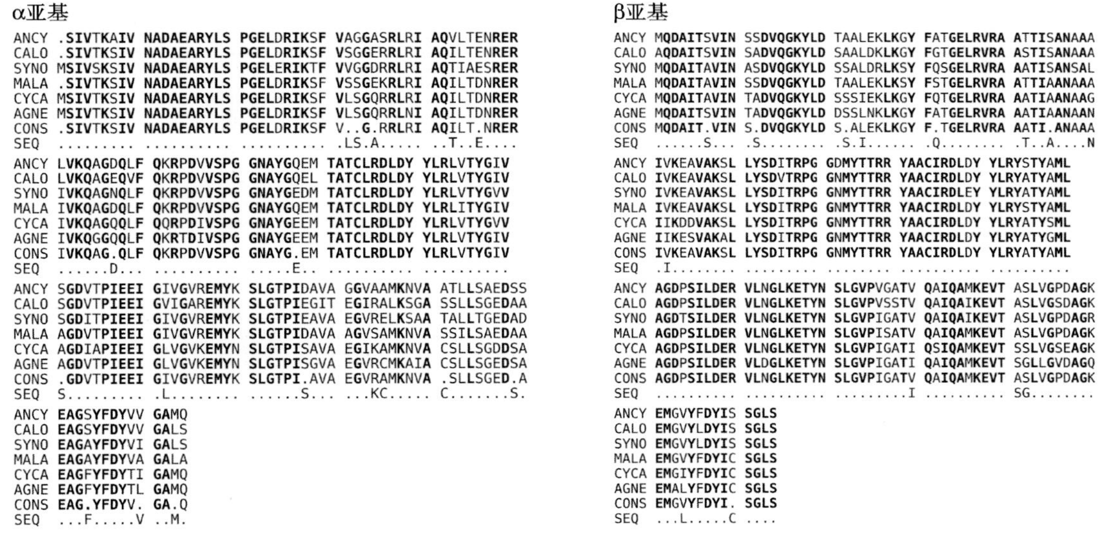


**图 2-13 APC 的模型序列(Liu 等,1999)**

从集胞藻 *Synechocystis* PCC 6714 中分离得到的 APC 的不对称单元含有 1 个(αβ)单体,每个亚基只含有一种色素(PCB),该色素分子主要通过半胱氨酸残基 α84 和 β84 与多肽共价结合。与 PC 的序列比较显示,PC 中 β 亚基的 β155 发色团可附着在插入的 10 个氨基酸残基中,但 APC 的 β 亚基缺失这些氨基酸残基。APC 2 个亚基的氨基酸序列如图 2-15 所示。在 α 亚基和 β 亚基内的序列之间

```
α亚基
APC-SP SIVTKSIV NADAEARYLS PGELDRIKSF VTSGERRVRI AETMTGARER
APC-PY SIVTKSIV NADAEARYLS PGELDRIKSF VLSGARRLRI AQTLTENRER

APC-SP IIKQAGDQLF GKRPDVVSPG GNAYGADM TATCLRDLDY YLRLITYGIV
APC-PY IVKQAGDQLF QKRPDVVSPG GNAYGEEM TATCLRDLDY YLRLVTYGIV

APC-SP AGDVTPIEEI GVVGVREMYK SLGTPIEAVA EGVRAMKSVA TSLLSGADAA
APC-PY SGDVTPIEEI GLVGVREMYK SLGTPISAVA EGVKCMKNVA CSLLSGEDSA

APC-SP EAGSYFDYLI GAMS
APC-PY EAGFYFDYVV GAMQ

β亚基
APC-SP MQDAITSVIN SSDVQGKYLD ASAIQKLKAY FATGELRVRA ATTISANAAN
APC-PY MQDAITSVIN SSDVQGKYLD SSAIEKLKGY FQTGELRVRA ATTIAANAAN

APC-SP IVKEAVAKSL LYSDVTRPG GNMYTTRR YAACIRDLDY YLRYATYAML
APC-PY IIKEAVAKSL LYSDITRPG GNMYTTRR YAACIRDLDY YLRYATYAML

APC-SP AGDPSILDER VLNGLKETYN SLGVPIGATV QAIQAMKEVT AGLVGGGAGK
APC-PY AGDPSILDER VLNGLKETYN SLGVPIGATI QAIQAMKEVT SGLVGPDAGK

APC-SP EMGIYFDYIC SGLS
APC-PY EMGLYFDYIC SGLS
```

图 2-14　APC-PY 和 APC-SP 的序列比较(Liu 等,1999)

```
        3
ANCY  .SIVTKAIVN ADAEARYLSP GELDRIKSFV AGGASRLRIA QVLTENRER IVKQAGDQLFQ
MALA  .SIVTKSIVN ADAEARYLSP GELDRIKSFV SSGEKRLRIA QILTDNRER IVKQAGDQLFQ
CALO  .SIVTKSIVN ADAEARYLSP GELDRIKSFV SGGERRLRIA QILTENRER LVKQAGEQVFQ
SYNO  MSIVSKSIVN ADAEARYLSP GELERIKTFV VGGDRRLRIA QTIAESRER IVKQAGNQLFQ
SYNY  MSIVTKSIVN ADAEARYLSP GELDRIKAFV TGGAARLRIA ETLTGSRET IVKQAGDRLFQ

CONS  .SIVTKSIVN ADAEARYLSP GELDRIKSFV SGG.RRLRIA Q.LTENRER IVKQAGDQLFQ
 SEQ  .......... .......... .......... TS.E..V... ETM.GA.....I........G
                          84
ANCY  KRPDVVSPGG NAYGQEMTAT CLRDLDYYLR LVTYGIVSGD VTPIEEIGIV GVREMYKSLG
MALA  KRPDVVSPGG NAYGQEMTAT CLRDLDYYLR LITYGIVAGD VTPIEEIGIV GVREMYKSLG
CALO  KRPDVVSPGG NAYGQELTAT CLRDLDYYLR LVTYGIVSGD VTPIEEIGVI GAREMYKSLG
SYNO  KRPDVVSPGG NAYGEDMTAT CLRDLDYYLR LVTYGVVSGD ITPIEEIGIV GVREMYKSLG
SYNY  KRPDIVSPGG NAYGEEMTAT CLRDMDYYLR LVTYGVVSGD VTPIEEIGLV GVREMYRSLG

CONS  KRPDVVSPGG NAYGQEMTAT CLRDLDYYLR LVTYGIVSGD VTPIEEIGIV GVREMYKSLG
 SEQ  .......... ....AD.... .......... .I.....A.. ........V. ..........
                                                174
ANCY  TPIDAVAGGV AAMKNVAATL LSAEDSSEAG SYFDYVVGAM Q
MALA  TPIDAVAAGV SAMKNVASSI LSAEDAAEAG AYFDYVAGAL A
CALO  TPIEGITEGI RALKSGASSL LSGEDAAEAG SYFDYVVGAL S
SYNO  TPIEAVAEGV RELKSAATAL LTGEDADEAG AYFDYVIGAL S
SYNY  TPIEAVAQSV REMKEVASGL MSSDDAAEAS AYFDFVIGAM S

CONS  TPIEAVAEGV RAMK.VASSL LS.EDAAEAG AYFDYV.GAL S
 SEQ  .....I.... ....S..T.. ..GA...... S....LI..M .
```

(a)

```
ANCY  MQDAITSVIN SSDVQGKYLD TAALEKLKGY FATGELRVRA ATTISANAAA IVKEAVAKSL
MALA  MQDAITAVIN SSDVQGKYLD TAALEKLKSY FSTGELRVRA ATTIAANAAA IVKEAVAKSL
CALO  AQDAITSVIN SADVQGKYLD SAALDKLKGY FGTGELRVRA ASTISANAAA IVKEAVAKSL
SYNY  MQDAITAVIN SADVQGKYLD GAAMDKLKNY FASGELRVRA ASVISANAAT IVKEAVAKSL
SYNO  MQDAITAVIN ASDVQGKYLD SSALDRLKSY FQSGELRVRA AATISANSAL IVKEAVAKSL

CONS  MQDAITAVIN SSDVQGKYLD .AALDKLK.Y FATGELRVRA A.TISANAAA IVKEAVAKSL
 SEQ  ......S... .......... AS.IQ...A. .......... .T.......N ..........
                          84
ANCY  LYSDITRPGG DMYTTRRYAA CIRDLDYYLR YSTYAMLAGD PSILDERVLN GLKETYNSLG
MALA  LYSDITRPGG NMYTTRRYAA CIRDLDYYLR YATYAMLAGD PSILDERVLN GLKETYNSLG
CALO  LYSDVTRPGG NMYTTRRYAA CIRDLDYYLR YATYAMLAGD PSILDERVLN GLKETYNSLG
SYNY  LYSDVTRPGG NMYTTRRYAA CIRDLDYYLR YATYAMLAGD ASILDERVLN GLKETYNSLG
SYNO  LYSDITRPGG NMYTTRRYAA CIRDLEYYLR YATYAMLAGD TSILDERVLN GLKETYNSLG

CONS  LYSDITRPGG NMYTTRRYAA CIRDLDYYLR YATYAMLAGD PSILDERVLN GLKETYNSLG
 SEQ  ....V..... .......... .......... .......... .......... ..........
                                                174
ANCY  VPVGATVQAI QAMKEVTASL VGPDAGKEMG VYFDYISSGL S
MALA  VPISATVQAI QAMKEVTASL VGPDAGKEMG VYFDYICSGL S
CALO  VPVSSTVQAI QAIKEVTASL VGSDAGKEMG VYLDYISSGL S
SYNY  VPISSTVQAI QAIKEVTASL VGADAGKEMG VYLDYICSGL S
SYNO  VPIGATVQAI QAIKEVTASL VGPDAGREMG VYLDYISSGL S

CONS  VPISATVQAI QAIKEVTASL VGPDAGKEMG VYLDYISSGL S
 SEQ  ...G...... ..M.....G. ..GG...... I.F...C... .
```

(b)

图 2-15　APC 亚基的氨基酸序列(Brejc,1995)

(a)α 亚基;(b)β 亚基

的同一性分别为62%和82%。为了证实来自集胞藻 *Synechocystis* 的APC的这种高度相似性，对2个亚基都进行了N-末端测序。在测序范围内，α亚基和β亚基分别为47个和58个氨基酸残基(Brejc，1995)。

Peng等(2014)对来源于集胞藻PCC 6803的基因重组APC-B三聚体进行了研究，并将APC和C-PC亚基之间的序列进行了比对(图2-16)。APC和C-PC的序列取自一种嗜热蓝藻 *Cyanidium caldarium*、一种蓝载藻 *Cyanophora paradoxa*、一种蓝藻 *Galdieria sulphuraria*、念珠藻 *Nostoc* sp. PCC 7120、坛紫菜 *Pyropia haitanensis*、条斑紫菜 *Porphyra yezoensis*、细长聚球藻 *Synechococcus elongatus* PCC 6301、聚球藻 *Synechococcus* sp. PCC 7002、集胞藻PCC 6803和细长嗜热聚球藻 *Thermosynechococcus elongatus* BP-1。研究发现ApcD和ApcA的序列在接触区域不同：第56位氨基酸在ApcD中大多数呈碱性(Lys或Arg)，但在ApcA中是酸性的，第65位氨基酸在ApcD中大多数是芳香族的，但在ApcA中是脂肪族的。

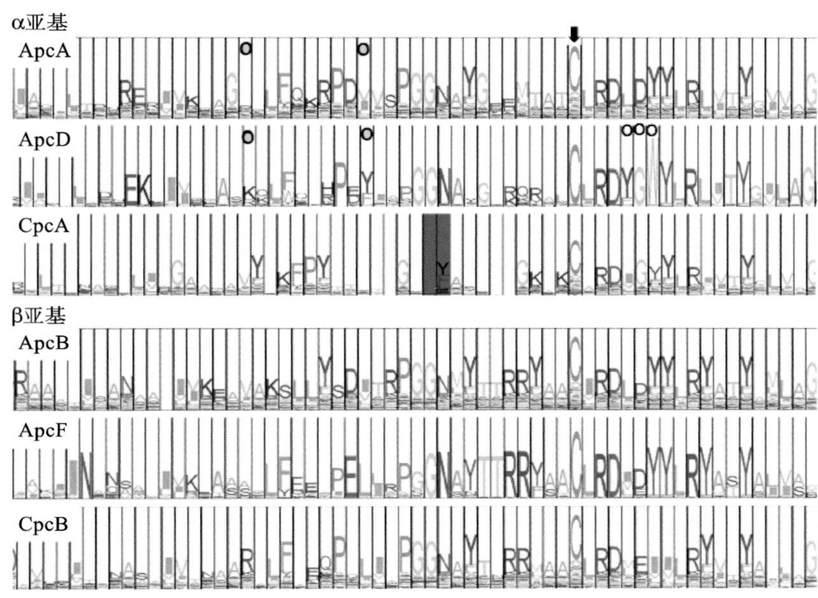


**图2-16 60个APC和C-PC亚基的成对HMM标记序列比对(Peng，2014)**

蒲洋(2013)对得到的重组APC三聚体进行了纯化，并观察SDS-PAGE和 $ZnSO_4$ 加强的荧光显色现象(图2-17)，研究发现1号泳道样品为表达重组APC三聚体工程菌的细胞裂解液，2号泳道样品为纯化后的APC三聚体蛋白，它们在相同的位置有两条荧光条带。尽管略有杂蛋白条带，考马斯亮蓝染色和橙色荧光显示在2号泳道预期的位置上，有两条主要的条带。紫外线下可见的特殊荧光是由于锌离子和PCB色基结合，PCB色基原本较弱的荧光加强并肉眼可见。相比M泳道的标准蛋白(Marker)，两条主带的分子质量都在20 kDa左右。对基因翻译后所得氨基酸序列的理论计算可知，带有His标签的α亚基和β亚基的大小分别约为21 kDa和19 kDa，与以前的报道相符，可以确定1号和2号泳道内的样品为重组APC三聚体(图2-18)。

周孙林(2014)以集胞藻PCC 6803(常温生长)为对照组，对细长嗜热聚球藻 *Thermosynechococcus elongatus* BP-1(55 ℃生长)的APC β亚基的序列进行对比(图2-19)，发现有14个位点的氨基酸序列不同。在14个差异位点中，集胞藻PCC 6803的氨基酸种类包含三种：6个脂肪族类氨基酸(异亮氨酸、缬氨酸、丙氨酸、甘氨酸、亮氨酸)，1个酸性氨基酸(天冬氨酸)，6个羟基类氨基酸(苏氨酸、丝氨酸等)。细长嗜热聚球藻 *Thermosynechococcus elongatus* BP-1的氨基酸种类包含七种：1个酸性氨基酸(谷氨酸)，5个脂肪族类氨基酸(丙氨酸、异亮氨酸等)，4个羟基类氨基酸(苏氨酸、丝氨酸等)，1个酰胺类氨基酸

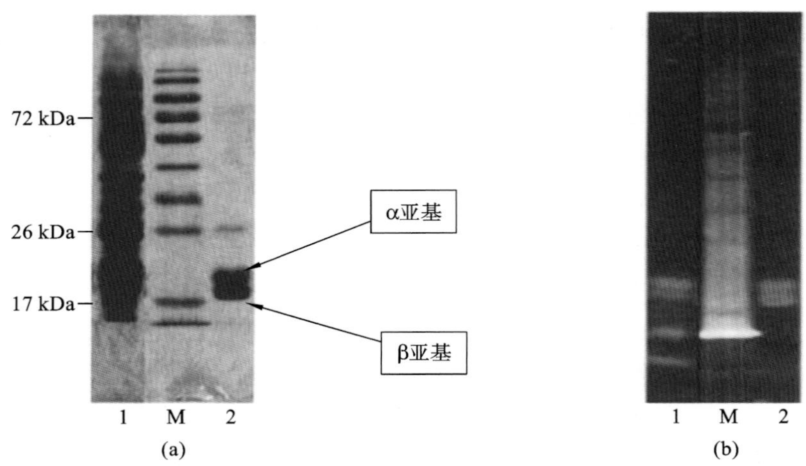


**图 2-17　纯化后的重组 APC 三聚体电泳图(蒲洋,2013)**

(a)考马斯亮蓝染色;(b)锌离子加强的荧光

α亚基

His标签

MGSSHHHHHHSGAP**MSIVTKSIVNADAEARYLSPGELDRIK
AFVTGGAARLRIAETLTGSRETIVKQAGDRLFQKRPDIVS
PGGNAYGEEMTATCLRDMDYYLRLVTYGVVSGDVTPIE
EIGLVGVREMYRSLGTPIEAVAQSVREMKEVASGLMSSD
DAAEASAYFDFVIGKMS**

β亚基

His标签

MGSSHHHHHHSGAP**MQDAITAVINSADVQGKYLDGAA
MDKLKSYFASGELRVRAASVISANAATIVKEAVAKSLLY
SDVTRPGGNMYTTRRYAACIRDLDYYLRYATYAMLAG
DASILDERVLNGLKETYNSLGVPISSTVQAIQAIKEVTAS
LVGADAGKEMGVYLDYICSGLS**

**图 2-18　带有 His 标签的重组 APC 三聚体的氨基酸序列(蒲洋,2013)**

```
6803β氨基酸序列    MQDAITAVINSADVQGKYLDGAAMDKLKSYFASGELRVRA    40
BP-1β氨基酸序列    MQDAITAVINASDVQGKYLDTAAMEKLKAYFATGELRVRA    40
共有序列           mqdaitavin  dvqgkyld aam klk yfa gelrvra

6803β氨基酸序列    ASVISANAATIVKEAVAKSLLYSDVTRPGGNMYTTRRYAA    80
BP-1β氨基酸序列    ASVISANAANIVKEAVAKSLLYSDITRPGGNMYTTRRYAA    80
共有序列           asvisanaa ivkeavaksllysd trpggnmyttrryaa

6803β氨基酸序列    CIRDLDYYLRYATYAMLAGDASILDERVLNGLKETYNSLG    120
BP-1β氨基酸序列    CIRDLDYYLRYATYAMLAGDPSILDERVLNGLKETYNSLG    120
共有序列           cirdldyylryatyamlagd silldervlnglketynslg

6803β氨基酸序列    VPISSTVQAIQAIKEVTASLVGADAGKEMGVYLDYICSGL    160
BP-1β氨基酸序列    VPIAATVQAIQAMKEVTASLVGADAGKEMGIYFDYICSGL    160
共有序列           vpi  tvqaiqa kevtaslvgadagkemg y dyicsgl
```

**图 2-19　细长嗜热聚球藻 *Thermosynechococcus elongatus* BP-1 与集胞藻 PCC 6803 重组 APC β 亚基氨基酸序列比对图(周孙林,2014)**

A 为丙氨酸;G 为甘氨酸;V 为缬氨酸;L 为亮氨酸;I 为异亮氨酸;D 为天冬氨酸;T 为苏氨酸;S 为丝氨酸;E 为谷氨酸;N 为天冬酰胺;M 为甲硫氨酸;F 为苯丙氨酸;P 为脯氨酸;K 为赖氨酸

（天冬酰胺），1 个含硫类氨基酸（甲硫氨酸），1 个芳香族类氨基酸（苯丙氨酸），1 个亚氨基酸（脯氨酸）。肽键、二硫键、范德瓦耳斯力、静电作用、氢键、疏水相互作用等是蛋白质结构中的主要键和相互作用力。其中，静电作用和疏水作用是提高蛋白质热稳定性的重要因素（宋苗苗，2011）。细长嗜热聚球藻 *Thermosynechococcus elongatus* BP-1 在氨基酸分类上比集胞藻 PCC 6803 的氨基酸种类多。细长嗜热聚球藻 *Thermosynechococcus elongatus* BP-1 APC β 亚基氨基酸序列第 25 位点上的谷氨酸为带负电荷的酸性氨基酸，与第 26 位点上带正电荷的赖氨酸在正常 pH 下很容易形成氢键（即 EK 二肽），该氢键对蛋白质热稳定性发挥重要作用（Britton 等，1995；王颖等，2011；张光亚和方柏山，2006）。通过对序列的对比发现：细长嗜热聚球藻 *Thermosynechococcus elongatus* BP-1 的 14 个差异位点中 11A、29A、65I、101P、124A、125A、133M、151I、153F 处为疏水氨基酸，而集胞藻 PCC 6803 在 12A、65V、101A、133I、151V、153L 处有 6 个疏水氨基酸，含有的疏水基团越多，蛋白质的热稳定性越高。2 个藻体在 14 个差异位点中有 11、29、124、125 共 4 个位点的变化趋势是相同的，细长嗜热聚球藻 *Thermosynechococcus elongatus* BP-1 中均为疏水性氨基酸，集胞藻 PCC 6803 中均为极性氨基酸，在 APC β 亚基中有一半的色基基团（A、B 环）均嵌入蛋白质基质内，而另一半（C、D 环）则直接暴露于溶液中，A、B 环的相互作用以及基质的吸附作用决定了 APC β 亚基的光谱学性质。由于丙氨酸（位点 124 和 125）的作用增强了色基基团与基质吸附结构的疏水性，细长嗜热聚球藻 *Thermosynechococcus elongatus* BP-1 APC β 亚基的荧光热稳定性较高（Li 等，2013）。除此之外，甲硫氨酸与蛋白质热稳定性具有一定的正相关性，脯氨酸（Pro）残基由于其刚性构象影响蛋白质折叠，在蛋白质结构及热稳定性中具有特殊作用，也可以提高蛋白质的热稳定性（朱国萍等，2000）。上述氨基酸通过不同键和相互作用力的共同作用，提高了细长嗜热聚球藻 *Thermosynechococcus elongatus* BP-1 APC 的热稳定性。Zhang 等（2017）对来自太平洋格里菲斯藻 *Griffithsia pacifica* 的 APC 进行了三维结构研究，获得了 α 亚基和 β 亚基的全序列图（图 2-20、图 2-21）。Ma 等（2020）对来自一种紫球藻 *Porphyridium purpureum* 的 APC 的 α 亚基、β 亚基和 γ 亚基进行了研究，获得了其序列信息（图 2-22 至图 2-25），这都为进一步研究 APC 提供了更为翔实的数据。

```
1      MQDAITAVIN TADVQGKYLD DNSLDKLRGY FETGELRVRA AATIAANAAT
51     IIKESVAKAL LYSDITRPGG NMYTTRRYAA CIRDLDYYLR YATYGMLAGD
101    PSILDERVLN GLKETYNSLG VPIGATVQAI QAMKEVTASL VGTNAGQEMA
151    VYFDYICSGL S
```

**图 2-20　来自太平洋格里菲斯藻 *Griffithsia pacifica*（PDB:5Y6P）APC 的 β 亚基序列图（Zhang 等，2017）**

```
1      MSIVTKSIVN ADAEARYLSP GELERIKSFV LSGQRRLRIA QTLTENREMI
51     VKKGGQQLFQ KRTDVVSPGG NAYGEEMTAT CLRDLDYYLR LVTYGIVAGD
101    VTPIEEIGLV GVKEMYNSLG TPISGVSEGV RCMKDVACSL LSGEDSAEAG
151    FYFDYTLGAM Q
```

**图 2-21　来自太平洋格里菲斯藻 *Griffithsia pacifica*（PDB:5Y6P）APC 的 α 亚基序列图（Zhang 等，2017）**

1 MSIVTKSIVN ADAEARYLSP GELDRIKSFV LSGQRRLRIA QTLTENRERI

51 VKQGGQQLFQ RRPDVVSPGG NAYGEEMTAT CLRDLDYYLR LVTYGIIAGD

101 VTPIEEIGLV GVKEMYSALG TPISGVAEGI RCMKDVACSL LSGEDAAEVG

151 FYFDYTLAAM Q

图 2-22 来自一种紫球藻 *Porphyridium purpureum*(PDB:6KGY)APC 的 α 亚基序列图(Ma 等,2020)

1 MQDIITSVIN QYDLSGRYLD IKGINQINNY FDTGLKRLMI AKLINKEATN

51 LIKEASELLF IEQPELLRPC GNAFIGNAYT TRRYAACIRD IEYYLRYSAY

101 SIIAGNNSIL DERVLDGLKE TYNSLLVPIG PTIRVIQLLK EIIQKKFSTE

151 NIENAIIAEP FDYLAINLSD KNL

图 2-23 来自一种紫球藻 *Porphyridium purpureum*(PDB:6KGY)APC 的 β18 亚基序列图(Ma 等,2020)

1 MQDAITSVIN AADVQGKYLD ANSVEKLRGY FQTGELRVRA AATIAANAAT

51 IIKEAVAKSL LYSDITRPGG NMYTTRRYAA CIRDLDYYLR YATYGMLAGD

101 PSILDERVLN GLKETYNSLG VPIGATIQAI QAMKEVTGSL VGSDAGKEMG

151 LYFDYICSGL S

图 2-24 来自一种紫球藻 *Porphyridium purpureum*(PDB:6KGY)APC 的 β 亚基序列图(Ma 等,2020)

1 MSLVTQVILS ADDELRYPTA GELETISSYL KTGEYRIRLI SILQGKEQEI

51 IRLASKKIFQ LHPEYIAPGG NASGARQRAL CLRDYGWYLR LITYAILAGD

101 KEPLEKIGII GVREMYNSLG VPIIGMIDAI KCLKEATVEV ISQEEEDFVA

151 PYYDYIIQGM S

图 2-25 来自一种紫球藻 *Porphyridium purpureum*(PDB:6KGY)APC 的 γ 亚基序列图(Ma 等,2020)

## 2.3 藻胆蛋白的高级结构

### 2.3.1 二级结构

测定蛋白质结构的方法学在 20 世纪有了巨大发展,在原子水平分辨率下,通过碳原子、氮原子和氧原子的定位以及它们之间确切的相互影响,可以确定精确的蛋白质结构。蛋白质三维图谱的建立有助

于我们了解捕光复合物和光反应中心等大分子体系的作用机制。这些结构生物学方面的技术正在扩展并被广泛应用到日益复杂的结构解析中(图 2-26)(蒲洋,2013)。

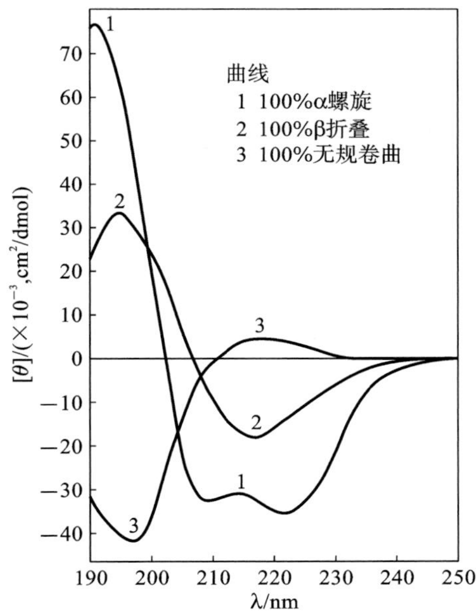


**图 2-26 多聚 L-赖氨酸 α 螺旋、β 折叠、无规卷曲结构的 CD 谱图(Greenfield 和 Fasman,1969)**

从 1934 年 Crowfoot 和 Bernal 展示了胃蛋白酶的 X 射线衍射图谱开始,过去几十年中 X 射线晶体衍射技术一直是确定单个蛋白质以及蛋白质大分子体系结构和研究其分子作用机制的首选方法。现今核磁共振波谱、冷冻晶体学和高速计算机模拟技术的发展,较大限度地提高了蛋白质结构解析的效率,同时也在一定程度上克服了 X 射线晶体衍射研究中难以获得高质量结晶体、观察状态单一等问题。另外,一些其他的生物物理学方法可以用于研究蛋白质特定区域的信息,作为结构解析手段的补充(蒲洋,2013)。

光谱技术是研究生物蛋白质构象与功能的关系的一种有效方法,其中圆二色(circular dichroism,CD)光谱是通过记录不同波长所对应的椭圆率而得到的一种特殊的吸收光谱,它对手性分子的构象非常敏感,因此能够反映出色基更为详尽的结构。它可以提供溶液中天然状态下有关蛋白质螺旋结构的信息、蛋白质构象的柔性变化或者芳香族残基不对称环境的具体细节,灵敏地反映出蛋白质二级结构和色基微环境的变化。该光谱技术具有很高的精确度,已被广泛应用于蛋白质的构象研究中。

圆二色性和吸收光谱在确定频谱位置、偏振光强度,以及单独电子跃迁的振子强度方面具有重要的应用。在 190～240 nm 的远紫外区,肽链是主要的发色团,以反映肽键的圆二色性,蛋白质主链构象的信息反映在这一波长范围的 CD 谱中。肽键的高度有序排列构成了蛋白质/多肽规则的二级结构,肽键能级跃迁的分裂情况依附于其排列的方向性。所以,根据蛋白质/多肽不同的二级结构可产生一系列位置、吸收强弱都不同的 CD 谱带,该谱带能够反映蛋白质或肽链二级结构的全面信息,同时可以显示具有蛋白质结构依赖性的光学活性。蛋白质的 CD 谱根据电子跃迁能级能量的大小通常分为三个波长区域。其中,远紫外光谱区(250 nm 以下)主要反映蛋白质的肽键结构(α 螺旋和 β 折叠等)(吴明和,2010)。与 208 nm 以下的光谱区相比,208～240 nm 作为被选择的区域,α 螺旋、β 折叠、无规卷曲三种基本结构的 CD 谱对非发色团侧链和溶剂的变化反应不明显,另外,与酰胺相比,发色团在这一光谱区所受的影响较小(Greenfield 等,1967;Greenfield 和 Fasman,1969)。

Greenfield 最早用 CD 谱数据预测了蛋白质的构象,以及 α 螺旋、β 折叠和无规卷曲三种不同肽键结构所占的比例(Greenfield 等,1967;Rodger,2010)。β 折叠结构的 CD 谱带在 216 nm 处有一个负峰、185～200 nm 处有一个正峰;无规卷曲结构的 CD 谱带在 217 nm 附近有一个正峰、197 nm 附近有一个负峰(图 2-26)(Cassim 和 Yang,1967;Greenfield 等,1967)。

不同种类藻胆蛋白的一级氨基酸序列差异较大,但当形成具有一些生理活性的蛋白质时,它们的二级和三级结构变得十分相似,α 螺旋和转角的数目及折叠方式与球蛋白相似,均由不规则的环区连接 9 段 α 螺旋(X、Y、A、B、E、F、F′、G、H)构成,每两个 α 螺旋之间有不规则转角相(图 2-27)(Padyana 等,2001)。

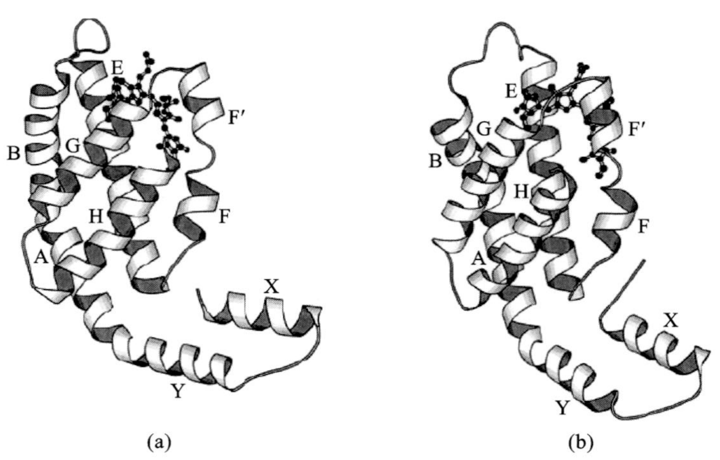


**图 2-27 以螺旋藻 PC 为例图示藻胆蛋白亚基结构(Padyana 等,2001)**

(a)α 亚基;(b)β 亚基

### 2.3.1.1 藻红蛋白(PE)

苏海楠(2010)通过 CD 谱的变化间接研究了来源于多管藻 *Polysiphonia* 的 PE 的构象和功能变化的动力学过程。对来源于多管藻 *Polysiphonia* 的 PE 的吸收光谱的研究表明,可以利用 CD 谱的变化观察 PE 因外界环境改变引起的结构重排。研究发现,紫外区(190～260 nm)的 CD 谱图分析结果可以揭示蛋白质多肽骨架的结构信息,从而可用于探测蛋白质构象的改变(Greenfield,2004)。苏海楠(2010)对不同 pH 条件下 PE 的 CD 谱进行了测量,并且使用软件对这些光谱结果进行解析,计算得到的各条件下 PE 各二级结构的含量,如表 2-4 所示。

**表 2-4 PE 各二级结构含量随溶液 pH 的变化(苏海楠,2010)**

| pH | α 螺旋 | β 折叠 | 转角 | 无规卷曲 | RMS |
|---|---|---|---|---|---|
| 2.00 | 15.6 | 44.9 | 5.3 | 34.1 | 9.794 |
| 2.25 | 20.5 | 43.3 | 3.0 | 33.2 | 8.646 |
| 2.50 | 33.6 | 34.5 | 2.9 | 28.9 | 5.432 |
| 2.75 | 63.6 | 16.4 | 4.6 | 15.5 | 3.139 |
| 3.00 | 89.9 | 4.2 | 1.4 | 4.6 | 3.567 |
| 3.25 | 76.2 | 8.5 | 8.6 | 6.7 | 3.201 |
| 3.50 | 95.9 | 0 | 3.6 | 0.5 | 3.427 |
| 3.75 | 90.8 | 0 | 6.0 | 3.3 | 3.212 |
| 4.00 | 95.5 | 0 | 3.8 | 0.7 | 3.788 |
| 5.00 | 82.1 | 5.4 | 8.5 | 4.0 | 2.914 |
| 6.00 | 95.7 | 0 | 3.3 | 1.0 | 3.532 |
| 7.00 | 93.8 | 0 | 2.6 | 3.6 | 3.968 |
| 8.00 | 88.4 | 0 | 6.1 | 5.5 | 4.043 |

续表

| pH | α 螺旋 | β 折叠 | 转角 | 无规卷曲 | RMS |
|---|---|---|---|---|---|
| 9.00 | 91.6 | 0 | 4.7 | 3.7 | 4.305 |
| 10.00 | 92.2 | 0 | 3.4 | 4.4 | 3.669 |
| 10.25 | 73.4 | 7.6 | 10.8 | 8.2 | 3.456 |
| 10.50 | 76.2 | 8.5 | 8.6 | 6.7 | 3.201 |
| 10.75 | 81.3 | 0 | 9.9 | 8.8 | 3.261 |
| 11.00 | 72.3 | 7.7 | 8.5 | 11.5 | 2.744 |
| 11.25 | 53.1 | 16.4 | 8.6 | 21.9 | 2.769 |
| 11.50 | 44.9 | 25.1 | 6.9 | 23.1 | 2.331 |
| 11.75 | 14.7 | 41.8 | 6.9 | 36.6 | 11.645 |
| 12.00 | 3.2 | 54.3 | 4.0 | 38.5 | 20.287 |

由表 2-4 可以看出，PE 在中性缓冲溶液中的二级结构主要为 α 螺旋，不存在任何 β 折叠结构，有少量转角和无规卷曲，与 PE 晶体结构分析得到的结果一致。在 pH 3.5～10 的范围内，PE 的各种二级结构含量略有波动，但总体来看，主要为 α 螺旋结构，基本不存在 β 折叠结构，转角和无规卷曲含量存在小幅度波动。当 pH 呈偏酸（小于 3.5）或偏碱（大于 11）时，α 螺旋结构含量开始骤减，β 折叠结构和无规卷曲结构含量开始急剧增加，转角结构含量小幅度波动，但整体比例一直维持在较低水平。对 PE 各种二级结构含量变化进行拟合（图 2-28），通过对拟合后的方程参数（表 2-5）进行分析，可发现在碱性环境中，PE 的二级结构变化速度与在酸性环境中的变化速度是不同的。

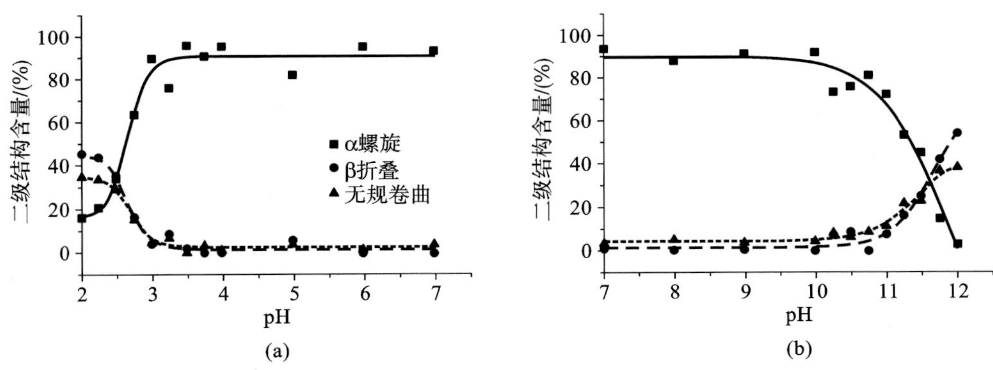


**图 2-28 PE 各二级结构含量随溶液 pH 的变化（苏海楠，2010）**

（a）酸性环境；（b）碱性环境

**表 2-5 PE 二级结构含量随 pH 变化的方程拟合参数（苏海楠，2010）**

| 二级结构 | 酸性环境 | | 碱性环境 | |
|---|---|---|---|---|
| | $\chi_0$ | $p$ | $\chi_0$ | $p$ |
| α 螺旋 | 2.66±0.0551 | 18.7±6.03 | 12±0.803 | 22.2±8.5 |
| β 折叠 | 2.65±0.0412 | 17.9±4.12 | 11.7±0.266 | 36±11.7 |
| 无规卷曲 | 2.7±0.0329 | 20.8±4.55 | 11.5±0.18 | 32.6±8.91 |

### 2.3.1.2 藻蓝蛋白（PC）

李文军（2013）将已发现的来源于隐藻 PC 的 PC-645 亚基序列输入 Swiss-model 中进行蛋白质高级

结构预测,发现 PC-645 亚基序列与隐藻 PE 的 PE-545 α 亚基的一级序列不同,但所形成的二级结构极为相似:均有一个 α 螺旋和两个 β 折叠,且一个 β 折叠紧连着 α 螺旋。此结构与红、蓝藻中连接蛋白的结构非常相似,所以有研究者认为隐藻的 α 亚基可能是由红、蓝藻的连接蛋白进化而来的(图 2-29)。由于 PC-645 β 亚基与 PE-545 β 亚基序列基本相同,其二级结构也非常类似:α 螺旋为主要结构,且有多个保守的单环结构,如图 2-30 所示,这也反映了蛋白质的一级结构决定其高级结构。

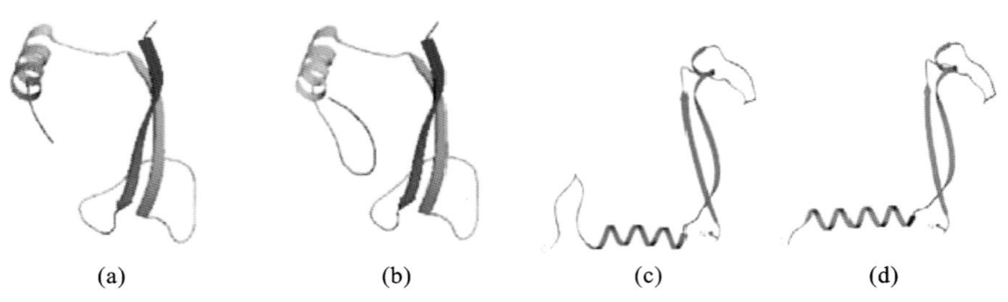


**图 2-29　隐藻 PC-645 与 PE-545 α 亚基空间结构(李文军,2013)**

(a)PC-645 α1 亚基;(b)PC-645 α2 亚基;(c)PE-545 α1 亚基;(d)PE-545 α2 亚基

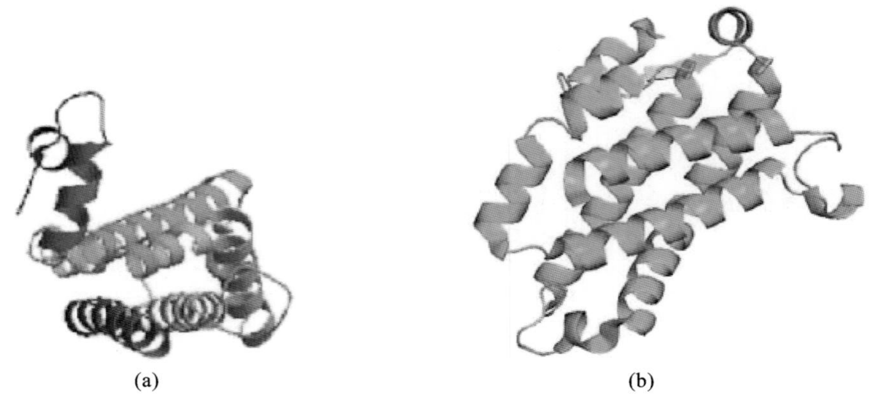


**图 2-30　隐藻 PC-645 与 PE-545 β 亚基空间结构(Glazer 和 Wedemayer,1995;Reith 和 Douglas,1990;Bolte 等,2008)**

(a)PC-645 β 亚基;(b)PE-545 β 亚基

李文军(2013)还研究了溶液 pH 对隐藻 PC-645 紫外区 CD 谱的影响,发现 α 螺旋占主导时,在 222 nm 和 208 nm 处有两个负峰,在 192 nm 处有一个正峰;β 折叠占主导时,在 216 nm 处有一个负峰,而在 195 nm 处有一个正峰。将隐藻 PC-645 用不同 pH 的缓冲液处理后,检测其远紫外区的 CD 谱,结果如图 2-31 所示,在 pH 7 的溶液中,隐藻 PC-645 的 CD 谱在 222 nm 和 208 nm 处有两个负峰,在 192 nm 处有一个正峰,表明此时隐藻 PC-645 二级结构以 α 螺旋为主导,这与隐藻 PC-645 解析得到的晶体结构数据是一致的(Morisset 等,1984);当溶液 pH 由 7 降低到 3.5 时,CD 谱变化并不显著,说明隐藻 PC-645 的二级结构在此 pH 区间内维持相对稳定;只有当 pH 小于 3.25 时,222 nm 和 208 nm 处的负峰极速上升,192 nm 处的正峰极速下降,甚至存在负峰,表明隐藻 PC-645 的二级结构已经发生了明显改变,α 螺旋构象趋于解体。当溶液 pH 由 7 增大到 10 时,α 螺旋的两个典型特征性负峰保持相对稳定;当 pH 升高到 10.25 时,α 螺旋的两个负峰迅速上升,并向 216 nm 处的负峰(β 折叠的特征峰)融合;随着 pH 进一步升高,隐藻 PC-645 的 CD 谱变得杂乱,结构也变得无序。pH 诱导的隐藻 PC-645 构象与功能变化如图 2-32 所示,分为三个不同的区段。①稳定区:pH 为 3.5~7 时,蛋白质的二级结构比较稳定,蛋白质结构、构象和功能在此区域都维持正常。②次稳定区:pH 为 7~10 时,荧光强度缓慢下降,但紫外线吸收依然保持平稳,说明位于亚基内部的色素基团的状态、所处的疏水微环境都未发生改变,大部分二、三级结构完好,可能是由于亚基局部区域构象发生变化或者色素基团间的空间距离、方向等发

生变化(如四级结构微扰),引起荧光传递效率的降低。③不稳定区:pH 为 2.75～3.5 和 10～11 时,吸光度和荧光强度发生骤降,二级结构 α 螺旋的数量迅速减少,而 β 折叠的数量则大幅度增加,蛋白质构象处于快速崩溃期。隐藻 PC-645 在很宽的 pH 范围内可保持稳定,表现出构象与功能对环境变化的高度适应性。猜测其亚基间可能存在一些关键位点,在受到一定程度的 pH 环境干扰时,这些位点能够维持蛋白质稳定的结构状态;而在蛋白质结构的一些非关键区域中,肽链的结构会发生一定的柔性变化而不影响功能的发挥。

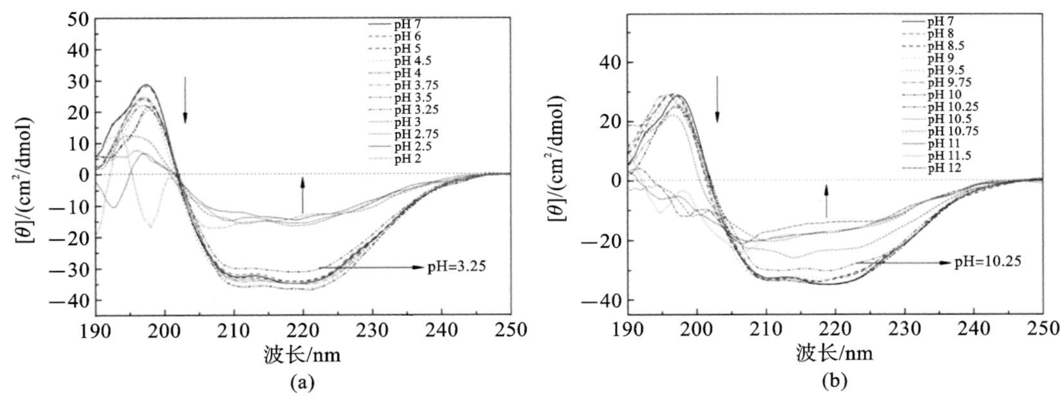


**图 2-31　pH 对隐藻 PC-645 紫外区 CD 谱的影响(李文军,2013)**

(a)pH 2～7;(b)pH 7～12

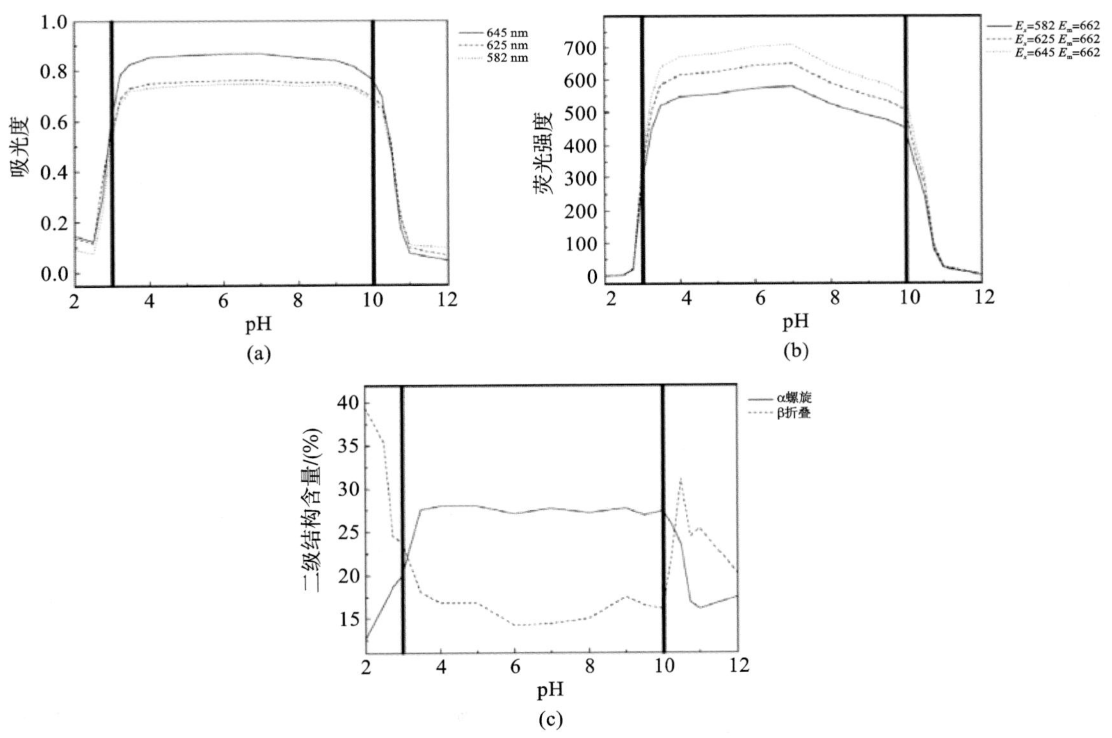


**图 2-32　pH 对隐藻 PC-645 吸收光谱、荧光光谱和二级结构的影响(李文军,2013)**

李文军在此基础上又对隐藻 PC-645 在尿素复性过程中紫外区 CD 谱的变化进行了研究,当隐藻 PC-645 处于 3 mol/L 尿素中时,在其逐渐变性的过程中,若透析出尿素,其结构也会逐渐恢复,如图 2-33所示。当变性时间长于 0.5 h 时,α 螺旋的特征峰(222 nm 和 208 nm 处)逐渐消失;透析复性时间长于 1 h 后,又逐渐表现出未变性状态下的紫外区 CD 谱,在 222 nm 和 208 nm 处重新出现两个负峰,在 192 nm 处出现一个正峰。这说明隐藻 PC-645 中的二级结构主要为 α 螺旋。低浓度尿素起初影响的只是隐藻 PC-645 的外部结构,或者亚基的聚合状态,而未波及色基所处内部蛋白质环境,耐受性较好。蓝隐藻作为一种单细胞藻类,其内环境更易受到外环境的影响,当外界离子强度在一定范围内变化时,其结构和蛋白质构象应具有一定的弹性,以保证光吸收中心的功能稳定,从而能够抵抗极端的逆性环境,因此,隐藻 PC-645 在去除尿素后其结构和功能都能够恢复初始状态,也是与其生理功能相适应的。

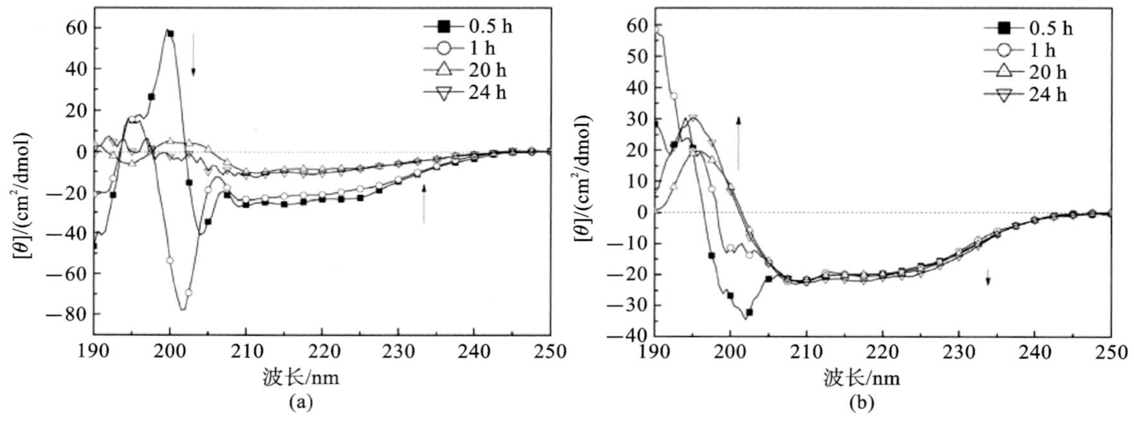


**图 2-33　尿素复性过程中 PC-645 的 CD 谱(李文军,2013)**

(a)变性过程;(b)复性过程

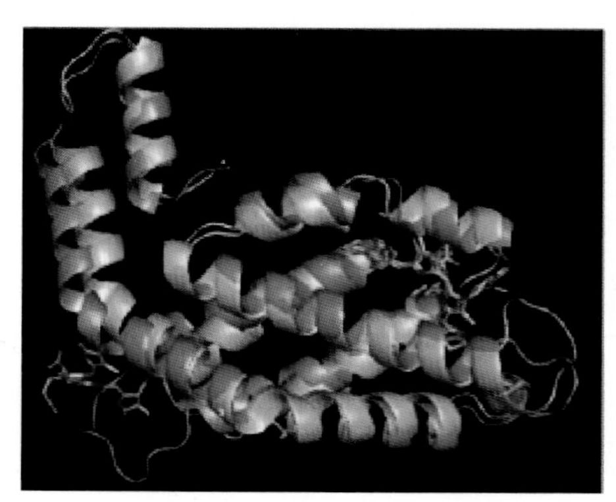

**图 2-34　一种嗜热蓝藻 *Cyanidium caldarium* PC α 亚基和 β 亚基的结构比对(PDB:1PHN)(马建飞,2015)**

马建飞(2015)比较了已知物种 PC 的同一亚基,如图 2-34 所示,发现虽然一种嗜热蓝藻 *Cyanidium caldarium* PC α 亚基和 β 亚基的序列相似性只有 35%(Apt 等,1995),但二级结构比对结果显示相似性很高,9 个 α 螺旋的二级结构中只有 1 个 α-螺旋长度有差异,其余完全匹配。

苏海楠(2010)研究了在溶液环境发生变化时,来源于钝顶螺旋藻 *Spirulina platensis* 的 PC 结构与功能之间的变化关系。与其他藻胆蛋白相同,PC 的 α 亚基和 β 亚基之间的序列相似度非常低,但是它们的二级结构和三级结构具有非常高的相似度。PC 的每个亚基都具有 9 个 α 螺旋,除了 2 个 α 螺旋区域形成用于亚基之间相互作用面的柄状结构外,其他 7 个形成一个球蛋白的结构。由于 PC 的二级结构以 α 螺旋为主,因此其二级结构的变化也可以通过圆二色谱(CD 谱)进行表征。如图 2-35 所示,在 PC 的 CD 谱图中,有 α 螺旋结构的典型特征峰(208 nm 处和 222 nm 处的两个负峰),因此,可通过检测这两个负峰的变化来研究 PC 二级结构的变化情况。

与 APC 相比,PC 在酸性环境中紫外区的 CD 谱的变化过程并没有非常规律,表明其二级结构的变化是一个比较复杂的过程,结合 PC 在酸性环境中吸收光谱的变化可以发现,其在酸性环境中出现的过程更复杂。当溶液 pH 由中性向酸性转变时,尤其是 pH 从 7 降到 3.5 的过程中,208 nm 和 222 nm 处的两个负峰的峰值出现缓慢波动,但是,仍然可以看到其 CD 谱有一个缓慢升高的趋势,显示其二级结构逐渐发生变化,α 螺旋含量也存在一定程度的降低。而当 pH 小于 3.5 时,208 nm 和 222 nm 处两个负峰的峰值变化开始变得更加显著,此时 PC 的二级结构发生了剧烈变化。

在碱性环境中 PC 的 CD 谱随 pH 的变化表现得更加规律。在 pH 为 7 和 8 时,PC 的 CD 谱比较平

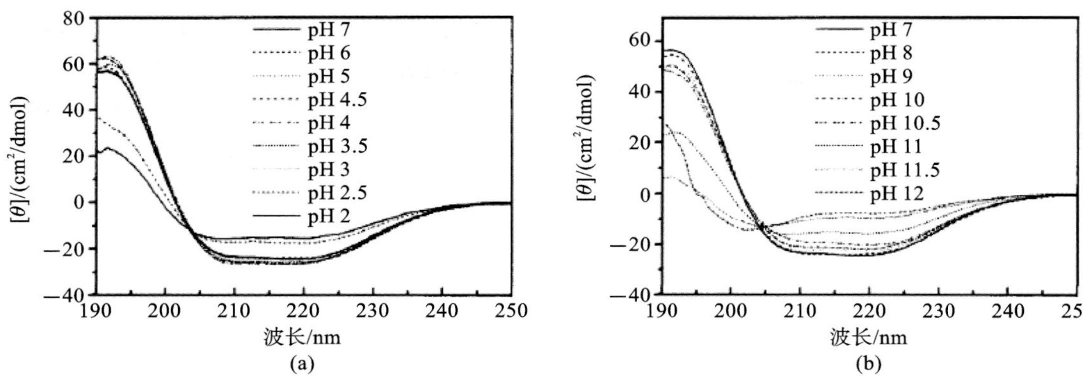


**图 2-35　溶液 pH 对 PC 紫外区 CD 谱的影响(苏海楠,2010)**

(a)pH 2～7;(b)pH 7～12

稳,峰值变化也相对较小。当 pH 进一步增大时,PC 的 CD 谱的峰形开始出现明显变化,当 pH 大于 9 时,208 nm 和 222 nm 处的两个负峰峰值的绝对值急剧降低,说明其蛋白质的二级结构发生了快速改变。在 pH 增大到 12 时,CD 谱的负峰峰值也蓝移到了 202 nm。

PC 在可见光区(300～700 nm)的 CD 谱随溶液 pH 的变化情况如图 2-36 所示,从图中可以看出 PC 在可见光区(300～700 nm)的 CD 谱存在非常严重的噪声干扰,可以由 358 nm 处的负峰和 632 nm 处的正峰辨别出 PC 的两个特征峰位,但是该光谱分析结果受到其噪声的严重干扰,尤其是位于长波长处的 632 nm 的正峰。358 nm 处的负峰和 632 nm 处的正峰分别是 PC 三聚体和单体的特征峰。三聚体在 647 nm 处还有一个肩峰,这是 PC 三聚体和单体在可见光区 CD 谱分析结果中的显著差异。长波长区域在 CD 谱信号中的噪声比短波长区域严重得多,因此提高了辨别三聚体的特征峰的难度,虽然可以在 647 nm 处识别出三聚体 PC 的肩峰,但是目前无法确定其是否属于噪声信号的干扰。

在酸性(pH 4～7)溶液环境中,尽管数值大小发生波动,但是仍然可以看出在 647 nm 处存在一个肩峰,说明此时 PC 以三聚体为主。而当 pH 在 3.5 及以下时,未发现 647 nm 处的肩峰的存在,说明这时 PC 三聚体已经开始向单体转化。在碱性环境中,647 nm 处的肩峰变化波动也比较明显,但是在 pH 7～10 的范围内,可一直辨别出 647 nm 处的肩峰,说明此时 PC 三聚体是主要聚集态。但是随着 pH 的升高,已经无法辨别出 PC 在 647 nm 处的肩峰,甚至连 632 nm 处的正峰也降低,说明此时溶液中 PC 三聚体已经基本消失,632 nm 处正峰的降低说明有些 PC 三聚体可能已经分解成了 PC 单体(图 2-37)。需要特别强调的是,长波长区域的实验结果有非常严重的噪声干扰,虽然研究者通过对实验结果的反复分析辨别确认出了三聚体的特征肩峰,但是由于噪声干扰的存在,要对此结果做出更加谨慎的推论。

Patel 等(2019)发现念珠藻 *Nostoc* sp. WR13 PC(Nst-PC)的 α 亚基和 β 亚基由 2 个相似的结构域组成:α 螺旋(α)和转角(T)。Nst-PC 由 8 个 α 螺旋组成,分别位于 α 亚基和 β 亚基上,具有 1 个和 3 个螺旋,与其他报道的 PC 结构相似。除连接蛋白外,在藻胆蛋白结构中未发现 β 折叠(Liu 等,2017;Reuter 等,1999)。

#### 2.3.1.3　别藻蓝蛋白(APC)

根据之前的报道,源于一种嗜热聚球藻 *Thermosynechococcus vulcanus* 的 APC 单体的组装是由于疏水作用和静电作用(电荷与电荷之间的相互作用,以及氢键)完成的(Adir 等,2008)。来源于蓝藻集胞藻 PCC 6803 的 APC X 射线晶体学证据表明,它的亚基由 9 个 α 螺旋(X,Y,A,B,E,F,F′,G,H)构成,其中 7 个 α 螺旋(A,B,E,F,F′,G,H)组成羧基末端球状中心结构域:位于 N-末端的两个反平行短 α 螺旋(X 和 Y),延伸出球状结构域之外作为单体和更高级结构组装的接触面;相同亚基的 X 和 Y 之间和其他 α 螺旋之间的球状结构域的疏水作用对 APC 单体形成起基础性作用(Liu 等,1999;Adir 等,2008)。由于氨基酸残基序列特殊,α 亚基 N-末端的 X 和 Y 是两亚基相互结合的中心区域,在此处存在

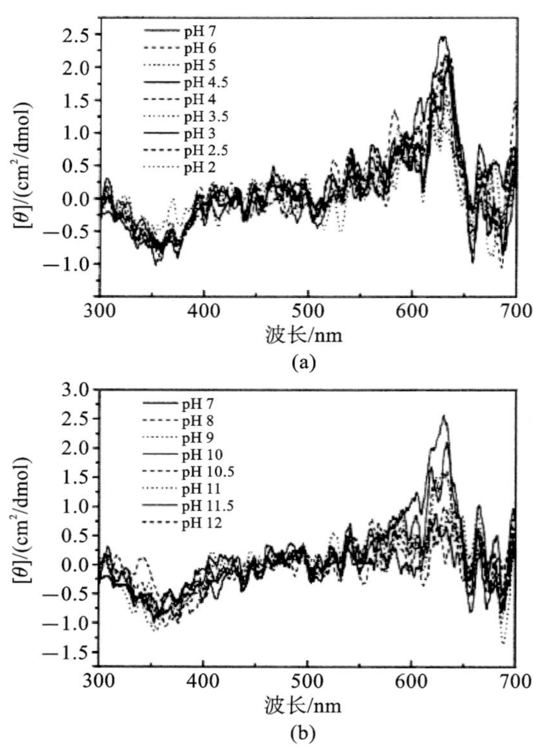


**图 2-36 溶液 pH 对 PC 可见光区 CD 谱的影响(苏海楠,2010)**

(a)pH 2～7;(b)pH 7～12

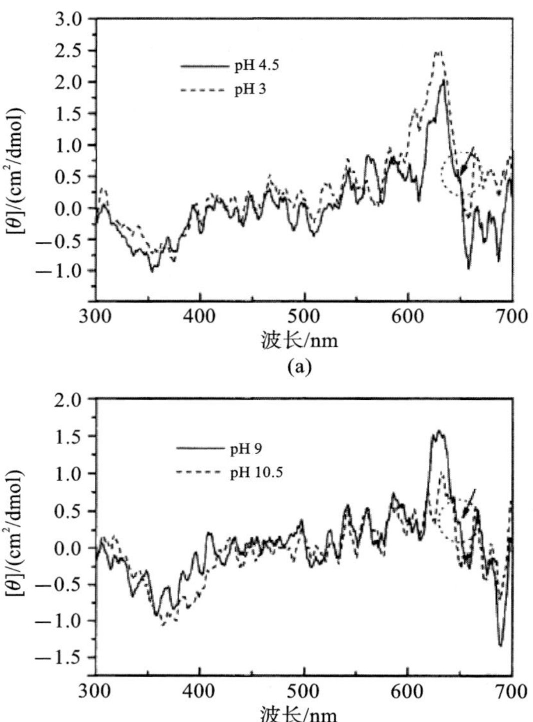


**图 2-37 溶液 pH 对 PC 可见光区 CD 谱的影响**

图中虚线圆圈内部的箭头所指之处为 PC 在 647 nm 处的肩峰

表现出强烈正电势的区域,在β亚基的相同位置,存在表现出强烈负电势的区域,这种相接触区域的长程静电互补相互作用启动了 APC 单体的组装(Adir 等,2008)。

由于 APC 的二级结构主要为α螺旋,其结构的变化可以通过 CD 谱进行表征。在 APC CD 谱图中,208 nm 和 222 nm 处的两个负峰是典型的α螺旋的峰形。苏海楠(2010)对来源于钝顶螺旋藻 *Spirulina platensis* 的 APC 的紫外区 CD 谱随 pH 的变化情况进行了研究。研究发现,在溶液 pH 不断减小(由中性向酸性变化)的过程中,可以看到 208 nm 和 222 nm 处的两个负峰的峰值出现缓慢升高的趋势(图 2-38),说明其二级结构开始发生一定的变化,208 nm 和 222 nm 处的两个负峰峰值绝对值的减小也表明α螺旋的含量有一定程度的降低。在溶液 pH 由 7 降到 3 的过程中,CD 谱的峰值变化相对缓慢,但也已经减小了近 15%。而当 pH 小于 3 时,208 nm 和 222 nm 处的两个负峰的峰值变化更为明显,此时 APC 的二级结构已发生剧烈改变。因此,在 pH 逐渐减小的过程中,APC 的二级结构也是随之发生变化的,但值得注意的是,即使 pH 逐步减小到 3.5(APC 三聚体开始发生解聚)和 3(APC 三聚体已经完全解聚),CD 谱的峰值变化趋势仍然是平稳的,只有当 pH 减小到 3 以下,CD 谱的峰值才会出现骤减,说明刚刚开始解聚时,APC 的二级结构仅仅是缓慢变化,在 APC 三聚体解聚且 pH 进一步降低后,APC 的二级结构才突然发生剧烈变化。与在酸性环境中相比,碱性环境中 APC 的 CD 谱表现不完全相同。在 pH 为 7～9 的范围内,APC 的 CD 谱还可以稳定在一个比较平缓的范围内,此时 208 nm 和 222 nm 处的两个负峰的峰值变化相对较小(2%左右),而当 pH 进一步增大时,APC CD 谱的峰形开始出现急剧变化,当 pH 升高到 10 和 10.5 时,208 nm 和 222 nm 处的两个负峰的峰值绝对值发生骤减,说明其蛋白质二级结构发生了剧烈变化,与吸收光谱的实验结果中 650 nm 处吸收峰的变化情况相结合,可以得知在 pH 为 10 和 10.5 时,仍然保持 APC 的三聚体状态,而吸收光谱中吸光度的下降,表明维持三聚体结构的每一个单体的内部结构发生了改变。通过 CD 谱可以得出,在 pH 为 10 和 10.5 时,维持着三聚体结构的每一个单体的结构变化可以通过其二级结构的变化来反映。即使是每个单体的α

螺旋结构减少了，三聚体状态仍未发生改变，推测在三聚体 APC 的几个单体相接触的相互作用面上以及亚基之间的相互作用面上的 α 螺旋结构可能尚未发生严重变化，维系单体之间以及亚基之间的相互作用，从而稳定了 APC 的三聚体形式。

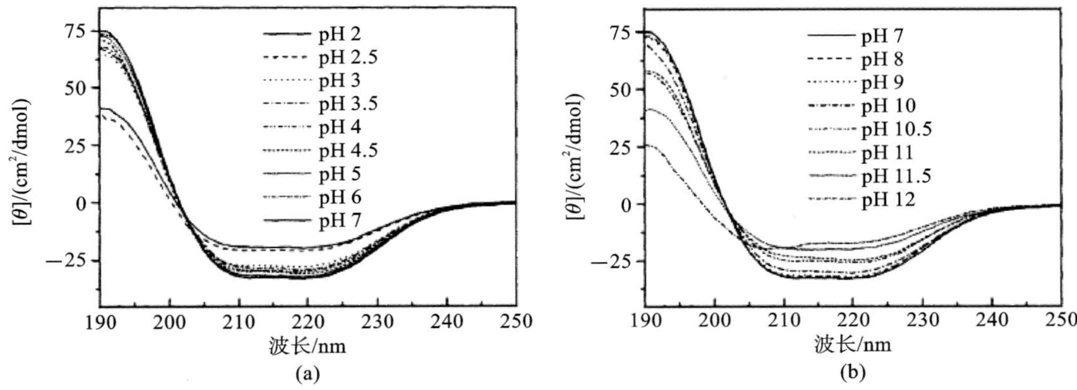


**图 2-38　溶液 pH 对 APC 紫外区 CD 谱的影响(苏海楠,2010)**

(a)pH 2～7;(b)pH 7～12

苏海楠(2010)同时研究了来源于钝顶螺旋藻 *Spirulina platensis* 的 APC 在可见光区 CD 谱的变化情况，测量了 APC 可见光区 CD 谱随 pH 的变化情况。已知各种藻胆蛋白的高级聚集状态在通常情况下都可以通过测量其可见光区的 CD 谱来进行分析表征，APC 也不例外(MacColl 等，2003)，因此他尝试采用 CD 谱来研究 APC 的高级聚集状态的变化情况，得到了 APC 的可见光区 CD 谱图，但用于该研究的实验仪器 J-810 型 CD 谱仪在可见光区的光谱噪声干扰较严重，无法像吸收光谱、荧光光谱和紫外区 CD 谱那样得到比较清晰直观地反映测量目标物的变化情况的实验结果。若对可见光区 CD 谱的光谱结果进行平滑处理，在处理后它的一部分光谱信息将很容易丢失，因此后期未对实验结果进行处理，而是直接分析了原始实验结果。综上所述，只能根据 APC 在可见光区 CD 谱的变化情况对 APC 的聚集状态进行定性分析而不能进行定量计算。

图 2-39 所示为 APC 在可见光区的 CD 谱随溶液 pH 的变化情况，从图中可以看出 APC 在可见光区的 CD 谱受噪声干扰较为严重，与已有相关文献研究相比，虽然 APC 三聚体状态或单体状态的特征峰位可以辨认出来，但是光谱结果的分析受到其噪声的严重干扰。APC 的六个偏振峰(577 nm、596 nm 和 650 nm 处的三个负峰以及 621 nm、639 nm 和 656 nm 处的三个正峰)是 APC 三聚体结构的特征峰(MacColl 等，2003)。由于得到的 CD 谱信号的噪声干扰程度随着波长的红移逐渐严重，因此选择了波长相对最短的 577 nm 处的负峰作为 APC 高级聚集状态的特征检测峰位。

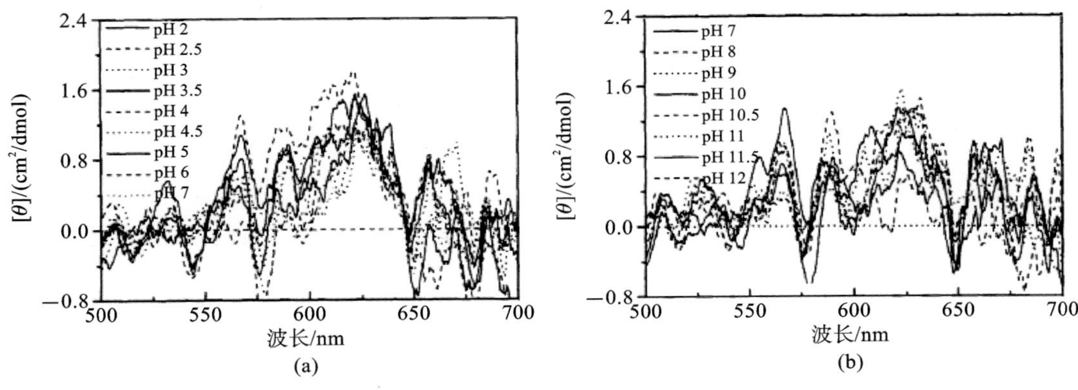


**图 2-39　溶液 pH 对 APC 可见光区 CD 谱的影响(苏海楠,2010)**

(a)pH 2～7;(b)pH 7～12

已知 APC 三聚体在 577 nm 处存在一个负峰,而当 APC 解聚为单体后,577 nm 处的负峰会消失不见,峰值转变为正值(MacColl 等,2003),该变化在 APC 可见光区 CD 谱的六个偏振峰中最显著。根据这个特性,可以依据 577 nm 处负峰的峰值变化来间接判断 APC 聚集状态。

在酸性环境中,pH 为 4 到 7 的范围内,尽管数值略有波动,但是 APC 在 577 nm 处的偏振峰值始终为负值,此时 APC 的聚集状态主要为三聚体,而当 pH 减小到 3.5 时,577 nm 处的偏振峰值趋近于零,说明 APC 三聚体开始向单体转化,APC 此时处于一种过渡态或者是几种聚集态的混合状态。而当 pH 进一步减小,减小到 3 以及 3 以下时,577 nm 处的负峰逐渐消失,577 nm 处偏振峰的峰值转变为正值,说明此时 APC 三聚体已经发生完全解聚。

在碱性环境中,577 nm 处的偏振峰变化波动也比较显著,但是在 pH 从 7 到 10.5 的范围内,577 nm 处的负峰始终呈负值状态,说明此时三聚体在 APC 溶液中是主要聚集态。但是其峰值的绝对值不断减小,说明溶液中可能也有单体的存在,而且单体的数量还随着 pH 的升高而不断增加。而当 pH 逐渐升高到 11 以及 11 以上时,APC 在 577 nm 处的偏振峰的峰值为零,说明此时溶液中基本不存在三聚体。但与 pH 3 时 APC 单体的 CD 谱相比,此时 APC 溶液在可见光区的 CD 谱不那么典型,可能是由于此时 APC 的蛋白质结构在碱性较强的溶液中发生了剧烈变化,藻蓝胆素有可能发生了去质子化一类的变化。

### 2.3.2 藻胆素结构

目前较为常见的藻胆素有 4 种,分别是藻红胆素(phycoerythrobilin,PEB;吸收峰范围 540～565 nm)、藻蓝胆素(phycocyanobilin,PCB;吸收峰范围 620～650 nm)、藻尿胆素(phycourobilin,PUB;吸收峰 490 nm)、藻紫胆素(phycoviolobilin,PVB 或 PXB;吸收峰 568 nm)(图 2-40)。它们具有相同的碳骨架,但具有不同的双键位置与数量,导致藻胆素的颜色基本覆盖了可见光区域(495～620 nm)(Glazer,1989;MacColl,1998)。藻胆素的连接方式大多是通过硫醚键与脱辅基蛋白中的半胱氨酸(Cys)共价相连(李文军,2017;王璐,2010)。

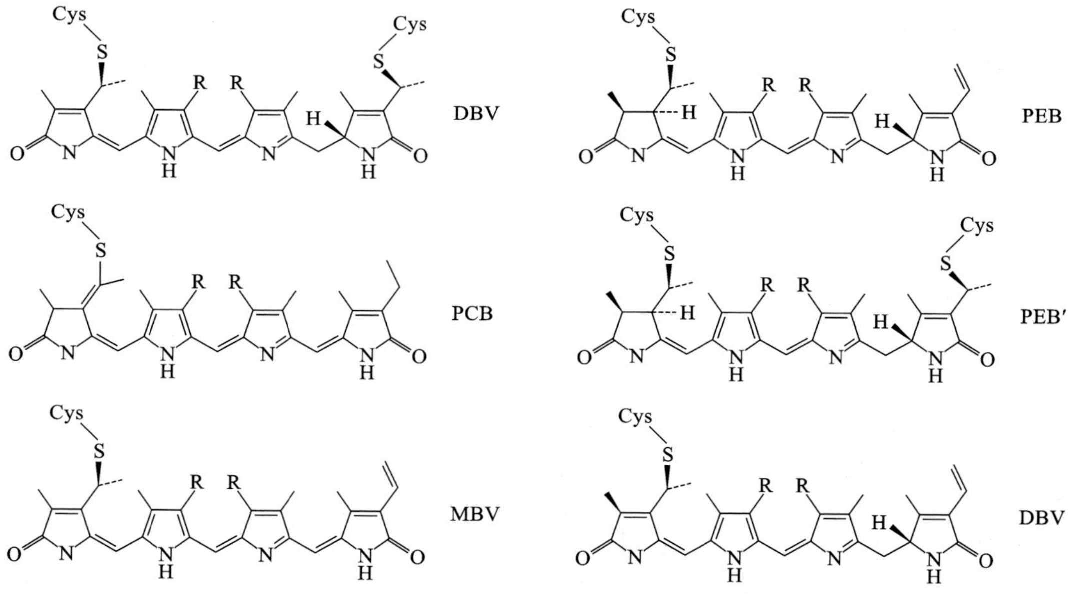


图 2-40 藻胆素的结构(李文军,2017)

R-PE、B-PE 和 R-PC 一般含有两种色基,其中 R-PC 同时含有 PEB 和 PCB 色基。R-PE 和 B-PE 一般含有 PEB 和 PUB 色基。但 B-PE 中只含有 PEB 色基,APC 和 C-PC 中仅含有 PCB 色基,PVB 色基也只存在于 PEC 中(Carra,1991)。APC、C-PC 的三聚体分子中分别含有 6 个和 9 个 PCB 色基,每个 PEC 三聚体含有 PCB 和 PVB 色基的个数分别为 6 和 3,而每个 B-PE 三聚体内仅含有 15 个 PEB 色基,

每个 B-PE 六聚体含有 34 个色基(32 个 PUB 和 2 个 PEB)(Carra,1991)。由于 R-PE γ 亚基上的色基数量和种类随来源不同而发生变化,因此每个 R-PE 六聚体含有的色基数量变化较大。例如:一种丽丝藻 *Aglaothamnion neglectum* 中的 γ33 和一种腹枝藻 *Gastroclonium coulteri* 中的 γ 亚基含有 4 个色基(1 个 PEB 和 3 个 PUB),而一种丽丝藻 *Aglaothamnion neglectum* 中的 γ31 和一种紫球藻 *Porphyridium purpureum* 中的 γ 亚基含有 2 个色基(PUB),一种绢丝藻 *Callithamnion rubosum* 中的 γ 亚基含有 5 个色基(3 个 PEB 和 2 个 PUB 色基)(Yu 等,1981)。不同的藻胆蛋白中藻胆素的连接方式和位置也略有不同(表 2-6)。

**表 2-6 藻胆蛋白中的发色团结合位点**

| 藻胆蛋白 | 半胱氨酸残基上的发色团结合位点 | | | | | |
|---|---|---|---|---|---|---|
| | α75 | α84 | α140 | β50/β60 | β84* | β155 |
| APC | | PCB | | | PCB | |
| C-PC | | PCB | | | PCB | PCB |
| PEC | | PVB | | | PCB | PCB |
| R-PE | | PEB | | | PCB | PEB |
| R-PC | | PUB | | | PCB | PEB |
| PE[a] | | PUB | | | PCB | PCB |
| C-PE | | PEB | PEB | PEB | PEB | PEB |
| CU-PE[b] | | PEB | PUB | PUB | PEB | PEB |
| CU-PE[c] | PUB | PEB | PEB | PUB | PEB | PEB |

[a] 表示源自聚球藻 *Synechoccus* sp. WH8102;[b] 表示源自聚球藻 *Synechococcus* sp. WH8103 PE Ⅰ;[c] 表示源自聚球藻 *Synechococcus* sp. WH8020 PE Ⅱ

藻胆素与脱辅基藻胆蛋白的正确连接通常需要特异的裂合酶来催化完成。1992 年 Glazer 首次发现了 PC α 亚基裂合酶。Glazer 及相关领域研究者迄今为止总共发现了 5 种藻胆蛋白裂合酶,特别是赵开弘教授课题组,发现与确定了其中 3 种重要的藻胆蛋白裂合酶(Zhao 等,2000;Zhao 等,2007)。研究者还发现 CpcS/CpeS 是负责藻胆蛋白 84 位共价偶联的广谱性裂合酶,实现了藻胆蛋白辅基色素的生物转化与共价偶联,确定了藻胆蛋白裂合酶的活性结构特征与催化机制,阐明了色素中间体从裂合酶转移到藻胆蛋白的脱辅基蛋白,最终生成产物的详细分子事件和裂合酶活性氨基酸残基催化行为的细节(Kupka 等,2009)。关于 PCB 如何结合到脱辅基蛋白上,迄今为止,只有异二聚体裂合酶 CpcE/F 研究得比较清楚。它负责将 PCB 共价连接到 PC α 亚基的 Cys-84 位残基上。该类酶特异性高,只作用于 PC α 亚基的 Cys-84。由蓝藻的基因组序列分析发现,CpcE/F 类裂合酶的数目并不足以满足其他藻胆蛋白多个色基结合位点的需要;并且,在对藻类的藻胆体核心进行功能研究时发现,在缺乏 CpcE/F 的条件下,藻胆蛋白依然能形成带色基的蛋白质(Bhalerao 等,1994;Swanson 等,1992),这说明应该还有其他裂合酶存在的可能性。目前发现裂合酶 PecE/F 催化 PCB 异构为 PVB 并与脱辅基蛋白 PecA 连接,裂合酶 CpcE/F 催化脱辅基蛋白 CpeA 与藻蓝色素 PCB 的连接,裂合酶 $CpeT_1$ 能催化 CpcB 和 PecB 的 β 亚基 Cys-155 位与 PCB 的偶联,而裂合酶 CpeS1 不仅催化 PCB 与 PecB 和 CpcB 的 Cys-84 位连接,也能催化 PCB 与脱辅基蛋白 ApcA、ApcB、ApcA2、ApcD 和 ApcF 的连接(陈煜,2012)。由于不同的藻胆蛋白所含色基的种类不同,并且色基所处的蛋白质高级结构也不尽相同,因此藻胆蛋白表现出来的颜色也有差异,如 PC 主要呈现蓝色,PE 主要呈现红色,而 APC 则呈现淡蓝色(李文军,2017)。

大量的结构研究使得对藻胆素的研究已经非常透彻。所有的藻胆素都是线性(开环)的四吡咯结构,大多通过硫醚键与藻胆蛋白骨架上自由的半胱氨酸残基共价结合(Glazer,1989)。参与连接的环为 A 环,只有 PEB 连接了藻胆素的两个环,A 环和 D 环(MacColl,1998)。有时 PEB 和 PXB 会与两个 Cys 残基以双键的方式相连接(李文军,2013;Glazer,1985)。

经核磁共振光谱证实,四种藻胆素分子(PCB、PEB、PUB、PXB/PVB)的碳骨架相同,分子质量约为586 kDa,都含有 2 个酮基(C=O)、7 个碳碳双键(C=C)等,差异仅表现为双键位置与数量的不同。这个简单的差异,造成了共轭双键数目的不同,共轭双键越多,色基的吸收波长就越红移,加之每种藻胆蛋白可以结合不同类型和数量的藻胆素色基、藻胆蛋白内部色基构象和微环境不同、藻胆蛋白聚集状态等原因(Demidov 等,2006;Holzwarth,1991),藻胆素的吸收光谱颜色几乎覆盖了从 490 nm(PUB)到 650 nm(PCB)广泛的可见光区(李文军,2013)。

在不同的蓝藻和红藻中合成藻胆素的途径与生成血红素和叶绿素的过程相同,都是通过血红素加氧酶(heme oxygenase)降解血红素(Migita 等,2003),再通过还原和异构化作用使之生成藻胆素(Frankenberg 等,2001)。各种不同的藻胆素的区别主要集中在共轭的双键数量,这些双键数量的改变使得它们的吸收光谱产生了区别。华中农业大学赵开弘教授、德国慕尼黑大学 Scheer 教授以及美国宾夕法尼亚大学 Bryant 教授课题组在藻胆素的生物化学合成方面做了诸多工作(Tu 等,2009;Biswas 等,2011;Blot 等,2009;Miller 等,2008;Saunée 等,2008;Shen 等,2008),其中赵开弘教授课题组已经可以实现所有藻胆素分子之间的异构化过程(图 2-41)(林瀚智,2012;Tu 等,2009)。

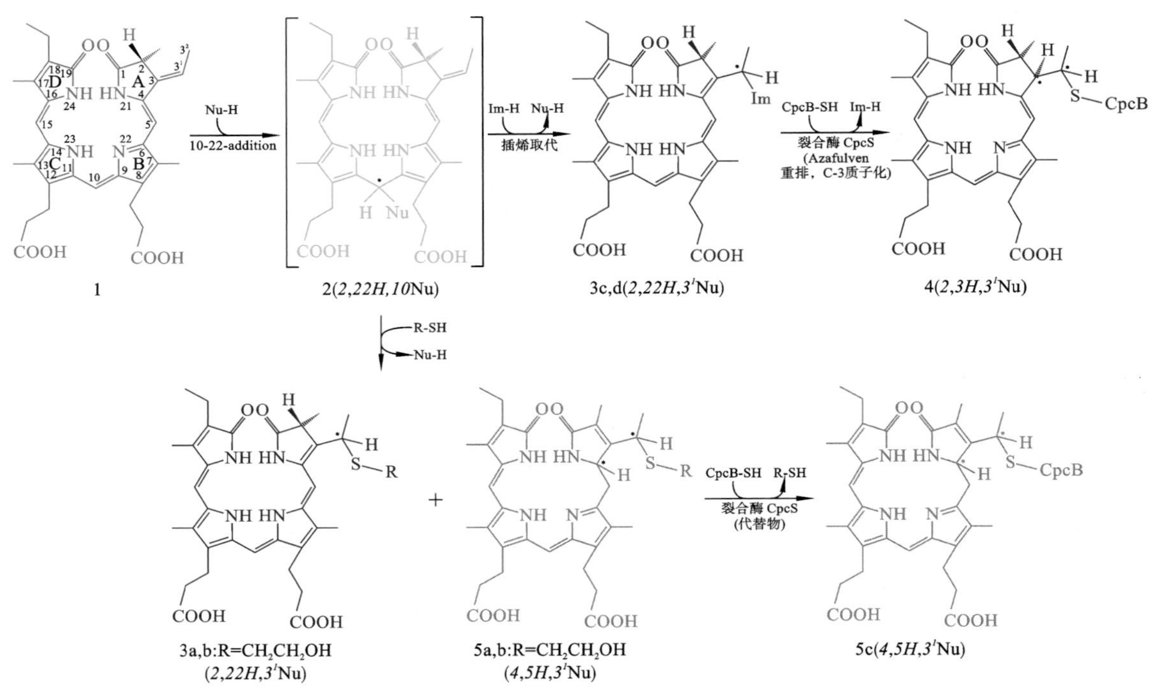


**图 2-41 藻胆素的亲核加成过程(Tu 等,2009)**

* 表示新生成的非对称中心。Nu 为亲核试剂;Im 为咪唑基。过程 2 仍需要进一步实验确认

### 2.3.2.1 红藻 PE

一种格里菲斯藻 *Griffithsia monilis* 的 R-PE 相关研究表明,当 PEB 分子偏离共轭平面性高(>50°)时,在 530 nm 处会产生吸收峰,当 PEB 分子偏离共轭平面性低(>20°)时,在 560 nm 处会产生吸收峰(Hiller 等,1999)。根据 B-PE 的晶体结构可知,PEB 82α 和 PEB 82β 比 PEB 139α 和 PEB 158β 具有更低的偏离平面性,所以 B-PE 吸收光谱中 565 nm 处的峰值应由 PEB 82α 和 PEB 82β 造成,而 545 nm 处的吸收峰则由 PEB 139α 和 PEB 158β 产生。

在一种紫球藻 *Porphyridium cruentum* B-PE 中,α 亚基中的发色团与 Cys-82(PEB 82α)和 Cys-139(PEB 139α)共价结合,β 亚基中的发色团与 Cys-82(PEB 82β)和 Cys-158(PEB 158β)相连。另外一个 PEB 分子存在于 β 亚基中,但在这种情况下,发色团通过 Cys-50 和 Cys-61(PEB 50~61β)与 β 亚基双重连接。对于所有的荧光团,B 环和 C 环的氮原子均与天冬氨酸残基相互作用,但 PEB 139α 除外,B-

PE 的 PEB 139α 的结构与其他红藻的 PE 结构都不相同(图 2-42)(Camara-Artigas 等,2012),其中氮氢键合至水分子,水分子也与 Asp143α 形成氢键。PEB 发色团在 B 环和 C 环中包含两个丙酸基团,它们指向外并与氨基酸残基的侧链相互作用。这些丙酸基团与精氨酸和(或)赖氨酸残基形成盐桥,但 PEB 158β 除外,它通过水分子与若干残基氢键结合(图 2-42)。所有这些相互作用都受到 pH 的影响(例如,PEB 丙酸基团的 p*K*a 值预计为 4.5)。将 pH 降到 4.5 以下将导致丙酸基团质子化,并破坏其与周围残基盐桥的相互作用。比较一种紫球藻 *Porphyridium cruentum* 和其他红藻(PDB:1B8D、1EYX、1LIA、1F99、1PHN、1KN1、2BV8、3BRP 和 3KVS)中双蛋白质结构发色团的构象时(Liu 等,1999;Jiang 等,2001;Morisset 等,1984;Hiller 等,1999;Stec 等,1999;Chang 等,1996;Contreras-Martel 等,2001),其中一个最明显的区别是 PEB 139α 环 A 的角度变化。例如,在一种格里菲斯藻 *Griffithsia monilis*(PDB:1B8D)的 R-PE 结构中,该环旋转约 90°(Chang 等,1996)。这种构象导致 PEB 139α 的羰基原子 OA 与另一对称相关六聚体的残基 Thr 159β(原子 N,3.18 Å)、Asp 157β(原子 OD1,3.34 Å)和 Cys 158β(原子 N,2.77 Å)之间形成氢键。由于发色团 PEB 158β 与 Cys 158β 共价连接,这些相互作用通过氢键网络将存在于相邻六聚体中的发色团连接起来(图 2-42)。PEB 139α 与 Thr 159β、Asp 157β 通过氢键组成发色团微环境,造成 PEB 139α 和 PEB 158β 在六聚体中的距离非常靠近,小于 20 Å,在钝顶螺旋藻 *Spirulina platensis* 的 C-PC 中也存在类似的结构,这种结构允许光能在 C-PC 中进行横向能量转移(Womick 等,2011)。由晶体结构分析可以推断,PEB 139α 和 PEB 158β 在 643 nm 和 561.5 nm 正负峰相交处组成了另一组激子对(李文军,2017)。

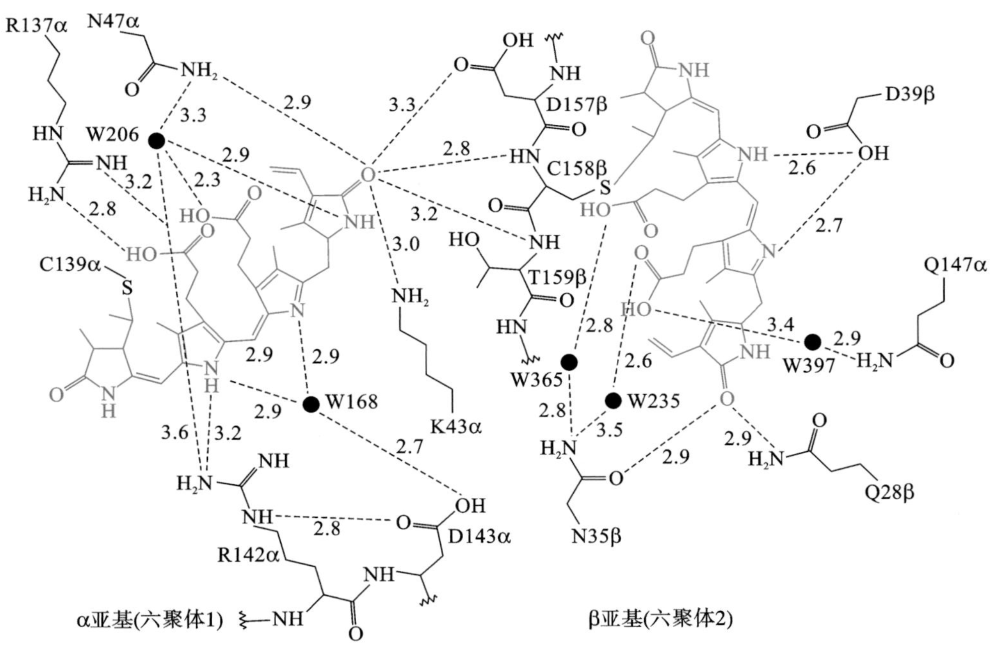


**图 2-42　PEB 139α 和 PEB 158β 发色团的二维图像(Camara-Artigas 等,2012)**

在 pH 5 和 pH 8 下,PEB 139α 的构象没有明显的差异。PEB 139α 的 A 和 B 吡咯环之间的旋转与聚球藻 *Synechococcus* OSB′的蓝藻植物色素的色素结构域中所描述的类似(Stec 等,1999)。在 NMR 结构基态(Pr)中,A 环几乎垂直于 B 环和 C 环,但当光转换到光激活态(Pfr)时,B 环、C 环和 D 环的取向不变,而 A 环旋转 90°后,几乎与 B 环和 C 环共面。

图 2-43 为 Glazer 等所获得的 B-PE 和 b-PE 的 CD 谱图。b-PE 的$(\alpha\beta)_6$结合 1 个 γ 亚基后,得到 B-PE$(\alpha\beta)_6\gamma$。在这个过程中,γ 亚基对 b-PE 的空间结构可造成影响,在 568 nm 附近产生一个新的正负峰交点,出现新的激子对,在 545 nm 附近的 CD 峰强度大幅下降,而在 518 nm 处的 CD 峰并没有改变,同时在 498 nm 处出现一个 CD 峰。由于 γ 亚基的 PUB 和 PEB 吸收峰分别位于 B-PE 吸收峰的两端,其

中 PUB 造成了 498 nm 吸收峰的出现,而 PEB 作为能量的最终受体,与 PEB 82β 相互作用,导致 PEB 82α 和 PEB 82β 新的激子对的产生。在 B-PE 中,α 亚基和 β 亚基通过静电作用结合在一起,聚合为(αβ)单体,3 个(αβ)单体聚合为一个环形的$(\alpha\beta)_3$,两个$(\alpha\beta)_3$ 垛叠为规则的带有中央空洞的圆柱形$(\alpha\beta)_6$,γ 亚基位于$(\alpha\beta)_6$ 圆柱体的中央空洞中,不具有内在的三重对称性,所以 γ 亚基无法对$(\alpha\beta)_6$ 中的 PEB 产生对称性的结构影响,因此推测在图 2-43 中,531～537 nm 的小峰为 γ 亚基撕裂原有 PEB 色基后导致的原有 PEB 发色团结构域变化。参考 PC-645 中 DBV 50～61β 的结构与对应吸收峰(李文军,2013),由于 β 亚基的进化保守性(陈敏等,2015),518 nm 处的 CD 峰应为 PEB 50～61β。

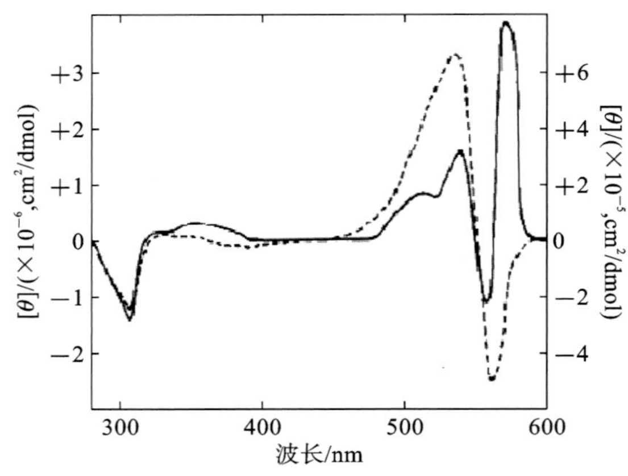


**图 2-43 B-PE 和 b -PE 的 CD 谱(Glazer 和 Hixson,1977)**

由于 CD 谱是通过记录不同波长处所对应的椭圆率得到的一种特殊的吸收谱,它对手性分子的构象十分敏感,所以能够反映出色基更为精细的结构。在近紫外区域,CD 谱的峰值主要由蛋白质侧链的芳香基团电子跃迁造成,在可见光区,CD 谱的峰值则由蛋白质辅基等色基造成(李文军,2017)。

在 B-PE CD 谱的近紫外区域,分别出现 260 nm 的正峰和 305 nm 的负峰。据报道,酪氨酸(Tyr)、苯丙氨酸(Phe)和色氨酸(Trp)处于不对称的微环境时,在近紫外区会有 CD 谱的峰值,其中,Phe 在 255 nm、260 nm 和 270 nm 处有较弱但较为尖锐的峰,Tyr 在 275 nm 和 282 nm 处会产生特征峰,Trp 在 290 nm 和 305 nm 处会产生特征峰。B-PE 在 260 nm 和 305 nm 处出现明显的正峰和负峰。在 B-PE 中,α 亚基含有 3 个 Phe 和 1 个 Trp,β 亚基含有 5 个 Phe。B-PE 的近紫外区域 CD 谱表明 Phe 和 Trp 可能共同处于疏水或者不对称的微环境中(李文军,2017)。

B-PE 在可见光区有一个 330～380 nm 的吸收区间,并且为信号非常强的正峰,这与 B-PE 的吸收峰结果相吻合,该范围为 PEB 和 PUB 色基的吸收范围。虽然 B-PE 仅含有 PEB 和 PUB 两种藻胆素色基,但是在 498～590 nm 之间有广阔的吸收范围,出现多个吸收峰。这是由于藻胆素在可见光区产生的吸收不仅取决于其本身的结构,而且受到其周围蛋白质氨基酸的影响(Glazer,1989),PEB 和 PUB 色基在不同的蛋白质结构域中光学特性会产生变化。

在 B-PE 中,γ 亚基则含有一种特殊的 PUB 色基(Glazer 和 Hixson,1977),而 α 亚基和 β 亚基仅含有一种 PEB 色基。因为 b-PE 不含 γ 亚基,这也是紫球藻中 B-PE 与 b-PE 最大的不同(Liu 等,2005)。与 PUB 不同的是,PEB 在 B-PE 的 A 环和 B 环上有额外的双键,因此相比于 PEB,PUB 能够吸收更短波长的光,所以 γ 亚基能够通过 PUB 拓宽紫球藻的吸光光谱,吸收更多的光能(Womick 等,2011)。γ 亚基处于$(\alpha\beta)_3$ 的中央(Ficner 和 Huber,1993;Jiang 等,2006;Hiller 等,1999),同时,γ 亚基能够避免吸收过多的光能,从而保护紫球藻的光反应中心(Liu 等,2008)。根据目前的研究进展,CD 谱中的 498 nm 处的吸收峰对应 γ 亚基的 PUB 色基结构域。

根据文献,B-PE 的荧光发射峰通常在 580 nm 左右,但是 R-PC 的吸收峰在 620 nm,这造成 B-PE 和 R-PC 之间无法通过 FRET 进行光能传递,因为 B-PE 的发射峰与 R-PC 的吸收峰没有交集。曾呈奎等于 1998 年,选用紫球藻 B-PE,经蛋白酶 K 部分酶切消化后,分离得到近似天然态的 γ 亚基,并且对它的光谱特性以及在 PE 分子中的空间位置进行了研究。酶解动力学分析表明,γ 亚基位于 B-PE 六聚体

$(\alpha\beta)_6$ 的中央空洞中，分离的 γ 亚基上 PEB 的吸收峰位于 589 nm，而荧光发射峰在 620 nm，这与 R-PC 的吸收峰重叠，有助于紫球藻中 B-PE 的能量向 R-PC 传递。如图 2-44 所示，B-PE 的 CD 谱在 590 nm 处有一个小的肩峰，这恰好与曾呈奎等的研究一致。因此，590 nm 的 CD 谱肩峰，对应着 B-PE 的 γ 亚基的 PEB 发色团结构域(李文军，2017)。

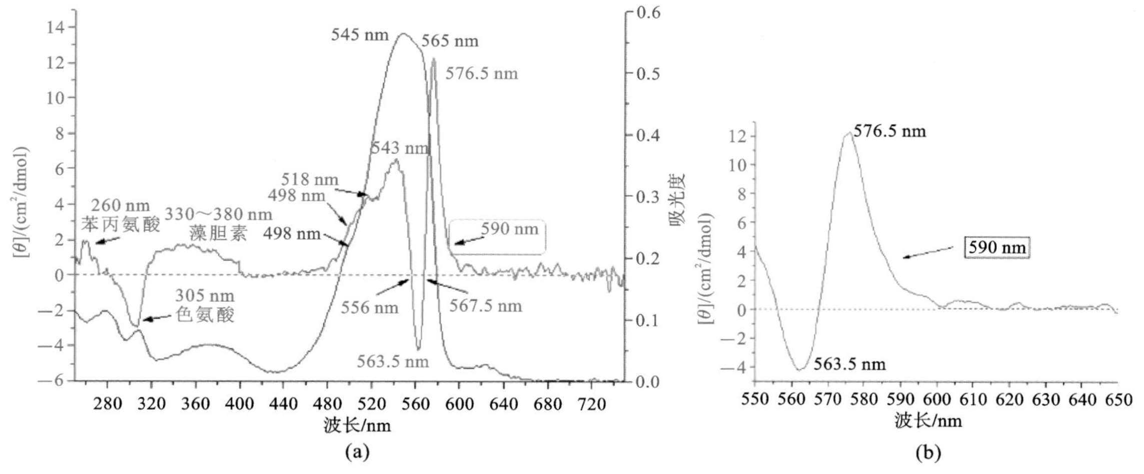


图 2-44　B-PE 的 CD 谱和吸收光谱

由于 B-PE 的结构为 $(\alpha\beta)_6\gamma$，而 γ 亚基的 PUB 和 PEB 结构域分别对应 CD 谱的 498 nm 和 590 nm 吸收峰。因此 CD 谱中剩下的 518 nm、543 nm、576.5 nm 三个正峰，以及 563.5 nm 的负峰，由 B-PE 的 $(\alpha\beta)_6$ 所产生。$(\alpha\beta)_6$ 由两个相同的 $(\alpha\beta)_3$ 圆盘结合而成，$(\alpha\beta)_3$ 由 3 个(αβ)单体组成，所以 $(\alpha\beta)_6$ 在结构上具有多重对称性。B-PE 的 α 亚基和 β 亚基在一级结构上仅有 24% 的序列相同，但是形成三级结构后，表现出明显的同源性。每个亚基含有 8 个 α 螺旋、6 个 β 折叠，其中 α 亚基含有 2 个 PEB 色基，分别为 PEB 82α 和 PEB 139α，β 亚基含有 3 个 PEB，分别为 PEB 50～61β、PEB 82β 和 PEB 158β。每个 PEB 色基在 30 Å 距离内，都有相邻的色基通过固定空间取向相互靠近，这种结构在光能传递中具有重要作用(Gaigalas 等，2006)。所以在(αβ)单体中存在 5 种 PEB 色基结构域，那么由(αβ)单体组成的 $(\alpha\beta)_6$ 中，PEB 可能会存在多种能量状态。

#### 2.3.2.2　蓝藻 PCB

Peng 等(2014)对来源于集胞藻 PCC 6803、基因重组后的 APC-B 进行了研究，发现在 APC-B 晶体结构中，两个亚基的 PCB 发色团都采用了藻胆蛋白典型的 ZZZ 抗顺反抗几何结构(图2-45)。在 ApcD 亚基(链 A、C 和 E)中，PCB 通过 A 环(原始)亚乙基的 $C3^1$ 原子从 α 面与 $Cys81^3$ 共价连接。ApcD 和 ApcB 亚基(链 B、D 和 F)之间在 PCB 上最显著的区别是环 D 的构象。在 ApcB 中，环 D 位于 PCB 的 β 面，而与环 B 和 C 几乎共面。C-PC、APC、APC-$L_C$ 和 AP-B 的 α 亚基之间的结构比较表明，PCB 的共面构象越来越多(图 2-46)，这与吸收最大值按相同顺序红移相吻合。由于 PCB 的共轭体系延伸至环 D，因此 ApcD 中 PCB 的独特构型可能有助于 APC-B 的最大红移吸收。

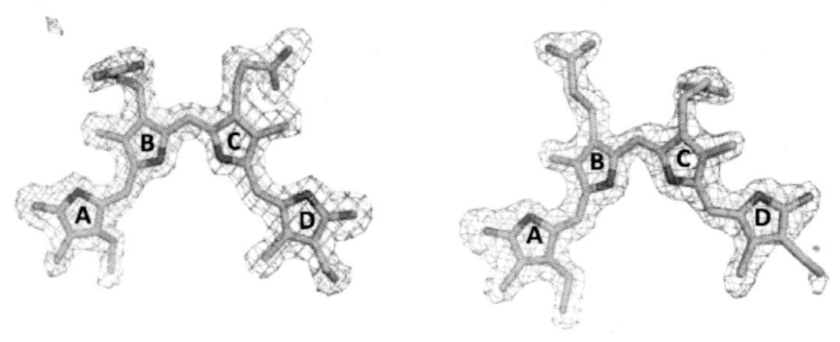


图 2-45　APC-B 结构中发色团的构象(Peng 等，2014)

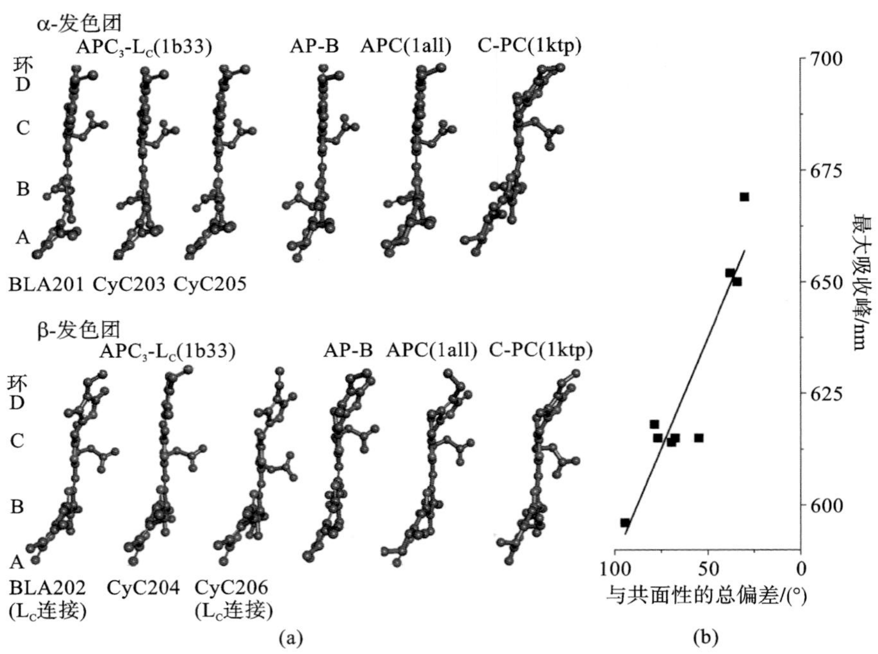


**图 2-46　C-$PC_3$、$APC_3$、$APC_3$-$L_C$ 和 AP-B 的 β 亚基(顶部)和 β 亚基(底部)中 PCB 形态的比较(Peng 等,2014)**

(a)在环 B 和 C 的平面上看到四吡咯系统;底部有 A 环。PDB 代码在括号中给出。$APC_3$-$L_C$ 的各个单体的发色团标记为 PDB 条目 1b33。使用 Discovery Studio v. 3.5(Accelrys)生成图。(b)长波吸收最大值的位置与 PCB 发色团的平面度的线性拟合,其定义为相邻环之间的扭曲总和

APC 的 α 亚基和 β 亚基自组装成一个单体(αβ),每个 APC 单体两个亚基的 $Cys^{84}$ 位点都共价结合一个 PCB 色基;三个单体(αβ)自组装为 APC 三聚体$(\alpha\beta)_3$。来源于集胞藻 PCC 6803 APC 的 X 射线晶体衍射数据解析表明,APC 三聚体中三个相同 β 亚基上的 $\beta PCB^{84}$ 色基自身分子构象相同,所处的蛋白质微环境相似,靠近三聚体的中央腔;而三个相同 α 亚基上的三个 $\alpha PCB^{84}$ 色基自身分子构象也相同,所处的蛋白质微环境也相似,但是接近三聚体的外周(Adir 等,2008;MacColl,2004)。在 APC 单体中,PCB 在 614 nm 处有最大吸收峰,荧光发射峰在 640 nm 左右;但在三聚体中,则显示在 650 nm 处有一个最大吸收峰和 620 nm 左右处有一个肩峰,最大荧光发射波长为 660 nm 左右(Liu 等,2010;MacColl,2004)。从单体组装成三聚体的结构转变中,吸收光谱的变化可能是由于单体中的一个 PCB 有可能为 $\beta PCB^{84}$,与三聚体结构中的脱辅基蛋白相互作用,导致其构象或蛋白质微环境改变,产生了红移到 650 nm 的最大吸收峰:$\alpha PCB^{84}$ 则保留了其在单体中的原有构象而产生了 620 nm 附近的肩峰(MacColl,1998)。蒲洋对重组 APC 三聚体的吸收光谱进行解叠得到两个峰:一个是在吸收光谱的肩峰处,最大峰位在 616 nm;另一个在吸收光谱的最大峰值处,最大峰位在 652 nm 处;Gauss 解叠得到的 $R^2$ 为 0.98814,解叠结果与吸收光谱曲线可以很好地吻合(图 2-47)。这或许为上文对吸收峰红移的解释提供了证据。由于电子激发态和电子基态有相似的振动能级分布,基态与激发态之间的跃迁概率很相近,荧光发射光强又与跃迁概率成正比,因此吸收光谱与荧光光谱形成左右对称,我们可以推测 APC 单体和三聚体的荧光发射光谱差异也应该是相似原因造成的。苏海楠对螺旋藻天然 APC 三聚体晶体结构数据的分析和荧光发射光谱的解叠结果表明,$\alpha PCB^{84}$ 周围有三个距离较近的 Tyr,其中有两个相距 4 Å 以内,$\alpha PCB^{84}$ 的四个吡咯环大致处于同一平面;$\beta PCB^{84}$ 周围有四个距离较近的 Tyr,全部相距 4 Å 以内,并且与单体所不同的是 $\beta PCB^{84}$ 的四个吡咯环并不处于同一平面,其中吡咯环 D 有一个明显的空间扭转。荧光发射光谱的解叠得到了两个峰值分别位于 640 nm 和 660 nm 的光谱组分。这两种自身构象不同的 PCB 形成了两个不同的荧光发射源,$\alpha PCB^{84}$ 发出了单体的 640 nm 荧光,而构象改变的 $\beta PCB^{84}$ 发出了红移到 660 nm 的荧光(苏海楠,2010)。

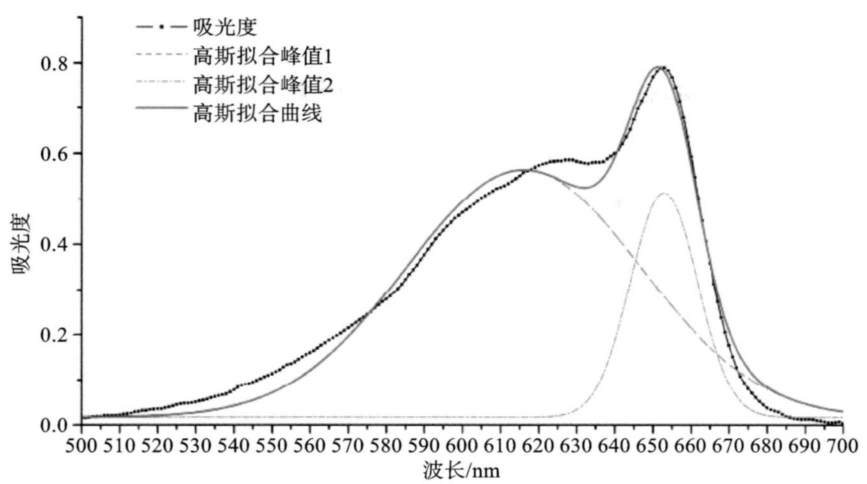


**图 2-47　重组 APC 三聚体吸收光谱解叠结果(蒲洋,2013)**

#### 2.3.2.3　隐藻藻胆素

1983 年 MacColl 和 Guard-Friar 对隐藻 PC-645 发色团进行了研究,他们通过酸性尿素拆分和 SephacryIS-200 等方法,最终证明每个 PC-645 中含有 4 个 PCB、2 个 cryptoviolin(CV)和 2 个未命名胆素,虽然与当时其他实验室的实验结果不同,但最终被证明是正确的,此后 MacColl 投身隐藻藻胆蛋白研究近 20 年。他于 1987 年对一种隐藻 *Hemiselmis virescens* PC-612 进行了研究,通过高氯酸钾和硫氰化钠对 PC-612 进行变性,监测可见光区的 CD 谱变化,结果表明每个 PC-612 二聚体中含有两套色基体系,并且部分色基间具有极强的耦合作用,同时 MacColl 等提出了第一个隐藻藻胆蛋白能量传递模型:可见光经由色基 CV(最大吸收波长 551 nm)吸收,传递于 PCB(最大吸收波长 576 nm),而后将能量交给 PCB 耦合对(603 nm、622 nm),最终传递至下一个受体蛋白,两个(αβ)单体之间并没有能量传递(MacColl 等,1988)。

1994 年,MacColl 等对蓝隐藻 *Chroomonas* 的 PC-645 进行研究,通过改变 pH 和加入尿素两种条件,对变性过程中的 PC-645 的可见光区 CD 谱进行监测,通过对比,MacColl 等认为,在 PC-645 中,从 α 亚基中分离而得的发色团(最大吸收峰位于 697 nm),对应于天然状态下 PC-645 在 612 nm 处的吸收肩峰,而 β 亚基的两个 PCB 发色团分别对应于 PC-645 的 643 nm、584 nm 处吸收峰,β 亚基的 CV 色基则对应于 PC-645 的 550～553 nm 处吸收峰。(αβ)单体在 β 亚基的 CV 色基处形成耦合对,β 亚基内部的两个 PCB 色基则形成另一对色基对,能量在色基对内通过 FRET 进行高效传递(MacColl 等,1994)。MacColl 等通过对 PC-645 CD 谱的解析,提出了一种新的观点,虽然单独存在的 α 亚基的色基最大吸收峰在 697 nm,但是组成天然的 PC-645 以后,其吸收峰蓝移,甚至能达到 612 nm,这暗示了藻胆蛋白的空间结构会对能量传递造成巨大的影响(李文军,2013)。

1999 年,MacColl 等将 CD 谱与荧光偏振光谱相结合,参考 Sidler 等关于序列比对的结果(PC-645 与红藻的 PE 在 β 亚基上具有同源性(Sidler 等,1990)),发现二者在 CD 谱上存在差异,PC-645 具有典型的蓝端的负峰,红藻的 PE 则没有,因此 MacColl 等指出隐藻 PC-645 蓝段负峰来自其 α 亚基,但是受制于实验条件,未能通过 X 射线晶体衍射数据于模型进行检验。此后,MacColl 等通过 CD 谱等数据对一种嗜热蓝藻 *Cyanidiumcaldarium* 中 C-PC 和 APC 的能量传递模型也进行了预测(Liu 等,2000;MacColl,2004)。与此同时,Wilk 等对隐藻红胞藻 *Rhodomonas* CS24 的 PE-545 进行了 X 射线晶体衍射数据解析(Wilk 等,2001),通过对色基连接位点、氨基酸作用位点等的分析,Wilk 证实了在 PE-545 二聚体中,连接在 β50 和 β61 的发色团处于单体表面,这种二聚体结构有利于能量的高效传递。

2006 年,Doust 等通过 CD 谱、荧光偏振、瞬态吸收技术(transient absorption technique)和超快瞬态光栅(ultrafast transient grating)对隐藻红胞藻 *Rhodomonas* CS24 的 PC-645 和蓝隐藻 *Chroomonas*

CCMP 270 的 PE-545 进行了研究，并且提出了新的能量传递路径。与 MacColl 等的预测不同的是，Doust 等认为 PC-645 吸收光谱中 582 nm、625 nm、645 nm 处的 3 个吸收峰分别对应着 β50/β61 色基(DBV)、PCB、α19 色基(MBV)，因此 Doust 等认为 PC-645 能量虽然由 β50/β61 色基(DBV)起始，但最终受体为 α19 色基(MBV)，而 MacColl 等则认为最终的能量受体为 PCB。但二人在 DBV 对于 PC-645 二聚体的影响方面意见一致，DBV 对应于 PC-645 蓝端 CD 负峰，而 PC-645 也具有比 PE-545 更为有效的能量传递途径(Wilk 等，2006)。

2007 年 Mirkovic 等通过稳态(steady-state)和飞秒时间分辨的光学方法(femtosecond time-resolved optical method)对蓝隐藻 *Chroomonas* CCMP 270 的 PC-645 能量传递动力学进行研究，结果表明 PC-645 能量由 DBV(β50/β61)吸收，经过 MBV(α19)和 PCB(β158)，最终传递给 PCB(β82)。Mirkovic 等所提出的能量传递路径与 MacColl 等基本一致，但在 PC-645 吸收峰对应色基方面仍有不同，其认为 585 nm、625 nm、645 nm 处的吸收峰分别对应 DBV、MBV 和 PCB(β158)、PCB(β82)(Mirkovic 等，2007)。

2011 年，Marin 等通过飞秒时间分辨的光学方法等对蓝隐藻 *Chroomonas* CCMP 270 的 PC-645 能量传递动力学进行了研究，提出了 PC-645 的能量动力学模型。PC-645$(\alpha\beta)_2$ 的能量传递在单体间仍然是不对称的，对 PC-645 二聚体的四个亚基进行如下编号：$(\alpha_B\beta_C)_1(\alpha_A\beta_D)_2$。按照 Marin 等所给出的模型，2 号单体中 DBV(β50/β61)所吸收的能量依然优先传给 1 号单体的 DBV，当能量在 1 号单体传递至最终受体 C 亚基的 PCB(β82)后，2 号单体 DBV(β50/61)所吸收的能量才在 2 号单体内传递，最终受体是 D 亚基的 PCB(β82)，同时 D 亚基的 PCB(β82)仍能从 1 号单体的 DBV 和 MBV 中获取能量，但能量在 D 亚基的 PCB(β82)停留较长时间后，最终仍然传给 C 亚基的 PCB(β82)。这个模型很完整，而二聚体中 2 号单体则更像一个容器，容纳溢出的能量。

2013 年，李文军调取 2004 年分辨率为 0.97 Å 的 PE-545 晶体结构，通过 PyMol 软件获得 MBV 色基所处空间结构，如图 2-48 所示。PE-545 中与 Cysα19 连接的色基，处于二聚体$(\alpha\beta)_2$ 的边缘，并与二聚体中另外一个(αβ)单体通过氢键相连，复杂的氢键体系可使该色基内环境更加稳定。隐藻 PE-545β 亚基 Cys-82 的 PCB 色基，在三级结构中与 Arg-84、Asp-85、Tyr-117 通过氢键和疏水作用相互连接，包裹在 α 螺旋中，此结构在隐藻中非常保守(Wilk 等，2001)，且与红藻 β 亚基高度同源。调取隐藻红胞藻 *Rhodomonas* CS24 PE-545 的晶体结构数据用于对 PC-645 酪氨酸(Tyr)与色基(PCB)能量传递进行研究，如图 2-49 所示，在 PE-545 C 亚基 β82 色基所处的微环境中，仅与 β 亚基自身氨基酸残基发生相互作用，Arg、Asp 和 Tyr 残基通过氢键垂直连接于色基四吡咯环平面，并使 PEB 色基呈“U”形弯曲。中国科学院理化技术研究所俞茂林等于 2011 年通过实验指出氢键以其适中的作用强度、高度的选择性和方向性，在构筑超分子组装体系时可以参与光诱导能量传递、电子转移等重要过程。但从图 2-49 PE-545 的晶体结构模型来看，Tyr 与 PEB 并不处于同一平面，很难参与到共轭体系中。PC-645 中 β82 的 PCB 吸收峰在 645 nm 处，而 β158 的 PCB 吸收峰在 625 nm 处，二者相耦合，但关于 PCB 色基如何出现两个不同的吸收峰现在仍未有报道。而图 2-50 表明，在 PC-645 中，Tyr 与色基存在相似的光学活性，这或许暗示 PC-645 与 PE-545 虽然在 β82 结构上非常保守，但是在微环境内部有不一样的排列，Tyr 很可能通过氢键加入 PCB 色基的共轭体系中，并使其吸收峰红移。图 2-49 所示的结果表明，PE-545 的 β82 色基处于约 6 条 α 螺旋之间，而已知的研究证明，膜蛋白通常以 α 螺旋单次或多次跨膜，跨膜蛋白的疏水区在脂质双分子层内与脂类分子的疏水尾部相互作用，亲水区则露在膜的两侧，这或许暗示 PC-645 二聚体中 C 亚基的 PCB(β82)将作为隐藻 PC-645 能量的最终、唯一受体，把能量进一步传递给膜上的光反应中心(van Stokkum 等，2011)。从 Mascot 分析的结果来看，$\beta_1$ 至少有 2 个区域与 $\beta_2$ 存在差异，分别在 β16～30、β79～84 处，考虑到 β82 处连接有 PCB 色基，在实验过程中色基可能脱落，所以认为此处的鉴定结果未必准确，但根据研究，PC-645 中存在的 $\beta_2$ 亚基所缺失的这部分蛋白质可能存在于 β82 处，直接影响到其与膜蛋白的结合，也正因此，PC-645 D 亚基的 PCB(β82)吸收能量后仅能起到储存的作用，最终还是需要传递至 C 亚基的 PCB(β82)(李文军，2013)。

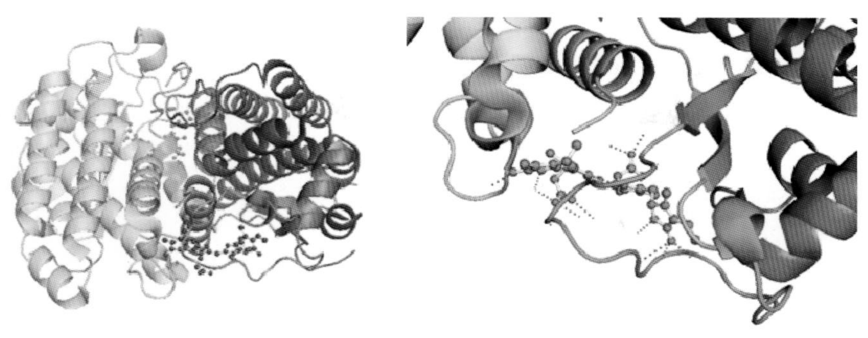

图 2-48　PE-545 中 α 亚基 Cys-19 连接的色基所处空间结构(李文军,2013)

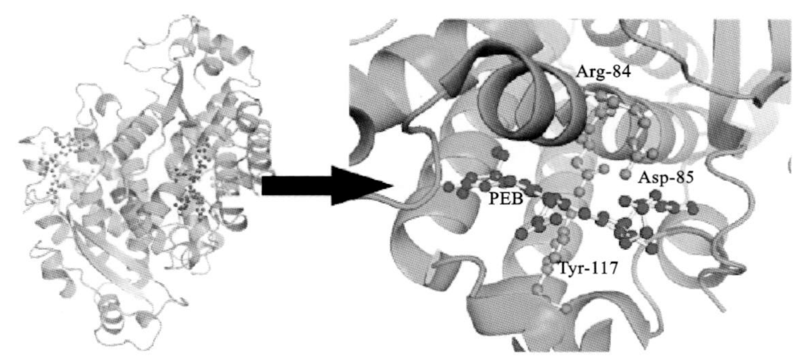


图 2-49　PE-545 C 亚基 PEB(β82)色基空间结构(李文军,2013)

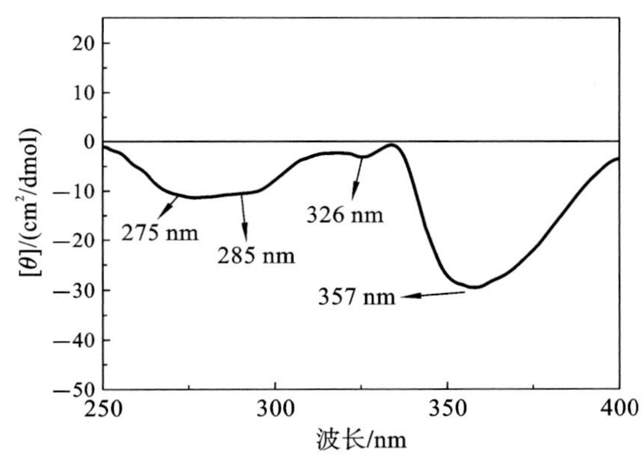


图 2-50　PC-645 在近紫外区的 CD 谱(李文军,2013)

2014 年,Harrop 等(2014)为了更好地理解蛋白质结构、发色团排列、量子相干与生物进化之间的相互关系,测定了三种隐藻藻胆蛋白(来自蓝隐藻 *Chroomonas* sp. CCMP 270 的 PC-645,来自隐藻 *Hemiselmis virescens* CCAC 1635 的 PC-612 和来自隐藻 *Hemiselmis andersenii* CCMP 644 的 PE-555)的晶体结构。研究发现 PC-645 二聚体与 PE-545 具有相同的结构,称之为“封闭”形式,其中两个中心 β50/β61 发色团处于物理接触状态。相反,来自两种隐藻 *Hemiselmis* 的 PC-612 和 PE-555 显示出截然不同的二聚体结构,其中(αβ)单体与封闭形式相比已旋转了约 73°。在这种开放形式下,中心 β50/β61 发色团被充满水的通道隔开。从蛋白质序列和结构上看,开放式与封闭式蛋白质的区别在于在 α 亚基发色团附着位点前的保守区插入了一个氨基酸。这种插入导致部分发色团的旋转,而这种旋转反过来又阻止了封闭式二聚体的形成,最终导致新的开放式二聚体结构。

Harrop 等(2014)在 1.35 Å 的分辨率下测定了来自蓝隐藻 *Chroomonas* sp. CCMP 270 的 PC-645 的晶体结构(图 2-51)。该分子由一个 $\alpha_1\beta$. $\alpha_2\beta$ 二聚体组成,其中每个 α 亚基与中胆绿素发色团(MBVα18)共价连接,每个 β 亚基具有一个双连接的二胆绿素发色团 DBVβ50/β61 和两个单连接的

PCBβ82、PCBβ158(表 2-7)。两个 DBVβ50/β61 发色团在吡咯环 A 错位堆叠的二聚体伪二重轴上处于范德瓦耳斯接触。PC-645 二聚体的结构与先前公开的隐藻红胞藻 *Rhodomonas* CS24 的 PE-545 的封闭结构非常相似(73%的序列同一性;在 453 个 Cα 原子上的均方根值为 0.85 Å)。

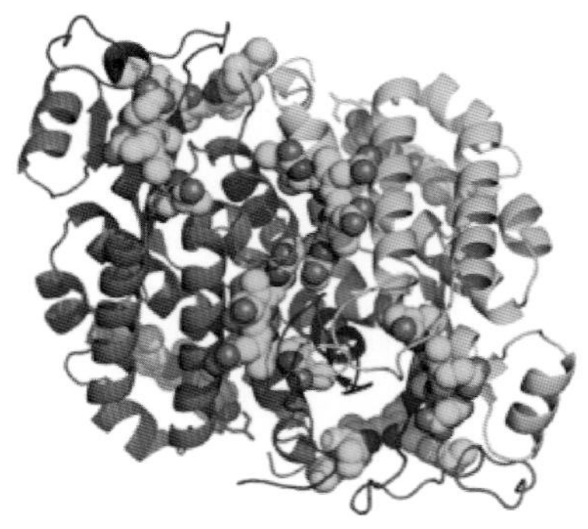
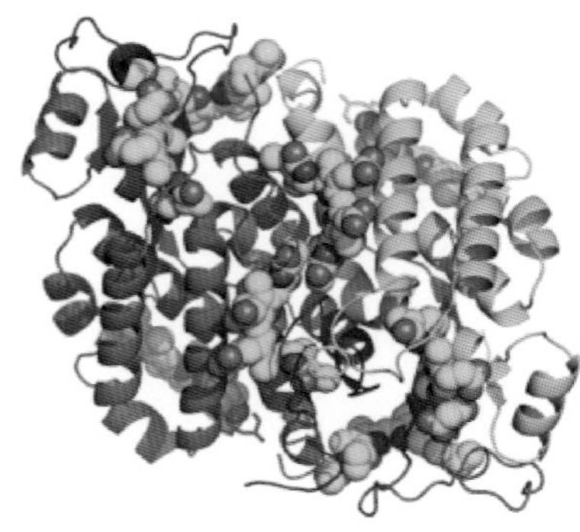

**图 2-51　封闭式 PC-645 的 $\alpha_1\beta$. $\alpha_2\beta$ 二聚体(Harrop 等,2014)**

α 亚基呈蓝色和红色;相应的 β 亚基为品红色和青色。在 PC-645 中,$\alpha_1$ 为蓝色,$\alpha_2$ 为红色。发色团显示为 CPK 模型。视图沿着准双倍轴,两个双连接的发色团靠近观察者

**表 2-7　发色团(Harrop 等,2014)**

| 来　源 | 菌　株 | 藻 胆 蛋 白 | α | β50,β61 | β82 | β158 |
|---|---|---|---|---|---|---|
| 隐藻红胞藻 *Rhodomonas* sp. | CS24 | PE-545 | DBV | PEB | PEB | PEB |
| 一种隐藻 *Hemiselmis andersenii* | CCMP 644 | PE-555 | PEB | DBV | PEB | PEB |
| 一种隐藻 *Hemiselmis virescens* | CCAC 1635 | PC-612 | PCB | DBV | PCB | PCB |
| 蓝隐藻 *Chroomonas* sp. | CCMP 270 | PC-645 | MBV | DBV | PCB | PCB |

Harrop 等(2014)又以 1.7 Å 分辨率测定了隐藻 *Hemiselmis virescens* CCAC 1635 PC-612 的晶体结构(图 2-52),这种集光复合物也以$(\alpha\beta)_2$二聚体的形式存在,但与 PE-545 和 PC-645 相比,它具有近乎完美的双重对称性,并且两个 α 亚基序列是相同的。PC-612 中的(αβ)单体与在封闭结构中观察到的(αβ)单体非常相似(与 PC-645 的序列同一性为 71%;在 213 个 Cα 原子上的均方根值为 1.11 Å;图 2-53)。发色团在(αβ)单体中的位置与封闭结构中的位置相等。PC-612 和 PC-645 之间唯一的发色团差异是 α 亚基发色团,PC-612 中的 α 亚基发色团是 PCB 而不是 MBV(表 2-7)。PC-612 中两个(αβ)单体的四级排列与在 PC-645 和 PE-545 中观察到的闭合形式极其不同(图 2-51 与图 2-52、图 2-54(a)与图 2-54(b)比较),称之为“开放”形式。PC-612 结构中的两个(αβ)单体形成一个圆顶或杯状结构,其中包含一个中心空腔(图 2-52 和图 2-54(c))。

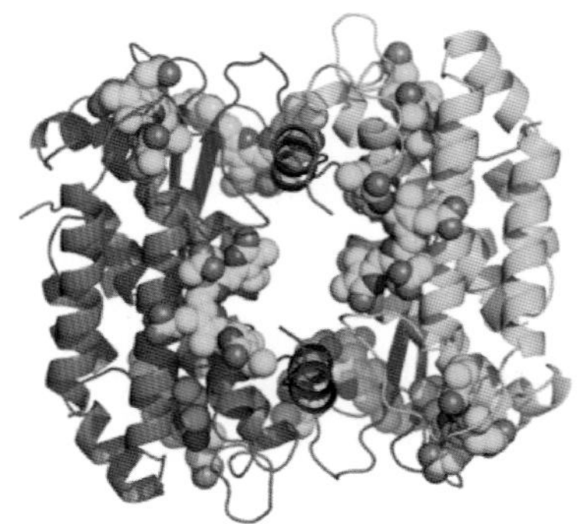
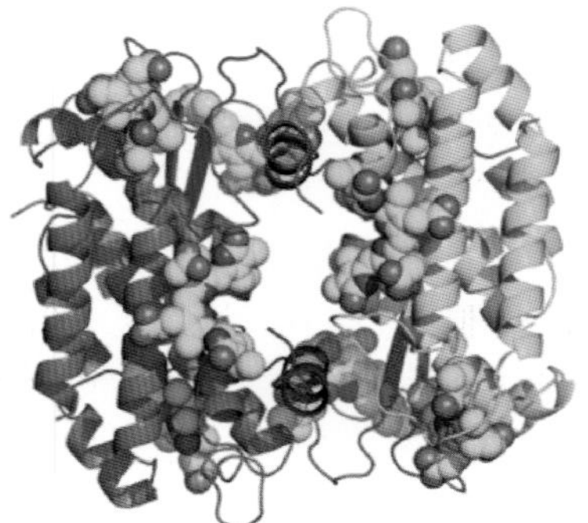

**图 2-52　开放式 PC-612$(\alpha\beta)_2$二聚体(Harrop 等,2014)**

α 亚基呈蓝色和红色;相应的 β 亚基为品红色和青色。发色团显示为 CPK 模型。视图沿着准双倍轴,两个双连接的发色团靠近观察者

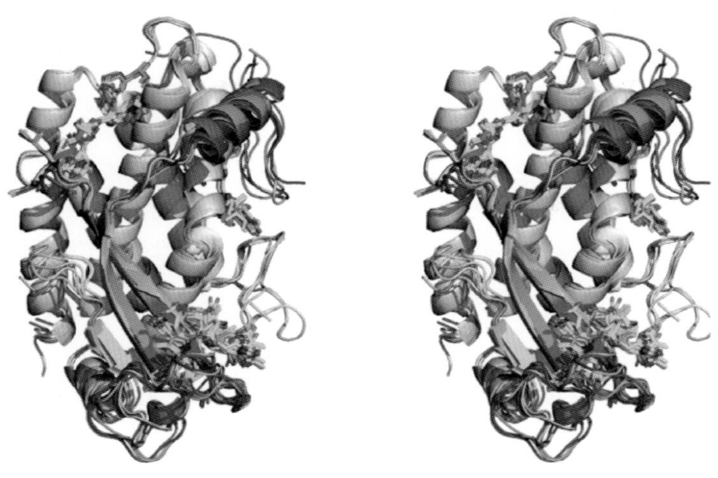

**图 2-53　所有现有隐藻藻胆蛋白(αβ)单体立体卡通图的叠加(Harrop 等,2014)**

β 亚基以浅橙色显示;α 亚基编码:PE-545$\alpha_1$,绿色;PE-545$\alpha_2$,石灰绿色;PC-645$\alpha_1$,洋红色;PC-645$\alpha_2$,紫色;PE-555$\alpha_1$,蓝色;PE-555$\alpha_2$,青色;PC-612α 亚基(晶体结构中的两条链),红色和鲑鱼色

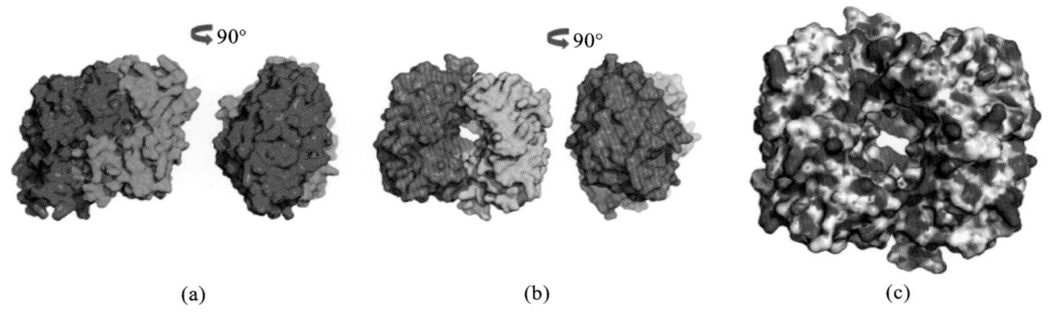


**图 2-54　发色团以原子颜色显示(Harrop 等,2014)**

(a)封闭式 PC-645 二聚体(单体以红色和绿色显示)的正交视图;(b)开放式 PC-612 二聚体(单体以洋红色和青色显示)的正交视图,其中视图之间的 90°旋转围绕页面平面中的垂直轴;(c)PC-612 二聚体的静电表面在页面平面内绕垂直轴旋转 180°

Harrop(2014)又以 1.8 Å 分辨率测定了一种隐藻 *Hemiselmis andersenii* 的 PE-555 的晶体结构。该结构显示了接近对称的 $\alpha_1\beta$. $\alpha_2\beta$ 二聚体,与 PC-612 的开放式结构几乎相同(84%的序列同一性;在 464 个 Cα 原子上的均方根值为 0.92 Å)。然而,就发色团而言,PE-555 含有三种 PEB,它们取代了 PC-612 的 PCB(表 2-7)。

对(αβ)单体结构与发色团排列的研究发现,每个(αβ)单体由一个具有珠蛋白折叠的 β 亚基和一个沿着 β 亚基延伸的 α 亚基组成(图 2-53)。除环(特别是在 α 亚基发色团周围)外,与 PE-545、PC-645、PC-612 和 PE-555 进行比较时,(αβ)单体几乎没有偏差(在小于 210 个 Cα 原子上的均方根值为 0.78～1.6 Å)。β 亚基序列高度保守(79%～92%的同源性);α 亚基的序列差异更大,只有 23%～82%的同源性,但它们的构象仍然非常相似(均方根值为 0.8～2.6 Å)。

对开放式和封闭式四级结构的比较发现,虽然(αβ)单体的蛋白质结构和发色团排列是保守的,但开放式和封闭式的四级结构是截然不同的。与开放式和封闭式四级结构相关的转变是一个(αβ)单体绕垂直于二聚体伪双轴的轴旋转 73°(图 2-54(a)(b))。两个(αβ)单体的质量中心在开放式中的分离程度稍高:封闭式的质量中心在 PE-545 和 PC-645 中分别为 23.4 和 22.2,而开放式的质量中心在 PC-612 和 PE-555 中分别为 24.4 和 24.8。在同一蛋白质的两种四级形式之间不太可能发生转变,也没有证据表明封闭式或开放式蛋白质与可测量的单体池处于平衡状态。在封闭式的二聚体中,单体与单体的相互作用掩盖了相当大的表面(PE-545:每单体 1060 Å$^2$ 单体。PC-645:每单体 1230 Å$^2$ 单体),表明二聚体非常稳定。在开放式二聚体中,单体与单体的相互作用具有较小但仍显著的表面积(PE-555:每单体 618 Å$^2$。PC-612:每单体 511 Å$^2$)。从封闭式到开放式的变化的主要影响是分离中心双连接的 β50/β61 发色团。在封闭式结构中,这两个发色团与吡咯环 A 接触,吡咯环 A 偏移叠加(吡咯环 A 中原子间 3.8 Å 的最近距离;图 2-51)。但是,在开放式下,这两个发色团被很好地分离(在吡咯环 A 中,原子在 PC-612 中为 10.0 Å,在 PE-555 中为 11.0 Å 之间的最近距离;图 2-52 和表 2-8)。

**表 2-8 PE-545、PC-645、PC-612 和 PE-555 中所选藻胆蛋白对的电子耦合(未屏蔽)和中心距离(Harrop 等,2014)**

| | PE-545 | PC-645 | PC-612 | PE-555 |
|---|---|---|---|---|
| 交聚体 | $PEB_{\beta 50/61}$ $PEB_{\beta 50/61}$ | $DBV_{\beta 50/61}$ $DBV_{\beta 50/61}$ | $DBV_{\beta 50/61}$ $DBV_{\beta 50/61}$ | $DBV_{\beta 50/61}$ $DBV_{\beta 50/61}$ |
| 中心距/Å | 15.11 | 13.17 | 19.48 | 19.91 |
| 耦合/cm$^{-1}$ | 166 | 647 | 29 | 4 |
| 交聚体 | $DBV_{\alpha 20}$ $PEB_{\beta 50/61}$ | $MBV_{\alpha 18}$ $DBV\beta_{50/61}$ | $PCB_{\alpha 20}$ $DBV\beta_{50/61}$ | $PEB_{\alpha 20}$ $DBV_{\beta 50/61}$ |
| 中心距/Å | 22.74 | 23.49 | 30.43 | 29.30 |
| 耦合/cm$^{-1}$ | −64 | −74 | −5 | −8 |
| 内二聚体 | $DBV_{\alpha 20}$ $PEB_{\beta 158}$ | $MBV_{\alpha 18}$ $PCB_{\beta 158}$ | $PCB_{\alpha 20}$ $PCB_{\beta 158}$ | $PEB_{\alpha 20}$ $PEB_{\beta 158}$ |
| 中心距/Å | 20.55 | 18.34 | 18.23 | 19.35 |
| 耦合/cm$^{-1}$ | 51 | 151 | 146 | 68 |

封闭式的二聚体界面相互作用是由 α 亚基、α 亚基发色团或 β50/β61 发色团介导的,两个 β 亚基之间没有直接的蛋白-蛋白相互作用。有三个主要的相互作用位点。首先,两个 β50/β61 发色团的吡咯环 A 相互堆积。此外,连接 β 亚基的螺旋 hG 和 hH(GH 环)和 α1 堆积的 C-末端环的环对着来自($\alpha_2\beta$)单体的 β50/β61 发色团的表面。其次第二个相互作用位点位于 α 发色团的吡咯环 A 和 B 上。它们位于相对的 α 亚基的 C-末端尾部,相反的 α 亚基螺旋 C-末端以及将螺旋 hB 连接到相对的 β 亚基的 hE 的环上形成的疏水口袋中(图 2-55(a))。再次,在相对的 β 亚基加上相反的 α 亚基中,α 亚基螺旋与螺旋 hA 和 hB 之间断裂以及与螺旋 hE 发生极性相互作用(图 2-55(b)(c))。与闭合式一样,两个开放式结构中的所有二聚体界面接触均由 α 亚基或 α 亚基发色团介导,而两个 β 亚基之间没有直接相互作用。主要的接触是由 α 亚基发色团进行的,其中吡咯环 A 位于相对的(αβ)单体的疏水囊中(图 2-55(d))。其他主要的二聚体界面相互作用集中在 α 亚基 α 螺旋的 C-末端,它与相对的 β 亚基中的 GH 环形成极性接触(图 2-55(e)(f))。此外,在 PE-555 结构中,α2 的 C-末端残基 Leu62 与 α1 的 C-末端尾巴和相对的 β 亚基的 GH 环发生范德瓦耳斯接触(图 2-55(f))(Harrop 等,2014)。

Harrop 等又对 α 亚基发色团周围的序列和结构变化与四级结构的关系进行了研究,对 α 亚基序列进行观察,他们发现在隐藻 *Hemiselmis* 藻胆蛋白中,天冬氨酸(Asp18)被插入高度保守的 FDxRGC 基序中,该基序将第一个 β 亚基连接到 α 亚基发色团附着位点(图 2-56(c))。在封闭式结构中,该基序形成氢键网络,决定 α 亚基发色团中吡咯环 A 相对于 β 片层的取向(图 2-56(a))。天冬氨酸在隐藻 *Hemiselmis* α 亚基中的插入会改变氢键网络(图 2-56(b))。这种变化的最终结果是,在发色团中,吡咯环 A 相对于吡咯环 B 的平面在闭合状态下以逆时针方向旋转约 29°,而在开放式中顺时针方向旋转约 40°。因此,序列插入导致开放式(αβ)单体的吡咯环 A 与封闭式相比发生了约 69°的旋转。α 亚基发色团中吡咯环 A 的旋转决定四级结构是由于在开放式和封闭式中,α 亚基发色团的吡咯环 A 对二聚体界面起主要作用(图 2-55(a)和图 2-57(a)表示封闭式,图 2-55(d)表示开放式)。开放式(αβ)单体在封闭式四级结构上的叠加表明吡咯环 A 的旋转导致与相对 β 亚基中保守的 Pro64 发生空间碰撞(图 2-57(b))。因此,开放式(αβ)单体不能采用封闭式二聚体结构。

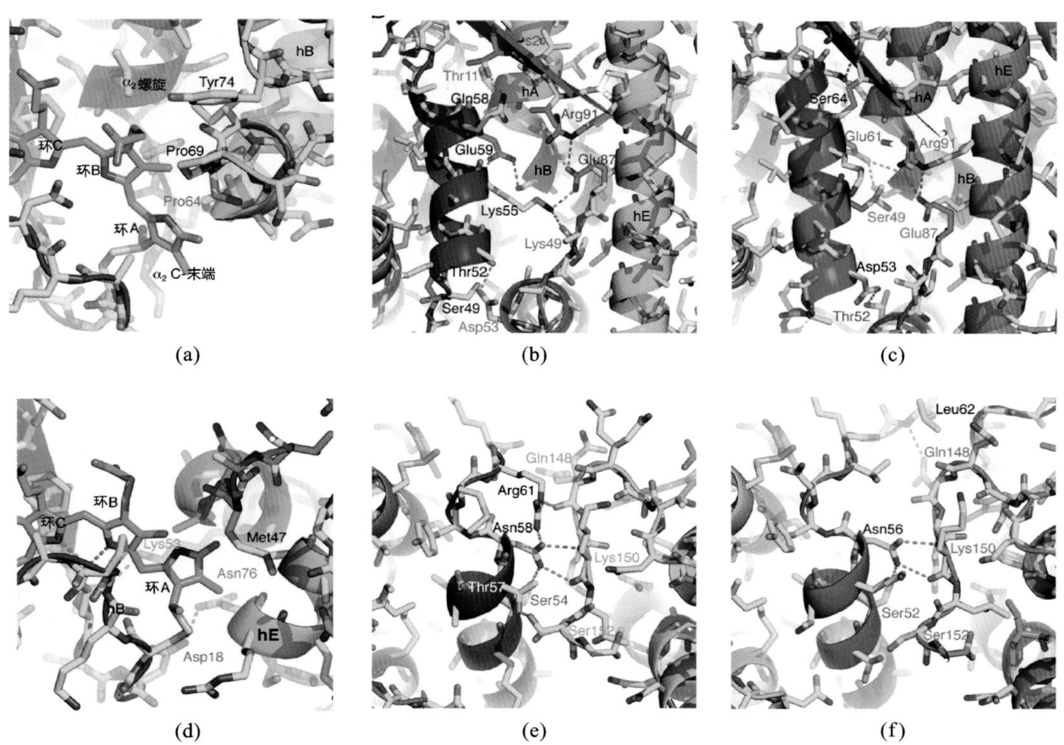


**图 2-55　封闭式和开放式结构中的二聚体触点(Harrop 等,2014)**

(a)～(c)封闭式 PC-645 结构中的二聚体触点;PC-612(d)(e)和 PE-555(f)的开放式结构中的二聚体触点

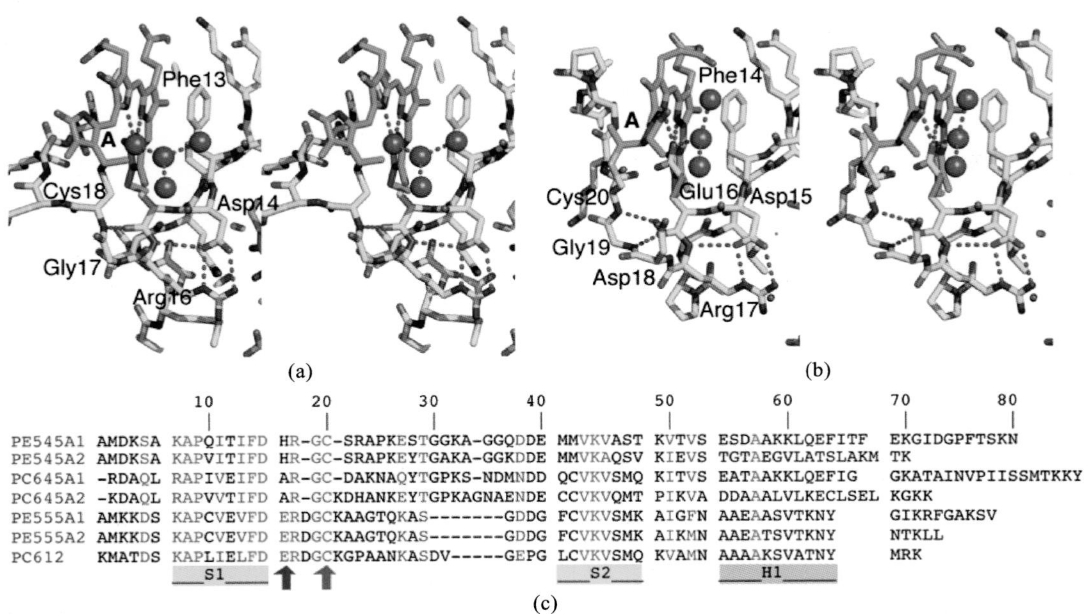


**图 2-56　在开放式 α 亚基中插入天冬氨酸导致 α 亚基发色团中吡咯环 A 的旋转(与封闭式相比)(Harrop 等,2014)**

(a)封闭式 PC-645 α 亚基发色团囊的立体图,显示氢键网络;(b)开放式 PC-612 发色团囊的相同视图;(c)所有成熟 α 亚基序列的基于结构的比对。红色箭头表示发色团附着位置;蓝色箭头表示 Glu16,它协调开放式结构中的中心吡咯氮。红色字体表示同一性,蓝色字体表示相似性。对齐中的断裂标志着次要结构单元的末端。注意螺旋线的长度在 C-末端是可变的

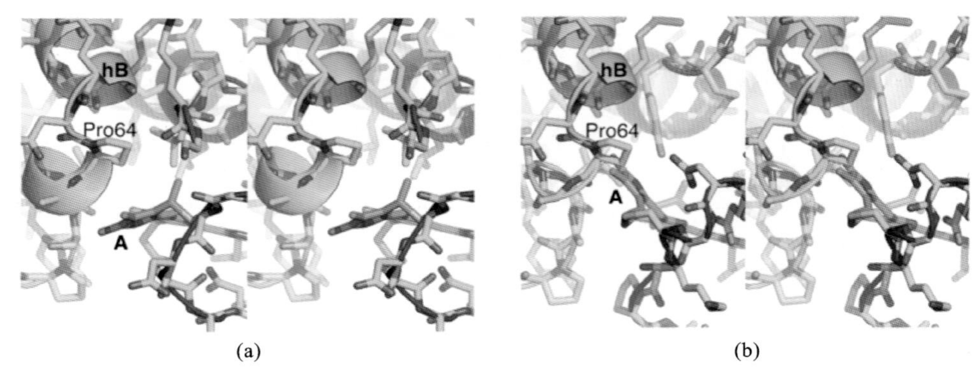


(a) (b)

**图 2-57 开放式 α 亚基发色团中吡咯环 A 的旋转通过空间碰撞阻止了封闭式的形成(Harrop 等,2014)**

(a)吡咯环 A 与封闭式(αβ)单体相互作用的立体视图;(b)PE-555 模型,其中两个(αβ)单体被旋转,从而覆盖 PC-645 的闭合结构。α 亚基发色团(绿棒模型)的吡咯环 A 与 PC-645 的吡咯环 A 相比旋转了 70°,这种旋转导致了与相对 β 亚基中保守的 Pro64 的空间碰撞

利用藻胆蛋白的高分辨率晶体结构,Harrop 等(2014)计算了藻胆蛋白的跃迁偶极矩(不包括介电屏蔽效应),对于中心的双连接 β50/β61 发色团,当 PC 中的封闭式和开放式藻胆蛋白比较时,中心到中心的分离增加了 6.31 Å(PC-645 和 PC-612 比较;表 2-8),PE 中为 4.8 Å(PE-545 和PE-555比较;表 2-8)。与封闭式结构相比,这种增加的分离大大削弱了开放式藻胆蛋白中的电子耦合(表 2-8)。特别是在 PC-645(647 $cm^{-1}$)和 PE-545(166 $cm^{-1}$)的封闭式结构的中心 β50/β61 对中,有非常强的库仑相互作用,但在开放式藻胆蛋白的 PC-612(29 $cm^{-1}$)和 PE-555(4 $cm^{-1}$)中是不存在的(表 2-8)。这些数据包括 CD 谱,这是激子相互作用的良好实验指标。然而,藻胆蛋白光谱中的特征来自外围发色团之间的微妙相互作用,而不是中心二聚体,因此在蛋白质的封闭式和开放式的光谱中都存在。所有交聚体 αβ-αβ 耦合都有所减少,而内二聚体 αβ 耦合相对不受不同四级结构的影响(表 2-8)(Harrop 等,2014)。

研究发现 PC-645、PC-612 和 PE-555(图 2-58(a)～(c))的吸收光谱的一般特征与发色团组成一致(表 2-7)。先前对 PC-645 光谱的建模明晰了吸收带位置的模型(图 2-58(d)中所示的吸收中心位置)(Mirkovic 等,2007)。三种不同的发色团类型(DBV、MBV 和 PCB)提供了主要的光谱展宽,并建立了从络合物的核心到外围的能量漏斗。PC-612 与 PC-645 的相似之处在于其吸收光谱宽、有两个不同的峰、吸收区域相同,但 PC-612 不含 MBV 发色团(表 2-7)。根据单个胆红素的相对吸收能和 PC-645 中发色团吸收能的分配,预计较高的能峰由 DBV 控制,较低的能峰由 PCB 控制(图 2-58(e))。在 PC-645 光谱中有两种明显的光谱偏移。首先,DBV 发色团紧密地位于封闭式的晶体结构中,并且耦合作用特别强(表 2-8)。这种电子耦合将 DBV 吸收带分裂成标记为 $DBV^+$ 和 $DBV^-$ 的两个激子态。其次,PCB 吸收带的简并性受到了破坏。PE-545 的原子模拟表明,光谱位移主要是由发色团构象的扰动引起的,局部蛋白质环境的静电作用造成的影响较小(Turner 等,2012)。在 PC-612 光谱中,这两种光谱展宽特征似乎都不明显。例如,在 77 K 下用样品记录的吸收光谱(图 2-58(b))清楚地显示只有两个波段和光谱蓝色侧的振动尾。图 2-58(d)显示了具有代表性的二维电子光谱(ES 谱)。ES 谱中最明显的是非对角交叉峰(位于图 2-58(d)中的激发波长 570 nm 和信号波长 600 nm 处),其作为等待时间的函数强烈振荡(图2-58(g))(Collini 等,2010)。通过将总 ES 谱分离为其重相和非相分量的过程,研究者得出结论,振荡涉及振动相干和电子相干(Turner 等,2012)。与 PC-645 不同,人们对开放式藻胆蛋白 PC-612 和 PE-555 的光物理知之甚少。对于 PC-612,我们专门光激发 DBV 态,以直接比较二维 ES 测量值与 PC-645 的测量值。二维 ES 谱(图 2-58(e))显示了一个以 DBV 漂白剂为中心的矩形特征,这表明整个谱区的振动跃迁之间存在着实质性的耦合;然而,在这些数据中,类似于 PC-645 的振荡交叉峰并不明显。在图2-58(h)中,在非对角位置(图 2-58(e)中的激发波长 550 nm 和信号波长 600 nm 处)的迹线显示具有与振动拍一致的频率的阻尼振荡(Turner 等,2012)。

与 PC-645 和 PC-612 相比,PE-555 的吸收光谱窄且几乎没有特征,显示出室温和 77 K 光谱之间的最小变化(图 2-58(c))。PE-555 中存在两种不同类型的发色团(单键 PEB 和双键 DBV),这表明至少有

两种不同的吸收能。通过用高斯函数拟合室温和 77 K 吸收光谱，Harrop 等得到了估计的吸收能。根据 PE-545 中 PEB 和 DBV 的相对位能，PEB 的能量肩越高，DBV 的能量越低，主吸收带越大。此顺序与先前的分配一致(图 2-58(f))(Wemmer 等，1993；Novoderezhkin 等，2010)。窄而拥挤的吸收光谱表明，单个发色团的吸收带明显重叠，不同的双线性构象引起的激子分裂和能量转移最小。正如在 PC-612中，这一观察结果与开放式复合体相比封闭式复合体更对称的观点是一致的。二维 ES 谱(图 2-58(f))证实了这一预期，在质量上与 PC-612 的记录相似。与其他配合物相比，振荡的振幅很弱(图 2-58(i)；参见图 2-58(f)中激发波长 540 nm 和信号波长 560 nm 处的轨迹)，并且看起来最符合振动相干(Harrop 等，2014)。

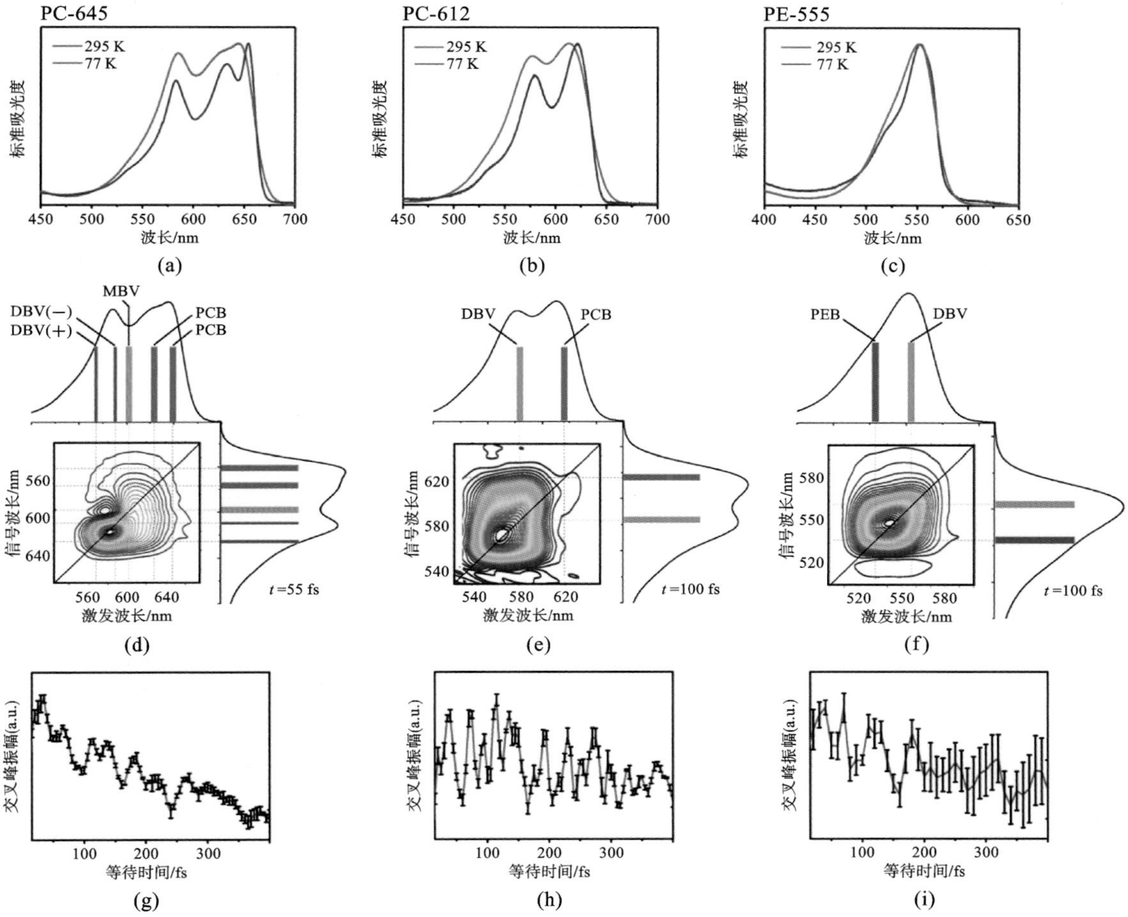

**图 2-58　封闭式和开放式藻胆蛋白的电子光谱(Harrop 等，2014)**

(a)封闭式 PC-645 的电子吸收光谱；(b)开放式 PC-612 的电子吸收光谱；(c)开放式 PE-555 的电子吸收光谱(在 295 K(红色痕量)和 77 K(蓝色痕量)下记录的光谱)；(d)295 K 时封闭式 PC-645(在等待时间 $t=55$ fs)的代表性二维 ES 谱；(e)开放式 PC-612(在等待时间 $t=100$ fs)的代表性二维 ES 谱；(f)开放式 PE-555(在等待时间 $t=100$ fs)的代表性二维 ES 谱；(g)～(i)所选交叉峰处二维 ES 振幅的大小，作为从绝对值二维 ES 谱中提取的记录到的等待时间的函数(省略前 15 fs 以避免可能的非共振溶剂响应)

研究发现晶体结构可以促进对圆环平面的细微扭曲，改变藻胆素的吸收光谱(Adir 和 Noam，2005)。除此之外，藻胆素光谱的变化也与其外部环境有关，包括极性相互作用(电荷相互作用)，氢键以及与细胞的相互作用(Adir 等，2002)。0.97 Å 分辨率的 PE-545 结构精确地展示了 5 个藻胆素的细致位置信息(Doust 等，2004)。虽然在蛋白质数据库(PDB)中，并不包含氢键的原子信息，但是电子密度图可以提供不同色基的质子状态位点信息。对一种嗜热聚球藻 *Thermosynechococcus vulcanus* PC 结构的 1.35 Å 分辨率解析可以精确地观察色基的构型和构象(David 等，2011)。这些细致的信息为深入研究精确的光能传递的量子机制以及藻胆素在激发状态的构型和构象提供了非常有力的结构学基础。

此外,藻胆素也通过与周围蛋白质环境的作用对藻胆蛋白的结构起到稳定和调节作用。在对一种嗜热聚球藻 *Thermosynechococcus vulcanus* PCB 的研究中发现,其 β155 位的 PCB 通过 60°的转换深入蛋白质内部,来保证单体与单体结合,以及六聚体的稳定(林瀚智,2012;Adir 等,2001;Adir 等,2002)。

## 2.3.3 三级结构

藻胆蛋白以两条结构相似的多肽链(α 亚基和 β 亚基)为基本构成单元,PE 中还含有一种特殊的可携带发色团的 γ 亚基(Ducret 等,1998;Reuter 和 Nickel-Reuter,1993;Yu 和 Glazer,1982)。其中,α 亚基和 β 亚基的分子质量分别为 10～20 kDa、14～24 kDa(图 2-59),α 亚基和 β 亚基在基因序列和结构水平上具有很高的同源性,均含有 160～180 个氨基酸;γ 亚基的分子质量为 30～34 kDa(刘其芳等,1988;宋海涛等,1997)。不同的藻胆蛋白具有不同的光谱性质是由于每个亚基连接的藻胆素的类型和数量(1～4 个)不同(Bennett 和 Bogorad,1971;Grossman 等,1993;O'Carra 和 Killilea,1971)。根据酶解 PE 的实验结果,推测 γ 亚基可能位于藻胆蛋白的空腔中(Wang 等,1998)。利用 X 晶体射线衍射法很难确定 γ 亚基的具体位置,因为 γ 亚基可能位于藻胆蛋白的中央空腔中,不具有三重对称性(王广策等,1998)。

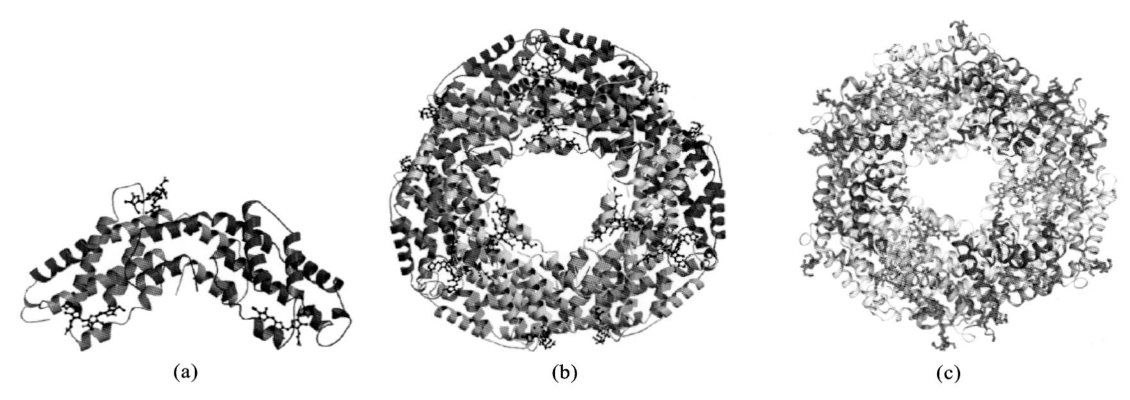


**图 2-59　PC(PDB:2BV8)和 PE(PDB:5NB4)的结构表征**

(a)PC α(浅蓝色)亚基和 β(蓝色)亚基的结构。发色团以球和棒的形式显示;(b)不对称单元中的分子,表示 C-PC 六聚体$(\alpha\beta)_6$;(c)C-PE 六聚体$(\alpha\beta)_6$ 的表征

根据多种藻胆蛋白的 α 亚基和 β 亚基的氨基酸序列分析结果,可发现虽然 α 亚基和 β 亚基具有不同数量和种类的氨基酸残基,但是它们有非常相似的三维结构,仅仅是 α 亚基和 β 亚基缺失的两个氨基酸残基的位置不同,分别在 N-末端和 $\beta_{63}$ 处缺失两个氨基酸残基,因此发生构型的改变。其中,$\beta_{63}$ 为 B-E 环的起始处,完全显露于溶液中,与藻胆素不接触;而 α 亚基 B-E 环与邻近单聚体的藻胆素会发生相互作用(王璐,2010)。

Shi 等在对来源于蓝藻和红藻的 PC α 亚基序列分析的基础上,继续对 APC、PC 和 PE 进行了共进化分析,并对连接蛋白进行了协变分析。图 2-60 分别提供了 PE、PC 和 APC 中 α 亚基和 β 亚基的协同进化相关性。他们还检测到一些协同进化基团在疏水性或分子量或两者之间显著相关(表 2-9)。PC 和 APC 普遍存在于蓝藻和红藻中,而 PE 只存在于少数种类中。在 PE α 亚基中,未检测到疏水性基团的共进化氨基酸残基的理化性质。只有一对(V8 和 V9)的分子量与 $\rho=0.9159$ 相关,$p=0.0036$ 显示呈高度相关性。该作者又根据藻胆蛋白中的位置进行所有可能的蛋白间协同进化分析,包括藻胆蛋白的两种蛋白质或连接蛋白或两者均有。根据它们的共同进化结果,连接蛋白与藻胆蛋白的连接很少。在 $APC-L_{CM}$、$L_C-L_{CM}$、$PE-L_R$ 和 $L_{RC}-L_C$ 的 CAP 输出中未发现协同进化组。图 2-61 显示了 $PC-L_R$、$PC-L_{RC}$、PC-APC、PE-PC、$APC-L_C$ 和 $L_R-L_{RC}$ 六个蛋白质间的协同进化网络。相比分子内共进化,在蛋白质间分析中发现的基团较少。此外,藻胆蛋白的两种蛋白质与连接蛋白之间的关系明显比藻胆蛋白与连接蛋白之间的关系更为密切(Shi 等,2011)。

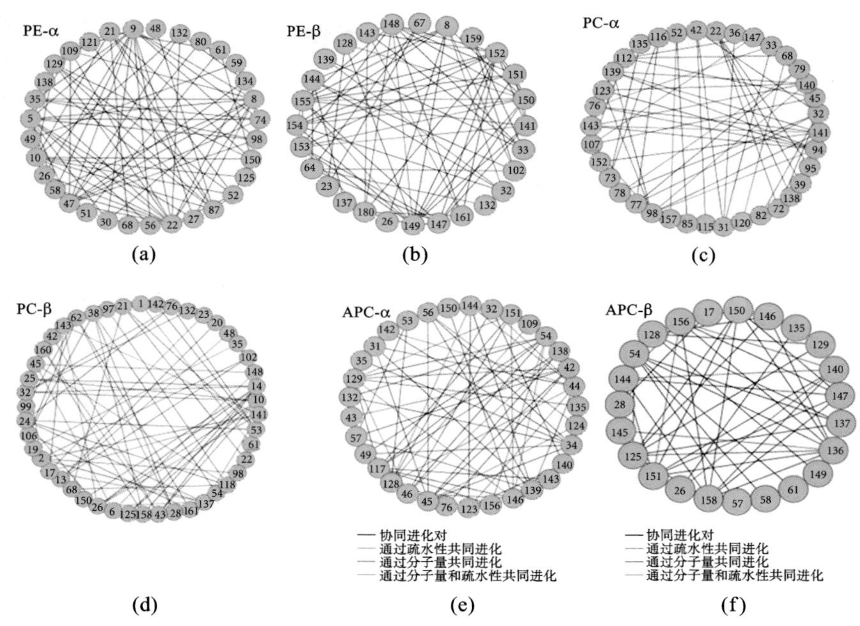


图 2-60 藻胆蛋白中 α 亚基和 β 亚基的分子内协同进化网络(Shi 等,2011)

PE、PC 和 APC α 亚基和 β 亚基的群体特异性协同进化网络。以 APC 和 PC 中的 S. sp. PCC 6803 序列和 PE 中的 S. sp. WH8102 序列为参考,确定了可能共同进化的位点。根据突变协同进化的特点,将氨基酸位点的节点通过边缘着色连接起来

表 2-9 藻胆蛋白中不同相关类型共进化群数(Shi 等,2011)

| 共进化类型 | PE-α | PE-β | PC-α | PC-β | APC-α | APC-β |
| --- | --- | --- | --- | --- | --- | --- |
| 共进化群 | 20 | 26 | 30 | 40 | 34 | 18 |
| 疏水性 | 0 | 14 | 9 | 18 | 12 | 3 |
| 分子量 | 1 | 18 | 7 | 20 | 15 | 3 |
| 疏水性和分子量 | 0 | 9 | 4 | 15 | 7 | 1 |

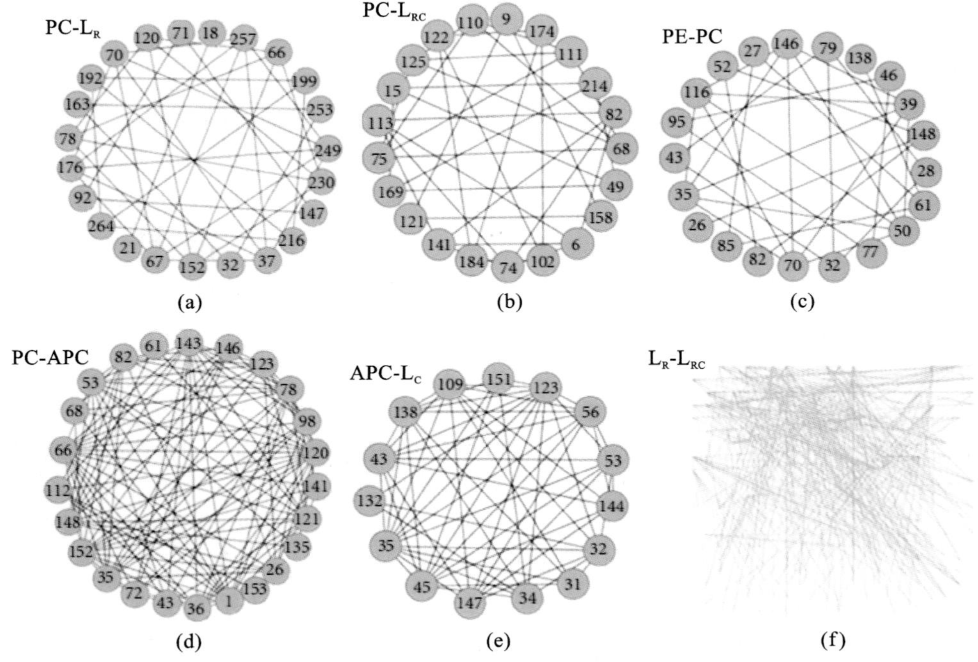


图 2-61 藻胆蛋白中的蛋白质间协同进化网络(Shi 等,2011)

2.3.3.1　PE

B-PE 主要来源于红藻中的紫球藻 *porphyridiun*。R-PE 主要来源于大型红藻，在海生蓝藻聚球藻 *Synechococcus* 中也发现了 R-PE 的存在。R-PE 一般以六聚体形式存在，也是由 α、β 和 γ 三种亚基组成，且三种亚基之间的物质的量比一般为 α∶β∶γ=6∶6∶1。其中，α 亚基和 β 亚基由质体基因组编码，分子质量为 18～22 kDa;γ 亚基由核基因组编码，分子质量一般为29～36 kDa(潘忠正等，1987)。在很多红藻中，常常还会同时存在多种 γ 亚基(表 2-10)。

**表 2-10　文献中已报道的含有多种 γ 亚基的红藻**

| 红　　藻 | γ 亚基的种类 | 参 考 文 献 |
|---|---|---|
| 一种丽丝藻 *Agleothamnin neglectum* | 2 | Apt 等，1993 |
| 疏松对丝藻 *Antithamnion sparsum* | 3 | Stadnichuk 等，1993 |
| 一种红藻 *Audoniella saviana* | 2 | Talarico，1990 |
| 一种绢丝藻 *Callithamnion byssoides* | 2 | Yu 等，1981 |
| 一种绢丝藻 *Callithamnion corymbosum* | 3 | Stadnichuk 等，1993 |
| 一种绢丝藻 *Callithamnion roseum* | 2 | Yu 等，1981 |
| 一种绢丝藻 *Callithamnion rubosum* | 2 | Stadnichuk 等，1984 |
| 一种腹枝藻 *Gastroclonium coulteri* | 2 | Klotz 和 Glazer，1985 |
| 一种江蓠 *Gracilaria longa* | 2 | D'Agnolo 等，1994 |
| 一种异管藻 *Heterosiphonia japonica* | 2 | Sun 等，2009 |
| 海带状红藻 *Palmaria decipiens* | 3 | Lüder 等，2001 |
| 一种紫球藻 *Porphyridium cruentum* | 2 | Stadnichuk 等，1997 |
| 一种紫球藻 *Porphyridium cruentum* | 3 | Redlinger 和 Gantt，1981 |
| 一种紫球藻 *Porphyridium purpureum* | 2 | Apt 等，2001 |
| 紫球藻 *Porphyridium* sp. | 3 | Ritz 等，2002 |
| 紫花狸藻 *Rhodella violacea* | 2 | Bernard 等，1992 |

1977 年，Glazer 和 Hixson 从紫球藻中获得了 B-PE，发现 B-PE 含有 3 种亚基，其中 α 亚基和 β 亚基的分子质量约为 19.5 kDa，γ 亚基的分子质量约为 29 kDa(Glazer 和 Hixson，1977)。1987 年，Klotz 和 Glazer 进一步研究了 B-PE 的氨基酸结构，发现 α 亚基有 164 个氨基酸，β 亚基有 177 个氨基酸(Klotz 和 Glazer，1987)。曾呈奎等于 2001 年从紫球藻中分离纯化了 B-PE 和 b-PE，通过比较 B-PE 和 b-PE 在不完全变性条件下的电泳图谱，发现 B-PE 相比 b-PE 多了 γ 亚基，并且 B-PE 更为稳定，同时由于 PUB 色基结合在 γ 亚基上，根据已有文献报道，B-PE 的吸收光谱有三个吸收峰，分别在 498 nm、545 nm 和 565 nm 处，最大荧光发射波长位于 577 nm 处。组成紫球藻 B-PE 的亚基有三种，分别为 α 亚基、β 亚基和 γ 亚基。其中 α 亚基携带 2 个 PEB，另外的 3 个 PEB 由 β 亚基携带(图 2-59)，而在 γ 亚基上共价结合 2 个 PEB 和 2 个 PUB。α 亚基和 β 亚基的总折叠度相同。每个亚基包含 8 个 α 螺旋(图 2-62)，其中 6 个折叠成类似肌红蛋白折叠的球状结构(A、B、E、F、G 和 H)。共价连接的辅因子 PEB82α 和 PEB82β 出现在与球蛋白中卟啉部分的位置类似的位置。2 个附加的 α 螺旋(X 和 Y)在(αβ)单体的形成中形成两个亚基之间的缔合域(Camara-Artigas 等，2012)。B-PE 在 545 nm 和 565 nm 处的吸收峰都来源于 PEB 的吸收，在 498 nm 处的吸收峰来源于 PUB 的吸收(王广策和曾呈奎，2001)。

Leney 等(2018)使用高分辨率天然质谱(MS)和荧光光谱来表征紫球藻中 B-PE 复合物的组装特性，强调了完整的 B-PE 复合物中 γ 亚基的稳定作用。此外，通过天然质谱，Leney 等监测了 B-PE 的组装中间产物，了解了哪些物种对 B-PE 的颜色有影响，以及使 B-PE 具有强荧光特性的因素。为了确定 B-PE 的亚基化学计量，从而确定哪些物种对其强荧光特性有贡献，他们在生理 pH 下对 B-PE 进行了天

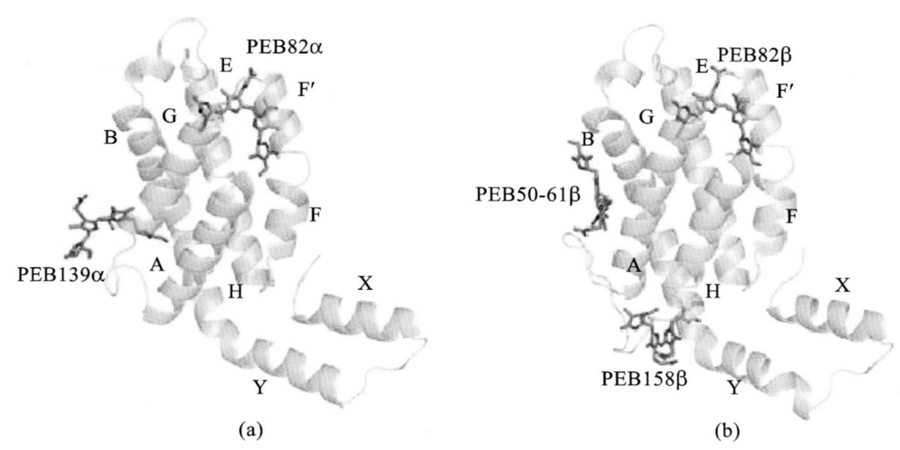


**图 2-62　B-PE 的 α 亚基(a)和 β 亚基(b)的结构(Camara-Artigas 等,2012)**

然质谱检测,发现在与 39304 Da 和 117955 Da 的蛋白质复合物相对应的低 $m/z$ 区和与 528 kDa 的复合物相对应的高 $m/z$ 区也观察到峰。与完整的 263.9 kDa B-PE 蛋白质复合物相比,这些复合物的丰度明显降低,表明 263.9 kDa B-PE 蛋白质复合物是溶液中最丰富的复合物(图 2-63(a))。因此,为了验证用非变性质谱分析法观察到的 263.9 kDa 复合物的亚基组成,他们分离出了与 $35^+$ 电荷态相对应的离子,并进行了气相解离(图 2-63(b)),在较低的 $m/z$ 值下观察到两种主要的电荷态分布,对应于蛋白质分

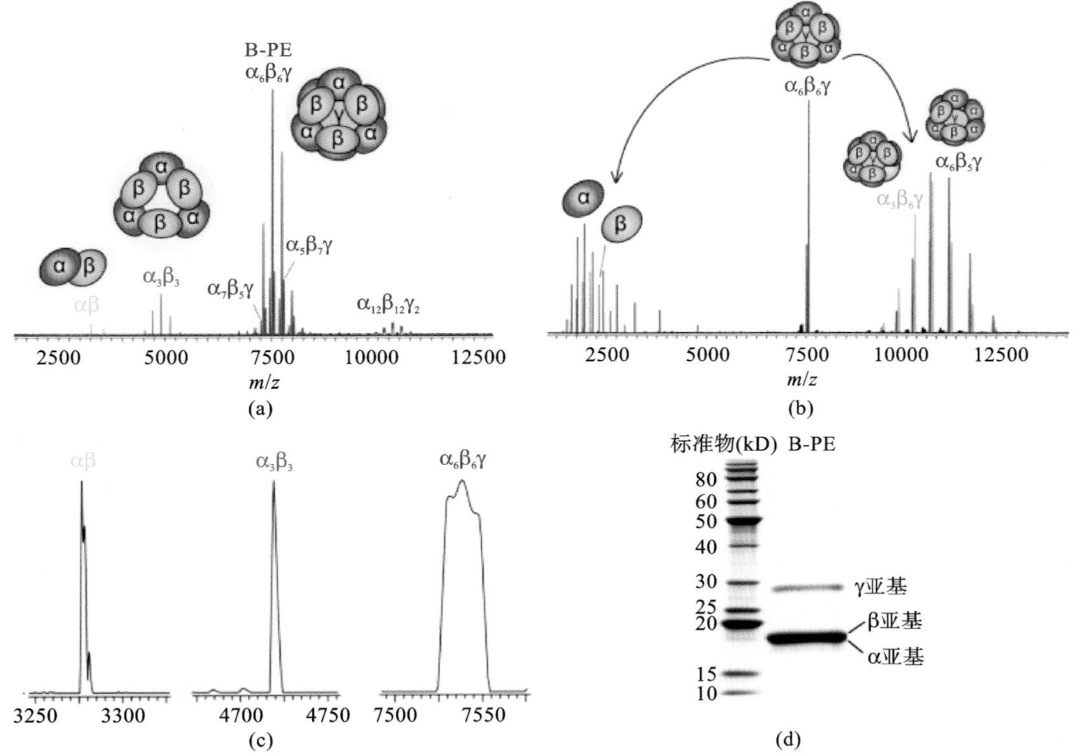


**图 2-63　B-PE 的非变性 MS 显示 $\alpha_6\beta_6\gamma$ 是主要的存在形式(Leney 等,2018)**

(a)pH 为 7 时 B-PE 的天然质谱,$\alpha\beta$、$\alpha_3\beta_3$、$\alpha_6\beta_6\gamma$ 和 $\alpha_{12}\beta_{12}\gamma_2$ 络合物分别以黄色、绿色、紫色和深蓝色显示;(b)$\alpha_6\beta_6\gamma$ 复合物的串联质谱显示 α(红色)和 β(蓝色)单体的释放,以及存在于分离的 $\alpha_5\beta_6\gamma$(绿色)和 $\alpha_6\beta_5\gamma$(紫色)复合物中的 γ 亚基;(c)pH 为 7 的 B-PE天然质谱的 $\alpha\beta^{12+}$、$\alpha_3\beta_3^{25+}$ 和 $\alpha_6\beta\gamma_6^{35+}$ 峰的放大图,与 $\alpha\beta$(10 Da)和 $\alpha_3\beta_3$(58 Da)复合物相比,$\alpha_6\beta_6\gamma$ 复合物(702 Da)的半峰宽(FWHM)宽得多,这是不同的 γ 亚基集合中质量异质性的结果;(d)B-PE 中存在的 α 亚基、β 亚基和 γ 亚基的 SDS-PAGE 分析

子质量 18977 Da 和 20327 Da。它们与 B-PE 的 α 亚基和 β 亚基的预测分子质量（基于氨基酸序列）相对应，其中 α 亚基和 β 亚基分别有两个和三个共价连接的 PEB（表 2-11）。除 α 亚基和 β 亚基解离产物外，还观察到互补的片段化产物，其较高的 $m/z$ 值与完整的 B-PE 复合物减去一个 α 亚基或 β 亚基的分子质量一致（图 2-63（b），表 2-11）。因此，$\alpha_6\beta_6$ 复合体分子质量的增加归因于其结构中含有另一个分子质量为 27.3～28.2 kDa 的 γ 亚基。根据通过串联质谱实验确定的 α 亚基和 β 亚基分子质量（表 2-11），可以将依据质谱的低丰度 39 kDa 和 118 kDa 复合物分别分配给 $(\alpha\beta)_2$ 二聚体和 $\alpha_6\beta_6$ 复合物（图 2-63（a））。但这些复合物不包含 γ 亚基。相比之下，仅在附着有 γ 亚基的情况下可观察到 $\alpha_6\beta_6$ 复合体。因此，γ 亚基选择性地在完整B-PE复合物的形成和稳定中起关键作用，它位于两个六聚环中，将两个 $\alpha_3\beta_3$ 复杂地连接在一起。

**表 2-11 蛋白质及其复合物与不同亚基的平均分子质量（Leney 等，2018）**

| 蛋白质复合物 | 预期分子质量/Da | 观测分子质量/Da | 加合物 |
|---|---|---|---|
| α | 17805.0 | 18977±0.3 | +1172 Da（=2* PEB） |
| β | 18554.1 | 20327±0.3 | +1773 Da（=3* PEB） |
| $\beta_m$ | | 20344±0.6 | |
| $\beta_{average}$ | | 20336 | |
| $\gamma_{average}$ | 29411～36868[b] | 27312～28192[a] | ≤5.4 kDa |
| αβ | 39304 | 39304±0.3 | |
| $\alpha\beta_m$ | 39321 | 39325±0.7 | |
| $\alpha_2\beta_2$ | 78625 | 78635±1.8 | |
| $\alpha_3\beta_3$ | 117938 | 117955±0.7 | |
| $\alpha_4\beta_4$ | 157251 | 157292±7.2 | |
| $\alpha_6\beta_6\gamma$ | 265235～272692[b] | 263190～264070 | |
| PEB | 586.3 | | |

[a] 表示由 $\alpha_6\beta_6\gamma$ 复合物的非变性质谱分析推断出的分子质量；[b] 表示基于预测的所有 PE 相关 γ 亚基氨基酸序列的分子质量

Tamara 等（2019）采用多模式质谱分析方法来揭示一种紫球藻 *Porphyridium cruentum* 中主要藻胆蛋白 B-PE 的分子异质性。B-PE 由 12 个亚基 $(\alpha\beta)_{12}$ 组成，12 个亚基排列成环状，中心空腔中含有一个 γ 亚基，这对于稳定藻胆体内的 B-PE 至关重要。利用自上而下的质谱技术，他们揭示了 γ 亚基的异质性，表征了它们所包含的不同的 γ 链和多个发色团。他们测量了荧光组装体的高分辨率本征质谱，表明 B-PE 络合物是非均相的，存在多个共现电荷态，为了进一步研究影响 B-PE 质谱非均质性的因素，他们对其进行了串联质谱实验，这些串联质谱显示了 α 亚基和 β 亚基的喷射以及 B-PE 的残余络合物，其中 α 亚基、β 亚基或两个亚基的组合被消除（图 2-64）。当来自不同组装变体的不同前体离子发生碰撞离解时，释放的 α 亚基和 β 亚基总是具有相同的质量，而由 α 亚基和（或）β 亚基的丢失形成的剩余高分子量片段复合物显示出明显的质量差异，因此，可以归因于 γ 亚基的不同形式。

Tamara 等（2019）又通过与专门的蛋白质数据库进行比较，发现 4 种不同的 γ 亚基存在于最丰富的已鉴定蛋白质列表中（图 2-65（a））。除此之外，他们还检测到来自其他连接蛋白的肽，它们不携带任何胆红素分子，尽管它们的丰度通常要低得多。与藻胆体的核心相关，这种连接蛋白在杆状体近端的藻胆蛋白中更为突出。与 B-PE 相关蛋白一起，液质色谱-质谱法（LC-MS）/质谱法（MS）可显示检测到 R-PE 的亚基，尽管其丰度明显较低，可能是因为它们相似的生化特性导致了它们的共提纯。为了验证 B-PE 中是否存在多个 γ 亚基，他们对 B-PE 进行变性并使用反相高效液相色谱法（HPLC）分离完整的蛋白质。与自下而上的质谱法结果一致，数据显示两个丰富的信号对应于 α 亚基（保留时间 9 min 处）和 β 亚基（保留时间 12.5 min 处），以及几个保留时间较短的低丰度峰（2.5～5 min）（图 2-65（b））。β 亚基的峰分裂是由于氧化蛋白的保留时间发生了变化。为了验证洗脱蛋白是否是 B-PE 的发色团化亚基，他们测

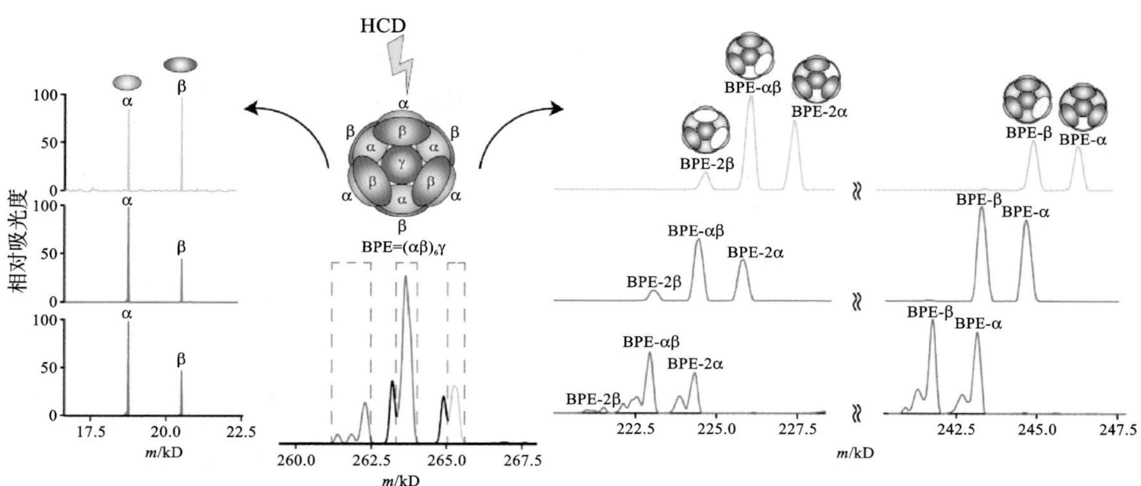


图 2-64 B-PE 组装变体的非变性自上而下 MS 分析(Tamara 等,2019)

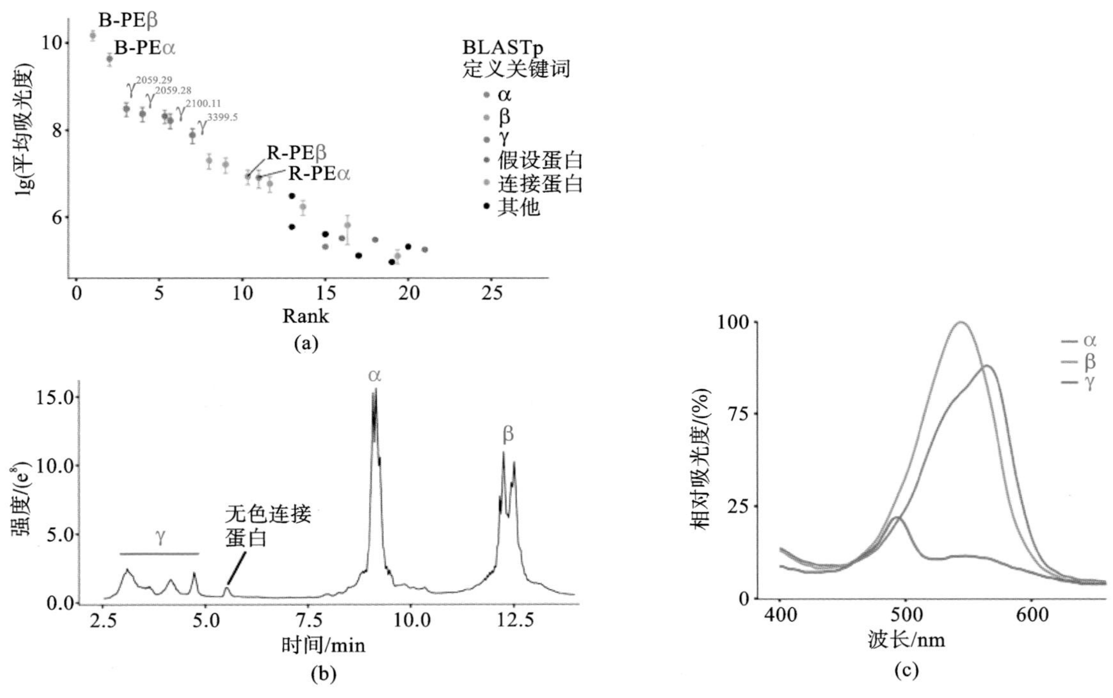


图 2-65 特异性 B-PE 亚基的鉴定(Tamara 等,2019)

(a)在非变性自上而下的 LC-MS/MS 分析中鉴定的蛋白质,并根据 LC-MS 中各自肽的组合丰度进行排序,误差条代表平均丰度的标准误差;(b)反相 HPLC 分离 B-PE 样品中完整的亚基蛋白,用基峰强度表示保留时间;(c)反相 HPLC 后收集的组分的吸收光谱,对应于 α(蓝色)、β(绿色)和 4 个 γ(红色)亚基

量了各部分的吸收光谱(图 2-65(c))。显然,他们所观察到的三种不同的吸收曲线,与之前报道的 B-PE 亚基的吸收光谱相似(Tamara 等,2019)。

Tamara 等(2019)通过对 α 亚基和 β 亚基的 MS 扫描发现这两个亚基主要由单个最丰富的蛋白质组控制,但对于 γ 亚基,他们观察到不同质量的蛋白质组的共洗脱,可能是由一些氨基酸残基序列中的添加或缺失引起的(图 2-66)。为了研究 γ 亚基的加工和发色团化位点,他们利用 MUSCLE 算法进行多序列比较,对 γ 亚基的序列进行比对。这个排列显示所有的 γ 亚基包含 1 个保守区域,被指出是 γ 亚基的发色团结合区。在 3/4 的 γ 链中,该结构域包含 5 个保守的半胱氨酸残基,可以将其视为胆红素附着的潜在位点(在 5 个保守的半胱氨酸残基中,$\gamma^{3399.5}$ 缺失 2 个)(图 2-66)(Tamara 等,2019)。

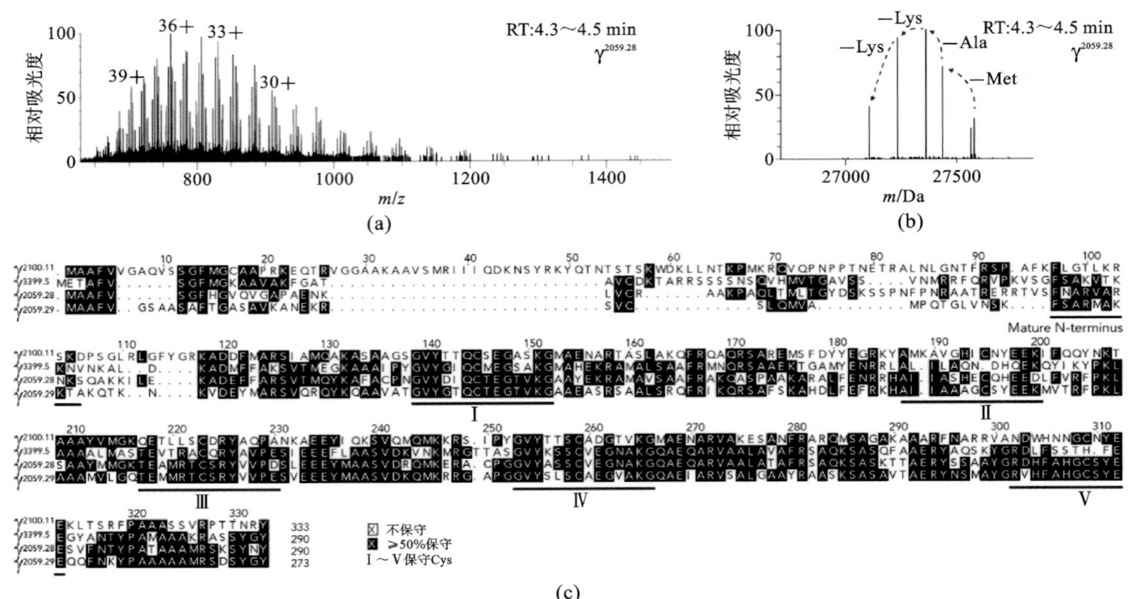

**图 2-66　γ 亚基的自上而下 LC-MS 鉴定(Tamara 等,2019)**

(a)完整的 LC-MS 扫描显示 $\gamma^{2059.29}$ 的不同共洗脱蛋白形式的电荷包络的混合物；(b)(a)的去卷积 MS 揭示了几种具有质量差异的蛋白质形式，其来源于蛋白质加工过程中特定氨基酸残基的顺序缺失；(c)用 MUSCLE 算法对 γ 亚基序列进行了预测，与潜在发色团结合位点相对应的保守区域用罗马数字标注

王璐(2010)从一种多管藻 *Polysiphonia urceolata* 中纯化制备得到 R-PE，SDS-PAGE 结果发现，R-PE 由 $\alpha^{173}$、$\beta^{175}$ 以及两种不同分子量的 γ 亚基($\gamma^{33.3}$ 和 $\gamma^{31.0}$)组成，四种带有发光带的亚基的配比为 α∶β∶γ∶γ=6∶6∶1∶2。这说明每一个 R-PE 六聚体均由 6 个(αβ)单体、2 个 $\gamma^{33.3}$ 和 1 个 $\gamma^{31.0}$ 组成。γ 亚基作为一种含有色素团的连接蛋白，它连接两个$(\alpha\beta)_3$，使六聚体 R-PE 稳定存在于藻胆体和溶液中。通常认为，R-PE 六聚体结构中，γ 亚基位于三聚体形成的中央空腔内部，但因 $\gamma^{33.3}$ 和 $\gamma^{31.0}$ 的分子量不同，对 R-PE 的结构大小没有很大影响。因此，分子筛层析和非变性-凝胶电泳中的结果是相同的。但是比例为 2∶1 的 $\gamma^{33.3}$ 和 $\gamma^{31.0}$ 使分离纯化得到的 R-PE 在非变性-凝胶电泳结果中 PI 表现出差异，说明分离制备得到的 R-PE 具有相同的亚基组成但结构不同的两种形式的六聚体。SDS-PAGE 结果表明，α 亚基的 PI 位于 pH=5 处，β 亚基的 PI 位于 pH=5.8 处。α 亚基和 β 亚基的静电作用方式结合导致了两个亚基之间相差 0.8 个单位的 pI。然而具有不同分子量的 γ 亚基($\gamma^{33.3}$ 和 $\gamma^{31.0}$)，其 pI 与 α、β 亚基的差值均小于 0.4，因此 γ 亚基与 α、β 亚基之间的结合除了有静电作用外，还会有其他作用方式，如疏水作用的贡献。

关于隐藻藻胆蛋白结构的研究始于 20 世纪 70 年代初，Glazer 等于 1971 年从隐藻中分离得到两种 PE，通过中性分子量电泳、亚基结构、免疫特性和光合能力、等电点等进行分析，发现这两种 PE 只有 PI 的不同，分别为 5.74 和 6.35。其中 α 亚基和 β 亚基分子质量分别为 11.8 kDa 和 19 kDa，每个亚基通过共价键连接色基。PE 对光非常不稳定，用强光短暂照射 PE 后，发现其荧光发射峰和吸收峰都大幅度下降(Glazer 等，1971)。同年，Gantt 等通过显微技术，定位了隐藻藻胆蛋白在细胞中的位置，即在内囊体腔中。此后 Mörschel 等对隐藻中 PC-645 和 PE-545 进行了深入研究，测得 PC-645 最大吸收峰在 645 nm、584 nm、369 nm、275 nm 处，并且在 340 nm、620 nm 处具有两个肩峰；CD 谱则显示 PC-645 在 645 nm 处有负峰，在 610 nm 和 584 nm 处有两个正峰；最大荧光发射峰位于 660 nm 处；而隐藻 PE-545 组装形式的研究表明，PE-545 具有 7.83、5.05、4.84 三个 PI，其分子质量都为 44.5 kDa，其中 α 亚基为 9.9 kDa，β 亚基为 15.7 kDa。PI 为 7.83 的 PE-545 含有更多带负电荷的 α 亚基(Mörschel 和 Wehrmeyer，1977)。Mörschel 和 Wehrmeyer 被隐藻中只需一种藻胆蛋白即可完成红、蓝藻中藻胆体的

能量传递功能所吸引，并且提出 PE-545 必然有一部分结构需插入类囊体膜中，而 PE-545 的其他部分则通过不同的电荷性相互吸引进行组装。

#### 2.3.3.2 PC

1975 年，Mörschel 和 Wehrmeyer 通过隐藻 PC-645 亚基拆分后的电泳试验，发现了新的 α 亚基。PC-645 由 3 个亚基组成，分别为 α1 亚基（10.4 kDa），α2 亚基（9.2 kDa），β 亚基（15.5 kDa）。2011 年 Zhang 等通过尿素拆分隐藻 PC-645，然后进行二维电泳，获得了新的 β 亚基——β2 亚基。与 β1 亚基（PI=6.0，20.3 kDa）相比，β2 亚基的等电点更低（PI=5.7），分子质量也更小（18.5 kDa）。

隐藻 PC-645 的两种 α 亚基均含有大量的碱性氨基酸，其中 α1 亚基 PI>9，说明这些碱性残基大多位于蛋白质表面，隐藻 PE-545 就存在一个由 α 亚基组成的、处于 PE-545 内部的亲水空腔（Wilk 等，2001）；而 PC-645 的 β 亚基 PI 为 5.7～6.0，偏酸性。2013 年李文军通过对 PC-645 进行变性等电聚焦，得到 4 个亚基组分（图 2-67(a)(b)），其中 β1 亚基和 β2 亚基的 PI 分别为 6.0 和 5.7。将未经染色的 β 亚基分别切下，进行 SDS-PAGE，获得的 β1 亚基和 β2 亚基的分子质量分别为 20.3 kDa 和 18.5 kDa（图 2-67(c)）。通过对 PC-645 的活性构象随 pH 的变化情况进行研究，研究者发现 PC-645 能在广泛的 pH 条件下保持能量传递功能稳定，并且在低浓度尿素中维持吸收状态较长时间不变，说明其亚基结构相当致密，并且四级结构稳定。由于 PC-645 在酸性区变性的临界 pH 在 3～3.5 附近，接近羧基侧链的解离区段，推测酸性 β 亚基上的羧基侧链可能参与了亚基之间的关键作用，当环境 pH 低于羧基的 $pK_a$ 时，大部分羧基质子化而失去负电荷，导致蛋白质空间结构崩溃、解体。结构决定功能，功能又是结构的反映（李文军，2013）。

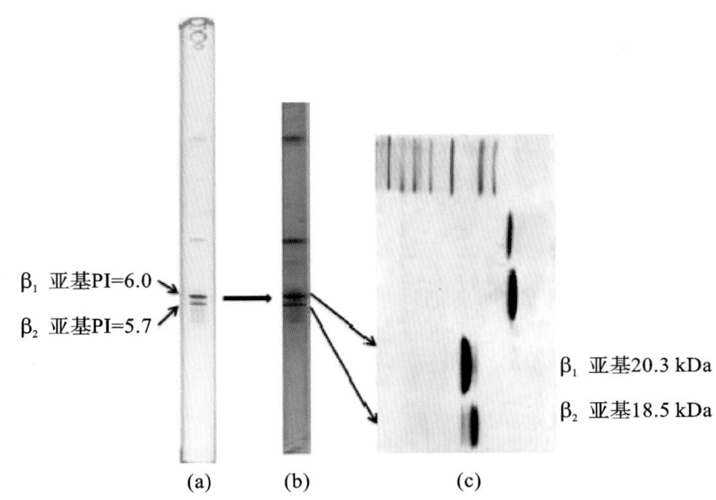


**图 2-67 PC-645 变性等电聚焦图（李文军，2013）**

(a)等电聚焦（自然光）；(b)等电聚焦（考马斯亮蓝染色）；(c)SDS-PAGE（考马斯亮蓝染色）

Nair 等（2018）从一种纵胞藻 *Centroceras clavulatum* 中分离得到 R-PC 和 R-PE，吸收光谱和荧光光谱研究证实该蛋白质的存在，再经硫酸铵沉淀、离子交换层析纯化（图 2-68），并利用 SDS-PAGE，分别测定了 R-PC 和 R-PE 的亚基组成和分子质量。图 2-69 显示了两个纯化的藻胆蛋白组分的吸收光谱。第一组分在 551 nm 和 617 nm 处显示最大吸收峰（图 2-69(a)），表明存在 R-PC。据报道，在 617 nm 处的特征峰是由 PC 发色团与蛋白质的结合产生的（Glazer 和 Hixson，1975，Kornprobst，2010）。第二个纯化组分在 498 nm 和 567 nm 处显示两个主峰，在 538 nm 处显示一个肩峰（图 2-69(b)），这是 R-PE 的典型特征。Nair 等（2018）进一步用荧光光谱法对纯化的 R-PC 和 R-PE 进行了表征。如图 2-70 所示，R-PC 用 551 nm 波长光激发时，在 632 nm 处出现最大发射峰。同样，在 498 nm 波长光激发下，R-PE 部分产生荧光光谱，最大发射峰在 574 nm 处。纯化的 R-PC 和 R-PE 的非还原性（天然 PAGE）凝胶显示单一条带，约在 110 kDa 和 250 kDa 处，表明这些组分的均一性（图 2-71）。考马斯亮蓝 R-250 染色后,R-PC SDS-PAGE(图 2-72(a))显示约在 17 kDa 和 21 kDa 处有两条蛋白质条带。R-PE 的 SDS-PAGE 显示在 18 kDa、19 kDa 和 35 kDa 处有三条条带(图 2-72(b))。为了识别 SDS-PAGE 后观察到的蛋白质条带,对每条条带进行胰蛋白酶消化,并以数据依赖模式收集质谱数据进行分析。对 R-PC 的质谱研究表明,17 kDa 的谱带为 α 亚基,21 kDa 的谱带为 β 亚基。由以上结果可以推断 R-PC 的多肽组成为 α 亚基和 β 亚基的三聚体$(\alpha\beta)_3$。该复合物的分子质量与通过 PAGE 观察到的分子质量(约 110 kDa)一致。同样,从 R-PE 组分中,在 18 kDa、19 kDa 和 35 kDa 观察到的 SDS-PAGE 谱带分别被鉴定为 α 亚基、β 亚基和 γ 亚基。将这些信息与非还原性 PAGE 数据相结合,可以得出 R-PE 以$(\alpha\beta)_3$-γ-$(\alpha\beta)_3$ 复合物的形式存在的结论(Nair 等,2018)。

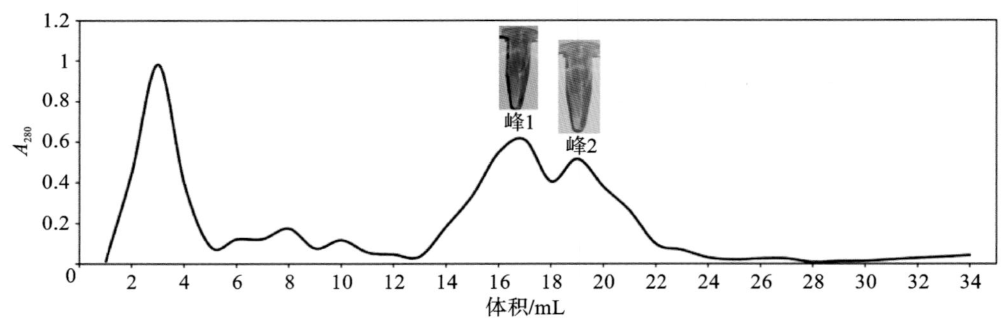


**图 2-68　藻胆蛋白的纯化(Nair 等,2018)**

在 0.05 mol/L 磷酸钠缓冲液(pH 7.5)中制备 NaCl 线性梯度离子交换柱。色谱图显示有两个显著的峰,峰 1 在 0.4 mol/L NaCl 溶液下洗脱,峰 2 在 0.7 mol/L NaCl 溶液下洗脱。插图显示了含有 PC(蓝色)和 PE(粉色)的试管图像

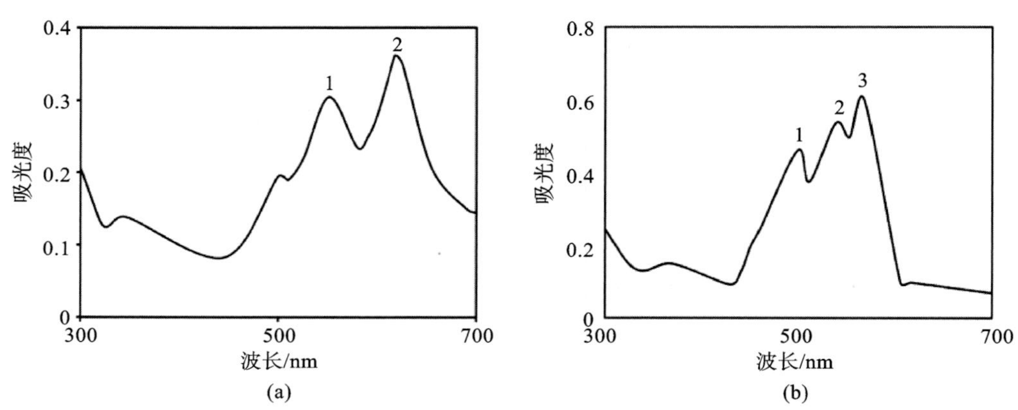


**图 2-69　从一种纵胞藻 *Centroceras clavulatum* 中纯化的 R-PC(a)和 R-PE(b)的吸收光谱(Nair 等,2018)**

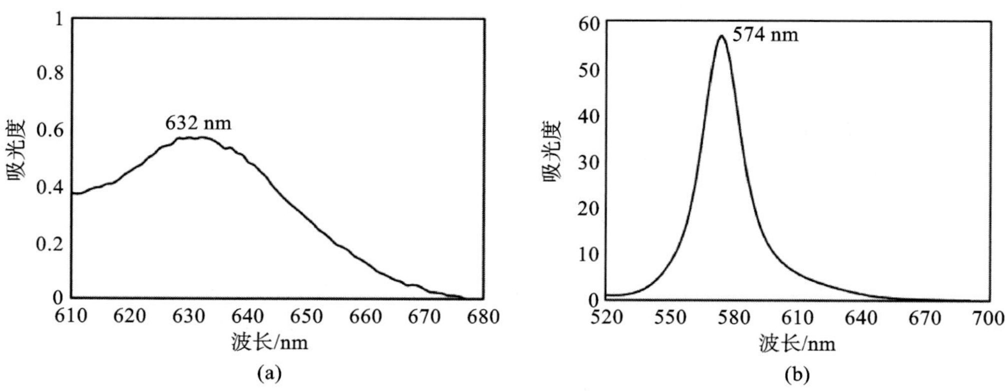


**图 2-70　从一种纵胞藻 *Centroceras clavulatum* 由纯化的 R-PC(a)和 R-PE(b)的荧光发射光谱(Nair 等,2018)**

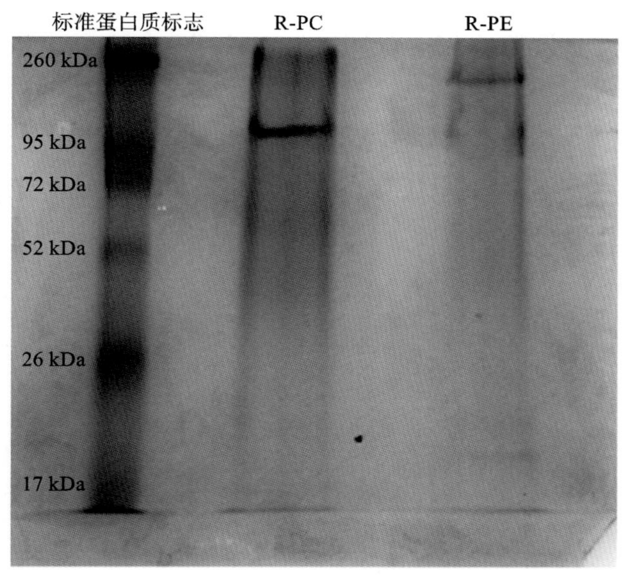


**图 2-71 纯化的 R-PC 和 R-PE 的非还原性 PAGE(Nair 等,2018)**

银染后可见蛋白质条带

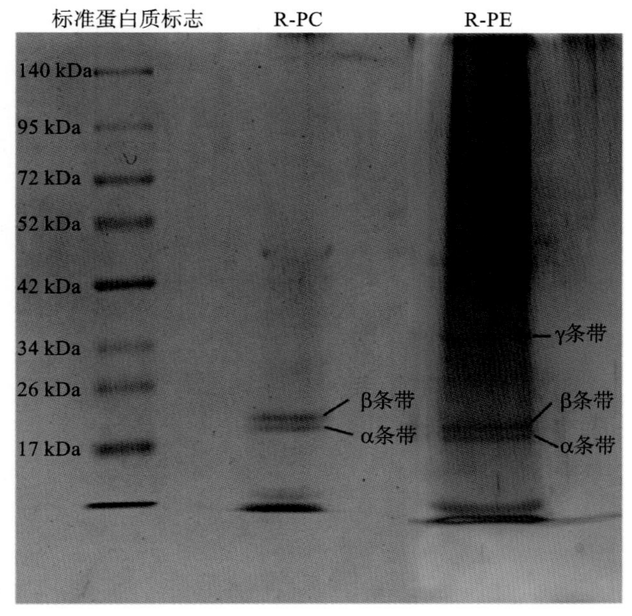


**图 2-72 纯化 R-PC 和 R-PE 的 SDS-PAGE(Nair 等,2018)**

考马斯亮蓝染色后可见蛋白质条带

Patel 等(2006)从念珠藻 *Nostoc* sp. WR13 中分离纯化得到 PC(Nst-PC)。SDS-PAGE 分析发现其 α 亚基和 β 亚基只有一条多肽带,没有连接蛋白或其他污染多肽的带(图 2-73(a))。根据两个亚基的氨基酸序列,单带反映了两个亚基的大小,即 α 亚基和 β 亚基分别为 17.3 kDa 和 17.8 kDa。对 Nst-PC 的光谱分析显示,最大吸收波长为 620 nm,荧光发射波长为 640 nm,与之前报道的几株蓝藻的 PC 相似(图 2-73(b))。Nst-PC 的 CD 谱与其他 PC 的 CD 谱相比没有显著的差异(Patil 等,2006)。

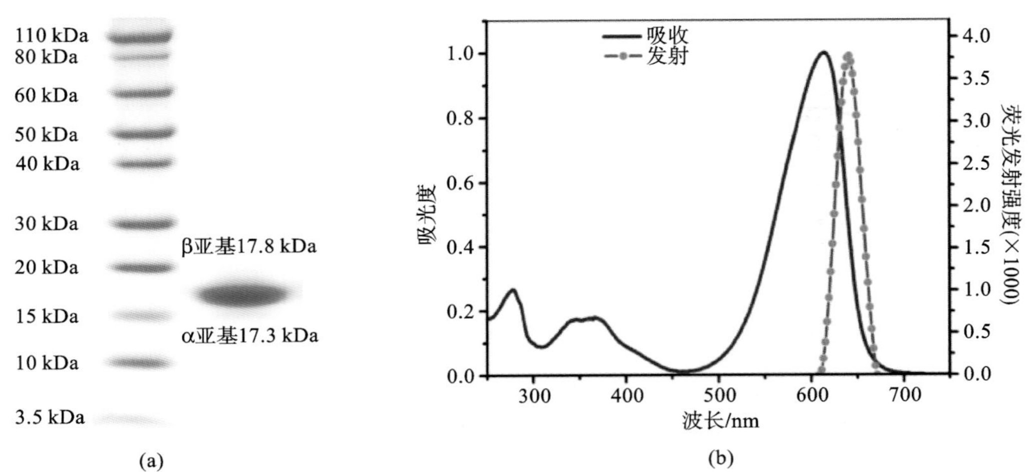


**图 2-73 考马斯亮蓝染色的来自念珠藻 *Nostoc* sp. WR13 的纯化 PC(Nst-PC)的 12% SDS-PAGE 图(Patel 等,2006)**

(a)用标准蛋白质分子标记显示了纯化 PC 的一条带。单带代表相似大小的 α 亚基(17.3 kDa)和 β 亚基(17.8 kDa);(b)纯化 PC 的紫外-可见吸收光谱(蓝色),在 620 nm 处显示主带,在 589 nm 波长光激发下纯化 PC 的荧光发射光谱(红点蓝)

#### 2.3.3.3 APC

相对于 PC 和 PEC,APC 的含量非常少,但它们存在于所有含藻胆体的物种中。相对于红藻,某些种的蓝藻中 APC 在总藻胆蛋白含量中的占比相对较高(Bermejo 等,1997;Apt 等,1995;Wang 等,2010)。APC 的 α 亚基由 160 个氨基酸残基构成,β 亚基由 161 个氨基酸残基构成,它们的表观分子质量为 17~20 kDa。α 亚基和 β 亚基自组装成一个单体(αβ),每个 APC 单体两个亚基的 $Cys^{-84}$ 位点都共价结合有一个 PCB 色基;β 亚基上的 $\beta PCB^{84}$ 所处的蛋白质环境与 PC 中的 $\beta PCB^{84}$ 所处的蛋白质环境几乎一致,但是 α 亚基上的 $\alpha PCB^{84}$ 与 PC 中的 $\alpha PCB^{84}$ 所处的蛋白质环境完全不同(Apt 等,1995)。

### 2.3.4 四级结构

藻胆蛋白的基本结构单位为(αβ)单体,每个(αβ)单体共价结合 2~5 个线性的四吡咯结构的发色团(chromophore)分子——藻胆素(phycobilin)(Brown 等,1990;MacColl 等,1988),藻胆素通过硫醚键与脱辅基蛋白中的半胱氨酸(Cys)共价相连。藻胆蛋白的(αβ)单体在细胞内会倾向于形成更稳定的聚集态$(\alpha\beta)_n$,红藻和蓝藻中常见的藻胆蛋白聚集态为$(\alpha\beta)_3$ 或$(\alpha\beta)_6$(Adir 等,2006),而在隐藻中则常为$(\alpha\beta)_2$(Glazer 和 Wedemayer,1995)。单体进一步自组装形成$(\alpha\beta)_3$ 三聚体结构,即直径约为 11 nm 的盘状结构,厚度约为 3 nm,同时中央存在直径为 1.5~5 nm 的孔穴,$(\alpha\beta)_6$ 六聚体是由$(\alpha\beta)_3$ 三聚体"面对面"堆积形成的。一般$(\alpha\beta)_6$ 是 PE 和 PC 的稳定态,而 APC 的稳定态一般为$(\alpha\beta)_3$(赵明日,2015)。此外,γ 亚基具有不同种类,分布在不同种类的红藻中。不同类型的藻胆蛋白的聚集状态、光谱特性及色基组成见表 2-12。

**表 2-12 不同类型的藻胆蛋白的聚集状态、光谱特性及色基组成(王肖肖,2018)**

| 藻胆蛋白种类 & 聚集状态 | 最大吸收峰和肩峰 /nm | 荧光发射峰 /nm | 色基组成 |
|---|---|---|---|
| B-PE$(\alpha\beta)_6\gamma$ | 545、563、498 | 575 | 12αPEB、18βPEB、2γPUB、2γPEB |
| R-PE$(\alpha\beta)_6\gamma$ | 498、538、567 | 578 | 12αPEB、12βPEB、6βPUB、1γPEB、2γPUB |
| C-PC$(\alpha\beta)_6L_R$ | 616 | 643 | 6αPCB、12βPCB |
| R-PC$(\alpha\beta)_3$ | 547、616 | 638 | 3αPCB、3βPEB、3βPCB |
| R-PC-Ⅱ$(\alpha\beta)_2$ | 533、554、615 | 646 | 4αPEB、2βPEB、2βPCB |
| PEC$(\alpha\beta)_6L_R$ | 575 | 635 | 6αPXB、12βPCB |
| APC$(\alpha\beta)_3$ | 650、618 | 663 | 3αPCB、6βPCB |

在实验中分离纯化得到的藻胆蛋白的光谱特征，往往因为藻胆蛋白所处的聚集状态不同而不同，而藻胆蛋白的聚集状态不仅与其种类有关，而且与其浓度、缓冲液的 pH 以及所处环境的离子强度相关（Anwer 等，2015）。即使在相同条件下，同种藻胆蛋白的不同聚集状态也会同时存在，其之间存在着一种动态平衡关系（Kupka 和 Scheer，2008）。各种分离纯化方法常会导致 $(\alpha\beta)_3$ 或 $(\alpha\beta)_6$ 的解离（刘少芳，2010）。

#### 2.3.4.1 PE

典型的 PE 结构是 $(\alpha\beta)_6\gamma$ 的六聚体盘状结构（图 2-74）。六聚体由 6 个 α 亚基和 6 个 β 亚基和 1 个附加 γ 亚基组成，γ 亚基被认为是两个 $(\alpha\beta)_3$ 三聚体结合形成 $(\alpha\beta)_3$-γ-$(\alpha\beta)_3$ 复合物的连接体。这些复合物的分子质量在 240～260 kDa 之间（Nair 等，2018）。尚未在 PE 的晶体学中观察到 γ 亚基，虽然很早在对水溶性 PE 晶体进行研究时就已经发现它的存在（Chang 等，1996）。多数 PE 含有 γ 亚基，因此其稳定态一般为 $(\alpha\beta)_6\gamma$ 的形式，而 B-PE 因不含 γ 亚基，其稳定态一般为 $(\alpha\beta)_3$（Gantt 和 Lipschultz，1974）。

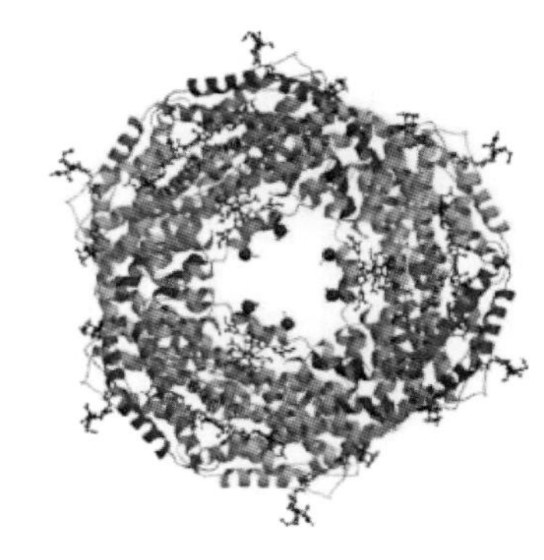

**图 2-74　一种格里菲斯藻 *Griffithsia monilis* 的 R-PE 的 1.90 Å 晶体结构（PDB:1B8D）（马建飞，2015）**

2012 年，Camara-Artigas 等获得了 B-PE 在 pH＝5 和 pH＝8 下的晶体结构，分辨率分别达到 1.85 Å 和 1.75 Å，这为解析 B-PE 的功能提供了良好的基础。此外，Camara-Artigas 还发现，当 pH 达到 8 时 B-PE α 亚基的 Hisα88 通过氢键与 PEBα82 形成的微环境发生改变，N 原子发生质子化，导致在 560 nm 处的吸收峰红移，在 574 nm 处出现新的吸收峰，但是这个过程尚未通过更多的光谱数据来证明。所以，虽然紫球藻的 B-PE 结构研究已经比较清楚，但是 B-PE 的 $(\alpha\beta)_6\gamma$ 内部存在 34 个色基，关于其能量传递的细节仍尚未被解析（李文军，2017）。

马建飞（2015）收集了 *Griffithsia* 的藻胆体组成相关的所有 PDB 晶体结构蛋白，发现该属迄今只有 PE 这一种藻胆蛋白晶体结构（图 2-75）（Ritter 等，1999）。他又将来自格里菲斯藻 *Griffithsia* 和紫球藻 *Porphyridium* 的两种 PE 的结构进行比较，发现二者非常相似（表 2-13）。

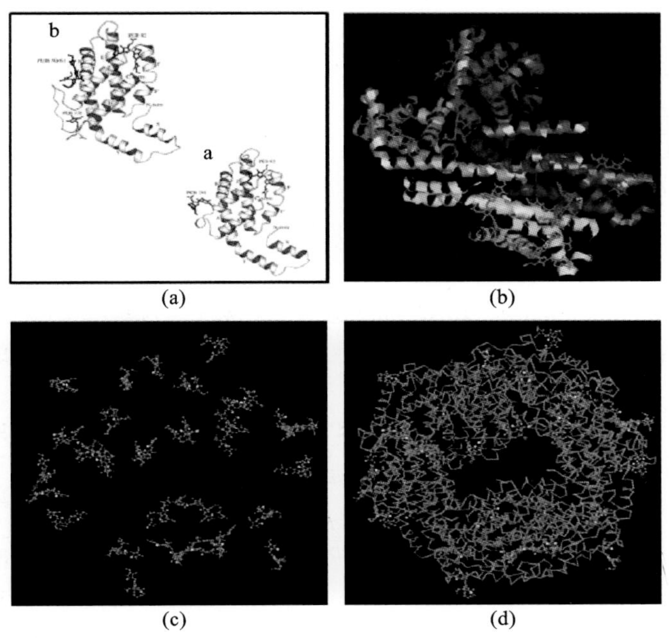


**图 2-75　一种格里菲斯藻 *Griffithsia monilis* 的 PE 的 X 射线晶体学结构（1.9 Å）（Ritter 等，1999）**

(a)PE 各亚基的 X 晶体学结构图，其中 a 为 α 亚基，b 为 β 亚基；(b)两个二聚体 $(\alpha\beta)(\alpha\beta)$ 反向上下排列的结构图；(c)只有藻胆素（卟啉环）的六聚体 $(\alpha\beta)_6$ 空间结构；(d)加上蛋白质骨架的六聚体 $(\alpha\beta)_6$ 空间结构

在该 PE α 亚基中，α82 和 α139 位各结合一个 PEB，在 β 亚基中，β82 和 β158 位各结合一个 PEB，在 β50 和 β61 位结合一个 PUB（PDB：1B8D）

**表 2-13　一种格里菲斯藻 *Griffithsia monilis* 和一种紫球藻 *Porphyridium cruentum* 的 PE 晶体结构(马建飞,2015)**

| 序号 | 物　种 | 类型 | PDB ID | 色基位置 | 参考文献 |
|---|---|---|---|---|---|
| 1 | 一种格里菲斯藻 *Griffithsia monilis* | R-PE | 1B8D | PEBα82、α139;β82、β158 | Ritter 等,1999 |
| 2 | 一种紫球藻 *Porphyridium cruentum* (pH=5.0　pH=8.0) | B-PE | 3V57 3V58 | PUBβ50、β61 | Camara-Artigas 等,2012 |

在红、蓝藻中,不同种类的藻胆蛋白即使一级结构序列差异较大,在形成具有生理功能的蛋白质的时候,它们的高级(二级、三级、四级)结构也会变得相似,这在隐藻藻胆蛋白中也是如此(李文军,2013)。

20 世纪 80 年代 X 射线衍射数据表明,PC-645 晶体单位包含 2～3 个$(\alpha\beta)_2$的四聚体,另外 PC-645 和阳离子去污剂 BAC 可以紧密相连,表明 PC-645 也具有非常强大的膜亲和能力(Morisset 等,1984)。但是此后,关于隐藻藻胆蛋白晶体结构的研究则集中于隐藻红胞藻 *Rhodomonas* CS24 的 PE-545。Wilk 等于 20 世纪末解析了 PE-545 的晶体结构,分辨率达到了 1.63 Å,此后几年对 PE-545 的解析日益加深,分辨率已经提高至 0.97 Å,其研究结果表明 PE-545 β 亚基与其他藻胆蛋白的 α、β 亚基相似,但是其整体结构中的 α 亚基有独特的扩展结构,在 α 螺旋后紧接一个反向的 β 折叠。该 PE-545 是两个(αβ)单体的二聚体(Doust 等,2004;Wilk 等,2001),其 β 亚基具有珠蛋白折叠并结合三个线性四吡咯(胆红素)(Schirmer 等,1985,Apt 等,1995),而 α 亚基是一个具有单一胆红素发色团的短而长的多肽。这种结构的一个显著特征是两个中心发色团在伪双轴上进行范德瓦耳斯接触,每个发色团与其中一个 β 亚基上的两个半胱氨酸残基共价连接(称为“β50/61”),在 β50 和 β61 位通过双键连接的色基,存在激发耦合系统(Doust 等,2004;Wilk 等,2001),这可能改变 PE-545 的光谱特性。α 亚基含有一个色基作为最终的能量受体。PE-545 的异二聚体结构表明 PE-545 经由一个裂缝与一个受体蛋白相连接,能量由中间体的蛋白质交给反应中心。Wilk 等的研究也表明,隐藻藻胆蛋白的结构与功能相辅相成,密不可分(Wilk 等,2001)。图 2-76 所示为 PE-545 的空间结构,相关数据来自 PDB 数据库。

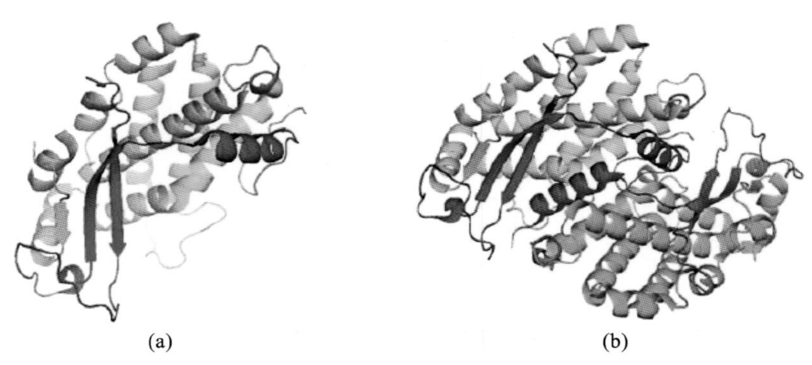


**图 2-76　PE-545 的空间结构(李文军,2013)**

(a)(αβ)单体;(b)$(\alpha\beta)_2$二聚体

Miyabe 等(2017)对 PE 水解物进行了纯化并结晶(图 2-77(a)),通过分子置换法测定其晶体结构(图 2-77(b))。该纯化产物的三维结构形成了一个$(\alpha\beta)_6$六聚体,类似于其他红藻的 PE。它与其他 PE 的均方根偏差如下:一种多管藻 *Polysiphonia urceolata* PE 0.70 Å,一种格里菲斯藻 *Griffithsia monilis* PE 0.55 Å,智利江蓠 *Gracilaria chilensis* PE 0.60 Å。正如在其他同源藻胆蛋白(如 PE、PC 和 APC)中所观察到的,PE 水解物的 α 亚基和 β 亚基的骨架构象有 9 个 α 螺旋(X,Y,A,B,E,F′,F,G 和 H)作为主要的二级结构元素(图 2-77(b))。每个亚基的结构都与其他 PE 十分相似,与一种多管藻 *Polysiphonia urceolata* PE,一种格里菲斯藻 *Griffithsia monilis* PE 和智利江蓠 *G. chilensis* PE 的 α 亚基的均方根偏差分别为 0.39 Å、0.33 Å 和 0.37 Å,β 亚基的均方根偏差分别为 0.56 Å、0.48 Å 和 0.55 Å。电子密度清楚地显示了通过硫醚键与 Cys 残基共价连接的发色团的存在。PEB 与 αCys82、

$\alpha$Cys139、$\beta$Cys82 和 $\beta$Cys158 共价连接，而藻尿胆素与 $\beta$Cys50 和 $\beta$Cys61 共价连接（Camara-Artigas 等，2012；Contreras-Martel 等，2001；Lundell 等，1984；Ritter 等，1999；Chang 等，1996）。这些位点的发色团在已报道结构的 PE 中是高度保守的。因此，PE 水解物具有与其他 PE 相同的结构特征（Miyabe 等，2017）。

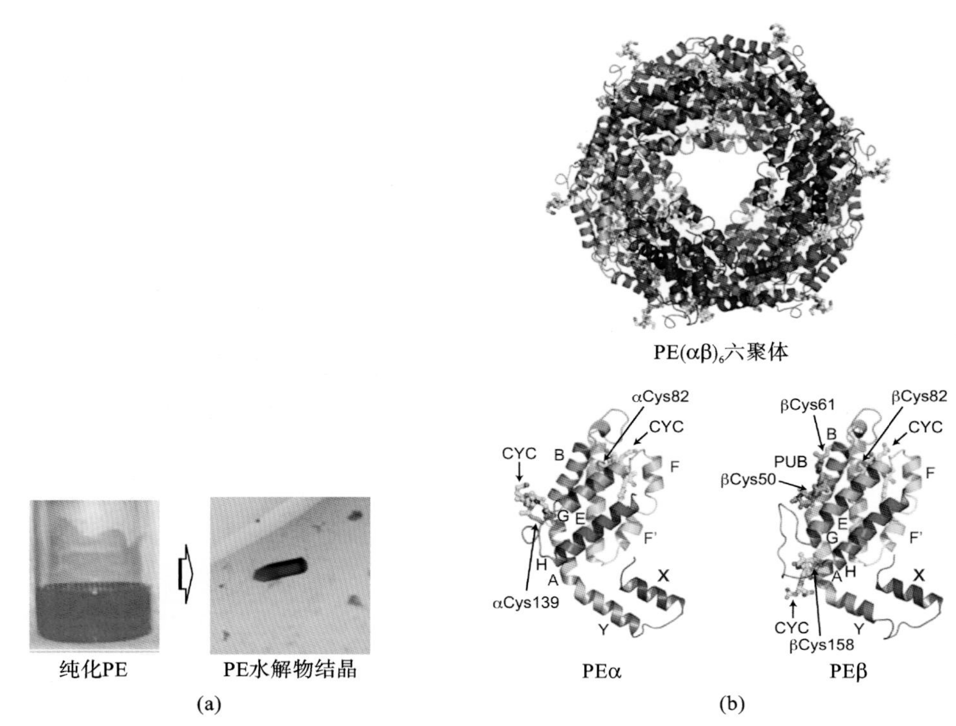


**图 2-77　PE 水解物晶体及三维结构（Miyabe 等，2017）**

（a）纯化的 PE 水解物的结晶，为淡红色晶体；（b）PE 的三维结构

PE$(\alpha\beta)_6$ 六聚体为 PE 水解物的$(\alpha\beta)_6$ 六聚体的带状表征。$\alpha$ 亚基和 $\beta$ 亚基分别呈红色和蓝色。$\alpha$ 亚基和 $\beta$ 亚基的一个亚单位分别被染成橙色和绿色。绑定的 CYC 和 PUB 也分别显示黄色和绿色。PE$\alpha$ 为 PE$\alpha$ 亚基的带状表征。根据从 N-末端的蓝色到 C-末端的红色的顺序对模型着色。绑定的 CYC 发色团显示为黄色棒状，还显示了与发色团相连的半胱氨酸残基。PE$\beta$ 为根据从 N-末端蓝色到 C-末端红色的顺序着色的 PE$\beta$ 亚基的带状表征。结合的 CYC 和 PUB 发色团显示为黄色和绿色的棒状

Camara-Artigas 等从一种紫球藻 *Porphyridium cruentum* 中分离出 B-PE，并对一种紫球藻 *P. cruentum* 中的 B-PE 进行了结晶研究。晶体结构显示，在 pH 5 和 pH 8 的不对称单元中存在（$\alpha\beta$）异二聚体的二聚体。用 PISA Web 服务器计算，形成（$\alpha\beta$）异二聚体后的掩埋界面面积为 1530 $\mathring{A}^2$。这种异二聚体通过形成六个盐桥和十八个氢键而高度稳定。R3 空间群对称算符生成由两层六聚体组成的$[(\alpha\beta)_2]_3$ 六聚体（图 2-78）。这两层六聚体的立桩结构类似于体内发现的杆状结构（Adir 和 Noam，2005）。

当用来自一种紫球藻 *P. cruentum* 的 B-PE 序列中存在的相应残基替换分子替代模型（来自一种多管藻 *Polysiphonia urceolata* 的 R-PE；PDB：1LIA）（Chang 等，1996）中存在的残基时，可发现这种蛋白质的两个序列之间存在差异（GenBank 代码：ADK75086.1，ADK75085.1。Swiss-Prot 代码：P11393.1，P11392.1）。在序列 P11392.1 中，$\alpha$ 亚基 96 位的残基为天冬氨酸，而在序列 ADK75086.1 中为半胱氨酸。值得注意的是，高质量的数据使得 96$\alpha$ 位置的残留物被确定为半胱氨酸，这也证实了 $\beta$ 亚基 72 位存在甲基化天冬酰胺（Ficener 和 Huber，1993）。这种甲基化天冬酰胺已经在几种藻胆蛋白中被描述（Klotz 等，1986），并且在 PEB82$\alpha$ 的原子 OA（3.42 Å）和原子 NA（2.91 Å）的氢键范围内（图 2-79）。有人提出将这种天冬酰胺甲基化以产生 $\gamma$-N-甲基天冬酰胺，以提高藻胆体内的能量转移效率并防止光抑制（Saunée 等，2008）。这一关键残基与连接发色团 PEB82$\alpha$ 和 PEB82$\beta$ 的氢键和盐桥网络相互作用。

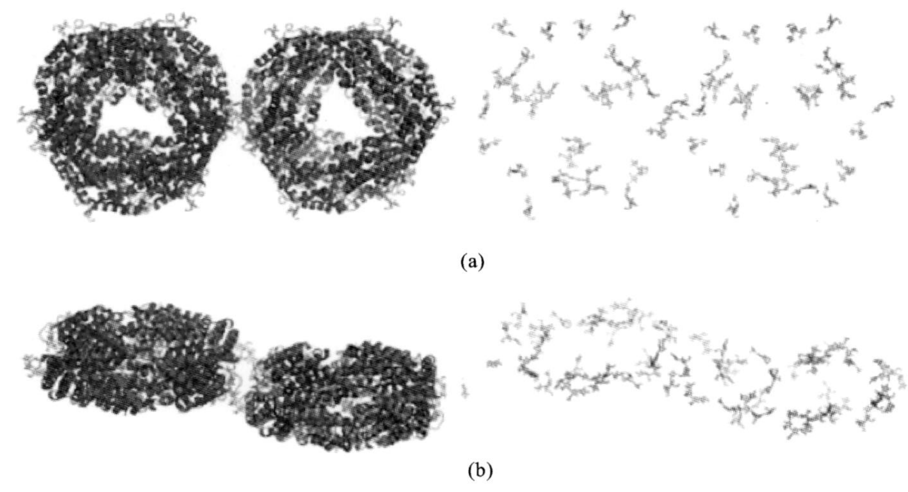


**图 2-78　由顶视图(a)和侧视图(b)显示的六聚体(Camara-Artigas 等,2012)**

一种紫球藻 *Porphyridium cruentum* B-PE 的不对称单元由(αβ)亚基的异二聚体形成,两个六聚体由晶体对称性形成(蓝色和红色)。每个六聚体的辅因子分别以粉红色和青色显示。PEB82α 包埋在 α 亚基和 β 亚基之间的界面上,而 PEB82β 则位于六聚体的中心。这个发色团周围的一些电子密度表明,它可能与六聚体内部的连接蛋白相互作用,尽管这些特征不是由于该区域电子密度的质量有限而模拟的。其他辅因子被放置在六聚体的外部位置,其中 PEB139α 指向邻近的六聚体(紫色和靛蓝色)

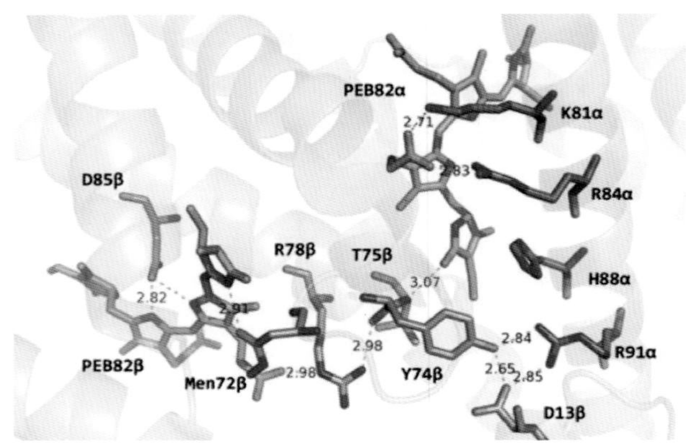


**图 2-79　pH 5 时的结构通过 PEB82β 和 PEB82α 在蛋白质环境中形成了广泛的氢键和盐桥网络(Camara-Artigas 等,2012)**

参与这一网络的是修饰残基 N-甲基化天冬酰胺 72β 和 Thr75β

所有残基都位于 Ramachandran 图谱的首选区域,除了残基 Thr75β 外,均参与此相互作用网络(图 2-79)。该残基所采用的约束构象导致其主链酰胺与相邻 α 亚基的 PEB82α 羰基残基相互作用。在其他 PE 中出现在同一位置的残基通常也存在于 Ramachandran 图谱的不允许区域(Adir 和 Noam,2005)。有研究发现,藻胆蛋白六聚体中心存在 γ 亚基,它含有发色团 PUB 来代替 PEB(Chang 等,1996;Ficner 等,1992;Martel 等,2001)。结晶前后得到的 B-PE 的光谱在 498 nm 处显示出特征性的肩峰,这是由于存在 PUB 发色团。此外,结晶前后蛋白质的 SDS-PAGE 显示出一条分子质量与 γ 亚基相匹配的带。在六聚体的中心,我们在差分电荷密度图中观察到一些可能归因于 γ 亚基的剩余电子密度,但是由于平均对称轴,电子密度无法建模。

尽管序列同源性只有 24%,但 α 亚基和 β 亚基显示出明显的结构同源性。多肽链之间的主要结构差异在包含发色团结合囊的环内。与其他藻胆蛋白一样,发色团分子在六聚体中的分布表明,整体结构设计为将能量向六聚体的中心集中(图 2-79)。六聚体中的每一个 PEB 分子都有几个相邻的分子,它们之间的距离在 30 Å 以内,预计会发生强烈的偶极-偶极相互作用。这些相互作用被模拟为在这些蛋白质-胆素复合物的光谱特性中起作用(Gaigalas 等,2006)。

比较在 pH 5 和 pH 8 下获得的晶体结构,可发现其在发色团 PEB82α 附近的差异最大。在 pH 8 下,His88α 呈双构象,但在 pH 5 时没有(图 2-80)。在交替的 His88α 构象中,侧链旋转约 60°,将 ND1 原子放置在距离 PEB82α D 环的羰基原子 OD 3.5 Å 的位置。此外,该侧链形成了两个新的氢键:一个是来自 Arg91α 的 His88α-NE2 原子和 NH2 原子之间的氢键(3.1 Å),另一个是来自 Tyr74β 的 His88α-NE2 原子和 OH 原子之间的氢键(3.4 Å)。在 Tyr74β 旁边,Thr75β 的主链氮也与 PEB82α D 环的羰基原子 OD 氢键合(3.0 Å)。如上所述,Thr75β 是唯一超出允许的 Ramachandran 图谱区域的残基,并且该肽键的二面角的限制构型可能有利于六聚体中不同(aβ)单体之间的相互作用。His88α 侧链在 pH 8 下的新取向有助于与 Arg91α(3.1 Å)接触,Arg91α 的侧链与相同(aβ)单体的 Asp13β(2.9 Å)和 Tyr95α(2.9 Å)形成盐桥。此外,近距离 2.8 Å 允许 Asp13β 和 Tyr74β 之间的相互作用,后者属于由 C3 对称性生成的相邻(aβ)单体的 β 链。这些相互作用稳定了属于同一(αβ)单体的链之间以及六聚体中不同单体之间的界面。值得注意的是,这些残基在所有的红藻序列中都是保守的,除了 His88α 在一些序列中被酪氨酸残基取代(PDB:1F99、1PHN、1KN1、2BV8、3BRP 和 3KVS)(Contreras-Martel 等,2001;Contreras-Martel 等,2007;Liu 等,1999;Stec 等,1999)。值得注意的是,结合水仅存在于在 pH 8 下溶解的结构中,并结合到 His88α(2.66 Å)、Tyr74β(2.81 Å)和 Asp13β(2.66 Å)的交替构象上(图 2-80(c))。这种水分子可能以 Grotthuss 类型的机制参与邻近残留物的同时质子化和脱质子化(Taraphder 和 Hummer,2003)。

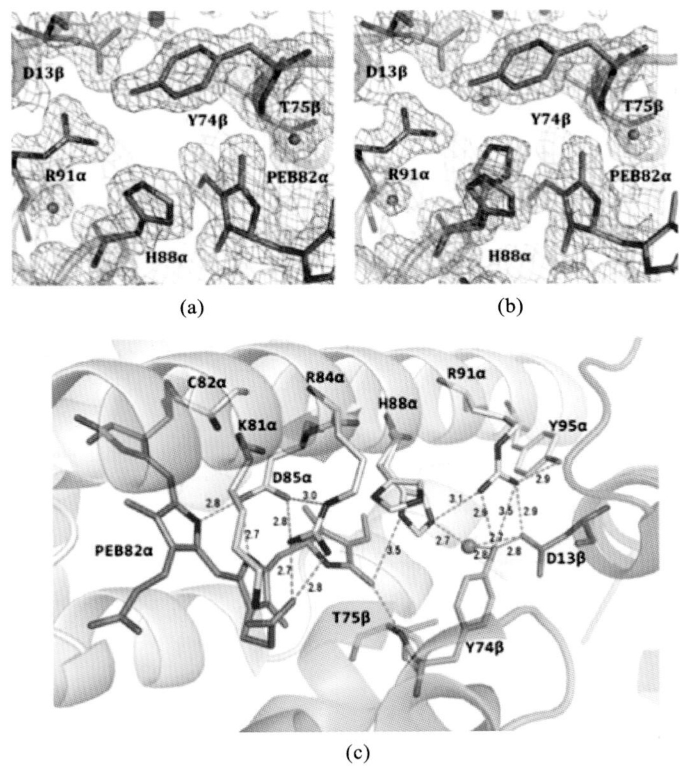


**图 2-80　电子密度图及氢键和盐桥网络(Camara-Artigas 等,2012)**

(a)pH 5 下 His88α 周围的 $2F_o$-$F_c$ 电子密度图;(b)pH 8 下 His88α 周围的 $2F_o$-$F_c$ 电子密度图,电子密度的轮廓为 1δ;(c)pH 8 时的氢键和盐桥网络(绿线)

Camara-Artigas 等(2012)又研究了 PE 吸收光谱的 pH 依赖性及其与构象变化的关系,发现一种紫球藻 *Porphyridium cruentum* B-PE 的可见吸收光谱在 470～570 nm 范围内有一个宽频带,498 nm 处有一个轻微的肩峰(图 2-81(a))。基于之前已研究过的藻胆蛋白光谱特性和能量传递机制模型,PEB

具有比 PUB 更低的电子共振频率，因为其在三个吡咯环上保持了双键共轭。由几个峰组成的宽可见带是不同类型的 PEB 吸收的结果，而 PUB 则是产生 498 nm 跃迁的原因，该跃迁表现为肩峰。在 pH 5 和 pH 8 之间获得的一种紫球藻 *Porphyridium cruentum* B-PE 的差异光谱在 574 nm 处有一个峰，表明 PE 质子化后发生红移(图 2-81(b))。这种差异表明 PEB 分子具有不同的构象，在两种 pH 下与蛋白质环境的相互作用不同。这与在 pH 8 时观察到的 His88α 取向的结构变化相一致，它促进了 PEB82α 附近氢键网络和水合作用的变化，而在 pH 5 时观察到的则相反(图 2-80(c))。在 pH 5 和 pH 8 之间，没有检测到明显的光谱变化，但在 pH 8 以上，$A_{546}$ 和 $A_{560}$ 降低(图 2-82(a))。这种 pH 依赖性与由 $pK_a$ 计算服务器 PROPKA(Rostkowski 等，2011)获得的质子化曲线和蛋白质稳定性预测结果有很好的相关性(图 2-82(b))。正如之前的报道(Glazer 和 Hixson，1975)，辅酶体周围残基的质子化状态的变化应该会对色素的光学性质产生明显的影响。在这些残基中，与发色团连接的天冬氨酸残基通过发色团的质子化在光吸收功能中起重要作用。这些天冬氨酸残基具有异常低的 $pK_a$($\leqslant 2$)。天冬氨酸残基和胆素之间的这种相互作用在 PEB139α 中不存在，在那里水分子与吡咯氮结合，尽管这种水分子也与残基 Asp143α 结合，显示出异常低的 $pK_a$。所有这些天冬氨酸残基都与附近的精氨酸残基形成盐桥，同时与 PEB 的丙酸基形成盐桥。一些特殊的具有低 $pK_a$ 的是与 PEB158β、Asp39β 连接的天冬氨酸残基。使用 $pK_a$ 计算服务器 PROPKA 计算的 $pK_a$ 表明，由于蛋白质环境的电荷分布，该天冬氨酸的 $pK_a$ 接近 8，这比预期的 3.8 高得多。如上所述，该天冬氨酸与 PEB158β 连接，且不与带正电荷的残基相互作用。因此，该残基的中性态对其与胆素吡咯氮的相互作用是重要的。这种相互作用的缺乏可能导致光谱的 pH 依赖性。

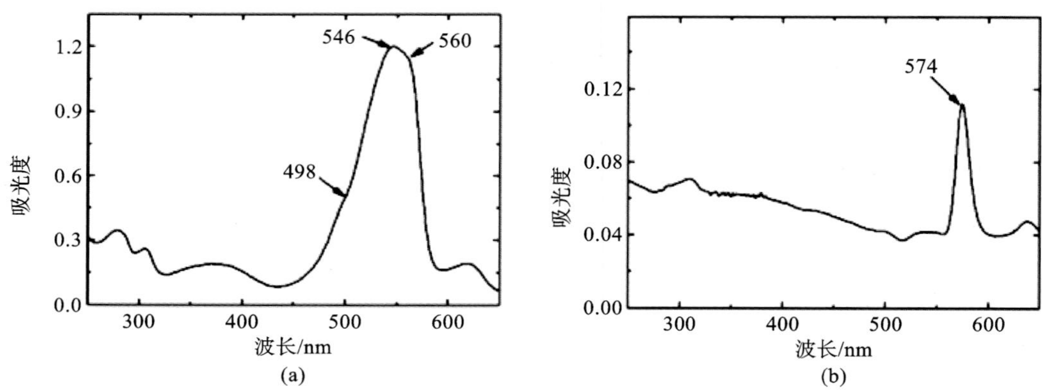


**图 2-81　来自一种紫球藻 *Porphyridium cruentum* B-PE 的光谱图(Camara-Artigas 等，2012)**

(a)B-PE 在 pH 7 下的光谱；(b)将 pH 8 时的光谱与 pH 5 时的光谱相减得到的差谱

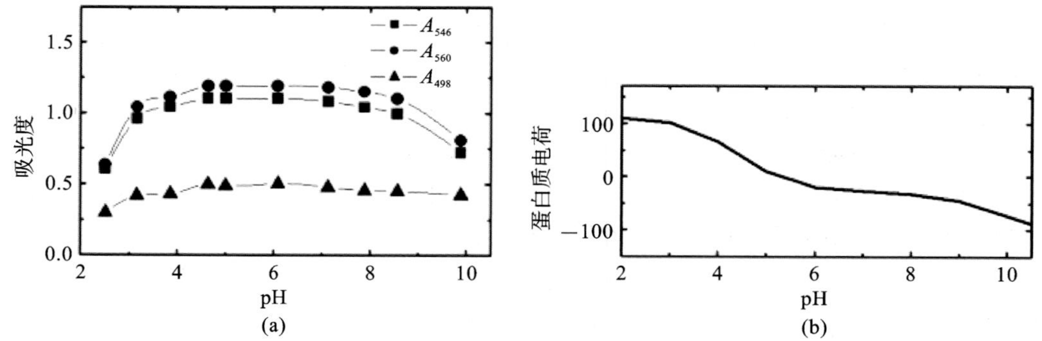


**图 2-82　磷酸钾缓冲液中溶剂 pH 对一种紫球藻 *Porphyridium cruentum* PE 吸收光谱的影响(Camara-Artigas 等，2012)**

(a)$A_{498}$、$A_{546}$ 和 $A_{560}$，pH 为 2～10；(b)使用 PROPKA 计算每种 pH 下的蛋白质电荷

#### 2.3.4.2 PC

PC的三聚体圆盘状结构的分子尺度与APC的非常相似，但是在圆盘的周围增加了一个来自β亚基的C-末端的环状区域，这个区域用于结合PC的单体上的第三个PCB色基(图2-83)。由于这个位于外围βCys155的PCB的存在，PC的三聚体/六聚体的外侧有一个暴露在细胞质中的PCB。基于以上结构，在杆内部的能量传递变得很容易，PC可以将能量向下传递至整个藻胆体(Padyana等，2001；Stec等，1999)。

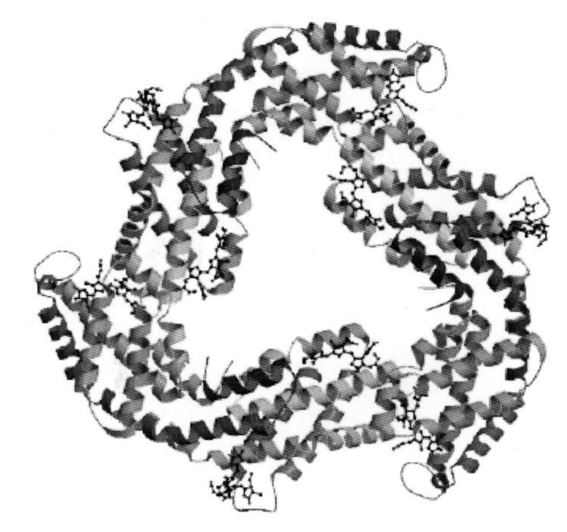

**图2-83 一种嗜热聚球藻 *Thermosynechococcus vulcanus* PC(αβ)$_3$的X晶体学结构(1.35 Å)(David等，2011)**

到目前为止，从不同的蓝藻(包括嗜温和嗜热蓝藻)和红藻中，得到的PC的晶体结构都具有很高的分辨率，因此提供了非常丰富的进行有效能量传递所需的结构稳定性的分子图像信息，还提供了由于不同的生境而进化出的不同藻类PC结构上的细微差别，以及藻胆体装配过程的一些线索(林瀚智，2012)。

所有单体的α亚基、β亚基都是通过硫醚键将PCB结合在对称的位于螺旋E、F′和G之间的Cys84位点。但是，α亚基和β亚基的PCB在PC中形成三聚体后的化学环境却非常不同。α84位的PCB整个埋在蛋白质环境中，而β84的PCB则是伸出到六聚体的环内部。位于β亚基外侧的β155位的PCB可能在杆内部和杆之间的能量传递中起到重要作用。由两种嗜热蓝藻的PC晶体结构可以得知，与PCB相结合的四吡咯结构的环发生了很大的结构改变。在四吡咯D环上的改变首先在一种嗜热聚球藻 *Thermosynechococcus vulcanus* 室温下的结构中被发现(Adir等，2001)，接着在一种嗜热聚球藻 *T. vulcanus* 和细长嗜热聚球藻 *T. elongatus* 的冷冻条件下证实(Adir等，2002；Nield等，2003)。这个改变在环上有着精确的位置，用以稳定(αβ)单体以及(αβ)$_6$六聚体。水分子在单体和六聚体中几乎处于相同的位置，与六聚体内下层的(αβ)$_3$三聚体上的Asp28α、Asn35β和Arg33α之间具有相等的距离。这些位置的结合水在嗜热蓝藻的生长温度55～60 ℃下是瞬态存在的，却很大地提高了单体和六聚体的稳定性。与β84PCB和β155PCB结合的水分子和与α84PCB结合的水分子团的边缘相互作用，这些水分子可能可以帮助稳定PCB构象来获得最合适的捕光效率(Adir等，2002)。

PCB内部的两个吡咯环均具有丙酸基团，虽然功能未知，但推测与保持PCB折叠构象来影响其吸收光谱有关。丙酸与极性残基的相互作用在许多晶体结构中都得到证实，而且这些残基都非常保守。在一种嗜热聚球藻 *T. vulcanus* 的PC结构中，三个PCB结合水分子，并且与两个丙酸基团的距离相等(Adir等，2002)。如果把这三个PCB重合在一起，水分子可以在空间上非常好地重叠，表明这些水分子可能在保持丙酸基团所在蛋白质侧链的特殊构象上具有重要作用。通过分子动力学模拟可知，当缺少丙酸基团中间的这些结合水时，这些基团将相互排斥，并且易被邻近的携带正电荷的残基所吸引。这种互相排斥和与正电荷残基的吸引作用将导致丙酸基团更大程度地分离，将PCB分子拉长。从其他蓝藻(一种弗氏双虹藻 *Fremyella diplosiphon* 和细长嗜热聚球藻 *T. elongates*)的PC结构中可以发现水分子结合在相似的位置，表明这种结构需要并不只是存在于嗜热的藻类中。丙酸基团在保持自己位置的前提下，可能会保持四吡咯结构的中间两个环在一个平面上以保证其能量的有效传递。另外，在层理鞭枝藻(*M. laminous*)的APC结构中显示丙酸基团也可能与连接蛋白存在着相互作用(Reuter等，1999)。

如前所述，在PC三聚体中，最大吸收波长在620 nm处。而PC的单体则蓝移到614 nm，这是因为在提取的PC三聚体中，包括一个红移的连接蛋白，其最大吸收波长在629～638 nm(MacColl等，1998)。这些结果肯定了只分别针对提取的藻胆体各组成部分进行能量传递研究的复杂性和反映整体的不准确性。但是，与此同时，针对各提取部分进行研究，又可以获得非常细致的光谱学信息和高分辨率的结构信息。由一种嗜热聚球藻 *T. vulcanus* 提取APC的整个过程中，Adir教授研究组从APC(αβ)$_3$

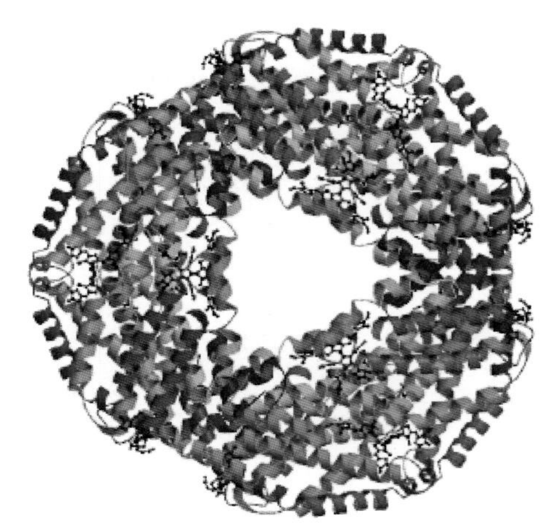

图 2-84　一种嗜热聚球藻 *T. vulcanus* PC(αβ)$_6$ 的 X 射线晶体学结构(2.5 Å)(Adir 等,2001)

三聚体中提取了一种最大吸收波长在 612 nm 处的 PC(PC-612),这个蛋白质的 X 射线晶体学结构已经解析出来(图 2-84),呈现出许多不同的结构特点。PC-612 与其他 PC 在吸收光谱上不同的主要原因是缺少 Asn72β 的甲基化过程。这个氨基酸在所有的藻胆蛋白里都有甲基化过程,而这个翻译后修饰的甲基化过程影响了所有 β84 的 PCB 的吸收光谱特性。虽然晶体学结构表明 PC-612 的结构与常规的 PC-620 比较相似,但是 PC-612 在结晶过程中并不形成(αβ)$_6$ 六聚体结构。在以前所有的研究中,PC 都是形成六聚体,然后通过六聚体-六聚体的相互作用来形成藻胆体的杆状结构。PC-612 的每个(αβ)单体的 α 亚基在 PC-612 的三聚体中具有很高的柔性。PC-612 这种不组装成六聚体的特点可能是由于在核酸水平发生了一些细小的变化,并且在杆的末端与核相连接的过程中起到了非常重要的作用。在每两个杆的末端存在这么一个三聚体的结构可以起到填补作用,用来填补底层两个核与上面一个核的空隙。这个假设可以被 PC-612 只能从提取 APC 核的过程中得到,并且与 APC 核相连接这个实验结果支持,根据生化实验结果,这还不是一类含量低的非甲基化 PC。非甲基化结构可以使核膜连接蛋白 $L_{RC}$ 在杆的末端与 PC-612 的 β84 位紧密结合,使得 $L_{RC}$ 具有到 630～640 nm 的红移。这个吸收光谱的变化可以作为一个很好的光谱学的功能桥梁来连接杆里的 PC-620 以及核里的 APC(林瀚智,2012)。

1984 年 Morisset 等提出了 PC-645 的第一个晶体模型,其数据表明每个 PC-645 晶体单位包含 2～3 个二聚体(αβ)$_2$。Wilk 等于 2006 年对隐藻藻胆蛋白 PC-645 晶体进行了解析,但晶体数据并没有发表(Wilk 等,2006),Wilk 等将研究重点放在 PC-645 能量传递的研究中,而此后 PC-645 的晶体结构信息也未见其他学者报道。从 Wilk 等的研究结果来看,PC-645 与 PE-545 在结构上基本一致。根据 MacColl 等的研究,PC-645 和 PE-545 虽然相似,但是 PC-645 具有其特殊的结构(PC-645 β50/β61 所连接的 DBV 色基形成二聚体时,具有不同于 PE-545 的空间构象结构),并且在 CD 谱数据中得以体现(MacColl 和 Eisele,1996)。

此后,Mirkovic 等(2007)通过超快光谱等技术对 PC-645 晶体模型进行了验证,表明 PC-645 与 PE-545 在结构上具有极强的相似性(Mirkovic 等,2007),特别是 β 亚基中的氨基酸残基 Cys-82(连接一个 PCB 色基)、Arg-84、Asp-85,Tyr-117 在各种藻胆蛋白中都非常保守(Wilk 等,2001),并且在三级结构中相互靠近,共同组成了一个保守的吸光微环境;而 Cys-158 则与 Asp-39 相互靠近,并与 α 亚基的 Cys-18 相互作用。PC-645 的空间结构以(αβ)$_2$ 为主(MacColl 和 Eisele,1996;Liu 等,1999;Liu 等,2000;MacColl 等,1995;MacColl 等,1998;MacColl 等,1996;MacColl 等,1994)。船形的 α 亚基和 β 亚基依靠静电作用形成(αβ)单体,两个(αβ)单体相互结合又形成二聚体(αβ)$_2$。(αβ)$_2$ 在蛋白质变性条件(pH、高温等)下会发生解离,形成不稳定的(αβ)单体(MacColl 等,1995)。在二聚体形成的过程中,亚基中的色基会发生相互作用而靠近,并形成固定的空间构象,形成多个色基对,色基所吸收的能量通过 FRET 或激子分裂等方式在色基间进行传递(MacColl 等,1999)。由于 PC-645 α 亚基含有大量的碱性氨基酸残基,具有强亲水性,所以形成(αβ)$_2$ 二聚体后,在二聚体中央形成了一个亲水空腔,但此亲水空腔的作用至今还未见报道(Wilk 等,2001)。

Patel 等(2019)从念珠藻 *Nostoc* sp. WR13 中分离纯化得到 PC(Nst-PC)。在非对称单元中,发现 Nst-PC 的六方晶体与一个(αβ)单体具有 $P6_3$ 空间群对称性。晶格单元由两个对称相关的(αβ)$_3$ 三聚体组成,如图 2-85(a)所示。利用 1.51 Å 分辨率的衍射数据和席藻 *Phormidium* PC(PDB-ID:4YJJ)的坐标,用 Phaser(Gaigalas 等,2006)取代分子来解决结构问题。这种结构的溶剂含量相对较高,为 58%,

这是B因子相对较高的原因(表2-14)。然而,1.51 Å 分辨率的衍射数据允许用各向异性原子B因子来细化结构。图2-85(b)显示了在轮廓水平2.5σ处的电子密度 $2F_o$-$F_c$ 图的质量和PCB的环标记方案。在Ramachandran图谱的不允许区域发现一个磷酸氢根离子($HPO_4^{2-}$)、一个硝酸根离子($NO_3^-$)和一个MPD分子与蛋白质相互作用。此外,在三聚体内腔的溶剂中还模拟了八种聚乙二醇分子,包括二、三和四乙二醇,很可能反映了母液中聚乙二醇(1000)的有序片段。Nst-PC的原子坐标和结构因子已存入蛋白质数据库,登录号为6HRN。发色团βPCB153位于$(\alpha\beta)_3$三聚体的外缘,部分埋入Nst-PC的β亚基内,使晶体与相邻三聚体的β亚基接触(图2-85(c))。该发色团通过其环A,以1.871 Å 长的键共价连接到残基βCys153上。环A还与βGln150的侧链和βThr149的主链羰基氧形成氢键。βThr149的侧链也与βPCB 153的C环丙氧基形成氢键。B环丙氧基仅与几个水分子形成氢键。该发色团B环与C环共轭中心的吡咯氮原子都与残基βAsp39的侧链形成氢键。与其他两个发色团不同的是,这个天冬氨酸残基并没有被其他氨基酸的氢键额外"固定",而是与水分子形成另外两个氢键。βPCB153的D环与相邻的三聚体残基βAsn143和一个水分子形成氢键。βPCB153附近的β螺旋间环144～153位点含有残留βVal148,而不是在除伪鱼腥藻 *Pseudanabaena* sp. LW0831和无类囊体蓝藻 *Glooeobacter violaceus* PCC 7421之外的大多数其他蓝藻中发现的Ile148,但这两个残留只是形成了发色团结合囊的疏水壁。只有Nst-PC和一种蓝藻 *Acaryochloris marina* PC在该环的β150位点处含有残基Gln,残基的侧链与发色团的A环形成氢键(直接用于Nst-PC,通过水分子用于一种蓝藻 *Acaryochloris marina* PC)。其他的PC在这个位置有各种各样的残基(Pro、Arg、Ser、Thr或Ile),它们没有与βPCB153形成氢键。

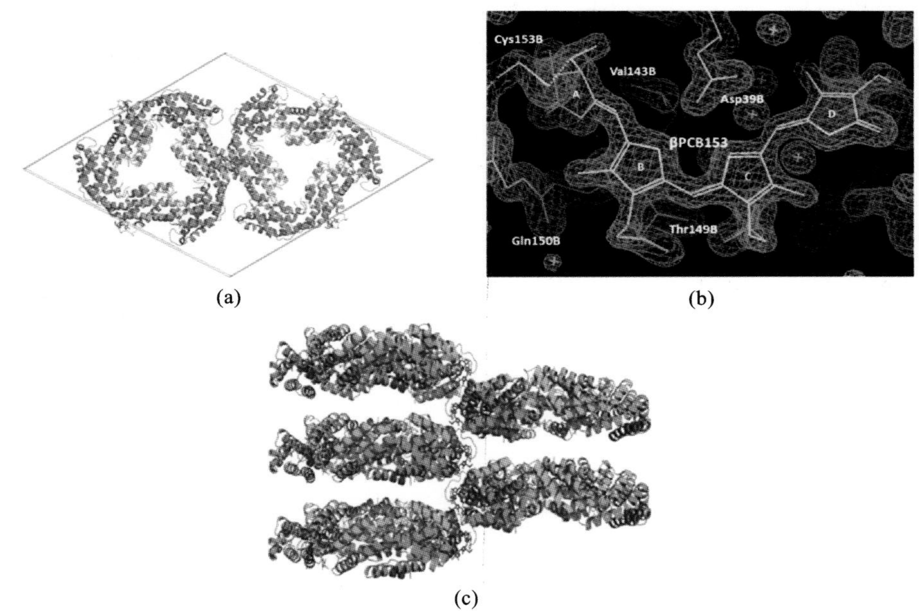


(a) (b) (c)

**图2-85 念珠藻 *Nostoc* sp. WR13的晶体结构(Patel等,2019)**

(a)单位细胞中两个对称相关$(\alpha\beta)_3$三聚体的正视图;(b)在等高线水平2.5σ下1.51 Å 电子密度 $2F_o$-$F_c$ 图的表征;(c)晶格中相邻三聚体的卡通表示;三聚体之间的唯一接触点在βPCB153附近(标记为红色)。α亚基和β亚基分别呈绿色和蓝色

**表2-14 数据处理和结构优化统计(Patel等,2019)**

| 参　数 | 内　容 |
|---|---|
| 蛋白质数据登陆码 | 6HRN |
| 空间组 | $P6_3$ |
| 单元尺寸 a、b、c/Å | 151.47、151.47、39.76 |
| 单位细胞角 α、β、γ/(°) | 90.00、90.00、120.00 |

续表

| 参　　数 | 内　　容 |
|---|---|
| 在波束线上测量的数据 | I04-1 |
| 使用的探测器 | Pilatus 6M-F |
| 波长/Å | 0.91587 |
| 分辨率范围/Å | 1.51～131.17(1.51～1.58)[a] |
| 沿 a,b,c/(Å)的椭球分辨率极限 | 1.513、1.513、1.603 |
| $R_{merge}/R_{pim}$/CC(1/2) | 0.03(1.01)/0.01(0.47)/1.00(0.60)[a] |
| 唯一反射数 | 73328(3665)[a] |
| 多重性 | 5.6(5.6)[a] |
| 椭球完整性/(%) | 94.6(54.0)[a] |
| I/σ | 20.5(1.5)[a] |
| Wilson B 因子/$Å^2$ | 29.2 |
| 溶剂含量/(%) | 58 |
| 精化统计 | REFMAC5 anisotropic |
| 反射次数($R_{free}$反射) | 69746(3582) |
| R/$R_{free}$/(%) | 11.5/15.4 |
| 黏结长度/角度的均方根偏差/(Å/°) | 0.012/1.61 |
| 非氢原子总数 | 3163 |
| 水分子数 | 362 |
| 所有原子的平均 B 因子/$Å^2$ | 42.8 |
| Ramachandran 图特点/(%)[b] | 98.0/2.0 |
| 坐标误差/Å[c] | 0.051/0.039 |

[a] 表示括号中为外分辨率外壳的值;[b] 最有利/额外允许的区域;[c] 基于 R 值和极大似然法的坐标误差

Patel 等(2019)在上述基础上发现 PCB 的共轭程度影响着发色团的位能,而位能受其平面性的影响。PCB 分子的 D 环是由 B、C 和 D 环组成的扩展 π 共轭体系的一部分(图 2-85(b))。环 B 和环 C 是共面且强共轭的。因此,环 D 相对于环 B 和环 C 的平面的平面度偏差用吡咯环 C 和环 D 的最小二乘平面之间的二面角表示。由于 π 耦合程度的损失,这种偏差导致发色团光谱性质的蓝移(Gaigalas 等,2006)。因此,它影响单个发色团的位点能量。Nst-PC 的发色团 αPCB84、βPCB82 和 βPCB153 的共面偏离角分别为 43.8°、41.4°和 52.8°。将 Nst-PC 的吸收光谱反卷积成三个重叠的峰,在图 2-86 中用虚线表示,这与实验获得吸收光谱非常吻合。假设单个吡咯环 C 和环 D 的共面性偏差越大,吸收光谱的蓝移越大,则将每个峰分配给单个发色团。每个单个组分的吸收峰的消光系数相似但不相同(Demidov 和 Mimuro,2006)。因此,假定 βPCB153 分子比其他两个发色团的吸收波长短。Nst-PC 的 PCB 发色团之间的距离如图 2-87 所示。据这一分析和发色团之间的分子间距离,可提出能量转移途径是从三聚体 Nst-PC 复合体的外缘到其空腔,即从 βPCB153 到其他两个发色团中的任何一个,以及从 αPCB84 到 βPCB82。

将客体分子封装到晶体的中空区域中的技术具有巨大的应用潜力,如在结构测定(Inokuma 等,2016;Inokuma 等,2013)和客体分离方面(Wichterlova,2004)。例如,结晶海绵法可在不需要结晶的情况下测定小分子 X 射线结构(Inokuma 等,2016;Inokuma 等,2013)。虽然主-客体研究主要是在小分子晶体中进行的,但生物大分子最近也被应用于宿主晶体的研究。使用生物大分子晶体作为宿主的最重要的优点是它在晶体中有巨大的空间。也就是说,由于生物大分子本身的尺寸比小分子的尺寸要大,由

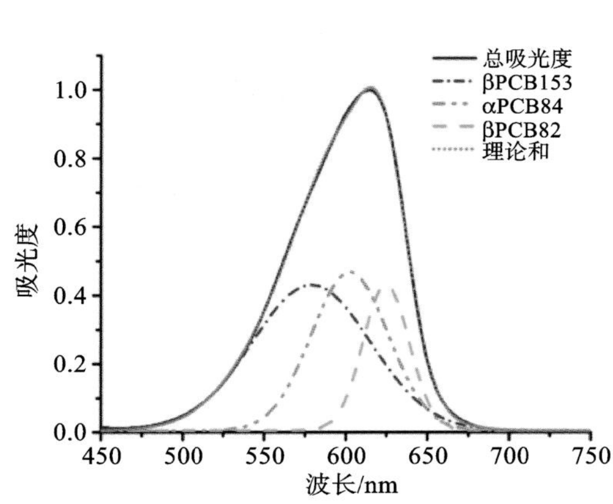


**图 2-86　将 PC 吸收光谱(实线)反卷积为 βPCB82(红色虚线)、αPCB84(绿色虚线)和 βPCB153(蓝色虚线)的三个高斯分量(Patel 等,2019)**

这三个高斯分量之和显示为洋红色虚线。由于具有很好的拟合性,吸收光谱和理论和相互叠加得非常好,以至于两个单独的光谱都看不清楚。根据环 D 与环 C 平面的平面度偏差,用相应的发色团分子识别不同的高斯分量

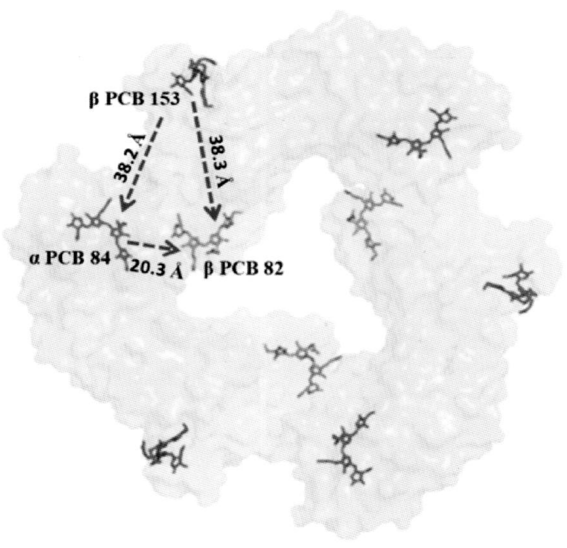


**图 2-87　PCB 发色团 αPCB84(粉色)、βPCB82(橙色)和 βPCB153(红色)在 Nst-PC 三聚体中的排列(Patel 等,2019)**

有两种可能的能量传递途径(用绿色和紫色虚线表示),包括发色团中心原子之间的距离

生物大分子组装而成的空白空间就变得更大。此外,一些蛋白质在其自身结构内有很大的空位(Kanno 等,2015),或者一些蛋白质组装成晶体并在晶体中形成很大的空位(Huber 等,2017;Maita,2018)。Hashimoto 等(2019)评估了血蓝蛋白晶体作为宿主包埋生物大分子的潜力,血蓝蛋白的晶体结构表明,血蓝蛋白晶体可以通过浸泡和共结晶的方法将客体分子包裹在其多孔结构中。在此之前对鱿鱼血蓝蛋白晶体结构分析的研究表明,柱状血蓝蛋白在晶体中向五倍轴方向堆积,形成线性中空结构(图 2-88)(Kanno 等,2015;Matsuno 等,2015)。线性中空体的直径约为 110 Å,这足以让大多数蛋白质通过。这意味着蛋白质可自由地扩散到血蓝蛋白晶体的中空区域,就好像小的基质化合物可以通过将晶体浸泡在基质溶液中到达结晶蛋白质的活性部位一样。Hashimoto 等(2019)通过浸泡和共结晶两种方法评估了血蓝蛋白晶体包封客体蛋白和 DNA 的能力(图 2-89)。在浸泡法中,用 27 kDa 的 GFP、105 kDa 的 APC、220 kDa 的 CP、250 kDa 的 PE 和 440 kDa 的荧光标记铁蛋白等多种分子质量的客体蛋白浸泡血蓝蛋白晶体。图 2-89 所示为洗涤三次后每个晶体的共聚焦显微照片。GFP、APC、CP 和 PE 浸泡后的晶体显示出明显的荧光。晶体的表面及晶体的中心都可观察到荧光发射,表明这些客体被包裹在晶体的深处。相反,荧光标记铁蛋白浸泡的晶体中心没有显示出明显的荧光。晶体的荧光强度曲线也显示 GFP、APC、CP 和 PE 存在高值,而 440 kDa 铁蛋白没有(图 2-90)。鉴于铁蛋白的直径约为 120 Å,预计血蓝蛋白的内部结构域阻止铁蛋白进入空心血蓝蛋白。由此可知,空心血蓝蛋白晶体能够包裹分子质量约为 250 kDa 的蛋白质类客体。Hashimoto 等(2019)又将 DNA 片段封装在血蓝蛋白晶体中,制备了长度分别为 10 bp、20 bp、50 bp 和 200 bp 的 FAM 标记的双链 DNA 片段,并用浸泡法将其包裹。预期的 DNA 片段长度如下:10 bp DNA 为 34 Å,20 bp DNA 为 68 Å,50 bp DNA 为 170 Å 和 200 bp DNA 为 680 Å。共聚焦显微分析显示,所有 DNA 片段均被包裹(图 2-89(c))。直径为 120 Å 的铁蛋白不能通过浸泡被血蓝蛋白晶体包裹,包裹取决于客体的形状。也就是说,即使血蓝蛋白的口径(110 Å)小于 DNA 片段的长度,也可以包裹细长的 DNA 片段,但大直径的球铁蛋白不能。他们又继续尝试用共结

晶法将蛋白质类客体包裹在血蓝蛋白晶体中(图 2-89(b))。该方法是在血蓝蛋白结晶母液中加入蛋白质类客体,使其在结晶过程中以溶质的形式自发地包裹在血蓝蛋白晶体中。在 GFP、APC、CP 和 PE 的共同作用下,血蓝蛋白发生结晶。共聚焦图像显示,所获得的晶体具有荧光性质,表明在血蓝蛋白结晶过程中,血蓝蛋白内部空间捕获到了蛋白质类客体。

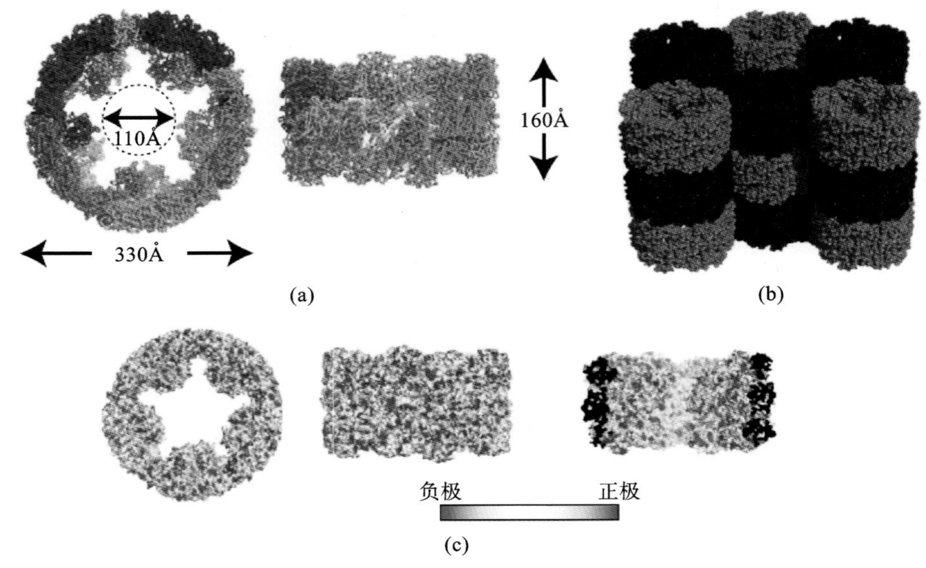


**图 2-88　血蓝蛋白的结构(Hashimoto 等,2019)**

(a)根据原生质体着色的完整十聚体血蓝蛋白的整体结构,顶视图(左)和侧视图(右);(b)麦秸状的血蓝蛋白在晶体中的堆积,为清晰起见,十聚体血蓝蛋白交替呈灰色和黑色;(c)血蓝蛋白去泡器的静电表面电位(顶视图(左)、侧视图(中)和内表面(右)),因为血蓝蛋白去泡器是一个 5 倍对称的组件,所以只显示了内表面的一面,表面根据静电势着色(红色,负极;蓝色,正极)

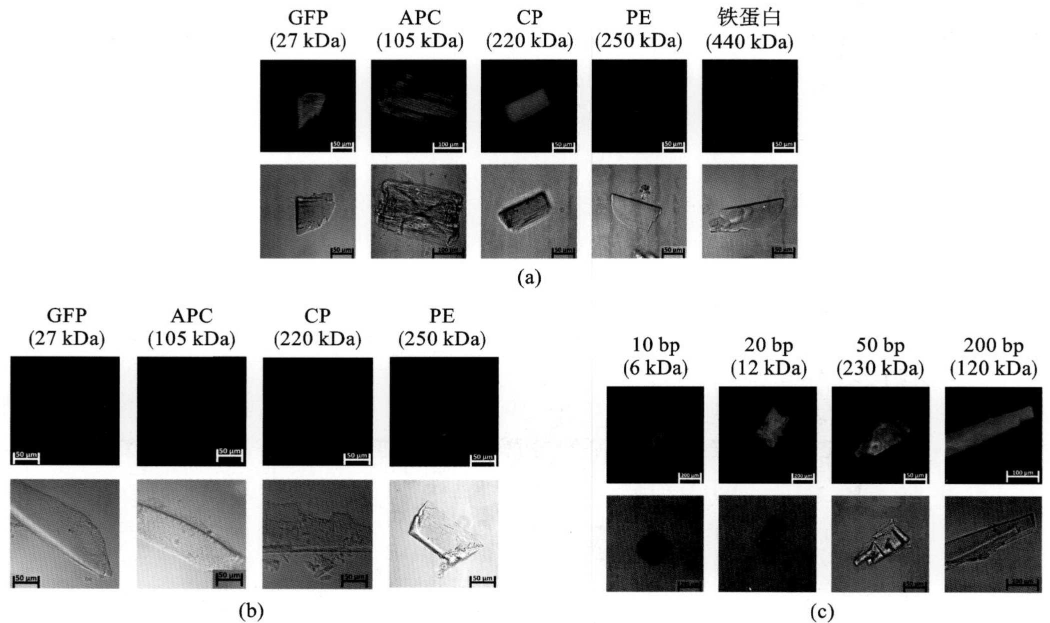


**图 2-89　包裹客体大分子的血蓝蛋白晶体的共聚焦显微研究(Hashimoto 等,2019)**

(a)蛋白质浸泡;(b)与蛋白质共结晶;(c)DNA 浸泡

显示共聚焦(顶部)和亮场(底部)图像

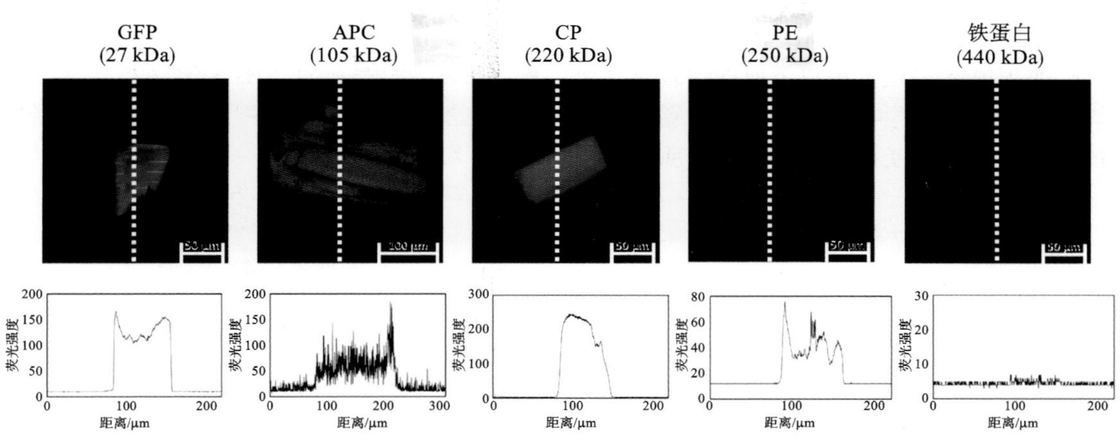


图 2-90 蛋白质浸泡的晶体荧光强度图(Hashimoto 等,2019)

#### 2.3.4.3 APC

APC 主要的结构形式是(αβ)$_3$ 三聚体圆盘状结构,它的 α 亚基和 β 亚基序列之间的序列相似性在 35%左右,而不同物种间的各自亚基序列相似性在 85%以上(Apt 等,1995)。APC 三聚体只含有 PCB,不仅是藻胆体核心的基础组成部分,而且是完成光合作用生物功能的基本单元(MacColl,2004;MacColl 等,2003)。对接的 α 亚基和 β 亚基自组装成单体是 APC 三聚体自组装的开始,三个(αβ)单体自组装为 APC 三聚体(αβ)$_3$(图 2-91),并且没有证据表明组装过程需要分子伴侣的参与(Mullineaux,2008;Anderson 和 Toole,1998)。目前有两种蓝藻和一种红藻的 APC 三维结构被解析出来,在晶体结构中,三个(αβ)单体呈片状结构绕中心轴对称排列,在 X 射线晶体衍射模型中,APC 三聚体(αβ)$_3$ 显示了与 PC 一样的 3 倍对称性圆盘状结构。在盘状构象中 APC 三聚体的结构尺寸为直径约 13 nm、厚度 3 nm,包括一个直径约 3.5 nm 的中央空腔(图 2-92)(Delange 等,1981;Liu 等,1999)。APC 三聚体中,三个相同 β 亚基上的 βPCB$^{84}$ 所处的蛋白质微环境相似,靠近三聚体的中央空腔;三个相同 α 亚基上的三个 αPCB$^{84}$ 所处的蛋白质微环境也相似,但是接近三聚体的外周。在单体中 PCB 在 614

图 2-91 APC 三聚体的晶体结构(2.9 Å)(McGregor 2008)

橘黄色为 α 亚基,蓝绿色为 β 亚基。α 亚基的 PC 色基位于 α84 上,β 亚基上的 PC 色基位于 β84 上

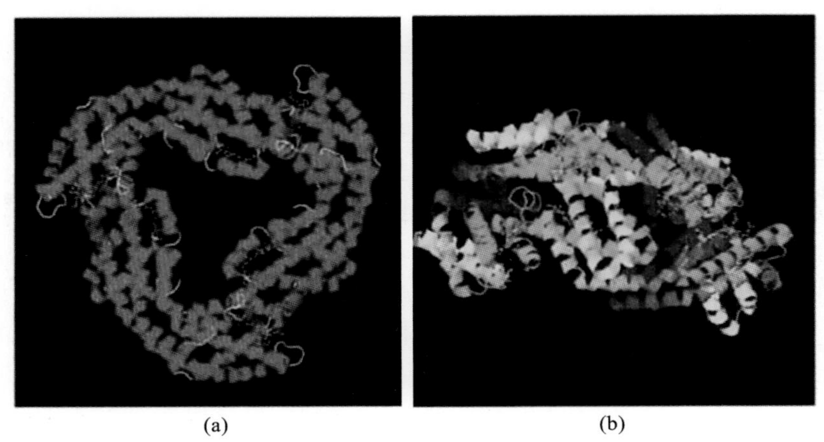

(a) (b)

图 2-92 APC 三聚体的三维晶体图

(a)正面图;(b)侧面图

nm 处有最大吸收峰,但在三聚体中,则显示在 650 nm 处有一个最大吸收峰和 620 nm 处的一个肩峰。人们一直认为,单体中的一个 PCB,有可能为 $\beta$PCB[84],其与三聚体结构中的脱辅基蛋白发生相互作用而改变,导致其构象或所处环境改变,产生了 650 nm 处的最大吸收峰,而 $\alpha$PCB[84] 保留了其在单体中的原有构象而产生了 620 nm 处的肩峰。但是目前也有明显的证据表明,保守的 $\beta$Try[62] 位点的氨基酸残基在三聚体装配过程中与 $\alpha$PCB[84] 有强烈的相互作用,APC 三聚体吸收光谱中的最大吸收波长 650 nm 就是 $\alpha$PCB[84] 环境变化的结果(Brejc,1995;Liu 等,1999)。

另外,在 APC 研究中,纯化制备得到的 APC 还可以 APC-连接蛋白复合体的形式存在。连接蛋白既可以是核连接蛋白($L_C$),也可以是核膜连接蛋白($L_{CM}$)。目前已报道的 AP-$L_C$ 晶体结构研究表明,复合体中的 $L_C$ 位于 APC 三聚体的中央空腔内(Reuter 等,1999)。对层理鞭枝藻(*Mastigocladus laminosus*)APC 连接蛋白 AP-$L_C$ 晶体结构的解析显示,$L_C$ 与 3 个 APC 的 $\beta$ 亚基相连,将亚基更紧密地结合在一起,并直接与 3 个亚基上的色基进行相互作用(Reuter 等,1999)。与 APC 相比,APC-$L_C$ 的吸收峰和荧光发射峰均发生红移,APC 三聚体的最大吸收波长是 652 nm,并伴有一个 620 nm 的肩峰,而 APC 单体的最大吸收波长为 615 nm(MacColl,2004)。三聚体的最大荧光发射峰位于约 660 nm 处(Holzwarth 等,1990)。其原因可能如下:位于 $\beta$84 亚基上的 PCB 的空间位置与中央空腔的 $L_C$ 相邻,与脱辅基蛋白的相互作用改变了 PCB 的微环境,导致 $\beta$84 位发生结构改变,从而引起光谱特性变化(Loos 等,2004;Zilinskas,1982),而另一个位于 $\alpha$84 位上的 PCB 在三聚体中依然保持着原有的构象,表现出的吸收峰在 610～620 nm 范围内(Reuter 等,1999;Tsuji 等,1984)。

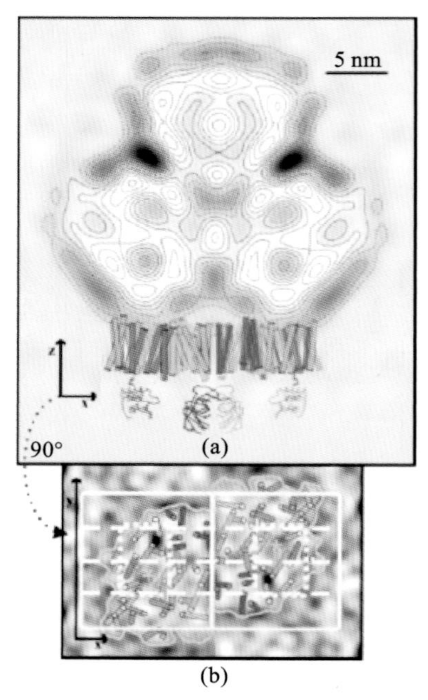


**图 2-93　APC 与 PSⅡ核心二聚体相互作用模式图(Barber 等,2003)**

(a)APC-PSⅡ超分子复合体模型,APC 由电镜单颗粒重构而得,PSⅡ为根据 X 射线晶体学获得的结果。(b)通过电子晶体学得到的 PSⅡ顶面观。PSⅡ复合体的轮廓用黄色线框出,白色的实线表示每个 APC 的核在 PSⅡ上的位置,白色虚线表示藻胆蛋白和 $L_{CM}$ 环状区的可能位置。黄色的星形表示 PSⅡ图的低密度区,这可能是 APC 与 PSⅡ发生相互作用的位置。PSⅡ的跨膜区分别用黄色(D1 蛋白)、橘黄色(D2 蛋白)、绿色(CP43)、红色(CP47)、红紫色(细胞色素 b559),以及蓝色表示。在 PSⅡ外围分别用蓝色线表示 Psb O,绿色线表示 Psb V

常见的藻胆体结构是由 2 个、3 个,或 5 个 APC 组成的核并结合向外成放射状的杆组成的半圆盘状的排列形式。虽然对这类排列形式进行了大量细致的研究,但是 APC 核如何与类囊体膜相互作用以及光系统相互作用仍然不是十分清楚。在三核结构中,2 个 APC 核成相互反向平行状排列,并与类囊体膜紧密连接。第 3 个核在 2 个核上方的马鞍处共同形成三核结构,这个核由 4 个 APC 三聚体成一排排列而成,不同核通过 2 个连接蛋白 $L_C$ 连接起来。低分辨率的透射电镜图像显示,位于底部的 2 个 APC 核由 4 个生化组成不同的三聚体盘状结构组成,其组成顺序是一个与 $L_C$ 连接的 APC 三聚体、一个 APC 三聚体、一个 $\alpha_2\beta_2\beta^{16}L_{CM}$ 圆盘状结构(这个结构与 APC 的$(\alpha\beta)_3$ 结构类似,只是一个 $\alpha$ 亚基被具有藻胆素结构域的 $L_{CM}$ 取代,一个 $\beta$ 亚基被 ApcF 蛋白取代)、一个 $\alpha^B\alpha_2\beta_3$ 圆盘状结构(一个 $\alpha$ 亚基被 ApcD 蛋白(APC$\alpha^B$)取代)(林瀚智,2012)。

到目前为止,所有的 APC 三维结构结果只有$(\alpha\beta)_3$ 形式的三聚体,也就是位于两个核马鞍形肩上的那个核的结构信息。单颗粒分析(single particle analysis)的结果表明核复合体有镜像对称轴,表明其有两个对称轴(Barber 等,2003;Brejc,1995;Liu 等,1999)。有些结果推测位于底部的两个 APC 核与 PSⅡ二聚体相对应,这样每个 APC 核都在类囊体膜的基质表面与一个 PSⅡ的单体相互作用(图 2-93)(Loll 等,2005;Barber 等,2003;Ferreira 等,2004)。根据这些结构信息,可以推测 APC 核与 PSⅡ二聚体的相互作用机制。在类囊体膜表面,两个位于底部的 APC 核位于 PSⅡ二聚体的外围。随着 PSⅡ X 射线晶体学研究结果的分辨率由 3.8 Å 提高到 1.9 Å(Guskov 等,2009;Kamiya 和

Shen，2003；Umena 等，2011；Zouni 等，2001），为揭示藻胆体和 PSⅡ的相互作用的结构生物学和能量传递过程提供了强有力的信息和线索。

虽然 APC、PC、PE 之间只存在 25%～30%的序列一致性，但是它们的三维结构高度相似，在自然条件下，相对于 PC 和 PE，APC 的含量非常少。来自 X 射线晶体学研究结果和电子显微镜观察获得的高分辨率图像，揭示了来源于蓝藻的 4 种天然 APC 三聚体的结构细节（Arteni 等，2009）。对集胞藻 PCC 6803 的电子显微镜直接观察揭示了单个 APC 三聚体分子的结构细节。与之前所观察到的其他种类蓝藻 APC 三聚体相似，此结构为一个直径约 12 nm、厚度为 3 nm，并且有一个约 3 nm 直径中心孔的扁平盘状结构（MacColl，2004）。2014 年，Peng 等（2014）报道了来源于集胞藻 PCC 6803 的基因重组 APC-B 三聚体的1.75 Å 晶体结构，它的不对称单元中有一个三聚体$(ApcD\text{-}ApcB)_3$，其中 ApcD-ApcB 单体通过非晶三重旋转对称性相关联（图 2-94）。APC-B 和 APC 都位于藻胆体的核心部位，APC-B 是藻胆体的能量传递补光蛋白之一，可高效快速地捕获光能并将能量传递给光反应中心。APC-B 与 APC 的结构和组成成分相似，唯一不同的是 APC-B 中的 α 亚基 ApcA 由其同源蛋白 ApcD 代替，而 ApcD 结合红移的 PCB，导致 APC-B 的吸收和荧光光谱发生红移（董亮亮，2015），这为重组 APC 的结构解析打下了良好的基础。

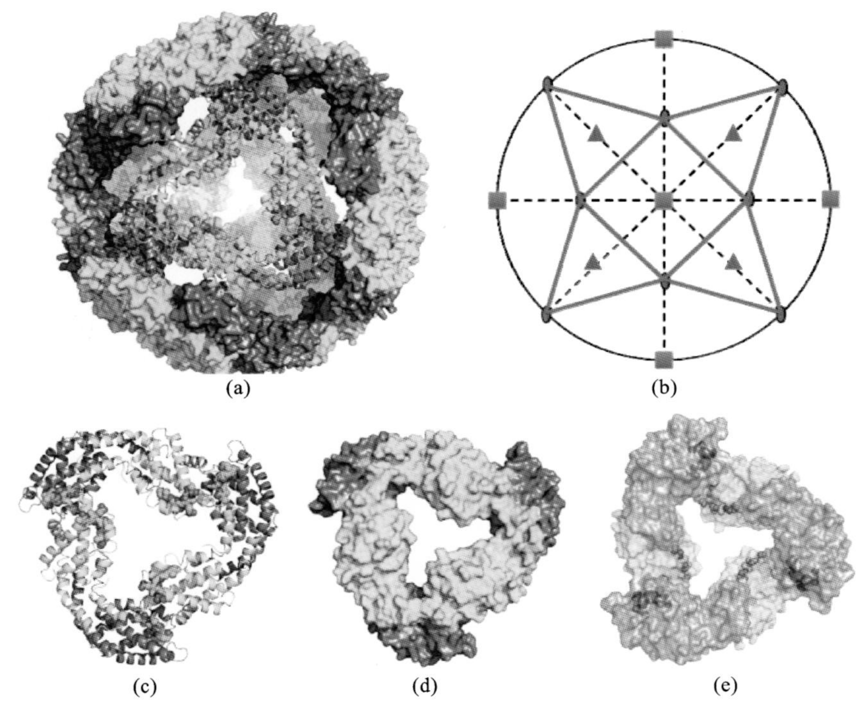


**图 2-94　APC-B 的晶体结构（Peng 等，2014）**

(a)8 个$(\alpha\beta)_3$三聚体在晶格中形成球状组件，α 亚基（ApcD）为蓝色，β 亚基（ApcB）为黄色，PCB 发色团为青色。(b)这 48 个亚基组装采用点组 432。双倍（椭圆形）、三倍（三角形）和四倍（正方形）对称性按标记分布。(c)APC-B 采用藻胆体中藻胆蛋白典型的$(\alpha\beta)_3$三聚体结构。(d)APC-B 结构的表面显示了相互连接的 β 亚基。(e)从相反侧看，α 亚基彼此分离；APC-B 三聚体的半透明表面显示，α 亚基中的发色团暴露于三聚体内部，而 β 亚基中的发色团则被完全掩埋

细长集胞藻 PCC 7942(Se)是为数不多的含有双胆核的含藻胆体生物之一。Se 是研究较多的蓝藻菌株之一，但迄今尚未确定其藻胆蛋白晶体结构。Marx 和 Adir 分别在分辨率 2.5 Å 和 2.2 Å 下，分离并测定了 Se-APC 和 Se-PC 的结构，Se-APC 以三聚体形式分离并在 $C2_12_12_1$ 空间群中结晶，这与迄今已分离出的其他 APC 结构相比是唯一的。不对称单元还包含一个三聚体，这表明其可进一步组装成六聚体。在评估这种新结构与先前的 APC 结构的相似性时，研究者发现与缺乏 $L_C$ 的 APC 结构(1KN1)相比（所有 Cα 原子的均方根偏差为 1.1 Å，而 $L_C$ 的均方根偏差为 1.9 Å），Se-APC 三聚体在总体结构上与含有层粘连蛋白 1B33 APC 结构的核心连接蛋白($L_C$)更相似（Reuter 等，1999）。

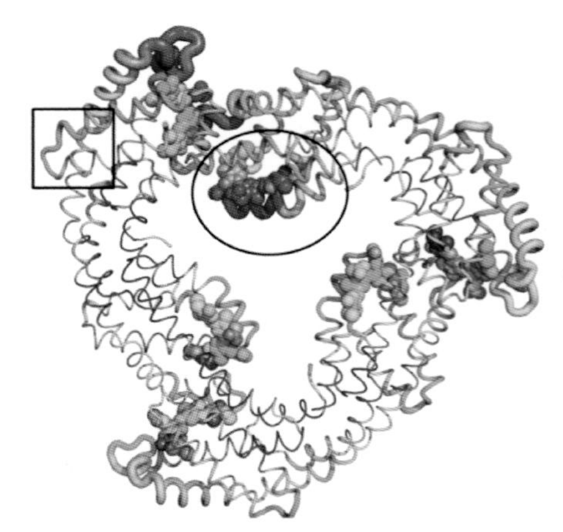

**图 2-95　Se-APC 三聚体中的一个单体在暴露于中央空腔的区域显示 B 因子升高(Marx 和 Adir,2013)**

Se-APC 结构根据 B 因子被描绘和着色(蓝色到红色光谱和薄到厚管宽度描绘升高的 B 因子)。这些值表明,残基 115～122(黑色圆圈)形成的小螺旋中的一个穿透到 APC 三聚体空隙中,相对于其他两个环,B 因子升高。相应单体的 β84 PCB 也具有较高的 B 因子(3 个 β84 PCB 辅因子呈球状,并根据 B 因子着色)。黑色框线中表示 α 亚基上螺旋 B 和 E 之间连接环的位置

在晶体学中,原子位置的不确定性会随着蛋白质晶体的无序(静态的和动态 2 个方面)而增加。分辨率代表所有原子的平均不确定度。相反,温度值(也称为温度系数、温度因子或 B 值)是一个可以应用于每个原子(或原子组)的因子,它描述了电子密度的弥散程度,可量化每个原子的不确定性。在蛋白质晶体的典型分辨率下(无法从 B 值中区分出占有率),一个高的温度值反映了低的电子密度。而理论上,B 因子表明了原子的静态或动态灵活性,它还可以指示模型构建中的错误。对结构中的 B 因子的分析表明,形成 APC 三聚体的三个单体之间存在差异。与其他两个单体相比,面向 APC 盘内腔的小螺旋(由残基 115～122 形成)和三个单体之一的 β84 PCB 具有较高的 B 因子(图 2-95)。结果表明,APC 与 $L_C$ 之间的相互作用趋于稳定,从而降低了界面残基的 B 因子。如果 Se-APC 结构中的连接体类似地位于靠近三个单体中的两个的位置,这将解释在暴露于 APC 三聚体的中央空腔的位置上三个单体中的两个降低的 B 因子。B 因子的差异不是晶体堆积的结果,因为所有三个环都不参与晶格形成。

先前的研究表明,编码 $L_C$ 的 *apcC* 基因的缺失并不能阻止具有正常吸收和荧光发射特性的藻胆蛋白的组装(Maxson 等,1989)。Se-APC 三聚体的结合是通过 α 亚基进行的,所有 APC 六聚体和缺乏 $L_C$、条斑紫菜 1KN1 和无类囊体蓝藻 *Glooeobacter violaceus* 2VJT 的 APC 结构也是如此。然而,与六聚体圆盘的外圆周紧密填充的这些结构相比,在 Se-APC-$L_C$ 复合结构中,形成了一个显著的空腔(图 2-96)。其结果是六聚体中两个相邻单体之间连接螺旋 B 和 E 的环区(图 2-95)之间的间隙被加宽,在六聚体的外圆周上形成三个等效空腔。这些空腔不是由于与该区域(α 亚基的残基 62～72)的任何特殊序列差异造成的,而是因为这部分序列在条斑紫菜 APC 和 Se-APC 之间完全保守,并且在所有 APC 中高度保守(Apt 等,1995)。值得注意的是,1KN1 六聚体的这一区域的外周疏水性很强(图 2-96(b))。在 Se-APC 结构中,长间隙的开口也揭示了极性或带电残基进一步进入了结构中。这些极性残基排列在开口间隙的内部,可能有助于稳定 $L_{CM}$ 核膜连接剂与 REP 结构域的结合,以稳定核结构(Ducret 等,1998;Liu 等,2005)。

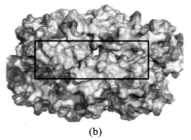

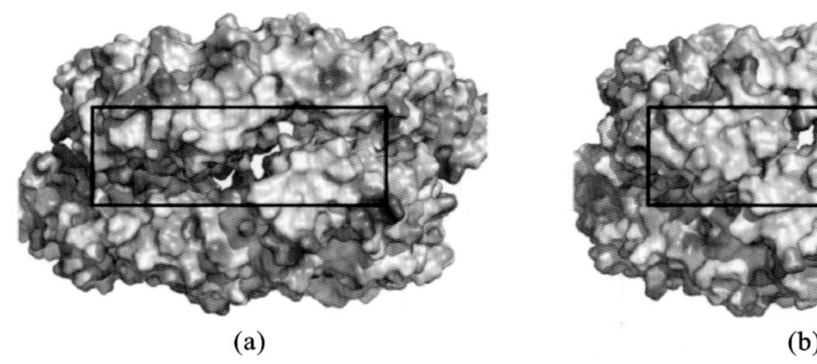


**图 2-96　Se-APC 结构在六聚体的圆周上显示出一个孔(Marx 和 Adir,2013)**

用 Pymol 计算了 Se-APC(a)和条斑紫菜 APC((b),PDB:1KN1)的六聚体分子表面。在这两种情况下,六聚体都存在于晶格中,尽管它们被分离为三聚体。利用 Pymol 实现的算法,根据表面的相对真空静电势对表面进行着色。蓝色和红色分别表示正、负电位的大致水平。与 1KN1 结构相比,黑色矩形显示了 Se-APC 结构中打开的裂缝

PBS组装的第一个阶段是不同藻胆蛋白的α亚基和β亚基的正确结合。首先通过多肽的测序鉴定(Sidler等,1981),到目前为止,APC的所有晶体结构都证实了α亚基的N-末端甲硫氨酸残基的缺失。这种裂解机制被认为是一种已知的由小的侧链残基(如(G,A,S))裂解N-末端甲硫氨酸的甲酰氨基肽酶(Datta,2000)的作用,事实上,在N-末端甲硫氨酸之后存在这样一种小的氨基酸是APCα亚基的一个保守特征。尽管尚未报道其他藻胆蛋白具有这种特征,但PC的某些序列也包含此基序,其中包括Se-PC,N-末端甲硫氨酸在α亚基和β亚基上均跟随着小氨基酸(Apt等,1995)。因此,Marx和Adir继续对从细长集胞藻PCC 7942中分离得到的PC的N-末端裂解对PC组装成六聚体的影响进行了研究。将Se-PC的α亚基和β亚基的氨基酸序列与其他物种的PC的氨基酸序列进行比对,发现在N-末端甲硫氨酸附近没有这种小的氨基酸,这表明小的氨基酸是插入序列中的——编码Se α和β-PC亚基的*cpcA*和*cpcB*基因比通常的PC要长一个氨基酸。因此,N-末端甲硫氨酸的裂解导致Se-PC N-末端的长度与其他物种不发生裂解的PC相同。由于PC相对于APC具有一个延伸的N-末端(图2-97),所以它不像APC那样负责为单体形成提供正确的静电学的链的末端。而N-末端裂解也并不像APC的α亚基那样是功能上的关键特征,显然,只要N-末端链的正确长度保持不变,也不会对其组装造成影响。

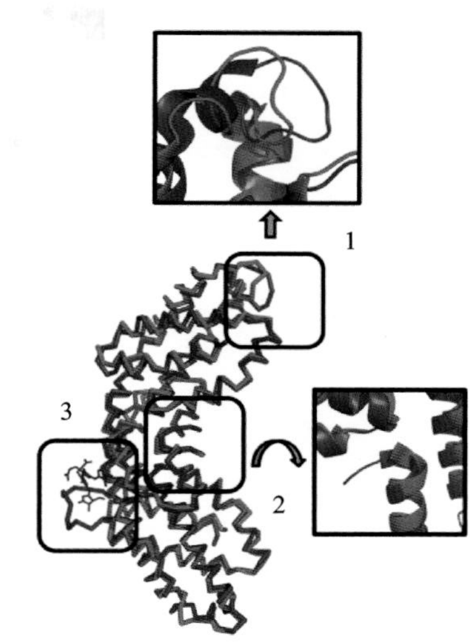


**图2-97 PC和APC单体主干之间的三个主要结构差异(Marx和Adir,2013)**

PC(3O18,蓝色)和APC(3DBJ,红色)的排列显示了插入中突出的三个主要结构差异:①螺旋线B和E之间的环路区域是显著可变的;②PC与APC相比有一个扩展的N-末端;③PC包含一个额外的环路,其中包含第三个PCB辅因子

从集胞藻PCC 6803(Sy)中分离出的PC三聚体,其结构通过X射线晶体学测定,分辨率为2.25 Å。该不对称单元包含一个单体,该单体与先前从各种蓝藻和红藻中确定的PC结构高度相似。Sy-PC结构的显著特征是三聚体(也与先前确定的PC结构高度相似)以交错的方式聚集到晶格中,主要通过β亚基的辅因子结合环(图2-98)。这种排列与来自Tv(PDB ID:1ON7)的其他形成PC结构的非六聚体的排列相同(Adir和Lerner,2003),后者被发现有轻微的蓝移,最大吸收波长为612 nm,并且β72Asn残基上缺乏甲基化,这是藻胆蛋白的特征(Klotz等,1986)。然而,Sy-PC三聚体具有一般的吸收特性,对β72Asn上轮廓的省略图的分析清楚地证实了其甲基化消除了这一直接影响PC聚集状态的因素。由此产生的问题是六聚体的形成是否受到抑制,如果受到抑制,原因是内在的(序列依赖)还是外在的(结晶)。这种外在因素既可以抑制六聚体的形成,也可以促进晶格中三聚体层的形成。

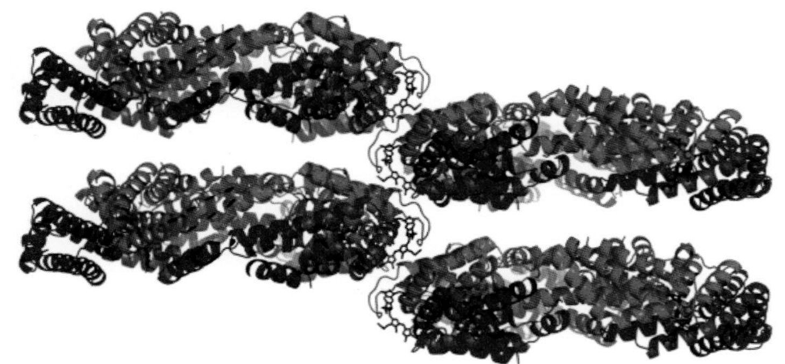

**图2-98 从集胞藻PCC 6803中分离出PC的晶体堆积图(Marx和Adir,2013)**

PC结晶为三聚体柱状(从侧面显示),通过相邻柱的相互渗透分离。PC以卡通的形式显示,α亚基和β亚基分别用蓝色和红色表示。参与晶格形成的β155 PCB显示为灰棒

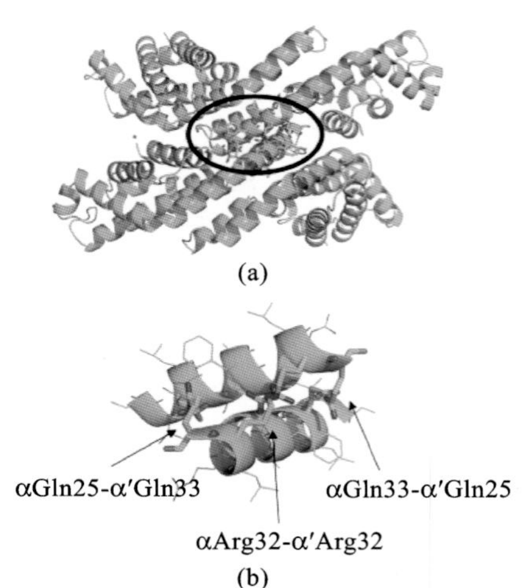


**图 2-99　带有 Sy-PC 结构的六聚体的人工形成导致相邻 α 亚基的螺旋之间发生三次碰撞(Marx 和 Adir,2013)**

(a)来自邻近三聚体的单体在人工形成的六聚体中使用来自集胞藻 PCC 6803 的 PC 结构,图中显示了每个三聚体中的一个单体,发生碰撞的三聚体-三聚体交互区域用黑色圆圈圈起来;(b)(a)中圆圈区域的特写,蛋白质骨架以卡通形式显示,碰撞的残留物突出显示为棒状并贴上标签,其他所有残留物均以直线表示

尽管参与三聚体-三聚体极性相互作用的残基在所有 PC 中并非绝对保守(Apt 等,1995),序列比较表明 Sy-PC 包含与参与三聚体-三聚体相互作用的残基相同的残基,这些残基被证明可产生六聚体形成 PC 结构。将两个 Sy-PC 三聚体叠加到六聚体形成结构(PDB ID:3O18)上人工形成 PC 六聚体,仅显示出一个明显的阻碍六聚体形成的因素。来自相邻 α 亚基的螺旋之间发生三次碰撞,这些 α 亚基在 PC 六聚体的三聚体-三聚体界面上形成紧密接触(图 2-99)。这些残基,如 αArg32-α′ Arg32,αGln25-α′ Gln33 和 αGln33-α′ Gln25(或化学和空间上相似的残基)存在于所有物种中,并暴露在非六聚体形成晶体类型的溶剂中,没有明显的特殊因素决定这些残基的取向,从而阻止它们形成六聚体。

对形成六聚体和未形成六聚体 PC 单体晶体结构的分析显示,两种结构之间只有一个显著的差异,即 B 因子的分布。六聚体形式结构的 B 因子水平在整个单体中相对较低且在各亚基间相似(图 2-100(a)),非六聚体形式的 α 亚基的 B 因子水平相对于 β 亚基的 B 因子水平较高(图 2-100(b))。有理由假设这是晶体堆积的结果,而不是决定因素,因为非六聚体形式结构更松散,α 亚基比六聚体形式结构暴露的溶剂更多。然而,对 APC 结构的类似分析显示,三聚体在晶格

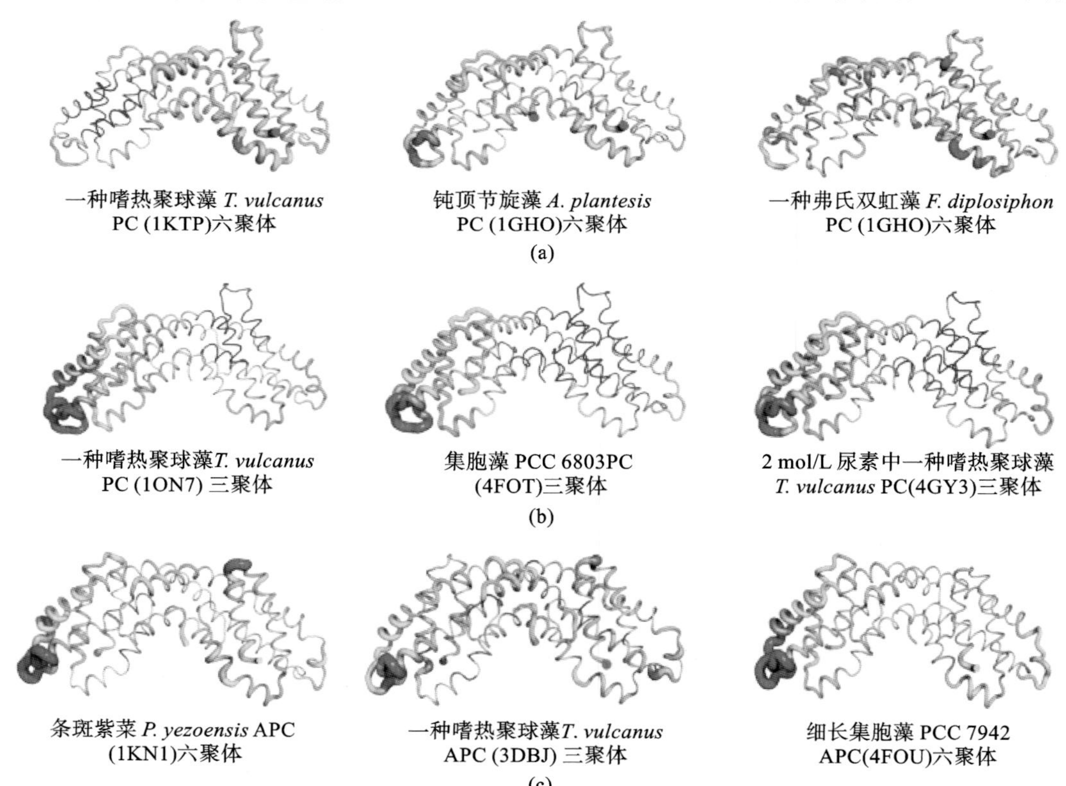


**图 2-100　非六聚体形式的 PC 而非 APC 结构的 B 因子在单体中的可变性(Marx 和 Adir,2013)**

PC((a)～(b))或 APC(c)的结构由在 Pymol 中实现的 B 因子管表示。所有单体的 α 亚基和 β 亚基分别在左侧和右侧。管的宽度和蓝到红的渐变都表示每个结构中 B 因子的相对水平升高。三聚体或六聚体表示晶体中的组装水平

内以不同的形式排列，无论排列形式如何，无论是六聚体还是暴露于溶剂的三聚体片，结构中的B因子都相对相似(图2-100(c))。将用4 mol/L尿素处理的单体PC和在2 mol/L尿素存在下的PC三聚体进行结晶。在这两种情况下，都在$P6_3$空间组中产生了具有与其他非六聚体PC结构(Tv_PC_4MU，PDB ID：4GXE；Tv_PC_2MU，PDB ID：4GY3)相同的衍射质量晶体。这一结果表明，4 mol/L尿素单体化的PC可以通过结晶液滴中尿素的稀释(至2 mol/L)或结晶力的作用，或二者的共同作用，改造晶格中的三聚体。然而，这也表明，2 mol/L尿素(在初始结晶液滴中为1 mol/L尿素)足以防止三聚体在晶体中结合成六聚体(并进一步结合成棒状)。这些结构与所有PC结构高度相似，对B因子分布的分析显示α亚基上的B因子相对较高的模式与其他非六聚体形式的PC结构相似(图2-100(b))。

αAsp28、βAsn35、βPCB155和α′Arg33(PCB-PC辅因子；α′是六聚体中第二个三聚体的α亚基)之间的临界氢键网络，以及特定的水分子稳定了组装水平。尿素的存在可以明显地削弱这种临界相互作用，从而导致替代性的晶体堆积。对Tv-PC-2MU和Tv-PC-4MU结构的细致研究表明，与βAsn35相互作用的βPCB155丙酸的构象发生了变化。两个尿素分子与丙酸紧密结合(但不是直接结合)(图2-101(a))。更引人注目的是αArg33侧链方向的改变，这对六聚体的形成至关重要(图2-101(b))。在这个位置上，αArg33侧链不仅不能促进六聚体的形成，而且会与第二个三聚体的α亚基发生冲突，其方式与图2-101(b)所示类似。

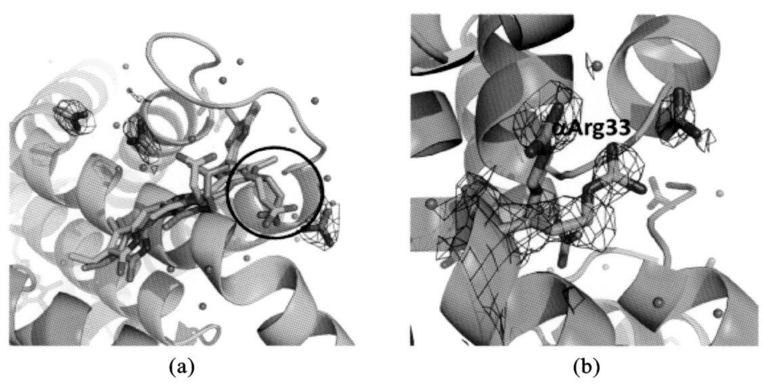


**图2-101 *T. vulcanus* PC在尿素存在下结晶为三聚体(Marx和Adir，2013)**

(a)Tv-PC-2MU结构中βPCB155的丙酸基团相较未经尿素处理的晶体结构3O18的丙酸基团发生移位(橙色碳，仅显示βPCB155以澄清)，黑色圆圈表示参与六聚体形成的丙酸；(b)在没有尿素(3O18，橙色碳)的情况下，αArg33在Tv-PC-2MU结构(绿色碳)中与先前描述的PC结构相比的替代位置。在Tv-PC-2MU结构的Arg残基上，以1σ(蓝色网格)绘制了$2F_o$-$F_c$电子密度图。在两种样品中识别出的尿素分子均以灰色碳棒表示，并覆盖以1σ处轮廓的$2F_o$-$F_c$电子密度图

## 参考文献

[1] 陈敏，王宁，杨多利，等，2015. 隐藻藻胆蛋白的结构与能量传递功能[J]. 植物生理学报，51(12)：2070-2082.

[2] 陈煜，2012. 蓝细菌光敏色素及藻红蛋白的生物合成研究[D]. 武汉：华中科技大学.

[3] 董亮亮，2015. *Synechocystis* sp. PCC 6803中Slr0280的功能、结构研究及ApcD光谱红移探究[D]. 武汉：华中农业大学.

[4] 李文军，2013. 蓝隐藻藻蓝蛋白结构及功能研究[D]. 烟台：烟台大学.

[5] 李文军，2017. 新型藻胆蛋白的制备及其在生物传感和染料敏化太阳能电池中的应用[D]. 烟台：中国科学院烟台海岸带研究所.

[6] 林瀚智，2012. 藻胆体结构多样性研究及黄海绿潮早期形成过程分析[D]. 青岛：中国科学院海洋研究所.

[7] 刘其芳,王后乐,张宪孔,1988. 盐泽螺旋藻藻胆蛋白的分离和特性研究[J]. 水生生物学报,2:146-153.

[8] 刘少芳,2010. 蓝藻别藻蓝蛋白的生物合成及组装的研究[D]. 青岛:中国科学院海洋研究所.

[9] 马建飞,2015. 藻胆体的冷冻电镜三维重构及应用[D]. 烟台:中国科学院烟台海岸带研究所.

[10] 潘忠正,周百成,曾呈奎,1987. 青岛海产红藻 R-藻红蛋白光谱特性的比较研究[J]. 海洋与湖沼,5:419-425.

[11] 潘重,2008. 鱼腥藻核膜连接蛋白 ApcE 蛋白质工程研究[D]. 武汉:华中科技大学.

[12] 蒲洋,2013. 重组别藻蓝蛋白三聚体结构鉴定及敏化特性的研究[D]. 烟台:中国科学院烟台海岸带研究所.

[13] 曲艳艳,王玉,魏星,等,2013. 海生红藻多管藻 R-藻蓝蛋白亚基组成及特性[J]. 烟台大学学报(自然科学与工程版),26(2):106-110.

[14] 宋海涛,范晓,许申鸿. 1997. 多管藻化学组成特点研究[J]. 海洋科学,4:58-60.

[15] 宋苗苗,2011. 高温动力学方法筛选提高蛋白质热稳定性的突变位点[D]. 武汉:华中科技大学.

[16] 苏海楠,2010. 蓝藻与红藻中藻胆蛋白的活性构象研究[D]. 济南:山东大学.

[17] 王广策,周百成,曾呈奎,1998. B-藻红蛋白和 R-藻红蛋白 γ 亚基的分离、特性及其在分子中的空间位置分析[J]. 中国科学 C 辑:生命科学,1:36-41.

[18] 王建林,2008. 鱼腥藻 PCC7120 基因 all5292 和 alr0647 的功能研究[D]. 武汉:中南民族大学.

[19] 王璐,2010. 多管藻藻胆体中 R-藻红蛋白和 R-藻蓝蛋白的光谱和结构特性[D]. 烟台:烟台大学.

[20] 王肖肖,2018. 藻类光合作用捕光色素蛋白复合物——藻胆体的结构、性质及功能研究[D]. 曲阜:曲阜师范大学.

[21] 王颖,彭银生,蔡望伟,2011. 氢键对不同种属蛋白质热稳定性的影响[J]. 昆明理工大学学报(自然科学版),36(3):58-64.

[22] 吴明和,2010. 圆二色光谱在蛋白质结构研究中的应用[J]. 氨基酸和生物资源,32(4):77-80.

[23] 张光亚,方柏山,2006. 基于二肽组成识别嗜热和常温蛋白的研究[J]. 生物工程学报,22(2):293-298.

[24] 赵明日,2015. 多管藻藻红蛋白与藻胆体的特性研究[D]. 青岛:中国海洋大学.

[25] 周百成,曾呈奎,1990. 藻类光合作用色素中译名考释[J]. 植物生理学通讯,3:57-60.

[26] 周孙林,2014. 别藻蓝蛋白的生物合成及其稳定性研究[D]. 衡阳:南华大学.

[27] 朱国萍,滕脉坤,王玉珍,2000. 脯氨酸对蛋白质热稳定性的贡献[J]. 生物工程进展,4:48-51.

[28] ADIR N,2005. Elucidation of the molecular structures of components of the phycobilisome: reconstructing a giant[J]. Photosynthesis Research:An International Journal,85(1):15-32.

[29] ADIR N, DOBROVETSKY Y, LERNER N, 2001. Structure of C-phycocyanin from the thermophilic cyanobacterium Synechococcus vulcanus at 2. 5 Å: structural implications for thermal stability in phycobilisome assembly[J]. Journal of Molecular Biology,313(1):71-81.

[30] ADIR N, LERNER N, 2003. The crystal structure of a novel unmethylated form of C-phycocyanin,a possible connector between cores and rods in pycobilisomes[J]. Journal of Biological Chemistry,278(28):25926-25932.

[31] ADIR N, VAINER R, LERNER N, 2002. Refined structure of C-phycocyanin from the cyanobacterium *Synechococcus vulcanus* at 1. 6 Å:insights into the role of solvent molecules in thermal stability and co-factor structure[J]. Biochimica et Biophysica Acta,1556(2-3):168-174.

[32] ANDERSON L K,TOOLE C M,1998. A model for early events in the assembly pathway of cyanobacterial phycobilisomes[J]. Molecular Microbiology,30(3):467-474.

[33] ANWER K,SONANI R,MADAMWAR D,et al,2015. Role of N-terminal residues on folding

and stability of C-phycoerythrin: simulation and urea-induced denaturation studies[J]. Journal of Biomolecular Structure and Dynamics, 33(1): 121-133.

[34] APT K E, COLLIER J L, GROSSMAN A R, 1995. Evolution of the phycobiliproteins[J]. Journal of Molecular Biology, 248(1): 79-96.

[35] APT K E, GROSSMAN A R, 1993. Characterization and transcript analysis of the major phycobiliprotein subunit genes from *Aglaothamnion neglectum* (Rhodophyta) [J]. Plant Molecular Biology, 21(1): 27-38.

[36] APT K E, HOFFMAN N E, GROSSMAN A R, 1993. The gamma subunit of R-phycoerythrin and its possible mode of transport into the plastid of red algae[J]. Journal of Biological Chemistry, 268(22): 16208-16215.

[37] APT K E, METZNER S, GROSSMAN A R, 2001. The γ subunits of phycoerythrin from a red alga: position in phycobilisomes and sequence characterization[J]. Journal of Phycology, 37(1): 64-70.

[38] ARTENI A A, AJLANI G, BOEKEMA E J, 2009. Structural organisation of phycobilisomes from *Synechocystis* sp. strain PCC6803 and their interaction with the membrane[J]. Biochim Biophys Acta, 1787(4): 272-279.

[39] BALD D, KRUIP J, RÖGNER M, 1996. Supramolecular architecture of cyanobacterial thylakoid membranes: How is the phycobilisome connected with the photosystems? [J]. Photosynth Research, 49(2): 103-118.

[40] BARBER J, MORRIS E P, Da FONSECA P C, 2003. Interaction of the allophycocyanin core complex with photosystem Ⅱ[J]. Photochemical and Photobiological Sciences: Official Journal of the European Photochemistry Association and the European Society for Photobiology, 2(5): 536-541.

[41] BAR-ZVI S, LAHAV A, HARRIS D, et al, 2018. Structural heterogeneity leads to functional homogeneity in *A.* marina phycocyanin [J]. Biochimica et Biophysica Acta (BBA)—Bioenergetics, 1859(7): 544-553.

[42] BENNETT A, BOGORAD L, 1971. Properties of subunits and aggregates of blue-green algal biliproteins[J]. Biochemistry, 10(19): 3625-3634.

[43] BERMEJO R, TALAVERA E M, ALVAREZ-PEZ J M, et al, 1997. Chromatographic purification of biliproteins from *Spirulina platensis* high-performance liquid chromatographic separation of their α and β subunits[J]. Journal of Chromatography A, 778: 441-450.

[44] BERMEJO R, TALAVERA E M, ALVAREZ-PEZ J M, 2001. Chromatographic purification and characterization of B-phycoerythrin from *Porphyridium cruentum*. Semipreparative high-performance liquid chromatographic separation and characterization of its subunits[J]. Journal of Chromatography A, 917(1-2): 135-145.

[45] BERNARD C, THOMAS J C, MAZEL D, et al, 1992. Characterization of the genes encoding phycoerythrin in the red alga *Rhodella violacea*: evidence for a splitting of the rpeB gene by an intron[J]. Proceedings of the National Academy of Sciences of the United States of America, 89(20): 9564-9568.

[46] BISWAS A, BOUTAOUGH M N, ALVEY R M, et al, 2011. Characterization of the activities of the CpeY, CpeZ, and CpeS bilin lyases in phycoerythrin biosynthesis in *Fremyella diplosiphon* strain UTEX 481[J]. Journal of Biological Chemistry, 286(41): 35509-35521.

[47] BLOT N, WU X J, THOMAS J C, et al, 2009. Phycourobilin in trichromatic phycocyanin from

oceanic cyanobacteria is formed post-translationally by a phycoerythrobilin lyase-isomerase[J]. Journal of Biological Chemistry,284(14):9290-9298.

[48] BRITTON K L,BAKER P J,BORGES K M,et al,1995. Insights into thermal stability from a comparison of the glutamate dehydrogenases from *Pyrococcus furiosus* and *Thermococcus litoralis*[J]. European Journal of Biochemistry,229(3):688-695.

[49] BROWN S B,HOUHHTON J D,VERNON D I,1990. New trends in photobiology biosynthesis of phycobilins. Formation of the chromophore of phytochrome,phycocyanin and phycoerythrin [J]. Journal of Photochemistry and Photobiology B:Biology,5(1):3-23.

[50] BRYANT D A,HIXSON C S,GLAZER A N,1978. Structural studies on phycobiliproteins Ⅲ. Comparison of bilin-containing peptides from the beta subunits of C-phycocyanin, R-phycocyanin,and phycoerythrocyanin[J]. Journal of Biological Chemistry,253(1):220-225.

[51] CAMARA-ARTIGAS A,BACARIZO J,ANDUJAR-SANCHEZ M,et al,2012. pH-dependent structural conformations of B-phycoerythrin from *Porphyridium cruentum*[J]. FEBS Journal, 279(19):3680-3691.

[52] CARRA P Ó,1991. Photosynthetic pigments of algae[J]. Phycologia,30(2):235.

[53] CASSIM J Y, YANG J T, 1967. Effect of molecular aggregation on circular dichroism and optical rotatory dispersion of helical poly-L-glutamic acid in solution[J]. Biochemical and Biophysical Research Communication,26(1):58-64.

[54] CHANG W R,JIANG T,WAN Z L,et al,1996. Crystal structure of R-phycoerythrin from Polysiphonia urceolata at 2. 8 Å resolution[J]. Journal of Molecular Biology,262(5):721-731.

[55] COLLINI E,WONG C Y,WILK K E,2010. Coherently wired light-harvesting in photosynthetic marine algae at ambient temperature[J]. Nature,463(7281):644-647.

[56] CONTRERAS-MARTEL C, MARTINEZ-OYANEDEL J, BUNSTER M, et al, 2001. Crystallization and 2. 2 Å resolution structure of R-phycoerythrin from *Gracilaria chilensis*: a case of perfect hemihedral twinning [J]. Acta Crystallographica Section D Biological Crystallography,57(pt1):52-60.

[57] CONTRERAS-MARTEL C,MATAMALA A,BRUNA C,et al,2007. The structure at 2 Å resolution of phycocyanin from *Gracilaria chilensis* and the energy transfer network in a PC-PC complex[J]. Biophysical Chemistry,125(2-3):388-396.

[58] CROWFOOT O,BERNAL J D,1934. X-ray crystallographic measurements on some derivatives of cardiac aglucones[J]. Journal of the Society of Chemical Industry,53(45):953-956.

[59] D'AGNOLO E, RIZZO R, PAOLETTI S, et al, 1994. R-phycoerythrin from the red alga *Gracilaria longa*[J]. Phytochemistry,35(3):693-696.

[60] DATTA B,2000. MAPs and POEP of the roads from prokaryotic to eukaryotic kingdoms[J]. Biochimie,82(2):95-107.

[61] DAVID L, MARX A, ADIR N, 2011. High-resolution crystal structures of trimeric and rod phycocyanin[J]. Journal of Molecular Biology,405(1):201-213.

[62] DEBRECZENY M P, SAUER K, ZHOU J, et al, 1995. Comparison of calculated and experimentally resolved rate constants for excitation energy transfer in C-phycocyanin. 2. Trimers[J]. Journal of Physical Chemistry,20(99):8420-8431.

[63] DELANGE R J,WILLIAMS L C,GLAZER A N,1981. The amino acid sequence of the beta subunit of allophycocyanin[J]. Journal of Biological Chemistry,256(18):9558-9566.

[64] DEMIDOV A A,MIMURO M,2006. Deconvolution of C-phycocyanin beta-84 and beta-155

chromophore absorption and fluorescence spectra of cyanobacterium *Mastigocladus laminosus* [J]. Biophysical Journal, 68(4): 1500-1506.

[65] DOUST A B, MARAI C N, HARROP S J, et al, 2004. Developing a structure-function model for the cryptophyte phycoerythrin 545 using ultrahigh resolution crystallography and ultrafast laser spectroscopy[J]. Journal of Molecular Biology, 344(1): 135-153.

[66] DUCRET A, MIILLER S A, GOLDIE K N, et al, 1998. Reconstitution, characterization and mass analysis of the pentacylindrical allophycocyanin core complex from the cyanobacterium *Anabaena* sp. PCC 7120[J]. Journal of Molecular Biology, 278(2): 369-388.

[67] DUCRET A, MÜLLER S A, GOLDIE K N, et al, 1998. Reconstitution, characterisation and mass analysis of the pentacylindrical allophycocyanin core complex from the cyanobacterium *Anabaena* sp. PCC 7120[J]. Journal of Molecular Biology, 278(2): 369-388.

[68] DUERRING M, HUBER R, BODE W, et al, 1990. Refined three-dimensional structure of phycoerythrocyanin from the cyanobacterium *Mastigocladus* laminosus at 2.7 Å[J]. Journal of Molecular Biology, 211(3): 633-644.

[69] DUERRING M, SCHMIDT G B, HUBER R, 1991. Isolation, crystallization, crystal structure analysis and refinement of constitutive C-phycocyanin from the chromatically adapting cyanobacterium *Fremyella diplosiphon* at 1.66 Å resolution[J]. Journal of Molecular Biology, 217(3): 577-592.

[70] EISELE L E, BAKHRU S H, LIU X, et al, 2000. Studies on C-phycocyanin from *Cyanidium caldarium*, a eukaryote at the extremes of habitat[J]. Biochimica et Biophysica Acta, 1456(2-3): 99-107.

[71] FAIRCHILD C D, ZHAO J, ZHOU J, et al, 2001. Phycocyanin alpha-subunit phycocyanobilin lyase[J]. Proceedings of the National Academy of Sciences of the United States of America, 89(15): 7017-7021.

[72] FERNANDEZ-ROJAS B, HERNANDEZ-JUAREZ J, PEDRAZA-CHAVERRI J, 2014. Nutraceutical properties of phycocyanin[J]. Journal of Functional Foods, 11: 375-392.

[73] FERREIRA K N, IVERSON T M, MAGHLAOUI K, et al, 2004. Architecture of the photosynthetic oxygen-evolving center[J]. Science, 303(5665): 1831-1838.

[74] FICNER R, HUBER R, 1993. Refined crystal structure of phycoerythrin from *Porphyridium cruentum* at 0.23-nm resolution and localization of the γ subunit[J]. European Journal of Biochemistry, 218(1): 103-106.

[75] FICNER R, LOBECK K, SCHMIDT G, et al, 1992. Isolation, crystallization, crystal structure analysis and refinement of B-phycoerythrin from the red alga *Porphyridium sordidum* at 2.2 Å resolution[J]. Journal of Molecular Biology, 228(3): 935-950.

[76] FRANKENBERG N, MUKOUGAWA K, KOHCHI T, et al, 2001. Functional genomic analysis of the HY2 family of ferredoxin-dependent bilin reductases from oxygenic photosynthetic organisms[J]. Plant Cell, 13(4): 965-978.

[77] GAI Z, MATSUNO A, KATO K, et al, 2015. Crystal structure of the 3.8-MDa respiratory supermolecule hemocyanin at 3.0 angstrom resolution[J]. Structure, 23(12): 2204-2212.

[78] GAIGALAS A, GALLAGHER T, COLE K D, et al, 2006. A multistate model for the fluorescence response of R-phycoerythrin [J]. Photochemistry and Photobiology, 82(3): 635-644.

[79] GANTT E, EDWARDS M R, PROASOLI L. 1971. Chloroplast structure of the *Cryptophyceae*.

Evidence for phycobiliproteins within intrathylakoidal spaces[J]. Journal of Cell Biology, 48 (2):280-290.

[80] GAO X, ZHANG N, WEI T D, et al, 2011. Crystal structure of the N-terminal domain of linker $L_R$ and the assembly of cyanobacterial phycobilisome rods[J]. Molecular microbiology, 82(3): 698-705.

[81] GLAUSER M, STIREWALT V L, BRYANT D A, et al, 1992. Structure of the genes encoding the rod-core linker polypeptides of *Mastigocladus laminusus* phycobilisomes and functional aspects of the phycobiliprotein/linker-polypeptide interactions [J]. European Journal of Biochemistry, 205(3):927-937.

[82] GLAZER A N, 1984. Phycobilisome a macromolecular complex optimized for light energy transfer[J]. Biochimica et Biophysica Acta, 768(1):29-51.

[83] GLAZER A N, 1985. Light harvesting by phycobilisomes[J]. Annual Review of Biophysics and Biophysical Chemistry, 14:47-77.

[84] GLAZER A N, CLARK J H, 1986. Phycobilisomes: macromolecular structure and energy flow dynamics[J]. Biophysical Journal, 49(1):115-116.

[85] GLAZER A N, COHEN-BAZIRE G, STANIER R Y, 1971. Characterization of phycoerythrin from a *Cryptomonas* sp. [J]. Archiv fur Mikrobiologie, 80(1):1-18.

[86] GLAZER A N, HIXSON C S, 1975. Characterization of R-phycocyanin. Chromophore content of R-phycocyanin and C-phycoerythrin[J]. Journal of Biological Chemistry, 250(14):5487-5495.

[87] GLAZER A N, HIXSON C S, 1977. Subunit structure and chromophore composition of rhodophytan phycoerythrins. *Porphyridium cruentum* B-phycoerythrin and b-phycoerythrin [J]. Journal of Biological Chemistry, 252(1):32-42.

[88] GLAZER A N, WEDEMAYER G J, 1995. Cryptomonad biliproteins—an evolutionary perspective[J]. Photosynthesis Research, 46(1-2):93-105.

[89] GREENFIELD N, DAVIDSON B, FASMAN G D, 1967. The use of computed optical rotatory dispersion curves for the evaluation of protein conformation[J]. Biochemistry, 6(6):1630-1637.

[90] GREENFIELD N J, 2004. Circular dichroism analysis for protein-protein interactions [J]. Methods in Molecular Biology, 261:55-78.

[91] GREENFIELD N, FASMAN G D, 1969. Computed circular dichroism spectra for the evaluation of protein conformation[J]. Biochemistry, 8(10):4108-4116.

[92] GROSSMAN A R, SCHAEFER M R, CHIANG G G, et al, 1993. The phycobilisome, a light-harvesting complex responsive to environmental conditions[J]. Microbiological Reviews, 57(3): 725-749.

[93] GUSKOV A, KERN J, GABDULKHAKOV A, et al, 2009. Cyanobacterial photosystem Ⅱ at 2.9-Å resolution and the role of quinones, lipids, channels and chloride[J]. Nature Structural and Molecular Biology, 16(3):334-342.

[94] HAGOPIAN J C, REIS M, KITAJIMA J P, et al, 2004. Comparative analysis of the complete plastid genome sequence of the red alga *Gracilaria tenuistipitata* var. liui provides insights into the evolution of rhodoplasts and their relationship to other plastids[J]. Journal of Molecular Evolution, 59(4):464-477.

[95] HARROP S J, WILK K E, DINSHAW R, et al, 2014. Single-residue insertion switches the quaternary structure and exciton states of cryptophyte light-harvesting proteins[J]. Proceedings of the National Academy of Sciences of the United States of America, 111(26):E2666-E2675.

[96] HASHIMOTO T, YE Y X, MATSUNO A, et al, 2019. Encapsulation of biomacromolecules by soaking and co-crystallization into porous protein crystals of hemocyanin[J]. Biochemical and Biophysical Research Communications, 509(2): 577-584.

[97] HOLZWARTH A R, 1991. Structure-function relationships and energy transfer in phycobiliprotein antennae[J]. Physiologia Plantarum, 83(3): 518-528.

[98] HOLZWARTH A R, BITTERSMANN E, REUTER W, et al, 1990. Studies on chromophore coupling in isolated phycobiliproteins: Ⅲ. Picosecond excited state kinetics and time-resolved fluorescence spectra of different allophycocyanins from *Mastigocladus laminosus* [J]. Biophysical journal, 57(1): 133-145.

[99] HOLZWARTH A R, WENDLER J, SUTER G W, 1987. Studies on chromophore coupling in isolated pycobiliproteins: Ⅱ. Picosecond energy transfer kinetics and time-resolved fluorescence spectra of c-Phycocyanin from *Synechococcus* 6301 as a function of the aggregation state[J]. Biophysical Journal, 51(1): 1-12.

[100] HOUMARD J, CAPUANO V, COURSIN T, et al, 1988. Genes encoding core components of the phycobilisome in the cyanobacterium *Calothrix* sp. strain PCC 7601: occurrence of a multigene family[J]. Journal of Bacteriology, 170(12): 5512-5521.

[101] HOUMARD J, MAZEL D, MOGUET C, et al, 1986. Organization and nucleotide sequence of genes encoding core components of the phycobilisomes from *Synechococcus* 6301[J]. Molecular & General Genetics: MGG, 205(3): 404-410.

[102] HUBER T R, HARTJE L F, MCPHERSON E C, et al, 2017. Programmed Assembly of Host-Guest Protein Crystals[J]. Small(Weinheim an der Bergstrasse, Germany), 13(7): 1602703.

[103] INOKUMA Y, UKEGAWA T, HOSHINO M, et al, 2016. Structure determination of microbial metabolites by the crystalline sponge method[J]. Chemical Science, 7(6): 3910-3913.

[104] INOKUMA Y, YOSHIOKA S, ARIYOSHI J, et al, 2013. X-ray analysis on the nanogram to microgram scale using porous complexes[J]. Nature, 495(7442): 461-463.

[105] ISAILOVIC D, LI H W, YEUNG E S. 2004. Isolation and characterization of R-phycoerythrin subunits and enzymatic digests[J]. Journal of Chromatography A, 1051(1-2): 119-130.

[106] JIANG T, ZHANG J P, CHANG W R, et al, 2001. Crystal structure of R-phycocyanin and possible energy transfer pathways in the phycobilisome[J]. Biophysical Journal, 81(2): 1171-1179.

[107] KAMIYA N, SHEN J R, 2003. Crystal structure of oxygen-evolving photosystem Ⅱ from *Thermosynechococcus vulcanus* at 3.7-Å resolution[J]. Proceedings of the National Academy of Sciences of the United States of America, 100(1): 98-103.

[108] KLOTZ A V, GLAZER A N, 1985. Characterization of the bilin attachment sites in R-phycoerythrin[J]. Journal of Biological Chemistry, 260(8): 4856-4863.

[109] KLOTZ A V, GLAZER A N, 1987. Gamma-N-methylasparagine in phycobiliproteins. occurrence, location, and biosynthesis [J]. Journal of Biological Chemistry, 262 (36): 17350-17355.

[110] KLOTZ A V, LEARY J A, GLAZER A N, 1986. Post-translational methylation of asparaginyl residues. Identification of beta-71 gamma-N-methylasparagine in allophycocyanin[J]. Journal of Biological Chemistry, 261(34): 15891-15894.

[111] KOLLER K P, WEHRMEYER W, 1975, B-Phycoerythrin from *Rhodella violacea*: characterization of two isoproteins[J]. Archives of Microbiology, 104(3): 255-261.

[112] KUDDUS M, SINGH P, THMAS G, et al, 2013. Recent developments in production and biotechnological applications of C-phycocyanin [J]. BioMed Research International, 2013:742859.

[113] KUPKA M,SCHEER H. 2008. Unfolding of C-phycocyanin followed by loss of non-covalent chromophore-protein interactions 1. Equilibrium experiments[J]. Biochimica et Biophysica Acta,1777(1):94-103.

[114] KUPKA M,ZHANG J,FU W L,et al,2009. Catalytic mechanism of S-type phycobiliprotein lyase: chaperone-like action and functional amino acid residues[J]. Journal of Biological Chemistry,284(52):36405-36414.

[115] KURSAR T A,VAN DER MEER J,ALBERTE R S,1983. Light-harvesting system of the red alga *Gracilaria tikvahiae*: Ⅱ. Phycobilisome characteristics of pigment mutants[J]. Plant Physiology,73(2):361-369.

[116] LANE C E, Archibald J M. 2008, New marine members of the genus *Hemiselmis* (cryptomonadales,cryptophyceae)[J]. Journal of Phycology,44(2):439-450.

[117] LENEY A C, TSCHANZ A, HECK A J R, 2018. Connecting color with assembly in the fluorescent B-phycoerythrin protein complex[J]. FEBS Journal,285(1):178-187.

[118] LEY A C,BUTLER W L,1977. Isolation and function of allophycocyanin B of *Porphyridium cruentum*[J]. Plant Physiology,59(5):974-980.

[119] LIU J Y,JIANG T,ZHANG J P,et al,1999. Crystal structure of allophycocyanin from red algae *Porphyra yezoensis* at 2. 2-Å resolution[J]. Journal of Biological Chemistry,274(24): 16945-16952.

[120] LIU L N,CHEN X L,ZHANG Y Z,et al,2005. Characterization,structure and function of linker polypeptides in phycobilisomes of cyanobacteria and red algae: an overview[J]. Biochimica et Biophysica Acta,1708(2):133-142.

[121] LIU L N,ELMALK A T,AARTSMA T J,et al,2008. Light-induced energetic decoupling as a mechanism for phycobilisome-related energy dissipation in red algae:a single molecule study [J]. PLoS One,3(9):e3134.

[122] LIU S F, CHEN Y J, LU Y D, et al, 2010. Biosynthesis of fluorescent cyanobacterial allophycocyanin trimer in *Escherichia coli*[J]. Photosynthesis Research,105(2):135-142.

[123] LOLL B, KERN J, ZOUNI A, et al, 2005. The antenna system of photosystem Ⅱ from *Thermosynechococcus elongatus* at 3. 2 Å resolution[J]. Photosynthesis Research, 86(1-2): 175-184.

[124] LOOS D, COTLET M, DE SCHRYVER F, et al, 2004. Single-molecule spectroscopy selectively probes donor and acceptor chromophores in the phycobiliprotein allophycocyanin [J]. Biophysical Journal,87(4):2598-2608.

[125] LUNDELL D J,GLAZER A N,DELANGE R J,et al,1984. Bilin attachment sites in the alpha and beta subunits of B-phycoerythrin. Amino acid sequence studies[J]. Journal of Biological Chemistry,259(9):5472-5480.

[126] LUNDELL D J, WILLIAMS R C, GLAZER A N, 1981. Molecular architecture of a light-harvesting antenna. In vitro assembly of the rod substructures (*Synechococcus* 6301 phycobilisomes[J]. Journal of Biological Chemistry,256(7):3580-3592.

[127] LÜDER U H, KNOETZEL J, WIENCKE C, 2001. Two forms of phycobilisomes in the Antarctic red macroalga *Palmaria decipiens*(*Palmariales*,*Florideophyceae*)[J]. Physiologia

plantarum,112(4):572-581.

[128] MA J F,YOU X,SUN S,et al,2020. Structural basis of energy transfer in *Porphyridium purpureum* phycobilisome[J]. Nature,579(7797):146-151.

[129] MACCOLL R,1998. Cyanobacterial phycobilisomes[J]. Journal of Structural Biology,124(2-3):311-334.

[130] MACCOLL R,2004. Allophycocyanin and energy transfer[J]. Biochimica et Biophysica Acta, 1657(2-3):73-81.

[131] MACCOLL R,EISELE L E,1996. R-phycoerythrins having two conformations for the same aggregate[J]. Biophysical Chemistry,61(2-3):161-167.

[132] MACCOLL R,EISELE L E,MARRONE J,1999. Fluorescence polarization studies on four biliproteins and a bilin model for phycoerythrin 545[J]. Biochimica et Biophysica Acta,1412(3):230-239.

[133] MACCOLL R, EISELE L E, MENIKH A, 2003. Allophycocyanin: trimers, monomers, subunits,and homodimers[J]. Biopolymers,72(5):352-365.

[134] MACCOLL R, EISELE L E, WILLIAMS E C, et al, 1996. The discovery of a novel R-phycoerythrin from an antarctic red alga[J]. Journal of Biological Chemistry, 271(29): 17157-17160.

[135] MACCOLL R,GUARD-FRIAR D,1983. The chromophore assay of phycocyanin 645 from the cryptomonad protozoa *Chroomonas* species[J]. Journal of Biological Chemistry, 258(23): 14327-14329.

[136] MACCOLL R,GUARD-FRIAR D,RYAN T J,et al,1988. The route of exciton migration in phycocyanin 612[J]. Biochimica Et Biophysica Acta(BBA)-Bioenergetics,934(3):275-281.

[137] MACCOLL R,KAPOOR S,MONTELLESE D R,et al,1996. Bilin chromophores as reporters of unique protein conformations of phycocyanin 645[J]. Biochemistry,35(48):15436-15439.

[138] MACCOLL R, MALAK H, CIPOLLO J, et al, 1995. Studies on the dissociation of cryptomonad biliproteins[J]. Journal of Biological Chemistry,270(46):27555-27561.

[139] MACCOLL R, MALAK H, GRYCZYNSKI I, et al, 1998. Phycoerythrin 545: monomers, energy migration,bilin topography,and monomer/dimer equilibrium[J]. Biochemistry,37(1): 417-423.

[140] MACCOLL R, WILLIAMS E C, EISELE L E, et al, 1994. Chromophore topography and exciton splitting in phycocyanin 645[J]. Biochemistry,33(21):6418-6423.

[141] MAITA N. 2018. Crystal structure determination of ubiquitin by fusion to a protein that forms a highly porous crystal lattice[J]. Journal of American Chemical Society, 140(42): 13546-13549.

[142] MANIRAFASHA E,NDIKUBWIMANA T,ZENG X,et al,2016. Phycobiliprotein:potential microalgae derived pharmaceutical and biological reagent[J]. Biochemical Engineering Journal, 109:282-296.

[143] MARTELLI G, FOLLI C, VISAI L, et al, 2014. Thermal stability improvement of blue colorant C-phycocyanin from *Spirulina platensis* for food industry applications[J]. Process Biochemistry,49(1):154-159.

[144] MARX A,ADIR N,2013. Allophycocyanin and phycocyanin crystal structures reveal facets of phycobilisome assembly[J]. Biochimica et biophysica acta,1827(3):311-318.

[145] MATHILDED R,CHRISTIANEA L,AGNES S,et al,1998. Characterization of phycocyanin-

deficient phycobilisomes from a pigment mutant of *Porphyridium* sp. (Rhodophyta)[J]. Journal of Phycology,34(5):835-843.

[146] MATSUNO A, GAI Z, TANAKA M, et al, 2015. Crystallization and preliminary X-ray crystallographic study of a 3.8-MDa respiratory supermolecule hemocyanin[J]. Journal of Structural Biology,190(3):379-382.

[147] MAXSON P, SAUER K, ZHOU J H, et al, 1989. Spectroscopic studies of cyanobacterial phycobilisomes lacking core polypeptides[J]. Biochimica et Biophysica Acta,977(1):40-51.

[148] MIGITA C T, ZHANG X, YOSHIDA T, 2003. Expression and characterization of cyanobacterium heme oxygenase, a key enzyme in the phycobilin synthesis[J]. European Journal of Biochemistry,270(4):687-698.

[149] MILLER C A,LEONARD H S,PINSKY I G,et al,2008. Biogenesis of phycobiliproteins. Ⅲ. CpcM is the asparagine methyltransferase for phycobiliprotein beta-subunits in cyanobacteria [J]. Journal of Biological Chemistry,283(28):19293-19300.

[150] MINAMI Y,YAMADA F,HASE T,et al,1985. Amino acid sequences of allophycocyanin α- and β-subunits isolated from *Anabaena cylindrica*[J]. FEBS Letters,191(2):216-220.

[151] MIRKOVIC T, DOUST A B, KIM J, 2007. Ultrafast light harvesting dynamics in the cryptophyte phycocyanin 645[J]. Photochemical & Photobiological Sciences,6(9):964-975.

[152] MISHRA S K,SHRIVASTAV A,MAURYA R R,et al,2012. Effect of light quality on the C-phycoerythrin production in marine cyanobacteria *Pseudanabaena* sp. isolated from Gujarat coast,India[J]. Protein Expression and Purification,81(1):5-10.

[153] MIYABE Y, FURUTA T, TAKEDA T, et al, 2017. Structural properties of phycoerythrin from dulse *Palmaria palmata*[J]. Journal of Food Biochemistry,14(2):32.

[154] MORISSET W,WEHRMEYER W,SCHIRMER T,et al,1984. Crystallization and preliminary X-ray diffraction data of the cryptomonad biliprotein phycocyanin-645 from a Chroomonas spec [J]. Archives of Microbiology,140(2):202-205.

[155] MULLINEAUX C W,2008. Phycobilisome-reaction centre interaction in cyanobacteria[J]. Photosyn Thesis Research,95(2-3):175-182.

[156] MURRAY J W,MAGHLAOUI K,BARBER J,2007. The structure of allophycocyanin from *Thermosynechococcus elongatus* at 3.5 Å resolution[J]. Acta Cnystallographica. Section F, Structural Biology and Crystallization Communications,63(12):998-1002.

[157] MÖRSCHEL E,WEHRMEYER W,1975. Cryptomonad biliprotein: phycocyanin-645 from a *Chroomonas* species[J]. Arch Microbiol,105(2):153-158.

[158] MÖRSCHEL E, WEHRMEYER W, 1977. Multiple forms of phycoerythrin-545 from *Cryptomonas maculata*[J]. Archives of Microbiology,113(1-2):83-89.

[159] NAIR D, KRISHNA J G, PANIKKAR M V N, et al, 2018. Identification, purification, biochemical and mass spectrometric characterization of novel phycobiliproteins from a marine red alga,*Centroceras clavulatum*[J]. International Journal of Biological Macromolecules,114: 679-691.

[160] NIELD J,RIZKALLAH P J,BARBER J,et al,2003. The 1.45 Å three-dimensional structure of C-phycocyanin from the thermophilic cyanobacterium *Synechococcus elongatus*[J]. Journal of Structural Biology,141(2):149-155.

[161] NOVODEREZHKIN V I,DOUST A B,CURUTCHET C,et al,2010. Excitation dynamics in phycoerythrin 545: modeling of steady-state spectra and transient absorption with modified

redfield theory[J]. Biophysical Journal,99(2):344-352.

[162] O'CARRA P,KILLILEA S D,1971. Subunit structures of C-phycocyanin and C-phycoerythrin [J]. Biochemical and Biophysical Research Communications,45(5):1192-1197.

[163] OFFNER G D, TROXLER R F, 1983. Primary structure of allophycocyanin from the unicellular rhodophyte,*Cyanidium caldarium*. The complete amino acid sequences of the alpha and beta subunits[J]. Journal of Biological Chemistry,258(16):9931-9940.

[164] PADYANA A K,BHAT V B,MADYASTHA K M,et al,2001. Crystal structure of a light-harvesting protein C-phycocyanin from *Spirulina platensis* [J]. Biochemical and Biophysical Research Communications,282(4):893-898.

[165] PATEL H M,ROSZAK A W,MADAMWAR D,et al,2019. Crystal structure of phycocyanin from heterocyst-forming filamentous cyanobacterium *Nostoc* sp. WR13 [J]. International Journal of Biological Macromolecules,135:62-68.

[166] PATIL G,CHETHANA S,SRIDEVI A S,et al,2006. Method to obtain C-phycocyanin of high purity[J]. Journal of Chromatography A,1127(1-2):76-81.

[167] PENG P P, DONG L L, SUN Y F, et al, 2014. The structure of allophycocyanin B from *Synechocystis* PCC 6803 reveals the structural basis for the extreme redshift of the terminal emitter in phycobilisomes[J]. Acta Crystallographica Section D,70(10):2558-2569.

[168] REDLINGER T, GANTT E, 1981. Phycobilisome structure of *Porphyridium cruentum*: polypeptide compositin[J]. Plant Physiology,68(6):1375-1379.

[169] REITH M,DOUGLAS S,1990. Localization of beta-phycoerythrin to the thylakoid lumen of Cryptomonas phi does not involve a signal peptide[J]. Plant Molecular Biology, 15(4): 585-592.

[170] REUTER W,NICKEL-REUTER C,1993. Molecular assembly of the phycobilisomes from the cyanobacterium *Mastigocladus laminosus*[J]. Journal of Photochemistry and Photobiology B: Biology,18(1):51-66.

[171] REUTER W, WIEGAND G, HUBER R, et al, 1999. Structural analysis at 2.2 Å of orthorhombic crystals presents the asymmetry of the allophycocyanin-linker complex, AP. LC7.8,from phycobilisomes of *Mastigocladus laminosus* [J]. Proceedings of the National Academy of Sciences of the United States of America,96(4):1363-1368.

[172] RITTER S,HILLER R G,WRENCH P M,et al,1999. Crystal structure of a phycourobilin-containing phycoerythrin at 1.90-Å resolution[J]. Journal of Structural Biology, 126(2): 86-97.

[173] RODGER A, 2010. Circular and linear dichroism of drug-DNA systems [J]. Methods in Molecular Biology(613):37-54.

[174] ROSTKOWSKI M,OLSSON M H M,SONDERGAARD C R,et al,2011. Graphical analysis of pH-dependent properties of proteins predicted using PROPKA[J]. BMC Structural Biology, 11:6.

[175] SAUNÉE N A,WILLIAMS S R,BRYANT D A,et al,2008. Biogenesis of phycobiliproteins: Ⅱ. CpcS-I and CpcU comprise the heterodimeric bilin lyase that attaches phycocyanobilin to CYS-82 of beta-phycocyanin and CYS-81 of allophycocyanin subunits in *Synechococcus* sp. PCC 7002[J]. Journal of Biological Chemistry,283(12):7513-7522.

[176] SCHIRMER T,BODE W,HUBER R,et al,1985. X-ray crystallographic structure of the light-harvesting biliprotein C-phycocyanin from the thermophilic cyanobacterium *Mastigocladus*

*laminosus* and its resemblance to globin structures[J]. Journal of Molecular Biology, 184(2): 257-277.

[177] SCHIRMER T, BODE W, HUBER R, 1987. Refined three-dimensional structures of two cyanobacterial C-phycocyanins at 2.1 and 2.5 Å resolution. A common principle of phycobilin-protein interaction[J]. Journal of Molecular Biology, 196(3): 677-695.

[178] SCHIRMER T, HUBER R, SCHNEIDER M, et al, 1986. Crystal structure analysis and refinement at 2.5 Å of hexameric C-phycocyanin from the cyanobacterium *Agmenellum quadruplicatum*. The molecular model and its implications for light-harvesting[J]. Journal of Molecular Biology, 188(4): 651-676.

[179] SCHMIDT M, KRASSELT A, REUTER W, 2006. Local protein flexibility as a prerequisite for reversible chromophore isomerization in alpha-phycoerythrocyanin [J]. Biochimica et Biophysica Acta, 1764(1): 55-62.

[180] SCHULZE P S, BARREIRA L A, PEREIRA H G, 2014. Light emitting diodes(LEDs) applied to microalgal production[J]. Trends in Biotechnology, 32(8): 422-430.

[181] SCHUSTER-BÖCKLER B, BATEMAN A, 2005. Visualizing profile-profile alignment: pairwise HMM logos[J]. Bioinformatics, 21(12): 2912-2913.

[182] SEKAR S, CHANDRAMOHAN M, 2008. Phycobiliproteins as a commodity: trends in applied research, patents and commercialization[J]. Journal of Applied Phycology, 20(2): 113-136.

[183] SHEN G, SCHLUCHTER W M, BRYANT D A, 2008. Biogenesis of phycobiliproteins: Ⅰ. cpcS-I and cpcU mutants of the cyanobacterium *Synechococcus* sp. PCC 7002 define a heterodimeric phyococyanobilin lyase specific for beta-phycocyanin and allophycocyanin subunits[J]. Journal of Biological Chemistry, 283(12): 7503-7512.

[184] SHI F, QIN S, WANG Y C, 2011. The coevolution of phycobilisomes: molecular structure adapting to functional evolution[J]. Comparative and Functional Genomics, 2011: 230236.

[185] SIDLER W, GYSI J, ISKER E, et al, 1981. The complete amino acid sequence of both subunits of allophycocyanin, a light harvesting protein-pigment complex from the cyanobacterium *Mastigocladus laminosus*[J]. Hoppe-Seyler's Zeitschrift für Physiologische Chemie, 362(1): 611-628.

[186] SIDLER W, NUTT H, KUMPF B, et al, 1990. The complete amino-acid sequence and the phylogenetic origin of phycocyanin-645 from the cryptophytan alga *Chroomonas* sp. [J]. Biological Chemistry Hoppe-Seyler, 371(2): 537-547.

[187] SIX C, THOMAS J C, THION L, et al, 2005. Two novel phycoerythrin-associated linker proteins in the marine cyanobacterium *Synechococcus* sp. strain WH8102 [J]. Journal of Bacteriology, 187(5): 1685-1694.

[188] SONANI R R, GUPTA G D, MADAMWAR D, et al, 2015. Crystal structure of allophycocyanin from *Marine Cyanobacterium Phormidium* sp. A09DM[J]. PLoS One, 10(4): 124580.

[189] SONI B R, HASAN M I, PARMAR A, et al, 2010. Structure of the novel 14 kDa fragment of alpha-subunit of phycoerythrin from the starving cyanobacterium *Phormidium tenue* [J]. Journal of Structural Biology, 171(3): 247-255.

[190] STADNICHUK I N, IDINTSOVA T I, STRONGIN A, 1984. Molecular organization and pigment composition of R-phycoerythrin from the red alga *Callithamnion rubosum* [J]. Molekuliarnaia Biologiia, 18(2): 343-349.

[191] STADNICHUK I N,KARAPETYAN N V,KISLOV L D,et al,1997. Two γ-polypeptides of B-phycoerythrin from *Porphyridium cruentum* [J]. Journal of Photochemistry and Photobiology B:Biology,39(1):19-23.

[192] STADNICHUK I N, KHOKHLACHEV A V, TIKHONOVA Y V, 1993. Polypeptide γ-subunits of R-phycoerythrin[J]. Journal of Photochemistry and Photobiology B: Biology, 18 (2):169-175.

[193] STEC B, TROXLER R F, TEETER M M, 1999. Crystal structure of C-phycocyanin from *Cyanidium caldarium* provides a new perspective on phycobilisome assembly[J]. Biophysical Journal,76(6):2912-2921.

[194] SUN L, WANG S, GONG X, et al, 2009. Isolation, purification and characteristics of R-phycoerythrin from a marine macroalga *Heterosiphonia japonica*[J]. Protein expression and purification,64(2):146-154.

[195] TAMARA S,HOEK M,SCHELTEMA R A,et al,2019. A colorful pallet of B-phycoerythrin proteoforms exposed by a multimodal mass spectrometry approach [J]. Chemistry Multidisciplinary,5(5):1302-1317.

[196] TANDEAU DE MARSAC N, 2003. Phycobiliproteins and phycobilisomes: the early observations[J]. Photosynthesis research,76(1-3):193-205.

[197] TARAPHDER S, HUMMER G, 2003. Protein side-chain motion and hydration in proton-transfer pathways. Results for cytochrome P450cam[J]. Journal of the American Chemical Society,125(13):3931-3940.

[198] TU J M,ZHOU M,HAESSNER R,et al,2009. Toward a mechanism for biliprotein lyases: revisiting nucleophilic addition to phycocyanobilin[J]. Journal of the American Chemical Society,131(15):5399-5401.

[199] TURNER D B,DINSHAW R,LEE K,2012. Quantitative investigations of quantum coherence for a light-harvesting protein at conditions simulating photosynthesis[J]. Physical Chemistry Chemical Physics,14(14):4857-4874.

[200] TURNER D B, SCHOLES G D, BUCHLEITNER A, et al, 2012. Solar light harvesting by energy transfer: from ecology to coherence[J]. Energy & Environmental Science, 5(11): 9374-9393.

[201] UMENA Y, KAWAKAMI K, SHEN J, et al, 2011. Crystal structure of oxygen-evolving photosystem Ⅱ at a resolution of 1.9 Å[J]. Nature,473(7345):55-60.

[202] WANG G,ZHOU B,ZENG C,1998. Isolation,properties and spatial site analysis of gamma subunits of B-phycoerythrin and R-phycoerythrin[J]. Science in China. Series C,Life Sciences, 41(1):9-17.

[203] WANG J,SU H,CHEN X,et al,2010. Efficient separation and purification of allophycocyanin from *Spirulina(Arthrospira)* platensis[J]. Journal of Applied Phycology,22(1):65-70.

[204] WANG L,MAO Y,KONG F,et al,2013. Complete sequence and analysis of plastid genomes of two economically important red algae:*Pyropia haitanensis* and *Pyropia yezoensis*[J]. PLoS One,8(5):65902.

[205] WANG X Q,LI L N,CHANG W R,et al,2001. Structure of C-phycocyanin from *Spirulina platensis* at 2.2 Å resolution: a novel monoclinic crystal form for phycobiliproteins in phycobilisomes[J]. Acta Crystallographica. Section D, Biological Crystallography, 57(6): 784-792.

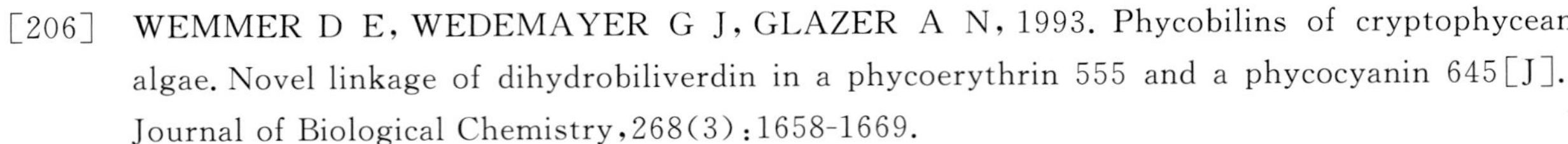


[206] WEMMER D E, WEDEMAYER G J, GLAZER A N, 1993. Phycobilins of cryptophycean algae. Novel linkage of dihydrobiliverdin in a phycoerythrin 555 and a phycocyanin 645[J]. Journal of Biological Chemistry, 268(3):1658-1669.

[207] WICHTERLOVA B, 2004. Structural analysis of potential active sites in metallo-zeolites for selective catalytic reduction of $NO_x$. An attempt for the structure versus activity relationship [J]. Topics in Catalysis, 28(1/4):131-140.

[208] WIEGAND G, PARBEL A, SEIFERT M H, et al, 2002. Purification, crystallization, NMR spectroscopy and biochemical analyses of alpha-phycoerythrocyanin peptides[J]. European Journal of Biochemistry, 269(20):5046-5055.

[209] WILK K E, HARROP S J, JANKOVA L, et al, 1999. Evolution of a light-harvesting protein by addition of new subunits and rearrangement of conserved elements: crystal structure of a cryptophyte phycoerythrin at 1.63-Å resolution[J]. Proceedings of the National Academy of Sciences of the United States of America, 96(16):8901-8906.

[210] WOMICK J M, LIU H, MORAN A M, 2011. Exciton delocalization and energy transport mechanisms in R-phycoerythrin[J]. Journal of Physical Chemistry A, 115(12):2471-2482.

[211] YU M H, GLAZER A N, 1982. Cyanobacterial phycobilisomes. Role of the linker polypeptides in the assembly of phycocyanin[J]. Journal of Biological Chemistry, 257(7):3429-3433.

[212] YU M H, GLAZER A N, SPENCER K G, et al, 1981. Phycoerythrins of the red alga callithamnion: variation in phycoerythrobilin and phycourobilin content[J]. Plant Physiology, 68(2):482-488.

[213] ZHANG J, MA J, LIU D, et al, 2017. Structure of phycobilisome from the red alga *Griffithsia pacifica*[J]. Nature, 551(7678):57-63.

[214] ZHANG Y Y, CHEN M, CUI H, 2011. Isolation and characterization of a new subunit of phycocyanin from *Chroomonas placoidea*[J]. Chinese Chemical Letters, 22:1229-1232.

[215] ZHAO F, QIN S, 2006. Evolutionary analysis of phycobiliproteins: implications for their structural and functional relationships[J]. Journal of molecular evolution, 63(3):330-340.

[216] ZHAO K H, DENG M G, ZHENG M, et al, 2000. Novel activity of a phycobiliprotein lyase: both the attachment of phycocyanobilin and the isomerization to phycoviolobilin are catalyzed by the proteins PecE and PecF encoded by the phycoerythrocyanin operon[J]. FEBS letters, 469(1):9-13.

[217] ZHAO K H, SU P, TU J M, et al, 2007. Phycobilin: cystein-84 biliprotein lyase, a near-universal lyase for cysteine-84-binding sites in cyanobacterial phycobiliproteins [J]. Proceedings of the National Academy of Sciences of the United States of America, 104(36): 14300-14305.

# 第 3 章 藻胆体的组装与能量传递

## 3.1 藻胆体的组装

### 3.1.1 红、蓝藻中藻胆体的组装

20 世纪 60 年代，Gantt 和 Conti 等(1965;1966)在研究紫球藻(一种单细胞红藻)叶绿体的超微结构时，发现在类囊体膜侧规则排列着一些小颗粒，他们将此颗粒命名为藻胆体(phycobilisome，PBS)。用戊二醛将藻胆体固定后，通过电镜进行观察，结果表明 PBS 颗粒的直径为 30～40 nm，颗粒间的距离为 40～50 nm，形状类似于“盘子”。随后，相关研究人员在蓝藻中也观察到了 PBS 的存在(Edwards 等，1974;Gantt 等，1969;Wildman 等，1974)。经过多年研究，现在已经确定 PBS 是存在于红、蓝藻中的捕光色素蛋白复合体，其中藻胆蛋白占 PBS 的 85%～90%，而连接蛋白占 10%～15%(Sidler，1994)。PBS 的分子质量不等，其形状和大小因藻种类型不同而有所差异(Glazer，1984)。PBS 可以吸收波长为 460～670 nm 的可见光，并将 95%以上吸收的光能传递给类囊体膜上的光反应中心(Glazer，1989)。

红、蓝藻中 PBS 的组装分为核(core)组装和杆(rod)组装两部分。它们的基础成分包括各类 PBP 和连接蛋白，PBP 的亚基通过与线性四吡咯环分子(藻胆素)共价结合，达到吸收和传递光能的目的(Watanabe 和 Ikeuchi，2013)。而连接蛋白大多为无色多肽，它并不结合藻胆素，仅用于维持和稳定 PBS 的完整结构，其在 PBS 能量传递过程中也具有重要的意义(Liu 等，2005;Ughy 和 Ajlani，2005)。PBS 的组装是一个动态的过程。PBS 的核心为圆柱筒状，一般包括 2～4 个圆盘(Ducret 等，1996)，每个圆盘由包含 α 和 β 亚基的 APC 三聚体$(\alpha\beta)_3$ 和核连接蛋白($L_C$)组装而成(Yi 等，2005)，而后再通过核膜连接蛋白($L_{CM}$)依附在类囊体外膜上(Watanabe 和 Ikeuchi，2013)。PBS 内部核心的外围存在着紧密接触的放射状杆，一般为 6～8 个，每一个放射状杆由两个或多个圆盘组成，每个圆盘由 PBP 六聚体$(\alpha\beta)_6$ 和杆连接蛋白($L_R$)紧密组装而成(Ducret 等，1998;Sidler，1994)，这些 PBP 主要包括 PC、PEC 和 PE(MacColl，1987)，其中 PC 位于 PBS 杆的近核端，PE 位于 PBS 杆的顶端(Sidler，1994)。PBS 的杆与核之间的组装是由杆核连接蛋白($L_{RC}$)参与完成的(Arteni 等，2009)。

2017 年隋森芳研究组与中国科学院烟台海岸带研究所等单位合作分析了太平洋格里菲斯藻 *Griffithsia pacifica* 中块状 PBS 的近原子分辨率冷冻电子显微镜结构，整体结构的分辨率为 3.5 Å，核心区域的分辨率也达到 3.2 Å(Zhang 等，2017)(图 3-1(a))。这是第一个完整解析的 PBS 结构，也是迄今为止报道过的最大的蛋白复合物，该复合物理论分子质量约为16.8 MDa，包含 862 个蛋白亚基。而后，该研究组报道了来自一种紫球藻 *Porphyridium purpureum* 的14.7 MDa 的半椭圆形 PBS 在冷

冻电子显微镜下的结构(图 3-1(b)),在这个复合物中确定了 706 个蛋白亚基的结构(Ma 等,2019)。与红藻 *G. pacifica* 中的 PBS 相比,其整体分辨率进一步提高到2.82 Å,并建立了 PBS 的准确原子模型,进一步为 PBS 的组装和能量传递提供了结构基础。

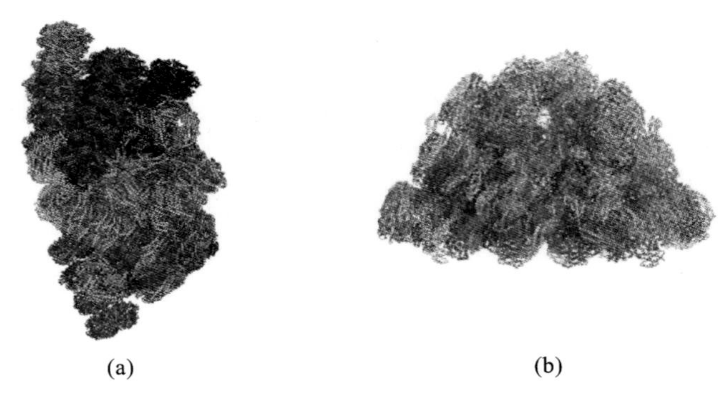

(a) (b)

**图 3-1　PBS 结构图(PDB 号:6KGX)**

(a)红藻 *G. pacifica* 中 PBS 的结构图(PDB 号:5Y6P);(b)红藻 *P. purpureum* 中 PBS 的结构图

#### 3.1.1.1　杆的组装

PBS 杆组装所需的蛋白质包括 PC、PE 或 PEC,各种 PBP 都是由 α 亚基和 β 亚基组成的,其亚基比例均为 1∶1,单个亚基与另一种小分子基团(藻胆素)通过共价方式结合在一起以维持稳定,不同亚基之间则通过非共价的方式结合,最终得到稳定的三维结构。

PBS 的每一个杆由 3 个圆盘组成,每个圆盘由 2 个$(\alpha\beta)_3$ 和相应的连接蛋白组成。PC 的 α 亚基和 β 亚基,主要吸收 490～625 nm 范围的光;PE 的 α 亚基和 β 亚基,主要吸收 560～600 nm 的光(MacColl,1998;Zhao 等,2006);PEC 的 α 亚基和 β 亚基,主要吸收 490～570 nm 的光(Ducret 等,1998)。但不是所有的杆都含有这三种 PBP,如集胞藻 PCC 6803 中杆的组成亚基只有 PC,鱼腥藻 *Anabaena* sp. PCC 7120 中杆的组成亚基则包含 PC 和 PE,而 PEC 只存在于一些特殊的蓝藻如层理鞭织藻 *M. laminosus* 等(鲁璐,2019)内。

**1. 藻蓝蛋白六聚体**

PC 是组成 PBS 杆状结构的主要蛋白质,存在于所有藻类的 PBS 杆结构中。一般情况下,蓝、红藻中只存在一套 PC 基因,用它来编码以便得到形态唯一的(αβ)单体。PC 亚基的结合十分紧密,目前研究的 PC 主要是从其$(\alpha\beta)_3$ 或$(\alpha\beta)_6$ 中分离得到的。PC 的$(\alpha\beta)_3$ 圆盘状结构的分子尺度与 APC 三聚体非常相似,但在 PC 圆盘的周围包含了一个来自 β 亚基 C 末端的 loop 区域,该区域用于结合 PC 的(αβ)单体上的第三个藻蓝胆素(PCB)发色团。由于这个位于外围 β Cys155 的 PCB 的存在,PC 的$(\alpha\beta)_3$/$(\alpha\beta)_6$ 的外侧有一个暴露在细胞质中的 PCB。通过以上结构,能量可以轻松地在 PC 杆内部进行传递,并且能够高效地向下传递至整个 PBS(Padyana 等,2001;Stec 等,1999)。

到目前为止,从不同的蓝藻(包括嗜温和嗜热蓝藻)和红藻中得到的 PC 晶体结构都具有很高的分辨率,这为能量传递的研究提供了丰富的分子图像信息,同时通过分析在不同生境下进化的不同藻类中 PC 结构上的不同,能够进一步了解 PC 六聚体的组装过程。

在 PC 中,组成单体(αβ)的 α 和 β 亚基一般是通过二硫键将 PCB 结合在对称的 Cys84 位点。但是,PCB 在 PC 形成三聚体后的化学环境却非常不同,α84 位的 PCB 整个埋在蛋白质环境中,β84 位的 PCB 则是伸出到六聚体的环内部;而 β155 位的 PCB 位于 β 亚基的外侧,它可能在 PC 杆能量传递过程中起重要作用。通过分析两株一种嗜热聚球藻 *T. vulcanus* 和细长嗜热聚球藻 *T. elongatus* 的 PC 晶体结构,发现与该位点处 PCB 结合的四吡咯环产生了很大变化。在室温下对一种嗜热聚球藻 *T. vulcanus* 的结构进行分析,其四吡咯环 D 出现改变(Adir 等,2001)。在冷冻条件下,研究者分析了两株嗜热藻的结构并证实了上述结论(Adir 等,2002;Nield 等,2003)。

PC内部存在两个与丙氨酸基团相连的PCB的吡咯环,虽然对其功能了解并不详尽,但推测其能够通过保持PCB的折叠构象来修饰其吸收光谱。丙氨酸基团与保守的极性残基之间的相互作用在许多晶体结构中都已经被证实。在一种嗜热聚球藻 *T. vulcanus* 的PC结构中,有三个与水分子相互结合的PCB,并且其与两个丙氨酸基团的距离相等(Adir等,2002)。如果将这三个PCB重合,则水分子可以很好地在空间上重叠,说明这些水分子能够用来维持丙氨酸基团所在蛋白侧链的特殊构象。通过分子动力学模拟可知,当丙氨酸基团中间的结合水缺失时,这些基团之间将相互排斥,并且会被附近携带正电荷的残基吸引。这种互相排斥以及与正电荷残基的吸引作用将会使丙氨酸基团之间的分离程度加大,从而将PCB分子拉长。从其他蓝藻(一种弗氏双虹藻 *Fremyella diplosiphon* 和一种嗜热聚球藻 *T. elongates*)的PC结构中发现,水分子的结合位置几乎一致,这说明这种现象是PC内部结构组装所必需的且并不仅限于嗜热藻种中。因此,丙氨酸基团除了能够维持自己位置,还能够保持四吡咯结构的中间两个环在一个平面上以保证能量的有效传递。此外,在对层理鞭枝藻 *M. laminous* 的APC研究中还发现丙氨酸基团可能与连接蛋白存在特殊的联系(Reuter等,1999)。

在PC三聚体$(\alpha\beta)_3$中,其最大吸收波长在620 nm处,而PC的单体(αβ)则蓝移到614 nm,这是由于在PC三聚体中,含有一个红移的连接蛋白,其最大吸收波长为629~638 nm(MacColl,1998)。在从嗜热蓝藻 *T. vulcanus* 提取APC的过程中,Adir研究组在APC三聚体$(\alpha\beta)_3$中发现了一种最大吸收波长为612 nm的PC(命名为PC-612),通过X射线晶体学分析,PC-612与其他PC在吸收光谱上存在差异的主要原因是缺少Asn72 β上的甲基化过程。这个氨基酸参与了所有PBP中都存在的甲基化过程,而该翻译后修饰的甲基化过程对所有的β84位点上的PCB的吸收光谱产生了影响。晶体学结构证明PC-612与常规的PC-620的结构比较相似,但是PC-612在结晶过程中无法形成六聚体$(\alpha\beta)_6$结构。通过之前的研究可知,PC最终均以$(\alpha\beta)_6$的形式存在于PBS中,其通过$(\alpha\beta)_6$之间的相互作用组装成PBS的杆。PC-612中组成每个单体(αβ)的α亚基在PC-612的三聚体$(\alpha\beta)_3$中表现出其特有的柔性。PC-612无法组装成六聚体$(\alpha\beta)_6$的原因可能是其在核酸水平上出现了一些细小的变化,而该变化使其在杆末端与核连接的过程中发挥重要作用。PC-612三聚体$(\alpha\beta)_3$存在于每两个杆的末端,可能起到填补作用,其用来填补PBS底层的两个核与上层的一个核之间的空隙。由于PC-612只能在提取APC核的过程中得到,因而支持其与APC核相连接的结论。根据生化实验结果,PC-612并非少量存在的非甲基化PC。非甲基化的结构使PC-612的β84位点在杆的末端与核膜连接蛋白(ApcE)紧密结合,从而使得ApcE红移至630~640 nm处。该吸收光谱的变化从光谱学上证实了PBS杆中的PC-620与PBS核结构里的APC的相互连接。

**2. 藻红蛋白六聚体**

PE位于PBS杆的顶端,最初依据其来源,主要分为R-PE、B-PE和C-PE三种不同的类型。PE具有相似的三维结构特征和亚基,都是由α和β亚基组成的$(\alpha\beta)_3$或$(\alpha\beta)_6$多聚体,而R-PE和B-PE中则多了一个特殊的杆连接蛋白$L_R\gamma$,形成$(\alpha\beta)_6\gamma$形式(图3-2)。它们携带的色素分子的数目和种类不同,造成其光谱特征的差异性。

Chang等(1996)最早在2.8 Å的分辨率下确认了一种多管藻 *Polysiphonia urceolata* 的晶体结构,其(αβ)单体中的PEB发色团在α84、α140a、β84和β155位点分别通过四吡咯环A与半胱氨酸残基共价结合在一起。PUB发色团则通过环A与半胱氨酸β50结合,并通过环D与半胱氨酸β61结合。PUB的环A和环D偏离由环B和环C形成的共轭平面,同时四个环形成船形结构。

CpeY和CpeZ是E/F型裂解酶家族的成员,在蓝藻PE的组装及稳定性等方面具有重要的作用(Kronfel等,2019a;Kahn等,1997)。在一种弗氏双虹藻 *F. diplosiphon* 中,*cpeY* 和 *cpeZ* 基因存在于 *cpeBA* 操纵子的下游,该基因编码CpeB和CpeA载脂蛋白。基于序列相似性,CpeY是CpcE样和CpcF样蛋白的融合体,而CpeZ更类似于CpcE(Biswas等,2011)。Khan等(1997)在一种弗氏双虹藻 *F. diplosiphon* 的 *cpeY* 和 *cpeZ* 基因中分离了转座子突变体。这些突变体在绿光下生长时会降低PE水平,这表明CpeY/CpeZ可能是PE的CpeA或CpeB的后胆色素(bilin)裂解酶,但该突变体的生化特

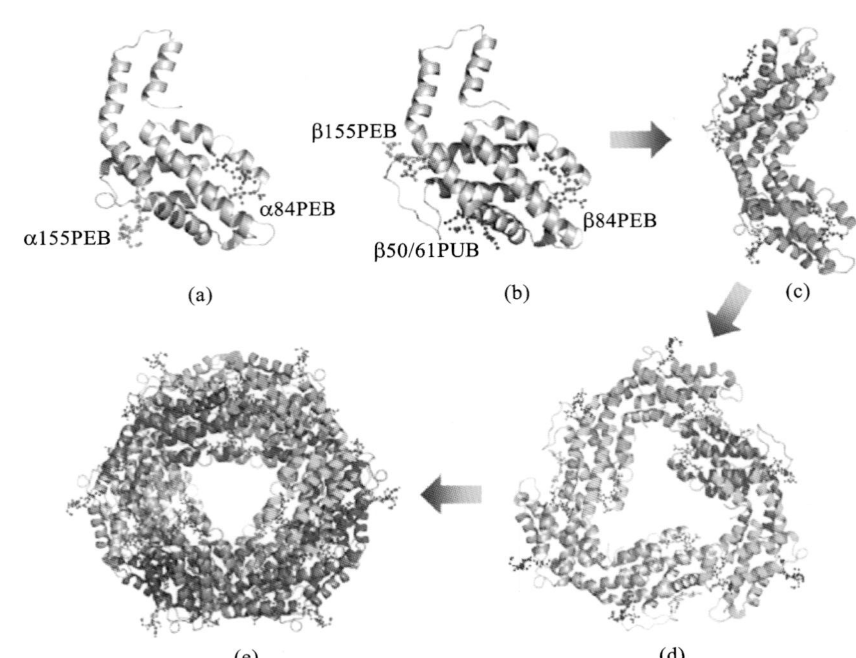


图 3-2 一种多管藻 *Polysiphonia urceolata* 中 R-PE 组装过程示意图(PDB 代码:1LIA)

(a)单个 α 亚基;(b)单个 β 亚基;(c)(αβ)单体;(d)三聚体$(\alpha\beta)_3$;(e)六聚体$(\alpha\beta)_6$

性不完整。而 Biswas 等(2011)的研究发现重组 CpeY 是 CpeA 中 Cys82 的特异性裂解酶，而重组 CpeZ 将 CpeY 裂解酶活性提高了 40%，但 CpeZ 的特异性功能仍不清楚。Kronfel 等(2019)研究了一种弗氏双虹藻 *F. diplosiphon* 中 *cpeY* 和 *cpeZ* 基因的单个缺失突变体的表型，发现 CpeY 是专门用于 CpeA 的 bilin 裂解酶，而 CpeZ 通过充当伴侣蛋白参与两个 PE 亚基的生物合成。

1994 年，Fairchild 和 Glazer 首次提出聚球藻 PCC 7002 中的 E/F 型裂解酶 CpcE/CpcF 具有分子伴侣样功能。Böhm 等(2007)为 PecE 裂解酶亚基的分子伴侣样功能提供了证据，该功能被证明可通过诱导藻胆蛋白构象变化，提高 PecA-PCB 在无 ATP 或 GTP 时的光谱特性，从而获得更稳定的荧光产物。Kronfel 等(2019a)发现 CpeZ 与鱼腥藻 *Anabaena* sp. PCC 7120 中的 PecE 有 32%的相似性，研究表明 CpeZ 可以在分子伴侣检测过程中稳定 HT-CpeB-PEB 以及天然 holo-CpeB 和天然 holo-CpeA 的荧光和蛋白质/bilin 复合。CpeZ 可能通过与其他分子伴侣裂解酶相互作用并稳定其靶标结构，或协助蛋白质复性产生更多荧光产物，从而以与其他分子伴侣裂解酶相似的方式发挥作用(Fairchild 和 Glazer，1994)。而 CpeZ 作为分子伴侣的作用似乎是 CpeB(和 CpeA)特有的，因为它在非天然底物蛋白 CS 的复性测定中没有发挥重要作用(Lee，1995)。

Kronfel 等(2019)总结了 Schluchter、Anderson 等的研究，提出了蓝藻中 PE 可能的生物合成途径模型，如图 3-3 所示(Schluchter 等，2010；Anderson 等，1998；Tandeau de Marsac，1997)。该过程始于在分子伴侣的帮助下 apo-CpeA 与 apo-CpeB 的基因转录和蛋白质翻译，例如分子伴侣 CpeZ 在蛋白质折叠和稳定性/防止聚集方面起作用(步骤①)。如步骤②a所示，当载脂蛋白亚基变性或未正确折叠时，它们将会被降解。但是，如果载脂蛋白亚基被 CpeZ 折叠并稳定，则 CpeA 裂解酶(CpeY 及 CpeU)和 CpeB 裂解酶(CpeS、CpeF 和 CpeT)能够使特定的 Cys 残基磷酸化(步骤②b)。同时还会发生其他翻译后的修饰，包括甲基转移酶 CpcM 对 CpeB-Asn 70 的甲基化作用(Miller 等，2008；Shen 等，2008)。当载脂蛋白亚基被完全磷酸化并变成 holo-CpeA 和 holo-CpeB(步骤③)时，它们彼此结合并形成单体(αβ；步骤④)。三个单体结合形成三聚体($(\alpha\beta)_3$；步骤⑤)，两个三聚体通过连接蛋白结合在一起形成六聚体($(\alpha\beta)_6$；步骤⑥)。PE 六聚体通过连接蛋白进一步相互堆叠，并组装成 PBS 复合物(步骤⑦)。正如该模型所示，CpeZ 在早期 PE 生物合成过程(步骤①和②b)中尤其重要，在稳定两个亚基的构象中均起作用,但其作用对于 CpeB 亚基最为重要。亚基构象稳定后,可能使其他裂解酶的活性更高。CpeZ 还可能充当衔接蛋白,从而促进裂解酶与这些亚基的结合。但是该模型忽略了类囊体排列和细胞内堆叠所施加的 PBS 组装的空间限制。PE 合成和 PBS 合成作为一个整体与光系统复合物的生物合成整合在一起,该复合物在时间和空间上有序并在膜上发生(Nickelsen 和 Rengstl,2013)。

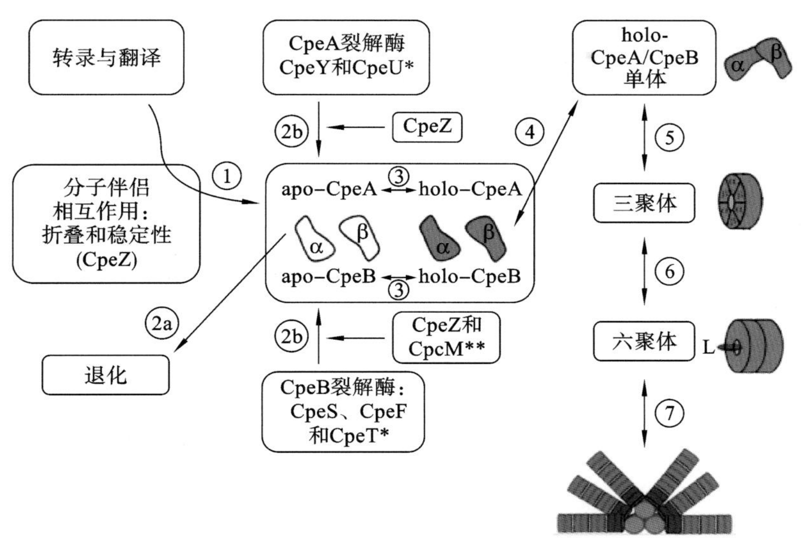


**图 3-3　蓝藻中 PE 生物合成的模型(Kronfel 等,2019)**

总之,CpeY 和 CpeZ 在蓝藻 PE 的生物合成和稳定性中都起着关键作用。在不存在 *cpeY* 基因的情况下,CpeA-Cys 82 的磷酸化减少,从而影响了 PE 在细胞中的积累和稳定性。PE 的两个亚基都受到 CpeZ 的影响,其对多个磷酸化位点产生了剧烈作用,从而导致蛋白质不稳定和降解。CpeZ 的行为类似于分子伴侣,并且在生物合成过程中对 PE 亚基的稳定性至关重要。

**3. 杆连接蛋白($L_R$)**

$L_R$ 在杆装配过程中起着非常重要的作用(Liu 等,2005;Reuter 等,1999;Gao 等,2011),Zhang 等(2017)确定了红藻 PBS 中的所有连接蛋白,发现它们共同形成了 PBS 的骨架。$L_R$ 通过彼此之间的相互作用组装成骨架,其中几乎没有 PBP 的参与(图 3-4)。

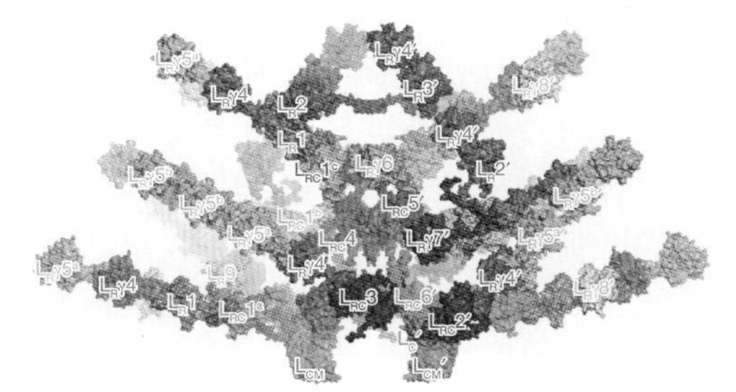

**图 3-4　太平洋格里菲斯藻 *Griffithsia pacifica* 所有连接蛋白的结构图(Zhang 等,2017)**

根据其结构特征,将 $L_R$ 分为三类:第一类为 $L_R1$～$L_R3$,并含有 Pfam00427 结构域;第二类包括 Pfam00427 结构域,并带有先前未鉴定的保守的发色团结合域;第三类只有一个成员($L_R9$),带有 FAS1 结构域,这对于细胞黏附至关重要。图 3-4 显示了太平洋格里菲斯藻 *Griffithsia pacifica* 杆(Rb)的组装方式。蓝藻和红藻的 PBS 中普遍存在杆连接蛋白 $L_R1$,在其 N 端区域(NTR)和其 C 端区域(CTR)包含 Pfam00427 结构域。$L_R1$ 的 CTR 具有两个长环,第一个位于 β 链 1 和 2 之间,第二个位于 N 端扩展域(NTE)。这两个环,特别是 M326-K333 区,包裹在相邻的杆核连接蛋白 $L_{RC}1^b$ 的表面(图3-5(f)),并且还与三聚体 Rb1 Ⅱ 相互作用(图 3-5(b))。$L_R1$ 的 NTR 包含两个扩展域,即 NTE 和 C 端扩展域(CTE)(图 3-5(a))。在空间上,它们在 Pfam00427 结构域的核-近端缠绕在一起(图 3-5(a))。来自 NTE 的一个 α 螺旋和来自 CTE 的两个 α 螺旋加上 C 端长环与三聚体 Rb2 Ⅰ 中三个 β 亚基的 α 螺旋 F 和 F′接触(图 3-5(c))。Pfam00427 结构域通过极性接触和氢键直接接触下一个杆连接蛋白 $L_R\gamma4$。它还与三聚体 Rb2 Ⅰ 和 Rb2 Ⅱ 相互作用。因此,$L_R1$ 形成 $L_{RC}1^b$-$L_R1$-$L_R\gamma4$ 连接并与三个三聚体(Rb1 Ⅱ、Rb2 Ⅰ 和 Rb2 Ⅱ)进行特定的相互作用。连接蛋白 $L_R2$ 和 $L_R3$ 也含有位于六聚体腔中的 N 端 Pfam00427 结构域，但不具有 C 端 Pfam01383 结构域。它们的 C 端从六聚体中伸出并与相邻的杆接触。结果，杆 Rg 与 Rb 相关联，杆 Rf 与 Rc 相关联。连接蛋白 $L_R9$ 的独特之处在于它具有刚性的 FAS1 域，并在 C 端具有很长的延伸。它位于杆之间，并可能充当"胶水"分子，将与其接触的外围杆保持在一起。

在红藻的 PE 中，还存在一种特殊的杆连接蛋白——γ 亚基(Klotz 和 Glazer，1985；Nagy 等，1985；Sidler，1994)，其结构与 α 和 β 亚基有所区别，分子质量在 30 kDa 左右。γ 亚基与 PE 六聚体连接，其功能与蓝藻 PBS 中的连接蛋白类似，被命名为 $L_R\gamma$ 连接蛋白($L_R\gamma4$～$L_R\gamma8$)(Apt 等，1993)。除了具有连接和稳定杆亚结构的功能外，$L_R\gamma$ 有别于其他连接蛋白的方面在于它通过共价键结合了两种色基 PEB($\lambda_{max}$=550 nm)和 PUB($\lambda_{max}$=495 nm)(Blot 等，2009)，它们增加了触角的横截面且不拉大 PBS 的间距，可以更有效地适应弱光生活环境。由于连接蛋白之间的距离较短，连接蛋白上存在发色团，因此能够帮助 PE 六聚体高效地参与光能捕获和能量传递。在光学活性方面，550 nm 的吸收峰归因于 PEB 的存在，而 495 nm 的吸收峰则归因于 PUB。有趣的是，PUB 将吸收范围移向了较短的波长；而亚基和连接蛋白在进化过程中可能会附着尽可能多的藻胆色素，大量的发色团对 PBS 更为有益(Talarico 和 Maranzana，2000)。

$L_R\gamma$ 是在核中编码的，而红藻中大多数的连接蛋白是在叶绿体中编码的(Apt 等，1993)。根据目前已有的序列信息，在 $L_R\gamma$ 和其他连接蛋白之间并未发现高度的序列同源性。不同的一级结构可能存在一定范围的平衡状态，仍然存在相似的生理功能。PE、PC 和 APC 的$(\alpha\beta)_3$ 三聚体具有非常相似的环状结构，均具有一个中心腔。三个 β82 发色团分别位于内腔附近，并与杆连接蛋白相互作用。由于 $L_R\gamma$ 与蓝藻连接蛋白的相似性，其可能也位于单个六聚体的中央孔洞中(Ritter 等，1999)，并且其较高的等电点值也强化了其与 PE 六聚体的相互作用。因此，有人提出，$L_R\gamma$ 的保守精氨酸和谷氨酸残基与 PE 亚基的相互作用是必需的(Apt 等，2001)，而 $L_R\gamma$ 的两个酪氨酸残基也很可能是与 PE 六聚体相互作用的位点(Ritter 等，1999)。Zhang 等(2017)研究了太平洋格里菲斯藻 *Griffithsia pacifica* 中的 $L_R\gamma$ 蛋白，其结构以保守的发色团结合域(标记为 CBDγ)为特征，该结构域包含约 210 个残基(图 3-5(a)(i))。CBDγ 由 10 个 α 螺旋(H1～H10)组成，它们的排列方式使得 5 个 N 末端螺旋(H1～H5)与 5 个 C 末端螺旋(H6～H10)环绕平行于六聚体平面的轴旋转 180°(图 3-5(a)(i))。大多数 $L_R\gamma$ 蛋白的 CBDγ 带有 5 个 bilins，每半部分结合两个 bilins。剩余的 bilins 位于两个半部之间的界面处(图 3-5(i))。唯一的例外是 $L_R\gamma7$ 的 CBDγ，它仅包含四个 bilins。作为连接蛋白，$L_R\gamma4$ 具有三种相互作用的功能。首先，CBDγ 以对称的方式与六聚体杆的内表面进行广泛接触。螺旋 H1、H2 和 H3/H4 接触三聚体 Rb3Ⅰ的三个内侧：来自 α 亚基的螺旋 X 和来自 β 亚基的 F 和 F′(图 3-5(j))。分离螺旋 H1 和 H2 的环主要与来自三聚体 Rb3Ⅱ的 α 亚基的螺旋 X 相互作用(图 3-5(k))。其次，$L_R\gamma4$ 的 N 末端包含一个长环，该环折回 CBDγ 并带有一个额外的 bilin(图 3-5(a))。在该环之后的两个短螺旋插入相邻的六聚体(Rb2)中，并与相邻 $L_R1$ 的 Pfam00427 结构域相互作用(图 3-5(a)(g))。然后，位于邻近六聚体(Rb4)的 $L_R\gamma5^a$(两个 $L_R\gamma5$ 形式之一)的 N 末端的延伸环与 $L_R\gamma4$ 的 CBDγ 接触(图 3-5(a)(h))。因此，外围杆组装的一个共同原则是包含一个刚性结构域的连接蛋白，它占据六聚体的中心腔，并与延伸的螺旋或来自核心-远近邻接头的环相互作用，从而导致杆接头骨架的形成。与太平洋格里菲斯藻 *G. pacifica* 不同，一种紫球藻 *P. purpureum* 中的 $L_R6$ 包含 Pfam00427 结构域，而非太平洋格里菲斯藻 *G. pacifica* 中 $L_R\gamma6$ 的 CBDγ 结构域(Ma 等，2020)。这可能也导致了一种紫球藻 *P. purpureum* 的 PBS 中发色团含量比太平洋格里菲斯藻 *G. pacifica* 低。一种紫球藻 *P. purpureum* 中来自 $L_R\gamma4$ 的额外 PEB 与发色团$^{Rc3\,I}\beta_2^{82}$ 相邻且非常接近，它们最相邻的两个原子之间的距离仅为 2.9 Å。而由于激发态耦合，发色团可能进一步降低$^{Rc3\,I}\beta_2^{82}$ 的能级。同时，在一种紫球藻 *P. purpureum* Ⅱ型杆 Rd 中的三聚体 Rd3Ⅰ显示出相似的结构特征：一个芳香族残基与每个 β82 PEBs 相邻，并且另一个来自 $L_R\gamma5$ 的 bilin 也位于$^{Rc3I}\beta_2^{82}$ 附近。通过结构叠加发现，一种紫球藻 *P. purpureum* 和太平洋格里菲斯藻 *G. pacifica* 的 PBS 杆中，最外围六聚体中的连接蛋白 $L_R\gamma$ 具有相同的性质。这些关键的芳香族残基以及用于连接 bilins 的半胱氨酸残基在红藻中稳定存在。

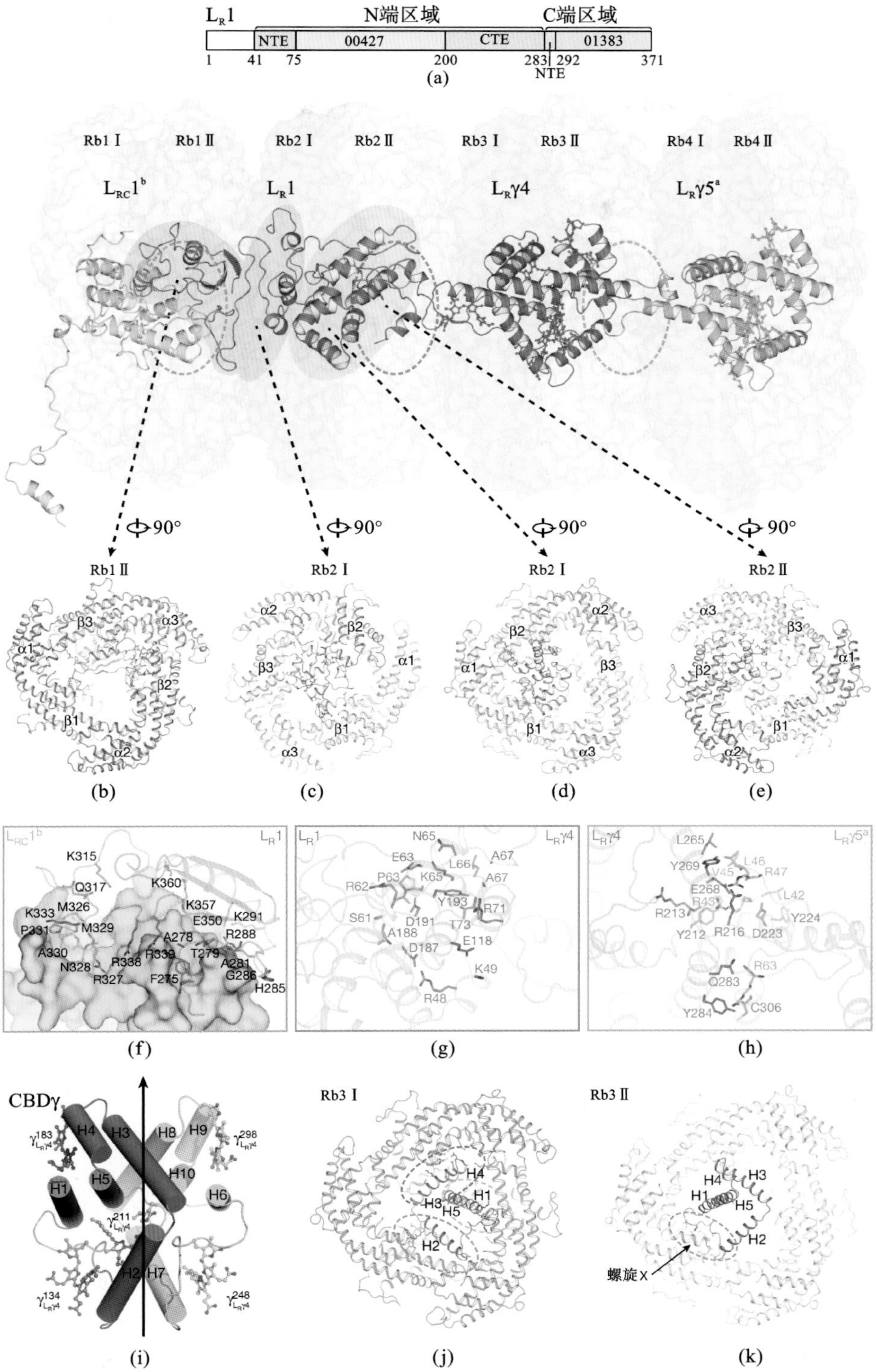

**图 3-5　Rb 中的杆连接蛋白(Zhang 等,2017)**

(a)连接蛋白 $L_{RC}1^b$、$L_R1$、$L_R\gamma4$ 和 $L_R\gamma5^a$ 的总体结构。$L_R\gamma4$ 和 $L_R\gamma5^a$ 的 bilin 以球棒图表示,Rb 的六聚体以平面图表示。藻蓝蛋白六聚体(Rb1)和藻红蛋白六聚体(Rb2～4)的颜色不同。$L_R1$ 的结构单元的代表图显示在该结构上方。(b)$L_{RC}1^b$ 的 C 端区域和三聚体 Rb1Ⅱ之间的相互作用。(c)$L_R1$ 和三聚体 Rb2Ⅰ的 N 端相互缠绕的 NTE 和 CTE 之间的相互作用。(d)$L_R1$ 的 Pfam00427 结构域与三聚体 Rb2Ⅰ之间的相互作用。(e)$L_R1$ 中的 Pfam00427 结构域与三聚体 Rb2Ⅱ之间的相互作用。(f)$L_{RC}1^b$ 和 $L_R1$ 之间的交互,相互作用过程中涉及的残基以棒状表示并标记。(g)$L_R1$ 和 $L_R\gamma4$ 之间的相互作用。(h)$L_R\gamma4$ 和 $L_R\gamma5^a$ 之间的相互作用。(i)$L_R\gamma4$CBDγ 的结构。这两个重复的颜色分别是粉红色和青色。(j)$L_R\gamma4$CBDγ与三聚体 Rb3Ⅰ之间的相互作用。(k)$L_R\gamma4$CBDγ 与三聚体 Rb3Ⅱ之间的相互作用,其中接触界面区域为圆圈

**4. 杆核连接蛋白($L_{RC}$)**

根据序列同源性，可以将 $L_{RC}$ 连接蛋白分为四种不同的类型(分别由 *cpcG1*～*cpcG4* 基因编码)(Adir 等，2006；Bryant 等，1991)，尽管并非所有物种都包含所有四种 $L_{RC}$ 类型(Bryant 等，1991；Guan 等，2007)。研究表明，每种类型在 PBS 稳定性方面的作用都有差异，并且可能存在不同类型的 PBS(Kondo 等，2005)。CpcG1 被认为是 PBS 稳定所必需的主要 $L_{RC}$，而 CpcG2 被认为以较小的 PBS 聚集体形式存在(Kondo 等，2005；2007；2009)。CpcG3 和 CpcG4 的天线更短，二者之间也更相似。

太平洋格里菲斯藻 *Griffithsia pacifica* 中的杆 Ra、Rb 和 Rc 通过 PC 六聚体直接与核心相互作用，而杆 Rd 和 Re 没有核-近端 PC 六聚体，而是通过 PE 六聚体与核心连接。这两种类型的杆通过不同的杆-核连接蛋白与核关联在一起。杆 Ra、Rb 和 Rc 通过接头 $L_{RC}1$ 连接到 PBS 核(图 3-6(a))。$L_{RC}1$ 中含有一个埋藏在其 PC 六聚体中的 N 端 Pfam00427 结构域和一个 C 端延伸区(包含两个分开的螺旋)并与核心圆柱相互作用(图 3-6(a)(b))。$L_{RC}1^{a}$ 与层 A1 和 A2 连接；$L_{RC}1^{b}$ 和 $L_{RC}1^{c}$ 则都与层 B1 和 B2 连接在一起(图 3-6(a))。三种 $L_{RC}1$ 的不同位置导致 C 端延伸区相对于 N 端结构域的角度不同，可以通过叠加它们的结构来说明(图 3-6(b))。

杆 Rd 和 Re 分别通过连接蛋白 $L_{RC}2$ 和 $L_{RC}3$ 与 PBS 核心关联(图 3-6(c))。$L_{RC}2$ 和 $L_{RC}3$ 都具有位于 PE 六聚体中心腔中的 N 端 Pfam00427 结构域，以及从六聚体伸出的 C 端处的卷曲螺旋基序(图 3-6(c)(d))。图中的两个螺旋是反平行的，并通过广泛的疏水相互作用紧密地结合在一起(图 3-6(e))。在 $L_{RC}3$ 中，这两个螺旋和分隔它们的延伸环通过杆状藻红蛋白三聚体(Re1 Ⅰ)(图 3-6(f))以及核心的 A1、A′2、A′3 和 B′层进行紧密的相互作用(图 3-6(g))。$L_{RC}2$ 在杆 Rd 与 PBS 核的相互作用中采用了类似的机制。

通过对 $L_{RC}1$～3 和 PBS 核之间相互作用的研究发现，它们都使用螺旋与核心 APC 的 α 亚基相互作用(图 3-6(a))。$L_{RC}1$ 蛋白在其 C 端使用螺旋(图 3-6(b))，而 $L_{RC}2$ 和 $L_{RC}3$ 的相互螺旋位于螺旋线圈基序中 N 端螺旋的 C 端(图 3-6(d))。当与这些 $L_{RC}$ 蛋白相关的 α 亚基重叠时，接触的螺旋也可以很好地排列起来。实际上，这些螺旋都通过疏水相互作用和静电相互作用与 α 亚基的螺旋 B 和 E 形成的凹槽接触(图 3-6(h))。在整个红藻和蓝藻中，参与相互作用的 $L_{RC}$ 蛋白和 α 亚基的残基高度保守，为疏水性或带电荷和(或)极性氨基酸。这些结果表明，在 PBS 组装过程中，将杆连接到核时，杆-核连接蛋白使用一种通用机制。

在杆与核的连接中起作用的下一组蛋白质，即 $L_{RC}4$、$L_{RC}5$ 和 $L_{RC}6$，它们与其他连接蛋白的结构有很大不同。这些蛋白质具有相似的构象，区别在于中间的结构元件和两侧的延伸区。$L_{RC}4$ 和 $L_{RC}5$ 的结构元件中包含一个长 α 螺旋，在 $L_{RC}6$ 中包含一个 FAS1 结构域(Underhaug 等，2013；Clout 等，2003)。$L_{RC}4$ 和 $L_{RC}5$ 的长 α 螺旋跨越核心三聚体的一个 α 亚基，两个延伸区覆盖了来自核和杆的更多蛋白质。$L_{RC}6'$的 FAS1 结构域插入三聚体 Rd1′Ⅰ和 Re1 Ⅰ与三聚体 A′3 之间的空间中，并和两个延伸区一起同周围的蛋白质进行紧密连接。此结构特征表明，$L_{RC}4$～6 通过它们的中间结构元件将自身锚定到核心，并使用延伸部分作为“绳索”来维持组装复合物的稳定性，从而起到了连接蛋白的作用。

重组 $\alpha_{ApcE}$结构(PSB：4XXI)中，在发色团 $^{A2}\alpha_{ApcE}{}^{186}$ 上方发现了 W164 的两个不同构型：一个平行于环 D，另一个几乎与环 D 垂直(Tang 等，2015)。在一种紫球藻 *Porphyridium purpureum* 中，W154 在相同位置仅显示一个与环 D 平行的构象(Ma 等，2020)，天然 ApcE 对于此类残基的侧链如何定位具有独特的偏好。在这种构型下，Y140 和 $^{A2}\alpha_{ApcE}{}^{186}$ 的 ZZZasa 构型之间将存在空间冲突，从而为形成 ZZZssa 构型提供驱动力。$\alpha_{ApcE}$ 与其他 5 个相似亚基的比较表明，该酪氨酸在 $\alpha_{ApcE}$ 中的方向与其他亚基相反。因此，ApcE 的 Y140 是导致 $^{A2}\alpha_{ApcE}{}^{186}$ 采用 ZZZssa 几何形状的另一个因素，与核心 α 亚基中的其他 PCB 相比，环 A 和 B 的共面性得到了增强。

### 3.1.1.2　核的组装

核的组装是指 APC、APB、APE 等三聚体，在连接蛋白的参与下形成 PBS 的核。PBS 的每一个圆柱筒状的核由 2～4 个圆盘组成(Ducret 等，1996)，每个圆盘又通过将 APC 的 α 和 β 亚基形成的三聚体

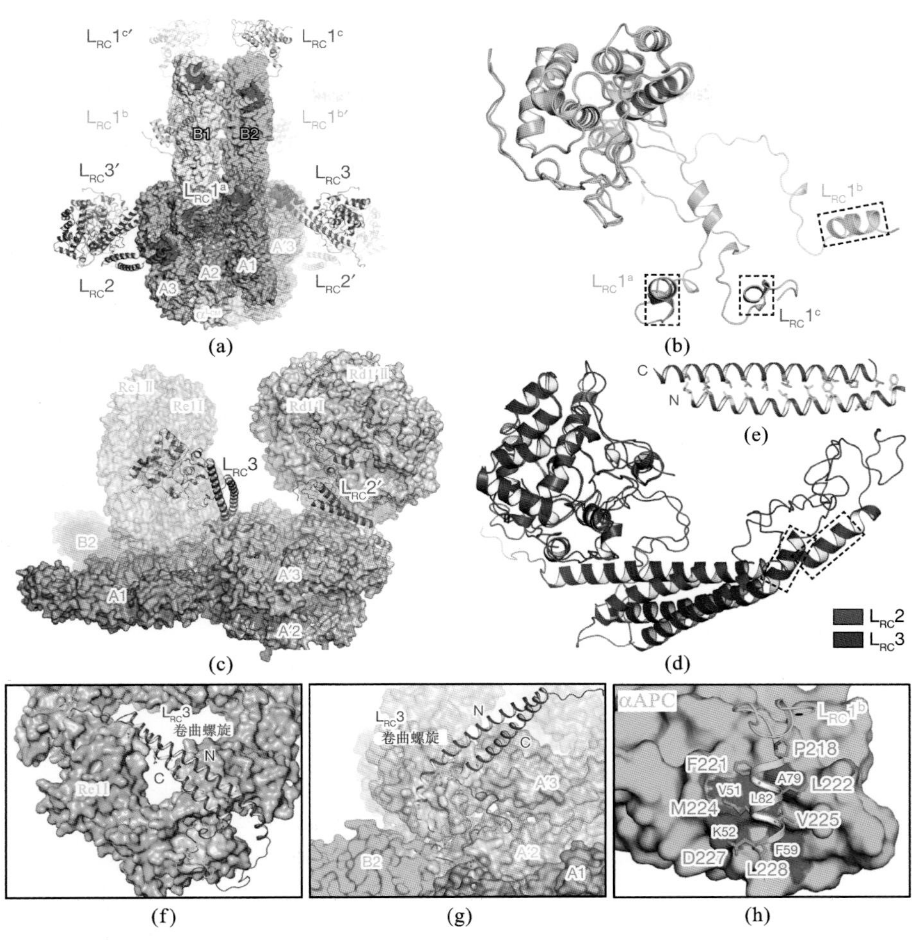


**图 3-6　杆核连接蛋白(Zhang 等,2017)**

(a)$L_{RC}$蛋白 $L_{RC}1\sim3/L_{RC}1'\sim3'$和核的组合。红色表示与连接子螺旋接触的 α 亚基上的凹槽。(b)$L_{RC}1^a$、$L_{RC}1^b$ 和 $L_{RC}1^c$ 之间的结构相似性和差异。这些杆-核连接蛋白相对于 Pfam00427 结构域是叠加的。(c)$L_{RC}2'$(在 Rd1′中),$L_{RC}3$(在 Re1 中)和核的组合。(d)$L_{RC}2$ 和 $L_{RC}3$ 的结构相似性,通过在 N 端的 Pfam00427 结构域和在 C 端的卷曲螺旋基序的叠加来证明。(e)卷曲螺旋基序的两个螺旋之间的疏水相互作用。参与相互作用的残基(杆状表示)被染成黄色(N 端螺旋)和绿色(C 端螺旋)。$L_{RC}3$ 和三聚体 Re1Ⅰ的卷曲螺旋基序(f)与核(g)之间的相互作用。参与相互作用的 $L_{RC}3$ 残基(杆状表示)被染成黄色。三聚体和核以平面形式表示,相互作用中涉及的残基为浅粉红色。(h)$L_{RC}1^b$ 的 C 末端螺旋与核心层 B2 的 αAPC 之间的相互作用。相互作用中涉及的 $L_{RC}1^b$ 残基(杆状表示)为绿色。αAPC 以平面表示,相互作用中涉及的残基为红色

$(\alpha\beta)_3$ 和核连接蛋白($L_C$)紧密组装在一起(Yi 等,2005),而后镶嵌在类囊体的外膜上(Watanabe 和 Ikeuchi,2013)。APC 是组成 PBS 核状结构的一类 PBP 的总称。它们通过 ApcE 与类囊体膜结合的同时与光系统Ⅱ(photosystem Ⅱ,PSⅡ)精准定位(MacColl,2004)。APC 主要的结构形式是$(\alpha\beta)_3$ 的三聚体圆盘状结构,它的 α 和 β 亚基序列之间的相似水平达到 35%,在不同物种间,其各自亚基之间的序列相似水平超过 85%(Apt 等,1995)。在藻细胞中,APC 中的 α 和 β 亚基以 1∶1 的比例与 PCB 共价结合。形成的完整亚基蛋白分子 α 或 β 可检测到在波长 610 nm 左右的特征吸收峰,且具有荧光特性,荧光发射峰值在波长 635 nm 左右,天然完整的 α 亚基和 β 亚基的分子质量大小分别为 18.081 kDa 和 17.901 kDa(周孙林,2014)。

PBS 组装过程中可能需要 2、3 或 5 个不等的 APC 组成的核,APC 的数量与 PBS 的类型有关。在三核的 PBS 中,2 个 APC 核按照互相反向平行的方式排列,并与类囊体膜紧密结合,其中第 3 个核位于下层两个核上方的马鞍处,这个核由 4 个 APC 三聚体呈一列排列,而后通过 2 个 $L_C$ 连接起来。从低分辨率的透射电镜研究结果可以看出,位于底部的 2 个 APC 核由 4 个生化组成不同的三聚体圆盘状结构

组成,其组成顺序是一个与 $L_C$ 连接的 APC 三聚体、一个 APC 三聚体、一个 $\alpha_2\beta_2\beta^{16}L_{CM}$ 的圆盘状结构(这个结构与 APC 的$(\alpha\beta)_3$ 结构类似,只是一个 α 亚基被具有藻胆素结构域的 $L_{CM}$ 取代,一个 β 亚基被 ApcF 蛋白取代)、一个是 $\alpha^B\alpha_2\beta_3$ 的圆盘状结构(一个 α 亚基被 ApcD 蛋白($APC\alpha^B$)取代)。

Zhang 等(2017)研究了太平洋格里菲斯藻 *Grffithsia pacifica* 中块状 PBS 的核与典型的半球状 PBS 核的不同之处,发现其每个基底圆柱(共两个,A 和 A′)仅由 3 个 APC 三聚体组成,三聚体 A2 和 A3 面对面堆叠,而第 3 个三聚体(A1)以背对背的方式连接到 A2 三聚体。这两个基底圆柱以交错的反向平行方式排列。最终形成了 2 个并排的平面用于顶部圆柱的连接,该圆柱仅包含两个背对背堆叠的 APC 三聚体(B1 和 B2)。核心三聚体之间的相互作用是对称存在的,三聚体 B1、A2 和 A′1 彼此之间相互作用,而三聚体 B2、A′2 和 A1 彼此之间相互作用。这种核心结构很可能通过半黏性 PBS 的核心消除所有圆柱(3 个带有末端发射体的圆柱)的外部三聚体进化而来。更加紧凑的核心结构的形成导致核心中 24 个 PCB 的损失,它可能使 PCB 吸收红光受到限制。

**1. APC**

APC 是 PBS 核心部分中最主要的组成成分(MacColl,2004)。总结发现,PBS 核心部分可分为二核、三核和五核这几种不同类型,但无论属于哪一种,PBS 核的主要成分均为 APC(Sidler,1994)。PBS 的核心部分不仅起着吸收光能的作用,而且起着传递能量的作用。PBS 杆部吸收光能后,将其传递给 PBS 的核,而后再将核中的能量通过末端能量发射体发送至光反应中心(Zilinskas 和 Greenwald,1986)。因此 APC 作为 PBS 核心的主要成分在 PBS 的能量传递通路上起着至关重要的作用。APC 不仅能够通过自身来吸收和传递能量,还可以将整个 PBS 吸收的能量传递给光系统,因此 APC 的功能非常重要。但是由于 APC 均位于 PBS 的核心部分,而不是像 PC 或 PE 那样直接完全暴露在细胞内环境中,因此,APC 不太容易受到细胞内环境变化的直接影响。

APC 的 α 亚基的 α84 位点和 β 亚基的 α84 位点处各结合了一个 PCB 发色团,因此 APC 呈现天然的蓝色。由于结合了 PCB,APC 呈现出良好的光能吸收和传递性质。从吸收光谱上看,APC 的最大吸收峰存在于 650 nm 处,同时在 620 nm 处存在一个肩峰。而其荧光激发光谱的最大发射峰位置在 660 nm 处。当 APC 的三聚体结构解离成为单体之后,其吸收光谱的最大吸收峰位置蓝移到 615 nm 处,荧光激发光谱的最大发射峰也蓝移到 639 nm 附近(MacColl 等,2003;MacColl,2004)。

**2. AP-B**

在 PBS 底部还存在另外两个核心 APC,其中一个被称为 AP-B,由 α 亚基 ApcD 和 β 亚基 ApcB 组成(Ducret 等,1998),以$(\alpha^{AP\text{-}B}\beta^{AP})_3$ 的形式存在(Dagnino-Leone 等,2017;Elanskaya 等,2018),是 PBS 中的一个终端能量发射器。AP-B 在能量传递过程中发挥重要作用,PBS 捕获的能量通过 AP-B 高效传递到光反应中心(Ducret 等,1998;Sidler,1994)。也有报道称,ApcD 的丢失会影响状态转换,继而使光系统之间的能量分布不平衡,但不会影响 PBS 的组装(Bricker 等,2015;Dong 和 Zhao,2008)。

APC 单体(αβ)的最大吸收峰存在于 615 nm 处,其三聚体$(\alpha\beta)_3$ 的最大吸收峰和荧光发射峰则分别在 652 nm 和 660 nm 处(MacColl 等,2004;Marx 等,2014;Mcgregor 等,2008);而 AP-B 单体的最大吸收峰在 621～648 nm 处(Lundell 等,1981),三聚体的最大吸收峰和荧光发射峰分别在 670 nm 和 675 nm 处(Lundell 等,1981;Liu 等,2010)。相对于 APC,AP-B 的吸收和荧光光谱发生红移,这可能是由于 APC 中的 ApcA 亚基被 ApcD 取代,增强了能量传递效果(Peng 等,2014)。ApcD 是低能级别藻蓝蛋白,Zhao 等(2007)曾经将 ApcD 与 PCB 重组后在大肠杆菌中进行色素蛋白的体外表达,却不能够成功得到晶体,这可能是由色素分子不完整造成的(Zhou 等,2014),也可能是由于蛋白质纯度不够等。彭盼盼等(2014)通过在 *apcD* 基因的羧基端添加 6 个组氨酸标签,作为转化蓝藻的上游同源臂,并将其下游基因作为转化蓝藻的下游同源臂,构建 pBlue-$apcD_{His6}$-Kan-downstream 的质粒,成功转化并得到 ApcD-His6 的突变藻种,并从蓝藻中提取到 ApcD 及 ApcA 与 ApcB 的蛋白复合物。而后采用不同的配方对复合物进行结晶,获得了首个 AP-B 的晶体(分辨率为 1.75 Å),并研究了其晶体结构(图 3-7)。从 AP-B 的晶体结构可知,ApcD 具有较大的氨基酸残基,能够将 PCB 紧密包裹起来,这些氨基酸残基

通过氢键和分子间的相互作用力将PCB挤压在一起，从而导致该PCB的三个共轭环(B、C、D)几乎完全共面。在与ApcB共价结合的PCB发色团的周围却只有一个面上有氨基酸残基与其相互作用，由于其另一个面上不存在氨基酸残基，因而缺乏足够的相互作用力，从而在一定程度上导致发生扭曲的D环裸露在外，使得D环与其B环、C环无法存在于一个平面上。通过AP-B晶体衍射数据发现，每个晶格是由α和β亚基交替链接组成的三聚体。在结晶的过程中，AP-B进一步聚集，而ApcA在AP-B聚集的过程中脱落。

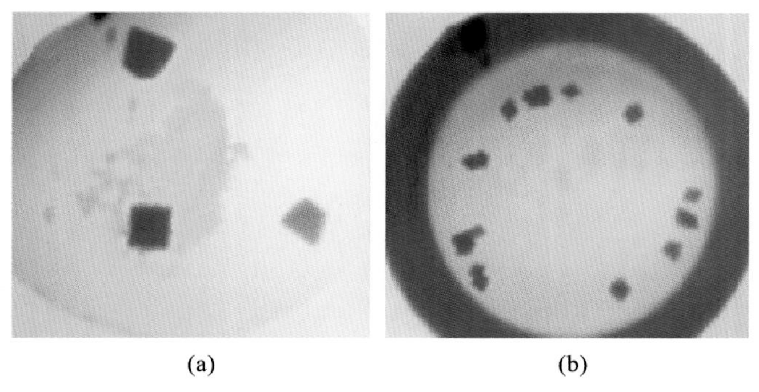


**图3-7 AP-B晶体(彭盼盼，2014)**

**3. 核连接蛋白($L_C$)**

最早从层理鞭枝藻 *Mastigocladus laminosus* 中获得了结晶的$L_C$。它包含3个β折叠和2个α螺旋，分别命名为$\beta_1$、$\beta_2$、$\beta_3$、$\alpha_1$、$\alpha_2$，$L_C$在PBS核心APC-β的位置连接着2个APC三聚体(Gao等，2011)。$L_C$存在于PBS的核心中，是所有连接蛋白中分子质量最小的，分子质量大小为7.7～7.8 kDa，其在PBS核心亚结构的组装中起关键作用。通过PBS核心的亚结构研究可知，其底部的2个圆柱核心呈反向平行的关系，与类囊体膜连接在一起，而第3个圆柱核心位于下方2个圆柱的上方肩部中央的位置。顶部的圆柱核心是4个APC三聚体圆盘以面对面的方式排列在一起的，2个$L_C$分别连接2个APC三聚体。位于PBS核底部的2个圆柱核心由4种不同的三聚体复合物圆盘组成。复合物1和4分别为APC三聚体以及APC三聚体与$L_C$相结合的复合物，与位于顶部的圆柱核心保持一致。在APC-$L_C$7.8复合物中，$L_C$7.8的存在导致最大吸收峰移至653 nm，并且降低了620 nm附近的肩峰(Reuter等，1999)。类似地，来自层理鞭枝藻 *M. laminosus* 的$L_C$8.9不会影响α APC或者α AP-B发色团，但是它将三聚体复合物中β APC发色团的最大吸收波长移到比α APC发色团更大的波长处(Liu等，2005)。

#### 3.1.1.3 组装后的PBS

PBS是由PBP和连接蛋白按一定的堆叠方式规则地排列、堆积而成的，并作为藻类光合作用系统中一种主要的捕光和能量传递的“装置”(图3-8)。PBS最初是由Gantt和Conti等在电子显微镜下观察到的，他们在单细胞红藻紫球藻中的类囊体膜的叶绿素a外表面基质侧发现有一些形状类似于“盘子”的小颗粒(马圣媛，2001t)，颗粒直径为30～40 nm，颗粒间的距离为40～50 nm(Gantt和Conti，1965;1966a)。随后科研人员在蓝藻中也观察到PBS的存在(Edwards和Gantt，1971;Wildman和Bowen，1974)。自20世纪50年代起，人们开始通过简单易行的生理生化技术，广泛研究藻类捕光天线的组成及结构(Thornber和Sokoloff，1970;Jones和Blinks，1957;Haxo等，1955)。例如，Gantt等(1972)开发了从单细胞红藻紫球藻中分离完整PBS的方法，大大推动了当时PBS结构的研究进展。后续提取完整PBS的方法均由此衍生而来，至今仍沿用了其中的经典条件及步骤，例如，细胞破碎缓冲液磷酸根浓度为0.6～1.0 mol/L、pH约为7，提取温度在18 ℃左右，以及纯化方法选择蔗糖梯度离心法等(Zhang等，2017;Arteni等，2009;2008;Yi等，2005)。随后Glazer等通过对该方法进行改进，分离纯化了蓝藻的PBS，例如聚球藻PCC 6301、聚球藻PCC 7002等，并通过蛋白电泳、吸收光谱及荧光发射光谱，对PBS的蛋白质成分及色素成分进行了鉴定(Gingrich等，1983;Myers等，1955;Yamanaka等，1980)。基于这些研究成果，Glazer(1988)构建了聚球藻PCC 6701藻胆体结构的初始模型。在完整的藻胆体结构被结构生物学技术解析之前,该初始模型的建立对于分析藻胆体能量传递途径具有重要的指导意义。

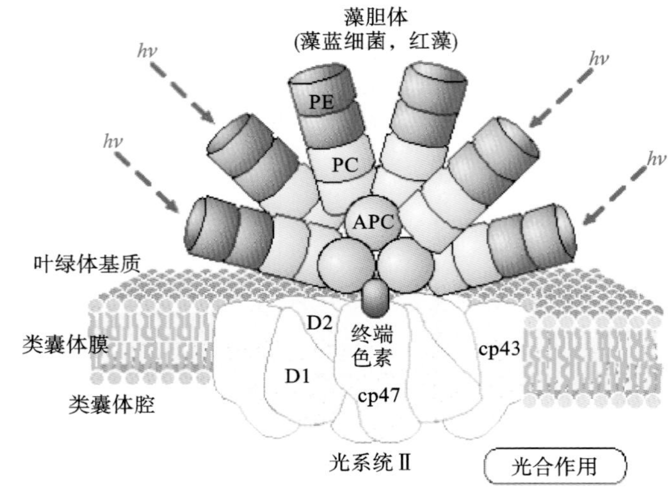


**图 3-8　PBS 模型图(王肖肖,2018)**

藻胆体的形态与藻体种类有关,通过负染电镜和冷冻电子显微镜等技术手段,目前观察到藻胆体的形态主要有 4 种,分别为半圆盘形、半椭圆形、维管束形和块状(Yamanaka 等,1980;王肖肖等,2017)(表 3-1)。

**表 3-1　藻胆体形态**

| 藻胆体形态 | 代表性物种 | 特　征 | 参考文献 |
| --- | --- | --- | --- |
| 杆状 | 一种蓝藻<br>*Acaryochloris marina* | 沿海共生蓝藻;<br>合成叶绿素 d(Chl d)<br>以捕获远红光 | Bar-Zvi 等,2018;<br>Marquardt 等,1997 |
| 半圆盘形 | 聚球藻<br>*Synechococcus leopoliensis* 6301 | 淡水蓝藻 | Lin 等,2012 |
| | 一种嗜热聚球藻<br>*Thermosynechococcus vulcanus* | 嗜热蓝藻 | Lin 等,2012 |
| | 一种色球藻<br>*Chroococcus minutus* | 微小色球藻 | Gantt,1980 |
| | 一种蓝载藻<br>*Cyanophora paradoxa* | 淡水绿藻 | Bourdu 和 Lefort,1967 |
| | 一种紫球藻<br>*Porphyridium aerugineum* | 铜绿紫球藻 | Gantt 等,1968 |
| | 一种弗氏双虹藻<br>*Fremyella diplosiphon* | 淡水蓝藻 | Gantt 和 Conti,1969 |
| | 一种嗜热聚球藻<br>*Synechococcus lividus* | 嗜热蓝藻 | Edwards 和 Gantt,1971 |

续表

| 藻胆体形态 | 代表性物种 | 特 征 | 参考文献 |
| --- | --- | --- | --- |
| | 一种念珠藻 *Nostoc muscorum* | 蓝藻，存在于各种环境中（土壤，潮湿的岩石上，湖泊和泉水底部，在海洋栖息地中很少见） | Wildman 和 Bowen，1974 |
| | 一种蓝藻 *Tolypothrix distoria* | 淡水蓝藻 | Wildman 和 Bowen，1974 |
| | 藓生束藻 *Symploca muscorum* | 蓝藻束藻属黏菌，颤藻 | Wildman 和 Bowen，1974 |
| | 一种鱼腥藻 *Anabaena variabilis* | 鱼腥藻 | Wildman 和 Bowen，1974 |
| | 一种丝状蓝藻 *Arthrospira jenneri* | 自由漂浮的丝状蓝藻 | Wildman 和 Bowen，1974 |
| | 一种蓝藻 *Aphanizomenon flos-aquae* | 微咸和淡水蓝藻物种 | Wildman 和 Bowen，1974 |
| | 丝状藻 *Calothrix* | 淡水蓝藻 | Wildman 和 Bowen，1974 |
| | 颤藻 *Oscillatoria* | 淡水蓝藻 | Lichtlé 和 Thomas，1976 |
| | 一种颤藻 *Oscillatoria brevis* | 蓝藻在 70 ℃的温度下进行光合作用 | Lichtlé 和 Thomas，1976 |
| | 集胞藻 *Synechocystis* 6701 | 淡水蓝藻 | Williams 等，1980 |
| 半圆盘形 | 一种颤藻 *Oscillatoria limosa* | 丝状淡水蓝藻 | Lichtlé 和 Thomas，1976 |
| | 聚球藻 *Synechococcus* 6312 | 淡水蓝藻 | Bryant 等，1979 |
| | 集胞藻 *Synechocystis* sp. PCC 6803 | 淡水蓝藻 | Arteni 等，2009；Elmorjani 等，1986 |
| | 念珠藻 *Anabaena* sp. PCC 7120 | 淡水蓝藻 | Chang 等，2015；Glauser 等，1992；Isono 和 Katoh，1987 |
| | 层理鞭枝藻 *Mastigocladus laminosus* | 温泉蓝藻 | Glauser 等，1992 |
| | 丝状蓝藻 *Calothrix* sp. strain PCC 7601 | 丝状蓝藻 | Glauser 等，1992 |
| | 聚球藻 *Synechococcus* sp. strain PCC 7002 | 广盐性，单细胞蓝藻，能够在很宽的 NaCl 浓度范围内生长，并且对高光照射具有极强的耐受性 | Füglistaller 等，1984；Nies 和 Wehrmeyer，1980；Sidler，1994 |
| | 聚球藻 *Synechococcus* sp. PCC 7120 | 广盐性，单细胞蓝藻 | Füglistaller 等，1984；Nies 和 Wehrmeyer，1980；Sidler，1994 |
| | 层理鞭枝藻 *Mastigocladus laminosus* | 中度嗜热蓝藻 | Füglistaller 等，1984；Nies 和 Wehrmeyer，1980；Sidler，1994 |
| | 鱼腥藻 *Anabaena* sp. PCC 7120 | 丝状蓝藻 | Ducret 等，1996 |

续表

| 藻胆体形态 | 代表性物种 | 特　征 | 参 考 文 献 |
|---|---|---|---|
| | 一种念珠藻<br>*Nostoc flagelliforme* | 蓝藻，生活在特定的生态环境（温度变化很大，降雨量少，营养物质有限）中 | Yi 等，2005 |
| | 念珠藻<br>*Nostoc* sp. PCC 7120 | 淡水蓝藻 | Lin 等，2012 |
| 半圆盘形 | 一种紫球藻<br>*Porphyridium aerugineum* | 淡水红藻 | Lin 等，2012 |
| | 一种紫球藻<br>*Porphyridium purpureum* | 嗜温单细胞红藻存在于大多数陆地地区，包括淹没的河岸和盐沼；它甚至可以在砖砌中找到 | Lin 等，2012 |
| | 一种紫球藻<br>*Porphyridium cruentum* | 海洋红藻 | Arteni 等，2008；<br>Gantt 和 Conti，1965；<br>Gantt 和 Lipschultz，1972 |
| | 下舌藻<br>*Hypoglossum woodwardii* | 海藻 | Lichtlé，1978 |
| 半椭圆形 | 一种蓝藻<br>*Halomicronema hongdechloris* | 远红外光诱导的叶绿素 f，海洋蓝藻的积累 | Li 等，2016 |
| | 一种格里菲斯藻<br>*Griffithsia floculosa* | 海洋红藻 | Peyriere，1968 |
| | 一种红藻<br>*Palmaria decipiens* | 南极沿海生态系统中的红藻类物种；潮间带和上潮间带高丰度 | Lüder 等，<br>2001；MacColl 等，1996 |
| | 脐形紫菜<br>*Porphyra umbilicalis* | 海洋红藻；生长在寒冷的浅海水中；生长在潮间带 | Algarra 等，1990 |
| 维管束形 | 无类囊体蓝藻<br>*Gloeobacter violaceus* | 单细胞淡水蓝藻；与石灰岩隔离 | Guglielmi 等，1981；<br>Lin 等，2012 |
| 块状 | 太平洋菲里格斯藻<br>*Griffithsia pacifica* | 海洋红藻 | Gantt，1980；Zhang 等，2017 |
| | 古石化席藻<br>*Phormidium persicinum* | 丝状海洋蓝藻 | Gantt 等，1979 |
| 半圆盘形和半椭圆形中间体 | 一种对丝藻<br>*Antithamnion glanduliferum* | 红藻；检测到两种耦合良好的（椭圆形和半黏质）藻胆体 | Lichtlé 和 Thomas，1976 |
| | 一种灰胞藻<br>*Glaucocystis nostochinearum* | 内共生蓝藻；可能是蓝藻和绿藻之间的中间形式 | Bourdu 和 Lefort，1967 |

**1. 半圆盘形藻胆体**

半圆盘形藻胆体是藻胆体中最常见的一种类型，主要存在于部分蓝藻（比如集胞藻 PCC 6803）和一些单细胞红藻中。这种类型的藻胆体一般由核心复合物和杆状复合物两部分组成。核心复合物一般由 3 个圆柱体组成，每个圆柱体长约 12 nm，直径约为 11 nm。在核心复合物的外周沿同一平面有 6 根杆状复合物呈辐射状排列，每根杆状复合物由 2～6 个盘状物垛叠而成，每个盘状物厚约 6 nm，直径为

11～12 nm。然而在某些聚球藻属(如集胞藻 PCC 6301 和 PCC 7942)中,藻胆体由 2 个圆柱筒状的核心复合物和 6 个放射状的杆状复合物组成(Gingrich 等,1983),而鱼腥藻 *Anabaena* sp. PCC 7120 中却是由 5 个圆柱筒状的核与 8 个放射性的杆结构组成(Guan 等,2007)。根据核心排列模式和核、杆数量的不同,可以分为"二核六杆"(Yamanaka 等,1980)、"三核六杆"(Elmorjani 等,1986;林瀚智,2012)、"五核八杆"(Glauser 等,1992)等类型,但是无论藻胆体是含有 5 个圆柱筒状的核、3 个圆柱筒状的核还是含有 2 个圆柱筒状的核结构,所有藻胆体都由 2 个亚结构组成:一个是紧挨着类囊体外膜的核(core)结构,另一个是包围在核外部的放射状的杆(rod)结构(图 3-9)。到目前为止,耐热和耐盐的藻类中都被发现含有半圆盘形藻胆体(Edwards 和 Gantt,1971;Glauser 等,1992;Lichtlé 和 Thomas,1976)。

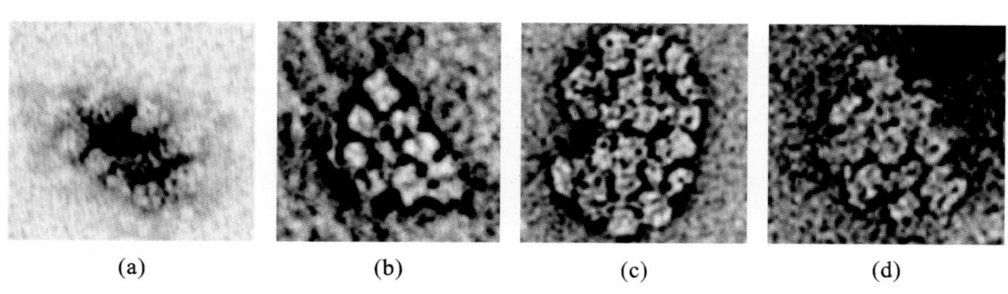


**图 3-9　半圆盘形藻胆体(Gantt 和 Conti,1965;1966a;1969;Edwards 和 Gantt,1971)**

(a)二核六杆;(b)三核六杆;(c)三核六杆;(d)五核八杆

**2. 半椭圆形藻胆体**

Gantt 和 Lipschultz(1972)在紫球藻中发现了半椭圆形藻胆体(hemi-ellipsoidal phycobilisome)(图 3-10)。后来研究发现,半椭圆形藻胆体通常存在于海洋红藻中,尤其是生活在光照可变环境中的藻株(Arteni 等,2008;Gantt 和 Conti,1965;Gantt 和 Lipschultz,1972),其对称类型为中心对称(Redecker 等,1993),因此猜测存在中心核、四周杆发散的二次对称轴结构。半椭圆形藻胆体比半圆盘形的 AP-B 含量高。来源于集胞藻 PCC 6803 的三聚体 AP-B 蛋白,即藻胆体与光系统(PS)Ⅰ的核膜连接蛋白 $(ApcD/ApcB)_3$ 被结晶(Peng 等,2014),并解析发现有三次对称轴。同时,研究人员计算了紫球藻藻胆体电镜二维平均结果,显示其比半圆盘形藻胆体尺寸大一倍。前者长、宽、高分别为 60 nm、41 nm、34 nm,弱光下其宽减至 31 nm 或 35 nm(Arteni 等,2008),后者长、宽、高分别为 41 nm、31 nm、10 nm(Yi 等,2005)。半椭圆形藻胆体的杆状结构更加分散,这可能有益于藻类适应不断变化的光照环境。此外,研究发现,一种海带状红藻 *Palmaria decipiens* 具有两种类型的藻胆体(Lüder 等,2001),当光照环境从长期黑暗切换为长期光照时,南极红藻可以去除半椭圆形藻胆体,以适应强光环境。

**3. 维管束形藻胆体**

维管束形藻胆体目前仅在无类囊体蓝藻 *Gloeobacter violaceus* 中被发现。这种类型的藻胆体一般由六根杆状物组成,其直径为 10～12 nm,长度为 50～70 nm,呈倒三角的束状。维管束形藻胆体的基底有一个圆盘状结构,能够与膜的内表面结合(图 3-11)(Guglielmi 等,1981)。

**4. 其他类型的藻胆体**

在目前发现的藻胆体中,块状藻胆体的体积最大,杆状藻胆体的体积最小(Gantt,1980b;Zhang 等,2017)。块状藻胆体目前仅在太平洋格里菲斯藻 *Griffithsia pacifica* 中被发现。其大小为 63 nm×45 nm×39 nm(图 3-12)(Zhang 等,2017)。此外,Marquardt 等(1997)在一种共生蓝藻 *Acaryochloris marina* 中发现了杆状藻胆体;Wehrmeyer 等(1988)在古石化席藻 *Phormidium persicinum* 中发现了一种介于半圆盘形和椭圆形之间状态的藻胆体。

## 3.1.2　隐藻异二聚体的组装

隐藻是由真核红藻经二次内共生产生的单细胞真核藻类(Grzebyk 等,2003;Kim 等,2008),但其光系统结构和组成特殊,除了类囊体膜上存在着由叶绿素 Chl a、Chl c 和膜蛋白组装形成的脂溶性光系统外,在部分种属中还含有水溶性的藻胆蛋白(PBP)。与其他三种来源的 PBP 不同,隐藻 PBP 不形成藻

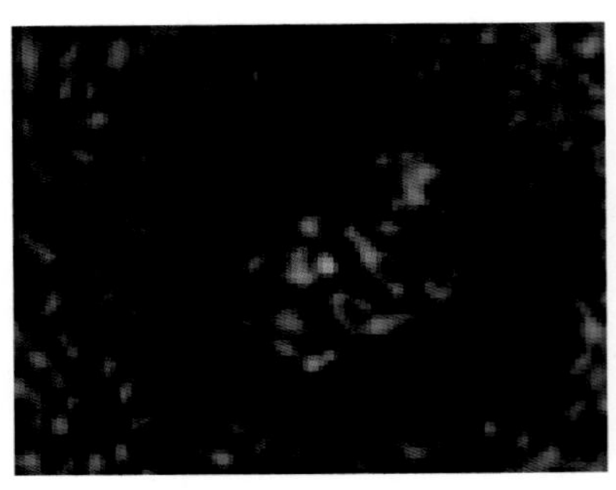

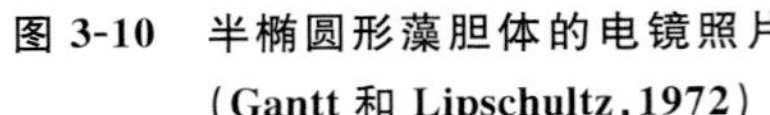
图 3-10 半椭圆形藻胆体的电镜照片 (Gantt 和 Lipschultz,1972)

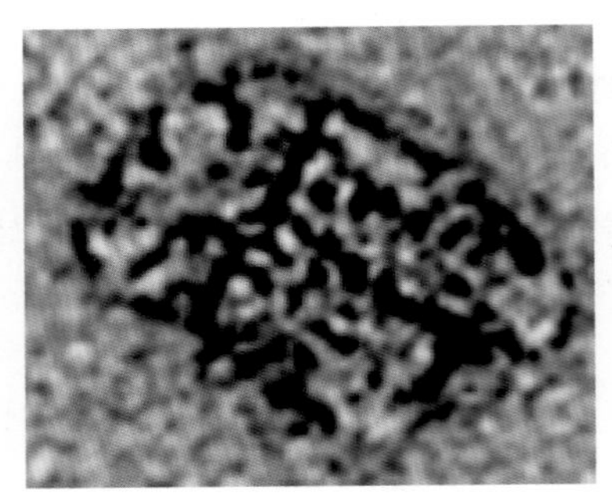
图 3-11 维管束形藻胆体的电镜照片

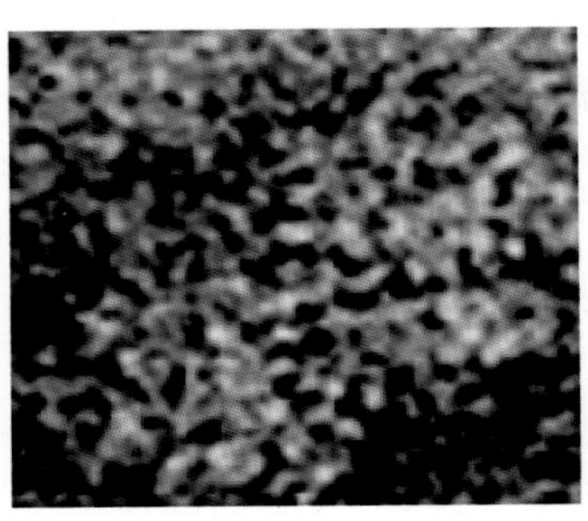
图 3-12 块状藻胆体的电镜照片

胆体(PBS),存在部位也非附着于类囊体膜外表面,而是在类囊体膜腔内部(Gantt 等,1971),是 PBP 家族中十分特殊的一类(Glazer 和 Wedemayer,1995)。

PBP 的存在使生物能够有效吸收可见光谱区域中不易被叶绿素吸收的光。所有 PBP 与开环四吡咯发色团(藻胆素)有关。红、蓝藻中的 PBP 主要以藻蓝胆素、藻红胆素、藻紫胆素和藻尿胆素作为捕光发色团。有趣的是,在隐藻 PBP 中,除了 PCB 和 PEB 外,还出现了其他不常见的发色团如 15,16-dihydrobiliverdin(DHBV),$18^{\prime}$,$18^{2}$-dihydrobiliverdin,bilin 584 和 bilin 618(Sidler 和 Bryant,1994;Glazer,1985;MacColl 和 Guard-Friar,1987)。尽管在隐藻的一些种属中并不存在 PBP,但在含有 PBP 的隐藻中,其 PBP 含量常常很高,是其主要的捕光复合物,并且光能传递效率不亚于红、蓝藻中的 PBS。随着 2011 年一种蓝隐藻 *Guillardia theta* 核基因组序列的发布,人们获得了大量信息来研究其组装过程(Curtis 等,2012)。大约 51%的细胞核编码蛋白质是独特的,而 49%的蛋白质在其他生物中具有同源性。目前认为 PC-645 的 β 亚基可能与红、蓝藻 PE 的 β 亚基同源(Sidler 等,1986),此外,一种隐藻 *Guillardia theta* 的基因组全系列分析也证实它与红藻具有相同的祖先(Douglas 和 Penny,1999;Broughtona 等,2006;Hoef-Emden,2008),但是 α 亚基与已知的红、蓝藻 PBP 各种亚基的序列并没有明显的相似性(Gould 等,2007),很可能属于一类进化上独立的特殊 PBP 类型。隐藻 PBP 的捕光系统是比较原始的,甚至早于原核的蓝藻,其中编码隐藻 β 亚基的基因是编码红、蓝藻 α 和 β 亚基的基因家族的祖先。

#### 3.1.2.1 隐藻 PBP 的种类和亚基组成

目前已报道的隐藻 PBP 共有 8 种(陈敏等,2015;Overkamp 等,2014),其中 3 种属于隐藻藻红蛋白(Cr-PE),根据最大吸收峰不同被分别称为 PE-545、PE-555、PE-566;其余 5 种为隐藻藻蓝蛋白(Cr-PC),分别为 PC-570(或 PC-569)、PC-577、PC-612、PC-630 和 PC-645。在隐藻中没有发现 APC 或 PEC。

与红、蓝藻中的$(\alpha\beta)_3$三聚体或$(\alpha\beta)_6$六聚体 PBP 不同(Tandeau de Marsa 等,2003;Samsonoff 等,2011),隐藻中的 PBP 组装为$(\alpha_1\beta)(\alpha_2\beta)$异二聚体,在类囊体腔中以可溶性蛋白形式存在(Gantt 等,1971;Glazer 等,1995)。在隐藻 PBP 中至少含有两种不同类型的 α 亚基和一种 β 亚基,其中 $\alpha_1$ 亚基的分子质量约为 10 kDa;$\alpha_2$ 亚基大小只有红、蓝藻 PBP 亚基的一半左右,为 8～9 kDa;而 β 亚基为 18～20 kDa,与红、蓝藻 PBP 相似(Sidler 等,1985;1990;MacColl 和 Guard-Friar,1983;Overkamp 等,2014)。MacColl 和 Guard-Friar(1983)以及 Sidler 等(1985)发现在酸性条件下对 PC-645 和 PE-545 的亚基进行变性拆分后,均可得到 2 种 α 亚基,其中 $\alpha_1$ 分子质量为 10.4 kDa,而 $\alpha_2$ 分子质量只有 9.2 kDa。高分辨率的 PE-545 晶体结构解析(Wilk 等,1999;Doust 等,2004)以及基因序列分析结果(Broughtona 等,2006)也都证实了 2 种 α 亚基的差异,因此,目前大多认为,隐藻 PBP 的亚基组成为$(\alpha_1\beta)(\alpha_2\beta)$异二聚体。但 Zhang 等(2011)经温和的分子筛色谱法纯化了一种蓝隐藻(*Chroomonas placoidea*)PC-645 异二聚体,经二维电泳后观察到一种新的发光亚基,作者将其命名为 $\beta_2$,与原有的 $\beta_1$(等电点 pI=6.0,分子质量 20.3 kDa)相比,$\beta_2$ 分子质量更小(15～18 kDa),等电点更低(pI=5.7)。$\beta_1$ 亚基再次电泳后并不产生 $\beta_2$ 条带,并且借助尿素拆分后得到的不含 α 亚基的 β 亚基纯化物电泳后也存在 $\beta_1$ 和 $\beta_2$ 条带,因此

认为$\beta_2$亚基不是$\beta_1$降解的产物，也非$\alpha$亚基的聚合物。PC-645中这一新的$\beta$亚基的报道，使人们对隐藻PBP的亚基种类和组成有了新的认识。

3.1.2.2 异二聚体内部的亚基组装

目前对隐藻PBP亚基组装的信息主要来自两个方面，一是晶体结构解析，二是圆二色谱研究。结果显示，以异二聚体形式存在的隐藻PBP形成了极为稳定的四级结构，通常不会被解离为游离的($\alpha\beta$)单体或$\alpha$、$\beta$亚基形式(MacColl等，1998；1995；Harrop等，2014)。据报道，隐藻PBP的单体可以通过开放式和闭合式两种方式组装成异二聚体空间结构(Harrop等，2014)。开放式的PE-555和PC-612异二聚体内部每个单体的亚基接触面积平均为618 Å$^2$和511 Å$^2$，而闭合式的PE-545和PC-645更是达到了1060 Å$^2$和1230 Å$^2$，这说明亚基之间的结合相当牢固(Wilk等，1999；Harrop等，2014；Spear-Bernstein等，1987)。此外，异二聚体中的两个($\alpha\beta$)单体之间的结合可能主要依靠$\alpha$亚基，而$\beta$亚基的脱辅基蛋白之间几乎没有接触(Wilk等，1999)。但由于两个$\alpha$亚基pI值明显不同，尤其是$\alpha_1$亚基的脱辅基蛋白仅比$\alpha_2$多10个氨基酸残基，但是其pI值却相差了几乎2个pH单位。因此在PBP四级结构形成和稳定中，呈碱性的$\alpha_1$亚基与近中性的$\alpha_2$亚基分别发挥着不完全相同的作用。此外，与已报道的$\beta$1亚基(pI=6.0)相比，新发现的$\beta_2$亚基等电点更低(pI<5.7)(Overkamp等，2014)，就此可以推测，异二聚体内部存在的2个$\beta$亚基在结构和功能上也可能存在差异。

PC-645包含8个与四亚基蛋白质支架共价结合的吸光性发色团(Wedemayer等，1992)。它的结构在1.4 Å分辨率下由X射线晶体学确定(Mirkovic等，2007)，如图3-13(a)所示，具有双重对称性。位于蛋白质中心的DBV二聚体(绿色)和位于蛋白质外围附近的两个MBV分子(蓝色)，上升到复合物吸收光谱的上半部(图3-13(c))，被激光脉冲光谱所覆盖。DBV分子C和D之间的电子耦合(约320 cm$^{-1}$)(根据与它们结合的蛋白质亚基标记)导致激发离域，并产生标记为DBV$_+$和DBV$_-$的二聚体电子激发态，即所谓的分子激子态(Scholes和Rumbles，2006)。被二聚体吸收的激发能流向MBV分子。从最接近的DBV，最后到4个藻蓝胆素(PCB，红色)，它们在吸收光谱的较低能量中吸收一半。PE-545的结构(图3-13(b))与PC-645的结构密切相关，只是发色团的类型不同(Doust等，2004；Wilk等，1999)。能量最低的发色团是DBV。该二聚体由藻红胆素发色团PEB′组成，该引物表示它们与该蛋白质双重共价结合。其余发色团为结合的PEB。近似的吸收光谱和能带位置如图3-13(d)所示。

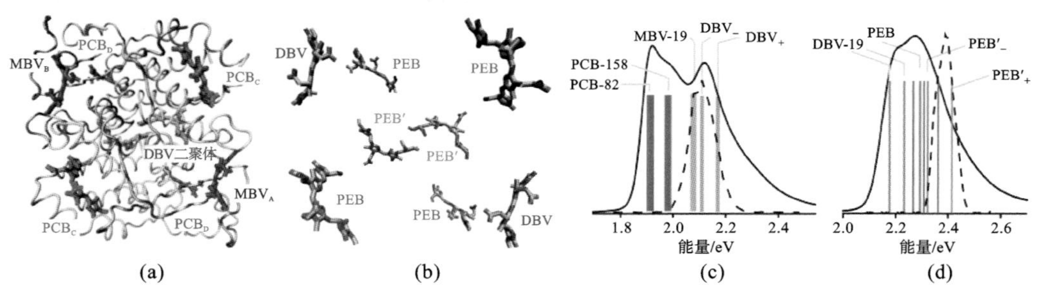


**图3-13 隐藻植物藻胆蛋白的结构和光谱(Collini等，2010)**

(a)PC-645的结构模型。8种光捕获发色团分子的颜色分别为红色(PCB)、蓝色(MBV)和绿色(DBV)。(b)PE-545结构模型中的发色团显示了不同发色团的结合。(c)PC-645在水性缓冲液(294 K)中的电子吸收光谱，彩色条带表示发色团的近似吸收能。(d)PE-545在水性缓冲液(294 K)中的电子吸收光谱，彩色条带表示近似的吸收带位置。超快激光脉冲的光谱在(c)和(d)中以虚线绘制

一种蓝隐藻*Guillardia theta*中以最大吸收峰在545 nm处的PE(PE-545)作为其特有的PBP(Hoef-Emden，2008)。在全蛋白中，一个DHB分子与每个$\alpha$亚基分子共价连接，并且每个$\beta$亚基与三个PEB分子缔合(Doust等，2004；Wilk等，1999)。在红、蓝藻中，藻胆素与PBP载脂蛋白的组装已经得到了广泛的研究(Overkamp等，2014)。通常，藻胆素的生物合成开始于铁氧还蛋白依赖性血红素加氧酶(HO)对血红素的氧解裂解，从而产生第一个开环四吡咯Ⅸ$\alpha$(BVⅨ$\alpha$)(Frankenberg等，2001；Frankenberg-Dinkel等，2004；Wilks，2002)。在铁氧还蛋白依赖性胆碱还原酶(FDBR)催化下，BV进一步减少，从而获得PCB、PEB和植物叶啉(PΦB)(Frankenberg等，2001；Chen等，2012；Dammeyer等，

2008)。藻胆素一旦合成,就会与特定的PBP裂解酶结合,然后促进发色团与apo-PBP中特定的半胱氨酸残基连接(Böhm等,2007;Kupka等,2009;Scheer等,2008)。PBP裂解酶在E/F型、S/U型和T型裂解酶的分类中是可区分的,并且某些E/F型成员具有附加的异构酶功能(Blot等,2009;Shukla等,2012;Zhao等,2000)。

#### 3.1.2.3 隐藻PBP的聚合

隐藻中没有发现APC或PEC,而且每种隐藻只含有一种类型的PBP,因此隐藻PBP不可能组装形成与红、蓝藻PBP类似的复杂结构。目前对隐藻PBP的研究多集中于异二聚体或更小的单体形式,几乎未有隐藻PBP聚合或者组装的报道。至于是否存在类似PBP中的连接蛋白,也没有明确的结论。Lichtlé等(1987)在从一种头孢藻*C. rufescens*中分离出的PE超离心组分中发现了两种分子质量高且无色的蛋白质(97 kDa和87 kDa),由于其分子质量与PBS中的ApcE相近,当时猜测是某种帮助PE锚定于膜上的连接蛋白。

Doust等(2004)认为隐藻PBP亚基不倾向于进一步聚合;但也有报道提出隐藻PBP存在多种不同的形式(Wedemayer等,1991),还可能存在聚合程度更高的PBP复合物,甚至有可能存在棒状结构(Ludwig和Gibbs,1989;Mirkovic等,2009)。因此,分离和获得可能存在的天然状态的PBP复合物,以及比较已取得的溶液中不同形式的PBP,可能会对隐藻PBP聚合或者组装问题的认识带来一些突破性信息。

### 3.1.3 PBS与类囊体膜的组装

红、蓝藻中的PBS在类囊体的基质表面呈平行排列,冷冻蚀刻研究证明了几个含有PBS的类囊体膜在光系统中呈平行排列的状态,并且光系统(PS)Ⅱ之间的距离与PBS的行间距保持一致(Giddings等,1983;Lefort-Tran等,1973)。研究分离出的有活性功能的PBS-类囊体膜的模型,使类囊体膜上的PBS排布方式得到了进一步确认。当然,也有研究表明红藻类囊体膜上的PBS呈随机分布的状态,这种排列状态很有可能是由红藻中相邻的类囊体层紧密地排列在一起导致(Liu,2008)。

与高等植物的类囊体膜相似,红、蓝藻的类囊体膜上存在着3种重要的复合体:PSⅠ、PSⅡ和细胞色素b6f复合体,这3种复合体之间通过几个低分子质量的载体连接。PSⅡ按照2∶1的比例,以二聚体的形式与PBS结合(Arteni等,2008)。由于在PBS核心的内侧存在两个ApcE,PSⅡ通过ApcE与PBS核心的中间部分结合。而且PSⅡ表面的细胞质比较平坦,能够与PBS核心紧密连接。PSⅠ通常以单体或三聚体的形式存在,与PBS核心外围的ApcD结合,PSⅠ表面有3个突起的亚基,因此在与PBS结合时,不如PSⅡ紧密。FNR和PsaF亚基是PBS和PSⅠ连接的桥梁,FNR蛋白的N端与杆末端连接蛋白CpcD同源,位于2个底部杆上;PsaF是PSⅠ上的亚基,是一类跨膜螺旋状蛋白。细胞色素b6f复合体是一类整合在类囊体膜内的三聚体,通过与PSⅠ、PSⅡ等复合体共同作用在光合作用能量传递链中发挥重要作用(Sun等,2010)。

#### 3.1.3.1 PBS与PSⅡ/PSⅠ的连接

具有功能的PBS-PSⅡ复合物已经多次成功地从红、蓝藻中分离出来,PBS与PSⅡ在体内存在着天然的紧密联系。目前,PBS与PSⅡ及PSⅠ的具体关系尚不清楚,但一些线索表明,PSⅡ的某些亚基可能涉及其与PBS的相互作用。红、蓝藻中的PSⅡ包含核心天线蛋白、CP43和CP47(Bumba等,2004;Gardian等,2007)。Chang等(2015)从鱼腥藻*Anabeana*中分离出了完整的PBS-PSⅡ复合物,并通过单粒子电子显微镜结合生化和分子分析进行了探测。他们发现,ApcE和ApcF亚基对于PBS底部突起的形成至关重要,而后者在介导PBS与PSⅡ的相互作用中起着重要作用。PBS和PSⅡ之间的这种紧密联系与先前的报道一致,该报道通过蛋白质交联和质谱分析证明了体内PBS-PSⅡ-PSⅠ巨分子复合物的形成(Liu等,2013)。另一个有趣的发现来自ApcF缺失突变体(Chang等,2015),冷冻电子显微镜(Cryo-EM)数据表明,外围杆附着在PBS核的底部,表明如果周围的杆混杂在一起,ApcF的C端延伸(与ApcB相比)对于建立PBS核的方向性或极性非常重要。这些数据也表明ApcF对于从PBS到PSⅡ的能量转移至关重要(Gindt等,1992;Bryant等,1991),删除ApcF后会消除与PSⅡ相关的PBS接口的结构完整性。

与PSⅠ相比，PSⅡ的俯视图显示出相对平坦的表面（PSⅡ的还原面）（Liu 等，2013；Jordan 等，2001）。在PSⅡ中，每个PSⅡ二聚体中大约有70个Chl a。PBS是红藻和蓝藻中主要的捕光复合物，它含有400多种色素，并附着在PSⅡ还原面上，大大增强了红藻和蓝藻的捕光能力。长期以来，ApcE和ApcD被认为是PBS核心中的终端能量发射器（Bryant 等，1991），它们也将能量直接传递给PSⅡ和PSⅠ（Mullineaux，2008）。一项结合质谱研究的交联实验表明，蓝藻中有两个ApcE的赖氨酸残基与PSⅡ的还原侧结合（Liu 等，2013）。当在PBS核中模拟计算机生成ApcE的PB域时，两个ApcE：$K^{87}$在PBS核上的距离为67 Å，这两个Ks确实位于PB-loop上（Zhang 等，2017；Liu 等，2013）。在PSⅡ还原方面，研究者发现与ApcE交联的氨基酸残基是CP47蛋白中的$K^{227}$。如图3-14所示，两个CP47：$K^{227}$之间的测量值为83 Å，与67 Å相近，通常被认为存在化学交联（Liu 等，2011；Bricker 等，1988；Sinz，2014）。由此得到了以下模型：一个PBS核位于PSⅡ二聚体的顶部，两个ApcE通过PB-loop与CP47接触，通过ApcE：$K^{87}$-ApcE：$K^{87}$和CP47：$K^{227}$-CP47：$K^{227}$，两对穿过赖氨酸的线重叠。两个PBS核心基础圆柱体不同于PSⅡ的基质侧形成的完美平坦的表面。相反，只有ApcE的PB-loop倾向于接触CP47，其远端会上升成锐角（倾斜）。两个基底圆柱体倾向于形成锐角X形，其中一个包含ApcE和ApcF的三聚体接触平坦的PSⅡ基质侧的表面，基底圆柱体的远端从平坦的PSⅡ基质侧向上升，与含有ApcD的三聚体相反，它趋向于靠近类囊体膜。先前研究还表明，PSⅠ与PBS核交联（Liu 等，2013）。PsaA的N端结构域有较长的环，其更具有灵活性。但是，此模型（图3-14(g)）不与其他模型相斥，此模型似乎存在允许所有三种色素蛋白复合物（即PBS、PSⅠ、PSⅡ）接近并形成巨大实体的结构基础，从而促进能量转移和调节。

#### 3.1.3.2 核膜连接蛋白（$L_{CM}$）

核膜连接蛋白（$L_{CM}$，又称为ApcE）是PBS中分子质量最大的色素蛋白，在PBS中发挥着重要的作用，其不仅可以作为PBS的末端能量发射器参与光系统的能量传递，其PB结构域和Rep序列可以分别参与PBS核中三聚体以及三聚体之间的组装，ApcE还可以作为锚定蛋白，协助PBS与类囊体膜连接。此外，ApcE可能还与PBS的状态转换以及OCP依赖性的非光化学猝灭过程有关。由于ApcE在PBS中含量较少，同时有着多元化的结构域，这些结构域之间互相联系又相互独立，并且亲水/疏水性质差别很大，所以很难通过分离纯化的方式得到高纯度的ApcE，因此关于其结构和功能的深入研究也一直是藻类光合作用中的热点和瓶颈。

研究人员通过基因敲除研究了ApcE的功能作用：缺乏*apcE*基因的蓝藻藻株无法实现PBS的组装（Bryant 等，1991）。目前有几种尝试通过定点诱变删除ApcE发色团的方法，如用丝氨酸取代结合藻蓝蛋白的Cys190残基（Gindt 等，1992；1994）。但是，在这些突变体中，发色团与ApcE中相应的接口非共价结合。它的荧光发射峰从680 nm红移至710～715 nm，就像来自FARLiP蓝藻中的ApcE2一样（Ho 等，2017）。在另一种缺失整个PB结构域的ApcE突变体中，组装的半圆盘形PBS无法与类囊体膜缔合，因此细胞失去了PBS依赖性功能（Elanskaya 等，2018）。同时，在室温下的稳态荧光和吸收光谱研究未显示出缺乏PB-loop对集胞藻PCC 6714中PBS组装或能量转移功能的影响。

**1. Rep序列**

ApcE作为连接蛋白，参与PBS的连接，其C端有类似于连接蛋白的区域，学术上命名为重复（repeat，简称Rep）序列（Ducret 等，1998），它们和连接蛋白的功能相似，主要用于连接组成PBS核的圆盘（该圆盘主要由APC三聚体组成）（Capuano 等，1993）。在集胞藻PCC 6803中有3个这样高度保守的Rep序列，具有75%～95%的同源性（Ducret 等，1998）。在ApcE中，Rep序列的高度保守性对研究PBS核复合物的组装具有重要的作用（Ducret 等，1998；Yamanaka 等，1980）。在1～240位氨基酸和Rep序列之间、Rep序列与Rep序列之间存在着被称为手臂（Arm）的序列（Capuano 等，1993），因此从ApcE的N端开始，其结构域依次为1～240位氨基酸、Arm1、Rep1、Arm2、Rep2、Arm3、Rep3和Arm4，并且ApcE的不同Rep序列负责PBS核的不同圆柱状筒的组装（Ajlani 等，1998b）。

**2. PB结构域**

ApcE氨基端（N端）的1～240位氨基酸序列与PCB共价结合在一起（Zhao 等，2005），其结构类似

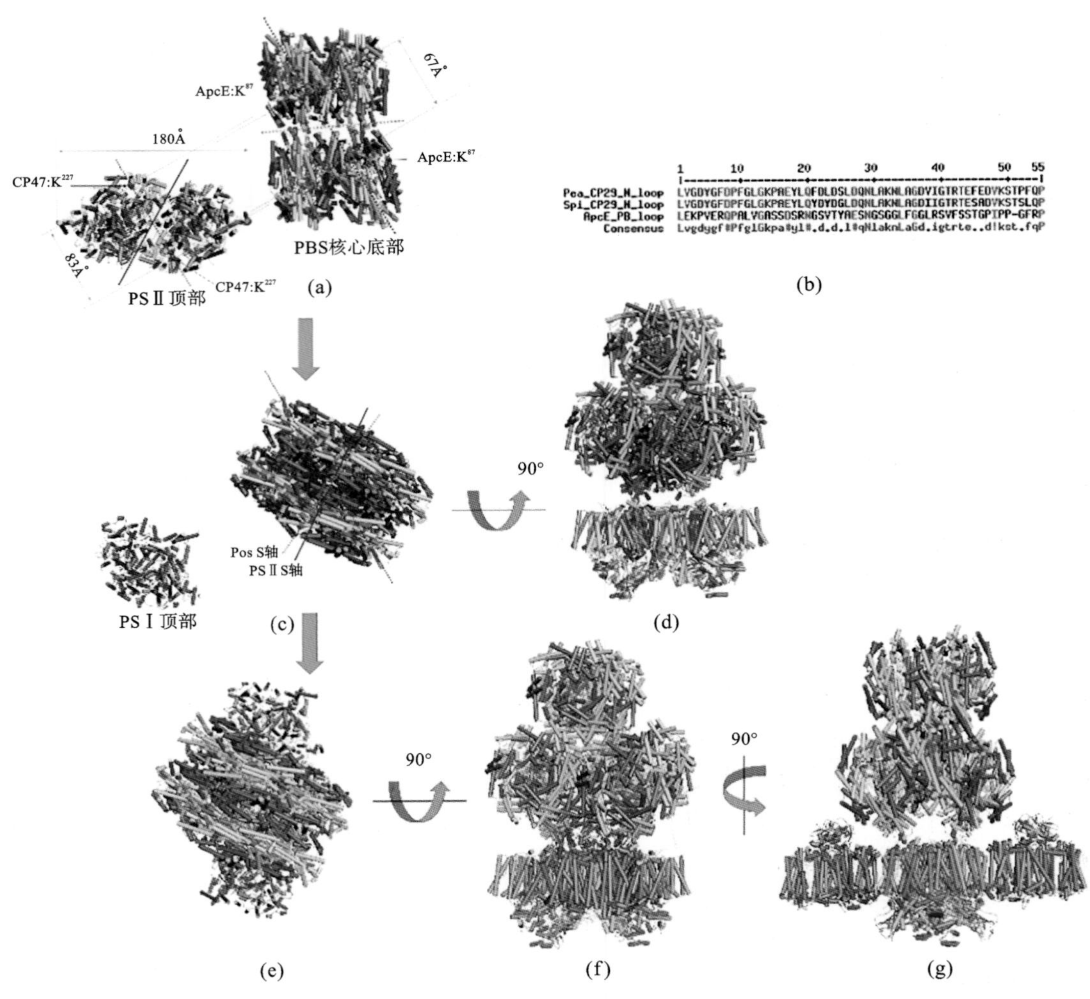


**图 3-14 蓝藻复合体的结构模型(Liu 和 Blankenship,2019)**

(a)蓝藻 PSⅡ(俯视图),对称轴(红线)。二聚体 PSⅡ中有两个 CP47:$K^{227}$(红色球体),对齐线(红色虚线)。PBS 核心底部视图,ApcA(小麦色)、ApcB(蓝色)、ApcF(浅紫色)、ApcE(绿色),ApcE:$K^{87}$(红色球体)。标有两个 CP47:$K^{227}$之间和两个 CP47:$K^{227}$之间的距离。(b)CP29 的环区域和 ApcE 的 PB 环(PB-loop)的序列比对。(c)覆盖通过重叠轴引导的 PSⅡ二聚体的 PBS 核的俯视图。(d)PBS 核-PSⅡ的侧视图,PSⅡ完全拉伸。(e)PSⅠ通过 ApcB 和 PsaA 的交叉连接与 PBS 核对接(Liu 等,2013),俯视图。(f)PBS-PSⅡ-PSⅠ的侧视图,PSⅡ完全拉伸。(g)PBS-PSⅡ-PSⅠ的侧视图,PSⅠ在远侧。PDB ID:PSⅡ(3wu2),PSⅠ(1jbo)

于 APC 中的 α 亚基,参与 PBS 核的组成(Anderson 和 Eiserling,1986),学术上称为藻蓝蛋白结构域。该结构域包含与色素 PCB 连接的特殊半胱氨酸位点 Cys 195,在 660 nm 处表现出其特征吸收峰,在 670 nm 处存在其荧光特征峰(Zhao 等,2005),其与 PBP 的 α 和 β 亚基家族的蛋白质序列的同源性为 47%~55%。磷酸化的藻蓝蛋白结构域取代了位于 PBS 核心圆柱基底中的一个 αAPC(位于中间 APC 三聚体上),同源序列比对分析结果可知,在其第 80~150 位氨基酸处存在一类长为 50~70 位氨基酸的非结构化 loop 区域(PB-loop 结构),该区域与 PBS 的其他部分高度不同源,不结合 PCB 且不参与 PBS 的组成(Lundell 等,1981),推测它可能是从 PBS 核表面伸出的一种特殊的结构,能够起到将 PBS 锚定在光合作用膜上的作用(Capuano 等,1991;Bryant,1988)。

### 3.1.4 藻胆蛋白的活性构象

由于 PBP 在可见光区和近紫外区都有明显的特征吸收峰甚至荧光发射峰,其色基作为一个天然内标,与蛋白质之间的结合状态以及蛋白质所处的内部微环境的微小变化,都可以在光谱上呈现出来。当

细胞内环境发生变化时,PBP会被影响,从而使其构象发生变化。就PBP而言,在其构象发生变化时其能够继续起到捕获和传递光能的作用,这对不同类型藻类在逆境条件下的生存是非常重要的。目前已经解析了多种类型藻类中的PBP晶体结构,这提供了PBP在平衡状态下的静态结构信息。在生理条件下,PBP在溶液中的构象可保持其生理活性。由于晶体结构只能为PBP众多可能的构象提供一种静态信息,因而Liu等(2009)提出了PBP活性构象的概念。Liu等(2009)将PBP的晶体结构与PBP在溶液中活性构象的动态变化结合在一起进行分析,以期阐明在溶液中具有功能活性的PBP的结构与功能的动态关系。

#### 3.1.4.1 别藻蓝蛋白

别藻蓝蛋白(APC)是PBS核心的主要成分之一,吸收光能后可以将能量传递到类囊体膜上的光反应中心,在光合作用中发挥着重要作用。苏海楠(2010)研究了溶液变化对螺旋藻中的APC光谱性质的影响。其中,在pH 4～6时,APC在650 nm处的最大吸收峰的峰形和峰值几乎保持稳定(图3-15)。当pH降低至4以下时,其在650 nm处的吸收峰完全消失,吸收峰蓝移至620 nm。在碱性环境中,即pH升高至11时,APC在650 nm处的特征吸收峰也完全消失。使用荧光发射光谱表征APC的光能传递能力,发现APC的特征发射光谱峰位于660 nm处,由于其pH保持在4～10时能够稳定维持其荧光发射光谱的强度,这表明其具有稳定的光能传递能力。通过圆二色谱检测APC的二级结构,发现APC主要的结构仍为α螺旋,但是随着溶液pH的变化,α螺旋的含量也产生了一定程度的变动。同时研究人员还发现APC能够稳定地维持住其具有活性功能的三聚体形式。光谱结果还说明在一定的pH范围内,APC对光能的吸收和传递能力仍能保持相对稳定,此时APC能够维持其三聚体形式,但其二级结构在一定程度上发生变化。在比较极端的pH条件下,APC三聚体会发生解聚,此时其二级结构发生剧烈变化,同时APC对光能的吸收和传递能力被迅速破坏。APC的晶体结构显示,其α和β亚基的直接相互作用面上存在一些关键的相互作用位点,可能正是通过这些相互作用位点,APC才能够在其局部结构发生构象变化时,仍能保证蛋白质基本架构的稳定性,从而在光合作用中稳定地发挥作用。

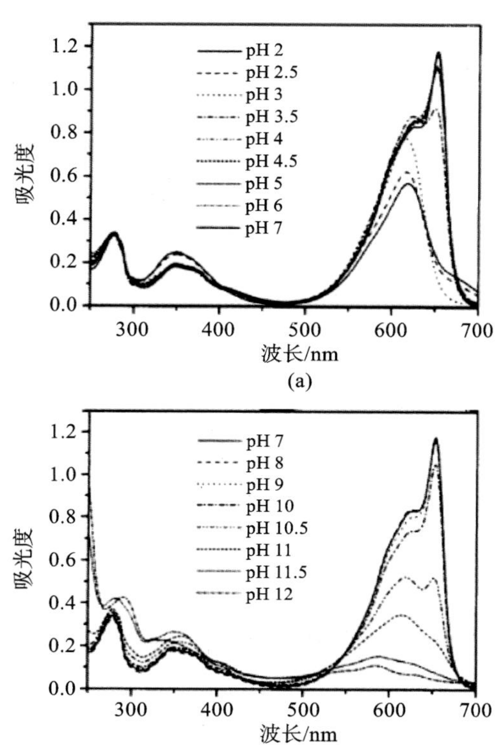


**图3-15 溶液pH对别藻蓝蛋白吸收光谱的影响(苏海楠,2010)**

(a)pH 2～7;(b)pH 7～12

#### 3.1.4.2 藻红蛋白

藻红蛋白(PE)作为一类捕光色素蛋白,它直接暴露在藻细胞中,因而其结构和功能很容易受到细胞质或类囊体基质环境变化的影响。因此,就PE而言,当环境变化造成其蛋白质构象发生柔性变化时,如何维持其生理功能的稳定性将发挥重要的作用。在光合作用的过程中,常常会产生大的跨膜质子梯度。细胞生长环境的改变,比如瞬间增长的光强,会影响电荷跨膜流动,从而造成类囊体膜周边环境的暂时波动。

Liu等(2009)对此进行了研究,R-PE的三聚体与三聚体之间的结合面和周围表面的静电性质,从图3-16中可以清晰地看到,相比于周围的表面,三聚体内部的相互作用面存在较大范围的带电范围。这表明三聚体之间的识别主要依靠正电氨基酸和负电氨基酸之间的静电吸引,而环境pH导致的R-PE的变性过程中,色基-蛋白质复合体构象发生了改变且脱辅基蛋白之间的距离发生了变化。Liu等

(2009)发现,PE 光谱的偏移可能是由于 pH 变化引起蛋白质骨架结构的变化而导致色基位置发生变化。而且,对维持色基构象稳定起重要作用的羧基也受 pH 变化的影响(Martinez-Oyanedel 等,2004)。尽管 PE 的构象可以在一定程度上发生柔性变化,但是这几乎不影响其光能吸收和传递的能力,即 PE 在保证其生理功能稳定的情况下,其蛋白质骨架可能由于不同的环境条件产生一定程度的柔性变化。同时,需要特别提醒的是,此时 PE 内部能量传递的能力并没有受到影响,其末端能量转移能力的下降则会减少其向相邻 PE 或 PC 中进行能量传递。

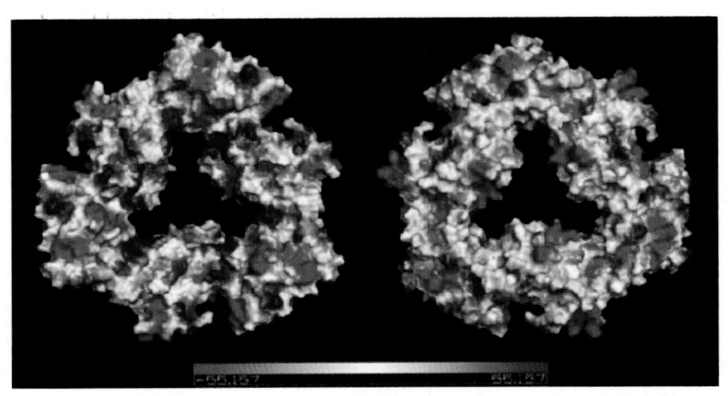


**图 3-16 R-PE 中$(\alpha\beta)_3$三聚体表面静电性质的表示(Liu 等,2009)**

左,三聚体-三聚体相互作用面;右,三聚体的外围表面。静电单位为 kbT/ec。在相互作用的$(\alpha\beta)_3$三聚体表面比在外围$(\alpha\beta)_3$三聚体表面发现了更多带电荷的氨基酸

Su 等(2010)对多管藻 PE 的活性构象和去折叠过程中的光谱性质进行了研究,发现在 pH 为 3.5～10 的条件下,PE 中色基的构象、光吸收能力较为稳定,荧光发射能力也能保持稳定,并且在此条件下,PE 的各种二级结构含量虽有小幅波动,但仍然主要为 α 螺旋结构,几乎没有 β 折叠,转角和无规卷曲结构的含量小幅波动(图 3-17)。在 pH 小于 3.5 的酸性环境中,芳香族氨基酸暴露出来。在碱性环境中,即 pH 升高到 10,PE 构象的变化使其色基产生了一定程度的改变,该过程可能与色基的去质子化过程有关。在 pH 比较极端的条件下,PE 的荧光发射能力消失。当在酸性(pH<3.5)或碱性(pH>10)条件时,PE 中的 α 螺旋结构减少,β 折叠和无规卷曲结构则大量增加。在这种极端条件下,尤其是碱性条件下,PE 中的 PEB 发色团要比 PUB 发色团更容易受到环境变化的影响。通过分析推测,PE 在二级结构发生一定程度扰动时,仍能够稳定保持对光能的吸收和传递能力。随后 Sun 等(2010)分析了 PE 的晶体结构,发现与其他 PBP 相似之处是,在 PE 的 α 和 β 亚基之间的相互作用面上存在一些相互作用较强的位点,这使 PE 分子能够以稳定聚集态存在于溶液中。当外界环境对 PE 产生影响时,PE 执行功能的区域也能够在一定程度上维持其稳定性,从而维持其能量吸收和转移的能力。PE 的非关键区域具有一定的柔性,当其结构受到干扰时会产生一定程度的柔性变化。通过分析 PE 在不同 pH 下的光谱动力学变化,发现 PE 内部的能量转移并不会因为溶

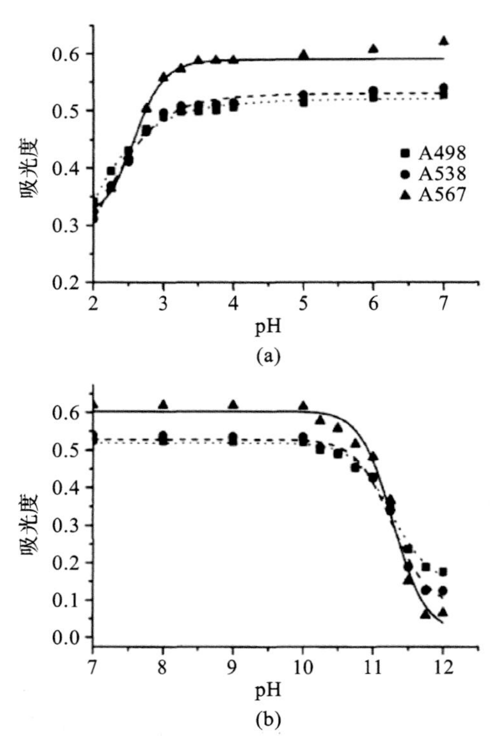


**图 3-17 藻红蛋白可见光区吸光度随溶液 pH 的变化(苏海楠,2010)**

(a)酸性环境;(b)碱性环境

液 pH 改变造成 PE 变性而受到影响。但是在极端 pH 下，PE 不仅会完全变性，其光谱性质也发生了不同程度的变化，在酸性和碱性条件下变化修饰的方式也有所区别。

3.1.4.3 藻蓝蛋白

藻蓝蛋白(PC)位于 PBS 杆的末端，吸收到 PE 传递来的能量后，紧接着将其传递到 PBS 核，然后 PBS 核再通过末端将能量传递到光反应中心。在集胞藻中还发现了一种例外的情况，Kondo 等(2005；2007；2009)报道称，集胞藻中的 PC 组装成杆状结构后，在连接蛋白的介导下，直接与光反应中心相连。这种情况下，PC 就会把自身吸收的能量直接传递给光系统。由 PC 组成的 PBS 杆显著提高了 PBS 吸收能量的能力，这为红、蓝藻的生长发育提供了必需的能量。PC 与 PE 相同，均直接暴露在藻类的细胞质或类囊体基质中。当藻类细胞质或其叶绿体中的内环境发生改变，而且该变化对 PBS 造成了影响时，这个影响会首先作用于 PC。相比之下，APC 由于位于 PBS 核的位置，在 PBS 杆的保护下，受细胞内环境变化的影响较小。

与 APC 相似，PC 的分子质量也在 110 kDa 左右，它是一类水溶性的色素蛋白。在体外，PC 主要以三聚体$(\alpha\beta)_3$的形式存在，其 α 亚基的 α84 位点和 β 亚基的 β84 位点处的氨基酸残基各结合了一个 PCB 发色团，除此之外，在 β 亚基的 β155 位点处的半胱氨酸上还结合了一个 PCB 发色团(Adir 等，2006)。由于这个 PCB 发色团的存在，聚集状态下 PC 的外表面比 APC 多了一个暴露于溶液环境中的色基分子。由于这个色基的存在，PBS 在杆与杆之间的能量传递成为可能。由于结合了藻蓝胆素，PC 呈现出良好的光能吸收和传递性质。一般情况下，PC 在 620 nm 处存在一个最大吸收峰，该吸收峰的位置可能会由于藻种类型、是否结合有连接蛋白等原因存在细微区别。PC 荧光激发光谱的最大发射峰位置一般在 639 nm 处。当 PC 的三聚体结构被解离为(αβ)单体时，其吸收光谱最大吸收峰的位置蓝移至 615 nm 处(Kupka 和 Scheer，2008)，单体的荧光性质类似于三聚体的荧光性质，与三聚体相比，其最大荧光发射峰仅发生了几纳米的蓝移。在体外将 PC 继续拆分之后，其 α 亚基的最大吸收峰位于 619 nm 附近，β 亚基的最大吸收峰则位于 605 nm 附近(Kupka 和 Scheer，2008)。

苏海楠(2010)对 PC 在不同溶液 pH 影响下的结构与功能的动态变化进行了研究(图 3-18)。在中性的环境下，PC 的最大吸收峰位于 620 nm 处；在酸性环境下，PC 表现出复杂的变化过程，其最大吸收峰从 620 nm 处蓝移至 615 nm，但是可见光区的吸收峰面积没有减少反而有所增加。pH 为 3.5～10 时，PC 仍能稳定地吸收光能，PC 荧光激发光谱也反映了其在该 pH 范围之内可以保持稳定的光吸收能力。PC 荧光激发光谱的最大发射峰位于 639 nm 左右，其荧光发射峰的峰位根据 pH 变化产生细微的移动，但是峰值变化较小，这反映了其在能量传递中能够保持稳定。他使用可见光区的圆二色谱分析了 PC 在 647 nm 处肩峰的谱线变化，发现当 PC 的功能维持稳定时，其聚集状态也能够保持稳定。而后他通过紫外区圆二色谱研究了 PC 二级结构的动态变化过程，发现 PC 中的二级结构主要为 α 螺旋，在不同的 pH 下，尽管 PC 的功能和聚集状态均保持稳定，但其二级结构中 α 螺旋的含量仍产生一定程度的波动。总的来说，PC 的光谱结果分析表明，PC 在一定的 pH 范围内，能够保持其天然的聚集状态，同时其对光能的吸收和传

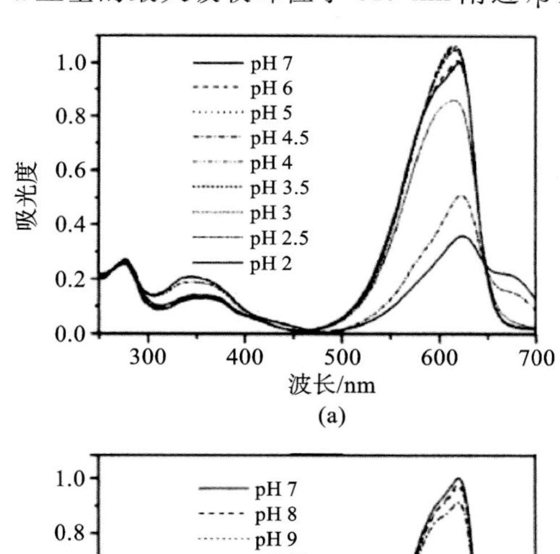


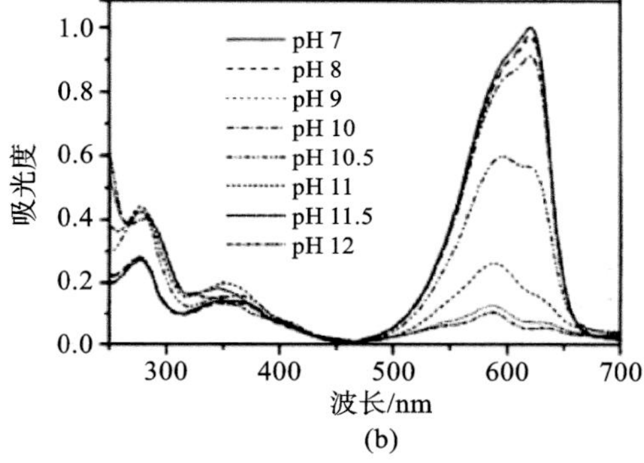


**图 3-18 溶液 pH 对藻蓝蛋白吸收光谱的影响(苏海楠，2010)**

(a)pH 2～7；(b)pH 7～12

递在一定范围内也能够保持相对稳定,尽管此时其二级结构发生了一定程度的变化。通过对 PC 晶体结构的研究发现,PC 分子内部的 α 和 β 亚基之间维持聚集状态的一些相互作用区域中存在一些关键的作用位点。通过这些相互作用的位点,PC 得以维持稳定的聚集状态,此时 PC 结构中的一些非关键区域的肽链构象表现出一定程度的柔性变化。

#### 3.1.4.4 隐藻藻胆蛋白

目前,研究者借助 pH 变化、加入去污剂或者变性剂等,改变藻胆蛋白(PBP)溶液环境,同步监测吸收光谱、荧光光谱或圆二色谱等的变化,用于分析多种隐藻 PBP 的构象稳定性和柔性。MacColl 等(1998)报道了温度变化对隐藻 PBP 构象的影响,认为低温情况更有利于隐藻 PBP 的稳定:在 10～20 ℃,PE-545 和 PC-645 都保持二聚体状态,吸收光谱、荧光光谱和圆二色谱稳定;40～50 ℃时,PBP 呈单体和二聚体混合形式;50 ℃以上时,PE-545 光谱出现不可逆变化;60 ℃以上时,PC-645 完全变性。隐藻 PC-645 和 PE-566 在 pH 4 的条件下或者加入 0.3 mol/L 以上浓度的 NaSCN 时,PBP 异二聚体可解聚为单体,但是吸收、荧光性质和二级结构都没有明显变化,只在圆二色谱的可见光区有所反映;当恢复到 pH 6 时,单体还可以恢复二聚体状态(MacColl 等,1995)。李文军等(2013)从一种蓝隐藻 *Chroomonas placoidea* 中提取了 PC-645,发现 PC-645 的构象在 3 mol/L 浓度的尿素中变性 24 h 后基本保持稳定,光谱特性没有质的变化。除去尿素后,可在 2 h 内基本复性。同时,PC-645 在很宽的 pH 范围(pH 3.5～10)表现出构象与功能对环境变化的高度适应性:在 pH 3.5～7 时,吸收光谱和荧光光谱都比较稳定,显示蛋白质构象和功能在此区域都保持正常;而在 pH 7～10 时光吸收依然保持平稳,说明亚基内部的色基的状态和疏水微环境都没有改变,但荧光传递效率降低,可能是由亚基表面局部构象变化、解离(四级结构变化)或者色素基团间的空间距离变化引起。隐藻 PC-645 的两种 α 亚基均含有大量的碱性氨基酸,其中 $\alpha_1$ 亚基 pI 大于 9,说明这些碱性残基大多位于蛋白质表面,隐藻 PE-545 就存在一个由 α 亚基组成的,处于 PE-545 内部的亲水空腔(Wilk 等,1999);而 PC-645 的 β 亚基 pI 为 5.7～6.0,偏酸性。显然在隐藻 PC-645 两种亚基聚合或者四级结构形成中,除了疏水力之外,静电相互作用也可能扮演着重要角色。pH 变化可影响氨基酸残基的解离,从而影响如离子键等静电相互作用而导致蛋白质变性;尿素既可以作为质子受体也可作为质子供体用于形成氢键,从而使蛋白质的肽链伸展(Thoren 等,2006)。PC-645 能在广泛 pH 条件下保持能量传递功能稳定,并且在低浓度尿素中维持吸收状态较长时间不变,说明其亚基结构相当致密,并且四级结构稳定。由于 PC-645 在酸性区变性的临界 pH 为 3～3.5,接近羧基侧链的解离区段,推测酸性 β 亚基上的羧基侧链可能参与了亚基之间关键作用的发挥过程,当环境 pH 低于羧基的 $pK_a$ 时,大部分羧基质子化而失去负电荷,导致蛋白质空间结构崩溃、解体。结构决定功能,功能又是结构的反映,通过对 PC-645 活性构象的研究,可为 PC-645 晶体的解析提供重要参考,也可以更加动态地理解隐藻 PBP 在生理条件下结构与功能之间的联系。

隐芽藻属于深水藻类,PBP 对 10～20 ℃低温的适应与隐藻所处的生长环境有关。而 PC-645 在酸性条件下比碱性时更稳定,则与隐藻 PBP 所处的特殊生理环境有关。隐藻 PBP 处于类囊体腔内,不像红、蓝藻 PBP 附着在类囊体膜的外表面,与叶绿体基质相接触。在光合作用的光反应过程中,光驱动电子传递使叶绿体基质 pH 增大,而类囊体腔则逐步酸化,所以对于隐藻 PBP 而言,在酸性条件下维持结构的稳定是保证其功能的前提。

**1. 隐藻藻胆素在构象稳定中的作用**

在一种隐藻 *Chroomonas mesostigmatica* 中,光合作用的第一步是在其光捕获色素蛋白复合物 PC-645 中高量子效率地将太阳光子能超快速转换为电子激发能(Ghosh 等,2017;Dean 等,2016)。发色团与它们周围的蛋白质支架之间的结构的相互作用推动了这一现象的出现,该相互作用调节了色素蛋白的光物理性质。色素蛋白复合物是高度水溶性的,在类囊体腔中被发现(Mirkovic 等,2015)。PC-645 中的大多数藻胆素之间没有范德瓦耳斯力的作用;含有多甲藻素和叶绿素 a 的钱包状空腔是由单个多肽的 14 个 α 螺旋形成的,而藻胆蛋白 PC-645 具有包含 4 个多肽的四级结构。

藻胆素及其驱动的局部蛋白质环境之间存在非共价相互作用。这些非共价相互作用建立并维护了

发色团的构象，从而影响了它们的电子性质(Uyeda 等，2010；Curutchet 等，2011；Mennucci 等，2011)。这些色素蛋白复合物中的传统能量转移模型采用了经典模型，发色团周围的环境被认为是谐波振荡器的“浴场(bath)”(Mukamel 等，1999)，或者是作为电偶极矩的分布处(Curutchet 等，2011)。但是其不能捕获由非共价相互作用中的动态电子相关性所引起的量子力学现象——London 分散力理论(Eisenschitz 等，1930)。因此可以通过考虑这些非共价相互作用来实现伴随激发能量转移的结构相互作用。非共价相互作用的计算大致分为两种方法——超分子和微扰(Hohenstein 等，2012)。在超分子方法中，相互作用能是通过从总能量中减去单个单体的能量来得到的。微扰方法则是将相互作用能视为微扰进行直接计算。

Zi 等(2019)通过 PDB PoseView 确定了 PC-645 各个发色团中的非共价相互作用及其 4 个基本物理层面。PoseView 是一款基于以下 5 种分子成分之间的相互作用来自动生成分子复合物的二维表示软件：氢键，金属相互作用，π-阳离子相互作用，π-π 相互作用和疏水相互作用。这 5 种相互作用中的每一种都可以被视为对非共价相互作用的 4 种基本物理层面的组合。PoseView 不能绘制出每个发色团的整个结合，因此，并不是每个发色团周围的所有非共价相互作用都被考虑在内。由于非共价相互作用的非加性，其不能完全代表蛋白质中的能量。尽管每个发色团周围结合口袋的表示不完整，但每个亚结构呈现的总的非共价相互作用能接近或达到典型的共价键强度(约 100 kcal/mol)(Lewis 等，1916；Heitler 等，1927)。由此可知，非共价相互作用在维持这些光合色素蛋白质触角的结构完整性中发挥重要作用。

静电相互作用在 PC-645 的藻胆素与周围氨基酸之间的总体非共价相互作用中起到了重要贡献；就绝对量而言，静电相互作用比 PCB 和 MBV 之间的交换作用、诱导作用和分散作用要强两倍。PC-645 中 DBV 的静电相互作用几乎是最大的。Zi 等(2019)提出在藻胆素和 PBP 周围的氨基酸之间的总的非共价相互作用中，静电的支配力与甲藻中的捕光复合物蛋白(PCP)之间分散的能量分布明显不同，这可能是由于与多甲藻素和叶绿素 a 相比，藻胆素中普遍存在带电荷且有极性的化学官能团。这种普遍性可以认为是使 PC-645 具有高水溶性结构、功能的原因。

比较它们在 PC-645 晶体结构(包括被困的水分子)中的位置发现，与 DBV 相比，PCB 和 MBV 更加暴露于溶剂环境中。尽管 Zi 等(2019)在计算过程中没有纳入这些水分子的影响，但与 DBV 相比，PCB 和 MBV 与周围氨基酸之间具有更强吸引力的非共价相互作用，这表明 PCB 和 MBV 与水分子之间的非共价相互作用可能很大。在图 3-19 中观察到的大的非共价相互作用很可能有助于克服发色团与水性环境之间的相互作用，从而使蛋白质结构稳定。

**2. pH 对隐藻 PBP 活性构象的影响**

隐藻 PBP 对 10～20 ℃低温的适应性与隐藻所处的生长环境有关。而 PC-645 在酸性条件下比碱性时更稳定，这与隐藻 PBP 所处的特殊生理环境有关。隐藻 PBP 处于类囊体腔内，不像红、蓝藻 PBP 附着在类囊体膜的外表面，与叶绿体基质相接触。在光合作用的光反应过程中，光驱动电子传递使叶绿体基质 pH 升高，而类囊体腔则逐步酸化，所以对于隐藻 PBP 而言，在酸性条件下维持结构稳定是保证其功能的前提。李文军(2013)发现不同浓度硫酸铵沉淀得到的不同聚合状态的 PC-645 的 α 和 β 亚基的含量并不相同，随着硫酸铵饱和度的增加，β 亚基所占比例逐渐增加，α 亚基所占的比例逐渐减少，可见在不同饱和度硫酸铵条件下沉淀的 PC-645，所含的 α 和 β 亚基的比例不完全相同，因此造成疏水性质的不同。由等电聚焦和蛋白质序列可知，α 亚基含有大量碱性氨基酸，而 β 亚基则偏酸性，从 PC-645 亚基含量的变化可以推测静电力可能在(αβ)单体组装过程中起到重要作用，并且亚基的组装处于一个动态过程。

由于发色团被来自不同多肽链的氨基酸包围，因此发色团除了具有光捕获功能特性外，还是保持藻胆蛋白四级结构完整性的积极参与者。PC-645 发色团在生理条件下会完全质子化，并且质子化状态的变化会导致它们在折叠和未折叠构象之间转换时参与其中。通过向质子素的吡咯胺和羧基中添加质子，模拟在太阳光强度较高的时段类囊体腔内 pH 降低时可能发生的过程(Turner 等，2012；Laos 等，

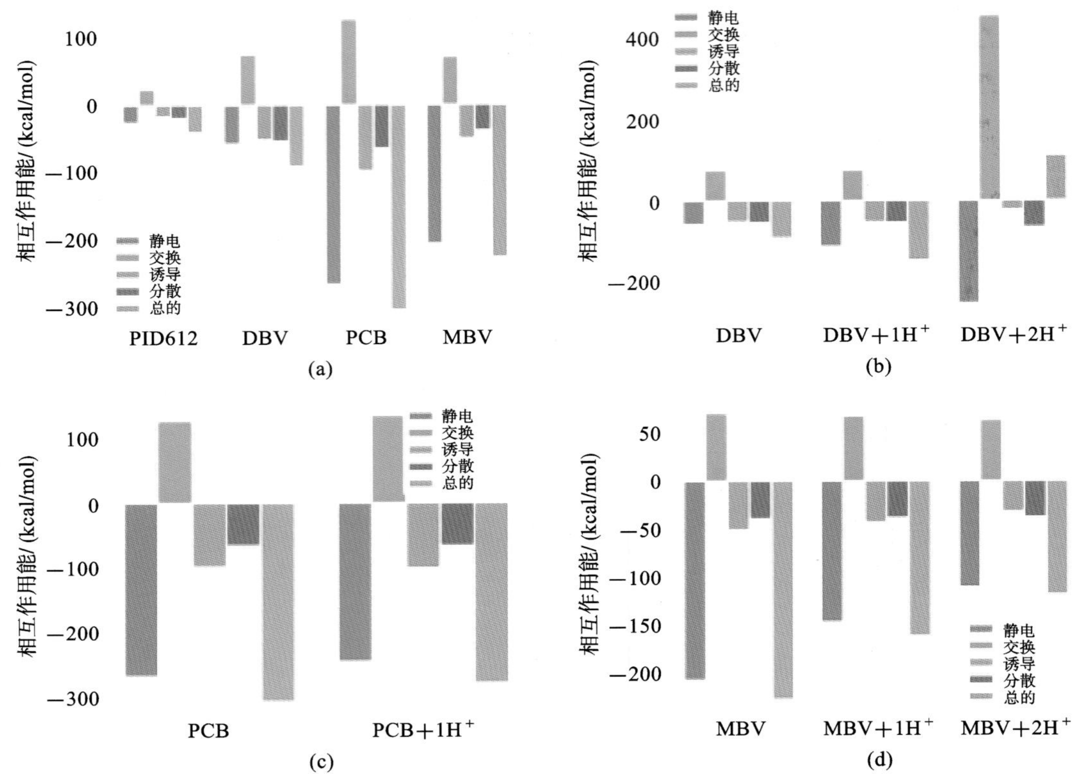


**图 3-19　sSAPT0/jun-cc-pVDZ 水平下 PCP 和 PC-645 中发色团与周围氨基酸(由 PoseView 确定)之间的相互作用能(kcal/mol)(Zi 等,2019)**

(a)比较 PID612 和 PC-645 中的发色团;(b)DBV;(c)PCB 的质子化对非共价相互作用的影响;(d)MBV 的质子化对非共价相互作用的影响

2017)。Zi 等(2019)指出,在非质子化的几何形状下使用质子化的发色团进行 SAPT 计算得到的结果可反映出质子化立即产生的力。首先处理氨基,因为它们很可能在 pH 降低时最先被质子化,此时观察到 PC-645 的三种藻胆素之间总的相互作用能下降,但仍然具有吸引力(Turner 等,2012)。这表明在生理条件下,藻胆素可能在氨基上保持完全质子化,前提是假设弱化但具有吸引力的非共价相互作用不会显著改变整体 PC-645 结构(Corbella Morató 等,2018)。

假设太阳照射逐渐增强,导致羧基也被质子化(Zi 等,2019)。在最接近 Tyr18B(第 18 个氨基酸,是多肽链 B 上的酪氨酸)和 Lys40A 的羧基质子化后,包含 MBV 的静电相互作用和总的非共价相互作用降低至之前的 1/2。同时,交换和诱导相互作用分别降低了 7.40 kcal/mol 和 18.68 kcal/mol。这可能反映了质子化后电子波函数的空间范围减小。分散相互作用在 1.42 kcal/mol 处显示出最小的减少幅度。在 DBV 中,由于在最接近 Ala136B 和 Ile133B 的羧基上进行质子交换时相互作用增强了 6 倍,有吸引力的静电相互作用几乎增加了 4 倍,总的非共价相互作用呈排斥性。因此,由于整体的排斥性非共价相互作用,整个 PC-645 结构在极低的 pH 下可能会破裂,从而导致蛋白质变性(Laos 等,2017)。由于未质子化的藻胆素的电荷为−2,因此藻胆素的质子化作用降低了该负电荷的强度,这使得藻胆素和水性溶剂之间的水合自由能降低。在类囊体腔内低 pH(在强太阳光下)的质子化状态(在无质子化的几何结构下)下,属于不同的多肽链的 MBV 和 DBV 周围的氨基酸,将转向由排斥性非共价相互作用驱动的天然四级构象并降低水合自由能。与早期报道过的低 pH 条件下,藻胆蛋白发生变性的机制相吻合(Laos 等,2017)。

# 3.2　藻胆体的能量传递

PBP是存在于红、蓝藻和部分隐藻中的主要捕光复合物，其依靠结合的藻胆素来捕获光能，藻胆素的光谱特征直接决定了PBP可捕获的光能范围。因此，PBP如何收集光能并依照何种方式和途径在多种色基之间传递能量，最终传递给反应中心用于光合作用，是需要了解的关于PBP结构与功能的核心问题。

## 3.2.1　光合作用中的能量传递机制

目前，有3种无辐射能量传递的理论可以用来描述光合作用过程中的能量传递过程：Föster能量传递机制、激子耦合机制，以及相干态能量传递机制。

### 3.2.1.1　Förster能量传递机制

Förster能量传递机制是指在色素体系中，被光激发的色素分子会引起高能电子的振动，从而使附近分子中的某个电子发生振动，并发生电子激发能的传递。此时，第一个分子中的激发电子停止振动，而第二个分子中的电子则被激发，第二个分子可以按照同样的方式激发下一个分子，按照该模式持续下去。这是一种依靠电子振动在分子间传递能量的方式(Föster，1965；1967)。

该机制的激发态能量传递过程是由两个单线激发态的分子的光谱之间的共振重叠而产生的。在这个过程中，能量传递的效率主要由能量供体分子的发射量子产率、在发射的光路中受体分子的数量、受体分子的消光系数，以及供体的发射光谱与受体的吸收光谱之间的重叠这几个因素来决定。Förster能量传递机制可以表示成(Förster，1948；Sener等，2011)：

$$K_{\mathrm{ET}} = \frac{4\Pi}{3h}\frac{\mu_{\mathrm{D}}^{2}\mu_{\mathrm{A}}^{2}}{R_{\mathrm{DA}}^{6}}J_{\mathrm{DA}} \tag{3-1}$$

式中：$K_{\mathrm{ET}}$为能量传递的效率；$\mu_{\mathrm{D}}$和$\mu_{\mathrm{A}}$分别是供体和受体的电子偶极矩，是供体和受体分子之间的距离；$R_{\mathrm{DA}}$为供体和受体的分子间距；$h$为狄拉克常数($1.05457168\times10^{-34}$ J·s)。其中$J_{\mathrm{DA}}$表示供体发射光谱与受体吸收光谱的重叠积分：

$$J_{\mathrm{DA}} = \int I_{\mathrm{D}}E_{\mathrm{A}}\mathrm{d}v \tag{3-2}$$

式(3-1)也可以简化为

$$K_{\mathrm{ET}} \propto E^{2} \sim \left(\frac{\mu_{\mathrm{D}}\mu_{\mathrm{A}}}{R_{\mathrm{DA}}^{3}}\right)^{2} = \frac{\mu_{\mathrm{D}}^{2}\mu_{\mathrm{A}}^{2}}{R_{\mathrm{DA}}^{6}} \tag{3-3}$$

Förster能量传递机制是一种弱的相互作用机制，这一过程中电子没有发生移动，只是激发态能量以激子的形态迁移，每一次迁移的时间为1～5 ps。Föster能量传递机制发生的尺度可以达到50～100 Å的分子距离，但是从式(3-3)可以看出，能量传递效率随着分子间距的加大，以6次方的速度递减，因此在长距离时，Förster能量传递的效率非常低。目前这个机制不仅可以解释各种叶绿素之间的激发态能量传递过程，也可用来解释整个PBS的能量传递过程(Gantt，1981；Glazer，1985)。对供体藻胆素分子进行激发，可观察到受体藻胆素分子的荧光发射，在整个能量转移过程中，能量供体的藻胆素和能量受体的藻胆素之间相互耦合作用较弱，不涉及电子的发射和重新吸收。能量在PBS内部以非辐射能量的方式从最高能量级的光合色素传递到最低能量级的光合色素。藻胆蛋白$(\alpha\beta)_3$三聚体和$(\alpha\beta)_6$六聚体内的色基之间的距离已经通过大量的X射线晶体学研究而得到(Duerring等，1988，Nield等，2003，Schmidt等，2007)。任彦亮以蓝藻藻胆体中的PC为研究对象，运用含时密度泛函理论(TDDFT)，结合极化连续介质模型，对三个藻蓝胆素分子(α84、β84、β155)的圆二色光谱和紫外吸收光谱进行研究，推测了PC中能量从β155和α84向β84传递的分子机制(任彦亮，2007)。在杆内、核内、两个杆之间、核和杆之间的色基的距离通过晶体学结果也可以大致推算出来(MacColl,1998;2004)。色基之间的理论距离,加上一些实验结果,支持 PBS 内部的能量传递是通过 Förster 能量传递机制进行的(Förster,1948)。在这种机制中,每个色基保持它独自的吸收光谱特性。

Förster 能量传递机制也适合描述 OCP 诱导的 PBS 荧光猝灭。现在有几种 OCP-PBS 相互作用的模型。一种是通过 APC 三聚体和 $OCP^O$ 的分子对接获得的模型(Stadnichuk 等,2015)。类胡萝卜素和 PCB 之间的距离估计为 24.7 Å,但是未考虑光活化诱导的类胡萝卜素向 N 端结构域的移位,这个距离有 12 Å(Leverenz 等,2015)。通过使用交联质谱法获得了另一种模型。通过使用 11.4 Å 长交联剂发现,OCP 的 N 端结构域与 PBS 核心基底圆柱中两个 APC 三聚体形成的位点密切相关(Zhang 等,2014)。尽管,该模型显示了光激活后存在明显的空间冲突和类胡萝卜素易位,但 OCP 与最接近的 PCB 之间的距离估计为 25.8 Å(Zhang 等,2014)。研究发现,这两种估计中的类胡萝卜素和 PCB 之间的最小可能距离是有足够可信度的,因为它遵循蛋白质的线性尺寸规律。考虑到 25 Å 距离,如果通过 Förster 能量传递机制发生能量转移,可以估算能量转移的效率和描述通过 OCP 进行的 PBS 荧光猝灭。通过估算,如果结合了 $OCP^R$,则 PBS 荧光应降低 85%;如果 OCP 吸收对应于橙色的生理活性状态,则 PBS 荧光应降低 61%。但是,值得注意的是,该估算基于供体-受体距离和光谱重叠的特定值,而在所有情况下过渡偶极子的方向都设置为随机。因此,取向系数的低估会导致能量传递的效率降低。假设在一个特别组织的 PBS-OCP 复合物中,跃迁偶极子的取向不是随机的,这是非常合理的。无论如何,85% 的 PBS 荧光猝灭非常接近实验中观察到的效果(Gwizdala 等,2011),这证明 Förster 能量传递机制适合描述 OCP 诱导的 PBS 荧光猝灭。这种简单计算的另一个结果表明,要防止 $OCP^O$ 对 PBS 荧光猝灭的失控,离能量供体(PCB)的距离应小于 60 Å,但 60 Å 几乎是整个 OCP 的大小。

#### 3.2.1.2 激子耦合机制

当能量供体和能量受体中的藻胆素之间的距离进一步缩小(如小于 10 Å),藻胆素之间的相互作用将超越 Förster 能量传递模型的极限,藻胆素之间的耦合不可以再被忽略,能量供体的藻胆素和能量受体的藻胆素之间的分子轨道发生重合,进而出现快速交换电子,能量离开原藻胆素传递到供体上,此时能量传递需要采用激子耦合机制(dexter mechanism)进行解释。

激子耦合机制是指色素分子受到光激发后,高能电子在返回原来轨道时发出激子,发出的激子再去激发相邻的同种色素分子,即把激发能传递给相邻的色素分子,激发的电子可以相同的方式再发出激子,并被另一色素分子吸收(Silbey,2003)。此时,能量的传递主要由分子间的 $\pi$ 键的取向所决定。与 Förster 能量传递机制中能量传递由高到低的过程不同,激子耦合机制可以双向传递能量。另外,激子耦合机制的能量传递效率随着分子间距离的增大呈指数衰减,当分子间距离增大到 10~15 Å 的时候,其能量传递效率与失活过程相比基本可以忽略。在 PBS 组装的状态下,相邻单体间的色基距离会更近一些,小于 2 nm。在这种状态下,吸收光谱可以发生重叠,这样能量传递可以通过激子耦合进行。这种能量传递机制可以使 PBS 内的能量传递向单一方向进行,也能使 PBS 内不同组分不同的吸收光谱发生一些移动。比如 APC 的单体的最大吸收波长只有 614 nm,与 PC 的单体很类似,而在三聚体中,PC 的吸收峰红移至 620 nm,APC 的吸收峰红移至 650 nm,并包括一个 610~620 nm 的肩峰。这种显著而重要的 APC 三聚体红移现象可能是由以下两种不同机制造成的:一种机制是最大吸收峰可以通过蛋白质、溶液(细胞质)微环境直接调节每个单体上各一个,共三个 PCB 色基来使得它们红移,而剩下的三个 PCB 色基则继续保持吸收较高能量的特性,这也是为什么有肩峰的原因之一;另一种可能的机制是三聚体的形成可以引发两个相邻色基之间强烈的激子耦合,使得激子分离,然后显著改变吸收峰。

#### 3.2.1.3 相干态能量传递机制

当分子间距离非常大的时候,Förster 能量传递机制的传递效率非常低,是一种非常弱的相互作用。因此相干共振能量转移(coherent resonance energy transfer,CRET)就被引入,用来研究两个色素分子间的比 Förster 能量传递机制强的相互作用。

1926 年 Schrodinger 发现相干态现象，相干态是谐振子达到的一种特殊的量子状态。21 世纪初，Fleming 团队利用二维超快电子光谱，在 77 K 条件下揭示了绿硫细菌 FMO 量子相干态传能的机制，并且观测到了长达 660 fs 的量子相干过程，提出了相干态能量传递机制（Fleming 等，2003）。这种能量传递途径具有时间瞬时性和空间离域性。如果只应用激子模型考虑，在两个相互作用的量子系统能量迁移过程中，两个量子系统的相位相干（phase coherence）会导致周期性的振动（振动的频率由两个系统的能量差以及分子间距离决定），但是外界因素可以通过涨落或者碰撞来影响这两个系统（如溶液或者蛋白质微环境），从而导致系统失去相干性。环境对系统的扰动称为退相，这也会导致激子重新定位。如果退相的过程发生得比相干振动要快，那么这两个系统虽然仍偶联在一起，但是能量传递主要通过非相干的方式进行（Förster 能量传递机制）。退相的速度在很大程度上受温度影响，因为在低温的周围微环境下，两个量子系统发生碰撞的速度要慢一些。在室温下，碰撞的频率大约在 1 $ps^{-1}$，因此室温下光合作用过程中发生的相干时间将更短（Clegg 等，2010）。根据高斯退相公式（Fleming 和 Cho，1996；Hwang 和 Rossky，2004）：

$$\frac{1}{\tau_g} = \sqrt{2\lambda k_b T} \tag{3-4}$$

可以得出叶绿素分子（$Q_Y$ 区，$\lambda=80\ cm^{-1}$）的相干时间 $\tau_g$ 在 77 K 的条件下不超过 60 fs，在 298 K 的条件下不超 30 fs（1 fs$=1\times10^{-15}$ s）（Cheng 和 Fleming，2009）。由实验结果得知，量子系统（色素分子）所处蛋白质微环境有助于相干过程的保持和在空间的传播，因此相干的时间将会延长至 500 fs（77 K）左右（Lee 等，2007）。

在光合作用中，相干过程的发生非常快（几百飞秒），几乎瞬间能量就能长距离（大于一个分子的直径）地分布到整个系统中，这大大加速了能量的传递过程。即使能量不能通过相干作用传递到整个高度有序组装的光合作用中心（蛋白色素超分子复合物）中，激子也能迅速布居在偶联的大分子基团中。退相干过程将与相干过程竞争，最终在与周围环境的相互作用下，导致完全的去相干化，激发态能量被固定在某一个分子上，进而导致非相干的能量传输（Förster 能量传递机制）。这样一个能量迁移、囚禁、再迁移、再囚禁的过程将存在于整个光合作用激发态能量传递的过程。但是这个问题的解决需要大量的理论计算和实验来验证。Fleming 研究小组在光合细菌 *Chlorbium tepidum* 捕光天线 FMO 中验证了相干态的激发态能量传递现象，发现了一个持续时长在 500 fs 左右的相干过程（Engel 等，2007），并计算了室温下相干态的理论持续时间（Ishizaki 和 Fleming，2009）。之后 Scholes 研究小组首次在室温下观测到含有藻胆色素 PE-545 的隐藻捕光蛋白（没有形成 PBS）的 130 fs 的相干态能量传递（Collini 等，2010）。

Collini 等（2010）通过 2DPE 实验发现，PC-645 和 PE-545 的光捕获过程都涉及环境温度下的量子相干性，这表明隐藻可能更普遍地使用相干性。量子相干发生在能量转移的中间状态中，其中电子共振之间的量子干扰与耦合到引起退相干的环境之间存在复杂的平衡（Rackovsky 等，1973）。目前，仍然存在如何在这些生物组装中精确地保持量子相干几百毫秒的问题。在一个绝缘的分子中，电子去相干性是由未观察到的分别与上、下电子态相关的振动波包 $|v_1(t)\rangle$ 和 $|v_2(t)\rangle$ 之间的重叠 $S(t)=\langle v_1(t)|v_2(t)\rangle$ 的衰弱引起的（Hwang 等，2004；Franco 等，2008）。在 2DPE 实验中，可观察到的信号既包括振动分量，也包括电子分量，因此，由于 $S(t)$ 衰减而引起的退相干并不能体现出相关数据。相反，电子相干的低衰减反映了振动叠加状态与外部环境的相互作用。

有许多研究将电子相干的缓慢发展归因于周围环境中协同运动的存在（Beljonne 等，2008；Collini 和 Scholes，2009；Engel 等，2007；Lee 等，2007）。研究发现，与大多数光合作用的色素非共价结合到其蛋白质环境（例如，通过组氨酸残基的叶绿素）不同，PC-645 中的发色团共价结合到蛋白质骨架上。发色团与其蛋白质环境的共价结合可能支持或加强发色团与蛋白质之间的相关运动，因此是在环境温度下减慢隐藻天线蛋白去相干性的重要因素，从而使其与许多其他光合捕光蛋白区分开来。同时人们还发现,长寿命量子相干的精确表现取决于光激发条件(Rhodes 等,1969;Langhoff 等,1974;Jang,1999),然而,仍然可以在环境温度下清楚观察到长寿命量子相干的耦合,并支持量子效应促进了隐藻的有效光捕获的结论。就是说,长寿命量子相干通过将最终的能量受体(在 PC-645 上为 PCB,在 PE-545 上为 DBV)的"最终"能量接收器"连接"在一起,可以促进能量的转移,从而有助于"补偿"这些天线蛋白之间异常大的平均发色团间距造成的影响。

之前的研究过程中,无法将色素-蛋白质的溶剂化动力学与 EET 的机制相联系,掩盖了光合 LHC 的基本设计原理。Blau 等(2017)已经证明了 PC-645 中色素振动环境的特定功能如何对 EET 通路进行纳米级控制并实现直接下转换,已经确定下转换是通过不相干的振动传输机制进行的,其中:①激发定位在单个发色团上(DBV 核心除外),并且通过不连贯的跃点进行传输;②直接的下转换通过大量的重组能量和大量引起高频振动边带的高频振动而得到增强。由此可知,相干的振动传输与隐藻天线复合物中的生物光捕获无关(图 3-20)。

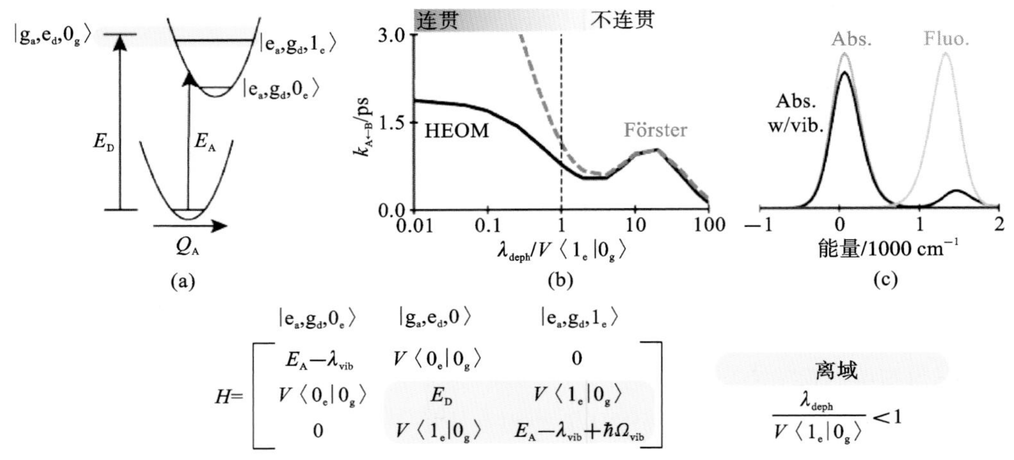


$$H=\begin{bmatrix} E_A-\lambda_{vib} & V\langle 0_e|0_g\rangle & 0 \\ V\langle 0_e|0_g\rangle & E_D & V\langle 1_e|0_g\rangle \\ 0 & V\langle 1_e|0_g\rangle & E_A-\lambda_{vib}+\hbar\Omega_{vib} \end{bmatrix}$$

列:$|e_a,g_d,0_e\rangle$,$|g_a,e_d,0\rangle$,$|e_a,g_d,1_e\rangle$

$$\frac{\lambda_{deph}}{V\langle 1_e|0_g\rangle}<1$$

**图 3-20 相干和不相干的振动传输体制(Blau 等,2017)**

(a)失谐模型二聚体的能级以及色素的振动几乎与位能隙共振。黄色阴影表示供体和受体色素的电子跃迁之间可能发生离域作用。(b)从供体到受体的转运速度是低频背景下($\lambda_{deph}$)的重组能的函数,其中 $E_D-E_A=350\ cm^{-1}$,$V=24.3\ cm^{-1}$,$\lambda_{vib}=52.6\ cm^{-1}$,$\Omega_{vib}=403.5\ cm^{-1}$,$\gamma_{vib}=5.2\ cm^{-1}$。HEOM 变化率(黑色)和 Förster 变化率(红色虚线)在非相干状态下是一致的,但是 Förster 不能准确描述相干状态下的传输。(c)非相干的振动增强传输的机制,其中几乎共振的振动会在吸收(黑色)中生成振动的边带,从而增强与荧光的重叠(灰色)。没有振动,吸收(浅蓝色)不会与荧光重叠,因此不会发生传输

## 3.2.2 蓝藻藻胆蛋白/藻胆体的能量传递

蓝藻(Cyanophyta),最早是由 Sachs 命名的。蓝藻中的 PBS 通常含有三种色素蛋白质,即 PC、APC 和 PE。在肉眼观察下,蓝藻藻体呈蓝绿色,这正是由于叶绿素蛋白和上述两种色素蛋白的存在。蓝藻又名蓝绿藻、蓝细菌、蓝菌,是一类原核生物,通常以分裂的方式进行繁殖,由于蓝藻细胞中存在藻胆蛋白(PBP),其还具有另外一些独特的性质。

PBS 向光系统传递能量是以"漏斗"形式进行的(图 3-21(b)),为了调节捕光复合物向光反应中心传递的激发能,在蓝藻中,它们所激发的色素分子的能量有三种去向,分别为通过能量传递驱动光化学反应(光合作用);以荧光的形式发射出来(叶绿体荧光);通过非光化学的过程以热量的形式将能量耗散到环境中(非光化学猝灭)。这三种去向是相互竞争的,因此增加其中一种,则会导致另两种减少(图 3-21)。在低光照下,吸收的激发能主要用于驱动光化学反应。在高光照下,光化学过程达到饱和,其他去激发态的过程就得到加强,以保护光合作用器官不受光破坏(Bailey 和 Grossman,2008)。

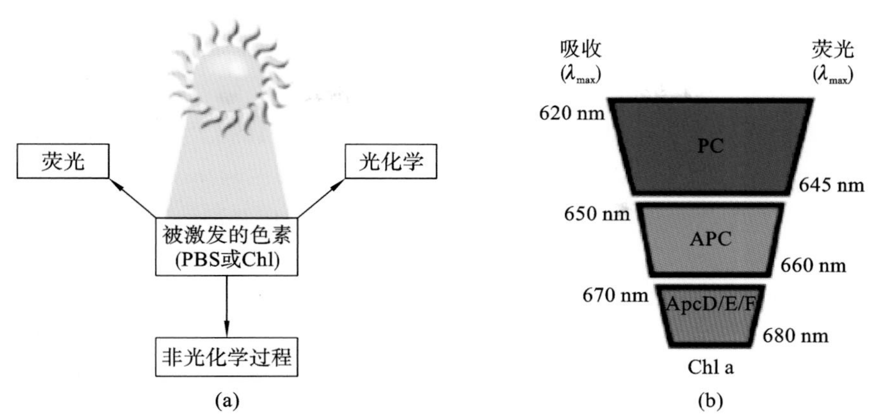


**图 3-21　蓝藻中激发能的传递途径(a)(Bailey 等,2008)和 PBS 能量传递的方式(b)(Kirilovsky,2015)**

#### 3.2.2.1　藻胆蛋白内的能量传递机制

蓝藻中的藻胆蛋白以 PC 为主,随着 PC 晶体结构的解析,关于 PC 中能量传递机制的研究日渐丰富。C-PC 的单体及聚集体的荧光动力学研究普遍得到 2 个时间常数:一个为皮秒级的过程,被认为是敏化发色团到荧光发射团的能量传递过程,其中敏化发色团为 β155-PCB,荧光发色团为 α84-PCB;另一个则是几纳秒的过程,这被认为是整个体系的能量传递终端发射寿命(Kenneth 等,2010)。Sauer 等(1987;1988)根据 C-PC 的晶体结构应用 Förster 的偶极-偶极相互作用机制计算了 C-PC 三聚体内部的能量传递速度,但是计算结果与实验结果有所差距。Debreczeny 等(1994a;1995;1994b)通过研究 C-PC 的时间分辨荧光光谱结果和理论计算结果,发现两者吻合得较好,认为在 C-PC 单体内,能量从 β155-PCB 传递到 β84-PCB 的时间为 52 ps,从 α84-PCB 传递到 β84-PCB 的时间为 149 ps,从 β155-PCB 传递到 α84-PCB 的时间为 500 ps;在三聚体内,由于空间结构的复杂化,能量传递途径有所增加,出现 2 条新的能量传递途径,从 1α84-PCB 到 2β84-PCB 的能量传递时间为 1 ps,在 3 个 β84-PCB 之间的能量传递时间为 40 ps。另外在途径竞争的情况下,能量从 β155-PCB 传递到 β84-PCB 的概率减小,成为次要的能量传递途径。Zhao 等(1993;1994;1995;1996)采用概率型计算机模拟计算了 C-PC 单体、三聚体以及六聚体内部的能量传递过程,认为在单体内存在 2 条重要的能量传递途径;在三聚体内存在 6 条重要的能量传递途径,其中 3 条为快速能量传递对;在六聚体内,快速能量传递对增加到 9 条。Matamala 等(2007)结合实验数据和 PM3 计算发色团间的偶极距,得到 PC 结构中发色团对之间的传递常数,结果表明,在 PC 六聚体之间存在 15 条能量传递途径,在六聚体内存在 6 条优先的能量传递途径。Schneider 等(2014)利用瞬态时间分辨吸收光谱,研究了天然 PC 三聚体内的能量传递过程,结果表明,β155-PCB 到 α84-PCB 和 β84-PCB 的表观能量传递时间为 20～50 ps,且 α84-PCB 和 β84-PCB 之间存在强激子耦合作用。赵井泉等(1994)利用计算机随机模拟(Monte Carlo)技术证明同一个六聚体盘内两个三聚体之间的 $\alpha_{84}^{2}$-$\alpha_{84}^{5}$($\alpha_{84}^{3}$-$\alpha_{84}^{6}$ 和 $\alpha_{84}^{1}$-$\alpha_{84}^{4}$)和 $\beta_{155}^{1}$-$\beta_{155}^{6}$($\beta_{155}^{2}$-$\beta_{155}^{5}$ 和 $\beta_{155}^{3}$-$\beta_{155}^{4}$)这两条途径的能量传递时间分别为 8 ps 和 15 ps,之后该团队的张景民等(1998)利用皮秒级各向同性光谱技术通过实验证实多变鱼腥藻(*Anabaena*)C-PC 六聚体中存在 56 ps 左右的时间组分,该时间组分值表示六聚体内同一单体中 β155-PCB 和 α84-PCB 两个发色团之间的能量传递。王肖肖等(2017)通过超快速时间分辨光谱,证实钝顶螺旋藻 C-PC 六聚体能量传递具有 4 个时间组分:6 ps、22 ps、280 ps 和 1470 ps,4 个时间组分的归属分别如下:$\alpha_{84}^{2}$-$\alpha_{84}^{5}$ 为代表的发色团对之间的能量传递时间常数、$\beta_{155}^{1}$-$\beta_{155}^{6}$ 为代表的发色团对之间的能量传递时间常数、单体内以 $\alpha_{84}^{1}$-$\beta_{84}^{1}$ 为代表的发色团对之间能量传递表观时间常数和 PCB 发色团的平均荧光衰减寿命。虽然 $\alpha_{84}^{2}$-$\alpha_{84}^{5}$ 和 $\beta_{155}^{1}$-$\beta_{155}^{6}$ 这两条能量传递途径的实验结果与赵井泉等(1994)通过理论模拟所得出的结果存在 2～7 ps 的差别,但理论模拟是一种理想化的模型,本来就可能会与色基实际的能量传递途径有所差别。

Kannaujiya 等(2016)通过单体链-单体链分析表明,C-PC 中内部能量转移可分为 2 条途径:α84 至

β 84和 β 155至 β 155(图 3-22(a))。荧光间的能量转移从 PC 单体形式的 $\alpha84^{a}$ 到 $\beta84^{h}$ 亚基开始。较高的内部荧光可以促进同一单体中的能量传递。三聚体之间的势能传递速度相当快(1～20 ps)，而六聚体中传递速度缓慢(45～130 ps)(Holzwarth，1991；Debreczny 等，1995；Zhang 等，1999)。此外，在相同的单体中发现六聚体内的能量传递速度介于 α-β(4～7 ps)和 α-α(13～17 ps)之间，而在 PC-PC 复合物中不同单体中六聚体间的传递速度 β-β 为 10～14 ps 和 α-β 为 23～64 ps(Contreras-Martel 等，2007)。此外，在同一复合物中，外部六聚体和六聚体之间的能量传递速度在 β 155-β 153(5～6 ps)和 β 153-β 153(46～65 ps)之间。单体中高内部荧光的存在可以促进能量从 α84 到 β84 发色团的转移。有趣的是，发色团(β155)显示出单体/三聚体/六聚体之间的能量转移(图 3-22(a))。在 α(α84)亚基附近，Tyr 残基的存在更为普遍(约 10 Tyr)，而在 β84 发色团附近，Tyr 残基含量的下降幅度始终大于 50%(图 3-22(b))。Kannaujiya 等(2016)还研究了温泉蓝藻 PC 亚基中激发能转移的可能机制。总氨基酸频率和密码子表达表明，在所有研究的蓝藻中，Tyr 是 PC 的 α 和 β 亚基中关键的芳香族残基。一种嗜热聚球藻 *Thermosynechococcus vulcanus* 被视为在 PC 中出现 Tyr、Phe 和 Trp 残基的模型生物。从结构上看，α 亚基中的其他氨基酸与 Tyr 残基发生了相互作用，从而形成了最普遍的 N—O 和 O—N 键。在 α 亚基中，芳香-芳香、芳香-硫、蛋白内阳离子-π 相互作用是与 Tyr 残基共同的结合方式。与 β 亚基(β84，β155)相比，在靠近 α 亚基(α84)发色团的位置通过 Tyr 残基产生内部荧光的可能性非常高。因此，分子间和分子内的能量传递从 α 亚基开始，并到达 PC 相邻单体的 β 亚基。结果表明，Tyr 残基可能用于调节温泉蓝藻中 PC-PC 结合发色团之间的内部能量传递，该发现可以确保每个发色团均能有效吸收光子能量，并由于 Tyr 残基的内部荧光而转移到另一个发色团。

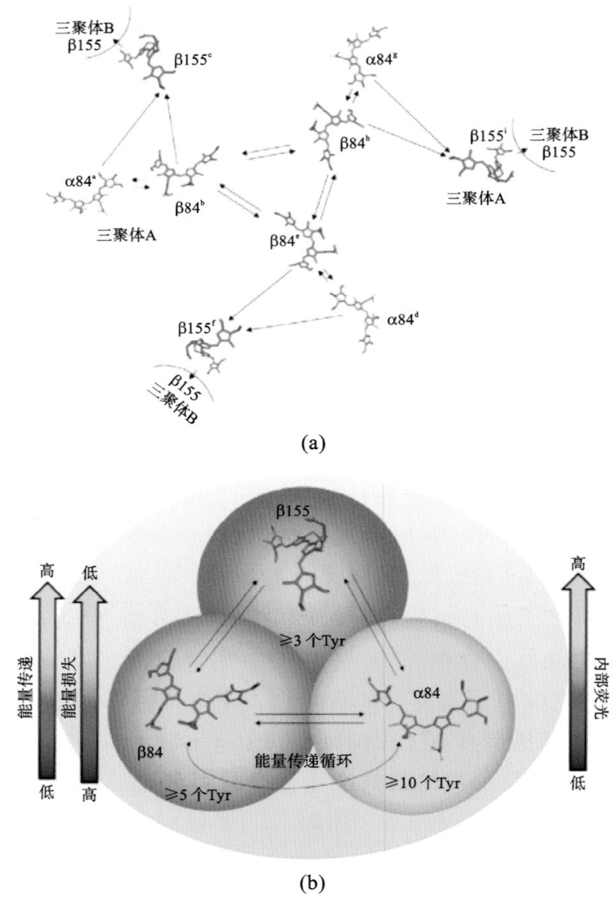


**图 3-22 Tyr 残基内部荧光反射现象诱导的发色团-发色团激发能传递的分子间和分子内途径模型(a)以及光子能量的利用方向(b)(Contreras-Martel 等，2007)**

#### 3.2.2.2 蓝藻藻胆体(PBS)中的能量转移途径

PBS中能量传递的总时间低于200 ps,且藻胆蛋白(PBP)可以将吸收的可见光快速转移到光系统,从而避免辐射等原因造成的能量损失,使得传递效率可超过95%。实验研究证明,PBS中的光能传递严格按照顺序进行,在高度进化的PBS中,PBS的核心部分和杆部分的组装也将相应改变。根据发色团的能量,PBP中能量吸收水平分为三种类型:高能型(PE和PEC)、中能型(PC)和低能型(APC)。通过比较PE、PC、APC、Chl a和Chl b,发现它们的吸收和荧光发射光谱存在些许重叠(Li等,2019)(图3-23)。能量在光系统内的传递顺序一般如下:位于PBS杆末端的PE或PEC吸收光能后传递给杆PC,而后传递到PBS的核APC,最终通过PBS核中的末端能量发射器(APB或ApcE)传递到光系统(PS)Ⅱ,其中部分能量传递到PSⅠ(图3-24)(MacColl等,2004)。经末端能量发射器向光反应中心传递能量也是PBS向光反应中心进行能量传递的关键途径之一。总体来说,在PBS的杆结构中,能量是从外围色素分子向内部的色素分子传递,然后沿PBS杆进一步向核结构传递的(张楠,2013)。

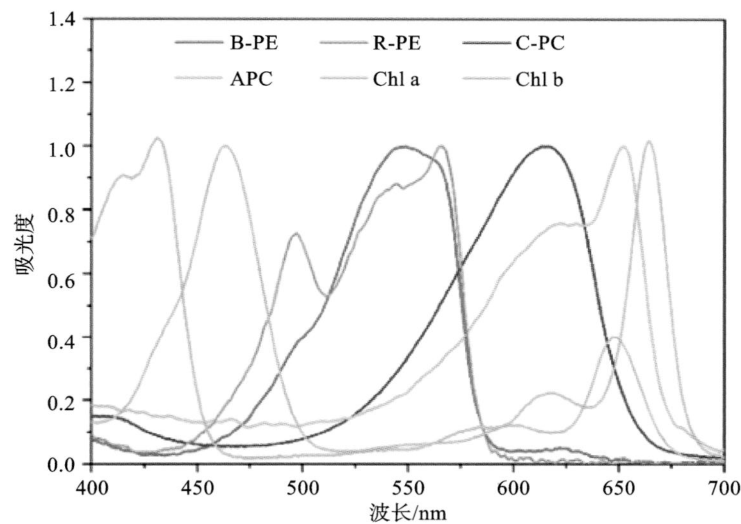


**图3-23 B-PE、R-PE、C-PC、APC、Chl a和Chl b的吸收光谱(Li等,2019)**

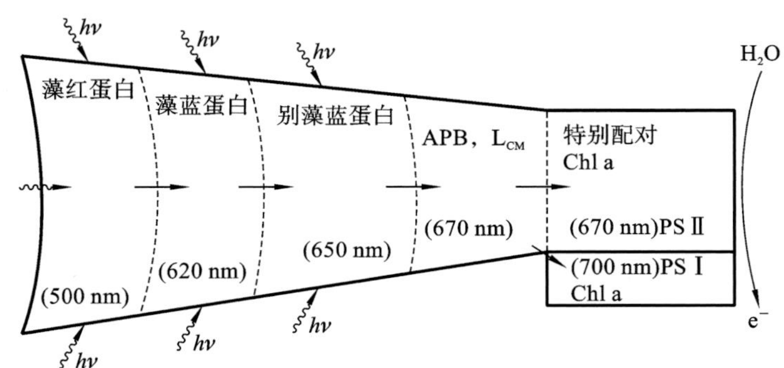


**图3-24 光能经PBS传递至光反应中心的过程示意图(Sidler,1994)**

蓝藻PBS核心的三个组件(ApcD、ApcE和ApcF)的荧光发射峰相对于大部分APC发生红移。在77 K处,它们的荧光最大值平均出现在680 nm处,类似于分离的PBS的荧光发射。现有数据表明,发射波长约为682 nm的ApcE携带着PBS中最红移的色素(Mimuro等,1989),而ApcF在向ApcE传递能量的方面起辅助作用(Gindt等,1994)。除某些特殊情况外,整个PBS中ApcD和ApcE的荧光在77 K时基本无法区分(Gindt等,1994;Mimuro等,1989)。根据PBS核心结构(Zlenko等,2017),ApcD和ApcE很可能独立于整个APC集合来进行能量的收集(通常假定PBS具有两个独立的末端发射器)。其他研究发现,ApcF像ApcD一样可以参与PBS核心内到ApcE然后到反应中心的能量转移途径

(Ashby 等,1999;Kuzminov 等,2014)。聚球藻 PCC 7002(Zhao 等,1992)和集胞藻 PCC 6803(Ashby 等,1999)中编码 ApcD 和 ApcF 的基因被破坏后,并没有发现其他的蛋白质可以对 PBS 的低温发射光谱产生影响。在这些突变体的细胞中,PBS 荧光略微蓝移,荧光强度提高了 15%～25%(Maxson 等,1989;Gindt 等,1992;Ashby 等,1999),这表明在 ΔApcD 和 ΔApcF 突变体细胞中,光系统(PS)从 PBS 吸收的能量中接收的能量更少。目前公开的能量传递途径模型包括从 ApcD 和 ApcE 到 PSⅠ和 PSⅡ反应中心的直接和间接能量迁移(Glazer,1994;Zhao 等,1992;Kuzminov 等,2014;Mullineaux 等,2008)。

在 77 K 时,来自 ΔPBAPCE 突变体的 PBS 与来自野生集胞藻及其 ApcD 和 ApcF 缺陷突变体的荧光发射光谱有很大差异(Gindt 等,1994;Jallet 等,2012)。由于 ApcE 发色团的缺失,在 680 nm 处完全没有长波长荧光发射(Elanskaya 等,2018)。光谱中 655 nm 处的主要发射峰归因于 PC 和 APC 谱带的重叠,这表明 PBS 中的能量传递途径受到破坏。PBP 的发射光谱受其发色团环境的影响显著,PBAPCE 结构域的缺失导致 PBS 核心的重组,影响能量传递并导致发色团发生蓝移。

### 3.2.3 红藻藻胆蛋白/藻胆体的能量传递

来自红藻的 PBS 比来自蓝藻的 PBS 具有更复杂的结构。最近报道了一种基于单粒子冷冻电子显微镜的太平洋格里菲斯藻 *Griffithsia pacifica* 的 PBS 模型(Zhang 等,2017),该模型显示,红藻的 PBS 比蓝藻具有更多的“杆”。尽管来自红藻中 PBS 的结构更为复杂,但来自红藻中 PBS 的荧光光谱特征与蓝藻中 PBS 的荧光光谱特征相似(Sun 等,2004;Rowan,1989)。红藻 PBS 中的能量转移途径也是从 PE 到 PC,再到 APC。大多数红藻中的 PE 比 PC 和 APC 多得多,从 PE 到 PC 的能量传递效率很高,显得尤为重要(Rowan,1989)。R-PE 或 B-PE 的荧光发射峰在 575～580 nm,而 R-PC 的主要吸收峰在 615～620 nm(Rowan,1989)。R-PE 或 B-PE 的荧光发射光谱与 R-PC 的吸收光谱几乎没有重叠,因此通过荧光共振能量转移原理,光谱探测结果仍无法解释红藻 PBS 中从 PE 到 PC 的能量转移效率(Lakowicz,2006)。Zhao 等(2019)将一种多管藻 *Polysiphonia urceolata* 中部分解离的 PBS 进行蔗糖梯度离心后得到了不同的馏分,其中馏分 A5 和 A6 在约 583 nm 处具有比普通 PE 更高的吸光度,并在约 602 nm 处发射更多的荧光;同时,在 583 nm 处的吸光度与 602 nm 处的荧光发射之间呈正相关。因此,在馏分 A5 和 A6 中有一些发色团在约 583 nm 处具有高吸光度,并在约 602 nm 处发出荧光(即 583 nm 发色团(PEB))。该 PEB 也存在于 PE-PC 聚集体(馏分 A7)和完整的 PBS 中。如果将该 PEB 用作 PBS 中从 PE 到 PC 的能量传递的介质,那么从 PBS 中 PE 到 PC 的能量传递的高效率将是合理的。完整 PBS 的荧光发射光谱在 602 nm 处没有肩峰,证明了 PBS 中 PC 的 583 nm 发色团与 PCB 发色团之间的能量传递效率很高。馏分 A7 在 615 nm 处的吸光度与在 567 nm 处的吸光度的比值低于完整 PBS 吸收光谱中的比值,这意味着馏分 A7 中的 PE 含量比完整 PBS 中多。因此,馏分 A7 可能包含 PBS 的“杆”(PE-PC 聚集体)和一些 PE 聚集体。另外还发现 PEB 位于 PBS“杆”中 PE 和 PC 的界面,并将 PE 中其他发色团吸收的光能传递到 PC 中 PCB 发色团。在一种多管藻 *P. urceolata* 中存在杆 Re,六聚体 Re1 和 Re2 均附着在核心层 A1 上;因此,能量可能从 Re1 或 Re2 流向核心。Re2 和核心之间的最短距离是从 $^{21}\alpha_1^{84}$/Re 到 $^{A1}\alpha_3^{81}$/Re(33 Å)。然后能量可以通过 $^{A1}\beta_1^{81}$ 进行传递,因为该发色团与 $^{A1}\alpha_3^{81}$ 的距离最短,并且受 ApcE 中 F454 的影响,通过与环 C 和 D 的两个平行位移的 π-π 相互作用(Ma 等,2020)。

C-PC 中 β 亚基的一个 PCB 被 R-PC 中 β 亚基的一个 PEB 取代(Rowan,1989;Sun 等,2009)。红藻 PBS 中具有更多的 PE,其主要发色团为 PEB,因此 R-PC 中的 PEB 几乎不需要光吸收。如果 R-PC 中的 PEB 是 R-PE 中的 PEB 和 R-PC 中的 PCB 之间的介质发色团,则它们应发挥重要作用。但是,R-PC 中 PEB 的最大吸收峰在 550 nm,这似乎暗示它不能发挥介质的作用。Zhao 等(2019)推测 R-PC 中的 PEB 是完整 PBS 中的 583 nm 发色团。来自红藻的 PBS 比蓝藻中的 PBS 具有更多的“杆”(Zhang 等,2017),并且具有比 PC 多得多的 PE,因此 R-PC 的侧面除圆盘面外还可能与 PE 的“杆”相连。另外,R-PC 中的 PEB 位于 R-PC 的外围(Jiang 等,2001),由此推测在完整的 PBS 中,R-PE 中的某些 PEB 充当了从 PE 到 PC 的主要能量传递路径(从 PE 圆盘表面到 PC 圆盘表面)中的介质,而 R-PC 中的 PEB 在从 PE 到 PC 的能量传递的侧路径(PE 圆盘或 PE 侧面到 PC 侧面)中充当介质。R-PE、R-PC 和 PBS 中可能的 Förster 能量传递机制如图 3-25 所示。R-PC 中的 PEB 与 R-PC 中的 PCB 之间的距离足够短,从而导致相对较高的能量传递效率,但是在游离 R-PC 中的共振能量传递效率不是很高,并且在 576 nm 处有一个荧光发射峰(图 3-26)。R-PE 中的大多数 PEB 与 R-PC 中的 PCB 之间的距离不够短,无法产生相对较高的能量传递效率,但是共振能量从 R-PE 中的 PEB 转移到 R-PC 或 R-PE 中的 583 nm 发色团(PEB)是非常有效的(Zhao 等,2019)。

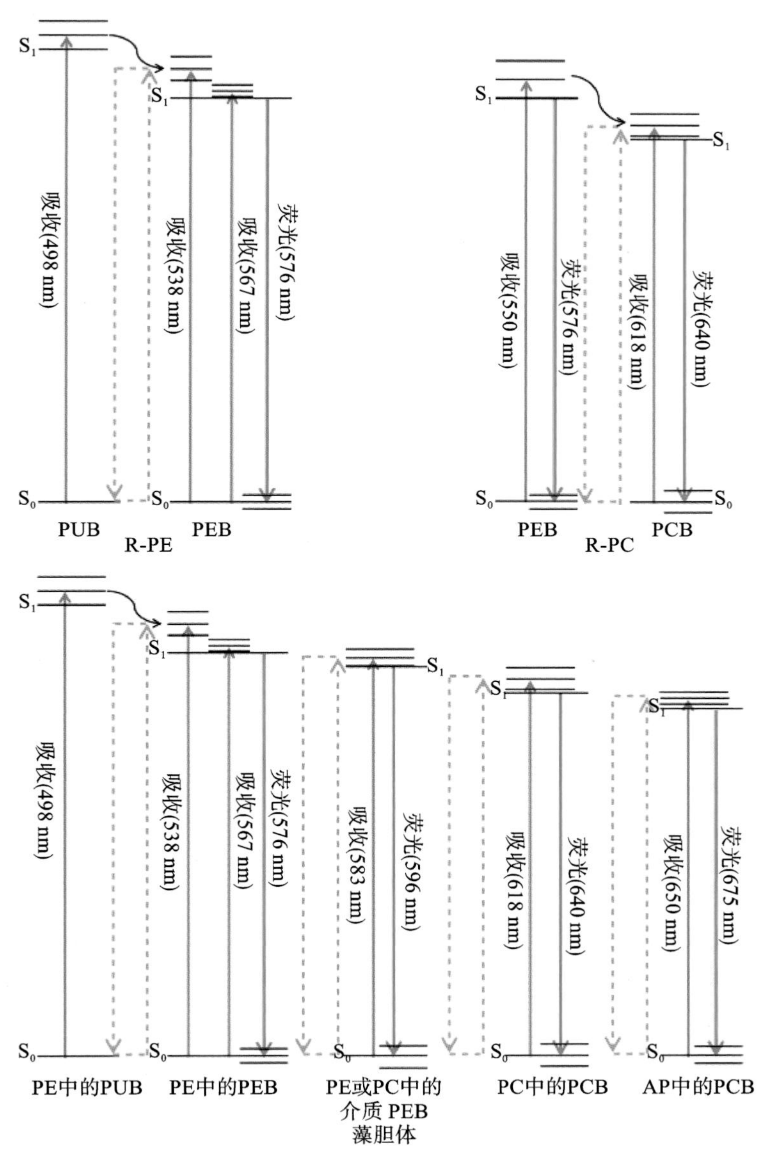


**图 3-25 R-PE、R-PC 和 PBS 中可能的 Förster 能量传递机制(Zhao 等,2019)**

箭头的高度对应于光的能量,吸收和荧光的宽度来自光谱。蓝色实线是吸收值;红色实线是可以检测到的荧光;绿色虚线是相邻发色团之间的 Förster 能量传递机制

583 nm 发色团的光谱红移并且伴随的能量转移是由于 $L_R$ 的存在。Zhao 等(2019)在 PE-PC 聚集体中发现了分子质量为 40 kDa 的无色多肽;在 PE 聚集体中也发现了该多肽。PE 聚集体应来自 PE-PC 聚集体,所以在 PE-PC 聚集体中发现的 40 kDa 无色多肽和 PE 聚集体中发现的应为相同的连接蛋白。在为三维制备的 PE 聚集体中未发现 40 kDa 的连接蛋白,但是发现了 35 kDa 的无色多肽。在 PE-

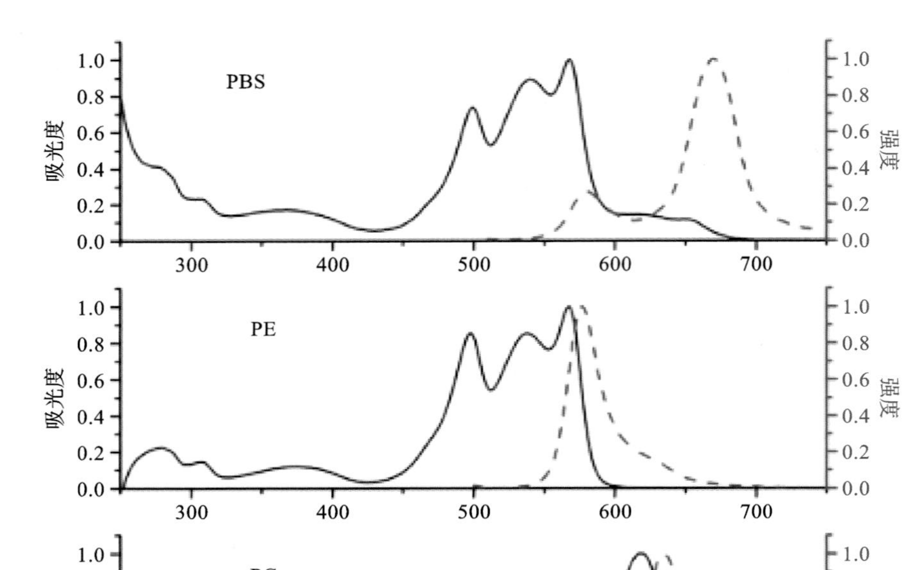

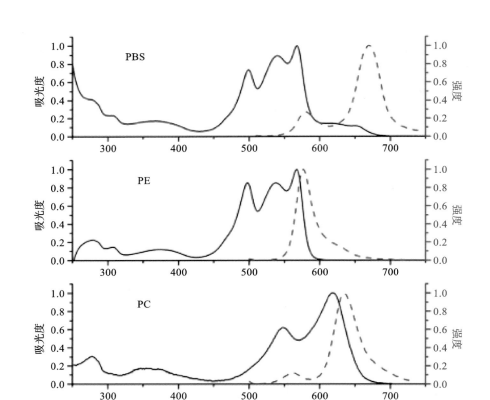

**图 3-26 一种多管藻 *Polysiphonia urceolata* 中的藻胆体(PBS)、藻红蛋白(PE)和藻蓝蛋白(PC)的吸收光谱(固体)和荧光发射光谱(Ex=495 nm)(Zhao 等,2019)**

吸收光谱归一化为[0,1],荧光发射光谱除以最大值

PC 聚集体和新制备的 PE 聚集体中则未发现 35 kDa 的无色多肽,因此它应来自 40 kDa 的连接蛋白。连接蛋白的二级结构元件可能是无规卷曲的,因此,连接蛋白暴露后往往会改变其构象,甚至将肽链破坏。连接蛋白倾向于断裂(从 40 kDa 到 35 kDa),这表明它位于 PE 聚集体的表面,并且长时间暴露于去离子水中时会与 PE 聚集体解离。所有这些也证明了该多肽是 PE 和 PC 之间的连接子。总之,分离出 PE-PC 聚集体和具有特殊光谱特征的 PE 聚集体中的 583 nm 发色团改善了红藻 PBS"杆"中 PE 和 PC 之间的能量转移;它们的光谱特性取决于 PE 和 PC 之间 40 kDa 连接蛋白的存在。

先前的研究表明,ApcD、ApcF 和 ApcE 中的 α 亚基分别与 PCB 相连($^{A3}\alpha^{81}_{ApcD}$、$^{A2}\beta^{87}_{ApcF}$和$^{A2}\alpha^{186}_{ApcE}$),并在核心能量传递中起关键作用。在功能上,ApcD 是负责将能量传递至光系统Ⅰ的主要蛋白质(Dong 等,2009)。一种紫球藻 *Porphyridium purpureum* 中的两个芳香族残基分别来自 ApcD 的 W87 和核心三聚体 A3 中 β 亚基的 Y73,分别与$^{A3}\alpha^{81}_{ApcD}$形成 T 形和平行位移的 π-π 相互作用,这增强了 D 环的紧密配合(图3-27(a))。同时,W87 被 ApcD 的 R83 和 R90 以及核心 A3 的 Y73 包围,这分别为 W87 提供了两个阳离子-π 相互作用和一个 T 形 π-π 相互作用(图 3-27(a))。由此可知,这三个残基的存在对于稳定 W87 的取向是必需的,这对于$^{A3}\alpha^{81}_{ApcD}$的构象至关重要。R83 的阳离子侧链延伸至$^{A3}\alpha^{81}_{ApcD}$的 C 环顶部,形成阳离子-π 相互作用。F59 和 Y65 可能会对$^{A3}\alpha^{81}_{ApcD}$的 A 环贡献两种额外的 π-π 相互作用。ApcF 在能量迁移至 ApcE 末端能量发射体时起关键作用。对 ApcF 中 PCB 的分析表明,带正电荷的 R89 与$^{A2}\beta^{87}_{ApcF}$的 C 环形成一个阳离子-π 相互作用,而 Y93 和 Y97 与 D 环分别形成一种 T 形 π-π 和一种平行位移的 π-π 相互作用。此外,R89、Y93 和 Y97 通过阳离子-π 或 π-π 相互作用而相互作用(图 3-27(b))。通过 ApcF 分子与来自 PBS A2 核心的 β 亚基的叠加显示,这三个残基在所有蛋白质中都存在于同一位置,它们对于 PCB 的稳定性具有重要性。除此之外,一种紫球藻 *P. purpureum*(F60)的 ApcF 中,芳香族残基位于$^{A2}\beta^{87}_{ApcF}$的 A 环上方(图 3-27(b));在太平洋格里菲斯藻 *Griffithsia pacifica*(Y60)的 ApcF

中也发现了一个芳香族残基，而该残基在其他 β 亚基中被 L60 取代。因此，该芳香族残基可能与 $^{A2}\beta^{87}_{ApcF}$ 形成额外的 π-π 相互作用，从而使其能量降低。ApcE 中的末端发色团 PCB 发出的荧光具有与完整 PBS 相似的发射波长，并且其能量低于上游 PCB（Tang 等，2015）。尽管 ApcE 中 α 亚基结构域的整体结构与重组 $\alpha_{ApcE}$ 可以很好地重叠。

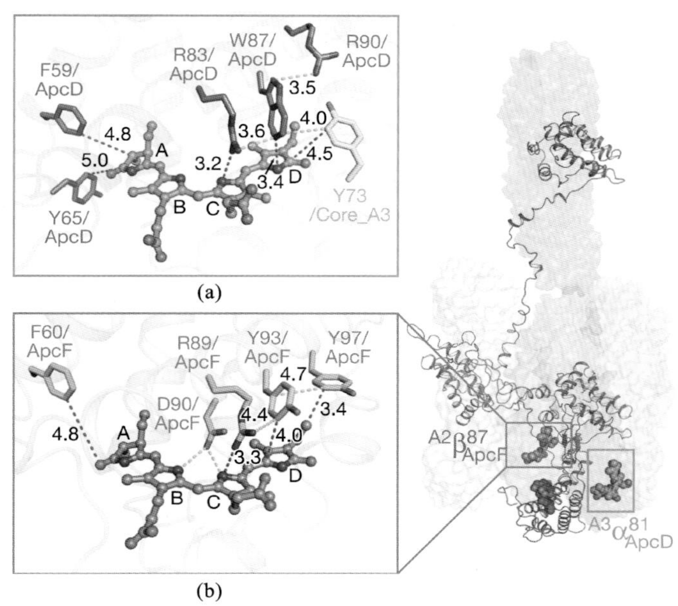


**图 3-27　一种紫球藻 *Porphyridium purpureum* 中 ApcD 和 ApcF 中的 bilin 及其周围的残基（Ma 等，2020）**

（a）$^{A3}\alpha^{81}_{ApcD}$；（b）$^{A2}\beta^{87}_{ApcF}$

## 3.2.4　隐藻藻胆蛋白的能量传递

隐藻中藻胆蛋白（PBP）的能量传递途径仍然存在争议，1964 年 Ocarra 分析了 PBP 中色基的化学结构，此后能量在色基间的传递一直是 PBP 研究的重点。MacColl、Doust、Mirkovic、Novoderezhkin、Marin 等众多学者都提出过隐藻 PBP 的能量传递模型。

MacColl 研究团队研究了 PE-545、PE-566、PC-645、PC-612、PC-630 等多种隐藻 PBP，在圆二色谱、荧光偏振谱以及时间分辨光谱的解析结果基础上给出大量的有关能量传递的信息：①隐藻 PE-545、PC-645 及 PC-612 中单体和二聚体的构象基本相同，但二聚体的形成在藻胆蛋白内部的能量传递过程中起着至关重要的作用（MacColl 等，1995，1998，1999；Hill 和 Rowan，1989）。②红、蓝藻 PBP 分子内通常不存在激子耦合的色基对；而 PE-545、PC-645 及 PC-612 二聚体所结合的 8 个色基，在 PE-545 和 PC-645 中形成 3 对激子耦合的色基对，2 对在（αβ）单体内，1 对在单体之间的表面上（β50/61 色基）；而 PC-612 则只有 2 对色基对，且都在单体内部，单体间不形成色基对；单体间的激子耦合色基对由能级最高的色基形成（在 PE-545 是 PEB，在 PC-645 是 DBV）；而单体内部的激子耦合色基对的 2 个成员则不确定，可能分别存在于 α 亚基和 β 亚基上，也可能在 β 亚基内部（MacColl 等，1994，1996，1999）。③提出了 PC-612（一种隐藻 *Hemiselmis virescens*）的能量传递初步模型（MacColl 和 Guard-Friar，1983；Csatorday 等，1987；Guard-Friar 等，1985）。研究发现 PC-612 中最先被激发的是能级最高的 CV 色基（DBV），随后能量以 Förster 共振方式传递给另一个 DBV 或者一个非激子耦合状态下的 PCB，最终以同样机制传递给一个单体内部处于激子耦合状态的 PCB 色基对，传递路径为 DBV→PCB 576→PCB 色基对→末端发射。④在 PC-645 中，从 α 亚基中分离而得的发色团（最大吸收峰位于 697 nm 的 MBV），与 PC-645 在 612 nm 处的吸收肩峰相对应，而 β 亚基的 2 个 PCB 发色团分别与 PC-645 的 643 nm 和 584 nm 处吸收峰相对应，β 亚基的 DBV 发色团则对应于 PC-645 在 550～553 nm 处的吸收峰；根据色基的能级高低，预测 PC-645 内部色基相互之间能量传递的方向为 DBV→PCB 584→MBV→PCB 643

(MacColl 等,1994,1995;Guard-Friar 等,1985)。

Doust 的研究团队针对 PE-545 和 PC-645 进行了许多相关研究。在 2004 年,Doust 等使用飞秒级超快光谱检测发色团中的能量激发和传递路径,并提出了这 2 种隐藻 PBP 的初步能量传递模型(Doust 等,2006;Doust,2009)。不同于 MacColl 的预测结果,Doust 认为 PC-645 吸收光谱中 585 nm、625 nm 和 645 nm 处的三个吸收峰分别源于 DBV(β50/61)、PCB(β82/158)和 MBV(α19),同时认为能量传递方向为 DBV→PCB→MBV,其中位于 α 亚基上的长波吸收发色团 MBV 产生了 660～662 nm 的末端发射。近年来经过多次补充和修正,分别于 2010 年和 2011 年给出了 PE-545(Novoderezhkin 等,2010)和 PC-645(Marin 等,2011)激发动力学测定的最新结果。如图 3-28 所示,隐藻 PE-545 二聚体中的 2 个单体的能量传递是不对称的(图 3-28(e)),其将 PE-545 的 2 个单体和亚基重新编号$(\alpha^B\beta^C)_1(\alpha^A\beta^D)_2$,8 个色基中最先激发的是中心二聚体色基对中的 1 个 PEB(β50/61D)(图 3-28(a));随后偶联色基对产生的内部转换使激发能以最快的速度传给 C 亚基上的 PEB(β50/61C)(图 3-28(b)),即 2 号单体所吸收的能量会优先传给 1 号单体;当能量在 1 号单体内传递至最终能量受体 C 亚基的 PEB(β82)后,2 号单体 D 亚基的 PEB(β50/61)所吸收的能量才传递给 D 亚基的 PEB(β82)(图 3-28(e)),而后再传递给 A 亚基的 2 个 DBV,使 4 个周边色基全部激发;在 5.0 ps 时(图 3-28(d)),除了以前认为的最终能量受体 α 亚基的 DBV 色基外,PEB(β82C)仍处于激发状态,说明该色基的能级接近于 DBV 而不同于它的 3 个 PEB。最终由一个 DVB 产生 580 nm 的末端发射。虽然能量在 1 号单体内的传递与 MacColl 所给出的模型较为相似,但能量在 2 号单体内的特殊传递路径却不好解释。

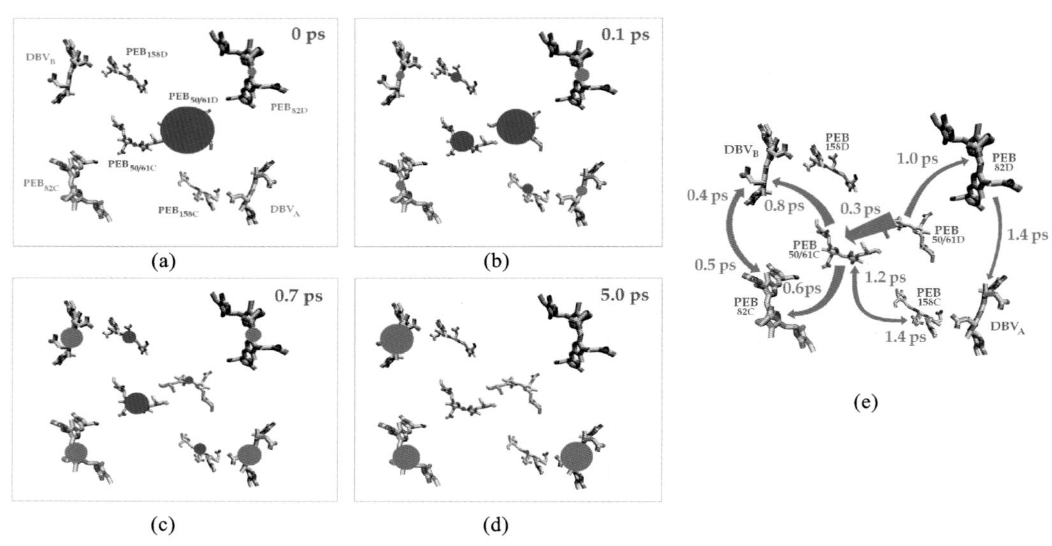


**图 3-28 PE-545 异二聚体内部能量传递**

参考 Novoderezhkin 等(2010)文献修改。(a)～(d)在 0 ps、0.1 ps、0.7 ps 和 5.0 ps 四个衰减时间时的激发能波及范围(圆点);(e)色基之间能量传递时间参数

图 3-29 显示的是蓝隐藻(*Chroomonas* CCMP270)中 PC-645 的能量传递动力学研究的最新结果:PC-645 的能量传递在单体间同样是不对称的(图 3-29(b)),在 582 nm 光照射下,2 号单体中 DBV(β50/61C)所吸收的能量依然优先传给偶联的 1 号单体的 DBV(＜100 fs),随后经过 0.63 ps 使 2 个 PCB158 和 PCB(β82D)激发;在 5.5 ps 内 2 个 PCB(β82)平衡;此外 α 亚基的 MBV 可同时被 582 nm 光激发,并在 0.82 ps 传能至最终受体 PCB(β82);经过约 46 ps,2 号单体内所吸收的能量经 PCB(β82D)至最终受体 PCB(β82C)是能量传递的最终信号。该模型与该研究团队以往报道以及其他实验室研究结果的不同处有两点:一是认为 DBV→MBV 的能量传递几乎是可以忽略的,这一过程在其他文献中却有报道(Holzwarth 等,1983;Collini 等,2010);二是 MBV 只将能量传递给 PCB(β82),而不传给 PCB(β158),这在以往的结果中未提及。此外该模型在 PC-645 吸收峰对应色基方面与 MacColl 的仍有不同,结合稳

态和飞秒级时间分辨的光谱结果(Doust 等,2005;Mirkovic 等,2007),研究者认为 PC-645 色基与吸收光谱的对应关系如下:585 nm↔DBV,610～622 nm↔MBV,630～640 nm↔PCB(图 3-29(a)),其中位于β亚基上的 PCB(β82)为 660～662 nm 末端发射的最低能级色基,吸收峰在 651 nm 处。因而 PC-645 内部色基能量传递的路径可描述如下:

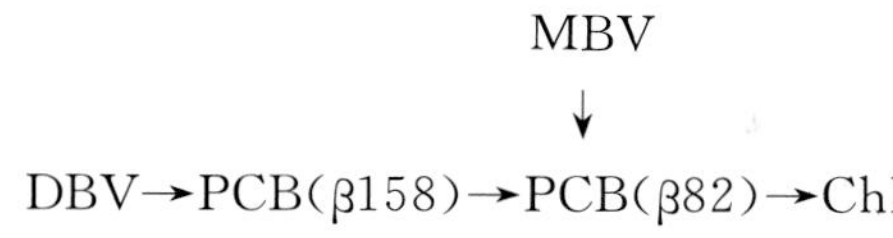


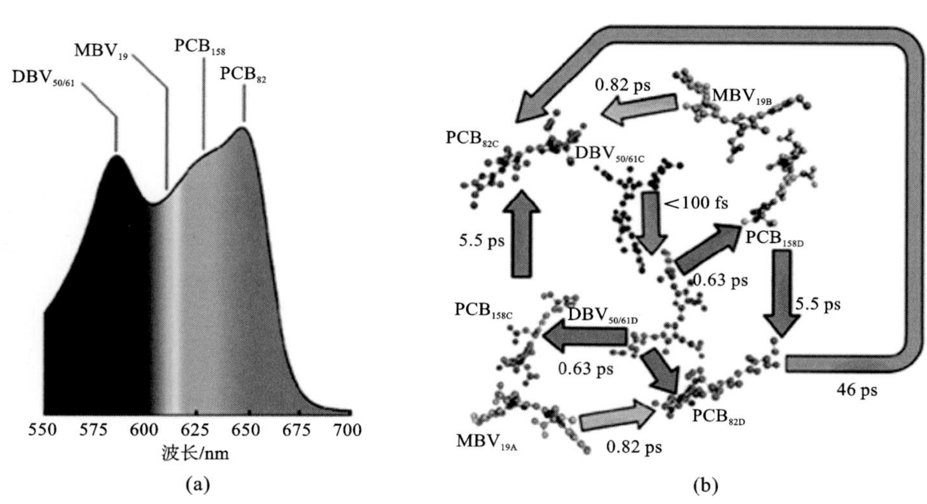


**图 3-29　PC-645 异二聚体内部能量传递**

参考 Martin 等(2011)文献修改。(a)色基在吸收光谱中的对应波长位置;(b)色基之间能量传递时间参数

近年来的二维光子反射光谱(2DPE)研究结果给出了一些新的 PBP 结构和内部能量传递信息,提出隐藻 PBP 中发色团的能量传递可能处于通过量子相关连接的网络状态,因此具有高效的能量传递效率(Collini 等,2010;Scholes 等,2011)。同时,尽管具有封闭四级状态的 PC-630 和 PC-645 的发色团表现出比 PC-577 和 PC-612 更强的电子耦合作用(McClure 等,2014;Arpin 等,2015),但两类四级结构不同的隐藻 PBP 的光能传递都已经形成了完整的体系。光能捕获的有效途径可以是多样化的,隐藻在进化过程中形成了一种由一个氨基酸插入来控制的结构开关,用于影响单体之间激子对的相互作用,并进而改变 PBP 的捕光和能量传递功能(Harrop 等,2014)。

图 3-30 显示了 PC-645 的代表性 2DPE 数据,对角线上的位置标记为吸收带。在 2DPE 实验中,双脉冲激发序列(sweeping $\tau>0$)可以准备种群密度,例如|DBV_⟩⟨DBV_|,它在延迟时间 $T$ 内演化,并且可以在相移 2DPE 频谱的对角部分作为漂白信号进行探测。或者,当泵浦脉冲序列与两个吸收带相干相互作用时,可以激发像|DBV_⟩⟨DBV_|这样的非对角线贡献。产生的信号将在对角线上方的交叉峰中探测,因为该信号带有一个相位 $\exp(-i\Phi T)$,所以频谱随频率变化:$\Phi=2\Pi(E_{DBV+}-E_{DBV-})/h$,在 T 振荡的情况下,该频谱会被探测到。类似地,互补相干性|DBV_⟩⟨DBV_|将在重相谱中贡献对角线下方的交叉峰,该谱将携带相反的相位 $\exp(+i\Phi T)$。在 2DPE 频谱中,可以通过绘制上、下交叉峰处的重定相频谱强度作为等待时间 $T$ 的函数来重现这些预测的相干振荡(图 3-30(b)(c))。红线表示对角线上方的交叉峰,黑线表示对角线下方的交叉峰。如上所述,上、下交叉峰振荡应相差一个相位因子,该相位因子由叠加状态之间的能量差的符号决定,从而导致反相关的上、下交叉峰之间具有相同的主导频率分量到特征值能量差。Collini 等(2010)的实验中可以清楚地看到这种行为,而反相关的振荡则提供了令人振奋的证据,即光激发后,DBV 二聚体和 DBV-MBV 电子叠加态都持续了 400 fs 以上。值得注意的是,电子相干性从 DBV 二聚体到外围 MBV 分子跨越了 25 Å 的距离。图 3-31(a)中显示了一个典型的定相 2DPE 频谱(即经过扫描以使 $\tau>0$)。为了显示穿过 PEB/PEB′交叉峰的整个反对角线切片的搏

动,图 3-31(a)绘制了沿对角线的 2DPE 相移强度的曲线图,该线是种群时间 $T$ 的函数(图 3-31(b))。主要漂白剂和激发态吸收峰的振荡是显而易见的。由于频谱带变宽,PEB 和 $PEB_9$ 吸收带超过了谱线,因此该图中心的幅度是被跨峰激发的。在图 3-31(b)中用水平虚线表示的交叉峰(红色虚线显示对角线上方的交叉峰,黑色虚线显示对角线下方的交叉峰),在图 3-31(c)中可以更清楚地看到,其中的振荡得到了很好接收及明显反相关——量子相干性的标志。这些振荡类似于在 PC-645 中所观察到的。

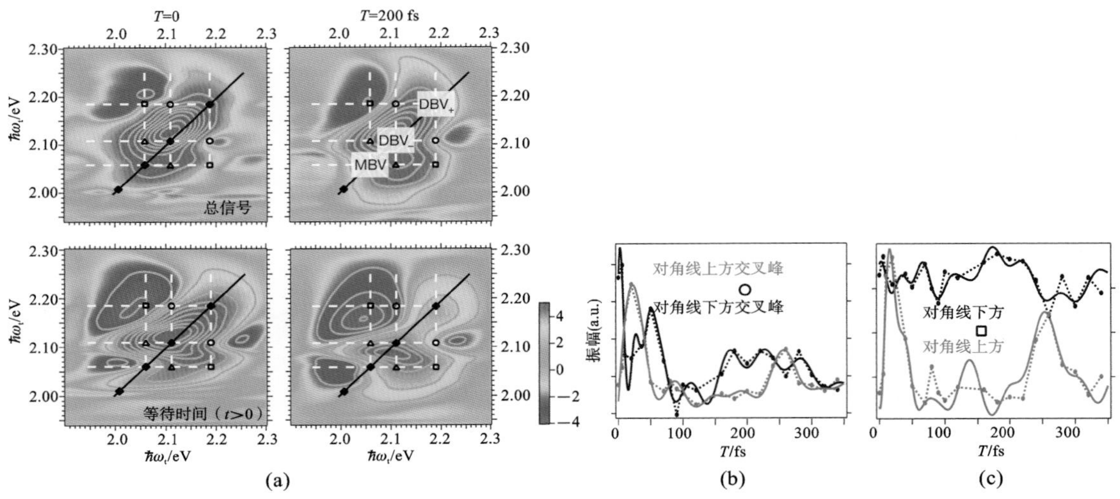


**图 3-30　PC-645 的二维光子反射光谱(Collini 等,2010)**

(a)左列显示了在零等待时间($T=0$)下 PC-645 记录的总实际 2DPE 频谱,以及对该信号的重定相位。右列显示 $T=200$ fs 的数据。2DPE 光谱显示了信号强度,以纳秒(ns)为刻度(色阶,任意单位),绘制为相干频率 $\omega_\tau$、发射频率 $\omega_t$ 的函数。(b)DBV 二聚体交叉峰强度(空心圆)作为时间 $T$ 的函数。(c)MBV-$DBV_+$ 交叉峰的强度(空心方形)作为时间 $T$ 的函数,虚线内插数据点(实心圆)

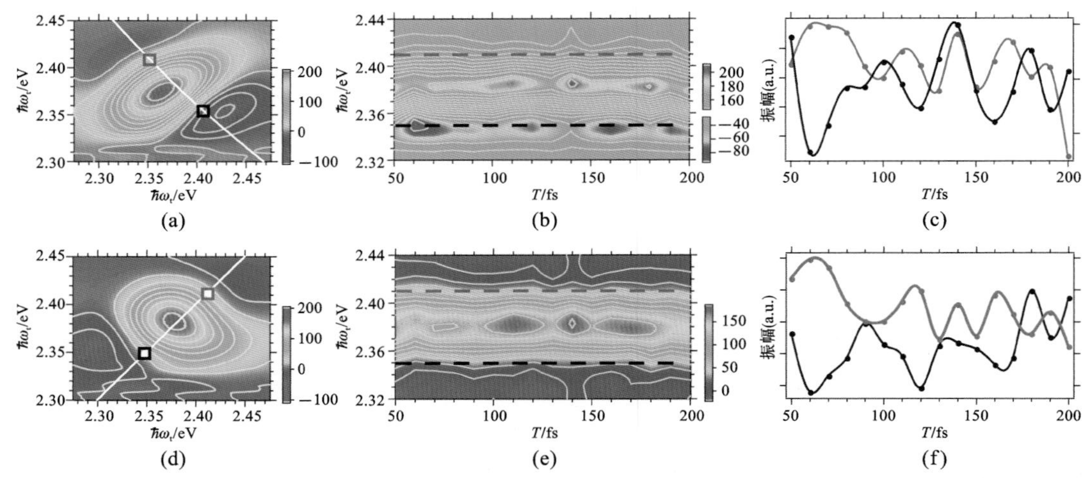


**图 3-31　PE-545 的二维光子反射光谱(Collini 等,2010)**

(a)在 $T=100$ fs 时记录的 PE-545 的 2DPE 频谱(调相实时信号)。(b)沿反峰穿过交叉峰的 2DPE 相移频谱的强度与总体时间 $T$ 的关系。对角线上方和下方交叉峰分别由红色和黑色虚线表示。(c)交叉峰的强度振荡((a)中的红色和黑色正方形)。(d)在 $T=100$ fs 时记录的 PE-545 的 2DPE 频谱(非调相实时信号)。(e)(f)(b)和(c)一样,但沿对角线切片的 2DPE 无相移频谱。2DPE 光谱以线性强度标度绘制

## 3.2.5　缓冲液对 PBS 中能量传递的影响

PBS 内激发能迁移对环境因素非常敏感,即使是对缓冲液进行较小的改变(对缓冲液进行调整以使

其对某些类型的光谱更为友好)，也可能导致不同的实验结果，从而导致 PBS 中激发能迁移路径的模型存在较大差异。

在许多蓝藻(包括集胞藻 PCC 6803)中，根据是否存在 APC 核心，可以共存两种类型的 PBS，CpcG-PBS 和 CpcL-PBS(Watanabe 等，2013)。Niedzwiedzki 等(2019)利用时间分辨荧光(TRF)在室温或 77 K 下对悬浮在各种缓冲液中的 CpcL-PBS 内的激发能迁移进行比较研究，以确定各种因素是否导致实质上不同的实验结果。研究对象为新鲜纯化的 CpcL-PBS 样品，分别进行如下处理：①重悬于高浓度磷酸盐缓冲液(900 mmol/L，hPh)；②重悬于低浓度磷酸盐缓冲液(50 mmol/L，lPh)；③重悬于 hPh 中，并加 1 mol/L 蔗糖；④重悬于 hPh 中，并加 70%甘油；⑤重悬于 hPh 中，然后在室温下避光保存一段较长的时间。该 PBS 中 PCB 之间的能量耦合，特别是其 $PCB_{670}$ 光谱形式与能量较高的 PCB 之间的能量耦合很容易受到环境条件的干扰。

图 3-32(c)(d)显示了 CpcL-PBS 重悬于 lPh 中的结果，从 $PCB_{650}$ 到 $PCB_{670}$ 的激发能迁移受到严重影响，并导致 $PCB_{650}$ 波段的荧光衰减时间更长。与 $PCB_{670}$ 相关的荧光带也在一定程度上存在，这表明缓冲液对激发能迁移途径的破坏作用不是瞬时的(重新悬浮样品后立即进行测量)。该样品可能由 PBS 的异质混合物组成，其中大约一半的 PBS 对磷酸盐浓度的变化具有更强的抵抗力，它们基本上不受影响，仍然显示“正常”荧光特征。图 3-32(e)(f)显示了时间流逝对 TRF 结果的影响。在进行此测量之前，将重悬于 hPh 中的样品在室温下避光放置了较长时间(3 周)。显然，样品随时间发生“老化”，此时，激发能迁移路径的中断与重悬于 lPh 缓冲液中的中断相当。

在图 3-32(g)(h)中给出了在 hPh 中加 1 mol/L 蔗糖时的 CpcL-PBS 的 TRF 值。结果表明，蔗糖也会对 CpcL-PBS 产生干扰，其荧光性质也会发生变化。这种影响不像在 lPh 中那样强烈，但是该样品和基准的 TRF(图 3-32(a)(b))差异清晰可见，尤其是在 $PCB_{650}$ 频段的动态和强度方面。这表明 $PCB_{650}$ 的大部分与 $PCB_{670}$ 进行了能量分离。甘油(在 hPh 中加 70%甘油)对 CpcL-PBS 荧光特性的影响如图3-32(i)(j)所示。

甘油带来的效果是所有测试因素中最强的，与 $PCB_{670}$ 相关的荧光带完全消失，而 $PCB_{650}$ 的最大荧光发射波长微移至 647 nm。它的光谱形状和位置与 ΔABPC 六聚体接近但不完全相同(它甚至转移到更短的波长)。

与此同时，Niedzwiedzki 等(2019)在室温(RT)和 77 K 下应用各种静态和时间分辨光谱法，检测在不同强度和光谱范围的光下生长的一种蓝藻 *Acaryochloris marina* 细胞中分离的整个藻胆体(AmPBS)。他们对悬浮在高浓度(900 mmol/L)和低浓度(50 mmol/L)磷酸盐缓冲液(分别简称为 hPh 和 lPh)中的 AmPBS 复合物组的荧光进行了比较。在 hPh 中，所有 AmPBS 都显示出非常相似的 TRF 曲线，最大荧光发射峰集中在 673 nm。但是，其在 lPh 中被拆卸后，样品之间的变化则开始出现。受影响最小的是在 lWL 中生长的细胞中的 AmPBS，其荧光曲线的最大值仍接近 673 nm。受影响最大的是在 hWL 和 GL 下生长的细胞的 AmPBS，其荧光曲线的最大值移至 658 nm。此外，hWL 中 AmPBS 的荧光光谱具有明显更宽的光谱包络。来自 RL 的 AmPBS，其荧光最大值位于这两个极端之间的范围内。荧光发射峰向较短波长的移动与低浓离子缓冲液的稳定性破坏作用有关，低浓离子缓冲液的稳定化作用减弱了间质/六聚物的相互作用和激发能的迁移。

因此，环境因素会对 PBS 内的能量转移造成严重影响，包括 PBS 复合物通过物理解离成为其子成分。在许多情况下，仅根据样品的外观无法确切判断样品的质量和完整性。但是，在低温下进行的时间分辨荧光(TRF)测量清楚地表明，环境因素的确会破坏激发能迁移路径。Niedzwiedzki 等(2019)的研究结构表明，CpcL-PBS(可能还包括其他 PBS 类型)发色团之间的能量耦合很容易受到破坏。在 CpcL-PBS 中，这种微调的色素-色素偶联非常脆弱，如果不以特定的方式处理样品，则很容易损坏，特别是当 CpcL-PBS 脱离类囊体膜环境时，会直接将关键锚定蛋白(即疏水蛋白 CpcG2)暴露于水溶液中。

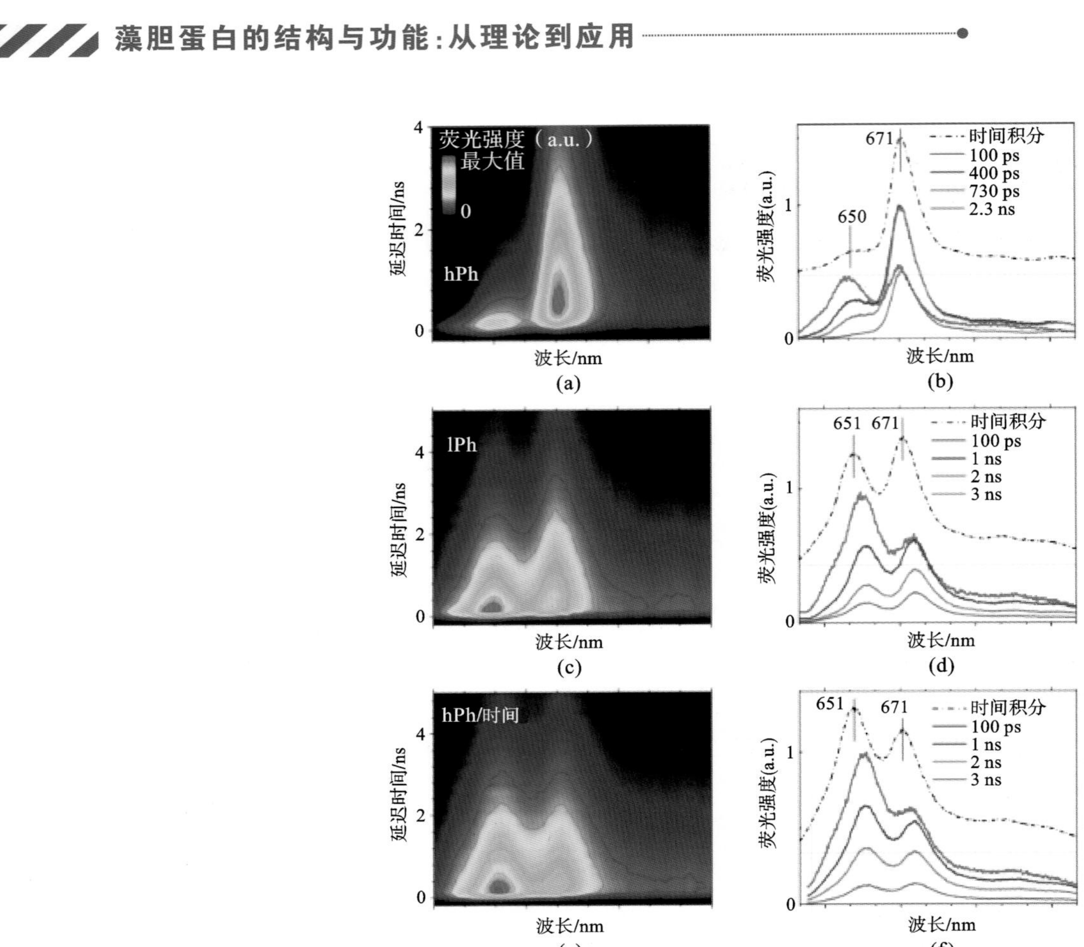

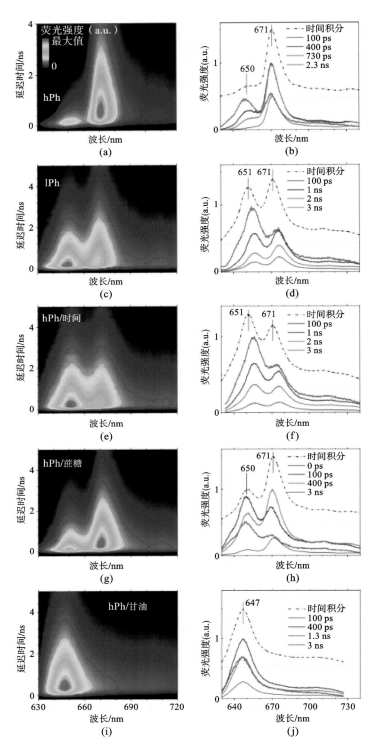

**图 3-32 在 560 nm 激发下，不同缓冲液环境中记录的 CpcL-PBS 在 77 K 下的时间分辨荧光（TRF）（Niedzwiedzki 等，2019）**

左边板块由二维彩色轮廓组成，右边板块显示了在各种延迟时间拍摄的 TRF 光谱，并附有时间积分光谱（预期的稳态荧光发射光谱）。(a)(b)将 CpcL-PBS 重悬于高浓度磷酸盐缓冲液（900 mmol/L，hPh）；(c)(d)将 CpcL-PBS 重置于低浓度磷酸盐缓冲液（50 mmol/L，lPh）；(e)(f)将 CpcL-PBS 重置于高浓度磷酸盐缓冲液中并保存在室温黑暗条件下 3 周（hPh/时间）；(g)(h)将 CpcL-PBS 重置于高浓度磷酸盐缓冲液和 1 mol/L 蔗糖（hPh/蔗糖）中；(i)(j)将 CpcL-PBS 重置于高浓度磷酸盐缓冲液和甘油中（两者比例为 3∶7）。所有样品在 560 nm 处激发

### 3.2.6　藻胆蛋白与光系统之间的能量传递

#### 3.2.6.1　藻胆体(PBS)到类囊体膜的能量转移

关于 PBS 与类囊体膜之间的能量传递一直存在争议,以往一致认为 PBS 只与光系统(PS)Ⅱ直接相连,从而将 PBS 中吸收的光能直接传递给 PSⅡ(Xiang 等,2012),而后,PSⅡ再传递能量给 PSⅠ。但是有研究发现 PBS 也可以直接将能量传递给 PSⅠ(Andreas 等,2010),其中 PBS 的核心特殊组分 ApcD 在此过程中发挥了重要作用(Andreas 等,2010)。

在每个 PBS 核心基底圆柱中,相应 APC 三聚体中的四个藻胆素发色团靠近整个 PBS 的底表面(Chang 等,2015;Zlenko 等,2016),这些藻胆素发色团似乎最接近 PSⅡ及其叶绿素的胞质侧,为从 PBS 到 PSⅡ的能量转移创造了机会。目前研究表明,PBS 主要通过 Föster 能量传递机制将吸收的能量传递给 PSⅡ,这主要取决于供体和受体之间的距离。如果该距离看起来明显大于 Förster 半径($R_0$)(Förster,1948;Lakowicz,2006),则能量迁移率可以忽略不计。Krasilnikov 等(2019)研究发现 PBS 和 PSⅡ之间的能量转移似乎可以通过 APC 660以及 APC 680发色团实现,而 ApcE 发色团似乎并不会阻碍该过程。这是由于叶绿素吸收与 APC 660或 APC 680荧光光谱的重叠积分相等,并且 CP43 中的叶绿素＃47(＃是对叶绿素分子的编号)(Loll 等,2005)与每个底部圆柱中的第四个 PCB 之间的距离更短。ApcE 中藻胆素的荧光共振能量传递速度比第四个三聚体中 ApcD 或 ApcA 的传递速度低约 40%。根据 PBS-PSⅡ超复合物的结构,能量主要迁移到“特殊”叶绿素分子上:CP47 中的叶绿素＃22 和 CP43 中的叶绿素＃47。叶绿素＃22 从底部 PBS 核心圆柱中的第一个藻胆素中收集约 50%的能量,而从第二个藻胆素中收集约 40%的能量,而叶绿素＃47 从第三和第四个藻胆素中分别收集约 50%和 70%的能量。因此,特殊叶绿素的位置和方向似乎适合从 PBS 核心收集能量。从一个底部藻胆素到 PSⅡ的任何叶绿素的能量转移的特征时间比实验值 20 ps 少 1/2(10.9 和 7.9 ps)(Acuna 等,2018),可能是由 PBS-PSⅡ超复杂模型的某些不一致导致的,但是由于模型中的错误而导致的传递速度增加的可能性很小。该模型的不准确性更有可能会降低对能量传输速度的估计。因此,与实际系统相比,观察到的差异可能是模型过于理想的结果。PBS 由于具有柔韧性,并且可以首先在状态 1 与状态 2 过渡过程中在膜平面内迁移(Mullineaux,2008),因此可以预期它们在真实样品中可能会部分解偶联。

#### 3.2.6.2　状态转换

因为 PSⅠ和 PSⅡ天线系统的组成不同,它们的光吸收性能会有所不同,当光强和光质不断变化时,PSⅠ和 PSⅡ上能量的分布可能会存在不平衡的现象(Bcllafiore 等,2005)。当用 PSⅡ优先吸收的光照射时,大部分的光就会被 PSⅡ吸收,此时 PSⅡ就会将一部分能量分配给 PSⅠ;同样的,当用 PSⅠ优先吸收的光照射时,大部分的光就会被 PSⅠ吸收,此时 PSⅠ就会将一部分能量分配给 PSⅡ,平衡分布 PSⅠ与 PSⅡ之间能量的过程即为状态转换(Depège 等,2003;Li,2006)。在高等植物和绿藻中,一般通过捕光复合物的磷酸化和利用其流动性进行状态转化(Allen 和 Forsberg,2001;Allen,2003;Lunde 等,2000)。然而,研究发现在红藻中状态转换并不涉及光依赖的磷酸化过程(Delphin 等,1995;Biggins 等,1984)。

通过状态转换将 PSⅠ和 PSⅡ中的能量进行合理分配有着重要作用,此时光合作用效率将达到最大(Zhang 等,2007)。状态转换存在状态 1 和状态 2 两种状态。在状态 1 时 PBS 易于结合 PSⅡ,相反,在状态 2 时,易于结合 PSⅠ。状态转换是通过光和氧化还原剂诱导的。蓝藻、红藻所处的环境随着时间的变化而变化,如接受的光照强度、光质等条件的变化,当这些条件发生变化时,能量传递系统将进行相应的调整,以实现最佳的能量传递和分配。因此,状态转换并不是仅在实验条件(极端条件)下发生,而是自然界普遍存在的一种用于适应环境变化的机制。

之前的研究认为蓝藻状态转换的生理意义仅限于极低光强(≤2 μE),但是,通过实验证明,在 10～

120 μE 的橙光照射下，所有光强下蓝藻状态转换的幅度相同，证明在这样大的光强范围内蓝藻状态转换的功能守恒，但速度与光强成正比。由于橙光诱导状态转换仅涉及 PBS 流动机制，因此，这些结果说明 PBS 运动速度也是光强的函数。利用前期发现的 PBS 与 PSⅡ特异光交联的实验方法测量状态转换进程中 PBS 与 PSⅡ光交联量的变化，发现状态转换进程中 PBS 与 PSⅡ光交联量呈(1,0)分立分布模式，橙光照射下，起点 PSⅠ、PBS 与 PSⅡ交联，一旦光照开始，PBS 光交联量就变为 0；蓝光照射下，起点光状态 2PBS 光交联量为 0，直到 PBS 全部迁移到 PSⅡ，其模式与蓝光诱导状态转换中荧光涨落模式一致，证明状态转换过程中所有 PBS 集体同步迁移，而不是像之前提出的蓝藻状态转换相当于 PBS 在两个光系统上布局的相对变化。这些结果清楚表明：蓝藻状态转换在正常光合作用的光强范围内调控激发能分配的功能不变，其生理意义并非限于极低光强；状态转换调控激发能分配平衡，实现光合电子链畅通，防止电荷或激发能的累积而导致有害活性氧的产生，因此，状态转换也是一种保护机制。

**1. 状态转换机制**

状态转换的发生主要与 PBS 和光反应中心能量传递有关，关于状态转换机制的假设有三种：PBS 流动模型、并行连接模型和能量溢出模型(Kirilovsky,2015)。具体的假说分别如下：①PBS 在类囊体膜上移动，分别与 PSⅡ和 PSⅠ发生相互作用，来平衡 PSⅡ和 PSⅠ的能量(Mullineaux 等,1997；Mullineaux 等,1986)；②PBS 固定不动，光系统在类囊体膜上移动和(或)光系统聚集态的改变，分别与 PBS 相互作用，通过 PBS 将能量并行传递给 PSⅡ和 PSⅠ(Bald 等,1996；Schluchter 等,1996)；③PBS 与 PSⅡ是固定不动的，能量不能直接从 PSⅡ传递给 PSⅠ，PSⅡ首先溢出多余的能量，然后 PSⅠ在类囊体膜上移动以便于获得能量(Vernotte 等,1990；Olive 等,1997)。光诱导的状态转换取决于 PBS 的运动机制，而氧化还原诱导的状态转换是通过 PBS 运动与溢出机制同时参与所致(Li 等,2004)。

(1)PBS 流动模型。

PBS 流动模型也可称为三元复合物模型(PSⅠ-PBS-PSⅡ)，该模型认为 PSⅠ和 PSⅡ之间的能量分配是通过 PBS 在两者中的精确移动来调节的。用甜菜碱将 PBS 固定后，发现不再发生状态转换，说明 PBS 的移动是状态转换的必要前提。应用光漂白荧光恢复技术(FRAP)观察发现，蓝藻 PBS 在类囊体膜表面能够实现快速移动(Ma 等,2008)。Yang 等(2009)根据时间相关的荧光涨落(time-dependent fluorescence fluctuation)，首次观察到集胞藻 PCC 6803 在状态转换中 PBS 的移动，PBS 移动的快慢与光照幅度和光强度有关。Sarcina 等通过聚球藻 PCC 7942 中特殊的类囊体膜结构，发现膜脂成分、温度和 PBS 的大小均会影响 PBS 的扩散系数。Xu 等(2012)对状态转换过程中的 PBS 进行了动力学研究，发现所有 PBS 表现出集体移动的现象，通过 PBS 移动来调节 PSⅠ与 PSⅡ之间能量的有效传递。在状态 1 时，PBS 与 PSⅡ亲和力高于 PSⅠ，而在状态 2 时，PSⅡ与 PSⅠ的比例下降，推测 PSⅡ可能存在磷酸化的共价修饰(刘贤德等,2006)，被修饰的 PSⅡ不会与 PBS 结合，因而这部分 PBS 只能转而与 PSⅠ连接在一起，此时 PSⅠ的荧光量子产率有所提高。

(2)并行连接模型。

并行连接模型是指 PBS 同时与 PSⅠ和 PSⅡ两个光系统连接，此时能量可以通过 PBS 并联传递给类囊体膜上的两个光系统。例如：与室温下的荧光强度相比，在 0 ℃时，PSⅡ的荧光强度有所降低，APC 的荧光强度却升高，PSⅠ增加，藻蓝蛋白的荧光强度却减少，推测 PSⅡ与 APC 末端发射体部分解偶联，PSⅠ与 PBS“杆”PC 更有效地偶联在一起，能量可以由 PBS“杆”直接传递到 PSⅠ(Li,2003)。

(3)能量溢出模型。

能量溢出模型是指能量传递按照 PBS—PSⅡ—PSⅠ的顺序进行，能量通过 PSⅡ传递到 PSⅠ。多种红藻的延迟荧光光谱表明多于 50%的 PSⅡ将激发能传递给 PSⅠ，并且随着 PE 含量的增加，从 PSⅡ到 PSⅠ的能量溢出机制将占据主导地位，该机制能够快速适应环境(Makio 等,2011)。Li 等(2006)还发现能量溢出特别容易发生在从明到暗的过渡过程中，因为此时 PSⅠ三聚体很容易被诱导分解成单体，这使 PSⅠ和 PSⅡ相遇的可能性增加，并且能量溢出也更容易进行。Zhang 等(2008)研究证明在高浓度 $H^+$ 的条件下，蓝藻中单体形式的 PSⅠ增多，而 PSⅠ三聚体减少，从而增加了 PSⅠ和 PSⅡ的相遇

机会，并且发生能量溢出。以上比较容易解释能量溢出发生的机制：当蓝藻细胞经过光到黑暗条件的转变时，类囊体膜基质侧的 $H^+$ 浓度升高，将 PSⅠ单体之间的作用力转变为排斥力，此时 PSⅠ由三聚体变成单体，从而导致能量从 PSⅡ溢出到 PSⅠ。

以蓝光照射蓝藻螺旋藻细胞，时间相关的荧光光谱显示 PBS 和光系统组分各向异性荧光动力学——PBS 荧光至状态转换的中途不再变化，而 PSⅡ荧光上升和 PSⅠ荧光衰减直到状态转换完成，这揭示蓝光诱导状态转换涉及一个新机制——PSⅠ向 PSⅡ能量溢出。陈李萍(2009)提出了一种能量溢出的新途径，能量由 PSⅠ三聚体向 PSⅡ二聚体反向传递，即反向能量溢出。在对蓝藻 PBS 和光学系统组件进行连续蓝光照射后，7 K 荧光检测表明能量从 PSⅠ转移到 PSⅡ。蓝光照射过程中，PBS 流动和反向能量溢出相继发生，协同调控激发能分配的平衡；且状态转换在高光强下加速。研究发现蓝光强度增加时，PBS 迁移和反向能量溢出速度都大大提高。对低温荧光光谱做长波敏度校正，发现长波(760 nm)处出现一个荧光衰减组分，760 nm 是螺旋藻中 PSⅠ三聚体的特征发射波长。测量蓝藻细胞时间相关吸收光谱表明蓝光诱发 PSⅠ三聚体解离为单体，且 PSⅠ三聚体解离和再聚集蓝光开、关可逆；吸收光谱和低温荧光光谱动力学的一致性说明 PSⅠ单体化诱发反向能量溢出。

**2. ApcE 在状态转换中的作用**

Zlenko 等(2019)构建了缺少 PB-loop 的集胞藻 PCC 6803 光自养突变株(ΔPB-loop 突变体)，在 PBS 和 PSⅠ特异性光照下，野生和 ΔPB-loop 藻株的 P700 光氧化的速率常数几乎相等，因此 PB-loop 缺失对从 PBS 到 PSⅠ的能量转移没有影响。ApcE 和 ApcD 是 PBS 核中的两个独立的末端能量发射体(Sidler 等，1994；Bryant 等，2018)，它们从 APC 中收集能量，并位于 PBS 核心圆柱基底的不同 APC 三聚体中(Anderson 等，1986；Lundell 等，1983)。ApcD 能够介导从 PBS 到 PSⅠ的能量转移(Dong 等，2009；Zhao 等，1992)。因此，ΔPB-loop 突变体从 PBS 到叶绿素的能量转移保留的可能原因之一是该突变对 ApcD 末端发射体没有任何影响。此外，PSⅡ二聚体的细胞质表面是平坦的，并且在该表面有两个空腔恰好位于 PBS 底表面 PB-loop 位点的前面(Chang 等，2015；Zlenko 等，2016)。由此可见，PB-loop 结构参与 PBS 和 PSⅡ的相互作用也是合理的。相反，PSⅠ的胞质表面具有由三个多肽(PsaC、PsaD 和 PsaE)形成的大突起，非常适合 PBS 核心圆柱基底之间的沟(Zlenko 等，2017)。因此，PB-loop 对 PBS 和 PSⅠ相互作用的贡献较小。但是，PB-loop 的缺失会导致 PBS 和类囊体膜之间的连通性降低，并导致相对 PSⅡ的补偿性增加。突变引起的类囊体膜排列的差异，导致无法执行状态转换并且削弱了 OCP 依赖性的非光化学猝灭(Zlenko 等，2019)。从本质上讲，即使是 PBS 复合物中的成分出现微小的突变，如 PB-loop 缺失，也会影响光合装置的协调功能。

### 3.2.6.3 非光化学猝灭

藻类光保护通过藻类捕光复合物将多余的激发能量转化为热耗散(Endo 等，2014)，同时叶绿素 a (Chl a)荧光被强烈猝灭，即为非光化学猝灭(non-photochemical quenching，NPQ)(Bricker 等，2002；Kirilovsky，2015；Niyogi 等，2013)。在高强度光条件下，光合生物吸收到的能量已经超过了光反应中心的最大承载能力，过多的激发能会损害光合生物细胞，为了避免强光造成的损伤，光合生物已经进化形成了一套完整的光保护体系：在能量到达光系统之前，过量的激发能以热的形式损失掉(Tian，2011；Horton 等，2005)。NPQ 是相对于光化学猝灭(photochemical quenching，PQ)而言的，PQ 指的是激发能用于光合作用而引起的能量消耗，NPQ 指的是过多的激发能以热能的形式散失，而不是用于光合作用，NPQ 能力也就是热耗散能力，在高等植物和藻类中均存在 NPQ，但是猝灭的机制有所区别(Goss，2015；Jahns 等，2012)。在较低和中等光辐射强度时，只有很少一部分能量(小于 10%)用于热耗散和荧光，但是，在高光辐射强度下，光合作用的电子传递链会减少，只有一小部分激发能可用于光合作用(Jallet 等，2011)。目前可以通过叶绿素荧光测量仪检测叶绿素的荧光值，并根据能量守恒定律($1=P+F+Q$)间接确定 NPQ 值(Krause 等，2004)。

**1. 蓝绿光诱导的 NPQ**

蓝藻中存在很多的 NPQ 机制，主要包括蓝绿光(450～550 nm)诱导的 NPQ(Bissati 等，2000)、高光诱导型蛋白(high-light-inducible proteins,简称 HLIPs)诱导的 NPQ(Wang 等,2008)和紫外条件下诱导的 NPQ(Singh 等,2010)等。在 PBS 中,主要是由蓝绿光诱导的 NPQ 将多余的激发能以热量的形式从 PBS 中转移出去,从而避免过多的能量被转移至反应中心,保护光系统免遭光破坏(Goss 和 Lepetit,2015)。

蓝绿光诱导的 NPQ 过程主要由水溶性光敏色素橙黄色胡萝卜素蛋白(OCP)介导(Wilson 等,2006)。OCP 是一种水溶性的分子质量为 35 kDa 的蛋白质,可结合单个类胡萝卜素分子(Kirilovsky 和 Kerfeld,2016;2013)。它是唯一使用类胡萝卜素作为发色团的光敏蛋白。蓝绿光或强白光的吸收使 OCP 从稳定状态的橙色 $OCP^{O}$ 转换为活动状态的红色 $OCP^{R}$。$OCP^{R}$ 通过与捕光复合物 PBS(图 3-33)结合而直接参与光保护。两类形态的 OCP 之间是互逆的,黑暗状态下的复苏主要由荧光复苏蛋白(fluorescence recovery protein,FRP)催化。在大多数蓝藻中发现了光保护性 OCP-FRP 调节系统(图 3-33)(原绿球藻 *Prochlorococcus* 和聚球藻 *Synechococcus* 除外)。除了强光之外,OCP 的表达在其他胁迫条件下也能够被上调。另外,研究表明可以通过 OCP 控制从天线到不同光系统的选择性能量流(Liu 等,2013),这意味着 OCP 可以通过另一种方式来适应环境中的各种胁迫条件。

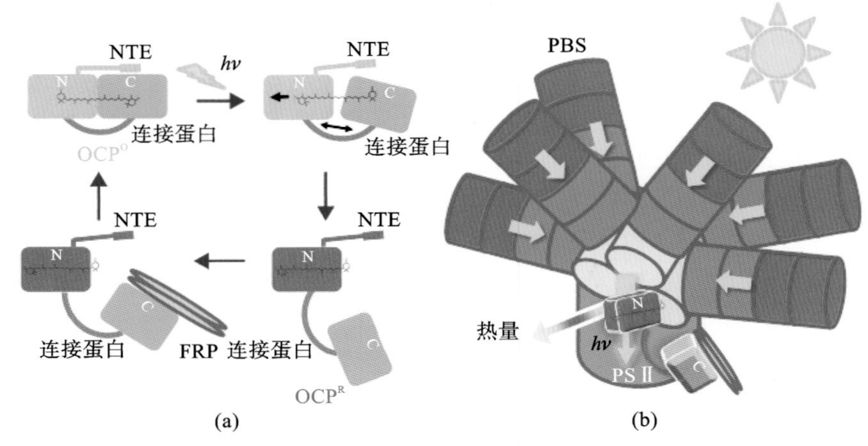


**图 3-33 OCP 光周期模型和与 OCP/FRP 相关的光保护机制(Bao 等,2017)**

(a)OCP 光调节的机制:$OCP^{O}$ 的光吸收会导致类胡萝卜素和结构域界面的构象变化,从而使类胡萝卜素完全移位进入 N 端结构域(NTD),并伴随两个结构域的完全解离。黑暗状态下,光激活的 $OCP^{R}$ 会恢复为稳定的 $OCP^{O}$,并且可以通过 FRP 和 C 端结构域(CTD)之间的相互作用来加速。(b)$OCP^{R}$ 通过核心 APC 三聚体与 PBS 相互作用,介导多余的能量以热量的形式耗散。FRP 加速了 $OCP^{R}$ 与 PBS 的分离

据推测,激发的 OCP 将与 PBS 相连,诱导 PBS 核的荧光猝灭。在过去,OCP 的结构和功能被详细研究(Kirilovsky,2015;Kirilovsky 和 Kerfeld,2016;Kerfeld 和 Kirilovsky,2013)。最近研究确定了与类胡萝卜素发色团结合的 OCP 的 N 端结构域活性形式的结构(Leverenz 等,2015)。由此可以推断,在强光照射下,OCP 发生了显著的结构变化,通过物理分离其 N 端和 C 端结构域,将其特性从非活动状态($OCP^{O}$)更改为活动状态($OCP^{R}$)。这种分离导致胡萝卜素分子与 C 端结构域分离,并向现在具有猝灭活性的 N 端结构域内更深地移动 12 Å 到指定的腔中(图 3-34(a))。根据这些发现,Harris 等提出了 PBS-$OCP^{R}$ 相互作用的结构模型(Harris 等,2016)。除通过突变分析外,还可通过将交联反应(图 3-34(b))与 LC-MS/MS 分析偶联得出结论,OCP 的 N 端结构域钻入了基核圆柱体内的末端发射极六聚体,导致 PBS 的装配发生变化。在该模型中,仅限于蛋白质与蛋白质相互作用,因此无法推断出猝灭机制的确切性质,目前尚不清楚类胡萝卜素是否为 PBS′色基的猝灭对,或者 PBS 与 $OCP^{R}$ 的相互作用是否会影响附近的色基,从而将其能量传播状态转变为猝灭模式。但是,目前已经清楚地证明了 PBS 的组装发生变化,人们倾向于认为猝灭机制为 APC 680六聚体的特定能量传播途径受到影响。这种改变再次表明结构适应性是 PBS 的优点。

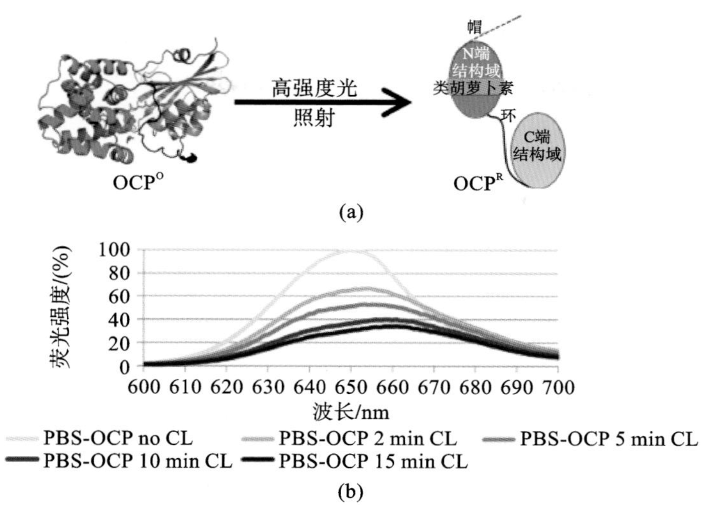


**图 3-34 集胞 PCC 6803 PBS 中 OPC 相关的 NPQ 机制(Harris 等,2016)**

(a)OPC 光诱导的跃迁;(b)交联 PBS-OCP 在低盐缓冲液中的荧光研究,低盐缓冲液中 PBS-OPC 复合物具有时间依赖性的荧光强度

(1)OPC 的结构及功能。

在 OPC 精确功能被了解之前,$OCP^O$ 的晶体结构(Kerfeld 等,2003)就显示出它包含两个离散的结构域:蓝藻特有的全 α 螺旋 N 端结构域(NTD)和同时包含 α/β 并与核转运因子 2(NTF2)家族中的其他蛋白质具有相似结构的 C 端结构域(CTD),它们可以将底物与酮或羟基官能化的 6-碳环结合(Kerfeld 等,2003;Wilson 等,2010)。NTD 和 CTD 通过柔性接头和非共价键与酮类胡萝卜素分子连接,该分子嵌入在横跨两个结构域的隧道状的结合口袋中(图 3-35(a))。OCP 可以结合不同的类胡萝卜素,但是羰基的存在对于维持光活性是必不可少的(Bourcier de Carbon 等,2015;Mori 等,2016;Wilson 等,2008)。酮类胡萝卜素的羰基(如 3′-羟基海胆烯酮、海胆烯酮或角黄素等)形成两个氢键,其 CTD 中的残基(Y201 和 W288)是绝对保守的(Wilson 等,2008;Wilson 等,2011)。缺乏羰基则被玉米黄素替代,失去其光活性(Punginelli 等,2009)。$OCP^O$ 的结晶结构始终为二聚体,分析其结构数据(如埋藏表面积、缔合 ΔG 等)发现,这是与其生理相关的形式,但是 OCP 是单体还是二聚体仍存在争议(Kerfeld 等,2003;Wilson 等,2010;Zhang 等,2014;Gupta 等,2015)。有趣的是,OCP 二聚体中的两个类胡萝卜素几乎彼此平行排列(Kerfeld 等,2003;Kerfeld,2004),这可能具有独特的生物学意义。

X 射线晶体学还提供了 $OCP^O$ 中仅包含蛋白质 N 端部分 RCP(Leverenz 等,2015)的结构(图 3-35(b))。RCP 由结合了类胡萝卜素的 NTD 组成(Leverenz 等,2014;2015),相对于其在 $OCP^O$ 中的位置,类胡萝卜素移动了 12 Å,由 NTD 包裹。$OCP^R$ 中类胡萝卜素的位置与 RCP 中的位置相对应。尽管尚无 $OCP^R$ 的晶体结构,但有多种生化和物理方法,如小角度 X 射线散射(SAXS)(Gupta 等,2015)、X 射线羟基自由基印记(Gupta 等,2015;Liu 等,2016;2014)、质谱(MS)(Liu 等,2014;Zhang 等,2014;2016)和圆二色谱(Gupta 等,2015)等,暗示 OCP 在光活化后会发生显著的整体构象变化,NTD 和 CTD 完全分离(Gupta 等,2015;Liu 等,2016)(图 3-35(a))。SAXS 实验获得的数据证实,NTD 和 CTD 的分离发生在 $OCP^R$ 形式中(Gupta 等,2015 年)。考虑到 RCP 中发色团向 A 结构域迁移 12 Å(Leverenz 等,2015),表明光转化时,发色团从天然 OCP 的 CTD 中分离出来。同时,通常认为是发色团稳定了 $OCP^O$ 结构,这是由于其环与相邻氨基酸之间形成了氢键。因此,通过点突变替代后者可能导致 $OCP^O$ 不稳定并形成 $OCP^R$ 等效形式。尽管定点诱变实验表明 CTD 中酪氨酸-201 和色氨酸-288 对于 OCP 的光活性具有重要作用(Wilson 等,2011),但这些残基被替换为组氨酸或丝氨酸并没有导致其特征光谱表现为红色形式。

随着全基因组测序的到来,Wu 和 Krogmann(1997)首次发现集胞藻中的 *slr1963* 基因与 OCP 相对应。研究发现该基因始终伴随着第二个开放阅读框(Kerfeld,2004),现在已被称为 FRP(Boulay 等,2010;Gwizdala 等,2013)。集胞藻的 FRP 结晶为两种形式,即二聚体和细长的四聚体(Sutter 等,2013)(图 3-35(c))。二聚体形式是与 OCP 的 CTD 相互作用的活性形式(Sutter 等,2013;Lu 等 2017;Sluchanko 等,2017)。四聚体形式可能是该蛋白质的一种无活性的潜在的储存形式(Sutter 等,2013)。

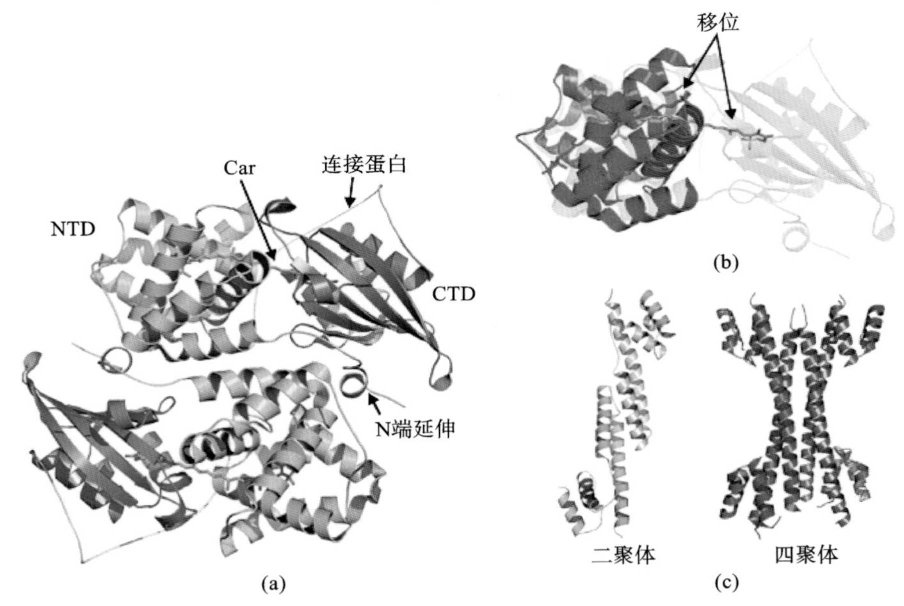


**图 3-35　OCP$^{O}$、RCP 和 FRP 的晶体结构**

(a)OCP 二聚体:NTD 为黄色,CTD 为蓝色;连接蛋白为粉红色;类胡萝卜素显示为橙色棒。(b)比较 RCP 和 OCP$^{O}$ 的结构:RCP(红色)与 OCP$^{O}$(黄色)的 NTD 对齐;RCP 和 OCP$^{O}$ 中的类胡萝卜素分别用红色和橙色棒表示,以说明从 OCP$^{O}$ 转换到 OCP$^{R}$ 后类胡萝卜素的移位。(c)FRP 的两种构象和低聚状态:左侧显示的是活性二聚体形式,右侧显示的是四聚体形式。来自 PDB:代码 4XB5(用于 OCP),4XB4(用于 RCP)和 4JDX(用于 FRP)

(2)OCP 与 PBS 的相互作用。

通过对 OCP 相关的光保护机制的体外重建,研究人员发现只有 OCP$^{R}$ 能够结合 PBS(Gwizdala 等,2011)。当存在过量的野生 OCP 时,用强烈的白光或蓝绿光照射 PBS,发现大量的 PBS 发生荧光猝灭(Gwizdala 等,2011;Stadnichuk 等,2011)。OCP$^{R}$ 与 PBS 按照 1∶1 的比例,几乎可以猝灭 PBS 所有的荧光(Gwizdala 等,2011)。然而,当将 PBS 在黑暗中与野生 OCP 孵育或在 Tyr44-OCP(非光敏)照射下孵育时,重新分离的 PBS 是完全荧光的,且不含任何 OCP$^{R}$。体内(Gwizdala 等,2011)和体外(Gorbunov 等,2011)实验均证明,OCP$^{R}$ 与 PBS 的结合是光独立的。因此,体外或体内 PBS 荧光猝灭的速度和幅度的光强度依赖性仅是由于 OCP$^{R}$ 积累取决于光强度。

Arg155 在 OCP$^{R}$ 与 PBS 之间的相互作用中起着至关重要的作用。关于 R155-E244 盐桥残基的突变分析显示,当 CTD 的 Glu244 变为 Leu 时,与 PBS 的结合与野生 OCP 相似,表明该氨基酸不直接参与相互作用(Wilson 等,2012)。相反,Arg155 的变化会显著影响相互作用。R155 更改为 Leu 或 Glu 的红色形式比 WT-OCP 积累得更快并且更稳定,但是它们不能诱导集胞藻细胞中的荧光猝灭(Wilson 等,2012;2010)。体外实验表明,R155L-OCP 和 R155E-OCP 的 PBS 结合能力受损。带正电荷的 Arg 残基变为疏水性氨基酸(Leu)会降低 OCP$^{R}$ 与 PBS 结合的强度;负电荷(Glu)的变化几乎完全消除了 OCP$^{R}$ 与 PBS 的结合能力。当 Arg155 被 Lys 取代时,对荧光猝灭的影响相对较小,这证明了 Arg155 的正电荷对结合的重要性(Wilson 等,2012)。这些数据共同得出了一个模型,说明强光如何触发光保护过程。在深橙色形式中,R155-E244 盐桥的存在稳定了"封闭"构象,从而阻止了 OCP 与 PBS 的结合(Kirilovsky 和 Kerfeld,2012)。高强度光照通过诱导类胡萝卜素构象变化,导致盐桥断裂,从而使结构域分离,暴露出含 Arg155 的 NTD 的表面。Arg155 的正电荷与 PBS 中靠近胆红素发色团之一的负电荷相互作用。

在蓝藻中,NPQ 的机制与绿色植物中的机制不同(Ruban 等,2013)。类胡萝卜素分子被连接到OCP,而不是膜天线复合物中(Kerfeld 等,2017)。ApcE 的 PB 结构域显然是 OCP 结合位点的候选者,因为在体外(Stadnichuk 等,2012)和交联实验(Zhang 等,2014)中都证明了 OCP 和 ApcE 的直接相互作用。从状态 2 到状态 1 的转换是在相对较低的光强度下发生的,而使用强的蓝绿光在对蓝藻细胞进行照明时会诱导 PBS 非光化学猝灭。后者是由 $OCP^{O} \rightarrow OCP^{R}$ 的光转化触发的(Kerfeld 等,2017)。研究结果显示,蓝绿光导致野生型集胞藻 *Synechocystis* 中的 PBS 荧光强度显著降低(47%±7%)(Kirilovsky,2015;Kerfeld 等,2017)(图 3-36(a))。相反,在 ΔPB-loop 突变体的细胞中,PBS 荧光猝灭的强度降低至 1/2(26%±11%)(Zlenko 等,2019)(图 3-36(b))。在蓝藻中,PBS 荧光的猝灭仅通过一个附着在整个 PBS 上的 OCP 分子来实现(Gwizdala 等,2011)。因此,OCP 结合位点应靠近末端发色团,该发色团从 PBS 的 PE 中收集能量(Zlenko 和 Krasilnikov,2016;Stadnichuk 等,2013;2015)。与大量 APC 的发色团相比,ApcE 的发色团向蛋白质表面移动,这将缩短与 OCP 的类胡萝卜素发色团的距离(Gao 等,2012)。因此,ΔPB-loop 突变体的细胞中 OCP 诱导的 PBS 猝灭减少表明 PB-loop 参与了PBS 和 OCP 的相互作用(Zlenko 等,2019)。

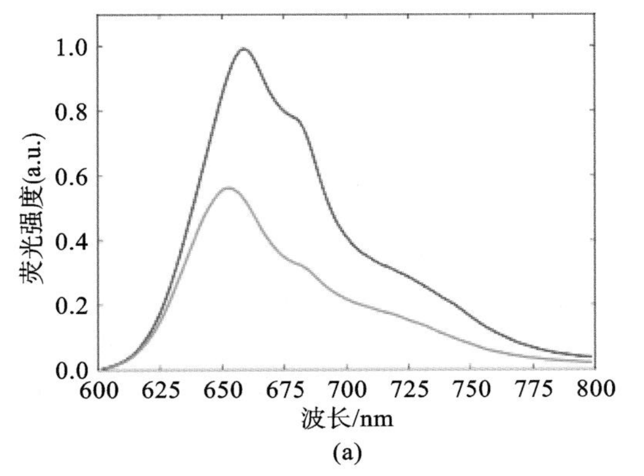


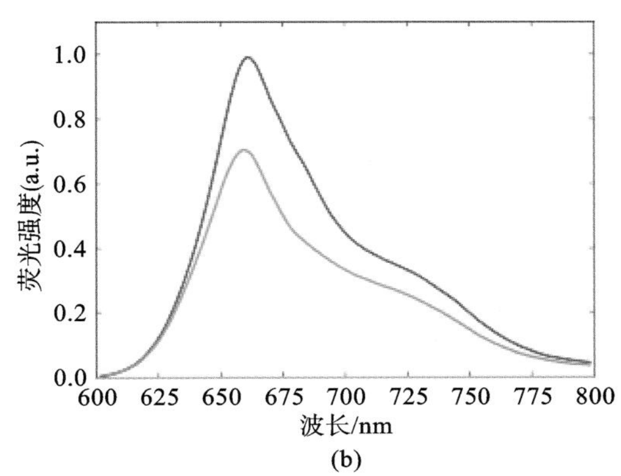


**图 3-36 野生型集胞藻 *Synechocystis* 和 ΔPB-loop 突变体细胞在室温下的荧光发射光谱(在 580 nm 处激发)(Zlenko 等,2019)**

(a)野生型集胞藻 *Synechocystis*;(b)ΔPB-loop 突变体细胞;(a)(b)分别在黑暗(紫色)或强烈的蓝绿光(橙色)照射下激活 $OCP^{O} \rightarrow OCP^{R}$ 光转换。PBS 的浓度保持一致,以避免样品在光吸收方面的任何差异

对从藻细胞中分离得到的 PBS 进行体外实验时,其结构容易受到破坏,一般使用 1 mol/L 磷酸盐缓冲液来维持其稳定性,但这会对 OCP 的光活性产生影响(Maksimov 等,2017),并大大降低其与 PBS 相互作用的有效性。在 OCP 的吸收非常少的情况下,一些研究不得不考虑类胡萝卜素的虚拟激发水平。目前单粒子时间分辨光谱仪的应用可以解决这些问题中的一部分,明确表明一种 PBS 仅具有两个与 OCP 相互作用的位点,而 OCP 导致 PBS 荧光寿命至少缩短 94.5%(Squires 等,2019)。由此可知,PBS 到 OCP 的能量转移速度至少是 PBS 到叶绿素的两倍,这表明 OCP 可以有效地与反应中心的叶绿素竞争激发 PBS。

Maksimov 等(2019)尝试研究 OCP 是否可以猝灭从条斑紫菜 *Porphyra yezoensis* 中纯化的 R-PE 的荧光并得到以下结论,首先,OCP 在任何状态下都是猝灭剂,这意味着要通过 OCP 防止 PBS 猝灭,就需要类胡萝卜素与核心中的特定 PCB 至少相距 60 Å,以保持光合作用的高效率,橙色 OCP 必须与 PBS 核心中的结合位点完全分离。其次,由于 PBS-OCP 复合物中 PCB 与类胡萝卜素之间的估计距离足够短,可以向任何形式的 OCP 提供有效的能量转移,因此,以橙色形式从天线到 OCP 的能量转移会导致其激发,其作用可能与 OCP 的直接光激发和对 PBS 核具有高亲和力的 $OCP^{R}$ 形成相似的效果。因此,在光照下,OCP 不能脱离 PBS,因为它会被来自天线的能量转移不断激活,这证明 FRP 对于恢复完整的天线容量是必需的。最后,尽管 OCP 中的蛋白质-类胡萝卜素相互作用对其吸收有影响,但是只有蛋白质-蛋白质相互作用才决定OCP与PBS形成特定复合物的能力，由与它们关联的蛋白质之间的相互作用决定，尽管OCP中的蛋白质-类胡萝卜素相互作用对其吸收有影响，但是对类胡萝卜素的猝灭能力没有影响。最后，由于OCP可以通过FRET猝灭任何类型的能量供体，因此基于OCP的新型光学材料的成像、传感或功能控制的人工光学触发结构的开发必须将距离、跃迁偶极子的取向和光谱重叠作为主要因素，因为它们决定了能量传输的效率。

由于大多数红移的藻胆蛋白位于PBS核心的基底圆柱中，代表了“能量漏斗的颈部”，因此推测OCP介导猝灭的类胡萝卜素向PBS核心传递。现在有几种OCP-PBS相互作用的模型。首先是通过APC三聚体与$OCP^{O}$的分子对接获得的(Stadnichuk等，2015)。类胡萝卜素和PCB之间的距离估计为24.7 Å，但是未考虑光活化诱导的类胡萝卜素向NTD移位12 Å(Leverenz等，2015)。通过使用交联质谱法获得了另一种模型。通过使用11.4 Å长交联剂发现，OCP的NTD与PBS核心基底圆柱中两个APC三聚体形成的位点密切相关(Zhang等，2014)。尽管该模型显示了光激活后存在明显的空间冲突和类胡萝卜素易位，但OCP与最接近的PCB之间的距离估计为25.8 Å(Zhang等，2014)。研究发现，这两种估计对于类胡萝卜素和PCB之间的最小可能距离来说都有足够的可信度，因为它们遵循蛋白质的线性尺寸。考虑到25 Å的距离，如果通过FRET发生能量转移，我们可以估计能量转移的效率和通过OCP进行的PBS猝灭。通过估算，如果结合了$OCP^{R}$，则PBS荧光应降低85%，如果OCP吸收对应于橙色的生理活性状态，则PBS荧光应降低61%。但是，值得注意的是，该估算基于供体-受体距离和光谱重叠的特定值，而在所有情况下过渡偶极子的方向都设置为随机。因此，取向系数的低估会导致FRET的效率降低。假设在一个特别组织的PBS-OCP复合物中，跃迁偶极子的取向不是随机的，这是非常合理的。无论如何，85%的PBS猝灭非常接近实验中观察到的效果(Gwizdala等，2011)，这证明Förster能量传递机制适合描述OCP诱导的PBS荧光猝灭。

OCP与PBS结合发生NPQ，增加散热能力，从而减少传递到光系统的能量，并避免损坏光系统(Rakhimberdieva等，2010；Scott等，2006)。NPQ在维持蓝藻生长发育方面发挥着重要的作用，这也是维持光合作用的重要保证，尽管该领域有许多研究，但我们已经清楚了解到这是由于$OCP^{R}$与PBS核之间的相互作用产生的。由于大分子量PBS核的结构非常复杂，要找到$OCP^{R}$与PBS核的特定位点仍非常困难。

**2. 缺乏OCP诱导的光驱动猝灭**

缺少OCP基因的和OCP突变的种类并不能行使NPQ。最近的单分子光谱研究表明，远红外发射状态(FR)与OCP依赖性机制有关，单分子荧光光谱法揭示了光合作用捕光复合物的高动态特性(Bopp等，1997)，结果表明它们具有以荧光强度和光谱形状变化为特征的众多状态之间切换的能力。研究表明，PBS可以切换到复合物固有的另一种OFF状态(Gwizdala等，2016)，即在没有OCP的情况下进行切换。换句话说，即使以采光为目标，PBS也偶尔会进入猝灭状态。尽管这种类型的荧光切换可以归类为荧光间歇性(或闪烁)，但许多其他捕光复合物中也出现了这种现象(Kondo等，2017；Krüger等，2011)，PBS的切换不是随机的。研究发现直接切换到OFF状态是由光引起的，并且不断增加的光强度将ON和OFF状态之间的平衡向后者转移(Gwizdala等，2016)，从而为PBS中的安全能量耗散提供了一个通道，该通道可以在OCP绑定之前快速激活。目前研究将这两种机制分为光诱导猝灭和OCP诱导猝灭，尽管后者是通过光激活的OCP间接光诱导的。OCP诱导和光诱导的OFF状态具有不同的属性，例如它们的平均荧光寿命具有两倍的差异(Gwizdala等，2018)，这表明其存在不同的机制。由于PBS复合物的体积巨大，最多可结合400多种色素蛋白，即使单个局部猝灭的效率为100%，其在OFF状态仍会发出有意义的扩散受限荧光(Gwizdala等，2016)。因此，该复合物的OFF状态为弱发射状态。但是，值得注意的是，PBS是一个连接良好的系统，当单一色素蛋白被猝灭时，尤其是当猝灭剂位于低能核心中时，整个复合物的发射状态会发生剧烈变化(Tian等，2011；2012)。

在二态转换模型中忽略的另一个特殊的光谱状态是以远红(FR)或低能量发射为代表的，其能量低于反应中心色素蛋白的能量。这些状态已针对各种类型的光收集复合体进行了深入研究(Reimers等，

2016)。最近的单分子光谱研究发现,PBS能够表现出FR发射状态,并且与OCP和光诱导的猝灭机制有关(Gwizdala等,2016;2018)。在OCP诱导的猝灭机制中,FR发射是ON和OFF状态之间可逆转变的中间步骤(Gwizdala等,2018)。另外,在没有OCP的情况下,观察到复合物偶尔但可逆地转变为以增强发射为特征的状态,该发射从30~40 nm处红移(Gwizdala等,2016)。Krüger等(2019)研究发现在FR发射之前和之后,FR发射状态与光诱导的猝灭状态之间存在直接联系。其认为该关系是由位于单一藻胆素(通常位于PB核中)中的CT态引起的,该状态负责两种不同的光谱状态。第一种状态的特征在于强烈猝灭,但没有红移发射,当CT态的能量充分降低但不会混入最低电子激发态时,就会发生红移。第二种状态的特征是轻度猝灭和FR发射,这是具有CT特性的典型电子激发态。在没有OCP但有光的情况下,PBS在三种关键的光谱状态之间切换——非猝灭、强猝灭和FR。每个状态可能对应于不同的构象状态,而该过渡是光诱导的。增加的激发速度有利于维持强猝灭状态和FR状态之间的动态平衡。PBS中能量转移受扩散限制,与非猝灭状态相比,强猝灭状态发生了蓝移,并且FR发射伴有整体式发射带。原则上PBS核中的每种藻胆素都可以是强猝灭和强红移状态的部位,因此当PBS中的多种藻胆素具有足够低能量的CT态时,这种效果就会累积。与FR状态相关的猝灭状态可以代表PBS中所有其他固有的、光诱导的猝灭状态。

## 参考文献


[1] 陈敏,王宁,杨多利,等,2015. 隐藻藻胆蛋白的结构与能量传递功能[J]. 植物生理学报,51(12):2070-2082.

[2] 李文军,2013. 蓝隐藻藻蓝蛋白结构及功能研究[D]. 烟台:烟台大学.

[3] 李文军,陈敏,2013. 蓝隐藻藻蓝蛋白结构与功能稳定性研究[J]. 海洋科学,37(7):33-40.

[4] 刘鲁宁,2008. 红藻光合作用捕光复合物和光合膜的超分子结构、功能及生态适应性[D]. 济南:山东大学.

[5] 刘少芳,2010. 蓝藻别藻蓝蛋白的生物合成及组装的研究[D]. 北京:中国科学院海洋研究所.

[6] 马圣媛,2001. 紫球藻藻红蛋白和藻蓝蛋白共价交联物的构建及其与天然藻胆体特性的比较研究[D]. 北京:中国科学院海洋研究所.

[7] 苏海楠,2010. 蓝藻与红藻中藻胆蛋白的活性构象研究[D]. 济南:山东大学.

[8] 王肖肖,秦松,杨革,等,2017. 藻胆体的结构与能量传递功能[J]. 海洋科学,41(12):139-145.

[9] 张景民,郑锡光,赵福利,等,1998. $C_2$ 藻蓝蛋白六聚体内能量传递途径及其机制[J]. 中国科学(B辑),28(5):445-452.

[10] 张楠,2013. 蓝藻光合作用捕光色素蛋白复合物——藻胆体的组装机制及功能调节[D]. 济南:山东大学.

[11] 赵井泉,朱晋昌,蒋丽金,1994a. 藻类光合原初过程的计算机模拟——Ⅲ. C-藻蓝蛋白三聚体及六聚体中的能量传递[J]. 中国科学(B辑),24(3):232-238.

[12] 赵井泉,朱晋昌,蒋丽金,1994b. 藻类光合原初过程的计算机模拟——Ⅳ. 蓝藻藻胆体中的能量传递[J]. 中国科学(B辑),24(5):469-477.

[13] 周铭,蔡春尔,柳俊秀,等,2008. 条斑紫菜R-藻红蛋白荧光探针制备条件优化[J]. 生物工程学报,24(1):153-158.

[14] 周孙林,2014. 别藻蓝蛋白的生物合成及其稳定性研究[D]. 衡阳:南华大学.

[15] ACUNA A M, VAN ALPHEN P, VAN GRONDELLE R, et al, 2018. The phycobilisome terminal emitter transfers its energy with a rate of $(20\ ps)^{(-1)}$ to photosystem Ⅱ[J]. Photosynthetica,56(1):265-274.

[16] ADIR N,2005. Elucidation of the molecular structures of components of the phycobilisome: reconstructing a giant[J]. Photosynthesis Research,85(1):15-32.

[17] ADIR N, DOBROVETSKY Y, LERNER N, 2001. Structure of c-phycocyanin from the thermophilic cyanobacterium synechococcus vulcanus at 2. 5 Å: structural implications for thermal stability in phycobilisome assembly[J]. Journal of molecular biology, 313(1): 71-81.

[18] ANDERSON L K, TOOLE C M, 1998. A model for early events in the assembly pathway of cyanobacterial phycobilisomes[J]. Molecular Microbiology, 30(3): 467-474.

[19] ARPIN P C, TURNER D B, MCCLURE S D, et al, 2015. Spectroscopic studies of cryptophyte light harvesting proteins: vibrations and coherent oscillations[J]. Journal of Physical Chemistry B, 119(31): 10025-10034.

[20] ARTEÑI A A, LIU L N, AARTSMA T J, et al, 2008. Structure and organization of phycobilisomeson membranes of the red alga porphyridium cruentum [J]. Photosynthesis Research, 95(2-3): 169-174.

[21] BAKER N R, 2008. Chlorophyll fluorescence: a probe of photosynthesis in vivo[J]. Annual Review of Plant Biology, 59: 89-113.

[22] BAO H, MELNICKI M R, KERFELD C A, 2017. Structure and functions of orange carotenoid protein homologs in cyanobacteria[J]. Current Opinion in Plant Biology, 37: 1-9.

[23] BAO H, MELNICKI M R, PAWLOWSKI E G, et al, 2017. Additional families of orange carotenoid proteins in the photoprotective system of cyanobacteria[J]. Nature Plants, 3: 17089.

[24] BHATTACHARYA D, YOON H S, HACKETT J D, 2004. Photosynthetic eukaryotes unite: endosymbiosis connects the dots[J]. BioEssays, 26(1): 50-60.

[25] BISWAS A, BOUTAGHOU M N, ALVEY R M, et al, 2011. Characterization of the activities of the CpeY, CpeZ, and CpeS bilin lyases in phycoerythrin biosynthesis in *Fremyella diplosiphon* strain UTEX 481[J]. Journal of Biological Chemistry, 286(41): 35509-35521.

[26] BLOT N, WU X J, THOMAS J C, et al, 2009. Phycourobilin in trichromatic phycocyanin from oceanic cyanobacteria is formed post-translationally by a phycoerythrobilin lyase-isomerase[J]. Journal of Biological Chemistry, 284(14): 9290-9298.

[27] BOULAY C, WILSON A, D'HAENE S, et al, 2010. Identification of a protein required for recovery of full antenna capacity in OCP-related photoprotective mechanism in cyanobacteria [J]. Proceedings of the National Academy of Sciences of the United States of America, 107 (25): 11620-11625.

[28] BOURCIER DE CARBON C, THUROTTE A, WILSON A, et al, 2015. Biosynthesis of soluble carotenoid holoproteins in *Escherichia* coli[J]. Scientific Reports, 5: 9085.

[29] BRYANT D A, CANNIFFE D P, 2018. How nature designs light-harvesting antenna systems: design principles and functional realization in chlorophototrophic prokaryotes[J]. Journal of Physics B: Atomic Molecular and Optical Physics, 51(3): 033001.

[30] CHANG L, LIU X, LI Y, et al, 2015. Structural organization of an intact phycobilisome and its association with photosystem Ⅱ[J]. Cell Research, 25(6): 726-737.

[31] CHEN Y R, SU Y S, TU S L, 2012. Distinct phytochrome actions in nonvascular plants revealed by targeted inactivation of phytobilin biosynthesis[J]. Proceedings of the National Academy of Science of the United States of America, 109(21): 8310-8315.

[32] COLLINI E, WONG C Y, WILK K E, et al, 2010. Coherently wired light-harvesting in photosynthetic marine algae at ambient temperature[J]. Nature, 463(7281): 644-647.

[33] CURTIS B A, TANIFUJI G, BURKI F, et al, 2012. Algal genomes reveal evolutionary mosaicism and the fate of nucleomorphs[J]. Nature, 492(7427): 59-65.

[34] DAGNINO-LEONE J, FIGUEROA M, MELLA C, et al, 2017. Structural models of the different trimers present in the core of phycobilisomes from *Gracilaria chilensis* based on crystal structures and sequences[J]. PLoS One, 12(5): 0177540.

[35] DAVID L, PRADO M, ARTENI A A, et al, 2014. Structural studies show energy transfer within stabilized phycobilisomes independent of the mode of rod-core assembly[J]. Biochimica et Biophysica Acta, 1837(3): 385-395.

[36] DONG C, TANG A, ZHAO J, et al, 2009. ApcD is necessary for efficient energy transfer from phycobilisomes to photosystem Ⅰ and helps to prevent photoinhibition in the cyanobacterium *Synechococcus* sp. PCC 7002[J]. Biochimica et Biophysica Acta, 1787(9): 1122-1128.

[37] EDWARDS M R, GANTT E, 1971. Phycobilisomes of the thermophilic blue-green alga *Synechococcus lividus*[J]. Journal of Cell Biology, 50(3): 896-900.

[38] ELANSKAYA I V, KONONOVA I A, LUKASHEV E P, et al, 2016. Functions of chromophore-containing domain in the large linker $L_{CM}$-polypeptide of phycobilisome[J]. Doklady Biochemistry and Biophysics, 471(1): 403-406.

[39] ELANSKAYA I V, ZLENKO D V, LUKASHEV E P, et al, 2018. Phycobilisomes from the mutant cyanobacterium *Synechocystis* sp. PCC 6803 missing chromophore domain of ApcE[J]. Biochimica et Biophysica Acta-Bioenergetics, 1859(4): 280-291.

[40] GAO X, WEI T D, ZHANG N, et al, 2012. Molecular insights into the terminal energy acceptor in cyanobacterial phycobilisome[J]. Molecular Microbiology, 85(5): 907-915.

[41] GAO X, ZHANG N, WEI T D, et al, 2011. Crystal structure of the N-terminal domain of linker L(R) and the assembly of cyanobacterial phycobilisome rods[J]. Molecular Microbiology, 82(3): 698-705.

[42] GINGRICH J C, BLAHA L K, GLAZER A N, 1982. Rod substructure in cyanobacterial phycobilisomes: analysis of *Synechocystis* 6701 mutants low in phycoerythrin[J]. Journal of Cell Biology, 92(2): 261-268.

[43] GUAN X Y, ZHANG W J, CHI X Y, et al, 2012. Combinational biosynthesis and characterization of a fluorescent 82 β-phycocyanin of *Spirulina platensis*[J]. Chinese Science Bulletin, 57(25): 3295-3300.

[44] GUPTA S, GUTTMAN M, LEVERENZ R L, et al, 2015. Local and global structural drivers for the photoactivation of the orange carotenoid protein[J]. Proceedings of the National Academy of Sciences of the United States of America, 112(41): E5567-E5574.

[45] GWIZDALA M, WILSON A, OMAIRI-NASSER A, et al, 2013. Characterization of the *Synechocystis* PCC 6803 fluorescence recovery protein involved in photoprotection[J]. Biochimica et Biophysica Acta, 1827(3): 348-354.

[46] HARRIS D, TAL O, JALLET D, et al, 2016. Orange carotenoid protein burrows into the phycobilisome to provide photoprotection[J]. Proceedings of the National Academy of Sciences of the United States of America, 113(12): E1655-E1662.

[47] HARROP S J, WILK K E, DINSHAW R, et al, 2014. Single-residue insertion switches the quaternary structure and exciton states of cryptophyte light-harvesting proteins[J]. Proceedings of the National Academy of Sciences of the United States of America, 111(26): E2666-E2675.

[48] JALLET D, GWIZDALA M, KIRILOVSKY D, 2012. ApcD, ApcF and ApcE are not required for the orange carotenoid protein related phycobilisome fluorescence quenching in the cyanobacterium *Synechocystis* PCC 6803[J]. Biochimica et Biophysica Acta, 1817(8):

1418-1427.

[49] KANNAUJIYA V K, RAHMAN A, ADINATH, et al, 2016. Structural and functional dynamics of tyrosine amino acid in phycocyanin of hot-spring cyanobacteria: a possible pathway for internal energy transfer[J]. Gene Reports, 5: 83-91.

[50] KANNAUJIYA V K, RASTOGI R P, SINHA R P, 2014. GC constituents and relative codon expressed amino acid composition in cyanobacterial phycobiliproteins [J]. Gene, 546 (2): 162-171.

[51] KERFELD C A, 2004. Structure and function of the water-soluble carotenoid-binding proteins of cyanobacteria[J]. Photosynthesis Research, 81(3): 215-225.

[52] KERFELD C A, MELNICKI M R, SUTTER M, et al, 2017. Structure, function and evolution of the cyanobacterial orange carotenoid protein and its homologs[J]. New Phytologist, 215(3): 937-951.

[53] KERFELD C A, SAWAYA M R, BRAHMANDAM V, et al, 2003. The crystal structure of a cyanobacterial water-soluble carotenoid binding protein[J]. Structure, 11(1): 55-65.

[54] KING J D, LIU H, HE G, et al, 2014. Chemical activation of the cyanobacterial orange carotenoid protein[J]. FEBS Letters, 588(24): 4561-4565.

[55] KIRILOVSKY D, 2015. Modulating energy arriving at photochemical reaction centers: orange carotenoid protein-related photoprotection and state transitions[J]. Photosynthesis Research, 126(1): 3-17.

[56] KIRILOVSKY D, KERFELD C A, 2013. The orange carotenoid protein: a blue-green light photoactive protein[J]. Photochemical & Photobiological Sciences, 12(7): 1135-1143.

[57] KIRILOVSKY D, KERFELD C A, 2016. Cyanobacterial photoprotection by the orange carotenoid protein[J]. Nature Plants, 2(12): 16180.

[58] KRONFEL C M, BISWAS A, FRICK J P, et al, 2019. The roles of the chaperone-like protein CpeZ and the phycoerythrobilin lyase CpeY in phycoerythrin biogenesis [J]. Biochimica et Biophysica Acta-Bioenergetics, 1860(7): 549-561.

[59] KRONFEL C M, HERNANDEZ C V, FRICK J P, et al, 2019. CpeF is the bilin lyase that ligates the doubly linked phycoerythrobilin on β-phycoerythrin in the cyanobacterium *Fremyella diplosiphon*[J]. Journal of Biological Chemistry, 294(11): 3987-3999.

[60] KUZMINOV F I, BOLYCHEVTSEVA Y V, ELANSKAYA I V, et al, 2014. Effect of ApcD and ApcF subunits depletion on phycobilisome fluorescence of the cyanobacterium *Synechocystis* PCC 6803 [J]. Journal of Photochemistry and Photobiology B: Biology, 133: 153-160.

[61] LEVERENZ R L, SUTTER M, WILSON A, et al, 2015. Photosynthesis. A 12 Å carotenoid translocation in a photoswitch associated with cyanobacterial photoprotection[J]. Science, 348 (6242): 1463-1466.

[62] LIU H, ZHANG H, KING J D, et al, 2014. Mass spectrometry footprinting reveals the structural rearrangements of cyanobacterial orange carotenoid protein upon light activation[J]. Biochimica et Biophysica Acta, 1837(12): 1955-1963.

[63] LIU H, ZHANG H, ORF G S, et al, 2016. Dramatic domain rearrangements of the cyanobacterial orange carotenoid protein upon photoactivation [J]. Biochemistry, 55 (7): 1003-1009.

[64] LIU L N, CHEN X L, ZHANG X Y, et al, 2005. One-step chromatography method for efficient

separation and purification of R-phycoerythrin from *Polysiphonia urceolata* [J]. Journal of Biotechnology,116(1):91-100.

[65] MAKSIMOV E G,KLEMENTIEV K E,SHIRSHIN E A,et al,2015. Features of temporal behavior of fluorescence recovery in *Synechocystis* sp. PCC 6803[J]. Photosynthesis Research, 125(1-2):167-178.

[66] MAKSIMOV E G,MOLDENHAUER M,SHIRSHIN E A,et al,2016. A comparative study of three signaling forms of the orange carotenoid protein[J]. Photosynthesis Research,130(1-3): 389-401.

[67] MAKSIMOV E G,SCHMITT F J,SHIRSHIN E A,et al,2014. The time course of non-photochemical quenching in phycobilisomes of *Synechocystis* sp. PCC 6803 as revealed by picosecond time-resolved fluorimetry[J]. Biochimica et Biophysica Acta,1837(9):1540-1547.

[68] MAKSIMOV E G,SHIRSHIN E A,SLUCHANKO N N,et al,2015. The signaling state of orange carotenoid protein[J]. Biophysical Journal,109(3):595-607.

[69] MAKSIMOV E G,SLUCHANKO N N,MIRONOV K S,et al,2017. Fluorescent labeling preserving OCP photoactivity reveals its reorganization during the photocycle[J]. Biophysical Journal,112(1):46-56.

[70] MAKSIMOV E G,SLUCHANKO N N,SLONIMSKIY Y B,et al,2017. The photocycle of orange carotenoid protein conceals distinct intermediates and asynchronous changes in the carotenoid and protein components[J]. Scientific Reports,7(1):15548.

[71] MAKSIMOV E G,YAROSHEVICH I A,TSORAEV G V,et al,2019. A genetically encoded fluorescent temperature sensor derived from the photoactive orange carotenoid protein[J]. Scientific Reports,9(1):8937.

[72] MUZZOPAPPA F,WILSON A,YOGARAJAH V,et al,2017. Paralogs of the C-terminal domain of the cyanobacterial orange carotenoid protein are carotenoid donors to helical carotenoid proteins[J]. Plant Physiology,175(3):1283-1303.

[73] NICKELSEN J,RENGSTL B,2013. Photosystem Ⅱ assembly: from cyanobacteria to plants [J]. Annual Review of Plant Biology,64:609-635.

[74] SCHEER H,ZHAO K H,2008. Biliprotein maturation: the chromophore attachment [J]. Molecular Microbiology,68(2):263-276.

[75] STADNICHUK I N,KRASILNIKOV P M,ZLENKO D V,et al,2015. Electronic coupling of the phycobilisome with the orange carotenoid protein and fluorescence quenching [J]. Photosynthesis Research,124(3):315-335.

[76] STADNICHUK I N,YANYUSHIN M F,BERNÁT G,et al,2013. Fluorescence quenching of the phycobilisome terminal emitter LCM from the cyanobacterium *Synechocystis* sp. PCC 6803 detected in vivo and in vitro and vitro[J]. Journal of Photochemistry and Photobiology B: Biology,125:137-145.

[77] STADNICHUK I N,YANYUSHIN M F,MAKSIMOV E G,et al,2012. Site of non-photochemical quenching of the phycobilisome by orange carotenoid protein in the cyanobacterium *Synechocystis* sp. PCC 6803 [J]. Biochimica et Biophysica Acta,1817(8): 1436-1445.

[78] TALARICO L,MARANZANA G,2000. Light and adaptive responses in red macroalgae: an overview[J]. Journal of Photochemistry and Photobiology B:Biology,56(1):1-11.

[79] TANG K,DING W L,HÖPPNER A,et al,2015. The terminal phycobilisome emitter,LCM:a

light-harvesting pigment with a phytochrome chromophore[J]. Proceedings of the National Academy of Sciences of the United States of America,112(52):15880-15885.

[80] WILSON A,PUNGINELLI C,GALL A,et al,2008. A photoactive carotenoid protein acting as light intensity sensor[J]. Proceedings of the National Academy of Sciences of the United States of America,105(33):12075-12080.

[81] ZHANG H,LIU H,NIEDZWIEDZKI D M,et al,2014. Molecular mechanism of photoactivation and structural location of the cyanobacterial orange carotenoid protein[J]. Biochemistry,53(1):13-19.

[82] ZHAO C, HÖPPNER A, XU Q Z, et al, 2017. Structures and enzymatic mechanisms of phycobiliprotein lyases CpcE/F and PecE/F[J]. Proceedings of the National Academy of Sciences of the United States of America,114(50):13170-13175.

[83] ZLENKO D V,GALOCHKINA T V,KRASILNIKOV P M,et al,2017. Coupled rows of PBS cores and PSⅡ dimers in cyanobacteria:symmetry and structure[J]. Photosynthesis Research,133(1-3):245-260.

[84] ZLENKO D V,KRASILNIKOV P M,STADNICHUK I N,2016. Role of inter-domain cavity in the attachment of the orange carotenoid protein to the phycobilisome core and to the fluorescence recovery protein[J]. Journal of Biomolecular Structure & Dynamics,34(3):486-496.

[85] ZLENKO D V,KRASILNIKOV P M,STADNICHUK I N,2016. Structural modeling of the phycobilisome core and its association with the photosystems[J]. Photosynthesis Research,130(1-3):347-356.

# 第 4 章

# 藻胆蛋白的进化与适应

早在32亿年前，藻胆蛋白就伴随着蓝藻出现在地球上，是光合作用分子中的“活化石”。

光合作用和捕光色素在光合生物进化中发挥着极其重要的作用，光合作用分子的进化实际上记录了光合生物的进化历史。藻胆蛋白在不同藻类中的分化，成为研究藻类进化以及光合作用原初反应理论的重要分子基础，特别是藻红蛋白基因作为唯一在蓝藻、红藻以及隐藻中都存在的藻胆蛋白基因，非常适合用于研究这些光合生物的进化关系(Glazer，1977；Glazer，1988；Sidler，1994；MacColl，1998)。藻胆蛋白是蓝藻、红藻和部分隐藻的捕光色素蛋白，主要包括藻红蛋白(phycoerythrin，PE)、藻蓝蛋白(phycocyanin，PC)和别藻蓝蛋白(allophycocyanin，APC)三种(Zuber，1986；Glazer，1988；Bryant，1991；MacColl，1998)。藻胆蛋白的亚基由脱辅基蛋白和开环四吡咯结构的色基组成。色基通过硫醚键与脱辅基蛋白的半胱氨酸残基交联。

根据目前已经测定的藻胆蛋白晶体结构(Duerring，1990；Ficner，1992；Brejc，1995；Reulter，1999；Nield等，2003)，红藻和蓝藻的藻胆蛋白晶体结构十分相似，即α亚基和β亚基靠相互作用形成有部分重叠的“弯月”形单体(αβ)，3个单体(αβ)围绕中心轴形成一个具中央空洞的圆盘形三聚体$(\alpha\beta)_3$。如果藻胆蛋白是六聚体形式$(\alpha\beta)_6$，则由两个圆盘形三聚体$(\alpha\beta)_3$垛叠在一起形成。就藻胆体的组成结构而言，APC组成藻胆体核心(藻胆体的“轴”)，靠近类囊体膜，其外包裹着PC，最外层为PE(即藻胆体的“杆”)。藻胆体除了包含藻胆蛋白外，还有少量的连接蛋白，它们可以参与连接形成藻胆蛋白的三聚体$(\alpha\beta)_3$(如$L_R$(rod linker))，或是连接“杆”和“轴”(如$L_{RC}$(rod-core linker))，也可以连接“轴”到类囊体膜上(如$L_{CM}$(core-membrance linkers))。在一般情况下，PE首先捕获光能，然后传递给PC，进而传递给APC，最终高效传递给作用中心色素叶绿素a，启动光合作用(Glazer，1988；MacColl，1998)。

Schimer等(1985)在研究蓝藻层理鞭枝藻的C-PC结构时，发现PC的α亚基和β亚基与球蛋白的空间折叠方式相似，色基与84位半胱氨酸残基连接的拓扑结构也与血红素相同。随后他们对蓝藻聚球藻PCC 7002的C-PC结构的研究结果也支持这一论点(Schimer等，1985)。Pastore等(1990)对这两类蛋白质进行了深入比较，发现二者虽然一级结构序列相差较大，但是它们的二级结构和三级结构十分相似——具有一个由7个α-螺旋(A，B，E，F′，F，G和H)组成的类球蛋白结构域，而且螺旋折叠和螺旋相互作用的方式极为相似(包括一些不常见的结构作用方式，如$3_{10}$C螺旋和B/E两个螺旋的crossed-ridge作用模式)。此外，在N段还有一个螺旋发卡结构(X和Y)。这一发卡结构在形成和确定聚合体(αβ)中发挥着重要作用(Schirmer等，1985；Kikuchi等，2000)。Kapp等(1995)讨论了700种球蛋白序列的二级结构和裂隙凹凸互补关系，发现所有球蛋白的84位拓扑结构也完全相同，并且球蛋白与PC都能自动采用3+3α螺旋结构(three on three α-helical structure)，完全支持藻胆蛋白与球蛋白之间存在远源进化关系的假说。

# 4.1 藻胆蛋白的进化

根据免疫学特性的不同,藻胆蛋白进化形成了四个藻胆蛋白家族,分别是 PC 家族、PE 家族、APC 家族和连接蛋白家族,每个家族内的各个成员间能发生免疫交叉反应,但不同家族的成员间则不能发生免疫交叉反应,且家族内每个成员的光谱特征密切相关。这说明祖先藻胆蛋白分子的分化是一个非常古老的事件,自此以后,藻胆蛋白表面的抗原决定簇变化非常缓慢(王广策,2000)。

在对藻胆蛋白基因核苷酸序列的比较研究中发现,藻胆蛋白基因具有高度的保守性。Lind(1985)通过测定集胞藻 PCC 6301 $\beta^{PC}$部分核苷酸序列,发现其与聚球藻 PCC 7002 的对应片段之间具有70.4%的同源性。集胞藻 PCC 6301 与蓝色小体(cyanella)AP 的 α 亚基之间核苷酸序列具有 69%的同源性,而与 AP 的 β 亚基之间的同源性更高,达 72%(Houmard 等,1986);α 与 β 亚基之间的同源性较低,聚球藻 PCC 7002 的 AP 和 AP 的 α 亚基与 β 亚基之间的同源性为 30%(Houmard 等,1986)。Apt 等(1995)比较了 100 种藻胆蛋白的氨基酸序列,发现这些蛋白质中存在许多高度保守的氨基酸残基,藻胆蛋白的构象形成、色基连接、α 亚基和 β 亚基之间的相互作用以及藻胆体的装配等,都发生在这些保守残基上。研究者同时运用距离模式(Chistal V)和最简约路线(Protpars)两种方法,对藻胆蛋白亚基进化进行了分析,发现藻胆蛋白的 α 亚基和 β 亚基是由同源蛋白质祖先协同进化而来的,且在进化过程中至少经历了三次基因复制。首先,祖先序列经复制产生串联的 α 基因和 β 基因,然后经复制产生"核"APC 和"杆",最后"杆"又分化产生 PC 和 PE。

## 4.1.1 正选择作用促进藻胆蛋白的分化

### 4.1.1.1 藻胆蛋白的系统发育分析

Zhao 和 Qin(2006)从已经完成或接近完成全基因组测序的蓝藻基因组中提取了参与藻胆体组装的各类基因(PC、APC、PE、PEC 和连接蛋白)信息,这些基因组包括集胞藻 PCC 6803、蓝藻 *Crocosphaera watsonii* WH 8501、细长嗜热聚球藻 *Thermosynechococcus elongatus* BP-1、红海束毛藻 *Trichodesmium erythraeum* IMS101、念珠藻 *Nostoc* sp. PCC 7120、灰胞藻 *Gloeobacter violaceus* PCC 7421、聚球藻 *Synechococcus* sp. WH 8102、海洋原绿球藻 *Prochlorococcus marinus* str. MIT 9313、绿球藻 *Prochlorococcus marium* CCMP 1375。用不同方法(距离-邻接算法、最大简约算法和最大似然算法)构建的藻胆蛋白系统发育树都得到了相似的拓扑结构,其中每种类型的藻胆蛋白都单独成一分支,APC 基因在最外围(图 4-1)。当采用核酸序列或密码子第三位来建树时,所得的系统发育关系基本与图 4-1 的树类似,只是在新的树中 PEC 定位于 PC 类群中,而不是单独分支。这两个拓扑结构都用于后续的适应性进化分析。

### 4.1.1.2 藻胆蛋白的适应性进化

Zhao 和 Qin(2006)用单一比率模型 M0 对藻胆蛋白基因数据集进行了分析,得到 $\omega$ 估计值为0.043(表 4-1),说明藻胆蛋白在进化过程中存在着很强的选择性约束。为了研究藻胆蛋白各个分支是否有着不同的 $\omega$ 值,Zhao 和 Qin(2006)使用了分支-特异(branch-specific)模型,它允许异义替换和同义替换的比值 $\omega$ 值在不同支系上有变化。其中单一比率模型假定所有进化枝的 $\omega$ 值都是一致的,而自由比率(free ratio)模型假定各进化枝的 $\omega$ 值各不相同。比较这两个模型的 2 倍似然率(likelihood ratio,LR),对数差的 $\chi^2$ 分布可以检验 $\omega$ 值在不同分支上是否有变化。自由度等于这两个模型所包含参数数目的差。结果显示单一比率模型得到的最大似然值 $\ln L_0$ 为$-11974.44$,而自由模型的 $\ln L_1=-11902.11$,$2\Delta\ln L=2(\ln L_1-\ln L_0)=-144.66$(df=30),说明自由模型比单一比率模型更适合该数据集($P<0.001$),单一比率模型被否定,$\omega$ 值在不同分支上是有差异的。如表 4-1 所示,在 31 个分支中有 12 个分支的 $\omega$ 值大于 1.0,提示这些分支中可能存在增高的非同义替换速率。

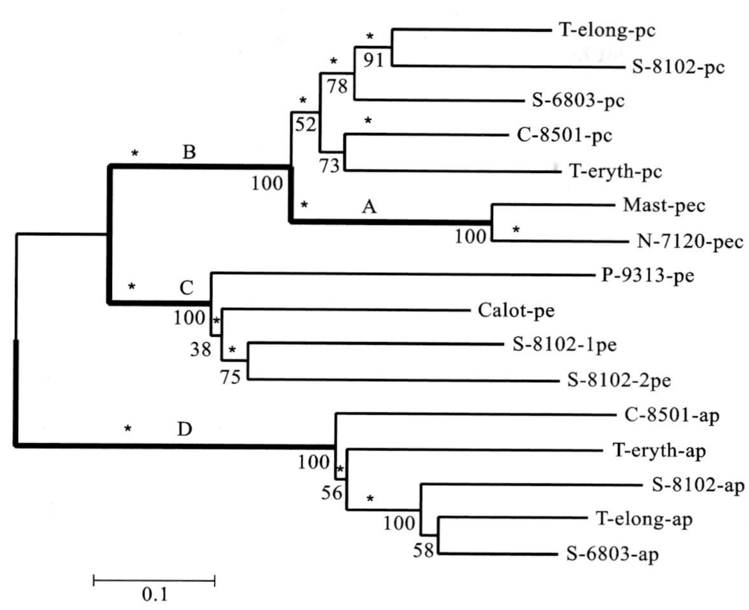


**图 4-1 使用最大简约算法由藻胆蛋白氨基酸序列推导的系统发育树(Zhao 和 Qin,2006)**

节点下的数字表示引导程序值。比例尺代表氨基酸序列差异的水平。分支上方的星号表示在自由比率模型下估计的 $X$ 值>1.0。更厚的标有 A、B、C 和 D 的分支用于基于分支站点密码子的最大分析

**表 4-1 分支-特异模型和位点-分支模型下藻胆蛋白基因的参数估计(Zhao 和 Qin,2006)**

| 模型 | $P$ | 参　数 | ln$L$ | 假定阳性选择位点(BEB 分析) |
|---|---|---|---|---|
| 单一比率 | 1 | $\omega=0.043$ | −11974.44 | |
| M1a: | 2 | $P_0=0.941$,<br>$(P_1=0.059)$ | −11932.65 | |
| 近中性 | | $\omega=0.059$,<br>$\omega_1=1.000$ | | |
| M2a: | 4 | $P_0=0.941$,<br>$(P_1=0.058)$ | −11932.66 | 无 |
| 正选择 | | $\omega_0=0.059$,<br>$\omega_1=1.000$,<br>$\omega_2=1.000$ | | |
| 模型 A | | | | |
| 分支 A | 4 | $P_0=0.736$,<br>$P_1=0.056$,<br>$P_{2a}=0.193$,<br>$P_{2b}=0.015$<br>$\omega_0=0.061$,<br>$\omega_1=1.000$,<br>$\omega_2=2.88$ | −11919.54 | 16R,87L,164A,225R,226M($P>0.99$)<br>57A,60N,204A,219N,222T,230L($P>0.95$) |

续表

| 模型 | $P$ | 参　　数 | ln$L$ | 假定阳性选择位点(BEB 分析) |
|---|---|---|---|---|
| 分支 B | 4 | $P_0=0.703$,<br>$P_1=0.049$,<br>$P_{2a}=0.232$,<br>$P_{2b}=0.016$<br>$\omega_0=0.066$,<br>$\omega_1=1.000$,<br>$\omega_2=999.0$ | | 27F,29R,116W,191R,212Q,269V,271G,<br>309A($P>0.99$)<br>3P,4L,6E,14Q,24Q,65T,68T,82I,99L,107N,113S,<br>114P,122K,128H,178T,205R,209A,250S,261S,<br>274V,276A,277G,280K,286L,304A,305A,308V<br>($P>0.95$) |
| 分支 C | 4 | $P_0=0.773$,<br>$P_1=0.049$,<br>$P_{2a}=0.167$,<br>$P_{2b}=0.011$<br>$\omega_0=0.063$,<br>$\omega_1=1.000$,<br>$\omega_2=5.17$ | −11918.60 | 42A,209A,233M($P>0.99$)<br>6E,14Q,98Y,138A,141Y,297I($P>0.95$) |
| 分支 D | 4 | $P_0=0.490$,<br>$P_1=0.033$,<br>$P_{2a}=0.447$,<br>$P_{2b}=0.030$<br>$\omega_0=0.064$,<br>$\omega_1=1.000$,<br>$\omega_2=2.15$ | −11917.00 | 10T,32Q,38Q,98Y,117Y,129G,139N,157R,174A,<br>181E,184K,187D,201S,206A,211Q,220A,226M,<br>235I,236I,256C,303R,305A($P>0.99$)<br>21T,35A,39A,57A,62F,73A,100I,127N,160S,183N,<br>207L,209A,210E,280K,290N,292P,293N,<br>299G($P>0.95$) |

为了说明藻胆蛋白基因的哪些区段受到了正选择压力,有研究(Yang 和 Nielsen,2002)利用位点-分支模型 A 来研究 PEC 类群(分支 A)、PC 类群(分支 B)、PE 类群(分支 C)和 APC 类群(分支 D)中的同义替换和非同义替换率。在 PC 分支(包括 PEC)上,位点-分支模型 A 比 M1a 更适合数据集,其中 $2\Delta\ln L=117.95$,$P<0.001$,df=2。在另外的 LR 检验中也排除了空模型 A($2\Delta\ln L=28.06$,$P<0.001$,df=1)。参数估计提示大部分位点(≥74%)处于净化选择之下($w=0.066$),少部分位点(≤25%)受到了正选择。在 PE 分支上位点-分支模型 A 也要比 M1a 和空模型 A 更合适,两种检验的 $2\Delta\ln L$ 分别为 28.1 和 13.66。BEB 分析发现了 9 个正选择位点,并且后验概率大于 0.95。例如,位点 209 在 PC 中是丙氨酸,在 APC 中是亮氨酸,而在 PE 相应位置变异为半胱氨酸。该位点是用 BEB 方法推测的正选择位点,在 PE 中该半胱氨酸可以结合一个额外的色基。在 APC 分支中,没有发现十分显著的正选择证据,位点-分支模型 A 和空模型 A 相比,$2\Delta\ln L=3.08$,$P=0.079$,df=1(检验 2),并不显著。但在另外的检验中,该模型相比 M1a 有着更高的似然值,$2\Delta\ln L=31.3$,$P<0.000$,df=2(检验 1)。检验 2 在一般情况下更为保守,而检验 1 有可能会错把发生在当前分支上的选择性约束的松弛当成正选择(Yang 等,2005)。Zhao 和 Qin(2006)还研究了该分析对系统发育树拓扑结构的敏感性,表 4-1 的结果显示在两种系统发育树下所发现的正选择位点是相似的,说明分析结果可靠,并不依赖于所建树的正确与否。

为进一步支持上述分析结果,Zhao 和 Qin(2006)采用基于 MK 检验的相对比率检验来分析这四个分支上可能存在的正选择现象,结果显示 RI/RV 和 SI/SV 有着显著差异(表 4-2)。所有比率都偏向 RI 事件的增加,提示定向选择的存在。当后续的氨基酸替代有利于蛋白质行使一定的功能时,则会发生定向选择,相应的氨基酸替代会被固定在后代序列中。在对 100 个伪数据集的分析中,未发现 G 值比实际的原始值高的情况,说明这种基于 MK 检验的结果显著($P<0.001$)。

**表 4-2 藻胆蛋白系统发育中目标分支的相对比率检验(Zhao 和 Qin,2006)**

| 分 支 | 替换 | | 沉默 | | |
|---|---|---|---|---|---|
| | 固定值(RI) | 变量(RV) | 固定值(SI) | 变量(SV) | G 检验 |
| A | 67 | 64 | 42 | 141 | *** |
| B | 159 | 455 | 91 | 682 | *** |
| C | 123 | 370 | 46 | 531 | *** |

### 4.1.1.3 正选择位点在藻胆蛋白三级结构上的定位

有关藻胆蛋白结构和功能的研究发现了一些在所有类型藻胆蛋白中都保守的氨基酸位点,这些位点在维持藻胆蛋白结构的稳定性,行使捕光色素的功能和光能传递方面起着重要的作用(Apt 等,1995;Bickel 等,2002)。按照 Zhao 和 Qin(2006)所标注的序号,这些氨基酸位点在集胞藻 6803 CpcB 的编码基因上则是 82C、84R、85D、13D、91R、95Y、100G 和 112G。前 3 个(82C、84R、85D)与色基结合有关;中间 3 个(13D、91R 和 95Y)与 α/β 亚基组装有关;最后 2 个氨基酸残基(100G 和 112G)参与了亚基三级结构的形成。不过,PC、APC 和部分 PE 中参与色基结合的 72N 和 78R 在 PEC 中被其他氨基酸取代了(图 4-2)。

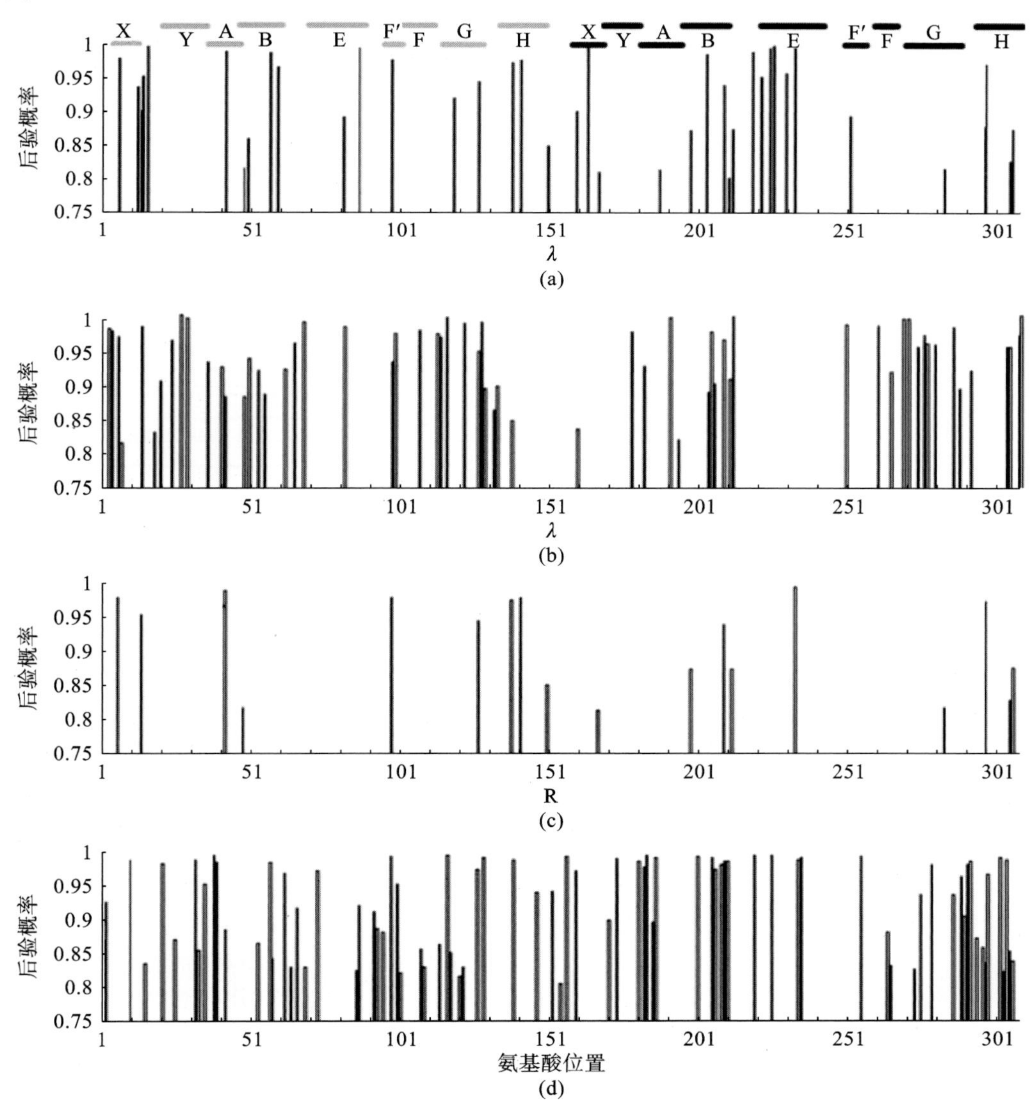


**图 4-2 非同义替换率升高的位点的后验概率(>80%)(Zhao 和 Qin,2006)**

二级结构元素用灰色(α 亚基)或黑色(β 亚基)线标记。(a)~(d)分别表示 PEC、PC、PE 和 APC

图 4-2 和图 4-3 分别显示了使用 BEB 方法（Nielsen 和 Yang，1998；Wong 等，2004）预测的正选择位点在藻胆蛋白二级和三级结构（Padyana 等，2001）上的分布。尽管这些位点在整个分子上普遍分布，但是主要集中在藻胆蛋白的色基结合区域和 N-末端的螺旋发卡区（X 和 Y）。从图 4-3 中可以看出，β84 色基被正选择位点所包围，并且那些在一级结构上散布的位点如 α 亚基的 68T、99L 和 116W，以及 β 亚基的 205R、209A 和 212Q 在三级结构上都分布在 α84 色基周围。

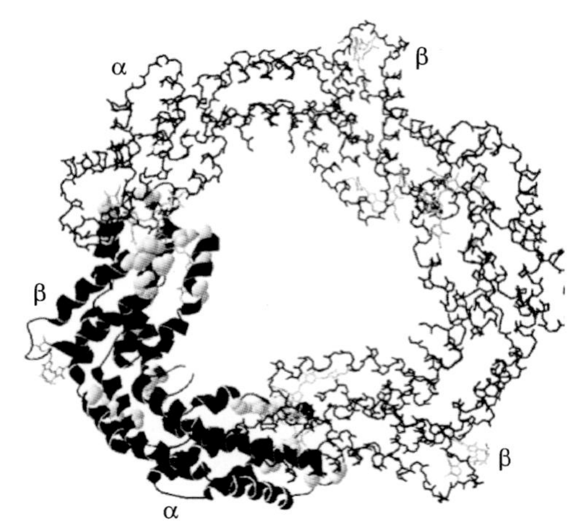


**图 4-3　在含发色团的 PC 结构上，以较高的非同义替换率鉴定出的残基图（灰色空间填充）**

带状模型显示了一对形成单体的 α 亚基（黑色）和 β 亚基（黑色）；其他由骨干模型显示。棒状模型显示了发色团（灰色）（Zhao 和 Qin，2006）

为了研究螺旋发卡区和色基结合区域的氨基酸残基彼此是否存在相互作用，Zhao 和 Qin（2006）进一步分析了这些正选择位点的两两相关性（图 4-4、图 4-5）。为避免数据偏倚性对结果造成的影响，他们采取了两种不同的数据加权方法（Vingron 和 Argos，1985），得到了类似的结果。在共变分析中，他们首先考虑了氨基酸残基大小的性质。在螺旋发卡区，APC 中 6 个正选择位点中的 5 个高度相关（正相关或负相关，$P<0.0001$），PEC 中 5 个正选择位点中的 3 个也存在非常显著的相关性。在色基结合区域，APC 中基本上所有的正选择位点（201S、206A、207L、209A、210E、211Q、220A、226M 和 236I）都是高度相关的（$P$

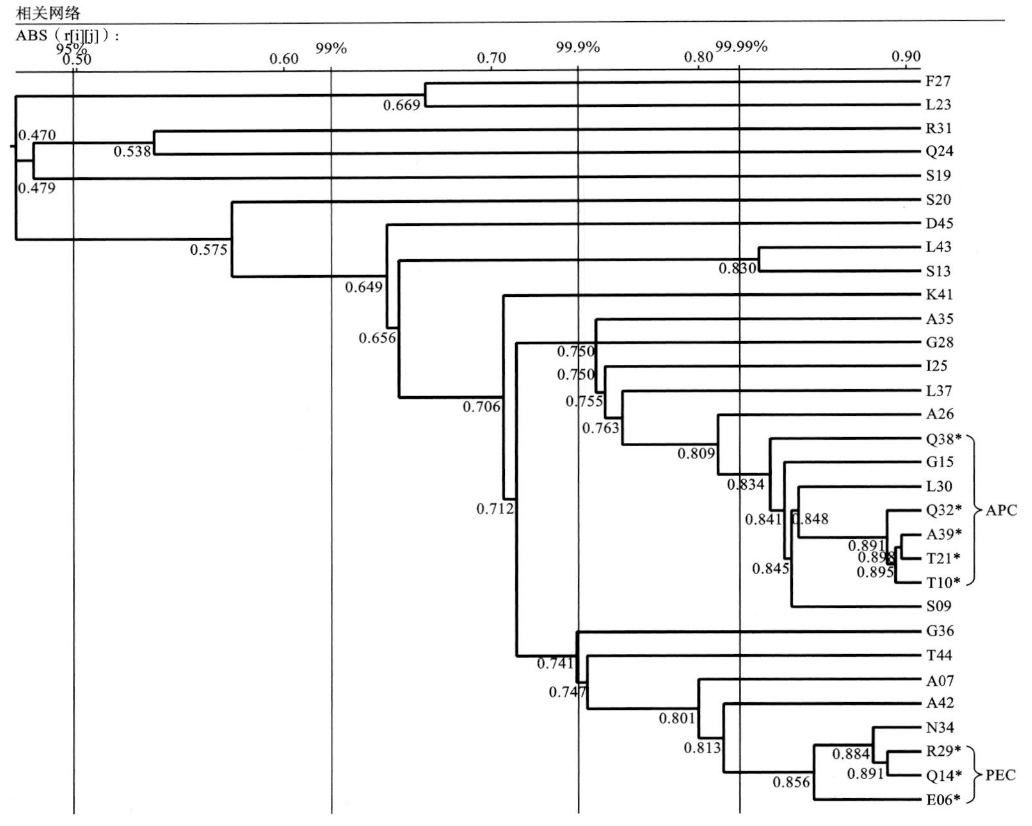


**图 4-4　藻胆蛋白 α 亚基的螺旋发夹区中相关位置网络的二叉树图（Zhao 和 Qin，2006）**

每个节点下方的数字表示相关系数值。垂直的灰线表示不同的显著性阈值。星号表示在表 4-1 中鉴定出的非同义替换率升高的位点。所有位置均使用集胞藻 PCC 6803 序列作为参考

<0.0001)，PEC 中也存在类似的结果(图 4-5)。他们又利用氨基酸残基的其他性质如极性、α-螺旋的疏水性以及局部柔韧性做共变分析。前两种性质所得到的结果与前面的结果类似，氨基酸局部柔韧性却未得到显著的结果。这些正选择位点之间的强相关性说明它们很可能受到了同样的选择压力，并且这些位点在维持藻胆蛋白的结构与功能方面具有重要的作用。

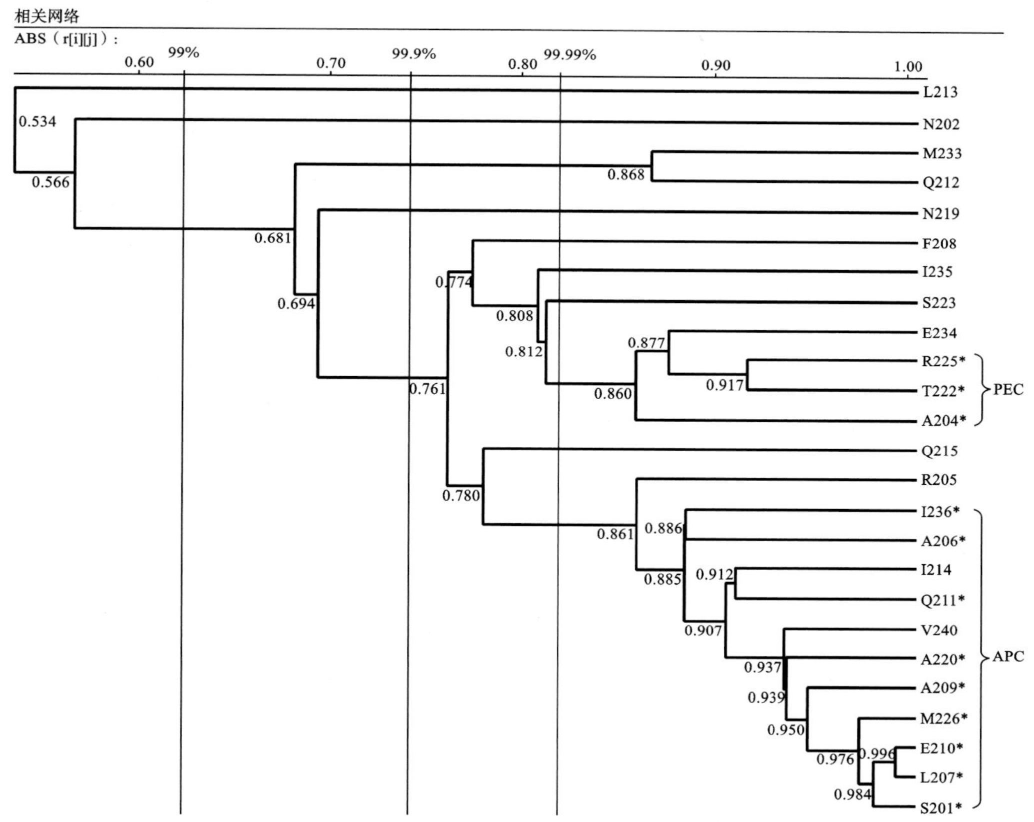


**图 4-5　藻胆蛋白 β 亚基发色团结合域中相关位置网络的二叉树图(Zhao 和 Qin，2006)**

每个节点下方的数字表示相关系数值。垂直的灰线表示不同的显著性阈值

## 4.1.2　藻红蛋白的进化

在光合作用参与吸收、传递光能或引起原初光化学反应的色素中，高等植物和大部分藻类的光合色素是叶绿素 a、叶绿素 b 和类胡萝卜素；在许多藻类中除叶绿素 a、叶绿素 b 外，还含有叶绿素 c、叶绿素 d 和藻胆素，如藻红胆素和藻蓝胆素；光合细菌中是细菌叶绿素等；在嗜盐菌中则是一种类似视紫质的色素 11-顺-视黄醛(11-cis-retinal)。叶绿素 a、叶绿素 b 和细菌叶绿素都是由一个与镁络合的卟啉环和一个长链醇组成，它们之间仅有很小的差别。类胡萝卜素是由异戊烯单元组成的四萜。藻胆素的发色团是由四吡咯环组成的链，不含金属，而类色素都具有较多的共轭双键。除嗜盐菌中的 11-顺-视黄醇(一种胡萝卜素)外，类色素都不直接参与光化学反应，只参与光的吸收和能量的传递，所以曾被称为辅助色素。几类色素的吸收光谱不同，特别是藻红胆素和藻蓝胆素的吸收光谱与叶绿素相差很大，这对于在海洋里生活的藻类适应不同的光质条件有着重大的作用。

藻红蛋白是藻胆蛋白中的一种，它广泛分布于所有红藻以及部分蓝藻和隐藻中。此外，在利用叶绿素 a/b 作为主要捕光色素的原绿球藻中也发现了藻红蛋白的存在(Hess 等，1996)。一般情况下，藻红蛋白由 α 和 β 两个亚基组成，它们可以结合一个到多个色基。在红藻中，有一类由核基因编码的连接蛋白，也可以结合色基并与 α 亚基和 β 亚基形成未定的复合体(Yu 等，1981；Stadnichuk 等，1984；Bemard

等,1996;Apt 等,2001)。

藻红蛋白基因是高度保守的,即使是在 α 亚基和 β 亚基之间也呈现出一定的序列相似性,尤其是在色基的结合区域(Apt 等,1995)。但是与其他类型的藻胆蛋白相比,藻红蛋白在色基类型、亚基组成和光谱性质上呈现出较大的多样性,使得它对外界环境(如光强、光质和营养条件等)非常敏感(Bryant,1982)。在蓝藻中,根据光谱分析,藻红蛋白可以分为三类(Ⅰ、Ⅱ和Ⅲ),这三类在基因长度和表达水平上有着一定的差异(Sidler,1994;Partensky 等,1999)。Sigurd 等(1991;1993)首先报道了海洋聚球藻 WH8020 中存在第二类藻红蛋白(PEⅡ),每对(αβ)可以结合 6 个色基,而淡水和土壤蓝藻中的第一类藻红蛋白 PEⅠ的(αβ)只能结合 5 个色基。一种新类型的藻红蛋白 PEⅢ则首次发现于原绿球藻 *Prochlorococcus* CCMP1375 中(Hess 等,1996)。此外,隐藻也可以利用藻胆蛋白捕获光能,但是一般情况下它只含有一种类型的藻胆蛋白,如藻蓝蛋白或藻红蛋白。在隐藻中,藻胆蛋白并不组成藻胆体结构,而是直接位于类囊体的内腔(Gantt,1971;Vesk,1992)。因此,藻红蛋白与其他藻胆蛋白相比更具有多样性和特殊性,为研究这些物种光合器官的进化提供了特殊的材料。

赵方庆(2006)从波登仙菜(*Ceramium boydenii*)、海头红(*Plocamium telfariae*)和海膜(*Halymenia sinensis*)中克隆了藻胆蛋白的 α 亚基和 β 亚基基因,并深入分析了藻胆蛋白的 α 亚基和 β 亚基基因与其他已知的藻红蛋白基因的结构特征和系统发育关系,利用分子进化手段,了解藻红蛋白基因家族进化与光合生物对环境适应性之间的关系。4.1.2.1 中的前缀"C-""B-""R-""Crp-"分别表示蓝藻、红毛菜亚纲、真红藻亚纲和隐藻来源的基因。

#### 4.1.2.1 藻红蛋白基因的 GC 含量

藻红蛋白基因的 GC 含量如表 4-3 所示。首先,不同类型的藻红蛋白中 GC 含量存在异质性。例如在 Crp-PE α 亚基中 GC 含量达到 65%左右,而在 R-PE 中一般不超过 40%。即使在同一类型内部,藻红蛋白基因的 GC 含量也存在很大差异,例如,C-PEⅢ的 GC 含量从 24%到 51%不等。其次,基因间隔区的 GC 含量要显著低于编码区的 GC 含量($t$ 检验;$P<0.001$)。最后,不同序列中密码子第三位的 GC 含量差异较第一、二位的要大,均值和方差分别为 30.2 和 278.2。例如,R(B)-PE 和 C-PEⅢ的 $GC^3$ 要显著低于 C-PEⅠ和Ⅱ的 $GC^3$($t=7.83$;$P<0.001$),而它们的 $GC^1$ 和 $GC^2$ 并无明显差异。隐藻 α 亚基是由核基因编码的(Jenkins 等,1990),而 β 亚基由质体基因编码,因此 α 亚基相应基因的 GC 含量要比其他各种类型的基因的 GC 含量高很多。

**表 4-3 藻红蛋白基因的 GC 含量(赵方庆,2006)**

| 序列 | PE | 间隔区 | 第一密码子 | 第二密码子 | 第三密码子 | 第三正选择密码子的使用情况 |
|---|---|---|---|---|---|---|
| R-PE | | | | | | |
| Cbo | 38.8 | 24.6 | 52.2 | 47.2 | 17.0 | T>A≫C>G |
| Gmo | 39.2 | 23.5 | 52.8 | 47.8 | 17.0 | T>A≫C>G |
| Pbo | 37.5 | 18.2 | 51.3 | 45.7 | 15.5 | T>A≫C>G |
| Cof | 39.2 | 24.7 | 53.4 | 46.9 | 17.3 | T>A≫C>G |
| Gle | 38.1 | 21.8 | 51.0 | 47.2 | 16.1 | T>A≫C>G |
| B-PE | | | | | | |
| Rvi | 37.9 | 25.5 | 51.0 | 46.6 | 16.1 | T>A≫C>G |
| Rre | 31.6 | — | 41.2 | 46.9 | 16.4 | T>A≫C>G |
| Pte | 42.0 | 28.4 | 56.3 | 47.5 | 22.3 | T>A>C>G |
| Ppu | 42.1 | 23.0 | 56.6 | 47.5 | 22.3 | T>A>C>G |

续表

| 序列 | PE | 间隔区 | 第一密码子 | 第二密码子 | 第三密码子 | 第三正选择密码子的使用情况 |
|---|---|---|---|---|---|---|
| Pye | 41.8 | 27.0 | 56.6 | 47.4 | 21.4 | T>A>C>G |
| Crp-PE | | | | | | |
| Gth-β | 38.7 | — | 49.1 | 46.6 | 19.4 | T>A≫C>G |
| Rcs-α1 | 64.1 | — | 59.4 | 50.8 | 89.8 | C>G≫T>A |
| Rcs-α2 | 65.4 | — | 54.8 | 52.8 | 95.2 | C>G≫T>A |
| C-PE Ⅰ | | | | | | |
| Sy1 | 49.6 | 39.2 | 54.9 | 48.2 | 46.2 | T>C>A>G |
| Sy2 | 49.7 | 39.3 | 55.8 | 48.2 | 45.4 | T>C>A>G |
| Fdi | 47.0 | 32.7 | 56.1 | 50.0 | 34.9 | T>C>A>G |
| So3-1 | 53.6 | 46.5 | 61.9 | 48.5 | 58.1 | C>T>G>A |
| So4-1 | 56.1 | 40.7 | 62.8 | 48.3 | 50.0 | C>T>G>A |
| C-PE Ⅱ | | | | | | |
| So3-2 | 59.9 | 45.6 | 60.1 | 49.6 | 70.0 | C>T≫G>A |
| So4-2 | 55.5 | 39.5 | 60.1 | 50.4 | 56.0 | C>T≫A>G |
| C-PE Ⅲ | | | | | | |
| Pp1 | 40.8 | 33.9 | 52.8 | 44.1 | 25.9 | T>A≫G>C |
| Pp2 | 39.4 | 26.3 | 52.5 | 43.8 | 22.2 | T>A≫G>C |
| Pmi | 51.1 | 35.7 | 59.3 | 48.8 | 45.7 | T>C>G>A |
| Pcc | 38.7 | 32.6 | 47.8 | 45.1 | 23.5 | T>A≫G>C |
| Pme | 24.5 | — | 34.8 | 31.4 | 16.6 | T>A≫G>C |
| 均值* | 43.2 | 31.9 | 53.1 | 46.7 | 30.2 | |
| 方差* | 70.4 | 82.1 | 48.8 | 13.7 | 278.2 | |

* 表示省略 Rcs-α1 和 Rcs-α2 的数据

#### 4.1.2.2 藻红蛋白的多序列比对

由藻红蛋白的序列比对结果可以进一步了解它的序列特征以及不同类型藻红蛋白之间的序列差异。首先，藻红蛋白的氨基酸序列有三个非常保守的区域：β1～5(MLDAFS)，β79～85(MAACLRD)和α37～43(RLEAAEK)。它们在所有类型的藻红蛋白中均相同或接近相同，说明这些区域在藻红蛋白正确折叠、行使功能上起着重要的作用。其次，在藻红蛋白序列中存在着几个已知功能的高度保守的氨基酸位点。色基的结合位点：β亚基中的 Cys-50、Cys-61、Cys-82、Cys-167 和 α 亚基中的 Cys-83、Cys-140。其中 β 亚基中的 Cys-50 和 Cys-61 位点并不完全保守，在 Rcs 中被 Val-50 和 Glu-61 替代。此外，PEⅡ在 α75 处是半胱氨酸，可结合藻尿胆素色基，能够吸收波长为 500 nm 的蓝绿光。其他与色基结合有关的氨基酸残基也高度保守，如 β 亚基中的 Asp-39、Asp-54、Asp-85、Arg-78、Arg-84 和 α 亚基中的 Arg-85、Asp-86。β 亚基中的 Asn-72 在 R(B)-PE、Crp-PE 和 C-PEⅠ中高度保守，该位点是翻译后的甲基化位点，在能量传递中起重要作用(Klotz 等，1987)，但是在 PEⅡ和 PEⅢ中分别被 Gly 和 His 替换，显示这两种类型的藻红蛋白可能存在不同的能量传递方式。最后，在 α 亚基和 β 亚基中分别有一个典型的缺口(gap):α70～79 和 β148～164。在 β 亚基中 R(B)-PE 与 C-PEⅡ有着长度为 8～9 个残基的缺口,这被认为是对额外结合了 γ 亚基的一种自我调整(Bernard 等,1996;Chang 等,1996;Apt 等,2001)。

赵方庆(2006)还进一步分析了 α 亚基和 β 亚基之间的间隔区,它的长度为 43～124 bp 不等。在大肠杆菌中,多顺反子的基因间隔区一般只包括少数几个碱基或者完全没有(Higgins 等,1982),而在藻胆蛋白基因中却并非如此(Houmard 等,1986)。此外,peA 上游的 SD(Shine-Dalgarn 核糖体结合位点)序列 AGGA(GA)在大多数藻红蛋白基因中存在,但是在 C-PEⅡ和部分 C-PEⅢ中没有发现这一特征序列(图 4-6)。

```
                  110        120
Ane    CATCTTCTAAGGAGATAAAGA---   108
Cbo    TATTCCTTAAGGAGAAATATA---   73
Plo    CATCTATTAAGGAGATCAATT---   49
Hei    AATCCATTAAGGAGATAAATT---   53
Cof    CTATCTCTAAGGAAAAATAA----   101
Gle    TATCTTAATAGGAGATAAATT---   55
Gmo    ATATACTTAAGGATATATAT----   51
Pbe    ATAAAACTGAGGAGAAACAA----   66
Rre    AAAGACAATAGGAGATAACTT---   43
Pte    AATCCATTTAGGAGAAAAAC----   74
Pye    AATCCATTTAGGAGAAAAAC----   74
Ppu    AATCCATTTAGGAGAAAAAC----   74
Sy1    GCAGTTAACTGGAGATAAAATA--   84
Sy2    GCAGTTAACTGGAGATAAAATA--   84
Sy3    GTCAAATTTAGAAATACAAAAGAT   124
Se2-1  TCCATCTAAAGGATCTCCACG---   56
Se3-1  CCTTATCTAAGGATCTCAA-----   58
Se4-1  TTCATCTTTAGGAATCCCCA----   59
Se1-2  ATCTGAACACCCCCCTTTTTCATC   46
Se3-2  ATCTGAACACCCCCCTTTTTCATC   46
Se4-2  TCAAACACCACTCACTTCCAACTC   43
Pp1    AAACCATTTCTTATTAAGCAACT-   56
Pp2    CAACTAATTTTTATTAAGTCACC-   57
Pmi    TTCCCTAAAAGGAATCACACG---   58
Pee    TCCTTCCCTAGAAATAAGCTGCAA   49
```

图 4-6 藻红蛋白基因的部分序列(灰色部分代表保守残基)(赵方庆,2006)

#### 4.1.2.3 系统发育分析

为了研究不同类型藻红蛋白基因的系统发育关系,赵方庆(2006)用来自蓝藻念珠藻 PCC7120 和一种蓝藻 *Cyanidium caldarium* 的藻蓝蛋白基因座位外群,采用最大简约算法、最大似然算法和距离邻接算法进行建树。用这三种方法所得到的拓扑结构类似,并且都有很高的 Bootstrp 支持度。在最大简约算法分析中,这 24 条序列可以分成两大类:一类是 C-PEⅢ,包括 Pp1、Pp2、Pma 和 Pcc;C-PEⅠ、C-PEⅡ和R(B)-PE 则聚成另一类(图 4-7)。

16S rRNA 的分析结果显示原绿球藻和海洋聚球藻亲缘关系很近,应该来源于共同的祖先(Urbach 等,1998;West 等,2001)。但是在 PE 系统发育树中,C-PEⅢ成一单独分支,与其他种类差异较大。在研究系统发育关系时,采取不同的基因建树可能会得到互相冲突的结论,这一般是因为物种间基因的进化速率不同或者建树时选取的模型不合(Philippe 等,1998)。赵方庆(2006)的研究发现,C-PEⅢ的进化速率较其他类型基因快,序列变异程度大,从而导致了 PE 基因树与物种树的冲突。

#### 4.1.2.4 PE 基因的进化速率分析

赵方庆(2006)采用两两比较的方法计算藻红蛋白基因的同义替换和非同义替换的速率。如图 4-8 所示,在 C-PEⅠ、C-PEⅡ和 R(B)-PE 中,$d_N/d_s$ 值都远小于 1.0,说明在氨基酸的替代上有着很大的选择约束。不过,C-PEⅢ的 $d_N/d_s$ 值要显著高于低光适应型原绿球藻和其他类型的藻红蛋白基因($t=9.86, P<0.001$;$t=9.16, P<0.001$),并且有的还大于 1.0。以上结果说明藻红蛋白在低光适应型原绿球藻中有着较快的进化速率。

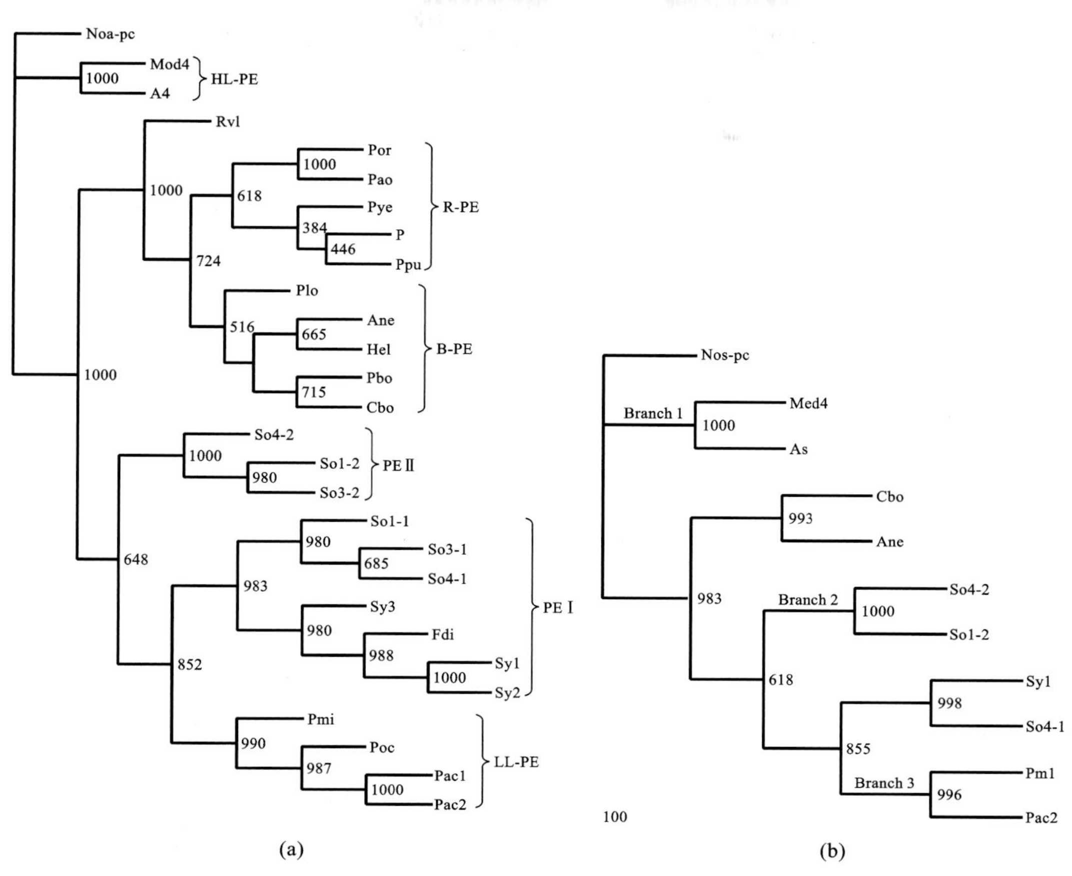


**图 4-7 利用最大简约算法和 *Nostoc* sp. PCC 7120(登录号:NC_003272)作为外源基因由藻红蛋白氨基酸序列推断出的系统发育树(赵方庆,2006)**

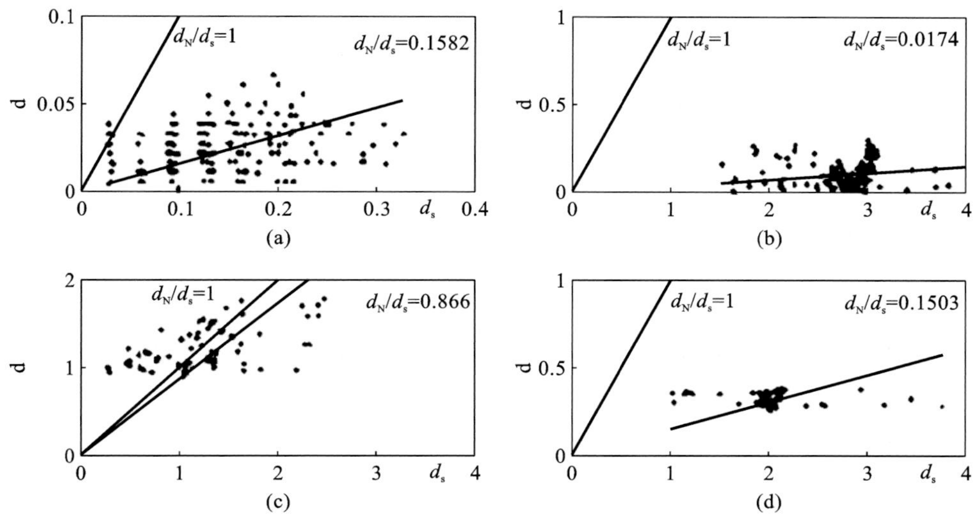


**图 4-8 藻红蛋白内的非同义替换与同义替换(赵方庆,2006)**

(a)HL-C-PEⅢ(peB 184～399 nt);(b)LL-C-PEⅢ,C-PEⅠ,C-PEⅡ,R-PE(peB 184～399 nt);(c)HL-C-PEⅢ vs. LL-C-PEⅢ(peB 184～399 nt);(d)HL-C-PEⅢ vs. LL-C-PEⅢ(peB 226～399 nt)

但是,赵方庆(2006)注意到在 C-PEⅢ 中并非所有基因的 $d_N/d_s$ 值都大于 1,这应该是因为藻红蛋白在整体上还是非常保守的,大部分位点处于负选择之下,这些位点会掩盖人们对正选择位点的检测。因此,赵方庆(2006)根据藻红蛋白的二级结构,将其分为两个结构域(184~225 nt 和 226~399 nt)分别计算。前者是 α 螺旋 BE,后者是 α 螺旋 EF′F。结果显示 α 螺旋 BE 中 $d_N/d_s$ 值在 1.0 上下波动,而 α 螺旋 EF′F 的 $d_N/d_s$ 值则与整个结构域的计算结果相差不大。此外,peA 中 $d_N/d_s$ 值要显著高于 peB 的 $d_N/d_s$ 值,说明藻红蛋白 α 亚基的进化速度要比 β 亚基快,反映在氨基酸序列上就是保守性相对较低(Ducret 等,1994;Qin 等,1998)。以上结果进一步说明藻红蛋白基因在不同的物种中存在不同的进化模式,而这有可能会反映到其功能上。

### 4.1.3 隐藻藻胆蛋白的进化与捕光能力的多样性

隐藻属于单细胞真核藻类,起源于未知的单细胞真核生物宿主与红藻祖先之间的次级内共生作用(Douglas,1992;Glazer 和 Wedemayer,1995;Douglas 和 Penny,1999;Douglas 等,2001;Kim 等,2015)。内共生为宿主提供了新的生化功能,并增加了基因组的复杂性(Timmis 等,2004;Lane 和 Martin,2010;Nowack 和 Melkonian,2010;Gagat 等,2013;Stiller 等,2014)。通过内共生,隐藻获得了第二个核基因组和一个质体,因此它们获得了光合作用功能。

总体而言,色素组成的差异造成了隐藻物种间颜色的奇妙多样性。所有浮游植物,包括隐藻,都有以叶绿素 a 作用为主的捕光色素(Roy 等,2011)。隐藻也使用辅助色素(α-胡萝卜素、叶绿素 C2 和藻胆蛋白等)来捕捉叶绿素 a 不能很好吸收的波长(Hill 和 Rowan,1989;Jeffrey 等,1997;Schagerl 和 Donabaum,2003)。在不同的隐芽植物中,叶绿素 a 与其他色素的比例不同,在许多物种中,藻胆蛋白的细胞浓度高于非藻胆蛋白色素。

隐藻藻胆蛋白由两个 α 亚基、两个 β 亚基和四个共价键合的发色团组成(Glazer 和 Wedenayer,1995;Apt 等,1995)。发色团和蛋白质亚基的复合体构成了一个完整的捕光单元。藻胆蛋白 α 亚基的编码基因在祖先宿主的核基因组中,在其他生物中没有已知的同源物,包括红藻(Jenkins 等,1990;Gould 等,2007;Keieselbach 等,2018)。α 亚基基因在隐藻的核基因组中复制和发生多样化变化(Gould 等,2007;Kieselbach 等,2018),而 β 亚基基因存在于起源于藻类内共生体的质体中,与红藻中的基因相似(Glazer 和 Wedemayer,1995;Houglas 等,2001;Apt 等,1995)。因此,隐藻的藻胆蛋白是一种独特的色素蛋白复合体,它起源于次生内共生作用。

隐藻的藻胆蛋白被归类为藻红蛋白(Cr-PE)或藻蓝蛋白(Cr-PC);没有任何物种同时含有这两种蛋白(Hill 和 Rowan,1989)。前缀“Cr”表明所有的隐藻藻胆蛋白都是红藻衍生物,而不是蓝藻的“真正”藻红蛋白或藻蓝蛋白(Glazer 和 Wedemayer,1995)。带有 Cr-PE 的隐藻通常看起来是粉红色至红色,但有些是黄色、橙色或棕色的。Cr-PC 种一般呈绿色至蓝绿色。不同隐藻的藻胆蛋白在最大吸收峰 538~650 nm 范围内形成接近连续的吸收峰,可分为 8 类(表 4-4)(Glazer 和 Wedemayer,1995;Gantt,1979;Greenwold 等,2019)。这些吸收范围(表 4-4)表示主要吸收峰及其伴随的肩部。有 6 种已知的隐藻藻胆蛋白发色团可以不同的组合与蛋白质组分结合(Glazer 和 Wedemayer,1995;Apt 等,1995)。四个发色团仅在隐藻中发现,另外两个也存在于红藻中。已有报道提出 Cr-PE 是原始的隐藻藻胆蛋白。这既得到了提出的 Cr-PC(包括 Cr-PE 作为中间体)的生物合成途径的支持,也得到了 β 亚基基因与红藻基因的高度序列相似性的支持(Glazer 和 Wedemayer,1995;Apt 等,1995;Beale,1993)。

表 4-4 隐藻藻胆蛋白分类及其相关吸收范围(Greenwold 等,2019)

| 藻胆蛋白分类 | 吸收范围/nm |
| --- | --- |
| Cr-PE 545 | 538～551 |
| Cr-PE 555 | 553～556 |
| Cr-PE 566 | 563～567 |
| Cr-PC 569 | 568～569 |
| Cr-PC 577 | 576～578 |
| Cr-PC 615 | 612～615 |
| Cr-PC 630 | 625～630 |
| Cr-PC 645 | 641～650 |

根据周围浮游植物、发色溶解有机物和悬浮沉积物的浓度情况,水生生态系统中光的强度和光谱可能会有很大的不同。可用于光合作用的可见光部分(400～700 nm),称为光合有效辐射(PAR)(Kirk,1994)。然而,生物体实际吸收的辐射能是一种可测量的表型,称为光合可用辐射(PUR)(Morel,1978)。PUR 的计算既使用在生长环境中测量的 PAR,也使用有机体的吸收光谱(Morel,1978)。因此,PUR 是生物体捕获并可用于光合作用的 PAR 部分;它是资源获取的度量。PUR 越高,特定的有机体吸收可用光的能力就越强。

虽然 PUR 可以被认为是一种表型,但它局限于特定的光环境,因此,分类群之间的比较依赖于来自可比环境的数据(Moran,1992)。由于光环境的不同意味着来自不同研究的估计可能不具有可比性,而且通常缺乏检验不同藻类的大规模实验,因此很少有研究对不同类群的 PUR 进行正式比较。Greenwold 等(2019)在实验室培养箱中计算了 33 株相同光照条件(PAR 相同)下生长的隐藻的 PUR,PUR 在整个门之间的差异几乎达 3 倍,甚至在某些属(隐藻 *Cryptomonas*、半片藻 *Hemiselmis* 和蓝隐藻 *Chroomonas*)内也有很大的差异。尽管机制尚不清楚,但这意味着隐藻捕光系统结构进化呈现多样化。

Greenwold 等(2019)对隐藻捕光能力的多样化伴随着藻胆蛋白的进化进行了研究,通过测量同一全光谱环境中的 PUR 来评估隐藻门的资源获取情况。由 PUR 所得的光捕获能力的变化表明不同的物种具有本质上不同的光捕获能力,确定了藻胆蛋白的特性在进化上与光捕获能力的多样化有关,但包括叶绿素在内的其他色素没有表现出相似的特性。Greenwold 等(2019)的结果支持这样的假设,即 Cr-PE 是隐藻藻胆蛋白的祖先色素类型,向 Cr-PC 的进化转变首先发生在蓝隐藻 *Chroomonas*/半片藻 *Hemiselmis* 分支上(图 4-9)。因此,隐藻藻胆蛋白的内共生起源可能提供了一个进化导向,导致隐藻藻胆蛋白类别的巨大多样性(表 4-4),从而导致隐芽植物捕光能力的多样化和光合作用效率提高(Harrop 等,2014;Collini 等,2010;Lane 和 Archibald,2008;Vander 等,2008;Vander 等,2006;Mirkovic 等,2007;Doust 等,2006;Mirkovic 等,2009)。

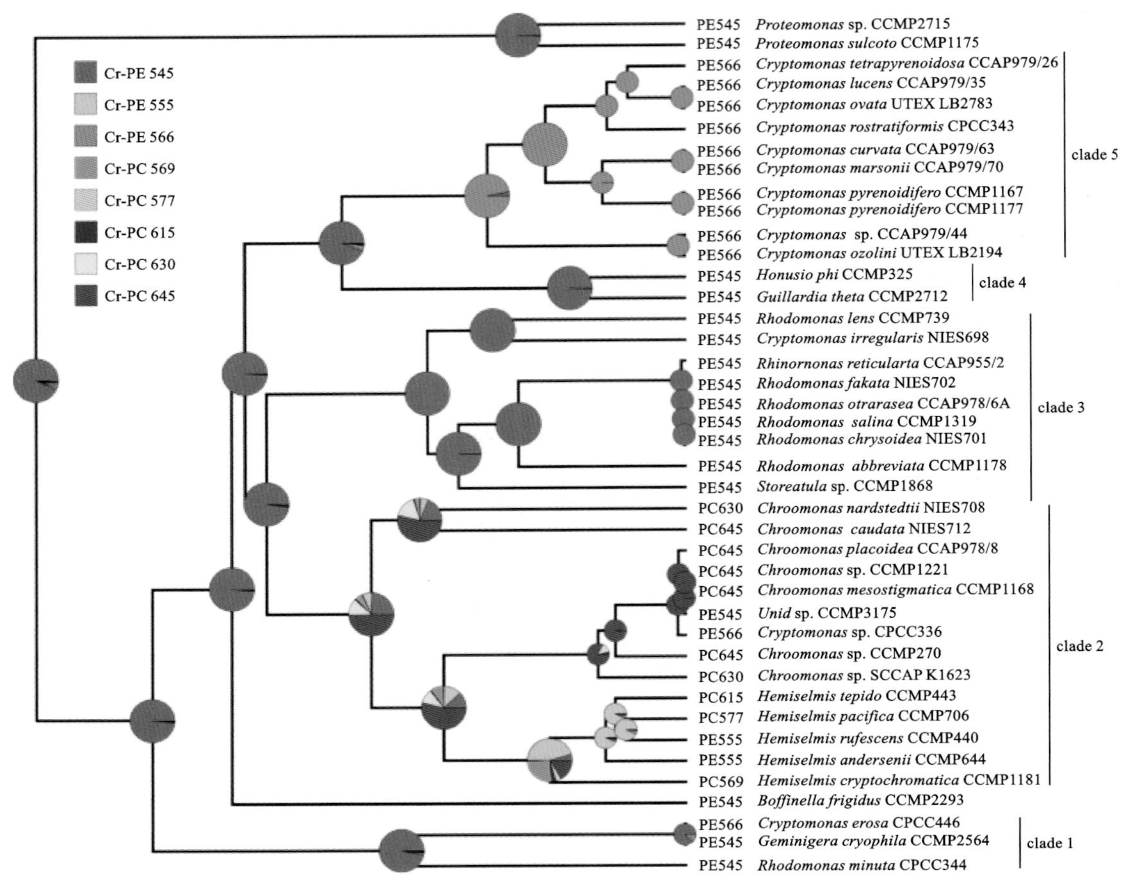


**图 4-9 通过 rbcL 系统发育反应的隐藻藻胆蛋白最大吸收峰波长的离散特征祖先状态估计(Greenwold 等,2019)**

## 4.1.4 连接蛋白比较基因组学及系统进化研究

近年来,在藻胆蛋白内部还发现了一系列新型连接蛋白。连接蛋白大多没有颜色,但也有少量带有色基。不同的藻胆蛋白分子间依靠连接蛋白相互连接。一般认为这些连接蛋白占据了$(\alpha\beta)_3$中间的空腔,起着稳定、组装藻胆体的作用,有的还参与能量的传递(Adir 和 Lerner,2003)。其主要功能如下:①参与藻胆体核心复合物的组装;②将能量由藻胆体内部传递到类囊体膜上的叶绿素 a 中;③将藻胆体钉在类囊体膜的固定位置;④修正与之相邻的蛋白质光谱特性,以便使光能更有效地在藻胆体内部传递到光系统(PS)Ⅰ或Ⅱ中。连接蛋白在藻胆体中的功能和进化地位越来越受到人们的关注(Gantt 等,1980;Zilinskas 和 Rusckowski,1982;Yu 等,1981;Wendler 等,1986;Liu 等,2005)。

蓝藻是一种古老的生命形式,有着与高等植物类似的放氧光合作用能力,为地球二氧化碳的固定做出了主要的贡献(Castenholz 和 Waterbury,1989;Castenholz,1992)。蓝藻为单细胞、丝状的群体,但大多数为不定形群体。群体通常具有一定形态和不同颜色的包被。丝状群体由相连的一列细胞-藻丝组成。具胶质鞘或不具胶质鞘的藻丝胶鞘合称为丝状体,每条丝状体中有一条或多条藻丝。蓝藻的分布相当广泛,能生活在淡水或海水中,也可以生存在潮湿土壤、岩石、树干及树叶上,还有不少种类能在干燥的环境中生长繁殖(Fujita,1997;Gralnick 等,2000;Ting 等,2002)。

藻胆体作为大多数蓝藻主要的捕光系统,其中的连接蛋白主要起到稳定藻胆体结构、优化藻胆体吸收特征,以及在藻胆蛋白之间形成定向的能量传递的作用(Grossman 等,1995)。在 1977 年,Tandeau 和 Cohen-Bazire 第一次通过 SDS-PAGE 证明了在藻胆体中存在着一系列的无色多肽,即连接蛋白。之

后人们一直着重从连接蛋白的结构和功能等方面对其进行研究。除了与藻胆蛋白相关的连接蛋白(PBS-associated linker)之外，还发现了一些特殊的蛋白质如 γ 亚基及 FNR，也起到相同或相似的连接作用。目前，越来越多的蓝藻基因组数据的公布，为更加全面和深入了解藻胆体复杂的结构和进化过程，并从全新的角度来研究蓝藻连接蛋白的分类、进化及其与藻胆蛋白的关系等提供了有价值的参考依据。

#### 4.1.4.1 连接蛋白的分类及性质

Tandeau 和 Cohen-Bazire(1977)以 8 种从蓝藻中提取的藻胆体为例，证明了连接蛋白的存在，并且估计了这些连接蛋白占藻胆体中可染色蛋白质总量的 12%～15%。它们可稳定藻胆体结构，优化吸收特征，形成从外围藻胆蛋白到藻胆体核心，然后再从核心到光合作用反应中心的定向能量传递(Gantt 等，1980；Apt 等，1995)。

Glazer(1985)建立了一个代表连接蛋白缩写的体系。这个广泛使用的划分体系从它们的定位及分子质量角度定义连接蛋白。$L_X^Y$ 指的是连接蛋白 L 分子质量为 Y kDa，定位于藻胆体的 X 位置上，X 可以是 R(杆)、C(核)、RC(杆-核连接处)，或者是 CM(核-膜连接处)(Glauser，1992；Pizarro 和 Sauer，2001)。使用这个体系，连接蛋白根据其在藻胆体中的位置和作用可以被划分成四类。第一类，$L_R$ 多肽，分子质量为 27～35 kDa(包括 10 kDa)的小的杆连接蛋白，参与外围杆的组装，这些多肽起到 PE/PC 三聚体到六聚体或者是 PE/PC 三聚体连接到其他 PE/PC 的三聚体的作用。第二类，$L_{RC}$ 多肽，分子质量为 25～27 kDa，连接外围的杆到 PEC 组成的核，也可能起到组装杆基础结构的作用。第三类，$L_C$ 多肽，分子质量很小，核组分的一部分，在核基础结构组装中起到关键作用。第四类，$L_{CM}$ 多肽，分子质量为 70～120 kDa，但是具体的分子质量根据物种的不同而有所差异，与藻胆体和类囊体膜的连接相关，被用作一种藻胆体激发能的最终接收器(Zilinskas 和 Greenwald，1986；de Lorimier，1990；Guan 等，2007)(图 4-10)。

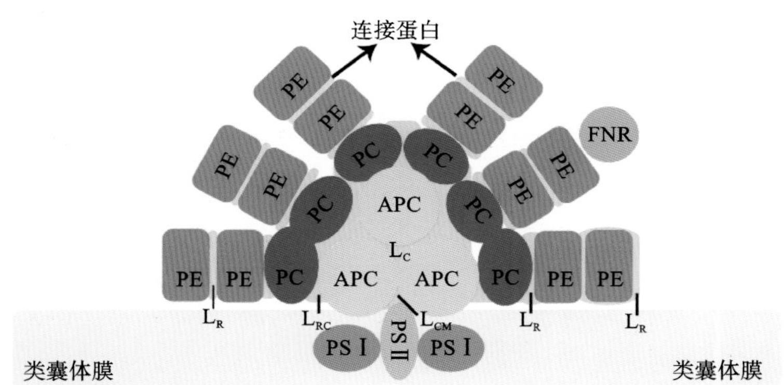


**图 4-10 圆盘形三聚体藻胆体连接蛋白结构模型示意图(Guan 等，2007)**

三个天蓝色的圆环代表核 APC，与类囊体膜连接的部分为 $L_{CM}$，六支杆状天线由 $L_R$ 连接蓝色的 PC 和红色的 PE 构成，最终与草绿色的 FNR 相互偶联；$L_{RC}$连接核与杆状天线。所有的连接蛋白均以黄色表示

#### 4.1.4.2 蓝藻中的连接蛋白家族

Guan 等(2007)对包括集胞藻、聚球藻、原绿球藻、鱼腥藻、念珠藻、红海束毛藻等在内的 25 种蓝藻通过 BLASTP 和 TBLASTN 两个程序进行分析，结果显示 25 种蓝藻中共有 192 个连接蛋白，包括 159 个与藻胆蛋白相关的连接蛋白基因、8 个 γ 亚基基因和 25 个 FNR 基因，如 ApcC、CpcC、CpcD、CpeC、CpeD、CpeE、MpeC、MpeE、PecC、CpcG、ApcE、PetH(表 4-5)。其中 16S rRNA 已公布的 21 种蓝藻的主要信息见表 4-6。

**表 4-5　蓝藻中编码连接蛋白的基因(Guan 等,2007)**

| 物　种 | APC 相关 PBSs 核心连接器 | PC、PE 相关 PBS 杆连接器 | PBS 棒芯连接器 | PBS 核膜连接器 | γ 亚基 | FNR | No. |
|---|---|---|---|---|---|---|---|
| 念珠藻 PCC 7120<br>*Nostoc* sp. PCC 7120(N7)(F) | ApcCN7<br>asr0023 | CpcCN7 alr0530<br>CpcDN7 asr0531<br>PecCN7 alr0525 | CpcG1N7 alr0534<br>CpcG2N7 alr0535<br>CpcG3N7 alr0536<br>CpcG4N7 alr0537 | ApcEN7<br>alr0020 | | PetHN7<br>all4121 | 10 |
| 可变鱼腥藻 ATCC 29413<br>*Anabaena variabilis* ATCC 29413(Av)(F) | CpcD3Av<br>Ava2623 | CpcD4Av Ava2933<br>CpcD2Av Ava2932<br>CpcD1Av Ava2927 | Ava2936<br>Ava2937<br>Ava2938<br>Ava2939 | Ava2620 | | PetHAv<br>Ava0782 | 10 |
| 念珠藻 PCC 73102<br>*Nostoc punctiforme* PCC 73102(Np)(D) | CpcD5Np<br>NpR4840 | CpcD1Np NpF0736<br>CpcD2Np NpF3794<br>CpcD3Np NpF5291<br>CpcD4Np NpF5292<br>CpcD6Np NpF5293 | NpF3811<br>NpF3795 | NpR4843 | | PetHN7<br>NpR2751 | 10 |
| 一种蓝藻<br>*Gloeobacter vinlaceus* PCC 7421(Gv)(F) | ApcCGv<br>gsr1248 | CpcC1Gv glr0950<br>CpcC2Gv gll3219<br>CpcD1Gv gsr1266<br>CpcD2Gv gsr1267<br>CpeCGv glr1263<br>CpeDGv glr1264<br>CpeEGv glr1265<br>glr2806,glr1262 | | ApcEGv<br>glr1245 | | PetHGv<br>gll2295 | 12 |

续表

| 物　种 | APC 相关 PBSs 核心连接器 | PC、PE 相关 PBS 杆连接器 | PBS 棒芯连接器 | PBS 核膜连接器 | γ 亚基 | FNR | No. |
|---|---|---|---|---|---|---|---|
| 红海束毛藻<br>*Trichodesmium erythraeum*<br>IMS 101(Tr)(F) | CpcD2Tr<br>Tery_3647 | Tery_4104,Tery_4105<br>Pec1Tr Tery_4106<br>Pec2Tr Tery_4107<br>Tery_0999,Tery_0985<br>CpcD1Tr Tery_0986 | Tery_2486<br>Tery_3909 | Tery_2209<br>Tery_2210 | | PetHTr<br>Tery_3658 | 13 |
| 瓦氏鳄球藻<br>*Crocosphaera watsonii*<br>WH 8501(Cw)(D) | CpcD7Cw<br>Contig357_or4307 | CpcD3Cw Contig361_or5717<br>CpcD5Cw Contig362_or6341<br>CpcD6Cw Contig166_or0659<br>PecC1Cw Contig361_or5719<br>PecC2Cw Contig361_or5721<br>Contig315_or2854<br>CpcD1Cw Contig166_or0658<br>CpcD2Cw Contig315_or2837<br>CpcD4Cw Contig361_or5718 | Contig362_or6343 | Contig207_or1063 | | PetHCw Contig<br>343_or3658 | 13 |
| 集胞藻 PCC<br>6803(S6)(F) | ApcCS6<br>ssr3383 | CpcC1S6 sll1580<br>CpcC2S6 sll1579<br>CpcDS6 ssl3093 | CpcG1S6 slr2051<br>CpcG2S6 sll1471 | ApcES6<br>slr0335 | | PetHS6<br>slr1643 | 8 |
| 聚球藻<br>9311(S9)(F) | ApcCS9<br>sync_2325 | CpeD1S9 sync_0511<br>638114101 sync_0512<br>CpeCS9 sync_0513<br>638114105 sync_0516<br>CpeD2S9 sync_2251 | 638114104 sync_0515<br>638114838 sync_1249<br>CpcG1S9 sync_2488 | ApcES9<br>sync_2321 | MpeCS9<br>sync_0502 | PetHS9<br>sync_1003 | 12 |

续表

| 物　种 | APC 相关 PBSs 核心连接器 | PC、PE 相关 PBS 杆连接器 | PBS 棒芯连接器 | PBS 核膜连接器 | γ 亚基 | FNR | No. |
|---|---|---|---|---|---|---|---|
| 聚球藻<br>WH 8102(S8)(F) | ApcCS8<br>SYNW0483 | MpeES8(Ⅱ)SYNW1989<br>MpeDS8(Ⅱ)SYNW2000<br>CpeCS8(Ⅰ)SYNW1999<br>CpeES8(Ⅰ)SYNW2001 | CpcG1S8 SYNW0314<br>CpcG2S8 SYNW1997 | ApcES8<br>SYNW0486 | MpeCS8<br>SYNW2010 | PetHS8<br>SYNW0751 | 10 |
| 聚球藻<br>CC 9605(S96)(F) | ApcCS96<br>Syn_cc96052199 | CpcCS96(Ⅱ)Syn_cc96051534<br>CpcD1S96(Ⅱ)Syn_cc96050443<br>CpcD2S96(Ⅰ)Syn_cc96050444<br>Syn_cc96050442 | Syn_cc96050446<br>Syn_cc96052287<br>CpcGS96<br>Syn_cc96052579 | ApcES96<br>Syn_cc96052196 | Syn_cc96050433 | PetHS96<br>Syn_cc96051917 | 11 |
| 聚球藻<br>CC 9902(S99)(F) | CpcD1S99<br>Syn_cc99020477 | CpcD2S99<br>Syn_cc99021899<br>Syn_cc99021871<br>Syn_cc99021885<br>Syn_cc99021883<br>Syn_cc99020444 | Syn_cc99021881<br>Syn_cc99021003<br>Syn_cc99020399 | Syn_cc99020480 | Syn_cc99021895 | PetHS99<br>Syn_cc99020749 | 12 |
| 细长聚球藻<br>*Synechococcus elongatus*<br>PCC 7942(S79)(F) | CpcD1S79<br>Syn_pcc79420325 | 403100330 Syn_pcc79421049<br>403100340 Syn_pcc79421050<br>CpcD2S79 Syn_pcc79421051 | 403110230<br>Syn_pcc79422030 | 403092970<br>Syn_pcc79420328 | | PetHS79<br>Syn_pcc79420978 | 7 |
| 聚球藻<br>PCC 6301(S63)(F) | ApcCS63<br>syc1188_d | CpcC1S63 syc0498_c<br>CpcC2S63 syc0499_c<br>CpcDS63 syc0497_c | CpcGS63 syc2065_d | ApcES63<br>syc1185_d | | PetHS63<br>syc0566_c | 7 |

续表

| 物　种 | APC 相关 PBSs 核心连接器 | PC、PE 相关 PBS 杆连接器 | PBS 棒芯连接器 | PBS 核膜连接器 | γ 亚基 | FNR | No. |
|---|---|---|---|---|---|---|---|
| 细长嗜热聚球藻 *Thermosynechococcus elongatus* BP-1(Te)(F) | ApcCTe<br>tsl0955 | CpcCTe tlr1959<br>CpcDTe tsr1960 | CpcG1Te tlr1963<br>CpcG2Te tlr1964<br>CpcG4Te tlr1965 | ApcETe<br>tll2365 | | PetHTe<br>tlr1211 | 8 |
| 聚球藻 WH 7805(S78)(D) | 639019614<br>WH7805_12498 | 639020074 WH7805_06646<br>639020076 WH7805_06656<br>639020077 WH7805_06661 | 639019440<br>WH7805_11638<br>639020072<br>WH7805_06636 | 639019618<br>WH7805_12518 | | PetHS78<br>WH7805_04581 | 8 |
| 聚球藻 WH 5701(S57)(D) | 638958495<br>WH5701_15296 | 638958186 WH5701_05910<br>638958190 WH5701_05930<br>638959531 WH5701_08859 | 638958192<br>WH5701_05940<br>638958614<br>WH5701_15881 | 638958492<br>WH5701_15281 | 638961018<br>WH5701_00450 | PetHS57<br>WH5701_10210 | 9 |
| 聚球藻 RS 9917(SRS)(D) | 638963552<br>RS9917_08310 | 638963041 RS9917_02873<br>638963045 RS9917_02893 | 638963039<br>RS9917_02863<br>638963429<br>RS9917_07710 | 638963555<br>RS9917_08325 | | PetHSRS<br>RS9917_01102 | 7 |
| 聚球藻 JA-3-3Ab(SJAb)(F) | ApcCSJAb<br>CYA_2225 | CpcDSJAb CYA_218<br>637872096JAb CYA_0506<br>637872115JAb CYA_0528<br>CpcCSJAb CYA_2041 | CpcG1SJAb<br>CYA_0215 | 637873357JAb<br>CYA_1814<br>637873394JAb<br>CYA_1851 | | PetHSJAb<br>CYA_1257 | 9 |
| 聚球藻 JA-2-3B′a(2-13)(SJBa)(F) | ApcCSJBa<br>CYB_1440 | CpcD1SJBa CYB_941<br>637874979 CYB_0568<br>CpcCSJBa CYB_2737 | CpcG1SJBa<br>CYB_0944 | 637874843<br>CYR_0431 | | PetHSJRa<br>CYR_2882 | 7 |

续表

| 物　种 | APC 相关 PBSs 核心连接器 | PC、PE 相关 PBS 杆连接器 | PBS 棒芯连接器 | PBS 核膜连接器 | γ 亚基 | FNR | No. |
|---|---|---|---|---|---|---|---|
| 原绿球藻<br>MIT 9313(P93)(F) | | | | | | PetHP13<br>PMT1101 | 1 |
| 原绿球藻<br>NATL2A(Pn)(F) | | | | | MpeCPn<br>PMN12a1678 | PetHPn<br>PMN12a0675 | 1 |
| 原绿球藻<br>MIT 9312(P12)(F) | | | | | | PetHP12<br>Pmt93121086 | 1 |
| 原绿球藻<br>CCMP 1986(P86)(F) | | | | | | PetHP86<br>PMM1075 | 1 |
| 原绿球藻<br>CCMP 1375(P75)(F) | | | | | PpeCP75<br>Pro0345 | PetHP75<br>Pro1123 | 2 |
| 原绿球藻<br>MIT 9211(P92)(F) | | | | | 638824638<br>P9211_07152 | PetHP92<br>P9211_03182 | 2 |
| 合计 | 19 | 79 | 40 | 21 | 8 | 25 | 192 |

表 4-6 21 种蓝藻(16S rRNA 已公布)的主要信息(Guan 等,2007)

| 种名 | 形态 | 基因组大小 | 连接蛋白/(%) | LHC | 生境及特征 |
|---|---|---|---|---|---|
| 原绿球藻 subsp. CCMP 1986 | 单细胞 | 1760 | 0.57 | 叶绿素 $a_2/b_2$ | 海水;高光 |
| 原绿球藻 str. MIT 9312 | 单细胞 | 1853 | 0.54 | 叶绿素 $a_2/b_2$ | 海水;高光 |
| 原绿球藻 sp. NATL2A | 单细胞 | 1937 | 1.03 | 叶绿素 $a_2/b_2$ | 海水;高光 |
| 原绿球藻 str. CCMP 1375 | 单细胞 | 1926 | 1.04 | 叶绿素 $a_2/b_2$ | 海水;高光 |
| 原绿球藻 str. MIT 9313 | 单细胞 | 2327 | 0.43 | 叶绿素 $a_2/b_2$ | 海水;高光 |
| 聚球藻 CC 9311 | 单细胞 | 2942 | 4.08 | PBSs | 海水 |
| 聚球藻 WH 8102 | 单细胞 | 2580 | 3.88 | PBSs | 海水 |
| 聚球藻 CC 9902 | 单细胞 | 2358 | 5.09 | PBSs | 海水 |
| 聚球藻 CC 9605 | 单细胞 | 2753 | 4.00 | PBSs | 海水 |
| 细长聚球藻 PCC 7942 | 单细胞 | 2712 | 2.58 | PBSs | 淡水 |
| 细长聚球藻 PCC 6301 | 单细胞 | 2578 | 2.72 | PBSs | 淡水 |
| 瓦氏鳄球藻 *Crocosphaera watsonii* WH 8501 | 单细胞 | 5996 | 2.17 | PBSs | 固氮 |
| 集胞藻 PCC 6803 | 单细胞 | 3618 | 2.21 | PBSs | 淡水 |
| 红海束毛藻 *Trichodesmium erythraeum* IMS101 | 丝状体 | 7750 | 1.68 | PBSs | 固氮 |
| 念珠藻 PCC 73102 | 丝状体 | 7672 | 1.30 | PBSs | 异形胞 |
| 鱼腥藻 ATCC 29413 | 丝状体 | 5760 | 1.74 | PBSs | 异形胞 |
| 念珠藻 PCC 7120 | 丝状体 | 6210 | 1.61 | PBSs | 异形胞 |
| 嗜热细长聚球藻 BP-1 | 单细胞 | 2521 | 3.17 | PBSs | 嗜热 |
| 蓝藻 *Gloeobacter violaceus* PCC 7421 | 单细胞 | 4478 | 2.68 | PBSs | 五类囊体 |
| 聚球藻 JA-3-3Ab | 单细胞 | 2813 | 3.20 | PBSs | 嗜热 |
| 聚球藻 JA-2-3B'a(2-13) | 单细胞 | 2913 | 2.75 | PBSs | 嗜热 |

25 种蓝藻中连接蛋白的数目从 1 到 13 不等。在一些聚球藻藻株和三种低光适应性原绿球藻中,发现了一种特殊的带有色基的连接蛋白(即 γ 亚基),而其他已测序的原绿球藻中只有一种连接蛋白(即 FNR)。尽管在海洋原绿球藻 *Prochlorococcus marinus* str. CCMP 1375 P13 中没有发现 γ 亚基,但是它可能依旧存在。这是因为 γ 亚基之间、γ 亚基和其他连接蛋白之间的序列相似性比较低,仅仅通过 BLASTP 寻找可能很难找到同源的基因序列(Apt 等,2001)。低光适应性原绿球藻的捕光结构中包括 γ 亚基,可能有利于它们适应低光条件。

藻胆体的基本结构是保守的,而藻胆蛋白的核结构和连接蛋白在不同蓝藻中的存在情况却是多变的,且对于同一个种,藻胆蛋白的组成和结构由于营养盐、温度、光质和光强的变化也可能发生改变(Kondo 等,2007)。关翔宇(2008)研究发现,$L_C$ 和 $L_{CM}$ 在除了 6 种原绿球藻的其他 19 种蓝藻中都是存在的且为 1 个,$L_R$ 和 $L_{RC}$ 在不同种间具有不同的数目。25 种蓝藻中都具有 FNR,其中也包含不具有类囊体的 Gv。$L_{RC}$ 在不同的藻中有多拷贝的现象,但在 Cw、S79、S63、SJAb、SJBa 中仅仅存在 1 个 $L_{RC}$,在 Gv 和原绿球藻中不存在这种连接蛋白。在 25 种蓝藻中,与 PC 和 PE 相关的连接蛋白存在的数目和形式同样也是多样的。蓝藻和红藻藻胆体的组分是根据对光质、光强和营养盐的适应性而变化的。藻胆蛋白色基组分变化的结果是蓝藻不同种之间吸收波长范围不同。藻胆体的聚集是由连接蛋白来进行调整的,每个由三聚体或六聚体组成的藻胆体通常包含一个特殊的连接蛋白,且这个连接蛋白与藻胆蛋白的种类、位置和聚集情况密切相关,进而调整藻胆体的光谱学性质。光质和光强是影响藻胆体组成的主要因素(Piven 等,1995)。在许多蓝藻中,PC 和 PE 的相对含量为应对不同的光变化而变化,但在海洋聚球藻中这种补光适应现象却很少见(Hess 等,2001)。另外,光子的流量对藻胆体结构也有一定的影响,海洋蓝藻通过减少藻胆体的含量来抵抗高光的压力。

原绿球藻和聚球藻是分布广泛且丰富的单细胞蓝藻,是大气碳循环的主要参与者。尽管原绿球藻和聚球藻彼此间的亲缘关系很近,却具有不同的光合作用捕光系统。聚球藻和多数的蓝藻利用的是藻胆体,而原绿球藻使用的则是叶绿素 $a_2/b_2$ 捕光复合体。藻胆体天线结构和吸收光特征的不同使它们在海洋中处于不同的生境。原绿球藻是一种单细胞蓝藻,缺乏藻胆体,以叶绿素 b 作为主要的色素附件,这使它能够有效地吸收蓝光,在低光密度和蓝光波长占优势的深海生存(Palenik 和 Haselkorn,1992;Rocap 等,2002;Six 等,2005)。P86 和 P13 分别是高光和低光适应型的典型代表。低光适应型比高光适应型有更多的与捕光相关的基因,如 γ 亚基。作为具有过渡作用的捕光天线,γ 亚基出现得比其他连接蛋白更晚一些,可在不同环境下补充其他捕光天线中的色素蛋白所没有的特定波长的光吸收功能(Urbach 等,1998;Rocap 等,2002)。

原绿球藻基因组进化趋于基因组的紧缩。为了适应某些特殊环境或环境的突然改变,特殊的基因组大小增加和某些基因功能发生了分化(Rocap 等,2002)。连接蛋白应该是一个在基因组紧缩过程中被削减的基因,却进化出叶绿体 a/b 作为主要的捕光天线。相反,聚球藻基因组的紧缩没有导致连接蛋白数目的减少,紧缩的基因组是源于基因丢失还是原始的状态目前还不清楚。有的聚球藻还存在更加复杂的捕光复合体,复合体中含有 APC、PC、PEⅠ和 PEⅡ。PE 相关连接蛋白也随着 PE 的分化而分化成 PEⅠ、PEⅡ相关连接蛋白。研究表明,藻胆蛋白和连接蛋白可能由同一个祖先共进化而来。一些藻胆体的杆是 CpeE、MpeD 和 MpeE 的组合,还有 CpeC、MpeD 和 MpeC 的组合,而实际存在的组合形式也许比我们想象的还要复杂。蓝藻不同种类的捕光天线使它们能够适应多种多样的光质和光强的环境。Ting 等(2002)阐释了在铁元素缺乏的海洋中,原绿球藻和海洋聚球藻是从共同的含有藻胆体的祖先进化而来的。

#### 4.1.4.3 连接蛋白在蓝藻基因组中的分布及序列分析

在许多情况下,藻胆蛋白、连接蛋白、色基合成相关的基因以及色基裂合酶基因在染色体上彼此相连,形成一个由同一个启动子调控的基因簇(Wilbanks 和 Glazer,1993;Cobley 等,2002)。Guan 等(2007)的研究涉及的 25 种蓝藻中共有 36 个基因簇,大小为 1.5～13.2 kb 不等,其中包括 15 个 APC 相关的基因簇、12 个 PC 相关的基因簇、4 个 PE 相关的基因簇和 5 个组成部分不明确的基因簇(图 4-11)。

许多连接蛋白和藻胆蛋白聚集成簇且具有相同的转录方向,却与一些酶基因具有相反的转录方向,而其他的连接蛋白基因(如 FNR)在基因组上是随机分布的。有一些连接蛋白基因与藻胆蛋白基因或某些酶基因邻近,却不能形成基因簇,例如在 P99 和 Cw 基因组中存在的一些连接蛋白基因序列,还有在原绿球藻和聚球藻中存在的 γ 亚基基因不与其他基因形成基因簇。APC 相关的连接蛋白基因簇是数目最多的,这可能是由于藻胆体的核结构(由 APC 和连接蛋白组成)是最先出现的,且广泛并稳定存在于不同藻胆体中(图 4-12)。在 S93 中存在的最大的基因簇由 PE、PC 相关的连接蛋白以及色基裂合酶基因组成。ApcC 基因编码最小的连接蛋白 $L_C^{8.9}$,在 ApcB 和 ApcE 的下游,在 ApcA 的上游,形成一个单独的转录单元。作为能量传递最后的接受蛋白,ApcC 一般在连接藻胆体和类囊体膜的位置。

藻胆体连接蛋白基因簇的结构在不同种之间是多变的,例如在 N7 中,有一个 PC 基因簇是由 CpcB/A、CpcD、CpcE/F 和之后的 CpcG1～CpcG4 组成的,并与邻近的 PE 基因簇相邻;在 Te 中,有一个由三个 CpcG1、CpcG2、CpcG4 以及 CpcB/A 和 CpcE/F 组成的基因簇。同样,还有一个特别的 PE 相关的基因簇存在于 Gv 中,有三个连接蛋白,分别为 CpeC、CpeD、CpeE。在 S63 和 S79 中,在 CpcB1/A1 和下游的 CpcB2/A2 及 CpcE/F 之间具有一前一后重复的单元和三个杆连接蛋白。同样种类的藻胆体成分中出现不同的基因单元的结果就是这些生物有机体可以适应不同的环境条件,比如不同的光照和

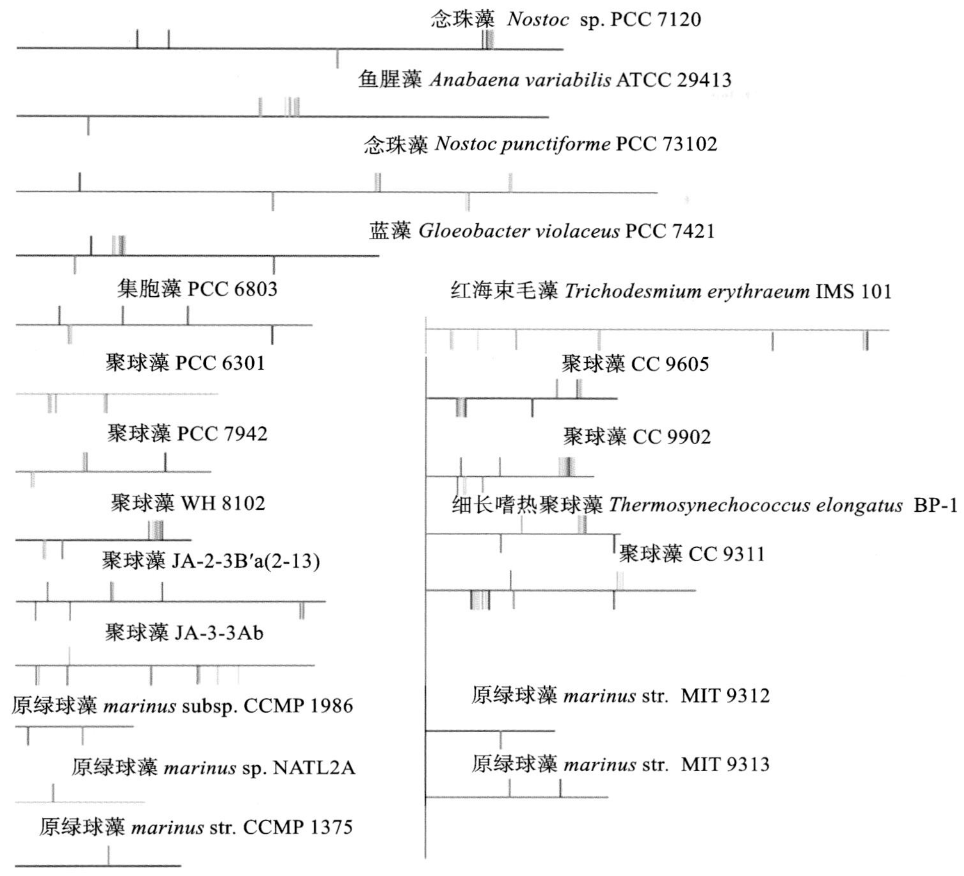


**图 4-11 连接蛋白在 20 种已测序的蓝藻基因组上的分布(Guan 等,2007)**

水平的直线代表基因组,垂直的线代表连接蛋白,水平线的上面和下面分别代表正负的转录方向,FNR 用粉色表示

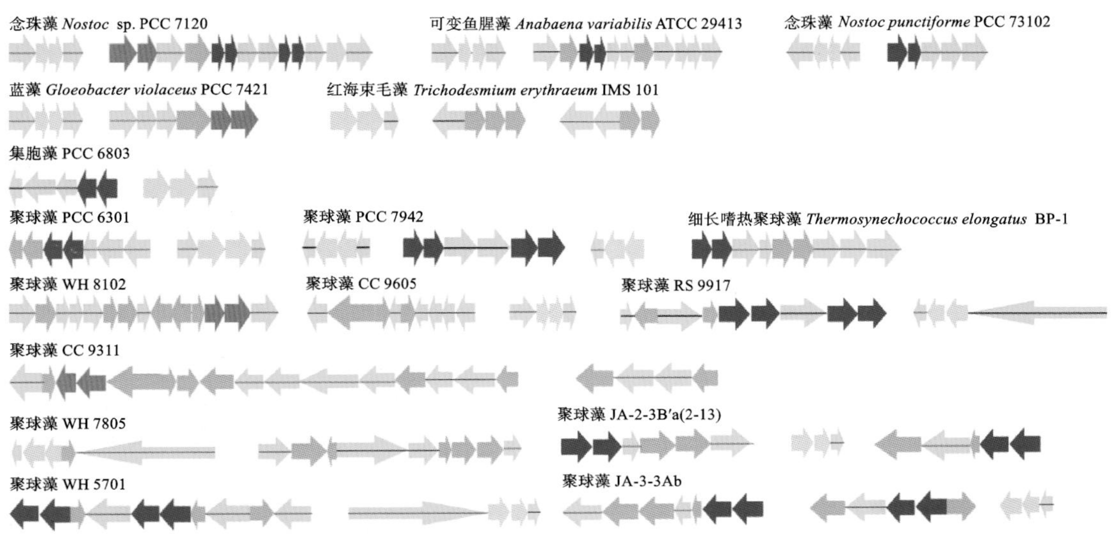


**图 4-12 在 17 种蓝藻中编码藻胆蛋白和藻胆蛋白相关连接蛋白基因构成的基因簇(Guan 等,2007)**

箭头代表转录方向,长短由氨基酸序列大小决定。黄色表示藻胆蛋白相关连接蛋白;天蓝色、蓝色、红色分别代表 APC、PC 和 PE;绿色表示还没有命名和正在进行功能验证的藻胆蛋白及连接蛋白

营养条件。

考虑到藻胆体连接蛋白基因簇形态对构建藻胆体的影响,藻胆体的分化和进化也是不可被忽视的。一般的藻胆体是由 APC、PC、PE 相关的连接蛋白组成基因簇,但存在不同的组合形式,例如只有一个或两个藻胆蛋白相关的连接蛋白组成的基因簇(Six 等,2005)。事实上藻胆体连接蛋白基因簇远比我们想象的要紧凑,具有不同连接蛋白成分的短杆结构似乎能更好地适应改变的环境。还有其他情况,一种模式藻 S81 由一个 APC 核心和一个由一个 PC 和两个 PE(PE Ⅰ、PE Ⅱ)组成的基因簇,聚合在一起形成一个复杂的操纵子。PE Ⅰ 和 PE Ⅱ 能够连接不同比例的 PUB 和 PEB 来对光进行适应。在一些蓝藻中,只具有一个由 α、β 亚基和两个 $L_{RC}$(CpcG1、CpcG2)组成的完整的单元,这些都预示着不同种类形态的 $L_R$ 组成(Nakamura 等,2003)。Six 等(2005)猜测 PE Ⅱ 相关的连接蛋白可能能够稳固地锚定在最邻近的 PE Ⅱ 盘上,而另一个 PE Ⅱ 的 C 末端短结构使其在光适应过程中对释放/解离更加敏感。

在 S81、S99 和 S96 中,CpeR 在藻胆蛋白和相关的连接蛋白下游。这种操纵子的结构与一种弗氏双虹藻 *F. dipiosiphon* 很像,这些基因都被 CpeR 所调控,CpeR 作为转录单元 CpeCDE 的一部分被翻译,并需要 CpeB/A 操纵子的表达。因此,在绿光诱导下,CpeCDESTR 和 CpeB/A 是作为一个基因簇连续表达的(Cobley 等,2002)。可能在 S81、S99 和 S96 中与一种弗氏双虹藻 *F. dipiosiphon* 相同结构的基因簇中,对一些不明确的蛋白质可以由此来推测其功能。例如 CpeS 和 CpcT 功能的推测,为在实验中验证基因功能提供了信息。

#### 4.1.4.4 连接蛋白保守域分析

藻胆蛋白和连接蛋白很可能来源于共同的祖先,连接蛋白也是由藻胆蛋白的祖先(可能是球蛋白)分化出来的(Apt 等,1995;Zhao 和 Qin,2006)。连接蛋白与具有两个独特保守域的 β 残基相互作用,保守区域可能定位在 F′和 F 螺旋。在 N7 中,我们选择一个包含藻胆蛋白相关的连接蛋白、藻胆蛋白、藻胆蛋白相关的酶和 FNR 的序列,该序列的保守区域见图 4-13,且这些区域一般是疏水性的(Guan 等,2007)。序列分析表明 CpcG 1～4 之间具有 37%～54%的同一性(identity)和 59%～71%的相似性(similarity),然而,CpcG 和藻胆蛋白、CpcG 和藻胆蛋白相关的酶的同一性小于 10%。PC 和 PE 的连接蛋白也具有较低的同一性,约为 20%。氨基酸序列具有高的序列同一性,在 43%～99%之间。在 N7 中,已有的资料表明 FNR 的 CpcD-like 结构域和 CpcD 的 C-末端编码独特的杆末端连接蛋白 $L_R^{8.9,PC}$,分别具有 10%的同一性和 14%的相似性(Krogmann 和 Gomez-Lojero,2006)。然而,CpcD-like 结构域与 CpcC 的 N-末端的结构域相似,与 Gv 中 PC 相关连接蛋白的 C-末端结构域相似度更高。Guan 等(2007)的序列分析结果表明,CpcA N-末端的约 70 个氨基酸和 N7 中 CpcD 的同一性和相似性分别为 16%和 44%。在高光诱导下 CpcD 基因显然没有通过基因复制产生其他的基因。因此,CpcG3 与 CpcG4 具有 51%的同一性和 72%的相似性,CpcG3 和 CpcG1 具有 38%的同一性和 59%的相似性,CpcG1 与 CpcG2 具有 53%的同一性和 69%的相似性,CpcG 的保守区域主要集中在 N-末端。S6 的多序列分析表明 CpcG2 的 N-末端和 CpcG2 高度同源,C-末端却高度分化(Kondo 等,2005)。鉴于以上分析,可推断 CpcG1 和 CpcG2 来源于同一祖先 Ⅰ,CpcG3 和 CpcG4 也是来源于一个祖先 Ⅱ,Ⅰ 和 Ⅱ 可能是由一个更加古老的蛋白质进化而来的。

#### 4.1.4.5 连接蛋白的系统进化分析

关翔宇(2008)对 25 种蓝藻中的 192 个连接蛋白的氨基酸序列进行建树进而分析这 25 种蓝藻之间的关系,系统进化树展现了所有的基因产生和复制都可能经历了一个较复杂的过程。蓝藻的连接蛋白最终生成的进化树分为六大分支,包括 $L_C$、$L_{RC}$、$L_{CM}$、APC 相关的 $L_C$(APC-associated $L_C$)、PE 相关的 $L_C$(PE-associated $L_R$)以及 γ 亚基。APC 相关的 $L_C$、$L_C$、$L_{RC}$ 和 $L_{CM}$ 聚集成单独的进化枝,每枝中连接蛋白的功能是一致的。APC 相关的连接蛋白 $L_C$ 可能和 CpcD 有着亲缘关系比较近的共同祖先,一些 PE 相关的连接蛋白主要聚集到两个不同的分枝中,其他的分散在 PC 相关连接蛋白的分枝中,有的分枝还聚集了 PE 相关的连接蛋白 γ 亚基和 $L_{CM}$。N7 的 $L_{RC}$(CpcG)、Av、SJAb、SJBa 和 Te 形成另外一个簇,

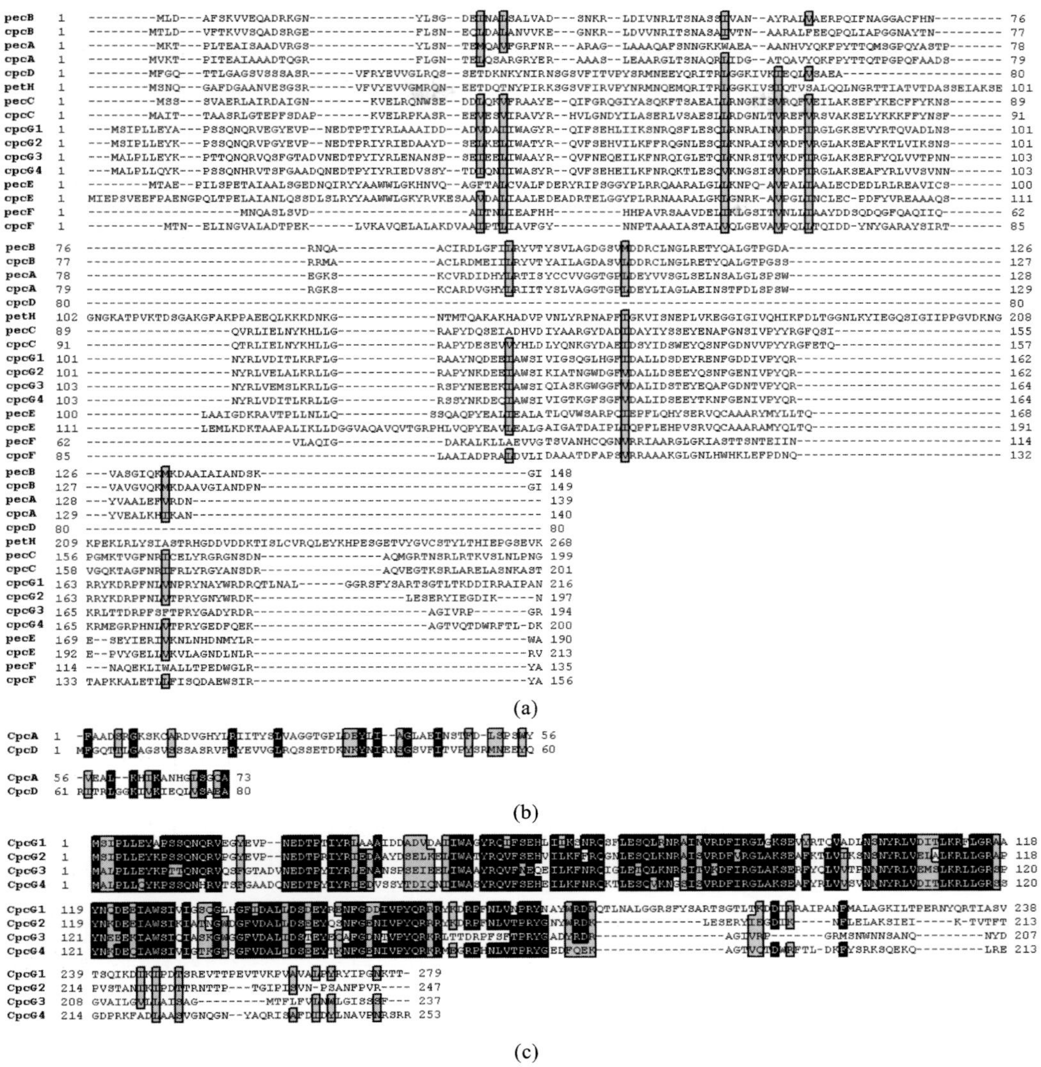

(a)

(b)

(c)

**图 4-13　在念珠藻 *Nostoc* sp. PCC 7120 中连接蛋白多序列分析(Guan 等,2007)**

(a)基因 PecB、PecC、PecE、PecF、CpcB、CpcA、CpcC、CpcD、CpcE、CpcF 和 CpcG 1～4 的氨基酸序列分析;(b)FNR 的 N-末端与 CpcA 氨基酸序列分析;(c)CpcG 1～4 氨基酸序列分析;灰色和黑色分别表示相似性和同一性

在分枝 CpcG1 和 CpcG2、CpcG3 和 CpcG4 分别具有 91%和 98%的自展(bootstrap)值(除 SJAb 和 SJBa 中的 CpcG1 外)。由此推论 CpcG 1～4 可能是由基因复制产生的,不同种之间 CpcG 的进化可能是水平基因转移的结果。一些没有命名的基因和其他已知基因聚集在同一分枝上并具有很高的 bootstrap 值。例如,一些未知基因 Syn_cc96050433、Syn_cc99021895、WH5701_00450 和 S81 中的 MpeC(SYNW2010)具有很高的 bootstrap 值,它们可能是同源序列,并且行使同样的功能,但是其功能还要通过进一步的分析和实验验证。

尽管原绿球藻没有藻胆体,但具有 CpcD 样区域存在的痕迹,虽然序列进一步分化和缩短了,但还是可以通过序列比对的方法辨认出来。FNR 序列可能会成为蓝藻进化的一个标志。FNR 作为在所有蓝藻中都存在的唯一的连接蛋白(关翔宇,2008),对利用 16S rDNA 和 FNR 建立的系统进化树进行分析,如图 4-14 所示,两个系统进化树均形成两大分枝,分枝是不均衡的,但不同簇之间 bootstrap 值很高。在 FNR 系统进化树中,分枝Ⅰ包含 18 个 FNR 蛋白,另一个分枝只含有 3 个。在分枝Ⅰ中,原绿球藻和海洋聚球藻形成一个簇,由一个共同的含有藻胆蛋白的祖先进化而来,且在一个分化的节点上进行了分化。S63 和 S79 的 FNR 是同源序列,且与 Av、Np 和 N7 中的 FNR 有很高的 bootstrap 值。在分枝Ⅱ中,比起其他的聚球藻,SJAb 和 SJBa 具有更近的亲缘关系。在两个进化树中 Gv 都位于最底部,拓扑结构也基本相似。只有 S79、S63 和 Te 的对应关系有所差异。由以上分析可以推断,FNR 的产生可能是随着物种产生而发生的,在选择压力下并没有进行分化,并且是高度保守的。

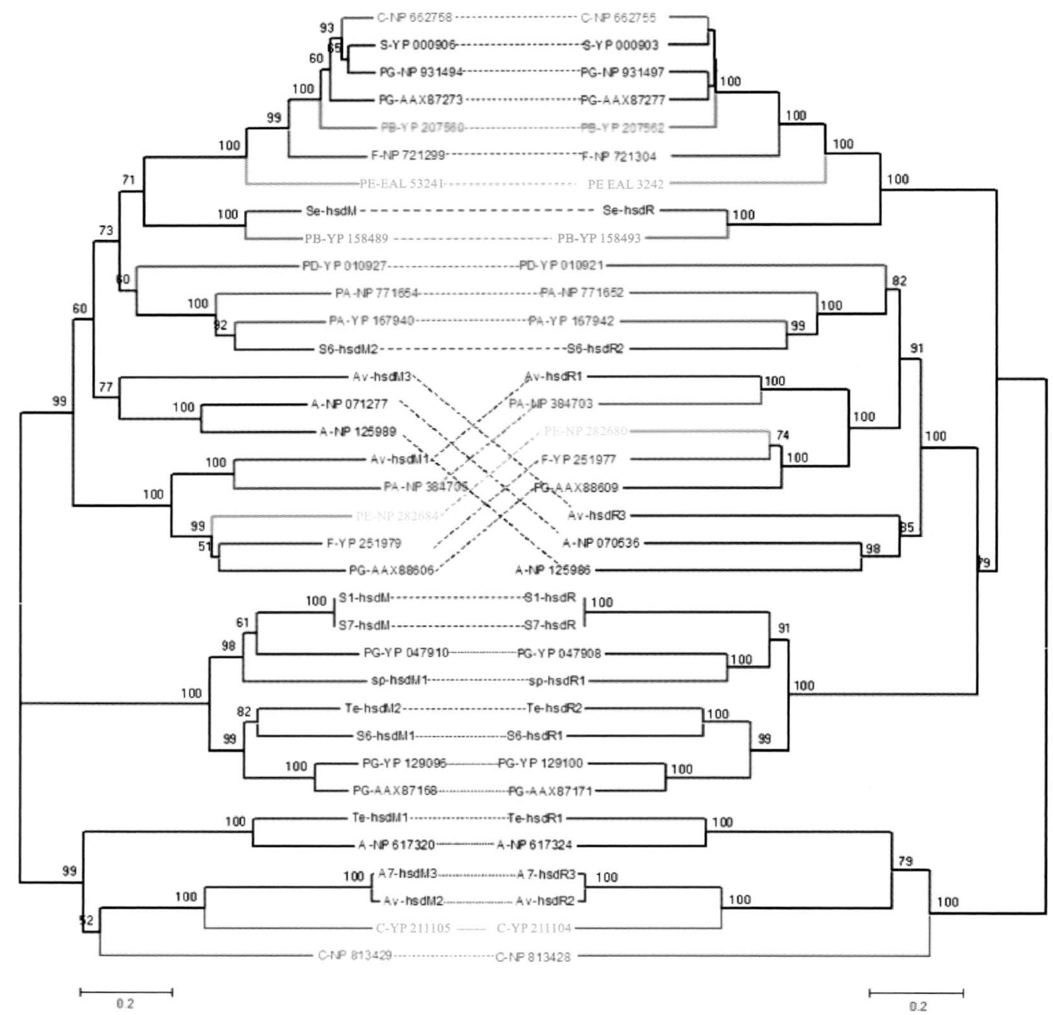


**图 4-14　利用 MP 法对 25 种蓝藻中连接蛋白所建的系统进化树和利用 NJ 法对 21 种蓝藻中的 16S rDNA 和 FNR 所建的系统进化树(关翔宇,2008)**

(1)不同颜色的进化枝和符号代表不同来源的蓝藻连接蛋白(天蓝色:APC 相关核连接蛋白。蓝色:PBS 杆连接蛋白。红色:PE 相关杆连接蛋白。紫色:PBS 核-杆连接蛋白。绿色:PBS 核-核膜连接蛋白。黄色:Ⅱ类 C-PE γ 链)。(2)不同颜色的线代表相同藻种来源的 16S rDNA 和 FNR 对应

# 4.2　藻胆蛋白的适应

## 4.2.1　藻胆蛋白的光适应

### 4.2.1.1　补色适应

蓝藻为了适应环境条件而具有根据光照波长的变化来改变色基组成的显著能力(Postius 等,2001),这种现象被称为补色适应(CA)。许多蓝藻能够在绿光下增强 PE 的表达和在橙红光下增强 PC

的表达(Gutu 和 Kehoe,2012)。例如,一种弗氏双虹藻 *Fremyella diplosiphon* 在绿光下生长,藻丝呈红色;在红光下生长,藻丝呈绿色(图 4-15)(Gutu 和 Kehoe,2012)。这主要是由于一种弗氏双虹藻 *F. diplosiphon* 在红光下主要积累 PC 而在绿光下主要积累 PE 导致的(图 4-16)(Kehoe 和 A,2006)。

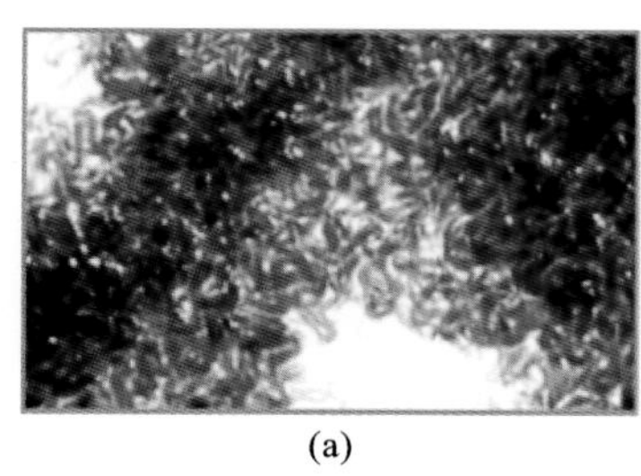
(a)

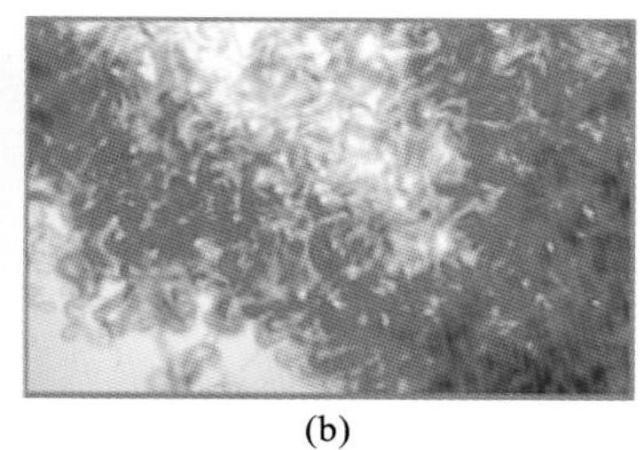
(b)

**图 4-15 一种弗氏双虹藻 *F. diplosiphon* 的颜色表型(Gutu 和 Kehoe,2012)**

一种弗氏双虹藻 *F. diplosiphon* 生长在琼脂平板上,完全适应绿光(a)和红光(b)。不同的色素蛋白积累到藻胆体棒中,使细胞呈砖红色或蓝绿色

同时,CA 也被认为是蓝藻在不同波长光照下形态的改变(Singh 等,2015)。藻类可以通过 CA 机制适应光照条件变化的各种水环境(Bennett 和 Bogorad,1973;Bogorad,1975)。浅水区光照相对丰富,长波长(低能量,如红光)光子优先被藻类吸收,而深海充满波长较短的蓝绿光(高能)(Wozniak 和 Dera,2007)。因此,不同的水环境总是伴随着光照转换,大多数藻类可以通过 CA 机制调节它们的捕光天线组件来改变光吸收范围(Falkowski,1980)。目前,在蓝藻中发现了 8 种类型的 CA,它们可以对绿光、蓝光、红光和远红光做出反应(Montgomery,2017;甄张赫等,2021)(表 4-7)。通常,蓝藻中的这些 CA 光感受器可以被特定波长的光激活,然后磷酸化相关的调节剂来控制色素或藻胆蛋白的表达(Gómez-Lojero 等,2018;Hahn 等,2006;Lagarias 和 Rapoport,1980 年;Shui 等,2009)。

甄张赫等(2021)对 8 种 CA 机制进行了汇总。CA-1 类型的藻类暴露于不同波长的光时,具有既不调节 PC 也不调节 PE 的组分积累的作用(de Marsac,1977)。CA-2 和 CA-3 类型的藻类都在绿光下积累 PE,而 CA-3 类型的藻类同时可以在红光下积累 PC(de Marsac,1977;Hirose 等,2010;Hirose 等,2013;Shuy 等,2009 年;Grossman,2003)。CA-2 和 CA-3 类型的藻类广泛分布于世界各地,并在各种环境中被发现,包括温泉和土壤(Hirose 等,2017)。目前,CA-4 只存在于海洋藻类中,海洋藻类通过调节 PE 中 PUB 与 PEB 的比例来响应蓝绿光(Everroad 等,2006;Gutu 和 Kehoe,2012;Palenik,2001)。CA-5 类型的藻类可以改变 PC 含量以响应橙红光(Chen 等,2010;Duxbury 等,2009)。CA-6 广泛分布于陆地蓝藻中,通过利用叶

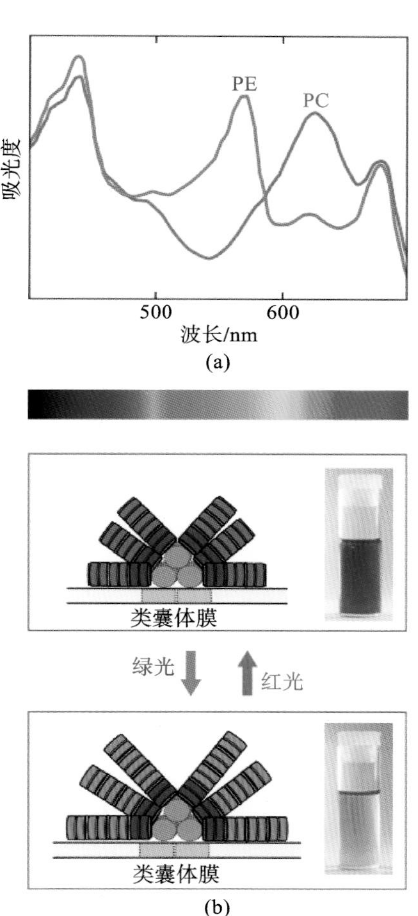


**图 4-16 一种弗氏双虹藻 *F. diplosiphon* 的补光适应(Haney 和 Kehoe,2019)**

(a)一种弗氏双虹藻 *F. diplosiphon* 生长在绿光和红光中的全细胞吸收光谱,指出了 PE 和 PC 的吸收峰,蓝色和红色区域的其余峰代表叶绿素 a 和类胡萝卜素的吸收峰;(b)红光和绿光引起一种弗氏双虹藻 *Fremyella diplosiphon* 的结构变化

绿素 f 和叶绿素 d 重塑 PBS 和 RC 蛋白的核心蛋白来吸收远红光(Gan 等,2014;Herrera-Salgado 等,2018;Ho 等,2017)。CA-7 和 CA-0 类型的藻类相似,可以对红光和绿光做出反应,但不同的是,在绿光下,CA-7 类型的藻类积累 PEC,而 CA-0 类型的藻类积累 PE(Hirose 等,2019)。目前,对红藻的 CA 机制研究较少,因为蓝藻具有较丰富的全基因组序列信息,比红藻更适合用作模式生物(Nakao 等,2010)。

**表 4-7　蓝藻的 CA 类型(甄张赫等,2021)**

| CA 类型 | 藻　　种 | 红光 | 绿光 | 蓝光 | 橙红光 | 远红光 | 感光部件 | 调控部件 | 参考文献 |
|---|---|---|---|---|---|---|---|---|---|
| CA1 | 粘球藻 *Gloeocapsa* 7501 | PE-PC- | PE-PC- | — | — | — | — | — | de Marsac,1977;Gutu 和 Kehoe,2012 |
| CA2 | 集胞藻 PCC 6701 | — | PE/PC- | — | — | — | CAS | CAR | de Marsac,1977;Hirose 等,2010 |
| CA3 | 管孢藻 *Chamaesiphon* sp. strain PCC 6605 | PC/(PSⅡ,state Ⅰ) | PE/(PSⅠ,state Ⅱ) | — | — | — | RcaE | RCAF、RCAC | Hirose 等,2013;Shui 等,2009 |
| CA4 | 聚球藻 *Synechococcus* strain | — | 2PEB/1PUB/ | 3PUB/ | — | — | — | FciA、FciB | Everroad 等,2006;Palenik,2001 |
| CA5 | 一种蓝藻 *Acaryochloris Marina* | — | — | — | PC | — | — |  | Chen 等,2010;Duxbury 等,2009 |
| CA6 | 聚球藻 PCC 7335 | — | — | — | — | FaRLiP | RfpA | RfpB、RfpC | Gan 等,2014;Herrera-Salgado 等,2018 |
| CA7 | 瘦鞘丝藻 *Leptolyngbya* sp. PCC 6406 | PC/(PSⅡ,state Ⅰ) | PEC/PC/(PSⅡ,state Ⅰ) | — | — | — | CAS | CAR | Hirose 等,2019 |
| CA0 | 双胞藻 *Geminocystis* sp. strains NIES-3708 | PC(PSⅠ,state Ⅱ) | PE/PC/(PSⅠ,state Ⅱ) | — | — | — | CAS | CAR | Hirose 等,2019 |

结皮群落是全世界珊瑚礁系统的主要底栖生物组成部分。Walter 等(2020)从巴西 Abrolhos 浅滩的结皮群落中分离出两株富含藻胆蛋白的丝状蓝藻,并对其基因组序列、基本生理特性和系统发育进行了研究。阿氏颤藻 *Adonisia turfae* CCMR 0081$^{T}$(=CBAS 745$^{T}$)和 CCMR 0082 的基因组大小均约为 8 Mbp,实验证明这两个菌株都表现出 CA 现象。CCMR 0081$^{T}$ 表现为同时调节 PC 和 PE 的 CA-3,而 CCMR 0082 表现为 CA-2,与编码 PC 和 PE 特异性感光器和调节器的基因相对应。而且,在远红光条件下,CCMR 0081$^{T}$ 和 CCMR 0082 均表现出 PE 和 PC 合成的变化(图 4-17)。此外,在两个基因组中都鉴定出大量和多样的次生代谢物合成基因簇,并且它们能够在高温下生长(28 ℃、30 ℃下几乎不生长)。这些特征为它们在珊瑚礁系统中的广泛分布提供了帮助。

**1. PE-PC 光转换**

少数蓝藻能够在不同波长的光的照射下改变蛋白质与色素的比例，以提高光合作用效率。藻胆蛋白的组成是在开放环境中适应不同波长的光最显著的例子。为了在动态和波动的环境条件下生存，光合生物通过调节丝状体颜色、细胞形态（Singh 和 Montgomery，2011；Montgomery，2015）、藻胆蛋白含量（de Marsac，1977）、叶绿素含量（Osborne 和 Raven，1986）和几种光保护机制（Kirilovsky 和 Kerfeld，2012）来适应环境的变化。随之而来的蓝藻丝状体颜色的改变是对光适应或补充性显色适应的主要反应（Bogorad，1975）。事实上，蓝藻在开放的环境中感知绿光（GL）和红光（RL）的波长，并同时通过藻胆蛋白的 PC 和 PE 亚基之间的相互转换来适应。然而，与强光条件相比，蓝藻丝状体在弱光条件下生长时合成更多的杆状细胞（Grossman 等，1986）。有趣的是，由于 PUB 和 PEB 的结合，PEⅠ和 PEⅡ的相关亚基在蓝光和白光下不能改变颜色（Everroad 等，2006）。Agostoni 等（2016）发现，在双虹吸藻中，不一致的光照条件导致藻胆蛋白的杆快速积累，引起对光系统的更多响应和适应性。蓝藻中色素的光可逆性表现出独特的可塑性，可优化其在各种光质下的生长和发育。当前，CA 诱导的光调节已经成为原核生物光受体及相关信号转导通路研究的焦点，这些信号转导通路参与了原核生物光合作用效率和光形态发生的优化（Montgomery，2008）。

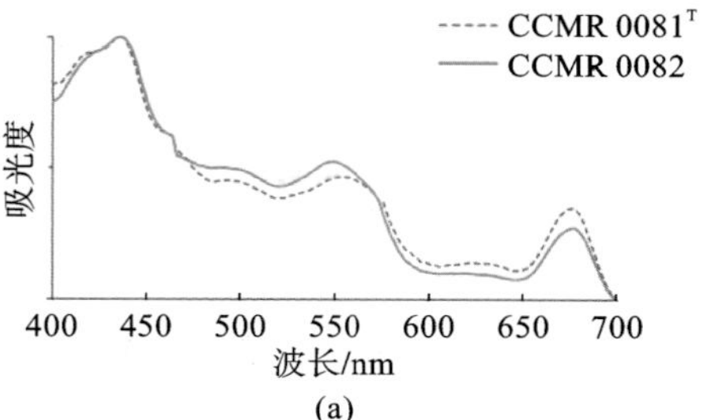

(a)

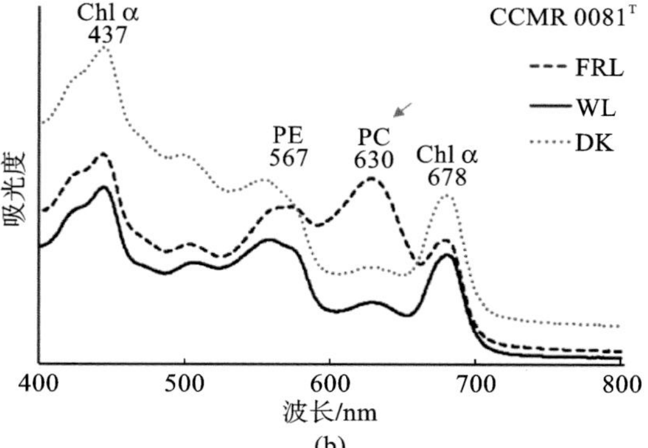

(b)

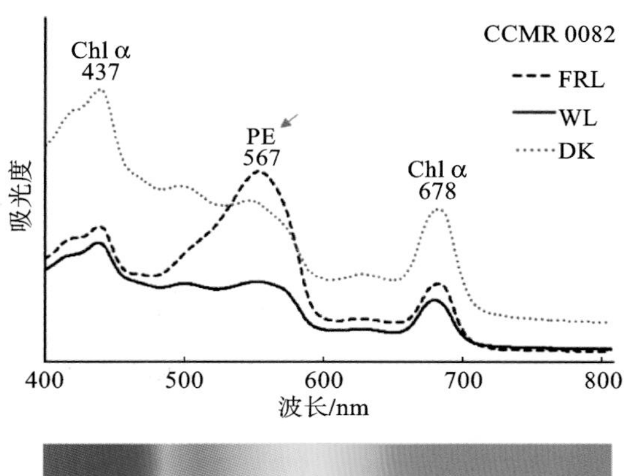

(c)

**图 4-17 CCMR 0081^T 和 CCMR 0082 的光谱（Walter 等，2020）**

(a)CCMR0081^T 和 CCMR0082 的吸收光谱；(b)(c)CCMR0081^T 和 CCMR0082 在远红光（FRL）、白光（WL）和黑暗（DK）条件下的吸收光谱

**2. 信号转导**

（1）RcaC-RcaE 调节。

从基因上讲，CA 是由一种名为补色适应调节器 E（RcaE）的类似光敏色素的蛋白质调节的，该蛋白质最先在原核系统中被发现（Kehoe 和 Grossman，1996；Wiltbank 和 Kehoe，2016）。RcaE 是一种约 74 kDa 的可溶性组氨酸激酶类蛋白，其含有一个 N-末端植物发色团结合域、一个中央 Per-Arnt-SIM（PAS）结构域和一个 C-末端激酶结构域（Gasteiger 等，2003；Rockwell 和 Lagarias，2010）。

RcaE 调节 RcaF 和 RcaC 之间的磷酸化级联通路，该过程主要调节 PBP 生物合成基因的转录（Alvey 等，2007；Li 等，2008；Bezy 和 Kehoe，2010）。双虹吸藻是 RcaE 作用机制的模型生物，可控制其在红光和绿光下的响应（Montgomery，2007）。在 CA 中，PBS 表现出明显的可逆性细胞表型变化，在红光下，细胞产生吸收红光的 PC，而在绿光下，细胞产生吸收绿光的 PE（Kehoe 和 Gutu，2006）。RcaE 在红光中表现出激酶活性（Hirose 等，2013），从而启动两个响应调节剂（例如 RcaF 和 RcaC（DNA 结合结构域））之间的磷酸化级联途径，它们是光调节蛋白（Kehoe 和 Grossman，1997）。RcaC 的 DNA 结合域受 PE 和 PC 编码基因的转录途径调节，在 CA 中起关键作用（Li 等，2008；Bezy 和 Kehoe，2010；Gutu 和 Kehoe，2012）（图 4-18、图 4-19）。

RcaE 与组氨酸激酶结构域相连，在绿光和红光下形成可相互转换的开关，例如在红光下激酶驱动

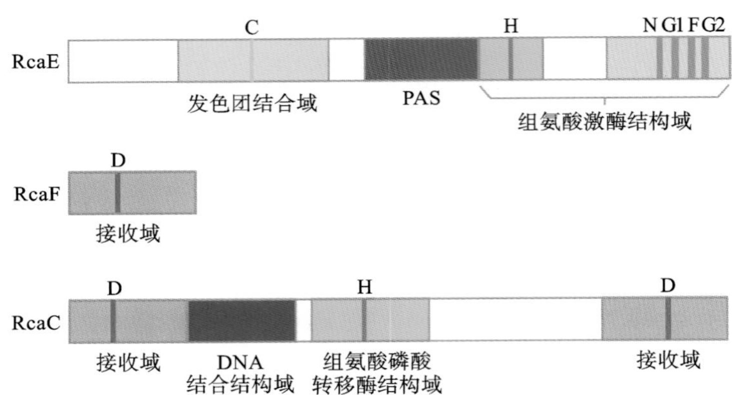


**图 4-18　用于控制稳态响应的 CA 的调节器(Rca)的结构(Gutu 和 Kehoe,2012)**

假定的发色团结合半胱氨酸(C)和磷酸化位点组氨酸(H)。N、G1、F 和 G2 是在组氨酸激酶的 ATPase 结构域中发现的保守序列块。RcaF 含有一个假定的磷酸化位点天冬氨酸(D),RcaC 的每个接收域也是如此

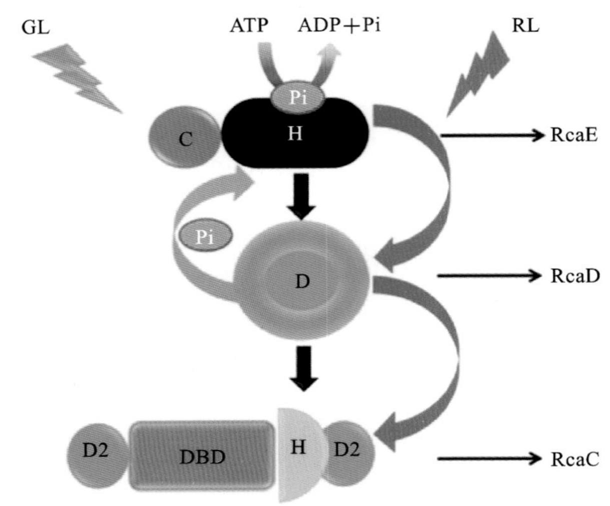


**图 4-19　Rca 诱导的通过吸收绿光(GL)和红光(RL)调节 CA 的途径(Gutu 和 Kehoe,2012)**

C 为半胱氨酸残基;H 为组氨酸残基;D 为天冬氨酸残基;DBD 为 DNA 结合结构域;P 为磷酸基

的绿色吸收形式($RcaE^G$)和在绿光下激酶驱动的红色吸收形式($RcaE^R$)(Hirose 等,2013)。在红光下,$RcaE^G$ 复合物中的磷酸化发生在含有单结构域反应调节因子 RcaF 和转录因子 RcaC 的双组分系统中(Wiltbank 和 Kehoe,2016)。*cpeCDESTR* 和 *cpeBA* 是产生含 PE 的藻胆蛋白的操纵子。然而,操纵子 *cpcB2A2* 转录被用来产生藻胆蛋白中的 PC(Chiang 等,1992)。值得注意的是,双虹吸藻基因组具有单拷贝的 *cpeC* 和 *cpeBA* 操纵子,用于进行光调节(Kehoe 和 Gutu,2006)。事实上,有报道表明,双虹吸藻有 27 个与光敏色素相关的光感受器和 305 个潜在的双组分信号蛋白(Yerrapragada 等,2015)。然而,在 *rcaE* 和 *rcaC* 突变体中,RcaE 被认为在红光下降低 PE 的表达或在绿光下诱导 PE 的表达,这表明 PE 基因存在另一种诱导途径(Li 等,2008;Li 和 Kehoe,2005;Seib 和 Kehoe,2002)(图 4-20)。到目前为止,绿光和红光 CA 的分子途径已经有了比较充分的研究。RcaE-RcaF-RcaC 的表达模式在红光条件下通过磷酸化激活。RcaC-P 可抑制 *cpeA*、*cpeB*、*cpeC*、*cpeD*、*cpeE* 和 *FdTonB* 基因的表达,从而完全抑制 PE 的表达。或者,RcaC-P 可以通过促进 *pcyA*、*cpcB2* 和 *cpcA2* 的表达上调,使 PC 表达增强。在绿光下,RcaF-P 通过 RcaC 发生去磷酸化并停止对效应器信号的响应。RcaC 诱导 *cpeA*、*cpeB*、*cpeC*、*cpeD*、*cpeE* 和 *FdTonB* 基因表达上调,而诱导 PC 相关基因 *cpcB2* 和 *cpcA2* 表达下调。

(2)CAS-CAR 调节。

CAS 系统是在集胞藻 PCC 6803 中发现的一类 GAF 结构域(Hirose 等,2008)。此外,CAS 的

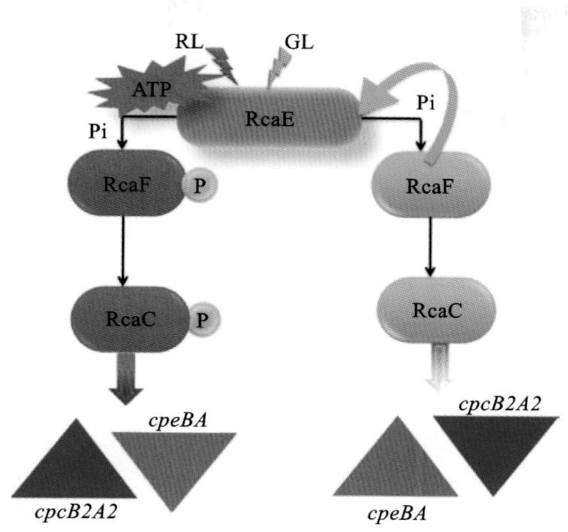


**图 4-20 绿光(GL)和红光(RL)下 CA 调控的遗传途径(Li 等,2008)**

RcaE、RcaF、RcaC 对 PC 和 PE 基因表达的调控受光质的影响。粉红色三角形表示 PE(*cpeBA*)的上调/下调,蓝色三角形表示 PC(*cpcB2A2*)的上调/下调

GAF 结构域与 RcaE 结构域同源,功能上遵循类似的机制。然而,与 RcaE 相比,CAS 在绿光下具有更强的光合磷酸化活性(Hirose 等,2008)。此外,CAS 可以直接磷酸化反应调节因子 CAR,这清楚地表明了 RcaF 和 RcaC 中与磷酸化相关的 RcaE 成分不同(Hirose 等,2008;Hirose 等,2010)(图 4-21)。事实证明,RcaE 能够调节藻胆蛋白编码基因,包括 CpeR(Cobley 等,2002)和在不同光环境下改变蓝藻形态结构的形态发生因子(Bordowitz 和 Montgomery,2008;Singh 和 Montgomery,2015)。念珠藻(*Nostoc punctiforme* ATCC 29133)也通过 PSⅡ的色基调整调节其在绿光和红光下 PE 的合成(de Marsac,1977)。突变研究表明,绿光诱导 CAS 磷酸化 CAR,磷酸化的 CAR 诱导 *cpeC-cpcG2-cpeR1* 操纵子表达,导致 PE 积累。与此相反,CAS 可能通过在红光下使 CAR 去磷酸化来抑制 *cpeC-cpcG2-cpeR1* 的活性(Hirose 等,2010)。有研究在双虹吸藻中鉴定出 IflA 蛋白具有两个不同的光敏域,它们在 RcaE 域的控制下以蓝光、绿光、红光和远红光响应(Bussell 和 Kehoe,2013)。红光和远红光光子环境在光响应中起着重要作用。DpxA 在双虹吸藻中是另一种抑制 PE 合成的光调节剂(Wiltbank 和 Kehoe,2016)。然而,DpxA 多肽在黄光下显示 PE 的积累(Wiltbank 和 Kehoe,2016)。光系统中与结构和光诱导信号通路相关的分子机制已经有了较深的研究及描述。然而,细胞形态的结构变化还不是很清楚。

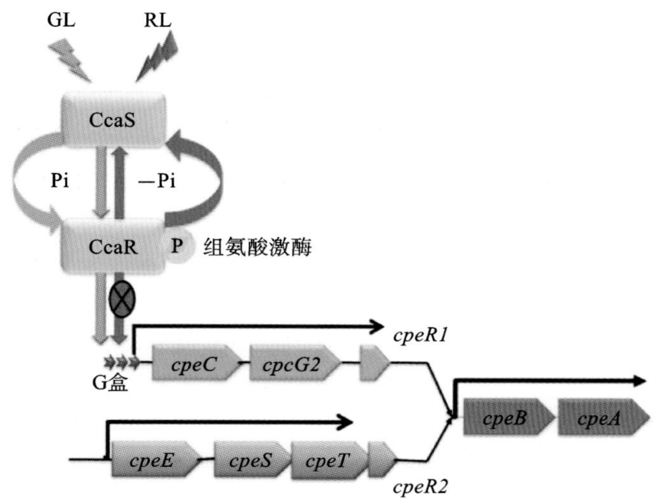


**图 4-21 红光(RL)和绿光(GL)下念珠藻的 CA(Hirose 等,2010)**

(3)光导致的藻类形态变化。

蓝藻的形态变化在很大程度上独立于 CA 在不同波长的光调节(Bordowitz 等,2010;Pattanaik 等,2012;Walters 等,2013)。且被证明在光依赖过程中对细胞形态具有较好的调节作用(Singh 和 Montgomery,2015)。RcaE 对水下蓝藻形态变化具有光质和光量的双重响应(Bordowitz 等,2010;Pattanaik 等,2012;Walters 等,2013)。在一种弗氏双虹藻 *Fremyella diplosiphon* 的光依赖性形态变化研究中已鉴定出几种形态发生素(Montgomery,2016)。TonB 是一种转录因子,在绿光照射下表达上调,并逐渐改变细胞宽度(Pattanaik 和 Montgomery,2010)。此外,TonB 的表达上调是独立的,不受 RcaE 的调节。有报道称,RcaE 在红光下能够诱导 BolA 的表达,这与蓝藻对球形形态的适应密切相关(Singh 和 Montgomery,2015)。此外,BolA 与另一种形态基因结合,并在红光下抑制 *mreB* 基因编码的细菌肌动蛋白的表达(Singh 和 Montgomery,2014)。在绿光下,较低浓度的 BolA 可以表达 *mreB* 基因,使蓝藻呈现杆状形态(Singh 和 Montgomery,2014;Singh 和 Montgomery,2015)。有研究表明,细胞系统产生的活性氧也改变了 BolA 水平的调节(Singh 和 Montgomery,2015)。

#### 4.2.1.2 光保护

**1. 状态转换机制**

状态转换是一种生理适应机制,即重新调节外部天线蛋白的激发能在 PSⅡ 和 PSⅠ 之间的分配。通过两个光系统 PSⅠ 和 PSⅡ 之间的状态转换重新分配吸收的光能可以帮助藻类适应不断变化的光环境(Biggins 等,1984;Williams 和 Allen,1987)。PSⅡ 的捕光天线具有更高的捕光效率,以补偿 PSⅡ 中由较低的叶绿素含量导致的低捕光效率,这有时会导致 PSⅡ 在强光条件下接收过多的能量(Ferreira 等,2004)。因此,藻类水溶性天线和薄膜天线会通过不同的状态转换机制防止吸收的能量破坏光系统(Womick 和 Moran,2009)。在蓝藻和红藻中,有两种形式的状态转换机制,其中一种称为"能量外溢",另外一种称为"藻胆体的移动"。

在"能量外溢"转换机制中,能量通过 PBS 依次转移到 PSⅡ 和 PSⅠ(PBS→PSⅡ→PSⅠ),藻胆体仍与 PSⅡ 结合,分配给 PSⅡ 和 PSⅠ 的激发能是由激发能从 PSⅡ 的叶绿素 a 向 PSⅠ 的叶绿素 a 的传递速度的变化来调节的(Zlenko 等,2016)。PBS-PSⅡ-PSⅠ 超复合体的成功分离(图 4-22、图 4-23)证明,PBS 可以在不改变其空间位置的情况下进行状态转换(Liu 等,2013)。

PBS 的能量从 CP43 流向 CP47 和 PBS 的能量流向 CP43 是各种藻类的主要能量传递途径,因此 CP47 可能参与了"能量外溢"机制(Ueno 等,2017)。研究结果表明,能量转移周期最有可能是 50～60 ps(Yokono 等,2011)。Ueno 等(2017)研究了各种蓝藻和红藻从 PBS 到 PS 的能量传递过程,发现在 PBS→PSⅡ→PSⅠ 传播途径中,能量贡献取决于物种,其中条斑紫菜 *Pyropia yezoensis* 的贡献最大,而聚球藻 PCC 7002 的贡献最小。

另一种状态转换机制是"藻胆体的移动"。该机制认为从藻胆体传递到 PSⅡ 和 PSⅠ 的激发能的相对量可以简单地由改变两个 PS 间的物理联系方式来进行调节。光谱学和突变实验的结果也支持这一模型(Mullineaux,1992;Mullineaux,1994;Su 等,1992;Allen 和 Holmes,1986;Allen,2003;Bald 等,1996;Kruip 等,1994)。Mullineaux 等(1997)利用光漂白后荧光恢复技术(FRAP)的相关结果证明蓝藻中的藻胆体是可移动的,它们在类囊体膜表面快速流动。另外,Joshua 和 Mullineaux(2004)的研究进一步发现藻胆体的快速移动是蓝藻中光状态转化的重要原因。藻胆体的横向移动会导致稳态下的 PBS 与反应中心结合的变化。Zlenko 等(2016)的研究表明,PBS 可以在强光条件下通过移动直接将能量转移到蓝藻和红藻的 PSⅠ 中(PBS→PSⅠ)(图 4-24)。在 PBS 中,ApcD 通过 PsaA 和 PsaD 形成的结构域位于 PSⅠ 的边缘区(Liu 等,2013)。那些可以与单体 PSⅠ 直接相互作用以形成超复合物的特殊杆状 PBS,仅包含 C-PC,而没有 APC(Zlenko 等,2016)。在这个超复合物中,杆状的 CpcL-PBS 连接到 PSⅠ 复合物的外围(图 4-25)(Watanabe 等,2014)。

膜蛋白捕光复合物(light-harvesting complex,LHC)出现的状态转变是基于 LHCⅡ 从 PSⅡ 中分离出来的,并在 PSⅡ 偏好的光照条件下与 PSⅠ 相互作用。2018 年重新发布的 PSⅠ-LHCⅠ-LHCⅡ 的状态转换结构(图 4-26)(甄张赫等,2021;Pan 等,2018)揭示了移动 LHCⅡ 如何充当 PSⅠ 的"外围天线"。

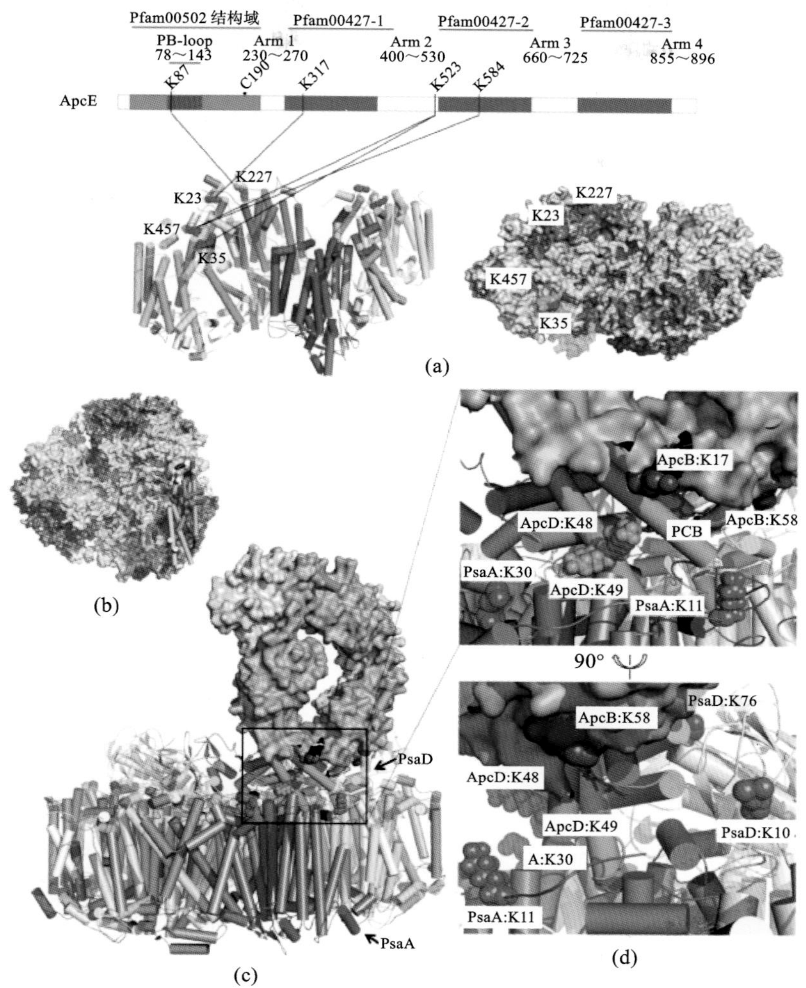


**图 4-22　PBS 与 PSⅠ和 PSⅡ之间的蛋白质交联(Liu 等,2013)**

与已分析的 PSⅠ-LHCⅠ相比,PSⅠ-LHCⅠ-LHCⅡ中的 PSⅠ核心更加完整,含有一个新发现的 PsaN 亚基。新亚基中的叶绿素可以促进 RC 和 Lhca2 之间的能量转移(Pan 等,2018)。移动 LHCⅡ与核心亚单位 PsaO 连接,并且可以通过使用其两个 CHL 来调节能量向核心的转移(Pan 等,2018)。此外,PsaK 还可以在管腔和基质侧参与 LHCⅠ与内核之间的能量传递过程(Pan 等,2018)。

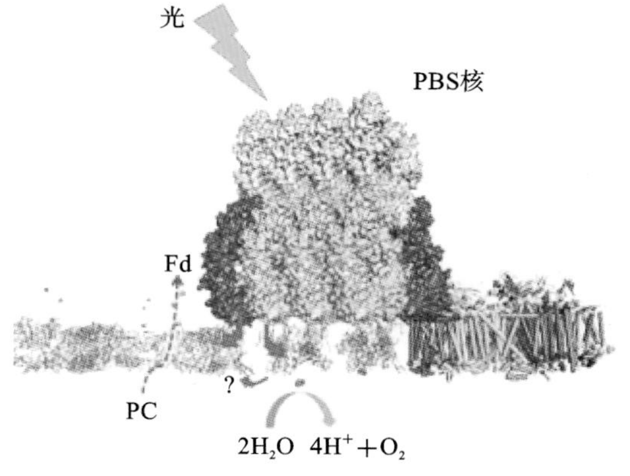


**图 4-23　PBS-PSⅡ-PSⅠ模型(Liu 等,2013)**

PSⅡ通过与 PBS 核紧密结合而被完全覆盖,而 PSⅠ通过侧面定向与 ApcD 关联

**2. 非光化学猝灭**

植物和藻类已经发展出多种保护机制来在强光条件下生存。PSⅡ膜结合叶绿素天线中激发能的热耗散减少了到达反应中心的能量,从而减少了有毒光氧化物种的产生,这一过程导致 PSⅡ相关荧光发射减少,称为非光化学猝灭(non-photochemical quench, NPQ)(Kirilovsky,2007)。

关于蓝藻的 NPQ 过程有多种机制:蓝绿光(450～550 nm)诱导的 NPQ,高光诱导的蛋白相关 NPQ 及紫外线诱导的 NPQ(El Bissati 等,2000;Niyogi 和 Truong,2013;Singh 等,2010;Wang 等,2008),其

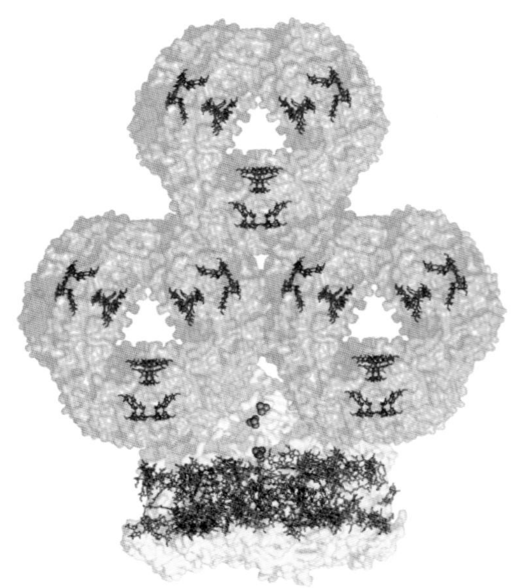

**图 4-24 PSⅠ单体与 PBS 核的“闭合型”复合物(Zlenko 等,2016)**

PBS 核呈灰色,PSⅠ表面的突起呈青色(PsaC、PsaD 和 PsaE 亚单位),其余 PSⅠ呈黄色。绿色的杆代表叶绿素分子。橙色球体反映了铁原子在 FeS 团簇中的位置。可以清楚地看到,PSⅠ表面突起很好地嵌合在“闭合型”PBS 磁芯的底部圆柱体之间的凹槽中

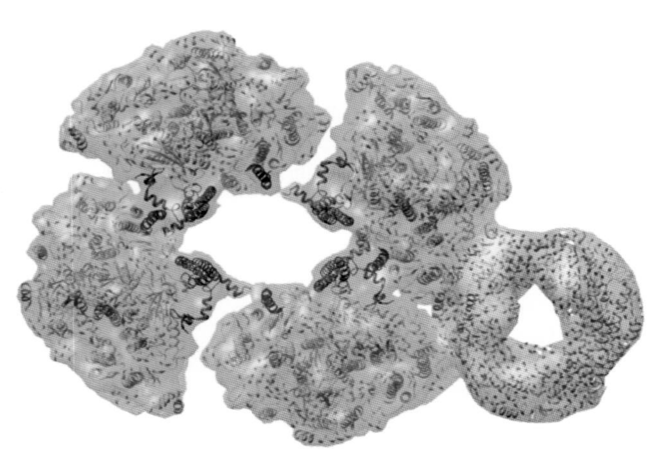

**图 4-25 PBS-CpcL-PSⅠ超复合物模型(Watanabe 等,2014)**

该模型具有一个 CpcL-PBS 杆(蓝色),在两个单体的界面处与 PSⅠ(绿色)缔合。PsaL(红色)、PsaI(黄色)和 PsaM(蓝色)亚基将单体连接成二聚体

中,蓝绿光诱导的 NPQ 最受关注(Niyogi 和 Truong,2013;Tian 等,2013)。Kirilovsky(2007)提出了一个模型,在这个模型中,OCP 充当光感受器,它对蓝绿光做出反应,随后通过与藻胆体的相互作用诱导能量耗散和荧光猝灭(图 4-27)。

OCP 在 1981 年首次被描述为一种橙色类胡萝卜素结合蛋白(Holt 和 Krogmann,1981),它在光保护中的作用之后慢慢被揭开(Wilson 等,2006;Wilson 等,2008;Karapetyan,2007;Rakhimberdieva 等,2004)。在 OCP 的功能得到研究之前,研究者已经获得了 OCP 的第一个晶体结构(Kerfeld 等,2003)(图 4-28)。OCP 由 N-末端和 C-末端结构域组成,形成一个由单个非共价结合的叶黄素分子占据的中心通道,并通过跨结构域界面的相互作用和 N-末端延伸(NTE,残基 1～20)附着到 C-末端结构域(CTD)上的 β-Sheet 表面来稳定。蓝绿光的吸收导致 OCP 可逆地从具有致密结构的基础橙($OCP^O$)形式转变为具有分离的 NTE 蛋白结构域的红色($OCP^R$)形式(Gupta 等,2015;Leverenz 等,2014;Maksimov 等,2015)。$OCP^R$ 被认为可以通过直接与 PBS 核相互作用来猝灭 PBS 荧光(Harris 等,2016;Stadnichuk 等,2012;Zhang 等,2014)。这种光激活的 OCP 形式是亚稳态的,但可以通过与酮类胡萝卜素相协调的保守 Tyr/Trp 残基的突变来模拟,这可导致紧凑的蛋白质结构不稳定和结构域的分离,例如在 $OCP^{W288A}$(Maksimov 等,2016;Sluchanko 等,2017)和 $OCP^{Y201A/W288A}$(以下简称 $OCP^{AA}$)(Maksimov 等,2017;Slonimskiy 等,2018)突变体中。

$OCP^R$ 到 $OCP^O$ 的过程在黑暗中自发发生,但有研究发现 14 kDa 的荧光恢复蛋白(fluorescence recovery protein,FRP)(Boulay 等,2010)大大加速了该过程,FRP 终止了光保护并恢复了 PBS 荧光(Gwizdala 等,2011;Gwizdala 等,2013)。PBS、OCP 和 FRP 是蓝藻光保护机制的三个主要组成部分,该机制在体外也具有功能(Gwizdala 等,2011)。目前,与 OCP 介导的光保护机制相关的整个分子事件链仍然知之甚少,这主要是由于光激活 $OCP^R$ 的显著亚稳定性及其与 PBS 和 FRP 复合物的动态和瞬态性质(Gwizdala 等,2011)。

FRP 在溶液中的结晶为 α-螺旋蛋白(Bao 等,2017;Sutter 等,2013)(图 4-29),形成稳定的二聚体构象(Sluchanko 等,2017;Slonimskiy 等,2018;Lu 等,2017)。FRP 与 $OCP^O$ 的亲和力较低,与 $OCP^R$ 及

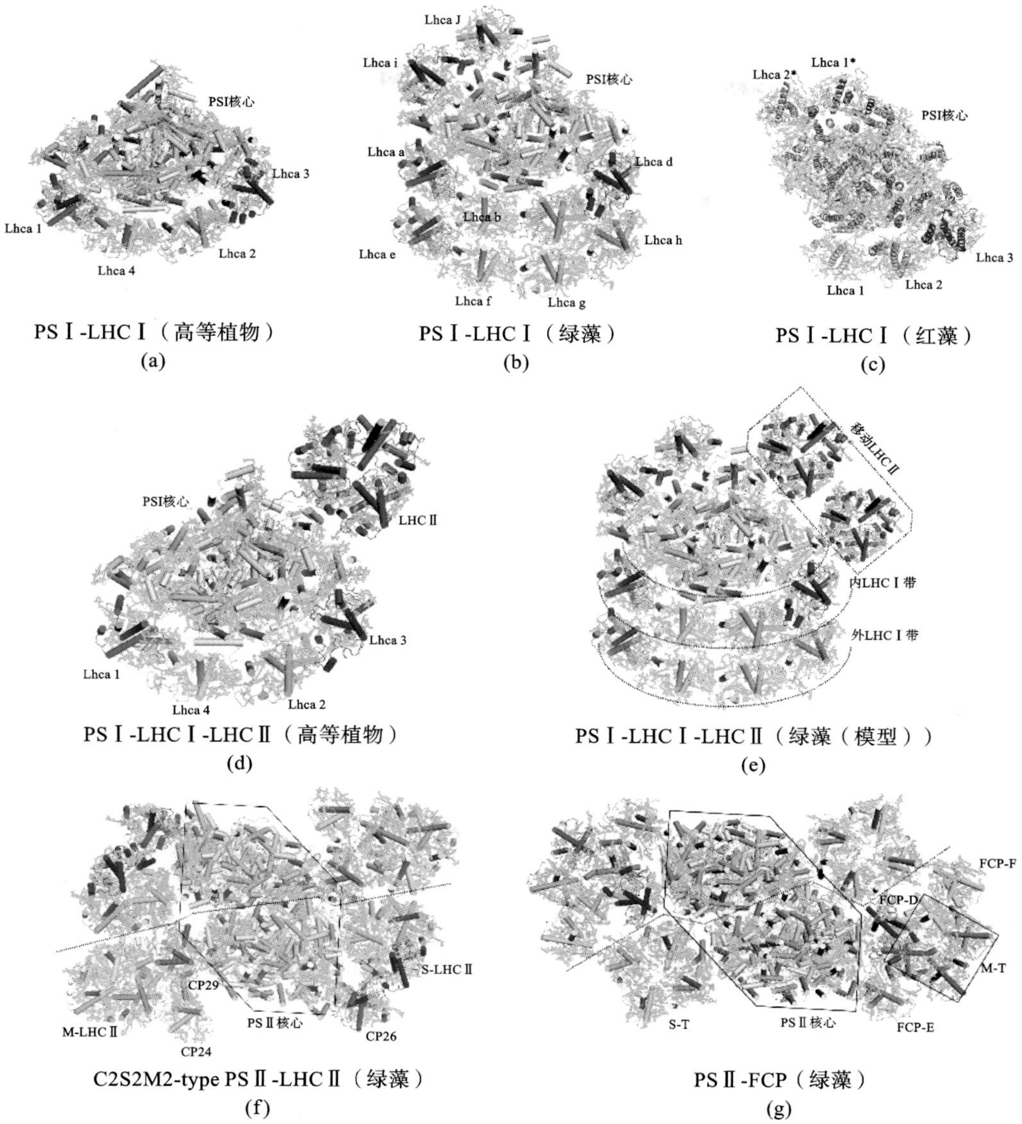

PSⅠ-LHCⅠ（高等植物）
(a)

PSⅠ-LHCⅠ（绿藻）
(b)

PSⅠ-LHCⅠ（红藻）
(c)

PSⅠ-LHCⅠ-LHCⅡ（高等植物）
(d)

PSⅠ-LHCⅠ-LHCⅡ（绿藻（模型））
(e)

C2S2M2-type PSⅡ-LHCⅡ（绿藻）
(f)

PSⅡ-FCP（绿藻）
(g)

**图 4-26 LHC 的结构多样性(甄张赫等,2021)**

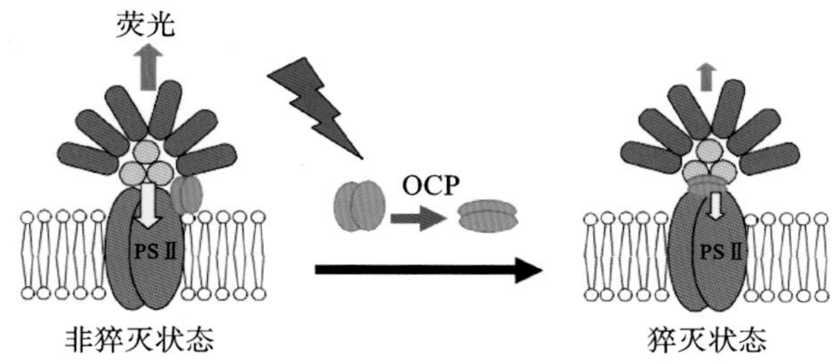


**图 4-27 OCP 在 NPQ 形成中的作用的工作模型(Kirilovsky,2007)**

OCP 的类胡萝卜素对蓝光的吸收会诱导类胡萝卜素和蛋白质的构象变化,从而使能量从藻胆体转移到 OCP,并在其中消散能量。在这些条件下,更少的能量到达 PSⅡ,更少的光作为荧光返回

其类似物结合紧密(Sluchanko 等,2017;Moldenhauer 等,2018)。研究发现,FRP 单体可以与不同形式的 OCP 相互作用(Sluchanko 等,2017;Slonimskiy 等,2018;Moldenhauer 等,2018)。Slonimskiy 等(2018)发现,来自可变鱼腥藻 *Anabaena variabilis* 和极大节旋藻 *Arthrospira maxima* 的低同源性的

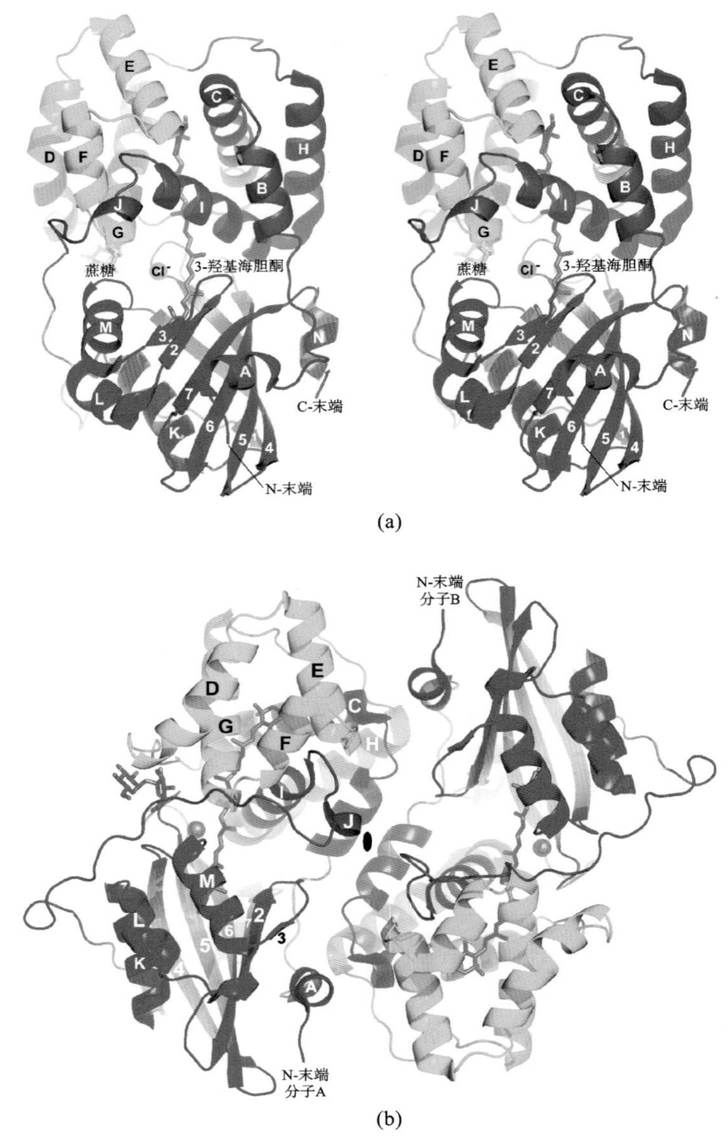


**图 4-28　OCP 的结构(Kerfeld 等,2003)**

(a)OCP 单体的立体视图;(b)自然状态下 OCP 为二聚体

FRP 能够与来自集胞藻 *Synechocystis* sp. PCC 6803 的 OCP 发生作用,但是会形成具有不同化学结构的复合物。这表明 FRP 机制在蓝藻物种中相当普遍(Slonimskiy 等,2018)。在蓝藻中,强光下 OCP 被激活,耗散能量,防止光合作用装置被破坏。而在弱光下,OCP 被 FRP 有效地灭活(Sluchanko 等,2017)。然而,OCP 与 FRP 相互作用的中间产物及其复合物的拓扑结构在很大程度上仍不清楚。

Sluchanko 等(2018)通过采用综合方法和独特设计的 FRP 和 OCP 突变体,对 OCP 和 FRP 之间的作用机制提出了重要的见解,同时提出了 FRP 功能的解离机制(图 4-30)。OCP 的光激活导致 NTE 脱落,OCP 结构域分离,类胡萝卜素移位形成 $OCP^R$(1),$OCP^R$ 在黑暗中缓慢松弛为基本的 $OCP^O$ 形式。NTE 分离使位于 NTE 结合面的 FRP 二聚体能够通过 FRP 的头部结构域与 CTD 结合(2),在这里,通过使用 OCP-F299C 和 FRP-K102C 突变体捕获二硫化物直接证明了这一点,而单体 FRP 不能有效结合,可能是因为它缺乏适当的 α-螺旋构象。FRP 的二聚体界面不参与 OCP 的接触,并可能由于结合本身或复合物内的构象重排而减弱。然而,使用 FRP(3a)的第 2 个头部结构域,第 2 个 OCP 分子与 1∶2 复合物(2∶2 复合物)的瞬时假对称结合导致两个 OCP 分子(3b)之间的试探性冲突,这引发了 2∶2 复

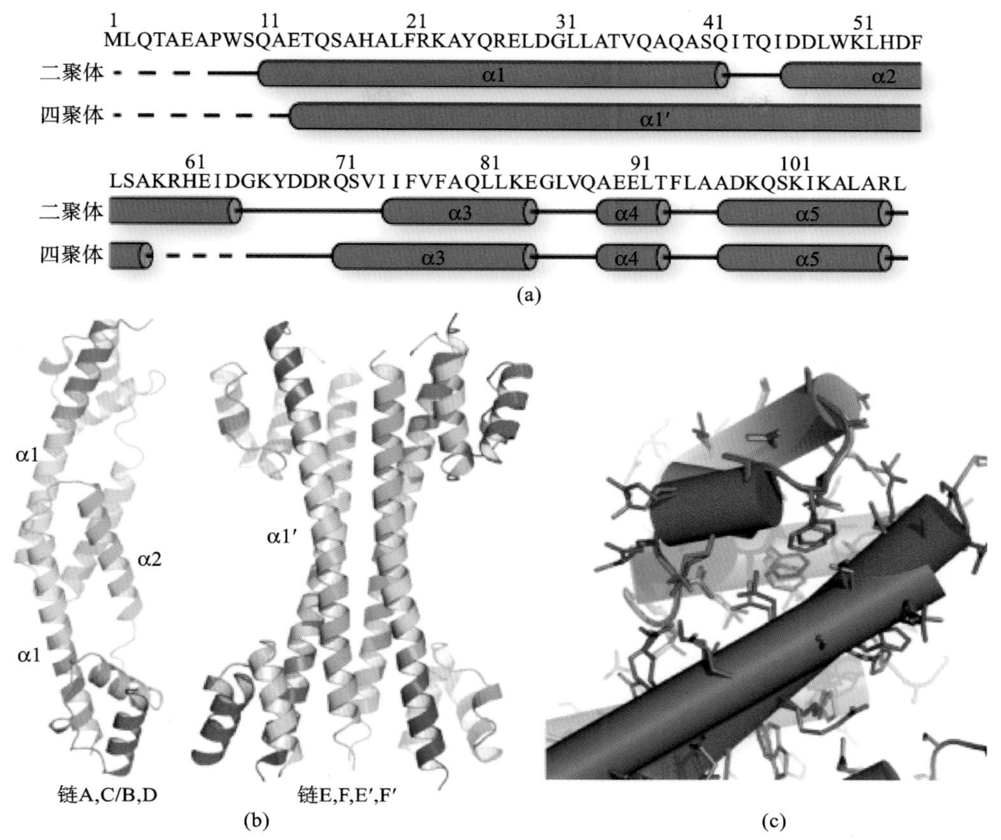


**图 4-29 FRP 的结构(Bao 等,2017)**

(a)聚球藻 6803 FRP 的二聚体和四聚体。红管表示 α-螺旋,虚线表示结构中无序的残基;(b)在晶体中观察到的 FRP 的二聚体和四聚体的卡通表示。从 N-末端到 C-末端,由蓝色到红色。(c)二聚体(红色,B 链)和四聚体(蓝色,F 链;灰色,E 链)头部结构域的排列说明了两种形式之间的头部结构域和茎部结构域相互作用的保守性)

合物分裂成 1∶1 亚复合物(4)。在形成 1∶1 或 1∶2 复合物时,FRP 辅助的 OCP 结构域的重组使得类胡萝卜素能够反向易位(5)。重新连接到 FRP 支架上的 OCP 结构域允许 NTE 促进结合的 FRP 的分离,并恢复基础 OCP 构象(6),为进一步的光活化做好准备。对野生型、可解性和恒定二聚体 FRP 变体的比较结果表明,FRP 的功能活性不是强制性的,但可以显著提高其效率,特别是在 $OCP^R$ 浓度升高的情况下。

这里确定的 FRP-FRP 和 FRP-OCP 分子界面和杂化复合物的拓扑结构不仅是理解蓝藻高光耐受性调控过程的关键,而且可能会激励未来光遗传系统的创新性发展,这些光遗传系统将光信号转化为蛋白质-蛋白质相互作用,以替代基于细菌和植物光色素、光氧电压(LOV)结构域蛋白和利用 FAD(BLUF)结构域蛋白的蓝光遗传系统。

目前,OCP 诱导的 PBS 荧光猝灭机制的性质仍然存在争议,但是 PBS 和光活化 OCP 之间的特异性蛋白质-蛋白质相互作用为激发能量供体和受体之间的相互作用提供了一个独特的环境。Maksimov 等(2019)对共振能量转移的 Förster 理论是否能解释即使在很小的光谱重叠处也能被 OCP 猝灭的 PBS,以及在模型系统中,OCP 与能量供体之间特异性蛋白质-蛋白质相互作用的缺失是否可以被更好的光谱重叠所补偿提出质疑,并通过化学交联的方法将藻类 R-PE 与蓝藻 OCP 进行杂交(图 4-31、图 4-32),结果发现,R-PE 的荧光寿命显著缩短,与 OCP 的光活化状态无关。从结构方面考虑,他们得出一个结论:Förster 共振能量转移(FRET)是一个可靠的模型,可能是蓝藻光保护机制的本质。

这一结论有几个结果,这些结果对于理解光保护机制具有重要的作用。首先,OCP 在任何状态下都是猝灭剂,如果类胡萝卜素足够接近,即使是通常被认为生理上不活跃的基础(暗适应)橙色状态也可以猝灭能量供体的荧光。这意味着要防止 PBS 被 OCP 猝灭,需要类胡萝卜素与核心中的特定 PCB 保

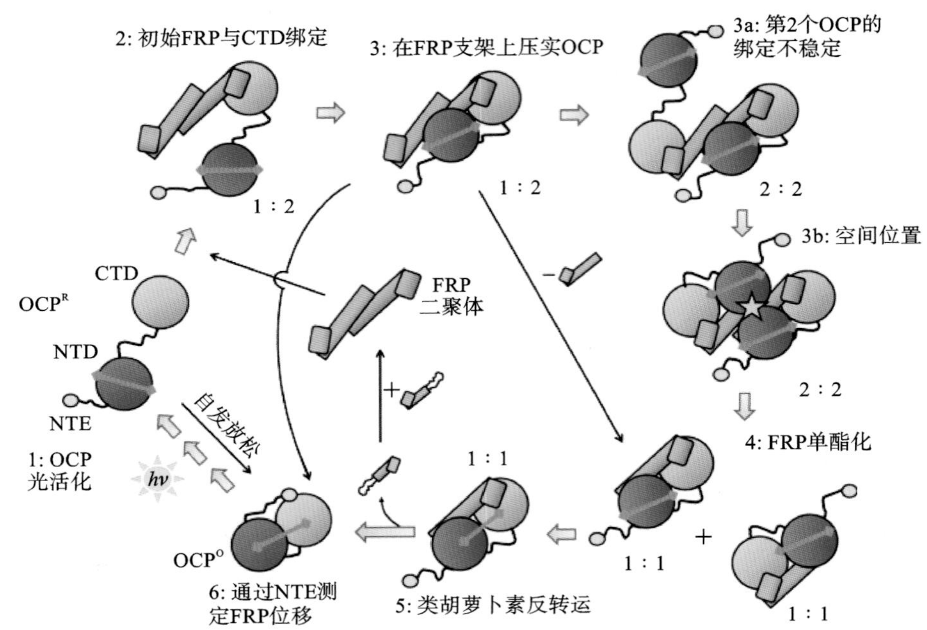


**图 4-30 FRP 终止 OCP 介导的蓝藻光保护机制(Sluchanko 等,2018)**

该过程的各个阶段从 1 到 6 编号。类胡萝卜素显示为橙色哑铃状。OCP 光活化用太阳符号表示。黄色圆圈表示 NTE。图中显示了 FRP 单体的部分展开,给出了 OCP 与 FRP 形成的杂化络合物的化学计量比。黄色星星表示化学计量比为 2∶2的两个结合的 OCP 分子之间的试探性碰撞,以破坏 OCP-FRP 复合物的稳定

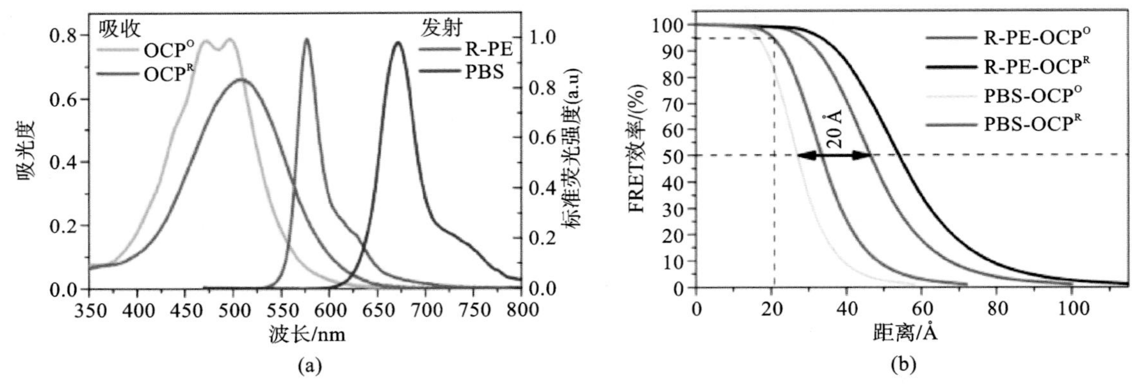


**图 4-31 不同光活化状态下的光谱对比图(Maksimov 等,2019)**

(a)橙色和红色 OCP 的吸收光谱以及 PBS 和 R-PE 的荧光光谱。利用供体发射和能量受体吸收之间的重叠积分值和相应的 Förster 半径作图;(b)计算的 FRET 效率依赖于能量供体和受体之间的距离。在所有情况下,过渡偶极子($k^2$)的取向都被认为是随机的

持至少 60 Å 的距离,为了保持高的光合作用效率,OCP 必须与其在 PBS 核中的结合位点完全分离。其次,由于 PBS-OCP 复合物中 PCB 与类胡萝卜素之间的距离很小,足以为任何形式的 OCP 提供有效的能量传递,因此橙色形式的能量从天线转移到 OCP,导致它的激发,这可能与 OCP 的直接光激发和形成与 PBS 核具有高亲和力的 $OCP^R$ 态类似。因此,在照明情况下,OCP 不能从 PBS 中分离,因为它被来自天线的能量传递不断激活,这证明 FRP 对于恢复全部天线容量是必要的。再次,虽然 OCP 中蛋白质与类胡萝卜素的关系影响其吸收,但蛋白质-蛋白质相互作用只决定了 OCP 与 PBS 形成特异性复合物的能力,而对类胡萝卜素的猝灭能力没有影响。最后,由于 OCP 可以通过 FRET 猝灭任何类型的能量供体,基于 OCP 的新型材料成像、传感或功能控制的人工光触发结构的开发必须将跃迁偶极子的距离、取向和光谱重叠作为决定能量转移效率的主要因素。

在蓝藻中,蓝光引起的 NPQ 是活性态 $OCP^R$ 与藻胆体核结合并发生相互作用的结果,但是由于藻

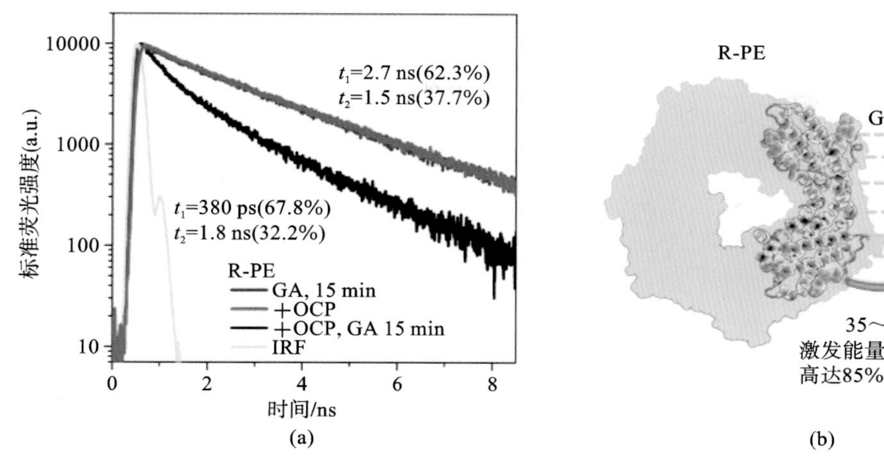

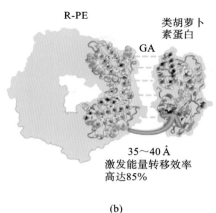

**图 4-32 R-PE 的荧光寿命对比图(Maksimov 等,2019)**

戊二醛(GA)交联前(红线)和交联后(黑色)R-PE 在 OCP 存在下的荧光衰减动力学。未添加 OCP 的 R-PE 与 GA 孵育的对照样品显示为蓝色。OCP 浓度为 8.3 μmol/L,R-PE 为 12.8 nmol/L,相当于每 1 个胆素中有 22 个类胡萝卜素;(b)由 GA 交联的 R-PE≡OCP 杂交物的示意图。根据 R-PE 荧光衰减快分量的变化和 R-PE 的发射光谱与 $OCP^O$ 吸收光谱的重叠,计算 R-PE 的激发能量转移效率和发色团与类胡萝卜素的对应距离

胆体核结构非常复杂,活性态 $OCP^R$ 与藻胆体核的具体结合位点目前还不清楚。ApcE 蛋白又称核膜连接蛋白($L_{CM}$),是藻胆体的另一个终端能量发射器,不仅在藻胆体终端能量传递过程中扮演着重要的角色,而且在维持藻胆体结构的完整性等方面有着不可替代的作用(彭盼盼,2017)。

在集胞藻 PCC 6803 中,ApcE 蛋白由 1～896 位氨基酸组成,其 N-末端是 PBS 的区域,可以结合 PCB 并参与藻胆体的组成,其 C-末端是类似于连接蛋白的 Rep 区域,在其 N-末端 PC 和其 C-末端的 Rep 之间是手臂序列。N-末端藻胆蛋白的区域中含有一个 loop 结构域(77～153 位),C-末端有 3 个重复序列(Rep):Rep1(250～400 位),Rep2(535～685 位)和 Rep3(715～860 位),每一个 Rep 参与组成藻胆体核的一个圆柱筒(cylinder)。在其 N-末端藻胆蛋白和其 C-末端的 Rep 之间有 4 个手臂序列(Arm):Arm1(241～249 位)是连接 N-末端藻胆蛋白和 Rep1 的序列,Arm2(401～534 位)是连接 Rep1 和 Rep2 的序列,Arm3(686～714 位)是连接 Rep2 和 Rep3 的序列,Arm4(861～896 位)是位于 Rep3 后的一段序列(彭盼盼,2017)。

彭盼盼(2017)根据 ApcE 结构域的特点,构建了三株集胞藻 PCC 6803 相应的缺失藻(Δ(*arm2*),Δ(*rep3*)和 Δ(*arm2*/*rep3*))与野生株集胞藻 PCC 6803(WT)对比,研究 ApcE 与 NPQ 及状态转换之间的关系。NPQ 的结果显示,Δ(*rep3*)、Δ(*arm2*/*rep3*)和 Δ(*arm2*)突变藻株与 WT 一样都存在荧光猝灭现象,并且它们发生的都是 NPQ,其中 Δ(*rep3*)和 Δ(*arm2*)的耐光性比 WT 稍强,而 Δ(*arm2*/*rep3*)突变藻株对光的耐受性要远远高于 WT。数据显示无论缺失 Rep3(此时藻胆体拥有两个圆柱筒),还是同时缺失 Arm2 和 Rep3,或者是 Arm2,藻细胞都仍然会有 NPQ,只是 NPQ 强度有所变化。关于状态转换的研究显示,WT 和 Δ(*rep3*)突变藻株都存在状态转换,而在 Δ(*arm2*)和Δ(*arm2*/*rep3*)突变藻株中,没有发现明显的状态转换的存在。根据这一实验结果,可得出结论:NPQ 与藻胆体核基部的两个圆柱筒有关,而与 Arm2 无关,在高强度蓝光下,活性 OCP 与藻胆体核基部的两个圆柱筒中的某一部分结合,通过相互作用来增加热耗散,保护光系统不受损伤。

类胡萝卜素在膜蛋白的 NPQ 过程中起着重要作用(Horton,1996)。不同类型的 LHCⅡ由不同的类胡萝卜素组成。菠菜中的 LHC CP29 结合了 3 个类胡萝卜素分子(Pan 等,2011)。豌豆中的 CP24 结合了 2 个叶黄素(xanthophyll)和 1 个 β 胡萝卜素,而 CP26 结合了 2 个叶黄素和一个新黄质(Su 等,2017)。叶黄素的组成可以改变能量传递的效率,因为这些色素具有光保护作用(Young 和 Frank,1996)。强光可以诱导形成三联体叶绿素($3Chl^*$)激发态,产生活性氧破坏光系统(Mozzo 等,2008;Ruban 和 Johnson,2010),而叶黄素可以阻止这种状态的形成。叶黄素是 $3Chl^*$ 最好的猝灭剂(Dall' Osto 等,2006);新黄质是超氧化物的优秀清洁剂;黄黄质和玉米黄质可以破坏 $^1O_2$(Dall' Osto 等,

2007)。此外,这些类胡萝卜素可以通过 NPQ 猝灭多余的能量,尽管分子机制尚有争议。有人提出,LHCⅡ是 NPQ 有效的结构基础(Goss 等,2007;Horton 等,2008),并认为 NPQ 应该是整个 PSⅡ-LHCⅡ的功能,而不是它的任何部分的作用(Goss 等,2015)。因此,NPQ 可以通过叶黄素组成、PBS 甚至质子梯度来调节超复合物的排列。

在植物和大多数绿藻中,NPQ 的激活机制可能不同(Ruban,2016),因为在植物的 NPQ 过程中发挥关键作用的一种重要蛋白 PSB 在绿藻中被另一种蛋白 Lhcsr 取代,与硅藻和褐藻中的情况相同(Bonente 等,2011;Grouneva 等,2008;Peers 等,2009)。关于 NPQ 的模型可以归纳为两种类型,一种是 LHCⅡ有四种不同的猝灭状态来完成 NPQ(Horton 和 Ruban,2004),另一种是在复合物中有两个猝灭位点,包括由主要 LHCⅡ组成的位点和由次要 LHCⅡ组成的位点(Holzwarth 等,2009)。

PBS 作为蓝藻天线复合体,它将吸收的光能传递给 PSⅡ,而多余的能量则通过 PBS 与 OCP 的相互作用而被非光化学猝灭。Krasilnikov 等(2020)利用 PBS-PSⅡ-OCP 超复合物的分子模型研究了 PBS 到 PSⅡ的共振能量转移,并用激子理论研究了 PBS 到 OCP 的转移,实验估算表明,从 PBS 到 PSⅡ的有效能量转移是由于存在从 PBS 的藻胆蛋白发色团到 PSⅡ的相邻触角叶绿素分子的几条传递途径。同时,光活化 OCP 与 PBS 的单一结合位点足以实现猝灭。

Krasilnikov 等(2020)研究发现从 PBS 到 PSⅡ的激发能量转移隐含了供体(PBS 的藻胆蛋白)-受体(PSⅡ的叶绿素)的关系,并计算了相应光谱的重叠积分。PBS 核的荧光发射光谱可以表示为峰值位置在 660 nm(APC660,图 4-33(a))和 680 nm(APC680,图 4-33(a))的两个光谱的线性组合。结果表明,这两个组分对 PBS 光谱的贡献大致相等。因此,能量可以从 APC660 和 APC680 转移到 PSⅡ,得到的 PSⅡ吸收光谱在 675 nm 波长处有典型的峰位(图 4-33(b))。将其与 APC680 和 APC660 的荧光发射光谱进行比较发现,在这两种情况下,它们的高度重叠是能量成功转移的基本前提之一。在每个 PBS 核基柱中,对应的 APC 三聚体(图 4-34)中的四个藻胆蛋白发色团靠近整个 PBS 的底表面(Chang 等,2015;Zlenko 等,2016;Zlenko 等,2017),可称它们为“底”藻胆蛋白(“bottom”PBS)。这些藻胆蛋白似乎最接近 PSⅡ及其叶绿素的细胞质一侧,由此产生的发色团为从 PBS 到 PSⅡ的能量转移创造了机会。

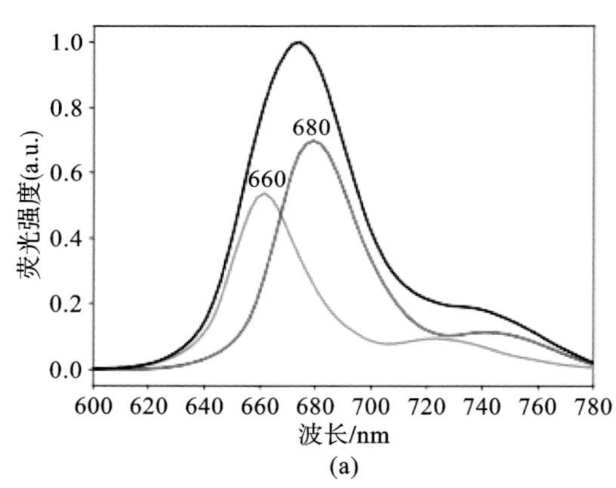


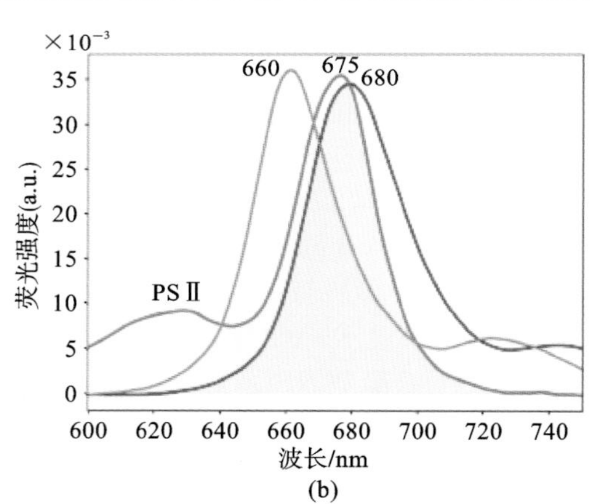


**图 4-33 PBS 核荧光发射光谱重叠积分图(Krasilnikov 等,2020)**

(a)PBS 核(黑线)的荧光发射光谱被解卷积成 APC660(大块 APC,蓝线)和 APC680(红线)的光谱;(b)APC660(蓝线)和 APC680(红线)的表面归一化荧光发射光谱,以及 PSⅡ的吸收光谱(绿线)。彩色填充区域表示光谱重叠:APC660/PSⅡ——蓝色区域,APC680/PSⅡ——红色区域

### 4.2.1.3 PE 的弱光保护机制

海洋水体内具有与陆地截然不同的光环境。光线通过海水表面时,红光等长波长的光在表层几米深的海水中就会被完全吸收,紫色波长的光虽然透射能力比红光强,但是很容易被水分子散射,不能透射到很深的海水中,所以深层海水中以蓝绿光为主(图 4-35)。另外,水体中的光照强度随水深的增加呈对数下降,在纯海水 100 m 深处,光照强度仅有水面的 7%。一般沉水的维管植物可以在 5~10 m 处生存,10 m 以下就很少有维管植物生长,而在水深 20 m 至一百多米的海水中,海洋蓝藻和红藻却可以生

存，这是因为海洋蓝藻和红藻在长期的历史时期，进化出一套可以在深水区高效捕获和传递光能的捕光天线，尤其是对深水中的短波光(蓝绿光)具有很高的捕获效率(Adir 等，2005；Glazer 等，1985)。

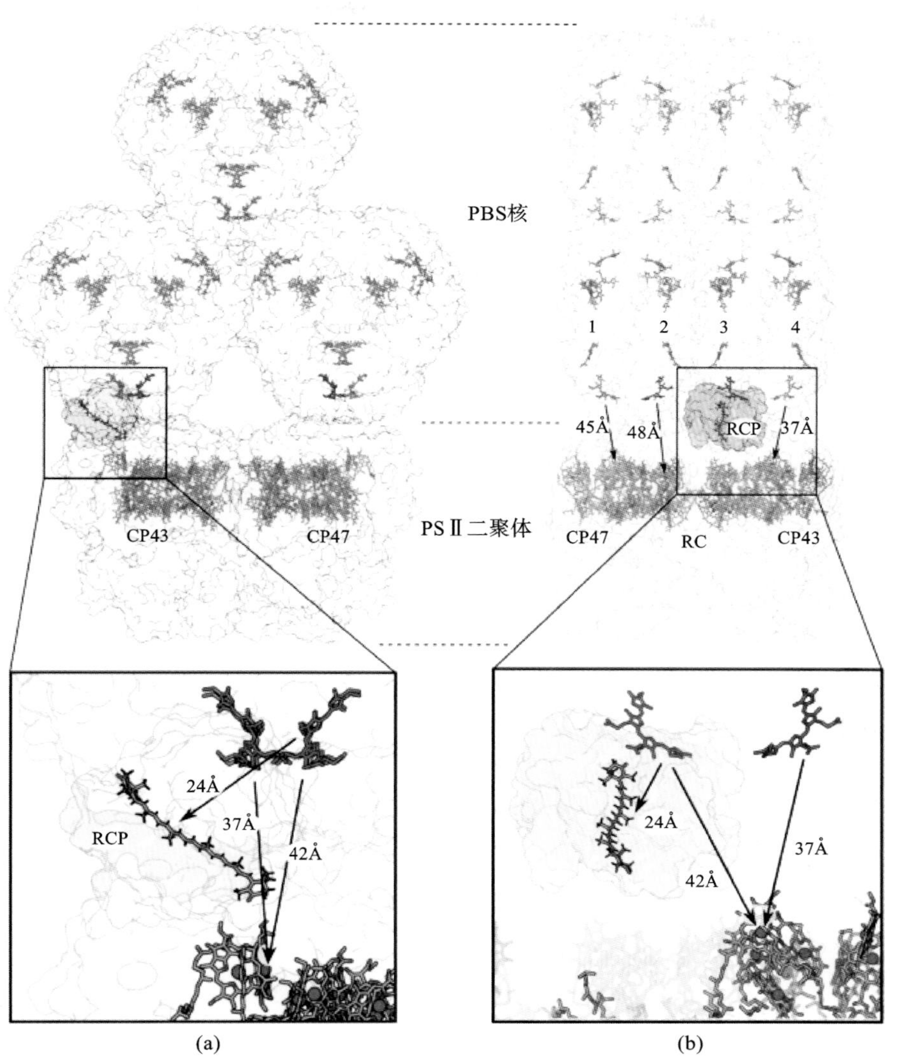


图 4-34　PBS-PSⅡ-RCP 超复合物的正面(a)和侧面(b)视图(Zlenko 等，2017)

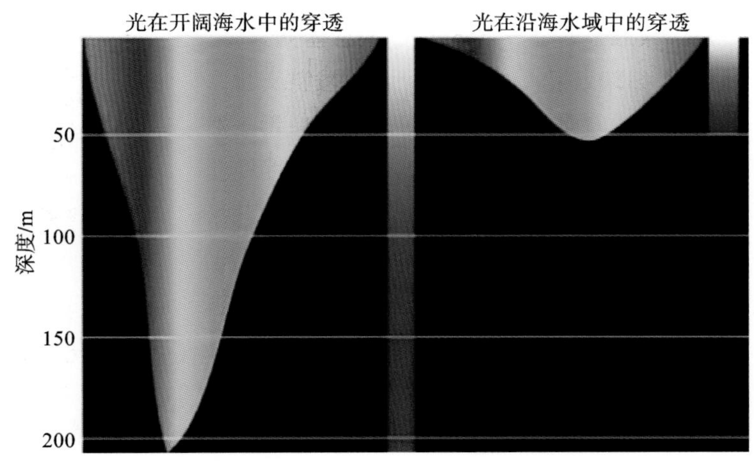


图 4-35　不同光质在海水内的传播特性

海洋蓝藻和红藻的捕光天线为藻胆体,与光敏色素共同构成蓝藻和红藻的捕光系统(Wagner 等,2005),其能量按照 PE→PC→APC→光反应中心的单一方向传递(图 4-36)。PBS 的能量传递机制一般认为是 FRET 模式,能量在藻胆蛋白之间以 90%以上的效率传递到光反应中心。在藻胆蛋白中,各种类型的捕光色素即藻胆素(一般包括四类,即 PCB、PEB、PUB、PVB,PUB 和 PVB 的存在使得藻胆蛋白可以更好地吸收蓝绿光)以共价键的形式结合在由藻胆蛋白 α 亚基和 β 亚基组成的(αβ)单体上(Zhao,2007;Shen,2008),单体再通过组装形成圆盘状的三聚体$(\alpha\beta)_3$ 或者六聚体$(\alpha\beta)_6$ 作为藻胆蛋白行使捕光功能的基本单位(Beale,1991)。藻胆体最外部的 PE 可以结合四种类型的藻胆素,还具有 γ 亚基,也可以结合藻胆素,这些特征使得蓝藻和红藻可以更好地适应海洋的光环境(Houmard,1990;de Marsac,1977)。PE 和 PC 组成的杆状结构作为藻胆体的最外围,与由 APC 组成的核状结构通过连接蛋白相连,最终将能量传递到 PSⅡ的反应中心。

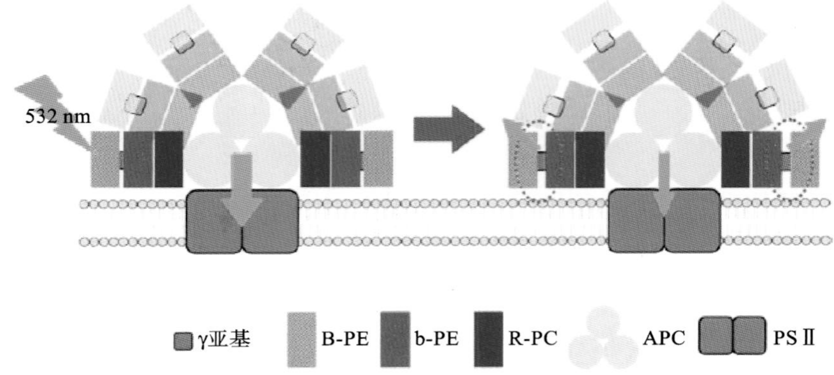


**图 4-36 PBS 的光诱导能量解偶图解模型(Wagner 等,2005)**

箭头表示在光漂白过程中的 PBS 荧光发射。虚线圈表示 PBS 内的潜在解偶位置

作为红藻和 PE 中特殊的亚基,γ 亚基在藻胆体(PBS)的光保护中也起着重要的作用。藻胆蛋白暴露在氧气环境中会导致单线态氧的产生,单线态氧可能会通过自激活的光氧化过程(被认为是破坏藻胆素)引起藻胆蛋白的漂白。研究发现,γ 亚基对强光和光氧化过程中产生的单线态氧尤为敏感,可能是光漂白过程中能量传递解偶联的主要原因,进而对藻胆体进行光保护(Liu 等,2008)(图 4-37)。

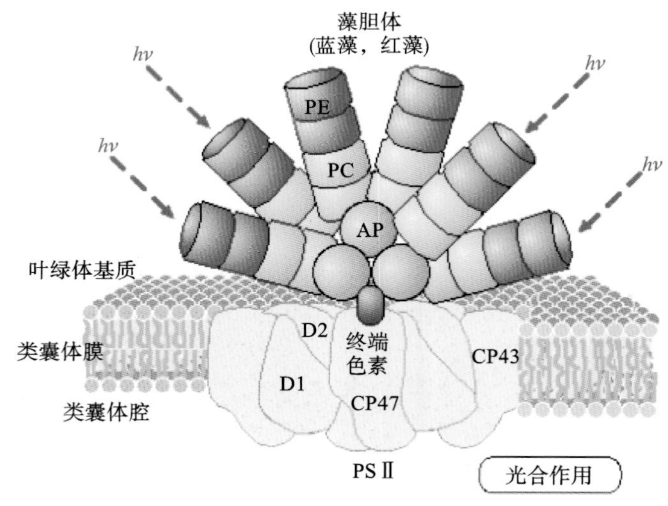


**图 4-37 藻胆体结构示意图**

作为 PBS 最外围的 PE 对蓝绿光区有很高的光能捕获能力,在长期的历史演化中,其在结构与功能上表现出丰富的多样性。PE 在蓝藻和红藻里类型多样(表 4-8),在海洋蓝藻和红藻中作为 PBS 的组成

部分存在。隐藻中也有特殊类型的 PE 用以捕获光能。但是隐藻的 PE 并不组成 PBS，而是直接位于类囊体的内腔中。此外，PE 还广泛分布在海洋原绿球藻中。正是因为 PE 和其他藻胆蛋白相比更具有多样性和特殊性，它成为研究海洋蓝藻和红藻对深水、弱光环境高度适应机制的独特的材料。

**表 4-8 常见不同类型 PE 的性质及藻胆素的分布**

| PE 类型 | 最大吸收波长/nm* | 色基数目以及所处氨基酸位置** | 分布 |
|---|---|---|---|
| B-PE | 498,545,565 | α/(2)PEB;β/(3)PEB;γ/(2)PEB(2)PUB | 红藻 |
| B-PE | 545,563 | α/(2)PEB;β/(3)PEB | 红藻 |
| CU-PE | 495,547,562 | α/(3)PEB;β/(3)PEB(1)PUB | 蓝藻 |
| C-PE | 540,560 | α/(2)PEB;β/(3～4)PEB | 蓝藻 |
| R-PE | 493～498,534～545,564～568 | α/(2)PEB;β/(2～3)PEB;γ1/(3)PEB(2)PUB;<br>γ2/(1～2)PEB(1)PUB | 红藻 |
| PE | 495,563,605 | α/(2)PEB;β/(1)PUB(1)PCB(1)PEB;<br>γ/(1)PUB(2)PEB | 红藻 |
| PEC | 535,570～575,590～595 | α/(1)PVB;β/(2)PCB | 蓝藻 |
| Cr-PE545 | 545 | α/(1)DBV***;β/(3)PEB | 隐藻 |

* 由于取材不同，同种 PE 在不同文献中报道的最大吸收波长略有差别(1～5 nm)。** "α/(1)PCB"表示在 α 亚基上结合一个 PCB，以此类推。*** DBV 为隐藻 PE 特有的藻胆素类型，最大吸收波长为 562 nm

根据目前的研究结果，所有 PE 基因来源于同一祖先，通过基因复制并分化形成了种类繁多的基因家族。但迄今为止，尚无一个成型的有关 PE 进化的理论来阐述是何种选择压力促使藻胆蛋白分化，又使得 PE 在漫长的进化过程中保持如此保守的结构？藻红蛋白又是如何通过自身进化来适应不同的海洋光照环境的？Qin 和 Zhao 等(2005;2006;2007)前期通过建立实验与计算相结合的研究手段，对 PE 的分子进化机制进行了初步研究。结果发现，低光适应型原绿球藻和海洋聚球藻的 PE 中正选择位点分布有着显著差异，提示两者的 PE 基因有着不同的进化模式；正选择位点多集中在 PE 的色基结合区域以及 XY 发卡结构处，这些结构域主要与 PE 的光能捕获、能量传递和结构组装有关。通过结合群体遗传学理论深入研究高光和低光适应型原绿球藻的 PE 基因系统发育、种内多态性和种间变异度，他们揭示了影响藻胆蛋白进化的潜在因素。

## 4.2.2 藻胆蛋白的非生物胁迫适应

### 4.2.2.1 光胁迫

**1. 紫外光胁迫**

蓝藻是原核生物的先驱生物，在水生和陆地生态系统中作为主要生产者发挥着重要作用(Häderet 等,2011)。固氮蓝藻在稻田碳氮经济适应中起着不可或缺的作用(Singh 等,2013)。太阳辐射主要包括红外线(700～3000 nm)、光合有效辐射(PAR,400～700 nm)和紫外线(UV,100～400 nm)辐射(图 4-38)。根据波长特性，紫外线分为紫外线 A(UVA,315～400 nm)、紫外线 B(UVB,280～315 nm)和紫外线 C(UVC,100～280 nm)。极小的紫外线辐射会影响照射到地球表面的总辐照度：UVC(0%)、UVB(<1%)和 UVA(<7%)。紫外线辐射具有高强度的能量，能够产生许多类型的自由基，例如超氧化物阴离子自由基、过氧化氢、氢过氧自由基、羟基自由基和次氯酸自由基，这些自由基会导致蛋白质、脂质和核酸等生物分子受到破坏(Halliwell 等,2007;Singh 等,2014;Kannaujiya 等,2014)。

UVB 辐射的持续增加会导致生物学上重要的蛋白质、核酸和其他相关分子发生变化，从而影响生物体内许多重要的生理和生化功能(Sinha 等,2002)。但是，在热带生态系统中，2008—2012 年间没有观察到臭氧层密度的显著变化(Bais 等,2015)。

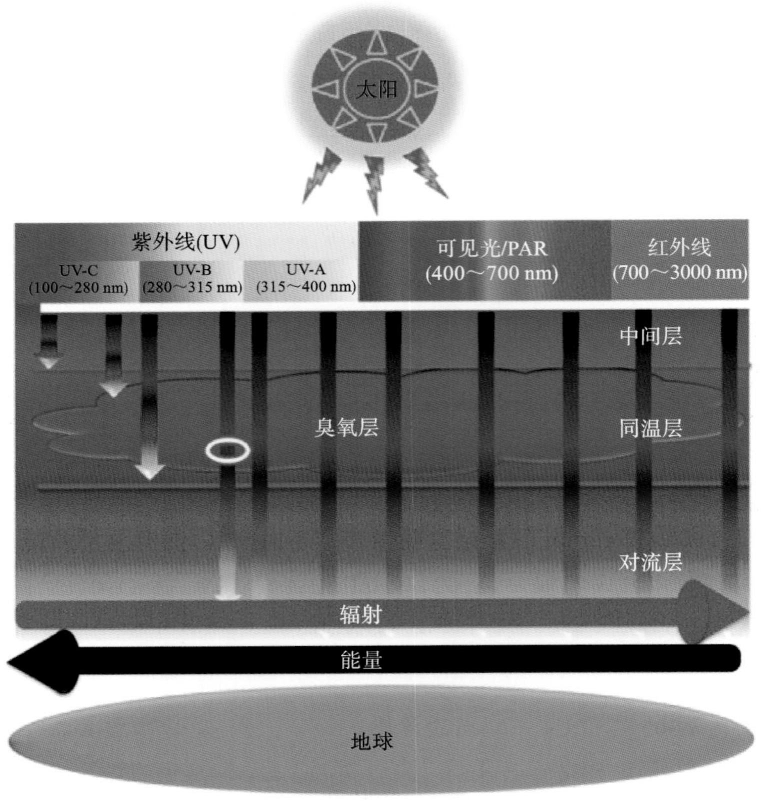


图 4-38 太阳光的电磁光谱

UVB 辐射会对蓝藻细胞及其光合装置造成各种破坏(Sinha 等,1995;He 等,2002;Unsal-Kacmaz 等,2002)。Gao 等(2007)记录了鱼腥藻 *Anabaena* sp. PCC 7120 及其他蓝藻在太阳光下的生长抑制现象。通过使用 ROS 敏感探针 2′,7′-二氯二氢荧光素二乙酸酯(DCFH-DA),研究者发现,UVB 辐射可诱导产生 ROS(Rastogi 等,2010)。UVB 辐射通过光动力作用诱导 ROS 的产生,并通过在光合作用过程中破坏受体位点或与电子传输链相关的酶来抑制电子(He 等,2002)。Döhler(1986)报道可以通过 UVB 辐射抑制蓝藻的生长并将其杀死。光合作用色素的任何损害都会严重影响光合作用过程。在 UVB 照射下,富含 PE 的念珠藻 *Nostoc* sp. 与富含 PC 的菌株相比,具有更强的耐受性(Tyagi 等,1992)。Döhler(1986)曾报道过 UVB 对光合色素的漂白作用。UVB 照射后,其光合活性(Fv/Fm),细胞总糖类、胞外多糖(EPS)和蔗糖产量显著降低,而 ROS、丙二醛(MDA)的产量和 DNA 链断裂显著增加(Chen 等,2008)。这种辐射诱导的遗传变化可导致 DNA 损伤和蛋白质含量发生变化(Zhou 等,2009)。

UVB 辐射对淡水蓝藻有显著影响(Sinha 等,1995;Rajagopal 等,1998;Rinalducci 等,2006;Six 等,2007)。据报道,紫外线辐射会影响藻胆蛋白的锚定接头多肽(Sinha 等,1995;Sah 等,1998;Kannaujiya 等,2015)。据 Pandey 等(1997)的研究,高强度的 UVB 辐射加速了聚球藻 PCC 7942 中连接蛋白或锚定多肽的损伤;Sah 等(1998)发现,低剂量的 UVB 辐射改变了聚球藻 *Synechococcus* sp. 中蛋白质和色素之间的锚定多肽(75 kDa);Rajagopal 等(1998)也报道了 UVB 照射后,螺旋藻 *Spirulina platensis* 藻胆蛋白中的锚定多肽发生了改变。长时间紫外线照射后,PSⅡ光抑制和(或)$L_{CM}$降解会导致 PBS 与类囊体膜断开,使一些$(\alpha^{PEII}\beta^{PEII})_6$-MpeC 和$(\alpha^{PEII}\beta^{PEII})_6$-MpeE 复合物从整个结构中释放出来(图 4-39)(Six 等,2007)。另外,Kulandaivelu 等(1989)已经证明,暴露于 UVB 下会抑制氧气的释放,通过能量传递的部分偶联能够干扰聚球藻 *Synechococcus* sp. 中藻胆蛋白的光谱特性。Six 等(2007)发现,不同时间长度的紫外线辐射会对聚球藻 *Synechococcus* sp. WH 8102 中藻胆蛋白和色素的荧光特性产生不同的影响(图 4-40)。在一定的紫外线辐射时间内,随着辐射时间的延长,PC 和 PE 的荧光强度增强,但是长时间的紫外线辐射会使 PC 的荧光猝灭。研究表明,高强度的 PAR 和紫外线辐射会降低藻胆蛋白的荧光性质(Rastogi 等,2015;Kannaujiya 等,2017)。

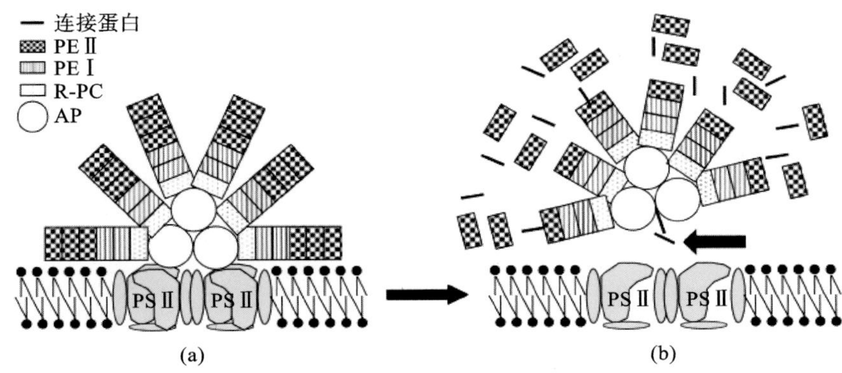


**图 4-39 紫外线对聚球藻 *Synechococcus* sp. WH 8102 中 PBS 影响的示意图(Six 等,2007)**

(a)初始条件;(b)紫外线胁迫情况(300 min)

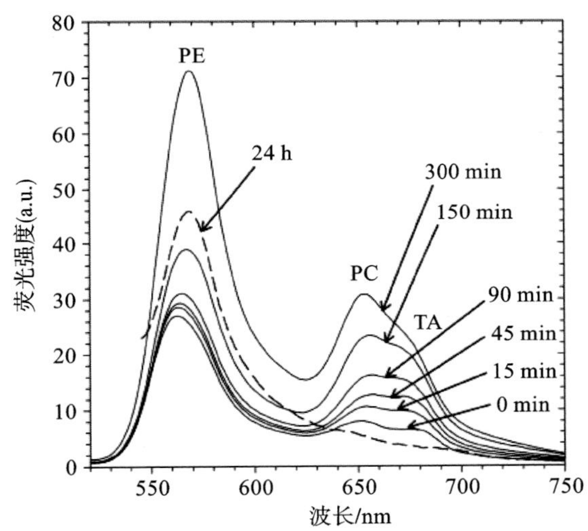


**图 4-40 聚球藻 *Synechococcus* sp. WH 8102 的体内荧光发射光谱(Six 等,2007)**

在 0、15、45、90、150、300 min 和 24 h 的紫外线照射后,以 495 nm 波长(PUB 最大值)激发,聚球藻 *Synechococcus* sp. WH 8102 的体内荧光发射光谱变化,显示 PE、PC 和末端受体(TA)的发射荧光峰值

Rajneesh 等(2019)对两株蓝藻(图 4-41)(从温泉中分离的念珠藻 *Nostoc* sp. strain HKAR-2 和从稻田中分离的弗氏双虹藻 *Fischerella* sp. strain HKAR-13)在紫外线胁迫下进化出的两种生存机制进行研究,试图阐明紫外线辐射对这两种蓝藻的色素沉着、PC 含量、紫外线保护色素——伪枝藻素的诱导、PSⅡ活性、抗氧化酶(SOD 和 CAT)的诱导、活性氧(ROS)的产生、DNA 链断裂和脂质过氧化的影响。蓝藻细胞的叶绿素 a、总胡萝卜素及 PC 含量随 PAR、PA(PAR+UVA)、PB(PAR+UVB)和 PAB(PAR+UVA+UVB)暴露时间延长而变化,如图 4-42、图 4-43 所示。随着 PA、PB 和 PAB 暴露时间的延长,蓝藻细胞叶绿素 a 含量下降;在不同的处理中,两种蓝藻的总胡萝卜素含量最初都是增高的,然后随着暴露时间的延长而降低;各处理组 PC 含量均显著降低。

**2. 其他光胁迫**

除了紫外线辐射外,光照强度也会影响蓝藻中藻胆蛋白的组成。不同光照强度下的生长差异表明,25 μmol/(m$^2$ · s)是螺旋藻 *Spirulina* sp.(Tomasseli 等,1995;Tomasseli 等,1997)、聚球藻 *Synechococcus* NKBG 042902(Takano 等,1995)和集胞藻 *Synechocystis*(Hong 等,2008)生长的最佳光照强度。但是,

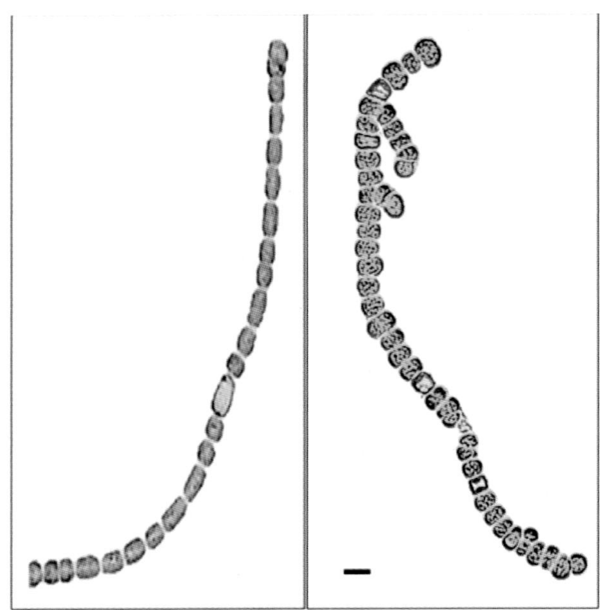

念珠藻 *Nostoc* sp. strain HKAR-2　弗氏双虹藻 *Fischerella* sp. strain HKAR-13

**图 4-41　念珠藻 *Nostoc* sp. strain HKAR-2 和弗氏双虹藻 *Fischerella* sp. strain HKAR-13 的显微照片（Rajneesh 等，2019）**

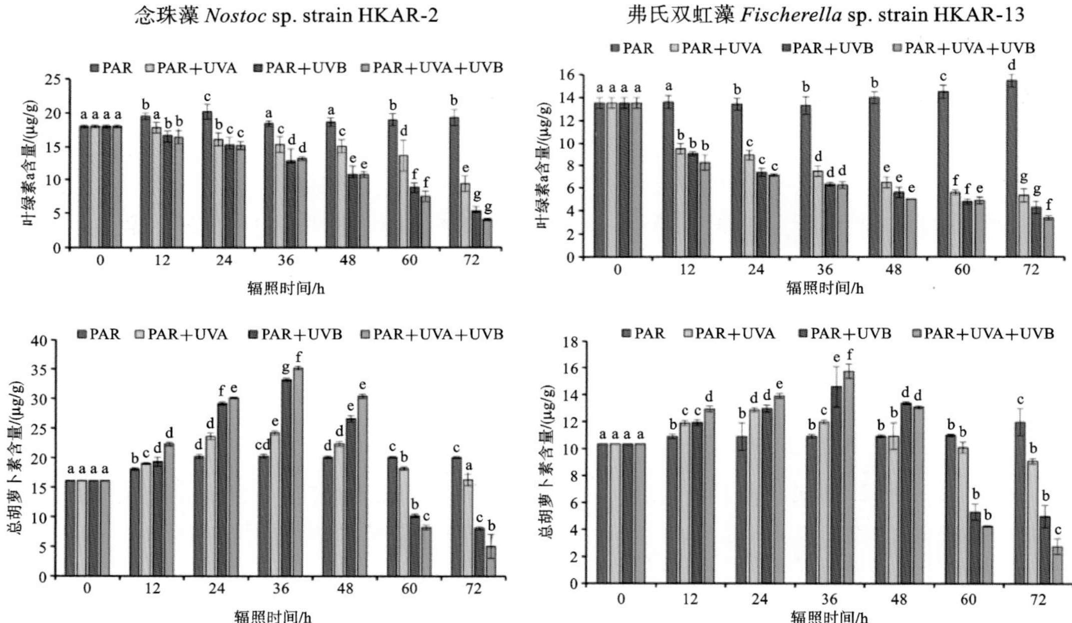


**图 4-42　两种蓝藻细胞的叶绿素 a 和总胡萝卜素含量量随 PAR、PA（PAR＋UVA）、PB（PAR＋UVB）和 PAB（PAR＋UVA＋UVB）暴露时间的变化（Rajneesh 等，2019）**

在念珠藻 *Nostoc* UAM 206（Poza-Carrion 等，2001）和一种念珠藻 *Nostoc muscorum*（Ranjitha 等，2005）中，将光照强度降低 50%（12.5 μmol/（$m^2$ · s））之后，生长状态最佳。有趣的是，由于维持光系统时的能耗最小，因此在弱光条件下，藻胆蛋白中的 Bilin 蛋白受到的刺激更大（Grossman 等，1993）。真核红藻需要更高的辐照度才能生长发育，例如细基江蓠 *Gracilaria tenuistipitata*（Carnicas 等，1999）的最佳光照强度为 40 μmol/（$m^2$ · s），旋体藻 *Audouinella*、串珠藻 *Batrachospermum* 和弯枝藻 *Compsopogon* 则在 65 μmol/（$m^2$ · s）的光照强度下生长状况最佳。某些蓝藻（如一种蓝藻 *Arthronema africanum*）需

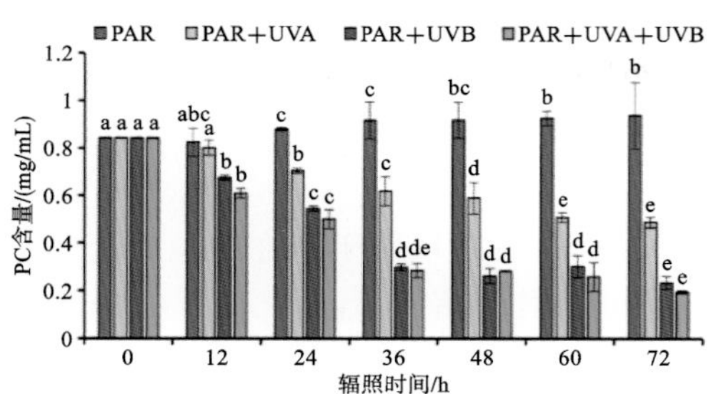


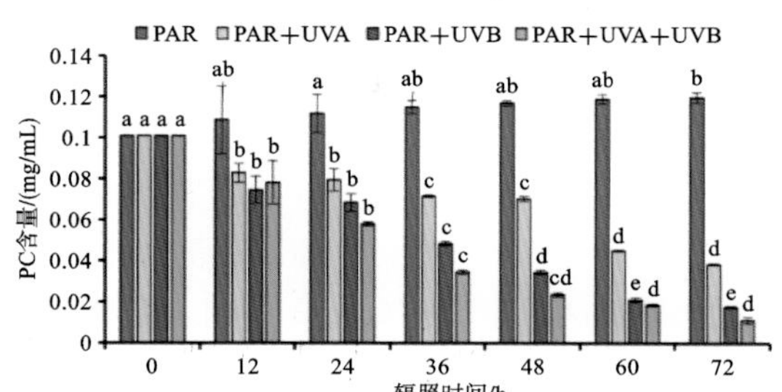


**图 4-43 两种蓝藻细胞的 PC 含量随 PAR、PA(PAR+UVA)、PB(PAR+UVB)和 PAB(PAR+UVA+UVB)暴露时间的变化(Rajneesh 等,2019)**

要高达 150 μmol/($m^2$·s)的光照强度才能实现藻胆蛋白的最佳生产(Chaneva 等,2007)。

最佳的光照强度可以提高某些蓝藻中藻胆蛋白的生产率。据报道,红光可能会影响蓝藻的生长并刺激组囊藻 *Anacystis nidulans*(Lonneborg 等,1985)、丝状蓝藻 *Calotrix* 7601(Liotenberg 等,1996)、念珠藻 *Nostoc* UAM 206(Poza-Carrion 等,2001)、一种念珠藻 *Nostoc muscorum*(Ranjitha 等,2005)和聚球藻 *Synechococcus*(Takano 等,1995)中 PC 的生产。蓝光谱的波长对红藻中 PE 的合成具有刺激作用,如一种蔷薇藻 *Rhodella reticulata*(Mihova 等,1996)、一种紫菜 *Porphyra leucosticta*(Tsekos 等,2002)、爱尔兰苔 *Chondrus crispus*(Franklin 等,2002)和一种海膜 *Halymenia floresii*(Godinez-Ortega 等,2008)。光在明暗周期内的动态波动或节律性变化会改变光合作用过程中辅助光捕获的能力(Kono 等,2014)。

#### 4.2.2.2 温度胁迫

温度是生物体生理、生化和代谢过程中最基本的生理性影响因素。不同生物体的生存能力、生长能力以及压力耐受力,受温度的影响而不同。温度的突然波动可能会对生物的生长和发育产生负面影响。在水生系统中,高温降低了游离氧的利用率,而游离氧可能是光合作用中的主要胁迫(Brock,1978)。Hemlata 和 Fatma(2009)发现在鱼腥藻 *Anabaena* NCCU-9 中合成藻胆蛋白的最佳温度约为 30 ℃(表 4-9)。同时,最佳温度(30 ℃)的改变可能会使藻胆蛋白的最佳收率显著降低。此外,其他报道显示一种蓝藻 *Arthronema africanum*(Chaneva 等,2007)和聚球藻(Sakamoto 等,1998)合成藻胆蛋白的最佳温度分别为 36 ℃和 37 ℃。暴露于较高温度下,聚球藻 PCC 7942 菌株将产生 HspA 小热激蛋白,该蛋白与藻胆蛋白中的 PC 相互作用并通过热变性来抑制藻胆蛋白功能特性的失活(Nakamoto 等,2006)。

**表 4-9 温度对鱼腥藻 *Anabaena* NCCU-9 中藻胆蛋白总量的影响(Hemlata 和 Fatma,2009)**

| 温度/℃ | 藻胆蛋白总量/(mg/g) |
|---|---|
| 20 | 97.01*** |
| 25 | 106.13*** |
| 30 | 127.02*** |
| 35 | 105.30*** |
| 40 | 78.64*** |

*** 表示 $P<0.0001$

#### 4.2.2.3 氮胁迫

营养浓度的变化可以深刻地影响聚球藻 *Synechococcus* spp. 中 PBS 的组成(Richaud 等,2001)。氮源的有效性与聚球藻 *Synechococcus* spp. 藻胆体中最丰富的 PC 的氮源储存作用有关(de Marsac 和 Houmard,1993;Richaud 等,2001)。氮的化学形式对 PBS 组成的影响也已经得到证明。Litenberg 等

(1996)发现了丝状蓝藻 *Chalotrix* sp. 依赖 $NO_3^-$ 和 $NH_4^+$ 的生长均可通过 mRNA 介导的机制引起 PC/PE 值的改变,这与经典的补色适应非常相似。同时,氮源会影响藻胆蛋白合成的能量需求。Raven(1984)计算得出,当氮以 $NH_4^+$ 形式存在时,产生 1 mol 的 APC、PC 和 PE 分别需要 7040、5970 和 2802 mol 光子,而产生 1 mol 由叶绿素 a、叶绿素 b、类胡萝卜素及脂质双分子层制成的整体天线,只需要 1697 mol 光子;当氮以 $NO_3^-$ 形式存在时,建造整个天线的能源成本高出 43%~45%。Raven(1984)还指出,1 mol 蓝藻发色团含有比 1 mol 绿藻发色团多 2.6~6.9 倍的氮(取决于存在的藻胆蛋白的类型和数量)。因此,在蓝藻和红藻中,光合作用与氮代谢之间的联系尤其紧密。

Ruan 和 Giordano 等(2017;2018)对氮源限制(N 限制)和能源限制(E 限制)的聚球藻 UTEX LB 2380 在 $NO_3^-$ 或 $NH_4^+$ 存在下培养的生长速度、干重、细胞体积、色素和蛋白质(叶绿素 a、PC、PE、APC)含量进行了计算及汇总(表 4-10)。从表 4-10 中可以看出:对 N 限制细胞和 E 限制细胞的藻胆蛋白含量进行比较,结果显示 N 限制细胞内的藻胆蛋白含量低于 E 限制细胞内的含量,其中 APC 是差异最大的藻胆蛋白,其次是 PC 和 PE。这与细胞内的藻胆蛋白的配额主要受氮有效性限制的事实相吻合。在藻胆蛋白存在的情况下,1 mol APC 含 197.1 mol 的氮,1 mol PC 含 166.4 mol 的氮,1 mol PE 含 75.3 mol 的氮(Raven,1984)。因此,富含氮的藻胆蛋白的选择性丢失是由 N 限制细胞实现的。

**表 4-10　N 限制和 E 限制的聚球藻 UTEX LB 2380 在 $NO_3^-$ 或 $NH_4^+$ 存在下培养的生长速度、干重、细胞体积、色素和蛋白质含量(Ruan 等,2018)**

| 参　数 | N 限制细胞 | | E 限制细胞 | |
|---|---|---|---|---|
| | $NO_3^-$ | $NH_4^+$ | $NO_3^-$ | $NH_4^+$ |
| 生长速度/d | 0.45$^a$(0.02) | 0.47$^a$(0.02) | 0.89$^b$(0.02) | 1.10$^c$(0.03) |
| 干重/pg | 1.24$^a$(0.13) | 1.02$^a$(0.20) | 2.34$^b$(0.12) | 2.95$^c$(0.21) |
| 细胞体积/$\mu m^3$ | 5.37$^a$(0.12) | 5.02$^b$(0.08) | 7.27$^c$(0.26) | 8.82$^d$(0.09) |
| 蛋白质/fg | 762$^a$(138) | 844$^a$(176) | 1537$^b$(180) | 1953$^c$(255) |
| 叶绿素 a 含量/fg | 15.1$^a$(1.04) | 7.98$^b$(1.42) | 24.7$^c$(6.60) | 39.0$^d$(8.20) |
| PC 含量/fg | 11.7$^a$(2.19) | 7.11$^b$(1.29) | 125$^c$(25.9) | 189$^d$(18.4) |
| APC 含量/fg | 2.26$^a$(0.68) | 0.87$^b$(0.22) | 56.9$^c$(5.26) | 93.5$^d$(8.20) |
| PE 含量/fg | 4.61$^a$(1.11) | 4.10$^a$(0.41) | 19.1$^b$(1.33) | 12.2$^c$(3.20) |
| PC/APC | 5.34$^a$(0.75) | 8.25$^b$(0.74) | 2.18$^c$(0.26) | 2.02$^c$(0.04) |
| PC/PE | 2.57$^a$(0.33) | 1.77$^a$(0.50) | 6.59$^b$(1.68) | 16.0$^c$(3.67) |
| PE/APC | 2.10$^a$(0.37) | 4.98$^b$(1.79) | 0.34$^c$(0.04) | 0.13$^d$(0.04) |

平均数和标准差是由至少三个独立的变量计算出来的;上标中的不同字母表示在所有处理(在不同的 N 限制和 E 限制细胞之间)中所得数据的显著性($P<0.05$)

Ruan 等(2018)发现,藻类的生长方式(N 限制或者 E 限制)和氮素形态对 PC 或 PE 吸收并输送到 PSⅡ的能量的相对贡献有显著影响(图 4-44)。当细胞受到 E 限制时,PE 的相对贡献率明显高于 N 限制细胞:在 $NO_3^-$ 存在下生长的细胞中,E 限制条件下 PE 的能量传递是 N 限制条件下的 1.6 倍;在 $NH_4^+$ 存在下生长的细胞中,E 限制条件下 PE 的能量传递是 N 限制细胞的 2.5 倍。

同时,Ruan 等(2018)对 N 限制的聚球藻 UTEX LB 2380 在 $NO_3^-$ 或 $NH_4^+$ 存在下合成藻胆蛋白所需要的光子量(表 4-11)及藻胆蛋白中的含氮量(表 4-12)进行了计算和汇总。从表 4-11 中可以看出,在 E 限制细胞中,合成 APC、PC 和 PE 的能量投入明显高于 N 限制细胞。从表 4-12 中可以看出,就含氮量而言,E 限制细胞的含氮量远远高于 N 限制细胞的含氮量;在 N 限制细胞中,在 $NO_3^-$ 存在下培养的 APC 和 PC 分配到的氮量要多于在 $NH_4^+$ 培养环境下,而 PE 的含氮量在两种氮培养形势下相差不大。在 E 限制细胞中,$NH_4^+$ 存在下培养的细胞中分配给 PC 和 APC 的氮量明显较多;在 $NO_3^-$ 存在下培养的细胞中,仅 PE 构成了更大的氮储存库。

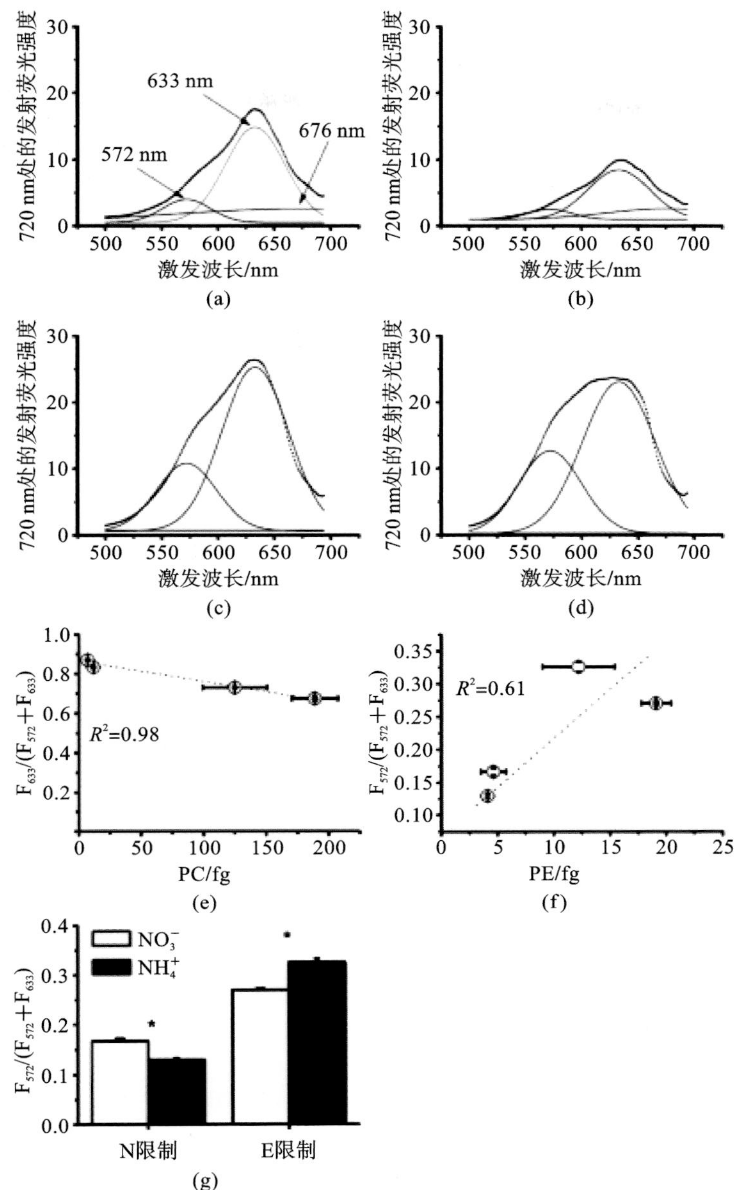


**图 4-44　N 限制和 E 限制的聚球藻 UTEX LB 2380 在 $NO_3^-$ 或 $NH_4^+$ 存在下的光合作用贡献(Ruan 等,2018)**

(a)～(d)描绘了聚球藻 UTEX LB 2380 在 730 nm 发射波长下的典型荧光激发光谱:(a)N 限制,$NO_3^-$;(b)N 限制,$NH_4^+$;(c)E 限制,$NO_3^-$;(d)E 限制,$NH_4^+$;在 730 nm 处的发射被认为对应于藻胆蛋白向叶绿素的能量转移,从而对应于藻胆蛋白对氧气释放的贡献。(e)和(f)显示了 PC 和 PE 作为细胞生长速度的相对贡献。(g)显示了 PE 相对于 PC 对光合作用的贡献。位于 730、572、633 和 676 nm 峰的荧光发射分别代表 PE、PC 和叶绿素 a 的荧光发射

**表 4-11　N 限制和 E 限制的聚球藻 UTEX LB 2380 在 $NO_3^-$ 或 $NH_4^+$ 存在下合成藻胆蛋白所需的光子量(Ruan 等,2018)**

| 藻胆蛋白 | N 限制细胞 | | E 限制细胞 | |
|---|---|---|---|---|
| | $NO_3^-$ | $NH_4^+$ | $NO_3^-$ | $NH_4^+$ |
| PC/fmol | $2.61^a$(0.49) | $1.11^b$(0.20) | $27.8^c$(5.76) | $29.4^c$(2.86) |
| APC/fmol | $1.18^a$(0.36) | $0.32^b$(0.08) | $29.8^c$(2.75) | $33.8^d$(2.97) |
| PE/fmol | $2.24^a$(0.54) | $1.37^a$(0.14) | $9.30^b$(0.65) | $4.09^c$(1.08) |
| PBP/fmol | $6.03^a$(1.33) | $2.80^b$(0.15) | $66.8^c$(8.08) | $67.3^c$(6.04) |

表 4-12 N 限制和 E 限制的聚球藻 UTEX LB 2380 在 $NO_3^-$ 或 $NH_4^+$ 存在下藻胆蛋白中的含氮量(Ruan 等,2018)

| 藻胆蛋白 | N 限制细胞 | | E 限制细胞 | |
|---|---|---|---|---|
| | $NO_3^-$ | $NH_4^+$ | $NO_3^-$ | $NH_4^+$ |
| PC/fmol | $1.95^a(0.36)$ | $1.18^b(0.21)$ | $20.8^c(4.31)$ | $31.4^d(3.06)$ |
| APC/fmol | $0.45^a(0.14)$ | $0.17^b(0.04)$ | $11.2^c(1.04)$ | $18.4^d(1.62)$ |
| PE/fmol | $0.35^a(0.08)$ | $0.31^a(0.03)$ | $1.44^b(0.10)$ | $0.92^c(0.24)$ |
| PBP/fmol | $2.74^a(0.57)$ | $1.66^b(0.23)$ | $33.4^C(5.24)$ | $50.8^d(4.71)$ |

综上,Ruan 等(2018)对 $NO_3^-$ 或 $NH_4^+$ 存在下,N 限制和 E 限制对 PBS 组成和光合作用的影响作用的研究表明,N 限制细胞调整了它们的 PBS 天线以对氮进行最小化的利用,而 E 限制细胞由一种专为缓解能量缺乏而定制的 PBS 组成。在这两种限制条件下,氮源都与色素成分有关。在 N 限制条件下生长时,过量的能量管理可能成为降低光抑制和氧化胁迫风险的重要因素;当 $NO_3^-$ 还原所形成的电子流不存在时,细胞倾向于降低藻胆蛋白的含量,这可能是为了最小化 PSⅡ触角的尺寸和减少激发。当能量有限时,为 $NH_4^+$ 培养细胞的氮同化而节省的能量被投入天线色素中,以允许更高的能量输入。N 限制细胞的色素含量较 E 限制细胞的色素含量低,这可能反映了节约氮的需要。

#### 4.2.2.4 盐胁迫

维持盐浓度对于正常的细胞功能、离子调节、膜电位、渗透平衡和代谢活性至关重要。盐度已对全世界 19.5%的灌溉农田造成不利影响,并严重威胁作物的生产力(Pandhal 等,2008)。在集胞藻 *Synechocystis* PCC 6803 和超嗜盐杆菌 *Euhalothece* sp. 等耐盐蓝藻中,盐诱导的作用已经得到了广泛的研究(Jeanjean 等,1993;Huang 等,2006;Pandhal 等,2009)。蓝藻中藻胆蛋白的组成和功能会根据胁迫条件而发生变化(Grossman 等,1993)。盐胁迫主要会降低 PC 的浓度,从而可能导致藻胆蛋白与 PSⅡ之间的能量转移中断(Schubert 等,1990;Schubert 等,1993;Lu 等,1999;Lu 等,2002)。Hemlata 等(2009)的研究表明,与未处理的样品相比,在最低盐浓度(10 mmol/L)下,鱼腥藻 *Anabaena* NCCU-9 中藻胆蛋白的含量增加,随着盐浓度的进一步增加,其增长速度逐渐下降。盐浓度的增加可能会增加钠离子的离子运动,并且诱导藻胆蛋白分离,进而抑制藻胆蛋白与 PSⅡ之间的能量转移反应(Verma 等,2000;Rafiqul 等,2003)。Rezayian 等(2019)对椭孢念珠藻 *Nostoc ellipsosporum* 和池生念珠藻 *Nostoc piscinale* 在不同生长阶段对不同浓度的盐胁迫的响应进行了研究。研究发现,在盐处理下,椭孢念珠藻 *N. ellipsosporum* 和池生念珠藻 *N. piscinale* 的 PC、APC、PE 及总藻胆蛋白的含量均增加(图4-45、图 4-46),椭孢念珠藻 *N. ellipsosporum* 的 PBS(PE+PC/AP)增大(图 4-47);椭孢念珠藻 *N. ellipsosporum* 相较池生念珠藻 *N. piscinale* 具有较强的抗盐胁迫能力,能够在高盐条件下生长。在盐胁迫下,藻胆蛋白和一些抗氧化酶的积累可能有助于保护藻类免受氧化损伤,而椭孢念珠藻 *N. ellipsosporum* 增加 PBS 的大小可以被认为是促进从天线色素到光系统反应中心的光能转移的一种适应机制。椭孢念珠藻 *N. ellipsosporum* 相较椭孢念珠藻 *N. piscinale* 具有较强的抗盐胁迫能力,可能

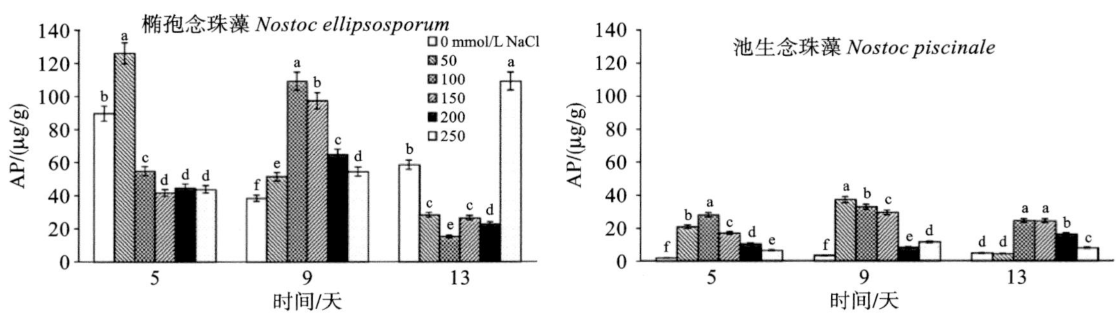


图 4-45 三个采收期(第 5、9、13 天)不同盐浓度下椭孢念珠藻 *Nostoc ellipsosporum* 和池生念珠藻 *Nostoc piscinale* 中 APC 及 PC 的变化(Rezayian 等,2019)

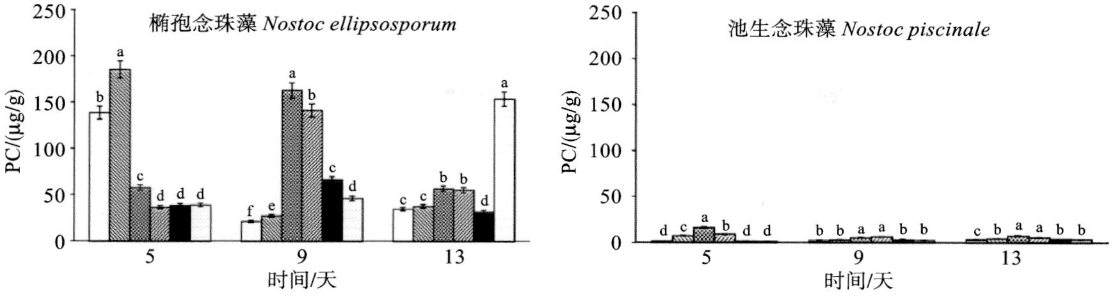

续图 4-45

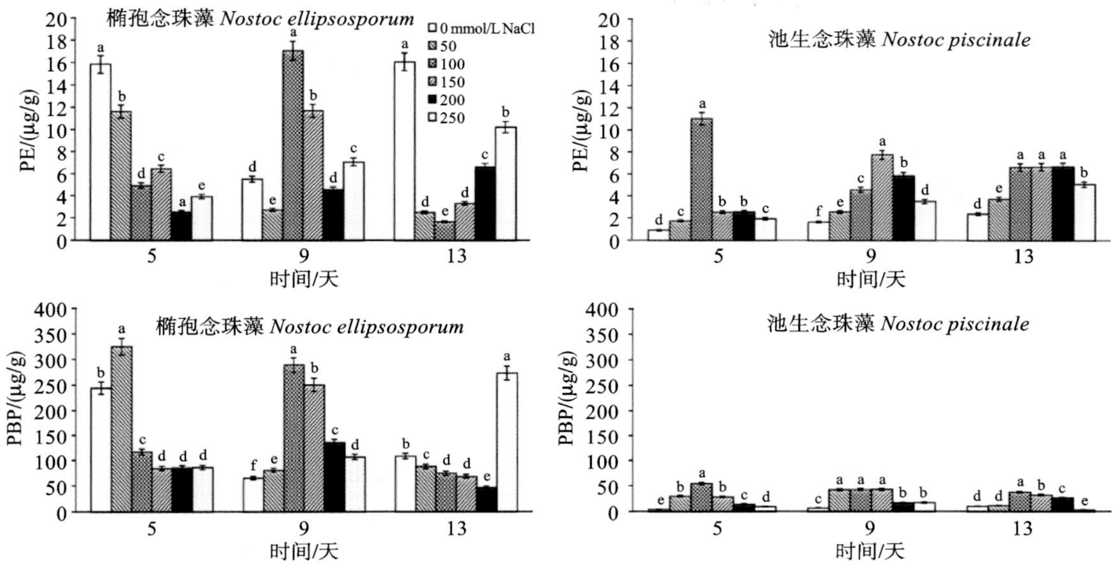

图 4-46 三个采收期(第 5、9、13 天)不同盐浓度下椭孢念珠藻 *Nostoc ellipsosporum* 和池生念珠藻 *Nostoc piscinale* 中 PE 及 PBP 的变化(Rezayian 等,2019)

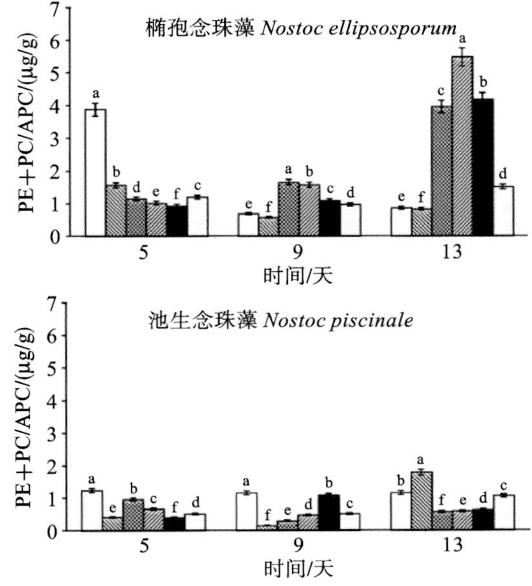


图 4-47 三个采收期(第 5、9、13 天)不同盐浓度下椭孢念珠藻 *Nostoc ellipsosporum* 和池生念珠藻 *Nostoc piscinale* 中 PE+PC/APC(PBS 大小)的变化(Rezayian 等,2019)

是由于其体内的丙二醛含量较低、藻胆蛋白含量较高、清除氧自由基的能力较强。

4.2.2.5 农药胁迫

农药的毒性是蓝藻(包括其中藻胆蛋白的含量)生长和发育的主要问题。马拉硫磷(malathion)等农药对藻胆蛋白具有漂白作用,因此其含量会迅速下降,而其他农药如毒死蜱(chlorpyrifos)会减慢蓝藻的生长速度(Hemlata 等,2009)。某些农药还对蓝藻的藻胆蛋白表现出抑制作用,如:硫丹对鲍氏织线藻 *Plectonema boryanum* 的影响(Prasad 等,2005),阿罗津、丙草胺和丁草胺对可变鱼腥藻 *Anabaena variabilis* 的抑制作用(Singh 等,2005);禾草丹对葛仙米 *Nostoc sphaeroides*(Xia,2005)、氯氰菊酯对一种鱼腥藻 *Anabaena doliolum*(Mohapatra 等,2003)、林丹对鱼腥藻 *Anabaena* sp.(Babu 等,2001)、禾草丹对可变鱼腥藻 *A. variabilis*(Battah 等,2001)、有机磷酸酯对集胞藻 PCC 6803(Mohapatra 等,2000)以及硫丹对一种念珠藻 *Nostoc linckia*(Satish 等,2000)均有抑制作用。Hemlata 和 Fatma(2009)对三种农药对鱼腥藻 *Anabaena* NCCU-9 中藻胆蛋白的毒性进行了研究,发现其毒性顺序为马拉硫磷>甲氰菊酯>毒死蜱(表 4-13)。农药可引起藻类的光合活性降低,这可能是由于产生了大量 ROS,对光系统有抑制或漂白的作用。

**表 4-13 三种农药对鱼腥藻 *Anabaena* NCCU-9 中藻胆蛋白浓度的影响(Hemlata 和 Fatma,2009)** 单位:mg/g

| 农药浓度/(%) | 毒死蜱 | 甲氰菊酯 | 马拉硫磷 |
|---|---|---|---|
| 对照 | 92.52 | 92.52 | 92.52 |
| 0.003 | 85.11*** | 89.93*** | 87.54*** |
| 0.006 | 82.61*** | 85.8*** | 35.87*** |
| 0.009 | 77.93*** | 50.81*** | 25.81*** |
| 0.012 | 40.78*** | 32.08*** | 20.01*** |
| 0.015 | 31.82*** | 20.93*** | 17.59*** |

*** 表示 $P<0.0001$

4.2.2.6 硫素营养胁迫

蓝藻通过富集和限制最佳营养浓度显示出生长抑制反应。硫是藻胆蛋白合成和功能化的限制元素。硫或硫醇化氨基酸的来源贫乏可能会导致蓝藻中藻胆蛋白的含量下降(Schwarz 等,1998)。与相同蓝藻的缺磷培养相比,集胞藻 PCC 6803 的缺硫培养显示其藻胆蛋白浓度迅速降低(Richaud 等,2001)。在缺硫培养基中,聚球藻诱导了具有蛋白质水解活性的 nblA 蛋白的表达,该蛋白在藻胆蛋白降解中起关键作用(Collier 等,1994)。在缺乏营养补充剂的情况下,蓝藻的颜色产生明显变化,从蓝绿色变为黄绿色(Allen 等,1969)。

4.2.2.7 金属胁迫

污染在环境的物理、化学和生物方面产生巨大影响,导致全球变暖、水污染和空气污染,并对生物的生命产生极大的消极作用。它对植物、微生物群落和人类均具有有害影响。重金属对有机体的毒性在众多污染物中占主要地位。由于重金属具有不可生物降解性和进入食物链的能力,其毒性可能会进一步增加(Nellesson 等,1993;Salt 等,1995)。重金属会干扰必需的酶活性和色素-蛋白质发育过程,从而严重影响正常的生理过程(Bertrand 等,2002)。其主要危害包括使色素组成发生变化,该变化通过抑制羧化机制影响净光合作用,从而最终抑制 PSⅡ 的活性。但是,一些重金属作为微量营养素在蓝藻的生长中起着至关重要的作用。可作为微量营养素的重金属包括硼、锰、锌、钼、铜和钴等。硼是一种稀有金属,植物生长需要硼,但其对真菌和动物的生长没有作用。Anderson 等(1961)的研究表明,硼对于固氮菌中的双氮固定至关重要。

某些蓝藻(如一种念珠藻 *Nostoc muscorum*、一种眉藻 *Calotrix parietina* 和一种鱼腥藻 *Anabaena cylindrica*)在氮缺乏状态下,硼是其能够快速生长和发育的必需微量营养素(Gerloff,1968)。硼诱导的

蓝藻快速生长可能意味着藻胆蛋白的快速合成。锰和锌是蓝藻生长所必需的元素，特别是在光合作用过程涉及的不同酶促反应中(Casarett 等，1980)。它们的缺乏可能会抑制叶绿素生物合成(Csatorday 等，1984)。锰是水分解系统的重要组成部分，它为 PSⅡ提供电子，并为各种酶提供辅助因子。锌是一种必需的微量营养素，参与多种生理过程，包括氧化还原酶、水解酶、裂解酶和连接酶(Barak 等，1999)。它在金属酶的功能发挥中也起着至关重要的作用(Chaney，1993)。缺锌会影响细胞的有丝分裂，导致细胞变大进而引起外观异常。作为工业废水中的锌，其有助于促进细胞光合活性的结构完整性。在蓝藻中，金属元素对光捕获复合物的排列和结构的影响已得到充分证实(Sersen 等，2001)。Murthy 等(1991)发现重金属会迅速抑制能量从 PC 转移到叶绿素 a。科研人员研究了镉对三种不同蓝藻属的影响，结果发现如 Atri 和 Rai(2003)所述，$Cr^{6+}$ 最终可能会影响 PC 和类胡萝卜素的合成。Hemlata 和 Fatma(2009)认为，用离子处理后藻胆蛋白含量下降(表 4-14)。在用 $Cr^{6+}$ 处理后，藻胆蛋白含量下降幅度最大，之后按照 $Cd^{2+}$、$Pb^{2+}$、$Ni^{2+}$、$Cu^{2+}$ 和 $Zn^{2+}$ 的顺序依次减少。然而，在柔软微毛藻 *Microchaete tenera* 中用 $Pb^{2+}$ 胁迫处理后，藻胆蛋白含量显著增加了四倍(Zaccaro 等，2000)。

**表 4-14 $Cd^{2+}$、$Cr^{6+}$、$Pb^{2+}$、$Ni^{2+}$、$Cu^{2+}$ 和 $Zn^{2+}$ 对鱼腥藻 *Anabaena* NCCU-9 中藻胆蛋白含量的影响(Hemlata 和 Fatma，2009)**

单位：mg/g

| 离子浓度/(mmol/L) | $Cd^{2+}$ | $Cr^{6+}$ | $Pb^{2+}$ | $Ni^{2+}$ | $Cu^{2+}$ | $Zn^{2+}$ |
|---|---|---|---|---|---|---|
| 对照 | 99.7 | 99.7 | 99.7 | 99.7 | 99.7 | 99.7 |
| 0.05 | 80.8*** | 84.34*** | 90.42*** | 96.5*** | 97.2*** | 99.2*** |
| 0.10 | 76.5*** | 83.52*** | 88.41*** | 94.7*** | 95.3*** | 97.42*** |
| 0.50 | 72.6*** | 79.20*** | 85.48*** | 89.0*** | 90.5*** | 93.54*** |
| 1.00 | 60.05*** | 71.51*** | 75.57*** | 80.5*** | 85.7*** | 86.51*** |
| 1.50 | 55.6*** | 60.02*** | 69.6*** | 72.3*** | 75.3*** | 79.32*** |

*** 表示 $P<0.0001$

蓝藻广泛分布在各种生态环境中。藻胆蛋白的胁迫耐受行为因物种而异。在实验室条件下，最佳水平的温度、pH、波长和基本营养培养基可用于多种蓝藻的生长。光谱变化(如紫外线辐射)会影响生存在不同栖息地的蓝藻群落中藻胆蛋白的产生。存在于恶劣条件下的蓝藻似乎不太容易受到各种生理胁迫的影响。大多数金属对藻胆蛋白有毒性，并抑制了蓝藻的生长。并发的非生物胁迫使藻胆蛋白迅速降解，严重影响了生物技术在工业上的商业利用。因此，减少环境的非生物胁迫有助于提高蓝藻藻胆蛋白的生产率。

### 4.2.3 藻胆蛋白的稳定性

研究表明，温度、pH 及光照对藻胆蛋白的稳定性会产生较大的影响(表 4-15)，其中，pH 和温度对藻胆蛋白的稳定性影响较大(Chaiklahan 等，2012；Wu 等，2016；Carle 等，2016)。从表 4-15 可以看出，C-PC 的最适 pH 范围相比 C-PE 略偏酸性。pH 是影响 PC 在溶液中的单体、三聚体、六聚体和其他多聚物聚集和解离的主要因素。pH 在 7.0 附近时，藻胆蛋白以六聚体为主。这是最稳定的结构，避免了藻胆蛋白的变性(Chaiklahan 等，2012)。当 pH 较高或较低时，该结构容易解离，稳定性降低。Chaiklahan 等(2012)发现，在 pH 6.0 时，77%的 PC 以六聚体形式聚集，而在 pH 7.0 时，仅有 18%的 PC 聚集。Liu 等(2009)和 González-Ramírez 等(2014)发现，B-PE 在较宽的 pH 范围(从 4.0 到 10.0)内稳定。结果表明，在该 pH 范围内，B-PE 的二级结构可以采用稳定的构象。稳定性是通过形成六面体结构来维持的(Liu 等，2009)。PE 在宽 pH 范围内的稳定性有助于其在食品工业中的应用(González-Ramírez 等，2014)。

一般来说，藻胆蛋白最好在低温下处理和保存。由于这些分子是蛋白质，它们降解的主要原因是变性。Munier 等(2014)的研究表明，当温度升高时，α-螺旋的数量减少，导致藻胆蛋白失去稳定性。表

4-15列出了PC和PE的最佳温度（约4 ℃）；虽然它们在40～45 ℃的环境也有一定的稳定性，但仍会发生缓慢降解。不建议将藻胆蛋白保存在高于室温的环境中，因为它们容易被微生物降解。

Munier等（2014）和Wu等（2016）报道了PC和PE对光敏感。Wu等（2016）发现，与暴露于50 $\mu mol \cdot m^{-2} \cdot s^{-1}$光强的处理相比，暴露在100 $\mu mol \cdot m^{-2} \cdot s^{-1}$的光强下的PC表现出更高的降解水平。当藻胆蛋白长时间暴露在阳光下时，它们往往会失去发色团，从而失去颜色和稳定性（Munier等，2014）。目前，虽然一些物理、化学因素会显著影响藻胆蛋白的稳定性，但有多种方法可以提高其稳定性，如使用添加剂、胶囊化等方法。

**表4-15 影响PC和PE稳定性的理化因素**

| 藻胆蛋白 | 因素 | 最佳范围 | 效果 | 参考文献 |
|---|---|---|---|---|
| C-PC | pH | 5.0～6.0 | 六聚体优势，保持聚合状态 | Chaiklahan等，2012 |
| C-PE | pH | 7.0 | 在极端pH下，发色团的构象会发生变化 | Mishra等，2010 |
| B-PE | pH | 4.0～10.0 | | Liu等，2009；González-Ramírez等，2014 |
| C-PC | 温度 | 4 ℃（低温） | 在4 ℃以上，发生变性 | Chaiklahan等，2012 |
| B-PE和R-PE | 温度 | −20～4 ℃（低温） | 在光照下，已经显示出很大的发色团丢失的趋势 | Munier等，2014 |
| C-PC | 光 | 黑暗 | | Wu等，2016 |
| B-PE和R-PE | 光 | 黑暗 | | Munier等，2014 |

## 参考文献

[1] ANDERSON G R，JORDAN J V，1961. Boron：a non-essential growth factor for *Azotobacter chroococcum*[J]. Soil Science，92(2)：113-116.

[2] CHAIKLAHAN R，CHIRASUWAN N，BUNNAG B，2012. Stability of phycocyanin extracted from *Spirulina* sp.：influence of temperature，pH and preservatives[J]. Process Biochemistry，47(4)：659-664.

[3] CSATORDAY K，GOMBOS Z，SZALONTAI B，1984. Mn/sup$^{2+}$/and Co/sup$^{2+}$/toxicity in chlorophyll biosynthesis[J]. Proceedings of the National Academy of Sciences of the United States of America，81(2)：476-478.

[4] FERNÁNDEZ-ROJAS B，HERNÁNDEZ-JUÁREZ J，PEDRAZA-CHAVERRI J，2014. Nutraceutical properties of phycocyanin[J]. Journal of Functional Foods，11：375-392.

[5] GERLOFF G C，1968. The comparative boron nutrition of several green and blue-green algae[J]. Physiologia Plantarum，21(2)：369-377.

[6] GONZÁLEZ-RAMÍREZ E，ANDUJAR-SANCHEZ M，ORTIZ-SALMERON E，et al，2014. Thermal and pH stability of the B-phycoerythrin from the red algae *Porphyridium cruentum*[J]. Food Biophysics，9(2)：184-192.

[7] HEMLATA，FATMA T，2009. Screening of cyanobacteria for phycobiliproteins and effect of different environmental stress on its yield[J]. Bulletin of Environmental Contamination and Toxicology，83(4)：509-515.

[8] KUDDUS M，SINGH P，THOMAS G，et al，2013. Recent developments in production and biotechnological applications of C-phycocyanin[J]. BioMed research international，2013：742859.

[9] LIMA G M, TEIXEIRA P, TEIXEIRA C, et al, 2018. Influence of spectral light quality on the pigment concentrations and biomass productivity of *Arthrospira platensis*[J]. Algal Research, 31:157-166.

[10] LIU L N, SU H N, YAN S G, et al, 2009. Probing the pH sensitivity of R-phycoerythrin: investigations of active conformational and functional variation[J]. Biochimica Et Biophysica Acta, 1787(7):939-946.

[11] MANIRAFASHA E, NDIKUBWIMANA T, ZENG X, et al, 2016. Phycobiliprotein: potential microalgae derived pharmaceutical and biological reagent[J]. Biochemical Engineering Journal, 109:282-296.

[12] MARTELLI G, FOLLI C, VISAI L, et al, 2014. Thermal stability improvement of blue colorant C-phycocyanin from *Spirulina platensis* for food industry applications [J]. Process Biochemistry, 49(1):154-159.

[13] MING H L, CASTILLO G, OCHOA-BECERRA M A, et al, 2019. Phycocyanin and phycoerythrin: Strategies to improve production yield and chemical stability[J]. Algal Research, 42:101600.

[14] MISHRA S K, SHRIVASTAV A, PANCHA I, et al, 2010. Effect of preservatives for food grade C-phycoerythrin, isolated from marine cyanobacteria *Pseudanabaena* sp. [J]. International Journal of Biological Macromolecules, 47(5):597-602.

[15] MUNIER M, JUBEAU S, WIJAYA A, et al, 2014. Physicochemical factors affecting the stability of two pigments: R-phycoerythrin of *Grateloupia turuturu* and B-phycoerythrin of *Porphyridium cruentum*[J]. Food chemistry, 150:400-407.

[16] MURTHY S, MOHANTY P, 1991. Mercury induces alteration of energy transfer in phycobilisomes by selectively affecting the pigment protein, phycocyanin in the cyanobacterium *Spirulina platensis*[J]. Optics & Spectroscopy, 92(2):159-166.

[17] NAIR D, KRISHNA J G, PANIKKAR M V N, et al, 2018. Identification, purification, biochemical and mass spectrometric characterization of novel phycobiliproteins from a marine red alga, *Centroceras clavulatum*[J]. International Journal of Biological Macromolecules, 114: 679-691.

[18] NELLESSEN J E, FLETCHER J S, 1993. Assessment of publish eds. Literature on the uptake, accumulation, and translocation of heavy metals by vascular [J]. Chemosphere, 27 (9): 1669-1680.

[19] SALT D E, RAUSER W E, 1995. Mg-ATP dependent transport of phytochelatins across the tonoplast of oat roots[J]. Plant physiology, 107(4):1293-1301.

[20] SCHULZE P S, BARREIRA L A, PEREIRA H G, et al, 2014. Light emitting diodes (LEDs) applied to microalgal production[J]. Trends in biotechnology, 32(8):422-430.

[21] WU H L, WANG G H, XIANG W Z, et al, 2016. Stability and antioxidant activity of food-grade phycocyanin isolated from *Spirulina platensis*[J]. International Journal of Food Properties, 19 (10):2349-2362.

[22] ZACARO M C, SALAZAR C, ZULPA DE CAIRE G, et al, 2000. Lead toxicity in cyanobacterial porphyrin metabolism[J]. Environmental Toxicology, 16(1):61-67.

# 第 5 章
# 藻胆蛋白的体内生物合成

光合生物为了能有效地吸收周围环境提供的光能，进化出具有与环境相适应的特定结构和功能的捕光天线系统（Adir，2005；Glazer，1985）。该系统由多亚基蛋白复合物组成，通常结合了成百上千的色素分子，这些特性都是为了最有效地吸收光能，并将光传递到光反应中心。

以蓝藻为例，蓝藻通过藻胆体吸收光能并将光能几乎 100％地传递到光反应中心。蓝藻的藻胆体由多亚基的藻胆蛋白（phycobiliproteins，PBPs）及连接蛋白（linker）组成。藻胆蛋白通过改变结合色基的微环境（不同的组装及与连接蛋白的作用等）而使自身具有特征吸收，使之对可见光谱具有更加广泛的吸收范围。因此，研究藻胆蛋白与色基的结合、组装及与连接蛋白的作用将能更好地理解藻胆蛋白结构与功能的关系及其在光能吸收及传递中的机制和途径。

## 5.1 藻胆素的生物合成

藻胆素是一种线性四吡咯化合物，是红藻、蓝藻及隐藻中的捕光色素（Beale，1993；Hughes，1999）。蓝藻和红藻特有的蓝绿色和红色反映了藻胆素的存在。根据吸收光谱和颜色的不同，藻胆素可分为藻蓝胆素（phycocyanobilin，PCB，$A_{max}$＝640 nm）、藻红胆素（phycoerythrobilin，PEB，$A_{max}$＝550 nm）、藻紫胆素（phycoviolobilin，PVB，$A_{max}$＝590 nm）和藻尿胆素（phycourobilin，PUB，$A_{max}$＝490 nm）（图5-1）（刘欣，2012；赵金梅，2006；Rockwell 和 Lagarias，2010）。4 种藻胆素互为同分异构体，它们的光谱及颜色的差异是由其结构中共轭双键的位置和数目的不同所导致的（陈煜，2012）。4 种藻胆素都含有 10 个双键，但是所含单键的分布不尽相同，导致四种藻胆素含有不同数目的共轭双键：PCB（单键位于 A 环中）有 9 个，PEB（单键处于 C 环与 D 环之间）有 6 个，PVB（单键位于 A 环与 B 环之间）有 7 个，而 PUB（单键处于 B 环与 C 环之间）只有 5 个（Blot 等，2009；Maranzana 等，2000）。可以看出，单键位置的不同导致共轭双键数目不同，共轭双键的数目越多，藻胆素的波长越长（Blot 等，2009；Alvey 等，2011）。藻胆素宽泛的吸收光区补充了叶绿素吸收较差的红绿光区，在藻类吸收和传递能量方面中发挥着重要的作用（Alvey 等，2011）。

藻胆素的生物合成源自藻体内亚铁血红素的代谢途径。在血红素加氧酶（heme oxygenase，HO）的作用下亚铁血红素被氧化形成胆绿素（biliverdin，BV），此过程需要 3 个分子氧和 7 个电子的参与（图5-2）（斉晓君，2017）。然后，在铁氧化还原酶家族（FDBR）的作用下，BV 转化为其他类型的藻胆素。目前发现的铁氧化还原酶家族主要有 5 种，分别为藻红胆素还原酶 A（phycoerythrobilin synthase-A，PebA）、藻红胆素还原酶 B（phycoerythrobilin synthase-B，PebB）、藻蓝胆素还原酶（phycocyanobilin：ferredoxin oxidoreductase，PcyA）、藻红胆素合成酶（phycoerythrobilin synthase，PebS）和植物色胆素合

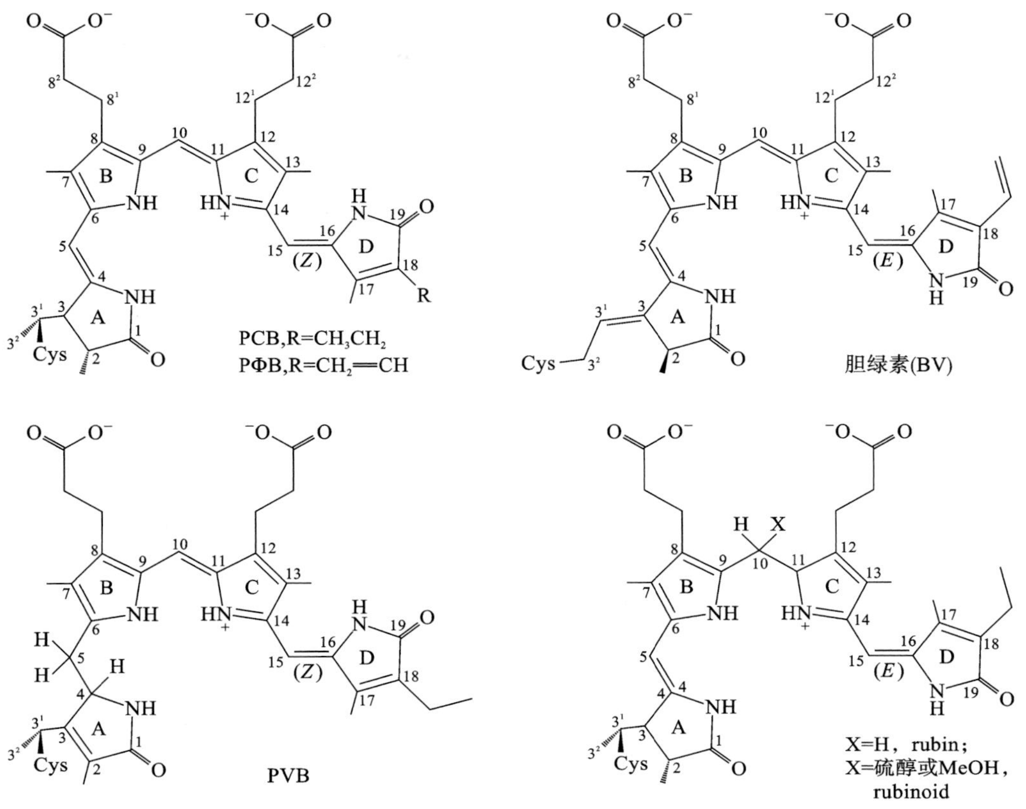

图 5-1 藻胆素的结构(Rockwell 和 Lagarias,2010)

成酶(phytochromobilin synthase,Hy2)(Tu 等,2007;2008)。其中,PcyA 催化 BV 生成 PCB(Okada 等,2009),PebS 催化 BV 生成 PEB,Hy2 催化 BV 生成植物叶啉(PΦB),PebA 和 PebB 共同的催化结果与 PebS 的催化结果相同,均生成 PEB(图 5-3、图 5-4)(Tu 等,2008;伍贤军等,2012)。研究表明,PCB 及 PEB 与脱辅基蛋白连接时,往往会伴随异构作用的发生,一般认为 PVB 及 PUB 分别是 PCB 及 PEB 在裂合酶的异构作用下产生的,如图 5-5 所示(Six 等,2005;Storf 等,2001)。这 4 种藻胆素是同分异构体,它们的差异表现在共轭双键的数目和位置不同(图 5-6)(Storf 等,2001)。藻胆素所显示的不同颜色是由藻胆素分子内共轭双键的数目及位置、共轭程度的不同,进而导致藻胆素吸收不同波长的光所造成的(Zhao 等,2007)。上述 4 种藻胆素分子量均为 586,均含有 10 个双键,包括 2 个酮基(C═O)、7 个碳碳双键(C═C)和 1 个碳氮双键(C═N),但共轭双键的数目不同,在 PUB、PEB、PVB、PCB 中共轭双键的数目分别为 5、6、7、9,随着共轭双键数目的增加,吸收波长也相应增大,依次分别为 495 nm、550 nm、590 nm、660 nm(Talarico,1996;Talarico 和 Maranzana,2000)。

### 5.1.1 PCB 的生物合成

PCB 是一种蓝色的藻胆素,存在于蓝藻、红藻及部分隐藻中,是蓝藻光敏色素发色团的直接前体(Beale,1993;Hübschmann 等,2001)。在蓝藻中,HO1 和 PcyA 是通过两步酶促反应合成 PCB 的两个关键酶(Willows 等,2000)。在 PCB 的生物合成过程中,HO1 和 PcyA 分别与亚铁血红素及 BV 分子形成稳定的复合物(Okada,2009)。HO1 催化亚铁血红素产生 BV,该过程伴随着 3 个分子氧的参与、7 个电子的得失及 $Fe^{3+}$ 和一氧化碳(CO)的释放(Yoshida 和 Migita,2000;Maines,1997)。该过程中,亚铁血红素既作为反应底物,又起到传递电子的作用。亚铁血红素被氧化成 BV 后,PcyA 诱导 BV 形成 PCB,铁氧还蛋白(Fd)为 HO1 和 PcyA 提供反应过程所需的电子(Okada,2009)。

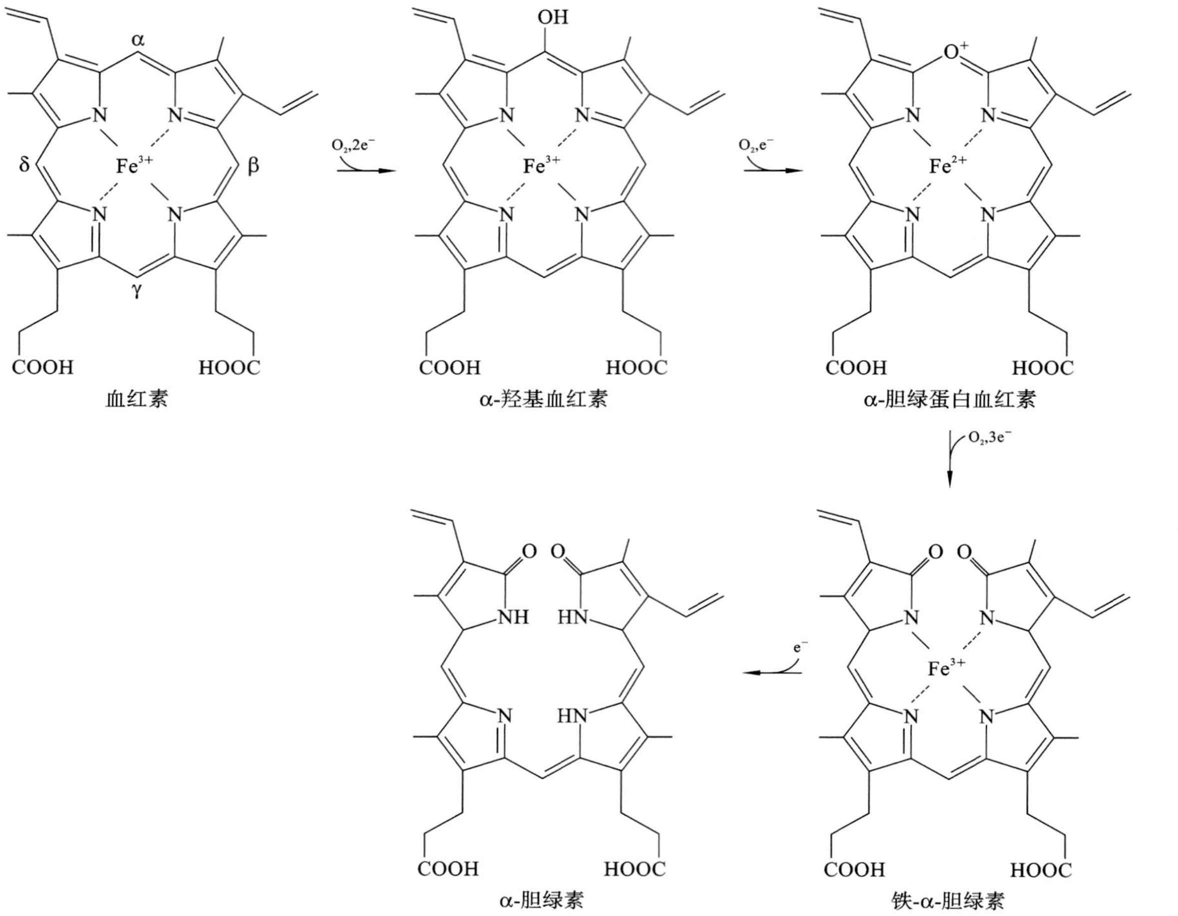

血红素　α-羟基血红素　α-胆绿蛋白血红素

α-胆绿素　铁-α-胆绿素

**图 5-2　血红素在 HO1 的氧化作用下形成 BV 示意图(咨晓君,2017)**

PcyA 是 FDBR 家族的一员,它既不需要辅因子,也不需要金属,利用 Fd 的四个电子通过两个连续反应还原 BV,生成 PCB(Hagiwara 等,2006)。第一步是还原 BV 的 D 环的乙烯基,生成 $18^1$,$18^2$-二氢胆绿素($18^1$,$18^2$-DHBV),第二步是将 $18^1$,$18^2$-DHBV 的 A 环还原生成 PCB,每一步需要两个电子和两个氢的参与(图 5-7)(Frankenberg,2003;Cerón-Carrasco 等,2016;咨晓君,2017)。为了实现这些顺序还原,PcyA 必须具有允许区分 BV 的 A 环和 D 环并控制反应序列的分子结构。此外,低温电子顺磁共振光谱表明,在 PcyA 反应过程中会产生一个有机自由基(Watermann 等,2014)。许多在催化过程中产生有机自由基中间体的酶具有金属和(或)有机辅助因子,它们介导单电子从还原剂转移到底物(Stubbe 和 van der Donk,1998)。但是,PcyA 对金属或有机辅因子没有这种依赖性,表明 PcyA 属于一类新的自由基酶(Frankenberg,2003)。

Migita 等(2003)克隆表达了血红素氧化酶基因 *ho1*,他们发现血红素氧化酶基因蛋白质是一种可溶性蛋白质,将该蛋白质与等量自由血红素连接,在抗坏血酸(ascorbate)等电子供体存在的情况下,能够催化血红素变为 BV。Frankenberg(2003)等发现 PcyA 是 PCB 生物合成过程中必需的催化剂。它们克隆并表达了 PcyA,经过纯化后与 BV 在铁氧化还原蛋白系统(包括 FNR 和 NADPH)存在的情况下反应生成 PCB。

### 5.1.2　PEB 的生物合成

PEB 的生物合成受 HO 和 FDBR 两类酶的介导。第一步,HO 催化环状四吡咯血红素在 α-中碳桥上的开环反应,生成开环四吡咯 BV、CO 和游离铁,该过程需要消耗 3 个分子氧和 7 个电子(Liu 和

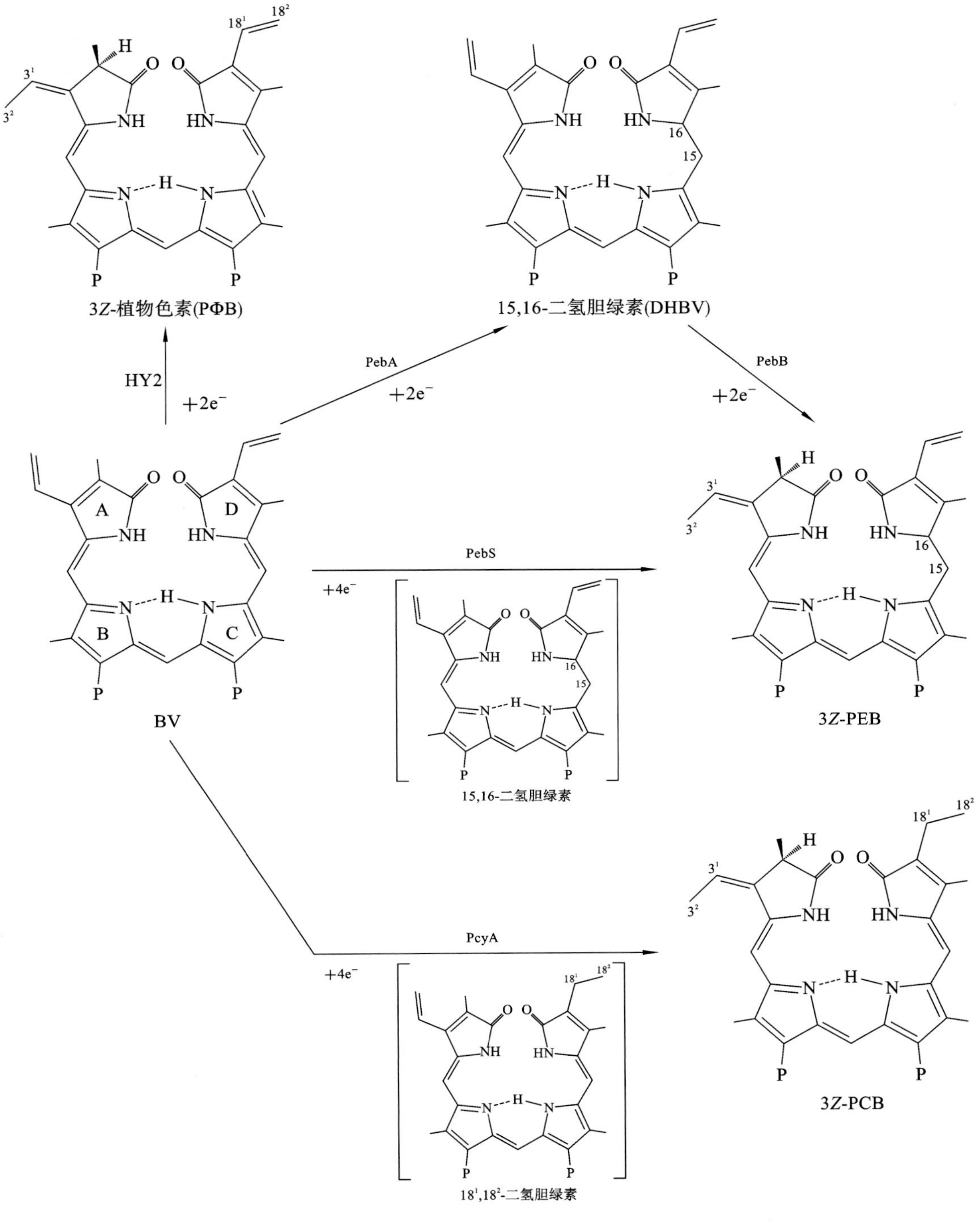

3Z-植物色素(PΦB)

15,16-二氢胆绿素(DHBV)

HY2　$+2e^-$

PebA　$+2e^-$

PebB　$+2e^-$

BV

PebS　$+4e^-$

15,16-二氢胆绿素

3Z-PEB

PcyA　$+4e^-$

$18^1$,$18^2$-二氢胆绿素

3Z-PCB

**图 5-3　BV 转换成藻胆素示意图(Tu 等,2008)**

Ortiz de Montellano,2000)。HOs 参与铁的获取、氧化应激反应和 PEB 的生物合成(Beale 和 Cornejo,1984;Choi 和 Alam,1996;Schmitt,1997)。在植物和原核生物中,还原的铁氧还蛋白和抗坏血酸能够为反应提供电子(Cornejo 等,1998;Rhie 和 Beale,1992)。第二步,BV 被 FDBR 进一步还原为 PEB。大多数 FDBR 以 BV 为底物,在不同的位置还原四吡咯链以产生特定的藻胆素。文献报道了从 BV 生物合成 PEB 的两条主要途径。在蓝藻中,PebA 和 PebB 共同催化 BV 转化为 PEB(Frankenberg 等,2001)。PebA 催化 BV 的第一个双电子还原为 15,16-DHBV,而在第二次双电子还原中,15,16-DHBV 作为 PebB 的底物被 PebB 还原为 PEB。由于 DHBV 的不稳定性,有研究推测这两种还原酶之间存在底物

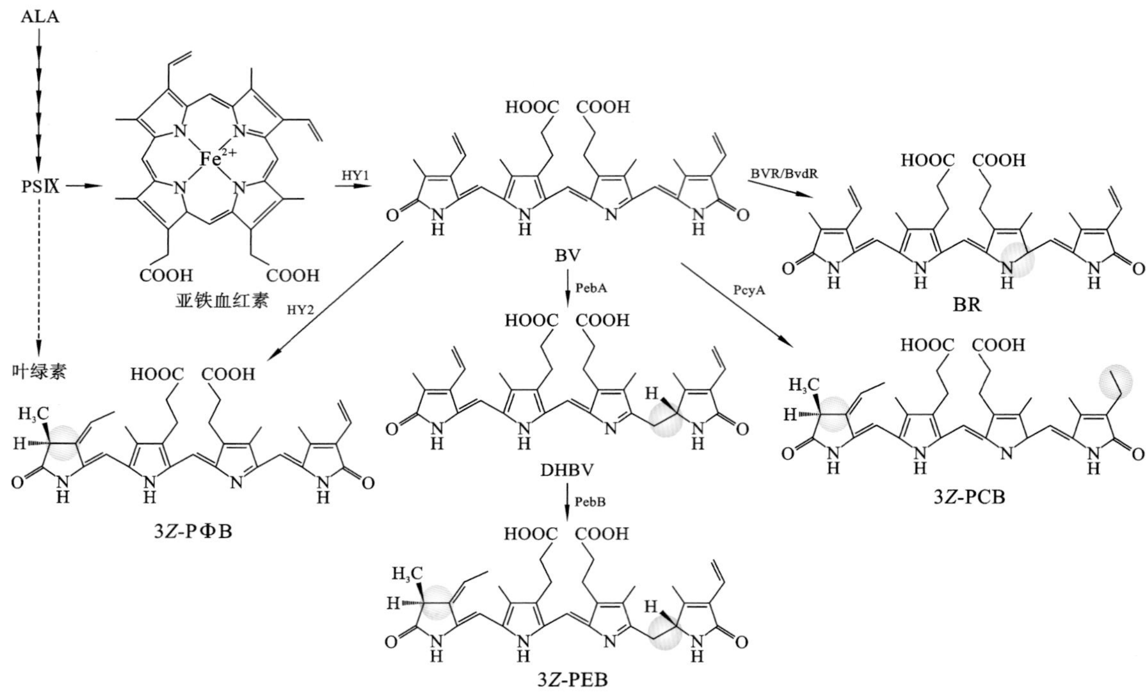


图 5-4　藻胆素、叶绿素和亚铁血红素的化学结构以及生物合成途径(Tu 等,2008)

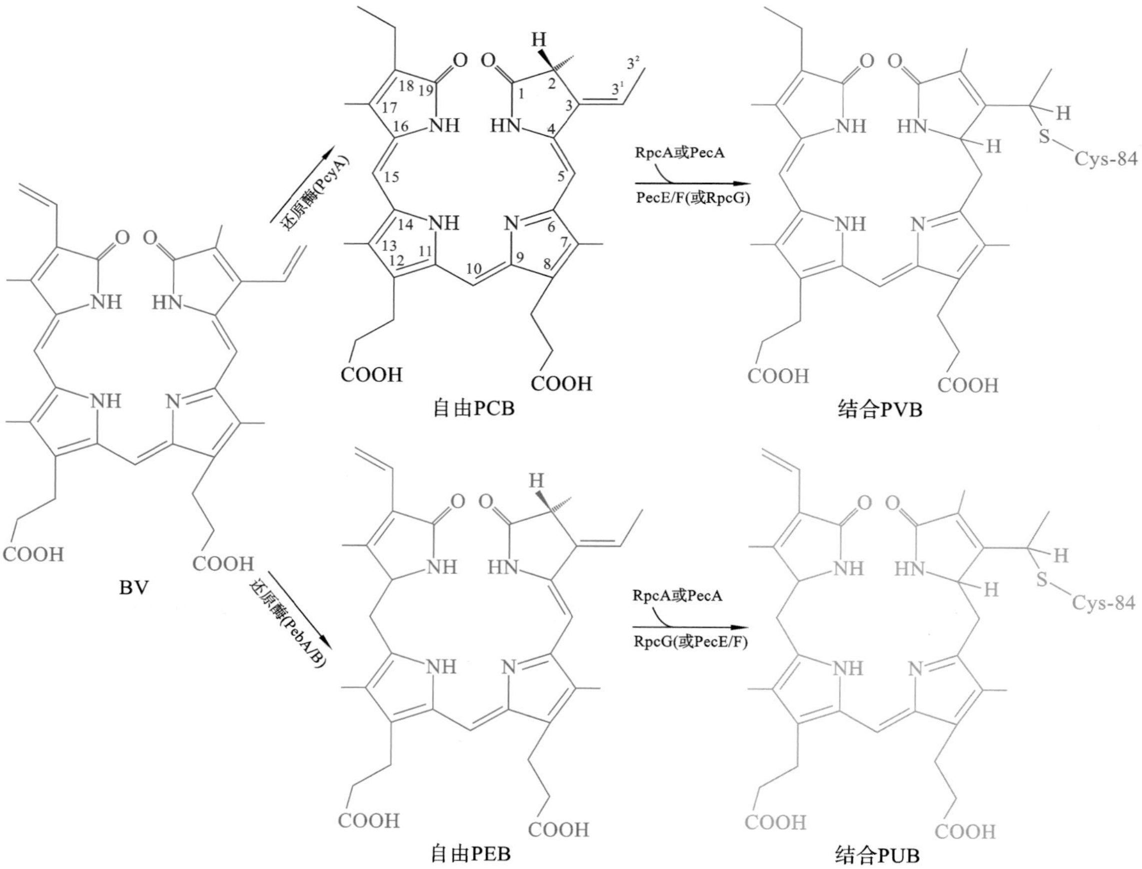

还原酶(PcyA)
自由PCB
RpcA或PecA
PecE/F(或RpcG)
结合PVB
Cys-84
BV
还原酶(PebA/B)
自由PEB
RpcA或PecA
RpcG(或PecE/F)
结合PUB

图 5-5　藻胆素之间的转化(Six 等,2005)

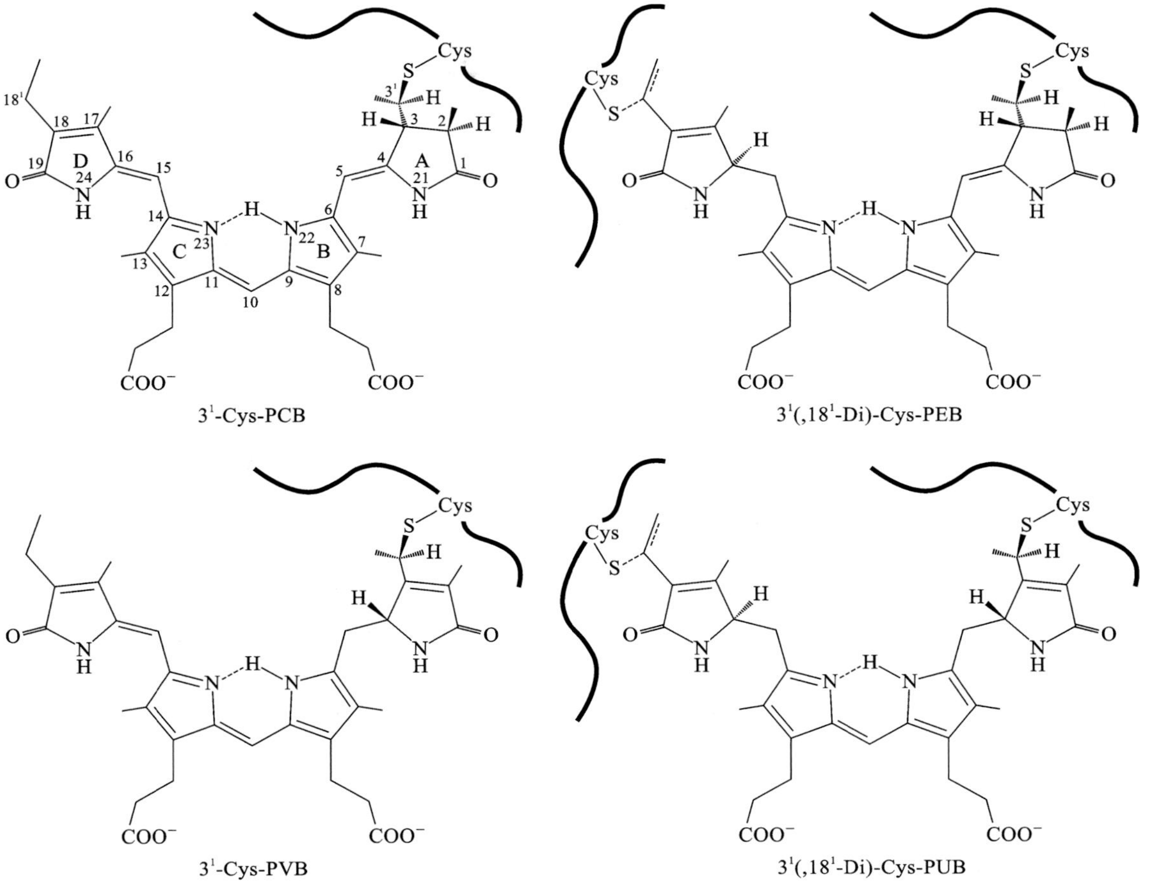

图 5-6 脱辅基蛋白与色基的连接方式(Storf 等,2001)

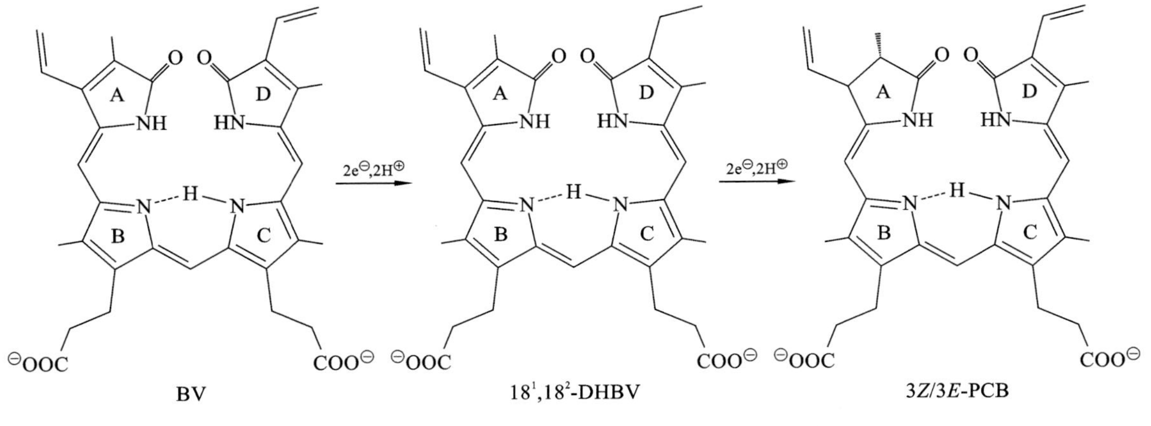

图 5-7 BV 在 PcyA 的还原作用下生成 PCB 的示意图(吝晓君,2017)

通道(Dammeyer 和 Frankenberg-Dinkel,2006)。FDBR 藻红胆素合成酶 PebS 已经被发现。PebS 起源于噬藻体 P-SSM2(cyanophage P-SSM2),与蓝藻的还原酶对 PebA 和 PebB 不同,它能够催化从 BV 到 PEB 的整个四电子还原过程(Dammeyer 等,2008)。PebS 被认为可以改善噬菌体的适应性,因为它在宿主感染期间表达。此外,与携带还原酶 PebA 和 PebB 的两个基因相比,它在还原噬菌体所需的遗传物质方面具有优势(Dammeyer 等,2008)。Ledermann 等(2016)描述了另一个病毒 FDBR 家族成员,该成员也能够催化从 BV 到 PEB 的反应。

# 5.2 藻胆蛋白裂合酶

藻胆蛋白生物合成的关键步骤是将藻胆素共价连接到脱辅基蛋白的特定半胱氨酸上。除 APC α 亚基和核膜连接蛋白 $L_{CM}$ 具有自催化连接藻胆素的功能外，该关键反应过程离不开裂合酶的催化。藻胆蛋白结合的藻胆素的种类及位点如表 5-1 所示（苏平，2008）。

**表 5-1 藻胆蛋白结合的藻胆素的种类和位点（苏平，2008）**

| 藻胆蛋白 | 藻胆素位置 | | | | | |
|---|---|---|---|---|---|---|
| | α75 | α84 | α140 | β50/61 | β84 | β155 |
| APC | | PCB | | | PCB | |
| CPC | | PCB | | | PCB | PCB |
| PEC | | PVB | | | PCB | PCB |
| R-PEⅡ | | PEB | | | PCB | PEB |
| CPE | | PEB | PEB | PEB | PEB | PEB |
| CU-PE(1) | | PUB | PUB | PUB | PEB | PUB |
| CU-PE(2) | | PEB | PUB | PUB | PEB | PEB |
| CU-PE(3) | PUB | PUB | PUB | PUB | PEB | PEB |
| CU-PE(4) | PUB | PEB | PEB | PUB | PEB | PEB |

## 5.2.1 E/F 类裂合酶

1992 年，Zhou 等从聚球藻 *Synechococcus* sp. PCC 7002 中第一次分离得到 E/F 类裂合酶，并发现 CpcE/F 能催化 PCB 连接到 PC α 亚基的 $Cys^{84}$ 位点上（Zhou 等，1992；Tooley 等，2001）（图 5-8）。该类酶既可以催化正向连接又能催化逆向反应，不但能够催化 PCB 与脱辅基蛋白偶联，还可以将 PCB 从脱辅基蛋白上解离下来（Fairchild 等，1992）。在聚球藻 *S.* sp. PCC 7002 及其他一些藻类中，CpcE/F 的基因是以与 CpcA/B 和 CpcC 的基因形成操纵子的形式存在的（Kahn 等，1997）。

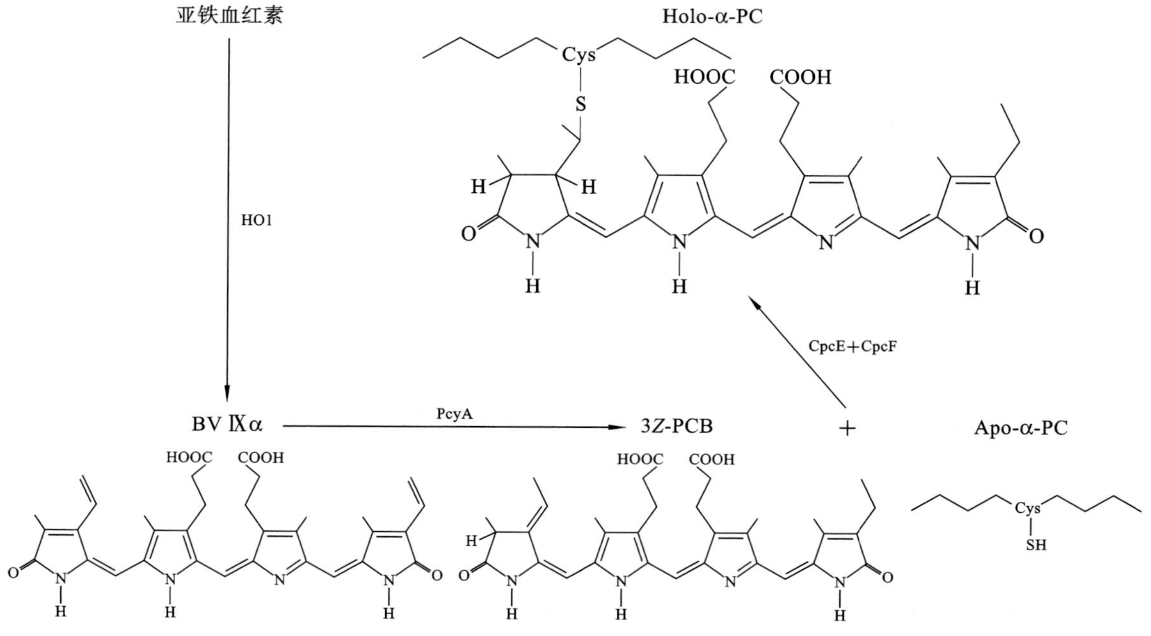


**图 5-8 CpcE/F 催化 holo-α-PC 的生物合成（Tooley 等，2001）**

PecE/F 是在鱼腥藻 *Nostoc* PCC 7120 和层理鞭枝藻 *Mastigocladus laminosus* 中被发现的 CpcE/F 同源蛋白，是一种新型 E/F 类裂合酶（Storf 等，2001）。该酶能够将 PCB 异构化成 PVB，同时催化 PVB 连接到 PEC α 亚基的 $Cys^{84}$ 位点上（刘秋子，2013；Tooley 等，2001）（图 5-9）。

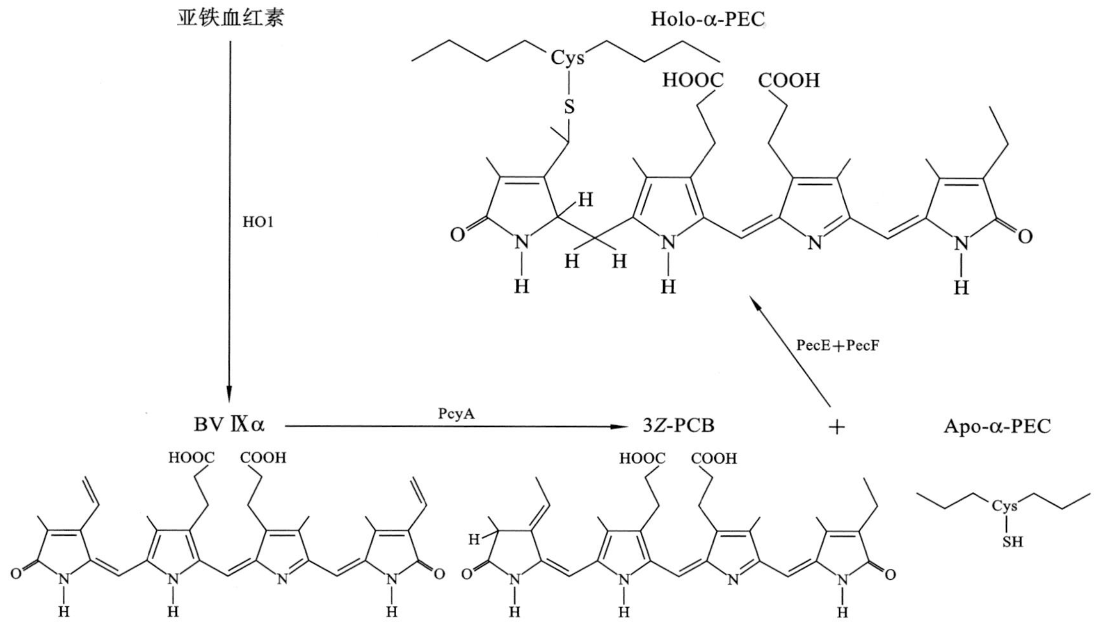


**图 5-9　PecE/F 催化 holo-α-PE 的合成（Tooley 等，2001）**

另外，CpeY 和 CpeZ 存在于含有 PE 的藻类中，与 CpcE/F 同源，作用可能是将色基结合到 PE 中，这类蛋白质的生化特性还没有得到充足的研究（Wilbanks 和 Glazer，1993；Tooley 等，2001）。PE 各亚基连接藻胆素的情况如表 5-2 所示（Swanson 等，1992）。

**表 5-2　PE 结合的藻胆素的种类和位点（Swanson 等，1992）**

| PE | α75 | α83 | α140 | β50/61 | β82 | β159 |
|---|---|---|---|---|---|---|
| WH8020(PEⅠ) | | PEB | PEB | PEB | PEB | PEB |
| WH8020(PEⅡ) | PUB | PEB | PEB | PUB | PEB | PEB |
| WH8020(PEⅠ) | | PEB | PUB | PUB | PEB | PEB |
| WH8020(PEⅡ) | PUB | PUB | PUB | PUB | PEB | PEB |

### 5.2.1.1　CpcE/F

藻胆蛋白生物合成的过程大多需要裂合酶的参与。裂合酶催化藻胆色素发色团通过硫醚键连接到脱辅基蛋白的特殊位点上。在裂合酶的研究中，聚球藻 *S*. sp. PCC 7002 中的 CpcE/F 是最先被研究的一种藻胆蛋白裂合酶。

在蓝藻或红藻中，藻胆蛋白上有很多发色团的附着位点，其中，最少有 8 个位点连接相同的发色团，有多于 20 个位点同时最多连接 3 种不同的发色团。Arciero 等（1988）的研究表明，PCB 与 apo-PC 的连接需要裂合酶的催化，而 PC 含有 3 个 PCB 的连接位点，分别为 α-Cys-84、β-Cys-82 和 β-Cys-155。PCB 与 apo-PC 的体外混合的研究发现，PCB 能与 apo-PC 在 α-Cys-84、β-Cys-82 位点进行连接，但是不能在 β-Cys-155 处连接。

聚球藻 PCC 7002 中有 7 个多肽上具有 8 个发色团连接位点，而且这些位点连接的发色团都是 PCB（Fairchild 等，1992），这为聚球藻 *S*. sp. PCC 7002 中裂合酶的研究提供了便利。研究发现，聚球藻

*S*. sp. PCC 7002 中的 *cpcE* 和 *cpcF* 基因的单独或者共同插入失活都能导致 PCB 不能正确连接到 apo-PC 的 α-Cys-84 位点，并不会影响其他 7 个连接位点 PCB 的连接，初步证明 *cpcE/F* 编码的蛋白 CpcE/F 是聚球藻 *S*. sp. PCC 7002 中催化 PCB 连接到 PC 的 α-Cys-84 位点的裂合酶(Zhou 等，1992；Swanson 等，1992)。Fairchild 等(1992)的研究发现，裂合酶 CpcE/F 既能催化正向连接又能催化逆向反应，可将 PC 的 α 亚基上的 PCB 发色团解离下来，转移到同源或者异源 PC 脱辅基蛋白的 α 亚基上，作用位点都是 α-Cys-84。体外研究表明，增加裂合酶 CpcE/F 的量对 PC α 亚基的吸收和荧光光谱能够产生影响，可以降低其荧光强度，但是对 PC 的 β 亚基的光谱并不会产生影响(Fairchild 和 Glazer，1994)。从 CpcE/F 对 PC 的 α 亚基和 β 亚基光谱的影响也可以判断出 CpcE/F 的作用位点是 PC 的 α 亚基。另外，体外研究发现，CpcE/F 不仅能催化 PCB 与 PC α 亚基的连接，而且能够催化 PEB 与 PC α 亚基的连接，但是，CpcE/F 在结合亲和力和催化速率两方面均显示出对 PCB 的偏好，足以解释 PCB 与 PC α 亚基的选择性结合(Fairchild 等，1992)。

目前，CpcE/F 的蛋白质序列已经在 8 个藻种中得到确认，来源于不同种属的 CpcE/F 之间的相似性超过了 60%。张玲(2006)对层理鞭枝藻 PC 裂合酶通过基因缺失和定点突变获得突变体并进行了研究，设计了 7 个 CpcE/F 突变体：CpcF(1～160)、CpcF(10～213)、CpcE(1～274)、CpcE(L276D)、CpcE(1～272)、CpcE(L275D)及 CpcF(I9K)，通过与完整的 CpcE 和 CpcF 的酶活性比较确定缺失氨基酸片段在酶催化过程中的作用(表 5-3)。从表 5-3 中可以看出，不同位置氨基酸的缺失或者突变基本都会导致裂合酶活性的降低。多种蓝藻的 CpcE/F 的氨基酸序列已经被确认，但是没有确定酶活性，使用缺失和定点突变可以获得其必需的功能序列，为以后确定酶的功能区域提供了有力的材料。

**表 5-3　7 个 CpcE/F 突变体的活性(张玲，2006)**

| 酶片段 | 未纯化 | 纯化 | 复性后 |
|---|---|---|---|
| CpcF(1～160)+CpcE | 0 | 0 | 18 |
| CpcF(10～213)+CpcE | 0 | 26 | 21 |
| CpcE(1～274)+CpcF | 17 | 22 | 28 |
| CpcE(L276D)+CpcF | 22 | 27 | 38 |
| CpcE(1～272)+CpcF | 29 | 21 | 0 |
| CpcE(L275D)+CpcF | 81 | 65 | 65 |
| CpcF(I9K)+CpcE | 100 | 100 | 100 |
| CpcE+CpcF | 100 | 100 | 100 |

### 5.2.1.2　PecE/F

PecE/F 是在鱼腥藻 *N*. PCC 7120 和层理鞭枝藻 *M. laminosus* 中被发现的 CpcE/F 同源蛋白，是在 PEC 中起催化作用的 E/F 类裂合酶(Zhao 等，2000；Storf 等，2001)。Zhao 等(2000)研究发现，PecE/F 能够将 PCB 异构化成 PVB(图 5-10)，同时催化 PVB 连接到 PEC α 亚基的 α-Cys-84 位点上；单独的 PecE 和 PecF 都不能将 PVB 和 PecA 连接成为正确的 PEC 的 α 亚基，只有 PecE 和 PecF 共同作用才能起到催化作用(表 5-4)。Storf 等(2001)从底物专一性的角度研究了 PVB-PEC 裂合酶 PecE 和 PecF 对底物的选择和色素脱辅基蛋白的直接连接，研究证明 PCB 和 PΦB 可以作为 PecE 和 PecF 的底物，而 PEB、BV、BR 则不行；PCB、PEB、PΦB 可以自发地与脱辅基蛋白连接，而 BV、BR 则不行。

对裂合酶的催化活性研究大多在体外进行。Storf 等(2001)对体外重组体系进行了简单的优化，确定在体外重组体系使用 5 mmol/L 的巯基乙醇(ME)和 3 mmol/L 的 $Mn^{2+}$ 能够提高 PecE/F 的催化活性(表 5-5)。

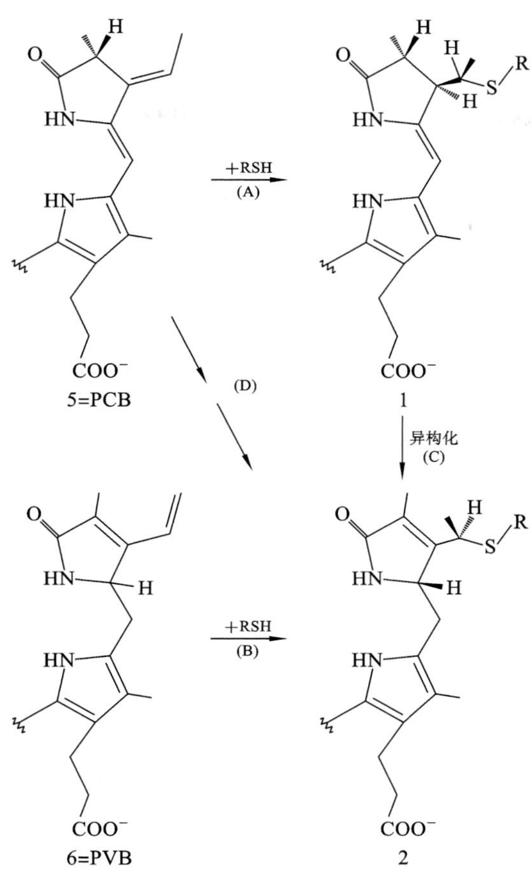


**图 5-10 PecE/F 将 PCB 异构化成 PVB(Zhao 等,2000)**

**表 5-4 PecE 和 PecF 的单独及共同催化作用(Zhao 等,2000)**

| 重组成分 | 产物中的发色团 | 光敏性($A_{505/565}$) |
| --- | --- | --- |
| PCB+PecA | MBV-α-PEC | <1% |
| PCB+PecE | — | — |
| PCB+PecF | — | — |
| PCB+PecE+PecF | — | — |
| PCB+PecA+PecE | MBV-α-PEC | <1% |
| PCB+PecA+PecF | MBV-α-PEC | <1% |
| PCB+PecA+PecE+PecF | α-PEC(plus MBV-α-PEC) | 102% |

**表 5-5 辅酶因子对 PecE/F 活性的影响(Zhao 等,2000)**

| 辅酶因子成分 | 相对活性/(%) |
| --- | --- |
| 0 mmol/L ME | 0 |
| 5 mmol/L ME | 21 |
| 5 mmol/L ME,3 mmol/L $Mn^{2+}$ | 100 |
| 5 mmol/L ME,10 mmol/L $Mn^{2+}$ | 13 |
| 50 mmol/L ME,5 mmol/L $Mn^{2+}$ | 42 |
| 5 mmol/L ME,2.5 mmol/L $Mg^{2+}$ | 58 |
| 5 mmol/L ME,10 mmol/L $Mg^{2+}$ | 74 |

### 5.2.2 S/U 类裂合酶

S/U 类裂合酶是被发现的第二种类型的裂合酶。S/U 类裂合酶的发现源自 Cobley 等于 2002 年在一种弗氏双虹藻 *Fremyella diplosiphon* 中编码 PE 连接蛋白的操纵子 *cpe*CDESTR 中,发现了可能与 PE 的生物合成相关的基因 *cpeST*(Cobley 等,2002)。研究者通过对聚球藻 *S*. sp. PCC 7002 基因组的分析,发现了与 *cpeST* 同源的未知基因,而且发现此类基因只存在于合成藻胆蛋白的藻类中,在不合成藻胆蛋白的生物中并不存在,因此确定该基因与藻类藻胆蛋白的合成相关(刘秋子,2013)。由于 PE 不能在聚球藻 *S*. sp. PCC 7002 中表达,所以将在此类藻中发现的与 *cpeST* 同源的蛋白质命名为 CpcS,将另两个与 CpcS 同源的蛋白质分别命名为 CpcU 和 CpcV(Shen 等,2008;Shen 等,2006)。由于 CpcV 的功能尚未确定,因此将本类裂合酶称为 S/U 类裂合酶。

S/U 类裂合酶与 E/F 类裂合酶不同,具有很强的位点特异性,并且只能催化藻胆素结合到脱辅基蛋白上,却不能催化二者的解离(刘秋子,2013;刘少芳,2010)。在聚球藻 *S*. sp. PCC 7002 中,单独的 CpcS 和 CpcU 往往不能起到催化作用,只有形成异源二聚体才能发挥出裂合酶的催化功能(Shen 等,2006)。值得一提的是,Zhao 等从鱼腥藻 *A*. sp. PCC 7120 中克隆得到的藻胆蛋白裂合酶 CpeS1 可以单独起到催化作用,并且其可以作用于除 PC 和 PEC 的 α 亚基外所有藻胆蛋白的 $Cys^{84}$ 结合位点(Zhao 等,2007)。

S/U 类裂合酶具有广泛的选择性,而 E/F 类裂合酶则具有高度特异性,二者明显不同,这可能是由于 PC α 亚基结合位点周围特定的结构域(Swanson 等,1992)。缺乏 CpcE 的突变藻株在 PC α 亚基的 Y129C 位点突变时可以发生回复突变,这些位点可能是 CpcS/U 裂合酶的作用位点(Scheer 和 Zhao,2008)。这个位点不能作为一个可被替代的结合位点,因为这个新引入的 Cys 残基与色基 C-31 靠近并且被深埋。另外一个原因可能是 CpcS/U 不具备而 CpcE/F 具有与 PBS 的降解代谢有关的活性。

### 5.2.3 T 型裂合酶

聚球藻 *S*. sp. PCC 7002 中的基因 *cpcT* 与上面提到的一种弗氏双虹藻 *F*. *diplosiphon* 中的 *cpesT* 是同源基因(图 5-11)。研究表明,*cpcT* 及其同源基因几乎存在于所有的藻类中。CpcT 能催化藻胆素

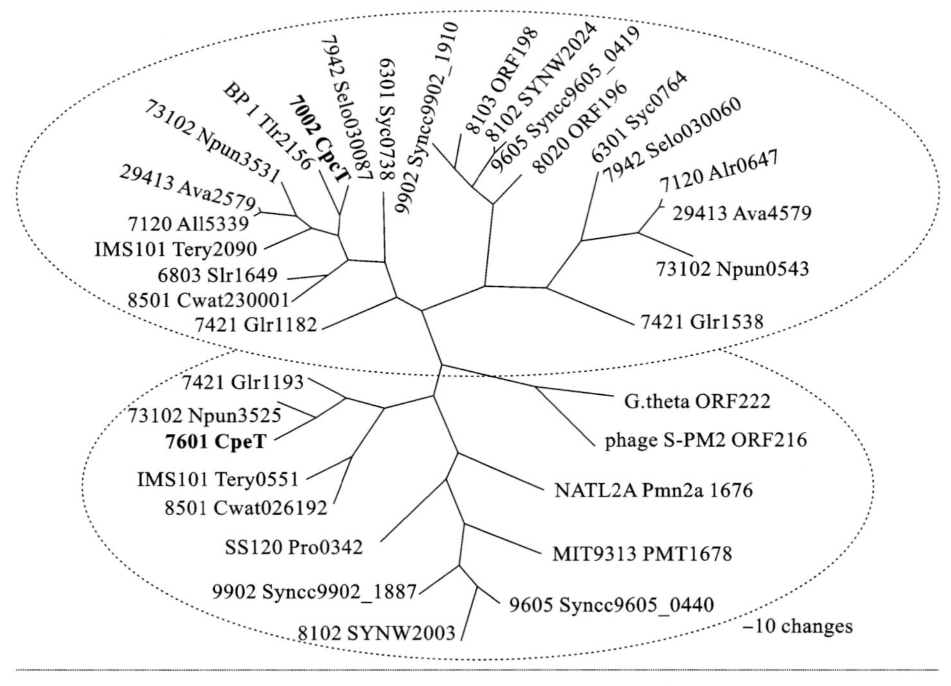


图 5-11 CpcT 同源蛋白同源性关系树状图

与 PC β 亚基的 $Cys^{153}$ 位点特异性连接，它的同源蛋白 CpeT 能催化藻胆素特异性结合到 PC 或 PEC β 亚基 $Cys^{153}$ 位点上（Zhao 等，2007）。

CpcT 是一种新的催化色基结合的裂合酶，与 CpcE/F、CpcS/U 没有序列相关性。色基与 PC β 亚基的结合可由 CpcT 或者 CpcS/U 来催化。色基以不同的立体构象结合到 PCB β 亚基的 $Cys^{84}$ 和 $Cys^{153}$ 上，存在不同的酶来催化同一个亚基的不同位点。

因此，在没有 PE 的蓝藻细胞里，上述三类裂合酶足以使色基结合到不同藻胆蛋白不同的结合位点上。CpcT 负责将色基结合到 PC β 亚基的 $Cys^{153}$ 位点上，CpcE/F 负责将色基连接到 PC α 亚基的 $Cys^{84}$ 位点上，而 CpcS/U 完成剩下的藻胆蛋白 α 亚基的 $Cys^{84}$ 位点的色基结合。

## 参考文献


[1] 陈煜. 蓝细菌光敏色素及藻红蛋白的生物合成研究[D]. 武汉：华中科技大学. 2012.

[2] 李文军，2017. 新型藻胆蛋白的制备及其在生物传感和染料敏化太阳能电池中的应用[D]. 烟台：中国科学院烟台海岸带研究所.

[3] 斉晓君，2017. 基因重组藻蓝胆素的组合生物合成及其代谢调控研究[D]. 青岛：中国石油大学（华东）.

[4] 刘金姐，2003. 节旋藻藻蓝蛋白操纵子、Rubisco 基因及节旋藻和螺旋藻分子系统学研究[D]. 青岛：中国海洋大学.

[5] 刘秋子，2013. 荧光别藻蓝蛋白在大肠杆菌内的生物合成与组装[D]. 青岛：青岛科技大学.

[6] 刘少芳，2010. 蓝藻别藻蓝蛋白的生物合成及组装的研究[D]. 青岛：中国科学院海洋研究所.

[7] 刘欣，2012. 集胞藻 PCC 6803 基因 *sll0853* 的初步研究[D]. 武汉：中南民族大学.

[8] 卢永忠，2005. 钝顶节旋藻 *cpcB* 基因上游序列结构功能的研究[D]. 青岛：中国海洋大学.

[9] 马建飞，林瀚智，秦松，2016. 蓝藻藻胆体的体外组装研究进展[J]. 中国科学：生命科学，46(9)：1054-1061.

[10] 苏平，2008. 蓝藻藻蓝蛋白和变藻蓝蛋白生物合成的研究[D]. 武汉：华中科技大学.

[11] 伍贤军，2013. 蓝藻色素蛋白的生物合成及应用研究[D]. 武汉：华中科技大学.

[12] 伍贤军，邓明刚，赵开弘，等，2012. 重组蓝细菌藻蓝蛋白 RpcA 共价偶联多种藻胆色素[J]. 华中师范大学学报（自然科学版），46(5)：606-610.

[13] 衣俊杰，臧晓南，张学成，等，2011. 具荧光活性的节旋藻藻蓝蛋白 α 亚基在大肠杆菌中的重组表达[J]. 青岛：中国海洋大学学报（自然科学版），41(5)：59-62.

[14] ADIR N, 2005. Elucidation of the molecular structures components of the phycobilisome: reconstructing a giant[J]. Photosynth Res, 85(1): 15-32.

[15] ALVEY R M, BISWAS A, SCHLUCHTER W M, et al, 2011. Attachment of noncognate chromophores to CpcA of *Synechocystis* sp. PCC 6803 and *Synechococcus* sp. PCC 7002 by heterologous expression in *Escherichia coli*[J]. Biochemistry, 50(22): 4890-4902.

[16] ARCIERO D M, DALLAS J L, GLAZER A N, 1988. In vitro attachment of bilins to apophycocyanin. Ⅲ. Properties of the phycoerythrobilin adduct [J]. Journal of Biological Chemistry, 263(34): 18358-18363.

[17] BABU K S, MOHAPATRA R N, 1991. Radiative fermion masses and neutrino magnetic moment: a unified picture[J]. Physical Review D Particles and fields, 43(7): 2278-2282.

[18] BEALE I S, 1993. Biosynthesis of phycobilins[J]. Chemical Review, 93(2): 785-802.

[19] BEALE S I, CORNEJO J, 1984. Enzymatic heme oxygenase activity in soluble extracts of the unicellular red alga, Cyanidium caldarium[J]. Archives of Biochemistry and Biophysics, 235(2): 371-384.

[20] BLOT N, WU X J, THOMAS J C, et al, 2009. Phycourobilin in trichromatic phycocyanin from oceanic cyanobacteria is formed post-translationally by a phycoerythrobilin lyase-isomerase[J]. Journal of Biological Chemistry, 284(14): 9290-9298.

[21] CASEY E S, GROSSMAN A, 1994. In vivo and in vitro characterization of the light-regulated cpcB2A2 promoter of *Fremyella diplosiphon*[J]. Journal of bacteriology, 176(20): 6362-6374.

[22] CERÓN-CARRASCO J P, JACQUEMIN D, LAURENT A D, 2016. First computational step towards the understanding of the antioxidant activity of the phycocyanobilin: ferredoxin oxidoreductase in complex with biliverdin IXα[J]. Computational and Theoretical Chemistry, 1077: 58-64.

[23] CHEN F, ZHOU M, ZHAO Y, et al, 2006. Biosynthesis of a fluorescent cyanobacterial C-phycocyanin holo-alpha subunit in *Escherichia coli*[J]. Journal of Wuhan Botanical Research, 24(5): 387-391.

[24] CHOI A M, ALAM J, 1996. Heme oxygenase-1: function, regulation, and implication of a novel stress-inducible protein in oxidant-induced lung injury[J]. American Journal of Respiratory Cell and Molecular Biology, 15(1): 9-19.

[25] COBLEY J G, CLARK A C, WEERASURYA S, et al, 2002. CpeR is an activator required for expression of the phycoerythrin operon (cpeBA) in the cyanobacterium *Fremyella diplosiphon* and is encoded in the phycoerythrin linker-polypeptide operon (cpeCDESTR)[J]. Molecular Microbiology, 44(6): 1517-1531.

[26] COBLEY J G, CLARK A C, WEERASURYA S, et al, 2002. CpeR is an activator required for expression of the phycoerythrin operon (cpeBA) in the cyanobacterium *Fremyella diplosiphon* and is encoded in the phycoerythrin linker-polypeptide operon(cpeCDESTR)[J]. Molecular microbiology, 44(6): 1517-1531.

[27] DAMMEYER T, BAGBY S C, SULLIVAN M B, et al, 2008. Efficient phage-mediated pigment biosynthesis in oceanic cyanobacteria[J]. Current Biology, 18(6): 442-448.

[28] DAMMEYER T, FRANKENBERG-DINKEL N, 2006. Insights into phycoerythrobilin biosynthesis point toward metabolic channeling[J]. Journal of Biological Chemistry, 281(37): 27081-27089.

[29] DOLGANOV N, GROSSMAN A R, 1999. A polypeptide with similarity to phycocyanin alpha-subunit phycocyanobilin lyase involved in degradation of phycobilisomes[J]. Journal of Bacteriology, 181(2): 610-617.

[30] FAIRCHILD C D, GLAZER A N, 1994. Oligomeric structure, enzyme kinetics, and substrate specificity of the phycocyanin α subunit phycocyanobilin lyase[J]. Journal of Biological Chemistry, 269(12): 8686-8694.

[31] FAIRCHILD C D, ZHAO J, ZHOU J, et al, 1992. Phycocyanin α-subunit phycocyanobilin lyase[J]. Proceedings of the National Academy of Sciences of the United States of America, 89(15): 7017-7021.

[32] FRANKENBERG N, 2003. Phycocyanobilin: ferredoxin oxidoreductase of *Anabaena* sp. PCC 7120. Biochemical and spectroscopic characterization[J]. Journal of Biological Chemistry, 278(11): 9219-9226.

[33] FRANKENBERG N, LAGARIAS J C, 2003. Phycocyanobilin: ferredoxin oxidoreductase of *Anabaena* sp. PCC 7120[J]. Journal of Biological Chemistry, 278(11): 9219-9226.

[34] FRANKENBERG N,MUKOUGAWA K,KOHCHI T,et al,2001. Functional genomic analysis of the $HY_2$ family of ferredoxin-dependent bilin reductases from oxygenic photosynthetic organisms[J]. Plant Cell,13(4):965-978.

[35] FÜGLISTALLER P,SUTER F,ZUBER H,1983. The complete amino acid sequence of both subunits of phycoerythrocyanin from the thermophilic cyanobacterium *Mastigocladus lamionosus*[J]. Hoppe-Seyler's Zeitschrift fur physiologische Chemie,364(6):691-712.

[36] GE B,LIN X,CHEN Y,et al,2017. Combinational biosynthesis of dual-functional streptavidin-phycobiliproteins for high-throughput-compatible immunoassay[J]. Process Biochemistry,58:306-312.

[37] GLAZER A N,1985. Light harvesting by phycobilisomes[J]. Annual Review of Biophysics and Biophysical Chemistry,14:47-77.

[38] GOLDEN S S,HASELKORN R,1985. Mutation to herbicide resistance maps within the psbA gene of *Anacystis nidulans* $R_2$[J]. Science,229(4718):1104-1107.

[39] GUAN X,QIN S,SU Z,et al,2007. Combinational biosynthesis of a fluorescent cyanobacterial holo-α-phycocyanin in *Escherichia coli* by using one expression vector[J]. Applied Biochemistry and Biotechnology,142(1):52-59.

[40] HAGIWARA Y, SUGISHIMA M, TAKAHASHI Y, et al, 2006. Crystal structure of phycocyanobilin:ferredoxin oxidoreductase in complex with biliverdin Ⅸα,a key enzyme in the biosynthesis of phycocyanobilin[J]. Proceedings of the National Academy of Sciences of the United States of America,103(1):27-32.

[41] HOUMARD J,CAPUANO V,COLOMBANO M V,et al,1990. Molecular characterization of the terminal energy acceptor of cyanobacterial phycobilisomes[J]. Proceedings of the National Academy of Sciences of the United States of America,87(6):2152-2156.

[42] HU I C,LEE T R,LIN H F,et al,2006. Biosynthesis of fluorescent allophycocyanin alpha-subunits by autocatalytic bilin attachment[J]. Biochemistry,45(23):7092-7099.

[43] HUGHES J, 1999. Prokaryotes and Phytochrome. The Connection to Chromophores and Signaling[J]. Plant Physiology,121(4):1059-1068.

[44] HÜBSCHMANN T,JORISSEN H J M M,BÖRNER T,et al,2001. Phosphorylation of proteins in the light-dependent signalling pathway of a filamentous cyanobacterium[J]. European Journal of Biochemistry,268(12):3383-3389.

[45] KAHN K, MAZEL D, HOUMARD J, et al, 1997. A role for CpeYZ in cyanobacterial phycoerythrin biosynthesis[J]. Journal of Bacteriology,179(4):998-1006.

[46] LEDERMANN B,BÉJÀ O,FRANKENBERG-DINKEL N,2016. New biosynthetic pathway for pink pigments from uncultured oceanic viruses[J]. Environmental Microbiology, 18(12): 4337-4347.

[47] LIU S,CHEN H,QIN S,et al,2009. Highly soluble and stable recombinant holo-phycocyanin alpha subunit expressed in *Escherichia coli*[J]. Biochemical Engineering Journal,48(1):58-64.

[48] LIU Y,ORTIZ DE MONTELLANO P R,2000. Reaction intermediates and single turnover rate constants for the oxidation of heme by human heme oxygenase-1[J]. Journal of Biological Chemistry,275(8):5297-5307.

[49] MAINES M D,1997. The heme oxygenase system:a regulator of second messenger gases[J]. Annual Review of Pharmacology and Toxicology,37(1):517-554.

[50] MIGITA C T, ZHANG X, YOSHIDA T, 2003. Expression and characterization of

cyanobacterium heme oxygenase, a key enzyme in the phycobilin synthesis. Properties of the heme complex of recombinant active enzyme[J]. European Journal of Biochemistry, 270(4): 687-698.

[51] MONTELLANO P R, 2000. The mechanism of heme oxygenase [J]. Current Opinion in Chemical Biology, 4(2): 221-227.

[52] NAKAJIMA Y, FUJIWARA S, SAWAI H, et al, 2001. A phycocyanin-deficient mutant of *Synechocystis* PCC 6714 with a single-base substitution upstream of the cpc operon[J]. Plant & Cell Physiology, 42(9): 992-998.

[53] OKADA K, 2009. Hol and PcyA proteins involved in phycobilin biosynthesis form a 1 : 2 complex with ferredoxin-1 required for photosynthesis[J]. FEBS Letters, 583(8): 1251-1256.

[54] RHIE G, BEALE S I, 1992. Biosynthesis of phycobilins. Ferredoxin-supported NADPH-independent heme oxygenase and phycobilin-forming activities from *Cyanidium caldarium*[J]. Journal of Biological Chemistry, 267(23): 16088-16093.

[55] ROCKWELL N C, LAGARIAS J C, 2010. A brief history of phytochromes[J]. Chemphyschem, 11(6): 1172-1180.

[56] SCHEER H, ZHAO K H, 2008. Biliprotcin maturation: the chromophorce attachment [J]. Molecular Microbiology, 68(2): 263-276.

[57] SHEN G Z, SAUNÉE N A, WILLIAMS S R, et al, 2006. Identification and characterization of a new class of bilin lyase: the cpcT gene encodes a bilin lyase responsible for attachment of phycocyanobilin to Cys-153 on the beta-subunit of phycocyanin in *Synechococcus* sp. PCC 7002 [J]. Journal of Biological Chemistry, 281(26): 17768-17778.

[58] SHEN G Z, SCHLUCHTER W M, BRYANT D A, 2008. Biogenesis of phycobiliproteins: Ⅰ. Cpcs-I and cpcU mutants of the cyanobacterium *Synechococcus* sp. PCC 7002 define a heterodimeric phyococyanobilin lyase specific for beta-phycocyanin and allophycocyanin subunits[J]. Journal of Biological Chemistry, 283(12): 7503-7512.

[59] SIX C, THOMAS J C, THION L, et al, 2005. Two novel phycoerythrin-associated linker proteins in the marine cyanobacterium *Synechococcus* sp. strain WH8102 [J]. Journal of Bacteriology, 187(5): 1685-1694.

[60] STANIER R Y, KUNISAWA R, MANDEL M, et al, 1971. Purification and properties of unicellular blue-green algae (order Chroococcales)[J]. Bacteriological Reviews, 35(2): 171-205.

[61] STORF M, PARBEL A, MEYER M, et al, 2001. Chromophore attachment to biliproteins: specificity of PecE/PecF, a lyase-isomerase for the photoactive 3 ( 1 )-cys-alpha 84-phycoviolobilin chromophore of phycoerythrocyanin[J]. Biochemistry, 40(41): 12444-12456.

[62] STUBBE J, VAN DER DONK W A, 1998. Protein radicals in enzyme catalysis[J]. Chemical Reviews, 98(2): 705-762.

[63] SWANSON R V, ZHOU J, LEARY J A, et al, 1992. Characterization of phycocyanin produced by cpcE and cpcF mutants and identification of an intergenic suppressor of the defect in bilin attachment[J]. Journal of Biological Chemistry, 267(23): 10146-16154.

[64] TALARICO L, 1996. Phycobiliproteins and phycobilisomes in red algae: adaptive responses to light[J]. Scientia Marina, 60: 205-222.

[65] TALARICO L, MARANZANA G, 2000. Light and adaptive responses in red macroalgae: an overview[J]. Journal of Photochemistry and Photobiology B: Biology, 56(1): 1-11.

[66] TOOLEY A J, CAI Y A, GLAZER A N, 2001. Biosynthesis of a fluorescent cyanobacterial C-

phycocyanin holo-alpha subunit in a heterologous host[J]. Proceedings of the National Academy of Sciences of the United States of America,98(19):10560-10565.

[67] TOOLEY A J, GLAZER A N, 2002. Biosynthesis of the cyanobacterial light-harvesting polypeptite phycoerythrocyanin holo-alpha subunit in a heterologous host [J]. Journal of Bacteriology,184(17):4666-4671.

[68] TU J M,KUPKA M,BOHM S,et al,2008. Intermediate binding of phycocyanobilin to the lyase,CpeS1,and transfer to apoprotein[J]. Photosynthesis Research,95(2-3):163-168.

[69] TU S L,CHEN H C,KU L W,2008. Mechanistic studies of the phytochromobilin synthase HY2 from arabidopsis[J]. Journal of Biological Chemistry,283(41):27555-27564.

[70] TU S L,ROCKWELL N C,LAGARIAS J C,et al,2007. Insight into the radical mechanism of phycocyanobilin-ferredoxin oxidoreductase (PcyA) revealed by X-ray crystallography and biochemical measurements[J]. Biochemistry,46(6):1484-1494.

[71] WATERMANN T,ELGABARTY H,SEBASTIANI D,2014. Phycocyanobilin in solution—a solvent triggered molecular switch [J]. Physical Chemistry Chemical Physics, 16 (13): 6146-6152.

[72] WILBANKS S M, GLAZER A N, 1993. Rod structure of a phycoerythrin Ⅱ-containing phycobilisome. Ⅰ. Organization and sequence of the gene cluster encoding the major phycobiliprotein rod components in the genome of marine *Synechococcus* sp. WH8020 [J]. Journal of Biological Chemistry,268(2):1226-1235.

[73] WILLOWS R D, MAYER S M, FOULK M S, et al, 2000. Phytobilin biosynthesis: the *Synechocystis* sp. PCC6803 heme oxygenase-encoding ho1 gene complements a phytochrome-deficient *Arabidopsis thaliana* hy1 mutant[J]. Plant Molecular Biology,43(1):113-120.

[74] YOSHIDA T,MIGITA C T,2000. Mechanism of heme degradation by heme oxygenase[J]. Journal of Inorganic Biochemistry,82(1):33-41.

[75] ZHAO K H,DENG M G,ZHENG M,et al,2000. Novel activity of a phycobiliprotein lyase: both the attachment of phycocyanobilin and the isomerization to phycoviobilin are catalyzed by the proteins PecE and PecF encoded by the phycoerythrocyanin operon[J]. FEBS Letters,469(1):9-13.

[76] ZHAO K H, SCHEER H, 1995. Type Ⅰ and type Ⅱ reversible photochemistry of phycoerythrocyanin a-subunit from *Mastigocladus laminosus* both involve Z,E isomerization of phycoviolobilin chromophore and are controlled by sulfhydryls in apoprotein[J]. Biochimica et Biophysica Acta,1228:244-253.

[77] ZHAO K H, SU P, BÖHM S, et al, 2005. Reconstitution of phycobilisome core-membrane linker,LAM,by autocatalytic chromophore binding to ApcE[J]. Biochimica et Biophysica Acta, 1706(1-2):81-87.

[78] ZHAO K H,SU P,LI J,et al,2006. Chromophore attachment to phycobiliprotein beta-subunits phycocyanobilin: cysteine beta-84 phycobiliprotein lyase activity of CpeS-like protein from *Anabaena* sp. PCC7120[J]. Journal of Biological Chemistry,281(13):8573-8581.

[79] ZHAO K H,SU P,TU J M,et al,2007. Phycobilin:cystein-84 biliprotein lyase,a near-universal lyase for cysteine-84-binding sites in cyanobacterial phycobiliproteins[J]. Proceedings of the National Academy of Sciences of the United States of America,104(36):14300-14305.

[80] ZHAO K H,ZHANG J,TU J M,et al,2007. Lyase activities of CpcS-and CpcT-like proteins from *Nostoc* PCC7120 and sequential reconstitution of binding sites of phycoerythrocyanin and

phycocyanin beta-subunits[J]. Journal of Biological Chemistry,282(47):34093-34103.

[81] ZHOU J, GASPARICH G E, STIREWALT V L, et al, 1992. The CpcE and CpcF genes of *Synechococcus* sp. PCC7002. Construction and phenotypic characterization of interposon mutants [J]. Journal of Biological Chemistry,267(23):16138-16145.

# 第 6 章 天然藻胆蛋白的生产

## 6.1 导　　论

藻胆蛋白(PBPs)的生产分为两个主要的连续过程:上游过程(包括藻类生物的生产和代谢产物的积累)和下游加工(包括收获、提取和生物精炼)。藻类产品的下游加工,即生物量和藻类代谢物的回收,是整个过程最重要的组成部分(Reis 等,1998;Molina Grima 等,2003)。藻体回收步骤包括在下游加工中,但通常被视为上游过程和下游加工之间的中间步骤。藻类生物生产高质量的 PBPs 需要最佳的生产条件,其中包括有效的藻类生物质生产及其中 PBPs 的积累,从而增加生物质中 PBPs 的含量。大多数藻类在特定的环境条件下,尤其是光照条件下,会积累 PBPs。适宜的光照条件能够刺激 PBPs 的合成,而碳源(如葡萄糖)的存在则可以通过抑制其他蛋白质的合成而促进 PBPs 的合成(Steinmüller 和 Zetsche,1984)。在异养条件下,没有光照和葡萄糖的细胞在生长过程中会产生除 PBPs 以外的其他蛋白质(Steinmüller 和 Zetsche,1984)。氮元素的存在也有助于细胞的生长和 PBPs 的积累,充足的硝酸盐可以帮助维持细胞中较高的 PBPs 含量(Del Rio-Chanona 等,2015)。因此,环境条件的干预是改善藻细胞中 PBPs 积累量常用的方法。

简而言之,PBPs 的生产过程是一个多步骤过程。这些步骤包括选择有效的藻株和培养基;藻体生物质的产生和 PBPs 的积累,收获/脱水,PBPs 的提取和分离,最后是纯化和质量鉴定(Molina Grima 等,2003)。从藻类生物质中提取 PBPs 的下游程序通常结合不同的技术,如硫酸铵沉淀、离子交换色谱和凝胶过滤色谱等,以获得高纯度的 PBPs(Kuddus 等,2013)。

## 6.2 藻类生物的培养

藻类生物中 PBPs 水平的差异可能是环境影响(生物和非生物条件)的结果,不同条件可能会对藻体生物量以及 PBPs 的含量产生不同的影响(Stengel 等,2011)。因此,PBPs 的生产率受多种因素的影响,如藻株类型、光生物反应器、培养参数(即培养基、光照、通气量和 pH 等)等(Velea 等,2011;Samsonoff 等,2001;Tarko 等,2012;Yuan 等,2011)。

### 6.2.1 高效藻株的选择

PBPs 是存在于红藻、蓝藻及部分隐藻中的捕光色素蛋白,目前,已经有许多藻株可以用于 PBPs 的生产。但是,这些藻类所需的培养条件并不相同,而且其生产 PBPs 的能力也有所差异。分离和筛选出有效的藻株是影响生物体内 PBPs 生产力的关键因素(Georgianna 等,2012)。分离过程可以通过诸如营养(如碳源、氮源,微量元素和维生素等)变化、pH、温度、通气量及选择性抑制剂(例如抗代谢物,抗生素）等综合协调完成（Pawar 等，2014；Chen 等，2013；Bui 等，2014）。从不同生态环境（如河流、湖泊等）中收集样品并选择新的藻株，通常为第一步操作（Simeunovic 等，2012）。分离步骤之后是筛选，筛选的主要目的是通过筛除非生产性的藻株来提高藻株中 PBPs 的生产率（Pawar 等，2014）。最常用的筛选技术为收集大量藻株，将它们暴露于相同的环境条件下，最后根据其生产 PBPs 的能力来选择最合适的藻株（Pawar 等，2014；Simeunovic 等，2012）。PBPs 的生产率高且易于加工培养的藻株即为所需的优良藻株（Silveira 等，2017）。已经报道了多种不同类型的微藻，如钝顶节旋藻 *Arthrospira platensis*、紫球藻 *Porphyridium* sp.、聚球藻等，均为生产 PBPs 的优良菌株，同时许多巨型藻类也已被开发用于 PBPs 的提取（Viskari 等，2003；Moraes 等，2011；Guil-Guerrero 等，2004）。选择了合适的藻株后，须继续优化培养条件以进一步提高 PBPs 的生产力。

## 6.2.2 生物反应器

培养藻类的生物反应器可以分为两种类型，即开放式和封闭式（Cheah 等，2015；Pires 等，2012；Yusuf 和 Chisti，2007；Zittelli 等，2013）。开放式系统一般用于商业规模的微藻生物质生产，而封闭式系统在防止水蒸发以及合理利用能量和化学物质等方面具有优势。

### 6.2.2.1 开放式生物反应器

开放式生物反应器一般用于微藻生物的大规模培养，它的建造和运营成本远低于封闭系统（Slade 和 Bauen，2013）。天然池地、圆形池地、跑道池和倾斜池系统是典型的开放系统（Zittelli 等，2013）。这种系统具有以下优点：易于清洁和维护；直接暴露在阳光下；溶解氧的积累少。但是，开放式生物反应器中生物质的产生取决于气候条件，同时该生物反应器更容易受到其他微生物的污染（Acién 等，2017；Chisti，2013）。

最常见的开放式生物反应器是一种跑道式生物反应器，它由长宽相同的平行通道（深 0.2～0.4 m）组成，并通过 180°曲线连接（图 6-1）。该生物反应器中的搅拌功能是通过连接到电动机上的搅拌叶片实现的（Santos 等，2016）。这种类型的生物反应器可以使用混凝土直接在土壤中建造，也可以直接在地下开挖并衬以聚合物涂层，如塑料合金（Demirbas，2010）。最近，厚度小于 0.5 mm 的玻璃纤维已被用于建造开放式生物反应器（Costa 等，2017；Pawlowski 等，2017）。根据 Benemann 等（1987）的研究，建造一个面积为 100000 $m^2$ 的跑道式生物反应器，综合考虑其他因素，成本约为 725000 美元。

**图 6-1 跑道式生物反应器（Yu 等，2019）**

藻类尤其是螺旋藻被认为是生产 C-PC 的较好原料之一。使用跑道式生物反应器进行螺旋藻的开放式培养是较普遍的培养方式。螺旋藻池中螺旋藻生物量（藻蓝蛋白（PC）的产量）受温度、光强度、pH 和其他现场天气条件等因素的影响。pH 是细胞生长、$CO_2$ 利用和防止污染的重要因素之一。培养基 pH 的不良变化会扰乱气态 $CO_2$ 与培养基中溶解的无机物（$HCO_3^-$、$CO_3^{2-}$）之间的平衡，影响营养物质的利用，并阻碍光合作用以及微藻类的代谢。碱性范围内的 pH 会提高 $CO_2$ 的质量转移，从而导致高浓度 $HCO_3^-$，促进螺旋藻的快速生长。然而，高浓度的 $CO_2$ 会阻碍 PBPs 和其他色素（包括藻蓝蛋白）的积累（Chen 等，2016）。因此，螺旋藻的培养需要在最佳 pH 下进行，以保证获得高生物量且不损害品质。然而，常规的螺旋藻培养是在不控制培养基 pH 的情况下进行的。在某些情况下，通过添加酸（HCl）或碱（NaOH）来保持 pH，这不仅可能造成化学药品的额外浪费，也可能会损害细胞。因此，将 $CO_2$ 注入露天池塘进行无机碳补充（作为能源的唯一碳源）并同时控制 pH 是螺旋藻养殖的较佳方式。

在商业化微藻培养中通常采用 $CO_2$ 控制 pH 的策略，但实际上，除了使用 $CO_2$ 以外，人们还采用了多种策略来控制培养液的 pH。较早进行的 pH 控制研究在操作规模、pH 控制手段、所用反应器类型以及所用物种方面都有很大差异。Chen 等（2016）使用室内光生物反应器（1 L）研究了 pH 恒定的 $CO_2$ 进气策略对螺旋藻细胞生长和 C-PC 产量的影响。之后，有人开发了具有成本效益的提供 $CO_2$ 的碳酸氢盐/磷酸盐缓冲液系统，以控制 pH 并增强雨生红球藻 *Haematococcus pluvialis* 的生长和虾青素的生产能力（Choi 等，2017）。Zhang 等（2016）开发并研究了通过 $CO_2$ 喷洒吸收塔和一个室外露天跑道池塘，将 pH 控制在 6.5～8.5 范围内进行小球藻的培养。作为系统自动化的一个进步，Cao 等（2019）开发了用于微藻在线监测的藻类监测系统，并通过补充 $CO_2$ 在 pH 稳定模式下研究了拟南芥 IMTE1 和湛江等鞭金藻 *Isochrysis zhangjiangensis*。此外，Wang 等（2018）还使用 $CO_2$ 进气的在线 pH 监测和维护系统来研究各种 pH 对直径为 10 m 的圆形池塘和 5 $m^2$ 开放式水道反应器中养殖的油球藻 *Graesiella* sp. WBG1 的生物质和脂质生产潜力的影响。尽管 pH 控制策略已经有多种应用，但并非所有这些都是通过自动化系统完成的，Chen 等（2016）使用直径 1 m 的室内光生物反应器研究了螺旋藻的性能。Jitendra 等（2019）使用气态 $CO_2$ 代替化学碳物质，通过补充 $CO_2$ 来优化所需的培养物 pH 以及使螺旋藻的培养自动化来解决与使用化学碳物质相关的瓶颈；其开发 $CO_2$ 进气的自动化系统，并在中试规模操作中在线监测培养参数。图 6-2 提供了自动开放式水道培养系统的设计草图，其中包括控制面板和 $CO_2$ 进气系统的详细信息。单独和组合使用温度与光照强度在封闭式生物反应器和开放式跑道式生物反应器的培养方式和总生物量生产力中起着重要作用。

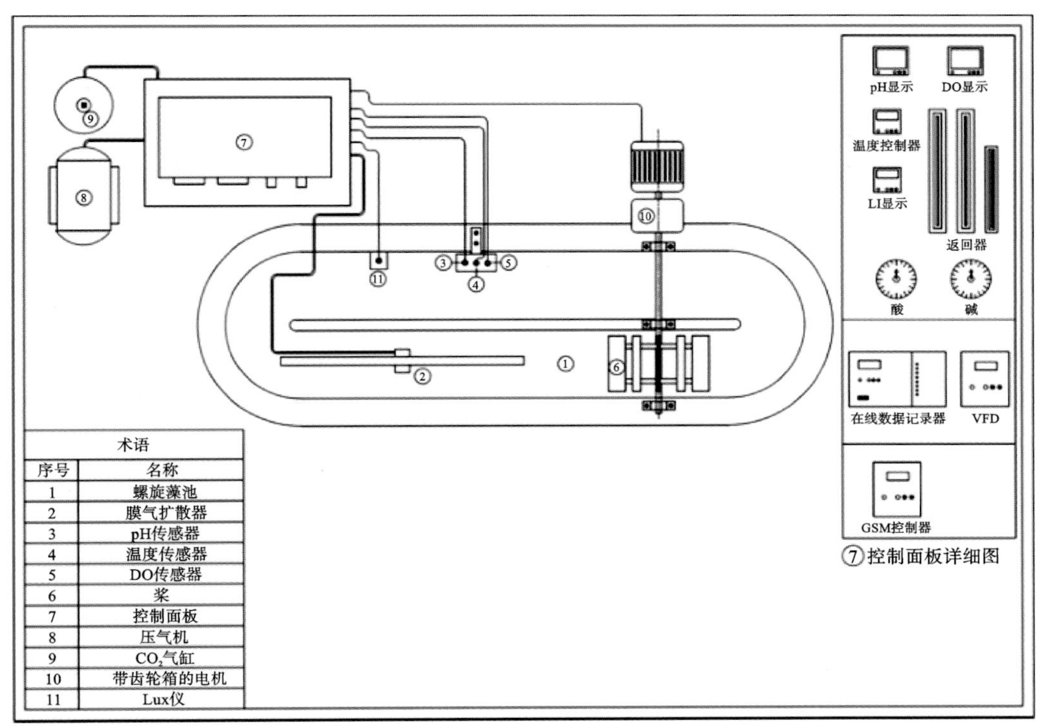


| 术语 | |
|---|---|
| 序号 | 名称 |
| 1 | 螺旋藻池 |
| 2 | 膜气扩散器 |
| 3 | pH传感器 |
| 4 | 温度传感器 |
| 5 | DO传感器 |
| 6 | 桨 |
| 7 | 控制面板 |
| 8 | 压气机 |
| 9 | $CO_2$气缸 |
| 10 | 带齿轮箱的电机 |
| 11 | Lux仪 |

**图 6-2　带有控制面板和 $CO_2$ 进气系统详细信息的自动开放式水道培养系统的草图（Jitendra 等，2019）**

大型水道池塘的操作深度为 20 cm 或以上，而光只能穿透池顶部的 3～5 cm（Raeisossadati 等，2019），藻细胞可以利用的光量很少。因此，光照是限制藻类在水道池塘中生长的主要障碍之一，使得生物质的生产率相对较低(Tredici,2010)。目前已经提出了诸如扩散器之类的光扩散系统作为增强光对于藻细胞可用性的潜在方法,可分为时间和空间上的两种光扩散系统,以提高藻细胞的光利用率(Raeisossadati 等,2019)。暂时的光扩散是基于湍流混合在瞬间引起高辐照度,从而造成较快明/暗频率(称为闪光效应)(Laws 等,1983)。只要提供最佳的混合速度,闪光效应就可以成为藻类生长的有效系统。然而,使用桨轮的常规混合不能提供闪光效应所需的有效湍流混合速度(Tredici,2010)。空间光扩散通过使用配光系统减少或增加光辐照度来提供更有效的光空间(Zijffers 等,2008)。空间光稀释系统可与常规混合系统一起使用,从而降低总体投资成本(Dye 等,2011)。目前已经提出了许多不同的配光系统,如光纤(Xue 等,2013)、槽式系统(Fernández-García 等,2010)、抛物面天线(Chiang 等,2016)、绿色太阳能集热器(Zijffers 等,2008)和发光太阳能聚光器(LSC)(Raeisossadati 等,2019)等。

LSC 的主要优点是不需要太阳能跟踪系统,与其他系统相比成本更低(Raeisossadati 等,2019)。发光粒子(如有机染料或量子点(QDs))是 LSC 的主要成分(Debije 和 Verbunt,2012)。当光入射到 LSC 的表面时,发光粒子吸收光子,吸收的光在内部反射并从边缘发射出更长波长的光(Corrado 等,2013)。一些关于在封闭的藻类光生物反应器中使用 LSC 的小规模研究(Delavari Amrei 等,2015;Mohsenpour 和 Willoughby,2013;Sforza 等,2015),都是将 LSC 作为光转换器。Raeisossadati 等(2019)将红色和蓝色 LSC 应用于室外水道池塘,以提高钝顶节旋藻的生物量和 PC 生产力(图6-3)。其中红色 LSC 提高了室外桨轮驱动的水塘中培养的钝顶节旋藻的生物量和 PC 生产力。在所有处理中,钝顶节旋藻培养物的叶绿素 a 和蛋白质含量在统计学上均无差异。使用了 LSC 的室外微藻培养跑道池塘可以显著增加池塘深处微藻细胞的光利用率,并提高生物量和 PC 的生产率。但是,需要进行更大规模的进一步研究以及详细的技术经济学和生命周期分析,以发现 LSC 在藻类大规模培养中的真正潜力。

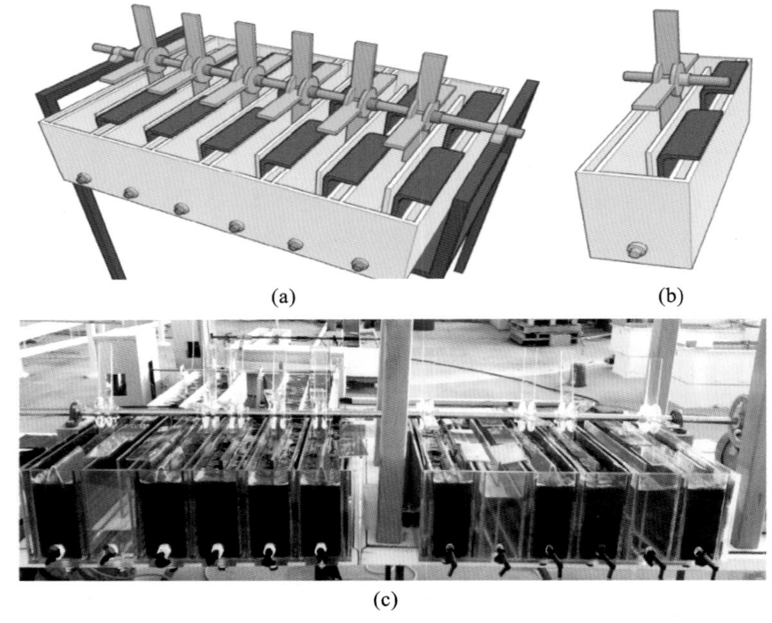


**图 6-3 发光太阳能聚光器(LSC)(Raeisossadati 等,2019)**

(a)示意图;(b)单个图示;(c)装有发光太阳能聚光器的水道池塘结构图,每个池的培养量为 21.5 L

### 6.2.2.2 封闭式生物反应器

近年来,封闭式生物反应器对不同类型藻类的培养均效果显著。它们具有加强 $CO_2$ 的消耗,便于向培养物进行光传输,更有效地进行混合,耗费更少的清洁和维护时间等优点,还能够提高藻类生物质的生产效率,增加其中 PBPs 的含量(Ugwu 等,2008)。与开放系统相比,封闭系统(即光生物反应器)具有以下优势:更好地控制培养条件(如 pH 和温度),更高的光合作用效率和生物质生产力,占地面积小,

水蒸发速度慢，$CO_2$ 损失小以及被其他微生物污染的风险低（Acién 等，2017；Pires 等，2012）。尽管已经提出并设计了许多光生物反应器，但实际上仅有少量光生物反应器可以用于培养藻类和生产 PBPs（Ugwu 等，2008；Lee 等，2001；Li 等，2014）。光生物反应器的建设和运营成本普遍偏高，这使其难以规模化（Ho 等，2011）。目前已经将光生物反应器分为以下几种：①管状或扁平状；②水平、垂直、倾斜或螺旋形；③蛇形；④混合型；⑤漂浮型；⑥生物膜型（Zittelli 等，2013）。据报道，管状或扁平状光生物反应器的效果较为明显，因为它们可以实现更大规模的藻类培养以及提高 PBPs 的生产率（Stamato 等，2014；Carvalho 等，2014）。

封闭式生物反应器可以控制和监测培养条件，如 pH、温度、空气流速、光强度等。其中能够提供混合程度、气体交换、能源消耗、生物质生产率等数据的生物反应器对藻类的生产更为有效。此外，它们还可以通过气升来进行气体交换（无需离心式循环水泵），同时通过循环培养以减小功率，它们还可以提供足够的质量传递（主要用于氧气和二氧化碳的交换）（Carvalho 等，2014）。有效的生物反应器不仅可以最大限度地减少能耗，降低生产过程的总成本，而且能够促进藻类生物质的生长和提高 PBPs 的产值。

尽管开放式系统在最低限度的照料下即可达到高生产率，但是可变的环境因素成为限制藻类生长的主要因素。与开放式生物反应器相比，封闭式生物反应器在无菌条件下培养，且能够防止水蒸发，能合理利用能量和化学物质，从而提高了 PBPs 的生产率（Barbosa 等，2003）。因此，藻类的最佳生长需要具有固定环境条件的封闭式大规模培养系统。在封闭系统中，藻类的培养方式包括异养、混养或光养。近年来，封闭式生物反应器的设计和操作已经取得了一些进展，以通过商业生产微藻获得高端产品。封闭式生物反应器具有多种优势，如干净的培养体系，合理利用的光能，可持续的生物量以及可控制藻类生产力的温度控制因子（Chrismadha 和 Borowitzka，1994）。封闭的系统用最小的空间来连续操作培养，以持续生产高密度的均匀生物质。这些生物反应器需要恒定的 $CO_2$ 来源用以生产生物质，起到固碳的作用。近年来，用于藻类大规模商业培养的光生物反应器的设计和操作有了很大的进步。光生物反应器的几种设计不久将实现商业化。此外，所有光生物反应器的设计均旨在增加表面积并最大限度地利用 $CO_2$ 气源中的光，以提高生产率。

在开放式和封闭式生物反应器中进行藻类的培养具有很广泛的前景。与封闭式生物反应器相比，开放式生物反应器具有低藻细胞密度的特点。Devis 等（2011）发现与开放式生物反应器（0.5 g/L）相比，封闭式生物反应器的生产率更高（2～6 g/L）。在室外露天滚道中培养的钝顶节旋藻和鱼腥藻的 PC 生产力分别为 14～23.5 $g \cdot m^{-2} \cdot d^{-1}$ 和 0.82～1.32 $g \cdot m^{-2} \cdot d^{-1}$（Moreno 等，2003）。因此，在封闭式滚道生物反应器中，PC、藻红蛋白（PE）和别藻蓝蛋白（APC）的生产率可以提高 10 倍。

### 6.2.3　营养方式

藻类的培养可以在开放式或封闭式的系统中使用不同的营养条件（光养、异养、混养等）进行。开放系统可以是开放式池塘，可用于微藻的大规模培养，但是其包含高污染的风险且生产条件不可控（Usher 等，2014）。在封闭系统中，藻类可以通过光养、混养或异养的营养方式在光生物反应器中生长（Yu 等，2009；Wan 等，2011）。

PBPs 可在开放或封闭系统中以小规模或大规模生产。在 PBPs 合成过程中，由于碳源的能量密度比 $CO_2$ 高，葡萄糖的存在使混养培养物的生长速度比光养和异养培养物的生长速度高得多（Morales-Sánchez 等，2013；Eriksen 等，2008；Liang 等，2009）。这表明与光养和异养相比，混养能够加快生长，获得最大的生物量浓度和 PBPs 的积累（Eriksen 等，2008）。但是，由于藻株种类之间存在差异，对于培养方式的选择也有所不同。Morais 和 Bastos（2019）评估了混养的分批培养基中，微胞藻 *Aphanothece microscopica* 在补充甘蔗酒糟的 BG11 培养基中生产 PC 的能力。图 6-4 显示了 72 h 内 PC 的产量。在混养和光养条件（分别为 1.50 $mg_{PC} \cdot g^{-1}$ 和 1.56 $mg_{PC} \cdot g^{-1}$ 生物量）下培养 12 h 后，PC 实现最大生产量。从图 6-4 中，可以推断微胞藻 *A. microscopica* 具有极其丰富的新陈代谢，其在混养和光养过程中以相似的数量生产 PC。

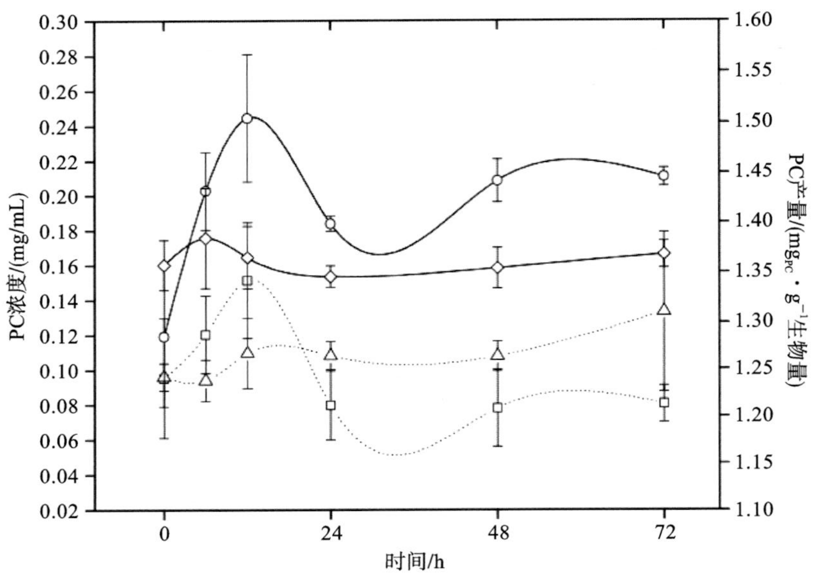


**图 6-4　微胞藻 *Aphanothece microscopica* 在光养代谢下向 BG11 培养基中加营养液和对照的混养 72 h 时获得的 PC 的产量(Morais 和 Bastos,2019)**

实线:PC 产量(圆圈,2.5 mL 酒糟;菱形,对照),虚线:PC 浓度(正方形,2.5 mL 酒糟;三角形,对照)

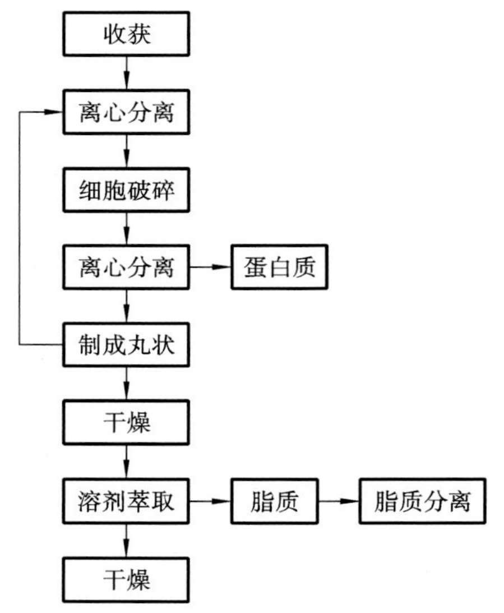


**图 6-5　一种加拿利海藻 *Galdieria phlegrea* 中生物活性物质级联萃取流程图(Imbimbo 等,2019)**

Imbimbo 等(2019)设计了一种级联方法来从一种加拿利海藻 *Galdieria phlegrea* 中获得两类高价值分子:PC 和多不饱和脂肪酸(PUFA)(图 6-5)。提取过程可分为两个连续步骤:常规的高压过程回收 PC,而后溶剂提取得到脂肪酸。一种加拿利海藻 *G. phlegrea* 中富含 PBPs 和 PUFA,它的最佳生长条件是在 pH 1.5 和 35～45 ℃的温度范围(Carfagna 等,2015)。因此该方法能够显著降低开放式生物反应器被污染的风险以及封闭式生物反应器的冷却成本(Sakurai,2016)。对于 PC 的提取,将收获的生物质通过两次压力机。对于上清液,研究者通过 SDS-PAGE 和考马斯亮蓝染色进行了分析,发现存在两种主要的蛋白质,其分子量分别对应于 PC 的 α 和 β 亚基。PC 是一种蓝色蛋白质,因此利用其荧光性质,在没有任何着色的情况下暴露于紫外线之后也可以被看到。有趣的是,即使蛋白质产量不高,PC 与总蛋白质的比率仍高于 60%,相对纯度等级为 3。

#### 6.2.3.1　光合自养(光养)生产

光养主要存在于热带和亚热带地区,是通过利用在开放式池塘中生长的蓝藻和红藻进行 PBPs 生产的室外培养方法(Carlozzi,2003;Jiménez 等,2003;Richmond 和 Grobbelaar,1986)。通常,PBPs 主要通过两种方法进行光养生产:在开阔的人工池塘或者在自然阳光下通过封闭式生物反应器来大规模培养藻类。钝顶节旋藻通常被选作 C-PC 生产的藻株,因为它是少数可以在开阔的池塘中生长而不会被污染性生物竞争夺取光照和营养物质的光养微生物,尽管在开阔的池塘培养的钝顶节旋藻培养物中确实会出现污染性生物(Richmond 和 Grobbelaar,1986;Richmond 等,1990)。自 1980 年以来,世界范围内的钝顶节旋藻产量不断增加(Borowitzka,1999;Pulz 和 Gross,2004)。在全世界,干燥的钝顶节旋藻

(>3000 kg)大多被用于生产保健品和动物饲料添加剂(Pulz 和 Gross,2004;Spolaore 等,2006)。在太平洋周围的热带和亚热带地区,每年平均生产超过 3000 kg 的钝顶螺旋藻(Pulz,2001;Spolaore 等,2006)。在开阔的池塘中,培养池水面以下的光的可用性差是阻碍细胞大量生产的主要问题。封闭式生物反应器(图 6-6)被用作大规模生产 PBPs 的更好选择,这有利于在室外培养中提供均等的光照,实现 $CO_2$ 合理分布和温度控制。

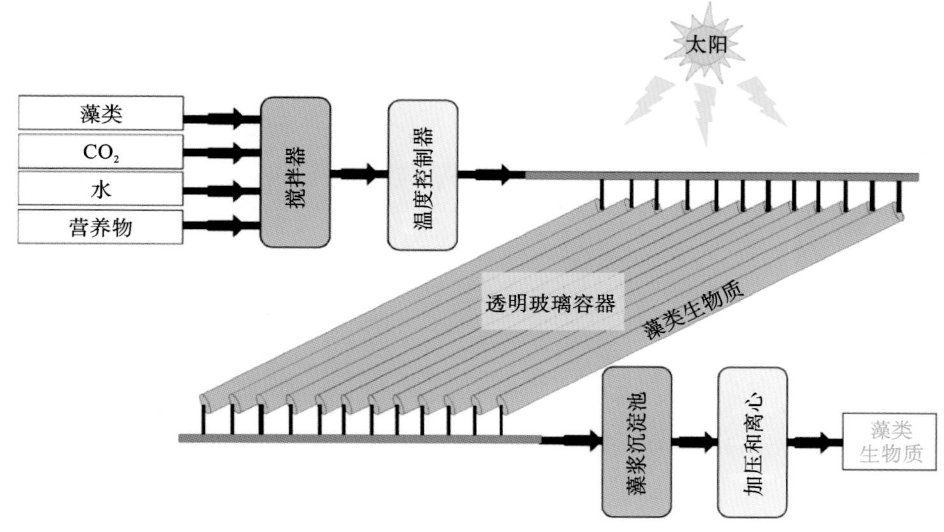


**图 6-6　封闭式生物反应器**

用于大规模生产藻类生物质,广泛使用的基于太阳光照的封闭式生物反应器的结构和操作

#### 6.2.3.2　混合营养(混养)生产

与光养植物相比,提供任何碳源都会增加细胞质量浓度(Vonshak 等,2000;Chojnacka 和 Noworyta,2003)。蓝藻和钝顶螺旋藻的混合培养应在密闭的反应器中进行。Marquez 等(1993)发现,在含有葡萄糖的培养液中生长的混养培养物的生长速度为光养和异养生长速度之和。与光养相比,混养能够实现更快的生长速度和最大生物质浓度的增加(Marquez 等,1993;Vonshak 等,2000;Chojnacka 和 Noworyta,2004)。Eriksen(2008)关于 C-PC 生产速度的比较数据也显示,室内混养的钝顶螺旋藻生长速度高于室外光养的钝顶螺旋藻的生产速度。Vonshak 等(2000)观察到,混养型培养物的最大光合速度和光饱和度值高于光养状态。其发现将葡萄糖粗粉饲喂给钝顶螺旋藻可将其生物质产量提高至 10 g/L。与光养条件相比,混养条件下藻类对高光胁迫的耐受性增强。在特别设计的生物反应器中,混养的生产是在有一些碳源和阳光的情况下进行的,这有助于光养生物与其他污染性生物竞争。研究表明,在室内混养条件下,钝顶螺旋藻中 PC 的产量要高于室外光养的产量(Chen 和 Zhang,1997;Marquez 等,1993)。

#### 6.2.3.3　异养生产

生存在极端栖息地的蓝藻和红藻能够适应周围环境的碳源,而不是光养。为了让这种极端微生物中生产 PBPs,可以采用异养策略。藻类异养过程中,不会受到光强度的限制,因此比依赖光照的培养方式具有更大的生产潜力。由于不需要大的表面积体积比,生物反应器在尺寸、混合度、气体转移、生产率和紧迫性方面,可以按比例放大或提高。一般存在于炎热和酸性环境中的温泉格里菲斯藻 *Griffithsia sulfuraria* 被广泛用作 PC 异养生产的宿主(Gross,1995)。温泉格里菲斯藻 *G. sulfuraria* 含有大量的 C-PC 和少量的 APC。它的自然栖息地是炎热的酸性温泉,因此在 40 ℃以上的温度下可以找到最佳的生长条件,并且能够利用各种碳源(Gross 等,1995)。异养温泉格里菲斯藻 *G. sulfuraria* 的 C-PC 性质与其他蓝藻来源的 C-PC 相似。Schmidt 等(2005)与 Graverholt 和 Eriksen(2007)研究了温泉格里菲斯藻 *G. sulphuraria* 074G 藻株的生长和 C-PC 的生产。节旋藻藻株也可以在黑暗条件下,通过异养葡萄糖和果糖得到生长。然而,由于异养钝顶节旋藻菌株的生长速度和色素含量非常低,因此在平板土壤中异养节旋藻以生产 C-PC 不是可行的选择(Chojnacka 和 Noworyta,2004;Mühling 等,2005)。酸性 pH 和培养液的高温降低了污染的风险,因此,即使长时间培养,异养培养物也可以成为优势藻。异养 PC 的特性类似于光养 PC 的特性。

6.2.3.4　重组生产

尽管非常困难,但重组生产仅是异养生产 PBPs 的替代方法,重组 PBPs 的生产需要众多基因的共表达(载脂蛋白合成,发色团合成和发色团附着)。与其他重组蛋白的生产相比,这种多链全蛋白 PBPs 的生产更具挑战性。重组 PBPs 的完全合成取决于 α 亚基和 β 亚基的共表达以及正确的藻胆素发色团的平行合成和插入。在光养鱼腥藻物种中产生了重组 C-PC,其中 *cpcA* 和 *cpcB* 基因与 His6 标签融合以利于亲和色谱纯化,该物种自然合成藻蓝素并将其插入 C-PC(Cai 等,2001)。这些融合蛋白被表达为稳定的 C-PC 复合物。将不同生物特异性识别域的编码序列与稳定的 C-PC 融合构建体融合,并将表达的多域融合蛋白用作荧光探针(Eriksen,2008)。基因工程促进了具有新功能的重组 C-PC 的产生。在异质宿主中,重组全 C-PC 的 α 亚基已经在大肠杆菌中表达。His6 标签易于通过亲和色谱纯化,并且已整合了对特定生物结构具有亲和力的结构域(Tooley 等,2001;Guan 等,2007)。Overkamp 等(2014)证明了使用真核 PBPs 裂解物生产重组 PBPs 的方法。Cherdkiatikul 等(2014)通过 pETDuet1 载体克隆在大肠杆菌 BL21 中过表达了钝顶螺旋藻中的 APC 和 PC 载脂蛋白。其他一些报道也证明了 PBPs 脱辅基蛋白的重组生产(α 亚基和 β 亚基)(Wang 等,2007;Ge 等,2005),但是关于完整蛋白质的重组生产报道很少。

生产 PBPs 的不同方法及特点见表 6-1。

**表 6-1　生产 PBPs 的不同方法**

| 方　　法 | 特　　点 |
|---|---|
| 光合自养(光养)生产 | 使用开放式池塘生产 PBPs 的室外方法。大多数情况下,钝顶节旋藻被用于干燥生产 |
| 混合营养(混养)生产 | 培养在密闭反应器中进行。混养培养物的生长速度为光养和异养生长速度之和。与光养相比,*A. platensis* 在混养中具有较快的生长速度 |
| 异养生产 | 生产不受入射光强度的限制 |
| 重组生产 | 重组蛋白生产是 PBPs 异养合成的一种选择。重组 C-PC 已经在光养的鱼腥藻中产生 |

## 6.2.4　优化培养参数

藻类生物质生产 PBPs 的能力(上游过程)与影响藻类生长和 PBPs 积累的各种环境因素(如培养基类型、养分利用率、温度、光强度、pH、$CO_2$ 等)密切相关(Gacheva 等,2014;Mogany,2014)。尽管藻类生物质的生产成本比下游加工低,但它在藻类代谢产物(尤其是 PBPs)的生物合成中具有至关重要的作用。其中具有最大积累量的代谢产物被认为是藻类生产中有价值的产品,这意味着对培养参数的优化,会直接影响藻类培养过程中生产哪种代谢产物的优先级(Parjikolaei 等,2013)。

通常,PBPs 的生物合成主要涉及两个步骤。第一步是使藻类在最佳条件下生长,以有效地生产生物质;第二步,依次施加压力因素(如分批补料过程中较低的硝酸盐浓度,适度的光照强度)以诱导 PBPs 和其他代谢产物的合成(Del Rio-Chanona 等,2015)。该过程取决于在培养过程中使用的藻株,通过提供并优化适当的培养基和培养条件,以促进藻细胞的生长和有效 PBPs 的积累。此外,由于藻株种类的差异,许多藻株具有在恶劣环境条件下生存的能力,但它们可能需要特殊的培养基和生产条件,以避免藻类生理学发生变化,从而产生不同的代谢产物(Skjånes 等,2013)。Simeunovic 等(2012)报道培养条件(如光强度和质量、温度、培养基的浓度,尤其是氮源和碳源等)的变化可能会影响藻株中色素的产生情况,而适当的培养条件会促进 PBPs 的合成。

6.2.4.1　光照

对于藻类生物而言,光照是决定其生长和生存的关键因素。藻细胞在光合作用和其他受光调节的途径中，所进行的主要的代谢过程，即从生物量密度的变化到化合物的积累(Schulze 等，2014)。因此，如表 6-2 所示，为了增加 PBPs 的产量而进行的光优化可能主要与光质(光谱成分)、光强度以及曝光时间有关。

就光质而言，研究表明不同的波长可以增强特定化合物的产生。PBPs 作为光合色素蛋白，其积累量与提供给藻类的光组成直接相关。PC 能够吸收红、黄光区的光，而 PE 主要吸收绿光。Keithellakpam 等(2015)发现，一种念珠藻 *Nostoc muscorum* 在红光下会产生更多的 PC，在绿光下产生更多的 PE。藻类生物需要吸收特定范围的光以确保光合作用效率。但是，不同种类的藻细胞对光质的适应也有所差异。在蓝光下，某些鱼腥藻物种的总 PBPs 的生产力增加(Hemlata 和 Fatma，2009；Khattar 等，2015；Vijaya 和 Anand，2009)。在球形念珠藻(Ma 等，2015)和聚珠藻(Ma 等，2015；Kim 等，2014)中也发现了同样的现象。藻细胞中 PBPs 水平的这种变化可能与蓝色和紫色区域的光感受器(隐花色素受体)有关，它可能会激活 PBPs 的生物合成途径。因此，还可以通过在坑形席藻 *Phormidium foveolarum*、一种念珠菌 *Nostoc muscorum* 和钝顶螺旋藻 *Spirulina platensis* 等藻类培养过程中补充紫外线 BUV-B 辐射来提高 PBPs 的产量(Kumar 等，2011)。

光强度也是藻类生物培养过程所要优化的条件之一。目前研究表明，PBPs 在积累过程中偏向中低强度的光(Castro 等，2015；De Oliveira，2014；Gris 等，2017；Hemlata 和 Fatma，2009；Hifney 等，2013；Lee 等，2016；Ma 等，2015；Del Rio-Chanona 等，2015；Takano 等，1995)。这可以通过 PBPs 在光合作用中所起的作用来解释。在低强度光照条件下缺少光，藻细胞将通过其他途径来获取光和能量以进行生长。与此同时，高强度的光会引起光抑制，如螺旋藻不能在高于 4000 Lux 的光强度下生长(Chen 等，1996)。当能量通量高于生物体所能承受的水平时，细胞内的电荷过多，导致活性氧(ROS)增多，形成有毒的环境，从而导致细胞死亡(Soletto 等，2008)。但是，某些藻株对光不那么敏感，而且可以在高强度光照下生长，那这些能量会增强这些菌株的生长和代谢能力。Chaneva 等(2007)发现一种蓝藻 *Arthronema africanum* 在高于 150 $\mu$moL · $m^{-2}$ · $s^{-1}$的光强度下会产生更多的 PBPs。一些研究也发现了几种蓝藻对高强度光的偏好(Chen 等，1996；2010；Kumar 等，2011；Maurya 等，2014；Mohite 和 Wakte，2011；Zhang 等，1999)。

此外，光照周期还可以实现光养和异养代谢之间的平衡。另外，生物体每天接收的总光线也非常重要。在藻类生物的培养过程中可以给予较长的光照时长，也需要给予相应的黑暗时间(Johnson 等，2014)。为了实现目标产物的分解代谢最小化，也可以在连续光照下进行某些培养。研究发现，PBPs 的积累过程都需要黑暗时间。有人提出光照 16 h、黑暗 8 h 是积累 PBPs 的最佳条件(Deshmukh 和 Puranik，2012；Hemlata 和 Fatma，2009；Johnson 等，2014；Maurya 等，2014)。

#### 6.2.4.2 氮源

氮是仅次于碳的第二大必需营养素，用于生物体的生长和代谢。藻类生物所需的氮来源和数量因物种而异。一般使用硝酸盐作为氮源，有些物种也可以使用尿素或氨作为氮源。许多藻类可以直接将氮气固定，但是，即使对于那些物种，有时也需要向培养基中提供亚硝基(Guedes 等，2013)(表 6-3)。

氮是生产 PBPs 的基础。PBPs 是藻细胞中氮的主要储存物，在压力环境下，一旦生物体既需要氮又需要光照，其对氮的利用率就会发生变化(Lamela 和 Márquez-Rocha，2000 年；Olvera-Ramírez 等，2000)。此外，氮同化过程还与光合作用直接相关，这取决于一些光化学产物，如 ATP 和碳骨架，这些化学产物是来自细胞内部的碳产物(Simeunović等，2013)。

培养基中的氮源可以控制代谢产物的产生，它能够改变细胞内部的养分吸收机制。藻类的生长过程中，一般是将硝酸盐还原为亚硝酸盐然后还原为铵盐，以便最终进入存储成分(如氨基酸)中(Ürek 和 Tarhan，2012)。很少有研究人员将氮的不同来源与 PBPs 的产生进行比较。Khazi 等(2018)比较了三种不同的藻株中硝酸盐($NaNO_3$ 和 $KNO_3$)和铵盐的使用效果。补充铵盐后，席藻 *Phormidium* sp. 和伪鱼腥藻 *Pseudoscillatoria* sp. 的生长水平提高，但是螺旋藻的生长水平降低，这可能是由于 pH 的变化较大，铵的流入量增加，从而对细胞产生了毒性。另外，Ajayan 等(2012)发现，相比于硝酸盐，螺旋藻更喜欢使用尿素作为氮源。

表 6-2　不同物种在不同光照等条件下的 PBPs 产量

| 物　　种 | 光照条件 | 培养参数 | 最佳条件 | PBPs 产量 | 参考文献 |
|---|---|---|---|---|---|
| 光强度 | | | | | |
| 鱼腥藻 *Anabaena* sp. | 78～238 | T:30 ℃;pH:7.8;LC:12∶12 h;M:Algal | 无差异 | TBP:12.0% | Loreto 等,2003 |
| | 12～50 | [a]T:30 ℃;[a]pH:8.0;[a]LC:16∶8 h;M:BG11 | 25 | TBP:12.5% | Hemlata 和 Fatma,2009 |
| | 500～3000 Lux | [a]T:35 ℃;[a]pH:8.0;[a]LC:16∶8 h;M:BG11 | 2000 Lux | 0.08 mg·$mL^{-1}$ | Maurya 等,2014 |
| 一种蓝藻 *Arthronema africanum* | 50～300 | T:36 ℃;pH:N/A;LC:12∶12 h;M:BG11 | >150 | N/A | Chaneva 等,2007 |
| 一种蓝藻 *Cyanobacterium aponinum* | 15～620 | T:29 ℃;pH:8.0;LC:N/A;M:BG11 | <150 | PC:15% | Gris 等,2017 |
| 粘球藻 *Gloeocapsa* sp. | 500～3000 Lux | [a]T:35 ℃;[a]pH:8.0;[a]LC:16∶8 h;M:BG11 | 2000 Lux | 0.06 mg·$mL^{-1}$ | Maurya 等,2014 |
| 鞘丝藻 *Lyngbya* sp. | 500～3000 Lux | [a]T:35 ℃;[a]pH:8.0;[a]LC:16∶8 h;M:BG11 | 2000 Lux | 0.10 mg·$mL^{-1}$ | Maurya 等,2014 |
| 葛仙米 *Nostoc sphaeroides* | 10～120 | T:25 ℃;[a]pH:8.0;LC:N/A;M:BG110 | 90 | N/A | Ma 等,2015 |
| 念珠藻 *Nostoc* spp. | 10～150 | T:N/A;pH:N/A;LC:N/A;M:BG11 | <30 | N/A | de Oliveira,2014 |
| 钝顶螺旋藻 *Spirulina platensis* | 2500～10000 Lux | T:27 ℃;pH:9.0;LC:24∶0 h;M:Zarrouk | 2500 Lux | TBP:31.22 mg·$mL^{-1}$ | Mohite 和 Wakte,2011 |
| | 150～300 | T:28 ℃;pH:N/A;LC:12∶12 h;M:Zarrouk | 137 | N/A | Del Rio-Chanona 等,2015 |
| | 20～120 | T:30 ℃;pH:N/A;LC:12∶12 h;M:Zarrouk | 28 | TBP:12.5% | Castro 等,2015 |
| | 50～150 | T:31 ℃;pH:N/A;LC:N/A;M:Zarrouk | 无差异 | N/A | Rizzo 等,2015 |
| | 0～5000 Lux | T:30 ℃;pH:9.5;LC:24∶0 h;M:Zarrouk | 4000 Lux | N/A | Chen 等,1996 |
| | 0～4000 Lux | T:30 ℃;pH:9.5;LC:N/A;M:Zarrouk | 2000 Lux | N/A | Zhang 等,1999 |
| | 0～3000 Lux | T:30 ℃;pH:N/A;LC:N/A;M:Zarrouk | 3000 Lux | N/A | Chen 等,2010 |
| | 500～4000 Lux | T:25 ℃;pH:N/A;LC:12∶12 h;M:Zarrouk | 2000 Lux | TBP:12.7% | Kumar 等,2011 |
| | 25～200 | T:30 ℃;pH:9.0;LC:24∶0 h;M:SOT | <75 | PC:0.21 mg·$mL^{-1}$ | Lee 等,2016 |

续表

| 物　种 | 光照条件 | 培养参数 | 最佳条件 | PBPs产量 | 参考文献 |
|---|---|---|---|---|---|
| | 14.5～48.4 | T:30 ℃;pH:9.0;LC:24:0 h;M:Zarrouk | 48.4 | N/A | Hifney 等,2013 |
| 聚球藻 *Synechococcus* sp. | 0～120 | T:30 ℃;pH:N/A;LC:24:0 h;M:BG11 | 25 | TBP:10.2% | Takano 等,1995 |
| 集胞藻 *Synechocystis* sp. | 500～3000 Lux | [a]T:35 ℃;[a]pH:8.0;[a]LC:16:8 h;M:BG11 | 2000 Lux | 0.05 mg/mL | Maurya 等,2014 |
| 光照周期 | | | | | |
| 鱼腥藻 *Anabaena* sp. | 光照 8～24 h | [a]T:30 ℃;[a]pH:8.0;[a]I:25;M:BG11 | 16:8 h | TBP:12.2% | Hemlata 和 Fatma,2009 |
| | 光照 8～24 h | [a]T:35 ℃;[a]pH:8.0;[a]I:2000 Lux;M:BG11 | 16:8 h | 0.08 mg·$mL^{-1}$ | Maurya 等,2014 |
| 粘球藻 *Gloeocapsa* sp. | 光照 8～24 h | [a]T:35 ℃;[a]pH:8.0;[a]I:2000 Lux;M:BG11 | 16:8 h | 0.06 mg·$mL^{-1}$ | Maurya 等,2014 |
| 鞘丝藻 *Lyngbya* sp. | 光照 8～24 h | [a]T:35 ℃;[a]pH:8.0;[a]I:2000 Lux;M:BG11 | 16:8 h | 0.10 mg·$mL^{-1}$ | Maurya 等,2014 |
| 念珠藻 *Nostoc* sp. | 光照 8～24 h | T:30 ℃;pH:7.5;I:100;M:BG110 | 16:8 h | TBP:13.0% | Johnson 等,2014 |
| 集胞藻 *Synechocystis* sp. | 光照 8～24 h | T:24 ℃;pH:10.3;I:75;M:BG11 | 16:8 h | N/A | Deshmukh 和 Puranik,2012 |
| | 光照 8～24 h | [a]T:35 ℃;[a]pH:8.0;[a]I:2000 Lux;M:BG11 | 16:8 h | 0.05 mg·$mL^{-1}$ | Maurya 等,2014 |
| 光质 | | | | | |
| 一种鱼腥藻 *Anabaena ambigua* | R;G;B | T:26 ℃;pH:N/A;[a]I:2800 Lux;LC:16:8 h;M:BG11 | 蓝光 | N/A | Vijaya 和 Anand,2009 |
| 一种鱼腥藻 *Anabaena circinalis* | R;G;B | T:28 ℃;pH:N/A;I:40;LC:14:10 h;M:BG110 | 红光 | PC:3.0% | Ojit 等,2015 |
| 一种鱼腥藻 *Anabaena fertilissima* | R;G;B;Y | T:28 ℃;pH:7.5;I:44.5;LC:14:10 h;M:Chu-10 | 蓝光 | 62.8% | Khattar 等,2015 |
| 鱼腥藻 *Anabaena* sp. | R;G;B;Y | [a]T:30 ℃;[a]pH:8.0;[a]I:25;[a]LC:16:8 h;M:BG11 | 蓝光 | TBP:10.7% | Hemlata 和 Fatma,2009 |

续表

| 物　　种 | 光照条件 | 培养参数 | 最佳条件 | PBPs产量 | 参考文献 |
|---|---|---|---|---|---|
| 球果节球藻 *Nodularia sphaerocarpa* | R;G;B;Y | T:28 ℃;[a]pH:8.0;I:44.5;LC:14∶10 h;M:Chu-10 | 绿光 | TBP:50% | Kaushal 等,2017 |
| 一种念珠藻 *Nostoc muscorum* | R;G;B;Y | T:28 ℃;[a]pH:8.0;I:54～67;LC:14∶10 h;M:BG110 | PE:绿光 | PE:0.3% | Keithellakpam 等,2015 |
| | | | PC:红光 | PC:8.4% | |
| | | | APC:红光 | APC:3.3% | |
| 一种念珠藻 *Nostoc muscorum* | (+/−)UV-B | T:25 ℃;pH:N/A;I:75;LC:14∶10 h;M:BG110 | UV-B | N/A | Kumar 等,2016 |
| 念珠藻 *Nostoc* sp. | R;G;B;Y | T:30 ℃;pH:7.5;I:100;LC:16∶8 h;M:BG110 | 绿光 | TBP:13.2% | Johnson 等,2014 |
| 一种念珠藻 *Nostoc sphaeroides* | R;G;B | T:25 ℃;pH:7.5;I:30;LC:24∶0 h;M:BG110 | 蓝光 | N/A | Ma 等,2015 |
| 坑形席藻 *Phormidium foveolarum* | (+/−)UV-B | T:25 ℃;pH:N/A;I:75;LC:14∶10 h;M:BG11 | UV-B | N/A | Kumar 等,2016 |
| 伪鱼腥藻 *Pseudanabaena* sp. | R;G;B;Y | T:25 ℃;pH:N/A;I:75/110;LC:12∶12 h;M:ASN-Ⅲ | PE:绿光 | PE:0.03 mg·$mL^{-1}$ | Mishra 等,2012 |
| | | | PC:红光 | PC:0.01 mg·$mL^{-1}$ | |
| 钝顶螺旋藻 *Spirulina platensis* | (+/−)UV-B | T:25 ℃;pH:N/A;I:75;LC:14∶10 h;M:Zarrouk | UV-B | N/A | Kumar 等,2016 |
| | R;G;B;Y | T:30 ℃;pH:N/A;I:3000;LC:N/A;M:Zarrouk | 蓝光 | TBP:15.2% | Chen 等,2010 |
| | R;G;B;Y | T:30 ℃;pH:8.5～9.5;I:800 Lux;LC:12∶12 h;M:Zarrouk | 红光 | 1.98 mg·$mL^{-1}$ | Walter 等,2011 |
| | R;B;R+B | T:30 ℃;pH:9.0;I:200;LC:24∶0 h;M:SOT | 红光 | N/A | Lee 等,2016 |
| | R;G;B;Y | T:N/A;pH:N/A;I:3000 Lux;LC:N/A;M:Zarrouk | 黄光 | 1.45 mg·$mL^{-1}$ | Bạchchhav 等,2017 |
| 聚珠藻 *Synechococcus* sp. | R;G;B | T:30 ℃;pH:N/A;[a]I:25;LC:24∶0 h;M:BG11 | 红光 | TBP:6.3% | Takano 等,1995 |
| | R;G;B | T:25 ℃;pH:N/A;[a]I:25;LC:24∶0 h;M:Conway | 蓝光 | N/A | Kim 等,2014 |

[a] 条件进行了优化；R指红光；B指蓝光；G指绿光；Y指黄光；N/A表示该内容的值在原始参考文献中不可用；百分比表示相对于生物质的干重；培养参数包括温度(T)、pH、光暗循环(LC)、光强度(I)和培养基(M)；除非另有标示，否则光强度单位为 $\mu mol_{photons} \cdot m^{-2} \cdot s^{-1}$

**表 6-3 氮来源及氮浓度对 PBPs 产量的影响**

| 物 种 | 培养参数 | 氮源 | 浓度范围/(g·L$^{-1}$) | 最适条件 | PBPs 产量 | 参考文献 |
|---|---|---|---|---|---|---|
| 一种鱼腥藻 *Anabaena fertilissima* | T:28 ℃;pH:7.5;I:44.5;LC:14∶10 h;M:Chu-10 | $KNO_3$ | 0.2～0.5 | 0.2 的 $KNO_2$ | TBP:62.7% | Khattar 等,2015 |
| | | $KNO_2$ | | | | |
| 鱼腥藻 *Anabaena* sp. | T:30 ℃;pH:N/A;I:117;LC:12∶12 h;M:Algal | $NaNO_3$ | 0.0～0.6 | 0.6 | PC:174 mg·L$^{-1}$ | Loreto 等,2003 |
| | [a]T:30 ℃;[a]pH:8.0;[a]I:25;[a]LC:16∶8 h;M:BG11 | 尿素 | 0.0～0.3 | 0 | TBP:12.75% | Hemlata 和 Fatma,2009 |
| | | $NaNO_3$ | | | | |
| | T:22～24 ℃;pH:7.4;I:50;LC:12∶12 h;M:BG11 | $NaNO_3$ | 0.0～0.2 | 因藻株而异 | N/A | Simeunović 等,2013 |
| 眉藻 *Calothrix* sp. | T:30 ℃;pH:7.4;I:500 Lux;LC:24∶0 h;M:BG11 | $NaNO_3$ | 0.0～1.5 | 0 | PC:6.04% | Olvera-Ramírez 等,2000 |
| 超嗜盐杆藻 *Euhalothece* sp. | T:29 ℃;pH:7.0;I:80;LC:16∶8 h;M:BG11 | $NaNO_3$ | 0.5～2.0 | 1.7 | PC:4.5% | Mogany 等,2018 |
| 弗氏双虹藻 *Fischerella* sp. | T:30 ℃;pH:N/A;I:60;LC:24∶0 h;M:BG11 | $NaNO_3$ | 0.0～0.3 | 0.3 的 $NaNO_3$ | TBP:278 mg·L$^{-1}$ | Soltani 等,2007 |
| | | $NH^{4+}$ | | | | |
| 泽丝藻 *Limnothrix* sp. | T:25 ℃;pH:N/A;I:60;LC:12∶12 h;M:Algal | $NaNO_3$ | 0.3～1.2 | 1.2 | PC:170 mg·L$^{-1}$ | Lemus 等,2013 |
| 球果节旋藻 *Nodularia Sphaerocarpa* | T:28 ℃;[a]pH:8.0;I:44.5;LC:14∶10 h;M:Chu-10 | $KNO_3$ | 0.2～1.5 | 0.3 的 $NaNO_3$ | N/A | Kaushal 等,2017 |
| | | $NaNO_3$ | | | | |
| 念珠藻 *Nostoc* sp. | T:25 ℃;pH:N/A;I:180;LC:24∶0 h;M:BG11 | $NaNO_3$ | 0.0～1.5 | 0 | PC:18.3% | Lee 等,2017 |
| | T:22～24 ℃;pH:7.4;I:50;LC:12∶12 h;M:BG11 | $NaNO_3$ | 0.0～2.0 | 因藻株而异 | N/A | Simeunović等,2013 |
| 颤藻 *Oscillatoria* sp. | T:27 ℃;pH:N/A;I:156;LC:12∶12 h;M:浓缩海水 | | 0.0～1.0 | 1 | PC:160 mg·L$^{-1}$ | Fuenmayor 等,2009 |
| | | $NaNO_3$ | 0.5～5.0 | 4.0～4.5 | PC:731 mg·L$^{-1}$ | Singh 等,2009 |
| 古石化席藻 *Phormidium ceylanicum* | T:27 ℃;pH:7.4;I:130;LC:12∶12 h;M:BG11 | $NaNO_3$ | 1.5 | 1.5 的 $NH_4Cl$ | TBP:19.3% | Khazi 等,2018 |

续表

| 物　种 | 培养参数 | 氮源 | 浓度范围/(g·L$^{-1}$) | 最适条件 | PBPs产量 | 参考文献 |
|---|---|---|---|---|---|---|
| 席藻 *Phormidium* sp. | T:22 ℃;pH:N/A;I:80;LC:24:0 h;M:BG11 | $KNO_3$ | | | | |
| | | $NH_4Cl$ | | | | |
| | | $NaNO_3$ | 1.5 | 1.5 的 $NH_4Cl$ | TBP:19.9% | Khazi 等,2018 |
| 伪鱼腥藻 *Pseudoscillatoria* sp. | T:22 ℃;pH:N/A;I:80;LC:24:0 h;M:BG11 | $KNO_3$ | | | | |
| | | $NH_4Cl$ | | | | |
| | | $NaNO_3$ | 1.0～2.0 | 无差异 | PC:1.9% | Lamela 和 Márquez-Rocha,2000 |
| 极大螺旋藻 *Spirulina maxima* | T:23 ℃;pH:8.4;I:230;LC:24:0 h;M:浓缩海水 | $NaNO_3$ | 0.0～0.4 | 0.4 | PC:9.94% | El-Baky 和 El-Baroty,2012 |
| | T:25 ℃;pH:9.5;I:250 Lux;LC:24:0 h;M:Zarrouk | $NaNO_3$ | 0.8～4.2 | 4.2 | PC:190 mg·L$^{-1}$ | Ürek 和 Tarhan,2012 |
| | T:28 ℃;pH:9.5;I:2500 Lux;LC:N/A;M:Zarrouk | $NaNO_3$ | 0.4～0.8 | 无差异 | N/A | Xie 等,2015 |
| 钝顶螺旋藻 *Spirulina platensis* | T:28 ℃;pH:9.0;I:300;LC:24:0 h;M:Zarrouk | $NaNO_3$ | 2.4 | 2.4 的 $NaNO_3$ | TBP:22.2% | Khazi 等,2018 |
| | T:22 ℃;pH:N/A;I:80;LC:24:0 h;M:Zarrouk | $KNO_3$ | | | | |
| | | $NH_4Cl$ | | | | |
| | T:25 ℃;pH:9.5;I:250 Lux;LC:24:0 h;M:Zarrouk | $NaNO_3$ | 0.0～0.4 | 0.4 | PC:12.08% | El-Baky 和 El-Baroty,2012 |
| | T:28～30 ℃;pH:9.5;I:4000 Lux;LC:N/A;M:Zarrouk | $KNO_3$ | 2.5 | 2.5 的尿素 | PC:14.81% | Ajayan 等,2012 |
| | | 尿素 | | | | |
| | T:29～30 ℃;pH:8.5～9.0;I:45.5;LC:24:0 h;M:Bangladesh | 尿素 | 0.0～0.16 | 0.1 | PC:17.2% | Setyoningrum 和 Nur,2015 |
| 螺旋藻 *Spirulina* sp. | T:30 ℃;pH:9.0;I:80;LC:24:0 h;M:Zarrouk | $NaNO_3$ | 0.5～4.5 | 0.5 | TBP:16.09% | Chentir 等,2018 |
| | T:30 ℃;pH:9.0;I:48.4;LC:24:0 h;M:Zarrouk | $NaNO_3$ | 0.0～0.5 | 0.5 | N/A | Hifney 等,2013 |

[a] 条件进行了优化;PC 指藻蓝蛋白;TBP 指总 PBPs;N/A 表示该内容的值在原始参考文献中不可用;百分比表示相对于生物质的干重;培养参数包括温度(T)、pH、光强度(I)、光暗循环(LC)和培养基(M);除非另有标示,否则光强度单位为 $\mu mol_{photons} \cdot m^{-2} \cdot s^{-1}$

当藻类作为固氮剂时，添加基于氮的盐会改变 PBPs 的产生率。如在不同的鱼腥藻和念珠藻藻株中，硝酸盐的存在不仅改变了 PBPs 的总量，而且改变了 PC、PE 和 APC 的比例。然而，在某些藻株中，其则会降低 PBPs 的产量(Hemlata 和 Fatma，2009；Khattar 等，2015；Simuennović等，2013)。

Hemlata 和 Fatma(2009)观察到，当没有氮源添加到培养基中时，鱼腥藻会产生更多的 PC。此外，对于弗氏双虹藻 *Fischerella* 属和节球藻 *Nodularia* 属的藻株，与其他氮源相比，亚硝酸盐的添加更容易增加 PBPs 的产量(Kaushal 等，2017；Soltani 等，2007)。尽管有人认为使用除硝酸盐以外的其他氮源可能会更积极地影响 PBPs 的产生，但大多数培养基是由硝酸盐组成的，因此，大多数研究涉及 $NaNO_3$ 的浓度。藻类对 $NaNO_3$ 的使用不是线性的，最佳浓度主要取决于藻株种类。眉藻 *Calothrix* sp.(Olvera-Ramírez 等，2000)和 *Spirulina* sp.(Castro 等，2015；Chentir 等，2018；Xie 等，2015)等蓝藻在培养过程中，随着 $NaNO_3$ 浓度的增加，PBPs 的产量减少。而如古石化席藻 *Phormidium ceylanicum* (Singh 等，2009)，颤藻 *Oscillatoria* sp.(Fuenmayor 等，2009)，螺旋藻(Hifney 等，2013；Ürek 和 Tarhan，2012)，泽丝藻 *Limnothrix* sp.(Lemus 等，2013)和超嗜盐杆菌 *Euhalothece* sp.(Mogany 等，2018)等物种中，$NaNO_3$ 浓度对 PBPs 的影响则恰恰相反，PBPs 和 $NaNO_3$ 浓度之间成正比。

#### 6.2.4.3 温度

温度是藻类培养的重要因素之一。藻株的生长和代谢产物生产的最佳条件取决于每种藻株对温度的适应性和耐受性(Hemlata 和 Fatma，2009)。温度还影响藻细胞的呼吸速度、膜稳定性和养分吸收能力等(Guedes 等，2013)。但是，关于温度对 PBPs 生产量影响的文章较少，这些研究总结在表 6-4 中。表 6-4 中所述藻种的 PBPs 生产量在高于或等于 30 ℃的较高温度下能够增加(Anderson 等，1983；Chaneva 等，2007；Hemlata 和 Fatma，2009；Hifney 等，2013；Johnson 等，2014；Kumar 等，2011；Maurya 等，2014)。Sakamoto 和 Bryant(1998)的研究发现，聚球藻 PCC 7002 似乎对温度更敏感，并且倾向于较低的温度(22 ℃)。通常，蓝藻生长的温度范围很大，并且可以在极端环境下生长。但是，对于每种藻种而言，合适的温度对于生物质和产品产量都非常重要。低温会降低生物体的某些新陈代谢率，而高温会抑制其生长(Johnson 等，2014)。螺旋藻理想的温度范围为 30～38 ℃。其生长的最低温度为 15 ℃，但是实际上温度低于 17 ℃时，生长就已经停止了；与此相同，温度在 38 ℃以上会抑制螺旋藻的生长(Soni 等，2017)。温度和地理位置都会影响螺旋藻的生产力(de Jesus 等，2018)，并且不存在使培养和生产成本降低的理想温度区域。在较低纬度的生产系统中，如泰国和墨西哥，螺旋藻的室外培养可以进行 10～12 个月，而在较高纬度中，生物质的生产则只能进行 6～7 个月(Belay，1997)。

**表 6-4 温度对 PBPs 产量的影响**

| 物种 | 温度变化/℃ | 培养参数 | 最适温度/℃ | PBPs 产量 | 参考文献 |
|---|---|---|---|---|---|
| 鱼腥藻 *Anabaena* NCCU-9 | 20～40 | [a]pH:8.0;[a]I:25;[a]LC:16:8 h;M:BG11 | 30 | 12.7% | Hemlata 和 Fatma，2009 |
| 鱼腥藻 *Anabaena* sp. | 20～45 | [a]pH:8.0;[a]I:2000 Lux;[a]LC:16:8 h;M:BG11 | 35 | 88.1 mg·$L^{-1}$ | Maurya 等，2014 |
| 一种蓝藻 *Arthronema africanum* | 15～50 | pH:N/A;[a]I:150;LC:12:12 h;M:BG11 | 36 | N/A | Chaneva 等，2007 |
| 粘球藻 *Gloeocapsa* sp. | 20～45 | [a]pH:8.0;[a]I:2000 Lux;[a]LC:16:8 h;M:BG11 | 35 | 64.9 mg·$L^{-1}$ | Maurya 等，2014 |
| 鞘丝藻 *Lyngbya* sp. | 20～45 | [a]pH:8.0;[a]I:2000 Lux;[a]LC:16:8 h;M:BG11 | 35 | 100.9 mg·$L^{-1}$ | Maurya 等，2014 |
| 念珠藻 *Nostoc* sp. | 30 和 39 | pH:N/A;I:100;LC:N/A;M:BG11 | 39 | N/A | Anderson 等，1983 |

续表

| 物 种 | 温度变化/℃ | 培养参数 | 最适温度/℃ | PBPs 产量 | 参考文献 |
|---|---|---|---|---|---|
| | 20～40 | pH:7.5;I:100;<br>LC:16∶8 h;M:BG110 | 35 | N/A | Johnson 等,2014 |
| 钝顶螺旋藻<br>*Spirulina platensis* | 20～45 | pH:N/A;I:75;<br>LC:14∶10 h;M:Zarrouk | 35 | PC:7.73%<br>PE:1.79%<br>APC:3.46% | Kumar 等,2011 |
| 螺旋藻<br>*Spirulina* sp. | 15～40 | pH:9.0;I:48.4;<br>LC:24∶0 h;M:Zarrouk | 30 | N/A | Hifney 等,2013 |
| 聚球藻<br>*Synechococcus* sp.<br>PCC 6301 | 15～36 | pH:N/A;I:50;<br>LC:24∶0 h;M:B-Hepes | 36 | N/A | Sakamoto 和 Bryant,1998 |
| 聚球藻<br>*Synechococcus* sp.<br>PCC 7002 | 15～38 | pH:N/A;I:50;<br>LC:24∶0 h;M:B-Hepes | 22 | N/A | Sakamoto 和 Bryant,1998 |
| 集胞藻<br>*Synechocystis* sp. | 20～45 | [a]pH:8.0;[a]I:2000 Lux;<br>[a]LC:16∶8 h;M:BG11 | 35 | 57.8 mg·$L^{-1}$ | Maurya 等,2014 |
| 集胞藻<br>*Synechocystis* sp.<br>PCC 6803 | 15 和 36 | pH:N/A;I:50;<br>LC:24∶0 h;M:B-Hepes | 36 | N/A | Sakamoto 和 Bryant,1998 |

[a] 条件进行了优化;N/A 表示该内容的值在原始参考文献中不可用;百分比表示相对于生物质的干重;培养参数包括 pH、光强度(I)、光暗循环(LC)和培养基(M);除非另有标示,否则光强度单位为 $\mu mol_{photons}\cdot m^{-2}\cdot s^{-1}$

### 6.2.4.4 pH

pH 会影响藻类生物生长过程的所有代谢活动。它不仅会影响藻株生长和代谢产物的产生,还会影响生物体的化学解离和生理作用。不同的环境条件会引起 pH 的波动,但是藻类对其具有较大的适应性(Sharma,2014)。藻类生物受到各种反应过程中 pH 变化的影响,如营养素(如含碳元素)的溶解度和生物利用度、物质跨细胞膜转运、酶活性以及光合电子传输等(Ismaiel 等,2016;Keithellakpam 等,2015)。培养基的 pH 变低会导致藻细胞内部 pH 降低,此时需要更高的能量来维持细胞的新陈代谢,而高 pH 会改变蛋白质的电荷,从而引起静电排斥和不稳定(Keithellakpam 等,2015)。

Hemlata 和 Fatma(2009)在酸性(pH 2.0)和碱性(pH 12.0)的极端环境下观察到了鱼腥藻 *Anabaena* NCCU-9 的漂白作用。该藻种的最适 pH 为 8.0,在 6.0～10.0 的 pH 范围内很容易生长。在念珠藻 *Nostoc* sp. 中发生了相同效应,该蓝藻在 pH 不超过 3.0 和超过 12.0 的情况下不会生长,pH 8.0 最适合 PBPs 合成(Johnson 等,2014)。极端的 pH 会通过改变蛋白质上的电荷而导致蛋白质变性,从而使蛋白质失去结合力(Keithellakpam 等,2015)。总的来说,已经发现蓝藻生长以及 PBPs 的积累均倾向于更碱性的环境。例如,对于一种念珠藻 *Nostoc muscorum*(Keithellakpam 等,2015),球果节球藻 *Nodularia sphaerocarpa*(Kaushal 等,2017),集胞藻 *Synechocystis* sp.、粘球藻 *Gloeocapsa* sp.、鱼腥藻 *Anabaena* sp. 和鞘丝藻 *Lyngbya* sp. (Maurya 等,2014)等而言,最适宜 pH 为 8.0;pH 9.0 更适合念珠藻 *Nostoc* sp. (Poza-Carriónet 等,2001)、钝顶螺旋藻 *Spirulina* sp. (Hifney 等,2013)和螺旋藻的生长(Ismaiel 等,2016;Mohite 和 Wakte,2011);鱼腥藻的最适 pH 为 9.5(Khattar 等,2015),集胞藻则是 10.0(Deshmukh 和 Puranik,2012)。研究发现,某些物种在中性的 pH 下具有较高的生产力,如螺旋

藻在 pH 6.0～11.0 的情况下生长(Sharma,2014),从洛克塔克(Loktak)湖中分离出的十种淡水蓝藻藻株,其产生 PBPs 的最适 pH 为 7.0(Keithellakpam 等,2015)。

Mehar 等(2019)通过添加 $CO_2$ 调节 pH,研究了螺旋藻在三种不同的 pH(pH 7.5、pH 8.5、pH 9.5)下的生长能力和产量,螺旋藻的生物质生产力范围为 49～76 mg/(L·d),同时还比较了它们在 $CO_2$ 进气与 ZM(无 $CO_2$ 补充和 pH 控制)条件下的生物质的产量(表 6-5)。在三种 pH 条件下,pH 8.5 时实现了 72 mg/(L·d)的最大生物质生产力,比 pH 9.5 时高 13.9%,比 ZM 时低 5.5%。在不同 pH 下生物质生产力的变化可归因于以下因素:一方面,培养基 pH 的变化会改变营养分子以及化学物质的电离,这可能会限制其细胞内利用率。另一方面,对于螺旋藻而言,其外部 pH 呈酸性,维持碱性的细胞质 pH 是这些生物需要应对的问题,否则将导致膜被破坏。各种酶的活性以及参与碳捕获和浓缩的转运蛋白的功能会被抑制。Mehar 等(2019)通过补充 $CO_2$ 发现在三种不同的 pH(pH 7.5±0.1、pH 8.5±0.1 和 pH 9.5±0.1)下螺旋藻的培养过程中,由于 $CO_2$ 是唯一的碳源,各种无机碳(如气态 $CO_2$、$HCO_3^-$ 和 $CO_3^{2-}$)之间的平衡会受到介质 pH 变化的影响。

**表 6-5 不同培养条件下螺旋藻的生物质生产力水平、碳含量和二氧化碳生物固定率(Mehar 等,2019)**

| 培养条件 | 生产力/(mg/(L·d)) | 碳含量/(%) | 二氧化碳生物固定率/(g/(L·d)) |
|---|---|---|---|
| pH 7.5±0.1(+$CO_2$) | 49±2.45 | 43.50±0.42 | 0.08±0.003 |
| pH 8.5±0.1(+$CO_2$) | 72±2.88 | 50.82±0.58 | 0.13±0.006 |
| pH 9.5±0.1(+$CO_2$) | 62±1.86 | 49.71±0.61 | 0.11±0.004 |
| ZM(−$CO_2$;无 pH 控制) | 76±2.66 | 51.20±0.32 | 0.14±0.006 |
| ZM(+$CO_2$;无 pH 控制) | 61±2.44 | 46.75±0.88 | 0.10±0.004 |

通过自动注入 $CO_2$ 维持所有 pH 条件;"+"表示 $CO_2$ 供应,"−"表示没有 $CO_2$ 供应

#### 6.2.4.5 盐分

盐分是海洋藻类生长以及代谢产物积累的基本因素。它是分区域变化的,每个物种都有其自身的适应性。例如,高盐位点中存在的嗜盐藻株需要在高盐浓度下才能生长(Vogt 等,2018)。同样,盐胁迫可能会抑制藻类的生长和光合活性。非耐受性藻株在培养过程中盐浓度的增加可能会显著抑制电子传输链和光系统本身(Sharma,2014)。

关于盐度对 PBPs 产生的影响,已经进行了一些研究,如表 6-6 所示。Hemlata 和 Fatma(2009)发现,鱼腥藻 *Anabaena* NCCU-9 中 PBPs 的积累能力可以通过增加盐胁迫来实现,低浓度的 NaCl(0.01 mol/L)可以增加 PBPs 的产量,而盐度的增加会导致 PBPs 的产量减少。例如,0.25 mol/L 的 NaCl 使 PBPs 产量减少 80%。泽丝藻 *Limnothrix* sp. 中盐度的增加也表现出相同的负面影响(Lemus 等,2013)。

此外,钠离子的快速摄入会导致 PBS 从类囊体膜上脱离,从而导致光合速度降低并影响其他矿质成分的吸收(Hemlata 和 Fatma,2009;Rafiqul 等,2003)。Jonte Gómez 等(2013)还观察到盐度对席藻 *Pormidium* sp. 的生长和藻胆素产生有显著影响,在平均海盐度(0.5 mol/L)条件下,PBPs 的产量最高。在颤藻 *Oscillatoria* sp. 中也表现出相同的效果(Fuenmayor 等,2009)。

对于螺旋藻属,盐度水平的影响似乎与该物种关系密切。例如,对于一种螺旋藻 *Spirulina fusiformis*,产生 PBPs 的最佳条件是不加盐(Rafiqul 等,2003),而对于极大螺旋藻 *Spirulina maxima*,使用 0.2 mol/L NaCl 观察到最高的生产力(Abd El-Baky 和 El-Baroty,2012)。因此,对于螺旋藻而言,盐度可能会产生积极影响,而当达到一定浓度时则开始抑制其生长和 PBPs 的产生(Abd El-Baky 和 El-Baroty,2012;Sharma,2014)。

表 6-6　盐度对 PC 产量的影响

| 物　　种 | NaCl 浓度 /(mol/L) | 培 养 参 数 | 理想 NaCl 浓度 | PC 产量 /(%DW) | 参 考 文 献 |
|---|---|---|---|---|---|
| 鱼腥藻 *Anabaena* NCCU-9 | 0.01～0.25 | [a]T:30 ℃;[a]pH:8.0;[a]I:25;[a]LC:16∶8 h;M:BG11 | 0.01 | 13.57 | Hemlata 和 Fatma,2009 |
| 泽丝藻 *Limnothrix* sp. | 0.25～0.6 | T:25 ℃;pH:N/A;I:60;LC:12∶12 h;M:Algal | 0.25 | 2.7 | Lemus 等,2013 |
| 颤藻 *Oscillatoria* sp. | 0～1.2 | T:27 ℃;pH:N/A;I:156;LC:12∶12 h;M:浓缩海水 | 1.2 | 2 | Fuenmayor 等,2009 |
| 席藻 *Phormidium* sp. | 0.25 和 0.5 | T:29 ℃;pH:N/A;I:236;LC:12∶12 h;M:Algal | 0.5 | 14.6 | Jonte Gómez 等,2013 |
| 一种螺旋藻 *Spirulina fusiformis* | 0～0.3 | T:N/A;pH:N/A;I:N/A;LC:N/A;M:Zarrouk | 0 | 13.2 | Rafiqul 等,2003 |
| 极大螺旋藻 *Spirulina maxima* | 0.02～0.2 | T:25 ℃;pH:9.5;I:250 Lux;LC:24∶0 h;M:Zarrouk | 0.2 | 12.77 | Abd El-Baky 和 El-Baroty,2012 |
| 钝顶螺旋藻 *Spirulina platensis* | 0.2～0.8 | T:N/A;[a]pH:7.0;I:N/A;LC:N/A;M:Zarrouk | 0.4 | 6.01 | Sharma,2014 |
|  | 0.02～0.2 | T:25 ℃;pH:9.5;I:250 Lux;LC:24∶0 h;M:Zarrouk | 0.2 | 16.37 | Abd El-Baky 和 El-Baroty,2012 |
| 螺旋藻 *Spirulina* sp. | 0～0.9 | T:30 ℃;[a]pH:9.0;I:48.4;LC:24∶0 h;M:Zarrouk | 0.3～0.6 | N/A | Hifney 等,2013 |

[a] 条件进行了优化;N/A 表示该内容的值在原始参考文献中不可用;培养参数包括温度(T)、光强度(I)、pH、光暗循环(LC)和培养基(M);除非另有标示,否则光强度的单位为 $\mu mol_{photons} \cdot m^{-2} \cdot s^{-1}$

#### 6.2.4.6　植物激素

除了上述因素外,还可以进行许多其他优化操作来增加藻细胞中 PBPs 的产生。例如,向培养物中添加化学物质,如植物激素。表 6-7 总结了一些有效果的植物激素。

生长调节剂(植物激素)的使用基于低等光合生物(如蓝藻)和高等植物的代谢相似性。赤霉素是一种植物生长激素,在农业上广泛应用,能够促进种子发芽以及花卉和水果的生长。Pan 等(2008)以及 Mansouri 和 Talebizadeh(2016)研究了添加赤霉素 3(GA3)对蓝藻生长的影响。Pan 等(2008)观察到 GA3 能够促进铜绿微囊藻 *Microcystis aeruginosa* 的生长并且提高其 PBPs 的产量。尽管 Mansouri 和 Talebizadeh(2016)观察到了一种念珠藻 *Nostoc linckia* 的生长速度有所提高,但 PC 产量却没有增加,但是,每天每升(per liter per day)PC 的生产率有所提高。这些结果也可能暗示 GA3 的存在能够正向调节养分吸收。此外,另一类植物激素,即生长素,也可以用作生长刺激剂。生长素不仅存在于高等植物中,而且存在于藻细胞中。吲哚-3-丁酸(IBA)是一种鱼腥藻 *Anabaena vaginicola* 和一种念珠藻 *Nostoc calcicole* 中主要的内源性生长素。Mansouri 和 Talebizadeh(2017)研究发现,在一种念珠藻 *Nostoc linckia* 的培养过程中添加较高浓度(10 μmol/L 和 100 μmol/L)的 IBA 可以提高 PBPs 的生产率。在藻类培养过程中添加植物激素的研究前景广阔,并且应该在未来进行深入研究。

表 6-7　使用植物激素对 PBPs 产量的影响

| 物　种 | 植物激素 | 浓度范围 /(μmol/L) | 培养参数 | 影　响 | 参考文献 |
|---|---|---|---|---|---|
| 铜绿微囊藻 *Microcystis aeruginosa* | GA3 | 0～70 | T:25 ℃;pH:N/A;I:60;LC:12:12 h;M:BG11 | GA3 增加了 PC 的产量 | Pan 等,2008 |
| 一种念珠藻 *Nostoc linckia* | GA3 | 0～100 | T:25 ℃;pH:N/A;I:49;LC:16:8 h;M:BG11 | GA3 增加了 PC 的产量并促进了藻株的生长 | Mansouri 和 Talebizadeh,2016 |
|  | IBA | 0～100 | T:25 ℃;pH:N/A;I:49;LC:16:8 h;M:BG11 | 高浓度 IBA 增加了 PC 的产量 | Mansouri 和 Talebizadeh,2017 |

GA3 为赤霉素 3;IBA 为吲哚-3-丁酸;N/A 表示该内容的值在原始参考文献中不可用;培养参数包括温度(T)、pH、光强度(I)、光暗循环(LC)和培养基(M);除非另有标示,否则光强度单位为 $\mu mol_{photons} \cdot m^{-2} \cdot s^{-1}$

#### 6.2.4.7　重金属

重金属对水生环境的污染是一个世界性的问题,尤其是在废水排放量大的发展中国家。高浓度的铅、铬、铜和锌等元素会严重伤害生物体。蓝藻由于具有生物吸附能力,是废水处理的最佳潜在候选者。它是最简单的微生物形式,能够吸收那些达到其养分需求且对其无致病性的重金属(Shashirekha 等,2015)。

铬是以高浓度存在于废水中的有毒金属成分,制革业是铬的主要来源。Shashirekha 等(2015)研究了 $Cr^{3+}$ 在几种蓝藻中的作用,他们将 $Cr^{3+}$ 添加到鞘丝藻 *Lyngbya* sp. 和颤藻 *Oscillatoria* sp. 的培养基中,能够增加 PBPs 的产量。然而,当添加到集胞藻 *Synechocystis* sp.、管链藻 *Aulosira* sp. 和念珠藻的培养基中时,$Cr^{3+}$ 能够诱导 PBPs 产量减低。$Cr^{3+}$ 的存在使 PBPs 的含量发生变化,这可能是由于生物体自身存在防御机制(Shashirekha 等,2015)。Zaccaro 等(2001)观察到 $Pb^{2+}$ (0～0.03 mol/L)处理的柔软微毛藻 *Microchaete tenera* 中,PBPs 含量增加。如前所述,PBPs 不仅具有光合作用功能,还具有储存细胞氮的作用,并且已知蓝藻会在压力条件下增加其有机氮储备(Zaccaro 等,2001)。相反,鱼腥藻 NCCU-9 对重金属的适应性较低。Hemlata 和 Fatma(2009)研究发现,在几种金属离子($Pb^{2+}$、$Cr^{6+}$、$Cu^{2+}$、$Zn^{2+}$、$Ni^{2+}$ 和 $Cd^{2+}$)存在下,鱼腥藻 NCCU-9 产生的 PBPs 均减少。这可能是由于在蓝藻的酶促防御过程中需要代谢能和氨基酸。

#### 6.2.4.8　营养素

营养素的添加是影响藻类生物质生产的主要因素之一,占总成本的 15%～25%(Madkour 等,2012;Vonshak,1997)。螺旋藻的商业化生产使用了不同的培养基,其中最传统的方式是使用 Zarrouk 培养基(Zarrouk,1966)。除此之外还可能添加一些其他介质,如 Rao 介质、CFTRI 和 OFERR(Raoof 等,2006)、海水(Omirou 等,2018)、废水(Olguín 等,2003;Wuang 等,2016)、不同的工业残留物(如二氧化碳(Rosa 等,2015)、厌氧消化废水(Borges 等,2013)和糖蜜(Andrade 和 Costa,2007)等),以确保螺旋藻生长过程中的经济可行性。

尽管很少有研究针对培养基的再利用进行螺旋藻商业化生产的研究,但这一操作可能节省大量的水和养分,从而有可能将生物质收获后对水的需求减少 84%(Depraetere 等,2015)。另外,需要考虑培养模式,因为半连续或连续培养通常比不连续培养产生的细胞浓度高(Cohen,1997)。中国螺旋藻的年产量超过 10000 吨,就是采用了半连续系统对其进行培养。在中国,不同地区的螺旋藻产业都在使用改良的 Zarrouk 培养基培养螺旋藻(Yuan 等,2018)。

Zarrouk 培养基的成本约为每升 0.08 美元。Raoof 等(2006)设计了一种基于 Zarrouk 培养基的替代培养基,该方法可维持生物质生产力和蛋白质含量,其成本低至标准培养基的 1/5。这种特殊的改性培养基由硝酸钠(2.50 g/L)、氯化钠(0.50 g/L)、硫酸镁(0.15 g/L)、氯化钙(0.04 g/L)、商业级碳酸氢钠(8.0 g/L)、钾肥(0.98 g/L)以及单一过磷酸钙(1.25 g/L)组成。

## 6.3 藻类生物质的收集

培养后,需要额外的处理步骤才能将生物质转化为 PBPs 生产的原料(Brasil 等,2017)。其主要目的是减少水分,使其降低至固体重量的 10%~25%(Barros 等,2015)。常用的方法包括机械方法(重力沉降、过滤、离心和浮选)、化学方法(絮凝和化学混凝)、生物方法(自絮凝和生物絮凝)以及基于电荷的分离(Barros 等,2015;Zeng 等,2016)。

生物质的收集和脱水可以在一个步骤中完成,也可以通过多种方法的组合来实现,以使该过程更加高效并降低操作成本。据估计,该过程可占藻类生物质生产成本的 20%~30%(Barros 等,2015)。为了提高回收率及维持适度的能源消耗和维护成本,还必须对工艺参数进行评估,如细胞大小和密度,要获得的产物以及生物质的保存(Brennan 和 Owende,2010;Chen 等,2011;Enamala 等,2018;Molina Grima 等,2003;Uduman 等,2010)。现有的所有技术的性能都可能会因为藻种、培养条件和培养模式不同而有所不同。寻找其他更为有效的生物质收集技术工作仍在进行中。

### 6.3.1 机械方法

在藻类生物质收集过程中,离心收获是一个高度耗能且昂贵的过程,分别占总能耗的 40%和总培养成本的 20%~30%。考虑到这些瓶颈,相对低成本和低能耗的收获技术受到人们的青睐。研究人员提到,可以采用两步法在节旋藻生物质离心之前进行预浓缩,以降低能耗。这种方法的成本可以减少至总培养成本的 5%~7%('t Lam 等,2018)。

重力沉降也是一种更好的选择,因为该工艺不需要化学絮凝剂。细胞外多糖形成细胞聚集体,气体空泡的损失以及糖原形式的碳水化合物的积累(1.40~1.62 g/mL 的高比重)是造成重力沉降的可能机制之一(Eldridge,2012)。已有的研究报道了在营养胁迫下,碳水化合物(以糖原形式)积累后,螺旋藻产生了自发沉降的特征(Depraetere 等,2015)。在 0.64 m/h 的沉降速度下,薄板分离器成功地从生物质中去除了 94%的水,同时借助重力在一个 1 公顷(10000 平方米)的开放式池塘中收获了钝顶节旋藻(Depraetere 等,2015)。

另一种收集方法是使用能量消耗较小的膜过滤技术,该技术使用超滤或微滤膜,在收集过程中易受到膜污染和渗透通量等的局限。Rossi 等(2005;2008)尝试了用不同的有机、无机的超滤膜和微滤膜来收集钝顶节旋藻,结果表明,考虑到渗透通量和清洁度,超滤膜过滤是最合适的方法,但是 PC 和胞外多糖对膜污染的影响可能会限制其适用性。他们还研究了使用商业性膜的十一种错流微滤和超滤系统,结果表示超滤膜在收集钝顶节旋藻生物质方面更有效(Rossi 等,2004)。错流操作会产生剪切应力,从而控制膜上堆积的有机物,因此利用具有特定反吹间隔的空气辅助反吹技术,可优化错流速度;同时超滤过程中可以实时监测(Kanchanatip 等,2016)。Kanchanatip 等(2016)采用了浸没的 PVDF 膜系统来最大限度地收获极大节旋藻生物质。超滤膜的较高孔密度和膜反冲洗可显著提高渗透通量,同时他们还提到反洗也是一种节能的方法。Zeng 等(2016)评估了一种快速、有效的过滤方法(回收率 98%)。但是使用这种回收技术时,需要考虑更换过滤器和能源消耗的成本。其中,带式过滤器可以连续运行,是良好选择之一。微过滤也是一种用于多细胞丝状蓝藻的商业化细胞分离技术(Barros 等,2015)。如 Show 等(2015)报道,在流速为 20 $m^3/h$ 时,回收率为总悬浮固体的 8%~10%。但是,微过滤过程具有类似于膜过滤的生物膜堆积和结垢的缺点,并且需要经常维修。

## 6.3.2 絮凝

除离心以外，絮凝是另一种公认的预浓缩方法，但是化学絮凝剂的额外成本及其在收获的生物质中和过滤介质中的污染是该方法的重大缺陷。目前可以通过使用无毒和(或)可回收的絮凝剂解决这些问题。通常，絮凝也称为凝结，是一种通过使用絮凝剂将杂质凝结，进而从大量液体中分离少量杂质的方法(图 6-7)。絮凝用于微藻生物质的第一步收集，用于浓缩稀释的悬浮生物质，然后进行脱水(Vandamme 等，2013)。絮凝可以有多种方式，如物理絮凝、自动絮凝等(Vandamme 等，2013)。

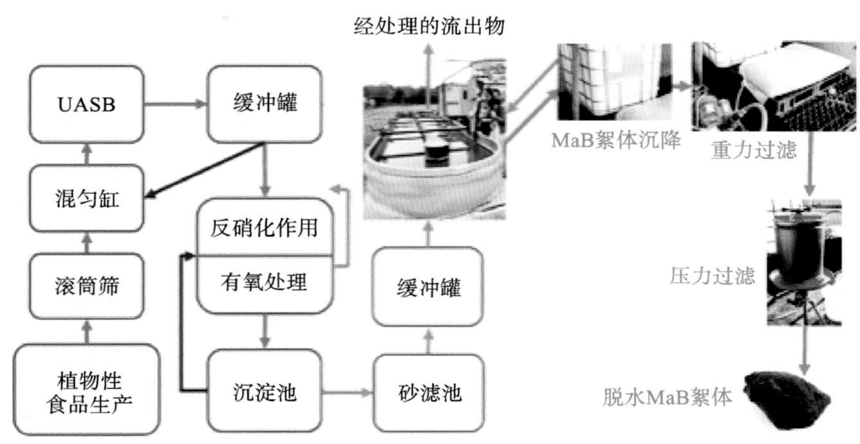


**图 6-7 起源于比利时 Alpro 的食品工业废水处理的 MaB 絮凝体系(van Den Hende 等，2016)**

UASB 为升流式厌氧污泥床

絮凝作为微藻生物质收集的一种方法，被认为是一种有前途的低成本收集方法。理想情况下，絮凝剂是廉价的，无毒且在低浓度下即有效，并且不会阻碍下游加工。用于生物质收集时是高效的、环境友好的，并且不影响下游过程。因此，建议将生物絮凝剂用于微藻生物质的收集过程中，以避免传统化学絮凝剂可能引起的负面影响(Ahmad 等，2016；Ndikubwimana 等，2014；Wan 等，2015；Ahmad 等，2014)。

选择合适的收获和脱水方法时需要进一步考虑的是产品中可接受的水分含量，收获的生物质中水分过多，会影响进一步的下游过程，实质上会影响产品回收的经济效益(Molina Grima 等，2003)。从培养基中回收和处理藻类生物质可以根据藻株种类、所需的终产物浓度和质量，通过单独(单阶段)或组合使用不同方法(互连和相互依赖的多阶段技术)进行(Pahl 等，2013)。简而言之，由于用于藻类生物质收获的方法各有优缺点，选择何种收获方法取决于藻类的性质、成本效益、能源需求、环境友好性、针对生物质的应用等。最大限度地减少废物，有助于降低废物处理成本，因此，建议在未来的研究中，更加重视绿色环保的藻类生物质收集方法，如生物絮凝。

## 6.3.3 其他方法

Liu 等(2018)还提出了一种有前途的生物质策略，从柱光生物反应器中连续预收集钝顶节旋藻的生物质，然后将富营养的上清液重新提供给培养基。通过优化光照强度和生物量浓度，得到了一种基于预收获的模型，该模型可以作为一种有效的且具有成本效益的生物质产生和收集方式。

螺旋藻生物质收获的几种方法已被研究或已在商业上使用，包括筛网过滤、浮选和生物质撇除(利用它的自然漂浮能力)。大规模地收集螺旋藻生物质最常采用过滤的方法，这可以分阶段进行，在收集过程中也可以采用振动筛进行过滤。过滤后，浓缩的生物质中固体的含量为 5%～20%(Belay，2013 年)。在压力或真空下操作的压滤机可用于回收较大的微藻(Molina Grima 等，2003)。在面积为 50000 $m^2$ 的跑道式反应器中收获高价值食品级螺旋藻生物质(包括过滤、干燥和包装)的成本为 541000 美元

(每平方米 10.82 美元)(Vonshak,1997)。但是,如果仅考虑收获步骤(带有沉淀池和离心分离),且衬有塑料的水道池塘的生物质生产率约为 20 g/($m^2$ · d),估计成本为每平方米 1.0～1.5 美元(Benemann 等,1987)。

### 6.3.4 生物质的干燥

除收获外,还应考虑选择最合适的干燥方法,以便获得高质量的生物质,同时又能减少对工艺成本的影响(Belay,2013;Fasaei 等,2018)。喷雾干燥机和鼓风干燥机是用于生物质干燥的首选设备。喷雾干燥机的水蒸发能力(每小时蒸发水 10000 kg)比鼓风干燥机(每小时蒸发水 1000 kg)高。鼓风干燥机与喷雾干燥机相比更能够满足生产需求。同时,鼓风干燥机的能源成本低于喷雾干燥机,这补偿了增加的资金和相关成本。但是,喷雾干燥机干燥能力较强,与鼓风干燥机相比,资金成本也是可补偿的。对两种干燥方式的分析表明,这两个系统的运行成本均低于每千克蒸发水 0.59 美元(Fasaei 等,2018)。

螺旋藻是一类丝状蓝藻,其形态有助于从培养基中回收细胞,可以只通过简单的过滤来收集细胞(Spolaore 等,2006;Zeng 等,2016)。螺旋藻生物质的干燥程度根据最终产品类型而改变。通常采用的方法有转鼓干燥、喷雾干燥、日光干燥、错流干燥、使用真空托盘和冷冻干燥。巴西的一家螺旋藻生产公司使用有不锈钢滤网的过滤器进行回收,然后进行挤压和烘箱干燥,最后采用球磨法获得合适的粒度(Uebel 等,2019)。位于智利的 Spirulina Mater 公司则使用真空过滤浓缩生物质,然后对其进行洗涤以从培养基中去除盐分,最后在喷雾干燥器中进行干燥(Spirulina Mater USA,2018)。

## 6.4 藻胆蛋白的生产工艺

下游加工工艺(即提取、纯化工艺和最终产品的表征)是从藻类生物质中获得高纯度 PBPs 重要的工艺之一。PBPs 可以从湿或干藻类生物质中提取(Moraes 等,2011)。据报道,从湿藻类生物质中提取 PBPs 更合适,因为它有助于避免各种干燥处理造成的 PBPs 损失(Moraes 等,2011;Sarada 等,1999)。此外,从湿藻类生物质中提取较从干藻类生物质中提取更为经济,因为在干燥过程中会有其他相关成本的产生(Molina Grima 等,2003)。例如,与从湿藻类生物质中提取 PC 相比,从干藻类生物质中提取可能导致 PC 损失约 50%,并最终导致光谱变化。

从藻类生物质中回收 PBPs 是通过不同的步骤进行的,可以归纳为四个主要步骤,即细胞破碎、粗提、纯化和表征,每个步骤都有各自的方法/技术(Molina Grima 等,2003)。分离纯化 PBPs 的方法最早是基于分离血红蛋白亚基的方法而创立的。从不同藻类中提取、分离并纯化 PBPs 的方法有异有同,采用不同的方法进行 PBPs 的分离纯化,对 PBPs 的活性会有不同程度的影响。在 PBPs 的粗提、纯化过程中,由于 PBPs 在可见光区有各自的吸收峰,通常使用其在可见光区的最高吸收峰与紫外区 280 nm 处的比值($A_{\lambda max}/A_{280}$)来表示其纯度。

### 6.4.1 细胞破碎

目前,国内外用于 PC 提取的原料一般为螺旋藻,用于提取 PC 的原料则多为龙须菜和紫菜。PBPs 是一种水溶性胞内蛋白,如何选择合适的破碎条件,从而将 PBPs 释放到缓冲液中,然后在保持其原有的结构和功能的情况下进行分离纯化得到天然的 PBPs,这是整个 PBPs 提取纯化过程中最为重要的步骤。一般情况下,藻体被破碎的程度越高,PBPs 的最终得率越高(朱丽萍等,2009),但是若采用剧烈的方法破碎细胞,可能会破坏 PBPs 的结构和性质,同时也可能会析出大量的多糖等杂质,从而增加分离纯化的难度。目前细胞破碎的方法可以分为物理和化学方法两大类。常用的物理方法包括超声处理、溶胀、压力破壁、反复冻融或机械研磨等。在化学方法中,已报道了酸、碱、去污剂、酶及其组合的使用。通常,利用多种物理和化学方法的组合来破坏细胞。细胞破裂后,通过离心进行澄清,并将产物从上清液中分离出来。

6.4.1.1 物理方法

**1. 反复冻融法**

冷冻-解冻处理是广泛使用的提取 PBPs 的方法之一，对大多数蓝藻和某些红藻非常有效。经过冷冻和解冻处理后，细胞的渗透屏障被破坏，内部物质被释放(Calcott 和 MacLeod，1975)。通常，将蓝藻或红藻在－20 ℃下冷冻数小时，然后在 4 ℃或室温下解冻。为了获得更好的提取效率，通常进行反复冻融。由于每次冻融都会在藻细胞中形成冰晶，但是每次生成冰晶的部位是有差别的，循环几次就可以不同程度地破坏藻细胞中不同部位的细胞壁和细胞膜，因而通过多次冻融操作即可增加细胞的破碎程度(郑江等，2003)。值得注意的是，冷冻后的藻细胞在融化过程中应避免过高的温度，从而防止温度过高造成 PBPs 变性，影响其结构和功能活性。反复冻融法容易操作，而且条件较为温和，不易受到外源性杂质的污染，但是反复冻融法对操作规模有限制，因而仅适合应用于处理实验室中的少量样品。郑蔚然等(2008)通过反复冻融 6 次，每次 3 h 提取 R-PE，得到的 R-PE 的纯度能够达到 0.42。

**2. 浸渍法**

浸渍法是一种简单且常见的提取方法，在许多已报道的研究中可一步进行(Bermejo 等，2002；Benavides 和 Rito-Palomares，2006；Tang 等，2016；Marcati 等，2014)。简单来说，浸渍法一般是指将新鲜的蓝藻或红藻与蒸馏水或提取缓冲液混合后，在黑暗中放置数小时。此时，藻体细胞壁的构造会发生改变，增大了细胞壁的通透性，甚至导致其破裂，从而将 PBPs 释放出。当藻细胞被置于高渗透压的蔗糖或甘油中时，藻细胞中的水分在渗透压的作用下向外渗出，进而藻细胞收缩，然后将藻细胞快速转入适宜的缓冲液中，由于渗透压突然发生变化，细胞外的水分迅速渗入细胞内部，也可以造成藻细胞的快速膨胀和破裂，进而释放出 PBPs(Soni 等，2006)。一些报道显示，将蓝藻或红藻冷冻干燥后再与蒸馏水或提取缓冲液混合，能够提高粗提物的生产率(Kissoudi 等，2018)。浸渍法是非机械破碎藻细胞的一种较为温和的方法，操作简单，具有针对工业目的进行大规模升级的能力。但是，浸渍法通常耗时且效率低，不适合应用于规模化生产，并且溶液中残留的物质很可能会对之后的分离纯化操作产生影响。

在一种紫球藻 *P. cruentum* 中，藻细胞被包裹在由阴离子硫酸化胞外多糖(EPS)连续分泌产生的鞘中(Ramus 等，1975；Geresh 等，1992；2002；Arad 等，2010)。它们具有高度多样性的糖残基，包括 D-木糖、D-乳糖和 L-乳糖、D-葡萄糖、D-葡萄糖醛酸(Geresh 等，2002)，并与硫酸盐基团和肽共价连接(Heaney-Kieras 等，1977)。这些 EPS 的组成与微藻的培养条件息息相关(Raposo 等，2014；Soanen 等，2016)。通常将 EPS 视为 B-PE 提取和纯化过程的主要障碍。Tran 等(2019b)发现一次浸渍不能减少样品中 EPS 的量。相反，在每个步骤之后，连续的浸渍会溶解和稀释 EPS，从而进一步萃取 B-PE。利用连续浸渍法提取一种紫球藻 *P. cruentum* 中的 B-PE，如图 6-8 所示，连续浸渍法的每个步骤均显著降低了细胞外 B-PE 含量。经过三个浸渍步骤后，囊泡的丰度和荧光发射强度也降低了。第一步浸渍提取了大部分 B-PE(85 mg/g 干藻类生物质)。在第二步浸渍过程中，只有少量 B-PE 被提取(8 mg/g 干藻类生物质)。第三步浸渍后得到的 B-PE 含量更低。通过异凝集素染色，观察到随着浸渍步骤的增加，细胞外基质的生成减少，从而导致没有包被基质的一种紫球藻 *P. cruentum* 细胞的散射(图 6-8)。第三步浸渍后，细胞之间仍可见少量囊泡，并显示出 B-PE 和异凝集素(图 6-8)。这意味着在样品中 B-PE 仍存在于与 EPS 结合的细胞外，EPS 在一种紫球藻 *P. cruentum* 中 PBPs 的提取过程中扮演着重要角色。

**3. 液氮研磨法**

液氮研磨法在藻细胞破碎中也经常被使用。液氮的温度极低，为－196 ℃，加入液氮后的藻体组织的硬度和脆性均显著增加，这在提高研磨效果的同时，还能避免藻体组织中的细胞被破坏和降解掉。一般情况下，先使用液氮处理藻体使组织细胞完全冻结，而后将组织细胞研磨成粉末，并将其置于不同成分的缓冲液中进行解冻，最后通过高速离心将粗提液浓缩(Soni 等，2008)。Soni 等(2008)采用液氮冷冻藻体并将其研磨至粉末状，再置于 Tris-HCl 缓冲液中解冻，该操作得到的 C-PC 的纯度达到了 0.42。

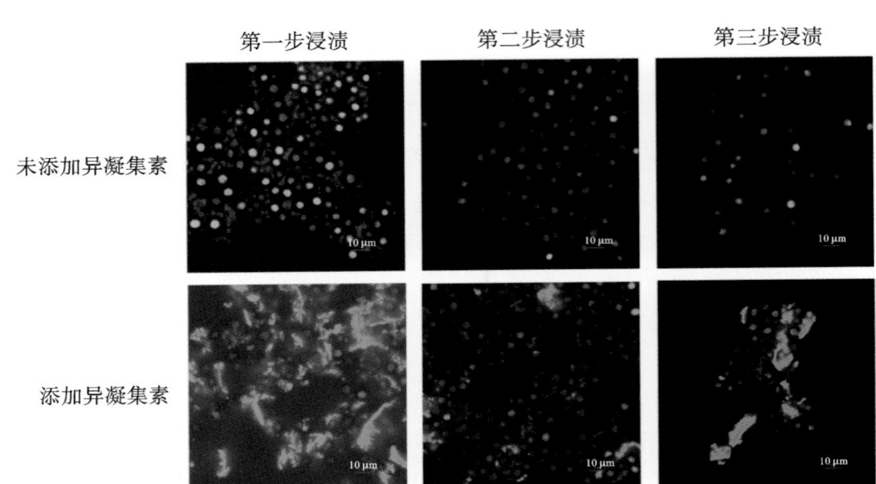


**图 6-8　一种紫球藻 *P. cruentum* 的 GLSM 图像(Tran 等,2019b)**

连续浸渍第一、二和三次后,在去离子水中添加和未添加异凝集素荧光探针的情况下,一种紫球藻 *P. cruentum* 以 0.2 g 干藻类生物质/100 mL 去离子水的比例重悬后获得的混合 1、3 和 4 荧光(适当时)发射通道的 GLSM 图像(通道 1 取决于 B-PE 的荧光发射,通道 3 取决于叶绿素的荧光发射,通道 4 取决于异凝集素)

相较于传统的破壁方法,液氮研磨法不仅可以有效地维持 PBPs 的活性,而且具有操作简单、成本低、延展性强和重复性好等优点(Givens 等,2011)。丙潇潇等(2011)向瓷研钵里的红藻坛紫菜粉中加入液氮,反复研磨 15 min,并将其置于浓度为 0.01 mol/L 的磷酸盐缓冲液中,离心后得到了 R-PE 纯度为 0.38的粗提液。液氮所提供的低温环境下,天然 PBPs 不易被降解,这有利于提高 PBPs 的回收率,将其与高压均质法相结合后,破碎效果会明显提高,但是操作时应避免低温下形成的冰晶对 PBPs 的光谱特性造成的影响。

**4. 机械研磨法**

机械研磨法是通过破坏细胞壁提取 PBPs 的原始方法。在机械研磨过程中,物体之间通过相互运动能够产生相应的挤压力和切应力,以用于藻细胞的破坏。机械研磨法更适用于 PBPs 的大规模提取。Costa 等将螺旋藻机械研磨破碎后,得到的 PBPs 粗提液中 C-PC 纯度高达 0.63。虽然将机械研磨法用于处理微藻时效果明显,但是在处理褐藻等大型藻类的过程中,机械研磨法通常只是提取过程的一个步骤,其一般只有与反复冻融法等其他方法同时使用时,才能将大型藻细胞完全破碎并释放出 PBPs (Moraes 等,2009)。

**5. 超声波辅助提取法**

超声波辅助提取法利用超声波产生的空腔、热量和机械效应来破碎藻细胞的细胞壁,从而充分提取并溶解出细胞内的 PBPs。超声波处理能够节约处理时间,其在溶液中产生剧烈的爆炸压力,从而使细胞结构遭到破坏(Le Guillard 等,2015;Mittal 等,2017)。一般来讲,超声的频率越高,藻体破碎的效果就越明显。同时,超声波辅助提取法一般不会有外源性杂质的存在。但是,在超声波处理过程中容易产生很强的热效应,当藻液的浓度较高时,则一次超声辅助提取的样品量会很少,超声波产生的热量将在局部集中,其中的 PBPs 可能会因为温度过高而发生变性,从而使其纯度下降。因此该方法仅适用于实验室中小规模的细胞破碎。

**6. 微波辅助提取法**

微波辅助提取法(microwave assisted extraction,MAE)是一种新型的蛋白质提取技术,在纯度和提取时间方面比常规提取方法具有明显的技术优势(Mandal 等,2007)。为了避免因过长的处理时间或过高的温度造成蛋白质的失活,需要控制处理过程中的持续暴露时间和温度。Juin 等(2015)首次将微波辅助提取法用于紫球藻中 PE 的提取,在 40 ℃下,PE 具有热稳定性,此时在微波下照射 10 s 后 PE 的纯

度高达 2.2。综合考虑产品的纯度、延展性以及生产成本,微波辅助提取法在 PBPs 提取过程中非常高效。

**7. 多针-板电晕放电提取法**

多针-板电晕放电提取法是一种新型的藻体组织细胞壁破壁提取方法,通过多余的负离子与正离子中和放出的巨大的能量使藻体细胞壁产生 0.4～40 μm 大小不等的空洞,PBPs 从空腔中溶出,等离子体的温度降低,不会因热量过高而造成蛋白质的分解。与常规提取方法相比,该方法操作简单、效率高、耗时短、成本低且环保无污染,是一种非常高效的提取方法。赵丽等(2015)采用多针-板电晕放电提取法提取红藻中的 R-PE,将其与浸提法、反复冻融法和 $CaCl_2$ 破碎法比较后发现,其仅用 3 min 即可达到最佳的破碎效果,同时得到纯度为 0.47 的 R-PE。整个操作过程中不需要添加任何化学试剂,也不需要提取预冷,在室温下即可进行。

**8. 压力破碎法**

压力破碎法可分为加压破碎法和减压破碎法两种。加压破碎法:准确称取螺旋藻粉或藻泥,按 10%～15%(质量体积比)的比例加入 4 ℃、0.05 mol/L 的磷酸盐缓冲液(pH 6.5±0.5),充分混匀,在压力为 40～70 MPa 下进行高压均质破壁 2～5 次,得到螺旋藻破壁液。减压破碎法:准确称取螺旋藻粉或藻泥,按 10%～15%(质量体积比)的比例加入 4 ℃、0.05 mol/L 的磷酸盐缓冲液(pH 6.5±0.5),充分混匀,置减压提取罐中设定加热温度为 40 ℃,稳步减压至 0.1 MPa,搅拌破壁 1 h,得到螺旋藻破壁液。

高压均质机(HPH)是一种更具侵略性的提取设备,通过在系统上施加剪切力来破坏复合物以及细胞本身。Jubeau 等(2013)研究了通过高压均质机从一种紫球藻 *Porphyridium cruentum* 中提取 B-PE 的方法。Tran 等(2019b)分别研究了 HPH 一步法和两步法提取一种紫球藻 *P. cruentum* 中 B-PE 的效果。图 6-9 显示了 HPH 处理后获得的结果。未处理的对照样品显示在图 6-9(a)中。一步处理(图 6-9(b))和两步处理(图 6-9(c))具有相似的特征。尽管一些细胞形态保持完整,但可以观察到许多无荧光的月牙形物体,这是由剪切力破坏了细胞并剥落了鞘状的无荧光新月形物所致。在图 6-9(b)和图 6-9(c)中还可以观察到具有较高荧光发射的碎片。HPH 处理通过施加剪切力使细胞外基质解离,从而导致细胞外基质碎片和细胞散开(图 6-9(d))。通过异凝集素染色,碎片被识别为结合的 EPS 基质,叶绿体也可以被识别到它们发出的强烈的 B-PE 和叶绿素荧光(图 6-9(d))。除此之外,一步处理(图 6-9(b))后可以观察到存在于对照组(图 6-9(a))中的非常稀少的囊泡,而在两步处理后未观察到囊泡(图 6-9(d))。该观察结果证实了 HPH 处理对于细胞和细胞外基质破坏的效率,这两者都是从一种紫球藻 *P. cruentum* 中提取 B-PE 的较大障碍。实际上,一些研究表明 HPH 处理可以降低多糖的分子量,从而降低其黏度(Villay 等,2012;Ye 等,2014;Paquin 等,1999)。同时人们还发现,HPH 一步处理后 B-PE 只有少量被提取,而两步处理后 B-PE 浓度显著降低,这可能是由于高压、系统温度升高或两者共同引起了蛋白质变性,70 MPa 高压处理可以通过破坏细胞来提取细胞内其他化合物,但是 120 MPa 下进行的第二步处理除了使 B-PE 变性外没有任何其他作用(Tran 等,2019b)。

**9. 脉冲电场法**

在物理方法中,脉冲电场(PEF)法如今被用作一种环境友好型的温和细胞破碎方法,其通过沿细胞质膜的电荷分布的变化来促进细胞的电穿孔,从而促进了细胞结构的失稳(Chen 等,2006)。目前 PEF 法已经用于从藻类中提取不同的内部化合物,如脂质、类胡萝卜素、叶绿素和蛋白质。其被认为是一种环保、选择性广、反应温和的细胞分裂方法(Geada 等,2018;Goettel 等,2013;Parniakov 等,2015;Silve 等,2018)。

Martínez 等(2017)首次评估了由 PEF 辅助提取钝顶节旋藻中的 PC 的方法,在 40 ℃下使用110.1 J/g(25 kV/cm,150 μs)获得了最高的 PC 含量。Débora 等(2019)也研究了使用 PEF 法从钝顶节旋藻中提取 PC 的情况,并使用不同的比能评估 PEF 法的效果。图 6-10 显示了 PEF 法处理后在整个培养期内提取物中的 PC 和蛋白质含量。由图 6-10 可示,在 56 J/mL 和 112 J/mL 条件下培养 6 h 后,提取到的 PC 和蛋白质含量相似。而在最低的处理能量下,无法提取到相同含量的内容物。较低的能量可

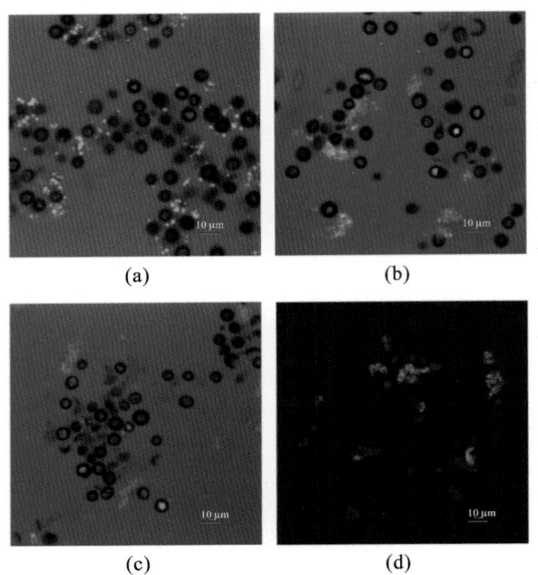


**图 6-9 一种紫球藻 *P. cruentum* 以 1.5 g 干藻类生物质/100 mL 去离子水的比例重悬后获得的混合 1、3 和 4 荧光(适当时)发射通道的 GLSM 图像(通道 1 取决于 B-PE 的荧光发射,通道 3 取决于叶绿素的荧光发射,通道 4 取决于异凝集素)(Tran 等,2019)**

(a)对照样品;(b)70 MPa 处理的样品;(c)70+120 MPa 处理的样品;(d)70+120 MPa 处理的样品,其中添加了异凝集素荧光探针

能不足以诱导细胞崩解,其中一些细胞未受损。较高的处理能量会造成不可逆的膜通透性增大,此时,整个细胞结构开始崩溃。在最高的处理能量下,静置过程最开始的几分钟内,明显破坏了细胞的大部分结构,导致细胞崩溃,并获得了大量蛋白质和 PC。预处理对细胞形态的影响表明,当施加 28 J/mL PEF 时,几乎看不到对细胞结构的可见损伤。对于这种能量,即使经过 6 h 静置,某些结构仍然完好无损,此时 PC 的提取率也较低。

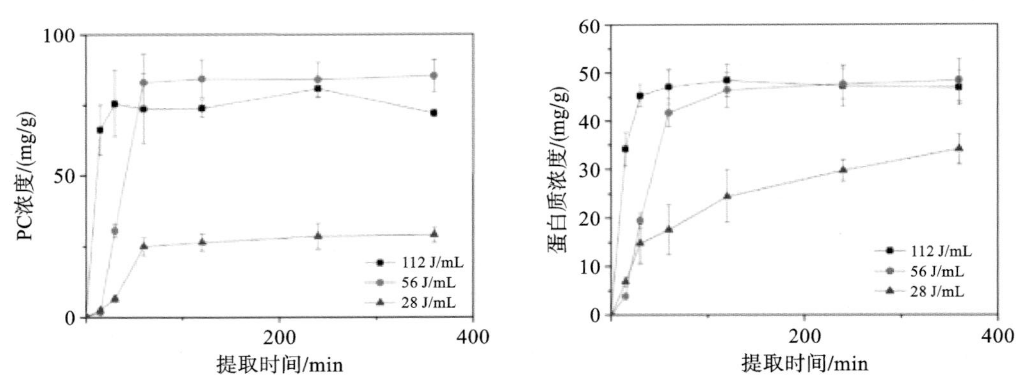


**图 6-10 使用 28 J/mL、56 J/mL 和 112 J/mL 进行 PEF 处理后,静置过程提取物中 PC 和蛋白质的浓度变化(Débora 等,2019)**

先前已经评估了使用 PEF 从钝顶螺旋藻 *A. platensis* 中提取 PC 的方法(Martínez 等,2017)。Martínez 等的研究表明,在 13~110 J/mL 的能量范围内静置 150 min 后才能检测到 PC。而 Débora 等(2019)的结果显示,在 28~112 J/mL 的能量范围内仅静置 15 min 后即可检测到 PC 的存在。这两项研究施加了相似的能量范围,但 Martínez 等所用的电场强度较低(15~25 kV/cm)。Débora 等(2019)将频率从 2 Hz(28 J/mL)更改为 6 Hz(112 J/mL),并保持电场强度(40 kV/cm)和脉冲持续时间(1 μs)恒定。由此可知,提取时间过长很可能是由于施加的电场较低,电穿孔不仅取决于所施加的比能,还取

决于电场强度和脉冲持续时间。随着电场强度的增加和脉冲数的增加，PEF 法的效果变得更加明显(Asavasanti 等，2011；Mahnič-Kalamiza 等，2014)。Martínez 等(2017)还观察到，当电场强度从 20 kV/cm 增加到 25 kV/cm 时，提取率提高了近 50%。Débora 等(2019)使用的 40 kV/cm 的电场强度可能引起更强烈的电穿孔，从而缩短了提取所需的静置时间。

用 PEF 法处理不同藻类生物时的蛋白质提取率也有所差异(Carullo 等，2018；Goettel 等，2013；Lam 等，2017)，但其提取率均较低。Lam 等(2017)获得了最高的蛋白质产量，富油新绿藻 *Neochloris oleoabundans* 中蛋白质的提取率高达 13%。各类藻类生物用 PEF 法处理后蛋白质提取率的差异可能是由细胞壁组成的差异所造成的，由于肽聚糖细胞壁的存在，钝顶节旋藻细胞更容易受损(Débora 等，2019)。当细胞被透化时，细胞内部的膨胀压力可能下降，导致气体液泡膨胀从而造成细胞破裂。在细胞壁薄弱的情况下，这种现象更有可能发生。而富油新绿藻 *Neochloris oleoabundans* 等藻类具有更坚固的纤维素细胞壁，从而导致它们的蛋白质提取率低。

Furuki 等(2003)提倡通过优化照射时间，避免在细胞破裂-提取过程中超声波照射对 C-PC 的损害。但是，PEF 基于低剪切力和低温的细胞破坏策略，可以保持产品完整性，并且可以分两步使用，以最大限度地提高亲水性(C-PC)和疏水性(脂质和类胡萝卜素)细胞成分的产量。因此，该方法可以成功地用于从藻类中提取多种产品(Mitra 和 Mishra，2019)。

**10. 高静水压法**

近年来，作为巴氏灭菌法的替代品，高静水压(HHP)法在食品加工和保鲜方面的应用引起了人们的关注(Baptista 等，2016；Gayán 等，2017；Perrier-Cornet 等，2005)。HHP 法是一种有效的非热物理方法，可以引起蛋白质二级结构的变化，通常用水作为传递压力的流体。HHP 法的优势在于降低了能源成本，操作过程不使用任何化学物质以及避免了温度引起的活性物质变性(Huang 等，2013)。

Brody 和 Stelzig(1983)研究了高达 300 MPa 的 HHP 对一种紫球藻 *Porphyridum cruentum* 提取物在磷酸盐缓冲液中的吸收光谱的影响。PE 的吸收峰分别从 545 nm 和 565 nm 迁移到 550 nm 和 570 nm，PC 的吸收峰从 620 nm 迁移到 634 nm。Tran 等(2019)通过共聚焦荧光显微镜研究了在 0.1～500 MPa 范围内经 HHP 法处理的粗制一种紫球藻 *P. cruentum* 提取物中 B-PE 的结构特征。未经处理的一种紫球藻 *P. cruentum* 悬浮液(透射光)的共聚焦荧光显微镜图像(图 6-11)显示聚集的圆形细胞，其不均一的含量由膜状白线界定。细胞被无定形团块包围，这可能是由固体胞外多糖和(或)细胞碎片造成的。在 PE 的荧光通道中，细胞内区域、细胞外区域和具有高荧光发射强度的细胞间区域均检测到了荧光。细胞内荧光可归因于叶绿体内部的 B-PE。在图 6-11 中，叶绿体显示为荧光圈，带有亮点，这可能是因为 PBPs 的存在。与透射光图像比较，对应于细胞表面的黑色区域将细胞内 B-PE 的荧光发射与细胞外 B-PE 清楚地分开。该细胞周围的排除空间大于膜所界定的空间，因此，可归因于一种紫球藻 *P. cruentum* 特有的胞外多糖。与胞外 B-PE 荧光发射的同质状态相反，细胞间物体显示明显的圆形，有时在胶囊中，中间的荧光发射强度较弱。由此可知，B-PE 的聚集可能是由蛋白质与胞外多糖的结合所致。有的研究使用均质器通过高压萃取方法提取了 B-PE(Jubeau 等，2013)，这种结合了剪切力和高压的方法会诱导细胞分裂。在 HHP 过程中，诱导细胞内 B-PE 降低需要较高的压力阈值，细胞结构对细胞内 B-PE 具有保护作用。与胞外区域相反，细胞间区域在 400～500 MPa 之间未显示出 B-PE 进一步降低的事实，这可能是由于胞外多糖的保护作用。这种保

**图 6-11 未经处理的一种紫球藻 *P. cruentum* 悬浮液(透射光)的共聚焦荧光显微镜图像**

护作用已在牛血清白蛋白或β-乳球蛋白与亚硫酸右旋糖酐（一种硫酸化的阴离子多糖，作用相当于一种紫球藻 *P. cruentum* 的胞外多糖）之间进行了研究（Galazka 等，1999a；1999b；1996）。

#### 6.4.1.2 化学方法

仅通过物理方法不可能从任意蓝藻中完全提取 PBPs。物理和化学方法的结合可能是从任意蓝藻中提取 PBPs 的较好方法。目前关注的是，已经引入了几种化学物质来破坏细胞壁并抑制 PBPs 被蛋白酶降解。

**1. 酸碱处理**

酸碱处理是指调节缓冲液的 pH 以改变蛋白质的带电性质，进而增加产物的溶解度。Sarada 等（1999）用盐酸（2～10 mol/L）从浸泡在 50 mmol/L 磷酸盐缓冲液（pH 6.8）中的鞘蓝藻中提取 PBPs。虽然能够将 PBPs 从藻细胞中大量提取，但是盐酸具有剧毒和破坏性，PBPs 的主要成分被破坏，提取后无法回收利用。

**2. 化学试剂处理**

化学试剂处理是指通过表面活性剂、有机溶剂（甲苯等）等化学方法来处理细胞，使其细胞壁通透性增加，从而使胞内产物之间的相互作用降低，更有利于将其释放。5%～10% EDTA、5%～10%蔗糖、2.5 mmol/L 苯甲基磺酰氟（PMSF）和叠氮化钠等广泛用于通过任何物理方法提取的 PBPs（Sinha 等，1995；Wang 等，2014；Kannaujiya 和 Sinha，2015；Kannaujiya 和 Sinha，2016a；2016b）。1% Triton X 和 5%蔗糖的混合物可以从蓝藻中提取 PBPs，且不会改变蛋白质的质量（Sinha 等，1995）。NP-40 是另一种有效的表面活性剂，可用于快速提取任何蓝藻中的 PBPs（Zhao 等，2015）。

#### 6.4.1.3 生物方法

生物方法主要指酶辅助提取法。具有多糖类结构的纤维素是藻类组织细胞壁的主要成分，因此可以通过纤维素酶或果胶酶来水解藻类的细胞壁，以减小细胞壁与细胞间质的传质阻力，加速 PBPs 的流出。溶菌酶含有水解酶（N-乙酰胞壁质聚糖水解酶），该酶能够水解肽聚糖结构中 N-乙酰基尿酸和 N-乙酰基-D-葡糖胺之间的 1-4-β 键，使藻细胞壁的结构被破坏并释放 PBPs。另外，与粗提法相比，溶菌酶诱导细胞壁裂解/降解后再进行细胞分级分离可能更有用（Boussiba 和 Richmond，1979）。溶菌酶与 100 mmol/L 磷酸钠缓冲液（pH 7.0）和 100 mmol/L EDTA 钠混合后，在室温下用于蓝藻中 PBPs 的提取（Boussiba 和 Richmond，1980）。赵丽等（2015）使用纤维素酶处理藻细胞用于 R-PE 的提取，处理 15 h 后，R-PE 的纯度可达到 0.37。与传统提取方法相比，酶辅助提取法所需的反应条件较为温和，在不引入其他杂质的同时，还能很好地维持蛋白质的结构及性质。施瑛等（2015）比较了纤维素酶、果胶酶两种酶对紫菜 PE 的提取效果，用纤维素酶和果胶酶的最佳酶配比为 7∶3 的复合酶液的提取效果更好，得率达到了2.26%，纯度也高达 1.66。因此，复合酶比单一酶在藻体组织细胞壁降解过程中的效果更加明显，这为 PBPs 的规模化生产提供了新思路。

#### 6.4.1.4 联合法

选择适当的提取方法取决于蓝藻或红藻种类。比较从钝顶螺旋藻中提取 C-PC 的结果表明，采用反复冻融、溶菌酶处理和细菌（肺炎克雷伯菌）处理的方法，提取效率相当，但是玻璃珠研磨和超声处理效率不高（Zhu 等，2007）。研究者认为从冻干藻类中使用酸碱处理法要优于其他方法，如反复冻融和超声处理（Bermejo 等，2003）。为了提升提取效果，实验室通常使用几种方法的组合。

段杉等（2009）研究发现，采用纤维素酶和水提法相结合的方法提取蛋白质比直接采用水提法在蛋白质提取得率上的优势更明显。白露（2017）将超声波辅助提取法与反复冻融法相结合用于坛紫菜中 PBPs 的提取，结果表明相比于单一法，组合法在提取得率和含量上均具有更优的效果。

### 6.4.2 PBPs 的粗提

根据 PBPs 的分子量、溶解度、电荷离子性质等差异，在藻细胞被破碎后，一般采用盐析和超滤技术、分子筛技术、离子交换色谱技术、亲和色谱技术等进行PBPs的分离纯化。通过不同方法的多步联用,最终可获得纯度较高的PBPs(图6-12)(Moraes 和 Kalil,2009;王超等,2011)。

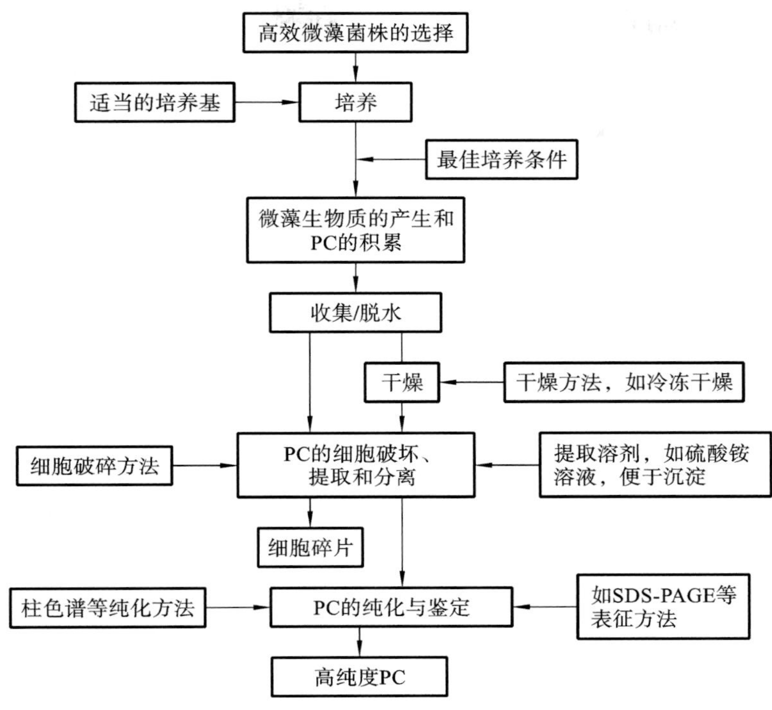


**图6-12 微藻中PBPs的生产工艺图(Emmanuel Manirafasha 等,2016)**

#### 6.4.2.1 硫酸铵沉淀法

PBPs的水溶性较好,通过不断增加PBPs粗提液中的硫酸铵含量,来达到破坏PBPs表面胶体稳定性的目的,使其分批次析出,通过离心即可得到含有不同类型PBPs的固态沉淀,同时还能够使PBPs得到浓缩。此外,由于不同的PBPs在分子量、电荷、聚合程度等性质上各不相同,一般情况下,电荷多且分子量较大的PBPs,使其沉淀需要较低的硫酸铵浓度,因此硫酸铵的盐析作用还可以将不同的PBPs进行初步分离。在提取条斑紫菜中的PBPs时,当溶液中硫酸铵浓度为25%~35%饱和度时,大部分的PC和APC析出;当溶液中硫酸铵浓度为25%~45%饱和度时,PE可以被沉淀下来;当硫酸铵浓度达到55%饱和度时,所有PBPs都可以析出(蔡春尔和何培民,2006);而在蓝隐藻 *Chroomonas placoidea* T13中,当硫酸铵浓度分别为50%~70%、70%~80%、80%~100%饱和度时,沉淀中PC-645的纯度逐渐增加,使用50%~70%硫酸铵所得沉淀的粗提液含有大量的叶绿素成分,显黄绿色;在硫酸铵为70%~80%饱和度时,沉淀中的黄绿色已经很不明显;当硫酸铵浓度达到80%~100%饱和度时,沉淀呈天蓝色,其纯度($A_{645}/A_{280}$)在3.0左右,其中杂蛋白的含量很少(张允允和陈敏,2011)。

#### 6.4.2.2 利凡诺沉淀法

利凡诺沉淀法是一种分离纯化蛋白质的新的简化方法,它通过与蛋白质形成复合物而将蛋白质从其他粗提物中分离出来。利凡诺试剂可用于沉淀和消除杂质,如藻类生物中的多糖等(Tcheruov 等,1993)。该方法相较于传统色谱法避免了透析的过程,使分离纯化的步骤更为简单,还具有成本低和可扩展性强等优点。但试剂的干预可能会带入其他杂质,必须通过更进一步的方法除去杂质,如凝胶过滤。Minkova 等(2003)使用利凡诺试剂对PBPs粗提液进行了四步沉淀处理,得到的C-PC的纯度增加至3.9。这一技术为分离纯化PBPs提供了新思路,但该技术仍需继续研究才能利用至规模生产中。

#### 6.4.2.3 壳聚糖和活性炭吸附沉淀法

壳聚糖具有吸附和沉淀带负电荷的蛋白质的作用,因而,通过调节pH,杂蛋白可以被吸附沉淀掉,从而使目的蛋白分离纯化出来。壳聚糖吸附沉淀法不仅避免了复杂的色谱纯化步骤,还具有效率高、成本低、收率高以及延展性好等优势(李文军,2017)。活性炭是一种成本低的疏水性吸附剂,具有较大的接触面积。它可以吸附和沉淀疏水蛋白,通过将杂蛋白吸附并使之沉淀来实现 PBPs 的分离纯化。与传统的盐析法相比,壳聚糖和活性炭组合使用所需时间短、得率高、条件温和且操作流程简单。廖晓霞等(2011)研究发现壳聚糖和活性炭结合使用下,PC 的纯度由 0.93 提高到 2.78。Gantar 等(2012)通过活性炭和壳聚糖结合法纯化 C-PC,发现其纯度由 2.0 增加到 3.6。

6.4.2.4 超滤法

超滤法是用于分离天然敏感化合物(如 PBPs)的技术之一,由于它不需要沉淀、离心和透析步骤来稀释样品(Denis 等,2009),因此更具有吸引力。利用膜孔阻滞、膜表面机械筛分和膜孔吸附特点,可以用超滤的方法截留溶液中较大的 PBPs。由于处理过程较为温和,PBPs 构型、构象和光学活性通常不会改变。由于超滤法可以实现大规模 PBPs 粗提液的分离,操作简单,因此其具有较大的应用潜力。Claire Denis 等(2009)曾用超滤法将蜈蚣藻 PBPs 粗提液中的 R-PE 纯度提升到 0.9。该技术的缺点是保留所有大于膜分子量截留值的化合物。

Marcati 等(2014)通过图 6-13 的流程将一种紫球藻 *Porphyridium cruentum* 中的多糖和 B-PE 进行了分离纯化。该过程包括两步超滤过程,使用孔径为 300 kDa 的超滤管有效地收集了高分子量的多糖,而后采用 10 kDa 的超滤管有效地分离了蛋白质和 B-PE 中低分子量的多糖。通过 1 kDa 超滤管得到的渗透液中,多糖含量占初始含量的 80%且无色素,而截留液则为不含有多糖的 B-PE 溶液。因此,可以从藻细胞中回收 48%的 B-PE,纯度为 2.3。该操作可以作为分离纯化过程的起始步骤,以浓缩不含多糖的 B-PE,然后通过色谱法进行纯化。

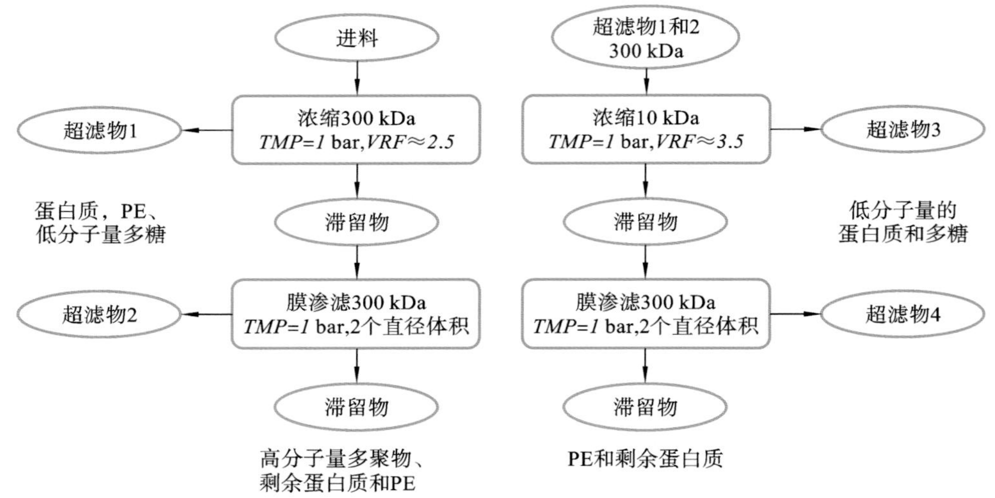


**图 6-13 通过超滤法分离藻细胞中的多糖、蛋白质和色素的流程图(Marcati 等,2014)**

TMP 为跨膜压;VRF 为体积保留系数

## 6.4.3 PBPs 的纯化

6.4.3.1 凝胶过滤法

凝胶具有一定大小的网孔,仅允许相应大小的蛋白质分子进入凝胶颗粒中,大分子被排阻在凝胶外,当用洗脱液洗脱时,大分子的蛋白质随洗脱液穿过凝胶间隙,小分子的蛋白质则在凝胶颗粒网状结构中来回穿梭,晚于大分子蛋白质而被后洗脱下来,以实现分离。与其他方法相比,凝胶过滤法的生产规模较小且成本较高,但是当凝胶过滤法与其他纯化技术联用时,可以达到较好的分离效果。如 Soni 等从颤藻中纯化 C-PC 时,将 PBPs 粗提液经过硫酸铵沉淀后,用缓冲液重新溶解,然后利用 Sephadex

G-150 填充的凝胶柱，进行过滤，然后将收集到的 C-PC 继续用离子交换色谱纯化，最终将 C-PC 的纯度提高至 2.26(Soni 等，2006)。

#### 6.4.3.2　羟基磷灰石柱色谱法

羟基磷灰石柱色谱法主要依靠磷酸根离子和钙离子的静电吸引来吸附蛋白质，这是分离纯化 PBPs 常用的方法。但是，该方法一般也需要与其他方法结合使用且不适合大规模生产，因此通常在实验室中使用。当利用羟基磷灰石柱色谱法从多管藻中分离纯化 R-PE 时，其纯度可达 4.34(Niu 等，2006)。

#### 6.4.3.3　疏水色谱法

疏水色谱法通过利用固定相凝胶载体上偶联的疏水性配基与流动相中的一些疏水蛋白质发生可逆性结合，从而分离纯化不同疏水性质的蛋白质混合物。由于 PBPs 具有疏水差异，在高浓度盐溶液中，疏水性强的蛋白质会与疏水配基结合，此方案常用于 PBPs 粗提液经硫酸铵盐析之后的进一步纯化。MaCarmen Santiago-Santos 等(2004)利用甲基化大孔制备型的疏水性介质，处理 PBPs 粗提液，将 C-PC 的纯度由 0.4 提高至 3.5，Soni 等(2008)则利用疏水色谱法将 C-PC 的纯度最终提升到 4.52。

#### 6.4.3.4　离子交换色谱法

离子交换色谱法的固定相是离子交换剂，当流动相中的蛋白质混合物流经交换剂时，由于电荷条件不同，不同的蛋白质分子具有不同的结合力，可用于分离和纯化 PBPs。在对 PBPs 粗提液进行进一步纯化操作时，虽然离子交换色谱法介质成本偏高，但是分离纯化得到的 PBPs 纯度较高，离子交换色谱法已被广泛应用于 PBPs 的纯化。Patil 等(2006)利用 DEAE-Sephadex 离子交换色谱法，将 C-PC 的纯度从 5.22 提高至 6.69。唐志红等(2017)在超滤的基础上，采用 SOURCE 15Q 离子交换柱色谱一步法，从紫球藻中获得了纯度为 5.1 的 B-PE。与 Sephadex G-150 和 DEAE-cellulose DE52 比较(表6-8)，SOURCE 15Q 离子交换介质上 B-PE 的回收率和纯度最高。

**表 6-8　不同离子交换介质的纯化效率(Tang 等，2017)**

| 指　　标 | SOURCE 15Q | Sephadex G-150 | DEAE-cellulose DE52 |
|---|---|---|---|
| [a]蛋白质回收率/(%) | 35.2±1.8 | 31.6±1.5 | 27.9±1.1 |
| [b]B-PE 回收率/(%) | 68.5±3.7 | 58.3±2.7 | 52.6±2.6 |
| 纯度($A_{545}/A_{280}$) | 5.1±0.4 | 3.8±0.2 | 3.2±0.2 |

数据以平均值±SD($n$=3)表示；[a] 蛋白质回收率是指色谱分析后洗脱的蛋白质与上样的总蛋白质之间的比率，通过 Lowry 方法测量；[b]B-PE 回收率是指从色谱柱洗脱的总 B-PE 与负载的总 B-PE 之比，通过测量 545 nm、620 nm 和 650 nm 处的吸光度根据公式来确定

#### 6.4.3.5　离心沉淀色谱法

离心沉淀色谱(CPC)法是一种功能强大的色谱技术，于 2000 年发明，但迄今为止很少应用。该方法结合了透析、逆流和盐析过程。分离转子由两个相同的螺旋形通道组成，这些通道由透析膜(截留值 6000～8000)隔开，其中上部通道用硫酸铵梯度洗脱，下部通道用水冲洗。Gu 等(2017)将该方法成功应用于龙须菜 *Gracilaria lemaneiformis* 中 R-PE 的分离和纯化。样品分离是在 21.5 h 内用 50%到 0 的硫酸铵以 0.5 mL/min 的流速洗脱完成的，而下部通道在进样后以 0.05 mL/min 的流速用水洗脱，并用 200 r/min 的转速旋转色谱柱。单次运行后，R-PE 的纯度从粗提液中的 0.5 增加到 6.5(图 6-14)。

#### 6.4.3.6　扩张床吸附色谱法

扩张床吸附色谱(EBA)法是一种替代性的生物分离方法，该方法大大减少了直接从含颗粒原料中捕获目标分子所需的纯化步骤(Chase，1994)。由于蛋白质之间的相互作用较弱，所以 EBA 法被认为是蛋白质纯化的“温和”方法(Ghosh 和 Wang，2006；Queiroz 等，2001)。有许多关于使用这种技术纯化生物分子(如血清蛋白、核蛋白、激素、重组蛋白和酶)的报道(Queiroz 等，2001)。其主要优点不仅在于高速、高回收率，无须样品澄清，无须基质充分平衡，还提供了部分浓缩的产品，可直接用于下一步纯化

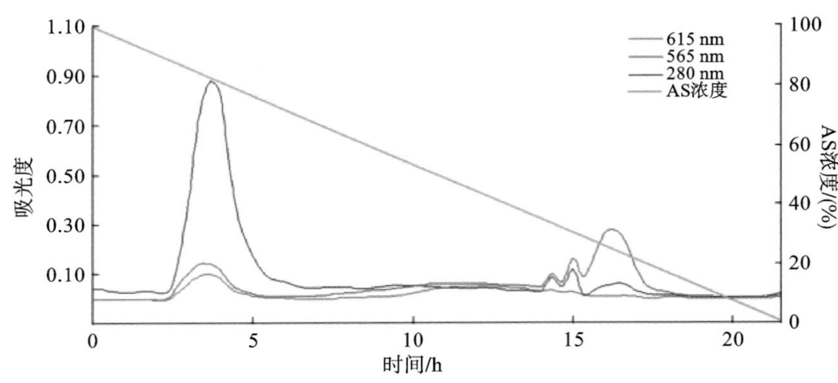


**图 6-14 离心沉淀色谱法分离龙须菜 *Gracilaria lemaneiformis* 中的 R-PE**

AS 为硫酸铵

(Wang,2002;Bermejo 等,2006;Soni 等,2006)。同时,该方法也存在某些问题,塔底的多孔板有时会被原料颗粒阻塞,当原料为黏性时,吸附剂与液体之间不会有良好的接触,因此在膨胀床中会形成通道(Ibáñez-González 等,2016)。

Ibáñez-González 等(2016)通过流体动力学研究和标准蛋白的动态容量,设计并表征了一种新型的涡流反应器用于蛋白质吸附实验,并成功应用于一种紫球藻 *P. cruentum* 中 B-PE 的纯化。反应器在层流涡流状态下充当扩张床,Streamline DEAE 树脂通过轴向流扩张并通过涡流稳定。该纯化操作共分为两个步骤:在扩张床上吸附和从沉降床中洗脱。新型涡流反应器能够与传统和改良的扩张床色谱柱进行竞争,具有改进和降低假塑性流体中进料黏度的额外优势,从而减少了蛋白质吸附过程中内部和外部的传质。

#### 6.4.3.7 双水相萃取法

双水相萃取(ATPE)法,也称液体双向系统(LBS),从根本上讲是一种液-液萃取技术,它使用两个水相,其中包含两种不混溶的混合聚合物或一种聚合物和一种盐(Mantovani 等,2005)。ATPE 法可以被认为是一种整合技术(将萃取、沉淀和初级纯化结合在一起),并且已被用作生物技术和化学工业中传统生物分子分离纯化系统的有效替代方法(Duarte 等,2015;Hatti-Kaul 等,2001;Ratanapongleka,2010;Goja 等,2013)。ATPE 法在蛋白质纯化方面具有很强的竞争力,主要有以下优势:处理时间短,得率高,宜于规模扩大时使用且操作可靠,同时小规模的生产工艺不会因为规模扩大而被改变,等等(Hatti-Kaul 等,2001;Ratanapongleka,2010)。

据报道,ATPE 法可用于从转基因羊乳中分离和纯化人 α-抗胰蛋白酶,从 CHO 上清液中纯化单克隆抗体(mABs)、tPA,以及从酵母细胞中纯化重组 VLP(病毒样颗粒)(Asenjo 和 Andrews,2012)。ATPE 法在操作的早期阶段用于目标产物的分配和回收,其效率在很大程度上取决于要使用的水相两相系统(如聚合物-聚合物,聚合物-盐)的选择(Hatti-Kaul 等,2001),受许多因素的影响,如聚合物的分子量和浓度、聚合度、盐的离子强度、温度、体系的 pH 等(Goja 等,2013;Antelo 等,2010)。聚合物-盐体系还具有经济实惠等的优点,与聚合物-聚合物体系相比,相分离所需的时间更短。聚合物在盐体系下比其他体系更适合纯化 PBPs(Patil 和 Raghavarao,2007)。在 ATPE 法中,目标溶质选择性地分配到一个相,而污染物生物分子分配到另一相。因此,ATPE 法不仅可以实现目标溶质的纯化,而且可以通过适当选择相体积比将其浓缩为某一相(Chang 等,2018;Chethana 等,2015;Glyk 等,2015;Patil 和 Raghavarao,2007)。该方法可以在富含聚合物的上层相中选择性地分离钝顶节旋藻中的 C-PC,而在富含盐(磷酸钠/磷酸钾)的下层相中保留其他蛋白质,从而在单相萃取-纯化中回收高纯度的所需产物(Zhao 等,2014;Chethana 等,2015)。Zhao 等(2014)采用多个 ATPE 系统联用,而 Chethana 等(2015)则通过优化 ATPE 系统中的 pH、体积比和 PEG 的分子量,来提高 C-PC 得率。但是,聚合物相和盐相的密度、高黏度、较弱的界面表面张力以及液滴与液滴之间的碰撞所花费的时间降低了混合速度，导致相分离过程变长。可以通过延长分离时间（通宵相分离）或在能量密集的外部电场、磁场、声场或微波场的帮助下提高混合速度来克服该缺点。在寻找更经济、节能、简化的方法时，Luo 等（2016）提出了一种附加涡流装置增强型的 ATPE 系统，该系统可实现自发相分离，从而使 C-PC 纯度比粗提物高出 6 倍。ATPE 系统还存在其他缺点：操作过程中可能会产生由含高浓度磷酸盐/铵离子的聚合物盐形成的废水流，而分馏过程中所需的技术和机制以及形成聚合物需要的成本有待更多的研究，同时如果操作过程中使用了有机溶剂，也可能会降低最终产品的质量（Ratanapongleka，2010；Goja 等，2013）。

ATPE 法可从多种资源中纯化和浓缩具有商业意义的天然色素（Benavides 和 Rito-Palomares，2005；Chang 等，2018；Patil 等，2008；Santos 等，2018）。其已成功应用于螺旋藻 C-PC 的下游加工中，如：用 PEG 和盐溶液进行 ATP 萃取（Patil 和 Raghavarao，2007）；与细胞碎片整合（Antelo 等，2010）以及采用涡流装置增强的 ATP 提取（Luo 等，2016）。这些过程证明了使用多相系统纯化 C-PC 的潜在能力，该系统能够以低成本运行并获得高回收率，并且适用于食品加工过程。

在大多数情况下，ATPE 法结合超滤法用于 PBPs 的提取和纯化有助于去除 ATPE 的组分（聚合物、盐）（Patil 和 Raghavarao，2007），这有助于简化纯化步骤，进而克服一些影响 PBPs 下游过程的障碍（如产品产量的损失，大规模建立下游过程的困难和高成本）（Singh 等，2009；Patil 和 Raghavarao，2007）。Chia 等（2019）将 ATPE 法用于螺旋藻中 C-PC 的分离纯化，通过 ATPE 法与超声波辅助提取法联用，获得的 C-PC 回收率达到 94.89%，纯度为 6.17。在混合物经超声处理之后，进入由 PEG 4000 和磷酸氢二钾（$K_2HPO_4$）构成的 ATPE 系统，以回收 C-PC（Antelo 等，2010）。称量 25%的 PEG 4000 和 20%的 $K_2HPO_4$ 在离心管中制备相系统。然后通过涡旋将称量的 PEG 4000 溶解在去离子水中。由于 C-PC 对极端 pH 敏感，因此用 $KH_2PO_4$ 调节盐相的 pH。将样品提取物添加到制备的系统中，并以 300 r/min 的转速搅拌 1 h。由于 C-PC 会因光照、pH 和温度等原因发生降解，ATPE 是在黑暗和室温（25 ℃）下进行的。搅拌后再放置 1 h，以稳定两相，然后进行分析。

液体双相浮选（LBF）是一种新兴的生物分离工艺，用于提取和纯化生物分子（Sankaran 等，2018）。LBF 系统是常规 ATPE 和吸附性气泡浮选系统的组合形式，其中双相系统通过鼓泡来支撑，以将生物分子从一个相传输到另一个相（图 6-15）。生物分子的表面活性化合物将吸附到上升气泡的表面，并从底部水相带到顶部有机相。LBF 已应用于多种生物分子的纯化中，包括 *Burkholderia cepacia* 中的脂肪酶（Sankaran 等，2018；Show 等，2013）、火龙果 *Hylocereus polyrhizus* 中的花青素（Leong 等，2018）等的提取。Kit 等（2019）使用 LBF 从钝顶螺旋藻中纯化 C-PC，发现 LBF 的最佳条件如下：PEG 4000 和磷酸钾的组合，聚合物和盐的浓度均为 250 g/L，底部与顶部的体积比为 1∶0.85，系统 pH 为 7.0，空气浮选时间为7 min，得到的粗提物浓度为 0.625%。优化的 LBF 系统的最大 C-PC 回收率和纯度分别为 90.4%和 3.49。

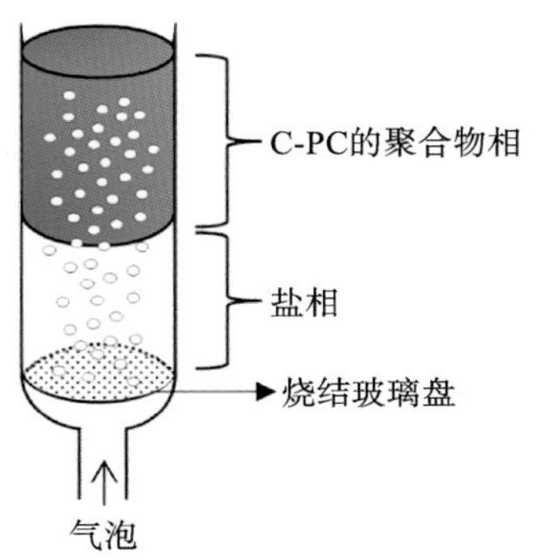


**图 6-15 用于从螺旋藻中纯化 C-PC 的基于 PEG/盐的 LBF 示意图（Kit 等，2019）**

气泡产生的浮选作用有助于 C-PC 从底部盐溶液向上流至富含 PEG 的顶部相

### 6.4.3.8 膜分离技术

膜分离技术被认为是对传统化学分离方法的一次革命,其利用天然或人工合成的、具有选择透过性的薄膜,以外界能量或化学位差为推动力,实现对双组分或多组分的溶质和溶剂的选择性分离(Muthukumar 等,2017)。纯化分离所采用的膜主要是超/微滤膜,其所能截留的物质粒径大小分布范围广,被广泛应用于固液分离、大/小分子物质的分离、脱除色素、产品提纯、油水分离等工艺过程中。

Lauceri 等(2018;2019)将盐敏性亲水 PVDF 膜用于 PBPs 的纯化,在几分钟内获得分析级 PBPs,而无须使用填充床色谱和超滤技术(图 6-16)。这种膜最初不是为膜分离技术设计的,它只是作为商业化的微滤装置,可实现高流速和高通量的萃取,它有广泛的化学相容性,在蛋白质结合方面具有巨大的优势:①可以最大限度地减少膜上非特异性蛋白质的结合;②可以诱导和调节蛋白质-膜相互作用,从而通过改变环境条件(即硫酸铵浓度)可逆性和选择性地使目的蛋白保留在膜上(Ghosh,2004;2005)。

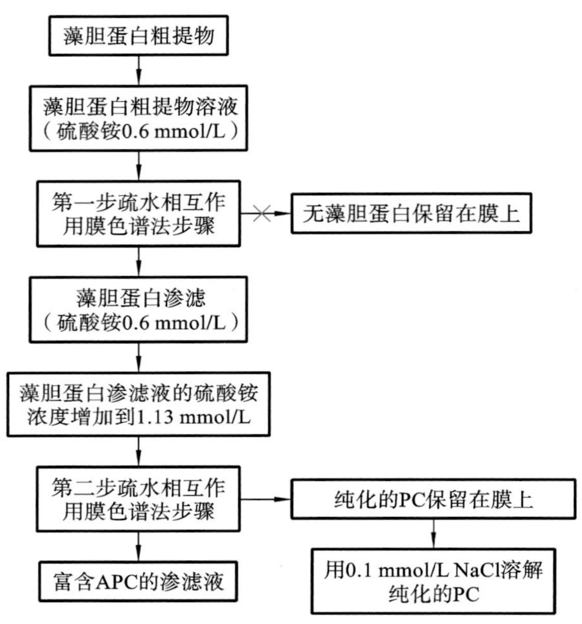


**图 6-16 两步膜色谱法用于分离 PC 和 APC 并获得分析纯的 PC(Lauceri 等,2018)**

使用静电纺丝工艺制备的纳米纤维膜也已在生物化学工程领域(Ahmed 等,2015;Sun 等,2014;Thenmozhi 等,2017)得到了广泛的应用,包括组织工程和药物输送(Sill 和 von Recum,2008;Yoo 和 Park,2009;Khalf 和 Madihally,2017)、生物传感器(Rand 等,2013;Gupta 等,2014)、超滤(Deals 等,2011;Wang 等,2012)、吸附性抗菌膜(Bai 等,2013)和水处理(Aliabadi 等,2013;Min 等,2015)等。用于蛋白质纯化的纳米纤维膜应具有高孔隙率,大比表面积,高化学、生物学和机械稳定性,高亲水性,低非特异性吸附和快速结合动力学等特点(Huang 等,2013;Chiu 等,2012)。与常规膜相比,纳米纤维膜的大比表面积使它们具有更高的吸附容量和更快的吸附速度。

Ng 等(2019)制作了壳聚糖(CS)改性的纳米纤维膜,使用负色谱法快速从螺旋藻中回收 C-PC(图 6-17)。其研究了盐浓度、pH、膜通量和 CS 偶联浓度对 C-PC 渗透效率的影响。结果表明,该膜对蛋白质的选择性顺序为污染蛋白(TP)>APC>C-PC。TP 和 APC 分子容易被壳聚糖修饰的膜吸收,而 C-PC分子容易被膜渗透而不易被吸收,从而提高了 C-PC 的纯度。

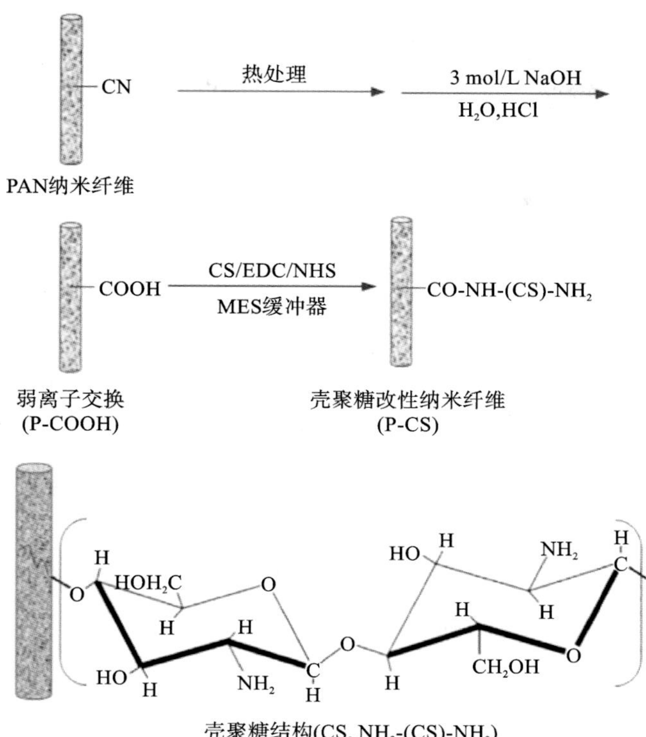


**图 6-17 壳聚糖改性的纳米纤维膜合成路线的示意图(Ng 等,2019)**

EDC 为 1-乙基-3-(3-二甲基氨基丙基)碳二亚胺;NHS 为 N-羟基琥珀酰亚胺;MES 为 4-吗啉乙烷磺酸

## 参考文献

[1] 李文军,2017.新型藻胆蛋白的制备及其在生物传感和染料敏化太阳能电池中的应用[D].烟台:中国科学院烟台海岸带研究所.

[2] 廖晓霞,张学武,2011.高效分离纯化藻蓝蛋白新法[J].食品工业科技,32(6):273-275.

[3] AHMAD A,MAT YASIN N H,DEREK C J,et al,2014. Comparison of harvesting methods for microalgae *Chlorella* sp. and its potential use as a biodiesel feedstock[J]. Environmental Technology,35(17-20):2244-2253.

[4] AHMED F E,LALIA B S,HASHAIKEH R,2015. A review on electrospinning for membrane fabrication:challenges and applications[J]. Desalination,356:15-30.

[5] AJAYAN K V,SELVARAJU M,et al,2012. Enrichment of chlorophyll and phycobiliproteins in *Spirulina platensis* by the use of reflector light and nitrogen sources: an in-vitro study[J]. Biomass and Bioenergy,47:436-441.

[6] ALIABADI M,IRANI M,ISMAEILI J,et al,2013. Electrospun nanofiber membrane of PEO/chitosan for the adsorption of nickel,cadmium,lead and copper ions from aqueous solution[J]. Chemical Engineering Journal,220:237-243.

[7] ASAVASANTI S,RISTENPART W,STROEVE P,et al,2011. Permeabilization of plant tissues by monopolar pulsed electric fields: effect of frequency[J]. Journal of Food Science,76(1):E98-E111.

[8] ASENJO J A,ANDREWS B A,2012. Aqueous two-phase systems for protein separation:phase separation and applications[J]. Journal of Chromatography A,1238:1-10.

[9] BACHCHHAV M B,KULKARNI M V,INGALE A G,2017. Enhanced phycocyanin production from *Spirulina platensi* susing light emitting diode[J]. Engineering in Life Sciences,98:41-45.

[10] BAI B,MI X,XIANG X,et al,2013. Non-enveloped virus reduction with quaternized chitosan nanofibers containing graphene[J]. Carbohydrate Research,380:137-142.

[11] BALASUNDARAM B,SKILL S C,LLEWELLYN C A,2012. A low energy process for the recovery of bioproducts from cyanobacteria using a ball mill[J]. Biochemcal Engineering Journal,69:48-56.

[12] BARROS A I,GONÇALVES A L,SIMÕES M,et al,2015. Harvesting techniques applied to microalgae:a review[J]. Renewable & Sustainable Energy Reviews,41:1489-1500.

[13] BENAVIDES J,RITO-PALOMARES M,2005. Potential aqueous two-phase processes for the primary recovery of colored protein from microbial origin[J]. Engineering in Life Sciences, 5(3):259-266.

[14] BORGES J A,ROSA G M,MEZA L H R,et al,2013. *Spirulina* sp. LEB-18 culture using effluent from the anaerobic digestion[J]. Brazilian Journal of Chemical Engineering, 30: 277-288.

[15] BRASIL B S A F,SILVA F C P,SIQUEIRA F G,2017. Microalgae biorefineries:the Brazilian scenario in perspective[J]. New Biotechnology,39:90-98.

[16] BRENNAN L,OWENDE P,2010. Biofuels from microalgae—a review of technologies for production,processing,and extractions of biofuels and co-products[J]. Renewable Sustainable Energy Reviews,14:557-577.

[17] BUI L A,DUPRE C,LEGRAND J,et al,2014. Isolation,improvement and characterization of an ammonium excreting mutant strain of the heterocytous cyanobacterium *Anabaena variabilis* PCC 7937[J]. Biochemical Engineering Journal,90:279-285.

[18] CAO X,XI Y,LIU J,et al,2019. New insights into the $CO_2$-steady and pH-steady cultivations of two microalgae based on continuous online parameter monitoring[J]. Algal Research, 38:101370.

[19] CARULLO D,ABERA B D,CASAZZA A A,et al,2018. Effect of pulsed electric fields and high-pressure homogenization on the aqueous extraction of intracellular compounds from the microalgae *Chlorella vulgaris*[J]. Algal Researchearch-Biomass Biofuels and Bioproducts,31: 60-69.

[20] CASTRO G F P D S D,RIZZO R F,PASSOS T S,et al,2015. Biomass production by *Arthrospira platensis* under different culture conditions[J]. Food Science and technology,35 (1):18-24.

[21] CHANG Y K,SHOW P L,LAN J C W,et al,2018. Isolation of C-phycocyanin from *Spirulina platensis* microalga using ionic liquid based aqueous two-phase system[J]. Bioresource Technology,270:320-327.

[22] CHEAH W Y,SHOW P L,CHANG J S,et al,2015. Biosequestration of atmospheric $CO_2$ and flue gas-containing $CO_2$ by microalgae[J]. Bioresource Technology,184:190-201.

[23] CHEN C Y,KAO P C,TAN C H,et al,2016. Using an innovative pH-stat $CO_2$ feeding strategy to enhance cell growth and C-phycocyanin production from *Spirulina platensis*[J]. Biochemical Engineering Journal,112:78-85.

[24] CHEN C Y,KAO P C,TSAI C J,et al,2013. Engineering strategies for simultaneous enhancement of C-phycocyanin production and $CO_2$ fixation with *Spirulina platensis*[J].

Bioresource Technology,145:307-312.

[25] CHEN C Y, YEH K L, AISYAH R, et al, 2011. Cultivation, photobioreactor design and harvesting of microalgae for biodiesel production:a critical review[J]. Bioresource Technology, 102:71-81.

[26] CHENTIR I, DOUMANDJI A, AMMAR J, et al, 2018. Induced change in *Arthrospira* sp. (Spirulina) intracellular and extracellular metabolites using multifactor stress combination approach[J]. Journal of Applied Phycology,30:1563-1574.

[27] CHETHANA S, NAYAK C A, MADHUSUDHAN M, et al, 2015. Single step aqueous two-phase extraction for downstream processing of C-phycocyanin from *Spirulina platensis* [J]. Journal of Food Science and Technology,52(4):2415-2421.

[28] CHEW K W, CHIA S R, KRISHNAMOORTHY R, et al, 2019. Liquid biphasic flotation for the purification of C-phycocyanin from *Spirulina platensis* microalga[J]. Bioresource Technology, 288:121519.

[29] CHIA S R, CHEW K W, SHOW P L, et al, 2019. *Spirulina platensis* based biorefinery for the production of value-added products for food and pharmaceutical applications[J]. Bioresource Technology,289:121727.

[30] CHISTI Y,2013. Raceways-based production of algal crude oil[J]. Green,3(314):195-216.

[31] CHIU H T, LIN J M, CHENG T H, et al, 2012. Direct purification of lysozyme from chicken egg white using weak acidic polyacrylonitrile nanofiber-based membranes[J]. Journal of Applied Polymer Science,125:616-621.

[32] CHOI C Y, KIM N N, SHIN H S, et al, 2014. Profiles of photosynthetic pigment accumulation and expression of photosynthesis-related genes in the marine *Cyanobacteria Synechococcus* sp.: effects of LED wavelengths[J]. Biotechnology and Bioprocess Engineering,19(2):250-256.

[33] CHOI Y Y, JOUN J M, LEE J, et al, 2017. Development of large-scale and economic pH control system for outdoor cultivation of microalgae *Haematococcus pluvialis* using industrial flue gas [J]. Bioresource Technology,244(Pt 2):1235-1244.

[34] CONSORTI B B, CASTRO C J, SINDELIA F, et al, 2019. A robotic platform to screen aqueous two-phase systems for overcoming inhibition in enzymatic reactions [J]. Bioresource Technology,280:37-50.

[35] DA ROSA G M, MORAES L, CARDIAS B B, et al, 2015. Chemical absorption and $CO_2$ biofixation via the cultivation of *Spirulina* in semicontinuous mode with nutrient recycle[J]. Bioresource Technology,192:321-327.

[36] DE JESUS C S, DA SILVA VEBEL L, COSTA S S, et al, 2018. Outdoor pilot-scale cultivation of *Spirulina* sp. LEB-18 in different geographic locations for evaluating its growth and chemical composition[J]. Bioresource Technology,256:86-94.

[37] DEBIJE M G, VERBUNT P P, 2012. Thirty years of luminescent solar concentrator research: solar energy for the built environment[J]. Advanced Energy Materials,2(1):12-35.

[38] DEL RIO-CHANONA E A, ZHANG D, XIE Y, et al, 2015. Dynamic simulation and optimization for *Arthrospira platensis* growth and C-phycocyanin production[J]. Industrial & Engineering Chemistry Research,54:10606-10614.

[39] DEPRAETERE O, PIERRE G, DESCHOENMAEKER F, et al, 2015. Harvesting carbohydrate-rich *Arthrospira platensis* by spontaneous settling[J]. Bioresource Technology,180:16-21.

[40] DEPRAETERE O, PIERRE G, NOPPE W, et al, 2015. Influence of culture medium recycling on

the performance of *Arthrospira platensis* cultures[J]. Algal Research,10:48-54.

[41] DESHMUKH D V, PURANIK P R, 2012. Statistical evaluation of nutritional components impacting phycocyanin production in *Synechocystis* sp. [J]. Brazilian Journal of Microbiology,43(1):348-355.

[42] DUARTE A W F,LOPES A M,MOLINO J V D,et al,2015. Liquid-liquid extraction of lipase produced by psychrotrophic yeast *Leucosporidium scottii* L117 using aqueous two-phase systems[J]. Separation and Purification Techonlogy,156:215-225.

[43] DUARTE-SANTOS T, MENDOZA-MARTÍN J L, FERNÁNDEZ ACIÉN F G, et al, 2016. Optimization of carbon dioxide supply in raceway reactors: influence of carbon dioxide molar fraction and gas flow rate[J]. Bioresource Technology,212:72-81.

[44] ELDRIDGE R J,HILL D R A,GLADMAN B R,2012. A comparative study of the coagulation behaviour of marine microalgae[J]. Journal of Applied Phycology,24(6):1667-1679.

[45] EL-BAKY H H A, EL-BAROTY G S, 2012. Characterization and bioactivity of phycocyanin isolated from *Spirulina maxima* grown under salt stress[J]. Food & Function,3(4):381-388.

[46] ENAMALA M K, ENAMALA S, CHAVALI M, et al, 2018. Production of biofuels from microalgae—a review on cultivation, harvesting, lipid extraction, and numerous applications of microalgae[J]. Renewable Sustainable Energy Reviews,94:49-68.

[47] FARZANEH F, BEHNAM N, HOSSEIN G, et al, 2019. Optimization of chitosan/activated charcoal-based purification of *Arthrospira platensis* phycocyanin using response surface methodology[J]. Journal of Applied Phycology,31:1095-1105.

[48] FASAEI F, BITTER J H, SLEGERS P M, et al, 2018. Techno-economic evaluation of microalgae harvesting and dewatering systems[J]. Algal Research,31:347-362.

[49] FERNÁNDEZ-GARCÍA A, ZARZA E, VALENZUELA L, et al, 2010. Parabolic-trough solar collectors and their applications [J]. Renewable and Sustainable. Energy Reviews, 14 (7): 1695-1721.

[50] GANTAR M,SIMOVIĆ D,DJILAS S,et al,2012. Isolation, characterization and antioxidative activity of C-phycocyanin from *Limnothrix* sp. strain 37-2-1[J]. Journal of Biotechnology, 159(1-2):21-26.

[51] GAYÁN E,GOVERS S K,AERTSEN A,2017. Impact of high hydrostatic pressure on bacterial proteostasis[J]. Biophysical Chemistry,231:3-9.

[52] GEADA P, RODRIGUES R, LOUREIRO L, et al, 2018. Electrotechnologies applied to microalgal biotechnology—applications, techniques and future trends [J]. Renewable and Sustainable Energy Reviews,94:656-668.

[53] GEORGIANNA D R,MAYFIELD S P,2012. Exploiting diversity and synthetic biology for the production of algal biofuels[J]. Nature,488(7411):329-335.

[54] GHOSH R, WANG L, 2006. Purification of humanized monoclonal antibody by hydrophobic interaction membrane chromatography[J]. Journal of Chromatography A,1107(1-2):104-109.

[55] GLYK A,SCHEPER T,BEUTEL S,2015. PEG-salt aqueous two-phase systems: an attractive and versatile liquid-liquid extraction technology for the downstream processing of proteins and enzymes[J]. Applied Microbiology and Biotechnology,99(16):6599-6616.

[56] GOETTEL M,EING C,GUSBETH C,et al,2013. Pulsed electric field assisted extraction of intracellular valuables from microalgae[J]. Algal Research,2(4):401-408.

[57] GOJA A M, YANG H, CUI M, et al, 2013. Aqueous two-phase extraction advances for

bioseparation[J]. Journal of Bioprocessing. Biotechnology,4:1-8.

[58] GRIS B,SFORZA E,MOROSINOTTO T,et al,2017. Influence of light and temperature on growth and high-value molecules productivity from *Cyanobacterium aponinum*[J]. Journal of Applied Phycology,29:1781-1790.

[59] GUPTA R K,PERIYAKARUPPAN A,MEYYAPPAN M,et al. Label-free detection of C-reactive protein using a carbon nanofiber-based biosensor[J]. Biosensors & Bioelectronics,59:112-119.

[60] HIFNEY A F,ISSA A A,FAWZY M A,2013. Abiotic stress induced production of β-carotene, allophycocyanin and total lipids in *Spirulina* sp. [J]. Journal of Biology and Earth Sciences,3:54-64.

[61] HO S,CHEN C Y,LEE D J,et al,2011. Perspectives on microalgal $CO_2$-emission mitigation systems—a review[J]. Biotechnology Advances,29(2):189-198.

[62] HUANG F,XU Y,LIAO S,et al,2013. Preparation of amidoxime polyacrylonitrile chelating nanofibers and their application for adsorption of metal ions[J]. Materials,6(3):969-980.

[63] HUANG H W,HSU C P,YANG B B,et al,2013. Advances in the extraction of natural ingredients by high pressure extraction technology[J]. Trends in Food Science & Technology,33(1):54-62.

[64] IMBIMBO P,ROMANUCCI V,POLLIO A,et al,2019. A cascade extraction of active phycocyanin and fatty acids from *Galdieria phlegrea* [J]. Applied Microbiology and Biotechnology,103(2):1-10.

[65] ISMAIEL M M S,EL-AYOUTY Y M,PIERCEY-NORMORE M,2016. Role of pH on antioxidants production by *Spirulina* (*Arthrospira*) *platensis* [J]. Brazilian Journal of Microbiology,47(2):298-304.

[66] JAESCHKE D P,MERCALI G D,MARCZAK L D F,et al,2019. Extraction of valuable compounds from *Arthrospira platensis* using pulsed electric field treatment[J]. Bioresource Technology,283:207-212.

[67] JOHNSON E M,KUMAR K,DAS D,2014. Physicochemical parameters optimization, and purification of phycobiliproteins from the isolated *Nostoc* sp. [J]. Bioresource Technology,166:541-547.

[68] KANCHANATIP E,SU B R,TULAPHOL,S,et al,2016. Fouling characterization and control for harvesting microalgae Arthrospira (Spirulina) maxima using a submerged, disc-type ultrafiltration membrane[J]. Bioresource Technology,209:23-30.

[69] KANNAUJIYA V K,SINHA R P,2015. Impacts of varying light regimes on phycobiliproteins of *Nostoc* sp. HKAR-2 and *Nostoc* sp. HKAR-11 isolated from diverse habitats [J]. Protoplasma,252(6):1551-1561.

[70] KANNAUJIYA V K,SINHA R P,2016. An efficient method for separation and purification of phycobiliproteins from rice-field cyanobacterium *Nostoc* sp. strain HKAR-11 [J]. Chromatographia,79:335-343.

[71] KAUSHAL S,SINGH Y,KHATTAR J I S,et al,2017. Phycobiliprotein production by a novel cold desert cyanobacterium *Nodularia sphaerocarpa* PUPCCC 420. 1[J]. Journal of Applied Phycology,29:1819-1827.

[72] KEITHELLAKPAM O S,NATH T O,OINAM A S,et al,2015. Effect of external pH on cyanobacterial phycobiliproteins production and ammonium excretion[J]. Journal of Applied

Biology & Biotechnology,3(4):38-42.

[73] KHALF A,MADIHALLY S V,2017. Recent advances in multiaxial electrospinning for drug delivery[J]. European Journal of Pharmaceutics and Biopharmaceutics,112:1-17.

[74] KHATTAR J I S,KAUR S,KAUSHAL S,et al,2015. Hyperproduction of phycobiliproteins by the cyanobacterium Anabaena fertilissima PUPCCC 410. 5 under optimized culture conditions [J]. Algal Researchearch,12:463-469.

[75] KUDDUS M, SINGH P, THOMAS G, et al, 2013. Recent developments in production and biotechnological applications of C-phycocyanin [J]. Biomed Research International, 2013:742859.

[76] KUMAR J, PARIHAR P, SINGH R, et al, 2016. UV-B induces biomass production and nonenzymatic antioxidant compounds in three cyanobacteria[J]. Journal of Applied Phycology, 28(1):131-140.

[77] KUMAR M,KULSHRESHTHA J,SINGH G P,2011. Growth and biopigment accumulation of cyanobacterium *Spirulina platensis* at different light intensities and temperature[J]. Brazilian Journal of Microbiology,42(3):1128-1135.

[78] LAM G P T,POSTMA P R,FERNANDES D A,et al,2017. Pulsed electric field for protein release of the microalgae *Chlorella vulgaris* and *Neochloris oleoabundans*[J]. Algal Research, 24:181-187.

[79] LAMELA T, MÁRQUEZ-ROCHA F J, 2000. Phycocyanin production in seawater culture of *Arthrospira maxima*[J]. Ciencias Marinas,26(4):607-619.

[80] LAUCERI R, ZITTELLI G C, MASERTI B, et al, 2018. Purification of phycocyanin from arthrospira platensis by hydrophobic interaction membrane chromatography [J]. Algal Research,35:333-340.

[81] LAUCERI R,ZITTELLI G C,TORZILLO G,2019. A simple method for rapid purification of phycobiliproteins from arthrospira platensis and porphyridium cruentum biomass[J]. Algal Research,44:101685.

[82] LEE N K,OH H M,KIM H S,et al,2017. Higher production of C-phycocyanin by nitrogen-free (diazotrophic) cultivation of *Nostoc* sp. NK and simplified extraction by dark-cold shock[J]. Bioresource Technology,227:164-170.

[83] LEE S H,LEE J E,KIM Y,et al,2016. The production of high purity phycocyanin by *Spirulina platensis* using light-emitting diodes based two-stage cultivation[J]. Journal of Applied Biology & Biotechnology,178(2):382-395.

[84] LEONG H Y, OOI C W, LAW C L, et al, 2018. Application of liquid biphasic flotation for betacyanins extraction from peel and flesh of Hylocereus polyrhizus and antioxidant activity evaluation[J]. Separation and Purification Technology,201:156-166.

[85] LIU H,CHEN H,WANG S,et al,2018. Optimizing light distribution and controlling biomass concentration by continuously pre-harvesting *Spirulina platensis* for improving the microalgae production[J]. Bioresource Technology,252:14-19.

[86] MA R, LU F, BI Y, et al, 2015. Effects of light intensity and quality on phycobiliprotein accumulation in the cyanobacterium *Nostoc sphaeroides* Kützing[J]. Biotechnology Letters, 2015,37(8):1663-1669.

[87] MADKOUR F F,KAMIL A E-W,NAS H S,2012. Production and nutritive value of *Spirulina platensis* in reduced cost media[J]. Egyptian Journal of Aquatic Research,38(1):51-57.

[88] MAHNIČ-KALAMIZA S, VOROBIEV E, MIKLAVČ IČ D, 2014. Electroporation in food processing and biorefinery[J]. Journal of Membrane Biology, 247(12): 1279-1304.

[89] MANIRAFASHA E, NDIKUBWIMANA T, ZENG X, et al, 2016. Phycobiliprotein: potential microalgae derived pharmaceutical and biological reagent[J]. Biochemical Engineering Journal, 109, 282-296.

[90] MANSOURI H, TALEBIZADEH R, 2017. Effects of indole-3-butyric acid on growth, pigments and UV-screening compounds in *Nostoc linckia*[J]. Phycological Research, 65(3): 212-216.

[91] MANTOVANI G, LECOLLEY F, TAO L, et al, 2005. Design and synthesis of N-maleimido-functionalized hydrophilic polymers via copper-mediated living radical polymerization: a suitable alternative to PEGylation chemistry[J]. Journal of the American Chemical Society, 127(9): 2966-2973.

[92] MARCATI A, URSU A V, LAROCHE C, et al, 2014. Extraction and fractionation of polysaccharides and B-phycoerythrin from the microalga *Porphyridium cruentum* by membrane technology[J]. Algal Researchearch-Biomass Biofuels and Bioproducts, 5(4): 258-263.

[93] MARTÍNEZ J M, LUENGO E, SALDAÑA G, et al, 2017. C-phycocyanin extraction assisted by pulsed electric field from *Artrosphira platensis*[J]. Food Research International, 99(Pt 3): 1042-1047.

[94] MAURYA S S, MAURYA J N, PANDEY V D, 2014. Factors regulating phycobiliprotein production in cyanobacteria[J]. International Journal of Current Microbiology and Applied Science, 3: 764-771.

[95] MEHAR J, SHEKH A, NETHRAVATHY M U, et al, 2019. Automation of pilot-scale open raceway pond: a case study of $CO_2$-fed pH control on *Spirulina* biomass, protein and phycocyanin production[J]. Journal of $CO_2$ Utilization, 33: 384-393.

[96] MIN L L, YUAN Z H, ZHONG L B, et al, 2015. Preparation of chitosan based electrospun nanofiber membrane and its adsorptive removal of arsenate from aqueous solution[J]. Chemical Engineering Journal, 267: 132-141.

[97] MINKOVA K M, TCHERNOV A A, TCHORBADJIEVA M I, 2003. Purification of C-phycocyanin from *Spirulina* (*Arthrospira*) *fusiformis*[J]. Journal of Biotechnology, 102(1): 55-59.

[98] MISHRA S K, SHRIVASTAV A, MAURYA R R, et al, 2012. Effect of light quality on the C-phycoerythrin production in marine cyanobacteria *Pseudanabaena* sp. isolated from Gujarat coast[J]. Protein Expression and Purification, 81(1): 5-10.

[99] MITRA M, MISHRA S, 2019. Multiproduct biorefinery from *Arthrospira* spp. towards zero waste: current status and future trends[J]. Bioresource Technology, 291: 121928.

[100] MOLINA GRIMA E, BELARBI E H, ACIÉN FERNÁNDEZ F G, et al, 2003. Recovery of microalgal biomass and metabolites: process options and economics[J]. Biotechnology Advances, 20(7-8): 491-515.

[101] MORAES C, SALA L, CERVEIRA G, et al, 2011. C-phycocyanin extraction from *Spirulina platensis* wet biomass[J]. Brazilian Journal of Chemical Engineering, 28: 45-49.

[102] MORAIS D V, BASTOS R G, 2019. Phycocyanin production by *Aphanothece microscopica* Nägeli in synthetic medium supplemented with sugarcane vinasse[J]. Applied Biochemistry & Biotechnology, 187(1): 129-139.

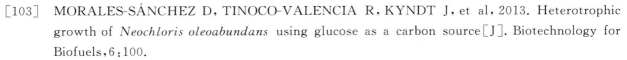

[103] MORALES-SÁNCHEZ D, TINOCO-VALENCIA R, KYNDT J, et al, 2013. Heterotrophic growth of *Neochloris oleoabundans* using glucose as a carbon source[J]. Biotechnology for Biofuels, 6: 100.

[104] NDIKUBWIMANA T, ZENG X, LIU Y, et al, 2014. Harvesting of microalgae *Desmodesmus* sp. F51 by bioflocculation with bacterial bioflocculant[J]. Algal Research, 6: 186-193.

[105] NG I S, TANG M S Y, SHOW P L, et al, 2019. Enhancement of C-phycocyanin purity using negative chromatography with chitosan-modified nanofiber membrane[J]. International Journal of Biological Macromolecules, 132: 615-628.

[106] OJIT S K, INDRAMA T, GUNAPATI O, et al, 2015. The response of phycobiliproteins to light qualities in *Anabaena circinalis*[J]. Journal of Applied Biology & Biotechnology, 3(3): 1-6.

[107] OMIROU M, TZOVENIS I, CHARALAMPOUS P, et al, 2018. Development of marine multi-algae cultures for biodiesel production[J]. Algal Research, 33: 462-469.

[108] PARNIAKOV O, BARBA F J, GRIMI N, et al, 2015. Pulsed electric field assisted extraction of nutritionally valuable compounds from microalgae *Nannochloropsis* spp. using the binary mixture of organic solvents and water[J]. Innovative Food Science & Emerging Technologies, 27: 79-85.

[109] PATIL G, RAGHAVARAO K S M S, 2007. Aqueous two-phase extraction for purification of C-phycocyanin[J]. Biochemical Engineering Journal, 34(2): 156-164.

[110] PIRES J C M, ALVIM-FERRAZ M C M, MARTINS F G, et al, 2012. Carbon dioxide capture from flue gases using microalgae: engineering aspects and biorefinery concept[J]. Renewable and Sustainable Energy Reviews, 16(5): 3043-3053.

[111] RAEISOSSADATI M, MOHEIMANI N R, PARLEVLIET D, 2019. Luminescent solar concentrator panels for increasing the efficiency of mass microalgal production[J]. Renewable and Sustainable Energy Review, 101: 47-59.

[112] RAND E, PERIYAKARUPPAN A, TANAKA Z, et al, 2013. A carbon nanofiber-based biosensor for simultaneous detection of dopamine and serotonin in the presence of ascorbic acid [J]. Biosensors & Bioelectronics, 42: 434-438.

[113] RAO J R, NAIR B U, 2011. Novel approach towards recovery of glycosami-noglycans from tannery wastewater[J]. Bioresource Technology, 102(2): 872-878.

[114] RAPOSO M F D J, DE MORAIS A M M B, DE MORAIS R M S C, 2014. Influence of sulphate on the composition and antibacterial and antiviral properties of the exopolysaccharide from *Porphyridium cruentum*[J]. Life Sciences, 101(1-2): 56-63.

[115] REIS A, MENDES A, LOBO-FERNANDES H, et al, 1998. Production, extraction and purification of phycobiliproteins from *Nostoc* sp. [J]. Bioresource Technology, 66: 181-187.

[116] SANKARAN R, SHOW P L, LEE S Y, et al, 2018. Integration process of fermentation and liquid biphasic flotation for lipase separation from *Burkholderia cepacia* [J]. Bioresource Technology, 250: 306-316.

[117] SANTOS J H P M, CAPELA E V, BOAL-PALHEIROS I, 2018. Aqueous biphasic systems in the separation of food colorants[J]. Biochemistry and Molecular Biology Education, 46(4): 390-397.

[118] SHARMA G, KUMAR M, ALI M I, et al, 2014. Effect of carbon content, salinity and pH on *Spirulina platensis* for phycocyanin, allophycocyanin and phycoerythrin accumulation[J].

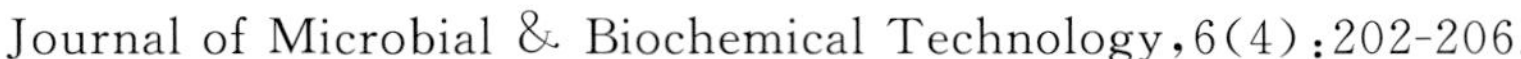

Journal of Microbial & Biochemical Technology,6(4):202-206.

[119] SHASHIREKHA V, SRIDHARAN M R, SWAMY M, 2015. Biochemical response of cyanobacterial species to trivalent chromium stress[J]. Algal Research,12:421-430.

[120] SHOW K Y,LEE D J,TAY J H,et al,2015. Microalgal drying and cell disruption-recent advances[J]. Bioresource Technology,184:258-266.

[121] SHOW P L, OOI C W, ANUAR M S, et al, 2013. Recovery of lipase derived from *Burkholderia cenocepacia* ST8 using sustainable aqueous two-phase flotation composed of recycling hydrophilic organic solvent and inorganic salt [J]. Separation and Purification Technology,110:112-118.

[122] SHOW P L,TAN C P,ANUAR M S,et al,2012. Primary recovery of lipase derived from *Burkholderia cenocepacia* strain ST8 and recycling of phase components in an aqueous two-phase system[J]. Biochemical Engineering Journal,60:74-80.

[123] SILVE A,PAPACHRISTOU I,WÜSTNER R,et al,2018. Extraction of lipids from wet microalga *Auxenochlorella protothecoides* using pulsed electric field treatment and ethanol-hexane blends[J]. Algal Research,29:212-222.

[124] SIMEUNOVIĆ J B,MARKOVIĆ S B,KOVAČ D J,et al,2012. Filamentous cyanobacteria from Vojvodina region as source of phycobiliprotein pigments as potential natural colorants [J]. Food and Feed Research,39:23-31.

[125] SINGH N K,PARMAR A,MADAMWAR D,2009. Optimization of medium components for increased production of C-phycocyanin from *Phormidium ceylanicum* and its purification by single step process[J]. Bioresource Technology,100(4):1663-1669.

[126] SINGH S P,MONTGOMERY B L,2013. Salinity impacts photosynthetic pigmentation and cellular morphology changes by distinct mechanisms in *Fremyella diplosiphon* [J]. Biochemical and Biophysical Research Communications,433(1):84-89.

[127] SKJÅNES K,REBOURS C,LINDBLAD P,2013. Potential for green microalgae to produce hydrogen,pharmaceuticals and other high value products in a combined process[J]. Critical Reviews in Biotechnology,33(2):172-215.

[128] SLADE R, BAUEN A, 2013. Micro-algae cultivation for biofuels: cost, energy balance, environmental impacts and future prospects[J]. Biomass Bioenergy,53:29-38.

[129] SOANEN N,DA SILVA E,GARDARIN C,et al,2016. Improvement of exopolysaccharide production by *Porphyridium marinum*[J]. Bioresource Technology,213:231-238.

[130] SOFIE V D H,BEYLS J,DE BUYCK P J,et al,2016. Food-industry-effluent-grown microalgal bacterial flocs as a bioresource for high-value phycochemicals and biogas[J]. Algal Research,18:25-32.

[131] SONI R A, SUDHAKAR K, RANA R S, 2017. *Spirulina*—from growth to nutritional product:a review[J]. Trends in Food Science & Technology,69(Pt A):157-171.

[132] STENGEL D B, CONNAN S, POPPER Z A, 2011. Algal chemodiversity and bioactivity: sources of natural variability and implications for commercial application[J]. Biotechnology Advances,29:483-501.

[133] SUN B, LONG Y, ZHANG H, et al, 2014. Advances in three-dimensional nanofibrous macrostructures via electrospinning[J]. Progress in Polymer Science,39:862-890.

[134] TANG Z H,ZHAO J,JU B,et al,2017. One-step chromatographic procedure for purification of B-phycoerythrin from *Porphyridium cruentum*[J]. Protein Expression and Purification,123:

70-74.

[135] TARKO T,DUDA-CHODAK A,KOBUS M,2012. Influence of growth medium composition on synthesis of bioactive compounds and antioxidant properties of selected strains of *Arthrospira cyanobacteria*[J]. Czech Journal of Food Sciences,30(3):258-267.

[136] THENMOZHI S,DHARMARAJ N,KADIRVELU K,et al,2017. Electrospun nanofibers:new generation materialsfor advanced applications[J]. Materials Science and Engineering:B,217:36-48.

[137] TRAN T,LAFARGE C,PRADELLES R,et al,2019a. Effect of high hydrostatic pressure on the structure of the soluble protein fraction in *Porphyridium cruentum* extracts[J]. Innovative Food Science & Emerging Technologies,58:102226.

[138] TRAN T, LAFARGE C, WINCKLER P, et al, 2019b. Ex situ and in situ investigation of protein/exopolysaccharide complex in *Porphyridium cruentum* biomass resuspension[J]. Algal Research,41:101544.

[139] 'T LAM G P, VERMUË M H, EPPINK M H M, et al, 2018. Multi-product microalgae biorefineries:from concept towards reality[J]. Trends in Biotechnology,36(2):216-227.

[140] UEBEL L S, OLSON A C, COSTA J A V, et al, 2019. Industrial plant for production of *Spirulina* sp. LEB 18[J]. Brazilian Journal of Chemical Engineering,36(1):51-63.

[141] ÜREK R Ö, TARHAN L, 2012. The relationship between the antioxidant system and phycocyanin production in *Spirulina maxima*[J]. Turkish Journal of Botany,36:369-377.

[142] USHER P K, ROSS A B, CAMARGO-VALERO M A, et al, 2014. An overview of the potential environmental impacts of large-scale microalgae cultivation[J]. Biofuels, 5(3): 331-349.

[143] VANDAMME D,FOUBERT I,MUYLAERT K,2013. Flocculation as a low-cost method for harvesting microalgae for bulk biomass production[J]. Trends in Biotechnology,31:233-239.

[144] VOGT J C, ABED R M M, ALBACH D C, et al, 2018. Bacterial and archaeal diversity in hypersaline cyanobacterial mats along a transect in the intertidal flats of the sultanate of Oman [J]. Microbial Ecology,75(2):331-347.

[145] WAN C, ALAM M A, ZHAO X Q, et al, 2015. Current progress and future prospect of microalgal biomass harvest using various flocculation technologies [J]. Bioresource Technology,184:251-257.

[146] WAN M, LIU P, XIA J, et al, 2011. The effect of mixotrophy on microalgal growth, lipid content,and expression levels of three pathway genes in *Chlorella sorokiniana*[J]. Applied Microbiology & Biotechnology,91(3):835-844.

[147] WANG L,QU Y,FU X,et al,2014. Isolation,purification and properties of an R-phycocyanin from the phycobilisomes of a marine red macroalga *Polysiphonia urceolata*[J]. PLoS One,9(7):e101724.

[148] WANG R, LIU Y, LI B, et al, 2012. Electrospun nanofibrous membranes for high flux microfiltration[J]. Journal of Membrane Science,392-393:167-174.

[149] WUANG S C,KHIN M C,CHUA P Q D,et al,2016. Use of *Spirulina* biomass produced from treatment of aquaculture wastewater as agricultural fertilizers[J]. Algal Research,15:59-64.

[150] XIE Y X,JIM Y,ZENG X,et al,2015. Fed-batch strategy for enhancing cell growth and C-phycocyanin production of *Arthrospira* (*Spirulina*) *platensis* under phototrophic cultivation [J]. Bioresource Technology,180:281-287.

[151] XUE S, ZHANG Q, WU X, et al, 2013. A novel photobioreactor structure using optical fibers as inner light source to fulfill flashing light effects of microalgae[J]. Bioresource Technology, 138:141-147.

[152] YE R, HARTE F, 2014. High pressure homogenization to improve the stability of case-in-hydroxypropyl cellulose aqueous systems[J]. Food Hydrocoll, 35:670-677.

[153] YUAN D, ZHAN X, WANG M, et al, 2018. Biodiversity and distribution of microzooplankton in *Spirulina* (*Arthrospira*) *platensis* mass cultures throughout China[J]. Algal Research, 30: 38-49.

[154] YUAN X, KUMAR A, SAHU A K, et al, 2011. Impact of ammonia concentration on *Spirulina platensis* growth in an airlift photobioreactor[J]. Bioresource Technology, 102(3):3234-3239.

[155] ZHANG C D, LI W, SHI Y H, et al, 2016. A new technology of $CO_2$ supplementary for microalgae cultivation on large scale—a spraying absorption tower coupled with an outdoor open runway pond[J]. Bioresource Technology, 209:351-359.

[156] ZHAO M, SUN L, SUN S, et al, 2015. Phycoerythrins in phycobilisomes from the marine red alga *Polysiphonia urceolata*[J]. International Journal of Biological Macromolecules, 73:58-64.

# 第 7 章
# 藻胆蛋白的重组表达、组合生物合成及应用

藻胆蛋白作为一种特殊的蛋白质，既可以作为天然色素用于食品、化妆品和染料等工业，也可制成荧光试剂，用于临床医学诊断、免疫化学及生物工程等研究领域；此外，由于其具有抗氧化、抗炎症和提高免疫力等作用，其还可应用于医疗健康领域。藻胆蛋白应用范围广阔，具有很高的开发和利用价值。然而，直接从藻类中分离提取天然藻胆蛋白成本比较高，工艺比较复杂，副产物较多。利用基因工程技术，不仅可以大规模、低成本地生产重组藻胆蛋白，而且可以对其结构进行改造，从而有效拓宽其应用领域。藻胆蛋白在藻体的生物合成过程主要包括藻胆素的合成、脱辅基蛋白和裂合酶的合成，最后藻胆素在裂合酶的催化下与脱辅基蛋白共价结合，组装成完整的藻胆蛋白。

## 7.1 藻胆素的组合生物合成

藻胆素的生物合成源自藻体内的亚铁血红素的代谢途径。在血红素加氧酶（HO）的作用下亚铁血红素被氧化形成胆绿素（BV）。然后，BV 在铁氧化还原酶家族（FDBR）的作用下，转化为其他类型的藻胆素。由于大肠杆菌自身能够合成血红素，这为藻胆素的体外重组表达提供了底物基础。在大肠杆菌自身血红素生物合成途径的基础上，以血红素为底物，通过外源导入含有血红素加氧酶编码基因（*ho1*）和相关的铁氧化还原酶基因的不同表达载体，可以在大肠杆菌体内构建藻胆素的生物合成途径。

在聚球藻中发现蓝藻光敏色素 1（Cph1）之前，光敏色素一直被认为仅存在于绿色植物中（Hughes 等，1997）。与植物光敏色素一样，Cph1 有一个 N 端的发色团结合区，即传感器模块，自身催化裂合酶功能将适当的发色团连接到高度保守的半胱氨酸残基上（Hughes 和 Lamparter，1999）。Cph1 的天然发色团是 PCB，这是一种在集胞藻中富集的发色团（Hubschmann 等，2001）。在 apoCph1 进入发色团结合区的酸性环境后，PCB 被质子化，并通过共价硫醚键自动催化连接到脱辅基蛋白上，使其 $\lambda_{max}$ 红移并增加其消光系数，最终产生红光/远红光致变色全息光敏色素（Lampaerter，2001）。PCB 来源于四吡咯血红素，以血红素为底物经两步酶催化生成。在 PCB 生物合成的第一步中，吡咯 A 和 D 之间的环被裂解，形成线性四吡咯 BV。在蓝藻和植物中，这是由铁氧还蛋白依赖的 HO 完成的（Cornejo 等，1998；Muramoto 等，1999），而哺乳动物的同源物是细胞色素 P450 依赖的（Ortiz，2000）。虽然在其他一些细菌中也发现了 HO，但是，大肠杆菌基因组中没有同源序列，也检测不到 HO 活性。PCB 合成的第二步依赖于 PcyA 的催化作用，将 BV 还原为 PCB。

Landgraf 等（2001）成功地将集胞藻 PCC 6803 中的 *ho1* 和 *pcyA* 两个基因转化进大肠杆菌，通过体外重组首次实现在大肠杆菌中表达出 PCB。他们将 *ho1* 和 *pcyA* 两个基因与同一生物体中的蓝藻光敏色素 1（Cph1）共表达，从而产生全息光敏色素。Landgraf 等（2001）还构建了聚球藻 *ho1* 弱表达载体

(p40.1)和 *ho1*/*pcyA* 共表达载体(p45.2),通过大肠杆菌对 BV 和 PCB 进行表达,采用氯仿对大肠杆菌表达的产物进行提取并使粗提物被酸化以质子化色基,并测量了这些样品以及类似处理的 HPLC 纯化的 BV 和 PCB 的 UV-Vis 光谱。BV 和 PCB 在红光区域的 $\lambda_{max}$ 分别为 646 nm(sh720 nm)和 650 nm(sh710 Nm),在 379 nm 和 373 nm 处有较强的 UV-A 峰。p40.1和 p45.2 的大肠杆菌提取物以 660 nm(Sh720 nm)和 655 nm(Sh710 nm)为中心呈现较弱、较宽的红带(图 7-1)(Ishikawa 等,1991)。分别于 p45.2 中的粗提物与 HPLC 纯化的 PCB 中加入过量的重组 apoCph1 后测红光/远红光差异光谱(图 7-2)。结果发现,p45.2 中的粗提物与 HPLC 纯化的 PCB 的红光/远红光差异光谱的最大值、最小值和等色点彼此精确匹配(表 7-1)。

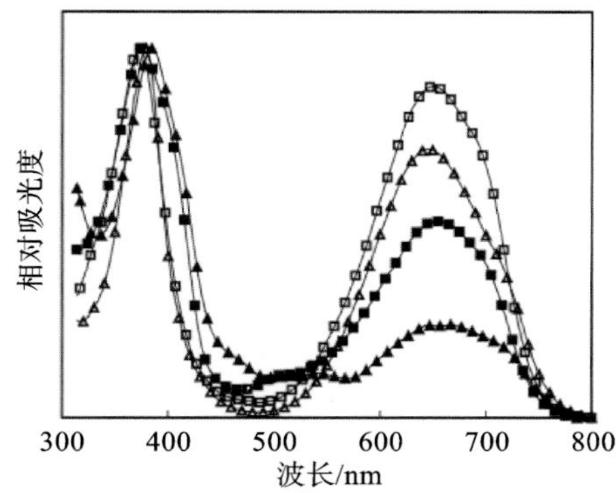


**图 7-1　p40.1(▲)、BV(△)、p45.2(■)和 PCB(□)的氯仿提取物的吸收光谱(Ishikawa 等,1991)**

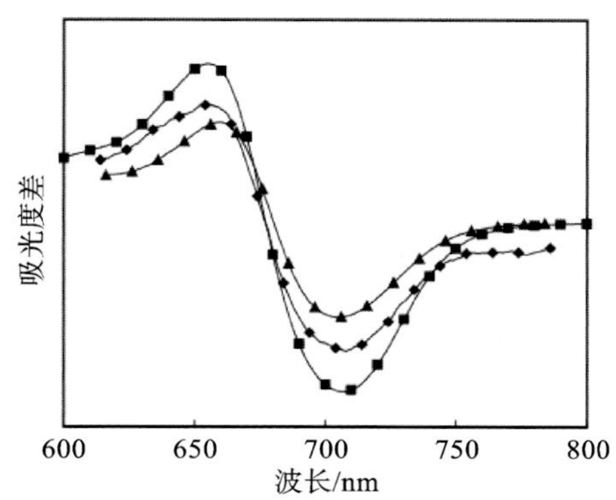


**图 7-2　apoCph1 与纯 PCB(■)及 p45.2(◆)的粗提物的体外自催化组装的双色谱(Ishikawa 等,1991)**

包括来自[pF10-His/p45.2](▲)的体内组装的全息光敏色素的等效数据,用于比较

**表 7-1　p45.2 中的粗提物与 HPLC 纯化的 PCB 的红光/远红光差异光谱的最大值、最小值和等色点(Ishikawa 等,1991)**

单位:nm

| 重　组　物 | $\lambda_{max}$ Pr | $\Delta\Delta A_{max}$ | $\Delta\Delta A_{min}$ | $\Delta\Delta A_{isosb.\ p.}$ |
|---|---|---|---|---|
| pF10-His/p45.2 | 663 | 660 | 705 | 680 |
| p45.2+apoCph1 | | 655 | 708 | 678 |
| PCB+apoCph1 | | 655 | 707 | 678 |
| PCB+apoCph1 | 658 | 655 | 708 | 677 |
| PφB+apoCph1 | | 670 | 719 | 680 |

Ge 等(2013)将来自集胞藻 PCC 6803 的 *ho1* 和 *pcyA* 基因克隆到 pET28a 载体中,然后将重组载体导入大肠杆菌中并组合表达生产 PCB,通过优化条件使 PCB 产量达 3 mg/L。在此基础上,葛保胜等又对体外重组 PCB 涉及的整个血红素生物合成途径的组装和调控过程进行了研究,发现含有双顺反子系统的质粒的表达效率明显高于单顺反子系统质粒,通过研究 5-氨基乙酰丙酸(ALA)和血红素的积累量对 PCB 产量的影响发现,减少 ALA 和血红素形成的副产物或减小血红素代谢的反馈抑制可以增加 PCB 的产量(Ge 等,2018)。Ma 等(2020)将葛保胜等构建的内含 pET28a 质粒的表达重组 PCB 的大肠杆菌进行发酵优化,通过对诱导时长、诱导温度、诱导时机及诱导剂乳糖的浓度优化,使重组 PCB 的表达量达到 13 mg/L 左右。此外,Mukougawa 等(2006)开发了一个分别利用色基还原酶基因 *hy2*、*pcyA*、*pebA* 和 *pebB* 来生产植物光敏色素 PΦB、PCB 和 PEB 的重组表达系统。Dammeyer 等(2018)发现了来自 P-SSM2 的 *pebS*,并在体外重组了表达 PEB 的 pTD-ho1-pebS 系统。Stiefelmaier 等(2018)将

上述 P-SSM2 中的 *ho1* 和 *pebS* 基因重构了一个 pACYCDuett-ho1-pebS 重组质粒，并导入大肠杆菌进行 PEB 的表达，通过摇瓶及发酵罐优化使重组 PEB 的产量达到 5.02 mg/L。Chen 等(2012)在大肠杆菌中构建了 BV 的表达系统，并在 2 L 补料分批操作的生物反应器中进行发酵，产量可达 23.5 mg/L。

目前，藻胆素的体外重组表达已在大肠杆菌中成功实现，PCB 在哺乳动物细胞中的重组表达也已实现。光遗传技术是在空间和时间上精确操纵细胞信号的有力工具。例如，蛋白质的活性可以由几个光诱导二聚化(LID)系统来调节。其中，光敏色素 B(PhyB)-光敏色素相互作用因子(PIF)系统是目前唯一可用红光和远红光控制的 LID 系统。然而，PhyB-PIF 系统需要 PCB 或植物色素作为发色团，这些发色团必须人工添加到哺乳动物细胞中。在这里，Uda 等(2017)报道了一种与铁氧还蛋白和铁氧还蛋白-NADP+还原酶共表达 HO1 和 PcyA 的载体，用于在哺乳动物细胞线粒体中高效合成 PCB，并通过耗尽降解 PCB 的胆绿素还原酶 A(BLVRA)，获得更高的胞内 PCB 浓度。PCB 的合成和 PhyB-PIF 系统使我们能够在没有任何外部发色团输入的情况下对细胞内的信号进行光遗传调控。这就为开发全基因编码的 PhyB-PIF 系统提供了一种实用的方法，为其在活体动物上的应用铺平了道路。

### 7.1.1 结合不同色基的 CpcA 重组表达及光学性质研究

Alvey 等(2011)利用大肠杆菌异源表达系统研究了藻蓝蛋白 α 亚基(CpcA)与线性四吡咯发色团的结合能力。将来自集胞藻 PCC 6803(简称为聚球藻 6803)或集胞藻 PCC 7002(简称为聚球藻 7002)的 CpcA 和来自念珠藻 *Noctoc* sp. PCC 7120 的藻蓝蛋白 α 亚基藻蓝胆素裂合酶 CpcE/CpcF 或藻红蓝蛋白 α 亚基藻蓝胆素异构酶 PecE/PecF 在大肠杆菌中进行共表达。这两种裂解酶都能将三种不同的线性四吡咯发色团连接到 CpcA 上，因此，这个系统可以生产多达六种不同的重组荧光 CpcA(HT-CpcA-PCB、HT-CpcA-PEB、HT-CpcA-PUB、HT-CpcA-PVB、HT-CpcA-PtVB、HT-CpcA-PΦB)，重组表达载体构建如表 7-2 所示。六种带不同色基的重组 C-PC α 亚基的吸收光谱和荧光发射光谱，以及纯化蛋白的彩色照片如图 7-3、图 7-4 所示。每个重组荧光 CpcA 都有一个独特的发色团。这些发色团中有一个较特殊，标记为植物紫胆素(phytoviolobilin,PtVB)，该色素在自然条件下还没有被发现。研究表明，重组后的携带不同发色团的 CpcA 具有一些意想不到的、潜在的优良光学性质，包括非常高的荧光量子产率和光化学活性。

表 7-2 重组表达载体

| 质粒名称 | 重组蛋白 | 原始质粒 | 参考文献 |
|---|---|---|---|
| pPcyA | 集胞藻 6803 Hox1，聚球藻 7002 HT-PcyA | pACYC Duet | Biswas 等，2010 |
| pPebS | 肌尾病毒 *Myovirus* Hox1 和 HT-PebS | pACYC Duet | Dammeyer 等，2008 |
| pHY2 | 拟南芥 6803 Hox1，*A. thaliana* HT-HY2 | pACYC Duet | Alvey 等，2011 |
| pBS405v | 拟南芥 6803 HT-CpcA | pBS350v | Tooley 等，2001 |
| pBS414v | 拟南芥 6803 HT-CpcA、CpcE 和 CpcF | pBS350v | Alvey 等，2011 |
| pBS405vpecEF | 拟南芥 6803 HT-CpcA，念珠藻 PCC 7120 PecE 和 PecF | pBS350v | Alvey 等，2011 |
| pBS405vpecF | 拟南芥 6803 HT-CpcA，念珠藻 7120 PecF | pBS405v | Alvey 等，2011 |

续表

| 质粒名称 | 重组蛋白 | 原始质粒 | 参考文献 |
|---|---|---|---|
| pBS405vpecE | 集胞藻 6803 HT-CpcA，念珠藻 PCC 7120 PecE | pBS405v | Alvey 等，2011 |
| pBS405vcpcEpecF | 集胞藻 6803 HT-CpcA 和 CpcE，念珠藻 PCC 7120 PecF | pBS405v | Alvey 等，2011 |
| pBS405vpecEcpcF | 集胞藻 6803 HT-CpcA 和 CpcF，念珠藻 PCC 7120 PecE | pBS405v | Alvey 等，2011 |
| pBS405vcpcE | 集胞藻 6803 HT-CpcA 和 CpcE | pBS405v | Alvey 等，2011 |
| pBS405vcpcF | 集胞藻 6803 HT-CpcA 和 CpcF | pBS405v | Alvey 等，2011 |
| pBS405vpecEcpcF | 集胞藻 6803 HT-CpcA 和 CpcF，念珠藻 7120 PecE | pBS405v | Alvey 等，2011 |
| pPL-PΦB | 集胞藻 6803 Hox1，拟南芥 *A. thaliana* HY2 | pProLarA122 | Fischer 等，2005 |
| pBSpecAEF | 念珠藻 PCC 7120 PecA、PecE 和 PecF | pBS405v | Tooley 等，2002；Alvey 等，2011 |
| pCOLAduet-1cpcEcpcF | 聚球藻 7002 CpcE 和 CpcF | pCOLAduet-1 | Alvey 等，2011 |
| pETduet-1cpcA | 聚球藻 7002 CpcA | pETduet-1 | Alvey 等，2011 |

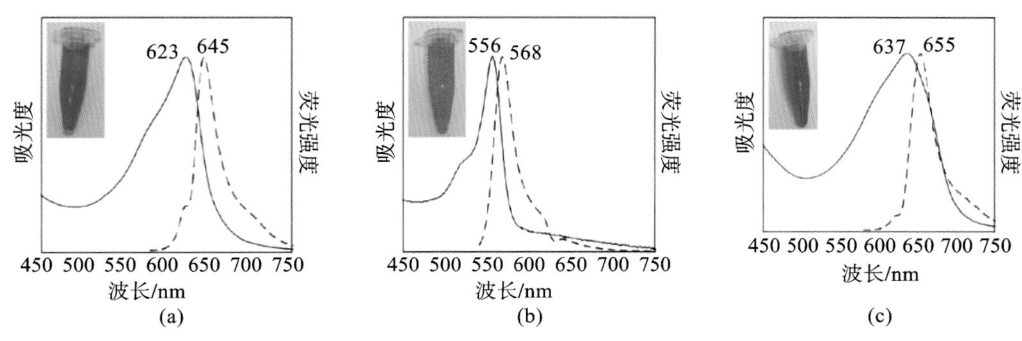


**图 7-3 聚球藻 PCC 7002 HT-CpcA 带三种不同发色团的吸收光谱和荧光发射光谱及纯化蛋白的彩色照片（Alvey 等，2011）**

(a) HT-CpcA-PCB；(b) HT-CpcA-PEB；(c) HT-CpcA-PΦB

### 7.1.1.1 CpcA-PCB 重组表达及光学性质研究

Alvey 等(2011)分别用两个和三个质粒系统在大肠杆菌中重组来自集胞藻 6803 和聚球藻 7002 的 His6 标记的 CpcA(HT-CpcA)。为了生产集胞藻 PCC 6803 的 HT-CpcA-PCB，将含有 *hox1* 和 *pcyA* 的 pPcyA 载体和含有 *cpcA*、*cpcE* 和 *cpcF* 的 pBS414v 共转化大肠杆菌。为了生产聚球藻 7002 的 HT-CpcA-PCB，将含有 *cpcA* 的 pETduet7002cpcA、含有 *cpcE* 和 *cpcF* 的 pCOLAduet7002cpcEF 和 pPcyA 载体共转化大肠杆菌。经 IPTG 诱导和 18 ℃孵育 5～18 h，菌体呈蓝绿色，离心除去培养基后，菌体呈深蓝色，表明 HT-CpcA-PCB 表达成功。集胞藻 6803 HT-CpcA-PCB 的最大吸收波长为 625 nm，最大

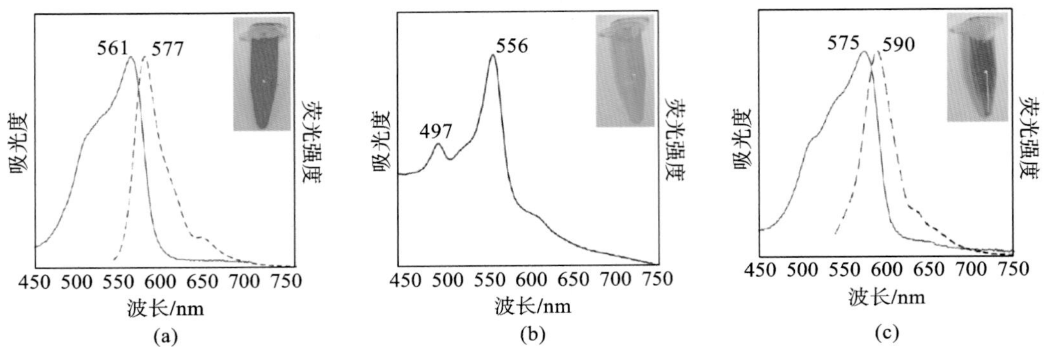


**图 7-4　集胞 PCC 6803 HT-CpcA 带三种不同发色团的吸收光谱和荧光发射光谱及纯化蛋白的彩色照片(Alvey 等,2011)**

(a)HT-CpcA-PVB;(b)HT-CpcA-PUB;(c)HT-CpcA-PtVB

荧光发射波长为 645 nm,荧光量子产率为 0.39(表 7-3)。重组聚球藻 PCC 7002 HT-CpcA-PCB 的最大吸收波长为 623 nm,最大荧光发射波长为 645 nm,荧光量子产率为 0.31(表 7-3)。这些蛋白质的吸收和荧光发射特性与其他报道的 PC α 亚基相似(Tooley 等,2001;Glazer 等,1973)。这些结果表明,在两个质粒和三个质粒系统中,Hox1 和 PcyA 都能从内源合成的血红素中产生 PCB,CpcE/CpcF 裂合酶将合成的 PCB 连接到 apo-HT-CpcA 上,形成 HT-CpcA-PCB(即 holo-HT-CpcA)。

#### 7.1.1.2　CpcA-PEB 重组表达及光学性质研究

Alvey 等(2011)为了确定 CpcE/CpcF 裂合酶是否能将 PEB 连接到 CpcA 的 Cys82 上,利用上述 HT-CpcA-PCB 的表达载体进行共转化,但是采用编码 *hox1* 和 *pebS* 的 pPebS(表 7-2)代替 pPcyA。经过 IPTG 诱导后,培养物呈粉红色,大肠杆菌呈鲜红色。重组 HT-CpcA-PEB 经纯化后,记录吸收光谱和荧光发射光谱,以确定 PebS 的共表达效果。结果表明,CpcE/CpcF 裂合酶能将 PEB 连接到 apo-HT-CpcA 上。HT-CpcA-PEB 的光谱性质与天然 PE 相似,集胞藻 6803 和聚球藻 7002 HT-CpcA-PEB 突变体的最大吸收波长为 556 nm,最大荧光发射波长为 568 nm。这些蛋白质能够发出强烈的荧光,聚球藻 7002 和集胞藻 6803 的 HT-CpcA-PEB 的荧光量子产率分别为 0.94 和 0.98(表 7-3)。

#### 7.1.1.3　CpcA-PΦB 重组表达及光学性质研究

Alvey 等(2011)为了确定 CpcE/CpcF 是否也能够将 PΦB 连接到 apo-HT-CpcA 的 Cys82 上,用与上述相同的裂合酶和脱辅基蛋白质粒共转化大肠杆菌细胞,但用同时编码 *hox1* 和 *hy2* 合成 PΦB 的 pHY2 载体代替 pPcyA 或 pPebS(Cohchi 等,2001)。诱导表达后大肠杆菌呈蓝绿色。纯化后的两个 HT-CpcA-PΦB 突变体的最大吸收波长为 637 nm,最大荧光发射波长为 655～656 nm,集胞藻 6803 和聚球藻 7002 的荧光量子产率分别为 0.18 和 0.14(表 7-3)。两个 HT-CpcA-PΦB 突变体的吸收和荧光发射峰值(相对于 HT-CpcA-PCB)红移了约 10 nm,这是因为 PΦB 的 D 环上的乙烯基提供了额外的共轭双键(表 7-3)。HT-CpcA-PΦB 突变体的荧光量子产率远低于 HT-CpcA-PCB。上述结果表明,CpcE/CpcF 裂解酶能将 PCB、PEB 和 PΦB 发色团连接到 HT-CpcA 上。研究发现 apo-HT-CpcA 具有一个胆碱结合位点,可以容纳多种具有不同数目共轭双键的线性四吡咯发色团。

#### 7.1.1.4　CpcA-PVB 重组表达及光学性质研究

为了确定 CpcA 是否能与 PVB 结合,Alvey 等(2011)使用念珠藻 PCC 7120 异构化裂解酶 PecE/PecF 来共同生产 HT-CpcA。集胞藻 6803 的 HT-CpcA 由 pBS405vpeEF 和 pPcyA 共转化的大肠杆菌合成,聚球藻 7002 的 HT-CpcA 由 pETduet-CpcA、pCOLAduet-peEF 和 pPcyA 共转化的大肠杆菌合成。经 IPTG 过夜诱导后,大肠杆菌呈现强烈的红紫色。PecE/PecF 异构化裂合酶将 PCB 转变为 PVB,并将该异构化发色团 PVB 连接到 HTCpcA 上,得到的 HT-CpcA-PVB 突变体的最大吸收波长在

561 nm，最大荧光发射波长在 577～578 nm（表 7-3）。集胞藻 PCC 6803 和 7002 的荧光量子产率分别为 0.14 和 0.18（表 7-3）。这些低荧光量子产率可能是由光诱导发色团的异构化导致的。HT-CpcA-PVB 的这些性质与在蓝藻中合成的天然 holo-PecA（藻红蓝蛋白 α 亚基）的性质非常相似（Bryant 等，1976）。

#### 7.1.1.5　CpcA-PUB 重组表达及光学性质研究

为了确定 PecE/PecF 裂合酶是否可以类似地将 PEB 异构化到 PUB 并将其连接到 CpcA，Alvey 等（2011）将 pPebS 和 pBS405vspecEF 共转化大肠杆菌生产来自集胞藻 PCC 6803 的 CpcA 突变体，或者将 pPebS、pETduet-CpcA 和 pCOLAduet-peEF 共转化生产来自集胞藻 PCC 7002 的 CpcA 突变体。对于聚球藻 6803 的 CpcA 突变体，得到的大肠杆菌呈淡黄橙色，但表达集胞藻 PCC 7002 的 CpcA 突变体的大肠杆菌的颜色与正常大肠杆菌的颜色相近。从生产集胞藻 PCC 6803 CpcA 突变体的大肠杆菌中纯化的 HT-CpcA 产物在 497 nm 和 560 nm 处有最大吸收峰。前者的值是 PUB 的特征吸收峰值，而后者与 PEB 的测量值相似。因此，吸收光谱表明 HT-CpcA-PUB 和 HT-CpcA-PEB 都是从生产集胞藻 PCC 6803 CpcA 突变体的细胞中产生的。在预期产生等同集胞藻 PCC 7002 CpcA 突变体的细胞中没有观察到发色反应产物。

#### 7.1.1.6　CpcA-植物紫胆素（PtVB）重组表达及光学性质研究

Alvey 等（2011）将 HY2 与 *hox1*、*cpcA*、*pecE* 和 *pecF* 共表达以确定 PΦB 的 Δ5-to-Δ2 双键异构体可以产生并可通过 PecE/PecF 裂合酶连接到 HT-CpcA 上。为了获得集胞藻 PCC 6803 的 CpcA 突变体，将 pHY2 和 pBS405vpeEF 共转化大肠杆菌；为产生集胞藻 PCC 7002 的 CpcA 突变体，将 pHY2、pETduet-CpcA 和 pCOLAduet-peEF 共转化大肠杆菌。经 IPTG 诱导后产生集胞藻 PCC 6803 的 HT-CpcA 突变体的细胞呈淡紫色，而表达集胞藻 PCC 7002 的 CpcA 的细胞的颜色与对照大肠杆菌细胞颜色相似（即无色素产生）。从表达集胞藻 PCC 6803 的 CpcA 的细胞中分离到的 holo-HT-CpcA 的最大吸收波长为 575 nm，最大荧光发射波长为 590 nm，荧光量子产率为 0.23。这是一种新的线性四吡咯发色团，命名为植物紫胆素（PtVB）。在体外以 PΦB 为底物时，PtVB 可能与在 PecE/PecF 催化下和 PecA 连接的发色团相同，得到的 HT-CpcA-PtVB 在 577 nm 处有相似的最大吸收峰（Storf 等，2001）。虽然没有对结合的发色团 PtVB 进行详细的结构表征，但 HT-CpcA-PtVB 的性质与表 7-3 中的结构分配一致，并且与所有其他特征良好的发色团的性质明显不同。

**表 7-3　集胞藻 PCC 6803 和集胞藻 PCC 7002 的 CpcA 连接的发色团及重组荧光藻胆蛋白的特性（Alvey 等，2011）**

| 发色团 | 结　构 | 正常溶液条件下最大吸收波长/nm | 最大荧光发射波长/nm | 添加了尿素的溶液条件下最大吸收波长/nm | 荧光量子产率 |
|---|---|---|---|---|---|
| PCB | Cys, S, COO⁻ COO⁻, $H_3C$, H, O, N H, N H, N, N H, O | 625/623 | 645/645 | 665/665 | 0.39/0.31 |
| PEB | Cys, S, COO⁻ COO⁻, $H_3C$, H, H, O, N H, N H, N, N H, O | 556/556 | 568/568 | 561/558 | 0.98/0.94 |

续表

| 发色团 | 结　构 | 正常溶液条件下最大吸收波长/nm | 最大荧光发射波长/nm | 添加了尿素的溶液条件下最大吸收波长/nm | 荧光量子产率 |
|---|---|---|---|---|---|
| PΦB | 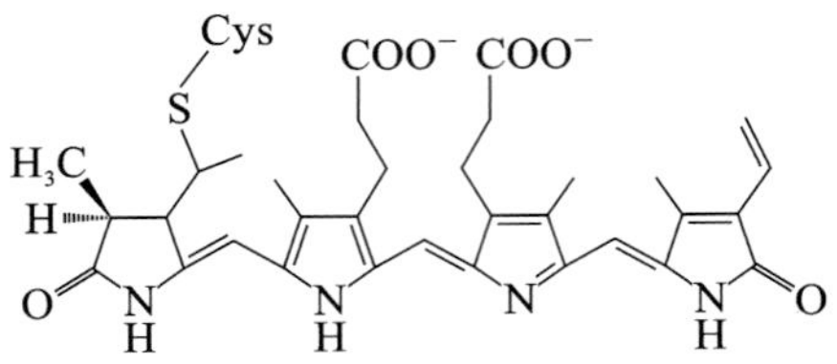 | 637/637 | 656/655 | 676/674 | 0.18/0.14 |
| PVB | 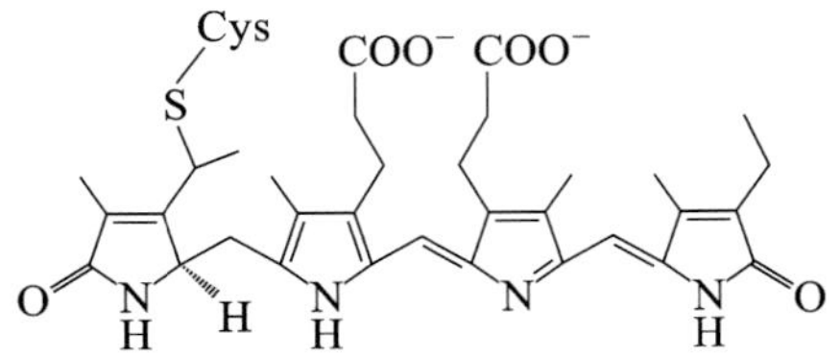 | 561/561 | 577/578 | 569/565 | 0.14/0.18 |
| PUB | 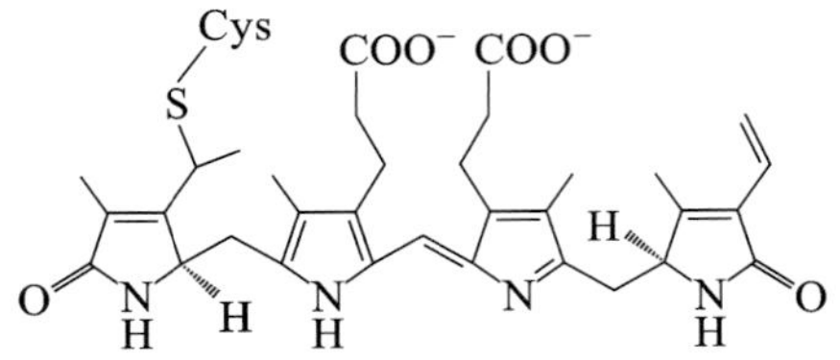 | 497/无,<br>560/无 | — | 502/无 | — |
| PtVB | 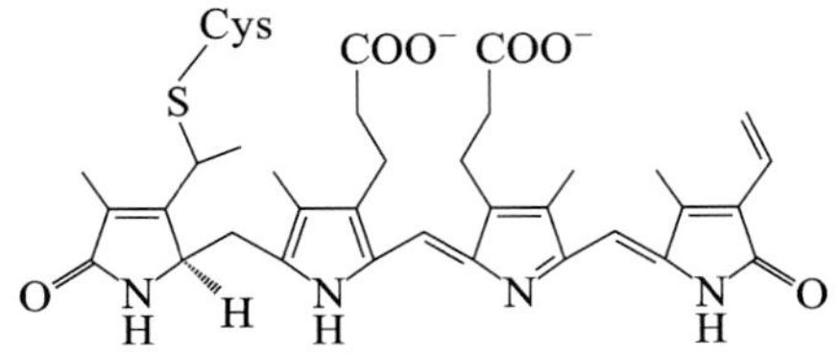 | 575/无 | 590 | 579/无 | 0.23 |

"/"前为聚球藻 6803 的数据;"/"后为聚球藻 7002 的数据

## 7.1.2　携带 PCB 或 PEB 色基的 SLA-ApcA 重组表达及性质研究

### 7.1.2.1　SLA-PCB 及 SLA-PEB 的重组表达

Wu 等(2017)利用 PCR 技术扩增了细长嗜热聚球藻 *T. elongatus* BP-1 的 *apcA* 和 *cpcS* 基因,并与合成的核心链霉亲和素 *stv-13* 基因(Sano 等,1995)进行融合得到了重组质粒 pCDF-SLA-cpcS(图 7-5)。将该重组质粒与之前构建的(Chen 等,2016)含有 *ho1* 和 *pebS* 基因的血红素转化为 PEB 的表达质粒 pRSF-Ho1-PebS 或携带 *ho1* 和 *pcyA* 基因的血红素转化为 PCB 的表达质粒 pRSF-Ho1-PcyA 共同转入大肠杆菌中。在大肠杆菌中利用双质粒表达系统生产链霉亲和素标记的携带 PCB 色基的重组荧光别藻蓝蛋白(SLA-PCB)和链霉亲和素标记的携带 PEB 色基的重组荧光别藻蓝蛋白(SLA-PEB)。为了促进外源蛋白的可溶性表达,在低温(18 ℃)条件下,用 IPTG 诱导重组大肠杆菌细胞表达外源蛋白,诱导 18 h 后,大肠杆菌细胞变为蓝色或红色(图 7-6(a)),表明 SLA-PCB 及 SLA-PEB 已经合成,并可能附着在 SLA 上。通过金属亲和色谱法对融合蛋白进行纯化,并用 SDS-PAGE 进行分析(图 7-6(b)),纯化后的样品呈现约 34 kDa 的明显条带,与计算的融合蛋白分子质量相符。通过 $Zn^{2+}$ 染色分析(图7-6(c)),发现 SLA 和 PCB 或者 PEB 已经共价连接,SLA-PCB 与 SLA-PEB 表达成功。这两种融合蛋白均具有很强的荧光特性,并能与生物素结合,有望成为免疫荧光检测中有用的荧光标记物。

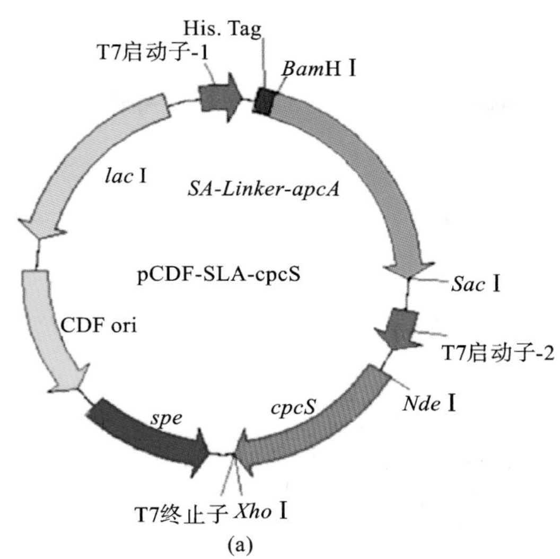


(a)

MGSSHHHHHHSQDPMGIT...FTKVGSA(EAAAK)$_4$AEFMSVV...GAMQ

His-Tag　　Streptavidin (119aa)　　ApcA (161aa)

(b)

**图 7-5　pCDF-SLA-cpcS 的表达载体(Wu 等,2017)**

(a)该载体含有链霉亲和素与 *apcA* 融合基因和裂解酶 *cpcS* 基因;(b)APC 的氨基末端区域、链霉亲和素、连接蛋白和 α 亚基的氨基酸序列

*Bam*H Ⅰ 为限制性内切酶酶切位点;His. Tag 为含链霉亲和素的标签;*lac*I 为大肠杆菌质粒操纵子;CDF ori 为 CDF 基因复制起始位点

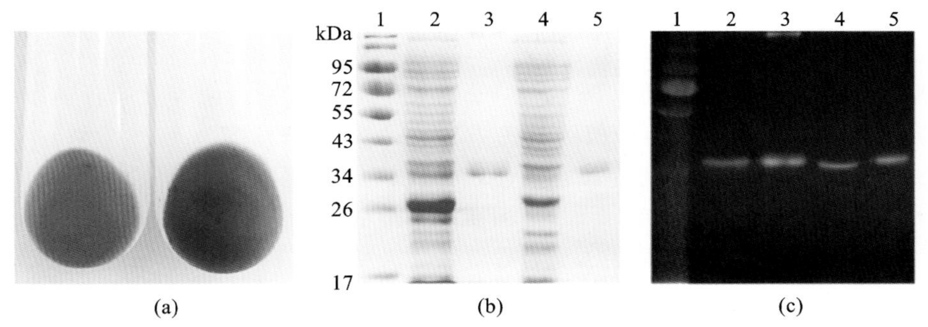


(a)　　(b)　　(c)

**图 7-6　融合蛋白的表达、SDS-PAGE 和 $Zn^{2+}$-紫外荧光分析(Wu 等,2017)**

(a)IPTG 诱导 18 h 后收获细胞。(b)融合蛋白的 SDS-PAGE 分析:泳道 1,Marker;泳道 2,从表达 SLA-PEB 的重组大肠杆菌中提取的可溶性蛋白;泳道 3,纯化的 SLA-PEB;泳道 4,从表达 SLA-PCB 的重组大肠杆菌中提取的可溶性蛋白;泳道 5,纯化的 SLA-PCB。(c)融合蛋白的 $Zn^{2+}$-紫外荧光

#### 7.1.2.2　SLA-PCB 的发色速度研究

Wu 等(2018)为了提高重组 SLA-PCB 的发色速度,建立了一个含有 SLA、PCB 和裂解酶 CpcS 的体外发色团附着反应体系。光谱分析表明,在反应过程中,PCB 与重组 SLA 结合迅速。SLA-PCB 发色素化率由 21.1%提高到 86.5%。免疫荧光分析表明,发色速度高的 SLA-PCB 具有较高的检测信号。因此,体外发色团附着是提高重组藻胆蛋白发色速度的有效途径。

#### 7.1.2.3　SLA-PEB 的发色速度研究

研究发现,重组的 SLA-PEB 未完全发色,发色素化率为(16.2±1.2)%(表 7-4)。由于不完全发色反应导致荧光发射和检测灵敏度较低,因此实现 SLA-PEB 的完全发色至关重要。Chen 等(2019)推测质粒在大肠杆菌中的稳定性是影响重组 SLA-PEB 发色素化的重要因素,随后对菌株 SLA-V1 发酵过

程中的质粒稳定性进行了检测。部分诱导的大肠杆菌细胞不能在选择性平板上生长,表明质粒在大肠杆菌细胞中不稳定。在未诱导条件下,大肠杆菌细胞具有较高的质粒稳定性。只有 1.9%的大肠杆菌细胞失去了质粒 pCDF-SLA-cpcS。在诱导条件下,16.2%的大肠杆菌细胞丢失了质粒 pCDF-SLA-cpcS,10.6%的大肠杆菌细胞丢失了质粒 pRSF-Ho1-pebS,6.9%的大肠杆菌细胞同时丢失了这两种质粒,只有 66.3%的大肠杆菌细胞保留了这两种质粒(图 7-6(a))。这些结果表明,IPTG 诱导导致质粒丢失和产生异质性细胞群。PCR 检测表达质粒的结果证实了这一观察结果。在随机选择的 48 个诱导培养菌落中,有 7 个菌落丢失了 pCDF-SLA-cpcS,6 个菌落丢失了 pRSF-Ho1-pebS,4 个菌落这两种质粒全部丢失了,31 个菌落同时保留了这两种质粒。由于缺乏 PEB 生物合成途径,保留 pCDF-SLA-cpcS 的大肠杆菌细胞只能产生 apo-SLA,从而导致重组 SLA-PEB 发色素化不完全。

**表 7-4 不同野生型和突变型菌株的 CpcS 突变体 DNA 和氨基酸的变化及纯化的 SLA-PEB 的发色素化率(Chen 等,2019)**

| 菌　株 | CpcS 突变体 | 基本变化 | 残留变化 | 发色素化率/(%) |
|---|---|---|---|---|
| SLA-V1 | CpcS | — | — | 16.2±1.2 |
| SLA-V2 | CpcS | — | — | 38.6±4.6 |
| SLA-V3-2 | CpcSM2 | T100C,A125G | S34P,E42G | 56.2±6.0 |
| SLA-V3-7 | CpcSM7 | A302G,A460T | E101G,A177P | 64.7±3.2 |
| SLA-V3-9 | CpcSM9 | T30C,A167G,A302G | Q56R,E101G | 46.9±5.5 |
| SLA-V3-12 | CpcSM12 | A287G,C316T,T410C | Q96R,I137T | 61.4±5.8 |
| SLA-V3-16 | CpcSM16 | T127C,T172C,A221G | Y58H,D74G | 53.6±2.7 |

为了提高质粒的稳定性,Chen 等(2019)用一个表达质粒重建了 SLA-PEB 的生物合成途径(图 7-7)。将 *SLA* 和 *cpcS* 序列组合成多顺反子并连接到 pRSFDuet-1 中的第一表达框,而将 *Ho1* 和 *pebS* 组合成另一多顺反子并连接到 pRSFDuet-1 中的第二表达框。将得到的质粒 pRSF-SLA-cpcS-Ho1-pebS 转化大肠杆菌 BL(DE21),产生菌株 SLA-V2。在未诱导条件下,没有大肠杆菌细胞丢失表达质粒。在诱导条件下,有 5.2%的大肠杆菌细胞丢失了表达质粒(图 7-8)。这一结果表明,质粒在菌株 SLA-V2 中的稳定性得到了改善。需要注意的是,携带质粒的细胞具有完整的 SLA-PEB 生物合成途径。从菌株 SLA-V2 中纯化的 SLA-PEB 的发色素化率为(38.6±4.6)%,是从 SLA-V1 中纯化的 SLA-PEB 的 2.4 倍(表 7-3)。结果证实了质粒稳定性是决定重组 PBPs 发色比的重要因素。考虑到菌株 SLA-V1 在发酵过程中需要 Sm 和 Km,而 SLA-V2 菌株的培养只需要 Km,因此使用 SLA-V2 菌株可以降低规模化发酵生产 SLA-PEB 的成本。这些结果表明,在重组大肠杆菌中构建 PBPs 生物合成途径时,单个表达质粒优于两个或多个表达质粒。

Chen 等(2019)发现从菌株 SLA-V2 中纯化的 SLA-PEB 发色不完全,表明除了质粒稳定性外,还有别的限制重组 SLA-PEB 发色的因素。PEB 的耗竭和 CpcS 活性和(或)表达水平的降低都会导致发色素化不完全。研究表明重组 PBPs 的不完全发色素化不受 PEB 可获得性的限制。相反,这是由于 CpcS 活性和(或)表达水平较低所致。定向进化是改变酶催化特性的有效策略。通常,从突变体文库中高通量筛选稀有但理想的克隆是实验室定向进化中最关键的步骤(Schmidt-Dannert 等,1999)。为了提高 CpcS 的催化性能,研究者提出了一种基于琼脂平板筛选的定向进化策略(图 7-9)。在琼脂平板上,野生型克隆呈粉红色,而表达更高活性的 CpcS 突变体颜色较深。利用 PCR 进行随机诱变,建立了约 $5\times10^4$ 个克隆的突变体文库(随机选择 48 个菌落进行 DNA 测序,文库的插入率为 92.6%,平均突变率为 5.3/1000 bp)。根据颜色变化,从突变体文库中筛选出 17 个菌落。为了验证这些菌株是否确实增强了发色能力,从这些菌株中纯化了重组 SLA-PEB。5 个菌株被证实是正向的阳性突变体,发色素化率增高。SLA-PEB 发色反应性能的提高可能是由于增强了对 PEB 的亲和力和 CpcS 突变体的催化效率。在这 5 个菌落中,表达 CpcSM7 的菌株 SLA-V3-7(记为 SLA-V3)性能最好,其 SLA-PEB 的发色素化率

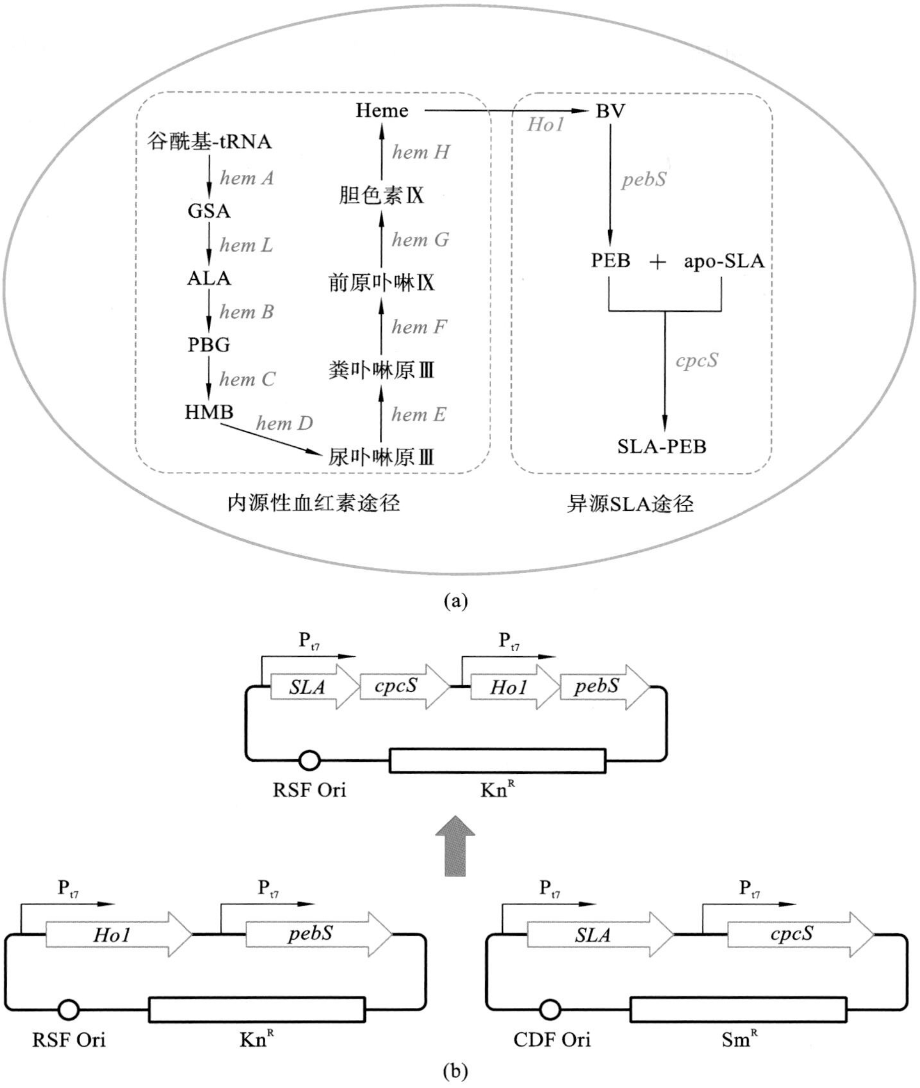

(a)



(b)

**图 7-7　大肠杆菌中 SLA-PEB 生物合成策略示意图(Chen 等,2019)**

(a)SLA-PEB 生物合成途径。该途径分为两个模块:内源性血红素途径和异源 SLA 途径。(b)质粒构建:将 SLA-PEB 生物合成所需的 4 个基因克隆到质粒 pCDFDuet-1 和 pRSFDuet-1 或单个质粒 pRSFDuet-1 中

为(64.7±3.2)%。

虽然菌株 SLA-V3 中 SLA-PEB 的发色素化率显著升高,但仍有一部分 SLA-PEB 以脱辅基蛋白存在。在重组大肠杆菌中通过表达 HO1 和 PebS 实现了 PEB 的生物合成。内源性血红素是 PEB 生物合成的前体。HO1 催化血红素转化为胆绿素Ⅸ,铁氧还蛋白依赖的藻红胆素还原酶 PEBS 催化胆绿素Ⅸ转化为 PEB。Chen 等(2019)推测,在菌株 SLA-V3 中,重组 SLA-PEB 的发色素化受到 HO1 活性低和(或)血红素耗尽的限制。随后,Chen 等(2019)采用了定向进化策略来提高 HO1 的催化活性。不幸的是,从筛选中没有获得阳性突变体。另外,Chen 等(2019)试图从不同的蓝藻中筛选出具有高活性和(或)高表达水平的 HO1 同源物(在测序的蓝藻基因组中可以找到可能编码 HO1 的基因)。选择聚球藻 PCC 7002(7HO1)、细长聚球藻 *Synechococcus elongatus* BP-1(BHO1)、聚球藻 PCC 9311(9HO1)、集胞藻 PCC 6803(6HO1)作为候选菌株。为了检验改善的 PEB 积累是否会促进重组蛋白在大肠杆菌中的发色素化,用不同的 HO1 取代了菌株 SLA-V3 中的 PHO1,观察到 PEB 积累量与 SLA-PEB 的发

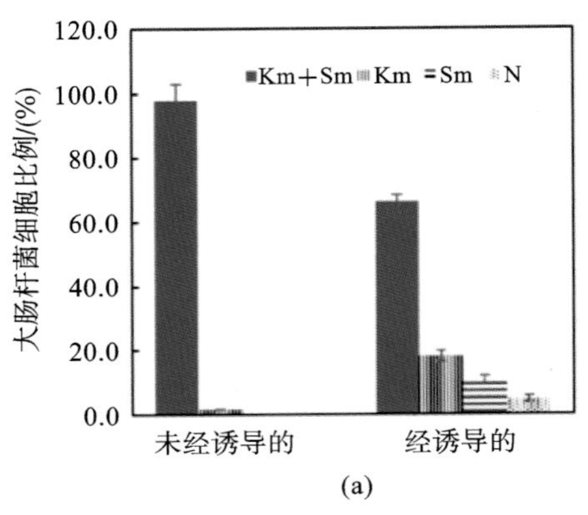


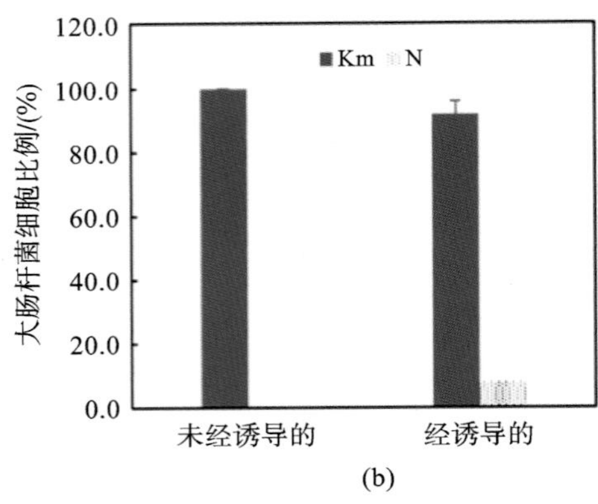


**图 7-8　SLA-V1 和 SLA-V2 菌株质粒稳定性的研究(Chen 等,2019)**

(a)SLA-V1;(b)SLA-V2。Km+Sm:含有 pCDF-SLA-cpcS 和 pRSF-Ho1-pebS 的大肠杆菌细胞组分。Km:仅含 pRSF-Ho1-pebS 的大肠杆菌细胞组分(SLA-V1)或仅含 pRSF-SLA-cpcS-Ho1-pebS 的大肠杆菌细胞组分(SLA-V2)。Sm:仅含 pCDF-SLA-cpcS 的大肠杆菌细胞组分。N:不含质粒的大肠杆菌细胞组分。数据以来自 5 个独立实验的平均值±SD 表示

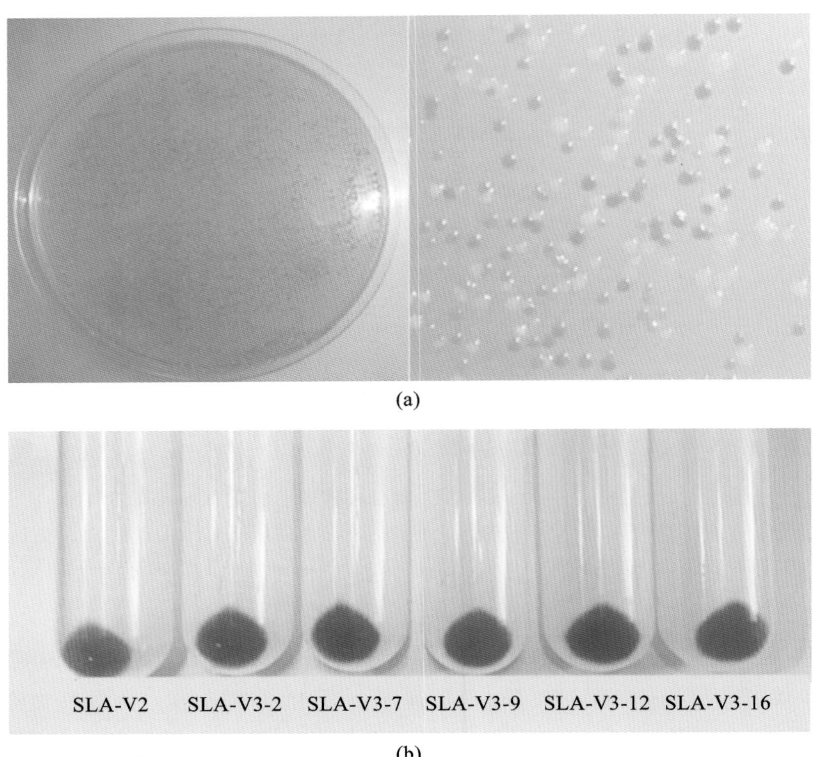


**图 7-9　CpcS 的定向进化(Chen 等,2019)**

(a)野生型 CpcS 的表达导致粉红色克隆,CpcS 的零突变导致白色克隆,而表达活性增强的突变型 CpcS 的克隆呈红色或紫色,很容易从文库中区分出来;(b)野生型和 5 个选育突变体的菌泥

色素化率呈正相关(图 7-10)。从菌株 SLA-V4B 中纯化的 SLA-PEB 的发色素化率为 83.6%,而从菌株 SLA-V3 中纯化的 SLA-PEB 的发色素化率为 64.7%。这些结果证实,在菌株 SLA-V3 中,HO1 是 HT-SLA 有效发色的限制因子。

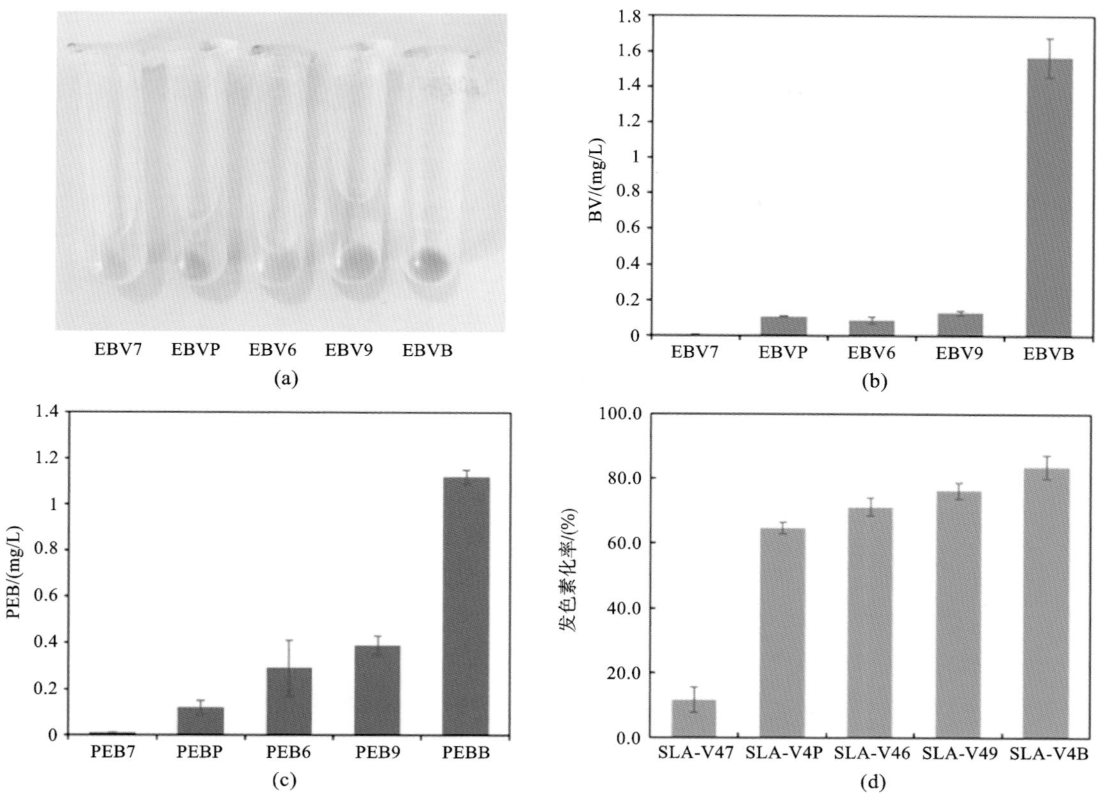


**图 7-10　不同 HO1 对 BV、PEB 产生及 SLA-PEB 发色作用的影响(Chen 等,2019)**

(a)不同蓝藻中表达 HO1 菌株的菌泥;(b)不同蓝藻中表达 HO1 菌株的 BV 生产;(c)不同蓝藻中共表达 PEB 和 HO1 菌株生产 PEB 的研究;(d)不同蓝藻中共表达 PEB 和 HO1 菌株纯化的 SLA-PEB 发色素化率

## 7.2　脱辅基亚基的重组表达

1985 年,Bryant 等通过将来自蓝载藻 *Cyanophora paradoxa* 的 APC 基因和聚球藻 PCC 7002 的 PC 基因整合到大肠杆菌中,最先实现脱辅基藻胆蛋白(PBPs)的体外重组表达。

秦松研究员的课题组在体外重组脱辅基 PBPs 方面做了大量的工作(表 7-5)(马丞博,2019)。1998 年,秦松等将 APC 基因从质粒 pCRBapc 中切下并克隆到含有麦芽糖结合蛋白(MBP)的载体 pMAL-p2X 中,然后将载体导入大肠杆菌中,成功表达了 N 端融合麦芽糖结合蛋白(MBP)的重组脱辅基 APC,并将该重组脱辅基 APC 命名为雷普克(recombinant allophycocyanin,rAPC)。2004 年,在 rAPC 的基础上,该课题组又构建了带有组氨酸(His)标签的新型重组脱辅基别藻蓝蛋白(His · tag APC,HAPC),并将其命名为海普克,同时将来自组囊藻 *Anacystis nidulans* UTEX 625 的 APC 的 α 和 β 亚基基因进行了克隆、表达及重组蛋白的纯化。和雷普克相比,海普克的空间结构更接近于天然脱辅基 APC。除了将 APC 基因转到大肠杆菌表达外,任育红等在 2005 年成功实现了将 rAPC 的基因整合到巴斯德毕赤酵母基因组中进行稳定表达。

**表 7-5　脱辅基 PBPs 的生物合成研究进展(马丞博等,2019)**

| 时　间 | 研 究 者 | 研 究 成 果 | 参 考 文 献 |
| --- | --- | --- | --- |
| 1998 年 | 秦松等 | 成功表达了 N 端融合麦芽糖结合蛋白(MBP)的重组 APC,并将该重组脱辅基 APC 命名为雷普克 | Qin 等,1998 |

续表

| 时　间 | 研　究　者 | 研究成果 | 参考文献 |
|---|---|---|---|
| 2001 年 | 隋正红和张学成 | 从红藻龙须菜(*Gracilaria lemaneiformis*)中克隆 PE β 亚基基因并在大肠杆菌中进行表达 | 隋正红和张学成,2001 |
| 2004 年 | 林凡 | 构建了带有 His 标签的新型重组脱辅基 APC,并将其命名为海普克 | 林凡,2004 |
| | 于平等 | 成功地将极大螺旋藻 PC 基因在巴斯德毕赤酵母 X-33 中进行表达 | 于平等,2004 |
| | 唐志红等 | 提供了一种用于生物医学和生物技术领域的重组 APC 亚基的制备方法 | 唐志红,2004 |
| 2005 年 | 任育红等 | 将 rAPC 的基因整合到巴斯德毕赤酵母基因组中进行表达 | Ren 等,2005 |

除了进行脱辅基 APC 的表达纯化等方面的研究外，2001 年，隋正红和张学成通过 PCR 技术从红藻龙须菜(*Gracilaria lemaneiformis*)中克隆得到了 PE β 亚基基因，并将其在大肠杆菌中成功表达。2004 年，于平等成功地将极大螺旋藻 PC 基因在巴斯德毕赤酵母 X-33 中进行表达。2007 年张学成等将重组质粒 pGEX-PE 和 pBGL 转入大肠杆菌中以制备两种重组菌 BEX(pGEX-PE)和 BGL(pBGL)，并通过 Western 印迹分析确定重组 PE 的特异性表达。

## 7.3　Holo-亚基的组合生物合成

目前用于体外重组合成 PBPs 的基因工程宿主菌种主要为大肠杆菌和毕赤酵母两种。大肠杆菌和毕赤酵母本身可以合成藻胆素的前体亚铁血红素，因此可以将藻胆素合成的相关基因、脱辅基蛋白的表达基因以及裂合酶的相关基因转入大肠杆菌或者毕赤酵母中进行表达，从而实现体外重组合成 PBPs (表 7-6)(马丞博，2019)。

### 7.3.1　藻蓝蛋白

2001 年，Glazer 研究组最先成功地将两个携带 5 个基因的载体 pBS414V-cpcA-cpcE-cpcF 和 pAT101-ho1-pcyA 转入 *E. coli* 体内进行表达，实现了结合 PCB 的完整 PC α 亚基(holo-CpcA)的体外重组(Tooley 等，2001)。为了证明裂合酶 CpcE/F 对 PCB 与脱辅基 PC 结合的催化效率，赵开弘课题组将来自鱼腥藻 *Anabaena* sp. PCC 7120 包括 *cpc*E/F 在内的 5 个基因分别构建了 3 个表达载体，并通过荧光光谱法对裂合酶 CpcE/F 的催化效率进行了研究(Chen 等，2006)。之后，秦松课题组通过将 5 个来自集胞藻 PCC 6803 的 PBPs 合成相关基因构建于一个表达载体 pCDFDuet-cpcA-cpcE-cpcF-ho1-pcyA，获得了能够稳定表达的大肠杆菌表达体系(Guan 等，2007)，并于 2009 年通过 His6 和 MBP 双标签获得了高可溶和更高稳定性的荧光 PC(Liu 等，2009)。PC 的 α 亚基不仅可以结合 PCB 而且能实现与 PEB 的共价连接。2017 年，葛保胜等在大肠杆菌中合成了分别与 PCB 和 PEB 结合的链霉亲和素荧光 PC——SA-PCA-PCB 和 SA-PCA-PEB(Ge 等，2017)。

**表 7-6 体外生物合成全亚基 PBPs 的研究进展(马丞博,2019)**

| No. | 年份 | 脱辅基蛋白基因 | 脱辅基蛋白基因来源 | 裂合酶 | 裂合酶基因来源 | 载体 | 参考文献 |
|---|---|---|---|---|---|---|---|
| C-PC α | | | | | | | |
| 1 | 2001 | *cpcA* | 集胞藻 PCC 6803 | CpcE/F | 集胞藻 PCC 6803 | pBS414V-cpcA-cpcE-cpcF,<br>pAT101-ho1-pcyA | Tooley 等,2001 |
| 2 | 2006 | *cpcA* | 鱼腥藻 PCC 7120 | CpcE/F | 鱼腥藻 PCC 7120 | pETDuet-cpcA,<br>pACYCDuet-ho1-pcyA,<br>pCOLADuet-cpcE-cpcF | Chen 等,2006 |
| 3 | 2007 | *cpcA* | 集胞藻 PCC 6803 | CpcE/F | 集胞藻 PCC 6803 | pCDF-cpcA-cpcE-cpcF-ho1-pcyA | Guan 等,2007 |
| 4 | 2009 | *cpcA* | 集胞藻 PCC 6803 | CpcE/F | 集胞藻 PCC 6803 | pHMPC-cpcA-cpcE-cpcF-ho1-pcyA | Liu 等,2009 |
| 5 | 2017 | *cpcA* | — | CpcE/F | — | pCDFDuet-sa-cpcA-cpcE/F-ho1-pcyA,<br>pCDFDuet-sa-cpcA-cpcE/F-ho1-pebS | Ge 等,2017 |
| C-PC β | | | | | | | |
| 6 | 2006 | *cpcB* $Cys^{153}$ | 聚球藻 PCC 7002 | CpcT | 聚球藻 PCC 7002 | — | Shen 等,2006 |
| 7 | 2007 | *cpcB* $Cys^{155}$ | — | CpcT1<br>CpcS1 | 鱼腥藻 *Anabaena* sp. PCC 7120 | — | Zhao 等,2007 |
| 8 | 2008 | *cpcB* $Cys^{84}$ | 集胞藻 PCC 6803 | CpcM | 集胞藻 PCC 6803 | — | Miller 等,2008 |

续表

| No. | 年份 | 脱辅基蛋白基因 | 脱辅基蛋白基因来源 | 裂合酶 | 裂合酶基因来源 | 载体 | 参考文献 |
|---|---|---|---|---|---|---|---|
| 9 | 2011 | *cpcB* | 集胞藻 PCC 6803 | Slr2049 | 聚球藻 PCC 7002 | pET-ho1-pcyA, pCDF-cpcB-slr2049 | Chen 等,2011 |
| 10 | 2012 | *cpcB* Cys[82], *cpcB* Cys[153] | 钝顶螺旋藻 *Spirulina platensis*(*Sp*) | Slr2049, Sll0583 | 集胞藻 PCC 6803, 钝顶螺旋藻 *S. platensis*(*Sp*) | pCDFDuet-cpcB(C153A)-slr2049-sll0583-ho1-pcyA, pCDFDuet-cpcB(C82I)-slr2049-sll0583-ho1-pcyA | Song 等,2012 |
| PE | | | | | | | |
| 11 | 1997 | *cpeA/B* | — | CpeY/Z | 伪鱼腥藻 *Pseudanabaena* sp. Strain PCC 7409, 聚球藻 strain WH 8020 | — | Kahn 等,1997 |
| 12 | 2006 | *R-peA/B* | 一种红藻 *Polisiphonia boldii* | — | — | — | Isailovic 等,2006 |
| 13 | 2007 | *cpeA/B* | — | CpeS1 | 鱼腥藻 PCC 7120 | — | Zhao 等,2007 |
| PEB α | | | | | | | |
| 14 | 2000 | *pecA* | 层理鞭枝藻 *Mastigocladus laminosus* | PecE/F | 层理鞭枝藻 *M. laminosus* | pGEMEX-pecA, pGEMEX-pecE, pGEMEX-pecF | Zhao 等,2000 |
| 15 | 2001 | *pecA* | 层理鞭枝藻 *M. laminosus* | PecE/F | 层理鞭枝藻 *M. laminosus* | pGEMEX-pecA, pGEMEX-pecE, pGEMEX-pecF | Storf 等,2001 |
| 16 | 2002 | *pecA* | — | PecE/F | — | — | Hu 等,2006 |

续表

| No. | 年份 | 脱辅基蛋白基因 | 脱辅基蛋白基因来源 | 裂合酶 | 裂合酶基因来源 | 载体 | 参考文献 |
|---|---|---|---|---|---|---|---|
| 17 | 2007 | *pecA* | — | CpeS1 | 鱼腥藻 PCC 7120 | — | Zhao 等,2007 |
| PEB β | | | | | | | |
| 18 | 2007 | *pebB* Cys[84] | — | CpcT1 CpcS1 | 鱼腥藻 PCC 7120 | — | Zhao 等,2007 |
| APC α | | | | | | | |
| 19 | 2006 | *apcA* | 螺旋藻 | 自催化 | — | — | Hu 等,2006 |
| 20 | 2008 | *apcA* | 钝顶螺旋藻 | CpcE/F | 集胞藻 PCC 6803 | pCDFDuet-apcA-cpcE-cpcF-ho1-pcyA | Yang 等,2008 |
| 21 | 2009 | *apcA* | 集胞藻 sp. PCC 6803 | 自催化 | — | pCDFDuet-1-apcA-pcyA-ho1 | Zhang 等,2009 |
| 22 | 2009 | *apcA2* | 鱼腥藻 PCC 7120 | CpeS1 | — | pET-apcA2,pCDFDuet-cpeS1,pACYCDuet-ho1-pcyA | Zhu,2009 |
| 23 | 2015 | *apcA* | 集胞藻 PCC 6803 细长嗜热聚球藻 *Thermosynechococcus elongatus* BP-1 | CpcU/S | 集胞藻 PCC 6803 | pCDFDuet-apcA-ho1-pcyA,pRSFDuet-cpcU/S | Chen 等,2016 |
| 24 | 2017 | *apcA* | 细长嗜热聚球藻 *T. elongatus* BP-1 | CpcS1 | 细长嗜热聚球藻 *T. elongatus* BP-1 | SA-Linker-ApcA,pCDF-SLA-CpcS,pRSF-Ho1-PebS,pRSF-Ho1-PcyA | Wu 等,2017 |

续表

| No. | 年份 | 脱辅基蛋白基因 | 脱辅基蛋白基因来源 | 裂合酶 | 裂合酶基因来源 | 载　　体 | 参考文献 |
|---|---|---|---|---|---|---|---|
| APC β | | | | | | | |
| 25 | 2007 | *apcB* | — | CpeS1 | 鱼腥藻<br>sp. PCC 7120 | — | Zhao 等,2007 |
| 26 | 2008 | *apcB*,<br>*apcF* | 集胞藻<br>PCC 6803 | CpcM | 集胞藻<br>PCC 6803 | — | Miller 等,2008 |
| 27 | 2009 | *apcB* | 螺旋藻 | CpeS | 鱼腥藻<br>PCC 7120 | pCDFDuet-1-apcB-cpeS-ho1-pcyA | Ge 等,2009 |
| 28 | 2013 | *apcB* | 细长聚球藻<br>*S. elongatus* BP-1 | CpcU/S | 集胞藻<br>PCC 6803 | pRSFDuet-1-apcB,<br>pRSFDuet-1-cpcU-cpcS1,<br>pCDFDuet-1-ho1-pcyA | Chen 等,2013 |
| APC 三聚体 | | | | | | | |
| 29 | 2010 | *apc* 三聚体 | 集胞藻<br>PCC 6803 | CpcU/S | 集胞藻<br>PCC 6803 | pCDFDeut-1-apcA-ho1-pcyA,<br>pRSFDeut-1-apcB-cpcU-cpcS1 | Liu 等,2010 |

对携带 PCB 的 holo-CpcB 的体外重组研究源自 Shen 等于 2006 年发现的裂合酶 CpcT 能够催化 PCB 与 PC β 亚基 $Cys^{153}$ 位点的结合(Shen 等,2006)。随后对 holo-CpcB 的研究发现,来自念珠藻 PCC 7120 的 *cpcS*1,集胞藻 PCC 6803 的 *cpcM* 以及 2011 年发现的新基因 *slr*2049 等编码的裂合酶都可以作用于脱辅基 PC β 亚基与 PCB 的共价结合(Zhao 等,2007;Miler 等,2008;Chen 等,2011)。2012 年,秦松课题组在螺旋藻脱辅基 PC 的 $Cys^{82}$ 和 $Cys^{153}$ 两个位点进行定点突变修饰,构建了两个重组表达载体 pCDFDuet-cpcB(C153A)-slr2049-sll0583-ho1-pcyA 和 pCDFDuet-cpcB(C82I)-slr2049-sll0583-ho1-pcyA,并将其转化到大肠杆菌中进行表达,成功制备了荧光 holo-CpcB(Song 等,2012)。

## 7.3.2　藻红蛋白

关于 PE 的体外重组研究相对较少。20 世纪 90 年代,Kahn 等发现裂合酶 CpeY 和 CpeZ 可能会催化 PE 的 α 及 β 亚基与 PEB 共价结合(Kahn 等,1997)。2006 年,Isailovic 等将来自一种红藻 *Polisiphonia boldii* 的带有组氨酸标签的脱辅基 PE 的 α 和 β 亚基基因转入大肠杆菌,并实现在大肠杆菌中与 PEB 的结合,生成重组荧光 PE。此外,2007 年,赵开弘课题组发现来自鱼腥藻 *Anabaena* sp. PCC 7120 中的裂合酶 CpeS1 催化范围较广,除了能够催化 C-PC 和 PEC 的 β 亚基外,还能催化 APC 和 C-PE 的全部亚基与 PCB 及 PEB 的共价偶联(Zhao 等,2007)。

## 7.3.3　藻红蓝蛋白

2000 年,赵开弘课题组从层理鞭枝藻 *Mastigocladus laminosus* 中克隆了基因 *pecA*,并实现该基因编码的脱辅基 PEC α 亚基在裂合酶 PecE/F 催化作用下与 PCB 相结合(同时 PCB 在异构酶的作用下可异构化为 PVB),生成荧光藻胆蛋白 PVB-PecA(Zhao 等,2000),随后利用紫外-可见吸收光谱、荧光光谱及圆二色光谱性质等比较了通过裂合酶催化与自发结合形成的 holo-PEC α 亚基的光活性差异(Storf 等,2001)。2002 年,美国加州大学的 Glazer 研究组进行了 holo-PecA 在大肠杆菌中的体外重组,并通过光谱特性验证了重组与天然的 holo-PEC α 亚基具有相似的光学活性,同时根据裂合酶 PecE/F 的缺失对重组 holo-PecA 生成的影响,验证了裂合酶 PecE/F 的活性(Tooley 等,2002)。

## 7.3.4　别藻蓝蛋白

2006 年,我国台湾地区的 Ping-Chiang Lyu 课题组将包括 *cpcE*/*F* 在内的 5 个基因克隆到大肠杆菌体内进行 holo-ApcA 的体外重组。研究发现,来自螺旋藻的 ApcA 不需要裂合酶的催化就能与 PCB 共价结合,所得到的 holo-ApcA 与天然别藻蓝蛋白(APC)的 α 亚基具有相似的光谱性质,该过程并不依赖于裂合酶 CpcE/F 的催化作用(Hu 等,2006)。为了获得更加高效并且能够稳定遗传的 APC α 亚基,秦松课题组 2008 年使用一个表达载体 pCDFDuet,实现了大肠杆菌体内包括 *cpcE*/*F* 在内的 5 个基因的共表达,大大降低了发酵过程中质粒不稳定的风险,之后又通过 His6 标签一步纯化法完成重组蛋白的纯化,并探索了重组 PBPs 的抗氧化性及其在药物中的应用(Zhang 等,2009;Yang 等,2008)。随后,赵开弘课题组为了研究 ApcA2 的生物合成途径,将从鱼腥藻 PCC 7120 中扩增出的 *apcA2* 基因、PCB 合成基因及裂合酶基因 *cpeS1* 分别克隆到 3 个表达载体,并转入大肠杆菌中共表达,实验结果表明在大肠杆菌内合成了具有荧光活性的重组藻胆蛋白 PCB-ApcA2(Zhu,2009)。在前面关于 APC α 亚基研究的基础上,陈华新等于 2016 年比较了来自集胞藻 PCC 6803 和细长嗜热聚球藻 *Thermosynechococcus elongatus* BP-1 的 *apcA* 在大肠杆菌中组装成的 holo-ApcA 在不同 pH 下的光稳定性,随后又实现带有链霉素标记 ApcA(SA-Linker-ApcA,SLA)在裂合酶 CpcS 的催化下与 PEB 及 PCB 的共价结合(Wu 等,2017;Chen 等,2016)。

对于 holo-Apc 的体外重组,秦松课题组在 2009 年用 pCDFDuet 一个表达载体上的 2 个表达框,实现了来自集胞藻 PCC 6803 的 *ho1*、*pcyA*,螺旋藻的 *apcB* 及鱼腥藻 PCC 7120 的 *cpeS* 等基因的共表达,同时运用 His6 标签简化了蛋白质纯化步骤(Ge 等,2009),并于 2013 年将 2 个表达载体共同转入大肠杆菌,获得了细长聚球藻 *Synechococcus elongatus* 和集胞藻 PCC 6803 的荧光 holo-ApcB(Chen 等,2013)。

APC 位于藻胆体核心,以三聚体的形式参与光能运动,具有特殊的光谱特征。在大肠杆菌体外重组荧光 APC α 亚基和 β 亚基的基础上,2010 年秦松课题组研究了集胞藻 APC 三聚体的体外组装过程,使用 pCDFDuet-1 和 pRSFDeut-1 两个表达载体,在大肠杆菌中完成 5 个基因共表达,成功获得了与天然 APC 三聚体相似的重组 APC 三聚体(Liu 等,2010)。

APC 在大肠杆菌体内的合成过程如图 7-11 所示(周传林,2014),主要分为三个阶段:第一阶段为色基与脱辅基蛋白的合成表达阶段;第二阶段为完整亚基蛋白(即结合色基的脱辅基蛋白)的催化合成阶段;第三阶段为 APC 三聚体$(\alpha\beta)_3$ 的组装阶段。即大肠杆菌体内的亚铁血红素(Heme)在外来导入血红素氧化酶基因表达的 HO1 的作用下被氧化,生成 BV,BV 在外来导入胆绿素还原酶基因表达的 BLVRA 的作用下被还原成 PCB;同时 APC 两脱辅基蛋白基因在大肠杆菌体内被诱导表达得到脱辅基蛋白(ApcA、ApcB),第一阶段——色基与脱辅基蛋白的合成表达过程即完成。合成的色基(PCB)在外来导入的裂合酶表达基因表达的裂合酶 CpcS/U 的催化作用下,与表达的脱辅基蛋白 ApcA、ApcB 以1∶1的比例结合,形成两种不同的亚基蛋白(APCA、APCB),该过程即为第二阶段——亚基的催化合成阶段。之后两种亚基蛋白以一定形式聚合形成 APC 三聚体$(\alpha\beta)_3$,该过程即为 APC 三聚体$(\alpha\beta)_3$ 的组装阶段。

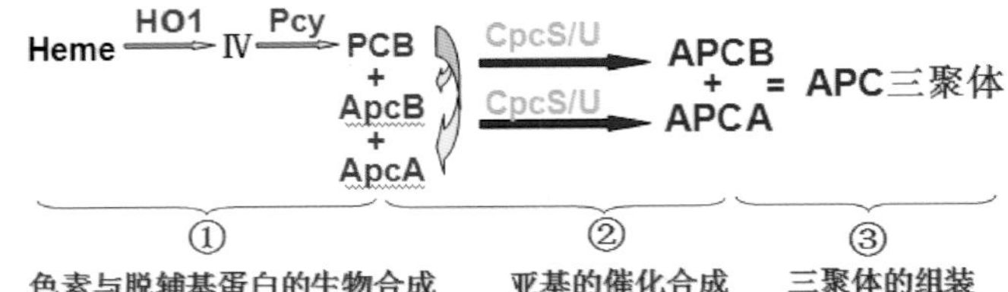


图 7-11　APC 三聚体$(\alpha\beta)_3$ 在大肠杆菌内的重组表达(周传林,2014)

## 7.4　三聚体的组合生物合成

三个$(\alpha\beta)$单体结合形成三聚体(图 7-12)。三聚体并不是一个非常均匀的闭合圆盘。该圆盘的直径为 45~55 Å,圆周平均为 314 Å,宽约 30 Å(Adir,2005)。形成的三聚体产生一个内在的空洞,也是一个不均匀的圆,直径为 15~50 Å。所有的藻胆蛋白均可以结合形成三聚体,形成的三聚体较稳定,在较低的离子强度溶液中也不会解离(APC 除外,在极低浓度下会解离成单体(MacColl 等,2003))。一个$(\alpha\beta)$单体的 α 亚基与相邻单体的 β 亚基的重叠面要比$(\alpha\beta)$单体中 α 亚基和 β 亚基的重叠面少很多。疏水作用可能仍是三聚体中单体之间结合的主要作用。

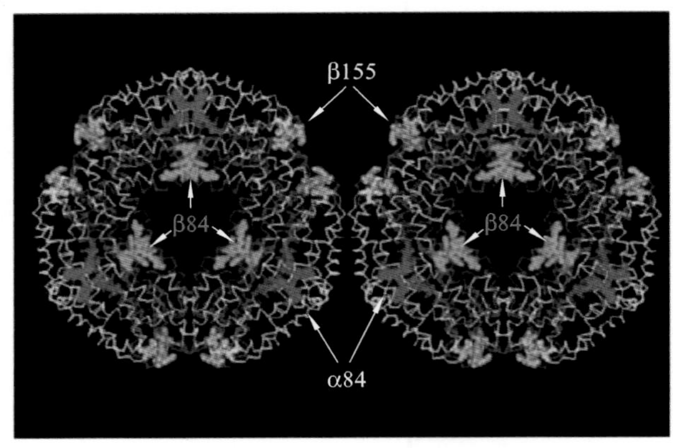


图 7-12　$(\alpha\beta)_3$ 三聚体的分子结构(刘少芳,2010)

## 7.5 应 用

通过构建基因重组藻胆蛋白表达工程菌，不仅可以获得低成本、高纯度的重组藻胆蛋白，而且利用蛋白质工程技术，可以设计重组藻胆蛋白的蛋白质结构，从而拓宽其应用领域。例如，基于MBP等分子标签构建的生物传感器已经逐渐成为研究热点。因此，带有不同分子标签的重组藻胆蛋白将有望应用于生物传感器领域。此外，通过建立人工靶向进化技术，可以构建能够捕获特定波长的重组藻胆蛋白。未来，基于高效捕获水下蓝绿光的重组藻胆蛋白所构建的DSSC，或许可以在水下光伏领域得到应用。

## 参考文献


[1] 陈红兵，郭云良，孙圣刚，等，2004. 藻蓝蛋白对大鼠脑缺血再灌流后神经元损伤的保护作用[J]. 中国全科医学，7(8)：527-530.

[2] 陈美珍，张永雨，余杰，等，2004. 龙须菜藻胆蛋白的分离及其清除自由基作用的初步研究[J]. 食品科学，25(3)：159-162.

[3] 陈英杰，2011. 基于磁性纳米颗粒的荧光藻胆蛋白制备分离及载负应用研究探索[D]. 青岛：中国科学院海洋研究所.

[4] 韩璐，2006. 六种重组别藻蓝蛋白的抗氧化活性研究[D]. 青岛：中国科学院海洋研究所.

[5] 李民，陈常庆，朴勤，等，1998. 利用恒溶氧-补料分批技术高密度培养大肠杆菌生产重组人骨形成蛋白-2A[J]. 生物工程学报，14(3)：270-275.

[6] 林凡，2004. 一种新型重组别藻蓝蛋白及其活性的初步研究[D]. 青岛：中国科学院海洋研究所.

[7] 孙英新，2011. 螺旋藻藻蓝蛋白抗百草枯诱导大鼠肺纤维化的研究[D]. 北京：中国科学院研究生院.

[8] 杨红，2018. 盐泽螺旋藻藻蓝蛋白β亚基在大肠杆菌中的重组生产及抗氧化性研究[D]. 南京：南京林业大学.

[9] 姚伟，李建民，毛晓燕，等，2003. 疏水层析用于大规模纯化重组HBsAg的工艺研究[J]. 微生物学免疫学进展，31(3)：29-31.

[10] 于平，岑沛霖，励建荣，等，2004. 极大螺旋藻藻蓝蛋白基因在巴斯德毕赤酵母x-33中表达的研究[J]. 科技通报，20(1)：21-23，27.

[11] 俞淑文，贾洪，张芳，2003. 基因工程药物的高度纯化方法[J]. 中国实用医药杂志，3(14)：1306-1310.

[12] 周站平，陈秀兰，陈超，等，2003. 藻胆蛋白脱辅基蛋白对其抗氧化活性的影响[J]. 海洋科学，27(5)：77-81.

[13] BISWAS A，VASQUEZ Y M，DRAGOMANI T M，et al，2010. Biosynthesis of cyanobacterial phycobiliproteins in *Escherichia coli*：chromophorylation efficiency and specificity of all bilin lyases from *Synechococcus* sp. strain PCC 7002[J]. Applied and Environmental Microbiology，76(9)：2729-2739.

[14] CHEN D，BROWN J D，KAWASAKI Y，et al，2012. Scalable production of biliverdin Ⅸα by *Escherichia coli*[J]. BMC Biotechnology，12：89.

[15] CHEN H X，WU J，ZHAO J，et al，2016. Expression and characterization of fusion protein of single-chain variable fragment of alpha fetoprotein and allophycocyanin alpha subunit[J]. China

Biotechnology. 36:74-80.

[16] CHEN H, LIN H, LI F, et al, 2012. Biosynthesis of a stable allophycocyanin beta subunit in metabolically engineered *Escherichia coli*[J]. Journal of Bioscience & Bioengineering, 115(5): 485-489.

[17] DI GUAN C, LI P, RIGGS P D, et al, 1988. Vectors that facilitate the expression and purification of foreign peptides in *Escherichia coli* by fusion to maltose-binding protein[J]. Gene, 67(1), 21-30.

[18] GE B S, SUN H, FENG Y, et al, 2009. Functional biosynthesis of an allophycocyan beta subunit in *Escherichia coli*[J]. Journal of Bioscience and Bioengineering, 107(3): 246-249.

[19] GE B, LI Y, SUN H, et al, 2013. Combinational biosynthesis of phycocyanobilin using genetically-engineered *Escherichia coli*[J]. Biotechnology Letters, 35(5): 689-693.

[20] POPOV M, PETROV S, NACHEVA G, et al, 2011. Effects of a recombinant gene expression on ColE1-like plasmid segregation in *Escherichia coli*[J]. BMC Biotechnology, 11: 18.

[21] RODA-SERRAT M C, CHRISTENSEN K V, EL-HOURI R B, et al, 2018. Fast cleavage of phycocyanobilin from phycocyanin for use in food colouring[J]. Food Chemistry, 240: 655-661.

[22] STIEFELMAIER J, LEDERMANN B, SORG M, et al, 2018. Pink bacteria-production of the pink chromophore phycoerythrobilin with *Escherichia coli*[J]. Journal of Biotechnology, 274: 47-53.

[23] UDA Y, GOTO Y, ODA S, et al, 2017. Efficient synthesis of phycocyanobilin in mammalian cells for optogenetic control of cell signaling[J]. Proceedings of the National Academy of Sciences of the United States of America, 114(45): 11962-11967.

[24] WATERMANN T, ELGABARTY H, SEBASTIANI D, 2014. Phycocyanobilin in solution—a solvent triggered molecular switch[J]. Physical Chemistry Chemical Physics: PCCP, 16(13): 6146-6152.

[25] WU J, CHEN H, JIANG P, 2018. Chromophore attachment to fusion protein of streptavidin and recombinant allophycocyanin α subunit[J]. Bioengineered, 9(1): 108-115.

[26] XU J, LI W, WU J, et al, 2006. Stability of plasmid and expression of a recombinant gonadotropin-releasing hormone (GnRH) vaccine in *Escherichia coli*[J]. Applied Microbiology and Biotechnology, 73(4): 780-788.

# 第 8 章 藻胆蛋白在生物医学中的应用

## 8.1 藻胆蛋白的安全性和生物利用度

### 8.1.1 安全性

藻蓝蛋白是无毒且无致癌性的，$LD_{50}$ >30 g/kg(大鼠，口服)。在先前的研究中，天然藻蓝蛋白以0.12 g/kg的剂量给药12周，通过管饲给SD大鼠，其对大鼠的体重、饮食和饮水情况没有不利影响。定期血常规检查显示红细胞、血小板和白细胞，以及血液生化指标如谷丙转氨酶、谷草转氨酶、碱性磷酸酶、总胆红素和血清肌酐，均在正常范围，与胃内样本无剂量依赖性。在肝、脾、肾或任何其他重要器官组织和主要器官中未观察到明显的肿胀、坏死或炎症反应。这些结果表明口服藻蓝蛋白不会引起肝毒性。恢复4周后，上述指标均未出现明显异常。此外，在高、中和低剂量组和用蒸馏水处理的对照组之间没有观察到显著差异。上述指标在停止胃内给药后未发现明显的残余效应和二次毒性变化(Liu等，2016)。

藻胆蛋白十分安全，在各种炎症动物模型中藻蓝蛋白的有效剂量范围是25～300 mg/kg(p. o)。藻蓝蛋白在大鼠和小鼠中毒性低，且无副作用。对于大鼠和小鼠，测得的$LD_{50}$值估计大于3 g/kg。即使是最高有效剂量的PC(3 g/kg，p. o)，也没有引起死亡(Romay等，2003)。

唐志红(2004)在对小鼠静脉注射重组别藻蓝蛋白(rAPC)的急性毒性研究中发现，体重为(20±2)g的小鼠以1.5 g/kg一次性静脉给药，给药后观察14天，无死亡现象及任何毒性反应(急性毒性试验剂量相当于60 kg成人每日注射90 g藻蓝蛋白)。

宋璐非(2012)用天然的藻蓝蛋白对SD大鼠进行了系统的长期毒性试验，以4.00 g/kg、0.40 g/kg、0.12 g/kg三个剂量对大鼠连续灌胃12周，对大鼠的饮水、饮食和体质、血常规及血液生化指标均无不良影响，对心、脾、肺、肝、肾等重要脏器组织结构及主要脏器系数进行观察，也未发现明显坏死、肿胀和炎症反应。经过4周恢复期之后检测显示各指标在停药后也无明显的继发毒性变化和后遗效应，表明藻蓝蛋白具有良好的口服安全性(长期毒性试验剂量相当于60 kg成人每日口服240 g、24 g、7.2 g藻蓝蛋白)。

蒋保季等(1988)对新型天然食用色素藻胆蛋白进行了大、小鼠经口$LD_{50}$检测，骨髓细胞微核试验，睾丸精母细胞染色体畸变分析，埃姆斯实验(Ames实验(致突变性检测))以及离乳大鼠30天喂养实验，证明藻蓝蛋白属于实际无毒物。$LD_{50}$ >43.0 g/kg，Ames实验、小鼠骨髓细胞微核实验和睾丸精母细胞染色体畸变分析在实验组与对照组间均未见统计学显著性差异，未发现藻蓝蛋白有引起细胞突变的作用,也未发现藻蓝蛋白有引起哺乳动物体细胞和生殖细胞畸变的作用,安全系数高。

刘琪等(2017)使用新西兰白兔对藻蓝蛋白的皮肤毒性进行研究,结果显示,在2000 mg/kg的涂抹剂量下,未观察到明显光毒性。而急性经皮毒性试验结果显示,在2000 mg/kg的涂抹剂量下,试验组与使用纯净水的对照组相比,新西兰白兔的体重和体重增长率无明显差异,且试验部位的皮肤组织无明显的异常改变,表明藻蓝蛋白无明显急性皮肤毒性。皮肤过敏反应研究结果也显示反复接触藻蓝蛋白未发生明显的红斑、水肿等过敏反应,即藻蓝蛋白无明显的皮肤过敏反应毒性。与藻蓝蛋白类似,藻红蛋白在所研究的三种人类细胞系中未观察到体外细胞毒性(Soni等,2010)。

除了这些在口服喂食期间未观察到有害效应的水平(NOAEL)外,腹膜内给予70 mg/kg(Gupta等,2011)甚至200 mg/kg(Vadiraja等,1998)藻蓝蛋白对大鼠也没有不良影响。相关文献的结果与大鼠慢性毒性试验结果的比较表明,天然藻蓝蛋白无毒,有进一步发展为功能性食品和药物的价值。

### 8.1.2 生物利用度

藻蓝蛋白目前的给药方式以口服为主,也能通过腹腔、静脉注射的方式给药。在体外模型中,藻胆蛋白已显示进入细胞(Subhashini等,2004;Roy等,2007;Nishanth等,2010;Wu等,2011),甚至进入线粒体(Wang等,2012)。利用藻蓝蛋白α亚基和α/β亚基溶液对COS7、C6、S180、SP2/0细胞进行渗透试验,发现藻蓝蛋白α/β亚基在加入细胞2 h后可以观察到其开始附着在细胞的表面,3 h后可以通过细胞膜进入胞质,并在4 h时均匀分布在胞质内,最终在5 h后完全分布在整个细胞中。在S-180细胞中,可以在加样2 h后检测到荧光的存在,并持续到5 h后(谭阳等,2007)。

Vaishali等(2019)用SwissADME软件研究了C-PC的各种性质,包括物理化学性质、亲脂性、水溶性、药代动力学、药物相似性和药物化学性质,利用BOILED Egg分析预测了藻蓝蛋白的胃肠道及脑通透性,经过亲脂性(WLOGP)和极性(tPSA)计算,表明C-PC能透过胃肠屏障,但无法透过血脑屏障。

另外,口服食用的藻胆蛋白会在胃肠道被消化酶降解,所以,它们的较低分子量代谢物可能与所观察到的体内药理作用有关(Romay等,2003)。例如,已证明此类代谢物可跨越血脑屏障,发挥其神经保护作用(Rimbau等,1999)。在这方面值得一提的是,即使胰蛋白酶消化后,藻蓝蛋白的体外抗氧化活性仍然保留,甚至强于未被酶消化的藻蓝蛋白。张莹等(2006)用胰酶酶解藻蓝蛋白后发现,自由基清除率增加,降血压活性也得到了明显的改善。唐志红等(2012)用碱性蛋白酶酶解藻蓝蛋白后发现,酶解后的物质对超氧阴离子自由基有较高的清除率。王雪青等(2008)用胰酶对藻蓝蛋白溶液(100 mg/L)进行酶解,发现酶解后的物质抑制HeLa细胞增殖的活性提高,对正常细胞293T(人胚肾细胞)并无细胞毒活性(王雪青等,2012)。周丽丽等(2014)用中性蛋白酶、碱性蛋白酶、木瓜蛋白酶、胰蛋白酶酶解藻蓝蛋白,发现藻蓝蛋白酶解产物对胰脂肪酶和α-淀粉酶具有一定的抑制作用,且有一定的剂量依赖关系,即随着酶解产物浓度的增加,抑制效率逐步增强。有人鉴定了藻蓝蛋白经胃蛋白酶消化后获得的肽段,并检测了其生物活性,发现藻蓝蛋白在模拟胃液中被胃蛋白酶快速消化。有人用高分辨串联质谱法分析了释放的色肽的结构,在藻蓝蛋白的两个亚基中均鉴定出2～13个氨基酸残基大小不等的肽。用高效液相色谱法分离后,对藻蓝蛋白肽进行潜在生物活性分析。结果表明,所有五种肽段均具有明显的抗氧化和金属螯合活性,对人宫颈腺癌和上皮性结肠癌细胞系具有细胞毒作用。此外,藻蓝蛋白肽以抗氧化能力依赖的方式保护人类红细胞免受自由基诱导的溶血。抗氧化能力与藻蓝蛋白肽的其他生物活性呈正相关,其活性主要与发色团所提供的抗氧化能力有关(Minic等,2016)。

除口服外,藻蓝蛋白也具有注射给药和经皮给药的潜力。之前的研究证明,60 mg/kg C-PC腹腔注射能抑制阿霉素造成的大鼠心肌损伤(罗湘玉等,2014),腹腔注射200 mg/kg C-PC能抑制$CCl_4$导致的大鼠肝纤维化(Ou等,2010)。谭阳等(2007)利用尾静脉及腹腔注射方法研究了藻蓝蛋白亚基在成年小鼠体内与胎鼠体内的代谢分布情况,研究表明,在成年小鼠体内,C-PC亚基主要分布在胃、小肠、上皮代谢旺盛的部分,但不能通过血脑屏障。对于胎鼠来说,C-PC亚基比较容易通过胎盘屏障进入胎鼠体内,且代谢分布与成年小鼠分布相似。

Manconia 等(2009)在体外用腹部整形手术中获得的人体皮肤标本和垂直测试 Franz 透皮仪研究了 C-PC 的皮肤渗透性，结果表明 C-PC 虽然不能透过整个皮肤，但在角质层中发现了 C-PC 的集聚，仅少量 C-PC 渗透到了皮肤内层。藻蓝蛋白虽然本身经皮吸收的生物利用度差，但能通过与其他物质混合，增强其皮肤渗透性。Manconia 等(2009)以大豆磷脂酰胆碱和胆固醇为原料制备了脂质体，发现将 C-PC 包埋在该脂质体中有利于 C-PC 在皮肤中的沉积。Caddeo 等(2013)比较了脂质体、醇质体和含渗透促进剂(丙二醇)的囊泡(PEVs)对 PC 的皮肤渗透作用，结果表明这些磷脂囊泡都能促进 PC 在皮肤中的渗透，尤其是含丙二醇的囊泡，是将藻蓝蛋白输送到皮肤深层的理想载体。Hardiningtyas 等(2018)开发出了一种油中固体(S/O)纳米分散方法，用此方法通过皮肤传递 PC，发现在穿过角质层后有明显的 PC 荧光，表明 PC 能够穿过角质层，到达更深的皮肤层。

## 8.2 藻胆蛋白的生物活性

藻胆蛋白(PBPs)是蓝藻、红藻和隐藻中的捕光蛋白。PBPs 由外围杆和中间的核组成，这些杆和核又由连接蛋白和与之结合的藻蓝蛋白(PC)、藻红蛋白(PE)和别藻蓝蛋白(APC)组成。通常，PBPs 占全部细胞蛋白质干重的 24%～50%(Cai 等，2001；Glazer，1985)。PBPs 在食品、保健品、药品等生物技术产品的商业开发中发挥了重要作用。PBPs 具有很高的安全性和生物利用度，具有抗氧化、抗炎、抑制肿瘤细胞增殖、增强免疫等活性，在生物医学中具有极大的应用潜力。与 PBPs 临床相关的专利也有很多(Sekar 和 Chandramohan，2007)。本章介绍 PBPs 在生物医学领域的广泛应用。

PBPs 的生理活性研究已有几十年的历史。人们发现，PBPs 能够消除过量的活性氧(ROS)和增加抗氧化酶的数量，具有很强的抗氧化作用(Wu 等，2016)。因此，PBPs 具有治疗氧化应激引起的多种疾病的潜力。由于 PBPs 的抗氧化作用得到证实，其被研究用于治疗多种疾病(Fernández-Rojas 等，2014)。许多体内外模型研究也表明，PBPs 具有抗病毒、抗肿瘤和增强免疫等功能。

### 8.2.1 抗氧化

PC 的抗氧化作用与其特有的结构有关。PC 中捕光色素、色氨酸残基与色基间存在着能量传递现象，在从基态转变为激发态的过程中有电子的传递，这个过程中包含了氧化还原过程(夏冬等，2015)。另外，PC 上的 PCB 在结构上和胆红素相近，能被机体内的胆绿素还原酶(BVR)还原成藻蓝玉红素(phycocyanorubin)(Terry 等，1993)，进而发挥抗氧化作用。Romay 等(1998)最早评价了 PC 在体内外的抗氧化能力，结果显示 PC 能够有效消除羟基自由基(·OH)和烷氧自由基(RO·)，抑制脂质过氧化，表明 PC 具有在体内外作为抗氧化剂的潜力。

有人提出，PC 的两种成分，即脱辅基蛋白(α 和 β 亚基)和藻胆素，通过稳定活性氧解毒系统的机制，参与抗氧化作用(Pleonsil 等，2013)。用胰蛋白酶水解 PC 时，发现该物质的脱辅基蛋白部分具有部分抗氧化性(Zhang 等，2005)。蛋白质在十二烷基硫酸钠、尿素存在下或在碱性条件下会失去活性，可能失去产生羟基自由基的能力，但清除羟基自由基的能力会增强。这表明 PC 中的 PCB 可能在清除羟基自由基方面起着重要作用。Hirata 等(2000)用带有磷脂酰胆碱脂质体的疏水系统研究了 PC 的抗氧化作用，结果表明 PCB 具有比维生素 E 更高的抗氧化活性。PC 含有的 PCB 极易氧化。微量的 PC 就可以使过氧化氢自由基的稳态浓度减半，而 PCB 可能是自由基攻击的主要目标(Lissi 等，2000)。

### 8.2.2 抗炎

炎症普遍存在于机体中，是机体对机械、化学或微生物作用引起的组织损伤的反应，这个损伤反应可能是轻微的，但也可能造成严重的损伤(Erickson 等，2009)。PC 在多种模型中都表现出了抗炎作用。体内实验中，PC 已被证明能够缓解葡萄糖氧化酶诱导的小鼠足爪炎症模型(Romay 等，1998)，卡拉胶诱导的大鼠足爪水肿模型(Romay 等,1998),花生四烯酸和佛波酯诱导的小鼠耳肿胀模型(Romay 等,1999),巴豆油诱导的大鼠耳肿胀模型(Manconia 等,2009),酵母多糖诱导的小鼠实验性关节炎模型(Remirez 等,1999),醋酸诱导的大鼠结肠炎模型(Gonzalez 等,1999)等炎症模型中的炎症反应。

PC 的抗炎作用被认为与其抗氧化作用相关,因为 ROS 可以引发并维持炎症级联相关反应,并诱导随后的组织损伤(Kaplan 等,2007)。核因子 κB(nuclear factor Kappa-B, NF-κB)在促炎症介质的产生中起主要作用(Arulselvan 等,2016)。Hao 等(2018)的实验表明 C-PC 可通过下调 PDCD5 抑制 NF-κB 活性,减轻 LPS 诱导的巨噬细胞 RAW264.7 中 TNF-α 和 IL-6 的分泌和表达,从而减轻炎症反应。Leung 等(2013)研究发现 C-PC 治疗能显著抑制 LPS 诱导的急性肺损伤大鼠体内 NF-κB 激活,从而减轻肺部炎症。

很多研究证实 PC 的抗炎作用与 TLRs 通路有关。TLR2 通过 p38 NF-κB 和 ERK-AP-1 途径介导促炎症细胞因子的分泌,Li 等(2017)发现,PC 能减轻博来霉素诱导的野生型小鼠的炎症,但对 $TLR2^{-/-}$ 小鼠中的炎症无显著减轻作用,说明 TLR2 通路参与了 PC 的抗炎功能。TLR4 能够激活 NF-κB 通路,上调炎症因子如 IL-1β、IL-6 和 TNF-α 的表达,这可能会增加炎症级联。Lu 等(2019)发现 PC 预处理可下调 TLR4、MyD88 和 NF-κB 的表达,降低 TNF-α 和 IL-6 的水平。

C-PC 的抗炎作用部分是通过诱导型一氧化氮合酶(iNOS)和环氧合酶-2(COX-2)的表达来实现的。C-PC 通过抑制 iNOS 和 COX-2,诱导和抑制 TNF-α 的形成及抑制中性粒细胞向炎症部位的浸润(Shih 等,2009),Leung 等(2013)在实验中也观察到 C-PC 显著抑制 LPS 诱导的急性肺损伤中 iNOS 和 COX-2 的蛋白表达。

此外,Xie 等(2019)和 Lu 等(2019)的实验表明,PC 能够使肠道微生物的多样性和丰度显著增加,改善受损的肠道微生态。PC 通过增加短链脂肪酸产生菌的丰度,降低 LPS 产生菌的丰度而发挥抗炎作用。

### 8.2.3 抗肿瘤细胞活性

肿瘤是当机体细胞生长的正常调节被破坏时,由组织细胞的异常增殖和分化所引起的。许多研究集中在开发抗肿瘤药物上。然而,现有的大多数合成抗肿瘤药物对人体正常细胞也有很强的毒副作用。研究发现 PBPs 对多种肿瘤细胞有抑制作用。

Thangam 等(2013)研究了 C-PC 对肿瘤细胞的抑制作用,发现 C-PC 抑制了 HT-29(结肠癌细胞)和 A549(肺癌细胞)的生长,阻止了肿瘤细胞中 DNA 复制。重组 APC 可以治疗肿瘤。例如,重组 APC 显著抑制 $H_{22}$ 肝癌细胞,当 PC 的剂量为 6.25～50 mg/(kg · d)时,抑制率为 36%～62%(Ge 等,2005)。PE 基因在大肠杆菌 BL21 中成功表达,肿瘤细胞毒性实验表明重组 PE 能抑制 HeLa 细胞的生长,随着蛋白质浓度的增加,抑制率由 37.3%增加到 63.26%(Wen 等,2007)。这些研究表明,天然 PBPs 和重组 PBPs 均具有潜在的抗肿瘤应用价值。

目前在抗肿瘤方面研究得最多的是 PC,但还没有发现一个明确的 PC 作用机制。C-PC 具有不止一个特定的靶点,具有多种效应。其产生抗肿瘤作用的机制如下:细胞周期阻滞在特定阶段,通过调节酶和非酶抗氧化剂和 COX-2 改变细胞氧化还原状态,诱导细胞凋亡和坏死(Fernandes 等,2018)。可能与 C-PC 抗肿瘤作用有关的机制是其与质膜、细胞质酶、线粒体和 DNA 之间的相互作用。在细胞质水平上,C-PC 可能通过解聚微管抑制有丝分裂,阻止有丝分裂纺锤体的形成。C-PC 的另一个靶点是甘油醛-3-磷酸脱氢酶(GAPDH),这是一种具有重要抗肿瘤作用的酶,因为这种酶的生物学功能依赖于其亚细胞定位,C-PC 能够改变这个位置,将其从细胞核转移到质膜中。核 GAPDH 是进入 S 期的必要信号,其水平降低可能导致细胞周期阻滞,进而抑制细胞增殖。COX-2 催化花生四烯酸转化为前列腺素(PG)和其他二十烷酸。COX-2 和 PG 水平在几种癌症中升高,表明这些分子在肿瘤细胞生存中起作用,是治疗的重要靶点。在这种情况下,C-PC 的一个重要的抗肿瘤机制是抑制 COX-2 的能力,COX-2 能降低 PG 水平,从而激活促凋亡信号通路。当 C-PC 为靶向抗氧化剂(酶和非酶)时,它可以改变细胞

的氧化还原状态，并诱导与抗增殖作用相关的信号通路。当 C-PC 增加活性氧（ROS）的产生和使 caspases 激活，最终激活肿瘤细胞中的促凋亡途径时，可以观察到抗增殖作用。C-PC 作为抗氧化剂，具有诱导细胞凋亡和阻滞细胞周期发展等作用（Fernandes 等，2018）。

## 8.2.4 增强免疫

数据显示 PC 具有增强人体免疫力的功能，王文博等（2011）的实验显示，PC 作为螺旋藻的主要活性成分，对小鼠腹腔巨噬细胞吞噬作用的影响效果显著，并且能够促进小鼠血清球蛋白的增加。郝玮（2005）的研究表明：PC 对 S-180 荷瘤小鼠的外周血白细胞有明显的提升作用，脾脏指数平均值可提升到 14.06 mg/g，远远高于对照组的 5.94 mg/g。IL-2、IFN-γ、TNF-α 为在肿瘤免疫中起重要作用的三个细胞因子，在实验中也观察了 PC 对这三个因子血清浓度的影响，结果显示，PC 能够增加 IFN-γ 和 TNF-α 的浓度，对照组这两个细胞因子的平均浓度为 0.22 pg/mL 和 0.21 pg/mL，低剂量 PC 处理组这两个细胞因子的平均浓度达到 2.06 pg/mL 和 4.83 pg/mL，表明 PC 对荷瘤小鼠的免疫功能有明显的促进作用。

李冰（2006）的研究也显示，PC 能够促进 B 淋巴细胞分化，提高其产生抗体的能力，并且可以增强 T 淋巴细胞活性，使得体液免疫和细胞免疫均得到显著增强，同时其对胸腺、脾脏等免疫器官也有明显的刺激增殖的作用。杨帆（2014）使用特异玫瑰花环形成实验和 MTT 法检测了经 PC 处理的荷瘤小鼠的淋巴细胞和脾脏细胞的活性，结果同样显示 PC 在体内能够促进免疫器官和免疫细胞的生长发育，充分证明了 PC 的免疫调节效应。

另外，与天然 PC 活性相当的基因重组别藻蓝蛋白在促进 T、B 淋巴细胞增殖及提高胸腺指数、脾脏指数等方面效果显著，能显著升高血清中的 IL-2、IL-6、IFN-γ、TNF-α 等肿瘤免疫因子的水平（Xu 等，2009；唐志红，2004）。其在对抗环磷酰胺导致的骨髓抑制、提升外周血白细胞数量方面也具有相当明显的作用（杨雨等，2005）。

## 8.2.5 其他生理功能

### 8.2.5.1 抗病毒

藻胆蛋白也具有一定的抗病毒活性。刘兆乾等（1999）申请了含 PC 的螺旋藻多糖提取物抗流感病毒的专利。2002 年，Chueh 发现别藻蓝蛋白对体外培养的肠道病毒 71（enterovirus 71）和流感病毒的复制有抑制作用，并申请了专利。Shih 等（2003）再次证实了从钝顶螺旋藻中提取的别藻蓝蛋白存在抗肠道病毒 71 的活性。别藻蓝蛋白对体外培养的人横纹肌肉瘤细胞（human rhabdomyosarcoma cell）和非洲绿猴肾细胞的肠道病毒 71 的半数有效抑制浓度为（0.045±0.012）mmol/L，而且在细胞受感染前用别藻蓝蛋白处理的抗病毒效果比感染后处理的效果更好。PC 可延迟感染细胞中病毒 RNA 的合成，并有中和肠道病毒 71 诱导的人横纹肌肉瘤和非洲绿猴肾细胞模型的细胞病变（凋亡）作用（Mysliwa-Kurdziel 和 Solymosi，2017）。

在病毒悬浮液检测中，一种螺旋藻（*Arthrospira fusiformis*）冷水提取物、热水提取物和磷酸盐缓冲液提取物以剂量依赖性方式分别抑制 54.9%、64.6%和 99.8%的病毒感染性。通过在病毒感染周期的不同时间分别添加蓝藻提取物来确定抗病毒作用的模式。螺旋藻的提取物在宿主细胞病毒感染之前和期间明显抑制了疱疹病毒的繁殖（Sharaf 等，2013）。另一项研究表明来自美国和埃及的 *Arthrospira fusiformis* 均以剂量依赖的方式抑制 90%以上的病毒感染性。*Arthrospira fusiformis* 可用于复发性疱疹感染（Sharaf 等，2013；2010）。

### 8.2.5.2 抗细菌/真菌

C-PC 能够抑制假单胞菌（*Pseudomonas fragi*）、大肠杆菌（*Escthercia coli*）、普通假单胞菌（*Pseudomonas vulgarius*）、枯草芽孢杆菌（*Bacillus subtilis*）、产酸克雷伯菌（*Klebsiella oxytoca*）和化

脓链球菌(*Streptococcus pyogene*)的生长(Vaishali 等,2019)。在防止细菌感染,如肠炎、脓疱病、丹毒和皮肤病等疾病中具有重要的应用潜力。

# 8.3 藻胆蛋白在干预疾病表型中的作用

## 8.3.1 藻胆蛋白与肺和气管疾病

肺与气管疾病往往与氧化应激有关。导致肺病患者氧化应激的主要因素有以下两个。一个是烟、环境污染物和化学物质等外部因素。这些化合物含有大量自由基,可直接刺激呼吸道和肺部,造成细胞和器官损伤。另一个是内部因素,中性粒细胞在肺微循环中可以被激活,导致大量 ROS 的释放,ROS 可以激活 NK-κB 的信号通路,加剧炎症反应,并引起细胞和组织损伤(Villegas 等,2014)。

藻胆蛋白(PBPs)可抑制脂质过氧化反应,包括提高 SOD 活性、降低丙二醛(MDA)含量、减轻肺细胞和组织的损伤,还能降低肺组织中转化生长因子(TGF)-β1 的表达。抑制肺组织 NF-κB p65 和 TNF-α 的产生。藻胆蛋白还能缓解肺纤维化,其中藻蓝蛋白(PC)对肺纤维化的保护作用涉及保护肺泡Ⅰ型上皮细胞、抑制成纤维细胞增殖、抑制上皮-间充质转化和氧化应激。PC 诱导的 TLR2-MyD88-NF-κB 信号通路在早期阶段的抑制对于肺纤维化的保护非常重要(Li 等,2019)。

#### 8.3.1.1 急性肺损伤

急性肺损伤(acute lung injury,ALI)是以肺弥散功能障碍为主要特征的临床危重急症,病情易加重发展为急性呼吸窘迫综合征(acute respiratory distress syndrome),这是在重症监护病房(ICU)患者中观察到的一种严重并发症,死亡率高(图 8-1)。ALI 的特征是肺上皮细胞和内皮细胞受损,从而导致肺血管通透性增加、肺水肿加重和多形核中性粒细胞(PMNs)被隔离,进而损害呼吸功能。尽管引起 ALI 的真正机制尚不清楚,但人们普遍认为 ALI 是一种由促炎症介质介导的不受控制的炎症反应(Leung 等,2013)。

PC 被证明能够通过抗氧化和抗炎改善 ALI。Leung 等(2013)用 5 mg/kg 的脂多糖(LPS)气管内滴注建立了大鼠肺损伤模型,LPS 滴注 6 h 后,取肺组织行苏木精-伊红(HE)染色(200×),发现 LPS 滴注引起肺组织病理学改变,表现为肺水肿、肺泡壁增厚、中性粒细胞向肺间质和肺泡腔内输注,50 mg/kg PC 腹腔注射后这些异常特征得到改善(图 8-2)。Sun 等(2011)用 50 mg/kg 的百草枯(PQ)灌胃建立大鼠急性肺损伤模型,腹腔注射 50 mg/kg PC 后,用 HE 染色评价组织学改变,在光镜(图 8-3)和电镜(图 8-4)下观察肺的结构。发现对照组肺结构正常,未见细胞浸润、肺泡塌陷或胶原沉积。PQ 诱导使肺组织有明显的血管充血、出血、炎症细胞浸润等改变,表现为弥漫性肺泡塌陷,壁厚增加。PC 治疗后上述改变明显减轻,尤其是炎症、出血和胶原纤维堆积的数量明显减少。与 PQ 组相比,PQ+PC 组的血管充血和肺泡塌陷不明显。Leung 等(2013)进一步分析了 PC 干预对形成肺泡/毛细血管屏障的两种细胞——微血管内皮细胞和肺泡上皮细胞的影响,发现 PC 显著抑制 LPS 诱导的凋亡蛋白 caspase-3 和 Bax 的表达,上调抗凋亡蛋白 Bcl-2 和 Bcl-XL 的表达,说明 PC 具有抑制肺泡和毛细血管屏障细胞的凋亡,进而维持肺泡/毛细血管屏障的完整性的作用(图 8-5)。

PC 能够通过抑制氧化应激来减轻肺损伤。Leung 等(2013)检测了大鼠肺组织中活性氧自由基 $NO_x$、$O_2^-$ 的生成,LPS 滴注后这些活性氧自由基显著增加,PC 治疗后显著减少。孙英新等(2011)测定了 PC 和 PQ 干预后大鼠血浆和支气管肺泡灌洗液(bronchoalveolar lavage fluid,BALF)中抗氧化酶 GSH-Px、SOD 活性及脂质过氧化指标丙二醛(MDA)含量,发现 PQ 诱导增加了大鼠血浆和 BALF 中 MDA 含量,降低了抗氧化酶 GSH-Px、SOD 活性。PQ+PC 治疗组中 MDA 浓度较 PQ 组低,而抗氧化酶 GSH-Px、SOD 活性较 PQ 组高,说明急性肺损伤大鼠体内活性氧增多、脂质过氧化加重,而 PC 能降低活性氧水平,减轻脂质过氧化,从而发挥缓解 ALI 的效果。

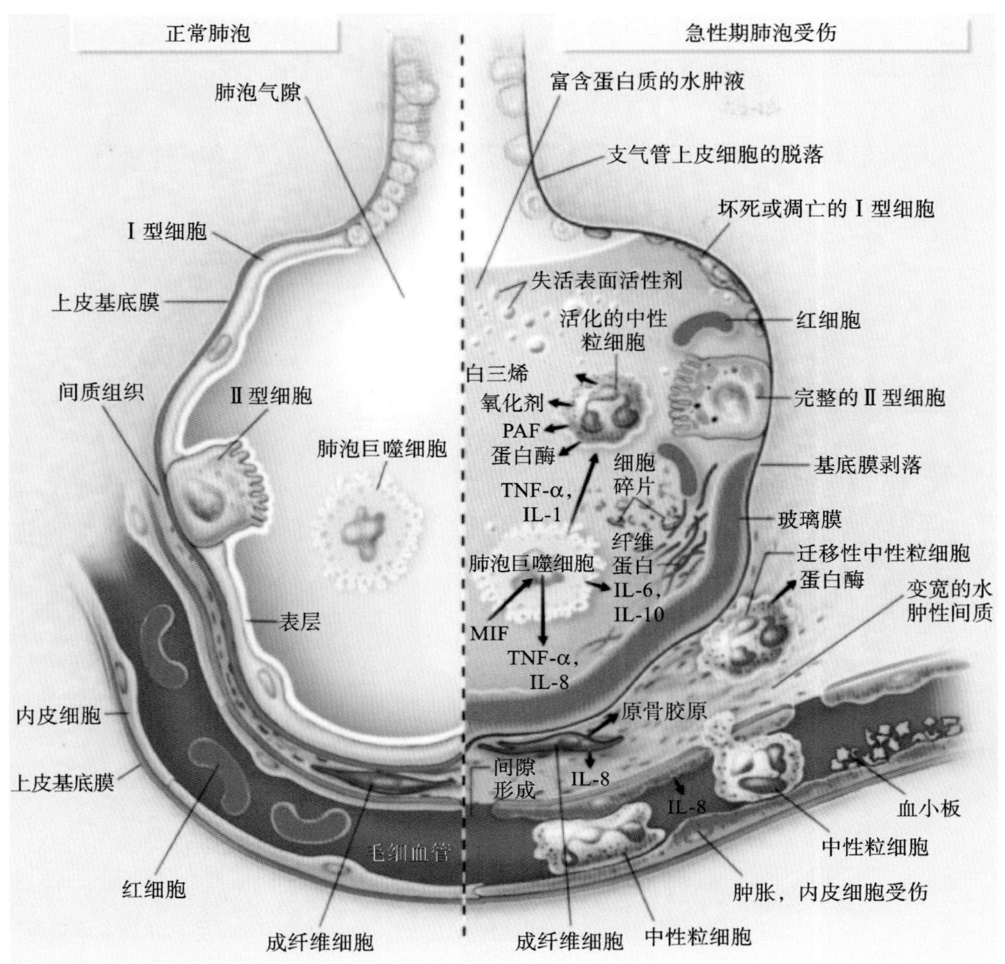


**图 8-1 ALI 急性期和急性呼吸窘迫综合征的正常肺泡（左侧）和受伤的肺泡（Johnson 和 Matthay，2010）**

在该综合征的急性期（右侧），支气管和肺泡上皮细胞均有脱落，在裸露的基底膜上形成富含蛋白质的透明膜。中性粒细胞黏附在受损的毛细血管内皮上，并通过间质边缘进入空气空间，该空间充满了富含蛋白质的水肿液。在空气空间中，肺泡巨噬细胞正在分泌细胞因子，如白介素（IL）-1、IL-6、IL-8、IL-10 和肿瘤坏死因子（TNF）-α，它们在局部起到刺激趋化并激活中性粒细胞的作用。IL-1 也可以刺激成纤维细胞产生细胞外基质。中性粒细胞可以释放氧化剂、蛋白酶、白三烯和其他促炎症分子，如血小板激活因子（PAF）。肺泡环境中也存在多种抗炎症介质，包括 IL-1 受体拮抗剂、可溶性 TNF 受体、针对 IL-8 的自身抗体以及诸如 IL-10 和 IL-11 等细胞因子（未显示）。富含蛋白质的水肿液流入肺泡导致表面活性剂失活。ALI 为急性肺损伤；MIF 为巨噬细胞抑制因子

PC 能降低 ALI 大鼠体内的炎症反应。ALI 是一种以血管通透性增高为临床特征的炎症综合征。NF-κB 是一种真核细胞转录因子，它促进和调节一些炎症介质（TNF-α、IL-8、iNOS、COX-2 等）的基因转录。在非刺激细胞中，由于与一种被称为 IκB 的抑制蛋白结合，NF-κB 二聚体以非活性形式存在于细胞质中。许多炎症条件，包括细菌和病毒感染，可以迅速激活 NF-κB 信号通路。NF-κB 的活化是由 IκB 的磷酸化、泛素化和降解引起的。然后，NF-κB 二聚体转移到细胞核，在那里它们刺激参与炎症反应的数百个基因的转录。Leung 等（2013）发现与对照组相比，注射 LPS 的大鼠 BALF 中促炎症细胞因子（包括 TNF-α、IL-1β、IL-6 和人中性粒细胞趋化因子（CINC）-3）的水平显著升高。与单纯注射 LPS 组相比，PC 治疗后 LPS 诱导的这些增强的炎症介质均显著减弱。与 LPS 组相比，PC 对 LPS 诱导的 NF-κB 激活有明显的抑制作用，这种抑制作用是通过核内 NF-κB 的转运和核内 NF-κB p65 的磷酸化表达而实现的。孙英新等（2011）观察到 PQ 诱导的大鼠肺组织中 TNF-α 和 NF-κB p65 的含量均明显升高，PC 组大鼠肺组织中 TNF-α 和 NF-κB p65 的含量均低于染毒组，说明 PC 能通过抑制 NF-κB 通路，减轻 ALI 大鼠中的炎症反应，从而缓解 ALI 症状。

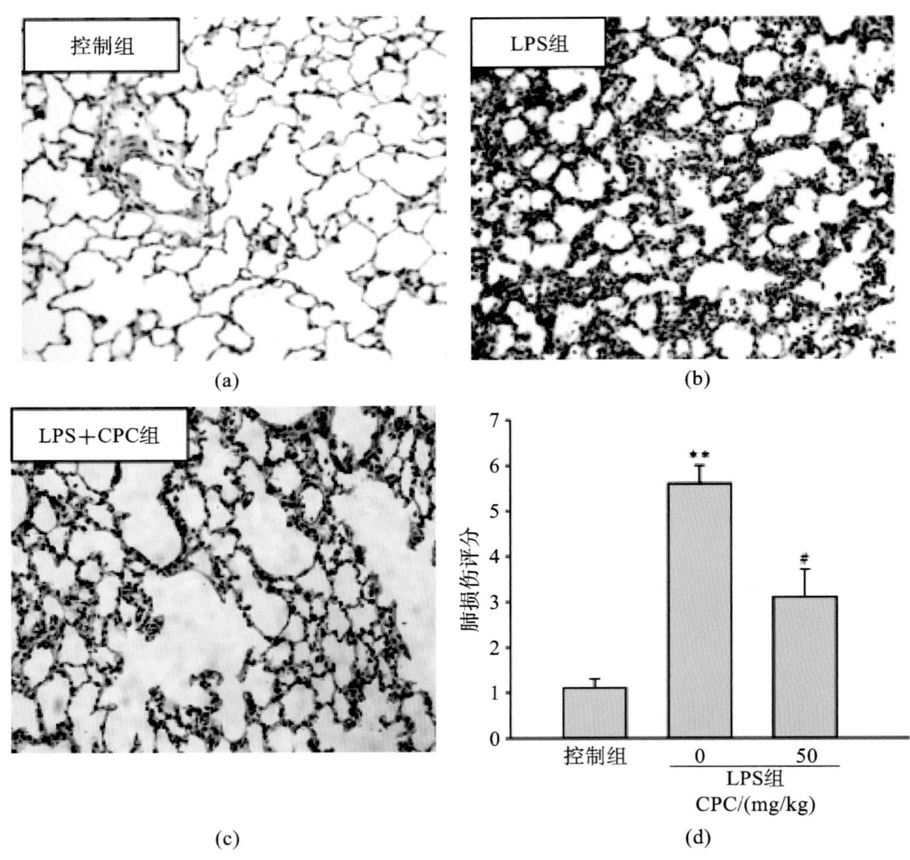


(a) (b) (c) (d)

**图 8-2　PC 对 LPS 诱导的肺组织病理学改变的影响(Leung 等,2013)**

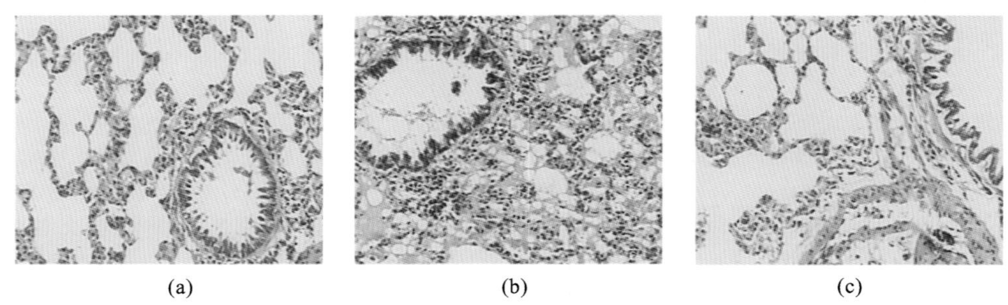

(a) (b) (c)

**图 8-3　光镜下肺组织病理学观察(Sun 等,2011)**

(a)对照组;(b)PQ 组;(c)PQ+PC 组。治疗后 72 h 处死大鼠,左肺石蜡包埋,HE 染色

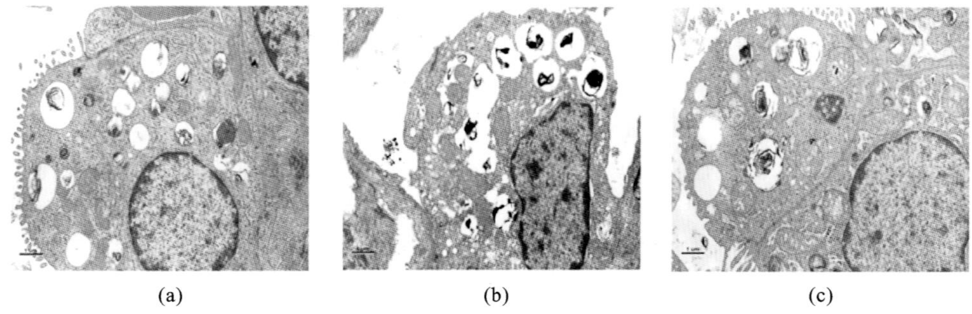

(a) (b) (c)

**图 8-4　电镜下大鼠肺超微结构的变化(Sun 等,2011)**

(a)对照组大鼠肺超微结构正常;(b)PQ 组大鼠肺超微结构损伤严重;(c)PQ+PC 组大鼠肺超微结构损伤程度明显减轻

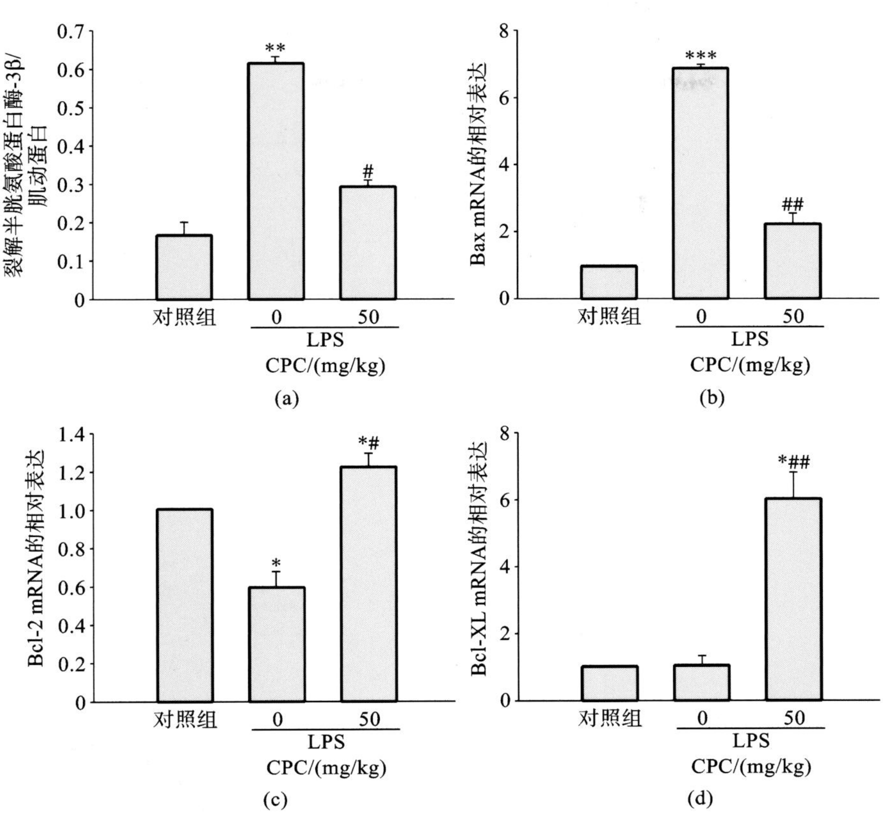


**图 8-5　PC 对 LPS 诱导的大鼠肺细胞凋亡相关蛋白表达的影响(Leung 等,2013)**

#### 8.3.1.2　肺纤维化

特发性肺纤维化(idiopathic pulmonary fibrosis,IPF)是一种罕见的、原因不明的、进行性的、不可逆转的慢性间质性肺病,患者中位生存期为 2～3 年。其特征是胸膜下纤维化、上皮下成纤维细胞病灶和显微镜下的蜂窝状改变(Wolters 等,2018)。人们普遍认为,IPF 通常是由长期的病因刺激、异常的上皮修复和细胞外基质沉积紊乱引起的(图 8-6)。患者最终死于肺功能丧失和呼吸衰竭(Raghu 等,2011)。近年来,肺纤维化的发病率呈上升趋势,临床上尚无有效的治疗方法。笔者所在课题组对 PC 缓解肺纤维化的效果做了大量的研究,证明 PC 具有作为缓解肺纤维化药物的潜力。

藻蓝蛋白能够缓解多种因素造成的肺纤维化。Sun 等(2012)利用 50 mg/kg PQ 灌胃诱导的大鼠急性中毒肺纤维化模型,经 Masson 染色发现第 14 天以后可见支气管管壁与肺泡间隔呈纤维性增厚,部分区域胶原纤维不规则排列,第 21 天及第 28 天时大鼠肺间质支气管管壁和肺泡间隔胶原染色中胶原纤维明显增多,小血管壁及其周围胶原分布较多,支气管周围胶原增生并向肺间质延伸并在间质沉积。PC 组大鼠肺间质中支气管管壁、血管壁和肺泡间隔的胶原染色较 PQ 组明显减少(图 8-7、图 8-8)。李成城等(2017)通过气管内滴注 5 mg/kg 博来霉素(BLM)建立了小鼠肺纤维化模型,发现模型组 HE 染色有明显的炎症细胞浸润、肺泡结构紊乱、肺泡间隔增宽、肺组织出血等炎症表现。BLM＋PC 组与 BLM 组相比,上述变化均有所缓解。而且,低剂量(50 mg/kg)、中剂量(100 mg/kg)、高剂量(200 mg/kg)三种剂量 PC 治疗组病理切片 HE 及 Masson 染色显示,低剂量 PC 治疗效果最好。此外,PC 还降低了纤维化相关蛋白波形蛋白、表面活性剂相关蛋白 C(sp-c)、成纤维细胞特异性蛋白(s100A4)和 α-平滑肌肌动蛋白(alpha-SMA)的水平,说明 PC 具有缓解肺纤维化的作用(图 8-9、图 8-10)。

PC 可以降低肺纤维化大鼠体内的氧化应激水平。在除草剂 PQ 诱导的肺纤维化大鼠模型中,50 mg/kg 的 PC 可抑制 PQ 诱导的脂质过氧化反应,包括提高 SOD 活性和降低丙二醛及羟脯氨酸含量

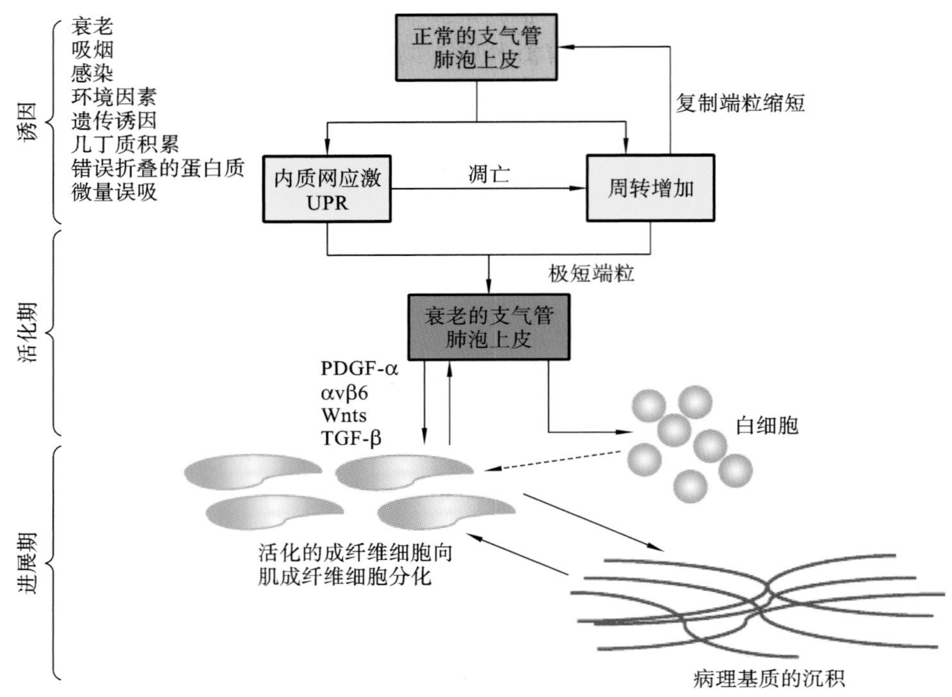


**图 8-6　特发性肺纤维化发病机制的三阶段描述(Wolters 等,2018)**

在易感阶段,在遗传易感个体中,环境中的反复刺激导致肺泡Ⅱ型细胞周转增加,内质网应激介导的 UPR 激活,细胞凋亡,以及进行性端粒磨损。在活化期,终生损伤的积累导致肺上皮细胞的病理改变,如衰老重编程,肺泡上皮细胞释放促纤维化介质(如 TGF-β、IL 和 PDGF-β)。这些介质直接或间接地通过白细胞激活成纤维细胞沉积病理基质。在进展阶段,病理基质促进成纤维细胞向肌成纤维细胞的额外分化,肌成纤维细胞沉积更多的基质,并在肺重建的前馈循环中进一步激活成纤维细胞。ER 为内质网;UPR 为未折叠蛋白质反应;PDGF 为血小板衍生生长因子;TGF 为转化生长因子

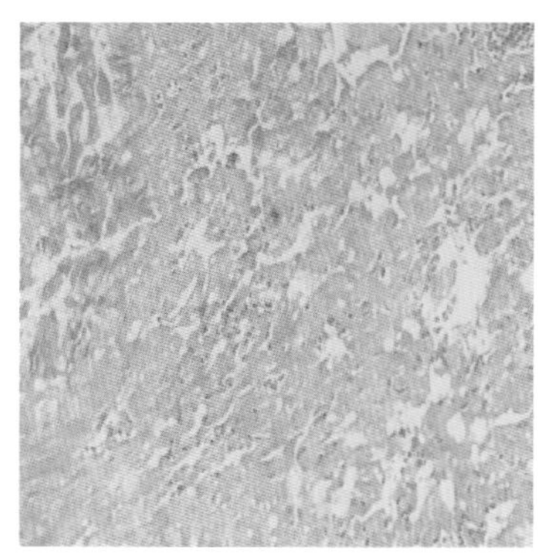

**图 8-7　PQ 组第 28 天 Masson 染色**

可见肺泡萎陷,胶原沉积,较多纤维细胞(蓝色为纤维组织)

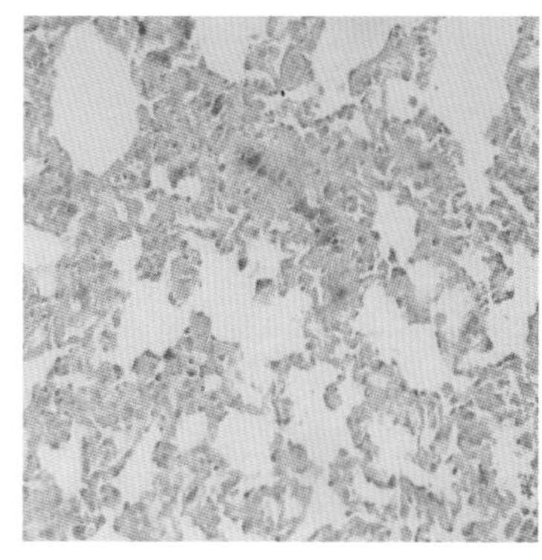

**图 8-8　PC 组第 28 天 Masson 染色**

可见少量肺泡萎陷,胶原沉积,纤维细胞较少,周围较多正常肺组织

(Sun 等,2012)。在博来霉素诱导的肺纤维化小鼠模型中,PC 能够降低髓过氧化物酶(MPO)的水平,说明 PC 能够降低肺纤维化模型中氧化应激的水平,从而缓解纤维化(Li 等,2017)。

PC 还能降低肺纤维化大鼠体内的炎症水平。在除草剂 PQ 诱导的肺纤维化大鼠模型中,PC 降低了肺组织中 TGF-β1 的表达,使肺组织中 NF-κB p65 和 TNF-α 的产生受到抑制,减轻了肺部炎症物质对肺细胞和组织的损伤(Sun 等,2012)。李成城等(2017)发现 PC 能显著降低博来霉素诱导的肺纤维化小鼠早期 IL-6、TNF 的水平,且 TLR2-MyD88-NF-κB 通路在 PC 缓解肺纤维化过程中起重要作用。

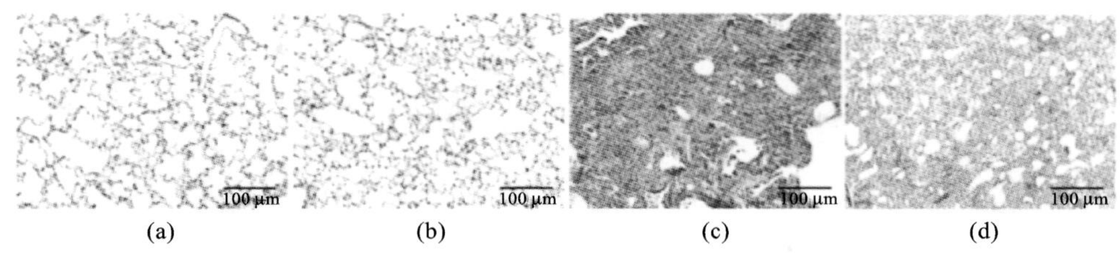


**图 8-9　BLM 滴注 28 天后各组小鼠肺组织病理变化**

(a)第 28 天对照组；(b)第 28 天 PC 组；(c)第 28 天 BLM 组；(d)第 28 天 BLM+PC 组

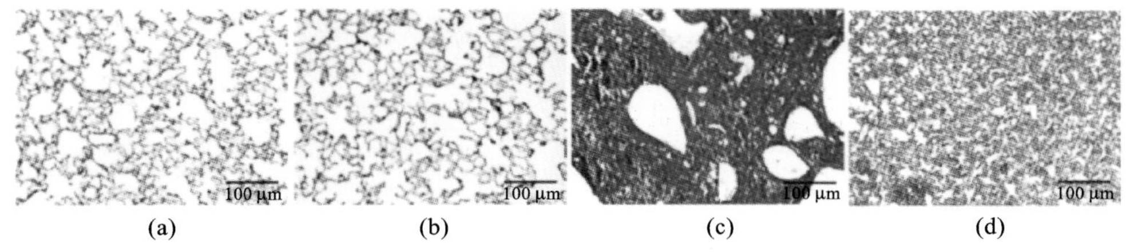


**图 8-10　BLM 滴注 28 天后各组小鼠肺组织 Masson 染色**

(a)第 28 天对照组；(b)第 28 天 PC 组；(c)第 28 天 BLM 组；(d)第 28 天 BLM+PC 组

PC 缓解肺纤维化还可能与肠道微生物相关。临床上观察到慢性肺部疾病常与慢性胃肠道疾病一起发生。肠道微生物影响肺部疾病可能是通过免疫系统进行的。肠道微生物及其代谢产物能够影响循环系统中的淋巴细胞，维持免疫系统的动态平衡。

当肠道微生物发生紊乱后，这种紊乱会极大地改变免疫系统，导致肠道和肺部疾病的发生(Budden 等，2017)。Xie 等(2019)探究了 PC 缓解肺纤维化过程中肠道菌群的变化，结果显示博来霉素诱导的肺纤维化小鼠中，肠道中 Muribaculaceae、Lachnospiraceae、Lactobacillaceae、Ruminococcaceae、Rikenellaceae 和 Akkermansiaceae 等菌科的有益菌相对丰度显著减小，Erysipelotrichaceae、Helicobacteraceae 和 Staphylococcaceae 等菌科的条件致病菌的相对丰度显著增大，而 50 mg/kg 的 PC 干预后逆转了这种变化(图 8-11)。

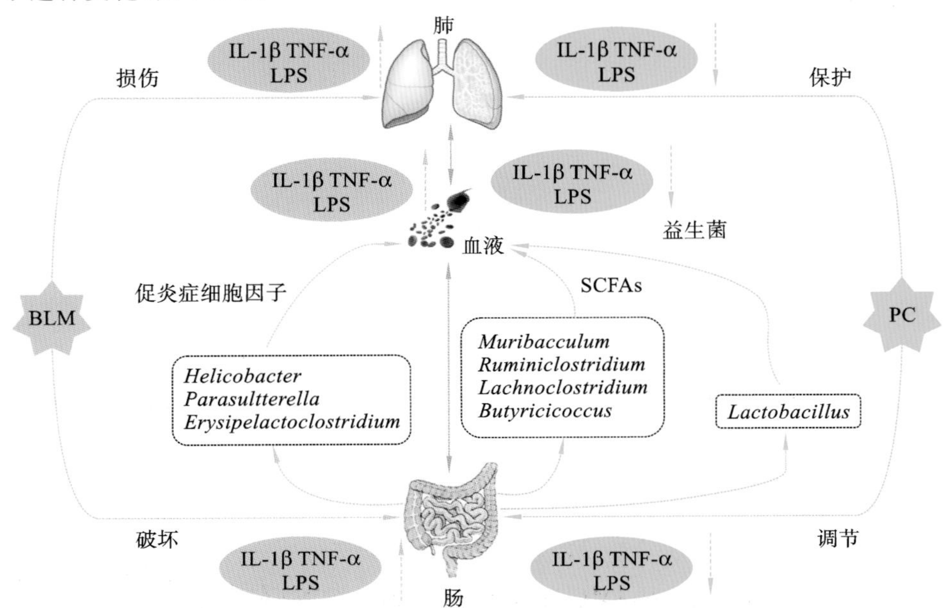


**图 8-11　PC 在博来霉素引起的肺纤维化中的作用(Xie 等，2019)**

BLM 为博来霉素；*Helicobacter* 为缠绕杆菌属；*Parasultterella* 为毛螺旋菌属；*Erysipelactoclostridium* 为红细胞梭状芽孢杆菌属；*Muribacculum* 为 Muri 菌属；*Ruminiclostridium* 为紫红色梭状芽孢杆菌属；*Lachnoclostridium* 为拉氏梭状芽孢杆菌属；*Butyricicoccus* 为丁基杆菌属；*Lactobacillus* 为乳杆菌属

### 8.3.1.3 过敏性气道炎症

变态反应性气道炎症(allergic airway inflammation)又称为过敏性气道炎症,是上呼吸道和下呼吸道过敏性疾病的关键特征,如过敏性鼻炎和哮喘。其主要表现为杯状细胞增生、黏液高分泌、上皮屏障功能丧失、气道浸润、基底膜增厚、气道平滑肌增生等结构改变。这些炎性特征通常在生命早期就已经很明显,并可能伴随着生命早期发生的结构变化(重塑)(Hamelmann,2018)。气道高反应性(AHR)和炎症是过敏性气道炎症的特征,主要由呼吸道中的局部免疫和构成细胞来调控。这些细胞产生的细胞因子通过聚集和激活一系列炎症细胞和因子来控制这一过程,从而改变炎症反应,并可能决定疾病的严重程度(Daliri 等,2016)(图 8-12)。

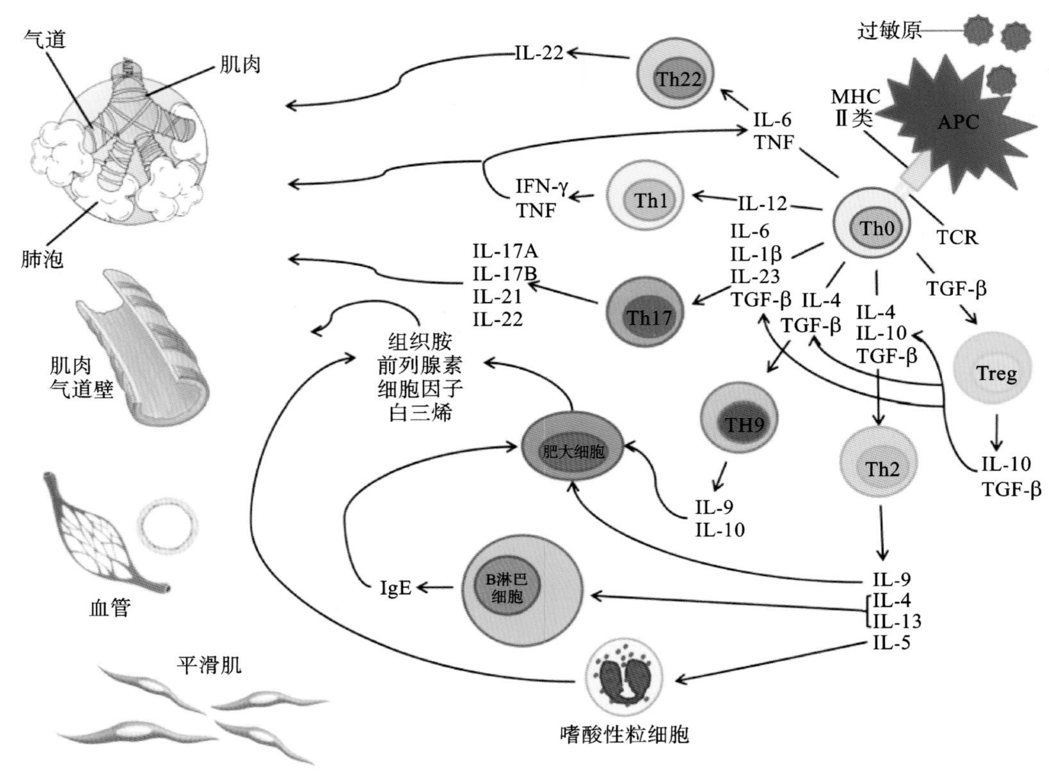


**图 8-12 过敏性气道炎症的机制(Daliri 等,2016)**

抗原提呈细胞(APC)暴露于变应原会导致 Th 细胞的特异性激活,并产生主要的过敏性致敏剂 IgE。根据抗原提呈时特定细胞因子的存在,初始 Th(Th0)细胞分化为各种 $CD4^+$ 效应 T 淋巴细胞亚型,并分泌各种细胞因子,介导和激活炎症的级联反应。不久之后,IgE 致敏的肥大细胞释放半胱氨酰白三烯和细胞因子,这将增加血管通透性,收缩平滑肌,并聚集其他导致迟发性过敏反应的细胞(Th2 细胞和嗜酸性粒细胞增加)。这将导致包括 IL-5 和 IL-13 在内的促炎症细胞因子的分泌,以及碱性蛋白(嗜酸性粒细胞过氧化物酶、阳离子蛋白和白三烯)的分泌。虽然炎症的协调被认为主要是由 Th2 细胞引起的,但最近的证据证实了包括 Th9、Th17 和 Th22 在内的其他 Th 细胞在这一过程中的作用。MHC 为主要组织相容性复合体;TCR 为 T 淋巴细胞受体;IFN-γ 为干扰素 γ;TNF 为肿瘤坏死因子

Chang 等(2011)采用卵清蛋白(OVA)诱导的气道炎症模型评价了 R-藻蓝蛋白(R-PC)对过敏性气道炎症的治疗作用。发现与 OVA 诱导组相比,R-PC 干预组小鼠的单核细胞数、中性粒细胞数和淋巴细胞数减少,嗜酸性粒细胞数显著减少,肺泡灌洗液中 IL-4、IL-5、IL-10、IL-13 等细胞因子和嗜酸性粒细胞趋化因子水平显著降低。在组织病理学分析中,OVA 致敏小鼠的气道周围有炎症细胞浸润。然而,OVA 联合 R-PC 治疗的小鼠炎症细胞浸润较少,说明 R-PC 治疗能够阻止暴露在变应原下的过敏性气道炎症。

R-PC 对过敏性气道炎症的缓解作用主要与其免疫调节作用有关。Chang 等(2011)研究表明,R-PC 诱导了小鼠骨髓基质细胞表型成熟和 Th1 细胞因子的产生。用 R-PC 处理小鼠骨髓来源的树突状

细胞(BMDCs)后，小鼠 BMDCs 细胞膜上 CD40、CD80、CD86、CD205 和主要组织相容性复合体(MHC)Ⅱ类分子略有增加，IL-12 p70 的产生增加，BMDCs 捕获右旋糖酐-异硫氰酸荧光素(FITC)的能力丧失。这说明 R-PC 可能刺激处于激活和成熟状态的小鼠 BMDCs，并能上调 BMDCs 细胞表面的共刺激标志，降低其对右旋糖酐-FITC 的摄取能力，增强对 IL-12 p70 产生的刺激作用，这表明 R-PC 可能通过诱导 BMDCs 产生 IL-12 p70 而触发 Th1 细胞极化。对 R-PC 处理的 BMDCs 在 MLR 中激活 T 淋巴细胞的效率进行检测表明，R-PC 处理的 BMDCs 刺激的 CD41 T 淋巴细胞的增殖水平高于与未处理的 BMDCs 共培养时的 T 淋巴细胞增殖水平。此外，R-PC 处理的 BMDCs 可增加培养上清液中 IFN-γ 的产量，说明 R-PC 具有诱导 T 淋巴细胞增殖和促进 IFN-γ 合成的能力。与 OVA 免疫小鼠相比，R-PC 干预组中 IL-4、IL-5、IL-10 和 IL-13 细胞因子水平显著降低，而 IFN-γ 的产生明显增加，此外，R-PC 可能抑制 OVA 特异性 IgG1 和 IgE，增高 IgG2a 水平，表明 R-PC 对 Th2 细胞应答有特异性的抑制作用。这些结果表明，R-PC 改变了 OVA 免疫小鼠中 Th1/Th2 细胞免疫应答的平衡，使其从 Th2 细胞显性变为 Th1 细胞显性。此外，R-PC 还诱导了小鼠骨髓基质细胞 IKKα/β、IκBα 和 NF-κB 磷酸化，通过 TLR4 诱导 IL-12 p70 合成，说明 R-PC 介导的细胞因子产生的调节潜在地依赖其对 NF-κB 活化的影响。以上结果表明 R-PC 可能通过调节气道 DCs 的免疫功能，促进 Th2 细胞介导的气道炎症的减轻，改善气道功能(图 8-13)。

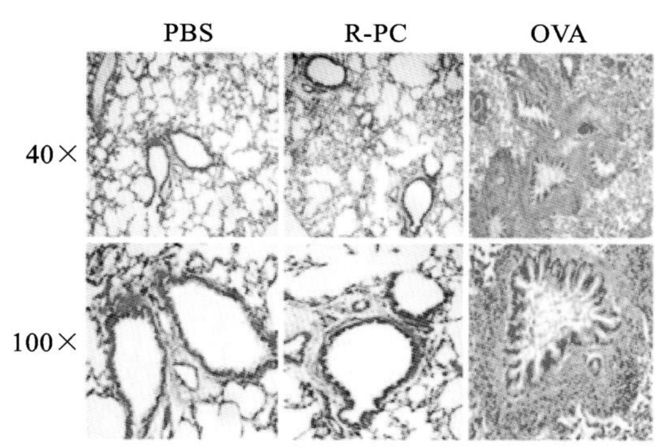


**图 8-13　PC 对卵清蛋白(OVA)免疫小鼠气道炎症的免疫调节作用的 HE 染色**

#### 8.3.1.4　慢性阻塞性肺疾病

慢性阻塞性肺疾病(chronic obstructive pulmonary disease，COPD)，简称为慢阻肺，是一种以持续性的气流受限为特征的阻塞性肺疾病。其主要症状为呼吸短促、咳嗽和咳痰。COPD 是一种进行性疾病，也就是说病情会随时间逐渐恶化，最后连走路、着衣等日常活动都难以进行。过去医学界将 COPD 分为慢性支气管炎(chronic bronchitis)和肺气肿(emphysema)两种类型。COPD 的氧化应激过程见图 8-14。

烟草烟雾中的尼古丁、可溶性半稳定醛和酮是吸烟人群血管疾病、癌症和 COPD 风险升高的关键介质。尼古丁通过刺激交感神经，增加了患血管疾病和癌症的风险。耐受性良好的卡维地洛能抑制 β1、β2 和 α 肾上腺素能受体，其对交感神经活动的全面抑制可能对吸烟者和其他尼古丁成瘾者有保护作用。烟草烟雾中的可溶性半稳定醛和酮似乎通过激活血管组织和肺部的 NADPH 氧化酶复合物而发挥不良作用。调查发现，COPD 的发病率与血液中胆红素的水平呈负相关。在啮齿类动物研究和人类细胞培养中，藻蓝胆素(phycocyanobilin，PCB)显示出能够安全地模拟细胞内胆红素作为 NADPH 氧化酶活性抑制剂的生理作用。因此，它有可能减轻烟草烟雾中醛和酮的促氧化作用，从而减轻 COPD 的影响(Mccarty 等，2015)(图 8-15)。

巨噬细胞 A 类清道夫受体(SR-A)在 COPD 炎症中发挥着重要作用。SR-A 参与革兰阴性菌脂多糖(LPS)诱导的 NF-κB 的激活，介导 COPD 气道的炎症。COPD 的发生可能与 *sra* 基因突变有关联，*sra* 编码区 P275A 位点的单核苷酸多态性在吸烟的患者中更易发展成 COPD，*arg293x* 基因型突变截

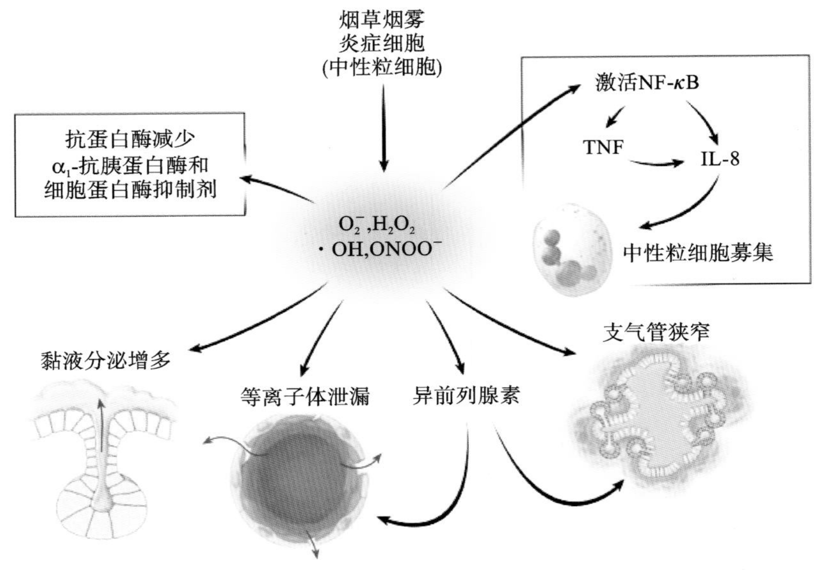


**图 8-14 慢性阻塞性肺疾病中的氧化应激(Barnes,2000)**

烟草烟雾或炎症细胞中的活性氧具有多种损伤作用,包括降低蛋白酶防御功能;激活 NF-κB,导致细胞因子 IL-8 和 TNF 的分泌增加;异前列腺素的产生增加;以及对气道功能的直接影响。$O_2^-$ 为超氧阴离子;$H_2O_2$ 为过氧化氢;·OH 为羟基自由基;$ONOO^-$ 为过氧硝酸盐

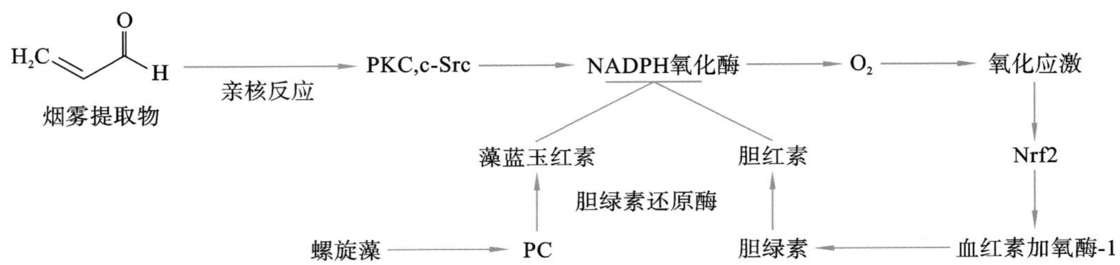


**图 8-15 烟草烟雾中的半稳定化合物通过 NADPH 氧化酶的激活诱导全身氧化应激及螺旋藻中的 PC 模拟胆红素作为 NADPH 氧化酶的反馈抑制物的生理作用(Mccarty 等,2015)**

断 SR-A 胶原蛋白区,降低 SR-A 识别和清除 COPD 常见病原菌和微小吸入颗粒的功能,导致 COPD 发生的风险增高(周敏,2015)。对高危吸烟者巨噬细胞 A 类清道夫受体 1(MSR1)基因多态性的评估结果表明,MSR1 是 COPD 发病的重要原因(Ohar 等,2010)。

Wan 等(2017)实验表明,SR-A 对 PC 有亲和力,参与了巨噬细胞对 PC 的摄取,推测 PC 能够缓解 COPD 的原因与 SR-A 有关。

## 8.3.2 藻蓝蛋白与肝损伤

我国肝病形势非常严峻,据最近的一项统计,中国超过 20%的人有肝病史(Xiao 等,2019)。在造成肝脏损伤的原因中,氧化应激是常见的一个因素。氧化应激可能诱发肝病的发展,如脂肪肝、病毒性肝炎和肝纤维化。临床上,可以观察到肝病患者体内存在氧化和抗氧化失衡的现象,如慢性肝硬化和肝炎患者超氧化物歧化酶(SOD)、谷胱甘肽过氧化物酶(GSH-Px)活性明显低于健康对照组。对不同类型肝病患者进行检测,发现血清 SOD 水平明显下降。氧化损伤与肝纤维化的病理损伤密切相关。在肝星状细胞(hepatic stellate cell,HSC)中,凋亡小体的吞噬增加了细胞内氧自由基的产生,促进了肝纤维化的发生(Zhu 等,2012)。因此,如果可以减轻氧化应激,则可以保护肝脏免受损害。

PC 具有抗氧化应激的作用,是治疗肝病的潜在的药物。近些年来,很多实验报道了 PC 的体内外保肝效果。

8.3.2.1 非酒精性脂肪性肝病

非酒精性脂肪性肝病(non-alcoholic fatty liver disease,NAFLD)是指排除酒精和其他明确的损肝因素所致的以肝细胞内脂肪过度沉积为主要特征的临床病理综合征,是与胰岛素抵抗和遗传易感性密切相关的获得性代谢应激性肝损伤,包括单纯性脂肪肝(SFL)、非酒精性脂肪性肝炎(NASH)及相关肝硬化。其特点是肝细胞内脂肪堆积,过量ROS的产生会增强脂质过氧化,从而导致肝脏中其他有害的活性代谢物生成,如4-羟基壬烯酸(4-HNE)和MDA。当肝脏ROS生成增加时,肝脏脂质过氧化水平升高,血浆抗氧化能力下降(Ucar等,2013)。从SFL到NASH,肝细胞的溶解性逐渐增大,出现气球样变性、Mallory小体和小叶炎症。尽管SFL大多是良性的,但20%~30%的患者会发展成NASH,并最终发展为肝硬化(Ucar等,2013)(图8-16)。

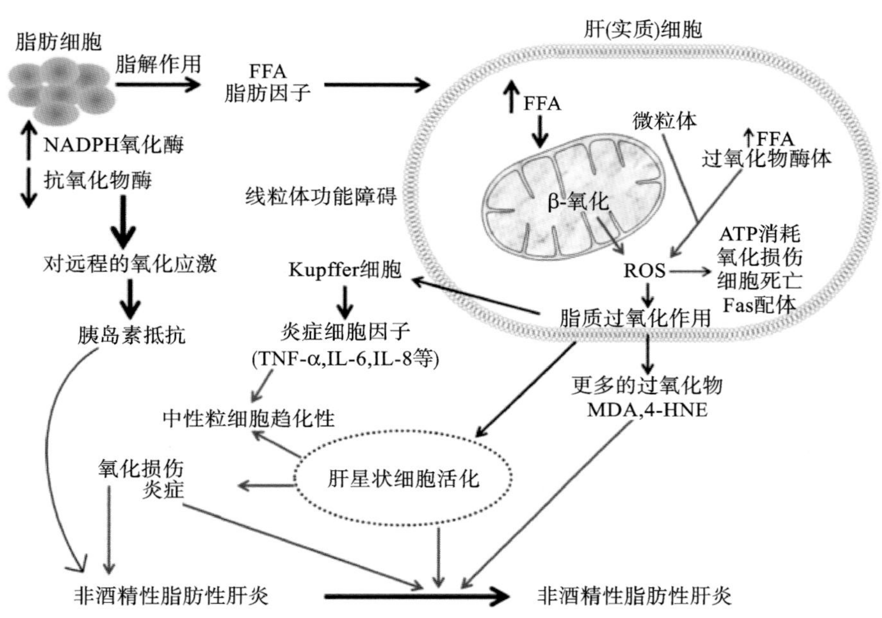


**图8-16 NAFLD发病机制中氧化应激的基本机制模型及进展(Ucar等,2013)**

MDA为丙二醛;4-HNE为4-羟基壬烯酸

NAFLD与肥胖、糖尿病和代谢综合征高度相关,防治肥胖等代谢性疾病对预防NAFLD有益(Ahmed等,2015)。运动及合理饮食都能使NAFLD患者的组织学改善,噻唑烷二酮类(TZDs)是选择性过氧化物酶体增殖物激活受体γ激动剂,临床上证实了其可以改善脂肪组织、肝脏和肌肉的胰岛素敏感性,吡格列酮通过改善脂肪变性、小叶炎症和气球样变性在临床试验中显示出肝组织学上的益处。胆汁酸衍生物6-乙基鹅去氧胆酸是脂肪肝动物模型中减少肝脂肪和肝纤维化的法尼醇X受体的有效激活剂。一项多中心、双盲、安慰剂对照的随机临床试验结果表明,在接受奥贝胆酸治疗的患者中,45%的患者肝组织学得到改善。这些药物的有益作用至少部分是通过减少氧化应激来介导的(Ahmed等,2015)。

PC是一种强氧化剂,许多研究报道了PC具有缓解NAFLD的效果。Pak等(2012)用亚硝酸盐诱导NASH小鼠模型,评估口服含有PC的螺旋藻(SP,2 g/(kg·d)和6 g/(kg·d))和PC(0.4 g/(kg·d)和1.2 g/(kg·d))对该模型的影响。临床上常用血清谷丙转氨酶(ALT)和谷草转氨酶(AST)含量来推测肝损伤程度。ALT与AST主要分布在肝细胞内,一旦肝脏受损,肝细胞被破坏,肝细胞中的转氨酶便可进入血液,导致血液中ALT和AST水平升高。实验中NASH大鼠血浆AST、ALT水平明显高于对照组,对NASH大鼠给予SP或PC后,与NASH组相比,AST、ALT水平均显著降低。通过组织病理学观察发现,缺胆碱高脂饮食大鼠肝脏较正常对照大鼠明显增大。在NASH大鼠的肝中观察到严重的肝萎缩和肝硬化。SP或PC的摄入逆转了这些进程。Masson染色结果表明缺胆碱高脂饮食大鼠肝叶各区均有明显的大泡脂肪变性。在 NASH 大鼠中,脂肪变性、肝纤维化和坏死相当严重。而给予 SP 或 PC 可减轻 NASH 的状态,说明 PC 和 SP 成功地减缓了脂肪性肝炎的发展。

氧化应激在 NASH 的发病过程中起着重要的作用。在肝脏中存在可氧化脂肪的情况下,ROS 会导致线粒体 DNA 耗竭、解偶联蛋白 2 上调、呼吸链复合物活性降低和线粒体 β-氧化受损,导致线粒体功能紊乱和线粒体形态异常。ROS 引发脂质过氧化而产生多种醛类。ROS 和醛类又进一步损害线粒体功能,增加线粒体 ROS 的来源。因此,可能会出现依赖 ROS 的恶性循环。线粒体是 NASH 中 ROS 最重要的细胞内来源。在肝线粒体的 ROS 水平上,NASH 组的线粒体 ROS 水平最高。与 NASH 组相比,SP 或 PC 组肝线粒体 ROS 水平显著降低,且 NASH 组大鼠肝脂质过氧化水平明显高于对照组,而 SP 或 PC 组脂质过氧化水平较 NASH 组显著降低。在白细胞 ROS 生成方面,缺胆碱高脂饮食组大鼠(CDHF)和 NASH 组大鼠白细胞产生的氧自由基信号明显高于健康对照组。SP 或 PC 可显著抑制白细胞产生 ROS,说明 SP 或 PC 的补充可以防止 ROS 的过度产生,调节肝脏内部氧化应激状态,从而缓解 NASH(Pak 等,2012)(图 8-17、图 8-18)。

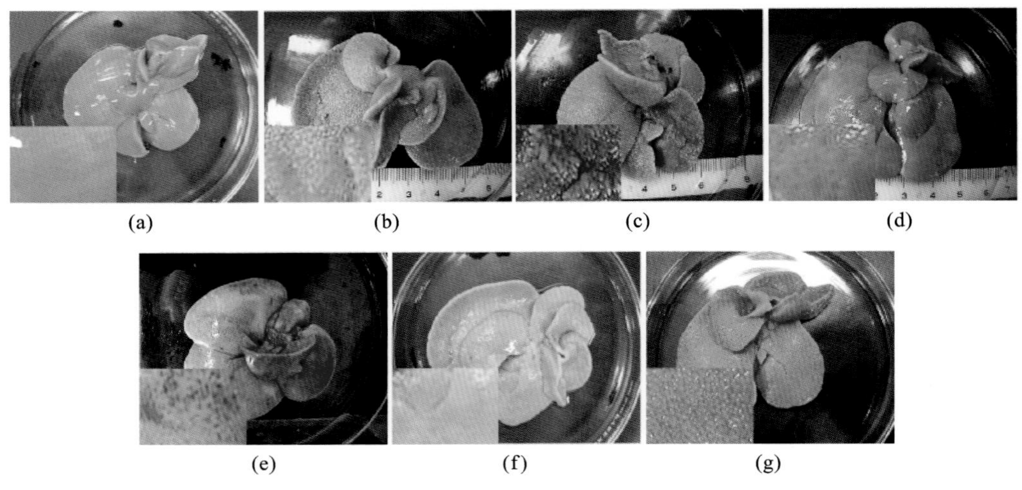

**图 8-17 实验大鼠肝脏的大体观察**

(a)对照组;(b)CDHF 组;(c)NASH 组;(d)NASH+2SP 组;(e)NASH+6SP 组;(f)NASH+0.4PC 组;(g)NASH+1.2 PC 组,标度为 500 μm

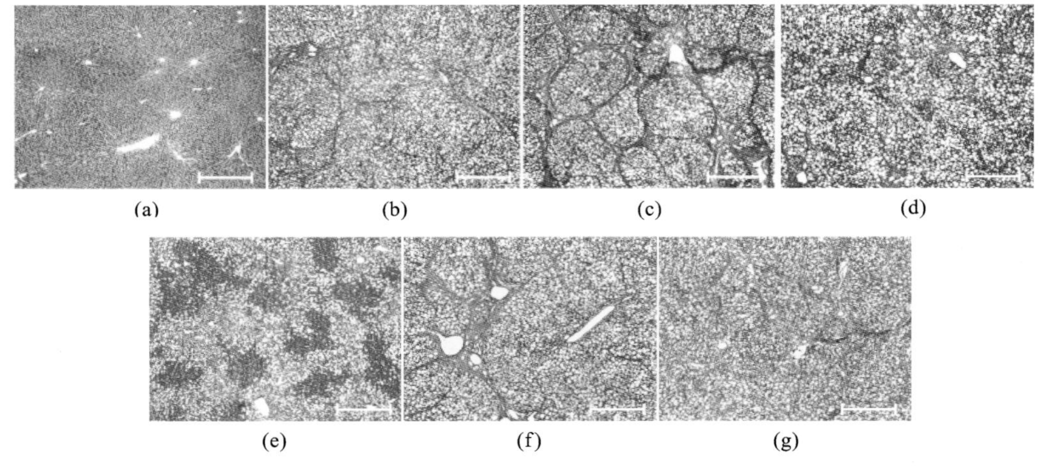

**图 8-18 实验大鼠肝脏 Masson 染色结果**

(a)对照组;(b)CDHF 组;(c)NASH 组;(d)NASH+2SP 组;(e)NASH+6SP 组;(f)NASH+0.4PC 组;(g)NASH+1.2 PC 组,标度为 500 μm

NASH 的发病过程伴随着炎症的产生。NF-κB 是一种介导氧化应激和炎症反应的转录因子，当细胞被氧化应激激活时，NF-κB 向细胞核迁移并调节炎症蛋白的转录。NASH 大鼠细胞核内 NF-κB 的输入显著增加。SP 或 PC 可显著降低 NF-κB 的活性。此外，NASH 组血浆髓过氧化物酶(MPO)活性明显高于对照组。给予 SP 和 PC 可显著降低血浆 MPO 活性，说明 SP 和 PC 可抑制 NF-κB 核转运，防止炎症反应的发生，抑制中性粒细胞的活化，从而缓解 NASH(Pak 等，2012)。

PC 还能调节肝脏的先天免疫过程。肝脏内外的先天免疫过程都与 NASH 有关。$CD4^+$ T 淋巴细胞和 $CD8^+$ T 淋巴细胞的百分率以及 $CD4^+/CD8^+$ 值可以用来估计免疫状态。Pak 等(2012)采用流式细胞术检测 NASH 大鼠外周血 $CD4^+$、$CD8^+$ 分化抗原，发现 SP 和 PC 能有效地调节免疫失衡，所以 PC 调节免疫也是 PC 缓解 NASH 的作用机制之一。

#### 8.3.2.2 酒精性肝病

长期酗酒会引发酒精性肝病(alcoholic liver disease，ALD)。长期饮酒与肝脏脂肪变性，炎症、肝硬化的发展，以及随后肝细胞癌风险的增加有关。酒精暴露在肝脏中直接或间接影响的分子途径包括氧化应激、代谢相关效应、炎症和凋亡。氧化应激的诱导和炎症级联的激活被认为是 ALD 病理生理学的关键因素。在目前公认的 ALD 模型中，慢性酒精暴露诱导氧化应激和内毒素致敏，从而激活 D14/TLR4 途径和下游信号，导致促炎症细胞因子的产生。促炎症细胞因子，特别是 TNF-α，通过导致 ALD 的内在死亡途径，引起肝细胞损伤和死亡(图 8-19)(Ambade 和 Mandrekar，2012)。

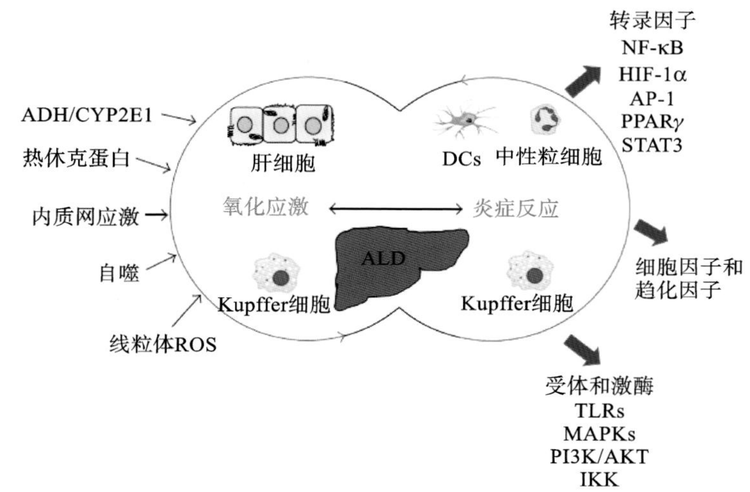


**图 8-19 氧化应激与炎症和 ALD 的相互作用机制(Ambade 和 Mandrekar，2012)**

酒精性肝损伤的发生是一个复杂的过程，肝细胞和巨噬细胞参与了肝脏氧化应激微环境的形成。除了肠源性内毒素激活巨噬细胞外，细胞应激反应有助于促炎症细胞因子的产生，在 ALD 中形成一个紧密相关的网络

目前治疗 ALD 的药物治疗选择有限，双硫仑(disulfiram)、氨基己酸酯和纳曲酮(naltrexone)虽然被 FDA 批准用于酒精依赖的治疗，但目前还没有被批准用于 ALD 患者。巴氯芬(baclofen)是美国唯一已在 ALD 患者的临床试验中正式测试的在减少酒精行为方面证明安全和有效的药物。糖皮质激素或己酮可可碱对 ALD 的治疗有效，但这些仅适用于严重的酒精性肝病。尽管已经对酒精中毒患者的 ALD 进行了各种治疗方法的研究，但完全戒酒是目前对所有 ALD 患者唯一推荐的护肝方式(Vuittonet 等，2014)。

Xia 等(2015)用 30%无水酒精灌胃雌性 KM 小鼠诱导产生酒精性脂肪肝症状，研究了 PC 对酒精性脂肪肝的预防作用，在肝酶水平上，发现 PC 可降低血清 ALT 和 AST 水平，模型组血清 ALT 和 AST 水平较对照组分别升高 113.6%和 96.72%，与模型组相比，低、中、高剂量 C-PC 组 ALT 水平分别降低 31.55%、31.90%和 36.50%，AST 水平分别降低 21.51%、22.99%和 28.00%。肝脏在脂质代谢

（包括脂质、脂蛋白、中性脂质和磷脂的吸收、分解和代谢）中起着非常重要的作用，并参与胆固醇代谢。肝脏是胆固醇（CHO）和甘油三酯（TG）的主要合成代谢器官。正常肝功能可维持脂质代谢的相对平衡。肝功能受损时，脂质代谢紊乱，脂质浓度改变。模型组 TG、总胆固醇（CHOL）、低密度脂蛋白（LDL）水平较对照组分别升高 184%、68.75%、85.71%。低、中、高剂量 C-PC 组 TG 水平分别降低 9.15%、20.42%和 32.39%，CHOL 分别降低 37.01%、35.61%和 39.03%，LDL 水平分别降低 14.70%、32.35%和 35.29%。与模型组相比，C-PC 能有效抑制上述指标的升高。400 mg/kg 剂量的 C-PC 可有效地将 ALT、AST、TG、CHOL、LDL 和总胆红素（TBIL）恢复到正常水平。组织病理学检查显示，对照组小鼠肝小叶结构清晰，肝细胞索放射状排列整齐，肝窦正常，核结构清晰。模型组小鼠肝小叶结构不清，肝细胞索紊乱，肝窦狭窄散在，肝细胞呈片状、气球状、点状坏死，同时还观察到炎症细胞浸润；此外，肝细胞混浊，胞质和胞核呈浅染色。胞质内可见弥漫性脂滴，细胞核模糊，肝细胞坏死。高剂量 C-PC 组肝细胞恢复正常，肝细胞索排列整齐，肝窦恢复正常；肝细胞肿胀、炎症细胞浸润明显减轻，点状坏死消失；中央静脉周围部分肝细胞已恢复正常，但周围肝细胞仍混浊肿胀，显示气球样变性。中等和低剂量 C-PC 组肝小叶结构清晰，肝窦恢复正常，肝细胞索呈放射状排列；此外，混浊肿胀、点状坏死的肝细胞均明显减少，炎症细胞浸润减轻。以上结果说明 C-PC 预处理 42 天对酒精诱导的肝损伤有较好的预防效果（图 8-20）。

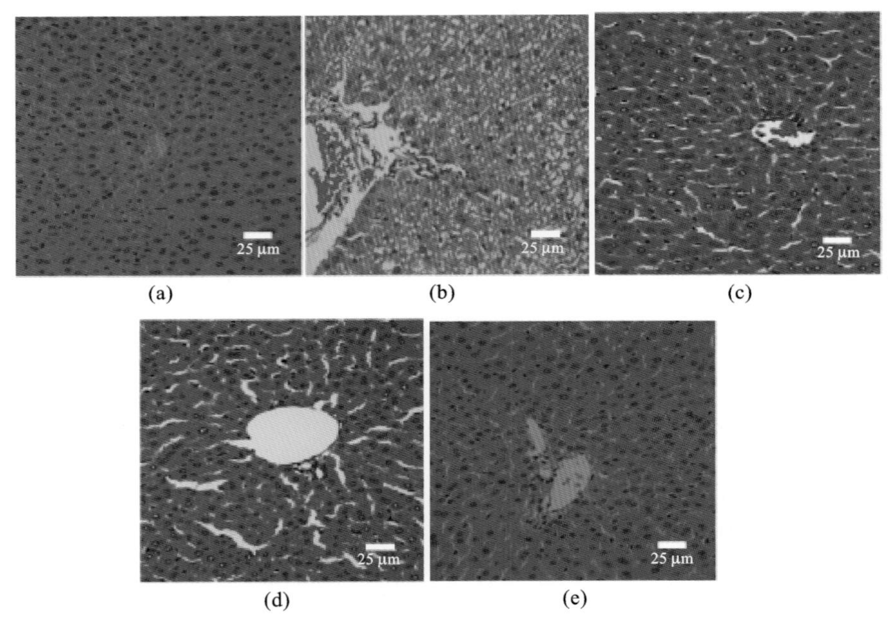


**图 8-20　HE 染色的肝切片显微照片**

（a）对照组小鼠的肝组织，外观正常；（b）酒精处理小鼠的肝组织；（c）C-PC（100 mg/kg）和酒精处理小鼠的肝组织；（d）C-PC（200 mg/kg）和酒精处理小鼠的肝组织；（e）C-PC（400 mg/kg）和酒精处理小鼠的肝组织

PC 能够调节机体氧化应激水平。在酒精肝毒性过程中，脂质过氧化是主要的致病机制。与对照组相比，模型组肝组织 MDA 含量升高 112.6%，而 SOD 含量降低 33.70%。C-PC 预处理 42 天能有效抑制 MDA 含量的升高，且提高了 SOD 含量。与模型组相比，低、中、高剂量 C-PC 组小鼠 MDA 含量分别降低 12.47%、23.55%和 29.52%，SOD 含量分别升高 18.28%、33.57%和 37.45%。C-PC 能有效减少亚急性酒精性肝损伤引起的 SOD 消耗，并显著提高 SOD 的水平，从而保护肝细胞，减轻损伤程度。

PC 还可提高机体免疫力，抑制酒精诱导的亚急性肝细胞损伤。T 淋巴细胞是细胞免疫淋巴细胞的主要组成部分，具有特异性的细胞免疫功能和调节作用。它们的数量直接反映了人体细胞免疫功能的水平。$CD3^+$、$CD4^+$ 和 $CD8^+$ T 淋巴细胞是 T 淋巴细胞的三个主要亚群。与模型组相比，C-PC 能显著

提高血清 $CD3^+$ T 淋巴细胞和 $CD4^+$ T 淋巴细胞活性，提高 T 淋巴细胞增殖率。T 淋巴细胞是机体的免疫细胞，其活化、分化和增殖在免疫应答中起着重要作用。各 C-PC 组对亚急性酒精性肝损伤小鼠 T 淋巴细胞增殖反应及 $CD3^+$、$CD4^+$ T 淋巴细胞亚群百分率均有不同程度的改善。高剂量 C-PC 组对促进 T 淋巴细胞增殖和提高 $CD3^+$ T 淋巴细胞百分率的作用最强。

#### 8.3.2.3 $CCl_4$ 诱导的肝损伤

四氯化碳($CCl_4$)是化工生产中常用的溶剂，以肝和肾的毒性作用而闻名。$CCl_4$ 体内代谢为三氯甲基自由基和三氯甲基过氧自由基，这些自由基能引起肝硬化、脂肪变性和坏死等急性肝损伤(图 8-21)(Dutta 等，2018)。

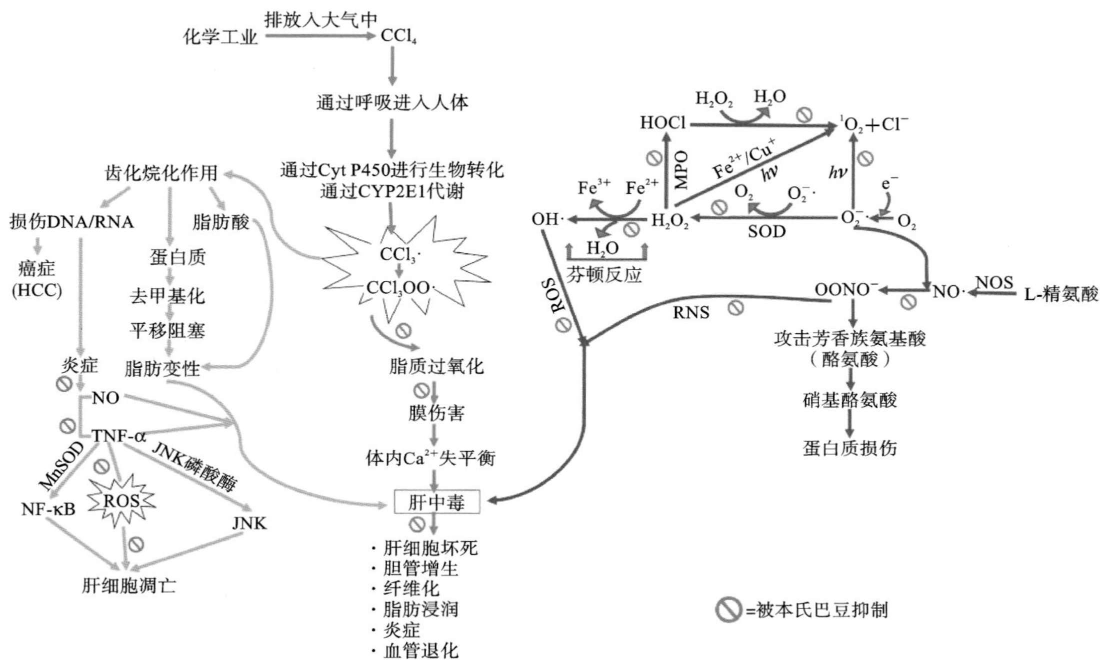


**图 8-21 氧化应激形成的自由基和副产物链(ROS/RNS)，以及它们通过细胞应激和 $CCl_4$ 诱导的肝毒性影响生物系统(Dutta 等，2018)**

该途径揭示了 $CCl_4$ 诱导的肝毒性机制，主要是由氧化应激和炎症损伤介导的，在外源性肝毒性引起氧化应激和亚硝酸应激时，$CCl_4$ 诱导的肝毒性主要由反应性代谢中间产物的形成和自由基的形成级联反应介导。Cyt P450，细胞色素 P450；$CCl_3$·，三氯甲基自由基；$CCl_3OO$·，三氯甲基过氧自由基；HOCl，次氯酸；$H_2O_2$，过氧化氢；$^1O_2$，单线态氧；$O_2^-$·，超氧化物；OONO·，过氧亚硝基阴离子；NO，一氧化氮；$Fe^{2+}$，铁离子；$Cu^+$，亚铜离子；$Cl^-$，氯离子；ROS，活性氧；RNS，活性氮；NOS，一氧化氮合酶；MPO，髓过氧化物酶；MDA，丙二醛；SOD，超氧化物歧化酶；HCC，肝细胞癌

藻胆蛋白中，PC 和 PE 都已被证明能够减轻 $CCl_4$ 诱导的肝损伤。Soni 等(2008)发现在用 50% 橄榄油 $CCl_4$ 造模的雄性白化大鼠中，持续 28 天每天用 25 mg/kg 和 50 mg/kg 体重的 PE 灌胃能显著降低脏器重量、ALT 和 AST 水平，说明 PE 对 $CCl_4$ 造成的肝损伤具有改善作用。Ou 等(2010)腹腔注射 0.5% $CCl_4$ 橄榄油溶液制备雄性 ICR 小鼠肝损伤模型，发现 $CCl_4$ 处理组小鼠血清 ALT、AST 活性较正常组显著升高，提示 $CCl_4$ 对肝细胞有损伤作用。C-PC 组小鼠血清 ALT、AST 活性较模型组($CCl_4$ 组)显著降低。这种效应呈剂量依赖性，对肝组织进行 HE 染色后，观察到健康对照组肝脏结构正常，未见病理改变。而 $CCl_4$ 诱导组肝组织空泡形成和炎症浸润，肝细胞明显水肿，胞质疏松。在 $CCl_4$ 攻击前用 C-PC 预处理的小鼠的肝脏切片显示，C-PC 能够以剂量依赖的方式阻止组织病理变化的发展，这些变化表现为正常的肝脏结构区域出现炎症浸润的斑块和坏死的肝细胞。用最高剂量 C-PC(400 mg/kg)预处理的小鼠肝脏结构保存良好，说明 PC 对 $CCl_4$ 造成的小鼠肝损伤具有改善作用(图 8-22)。

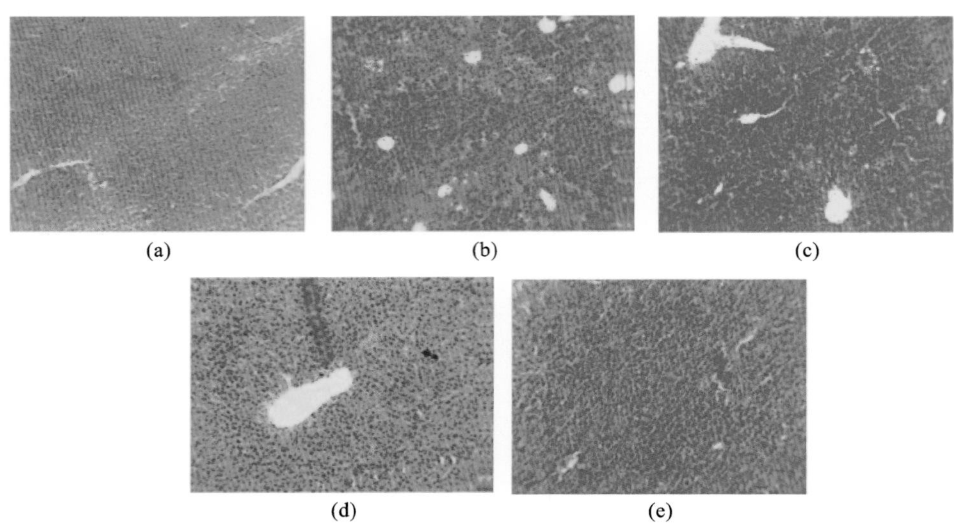

图 8-22　肝脏切片 HE 染色的显微照片(×100)

(a)对照组小鼠肝组织,外观正常;(b)$CCl_4$ 处理小鼠的肝组织;(c)C-PC(100 mg/kg)和 $CCl_4$ 处理小鼠的肝组织;(d)C-PC(200 mg/kg)和 $CCl_4$ 处理小鼠的肝组织;(e)C-PC(400 mg/kg)和 $CCl_4$ 处理小鼠的肝组织

藻胆蛋白能够提高机体抗氧化能力,缓解 $CCl_4$ 诱导的肝损伤。C-PE 对 $CCl_4$ 诱导的氧化损伤大鼠的治疗效果包括改善脂质过氧化,提高血清、肝脏和肾脏中抗氧化酶和非酶标志物的浓度,血清抗氧化指标显示 FRAP 值显著升高,MDA 含量显著降低。Ou 等(2010)证明 PC 可以清除 $CCl_4$ 诱导的小鼠体内 ROS 并增强 SOD 和谷胱甘肽过氧化物酶(GSH-Px)的活性。此外,PC 对 COX-2 的抑制作用也与其对 $CCl_4$ 诱导的肝损伤的肝保护作用有关。该肝损伤模型涉及的主要过程之一是自由基催化的脂质过氧化,伴有 COX-2 的活化和前列腺素合成的增加。因此,PC 的肝保护作用可能依赖于其有效清除自由基,抑制脂质过氧化以及 COX-2 活性的能力(Romay 等,2003)。

#### 8.3.2.4　赤霉素诱导的肝损伤

赤霉素(GA)作为一种植物生长调节剂,能促进一些水果(如草莓和葡萄)和蔬菜(如西红柿、卷心菜和花椰菜)的生长,在许多国家有广泛的应用。但赤霉素对哺乳动物有非常高的毒性,能引起肝脏的严重损伤。赤霉素能显著升高大鼠血清 AST、ALT、ALP 和 γ-GT 的水平,增高大鼠肝组织 MDA 的含量,显著降低 SOD、过氧化氢酶(CAT)和 GSH-Px 活性及 GSH 水平。赤霉素通过增加自由基的产生而具有肝毒性,自由基的产生不仅影响抗氧化酶的活性,而且影响这些酶的水平。

Hussein 等(2015)每天用 200 mg/kg 体重的 PC,连续 6 周治疗 GA3 诱导的肝损伤大鼠,发现 GA3 处理组大鼠肝酶 ALT 和 AST 活性显著提高。PC 与 GA3 联合用药显著降低 ALT、AST 活性。病理检查结果表明,对照组大鼠肝脏肝细胞正常,而 GA3 处理组肝组织广泛纤维化,胞质稀疏,肝细胞膜破坏。PC 与 GA3 联合用药组肝组织中纤维结缔组织稀少,说明 GA3 诱导造成了大鼠肝损伤甚至纤维化,而 PC 干预减缓了 GA3 诱导的肝损伤。

PC 减缓 GA3 诱导的肝损伤与 PC 的抗氧化性能有关。Hussein 等(2015)发现 GA3 给药 6 周可导致大鼠肝组织 MDA 含量显著升高,SOD、CAT 和 GSH-Px 活性及 GSH 水平显著降低。PC 联合 GA3 治疗大鼠肝抗氧化酶 CAT 明显改善,SOD 和 GSH-Px 活性接近正常水平。在基因表达水平上,口服 GA3 可显著降低肝组织中 CAT、SOD 和 GSH-Px mRNA 的表达,而 PC 与 GA3 合用可改善这种下调,促进抗氧化防御系统、肝酶和肝细胞结构恢复。这些数据证实了 PC 能保护肝脏免受氧化应激,通过抑制 COX-2、清除自由基、抑制肝微粒体脂质过氧化,改善赤霉素诱导的肝损伤(图 8-23)。

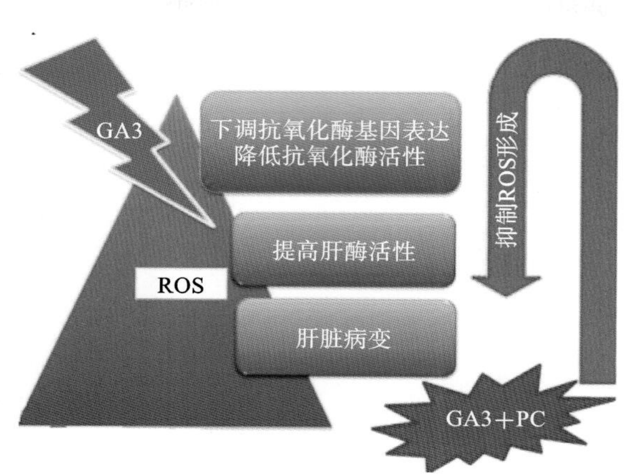


**图 8-23 赤霉素造成肝损伤的机制及 PC 的保护作用机制**

#### 8.3.2.5 放射性肝病

放射性肝病(radiation-induced liver disease,RILD)是放射治疗(RT)的重要并发症之一。RILD 的临床表现无特异性。RILD 有两种类型,经典型(无潜在肝病的患者)和非经典型(有潜在肝病的患者)。经典型 RILD 患者通常表现为乏力、腹痛、腹围增大、肝大,无黄疸、腹水和孤立的碱性磷酸酶升高,与其他肝酶不成比例。相比之下,非经典型 RILD 患者出现黄疸、血清转氨酶明显升高的特征。非侵入性影像学表现是非特异性的。目前还没有显示出可以预防或改变这种疾病的自然病程的治疗方法。治疗以控制症状为主。支持性护理包括使用利尿剂和类固醇、行腹水穿刺术、纠正凝血功能障碍。使用抗凝剂和溶栓剂可能有助于缓解肝静脉血栓形成。其他已被批准用于治疗肝静脉闭塞性疾病的药物也可以在 RILD 中试验使用(Benson 等,2016)。MR 变化可作为早期 RILD 的指征。低分子肝素、己酮可可碱和熊去氧胆酸具有保护作用(Koay 等,2018)。RILD 中肝脏特异性细胞事件的简化模型见图 8-24。

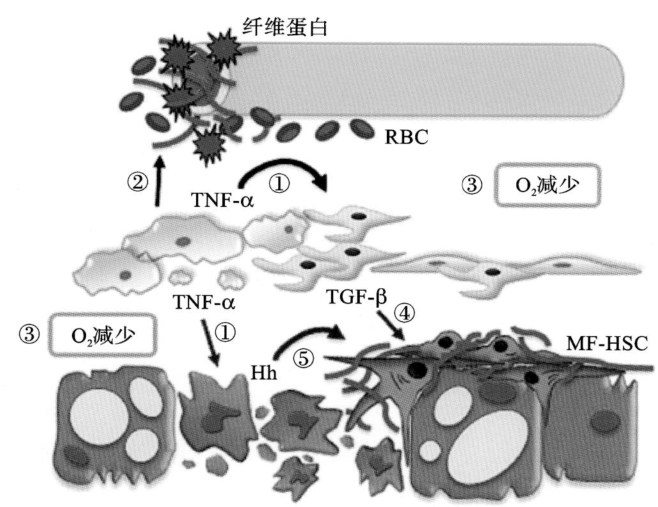


**图 8-24 RILD 中肝脏特异性细胞事件的简化模型(Kim 和 Jung,2017)**

在辐射后的肝脏中,受损的窦内皮细胞(SEC)发生凋亡,释放 TNF-α,促进肝细胞(HC)凋亡和 Kupffer 细胞(KC)活化。此外,损伤的 SEC 可诱导红细胞(RBC)穿透,激活中心静脉(CV)纤维蛋白沉积,导致血窦阻塞。随后的缺氧环境导致 HC 死亡和 KC 激活。活化的 KC 主要释放促纤维化细胞因子 TGF-β,促进静息态的肝星状细胞向成纤维细胞-肝星状细胞(MF-HSC)的转化。凋亡的 HC 产生 HH 配体,触发 HH 反应细胞的增殖,如 HSC。MF-HSC 积聚并促进细胞外基质蛋白沉积,导致 RILD 晚期肝纤维化。Hh 为皮肤 T 细胞淋巴瘤细胞

动物实验表明摄入 PC 能预防 RILD。刘琪等(2018)发现连续灌胃 PC 7 天能够防止 X 射线造成的小鼠氧化损伤。小鼠接受 6 Gy X 射线全身辐射后,血浆中 AST 和 ALT 的含量显著上升,说明辐射造

成了肝损伤,病理切片分析也进一步确认损伤的形成。而 PC 干预组(PC+TBI 组和 TBI+PC 组)的小鼠血浆中 AST 和 ALT 含量明显比 TBI 组小鼠血浆中的含量低,且从病理图片上分析,PC 干预组(PC+TBI 组和 TBI+PC 组)病理改变较 TBI 组小,这提示辐射前口服 PC 可以起到预防病变发生,辐射后口服 PC 可以加速肝损伤的恢复(图 8-25)。

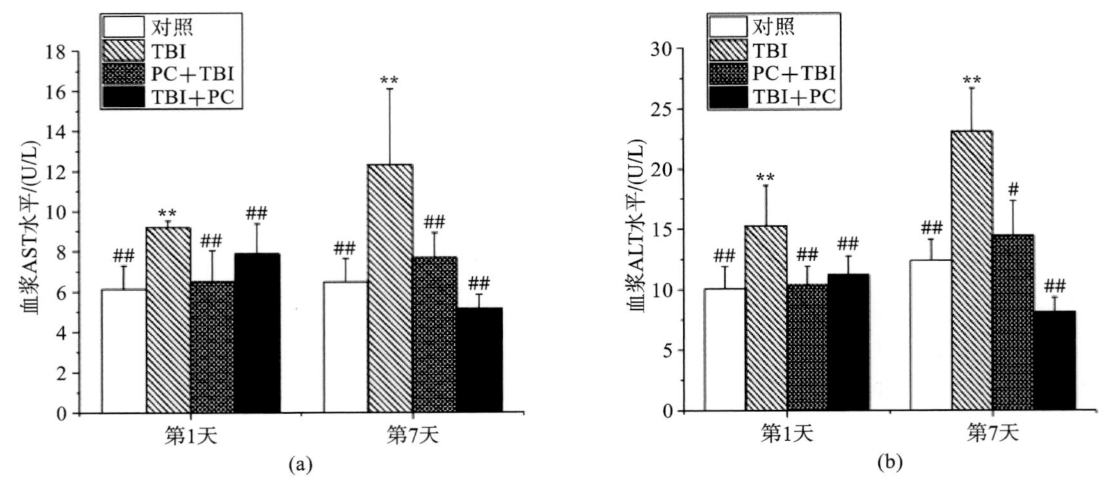


**图 8-25 PC 对血浆中 AST 和 ALT 的影响(刘琪,2018)**

(a)AST;(b)ALT

PC 可以减轻辐射造成的氧化应激程度,从而减轻辐射造成的肝损伤。刘琪等(2018)发现 X 射线造成肝部 ROS 激增,而 PC 干预组中 ROS 水平较辐射组大幅度降低,这说明 PC 可以有效清除 ROS,降低 ROS 水平。辐射后小鼠肝脏中 MDA 含量的增加,在一定程度上暗示辐射能诱导小鼠肝脏中 ROS 的产生和积累。PC 干预后 MDA 含量显著降低,而抗氧化酶 SOD 和 GSH-Px 的活性显著增加,说明 PC 能够提高机体的抗氧化能力。当小鼠受到 X 射线辐射时,肝组织中 Nrf2 表达略有升高。而 PC 干预组中 Nrf2 表达会在辐射前或辐射后的某个时间点开始显著升高,说明 PC 可能诱导 Nrf2 和 Keap1 的分离,使 Nrf2 转移到细胞核内,并激活其下游蛋白 HO-1 和 NQO1 的表达,降低细胞内氧化应激反应水平,从而减轻辐射造成的小鼠肝损伤。以上结果说明 PC 可能参与机体抗氧化调节通路,通过激活 Nrf2 通路,保护肝组织,降低其损伤程度(图 8-26)。

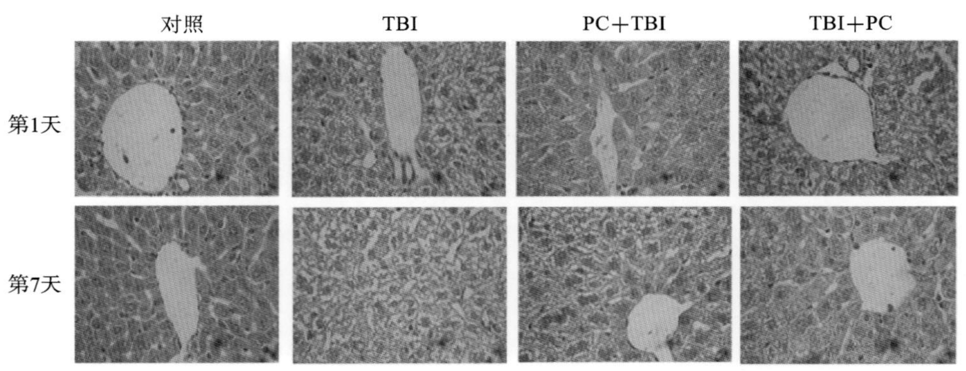


**图 8-26 各组小鼠肝组织的病理变化(刘琪,2018)**

### 8.3.2.6 其他有毒物质诱导的肝损伤

半乳糖胺诱导大鼠肝损伤的机制已被广泛研究。其机制之一是半乳糖胺本身对肝细胞内蛋白质合成具有抑制作用。半乳糖胺通过捕获和消耗细胞内的尿酸核苷酸,进而抑制 RNA 和蛋白质合成,诱导肝脏的生物化学变化。这些过程导致了肝细胞损伤,随后发展为急性肝炎伴播散性肝细胞坏死和多形

核白细胞(PMNL)浸润。此外,肝脏中 Kupffer 细胞(KC)释放 ROS 和细胞因子,如 TNF-α 和 IL-1,有助于半乳糖胺诱导肝损伤。Gonzalez 等(2003)以 600 mg/kg 体重的剂量给雌性 Wistar 大鼠单次腹腔注射半乳糖胺以诱导肝损伤。将 PC(50 mg/kg、100 mg/kg 和 200 mg/kg)溶解在生理盐水中,在给药前 1 h 腹腔注射(i. p),发现 PC 可降低半乳糖胺引起的血清 AST 和 ALT 活性升高。组织病理学结果显示,静脉注射半乳糖胺(600 mg/kg)24 h 后,肝脏出现不同程度的局灶性细胞坏死并伴有炎症细胞浸润。与半乳糖胺组相比,半乳糖胺加 PC(50 mg/kg)治疗后,炎症反应轻微减轻。剂量为 100 mg/kg 和 200 mg/kg 的 PC 治疗可显著减少坏死和白细胞浸润。PC 对半乳糖胺诱导的大鼠肝炎的肝保护作用可能归因于其清除 ROC 的特性和抗脂质过氧化作用,以及对细胞因子(如 TNF-α)和花生四烯酸代谢产物的抑制作用。

镉(Cd)是一种毒性很强的重金属,对人体器官造成多种损伤。氧化应激是镉致组织损伤的重要机制。Gammoudi 等(2019)通过腹腔注射 11 mg/kg $CdCl_2$ 诱导雄性 Wistar 大鼠产生肝损伤,镉暴露可显著升高肝脏血清 ALT、AST 和胆红素水平,而 50 mg/kg 的 PC 干预能降低血清 ALT、AST 和胆红素水平,使其接近正常值。HE 病理染色的结果也表明 $CdCl_2$ 诱导能破坏肝组织结构,使炎症细胞浸润增加,而 PC 干预组细胞破坏较少,炎症细胞浸润程度较轻。

PC 能调节机体的氧化应激,减轻镉造成的肝损伤。Gammoudi 等(2019)观察到镉处理组大鼠抗氧化酶 SOD、CAT、GSH-Px 较正常对照组分别降低了 53.06%、50.13%、6.87%,说明镉中毒导致抗氧化酶失活,肝脏脂质过氧化水平显著升高。与 Cd-Gr 组相比,C-PC+Cd 组大鼠抗氧化酶 SOD、CAT、GSH-Px 活性显著提高,说明 PC 干预提高了机体的抗氧化水平(图 8-27)。

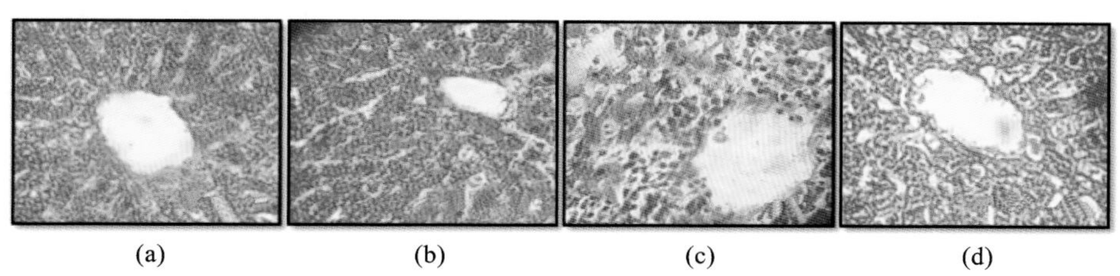


**图 8-27 镉暴露大鼠及 PC 处理的显微照片(Gammoudi 等,2019)**

(a)对照组;(b)C-PC Gr 组;(c)Cd-Gr 组;(d)C-PC+Cd 组

## 8.3.3 心血管疾病

### 8.3.3.1 动脉粥样硬化

动脉粥样硬化(atherosclerosis,AS)是一种慢性炎症性疾病,其特征是脂质和炎症细胞在中、大动脉壁内积聚。动脉粥样硬化的发病机制包括促炎症信号通路的激活、细胞因子/趋化因子的表达和氧化应激的增加(图 8-28)。血管壁的活性氧(ROS)生成是动脉粥样硬化的危险因素(Kattoor 等,2017)。

目前正在使用的许多药物可以通过减少 ROS 生成并改善抗氧化机制,从而调节氧化应激和减少动脉粥样硬化的发生。PC 具有抗氧化活性,在许多动脉粥样硬化模型中观察到其有很好的抗动脉粥样硬化效果。

巨噬细胞源性泡沫细胞的形成是动脉粥样硬化发病机制的核心环节,脂蛋白脂酶(LPL)在巨噬细胞中通过介导细胞内脂质蓄积促进泡沫细胞形成,从而发挥促动脉粥样硬化的作用。在体外实验中,张强(2019)使用浓度为 5 μg/mL、10 μg/mL、20 μg/mL 的 PC 孵育巨噬细胞,通过实时定量 PCR 检测 LPL mRNA 表达情况、蛋白质印迹法检测 LPL 的蛋白质表达、LPL 活性检测试剂盒检测 LPL 的活性。结果发现与对照组相比,5 μg/mL 的 PC 组中 mRNA 水平和蛋白质水平下降了 25%左右,10 μg/mL、20 μg/mL 的 PC 组中,mRNA 水平和蛋白质水平下降了 50%左右,LPL 蛋白质表达和活性检测结果与

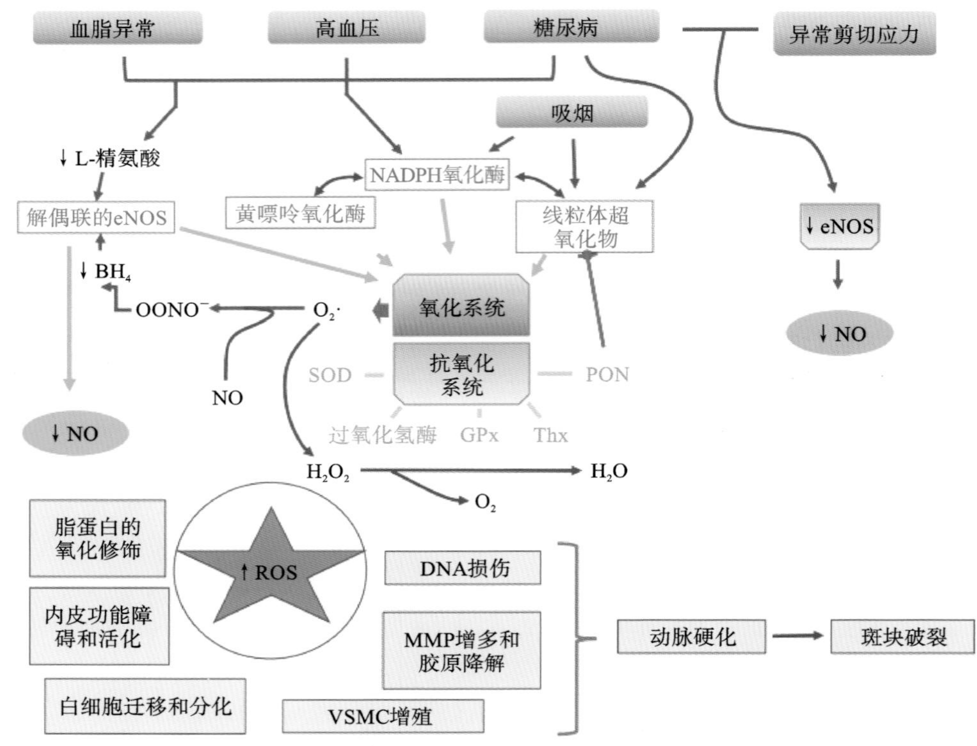


**图 8-28　动脉粥样硬化的发生机制(Kattoor 等,2017)**

心血管危险因素通过氧化系统和抗氧化系统相互作用影响 ROS 生成和内皮功能的假定机制;此外,ROS 对动脉粥样硬化不同阶段的影响也被描述;MMP 为基质金属蛋白酶

mRNA 的结果一致,说明不同浓度 PC 能呈剂量依赖地降低 LPL 的活性,从而抑制泡沫细胞的形成,缓解动脉粥样硬化(图 8-29)。

为了探究 PC 影响 LPL 的具体机制,张强(2019)通过生物信息学网站找到了相关的蛋白质,并进行了验证。生物信息学网站分析发现,转录激活因子 3(activating transcription factor 3,ATF3)与 LPL 的启动子区存在能够结合的位点。使用染色质免疫共沉淀(chromatin immunoprecipitation,ChIP)技术检测 ATF3 与 LPL 启动子区的结合情况。实验结果显示,在正常情况下,细胞内 ATF3 与 LPL 启动子区相互结合;但是,当加入 PC 处理后,ATF3 与 LPL 启动子区结合能力明显降低,说明 PC 能够阻止 ATF3 与 LPL 启动子区的结合。使用 ATF3 过表达质粒处理细胞后,LPL 的 mRNA 水平和蛋白质水平显著升高,PC 处理时,细胞内 LP6 的 mRNA 水平和蛋白质水平均明显降低,PC 通过下调 ATF3 的表达,降低 ATF3 与 LPL 启动子区结合的能力,从而抑制 LPL 的表达。ATF3 位于应激活化蛋白激酶(JNK)的下游。用 PC 处理细胞检测其对 JNK 表达的影响,结果发现,PC 能够明显降低 JNK 磷酸化水平。用 PC 和 JNK 的激动剂茴香霉素(anisomycin)处理细胞,检测细胞内 ATF3、LPL 的表达,结果发现,使用 PC 处理后,ATF3 的表达受到明显抑制,细胞内 LPL 的表达水平明显降低;同时使用 PC 和茴香霉素处理组与单独使用茴香霉素处理组相比,PC 对 ATF3 和 LPL 的抑制效果被逆转,说明 PC 能通过 JNK-ATF3 信号通路调控 LPL 的表达。TAK1 是 JNK 信号通路的上游信号分子,使用 PC 以及转化生长因子激酶-1(TAK1)过表达质粒处理细胞,检测细胞内 JNK、ATF3、LPL 的表达。使用 PC 处理细胞后,发现 JNK 的磷酸化水平明显降低,ATF3 mRNA 表达受到明显抑制,而同时使用 PC 与 TAK1 过表达质粒处理与单独使用 TAK1 过表达质粒处理组相比,能够逆转 PC 对 JNK 磷酸化的抑制效果,逆转 PC 对 ATF3 的抑制效果,表明 PC 可以通过 TAK1-JNK-ATF3 信号通路抑制 LPL 的表达。通过 miRBase 数据库分析发现,miR-10a-5p 与多种物种间 TAK1 之间存在靶向结合位点,使用 Luciferase 报告基因技术检测发现,miR-10a-5p 可以靶向结合 TAK1 3′UTR 从而抑制 TAK1 表达。在存在 PC

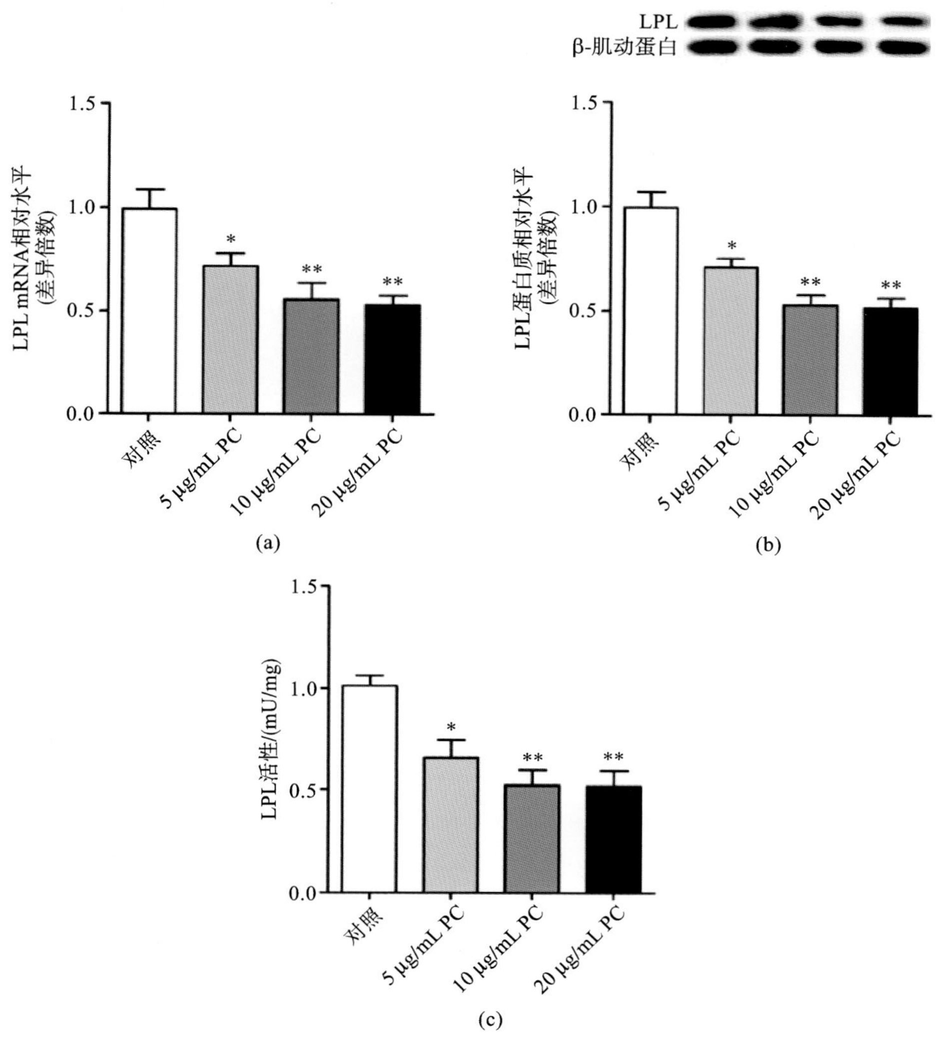


**图 8-29 不同浓度 PC 对巨噬细胞 LPL 表达及活性的影响(张强,2019)**

(a)PC 对 LPL mRNA 的影响;(b)PC 对 LPL 蛋白质的影响;(c)PC 对 LPL 活性的影响

的情况下,miR-10a-5p 的表达明显上调 50%,说明 PC 通过上调 miR-10a-5p 的表达,发挥抑制 TAK1 的功能。以上结果说明 PC 能通过上调 miR-10a-5p,抑制 TAK1-JNK-ATF3 信号通路,减少 THP-1 巨噬细胞中 LPL 表达及脂质蓄积,从而发挥缓解动脉粥样硬化的作用(图 8-30)。

#### 8.3.3.2 高血压

高血压(hypertension)是动脉血压持续偏高的慢性疾病。高血压一般没有明显可见的症状,不过长期高血压为冠状动脉疾病、脑卒中、心力衰竭、心房颤动、周围动脉阻塞、视力受损、慢性肾脏病及痴呆等病症的主要危险因子。内皮功能障碍与高血压、动脉粥样硬化和代谢综合征有关(图 8-31)(Oyarce 和 Iturriaga,2018)。

在降血压药物中,阻断肾素-血管紧张素系统的药物(ACE 抑制剂或血管紧张素Ⅱ受体阻滞剂(ARB))是大多数表现出亚临床靶器官损害或已有心血管或肾脏疾病的患者首选的高血压治疗药物。另外,还可以使用钙通道拮抗剂或噻嗪类利尿剂。含有 ACE 抑制剂或 ARB 加钙通道拮抗剂的固定剂量组合药物在预防冠心病并发症方面似乎特别有效。此外,食品中的类黄酮、甜菜根、大蒜和不饱和脂肪酸因其降低血压的特性而备受关注(Turner 和 Spatz,2016)。

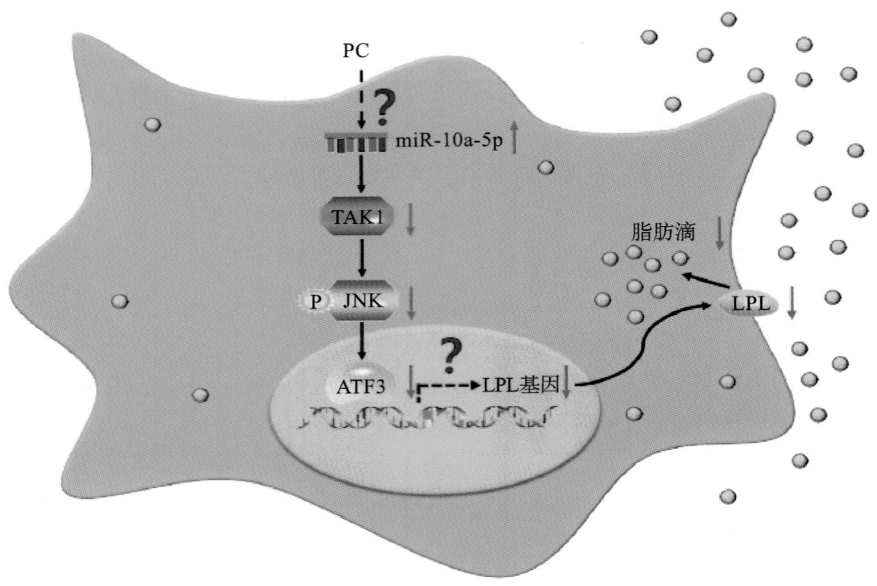


图 8-30　PC 下调 LPL 的表达并减少巨噬细胞脂质蓄积假说图(张强,2019)

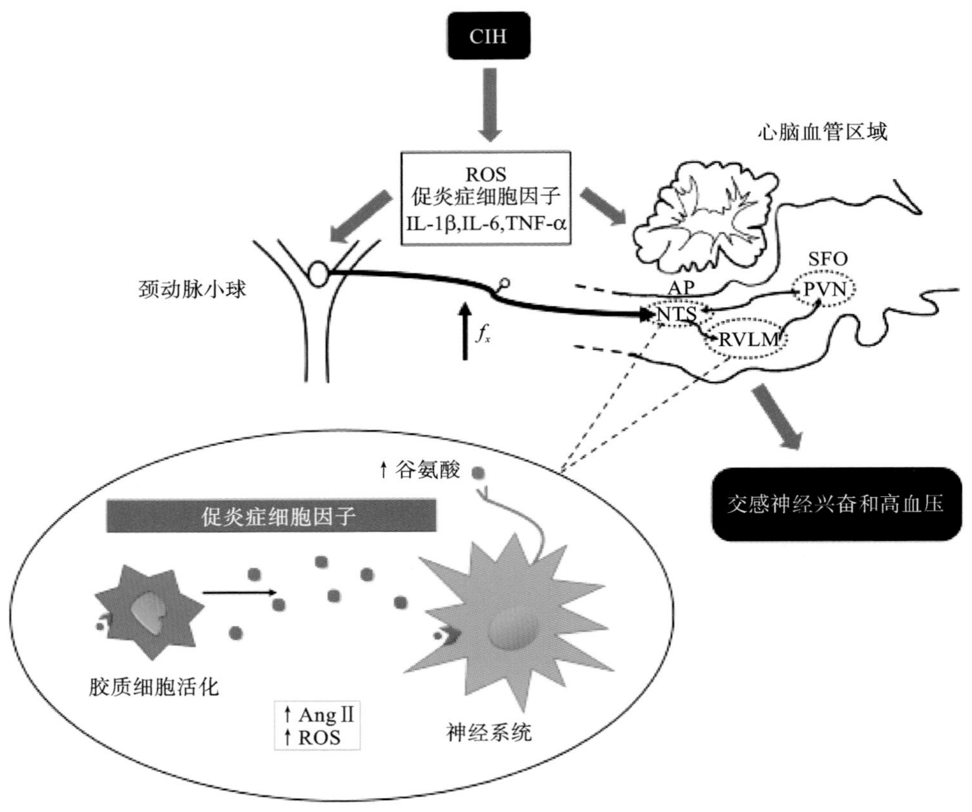


图 8-31　氧化应激和促炎症细胞因子介导 CB 化学反射途径的激活导致高血压

在 NTS 和 RVLM 中,神经元的过度激活有助于小胶质细胞的活化,从而提高 ROS、AngⅡ和促炎症细胞因子的局部水平(Oyarce 和 Iturriaga,2018)

PC 具有降血压的特性。Ichimura 等(2013)用雄性自发性高血压大鼠(雄性 SHR/NDmcr-cp 大鼠)探究了不同浓度的 PC(2500 mg/kg、5000 mg/kg 和 10000 mg/kg)干预对高血压的影响。发现干预 24 周后,PC 组(低、中等、高剂量组)收缩压呈剂量依赖性下降(对照组(179±10)mmHg;低剂量组(170±

8)mmHg;中等剂量组(164±9)mmHg;高剂量组(152±8)mmHg),说明 PC 具有抗高血压作用(图 8-32)。

Ichimura 等(2013)检测了 PC 干预后自发性高血压大鼠体内脂联素水平,用免疫组织化学方法检测了内皮型一氧化氮合酶(endothelial nitric oxide synthase,eNOS)在主动脉中的表达,发现 PC 组的血清脂联素水平、脂联素基因转录因子 C/EBPα 和脂联素在脂肪组织中的 mRNA 表达均高于对照组,eNOS 表达水平与血清脂联素呈显著正相关,说明 PC 通过 C/EBPα 影响脂肪组织,增强脂联素基因表达,循环脂联素增加可刺激主动脉内皮细胞内 eNOS 的合成。以上结果表明 PC 缓解高血压的作用是通过提高内皮功能和 eNOS 表达来介导的,其机制之一是通过增加脂肪组织中 C/EBPα mRNA 的表达来恢复血清脂联素水平。

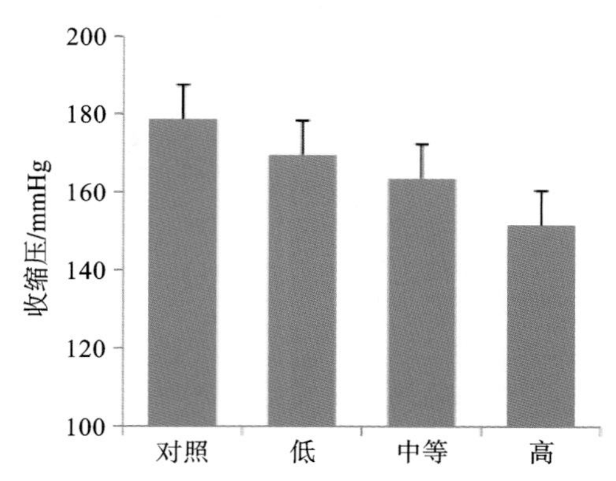


图 8-32 各组大鼠血压水平(Ichimura 等,2013)

## 8.3.4 脑与神经疾病

当氧化应激发生时,高水平的 ROS(图 8-33)可导致神经元细胞膜脂质过氧化,增加其通透性,导致神经元损伤。目前已发现红藻氨酸能产生大量的氧自由基,导致大鼠癫痫,铁可引起 SH-SY5Y 神经元的氧化应激,藻胆蛋白通过激活抗氧化酶,消除产生的自由基,降低神经元的氧化应激程度,从而发挥神经保护作用。此外,藻胆蛋白还能通过抗炎和免疫调节作用,缓解阿尔茨海默病、缺血性脑损伤和自身免疫性脑脊髓炎等神经疾病症状(Li 等,2019)。

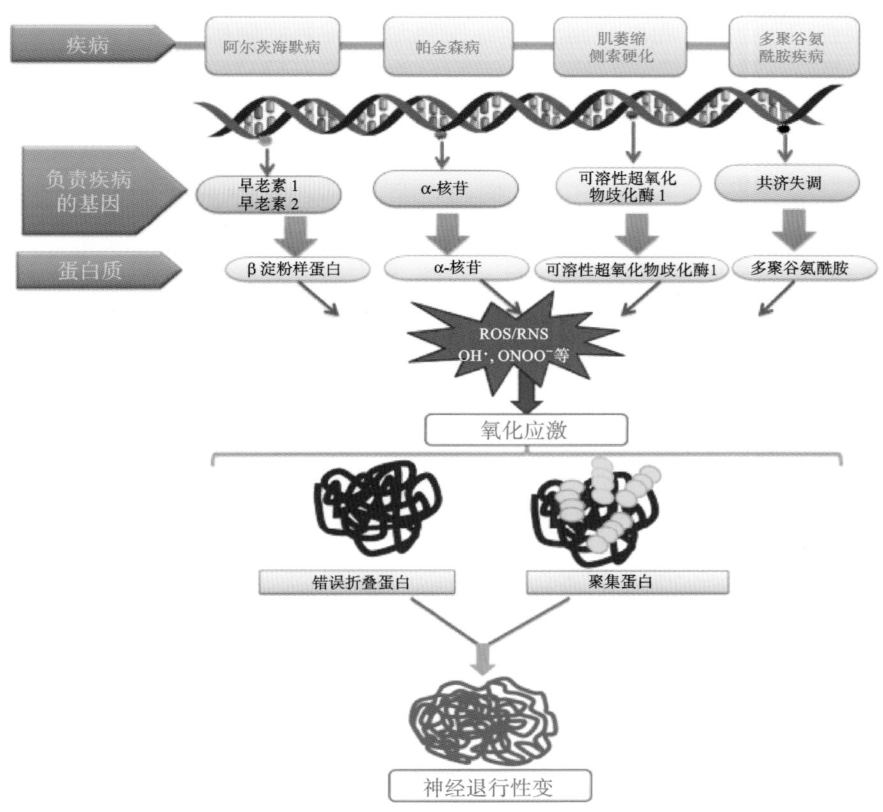


图 8-33 ROS/RNS 在氧化应激中可导致蛋白质损伤和各种神经退行性疾病

#### 8.3.4.1 阿尔茨海默病

阿尔茨海默病(Alzheimer's disease,AD)是一种伴有痴呆和严重认知障碍的神经退行性疾病,其发病机制如图 8-34 所示。目前,治疗 AD 的药物主要是乙酰胆碱酯酶(AChE)抑制剂。乙酰胆碱酯酶抑制剂被用来降低乙酰胆碱(ACh)的分解速度,并防止胆碱能神经元的死亡。到目前为止,AD 仍然是不可治愈的神经退行性疾病,脑部炎症和细胞凋亡是这种疾病的常见症状。预防神经炎症和细胞凋亡的药物将有助于 AD 患者的治疗(Krishnaraj 等,2016)。

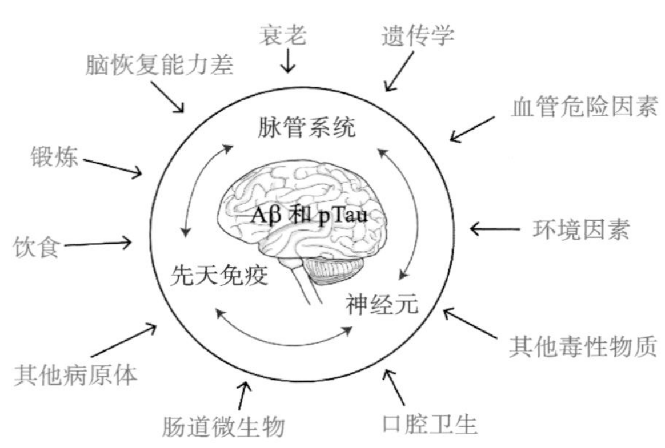


**图 8-34 阿尔茨海默病的发病机制**

AD 是一种多因素、异质性疾病。AD 是一种基于 β 淀粉样蛋白(Aβ)和 Tau 蛋白沉积的独特的神经退行性疾病。然而,其他因素会直接影响脑血管系统(导致血脑屏障渗漏、血流量不足)和固有免疫系统的病理生理变化,以及神经元的健康和功能。这包括但不限于遗传风险因素、血管因素和环境因素,包括社会经济压力、微生物群和生活方式。衰老仍然是 AD 的主要危险因素,并深刻影响脑血管系统、先天免疫反应和神经功能。

通过计算机模拟,研究者发现藻胆蛋白具有抑制阿尔茨海默病的潜力。Krishnaraj 等(2016)用 Autodock-Vina 算法进行对接研究,探讨了藻红蛋白和藻蓝蛋白治疗 AD 和 ALS 的疗效。他们用化学草图模拟藻红蛋白和藻蓝蛋白的结构,从 PDB 数据库的 PDB ID 3CKH 和 3SFF 中采集受体 EphA4 和 HDAC 的 PDB 结构,通过研究藻红蛋白和藻蓝蛋白与受体 EphA4 和 HDAC 的结合亲和力,来评估藻红蛋白和藻蓝蛋白针对受体 EphA4 和 HDAC 的治疗潜力。结果发现藻蓝蛋白与 EphA4 受体的结合亲和力为−8.2 kcal/mol,藻红蛋白的结合亲和力为−8.1 kcal/mol。藻蓝蛋白与 EphA4 受体之间的氢键相互作用如图 8-35 所示。藻蓝蛋白与 EphA4 受体的 Met48、Val47、Cys45、Gln128、Cys163、Ala165 和 Thr76 氨基酸残基形成多个氢键。藻红蛋白与 EphA4 受体的 Gln43、Ala165、Thr76 和 Gly132 氨基酸残基形成 5 个氢键。对接研究表明,藻蓝蛋白和藻红蛋白配体与 HDAC 受体的结合亲和力最低,分别为−7.9 kcal/mol 和−8.2 kcal/mol。HDAC 受体的氨基酸残基包括 Asp692、Thr718、Glu604、Ala597、Thr589 和 Lys 567,它们可与藻蓝胆素形成氢键,表明藻蓝蛋白和藻红蛋白适合作为 EphA4 受体和 HDAC 受体的拮抗剂,具有治疗 AD 患者神经炎症和细胞凋亡的潜力。

AD 的形成被认为与 β 淀粉样蛋白在脑内的聚集有关,β 淀粉样蛋白的形成涉及 β-分泌酶对淀粉样前体蛋白的裂解。Singh 等(2014)用计算机分析了 PC 与 β-分泌酶和 β 淀粉样蛋白-原纤维的相互作用,从瘦鞘丝藻 *Leptolyngbya* sp. N62DM 制备了 PC 晶体,并用 X 射线解析了其结构。β-分泌酶(PDB ID 1FKN 和 3UQP)的晶体结构、β 淀粉样蛋白的结构(PDB ID 2BEG)是从蛋白质数据库中获得的。对接使用 Hex 服务器(http://Hex Server. loria. fr),并最终用 AD 的转基因模型秀丽隐杆线虫进行验证。研究发现 PC α/β 二聚体与 β-分泌酶可有效相互作用。PC 和 β-分泌酶相互作用的总能量($E_{total}$)与抑制剂和 β-分泌酶相互作用的能量相当。与 PC 和 β-分泌酶之间的相互作用相反,研究者观察到 β-分泌酶与 β 淀粉样蛋白之间的相互作用不强。分子对接显示 β-分泌酶结构(PDB ID 1FKN 和 3UQP)在延伸的 α 螺旋结构(图 8-36)的两侧靠近凹槽处结合。β-分泌酶(PDB-ID 1FKN 和 3UQP)与 PC α/β 二聚体结合位点的差异可能是由局部相互作用所致。研究者总结了介导 α/β 二聚体与 β-分泌酶(PDB ID

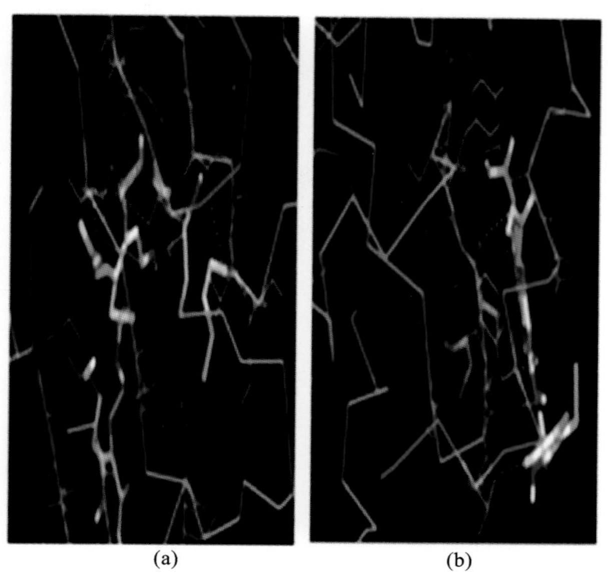
(a)　(b)

图 8-35　配体和受体之间的氢键相互作用

(a)EphA4 受体和藻蓝蛋白;(b)HDAC 受体和藻蓝蛋白

1FKN 和 3UQP)相互作用的残基清单(表 8-1)。可以推断,β-分泌酶(PDB ID 1FKN)主要与 PC 的 α 亚基相互作用,而 β-分泌酶(PDB ID 3UQP)与 β 亚基密切相关(图 8-36)。对对接结果的检查表明,PC α/β 二聚体在 β-分泌酶活性位点附近结合,正如抑制剂(PDB ID 1FKN 和 3UQP)的结合定位(图 8-37)。分子对接研究结果表明,PC 可能是 β-分泌酶的一种潜在有效的抑制剂,以防止淀粉样变的发展而导致 AD。之后,他们又在 AD 的转基因模型秀丽隐杆线虫 CL4176 株中测试了该结果。将秀丽隐杆线虫 CL4176 株的卵与 PC(100 μg/mL)在 16 ℃下孵育 36 h,然后将温度从 16 ℃升至 22 ℃或

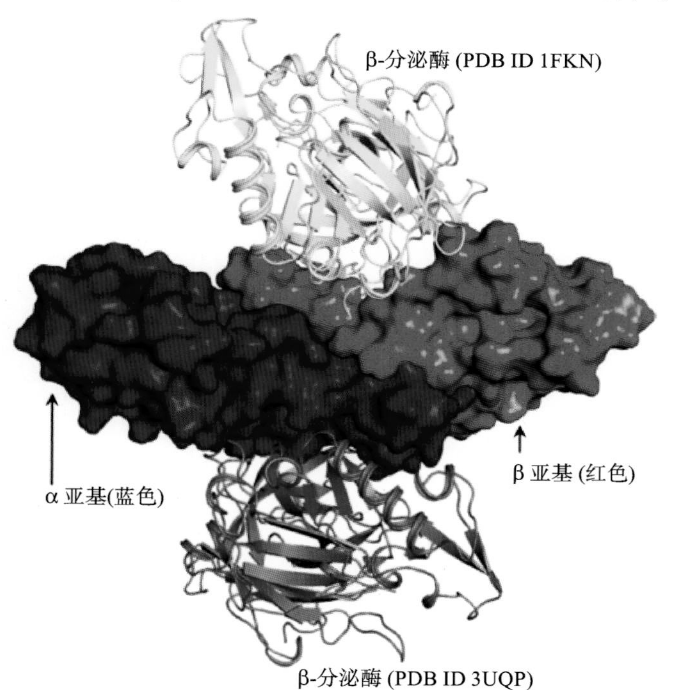


图 8-36　β-分泌酶在 PC α/β 二聚体上的对接位点

β-分泌酶分子(PDB ID 1FKN,黄色,3UQP,绿色)对接到 PC α/β 二聚体上,如蓝色和红色表面所示。酶结构 PDB ID 1FKN 与 β 亚基近端结合,而酶 PDB ID 3UQP 被发现对接在 α 亚基近端位置

25 ℃以诱导 $\beta_{1\sim42}$的表达。作为对照,将没有用 PC 处理的卵暴露于相同的处理环境中。代表性实验如图 8-38 所示。秀丽隐杆线虫 CL4176 如果没有移动,或者只是在轻轻触碰下移动头部,则被认为是瘫痪。与未经治疗的对照组相比,经 PC 治疗后瘫痪表型出现了明显延迟反应。该实验的研究结果表明,PC α/β 二聚体有望成为一种有效的用于 β-分泌酶而非 β 淀粉样蛋白的化学阻断剂。通过计算机模拟发现藻胆蛋白具有抑制阿尔茨海默病的潜力(表 8-2)。

表 8-1　PC 和 β-分泌酶之间的相互作用

| β-分泌酶(PDB ID) | β-分泌酶残基 | PC α 亚基残基 | PC β 亚基残基 |
| --- | --- | --- | --- |
| 1FKN | Y222 D223 Y384 | E109 | — |
| 1FKN | K65 Y68 P70 Y71 T72 K75 E77 A124 E125 I126 R128 P129 D130 D131 S132 K142 P192 R194 R195 E196 W197 Y198 D223 K224 M288 E290 V291 T292 S328 T329 A348 R349 K350 E380 N385 | — | M1 F2 K7 V8 S10 Q11 T14 R15 E17 S20 A22 Q23 A26 Q29 D101 A102 S103 E106 D107 R108 N111 G112 R114 E115 L118 A119 A155 S158 E159 D165 R166 A169 A170 S172 |
| 3UQP | G34 S35 P70 Y71 T72 Q73 K107 E125 I126 R128 D130 D131 R195 W197 Y198 Y222 D223 K224 N233 R235 K238 K239 E242 K246 D259 L263 G264 E265 K321 S325 Q326 S328 T329 Y384 N385 | K2 P4 E7 V11 Q15 R17 S20 S21 T22 Q25 V26 F28 G29 R32 Q33 K35 A36 E39 G103 T104 S143 G144 D145 V148 N151 S152 D155 Y156 N159 | — |
| 3UQP | D106 K107 E265 | — | N35 D39 T45 T149 |

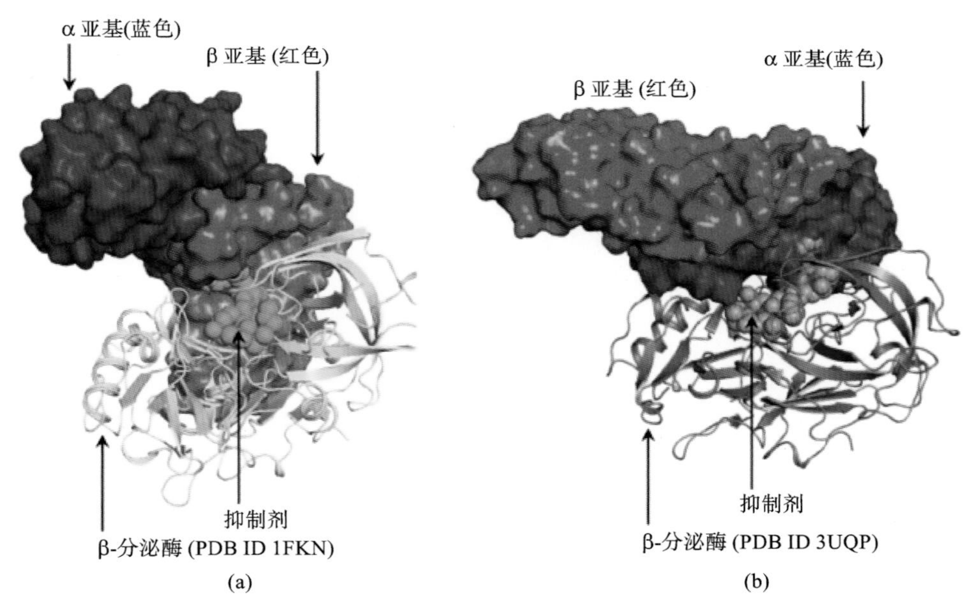


图 8-37　推测 PC α/β 二聚体的 β-分泌酶抑制功能

(a)β-分泌酶(PDB ID 1FKN,黄带)被发现对接在 PC 二聚体 β 亚基的近端;(b)β-分泌酶(PDB ID 3UQP,绿带)被发现对接在 PC 二聚体 α 亚基的近端。各个酶的抑制剂显示为球状。观察到 α/β 二聚体与 β-分泌酶活性位点紧密结合,正如抑制剂的结合定位

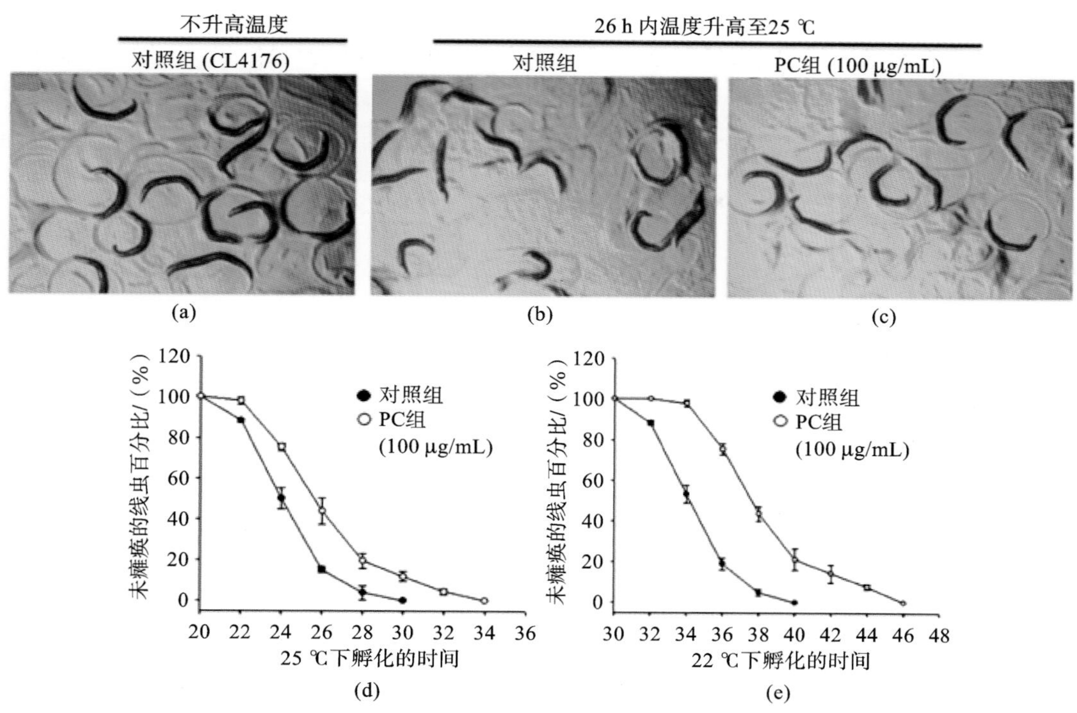


**图 8-38 PC改善线虫AD症状**

(a)表达β-分泌酶的线虫CL4176在16 ℃连续生长的代表性图像,未显示瘫痪。线虫CL4176不加PC(b)和加100 μg/mL的PC(c)处理,在25 ℃培养26 h后出现β淀粉样蛋白诱导的麻痹。与对照组相比,PC处理组表现出与β淀粉样蛋白诱导的瘫痪相关的表型减少。(d)(e)为线虫CL4176在PC(100 μg/mL)作用下瘫痪的时程。在25 ℃孵育后,每隔2 h对瘫痪进行评分。数据集以来自至少三个独立实验的未瘫痪线虫的百分比表示

**表 8-2 计算机分析PC对β-分泌酶的抑制作用**

| 受　　体 | 配　　体 | 总能量/(kJ/mol) |
|---|---|---|
| PC α/β二聚体 | β-分泌酶(PDB ID 1FKN) | −644.4 |
| β-分泌酶(PDB ID 1FKN) | 肽抑制剂 | −446.2 |
| PC α/β二聚体 | β-分泌酶(PDB ID 3UQP) | −731.7 |
| β-分泌酶(PDB ID 3UQP) | 肽抑制剂 | −532.1 |
| PC α/β二聚体 | Aβ(PDB ID 2BEG) | −281.9 |
| Aβ(PDB ID 2BEG) | Aβ(PDB ID 2BEG) | −937.4 |

#### 8.3.4.2 缺血性脑损伤

缺血性脑损伤(ischemic brain injury)是由各种因素引起的脑缺血而形成的常见的脑损伤,围生期窒息是本症的主要病因。凡是造成母体和胎儿间血液循环和气体交换障碍而使血氧浓度降低者均可造成窒息。

新生儿缺氧缺血性脑损伤的细胞机制如图8-39所示。

目前正在开发减轻氧化应激的药物,以治疗脑损伤。PC具有神经保护作用,具有用来治疗脑损伤的潜力。Min等(2015)利用线栓法建立SD大鼠大脑中动脉闭塞(MCAO)模型,用吸管将不同浓度的C-PC滴入大鼠的鼻腔,让其通过鼻内黏膜转移到大脑。在MCAO模型建成后1 h经鼻给予C-PC(67 μg/kg、134 μg/kg或335 μg/kg),并在MCAO后2天评估梗死体积(图8-40(a))。平均梗死体积分别为未治疗对照组(MCAO)的(56.4±7.1)%、(49.5±7.0)%和(50.6±2.1)%,显示了134 μg/kg C-PC在治疗前3 h或治疗后1 h、3 h、6 h、9 h的强大神经保护作用,MCAO术后9 h(图8-40

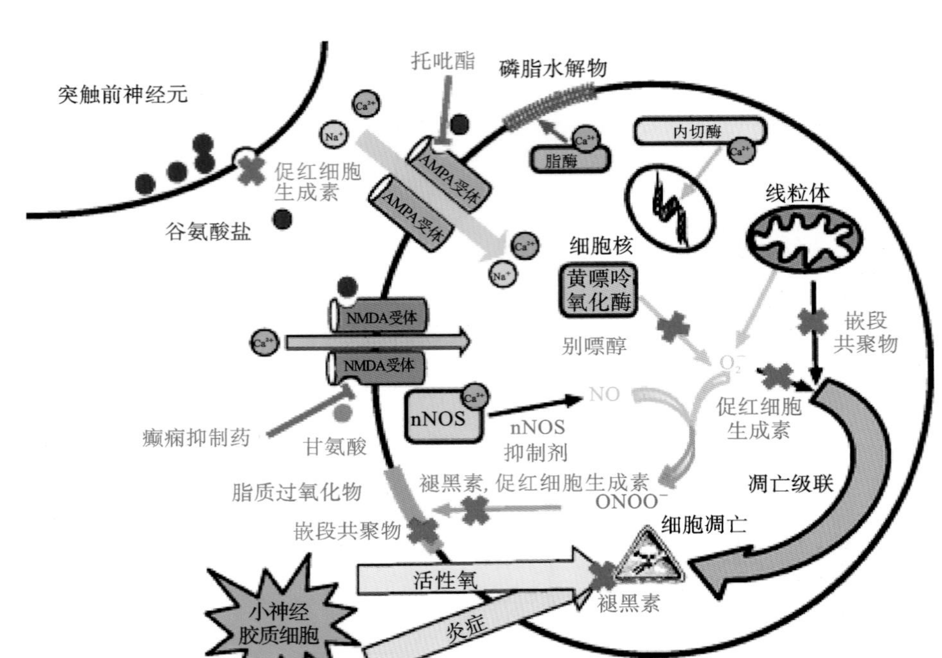


**图 8-39　新生儿缺氧缺血性脑损伤的细胞机制(Muller 和 Marks,2014)**

兴奋毒性:谷氨酸受体(这里称为 N-甲基-D-天冬氨酸受体(NMDAR))的过度激活,增加细胞内游离钙水平,激活酶(脂肪酶、内切酶)降解关键细胞成分。自由基毒性:活性氧以超氧化物($O_2^-$)的形式存在于细胞内的多个部位,诱导细胞凋亡,产生的过氧亚硝酸盐($ONOO^-$)通过脂质过氧化损伤细胞膜。炎症:HI 诱导的小胶质细胞活化并释放促炎症细胞因子,诱导邻近神经元凋亡。讨论潜在疗法的作用部位

(b))平均梗死体积分别为未治疗对照组的(36.3±11.2)%、(35.8±5.1)%、(44.7±9.5)%、(56.3±7.0)%和(72.5±3.1)%。此外,Min 等在所有 C-PC 治疗的动物中观察到平均改良神经功能损伤严重程度评分(mNSS)的降低(图 8-40(e)(h))。这些结果表明,对于人类患者,C-PC 在包括 3 h 溶栓黄金时间的所有时间点对缺血后大脑具有强大的神经保护作用。

Min 等(2015)的研究结果表明,PC 减少了氧化星形胶质细胞的凋亡和活性氧(ROS)的产生,对正常星形胶质细胞和神经元没有细胞毒性。氧化星形胶质细胞模型的实验结果表明,PC 可以上调星形胶质细胞的抗氧化酶(如 SOD 和过氧化氢酶)及神经营养因子 BDNF 和 NGF 的分泌,同时减少炎症因子 IL-6 和 IL-1β,减轻神经胶质瘢痕。另外,C-PC 改善了氧化神经元的生存能力。

Rimbau 等(1999)发现,C-PC 的抗氧化活性对红藻氨酸所致的大鼠脑神经损伤具有保护作用。C-PC 还能对抗钾和血清缺乏引起的体外培养的大鼠小脑颗粒细胞死亡,其对大鼠脑缺血再灌注后的神经元损伤具有保护作用(Rimbau 等,2001)。神经元保护机制研究表明,藻胆蛋白有抗凋亡活性,它可清除细胞受损后产生的自由基,避免自由基导致的 DNA 氧化性损伤,而后者如不能及时修复,积累到一定程度,会启动凋亡程序,引起细胞凋亡(Rimbau 等,1999;Rimbau 等,2001)。这些结果提示,藻胆蛋白在治疗活性氧导致的神经损伤性疾病(如帕金森综合征)和缺血性脑血管病方面,具有良好的开发应用前景。

丁晓洁(2006)用线栓法制作大鼠脑中动脉阻塞再灌注模型,发现 PC 可能通过促进脑缺血再灌注损伤后 bFGF、FGFR 的表达,激活内源性神经保护机制,通过抗凋亡效应发挥对缺血性损伤的保护作用。

孙锋(2006)应用改良线栓法建立大鼠大脑中动脉阻塞再灌注动物模型,发现局灶性脑缺血后,PC 能促进胰岛素样生长因子(IGF)的激活,提高大鼠皮层区和纹状体区 IGF 及其受体含量。IGF 可通过降低血管阻力、抑制神经元的凋亡、对抗兴奋性氨基酸毒性、防止细胞的钙超载、调节一氧化氮

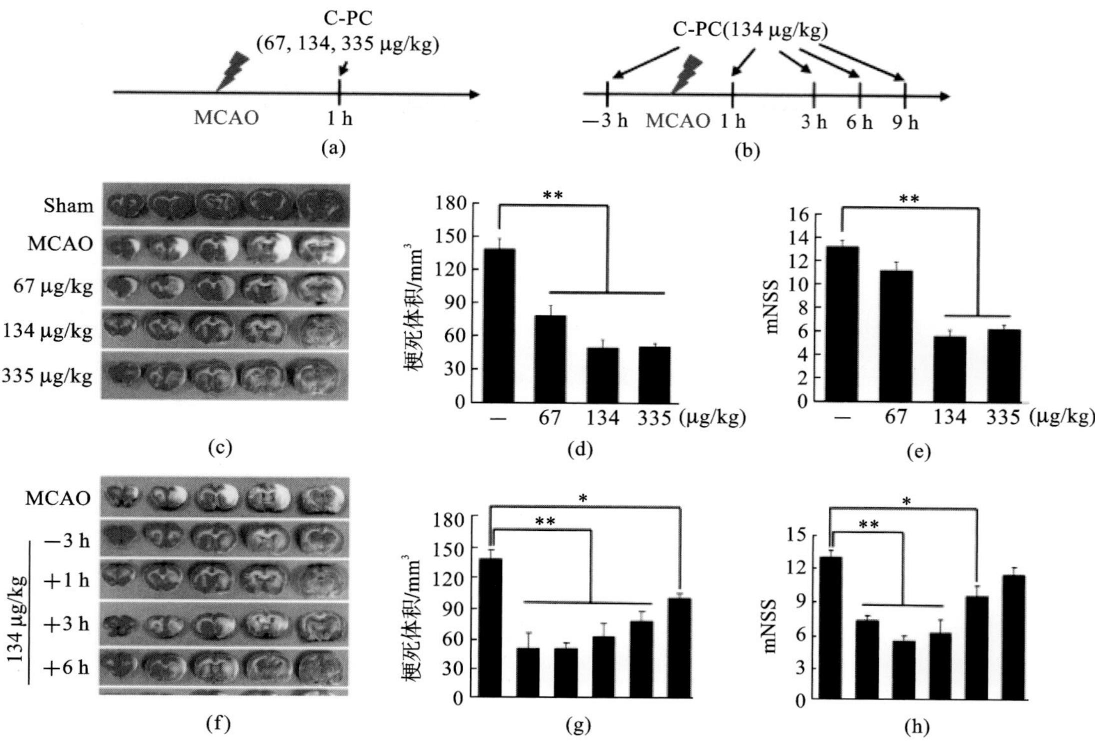


**图 8-40　脑缺血后 C-PC 的神经保护作用**

(a)(b)制备 MCAO 模型，并根据所提出的时间表经鼻给予 C-PC。术后 48 h 进行 TTC 染色和改良神经功能损伤严重程度评分(mNSS)评估。(c)(d)(e)C-PC(67 μg/kg、134 μg/kg 或 335 μg/kg)在 MCAO 后 1 h 经鼻给药($n=6\sim7$)。(f)(g)(h)C-PC(134 μg/kg)在 MCAO 前 3 h 或 MCAO 后 1 h、3 h、6 h 或 9 h 经鼻给药($n=5\sim7$)。(c)(f)在冠状面脑切片上显示有代表性的梗死图像，(d)(g)用 TTC 染色评估平均梗死体积。(e)(h)使用改良神经功能损伤严重程度评分评估神经功能衰竭情况。结果以平均值±表面粗糙度显示。星号表示每种浓度和时间与 MCAO 样品的显著差异。* $p<0.05$ 和 ** $p<0.01$

合酶(NOS)活性来发挥对缺血性脑损伤的保护作用，说明 PC 能通过激活 IGF 保护缺血性脑损伤。王超(2006)用线栓法制作大鼠左侧大脑中动脉阻塞再灌注模型，用 PC 进行干预，采用免疫组化方法分别观察脑缺血再灌注 6 h、12 h、1 d、3 d、7 d 和 14 d 后 NOS 和 SOD 的表达以及 PC 的干预作用，结果显示 PC 能降低 nNOS 和 iNOS 水平，提高 eNOS 水平而发挥脑保护作用。

张冬梅(2005)采用线栓法建立大鼠局灶性脑缺血再灌注模型，用免疫组化技术检测脑缺血再灌注后 NF-κB 和 IL-6 的动态变化，利用原位 TUNEL 方法检测细胞凋亡的变化。应用 PC 进行干预实验，探讨炎症反应在脑缺血再灌注损伤发病机制中的作用。结果表明，PC 可能是通过下调NF-κB和 IL-6 的表达、抑制细胞凋亡来发挥其神经保护作用。

#### 8.3.4.3　自身免疫性脑脊髓炎

多发性硬化(multiple sclerosis，MS)是一种中枢神经系统炎性脱髓鞘性自身免疫性疾病。实验性自身免疫性脑脊髓炎(experimental autoimmune encephalomyelitis，EAE)模型作为自身免疫性中枢神经系统疾病，尤其是人类脱髓鞘多发性硬化(MS)的模型已有几十年的研究基础。EAE 模型是人类 MS 的一种替代模型，因为它的一些特征与人类 MS 的特征相匹配(Shin 等，2012)(图 8-41)。几十年来，实验性自身免疫性脑脊髓炎(EAE)一直是一种较好的多发性硬化(MS)的动物模型。

据报道，PC 具有可能改善 EAE 和 MS 症状的药理特性。Cervantes-Llanos 等(2018)用 SD 大鼠脑脊液和百日咳毒素诱导 Lewis 大鼠 EAE 症状。在诱导前 15 天 Lewis 大鼠每天口服 C-PC(200 mg/kg)，在诱导后当天至第 24 天进行 EAE 临床评分。如图 8-42(a)所示，在诱导前 15 天，开始每天口服 200 mg/kg C-PC(预防性方案)时，大鼠没有相应疾病症状，诱导后的 EAE 组大鼠在诱导后第 9

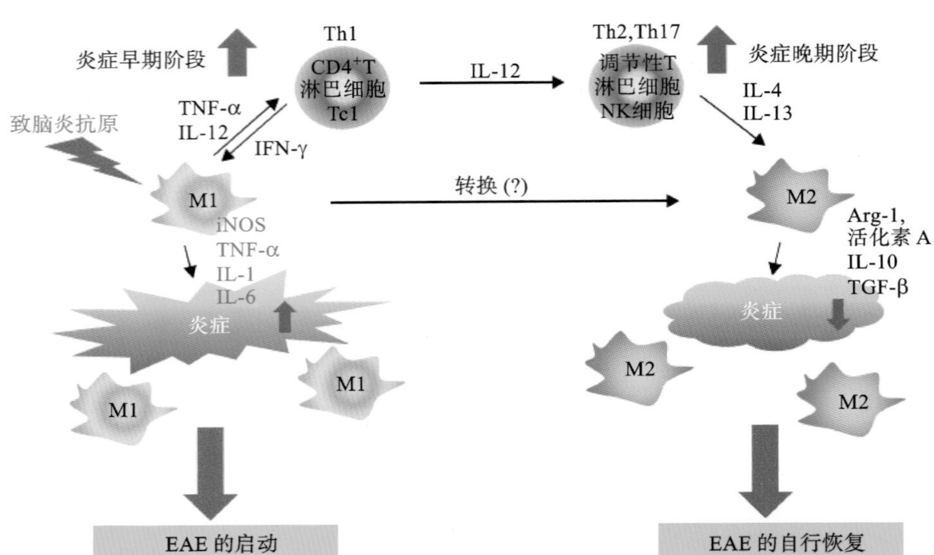


**图 8-41　Lewis 大鼠活动性单相实验性自身免疫性脑脊髓炎(EAE)中每个巨噬细胞表型的假定作用示意图(Shin 等,2012)**

EAE 由 $CD4^+$ Th1 细胞介导,经典途径激活的巨噬细胞(M1)进一步加速 EAE 的发生,而大鼠 EAE 的自发恢复与调节性 T 淋巴细胞和交替激活的巨噬细胞(M2)有关。干扰素(IFN);白细胞介素(IL);诱导型一氧化氮合酶(iNOS);转化生长因子(TGF);肿瘤坏死因子(TNF)

天开始出现显著的疾病症状,在第 18 天达到最大临床评分(图 8-42(a))。早期口服 C-PC 200 mg/kg 能显著减轻 EAE 症状的严重程度。这一点可以通过 AUC 的比较得到证明(图 8-42(b))。他们还观察到,与单纯诱导 EAE 症状的大鼠相比,早期口服 C-PC 的大鼠最大临床评分显著降低。在旋转棒实验中,EAE 组显示出一过性运动障碍,在第 18 天达到临界点(图 8-43(a)),在此期间,接受载体处理的动物不能在旋转棒上停留 3 分钟,接受口服 C-PC(预防或早期治疗)的大鼠在整个研究过程中没有从旋转棒上掉下来(图 8-43(b))。取 Lewis 大鼠的脑组织样本进行透射电镜分析,结果显示,对照组大鼠的大脑样本中观察到致密的髓鞘,没有轴突受损的迹象(图 8-44(a)),而 EAE 组大鼠大脑中可观察到摇晃和松散的髓鞘,表明 EAE 组大鼠大脑脱髓鞘(图 8-44(b))。口服预防性 C-PC 治疗组大鼠大脑髓鞘呈压缩、压碎状态(图 8-44(c))。在早期治疗方案中口服 C-PC 也能够保护髓鞘。与 EAE 组相比,口服预防性 C-PC 治疗组大鼠大脑髓鞘的结构更紧凑,但与对照组相比,仍有松开的迹象(图 8-44(d))。以上现象表明 PC 能够抑制 EAE 症状。

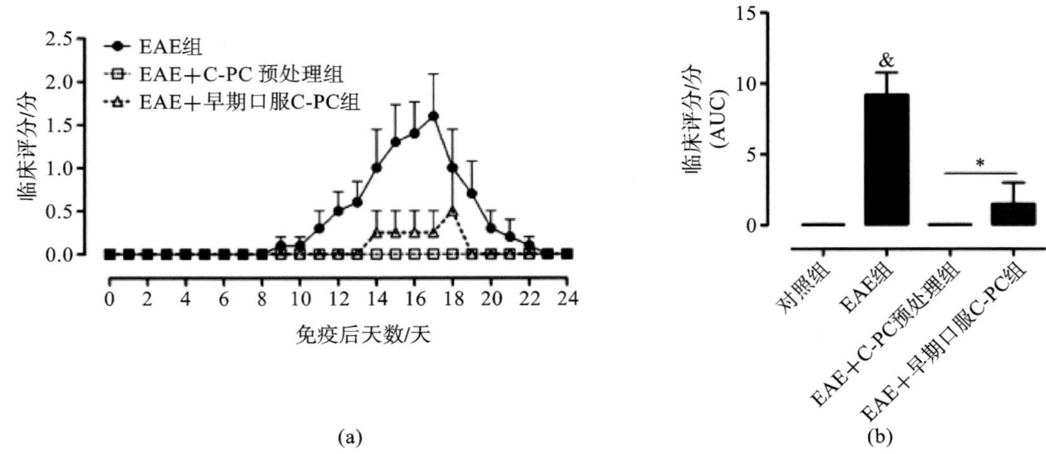


**图 8-42　口服 PC 对大鼠 EAE 病情进展的影响**

(a)研究期间评估的临床评分;(b)曲线下面积测量的临床严重程度(AUC)

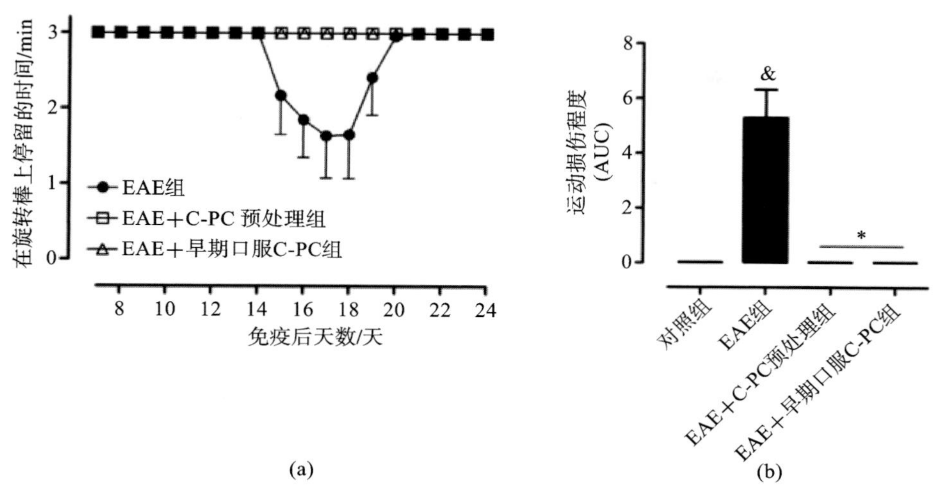


**图 8-43　口服 C-PC 对 EAE 大鼠运动功能的影响**

(a)每天评估大鼠在旋转棒上停留的时间；(b)通过旋转棒上的表现间接测量运动损伤程度，并以曲线下面积(AUC，以任意单位表示)表示

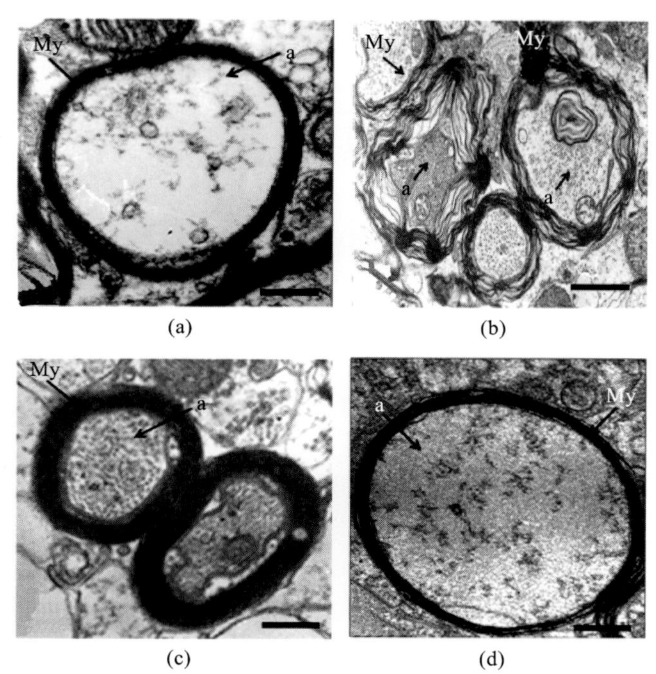


**图 8-44　大鼠大脑活检的透射电镜分析**

(a)对照组大鼠；(b)EAE 组大鼠；(c)在诱导前 15 天每天口服 200 mg/kg C-PC 的大鼠(预防性 C-PC 治疗，预防方案)；(d)从诱导当天开始每天口服 200 mg/kg C-PC 的大鼠(早期口服 C-PC 治疗，早期治疗方案)第 15 天的代表性图像

口服 C-PC 可减轻 EAE 大鼠的氧化损伤。Cervantes-Llanos 等(2018)评估了 EAE 组大鼠血清和脑匀浆中的氧化应激生物标记物的情况，结果显示，EAE 组大鼠对脂质的氧化损伤反应是突出的。与健康大鼠相比，用该赋形剂治疗的大鼠脑 MDA 和血清 PP 显著增加。与 EAE 组大鼠相比，口服 C-PC 能显著降低 MDA 和 PP 血清水平。以上现象说明 PC 可能是通过降低机体的氧化应激水平来减轻 EAE 组大鼠的脑损伤。

Cervantes-Llanos 等(2018)用含有 150 μg MOG35-55(髓鞘少突胶质细胞糖蛋白)肽和添加

4 mg/mL结核分枝杆菌 H37RA 的完全弗氏佐剂的乳剂对雌性 C57BL/6J 小鼠进行免疫后,每只小鼠注射 300 ng 百日咳毒素诱导 EAE 症状,诱导后小鼠每天口服 0.2 mg/kg、1 mg/kg 或 5 mg/kg PCB 一次,持续 28 天,观察小鼠的临床症状。如图 8-45(a)所示,EAE 组小鼠在诱导后第 9 天出现首发症状,而口服 1 mg/kg 和 5 mg/kg 的 PCB 发病分别延迟到免疫后第 11 天和 12 天。与赋形剂治疗组[95%CI=(10.603;27.216)]相比,由临床评分曲线下面积显示,测试的最高 PCB 剂量显著降低了小鼠的临床严重程度[95%CI=(10.603;27.216)](图 8-45(b))。PCB 对最大临床评分的反转效应也非常显著,分别为(平均值±0.45) mg/kg、(1.95±0.47) mg/kg 和(1.3±0.32)mg/kg,后者与 EAE 组(2.80±0.39) mg/kg 相比,差异有显著性意义。结果表明,PCB 0.2 mg/kg、1 mg/kg 和 5 mg/kg 剂量组的最大临床评分分别为(2.60±0.45)分、(1.95±0.47)分和(1.3±0.32)分,差异均有显著性。说明口服 PCB 可延缓小鼠 EAE 的临床进展。

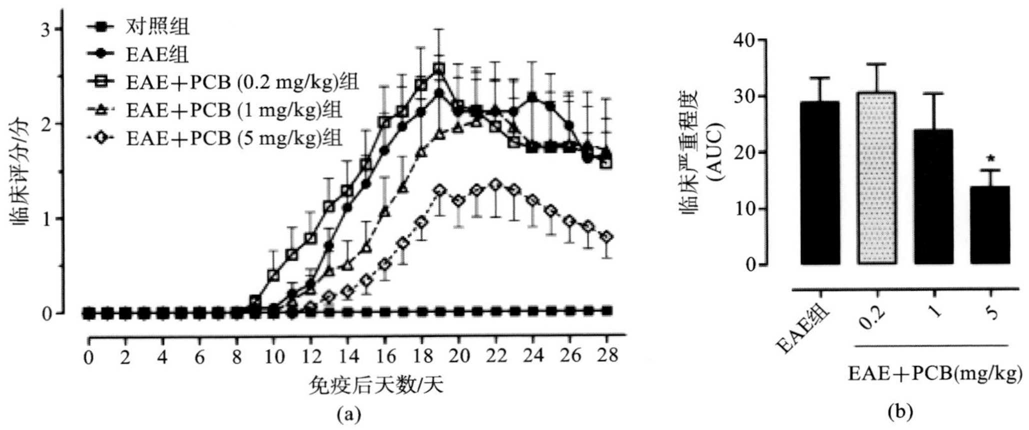


**图 8-45　EAE 小鼠口服 PCB 的临床评价**

(a)研究期间评估的临床评分;(b)曲线下面积测量的临床严重程度(AUC)

Cervantes-Llanos 等(2018)检测了 PCB 对小鼠大脑样本中一些促炎症细胞因子的调节作用。与对照组相比,EAE 组小鼠的 IL-17、IL-6 和 IFN-γ 水平显著升高。口服 PCB 显著降低小鼠大脑 IL-6 和 IFN-γ 的表达,且呈剂量依赖关系,说明口服 PCB 能降低 EAE 小鼠促炎症细胞因子水平,从而发挥缓解 EAE 症状的作用。

Pentón-Rol 等(2016)用脑脊液和百日咳毒素诱导雌性 C57BL/6 小鼠 EAE 症状,小鼠每天接受 C-PC(2 mg/kg、4 mg/kg 或 8 mg/kg,腹腔注射)总计 15 天,评价了 C-PC 的抗氧化、抗炎和细胞保护作用。结果发现,与 EAE 组相比,C-PC 组小鼠的临床表现有所改善,表明 C-PC 治疗比载体 EAE 小鼠更早地限制了疾病的恶化,减轻了疾病的严重程度。

Pentón-Rol 等(2016)研究经 C-PC 治疗的小鼠脱髓鞘和轴突损伤程度,结果显示,在诱导后第 29 天,脊髓中的炎症灶数量显著减少。接受 8 mg/kg 和 4 mg/kg C-PC 的小鼠,经 LFB-PAS 染色,结果发现脊髓白质脱髓鞘程度显著降低。2 mg/kg C-PC 对损伤区的炎症细胞和脊髓脱髓鞘程度均无影响。这些结果证明了 C-PC 在减少炎症方面的剂量依赖性作用。

Pentón-Rol 等(2016)还发现,与健康对照组的样本相比,EAE 组小鼠的丙二醛和过氧化氢酶与超氧化物歧化酶的比率(CAT/SOD)在统计学上显著增高,GSH 水平降低。摄入 8 mg/kg C-PC 可降低 MDA 和 PP 水平,引起 CAT/SOD 指数升高,谷胱甘肽水平显著提高,说明 C-PC 能减轻 EAE 组小鼠体内的氧化应激,改善 EAE 症状。

Pentón-Rol 等(2011)发现,C-PC 能够触发 MS 患者外周血单个核细胞(PBMC)EAE 表达的抑制或降低机制,并诱导调节性 T 淋巴细胞(Treg)反应,提示 Treg 可限制急性 MS 发作。PC 可作为神经保护因子,恢复神经退行性疾病机体中枢神经系统(CNS)的器质性和功能性损伤。此外,PC 还能促

进实验性自身免疫性脑脊髓炎大鼠和小鼠白质再生(Pentón-Rol 等,2018)。

## 8.3.5 皮肤疾病

### 8.3.5.1 创伤愈合

创伤愈合(wound healing)是皮肤受损后进行自我修复的过程(图 8-46)。一般来说,伤口愈合是在三个相互关联的动态和重叠的阶段(即炎症期、肉芽形成期和重塑期)进行的。伤口愈合过程依赖于生长因子、细胞因子和趋化因子,它们参与复杂的信号整合,协调细胞功能,从而改变靶细胞的生长、分化和代谢。在这个复杂的信号链中,白细胞介素-1(IL-1)首先包围细胞以防止进一步的损伤;随后,其他生长因子,如成纤维细胞生长因子(FGF)、表皮生长因子(EGF)、转化生长因子(TGF-β)和血小板衍生生长因子(PDGF)作用于伤口,控制伤口区域的进一步损伤。血小板释放血管内皮生长因子(VEGF)并促进内皮细胞的增殖和迁移。这一过程进一步激活信号级联反应,包括合成其他生长因子(如角质形成细胞生长因子(KGF))和骨形态发生蛋白(BMP),允许成纤维细胞和角质形成细胞浸润。在最后阶段,成纤维细胞转化为肌成纤维细胞,这些肌成纤维细胞沿着细胞外基质(ECM)的边缘排列,产生促进伤口愈合的收缩力(Madhyastha 等,2012)。

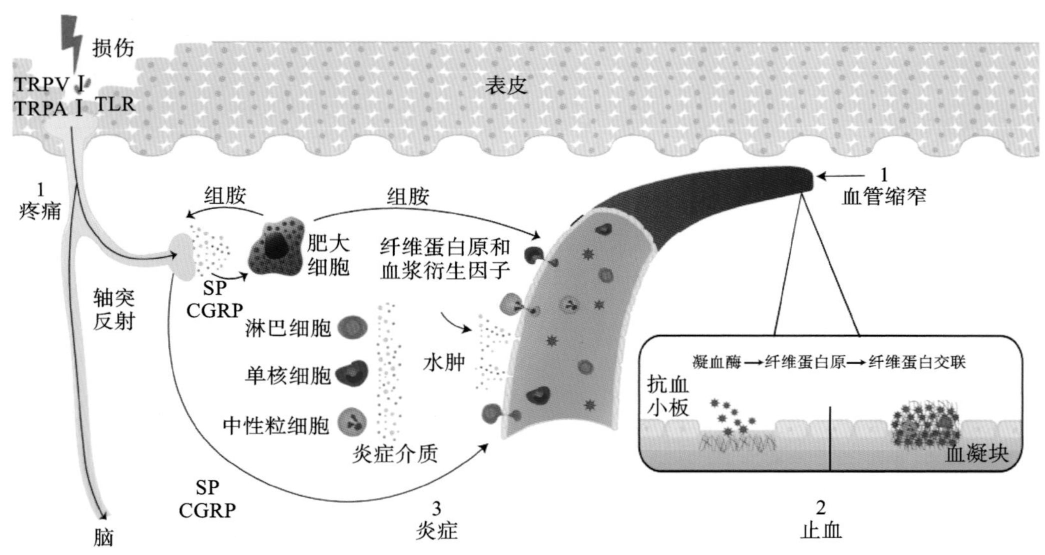


**图 8-46 愈合过程:受伤后,必须迅速恢复皮肤完整性,以保持其功能(Cañedo-Dorantes 和 Cañedo-Ayala,2019)**

在这个过程中,外周血单个核细胞、驻留皮肤细胞、细胞外基质、细胞因子、趋化因子、生长因子等参与伤口愈合过程。复杂的皮肤修复过程分为三个连续的重叠步骤:发育期、增殖期和重塑期。发育期包括皮肤神经源性炎症和止血;这些早期事件始于损伤后的第 1 秒,持续约 1 h。在随后的 24 h 内,中性粒细胞迅速聚集到损伤组织中,随后 1 周减少。炎症性单核-巨噬细胞向伤口的渐进性聚集在损伤后第 2 天开始出现,并持续增多,在增殖期达到最大值,在随后的两周开始减少,成为组织修复过程中占主导地位的细胞。伤后第 4 天,循环淋巴细胞迁移至皮肤,并在伤后 2 周内持续存在,然后逐渐减少。最后一个阶段始于损伤后第 2 周,包括重塑先前在增生期形成的组织和瘢痕组织,以恢复皮肤完整性。最后一个阶段可能会持续几个月;CGRP,降钙素基因相关肽;TLR,Toll 样受体

PC 促进伤口愈合的效果已在多个实验中得到证明。在体外实验中,Gunes 等(2017)制备了 PC 含量为 4.5%的钝顶螺旋藻粗提物,并探究了不同浓度(1%、0.75%、0.50%、0.1%、0.05%、0.01%、0.001%)的粗提物对人角质形成细胞 HS2 细胞的影响,结果发现粗提物对培养的 HS2 细胞有增殖作用,粗提物在浓度为 0.1%和 0.05%时,细胞的增殖活性较高。他们用 L929 成纤维细胞和 HS2 细胞制备"划痕试验"模型观察体外伤口愈合活性,发现添加有 0.5%和 1.125%的钝顶螺旋藻粗提物的护肤霜均能显著改善创面细胞迁移。含有 1.125%钝顶螺旋藻提取物的护肤霜对皮肤细胞

的增殖作用最强。Castangia 等(2016)探究了 PC 对人角质形成细胞和内皮细胞增殖的影响。在 50 μg/mL 的浓度下,用游离的 PC 和纳米包裹的 PC 分别培养细胞 48 h 和 72 h,发现角质形成细胞的存活率增高到约 130%。内皮细胞的存活率显示出时间依赖性,48 h 后约为 115%,72 h 后增高到 130%。Madhyastha 等(2008)探讨了经C-PC处理的伤口愈合特性与人成纤维细胞 TIG3-20 增殖和迁移的关系。与对照组相比,C-PC 以剂量依赖的方式显著促进细胞增殖。C-PC 浓度为 75 μg/mL 时,细胞活性达到高峰,此外,Madhyastha 等还观察到经 C-PC 处理的细胞结构发生改变,如突触延伸,说明 C-PC 能促进细胞增殖,具有促进创面愈合的能力。

在动物实验中,Madhyastha 等(2008)探究了 C-PC 处理的小鼠皮肤创面的愈合效果。他们将含C-PC的胶原膜铺在真皮创面上,观察 1 周的创面愈合率,从第 4 天开始,C-PC 治疗组的伤口面积显著减小,显示伤口愈合更快(图 8-47)。在实验结束时,C-PC 治疗组的伤口闭合率为 80%,而用不含 C-PC 的胶原膜的对照组伤口闭合率为 50%。Madhyastha 等将 75 μmol/L 的 C-PC 与Ⅰ型胶原混合制成支架,探究了该支架对小鼠伤口愈合的影响和对人类角质形成细胞的迁移能力,6 天后肉眼观察,创面愈合较对照组明显更好。在观察的 6 天内,伤口的拉伸强度也增加。在实验所有阶段,C-PC 处理组的拉伸强度值最高(第 3 天为(4.5±1.2) $kg/cm^2$,第 6 天为(6.83±2.1) $kg/cm^2$);胶原处理组的拉伸强度值中等(第 3 天为 3.6 $kg/cm^2$,第 6 天为 5.2 $kg/cm^2$),对照组的拉伸强度值最低(第 3 天为 3.1 $kg/cm^2$,第 6 天为(3.6±0.21) $kg/cm^2$)。与对照组相比,C-PC 治疗组在整个愈合过程中具有明显的优势。伤口闭合是物理、生化事件的内在作用。在生化方面,胶原合成是伤口闭合的标志性事件,与羟脯氨酸、醛酸和己胺的波动有关。生化分析结果显示,伤口闭合率显著增高,C-PC 处理组总蛋白质、羟脯氨酸、己胺和醛酸含量均较对照组降低。在第 0 天、第 3 天和第 6 天密切监测 HE 染色皮肤切片愈合率,表皮生物生成、胶原合成和创面闭合情况。在伤后 3 天内,C-PC 治疗组愈合较好,伤口边缘闭合,中性粒细胞迁移,炎症反应较轻。对照组中性粒细胞迁移不完全,表明创面仍处于炎症期。对照组可见较宽的空泡(图 8-48),但 C-PC 处理组较少见,显示 C-PC 处理组创面愈合率和上皮化程度较好。这些实验反映了 C-PC 在伤口愈合中的积极作用。

C-PC 能够调节愈合过程中的生长因子。Madhyastha 等在不同时间间隔从伤口组织中提取了总 RNA,并用 RT-PCR 对 84 个生长因子进行分析,发现伤口组织中小鼠生长因子(如 Cxcl12、Fgf18、

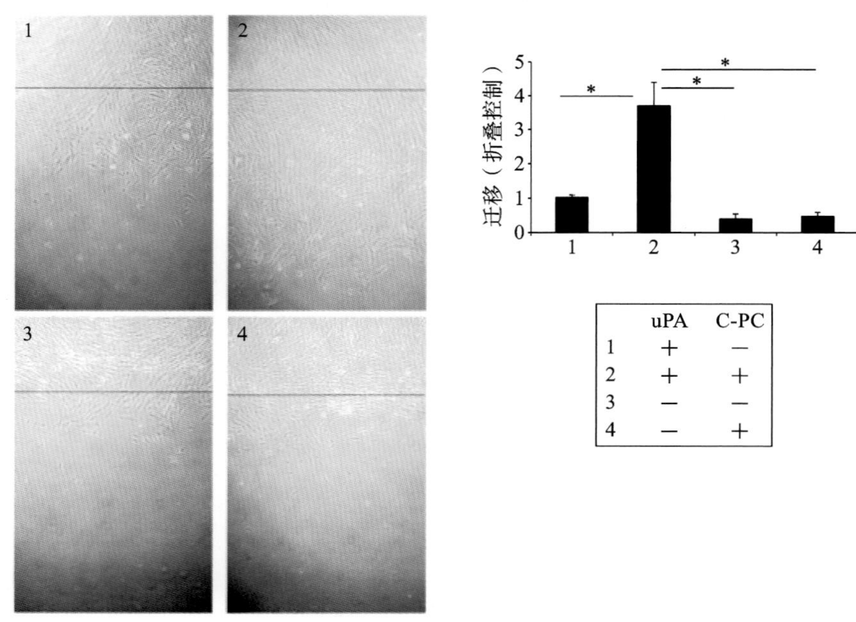


**图 8-47　体外伤口愈合实验(Madhyastha 等,2008)**

黑线表示实验开始时的伤口边缘。伤口愈合情况是通过测量伤口边缘细胞的距离来评估的

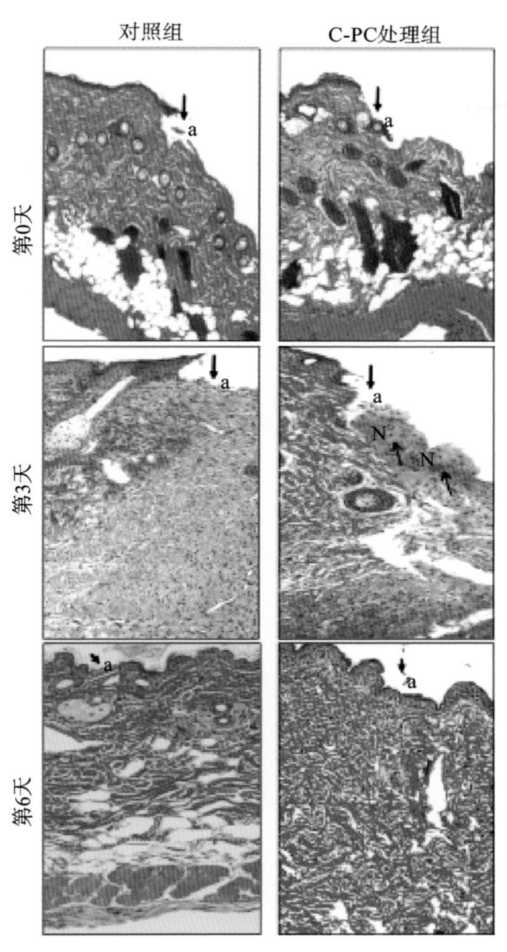


**图 8-48 皮肤组织学检查(Madhyastha 等,2012)**

对照组和 C-PC 支架治疗组肉芽组织苏木精-伊红染色切片,于伤口愈合第 0 天、第 3 天和第 6 天放大 10 倍。箭头显示伤口边缘(a)和中性粒细胞迁移(N)

Lefty 1、Lefty 2、Rabep 1 和 Zip91)过表达(最多 10 倍)和下调(在 C-PC 处理组中,在 6 天的时间内,Amh、Bmp 7 和 Nodal 的表达减至原来的 1/10)。此外,Csf 3、Fgf 22、Mdk、Igf 2、转化生长因子-α1(TGF-α1)和白介素-1β(IL-1β)的表达量比对照组高 30 倍以上。TGF-β 亚家族细胞因子生长因子(如 Bmp 2、Bmp 4 和 Bmp 8b)和其他生长因子(如 Cxcl 1)在第 3 天显示出最高的活性。蛋白质印迹分析表明,基因活性与 Bmp 8b、Bmp 4、Bmp 2 和 Cxcl 1 的蛋白表达呈正相关。C-PC 组 Csf 3 和 IL-1β 的表达显著上调,第 6 天 Csf 3 和 IL-1β 的表达水平最高。在创面愈合第 3 天,C-PC 治疗组 Bmp 2、Bmp 4 呈负性调节,Bmp 8、Cxcl 1 呈阳性调节。然而,表达水平在第 6 天达到了对照水平。mRNA 表达常被用作细胞蛋白表达变化的替代信号。蛋白质印迹分析表明,C-PC 支架能够有效地调节生长因子的表达。

中性粒细胞、成纤维细胞和角质形成细胞在伤口愈合的不同阶段发挥着重要作用。Madhyastha 等(2008)发现,C-PC 具有在伤口愈合过程中促进成纤维细胞增殖和迁移的双重作用。用 C-PC 刺激人成纤维细胞,结果证明它有助于 G1 期细胞分裂,同时上调细胞周期蛋白依赖性激酶 1 和 2(Cdk 1 和 Cdk 2)的表达。这说明 C-PC 能通过作用于细胞周期蛋白依赖性激酶来促进细胞增殖。此外,C-PC 还促进细胞向伤口迁移。在迁移方面,uPA 起着关键作用,其一方面通过 GTPase、Rac 1 和 Cdc 42 以 PI 3K 途径介导,另一方面通过趋化因子的差异表达介导(图 8-49)。

Madhyastha 等(2012)采用角质形成细胞和成纤维细胞共培养模型,模拟了体内伤口愈合和体外

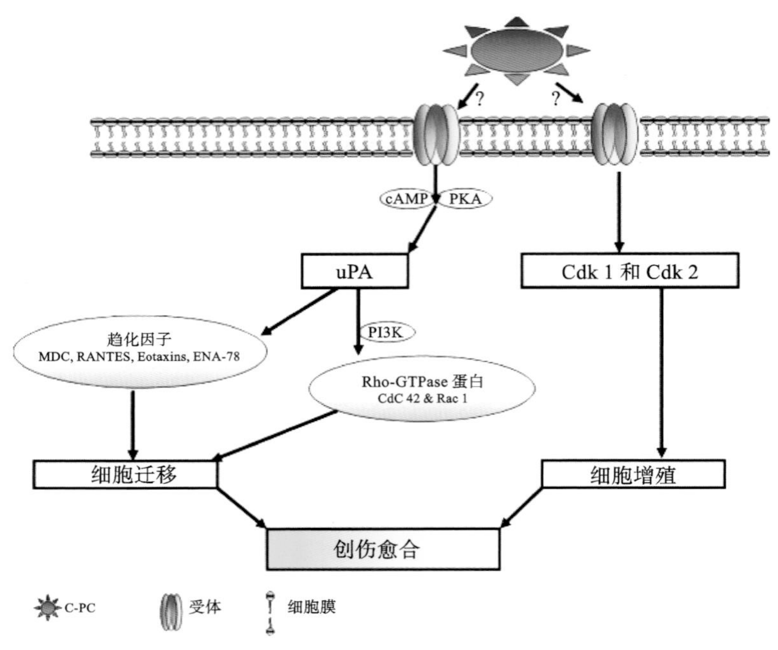


**图 8-49　创伤愈合过程中 C-PC 介导的信号转导途径的示意图(Madhyastha 等,2008)**

伤口愈合过程,结果表明,C-PC 通过 GTPase 介导的途径在伤口愈合过程中诱导成纤维细胞迁移,呈剂量依赖性,C-PC 处理组在没有成纤维细胞的情况下不会引起角质形成细胞迁移。然而,在共培养条件下,C-PC处理组的细胞移动速度更快。这表明 C-PC 可能通过作用于成纤维细胞而影响角质形成细胞的迁移。在 C-PC 处理组中,C-PC 对角质形成细胞迁移没有直接影响。但是,与成纤维细胞共培养的角质形成细胞在 C-PC 存在的情况下显示出更高的迁移速度,这表明 C-PC 对角质形成细胞迁移具有间接作用(图 8-50)。

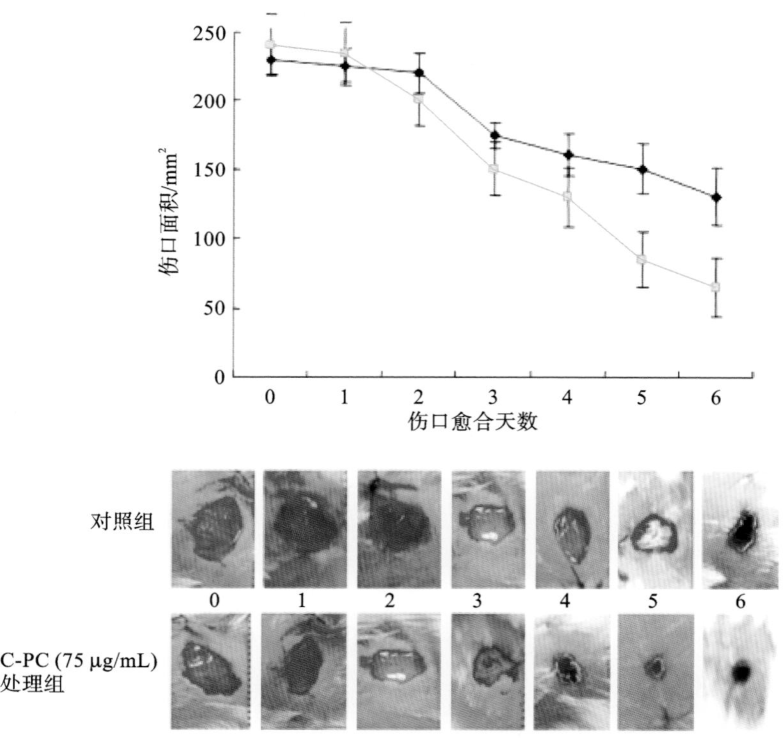


**图 8-50　小鼠皮肤创面愈合模型(Madhyastha 等,2008)**

#### 8.3.5.2 辐照引起的皮肤损伤

暴露在太阳紫外线辐射(UVR)下的人类皮肤,活性氧(ROS)的产生显著增加(图 8-51)。ROS 的突然增加将自然平衡转移到氧化前状态,导致氧化应激。氧化应激通过多种机制产生有害影响,这些机制涉及蛋白质和脂质的改变、炎症的诱导、免疫抑制、DNA 损伤以及影响基因转录、细胞周期、细胞增殖和凋亡的信号通路的激活。所有这些改变促进癌症的发生,因此,ROS 水平的调节对维持皮肤内环境平衡至关重要。由于 ROS 过量存在,多种转录因子被激活,包括核因子-κB(NF-κB)、活化蛋白 1(AP-1)、红系衍生的核因子 2 相关因子 2(Nrf2)和丝裂原活化蛋白激酶(MAPK)。转录因子 Nrf2 是细胞保护基因对氧化应激的主要反式激活因子。Nrf2 通过与顺式作用元件结合来调节细胞保护基因的转录,这些基因的增强子区域存在抗氧化反应元件(ARE)。NF-κB 和 AP-1 的激活有助于真皮成纤维细胞诱导基质金属蛋白酶(MMPs),导致细胞外基质(ECM)降解和皮肤过早老化。ECM 的降解也有助于癌细胞的侵袭和转移(Dunaway 等,2018)。

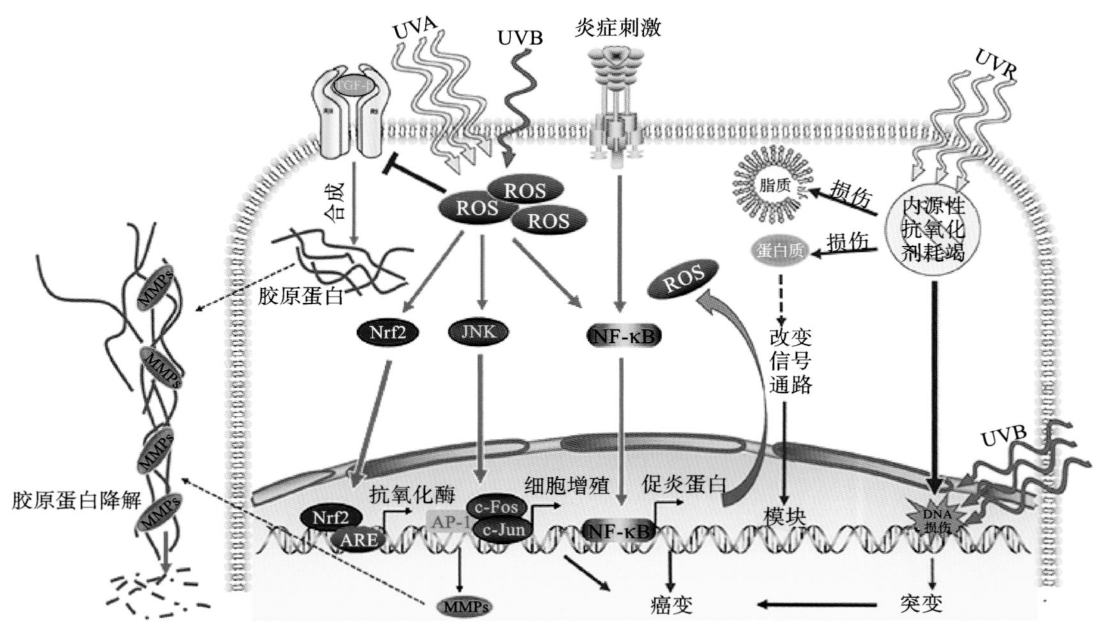


**图 8-51 太阳紫外线对皮肤的影响(Dunaway 等,2018)**

表皮角质形成细胞中 UVR(UVA+UVB)作用的简化表示。暴露于 UVR 可诱导活性氧(ROS)的形成。活性氧的增加导致促氧化剂和抗氧化剂之间的不平衡,产生氧化应激,进而损害脂质和蛋白质。氧化应激也会导致 DNA 损伤,这是已知的由 UVB 产生的直接 DNA 损伤复合而成的。ROS 可引起转录因子(如 Nrf2、JNK 和 NF-κB)的激活。这些转录因子将分别与它们的特定 DNA 序列、抗氧化反应元件(ARE)、AP-1(c-Fos/c-Jun)和 NF-κB 结合。这些转录因子的下游靶点包括抗氧化剂,以及与促进细胞增殖和促炎症介质(即 COX-2、前列腺素 E2、白细胞介素)合成相关的基因。炎症引起水肿,进一步增加 ROS 的形成。ROS 诱导的脂质和蛋白质的改变导致异常的细胞信号,可能促进癌变。此外,氧化应激导致基质金属蛋白酶(MMPs)的合成和释放,降解胶原蛋白(一种皮肤老化的生物标志物)

Kim 等(2018)用不同浓度的 PC 预处理原代角质形成细胞,然后用 UVB 或不用 UVB(20 mJ/cm$^2$)处理,分析细胞凋亡相关因子 p53、Bax、Bcl-2 和 caspase-3 在角质形成细胞中的表达。他们发现,与只暴露于 UVB 的细胞相比,PC 显著降低了 p53、Bax/Bcl-2 的表达水平,并且抑制了 caspase-3 的激活(图 8-52(b)(c))。如末端脱氧核苷酸转移酶 dUTP 缺口末端标记(TUNEL)染色所示,紫外线照射增加了染色质浓缩和 DNA 片段化,PC 的加入阻断了染色质浓缩和 DNA 片段化(图8-52(d))。这些结果表明 PC 对 UVB 诱导的细胞凋亡具有保护作用。

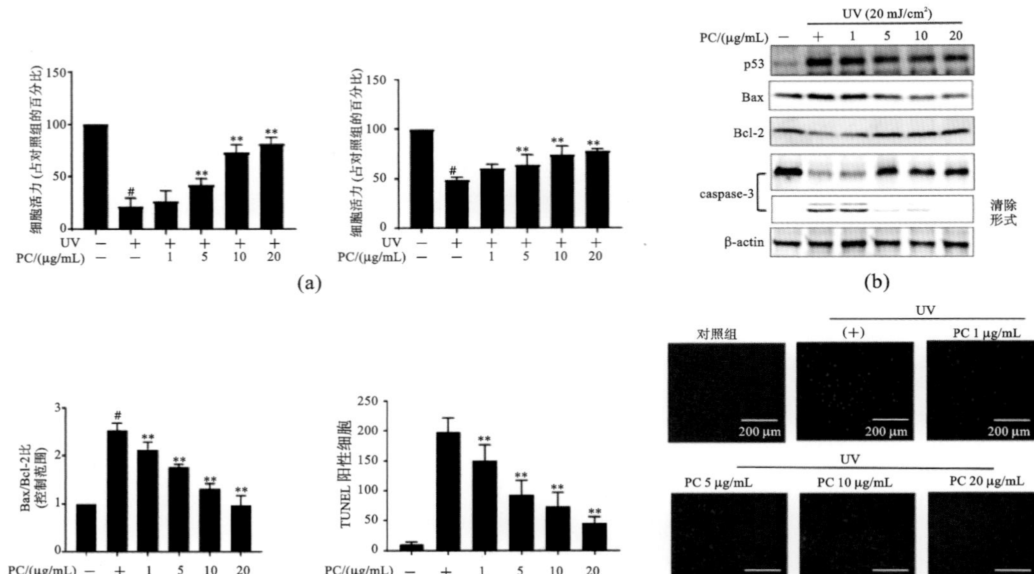


**图 8-52　PC 对 UVB 诱导的细胞凋亡的保护作用(Kim 等,2018)**

(a)用不同浓度的 PC 预处理 HDF(上)和 HEK(下)细胞 24 h,然后用磷酸盐缓冲液(PBS)洗涤。在 PBS 中,将细胞暴露于 UVB(20 mJ/cm²)中 20 min,然后在正常培养基中培养 2 h。用 MTT 法检测不同处理方式下细胞的存活率,并以对照细胞的百分比表示。(b)用所示浓度的 PC 预培养细胞 24 h,然后用 PBS 清洗。在 PBS 中将细胞暴露于 UVB 辐射(20 mJ/cm²)中 20 min,然后在正常培养基中培养 2 h,用抗 p53、Bax、Bcl-2、caspase-3 特异性抗体进行蛋白质印迹分析。(c)用 PC(20 μg/mL)预处理 HEK 细胞 24 h,将细胞暴露于 UVB(20 mJ/cm²)中 20 min,然后培养 4 h,以 TUNEL 法检测凋亡细胞并定量

Kim 等(2018)探究了 PC 保护细胞免受凋亡的具体通路,结果发现,PC 能呈浓度依赖性地提高 Nrf2的核水平,降低 Nrf2 在胞质中的浓度。此外,PC 治疗显著增加了 HO-1 的表达。他们在 HEK 中进行了荧光素酶报告基因分析。用荧光素酶 cDNA 转染细胞,并进行基因转录调控。结果显示,PC 显著激活了 ARE 介导的转录。这表明 PC 激活了 Nrf2/ARE 通路系统。Kim 等(2018)研究了 PC 对 p38、Akt 和 PKCα/βⅡ的影响,在 PC 处理细胞中未检测到 p38 和 Akt 的磷酸化,但 PC 处理能够增强 PKCα/βⅡ的磷酸化(图 8-53(a))。PKCα/βⅡ参与了 PC 诱导的 HO-1 表达和 Nrf2 核移位。检测 PKCα/βⅡ和 Nrf2 的磷酸化模式、Nrf2 的核移位以及 PKCα/βⅡ选择性抑制剂 Go6976 预处理后 HO-1 的表达,结果发现,抑制 PKCα/βⅡ活性可显著抑制 PC 处理诱导的 Nrf2 的磷酸化和核移位,以及 HO-1 的表达(图 8-53(b))。此外,PC 处理使 ARE 转录元件增多,但是 Go6976 处理降低了 ARE 荧光素酶活性(图 8-53(c))。Kim 等(2018)研究了转染 HO-1 小干扰 RNA(siRNA)后 HO-1 表达的变化,在用对照 RNA 转染的细胞中,PC 对 UVB 诱导的 PARP-1(凋亡标志物)和 caspase-3 裂解有保护作用,而在转染 HO-1 siRNA 的细胞中则没有保护作用(图 8-53(d))。这些结果提示 PC 通过 PKCα/βⅡ途径调控 HO-1 诱导和 Nrf2 核移位,从而产生抗凋亡活性。

#### 8.3.5.3　皮肤色素沉着

皮肤色素沉着(skin pigmentation)的组织学特征是基底层的黑色素细胞数量正常或增加,黑色素细胞活性增加,所有层的表皮黑色素增加。紫外线辐射是影响皮肤色素沉着的特征性因素之一。在活跃的病变中,α-黑色素细胞刺激素(α-melanocyte-stimulating hormone,α-MSH)表达上调(图 8-54)。其他变化,如角质形成细胞或黑色素细胞的表观遗传变化,可能有助于黑色素细胞活化。有研究者用黑光灯检查发现,表皮色素沉着较深的病变内呈深棕色。大多数皮肤美白剂的目标是在酪氨酸酶的作用水平上减轻表皮色素沉着。减少皮肤色素沉着,对预防皮肤癌、光老化和美白有着重要的意义(Rachmin 等,2020)。

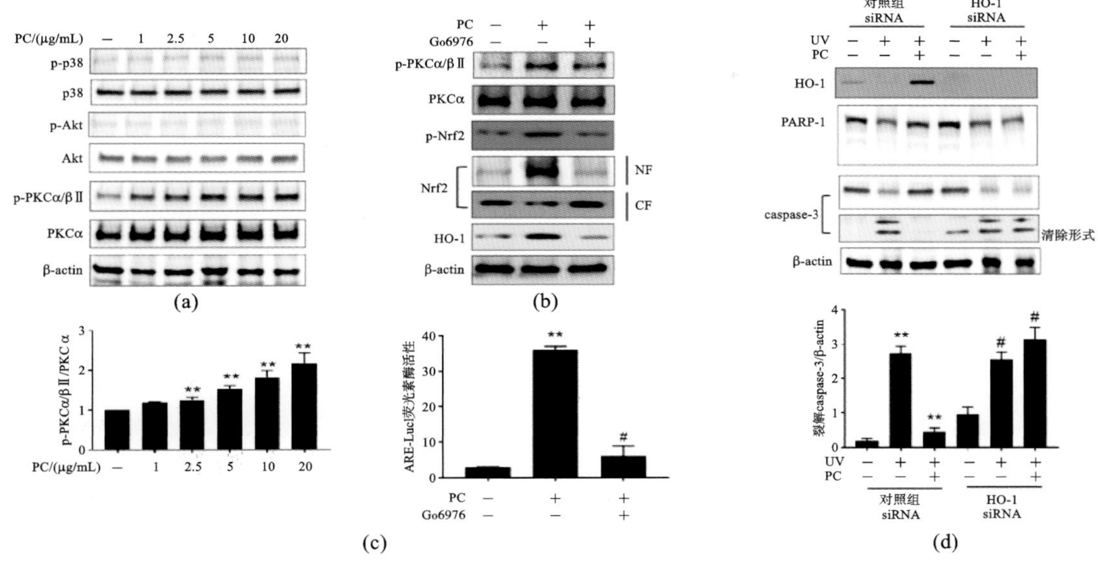

**图 8-53 PC 通过蛋白激酶 C(PKC)α/βⅡ依赖途径激活原代角质形成细胞 HO-1 的表达(Kim 等,2018)**

(a)用不同浓度的 PC 处理 HEK 细胞 4 h,再用蛋白质印迹分析细胞裂解产物。磷酸化 PKCα/βⅡ的能带密度与总 PKCα 的能带密度一致;(b)用 Go6976(2 μmol/L)预孵 30 min,然后用 PC(20 μg/mL)处理 12 h,再用蛋白质印迹分析 NF 和 CF;(c)用对照 siRNA 或 HO-1 siRNA 转染细胞,将转染细胞与 Go6976(2 μmol/L)共孵育 1 h,然后与 PC 共孵育 18 h,进行荧光素酶检测;(d)用对照 siRNA 或 HO-1 siRNA 共转染 12 h,用 PC(20 μg/mL)共孵育 24 h,暴露于 UVB(20 mJ/cm$^2$)下 20 min,然后孵育 2 h。用蛋白质印迹分析细胞裂解物

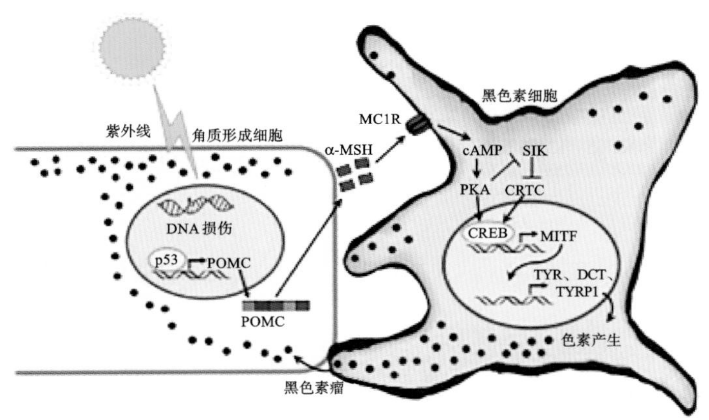


**图 8-54 紫外线辐射对皮肤色素沉着的影响(Rachmin 等,2020)**

暴露于紫外线辐射会导致 DNA 损伤,从而激活角质形成细胞中的 p53,这可导致 POMC 基因的上调和 POMC 裂解成 α-MSH。α-MSH 与邻近黑色素细胞上的 MC1R 结合,导致 cAMP 增加和蛋白激酶 A (PKA)活化。PKA 使 cAMP 反应元件结合蛋白(CREB)磷酸化,CREB 与小眼畸形相关转录因子(MITF)启动子结合,导致 MITF 的表达,并产生黑色素,最终将含有黑色素的黑色素小体转移到邻近的角质形成细胞。SIK,盐诱导激酶;CRTC,CREB 调节转录共激活子;TYR,酪氨酸;DCT,多巴色素异构酶;TYRP1,人酶氨酸酶相关蛋白 1

PC具有美白作用,已被添加到许多化妆品中。Wu等(2011)探究了不同浓度PC对B16F10黑色素瘤细胞酪氨酸酶活性和黑色素合成的影响。当PC浓度范围在0.05～0.1 mg/mL时,酪氨酸酶活性从75.7%降至65.7%,黑色素含量从56.2%降至47.5%,且呈剂量依赖性。这种抑制作用在转录和翻译后酪氨酸酶的表达中得到了进一步的验证。如图8-55(a)所示,PC在mRNA和蛋白质水平上均显著抑制了酪氨酸酶的表达,说明PC可以减少黑色素生成。

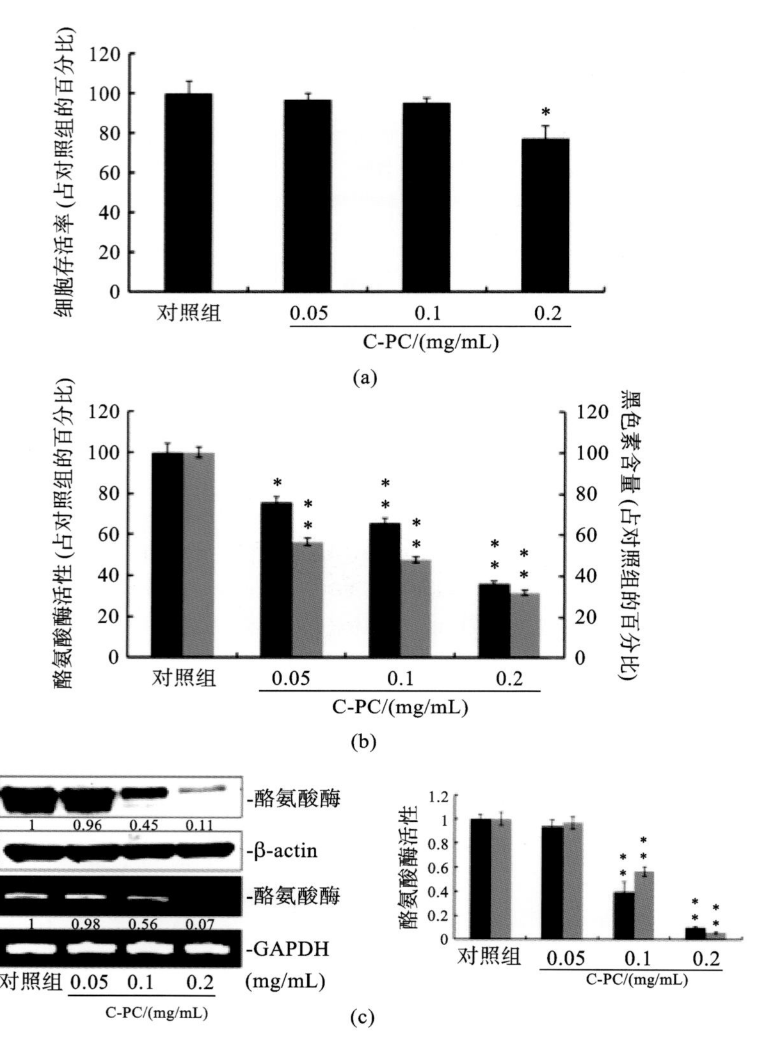


**图8-55 C-PC对B16F10黑色素瘤细胞活力、酪氨酸酶活性和黑色素含量的影响(Wu等,2011)**

为了探究PC对黑色素生成具体通路的影响,Wu等(2011)探究了促进黑色素细胞黑色素生成的cAMP升高激素α-MSH和MAPK/ERK通路相关因子ERK1/2和MEK的影响。随着PC浓度的增加(0.05～0.1 mg/mL),酪氨酸酶活性和黑色素形成呈剂量依赖性抑制。此外,酪氨酸酶mRNA和蛋白质的表达也被PC抑制(图8-56(b))。Wu等(2011)分析细胞内cAMP浓度,进一步表征PC的作用。图8-56(c)显示了C-PC治疗1 h测得的cAMP细胞浓度。PC(0.1 mg/mL)的加入可使cAMP水平在最初10 min内从4.8 pmol/mL增加到7.9 pmol/mL,各组总ERK1/2的变化不明显,而p-ERK1/2水平在C-PC治疗后10 min明显升高。此外,在540 min时,MEK的磷酸化也显著增加(图8-57(b)),提示C-PC可能激活MAPK/ERK信号。经PC(0.1 mg/mL)处理后540 min,MITF蛋白表达明显降低。这些结果证实了ERK对PC诱导的抗黑色素作用具有重要的调节作用。他们用Q-PCR检测MITF mRNA水平,探讨其上游调控机制。如图8-57(d)所示,随着C-PC的增多,MITF mRNA水平下降

($p<0.05$),表明 PC 可能影响 MITF 转录因子 CREB 的激活。他们用 MEK 抑制剂 PD98059 检测 PC 诱导的 MITF 和酪氨酸酶表达下调是否可以恢复,结果发现,经 PD98059 处理后,MITF 和酪氨酸酶的表达得以恢复(图 8-57(e)),提示 MAPK/ERK 通路在 C-PC 诱导的 B16F10 黑色素瘤细胞抗黑色素瘤发生中起重要作用。PC 治疗后 30 min 和 60 min,p-CREB 表达明显下降,而总 CREB 表达无明显变化。这些数据表明,PC 可能阻碍 CREB 的磷酸化,导致 MITF 转录的亚序列减少,从而抑制酪氨酸酶的后续表达。此外,p38 MAPK 可能通过磷酸化 CREB 进行核移位来进行基因转录。结果表明,PC 抑制 p38 的磷酸化(图 8-58(b),10 min),导致 p-CREB 表达下降。以上结果说明,PC 通过上调 MAPK/ERK 信号通路促进 MITF 蛋白降解,通过下调 p38 MAPK 通路抑制 CREB 活化,从而抑制黑色素生成(图 8-59)。

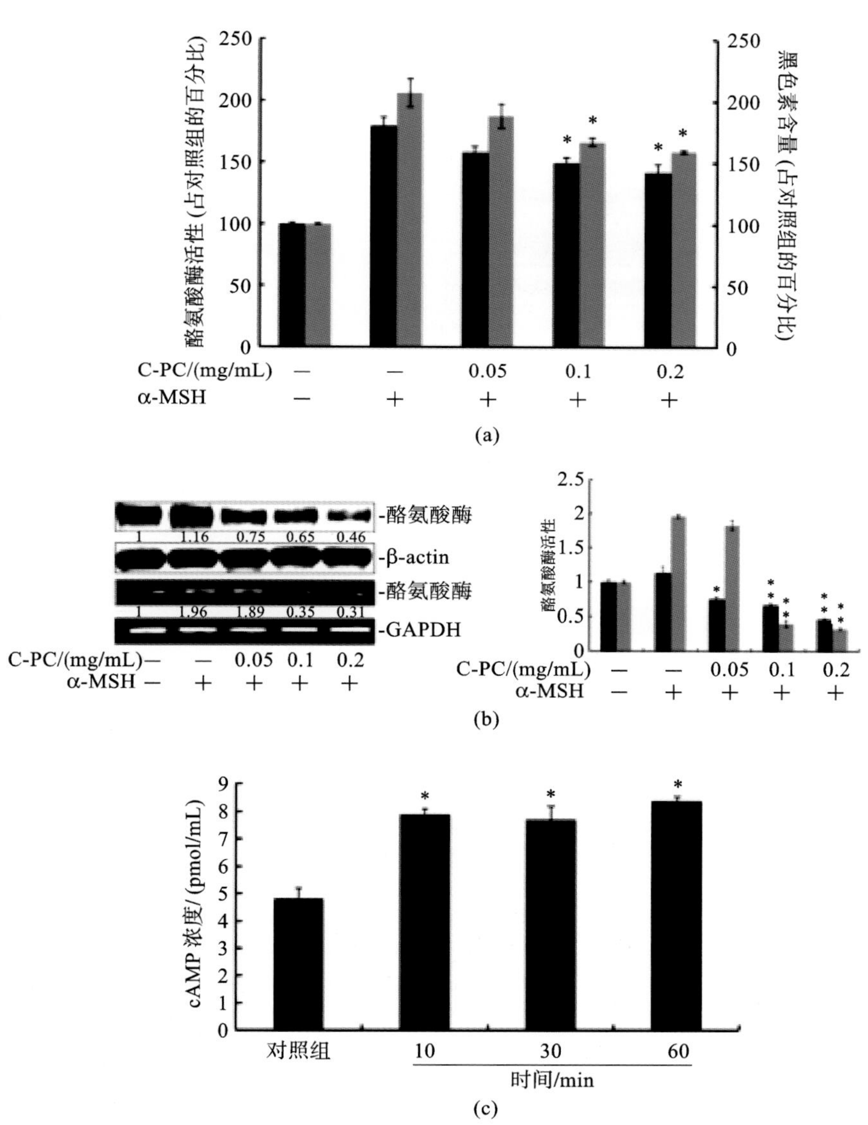


**图 8-56 C-PC 抑制 α-MSH 刺激的黑色素生成,增加细胞内 cAMP 的含量(Wu 等,2011)**

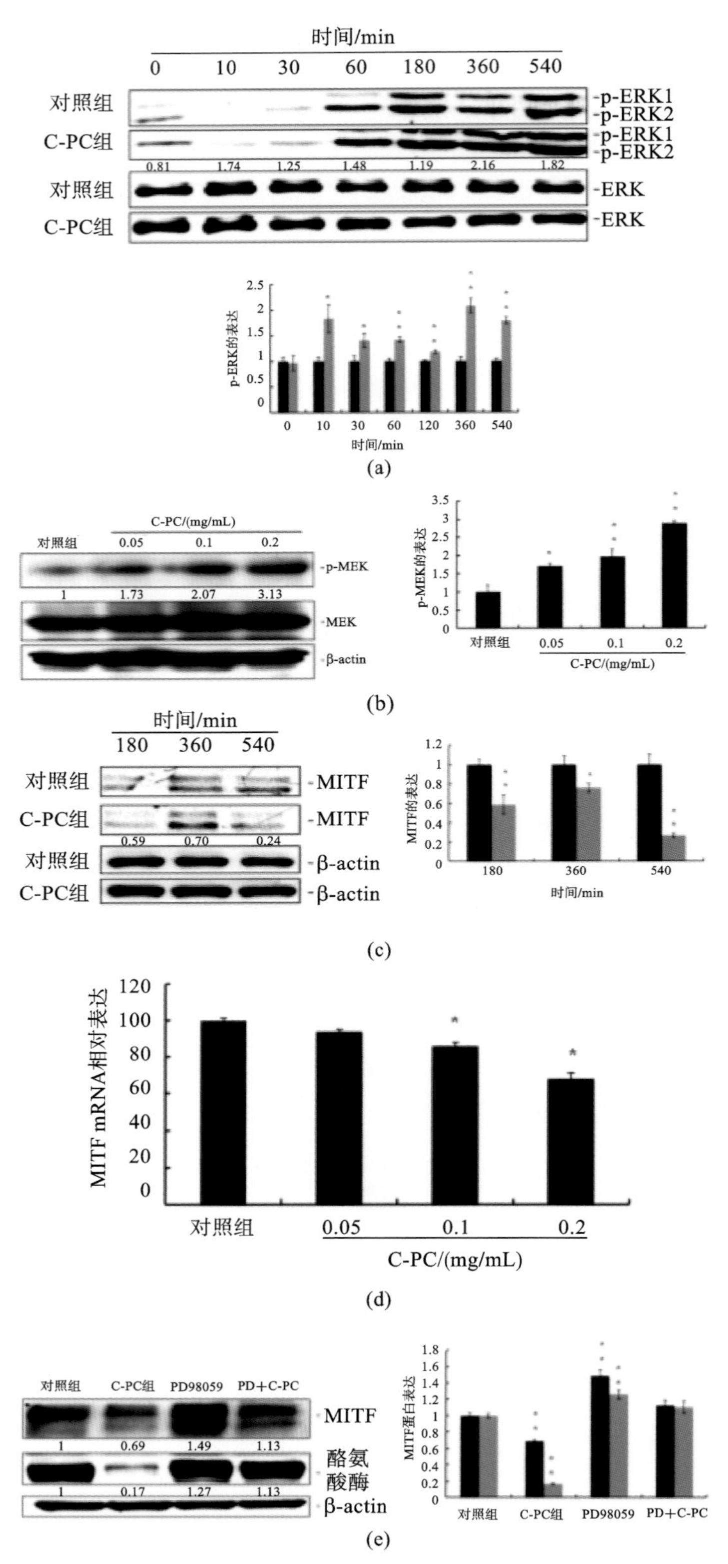


图 8-57　C-PC 对 cAMP/MAPK/ERK 途径及 MITF 蛋白和 mRNA 表达的影响(Wu 等,2011)

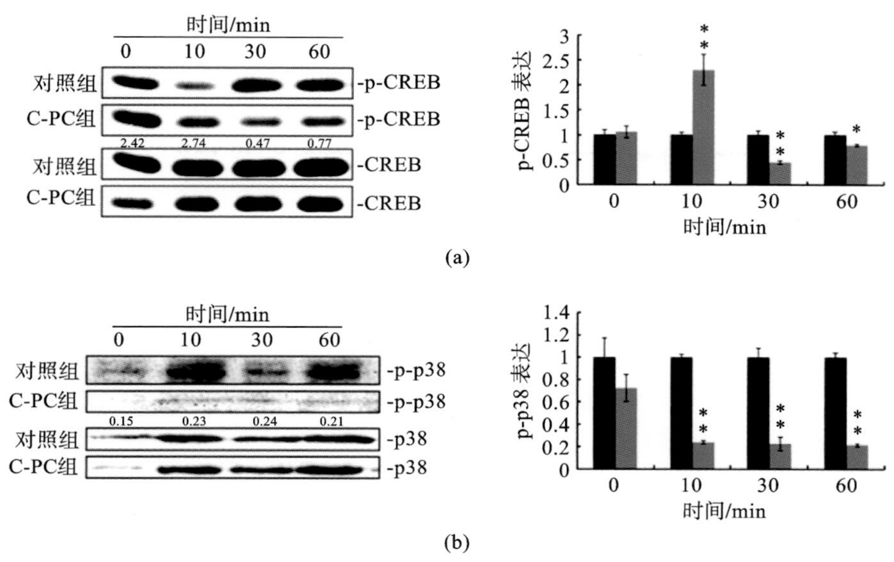


图 8-58 C-PC 对 p38 MAPK 和 CREB 信号通路的下调作用(Wu 等,2011)

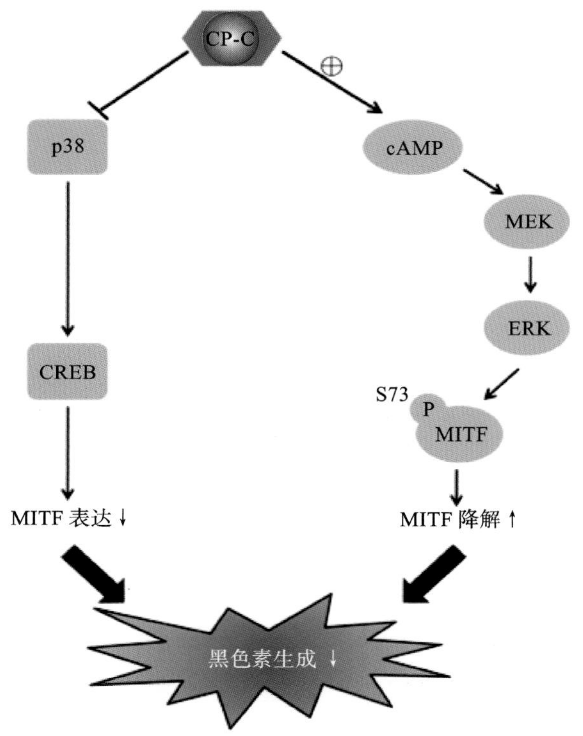


图 8-59 C-PC 诱导 B16F10 黑色素瘤细胞抗黑色素生成的途径(Wu 等,2011)

## 参考文献


[1] 丁晓洁,2006.脑缺血再灌注后 bFGF 及其受体表达与藻蓝蛋白的干预作用[D].青岛:青岛大学.

[2] 郝玮,2005.藻蓝蛋白对荷瘤小鼠免疫功能及 $S_{180}$ 肿瘤生长的影响[D].石家庄:河北医科大学.

[3] 蒋保季,1988.天然食用色素藻胆蛋白毒理学安全性评价研究[J].首都医学院学报,9(2):104-108.

[4] 李冰,2006.钝顶螺旋藻/节旋藻藻蓝蛋白的提取纯化及抗肿瘤免疫效应研究[D].青岛:中国海洋大学.

[5] 刘琪,李文军,陆丽娜,等,2018.藻蓝蛋白对辐射致小鼠氧化损伤的保护作用[J].核技术,41(1):31-36.

[6] 刘琪,吴中英,焦绪栋,等,2017.藻蓝蛋白皮肤毒性实验研究[J].海洋科学集刊,52:97-103.

[7] 罗湘玉,罗卫民,郑雪松,等,2014.蓝藻素经 Nrf 2/HO-1 发挥对阿霉素心肌损伤大鼠的保护作用[J].中国生化药物杂志,34(2):30-32,36.

[8] 宋璐非,刘冰,赵勇,等,2012.天然藻蓝蛋白对 SD 大鼠的长期毒性研究[J].中国医药导报,9(33):15-17,21.

[9] 孙锋,2006.藻蓝蛋白对脑缺血后胰岛素样生长因子及其受体表达的影响[D].青岛:青岛大学.

[10] 谭阳,2007.藻蓝蛋白亚基光动力作用效果及在体内分布规律的研究[D].合肥:安徽大学.

[11] 谭阳,黄蓓,任艳敏,等,2007.藻蓝蛋白亚基细胞渗透性及对肿瘤细胞光敏作用的研究[J].激光生物学报,17(6):684-688.

[12] 唐志红,2004.镭普克(rAPC)关键工艺的建立及抗肿瘤活性的研究[D].青岛:中国科学院海洋研究所.

[13] 唐志红,焦绪栋,周云丽,等,2012.响应面法优化酶法制备藻蓝蛋白抗氧化肽的实验研究[J].海洋科学,36(11):50-54.

[14] 王超,2006.藻蓝蛋白在脑缺血再灌注损伤过程中的抗氧化作用和机制[D].青岛:青岛大学.

[15] 王文博,孙建光,徐晶,2011.螺旋藻产品活性物质检测与免疫功能研究[J].中国食品卫生杂志,23(1):54-61.

[16] 王雪青,邓伟,杨进芳,等,2012.藻蓝蛋白酶解肽的分离纯化及其细胞毒活性[J].食品科学,33(1):136-140.

[17] 王雪青,范敏,杨春艳,等,2008.螺旋藻藻蓝蛋白与其酶解物的生物学功能研究[J].食品科学,29(10):433-435.

[18] 夏冬,孙军燕,刘娜娜,等,2015.藻蓝蛋白抗氧化作用及其药理活性研究进展[J].海洋科学,39(7):130-135.

[19] 杨帆,2014.藻蓝蛋白联合全反式维甲酸抗肿瘤分子机制研究[D].青岛:青岛大学.

[20] 杨雨,周小龙,林凡,等,2005.新型重组别藻蓝蛋白的高密度发酵生产和升白作用[J].高技术通讯,15(8):96-99.

[21] 张冬梅,2005.藻蓝蛋白对缺血再灌注大鼠脑保护作用的实验研究[D].青岛:青岛大学.

[22] 张强,2019.藻蓝蛋白对巨噬细胞 LPL 表达及脂质蓄积的影响机制研究[D].衡阳:南华大学.

[23] 张莹,2006.钝顶螺旋藻(*Spirulina platensis*)藻蓝蛋白的酶解及酶解产物的生物活性研究[D].济南:山东大学.

[24] 赵开顺,周敏,2015.SR-A 在肺部疾病的研究进展[J].国际呼吸杂志,(12):947-950.

[25] 周丽丽,2014.藻蓝蛋白酶解条件优化及产物抑制肥胖相关酶活性的研究[D].天津:天津商业大学.

[26] AHMED A, WONG R J, HARRISON S A, 2015. Nonalcoholic fatty liver disease review:

diagnosis, treatment, and outcomes[J]. Clinical Gastroenterology and Hepatology, 13(12): 2062-2070.

[27] AMBADE A, MANDREKAR P, 2012. Oxidative stress and inflammation: essential partners in alcoholic liver disease[J]. International Journal of Hepatology, 2012: 853175.

[28] BENSON R, MADAN R, KILAMBI R, et al, 2016. Radiation induced liver disease: a clinical update[J]. Journal of the Egyptian National Cancer Institute, 28(1): 7-11.

[29] BUDDEN K F, GELLATLY S L, WOOD D L, et al, 2017. Emerging pathogenic links between microbiota and the gut-lung axis[J]. Nature Reviews Microbiology, 15(1): 55-63.

[30] CAÑEDO-DORANTES L, CAÑEDO-AYALA M, 2019. Skin acute wound healing: a comprehensive review[J]. International Journal of Inflammation, 2019: 3706315.

[31] CADDEO C, CHESSA M, VASSALLO A, et al, 2013. Extraction, purification and nanoformulation of natural phycocyanin (from *Klamath algae*) for dermal and deeper soft tissue delivery[J]. Journal of Biomedical Nanotechnology, 9(11): 1929-1938.

[32] CASTANGIA I, MANCA M L, CADDEO C, et al, 2016. Santosomes as natural and efficient carriers for the improvement of phycocyanin reepithelising ability in vitro and in vivo[J]. European Journal of Pharmaceutics and Biopharmaceutics, 103: 149-158.

[33] CERVANTES-LIANOS M, LAGUMERSINDEZ-DENIS N, MARÍN-PRIDA J, et al, 2018. Beneficial effects of oral administration of C-phycocyanin and phycocyanobilin in rodent models of experimental autoimmune encephalomyelitis[J]. Life Sciences, 194: 130-138.

[34] CHANG C J, YANG Y H, LIANG Y C, et al, 2011. A novel phycobiliprotein alleviates allergic airway inflammation by modulating immune responses[J]. American Journal of Respiratory and Critical Care Medicine, 183(1): 15-25.

[35] DALIRI K, AREF-ESHGHI E, TARANEJOO S, et al, 2016. Emerging cytokines in allergic airway inflammation: a genetic update[J]. Current Immunology Reviews, 12(1): 4-9.

[36] DUNAWAY S, ODIN R, ZHOU L, et al, 2018. Natural antioxidants: multiple mechanisms to protect skin from solar radiation[J]. Frontiers in Pharmacology, 9: 392.

[37] DUTTA S, CHAKRABORTY A K, DEY P, et al, 2018. Amelioration of $CCl_4$ induced liver injury in swiss albino mice by antioxidant rich leaf extract of *Croton bonplandianus* Baill[J]. PLoS One, 13(4): e0196411.

[38] FERNANDES E S E, FIGUEIRA F D S, LETTNIN A P, et al, 2018. C-Phycocyanin: cellular targets, mechanisms of action and multi drug resistance in cancer[J]. Pharmacological Reports, 70(1): 75-80.

[39] FERNÁNDEZ-ROJAS B, HERNÁNDEZ-JUÁREZ J, PEDRAZA-CHAVERRI J, 2014. Nutraceutical properties of phycocyanin[J]. Journal of Functional Foods, 11: 375-392.

[40] GAMMOUDI S, ATHMOUNI K, NASRI A, et al, 2019. Optimization, isolation, characterization and hepatoprotective effect of a novel pigment-protein complex (phycocyanin) producing microalga: *Phormidium versicolor* NCC-466 using response surface methodology[J]. International Journal of Biological Macromolecules, 137: 647-656.

[41] GUNES S, TAMBURACI S, DALAY M C, et al, 2017. In vitro evaluation of *Spirulina platensis* extract incorporated skin cream with its wound healing and antioxidant activities[J]. Pharmaceutical Biology, 55(1): 1824-1832.

[42] HAMELMANN E, 2018. Development of allergic airway inflammation in early life—interaction of early viral infections and allergic sensitization[J]. Allergologie Select, 2(1): 132-137.

[43] HARDININGTYAS S D, WAKABAYASHI R, KITAOKA M, et al, 2018. Mechanistic investigation of transcutaneous protein delivery using solid-in-oil nanodispersion: a case study with phycocyanin[J]. European Journal of Pharmaceutics and Biopharmaceutics, 127: 44-50.

[44] HUSSEIN M M, ALI H A, AHMED M M, 2015. Ameliorative effects of phycocyanin against gibberellic acid induced hepatotoxicity[J]. Pesticide Biochemistry and Physiology, 119: 28-32.

[45] ICHIMURA M, KATO S, TSUNEYAMA K, et al, 2013. Phycocyanin prevents hypertension and low serum adiponectin level in a rat model of metabolic syndrome[J]. Nutrition Research, 33(5): 397-405.

[46] KATTOOR A J, POTHINENI N V K, PALAGIRI D, et al, 2017. Oxidative stress in atherosclerosis[J]. Current Atherosclerosis Reports, 19(11): 42.

[47] KIM J, JUNG Y, 2017. Radiation-induced liver disease: current understanding and future perspectives[J]. Experimental & Molecular Medicine, 49(7): e359.

[48] KIM K M, LEE J Y, IM A R, et al, 2018. Phycocyanin protects against UVB-induced apoptosis through the PKC α/β Ⅱ-Nrf-2/HO-1 dependent pathway in human primary skin cells[J]. Molecules (Basel, Switzerland), 23(2): 478.

[49] KOAY E J, OWEN D, DAS P, 2018. Radiation-induced liver disease and modern radiotherapy [J]. Seminars in Radiation Oncology, 28(4): 321-331.

[50] KRISHNARAJ R N, KUMARI S S, MUKHOPADHYAY S S, 2016. Antagonistic molecular interactions of photosynthetic pigments with molecular disease targets: a new approach to treat AD and ALS[J]. Journal of Receptor and Signal Transduction Research, 36(1): 67-71.

[51] LEUNG P O, LEE H H, KUNG Y C, et al, 2013. Therapeutic effect of C-phycocyanin extracted from blue green algae in a rat model of acute lung injury induced by lipopolysaccharide[J]. Evidence-Based Complementary and Alternative Medicine, 2013: 916590.

[52] LI C, YU Y, LI W, et al, 2017. Phycocyanin attenuates pulmonary fibrosis via the TLR2-MyD88-NF-κB signaling pathway[J]. Scientific Reports, 7(1): 5843.

[53] LI W, SU H N, PU Y, et al, 2019. Phycobiliproteins: molecular structure, production, applications, and prospects[J]. Biotechnology Advances, 37(2): 340-353.

[54] LIU Q, HUANG Y, ZHANG R, et al, 2016. Medical application of *Spirulina platensis* derived C-phycocyanin[J]. Evidence-Based Complementary and Alternative Medicine, 2016: 7803846.

[55] MADHYASTHA H, MADHYASTHA R, NAKAJIMA Y, et al, 2012. Regulation of growth factors-associated cell migration by C-phycocyanin scaffold in dermal wound healing[J]. Clinical and Experimental Pharmacology & Physiology, 39(1): 13-19.

[56] MCCARTY M F, O'KEEFE J H, DINICOLANTONIO J J, 2015. Carvedilol and spirulina may provide important health protection to smokers and other nicotine addicts: a call for pertinent research[J]. Missouri Medicine, 112(1): 72-75.

[57] MIN S K, PARK J S, LUO L, et al, 2015. Assessment of C-phycocyanin effect on astrocytes-mediated neuroprotection against oxidative brain injury using 2D and 3D astrocyte tissue model [J]. Scientific Reports, 5: 14418.

[58] MINIC S L, STANIC-VUCINIC D, MIHAILOVIC J, et al, 2016. Digestion by pepsin releases biologically active chromopeptides from C-phycocyanin, a blue-colored biliprotein of microalga *Spirulina*[J]. Journal of Proteomics, 147: 132-139.

[59] MULLER A J, MARKS J D, 2014. Hypoxic ischemic brain injury: potential therapeutic interventions for the future[J]. Neoreviews, 15(5): e177-e186.

[60] MYSLIWA-KURDZIEL B,SOLYMOSI K,2017. Phycobilins and phycobiliproteins used in food industry and medicine[J]. Mini Reviews in Medicinal Chemistry,17(13):1173-1193.

[61] OYARCE M P,ITURRIAGA R,2018. Contribution of oxidative stress and inflammation to the neurogenic hypertension induced by intermittent hypoxia[J]. Frontiers in Physiology,9:893.

[62] PAK W,TAKAYAMA F,MINE M,et al,2012. Anti-oxidative and anti-inflammatory effects of *Spirulina* on rat model of non-alcoholic steatohepatitis[J]. Journal of Clinical Biochemistry and Nutrition,51(3):227-234.

[63] PENTÓN-ROL G, LAGUMERSINDEZ-DENIS N, MUZIO L, et al, 2016. Comparative neuroregenerative effects of C-phycocyanin and IFN-β in a model of multiple sclerosis in mice [J]. Journal of Neuroimmune Pharmacology,11(1):153-167.

[64] PENTÓN-ROL G, MARÍN-PRIDA J, FALCÓN-CAMA V, 2018. C-phycocyanin and phycocyanobilin as remyelination therapies for enhancing recovery in multiple sclerosis and ischemic stroke:a preclinical perspective[J]. Behavioral Sciences,8(1):15.

[65] PLEONSIL P,SOOGARUN S,SUWANWONG Y,2013. Anti-oxidant activity of holo- and apo-c-phycocyanin and their protective effects on human erythrocytes[J]. International Journal of Biological Macromolecules,60:393-398.

[66] RACHMIN I, OSTROWSKI S M, WENG Q Y, et al, 2020. Topical treatment strategies to manipulate human skin pigmentation[J]. Advanced Drug Delivery Reviews,153:65-71.

[67] RAGHU G, COLLARD H R, EGAN J J, et al, 2011. An official ATS/ERS/JRS/ALAT statement: idiopathic pulmonary fibrosis: evidence-based guidelines for diagnosis and management[J]. American Journal of Respiratory and Critical Care Medicine,183(6):788-824.

[68] SHARAF M, AMARA A, ABOUL-ENEIN A, et al, 2013. Antiherpetic efficacy of aqueous extracts of the cyanobacterium *Arthrospira fusiformis* from Chad[J]. Die Pharmazie,68(5):376-380.

[69] SHIN T, AHN M, MATSUMOTO Y, 2012. Mechanism of experimental autoimmune encephalomyelitis in Lewis rats: recent insights from macrophages [J]. Anatomy & Cell Biology,45(3):141-148.

[70] SINGH A, KUKRETI R, SASO L, et al, 2019. Oxidative stress: a key modulator in neurodegenerative diseases[J]. Molecules,24(8):1583.

[71] SINGH N K, HASAN S S, KUMAR J, et al, 2014. Crystal structure and interaction of phycocyanin with beta-secretase: a putative therapy for Alzheimer's disease [J]. CNS & Neurological Disorders Drug Targets,13(4):691-698.

[72] SUN Y,ZHANG J,YAN Y,et al,2011. The protective effect of C-phycocyanin on paraquat-induced acute lung injury in rats[J]. Environmental Toxicology and Pharmacology, 32(2):168-174.

[73] SUN Y X,ZHANG J,YU G C,et al,2012. Experimental study on the therapeutic effect of C-phycocyanin against pulmonary fibrosis induced by paraquat in rats[J]. Chinese Journal of Industrial Hygiene and Occupational Diseases,30(9):650-655.

[74] THANGAM R, SURESH V, ASENATH PRINCY W, et al, 2013. C-phycocyanin from *Oscillatoria tenuis* exhibited an antioxidant and in vitro antiproliferative activity through induction of apoptosis and G0/G1 cell cycle arrest[J]. Food Chemistry,140(1-2):262-272.

[75] TURNER J M,SPATZ E S,2016. Nutritional supplements for the treatment of hypertension:a practical guide for clinicians[J]. Current Cardiology Reports,18(12):126.

[76] UCAR F, SEZER S, ERDOGAN S, et al, 2013. The relationship between oxidative stress and nonalcoholic fatty liver disease: its effects on the development of nonalcoholic steatohepatitis [J]. Redox Report, 18(4): 127-133.

[77] VENUGOPAL V C, THAKUR A, CHENNABASAPPA L K, et al, 2019. Phycocyanin extracted from *Oscillatoria minima* show antimicrobial, algicidal, and antiradical activities: in-silico and in-vitro analysis [J]. Anti-Inflammatory & Anti-Allergy Agents in Medicinal Chemistry, 19(3): 240-253.

[78] VILLEGAS L, STIDHAM T, NOZIK-GRAYCK E, 2014. Oxidative stress and therapeutic development in lung diseases[J]. Journal of Pulmonary & Respiratory Medicine, 4(4): 194.

[79] VUITTONET C L, HALSE M, LEGGIO L, et al, 2014. Pharmacotherapy for alcoholic patients with alcoholic liver disease [J]. American Journal of Health-System Pharmacy, 71 (15): 1265-1276.

[80] WAN D H, ZHENG B Y, KE M R, et al, 2017. C-phycocyanin as a tumour-associated macrophage-targeted photosensitiser and a vehicle of phthalocyanine for enhanced photodynamic therapy[J]. Chemical Communications, 53(29): 4112-4115.

[81] WANG C Y, WANG X, WANG Y, et al, 2012. Photosensitization of phycocyanin extracted from microcystis in human hepatocellular carcinoma cells: implication of mitochondria-dependent apoptosis[J]. Journal of Photochemistry and Photobiology B: Biology, 117: 70-79.

[82] WOLLINA U, VOICU C, GIANFALDONI S, et al, 2018. Arthrospira platensis—potential in dermatology and beyond [J]. Open Access Macedonian Journal of Medical Sciences, 6(1): 176-180.

[83] WOLTERS P J, BLACKWELL T S, EICKELBERG O, et al, 2018. Time for a change: is idiopathic pulmonary fibrosis still idiopathic and only fibrotic? [J] The Lancet Respiratory Medicine, 6(2): 154-160.

[84] WU L C, LIN Y Y, YANG S Y, et al, 2011. Antimelanogenic effect of c-phycocyanin through modulation of tyrosinase expression by upregulation of ERK and downregulation of p38 MAPK signaling pathways[J]. Journal of Biomedical Science, 18(1): 74.

[85] WU Q, LIU L, MIRON A, et al, 2016. The antioxidant, immunomodulatory, and anti-inflammatory activities of *Spirulina*: an overview[J]. Archives of toxicology, 90(8): 1817-1840.

[86] XIA D, LIU B, XIN W, et al, 2015. Protective effects of C-phycocyanin on alcohol-induced subacute liver injury in mice[J]. Journal of Applied Phycology, 28(2): 765-772.

[87] XIAO J, WANG F, WONG N K, et al, 2019. Global liver disease burdens and research trends: analysis from a Chinese perspective[J]. Journal of Hepatology, 71(1): 212-221.

[88] XIE Y, LI W, LU C, et al, 2019. The effects of phycocyanin on bleomycin-induced pulmonary fibrosis and the intestinal microbiota in C57BL/6 mice [J]. Applied Microbiology and Biotechnology, 103(20): 8559-8569.

# 第 9 章 藻胆蛋白的光学特性及应用

## 9.1 导　　论

藻胆蛋白(图 9-1)是存在于原核蓝藻、真核红藻、隐藻和甲藻中的捕光色素蛋白(Glazer,1994)。藻胆体的形态与藻体来源密切相关(图 9-2),大致可分为四种(Bryant,1982;Glazer,1979):维管束形藻胆体、半盘状藻胆体、半椭球形藻胆体和块状藻胆体。目前研究较为透彻且最普遍的藻胆体种类是半盘状藻胆体。其中,藻胆蛋白的排列模式主要分为侧杆与内核两类。连接蛋白在侧杆和内核组装中起到关键性的稳定作用。杆连接蛋白($L_R$)可以推动藻红、蓝蛋白或藻红蛋白与藻蓝蛋白三聚体发生面对面聚合,并促使它们尾对尾连接形成六聚体侧杆;核-膜连接蛋白($L_{CM}$)的作用是连接藻胆体核与类囊体;杆-核连接蛋白($L_{RC}$)为藻胆体侧杆与内核连接的媒介;核连接蛋白($L_C$)主要参与内核结构的聚合。连接蛋白不仅可以稳定藻胆体的结构,还可以调节藻胆蛋白吸收光的范围,促进能量在复合物中的高效、单向传递(陈英杰,2011)。

图 9-1　藻胆蛋白三维结构示意图

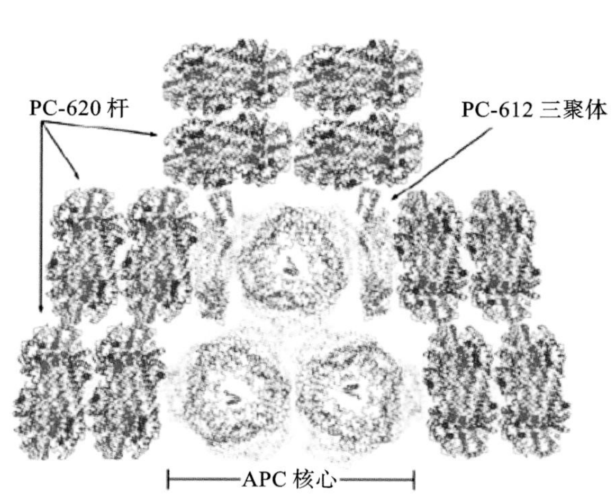


图 9-2　典型的藻胆体结构

Sekar 和 Chandramohan(2008)对现有藻胆蛋白相关专利进行统计后发现,其中有 55 项是有关藻胆蛋白生产的,30 项是有关藻胆蛋白在医学、食品和其他领域中的应用的,236 项专利是有关藻胆蛋白荧光活性应用的。现在至少有 11 家公司生产和出售藻胆蛋白及其衍生物或者藻胆蛋白相关的产品。很多研究表明,藻胆蛋白不仅是自然界中很有开发价值的食用、饵料蛋白资源,而且在光合作用原初理论研究方面也颇具优越性。此外,因其具有多种生物活性,藻胆蛋白还有一定的医疗价值。例如,制成荧光试剂,用于临床医学诊断和免疫化学等研究领域,还可制成保健品及药品等(陈英杰,2011)。

# 9.2 藻胆蛋白的光学特性

## 9.2.1 荧光和吸收光谱特性

藻胆蛋白根据吸收光谱的不同主要分为藻红蛋白(PE)、藻蓝蛋白(PC)以及别藻蓝蛋白(APC)。它们具有不同类型的捕光色素——藻胆素,包括藻蓝胆素(PCB,$A_{max}=640$ nm)、藻红胆素(PEB,$A_{max}=550$ nm)、藻尿胆素(PUB,$A_{max}=490$ nm)以及藻黄胆素(PXB,$A_{max}=590$ nm)。藻胆素为开环四吡咯结构(图 9-1),通过硫醚键与脱辅基蛋白的特定半胱氨酸残基进行共价连接。四种藻胆素互为同分异构体,不同的双键位置是区分它们的关键,两个藻蓝胆素分别与 α 和 β 亚基的第 84 位保守半胱氨酸残基相连,而其他色素(如果存在)结合在其他半胱氨酸位点(α75、α140、β50/61、β155 等)(Li 等,2019)。其中,APC 的两个藻蓝胆素分别位于 α84 和 β84,C-PC 的三个藻蓝胆素分别位于 α84、β84 和 β155,C-PE 中含有五个藻红胆素,分别位于 α84、α143、β84、β155 和 β50 或者 β61。这些藻胆素通常可以采用 $HCl/CF_3COOH$酸解法或者甲醇回流法从藻胆蛋白中获取制得。

随着人们对藻胆素认识的提高,研究人员发现,不同来源的藻胆素具有相似的光谱特性。例如,一些红藻中 PC 的光谱性质与蓝藻中 PC 的相似。根据吸收光谱和荧光光谱(图 9-3、表 9-1),PE 可分为 R-PE、B-PE、B-PE 和 C-PE;PC 可分为 R-PC 和 C-PC(前缀表示光谱特性)。根据具有特定光谱的藻胆素的不同,R-PE 可进一步分为 4 个子类型:R-PE Ⅰ 到 R-PE Ⅳ;C-PE 可分为 C-PE Ⅰ 和C-PE Ⅱ;R-PC 可分为 R-PC Ⅰ 和 R-PC Ⅱ 与其他类型(Kursar 等,1983;Li 等,2019;Tandeau,2003)。

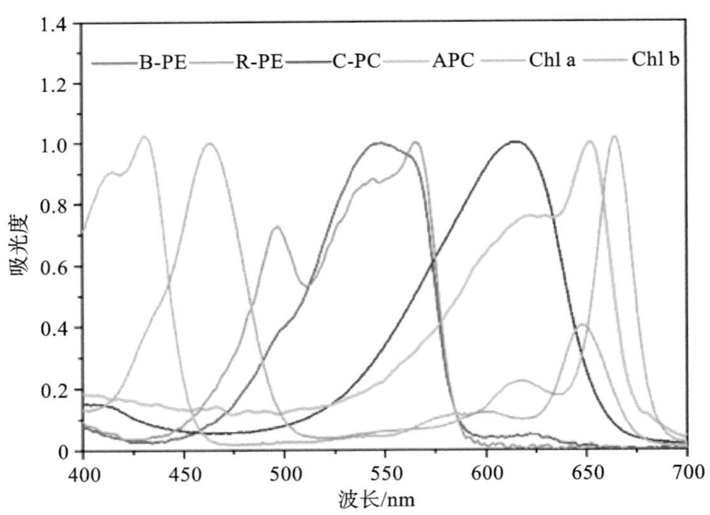


图 9-3 B-PE、R-PE、C-PC、APC、Chl a 和 Chl b 的吸收光谱(Li 等,2019)

表 9-1 不同藻胆素的聚集状态(溶液中)和光谱特性

| 藻胆素类型 | 聚集状态 | 吸收峰与肩峰* 波长/nm | 荧光吸收波长/nm | 参考文献 |
|---|---|---|---|---|
| B-PE | $(\alpha\beta)_6\gamma$ | 545,563*,498* | 575 | Ficner 等,1992;Fisher 等,1980;Tang 等,2016 |
| R-PE | $(\alpha\beta)_6\gamma$ | 498,538,567 | 578 | Liu 等,2005 |

续表

| 藻胆素类型 | 聚集状态 | 吸收峰与肩峰*波长/nm | 荧光吸收波长/nm | 参考文献 |
|---|---|---|---|---|
| C-PC | $(\alpha\beta)_3$ | 616 | 643 | Padyana 等,2001;Wang 等,2001 |
| R-PC | $(\alpha\beta)_3$ | 549*,617 | 636 | Jiang 等,2001;Wang,2014 |
| PEC | $(\alpha\beta)_3$ | 530*,575,595* | 625 | Duerring 等,1990;Rumbeli 等,1985 |
| APC | $(\alpha\beta)_3$ | 650,618* | 663 | Brejc 等,1995 |

### 9.2.2 物理光谱特性

藻胆蛋白吸收光的能力与其含有的色素基团的种类和数量密切相关,种类和数量越多,光吸收能力越强。此外,藻胆蛋白的荧光量子产率很高。例如,B-藻红蛋白(B-PE)的荧光量子产率可达到 0.98,在 545 nm 波长处消光系数为 $2.4\times10^6$ L·cm$^{-1}$·mol$^{-1}$;在可比较波长内它的荧光相当于 100 个罗丹明分子或 30 个异硫氰酸荧光素(fluorescein isothiocyanate,FITC)。R-PE 的荧光量子产率可达到0.82,在 565 nm 波长处的消光系数为 $1.96\times10^6$ L·cm$^{-1}$·mol$^{-1}$,可共价结合 25 个 PEB 和 9 个 PCB(蔡芬芬,2010)。

斯托克斯位移是指荧光光谱较与之对应的吸收光谱发生红移的现象。与其他荧光素相比,PC 的吸收光谱范围较宽(450~650 nm),发射光谱较窄,它的斯托克斯位移通常是 80 nm 或者更高,数值较大。同时,藻胆蛋白的荧光发射位于橙红光区(550~700 nm),血清等生化基质(含卟啉、黄素)的非特异性荧光对其荧光不产生干扰(Oi 等,1982)。

PC 的性质比较稳定,无论是以溶液还是以固体的形式都可长期稳定存在,且在两种状态之间波动时,其光谱不会发生很明显的变化。PC 在 pH 4~11 范围内光谱稳定(Oi 等,1982),在低浓度状态下也不易解离。例如,R-PE 在浓度低于 $10^{-12}$ mol/L 时仍能保持结构稳定。藻胆蛋白表面的活性基团(如—SH、—$NH_2$ 等),很容易与其他蛋白质发生交联,但交联后两种蛋白质原有的生物学活性不会发生改变。当藻胆蛋白分子被一些基团或生物分子修饰时,其物理性质和光谱性质一般不发生改变,当其被天然生物大分子修饰时,荧光也不会发生猝灭,稳定性好(Glazer,1994;Glazer 和 Stryer,1984;Li 等,2003)。

此外,藻胆蛋白的等电点为 4.7~5.3,在生理溶液中通常带负电荷,而细胞等大分子物质表面一般也带负电荷,这也就大大地降低了藻胆蛋白与细胞、核酸、其他蛋白质等发生非特异性吸附的可能(杨雨,2007)。

### 9.2.3 藻胆蛋白的能量传递机制

藻胆体的能量按照 PE→PC→APC→光反应中心的单一方向传递(图 9-4)。藻胆体的能量传递机制一般认为是 Föster 共振能量传递模式,使得海洋红藻和蓝藻的藻胆体在弱光下具有很强的捕光效率,而且能量以几乎以 100%的效率从藻胆蛋白传递到光反应中心,这些特征使得海洋蓝藻和红藻可以更好地适应海洋的特殊光环境。

根据与光吸收相关的能级不同,四种藻胆素可以分为三种类型:高能(PE 和 PEC)、中能(PC)和低能(APC)。不同能量水平的藻胆素的吸收和荧光发射光谱有很强的重叠(图 9-5),藻胆素的能量从 PE、PC 和 APC 转移到光反应中心:藻胆素吸收的光能首先在亚基之间传递,然后传递给不同的藻胆素,最终到达类囊体膜反应中心。能量转移的效率高于 95%(Onishi,2015;Zhang 等,2015)。

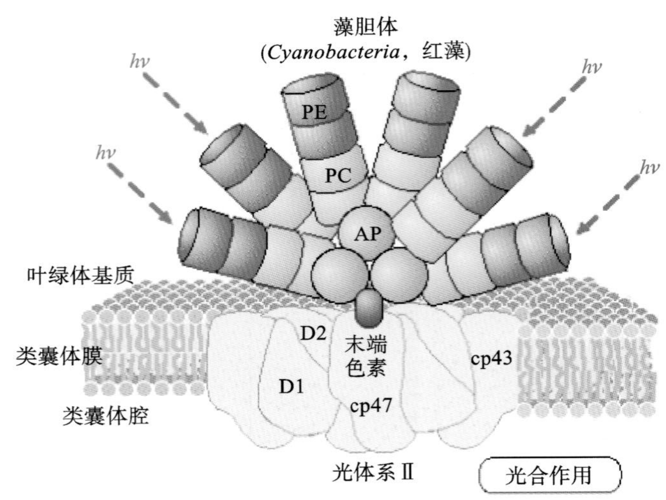


图 9-4　藻胆体光传递结构示意图

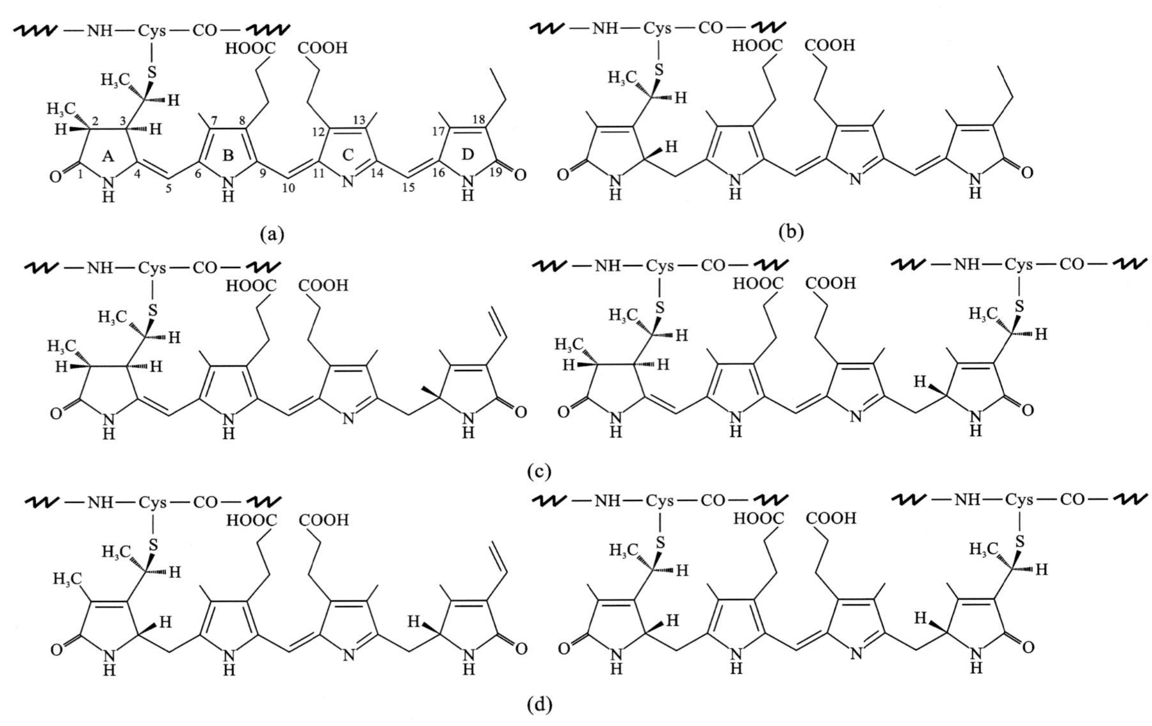

图 9-5　藻胆素的结构与连接位点

(a)藻蓝胆素(PCB)；(b)藻紫胆素(PVB)；(c)藻红胆素(PEB)；(d)藻尿胆素(PUB)

# 9.3　藻胆蛋白光学特性的应用

## 9.3.1　荧光标记物

免疫标记技术主要用于生物体内的免疫活性物质的定性和定量分析，是生物医学领域的一项重要技术。根据标记和检测手段的不同，免疫标记技术可分为荧光免疫分析技术、免疫放射分析技术、ELISA 分析技术和能量转移免疫分析技术等。荧光免疫分析技术(fluorescence immunoassay

technique，FIAT）因灵敏度较高、操作方便、对环境安全无害，在免疫标记领域得到了广泛运用。

FIAT 是一种历史悠久的以荧光标记物来标记探针的免疫分析方法，最早出现于 1940—1950 年，在传染病诊断方面应用较为广泛（徐宜为，1997）。荧光探针通过对荧光物质（指示剂）在一定波长的光激发下产生的荧光强度的测定，从而间接对待测物进行定性定量分析。荧光探针在免疫荧光技术中通常用于抗原或抗体的标记，具有操作快速简单、可直接进行检测等优点，可用于微环境，如表面活性剂、双分子膜、蛋白质活性位点等微观特征的探测，探测过程快捷且灵敏。荧光探针的一般要求如下：探针的摩尔消光系数较大，荧光量子产率也较高；荧光发射波长处于长波段且有较大的斯托克斯位移；用于免疫分析时，与抗原或抗体的结合对它们的活性不产生影响（武静，2017）。

最初的荧光免疫分析技术，将荧光染料与抗原（抗体）通过化学法进行标记，再与细胞或组织中相应的抗体（抗原）结合，进而定位或定性检测抗原或者抗体，而且这种荧光标记物使用方便、快捷，可以直接进行测定，不需要反应时间（吴萍等，2001）。一些传统的荧光标记物，如荧光素、异硫氰酸荧光素（FITC）、罗丹明（Rodamin）等在荧光免疫分析过程中有背景荧光时产生的干扰很严重，主要是因为生物样品（如血清）自身的荧光波长在 400～600 nm 范围，易与荧光标记物的荧光发射光谱发生交叉，本底荧光等对检测的灵敏度干扰较大，而且传统的荧光检测仪器价格比较昂贵，大范围使用率较低，这些因素在一定程度上制约了荧光免疫分析技术的进一步发展（Ge 和 Je，1999；Jason 和 Larned，1997）。直至 19 世纪 80 年代，Glazer 首次提出将藻胆蛋白开发为免疫荧光标记探针（Oi 等，1982），制备成荧光试剂投放于市场。1983 年，Parks 等将 APC 开发为荧光探针，采用双激发光源三色荧光标记的方式来分析鼠 B 细胞亚群（Parks，1984）。1991 年，Lansdorp 等基于抗原-抗体技术实现了 PE 与 Cy5 非共价偶联，这种新型能量转移荧光染料，可由氩离子激光器在 488 nm 波长高效激发，发射 Cy5 的 680 nm 特征荧光（Lansdorp，1991）。自此 PC 作为荧光标记物与生物素、亲和素、DNA 分子和各种单克隆抗体协同构建荧光探针，在荧光显微检测、荧光免疫检测、双色或多色荧光分析等多种研究中受到了广泛关注和普遍应用（陈英杰，2011）。

藻胆蛋白的摩尔吸光系数 $\varepsilon$ 和荧光量子效率 $\varphi_f$ 很高，其代表性的红橙色荧光可以避免自然界荧光本底的干扰，因此藻胆蛋白可作为一种新开发的荧光探针用于 FIAT 中（武静，2017）。藻胆蛋白的出现为荧光检测技术增添了新的活力，与人工合成荧光素相比，它具有消耗成本较低、对环境无污染、在长期储存后与蛋白质结合能力不会发生任何改变等优点。作为新型荧光标记物，藻胆蛋白的物理光谱特性克服了传统荧光标记物在检测中产生的荧光背景干扰、易猝灭等缺点，并有利于选择激发光，极大提高了荧光检测的灵敏度。藻胆蛋白在变性后，其消光系数会减小，同时荧光特性几乎完全消失。因此，在应用藻胆蛋白荧光特性时，必须保证其活性。德国的 Boehringer-Ingelheim、美国的 Sigma 和 Molecular Probes 等公司已经开发出与藻胆蛋白相关的探针产品。藻胆蛋白荧光探针在市场上的出现，极大地促进了荧光检测技术的进步（陈英杰，2011）。表 9-2 和表 9-3 分别总结了藻胆蛋白在荧光探针中的应用和常用的藻胆蛋白标记物产品类型。

**表 9-2 藻胆蛋白在荧光探针中的应用**

| 类型 | 来源 | 应 用 | 参考文献 |
| --- | --- | --- | --- |
| B-PE | 紫球藻 *Porphyridum* | 监测纳米颗粒在细胞内介质中的稳定性，并监测它们与细胞内指标的相互作用 | Medintz 等，2008 |
| R-PE | 一种多管藻 *Polysiphonia urceolata* | 根据受体生物素-R-PE 的荧光变化与生物素添加量之间的关系，使其在纳摩尔浓度范围达到检测极限 | Song 等，2013 |
| R-PE | 一种多管藻 *P. urceolata* | 标记抗猪瘟病毒荧光抗体检测猪瘟病毒细胞毒 | 赵守山等，2011 |

续表

| 类型 | 来源 | 应　　用 | 参考文献 |
|---|---|---|---|
| R-PE | 一种多管藻<br>*Polysiphonia urceolata* | 标记 IgG 作为二级抗体应用于荧光免疫检测 | Zhou 等,2010 |
| R-PE | *P. urceolata* | 标记病毒抗体后检测 PPV 和 PRV | 朱余军等,2018 |
| R-PE | *P. urceolata* | 用于检测禽流感病毒 H9 尿囊毒 | 颜世敢等,2009 |
| R-PE | *P. urceolata* | 标记小鼠抗人 CD4 单克隆抗体,进行流式细胞仪检测分析 | 赵亚杰等,2006 |
| R-PE | *P. urceolata* | 检测人外周血淋巴细胞表面 CD4 和 CD8 抗原的表达 | 高小娥,2018 |
| R-PE | *P. urceolata* | 标记抗鸡 IgG 荧光抗体,用于鸡传染病的间接免疫荧光检测 | 颜世敢等,2009 |
| PE | *P. urceolata* | 检测细胞血型糖蛋白 A(GPA)体细胞突变 | Jensen 和 Bigbee,1996 |
| PE | 一种叉节藻<br>*Amphiroa ephedraea* Decaisne | 作为荧光探针用于检测烟草花叶病毒 | 陈良华,2005 |
| PE | 一种多管藻<br>*P. urceolata* | 用于检测抗宿主抗体 IgG | Nakamura 等,2019 |
| PE | *P. urceolata* | 将 PE 偶联物进行双色流式细胞荧光分析 | Oi 等,1982 |
| PE、APC | 螺旋藻 | 用作荧光探针分析鼠 B 淋巴细胞亚群 | Parks 等,1984 |
| PE、APC | 螺旋藻 | 用于流式细胞仪分析 T 淋巴细胞受体与可溶性抗原的结合 | Batard 等,2002 |
| APC | 螺旋藻 | 用于受体标记葡聚糖的葡萄糖测定 | McCartney 等,2001 |
| APC | 螺旋藻 | 作为荧光探针检测活化人 T 淋巴细胞表面抗原 | Shapiro 等,2010 |
| APC | 螺旋藻 | 形成融合蛋白检测肿瘤标志物甲胎蛋白(AFP) | Jing 等,2017 |
| C-PC | 极大螺旋藻<br>*Spirulina maxima* | 作为荧光探针用于重金属的快速检测 | 闫美宏,2017 |

**表 9-3　常用的藻胆蛋白标记物产品类型**

| 标记物 | 产品名称 | 厂　家 | 产品状态 |
|---|---|---|---|
| R-PE | 山羊抗兔 IgG | Tiandz/天恩泽 | 液体 |
| R-PE | 山羊抗小鼠 IgG | Tiandz/天恩泽 | 液体 |
| B-PE | FastLink B-PE 标记试剂盒 | Abnova | 固体 |
| PE | 抗血型糖蛋白 A 多克隆抗体 | Cloud-Clone | 液体 |
| PEB | 免疫球蛋白 κ(Igκ)多克隆抗体 | Cloud-Clone | 液体 |
| R-PE | 链霉亲和素 PE 试剂盒 | Invitrogen | 液体 |
| PC | 植物 PC ELISA 试剂盒 | HiTon | 液体 |

续表

| 标记物 | 产品名称 | 厂家 | 产品状态 |
|---|---|---|---|
| APC | ReadiUse™CL-APC | AAT Bioquest | 固体 |
| APC | 抗血型糖蛋白A多克隆抗体 | Cloud-Clone | 液体 |

### 9.3.1.1 常用的荧光标记物

生物类荧光探针主要有荧光素类的探针和荧光蛋白类的探针。这两种探针均可以进行分子标记，但是二者产生荧光的机制存在实质性的区别。其中，荧光素酶在特定反应条件下与底物特异性偶联后发生反应，进而产生荧光；而荧光蛋白则由一定波长的光激发诱导而发射一定范围的荧光。由于荧光蛋白自身能够产生荧光，与荧光素酶产生荧光的机制相比更为简单，因此荧光蛋白在生物类荧光探针中的开发应用更为广泛。近年来，随着荧光标记技术的发展，荧光显微镜及激光共聚焦显微镜技术的进步，荧光蛋白作为分子标记物在活体细胞成像等领域的应用更普遍，不同波长荧光标记蛋白的开发成为研究热点(李慧真，2017)。

藻胆蛋白类荧光蛋白生物探针如下。

一些发色团为藻蓝胆素(PCB)的藻胆蛋白的最大荧光发射峰为660 nm，该发射峰处于活体组织可视化光学成像窗口范围内(650～1100 nm)(Merzlyak等，2007)，因此可用于近红外荧光探针的开发，但是PCB在高等生物体内无法自行生物合成，这极大约束了PCB类荧光蛋白在高等生物细胞乃至个体成像中的应用。动物体内有充足的可在血红素酶的催化下合成胆绿素(BV)的血红素，这也就说明动物体内可自行供给内源性BV，因此开发可结合BV的近红外荧光探针取代结合PCB的近红外荧光探针已经成为研究热点(李慧真，2017)。钱永健对来自红海束毛藻中的APC $\alpha$ 亚基进行随机诱变，得到了一种可共价偶联BV的自催化新型近红外荧光蛋白smURFP。该蛋白质的最大吸收峰波长为642 nm，最大荧光发射峰波长为670 nm，它的光稳定性类似于EGFP，目前该蛋白质成功应用于标记移植瘤细胞体内成像，如图9-6所示。

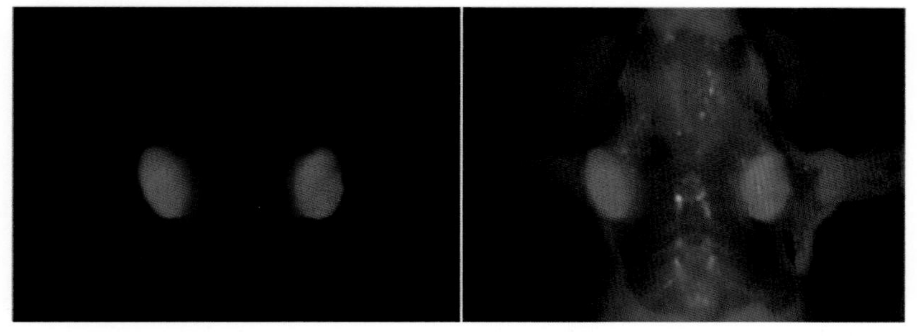

**图9-6 smURFP标记移植瘤细胞体内成像**

### 9.3.1.2 基于藻红蛋白的荧光标记物

**1. 基于天然藻红蛋白的荧光标记物**

荧光标记法是指将选择的荧光标记物与抗体等结合后制备得到荧光探针的方法。标记方法主要分为直接标记法和间接标记法。性质不同的荧光染料，标记方法的选择方面也存在区别，而且不同的标记方法对藻胆蛋白标记抗体的活性以及后续免疫检测的灵敏度会产生不同的影响(顾铭等，2001)。直接标记法将PE与抗体直接进行偶联。

Oi等(1982)首次采用直接标记法进行PE荧光标记，制备得到PE-亲和素结合物，研究发现，该结合物具有高度荧光性，可用于荧光活化细胞的分选分析、荧光显微镜和荧光免疫分析。赵亚杰等将R-PE与小鼠抗人CD4单克隆抗体直接进行偶联来检测正常人外周血淋巴细胞表面CD4抗原的表达，经流式细胞仪分析，结果发现R-PE标记的小鼠抗人CD4单克隆抗体特异性保持良好，荧光强度较高

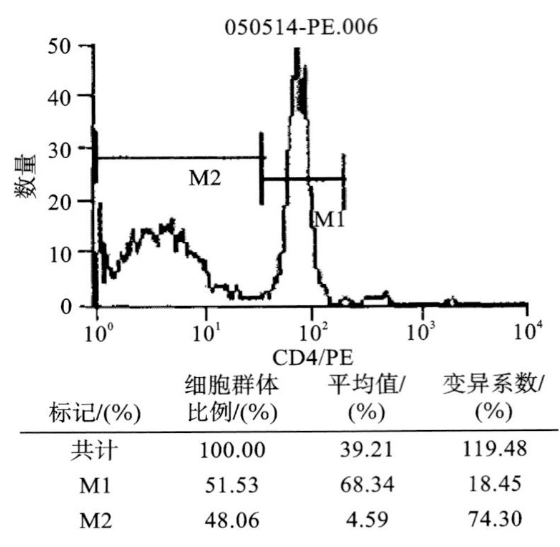


| 标记/(%) | 细胞群体比例/(%) | 平均值/(%) | 变异系数/(%) |
|---|---|---|---|
| 共计 | 100.00 | 39.21 | 119.48 |
| M1 | 51.53 | 68.34 | 18.45 |
| M2 | 48.06 | 4.59 | 74.30 |

**图 9-7　流式细胞仪分析正常人外周血 $CD4^+$ 细胞**

(图 9-7)。与间接标记法相比,直接标记法采用一次免疫标记,步骤较少,抗体与细胞的非特异性吸附较少,检测过程也更经济、快速。

宋凯等(2013)采用直接标记法添加自由生物素(当受体生物素化 R-PE 与结合供体亲和素的转换纳米粒子(UCNPs)之间的距离足够短时),自由生物素与 UCNPs 表面的亲和素竞争结合,可以阻止 FRET 触发荧光变化。根据这种变化与生物素添加量之间的关系,检测可在纳摩尔浓度范围内达到极限(宋凯等,2013)。但直接标记法也存在一些弊端,如在对多色细胞进行标记或同时进行多组分检测时,需逐一对分析试剂进行标记,构建多种荧光标记抗体;此外,由于 PE 的分子量与抗体大约相同,蛋白质分子量较大,当借助直接标记法对抗体进行标记时,极易受到空间位阻的干扰。

刘婷(2012)以分离制备得到的纯度很高的红毛藻 PE 为荧光标记物,借助直接标记法和二步法将纯化的 R-PE 与亲和素、兔抗 STI 多克隆抗体、小鼠抗鲢鱼小清蛋白单克隆抗体和乙肝病毒表面抗体进行偶联(偶联后的 SDS-PAGE 图与荧光成像图如图 9-8 至图 9-11 所示);又借助间接标记法和二步法将纯化的 PE 与羊抗小鼠 IgG、小鼠抗兔 IgG 进行偶联。她开发了两套实际可行的 PE 偶联技术来构建 PE 荧光标记物,但构建得到的 PE 荧光标记物由于含有游离的 PE 或抗体,为获得纯度更高的 PE 荧光标记物,还需进行进一步的纯化,以便更好地应用于免疫检测领域。

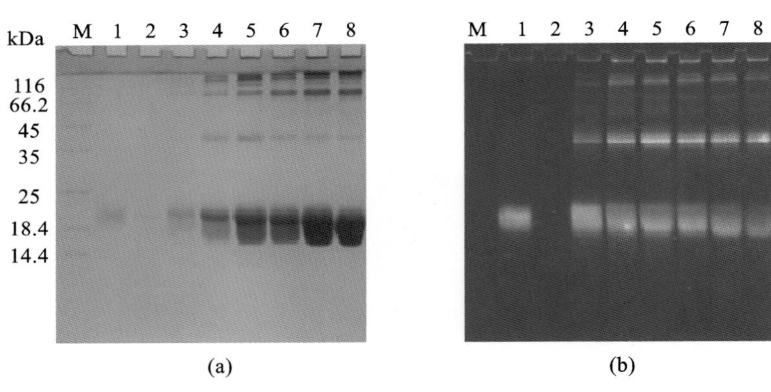


**图 9-8　R-PE 与不同浓度亲和素的交联(刘婷,2012)**

M. 蛋白质标准品;1. R-PE;2. 亲和素;3. R-PE 与亲和素浓度之比为 1∶1;4. R-PE 与亲和素浓度之比为 1∶5;5. R-PE 与亲和素浓度之比为 1∶10;6. R-PE 与亲和素浓度之比为 1∶20;7. R-PE 与亲和素浓度之比为 1∶30;8. R-PE 与亲和素浓度之比为 1∶40

为探讨利用生物素标记红细胞时红细胞存活率不随时间下降的原因,罗荣(2019)利用生物素-亲和素系统的高亲和力,将小鼠体内的标记红细胞(RBC)与带有不同荧光染料的 SA-R-PE 和结合荧光素的异硫氰基荧光素(FITC-AV)反应后,通过流式细胞仪检测生物素标记红细胞的标记效率。结果发现,所有标本均出现了双染红细胞(图 9-12)。此外,在小鼠体内标记实验中,阴性对照及同型对照组(均由正常未标记组小鼠制备得到)中,排除自发荧光和非特异性染色后的红细胞均位于左下侧,如图 9-13 所示。通过激光共聚焦显微镜发现标本内存在双染红细胞。

姚敏杰(2007)将 SA-PE 作为荧光信号制备得到磁性微球,并利用磁性微球进行 DNA 杂交检测。首先在磁性微球表面进行 5′-氨基标记探针的共价偶联,再通过磁性微球表面偶联探针与扩增片段的杂交、磁性微球表面标记生物素的单碱基链延伸反应、加入 SA-PE 荧光信号等完成杂交检测过程,最后将磁性微球点到载玻片上,通过芯片扫描仪判读检测结果从而特异性检测大肠杆菌中的 DNA(图 9-14)。

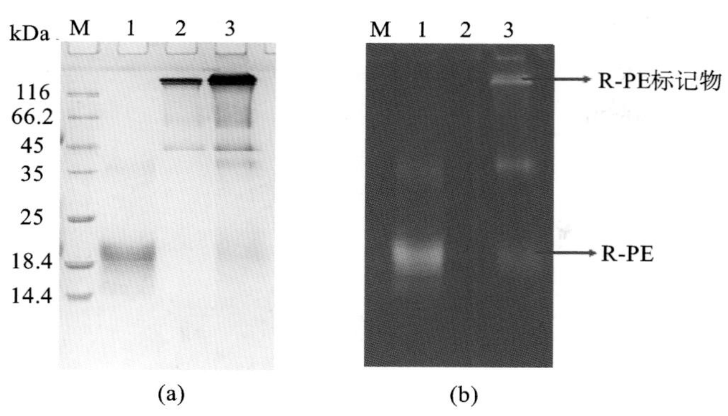


**图 9-9 R-PE 与兔抗 STI IgG 的交联(刘婷,2012)**

M. 蛋白质标准品;1. R-PE;2. 兔抗 STI IgG;3. R-PE 与兔抗 STI IgG 的交联物

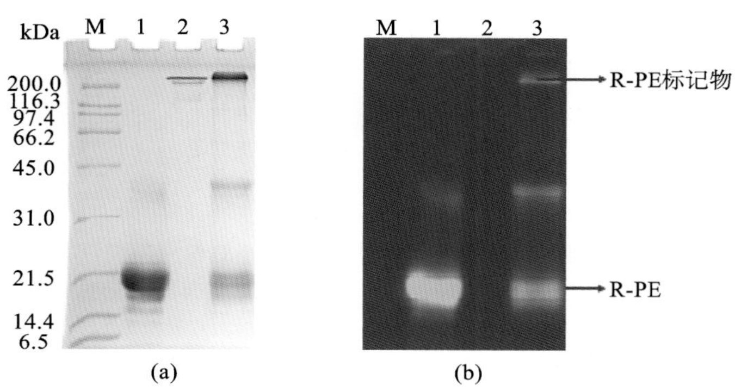


**图 9-10 R-PE 与小鼠抗鲢鱼小清蛋白 IgG 的交联(刘婷,2012)**

M. 蛋白质标准品;1. R-PE;2. 小鼠抗鲢鱼小清蛋白 IgG;3. R-PE 与小鼠抗鲢鱼小清蛋白 IgG 的交联物

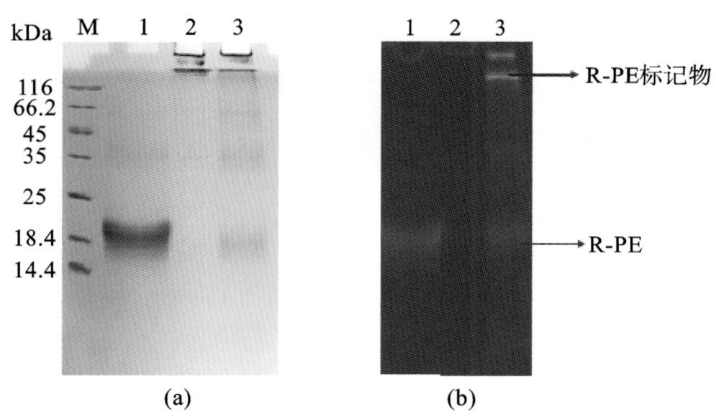


**图 9-11 R-PE 与乙肝病毒表面抗体的交联(刘婷,2012)**

M. 蛋白质标准品;1. R-PE;2. 乙肝病毒表面抗体;3. R-PE 与乙肝病毒表面抗体的交联物

在检测大肠杆菌中的待测 DNA 时,并未出现非特异性荧光值增高的现象,且该探针获取的阳性信号是对照组的 21 倍(图 9-15),间接证明了该探针未与非对应的产物发生结合,确保了反应体系的正确性与可靠性。

食源性病原体可以在水、土壤和食物等中找到。引起疾病、死亡的食品中较常见的病原体是弯曲杆菌属、产志贺毒素的大肠杆菌(*E. coli*)O157、单核细胞增生李斯特菌(*L. monocytogenes*)、非伤寒沙门菌属和金黄色葡萄球菌(*S. aureus*)。这些病原体不仅对人体健康有害,还会在食品制备、零售和食用过程中造成污染(Kotzekidou,2013)。因此,用一种具有成本效益的方法及时检测这种污染是非常重要的。尽管国际标准化组织(ISO)对这些病原体的常规检测方法可行,但比较费时费力,尤其是对多种病原体

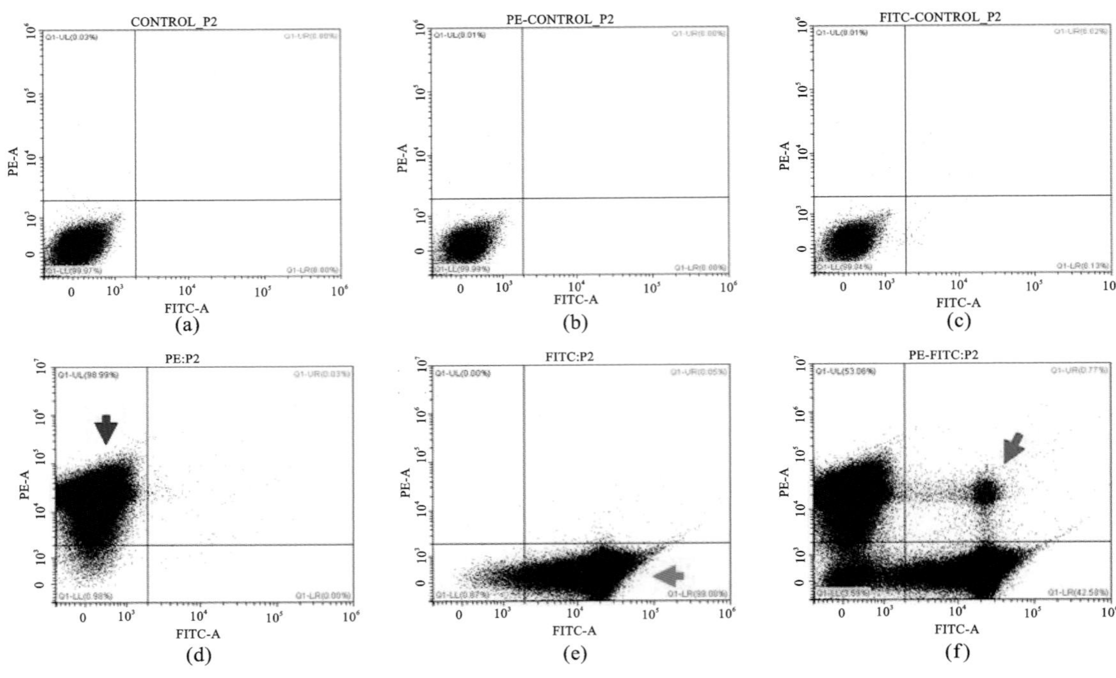


**图 9-12　两种单染红细胞混合孵育前、后流式细胞仪检测图(罗荣,2019)**

(a)未标记红细胞;(b)(c)分别与荧光染料 SA-R-PE 和 FITC-AV 反应后的未标记红细胞;(d)(e)两种单染红细胞(RBC)混合孵育前(PE-RBC(蓝色箭头)、FITC-RBC(绿色箭头));(f)混合孵育后出现新的 PE-FITC-RBC 群(红色箭头)

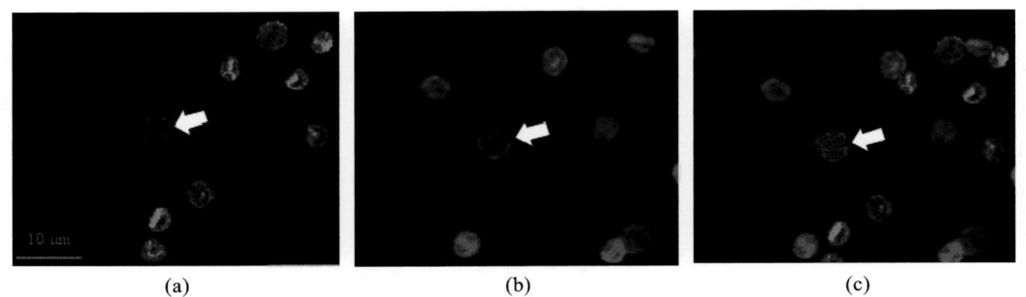


**图 9-13　两种单染红细胞混合孵育后出现双染红细胞(RBC)(罗荣,2019)**

(a)绿色为 FITC-RBC;(b)红色为 PE-RBC;(c)为叠加图:蓝色为红色和绿色重叠部分

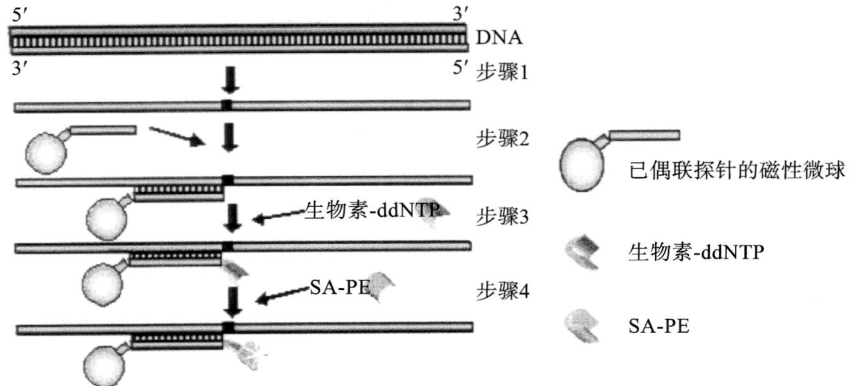


**图 9-14　检测原理示意图(姚敏杰,2007)**

| 核酸位点 | A | T | G | C |
|---|---|---|---|---|
| 阳性检测值 | 10 | 8.5 | 6.5 | 152.5 |
| 阴性平均背景值 | 7.25 | | | |
| 阳性值/阴性值 | 1.38 | 1.17 | 0.90 | 21.03 |

**图 9-15 荧光检测值的结果分析(姚敏杰,2007)**

和样品进行检测时。另外,由于细菌的形态和生化特征相似,这些方法有时无法区分同一属内的一些密切相关的物种(Gouin 等,2003;Johnson 等,2004)。

基于聚合酶链反应(PCR)的分子技术具有速度快、灵敏度高、特异性强等优点,被用于病原体的单次和多次检测。在之前的研究中,几种基于 DNA 的多重 PCR 方法被用来同时检测六种李斯特菌(Lee 等,2013),区分单核细胞增生李斯特菌 1/2a 血清型与其他血清型(Sheng 等,2018),并检测三种食源性病原体:大肠杆菌 O157:H7、沙门菌和单核细胞增生李斯特菌(Nguyen,2016)。此外,还开发了定量 PCR(qPCR)技术来检测和量化食源性病原体的多个基因(Fukushima 等,2010;Rodriguez-Lazaro,2013),通过检测两个不同的靶基因(*nucA* 和 *mecA*)和一种毒力因子杀白细胞素(panton valentine leukocidin, PVL)来区分金黄色葡萄球菌和抗甲氧西林金黄色葡萄球菌(MRSA)。这些基于 PCR 的技术可用于具有高灵敏度和特异性的多重检测,但根据仪器的不同,它们的多重检测能力最大为每个样本 5 个目标。

为了解决多路传输容量有限的问题,Luminex 公司开发了一种高效、灵敏度高的多路传输检测方法:微珠阵列技术。它利用具有独特的 24 个寡核苷酸(anti-TAG)序列的荧光条形码顺磁珠,每组内部填充不同比例的红色染料和红外染料,允许建立最大容量为 50 丛的 MAGPIX 模型,可以捕获具有互补标记序列的生物素化 PCR 产物(Reslova,2017)。其中,顺磁特性有助于在清洗后消除样品中不必要的成分。供试品基因组 DNA 可作为 PCR 扩增的模板,其特异性引物含有互补标记序列和生物素标记核苷酸。所获得的含有互补标记序列的生物素化 PCR 产物随后可与抗标记珠杂交。荧光标记的 R-PE 链霉亲和素可用于检测 PCR 产物的存在。仪器中的红色和绿色激光分别用于识别珠组类型和测量 R-PE 链霉亲和素的荧光信号(Angeloni,2014)。

微珠阵列技术具有多重检测能力和从样本度量中减少背景的能力,可同时检测单个生物样本中的多种病原体。目前还没有检测重要食源性病原体的试剂盒。因此,Charlermroj 等(2019)开发了一种基于 DNA 的微珠阵列法,只需一步即可进行 DNA 扩增和生物素化,从而实现食源性病原体的检测(图 9-16)。该法可同时对 4 种食源性病原体(大肠杆菌 O157:H7、单核细胞增生李斯特菌、金黄色葡萄球菌和沙门菌)进行分析以确保食品安全,鉴定 6 种病原体(非致病性大肠杆菌、格氏李斯特菌、英诺克李斯特菌、伊万诺维奇李斯特菌、塞利格里菌和威尔李斯特菌)以指示食品加工中的卫生情况,并检测用于人和牲畜治疗的抗药性病原体(如耐甲氧西林金黄色葡萄球菌)。为保证所建立的方法能对真实的食品样品进行准确检测,他们对 194 份鸡肉样品中的 311 株细菌进行了检测。与传统的 ISO 方法相比,这种基于 DNA 的微珠阵列法的相对准确度为 96%,相对特异性为 100%,相对灵敏度为 95%。该方法能准确、特异、灵敏地鉴别出鸡肉样品中的 11 种细菌。该方法可作为判断食品安全、食品加工卫生情况及辅助人畜合理治疗的替代方法。

**2. 以纳米材料为载体的藻红蛋白标记物**

PE 与抗体两种大分子量蛋白质的交联可采用蛋白质交联的一般方法进行(洪秀庄和孙曼霁,1992)。蛋白质交联反应实质是经修饰的蛋白质进行交联的过程,根据修饰时所采用的交联试剂的不同,蛋白质交联分为化学交联和生物交联(张红,2004)。

PE 与抗体之间进行化学交联时,交联试剂的选择是不可缺少的。依据交联试剂的两个功能基团是否相同,交联试剂通常分为同型双功能试剂和异型双功能试剂两种。常用的同型双功能试剂有碳二亚胺、戊二醛和双重氮联苯胺等,它们有两个相同的功能基团,极易发生交叉和自身聚合,进而形成杂乱的蛋白聚合物,目标交联效率较低。而异型双功能试剂的两个功能基团不同,既能控制交联反应的进行,

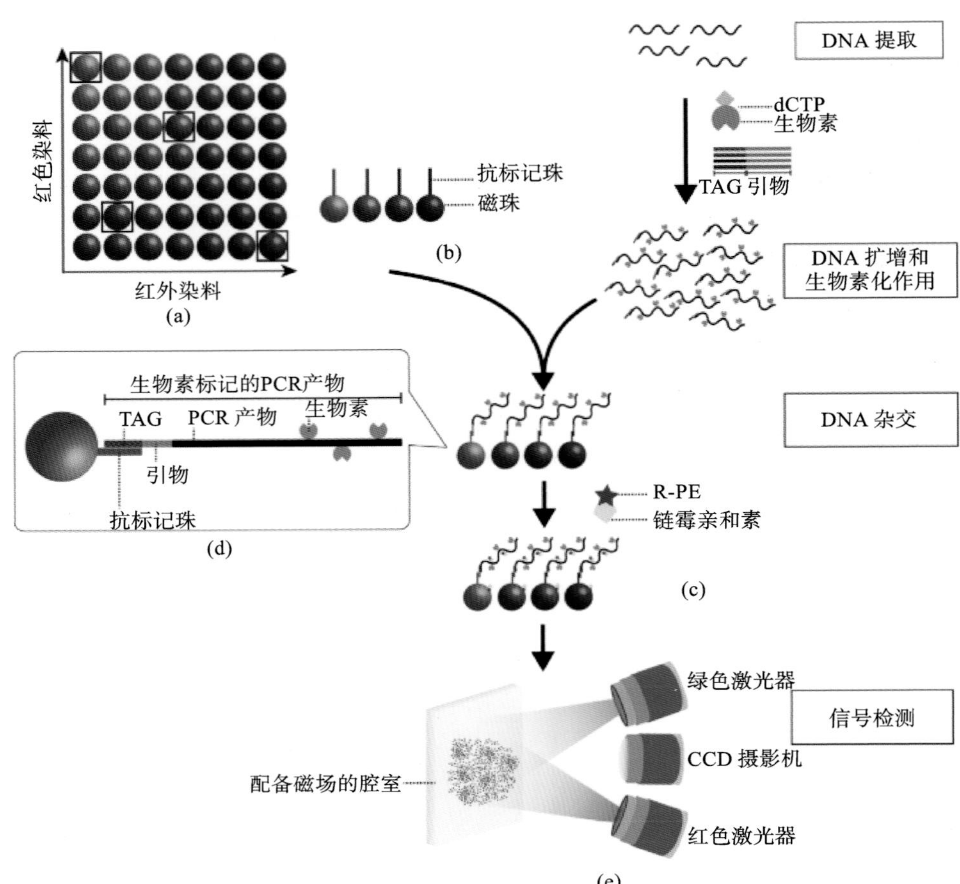


**图 9-16　微珠阵列法合成方案(Charlermroj 等,2019)**

(a)每个顺磁珠组都含有独特比例的红外染料和红色染料;(b)寡核苷酸序列预先耦合在提供 DNA 条形码(抗标记珠)的磁珠表面;(c)用标记引物与生物素标记的 dNTPs 进行聚合酶链反应,产物与抗标记珠杂交;(d)每个磁珠上 DNA 杂交的放大方案;(e)用绿色激光检测 R-PE 链霉亲和素的荧光信号,用红色激光检测抗标记珠

又能保证交联产物的有效性,克服了同型双功能试剂的缺点。

赵守山等(2011)采用化学交联剂 SPDP(物质的量比为 100∶1)将 R-PE、抗猪瘟病毒抗体衍生物相交联,并通过 HPLC 纯化 R-PE 标记的抗猪瘟病毒荧光抗体(图 9-17)。R-PE 标记的抗猪瘟病毒荧光抗体在蓝绿光激发下检测阳性微球时发射橘黄色荧光,荧光明亮,无背景光干扰,检测灵敏度较高,为$2.67\times10^{-6}$ mg/mL,检测灵敏度是 FITC 标记的荧光抗体的 10 倍。

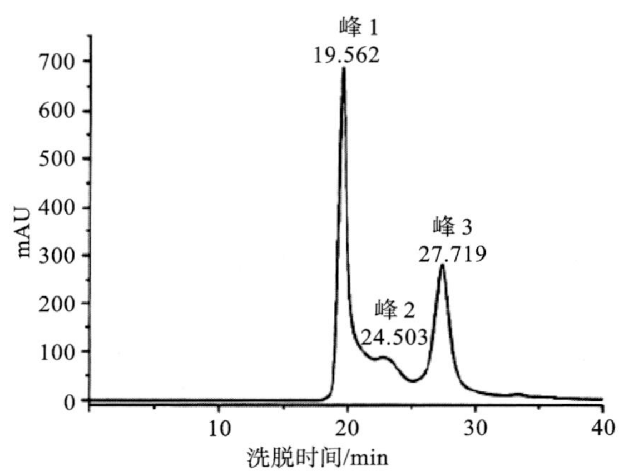


**图 9-17　R-PE 标记的抗猪瘟病毒荧光抗体的 HPLC 洗脱图(赵守山等,2011)**

陈良华(2005)采用两步交联法制备得到荧光探针(图 9-18)。他以硝酸纤维素膜和葡聚糖凝胶为固相载体,建立了烟草花叶病毒免疫检测过程。实验结果如下:阳性检出率为 100%、假阳性检出率为 75%、阴性检出率为 83.3%、总体检出率为 94.55%,表明用 PE 标记的荧光抗体对烟草花叶病毒的免疫检测特异性较好。

Gao(2015)以 R-PE 为荧光标记物直接与 IgG 蛋白结合(图 9-19)。由于磁性纳米颗粒(MNP)的比表面积较大,检测过程的每一步可缩短到 20 min。利用基因工程技术和大规模发酵技术,可以较低的成本生产出荧光特性良好的重组藻胆蛋白。

高小娥(2018)采用异型双功能交联试剂 SPDP 和 SMCC 分别对 R-PE 和抗 CD4/CD8 单克隆抗体进行活化,再将活化后的 R-PE 和抗 CD4/CD8 单克隆抗体以一定的比例混合,使之发生交联反应。然后将得到的交联产物经 Sephacryl S-300 柱分离。结果发现用 R-PE 标记的抗 CD4/CD8 单克隆抗体,经流式细胞仪(FACS)分析可以检测正常人外周血淋巴细胞表面 CD4 抗原和 CD8 抗原的表达(图 9-20),且R-PE标记的抗 CD4/CD8 单克隆抗体特异性保持完好,荧光强度较高,可以形成单色荧光试剂,和用其他荧光染料标记的 CD 系列单抗组成双色、多色的荧光试剂,应用于流式细胞仪检测分析。

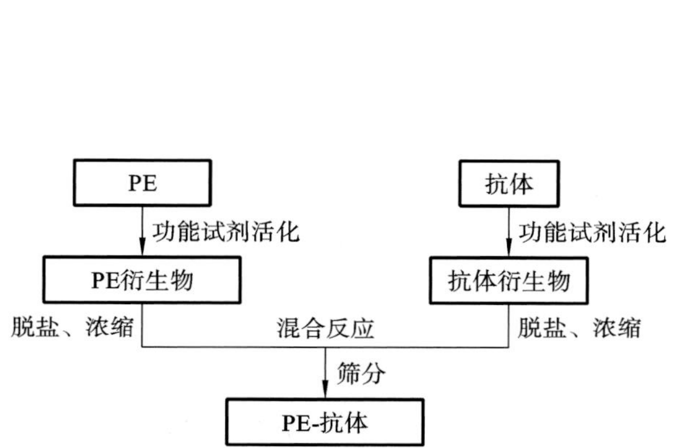


图 9-18 PE 与抗体的交联反应流程(陈良华,2005)

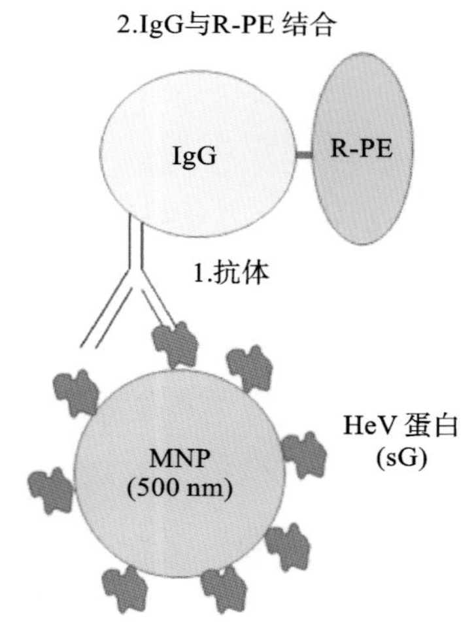


图 9-19 MNP 和共轭 R-PE 两步荧光法检测 IgG 抗体的原理图(Gao,2015)

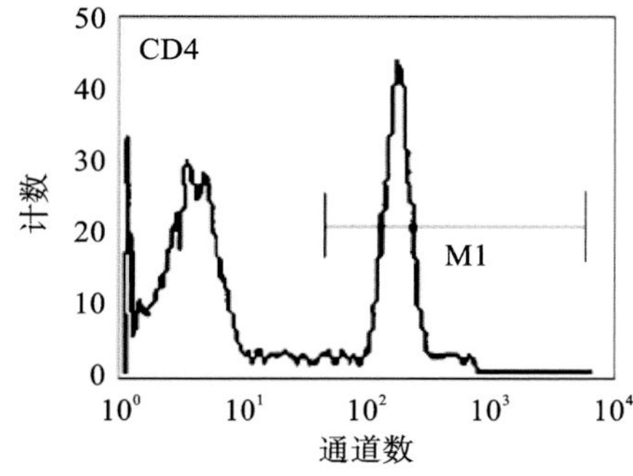


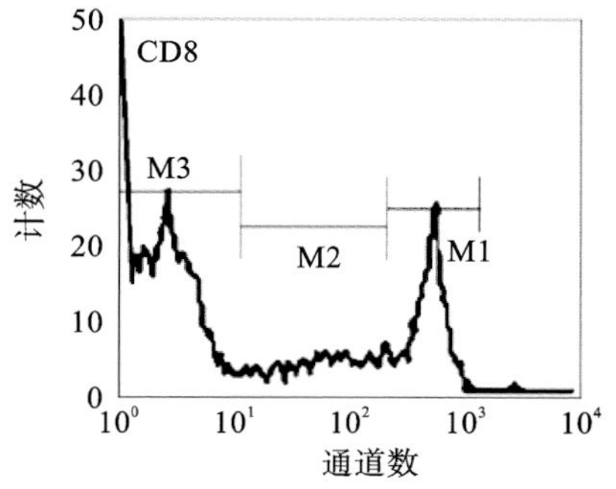


图 9-20 FACS 分析正常人外周血 $CD4^+$、$CD8^+$ 细胞图(高小娥,2018)

蛋膜,又称为凤凰衣,是一种具有一定弹性的白色纤维状双层薄膜,该双层薄膜质地均匀,厚度约为 70 μm。它是一种以角膜为主体,可与黏多糖类分子结合,溶解后又可以得到多种可溶性高分子化合物(如氨基酸、透明质酸、硫酸软骨素、葡萄糖醛酸等)的复合蛋白质,因此研究者们利用特定的生物技术从蛋膜中提取得到多种有效组分。蛋膜的结构较为独特,表面疏松多孔且具有一定的机械强度,通过其表面活性基团可以与生物分子进行共价偶联。因此,在生物传感器的应用中,蛋膜可作为生物分子固定化的理想载体(汤洁莉,2011)。汤洁莉(2011)研究了 R-PE 与沙丁胺醇之间的相互作用,发现后者能显著降低 R-PE 的荧光强度。将沙丁胺醇加入 R-PE 溶液中,R-PE 的吸光度略有下降,但吸收峰位置未发生显著变化。在以上研究的基础上,以蛋膜为固相基质,与强荧光指示剂 R-PE 进行共价交联(图 9-21),构建得到一种新型的荧光猝灭传感器。R-PE-蛋膜的荧光显微图中橙红色的光说明 R-PE 已固定在蛋膜上(图 9-22)。汤洁莉(2011)对该传感器的回收率进行了测定,发现其可成功用于定量检测尿样中的沙丁胺醇。

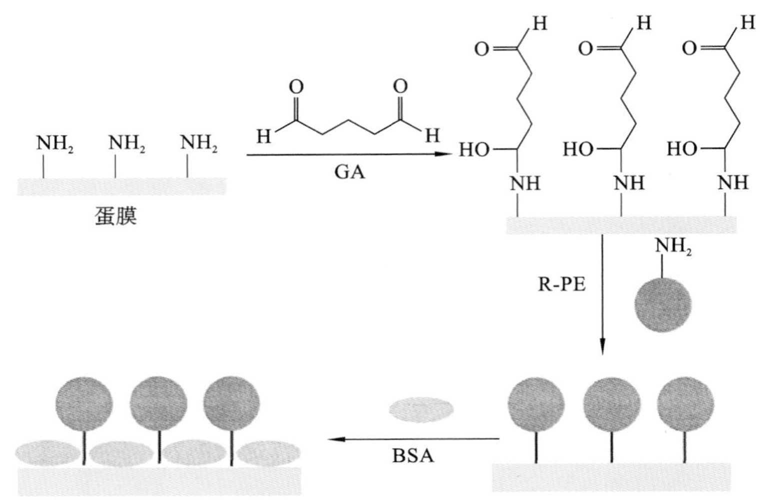


**图 9-21　R-PE 与蛋膜的共价交联(汤洁莉,2011)**

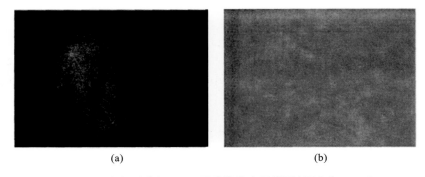


**图 9-22　空白蛋膜和 R-PE 蛋膜的荧光显微图(汤洁莉,2011)**

(a)空白蛋膜仅有一点绿光;(b)在 R-PE 蛋膜上能清楚看见橙红色的光

液相芯片技术是 20 世纪由美国的公司(在美国纳斯达克上市的公司)开发研制的一种生物芯片检测技术。该技术既为后基因组时代的科学研究提供了重要的技术支撑,又提供了新一代的高通量分子诊断技术平台。液相芯片检测体系主要由球形基质即微球、探针分子(如抗原、抗体、核酸探针等)、待检测物以及报告分子(荧光标记的抗体、抗原等)四个部分组成。首先对微球表面进行修饰,根据探针的不同分别加入不同的活化剂,以便微球与探针偶联。在进行检测时先把针对不同检测物、用不同颜色编码已偶联探针的微球混合,再加入被检测物(如抗原、抗体、酶、细胞因子、PCR 产物等)。在反应体系中,已偶联探针的微球与被检测物特异性结合,未结合的部分经洗涤步骤除去,被检测物(或探针)再与带有荧光标记的报告分子特异性结合。然后,微球单列通过两束激光,一束是红色激光,用于判定微球的颜色从而决定被检测物的特异性(定性);另一束是绿色激光,用于测定报告分子上标记的荧光的强度从而决定被测物的量(定量)。所得到的数据经计算机处理后可以直接用来判断结果(陈玮,2008;何英和陆学东,2006)。王亚丽(2012)将金黄色葡萄球菌和大肠杆菌 O157 作为研究对象,将液相芯片技术与双抗体夹心原理相结合,以荧光微球为载体,单克隆抗体作为捕获抗体,多克隆抗体作为检测抗体,生物素

标记的抗体以及链霉亲和素 PE 作为报告分子，建立了一种同时检测金黄色葡萄球菌和大肠杆菌 O157 的方法。结果发现液相芯片方法有明显的优势，可同时检测大肠杆菌和金黄色葡萄球菌，灵敏度较高，整个检测步骤在 24 h 之内即可完成。

近几十年来，随着工业的发展，重金属污染越来越严重。重金属离子不可生物降解，即使在微量水平也具有剧毒性，在食物链中也会积累，已成为全球关注的焦点（Aragay 等，2011；Yang 等，2016），威胁生态系统和人类健康。例如，铜是人体中含量第三丰富的过渡金属（Li 等，2014），是动植物所必需的微量元素，在许多基本的生物过程中发挥着重要作用。然而，铜在高浓度下对人体有不良影响，可导致许多疾病，如肝硬化（Zietz 等，2003）、肾损伤、肝豆状核变性和阿尔茨海默病（Liu 等，2005）。因此，人们迫切需要检测 $Cu^{2+}$ 含量的方法。迄今为止，很多成熟的方法已广泛用于 $Cu^{2+}$ 的检测，如电化学传感器法（Flores 等，2017）、原子吸收光谱法（De Sousa 等，2018）、电感耦合等离子体原子发射光谱法（Shoaee 等，2012）和荧光分析法（Zhang 等，2014）。在这些分析方法中，荧光分析法以其简单、成本低、灵敏度高、选择性好等优点，近年来受到越来越多的关注。因此，检测 $Cu^{2+}$ 的荧光传感器引起了人们极大的兴趣。纳米颗粒（NPs）作为一种荧光探针，在痕量分析物的检测领域得到了广泛的应用（Liu，2017；Qi 等，2017）。

R-PE 含有丰富的藻红胆素（PEB），其中包括 C ═O、N—H 和 C—N 基团（Kumar 等，2016），可能在银纳米颗粒的合成中发挥重要作用。此外，R-PE 是一种天然荧光蛋白，广泛存在于海洋红藻中，具有低成本的纯化效果（Aboelfetoh 等，2017）。在之前的工作中，研究者纯化了条斑紫菜 *Porphyra yezoensis* 和极大螺旋藻 *Spirulina maxima* 中的 R-PE 和 C-PC，并将其用于检测水环境（Wang，2016）和海产品中的汞离子（Hou 等，2017）。在以上研究的基础上，Xu 等（2019）将从条斑紫菜（*Porphyra yezoensis*）中提取的天然 R-PE 作为稳定剂和还原剂，合成银纳米颗粒（AgNPs）（图 9-23）。为了研究 R-PE-AgNPs 是否能选择性地检测 $Cu^{2+}$，他们测量了 15 种金属离子的相对荧光强度，结果发现，所有被测离子中，只有 $Cu^{2+}$ 的加入才能触发荧光的即刻显著猝灭；相比之下，其他金属离子对荧光强度的影响较弱（图 9-24）。在此基础上，他们以 R-PE-AgNPs 作为荧光探针，建立了一种高灵敏度、高选择性的 $Cu^{2+}$ 检测方法。结果发现，$Cu^{2+}$ 能引起 R-PE-AgNPs 聚集，并使其粒径明显增大（图 9-25），导致荧光强度降低，颜色发生变化，且 R-PE-AgNPs 荧光强度的变化与 $Cu^{2+}$ 浓度呈正相关（图 9-26）。该方法的线性范围为 0～100.0 μmol/L，检出限为 0.0190 μmol/L，并被成功地应用于自来水和湖水样品中 $Cu^{2+}$ 的分析，回收率在91.6%～102.2%。这种绿色、快速、经济的 R-PE-AgNPs 探针荧光法在多种水介质中示踪 $Cu^{2+}$ 具有很大的潜力。

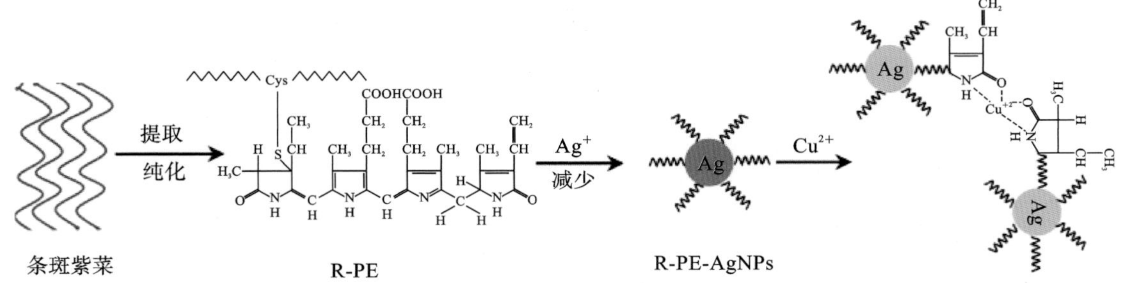


**图 9-23 还原 R-PE-AgNPs 与 $Cu^{2+}$ 形成配位络合物的作用机制（Xu 等，2019）**

### 9.3.1.3 基于藻蓝蛋白的荧光标记物

螺旋藻中 PC 含量为 10%～20%，在部分藻类中 PC 含量更高。在光合作用中，PC 一般作为一种纯自然的色素蛋白参与能量传递（赵艳景等，2011）。根据已有的研究报道，极大螺旋藻中含 47%的 PC、37%的 APC，PE 含量最少，仅占 16%（Rodriguez-Sanchez 等，2012）。PC 因荧光特性较好，常作为荧光探针应用于细胞成像、免疫标记等分子生物技术中。

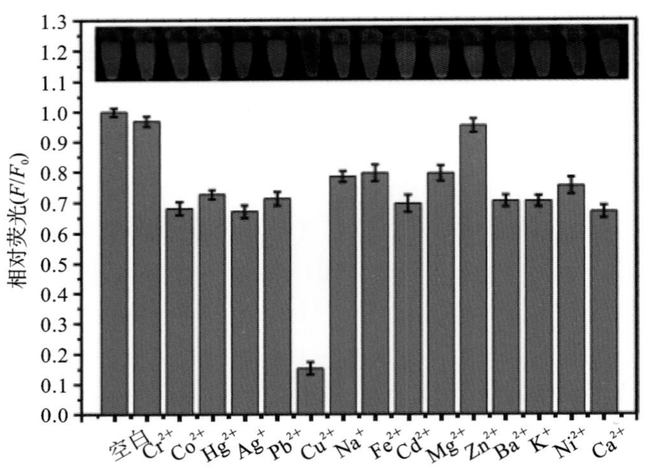


**图 9-24　在 5.0 μmol/L 不同金属离子存在情况下 R-PE-AgNPs 的相对荧光($F/F_0$)(Xu 等,2019)**

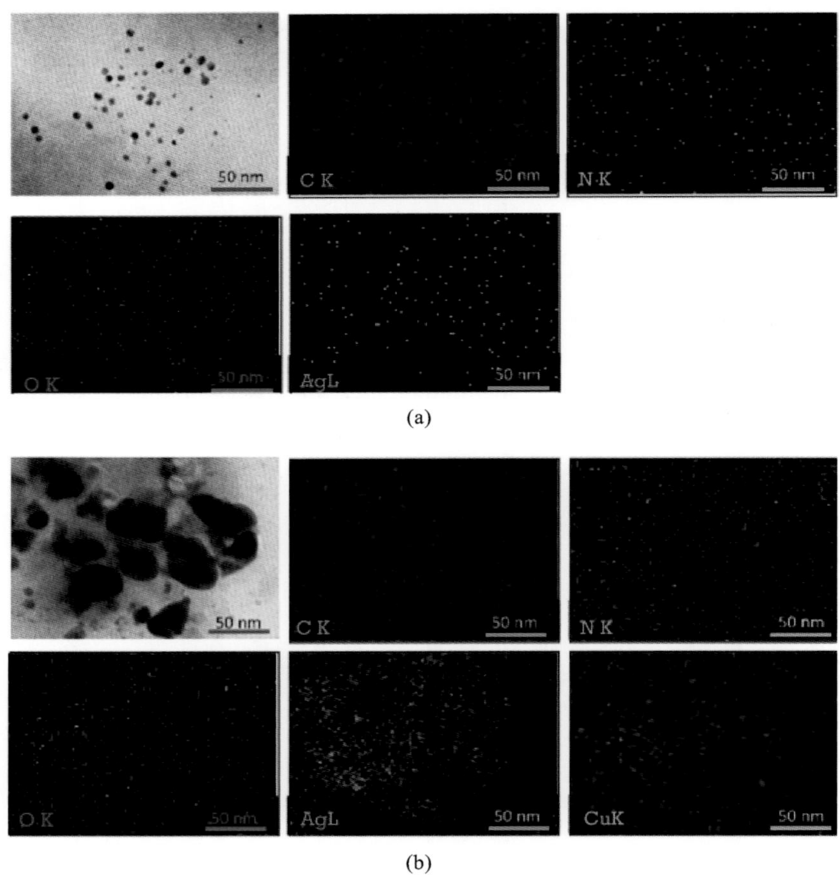


**图 9-25　$Cu^{2+}$ 存在(5.0 μmol/L)和不存在时 R-PE-AgNPs 的 TEM 成像和元素定位(Xu 等,2019)**

无 $Cu^{2+}$ 的 R-PE-AgNPs 处于分散状态。引入 $Cu^{2+}$ 后,R-PE-AgNPs 随着粒径的增大而聚集

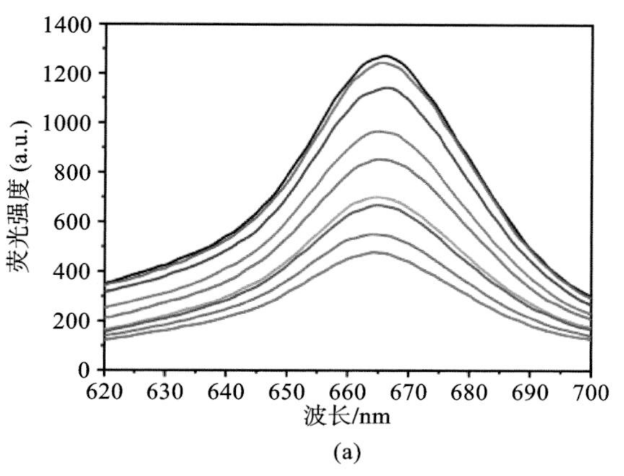


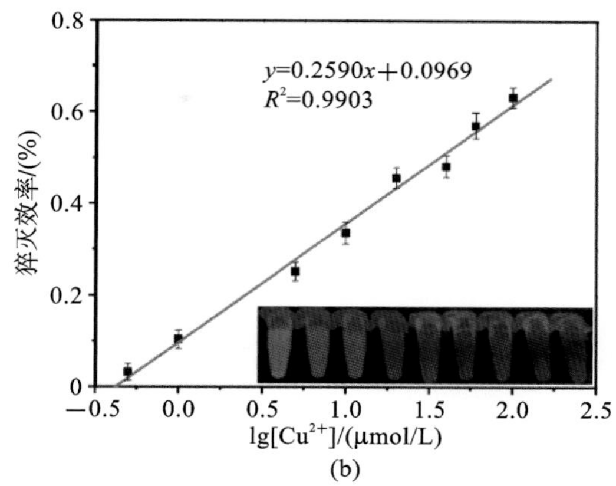


**图 9-26 不同浓度 $Cu^{2+}$ 存在下 R-PE-AgNPs 的荧光光谱及其猝灭效率(Xu 等,2019)**

(a)不同浓度 $Cu^{2+}$(从下到上:0、0.5 μmol/L、1.0 μmol/L、5.0 μmol/L、10.0 μmol/L、20.0 μmol/L、40.0 μmol/L、60.0 μmol/L、100.0 μmol/L)存在下 R-PE-AgNPs 的荧光光谱。(b)R-PE-AgNPs 荧光猝灭效率与 $Cu^{2+}$ 对数浓度(0.5 μmol/L、1.0 μmol/L、5.0 μmol/L、10.0 μmol/L、20.0 μmol/L、40.0 μmol/L、60.0 μmol/L、100.0 μmol/L)的关系。所有测量均在 pH 5.0、30 ℃的条件下进行。误差条表示五次测量的标准偏差

PC 中还含有一定量的能够与银离子高效结合的氨基酸(如天冬氨酸、赖氨酸和半胱氨酸等),减少合成的银纳米颗粒氧化和聚集现象的发生。根据已有的研究报道,采用牛血清白蛋白(BSA)作为模板,用硼氢化钠对 $AgNO_3$ 进行还原,可制备得到含有 15 个原子的能发出红色荧光的 Ag15@BSA(Mathew A,2011)。有研究者设计得到了一种短肽分子,其在 $NaBH_4$ 的还原下可与银离子形成具有稳定荧光的银纳米颗粒,并将此短肽分子材料应用于细胞成像中(Yu,2007)。另有研究者采用一步式合成法设计合成了一种 CpG 功能化的银纳米颗粒,并发现该纳米颗粒的免疫刺激活性较高,同时还可以作为细胞荧光剂,在医学应用中具有良好的生物相容性(Tao,2013)。

闫美宏(2017)以 C-PC 作为荧光探针,$Hg^{2+}$ 为猝灭剂,构建了一种检测海产品中 $Hg^{2+}$ 的方法。他利用 C-PC 对 15 种重金属离子进行选择性实验,发现 C-PC 对 $Hg^{2+}$ 具有较好的选择性和专一性;$Hg^{2+}$ 导致 C-PC 荧光猝灭的机制可能是加入 $Hg^{2+}$ 后,C-PC 发生聚集。他又以 C-PC 作为保护剂,$AgNO_3$ 为原料,$NaBH_4$ 为还原剂,制备得到 PC-Ag NPs,研究发现 PC-Ag NPs 在 260 nm 和 400 nm 处有两个紫外-可见吸收峰;PC-Ag NPs 的荧光激发波长为 580 nm,发射波长为 625 nm(图 9-27);PC-Ag NPs 在透射电子显微镜下呈球形,粒径为 10～25 nm(图 9-28)。经研究发现,$Cu^{2+}$ 对其荧光具有明显的猝灭作用(图 9-29),这表明 PC-Ag NPs 在 $Cu^{2+}$ 的检测方面具有很大的潜力。

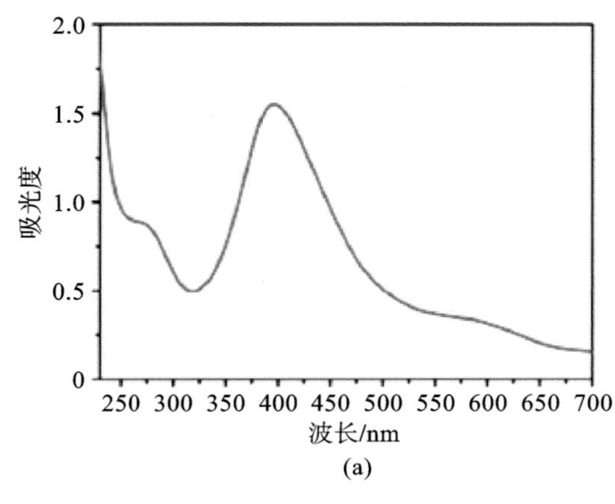


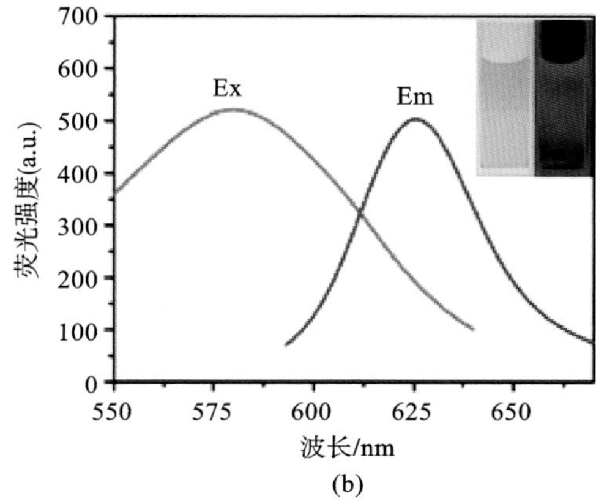


**图 9-27 PC-Ag NPs 光谱图(闫美宏,2017)**

(a)PC-Ag NPs 的紫外-可见吸收光谱图;(b)PC-Ag NPs 的荧光激发与发射光谱图

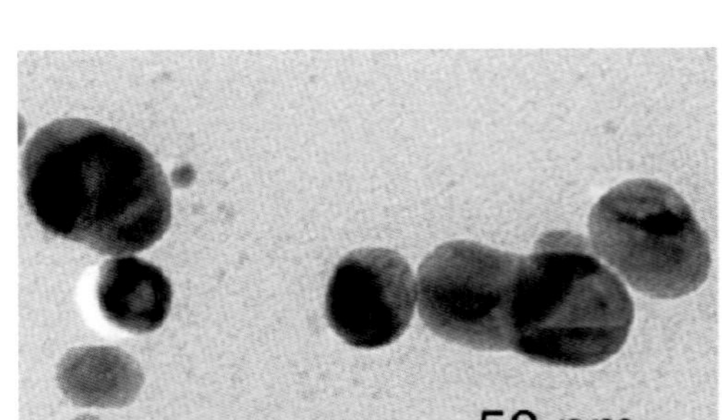


图 9-28　PC-Ag NPs 的透射电子显微镜图(闫美宏，2017)

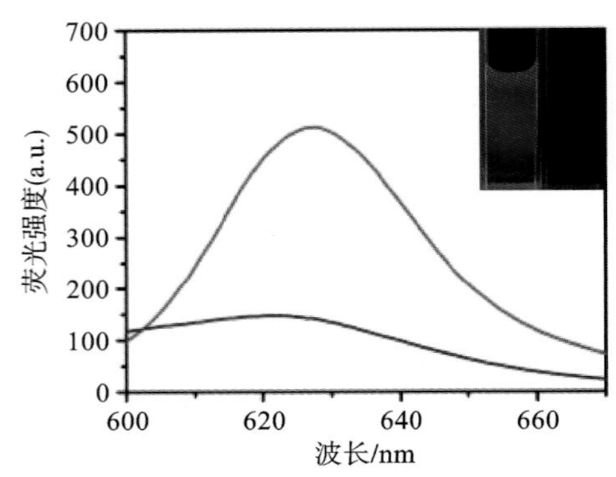


图 9-29　PC-Ag NPs 对 $Cu^{2+}$ 的荧光响应(闫美宏，2017)

纳米稀土发光材料是纳米发光材料的一个重要分支，与其他纳米发光标记物相比，纳米稀土发光材料具有特殊的光学性质(荧光光谱为线谱，发光颜色几乎不随基质发生改变；处于激发态的稀土离子寿命比普通离子长；发光材料亮度高且显色性好)，这主要归因于稀土离子有不完全充满的电子层。纳米稀土发光材料利用稀土元素吸收能量较高的短波辐射，发射出能量较低的长波辐射(简称 Stoke 效应)，或者借助它们的能级特质，吸收多个能量较低的长波辐射，经多光子加和后发出能量较高的短波辐射(反 Stoke 效应)(翟涵，2009)。翟涵(2009)基于蛋白质表面的氨基与稀土纳米颗粒中羧基之间的配位作用，采用原位表面修饰技术并结合水热法构建了一种镧系掺杂纳米颗粒，并进一步通过单步反应制备得到聚丙烯酸包被的水溶性 YVO4:Eu 纳米颗粒。研究发现 PC 的最大激发峰为 605 nm 附近的宽峰，与 YVO4:Eu 纳米颗粒在 618 nm 处的最大发射峰相重叠(图 9-30)，这为供受体(以 YVO4:Eu 作为供体，PC 作为受体)之间 FRET 的发生提供了必不可少的条件。他继续采用合成的 YVO4:Eu 纳米颗粒和荧光 PC 构建得到 FRET 体系，并对两者之间的相互作用进行了初步研究，结果发现，当纳米颗粒和 PC 浓度分别为 $2\times10^{-5}$ mol/L 和 0.01 mol/L 时，经 200 μL EDC 活化 2 h 后能量转移效率最大(图 9-31)。

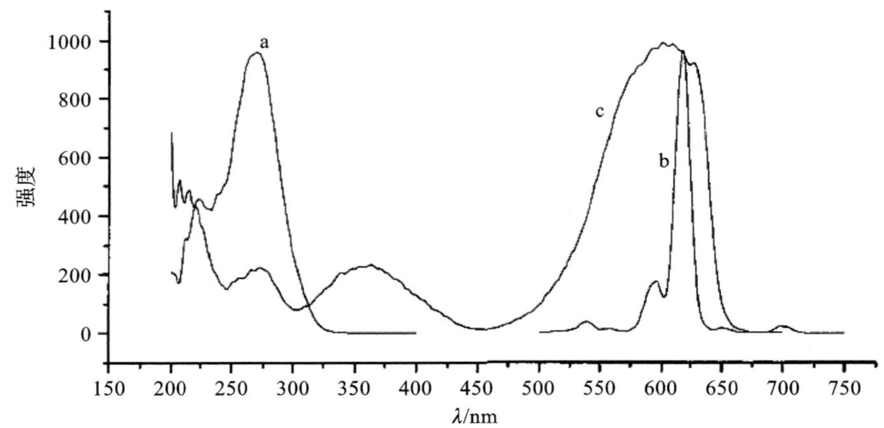


图 9-30　YVO4:Eu 和 PC 的光谱图(翟涵，2009)

(a)YVO4:Eu 的激发光谱；(b)YVO4:Eu 的发射光谱；(c)PC 的激发光谱

#### 9.3.1.4　基于别藻蓝蛋白的荧光标记物

别藻蓝蛋白(APC)作为藻胆蛋白中的一种，它的摩尔吸光系数 $\varepsilon$ 和荧光量子效率 $\varphi_f$ 均较高，当与其他大分子蛋白发生交联时，其荧光性质不会发生改变，因此可以作为荧光探针应用于免疫荧光检测中。但目前别藻蓝蛋白主要是从天然藻类中提取纯化的，该提取方法周期长、分离步骤烦琐、成本较高，且低浓度别藻蓝蛋白稳定性较差，易解聚为单体，极大地约束了其在免疫荧光分析中的应用(武静，2017)。

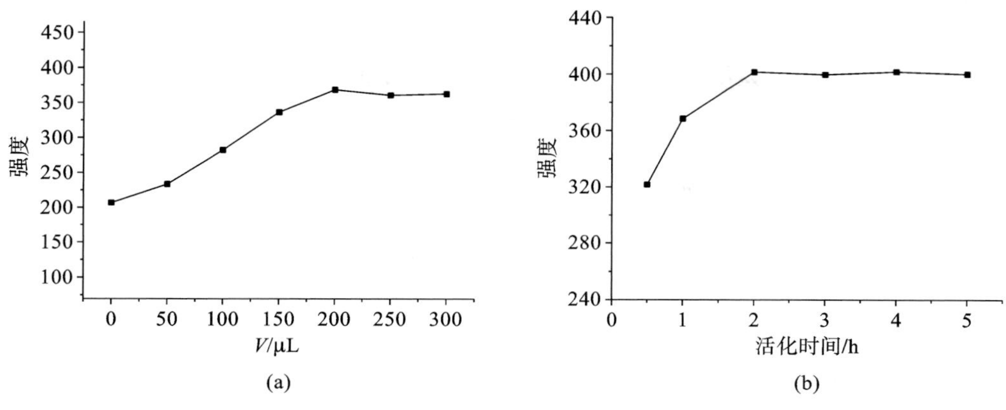


**图 9-31　EDC 加入体积与活化时间对 PC 荧光强度的影响(翟涵,2009)**

(a)EDC 加入体积对 PC 荧光强度的影响;(b)EDC 活化时间对 PC 荧光强度的影响

武静(2017)以基因工程为原理,将别藻蓝蛋白 α 亚基基因与链霉亲和素基因进行融合(SLA),并将其与裂合酶基因(*cpcS*)和藻胆素合成酶基因构建得到表达载体(图 9-32),并利用大肠杆菌进行转化,主要是基于代谢工程的原理完成重组别藻蓝蛋白的生物合成,以获得既具有生物素结合能力又具有荧光特性的重组藻胆蛋白荧光探针分子。

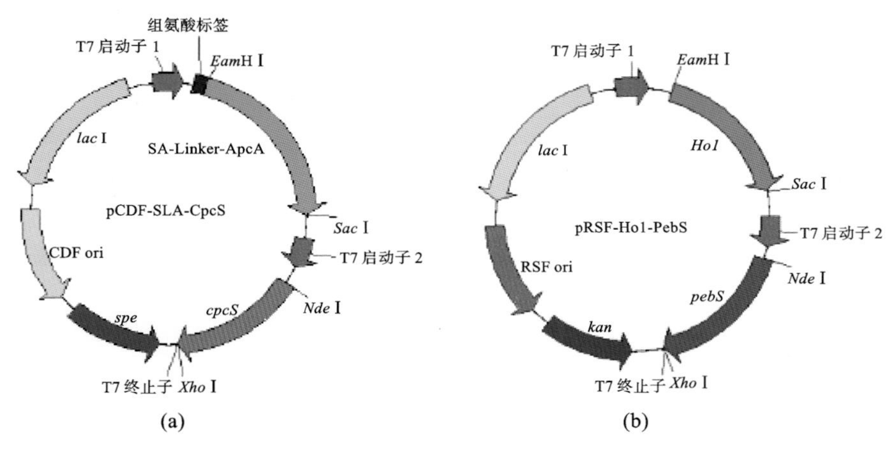


**图 9-32　重组蛋白表达载体(武静,2017)**

(a)链霉亲和素与脱辅基 APC α 亚基融合蛋白及裂合酶表达载体;(b)藻红胆素表达载体

陈英杰(2011)尝试重组具有 Strep Ⅱ-Tag 和 His-Tag 双标签的别藻蓝蛋白(图 9-33),制备具有链霉亲和素结合能力的荧光蛋白;利用 Zn Si MNPs 对组氨酸标签的固定作用,实现双标签别藻蓝蛋白在颗粒表面的固定,从而制备出新型功能化超顺磁性荧光纳米颗粒。他以凋亡 HeLa 细胞为分离目标,对基因重组技术制备的功能化荧光磁性纳米颗粒在生物分离中的应用进行了初步研究,结果表明该颗粒可以通过免疫结合反应对细胞进行快速识别和分离。

陈华新等(2016)构建得到多基因表达载体,使 AFP 单链抗体(sc Fv)和蓝藻别藻蓝蛋白 α 亚基脱辅基蛋白(ApcA)组成的融合蛋白(sc Fv-ApcA)、藻胆蛋白裂合酶(CpcS)及藻红蛋白生物合成酶(Ho1 和 PebS)同时在大肠杆菌中表达,获得可共价结合藻红胆素的融合蛋白(sc Fv-ApcA-PEB),实现了融合蛋白在原核细胞中的高效表达,并利用组合生物合成技术,实现了藻红胆素与融合蛋白的共价连接。如图 9-34、图 9-35 所示。

微流控芯片(microfluidic chip,MFC)以毛细管电泳(CE)为基础,将样品的制备、反应、分离、检测等基本操作单元集成到石英、玻璃或塑料等基片上的微通道,在小至数厘米的尺寸上完成以上操作(方肇伦,2005)。但是,在微通道中,常规检测器的检出限远远大于大多生物样品浓度而无法完成对样品的一

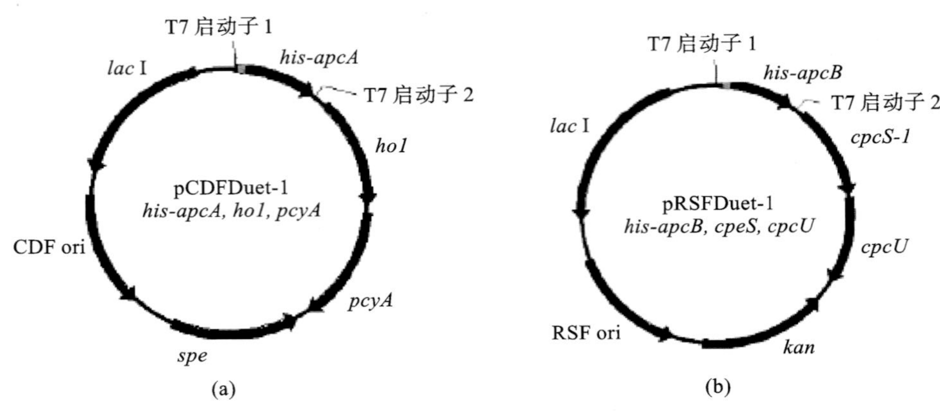


图 9-33　重组荧光别藻蓝蛋白表达载体示意图(陈英杰,2011)

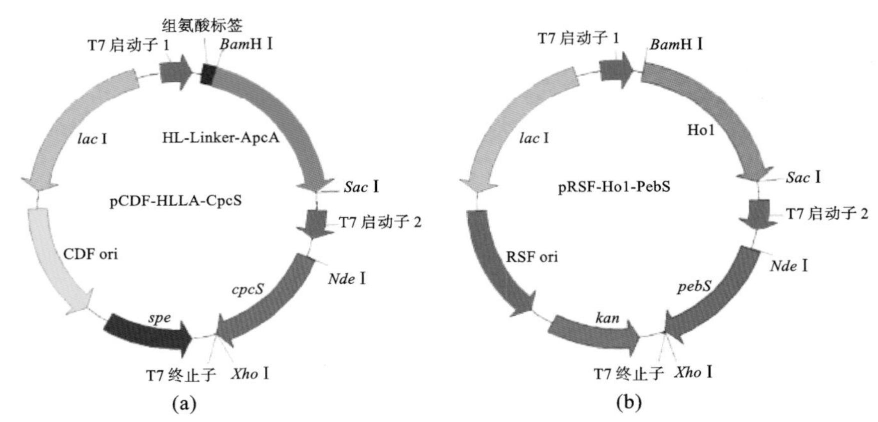


图 9-34　AFP 单链抗体与别藻蓝蛋白 α 亚基融合基因表达质粒及藻红胆素表达质粒(陈华新等,2016)

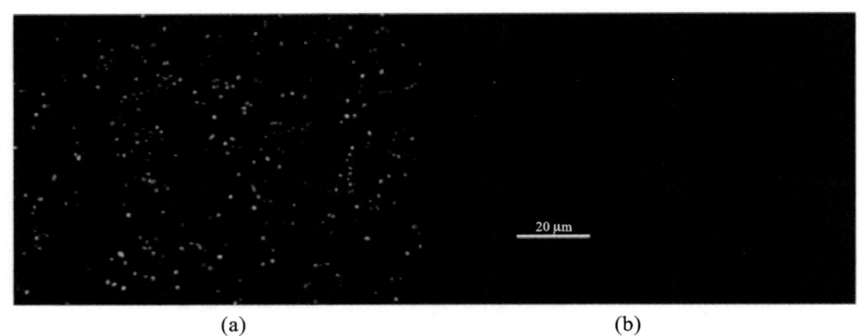


图 9-35　重组大肠杆菌在荧光显微镜下的照片((b)为对照组)(陈华新等,2016)

系列操作;另外,实际获得样品量较多,分析使用的样品量较少,因此会出现待分析样品利用率低的现象。目前克服这一现象最有效的方法是探索和发展预富集技术,由于常规的离线预富集技术对微量样品的处理效果较差,而将样品的预富集与分离、检测的集成化也更适应 MFC 的发展需求,因此研究和探索符合 MFC 的在线预富集技术极为必要。吴娟芳(2006)以 PCTE 滤膜(化学镀处理,表面孔径约 30 nm)作为中间层,制备得到含有纳米孔道的夹心型 MFC(图 9-36),对 APC 进行富集研究,并考察了 APC 的富集时间和电压的变化对富集效果的影响。研究发现,由于 APC 本身具有三聚体且三聚体与三聚体之间构成六聚体,洗脱后出现多重峰现象,洗脱峰形会随富集时间变化而变复杂(图 9-37)。此外,随着富集时间的增加,APC 的洗脱总量不断上升(图 9-38)。随着洗脱电压的降低,APC 的出峰点呈后移趋势,随着峰高的降低与峰宽变大,整体的峰面积趋于相似(图 9-39)。这也同时说明化学镀滤膜是基于分子大小进行富集的。这将为新兴的纳米孔道技术融入 MFC，探索和发现新型、快速且有效的在线预富集技术提供了数据支持，也对推进该技术在蛋白质样品的预富集领域的发展具有现实意义。

张少斌(2004)为研究植物体内微丝的动态变化，通过制备电泳纯化原核表达的 PEAcl(豌豆肌动蛋白异型体)为抗原，得到豌豆肌动蛋白的多克隆抗体，将抗体与别藻蓝蛋白进行交联制备藻荧光探针来对豌豆肌动蛋白进行标记，并比较了其与聚合肌动蛋白鬼笔环肽标记抗体的荧光特性的差异。张少斌(2004)将 APC 与其他几种常用荧光探针进行抗荧光猝灭能力的比较分析，结果发现，别藻蓝蛋白具有最强的抗荧光猝灭能力(图 9-40)。别藻蓝蛋白突出的荧光特性可以弥补传统荧光素类物质激发与发射光谱范围窄、容易发生荧光猝灭的局限，利用戊二醛一步法将别藻蓝蛋白与多克隆抗体偶联制备得到的藻荧光探针，可以对豌豆肌动蛋白进行直接免疫荧光标记，与携带荧光素的鬼笔环肽标记的抗体相比，它们的标记结果相似。但从图中可以看出，鬼笔环肽的荧光标记背景干扰远远强于藻荧光探针标记(图 9-41)。另外，利用原核表达方法制备的植物肌动蛋白的抗体则可以克服鬼笔环肽不能标记游离的肌动蛋白的限制。藻荧光探针优异的抗荧光猝灭能力及其较弱的荧光标记背景干扰，拓宽了其在植物细胞免疫检测中的应用。

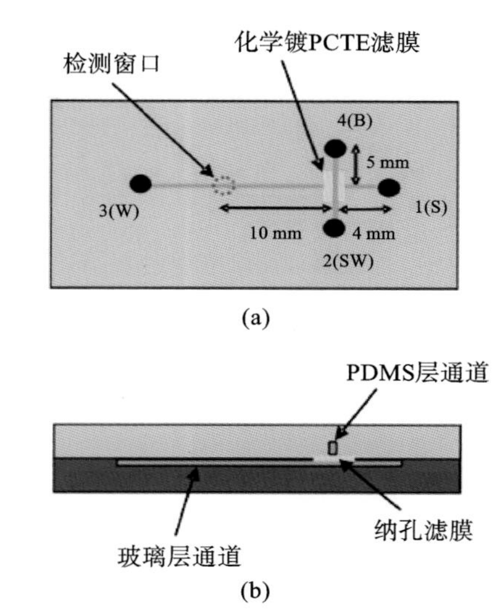


**图 9-36　芯片组装示意图(吴娟芳,2006)**

含有纳米孔道的夹心型 MFC 俯视图(a)和侧视图(b)

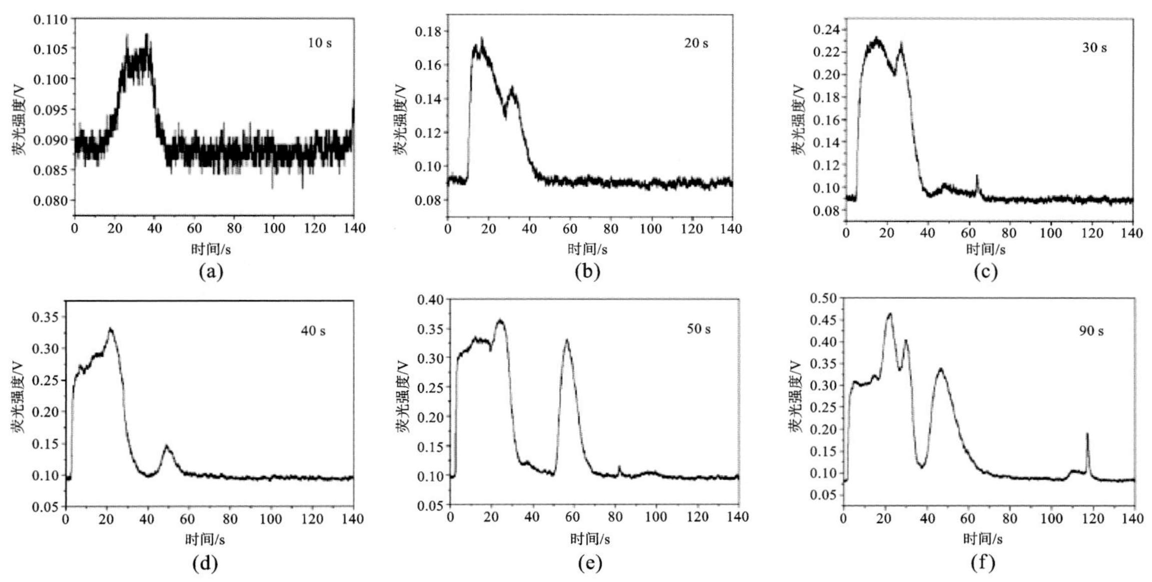


**图 9-37　不同富集时间下 APC 洗脱量的变化(吴娟芳,2006)**

Li 等(2016)发现一组来自温泉拟甲色球藻(*Chroococcidiopsis thermalis* sp. PCC 7203)APC 中的藻胆体核心亚基 ApcF2 的 FR(红外)和 NIR(近红外)-FPs(Xu 等,2016)，其取代基被称为 BDFP1.1、BDFP1.2、BDFP1.3、BDFP1.4、BDFP1.5 和 BDFP1.6(Ding 等,2017;Miao 等,2018)。BDFP1.1、BDFP1.4 和 BDFP1.5 在近红外区(约 710 nm)发射，BDFP1.2、BDFP1.3 和 BDFP1.6 在近红外区(约 670 nm)发射。与 iRFPs 和 smURPF 相比，它们对光、pH 和温度的稳定性更高。基于上述研究结果，Li 等(2019)发现位置 113、125 和 127 的残基影响了 BDFPs 的光谱特性。他们在 BDFP1.6 的基础上，首先获得了 F113L、C125G 和 T127A 三个突变的 BFFP1.7，然后为了获得更亮的近红外荧光光谱，根据 BDFP1.7 的模型结构寻找可能增强发色团与脱辅基蛋白亲和力的原子吸收光谱。他们发现了一个

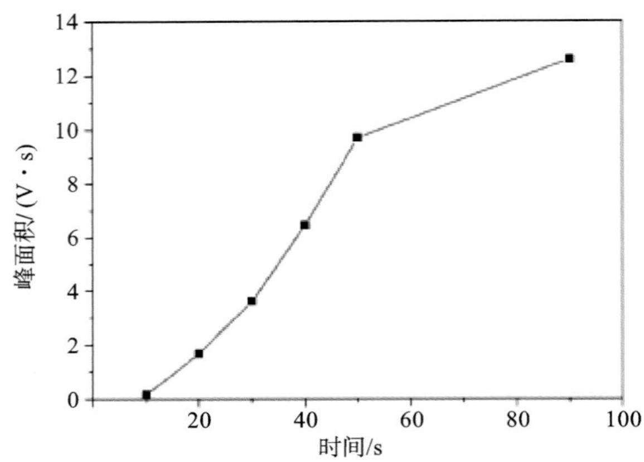


图 9-38　APC 洗脱量随富集时间的变化(吴娟芳,2006)

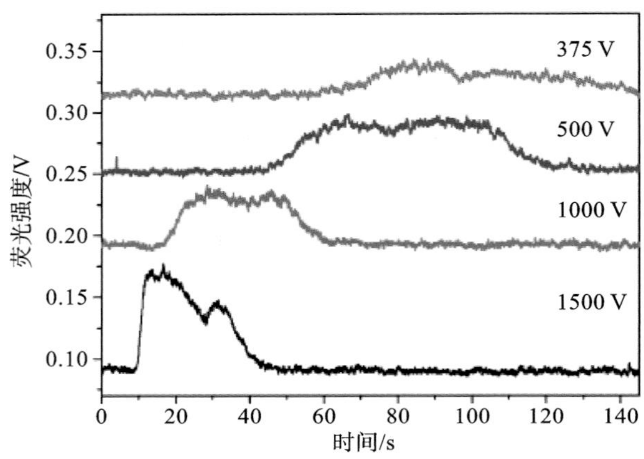


图 9-39　同一富集时间,不同洗脱电压下 APC 的洗脱情况(吴娟芳,2006)

突变(A127V),该突变显著地将 BDFP1.7 的有效亮度提高了 2.3 倍。模拟结构表明,新引入的 Val 突变(A127V)中的两个甲基可作为"钳"发挥作用,通过范德瓦耳斯力的相互作用锁定 BV 发色团环 a,并有助于增强荧光(图9-42(c))。另一个突变(M81K)可能在发色团和载脂蛋白之间产生氢键(图 9-42(b)),因此研究者添加了这个突变,这导致有效亮度比 BDFP1.7(A127V)提高了 1.4 倍。最后,研究者获得了一种称为 BDFP 1.8的近红外荧光蛋白,其在哺乳动物细胞中的亮度比 iRFP720 高 2.4 倍。发色团结合和组装的双线性蛋白的重排与哺乳动物细胞的亮度有关(Baloban 等,2017)。在体外,研究者发现游离 BV 是没有荧光的,BDFP 与 BV 结合需要三个动力学步骤。游离 BV 是没有荧光的。在第一步中,BDFP1.1、BDFP1.7、BDFP1.7(A127V)和 BDFP1.8 脱辅基蛋白与 BV 的非共价结合,可产生长波长(约 712 nm)发射。随后,光谱蓝移,荧光增强。BDFP1.2 和 BDFP1.6 的蓝移约为 40 nm,而 BDFP1.1、BDFP1.7、BDFP1.7(A127V)和 BDFP1.8 的蓝移仅为 5～10 nm。在第二步中,这些变化可能归因于通过向 BV 3-乙烯基中添加 C82 巯基而形成的共价连接,该共价连接使荧光发生蓝移(图 9-42(a))。此外,在第三步中共价发色团结合后的进一步重组可以解释荧光强度的增加。研究者通过分析念珠藻 PCC 7120(Hoeppner 等,2015)中 ApcEΔ 的晶体结构,认识到位置 40、43、47 和 54 的疏水性原子吸收对 ApcEΔ 二聚反应非常重要(图9-42(d))。通过比较 BDFP1.8 和 ApcEΔ 的同源性(图 9-42(e)),他们发现 BDFP1.8 中位置 24、27、31 和 38 的 aas 也具有疏水性。考虑到 BDFP1.8 的位置 30 是亮氨酸(L),他们推测位置 24、27、30、31 和 38 的疏水性原子吸收将导致 BDFP1.8 的二聚。

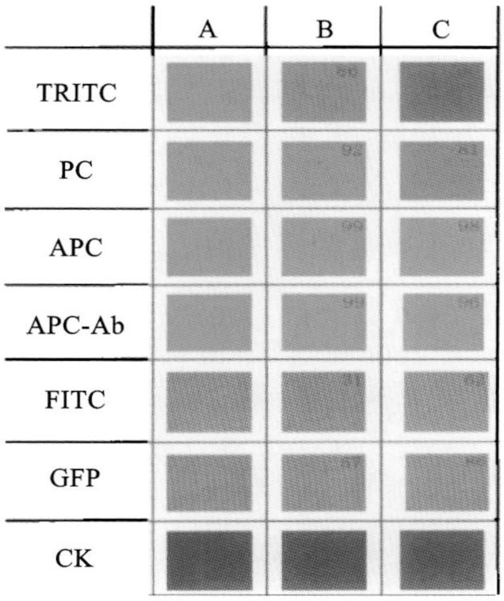

|  | A | B | C |
|---|---|---|---|
| TRITC |  |  |  |
| PC |  |  |  |
| APC |  |  |  |
| APC-Ab |  |  |  |
| FITC |  |  |  |
| GFP |  |  |  |
| CK |  |  |  |

**图 9-40 别藻蓝蛋白与其他几种常用荧光探针抗荧光猝灭能力的比较(张少斌,2004)**

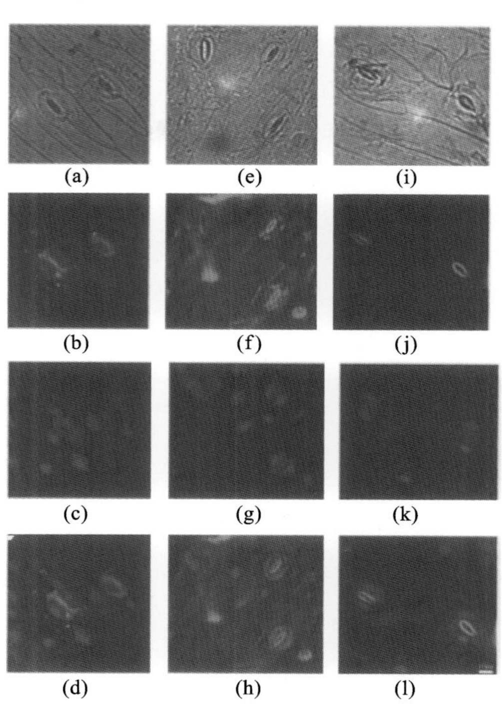


**图 9-41 豌豆卷须气孔细胞肌动蛋白的免疫荧光标记(张少斌,2004)**

(a)～(d)藻荧光探针标记;(e)～(h)鬼笔环肽标记;(i)～(l)CK 标记

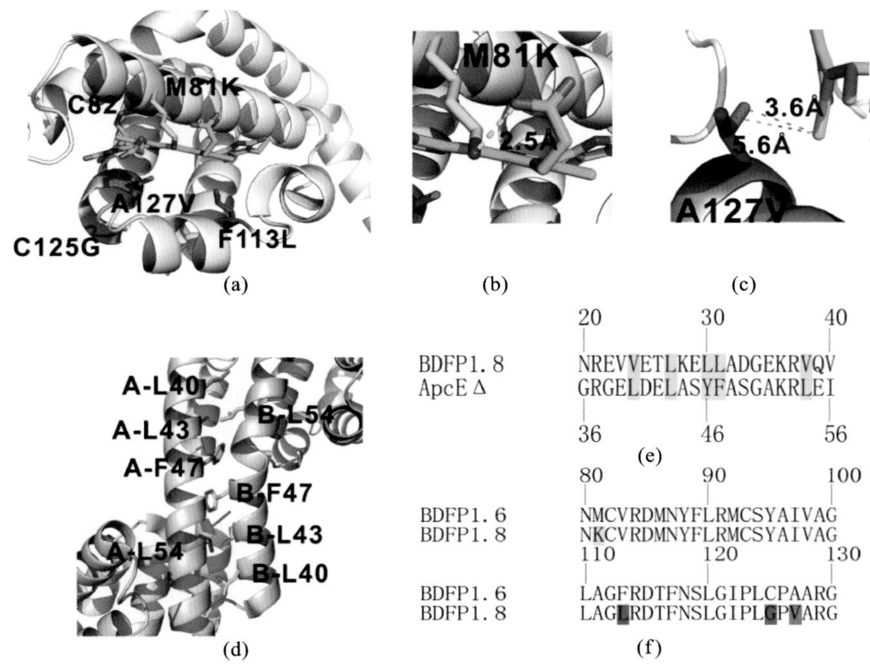


**图 9-42 BDFP1.8 的结构与二聚分析(Li 等,2019)**

(a)BDFP1.8 的结构模型,氨基酸与光谱红移(红色)与有效亮度(青色和粉色)有关。(b)和(c)分别为 BDFP1.8 在 M81K 和 A127V 处的局部结构,其中氢键和范德瓦耳斯力的相互作用增强了发色团与 BDFP 1.8 之间的亲和力(SWISS 模式,使用来自层粘连 *Mastigocladus*(PDB:1B33)的 APC 中的 ApcB 作为模板)。(d)念珠藻 PCC7120(PDB:4XXI)中 ApcEΔ 的二聚反应。A 和 B 在 4Xi 中是不同的链。(e)和(f)分别为 BDFP1.8 与 ApcEΔ 和 BDFP1.6 的同源性比较。黄色高光表示 BDFP1.8 的二聚

#### 9.3.1.5 基于藻胆素的荧光标记物

在 20 世纪 70 年代后期,研究者们发现了生物素-亲和素系统(biotin-avidin system,BAS)(张晓春,2001)。链霉亲和素被研究出来后,与亲和素相比,其非特异性结合少、背景干扰小,具有很大的替代优势,促使其在 BAS 的进一步应用。生物素与链霉亲和素分子的结合亲和力非常高,信号还可以进行分级扩大(武静,2017)。

蔡芬芬(2010)使用分子生物学技术,将藻蓝蛋白的 β 亚基与链霉亲和素基因融合,制备表达载体,并通过大肠杆菌表达系统及体内重组技术构建出链霉亲和素-藻胆蛋白(SA-CPC B-PEB)。利用藻胆蛋白优异的荧光特性,借助生物素-链霉亲和素系统的信号多级放大作用,将其制备成荧光探针应用于荧光免疫检测,大大提高了检测的灵敏度。同时她探究了 SA-CPC B-PEB 荧光探针在 BSA 免疫检测中的应用(图 9-43),结果发现 SA-CPC B-PEB 作为荧光探针在 BSA 荧光免疫检测体系中应用于微量物质的检测是切实可行的。

Wu 等(2017)在大肠杆菌中,将链霉亲和素(SLA)和别藻蓝蛋白 α 亚基融合,结合裂解酶 CpcS 和 PEB 合成酶(Ho1 和 PebS)或 PCB 合成酶(Ho1 和 PcyA)在大肠杆菌中共表达(图 9-44),得到两种能够结合生物素的重组藻胆蛋白(SLA-PEB 和 SLA-PCB)。这些融合蛋白在肿瘤标志物甲胎蛋白检测中的检出限分别为 0.11 ng/mL 和 0.35 ng/mL。

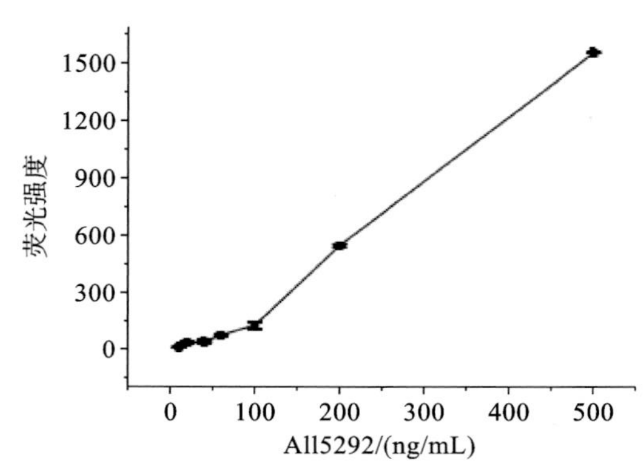


**图 9-43 SA-CPC B-PEB 应用于 BSA 荧光免疫检测体系检测 All5292 的检验曲线(蔡芬芬,2010)**

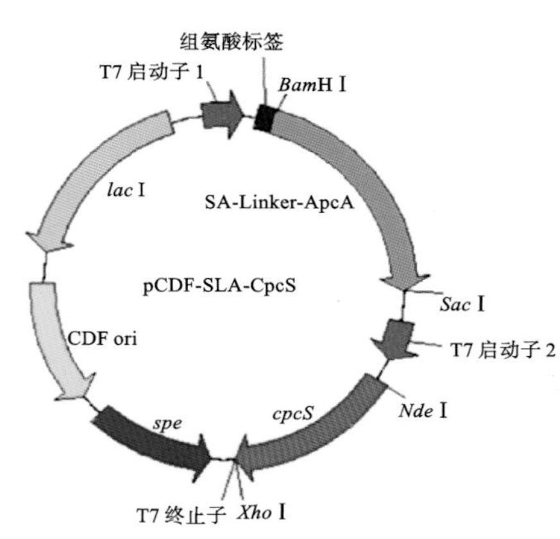


**图 9-44 质粒 pCDF-SLA-CpcS 表达载体的构建(Wu 等,2017)**

ApcE(50-240/Δ77-153)是来源于念珠藻 PCC 7120 的一种单体蛋白,它可通过半胱氨酸(Cys)共价结合 PCB 和 PEB,具有特征吸收光谱和荧光光谱。但 ApcE(50-240/Δ77-153)的活性和产量较低。李慧真(2017)在此基础上利用定点诱变的方法提高 ApcE 蛋白的活性和产量,筛选得到活性更好、结构更稳定的突变体 ApcE(50-240/Δ77-153/S158C),并将该突变体用于构建转染动物细胞表达载体(图 9-45)。研究发现,各突变体重组 PCB 和 PEB 变性后的最大吸收峰分别为 660 nm 和 552 nm(PCB 和 PEB 的特征峰)(图 9-46、图 9-47)。突变体 ApcE(50-240/Δ77-153/S158C)无论是在产量、活性还是在结合色素的能力方面,较对照 ApcE(50-240/Δ77-153)及其他突变体均有提高。

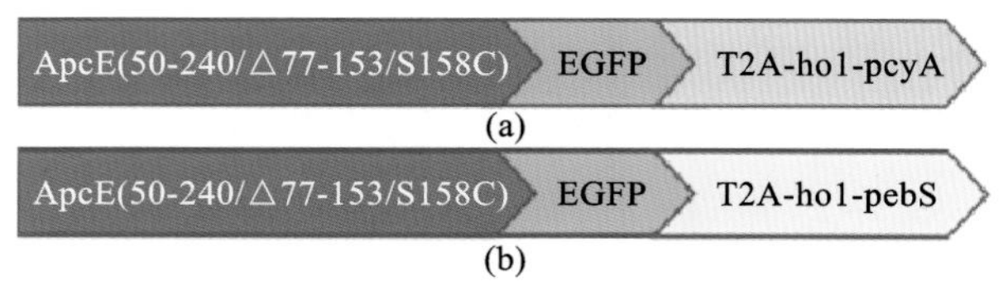


**图 9-45 表达载体的构建(李慧真,2017)**

(a)表达载体能够在哺乳动物细胞中同时表达 ApcE 蛋白、PCB 和 EGFP;(b)表达载体能够在哺乳动物细胞中同时表达 ApcE 蛋白、PEB 和 EGFP,其中,EGFP 被用作对照荧光标记

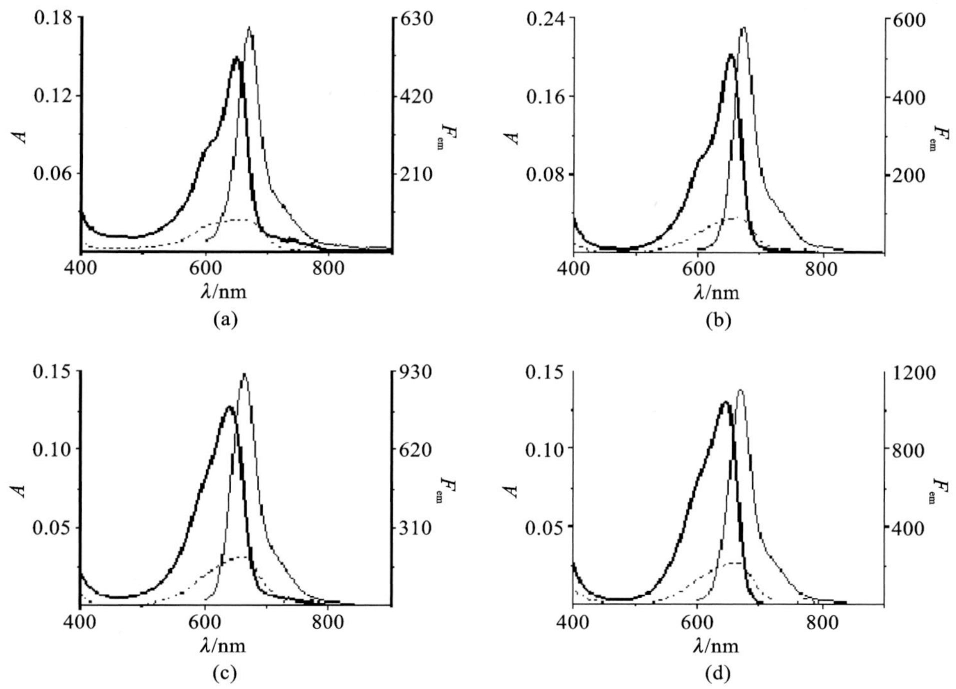


**图 9-46　各突变体重组 PCB 吸收荧光光谱(李慧真,2017)**

粗实线为重组蛋白未变性;细实线为重组蛋白;虚线为重组蛋白变性

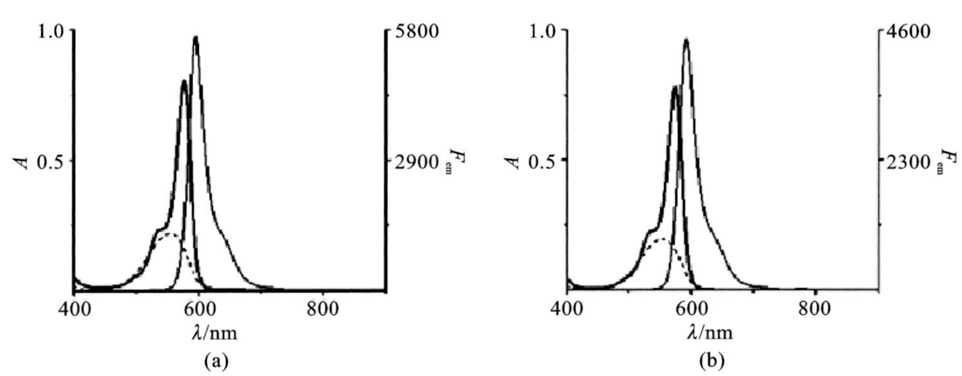


**图 9-47　突变体重组 PEB 吸收荧光光谱(李慧真,2017)**

粗实线为重组蛋白未变性;细实线为重组蛋白;虚线为重组蛋白变性

王祥法(2016)按照链霉亲和素基因 *SA* 和藻蓝蛋白 α 亚基 *cpc* 的 DNA 序列来设计特异性引物,使用重叠 PCR 技术将 *SA* 与 *cpcA* 基因连接为融合基因 *SA-cpcA*。再将基因 *SA-cpcA* 导入含有CpcE/F、hox1-pcyA 或 hox1-pebS 的质粒进行融合表达,构建出表达载体 pCDFDuet-sa-cpcA-cpcE/F-hox1-pcyA(SA-PCA-PCB)及表达载体 pCDFDuet-sa-cpcA-cpcE/F-hox1-pebS(SA-PCA-PEB)(图 9-48)。该研究者构建了分别连接 PCB 与 PEB 色基的两种藻胆蛋白荧光探针,比较了相同条件下对肝癌早期标志物(甲胎蛋白(AFP)和癌胚抗原(CEA))检测灵敏度的影响。在 AFP 的免疫检测中,SA-PCA-PEB 的最低检测限为 0.25 ng/mL,SA-PCA-PCB 的最低检测限为 1.01 ng/mL,说明结合色素 PEB 的荧光蛋白用于免疫检测的检测限要优于结合 PCB 的荧光蛋白(图 9-49)。在免疫检测 CEA 时,SA-PCA-PEB 和 SA-PCA-PCB 的最低检测限分别为 0.28 ng/mL 和 1.12 ng/mL,与 AFP 检测限基本相同,说明在其他条件相同的情况下,SA-PCA-PEB 和 SA-PCA-PCB 检测肝癌不同标志物(AFP 与 CEA)时,检测限没有显著差异(图 9-50)。在进一步的研究中,优化探针的构建方式及提高重组蛋白的色基结合率等将成为研究的重点,以期开发出成本更低、检测效率更高的藻胆蛋白/链霉亲和素双功能荧光探针分子。

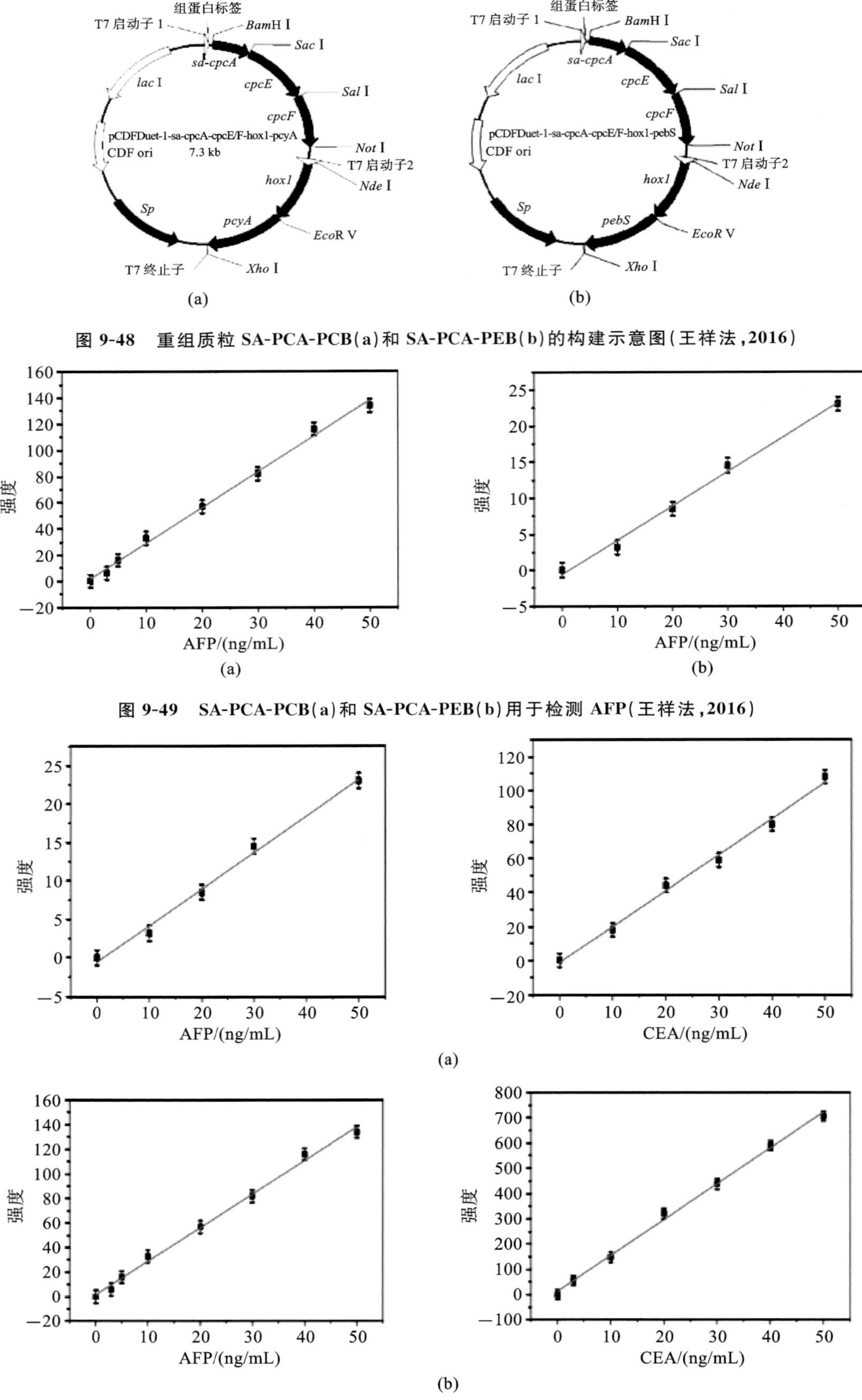


图 9-48　重组质粒 SA-PCA-PCB(a)和 SA-PCA-PEB(b)的构建示意图(王祥法，2016)

图 9-49　SA-PCA-PCB(a)和 SA-PCA-PEB(b)用于检测 AFP(王祥法，2016)

图 9-50　SA-PCA-PEB 和 SA-PCA-PCB 用于检测 AFP 与 CEA(王祥法，2016)

(a)SA-PCA-PEB 应用于免疫检测 AFP 和 CEA；(b)SA-PCA-PCB 应用于免疫检测 AFP 和 CEA

谢冰清(2009)构建的 *SPA-cpc*B 融合基因分别与两种藻胆素(PCB 和 PEB)和藻胆蛋白裂合酶 CpeS 在大肠杆菌 BL21(DE3)体内进行共表达，并通过紫外-可见吸收和荧光光谱来检测表达产物的荧光活性，发现 PCB-SPA-CpcB 与 PEB-SPA-CpcB 的 $\lambda_{max}$ 分别与 PCB-CpcB 和 PEB-CpcB 的吸收光谱和荧光光谱性质相同(图 9-51)。这证实 PEB-SPA-CpcB 作为荧光二抗的设想，然而，由于用荧光检测仪检测时得到的荧光值较阳性对照偏低，所以还需要优化条件，提高效率。

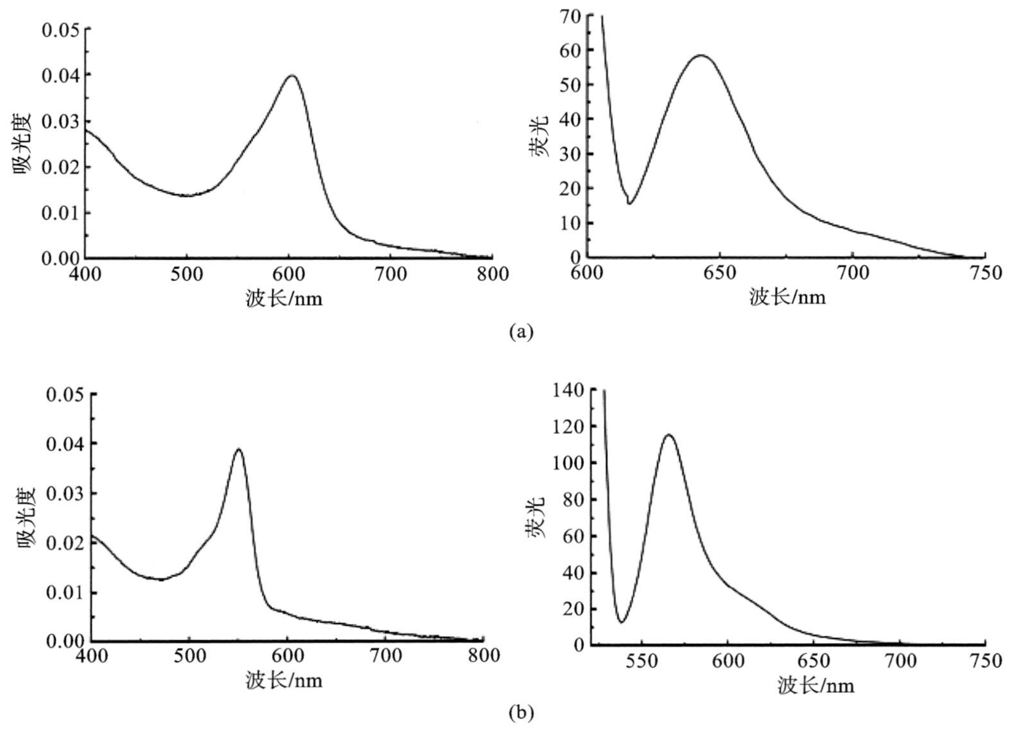


**图 9-51　PCB-SPA-CpcB(A)PEB-SPA-CpcB(B)透析后经稀释的紫外图谱(左)和荧光图谱(右)(谢冰清,2009)**

刘亚楠采用生物素化的 29mer 的适配体(TBA2)作为报告探针，通过链霉亲和素-生物素的反应系统将荧光报告蛋白链霉亲和素-藻红蛋白(strepavidin-phycoerythrin，SA-PE)连接到报告探针 TBA2 上，利用悬浮芯片系统检测中位荧光强度值(median fluorescence intensity，MFI)。通过优化，获得了最佳检测孵育条件和最佳偶联方案。在最优的检测条件和偶联方案下，构建了凝血酶检测的标准曲线，检测范围 18.37～554.31 nmol/L($IC_{10}$～$IC_{90}$)的最低检出限为 5.4 nmol/L，说明该检测方法的检测灵敏度和精确度均较高(图 9-52)。特异性测定实验结果表明，适配体-悬浮芯片检测技术对凝血酶的检测特异性良好。人血清中凝血酶加标回收率为 82.6%～114.2%，相对标准偏差小于 10%，回收率较好，该检测方法在高通量样品检测的临床诊断应用中将具有很好的发展前景(图 9-53)(刘亚楠，2015)。

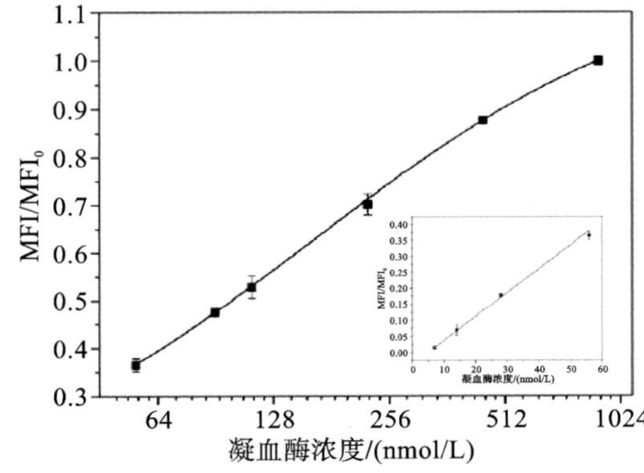


**图 9-52　凝血酶检测的标准曲线(刘亚楠,2015)**

| 样品 | 加入浓度/(nmol/L) | 测量浓度[a]/(nmol/L) | 回收率/(%) | RSD/(%) |
|---|---|---|---|---|
| 1 | 28 | 27.08 | 96.7 | 6.1 |
| 2 | 56 | 48.01 | 85.7 | 8.4 |
| 3 | 112.5 | 102.06 | 90.7 | 7.3 |
| 4 | 225 | 185.84 | 82.6 | 9.9 |
| 5 | 450 | 513.99 | 114.2 | 1.9 |

**图 9-53　100 份人血清样本的凝血酶检测(刘亚楠,2015)**

BDFPs 系列的荧光蛋白是从拟色球藻 *Chroococcidiopsis thermalis* sp. PCC 7203 的别藻蓝蛋白 F 亚基 ApcF2 进化而来的新型荧光蛋白。赵宝清将 mCherry 与远红外荧光蛋白 BDFP1.1 和 BDFP1.6 以 N 端和 C 端两种不同的连接顺序、4 种不同的连接肽进行了融合比较。由 mCherry 在 587 nm 处吸收能量，然后通过能量共振传递给 BDFPs，结果如图 9-54 所示，发现将 mCherry 融合在 BDFP1.6 的 N 端时，能量传递效率较高，同时选取最佳的连接肽形成了一个新的亮度高、稳定性强、大斯托克斯位移的新型蛋白 BDFP2.0。其细胞有效亮度要比 iRFP670 高 4.2 倍，不仅能在哺乳动物细胞内对细胞器进行较好定位，还能与其他荧光蛋白有效地在多种细胞组分内进行双色成像（赵宝清，2019）。

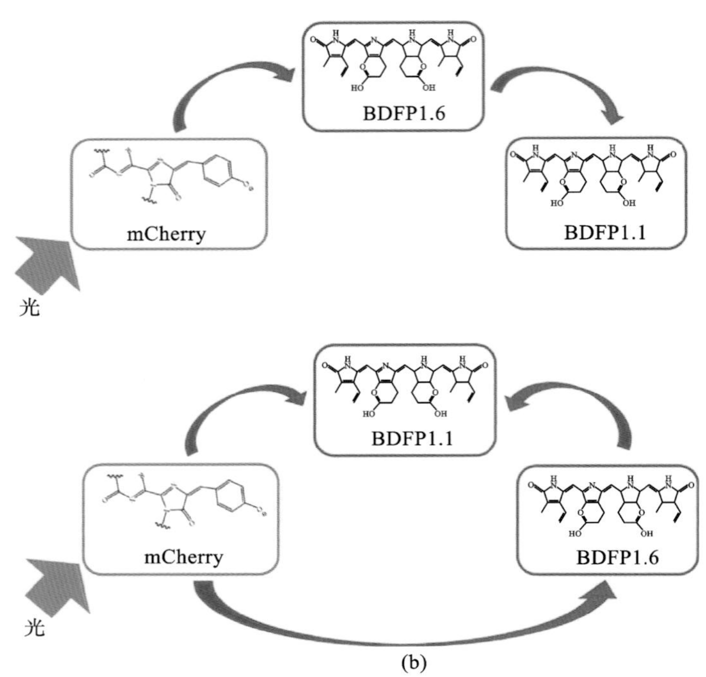


**图 9-54　mCherry、BDFP1.6 与 BDFP1.1 以不同方式融合的能量传递效果（赵宝清，2019）**

（a）mCherry：BDFP1.6：BDFP1.1 的能量传递效果；（b）mCherry：BDFP1.1：BDFP1.6 的能量传递效果

藻胆素在 Cys 加成的共价结合过程中失去一个共轭双键，伴随着未偶联发色团的蓝移。因此，非共价结合是引入固有红移发色团的一种方法。在藻胆体核心色素 ApcE2 和 ApcF2 中，来自 FR（远红外）适应蓝藻的非共价结合分别导致与典型 ApcE 和 ApcF 相比约 40 nm 的红移（Gan 等，2014；Gan 等，2014；Miao 等，2016；Xu 等，2016）。聚球藻 PCC 7335 的 ApcE2 和拟色球藻 *Chroococcidiopsis thermalis* sp. PCC 7203 的 ApcF2 分别具有 Val 和 Tyr，而不是共价胆红素结合保守位点的 Cys：两者都非共价结合 PCB。用具有附加共轭双键的植物色素（PΦB）取代 PCB 可以实现更大的红移（Miao 等，2016；Xu 等，2016）。

为了构建在较长波长（如波长＞720 nm）下荧光最大的明亮 FPs，Hou 等（2019）首先将 ApcE2 设计成可溶性的小凋亡蛋白 BDFP3，这既可以是非共价结合 PΦB，称为 BDFP3.1（$\lambda_{F_{max}}$ ＝720 nm），也可以是非共价结合 PCB，称为 BDFP3.2（$\lambda_{F_{max}}$ ＝707 nm），当 PΦB 或 PCB 发色团被外部添加时，将 BDFP3 与 ApcF2 衍生物 BDFP1.1（Ding 等，2017）的两个分子偶联，这两个分子共价结合 BV（$\lambda_{F_{max}}$ ～710 nm），得到三联体融合子 BDFP1.1：BDFP3.1：BDFP1.1，缩写为 BDFP1.1：3.1：1.1。通过荧光共振能量转移将两个共价键合 BV 部分吸收的激发能有效地转移到非共价键合 PΦB 上。研究发现，BDFP1.1：3.1：1.1 在 $\lambda_{max}$＝722 nm 处发出明亮的荧光。为了提高 PΦB 的获得率，研究者们还对分离 PΦB 的方法（Lu 等，2017）进行了优化，以便于用三重发色团 BDFP1.1：3：1.1 标记哺乳动物细胞（包括人类细胞）。

为了增强发色团结合能力，首先将两个突变(R164K 和 S165A)引入 ApcE2(24-245)：根据由念珠藻 PCC 7120 的相应蛋白质模拟的结构判断，它们位于 ApcE2(24-245/Δ88-130)的发色团囊中(图 9-55)。由此产生的变异体 v1 结合 PΦB 的活性提高了 4 倍。随后，位于蛋白质表面的两种疏水性氨基酸 Leu51 和 Leu54 突变为亲水性氨基酸(Asn，Thr)，由此产生的 v2(L51N)和 v3(L51N/L54T)变得更易溶解。基于 v3，表面氨基酸 Leu47 进一步突变为 Glu，由此产生的 v4 已经是中等可溶性的。由于环可能导致典型 ApcE 的不溶性(Hoeppner 等，2015)，该区域的一些疏水性氨基酸，即 Leu134 和 Leu137，或 Leu91 和 Val92，也被亲水性氨基酸取代。前者(L134E，L137D)优于后者(L91T，V92S)。因此，基于 v6，一个额外的疏水性氨基酸(Trp133)突变为 Tyr，得到的 v7 具有良好的溶解度和发色团结合能力，称为 BDFP3。通过 Lys135、Leu137 突变或 88～130 位氨基酸之间的截短进一步优化 BDFP3 的尝试也导致可溶性变异，但在溶解度和 PΦB 发色团结合能力方面均低于 BDFP3。

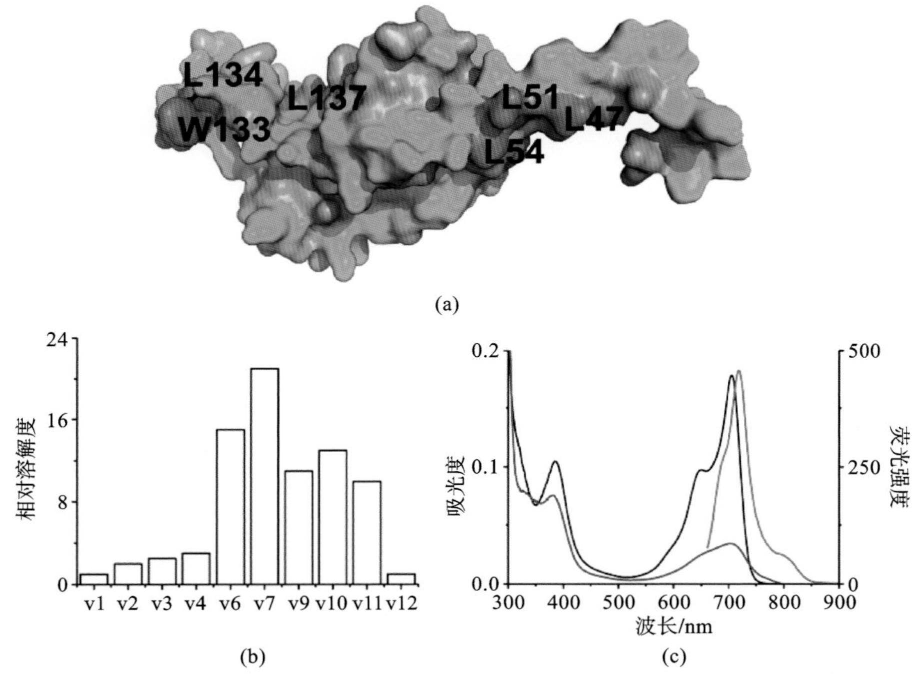


**图 9-55 PΦB 对 ApcE2(24-245)变异体溶解度的改善及 BDFP3(v7)发色团光谱的影响(Hou 等，2019)**

(a)ApcE2(24-245/Δ88-130)的模拟结构的表面视图显示了与溶解度改善相关的氨基酸(品红)。该结构以念球藻 PCC 7120 的 ApcE(20-240/Δ77-153)为模板，仿照 SWISS-MODEL 模型。(b)将 ApcE2 变异体相对于 v1 的溶解度作为这些纯化 FPs 在大肠杆菌中的产率。(c)PΦB-BDFP3(v7，即 BDFP3.1)的吸收光谱(黑色)和荧光发射光谱(红色，$\lambda_{ex}$＝660 nm)与传统的 ApcE、ApcE1(20-240/Δ77-153)相比保留了极红移光谱。在含有 0.5 mol/L NaCl 的 20 mmol/L KPB(pH 5.6)中记录光谱。蛋白样品经 $Ni^{2+}$ 亲和色谱纯化。在变性条件(8 mol/L 尿素，pH 1.5)下，荧光猝灭，吸收(蓝色)为游离质子化 PΦB

变异体 BDFP3 可结合更多的 PΦB，为了提高 PΦB 在大肠杆菌中的产量，研究者将 BDFP3 与 HO1 一起表达，并对 HY2 进行优化(Lu 等，2017)，纯化得到 PΦB-BDFP3，即 BDFP3.1。最后在变性条件下从纯化的 BDFP3.1 中提取 PΦB，得到表达 BDFP3.1 的 80 μg/L 大肠杆菌。分离的 PΦB 可用于哺乳动物细胞的生物标记(图 9-56)。虽然可溶性 BDFP3.1 可明显标记大肠杆菌细胞(图 9-57)，但它标记哺乳动物细胞的作用比较微弱。为了提高 BDFP3.1 的亮度，研究者将 BDFP3.1 与 BDFP1.1(Ding 等，2017)或 BDFP1.2(Miao 等，2018)融合。与 BV 共价结合后，BDFP1.1 在 682 nm 处产生最大吸收峰，707 nm 处产生荧光(Ding 等，2017)，BDFP1.2 在 642 nm 处产生最大吸收峰，668 nm 处产生荧光(Miao 等，2018)。这允许能量从 BDFP1.1 和 BDFP1.2 转移到 BDFP3.1($\lambda_{A_{max}}$＝708 nm，$\lambda_{F_{max}}$＝720 nm)，在二元和三元融合中受体 PΦB 在 BDFP3.1 中的光谱重叠，在 BDFP1.1 中的 BV 供体比在 BDFP1.2 中的 BV 供体好(图 9-58)。尽管如此,后者的荧光共振能量转移优于前者,使三联体 BDFP1.1:BDFP3.1:BDFP1.1(缩写为 BDFP1.1:3.1:1.1)比单独使用 BV-BDFP1.1 或 BDFP3.1 要亮得多(图 9-58)。

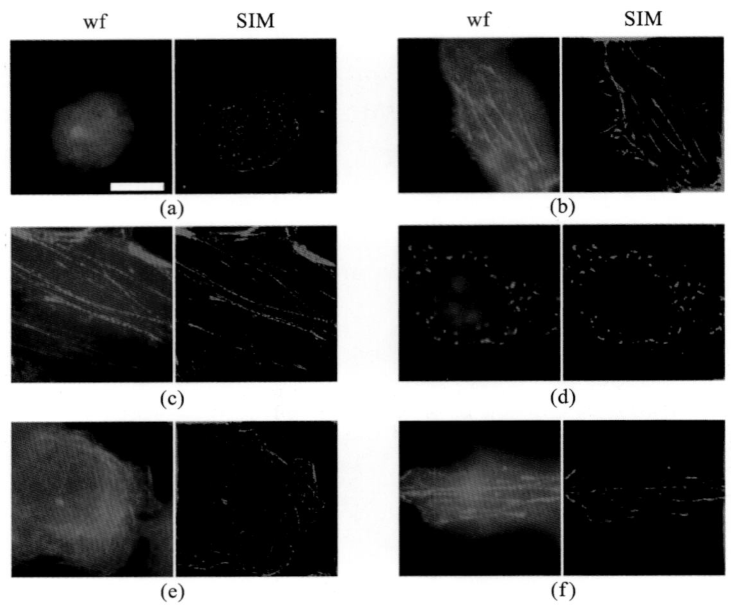


**图 9-56 哺乳动物细胞产生的 BDFP1.1:3.1:1.1 与哺乳动物蛋白质的融合(Hou 等,2019)**

哺乳动物细胞产生的 BDFP1.1:3.1:1.1 与蛋白质融合的宽视均和结构照明显微图。(a)人类胚胎肾细胞 HEK 293T 与组蛋白 H2B 融合;(b)人骨肉瘤 U-2OS 细胞与 β-肌动蛋白融合;(c)仓鼠 CHO-K1 细胞与 F-肌动蛋白标记物 LifeAct 融合;(d)HeLa 细胞与线粒体靶序列 MTS 融合;(e)BDFP1.1:3.1:1.1 与 α-微管蛋白融合;(f)β-肌动蛋白、α-微管蛋白和 H2B 与菌胞融合

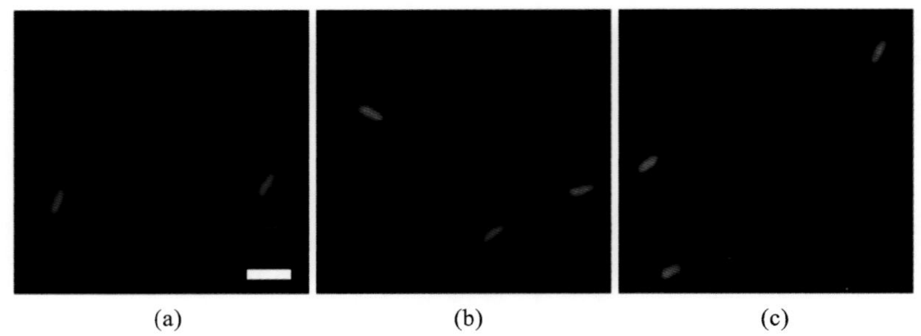


**图 9-57 BDFP3.1 及其在大肠杆菌中的融合性能(Hou 等,2019)**

(a)在大肠杆菌中产生的 BDFP1.1:3.1:1.1;(b)在大肠杆菌中产生的 BDFP1.2:3.1:1.2;(c)在大肠杆菌中产生的 BDFP3.1,通过近红外通道拍摄显微照片:$\lambda_{ex}=650/45$ nm;$\lambda_{em}=710/50$ nm

在开发含有 BDFP1.1 或 BDFP1.2(HOMO 三联体)的三联体融合子 FPs 时,研究者还构建了二联体、含有一个 BDFP1.1 和一个 BDFP1.2 的混合三联体以及含有 BDFP3 变体的融合子。一般来说,与三联体融合子相比,二联体在大肠杆菌中产生的量较小。此外,BDFP1.1 和(或)BDFP1.2 的 BDFP3 变体的三联体融合子的生成量少于含有 BDFP3 的融合子。与可溶性 FPs 产物的各自产率相比,大肠杆菌中的最佳融合子产率以两个 BDFP1.1 或 BDFP1.2 的同源三联体为中心或以 BDFP3.1 为中心。因此,BDFP1.1:3.1:1.1 和 BDFP1.2:3.1:1.2 都是有用的荧光标记。基于尺寸分子排阻色谱法,BDFP3.1、BDFP1.1:3.1:1.1 和 BDFP1.2:3.1:1.2 作为单体存在于溶液中。研究者使用 CytERM 方法(Bindels 等,2017;Costantini 等,2012),研究了它们在哺乳动物细胞(HeLa 细胞)中的状态:两个同源三联体 BDFP1.1:3.1:1.1 和 BDFP1.2:3.1:1.2 确实是单体(图 9-59)。

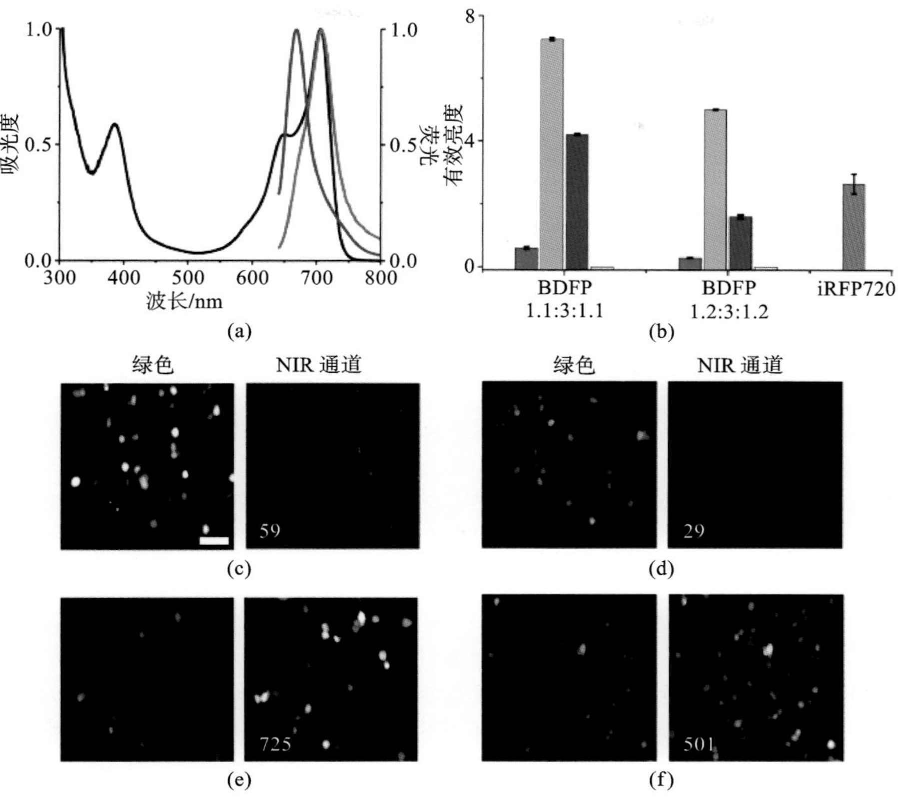


**图 9-58 FRET 对 BDFP1.1/1.2:3.1:1.1/1.2 三联体的有效亮度的影响(Hou 等,2019)**

(a)供体荧光(BDFP1.1:红线,BDFP1.2:蓝线,$\lambda_{ex}=620$ nm)与受体吸光度(BDFP3.1:黑线)之间的光谱重叠。在含有 0.5 mol/L NaCl 的 20 mmol/L KPB 缓冲液(pH 7.2)中测量光谱。蛋白样品经 $Ni^{2+}$ 亲和色谱纯化。(b)BDFP3.1和 BDFPs 融合的有效亮度比较。红色:BDFP1.1/1.2:3:1.1/1.2:IRES:不添加 PΦB 生成的 eGFP;绿色:存在 PΦB(5 μmol/L)时生成的相同蛋白质;蓝色:BDFP 1.1/1.2:IRES:存在 PΦb(5 μmol/L)时生成的 eGFP;青色:BDFP3:IRES:存在 PΦB(5 μmol/L)时生成的 eGFP;品红:iRFP720:IRES:eGFP。(c)HEK 293T 细胞表达 BDFP 1.1:3:1.1。(d)BDFP1.2:3:1.2 加 PΦB 的荧光图像。(e)BDFP1.1:3:1.1 加 PΦB 的荧光图像。(f)BDFP 1.2:3:1.2 加 PΦB 的荧光图像。底部的数字表示亮度,亮度首先被标准化为平均 eGFP 荧光强度以校正表达水平,然后标准化为 IFP2.0。BDFP1.1:3:1.1、BDFP1.1:3.1:1.1 和 iRFP720 的显微照片通过通道:$\lambda_{ex}=650/45$ nm,$\lambda_{em}=720/40$ nm。BDFP1.2:3:1.2 和 BDFP1.2:3.1:1.2 的显微照片通过通道:$\lambda_{ex}=630/20$ nm,$\lambda_{em}=720/40$ nm

BDFP1.1:3.1:1.1(约 60 kDa)与其他蛋白质融合后也能很好地标记。在三个人类细胞系(HEK 293T、HeLa、骨肉瘤 U-2OS)和 CHO-K1 细胞中,研究者已经用与三联体的 N 端或 C 端相关的多种蛋白质进行了研究。所有蛋白质在模拟条件下都能正确定位并表现良好(图 9-56)。从图 9-56 可以看出,BDFP1.1:3.1:1.1 的单体状态使其成为一个有利的荧光标记物,尽管三联体的分子质量(约 60 kDa)大于单个 BDFP(约 15 kDa)(Ding 等,2017;Miao 等,2018)和细菌色素衍生的 FPs(约 35 kDa)(Bhattacharya 等,2014;Steinbach 等,2009)。

近来,有研究者提出将光收集颜料分子用作三次谐波(THG)显微镜的潜在染料。生物相容性和无毒染料对于显微镜越来越重要,因为当前许多研究领域正在研究功能性生物体内现象。由于 THG 不会引起光致漂白,该技术特别适合体内显微镜检查,因此可以在生物活性期间进行长时间成像。由于焦点处的 Gouy 相移会对探测器处的 THG 产生破坏性干扰,均匀体介质的 THG 信号在非线性光学显微镜中通常检测不到。然而,当激光聚焦于两种不同折射率或三阶非线性光学敏感度的材料界面,轴对称性被破坏时,THG 可以被检测到($\chi^{(3)}$ 值)。Purvis 等(2019)首次采用 THG 比值技术和折射率测量法(Prent 等,2012)测量了藻胆体中存在的藻胆蛋白的 γ 值。同时,他们还测定了两种藻胆蛋白中存在的

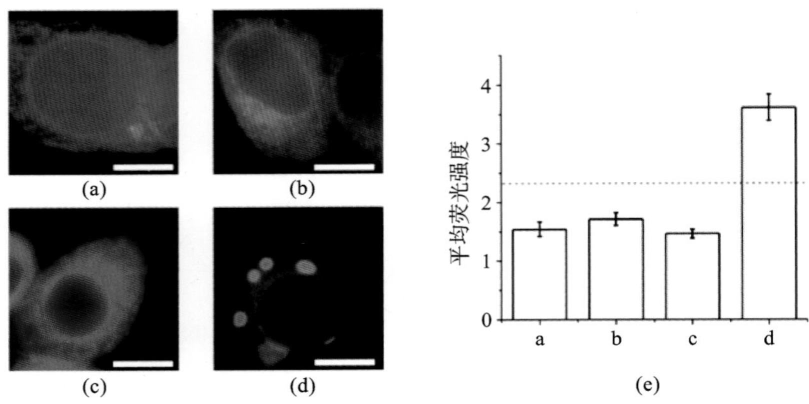


**图 9-59　BDFP1.1/1.2:3.1:1.1/1.2 在 HeLa 细胞中的齐聚状态(Hou 等,2019)**

瞬时转染含有 DNA 的活 HeLa 细胞的宽场荧光图像,DNA 编码周期性 FPs 融合。(a)BDFP1.1:3.1:1.1 三联体;(b)BDFP1.2:3.1:1.2 三联体;(c)mCherry;(d)eGFP。表达 CytERM-eGFP 的细胞呈现有组织的滑面内质网(OSER)结构,其他细胞则无 OSER 结构。(e)OSER 结构的荧光强度与核膜平均强度之比(NE)。2.3±0.1 处的虚线表示 FPs 的单体阈值。结果表明,除 CytERM-eGFP 外,HeLa 细胞中的其他物质均为单体。误差条显示平均值(SEM)的标准误差,所有样品的标准误差以 $n=20$ 计算

藻蓝蛋白的 $\gamma$ 值,以评价其是否是藻胆蛋白 THG 信号的主要来源。这对于在激光或 THG 波长附近吸收的分子尤其重要(Prent 等,2012)。第二次超极化率测量构成了基本的分子特性,具有广泛的应用,如为 THG 显微镜设计更有效的染料,也用于设计具有高光学非线性的光子材料(Marder,1993),这些材料可用于电信和光学计算。第二次超极化率测量对于验证和优化理论计算也很重要(Gualtieri,2008)。特别是,目前的测量可以用来更好地理解光合蛋白复合物中色素的分子相互作用和环境。

通过测量不同浓度藻胆蛋白的 THG 强度比和折射率,得到藻胆蛋白的 $\gamma$ 值。虽然 $\gamma$ 值通常分配给单个分子,但研究者测量了整个色素蛋白复合物的有效 $\gamma$ 值。不同的藻胆蛋白组装成不同的低聚复合物(图 9-60)。在缓冲条件下,CL-APC 形成三聚体,而 C-PC 和 R-PE 形成六聚体。

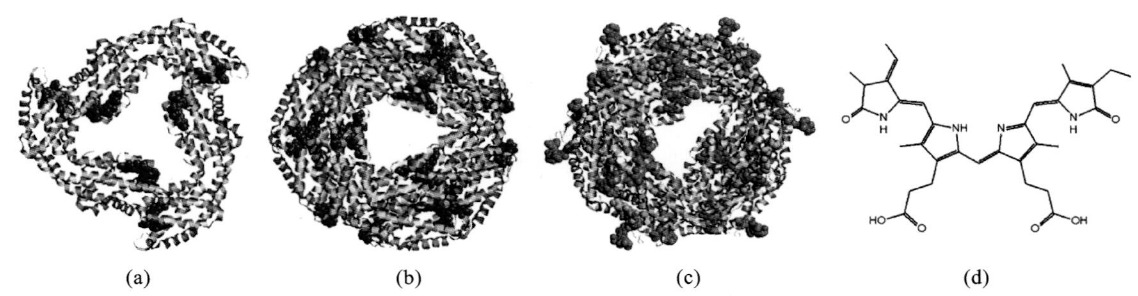


**图 9-60　不同的藻胆蛋白组装成不同的低聚复合物**

(a)CL-APC α 和 β 亚基的晶体结构(来自集胞藻 PCC 6803)(Peng 等,2014);(b)C-PC(来自鞘丝藻 *Leptolyngbya* sp. N62DM(Singh 等,2014));(c)R-PE(来自掌状红皮藻 *Palmaria palmata*(Miyabe 等,2017));(d)藻蓝胆素的分子结构(Purvis 等,2019)

研究者使用折射计测得在激光和 THG 波长(图 9-61(b))处不同浓度的藻胆蛋白的折射率。THG 波长 343 nm 接近藻胆蛋白的吸收共振,因此藻胆蛋白在该波长的折射率随着浓度的增加而降低。研究者还测量了不同浓度下含有藻胆蛋白的不同溶液的 THG 强度比(图 9-61(a))。有趣的是,C-PC和 R-PE 的 THG 强度比的线性拟合随着浓度的增加而增加(图 9-61(a))。CL-APC 的 THG 强度比测定结果与线性趋势有偏差,这可能与蛋白质聚集有关。不管怎样,随着浓度的增加,THG 强度比的线性拟合的观察趋势不足以确定 $\chi^{(3)}$ 值是否会随着浓度的增加而增加或减少,因为折射率在确定 $\chi^{(3)}$ 值方面也起

着很大的作用。折射率起主导作用时，所有藻胆蛋白的 $\chi^{(3)}$ 值随着浓度的增加而减小(图 9-61(c))。若随着浓度的降低，$\chi^{(3)}$ 值减小，说明三种藻胆蛋白释放的 THG 与缓冲液释放的 THG 具有相反的相位。因此，藻胆蛋白的提取 γ 值为负值。

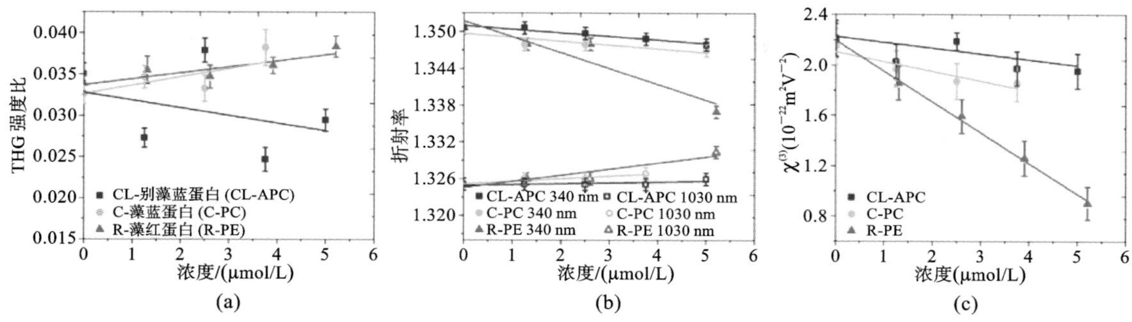


**图 9-61　通过测量浓度依赖性的(a)THG 强度比，(b)340 nm 和 1030 nm 的折射率，(c)三阶非线性光学敏感性值($\chi^{(3)}$)，测定藻胆蛋白的二次超极化率(Purvis 等，2019)**

一般来说，藻胆蛋白的 γ 值与报道的 LHCⅡ在 1028 nm 的 γ 值相似($(-160\pm40)\times10^{-40}\ m^2V^{-2}$)(Tokarz 等，2013)。然而，与含有叶绿素和类胡萝卜素的 LHCⅡ不同，藻胆蛋白的三阶非线性光学性质归因于藻胆蛋白的存在。确定藻胆蛋白是 THG 信号的主要贡献者是通过测量藻胆蛋白的取向平均 γ 值，与其在藻胆蛋白中的数量相对应的藻胆蛋白 γ 值的化学计量和来实现的。为此，研究人员测定了藻蓝胆素(PCB)(C-PC 和 CL-APC 中唯一存在的藻胆素)的定向平均 γ 值(图 9-62)。与藻胆蛋白类似，PCB 的折射率在 340 nm 处随浓度增加而下降，1030 nm 处随浓度增加而增加(图 9-62(b))。THG 强度比也随着浓度的增加而降低(图 9-62(a))。相应地，随着浓度的增加，$\chi^{(3)}$ 值降低(图 9-62(c))。总的来说，PCB 的取向平均 γ 值为$(-3.5\pm0.6)\times10^{-40}\ m^2V^{-2}$。PCB 的 γ 近似值与藻胆蛋白的 γ 近似值非常接近，并且具有相同的变化趋势，这表明氨基酸和脂质对藻胆蛋白的 γ 值没有显著贡献的假设是有效的，提示 PCB 是 CL-APC 和 C-PC 中 THG 信号的主要来源。

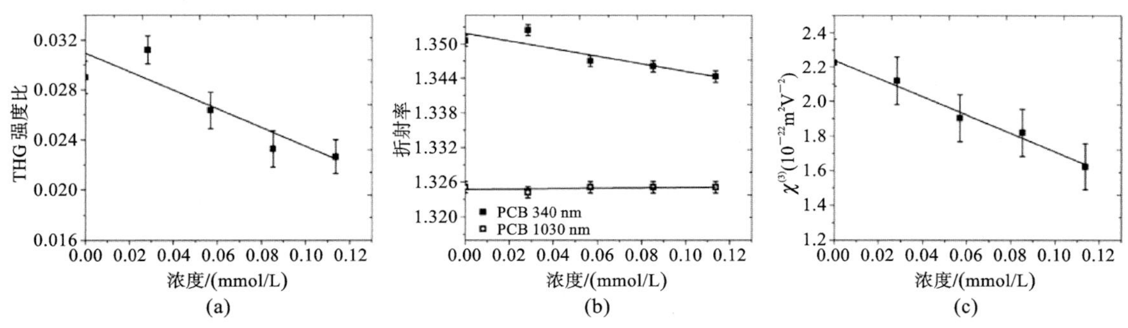


**图 9-62　通过测量浓度依赖性的(a)THG 强度比，(b)340 nm 和 1030 nm 的折射率，(c)三阶非线性光学敏感性值($\chi^{(3)}$)，测定藻蓝胆素的二次超极化率(Purvis 等，2019)**

藻蓝蛋白的 γ 值比以前在类似激光波长下研究的许多天然类胡萝卜素的 γ 值大(Tokarz 等，2012)。与类胡萝卜素类似，由四吡咯分子组成的 PCB(图 9-59(d))是 π 共轭体系，具有增强的三阶非线性光学性质。此外，发色团在 343 nm 的 THG 波长附近吸收。因此共振增强可能起着重要的作用，说明藻胆蛋白是很有前途的 THG 染料。与 β-胡萝卜素和 LHCⅡ不同，藻胆蛋白具有额外的优势，它是水溶性的，更适合作为生物成像的标记。

## 9.3.2 藻胆蛋白作为光敏剂的应用

### 9.3.2.1 藻胆蛋白的光敏化机制和动力学

光动力治疗(photodynamic therapy,PDT)是一种同时使用光敏剂(photosensitizer,PS)、光源和 $O_2$ 的新型肿瘤治疗方法。这三种物质自身都没有毒性,但它们共同作用会引发光化学反应,最终产生单线态氧($^1O_2$)和其他活性氧(ROS)的高浓度反应产物,ROS 会导致光敏剂积聚部位的损伤,最终破坏肿瘤组织(Buytaert 等,2007)(图 9-63)。其中单线态氧($^1O_2$)是一种分子氧的激发形式,其特征是一对电子自旋相反,比正常的三重态氧($O_2$)更不稳定,反应性更强。

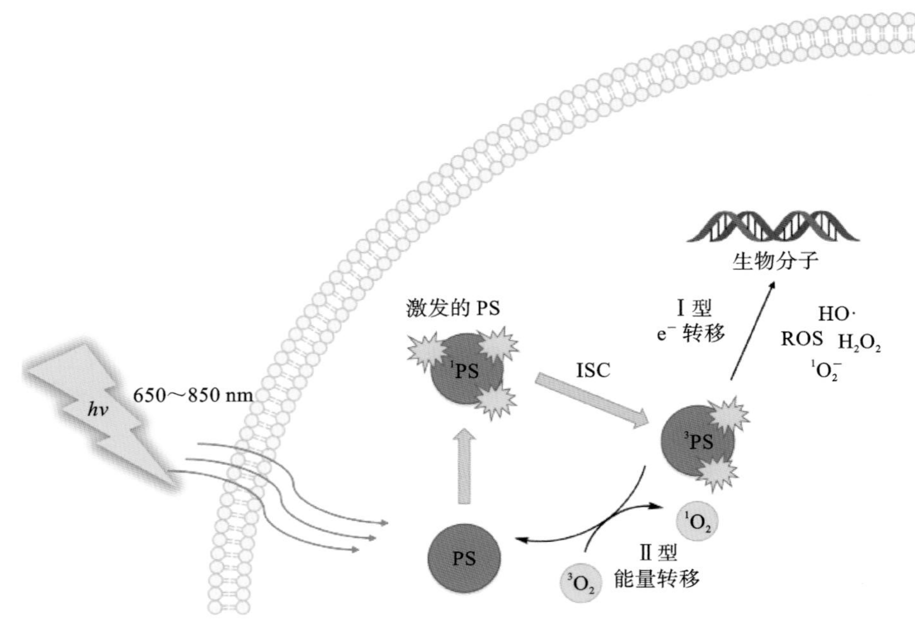


**图 9-63 PDT 原理示意图(Donohoe 等,2019)**

在 PDT 中,细胞会有坏死、凋亡等不同的死亡方式(Kuzelova 等,2004)。这主要取决于实验模型,光敏剂的种类、使用剂量以及光照的波长和强度(Jin,2008;Shefer,1999)。损伤细胞的主要死亡方式是细胞凋亡,这是由于线粒体中光敏剂的剂量较高,细胞主要通过线粒体依赖机制或者质膜上的受体经胞内信号传递方式凋亡(Pani,2010;Pardhasaradhi 等,2003)。Caspase-3 是这些途径中的主要效应分子,负责其他 caspase 蛋白的切割,最终导致其他核蛋白的切割,以及 DNA 损伤。

迄今为止,人们已知的 PDT 对肿瘤的杀伤机制主要有 3 种。一是借助 PDT 反应过程中产生的 ROS(如超氧阴离子、单线态氧及羟自由基等)来杀死肿瘤细胞或诱导肿瘤细胞凋亡。二是利用光源的辐照进行治疗,可使肿瘤部位的血管腔收缩变窄,引起血压上升进而形成血栓,从而切断肿瘤细胞中 $O_2$ 和营养物质的供给,达到治疗目的。三是机体的自身免疫作用。总的来说,PDT 的疗效与刺激机体产生炎症反应相似,可能会对一些在 PDT 过程中几乎未被破坏的细胞发挥作用。以上三种机制对于肿瘤的长期控制与治疗,都是必不可少的(王春艳,2011)。

### 9.3.2.2 藻胆蛋白的光敏杀伤作用

大多数用于肿瘤治疗的 PS 以四吡咯结构为基础,类似于血红蛋白中所含的原卟啉。理想的 PS 应是单一的纯化合物,便于进行质量控制,制造成本低,储存稳定性好。其吸收峰应该在 600～800 nm 处(红色到深红色)。光的穿透性随波长的增加而增加。若 PS 的波长低于 600 nm,将导致光的穿透性较差,并且部分药物(如含氯离子的化合物和酞菁化合物)具有强吸附性,这些药物可在控制肿瘤方面发挥作用。波长超过 800 nm 的光子的吸收不能提供足够的能量将氧激发到单线态并形成大量的 ROS

(Agostinis 等,2011)。因此,选择具有高效率、低毒性和良好选择性的 PS 是 PDT 的关键。

PBPs 含有与 PS 衍生物相似的开环四吡咯发色团;然而,与 PS 相比,PBPs 具有更稳定的显色团结构,能更有效地吸收和传输光,且红光区有大的摩尔消光系数,光敏效应较强,能特异性地聚集于肿瘤细胞周围,高效抑制和杀死肿瘤细胞。PS 是肿瘤 PDT 的关键,也是推动其发展的主导力量。以 PDT 为基础的 PS 在特定波长光的激发下,可产生荧光和单线态氧,已广泛应用于肿瘤的诊断和治疗中。表9-4总结了 PBPs 在 PDT 中的应用。

**表 9-4 藻胆蛋白(PBPs)在光动力治疗(PDT)中的应用**

| PBPs 种类 | PBPs 来源 | 应　　用 | 参考文献 |
|---|---|---|---|
| R-PE | 一种多管藻 *Polysiphonia urceolata* | 可介导光敏反应诱导 SMMC-7721 人肝癌细胞凋亡 | Huang 等,2002;<br>Wang 等,2004;<br>李冠武等,2002 |
| R-PE | *P. urceolata* | 可介导光敏反应诱导小鼠 S180 细胞的凋亡 | Huang 等,2002;<br>Huang 等,2003;<br>Wang 等,2004;<br>李冠武等,2001;2002;<br>张晓平等,2015 |
| R-PE | *P. urceolata* | 可介导光敏反应诱导 8113 人口腔上皮癌细胞的凋亡 | 李冠武等,1997 |
| R-PE | *P. urceolata* | 可抑制 SGC-7901 细胞增殖,诱导凋亡 | Tan 等,2016 |
| R-PE | *P. urceolata* | 可介导光敏反应诱导 HepG 肝癌和 A549 肺癌细胞的凋亡 | Dhandayuthapani 等,2015;<br>Senthilkumar 等,2013;<br>Wang 等,2012 |
| C-PC | 微囊藻 *Microcystis* | 光照可产生单线态氧等 ROS,导致 MDA-MB-231 乳腺癌细胞凋亡 | Bharathiraja 等,2016;<br>Ravi 等,2015 |
| C-PC | 螺旋藻 | 可抑制 A549 肺癌细胞的增殖 | Deniz 等,2016;<br>Li 等,2015;<br>Li 等,2016 |
| C-PC | 螺旋藻 | 可介导 HEP-2 人喉癌细胞凋亡 | Ying 等,2015 |
| Se-PC | 螺旋藻 | Se-PC 诱导人类黑色素瘤 A375 细胞和乳腺癌 MCF-7 细胞凋亡 | Tian 和 Yum,2008 |
| C-PC | 螺旋藻 | 可在体外诱导 SPC-A1 肺腺癌细胞的凋亡 | 章申峰,2005 |
| PC | 螺旋藻 | 可通过 PDT 使 S180 细胞表现出典型的凋亡细胞特征 | 王广策,2002 |
| APC | 螺旋藻 | 可用作Ⅰ型和Ⅱ型光敏剂 | Su 等,2001 |

早在 20 世纪 80 年代,研究人员就知道藻蓝蛋白(PC)可以作为潜在的细胞毒性光敏剂。荧光显微镜检查动脉切片显示,PC 可以与人动脉粥样硬化斑块结合,因此在粥样硬化斑块中可以观察到 PC 的荧光。这些特性表明 PC 在动脉粥样硬化斑块的定位和治疗中具有的一定的潜力。

**1. 藻蓝蛋白(PC)的光敏杀伤作用**

PC 是一种蓝色天然蛋白，最大吸收峰约在 618 nm 处(Berns 和 MacColl，1989；Yu 等，2016)。据报道，PC 具有对肿瘤细胞的光动力活性，因此它可能用作 PDT 试剂(Bharathiraja 等，2016；Chen 等，2018；Wan 等，2017)。它还具有许多优点，包括水溶性、无毒性和生物活性(如抗氧化(Fernandez-Rojas 等，2014)、抗炎(Romay 等，2003)和抗关节炎活性(Young 等，2016))，并被广泛应用于化妆品和食品领域(Roda-Serrat 等，2018)。然而，PC 中的发色团对光辐射较为敏感，这很容易造成 PC 的颜色发生变化，甚至丧失其良好的吸收特性(Li 等，2009；Liu 等，2017；Roda-Serrat 等，2018)。另外，其光动力学活性不能通过自身的单一 PDT 功能实现对肿瘤生长的有效抑制。这些缺点阻碍了 PDT 的临床应用前景(Wan 等，2017)。

(1)天然态 PC 在 PDT 中的应用。

20 世纪 80 年代末，Morcos 将浓度为 250 μg/mL 的 PC 与生长状态良好的小鼠骨髓瘤细胞共培养，经 300 J/cm$^2$、514 nm 的激光照射一段时间后，发现细胞死亡率高达 85%。但单独使用 PC 的细胞或仅经过激光照射的细胞，细胞死亡率分别为 29%和 31%。该研究确定了 PC 的光敏特性，且 PC 无不良反应与毒副作用，是一种应用前景良好的光敏剂(陈良华，2005)。

Wang 等(2012)从微囊藻中提取得到 PC，研究了 PC 对 HepG2 肝癌细胞的光敏作用。他们将 PC 与癌细胞孵育，再用激光照射混合物，测定细胞活力。结果表明，MC-PC 可以有效地抑制激光照射下 HepG2 肝癌细胞的生长，并诱导凋亡。该研究还从微囊藻中发现了一种新的 PC 源，可用作安全、有效的光敏剂。Bharathiraja 等(2016)用 MDA-MB-231 乳腺癌细胞孵育 C-PC，然后用 625 nm 激光刺激细胞。结果表明，C-PC 在无激光照射下无光毒性。在 625 nm 激光照射下，细胞能够产生单线态氧等 ROS(图 9-64、图 9-65)，导致 MDA-MB-231 乳腺癌细胞凋亡。

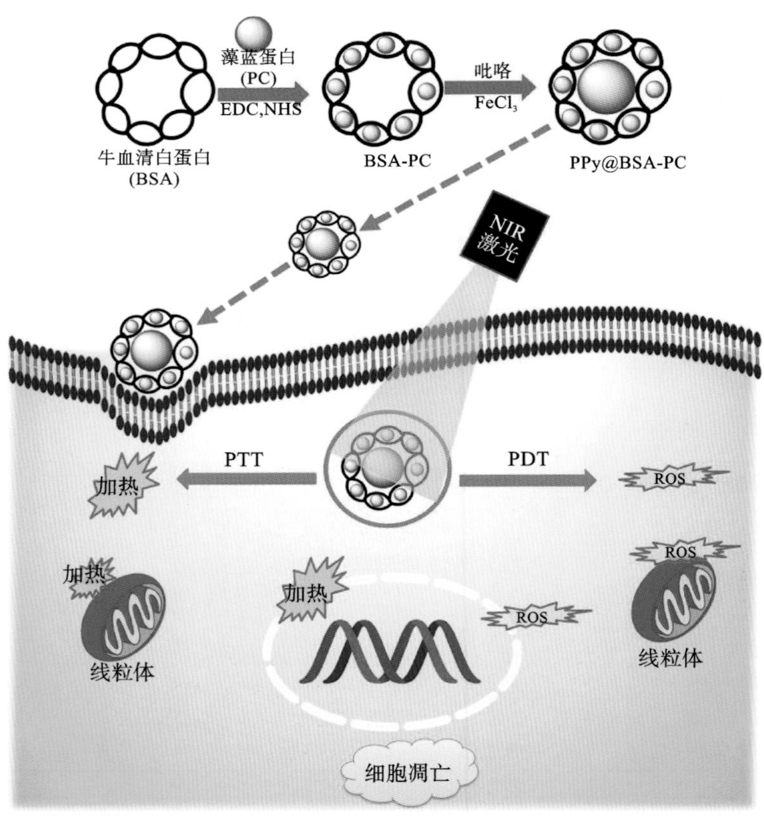


**图 9-64　PC 基于光 PDT/PTT 双模式诱导 MDA-MB-231 细胞凋亡的作用机制(Bharathiraja 等，2018)**

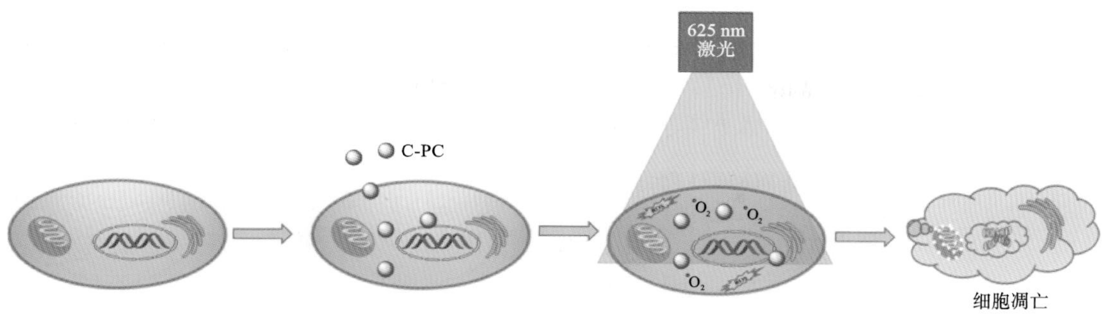


**图 9-65　MDA-MB-231 细胞对 C-PC 的摄取以及 PDT 通过产生 ROS 导致细胞凋亡的机制（Bharathiraja 等，2016）**

研究者（Wang 等，2012；王春艳，2011）从毒蓝藻-微囊藻中提取纯化 MC-PC，并利用纯化的 PC 进行光动力学实验，发现 MC-PC PDT 处理后的 HepG2 肝癌细胞能诱导胞内 ROS 的产生，产生的 ROS 损伤细胞，并引起线粒体膜势能降低，进一步损伤线粒体或者通过线粒体依赖机制诱导细胞凋亡。同时，MC-PC 光动力抑制 HepG2 肝癌细胞的生长，最终导致细胞凋亡（图 9-66、图 9-67）。

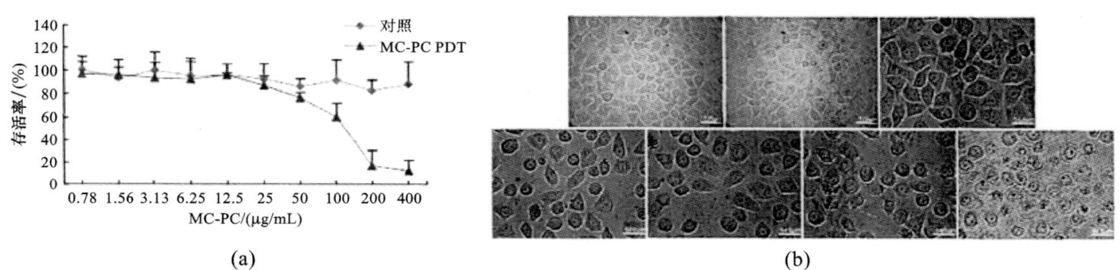


**图 9-66　MC-PC PDT 处理后 HepG2 肝癌细胞的生长抑制情况（王春艳，2011）**

（a）细胞存活率；（b）光镜下处理后的细胞形态

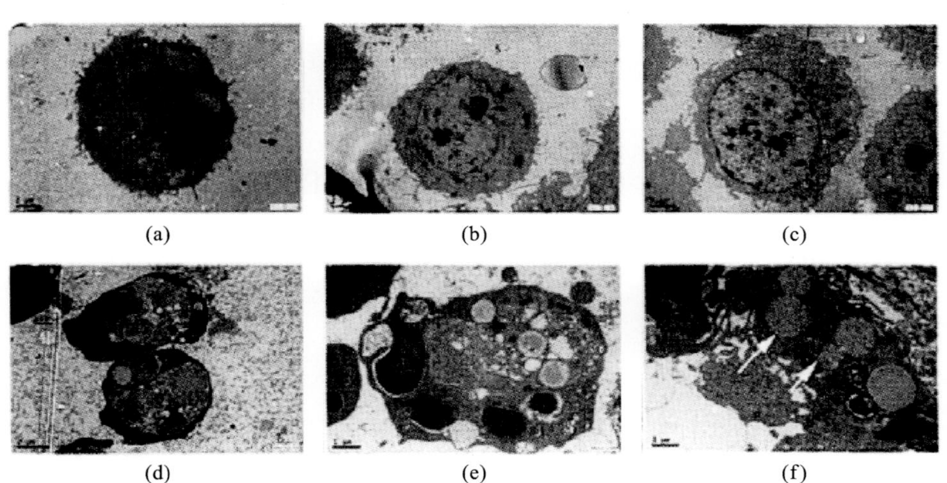


**图 9-67　不同处理组 HepG2 肝癌细胞的电镜照片（王春艳，2011）**

（a）未处理组；（b）仅用激光处理组；（c）200 μg/mL MC-PC 暗处理组；（d）（e）（f）200 μg/mL MC-PC 光动力处理组，标尺分别为 2 μm、1 μm 和 1 μm

（2）经共价/非共价修饰的 PC 纳米材料在 PDT 中的应用。

段断英（2014）通过非共价结合/共价结合合成、凝胶色谱法分离得到了一系列酞菁-PC 复合物，并对其生物活性进行了测定。结果发现，HepG2 肝癌细胞对不同程度改性后的 PC-E50、PC-E100、PC-

E500、PC-E1000、PC-E1500 的吸收程度较小。当进一步增加乙二胺盐酸盐比例时，所获得的 PC-E2000、PC-E4000 可被 HepG2 肝癌细胞有效吸收(图 9-68)。在无光照下，PC-E2000 对 HepG2 肝癌细胞的生长产生影响，说明 PC-E2000 仍具有暗毒性。但在光照下，PC-E2000 对 HepG2 肝癌细胞的生长具有显著的抑制作用，且抑制率呈量效关系(图 9-69)。

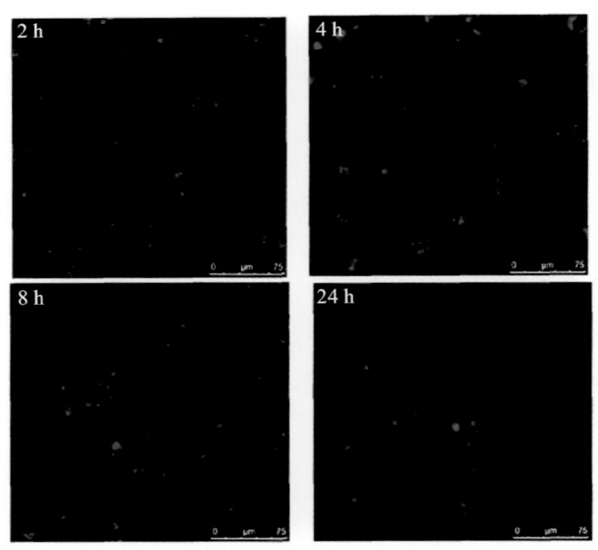


**图 9-68　HepG2 肝癌细胞对乙二胺改性 PC-E4000 的摄取情况(段继英,2014)**

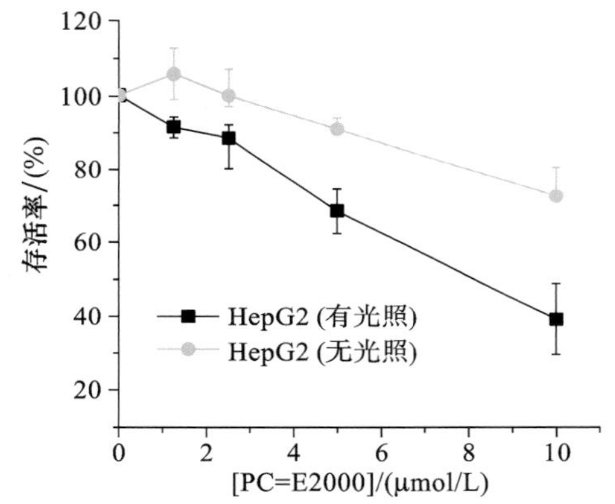


**图 9-69　PC-E2000 对 HepG2 肝癌细胞的生长抑制作用(段继英,2014)**

Zhao 等(2004)制备得到水溶性竹红菌素 B 明胶纳米颗粒(HB-G-NP)，在此基础上制备得到 HB-G-NP 和 C-PC 的配合物 HB-G-NP/C-PC(图 9-70)，并研究了螺旋藻荧光蛋白 C-PC 与 HB-G-NP 的相互作用，结果发现，由于 C-PC 可吸附在纳米颗粒表面，HB 向 C-PC 的能量转移是非常有效的。另外，HB 的光敏化可导致 C-PC 的光损伤，而在无氧条件下受到的损伤要小得多，说明光敏剂的阴离子自由基是不可移动的，但 ROS 可移动，从而与吸附在颗粒表面的 C-PC 或颗粒内部的 HB 分子发生反应(图 9-71)。目前，C-PC 本身也可以被光敏化而产生 ROS，进而发挥光动力学活性。

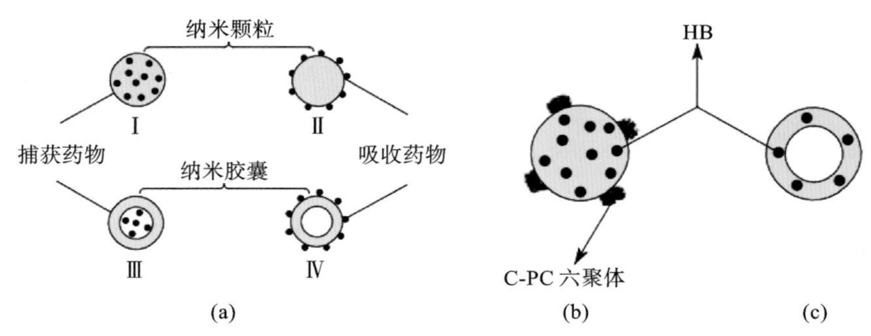


**图 9-70　HB-G-NP/C-PC(Zhao 等,2004)**

(a)载药纳米颗粒模型;(b)表面吸附 C-PC 六聚体的 HB-G-NP 模型;(c)环状颗粒

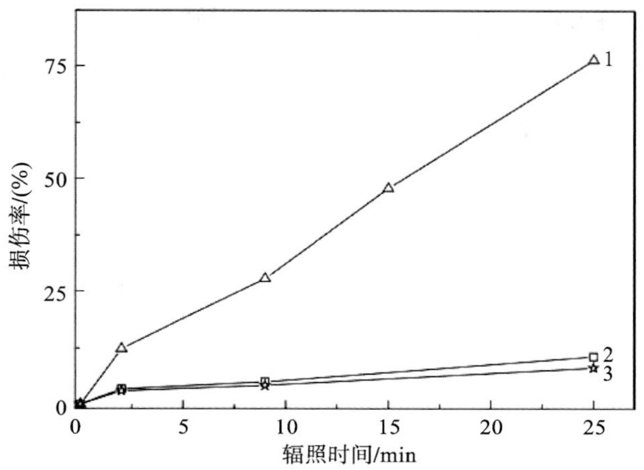


**图 9-71 HB-G-NP/C-PC 中 C-PC 在有氧(曲线 1)和无氧(曲线 2),以及有氧但无 HB-G-NP(曲线 3)的情况下随辐照时间的损伤率(Zhao 等,2004)**

Wan 等(2017)采用光敏剂酞菁锌(ZnPc)和与肿瘤相关巨噬细胞(tumor-associated macrophages, TAMs)有特异亲和力的 C-PC 制备得到一种非共价的偶联物 ZnPc-C-PC。他们研究了 C-PC 对 HepG2 细胞和 J774A.1 细胞在无光照和有光照条件下的细胞毒性作用(图 9-72(a))以及两种细胞对 C-PC 的吸收情况,结果发现,C-PC 基本上是无细胞毒性的,但 SR-A 阳性的 J774A.1 细胞的光毒性明显高于 SR-A 阴性的 HepG2 细胞,且J774A.1细胞内 C-PC 的平均荧光强度比 HepG2 细胞约高7.5倍(图 9-72(c)),说明 J774A.1 细胞对 C-PC 的吸收度更高。从 ZnPc-C-PC 的荧光光谱(图 9-72(b))发现,游离 ZnPc 显示出非常宽且弱的 Q 带,这意味着游离 ZnPc 在 PBS 中严重聚集。ZnPc-C-PC 结合物除了在 618 nm 处吸收 C-PC 外,在 678 nm 处也有一个相对较弱的吸收峰,这与 ZnPc 的吸收有关,此外,该峰强于游离 ZnPc 峰,这表明 ZnPc 在 PBS 中相对于游离 ZnPc 在共轭物中聚集较少。另外,高浓度的 ZnPc 在 PBS(约 20 mmol/L)中会导致沉淀,即使在 54 mmol/L 处也没有观察到 ZnPc-C-PC 结合物的沉淀,这表明 ZnPc 与 C-PC 的结合能有效地提高 ZnPc 在水介质中的溶解度。此外,研究者从体内生物分布(图 9-73)发现,注射后不久,C-PC 在全身扩散,肿瘤周围出现较强的荧光信号,但在注射 1 h 后,除肿瘤组织外,体内荧光信号逐渐减弱,4 h 后完全消失,但肿瘤部位的微弱荧光可持续 24 h。C-PC 可以选择性地保留在肿瘤部位,同时也能迅速代谢并从体内其他组织中清除。

关燕清(2002)从钝顶螺旋藻和富硒钝顶螺旋藻中分离纯化得到 PC、藻总蛋白和 Se-PC,并采用光化学固定化法将三种蛋白质固定到组织培养聚苯乙烯基板上,制备得到光固定化生物材料(光固定化反应如图 9-74 所示)。研究发现,低浓度时,主要是光固定化藻蓝蛋白(SPC)对肝癌细胞产生抑制作用,Se-PC 对肝癌细胞几乎无影响(图 9-75)。当浓度大于 0.05 毫克/孔时,Se-PC、SPC 具有不同的抑制作用。光固定化 Se-PC 的抑制作用最强。该研究者还将螺旋藻多糖(sPIP)溶液与含有 PC 的组织培养聚苯乙烯培养孔共培养,并探究了该固定化材料对 SW1990 人胰腺癌细胞生长的抑制作用,发现浓度为 0.02 毫克/孔的 SPC 对 SW1990 人胰腺癌细胞生长的抑制作用最强,在浓度为 17.5 mg/mL 的多糖溶液中,SPC 对癌细胞抑制率可达 50%(PC 对照组为 40%)(图 9-76)。

谭阳(2007)从 PC 中提取得到 PC α 和 β 亚基,并检测了体外 C-PC 介导下的 PDT 对细胞的抑制作用。研究发现,与 β 亚基参与介导的作用相比,仅 α 亚基介导的作用抑制率最高,可达 78.6%,说明 α 亚基在抑制作用中起关键作用(图 9-77)。在不同照射剂量下,C-PC α 亚基在不影响渗透效率的情况下对 SP2/0 细胞的存活有较大的抑制作用(图 9-78)。同时,PC α 亚基介导下的 PDT 对悬浮细胞的抑制作用远大于对贴壁细胞的抑制作用(图 9-79)。将 PC 亚基注射到小鼠体内,PC 随血液在全身分布,且表皮组织或代谢旺盛的器官中分布较多,但中脑组织中分布较少,这说明 PC 亚基难以通过血脑屏障(图 9-80)。

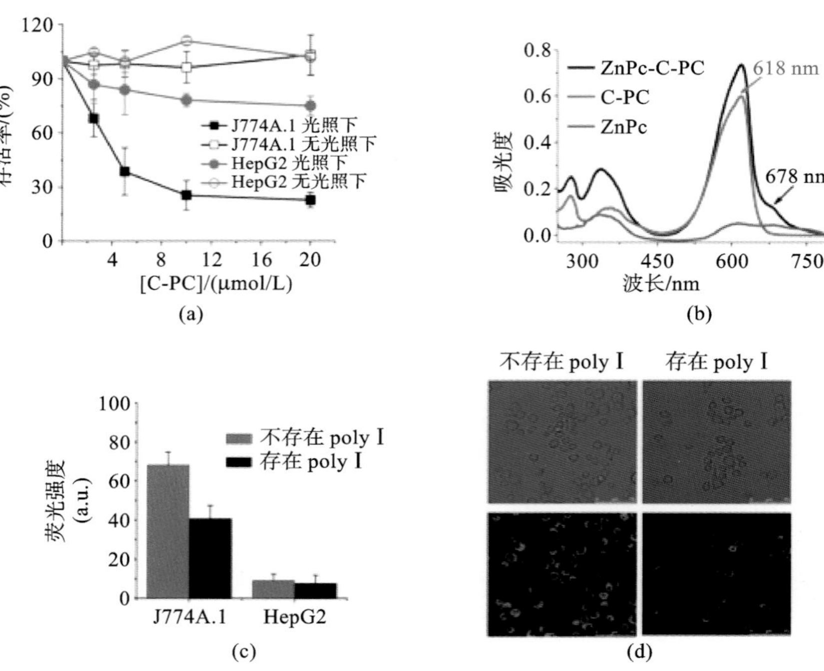


**图 9-72　C-PC 对 HepG2 细胞与 J774A.1 细胞影响的对比(Wan 等,2017)**

(a)无光照和光照下 C-PC 对 HepG2 细胞和 J774A.1 细胞的细胞毒作用;(b)ZnPc(5.4 μm)、C-PC(0.9 μm)和 ZnPc-C-PC 共轭物([ZnPc]=5.4 μm,[C-PC]=0.9mm)在 PBS 中的吸收光谱;(c)HepG2 细胞和 J774A.1 细胞平均荧光强度的比较;(d)在不存在或存在 poly Ⅰ的条件下,与 C-PC(10 mmol/L)孵育 2 h 后,J774A.1 细胞的亮场图像(上排)和细胞内荧光图像(下排)

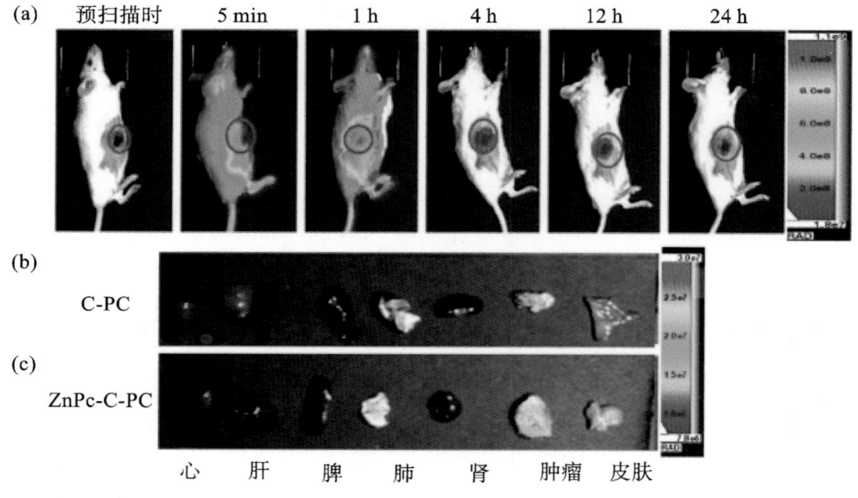


**图 9-73　C-PC 的体内生物分布(Wan 等,2017)**

(a)荷瘤 KM 小鼠静脉注射 C-PC 前后的荧光图像。红色圆圈表示肿瘤部位。注射后 24 h,(b)C-PC 和(c)ZnPc-C-PC 结合物在小鼠肿瘤和不同器官中的分布

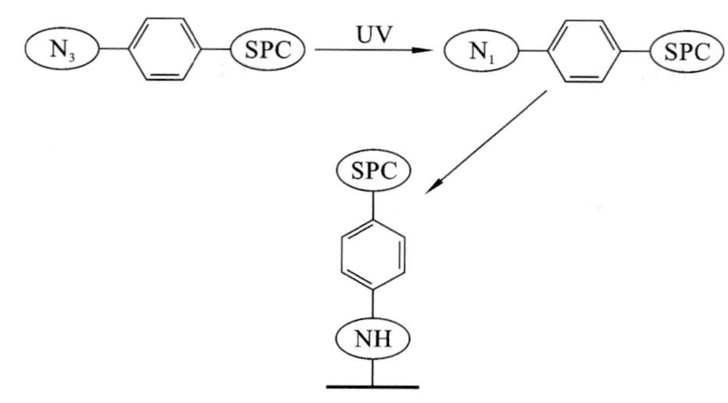

图 9-74 光固定化反应过程(关燕清,2002)

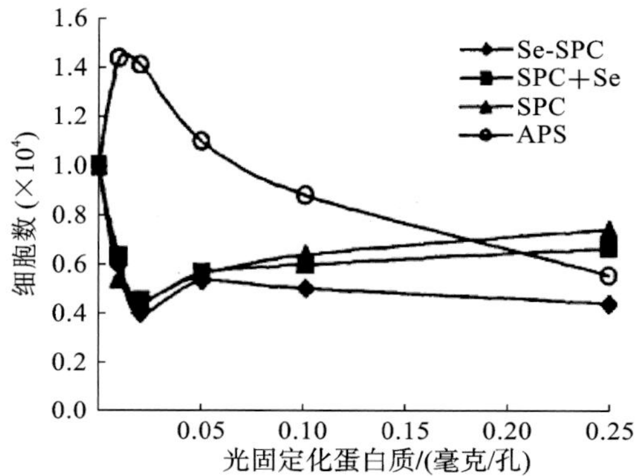

图 9-75 光固定化生物材料对肝癌细胞的抑制作用(关燕清,2002)

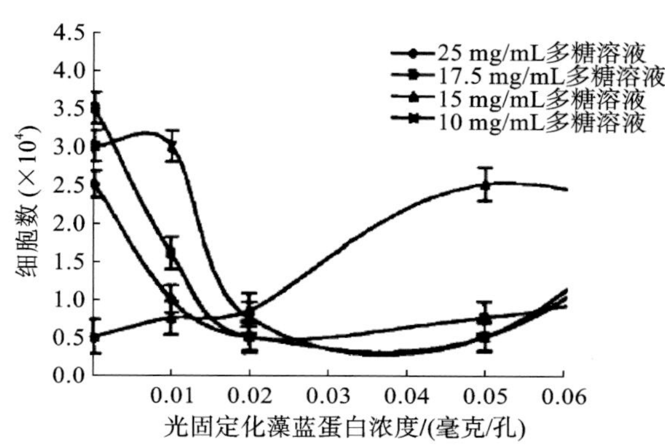

图 9-76 光固定化藻蓝蛋白对 SW1990 人胰腺癌细胞生长的抑制作用(关燕清,2002)

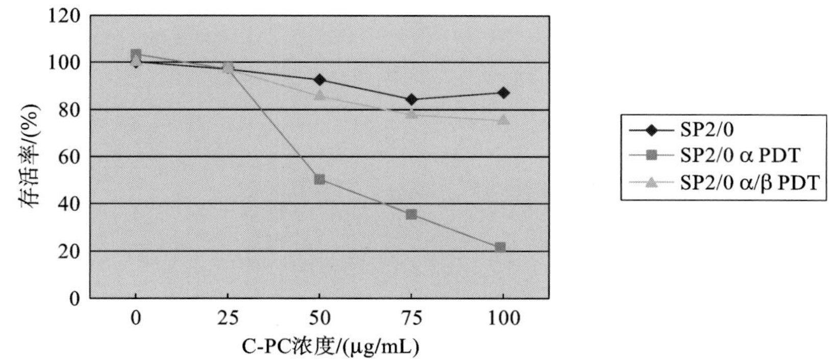

图 9-77 PC α 亚基和 α/β 亚基介导的 PDT 对 SP2/0 细胞的抑制作用(谭阳,2007)

(3)PC 与碳纳米管的联合应用。

碳纳米管是每个碳原子和相邻的三个碳原子相互连接形成的六角形网络结构,一般分为单壁碳纳米管和多壁碳纳米管(廖晓霞,2011)。单壁碳纳米管(SWNT)由单层石墨烯卷曲而成,两端连接碳原子后组成封闭曲面。石墨烯的卷曲方式不同,可得到结构不同的碳纳米管。单壁碳纳米管根据碳纳米管截面的边缘形状可分为扶手椅形、锯齿形和螺旋形三种,如图 9-81 所示。多壁碳纳米管(MWNT)由多个单层纳米管同心套叠而成。多壁碳纳米管的层片间距稍大于石墨的层片间距(0.1335 nm),约为 0.134 nm(图 9-82)(廖晓霞,2011)。但多壁碳纳米管的水分散性较差,表面易吸附血浆蛋白形成蛋白冠,治疗功能单一,极大地约束了它们的应用。

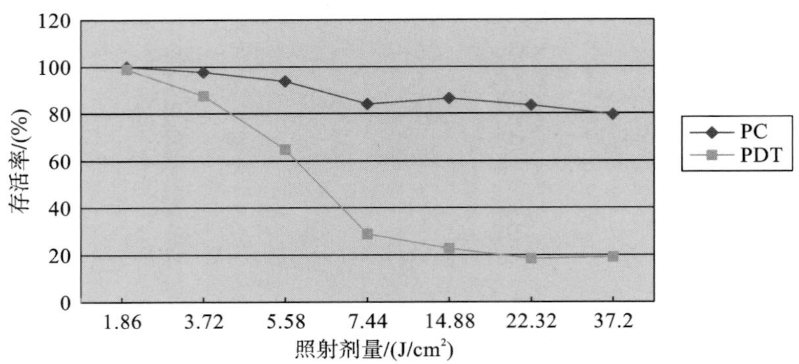


图 9-78　PC α 亚基在不同照射剂量下介导的 PDT 对 SP2/0 细胞的抑制作用(谭阳，2007)

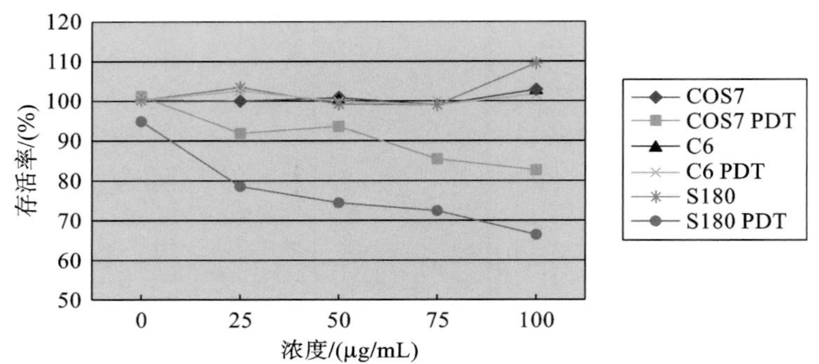


图 9-79　PC α 亚基介导下的 PDT 对 COS7、C6、S180 细胞的抑制作用(谭阳，2007)

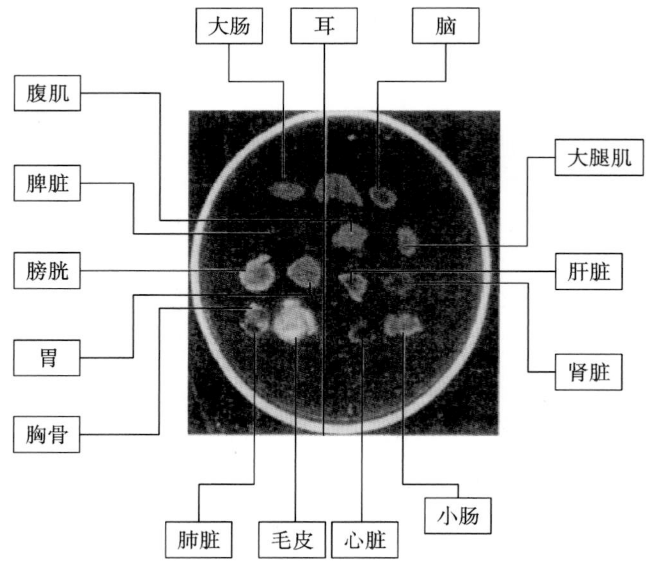


图 9-80　PC 亚基在小鼠体内的分布情况(谭阳，2007)

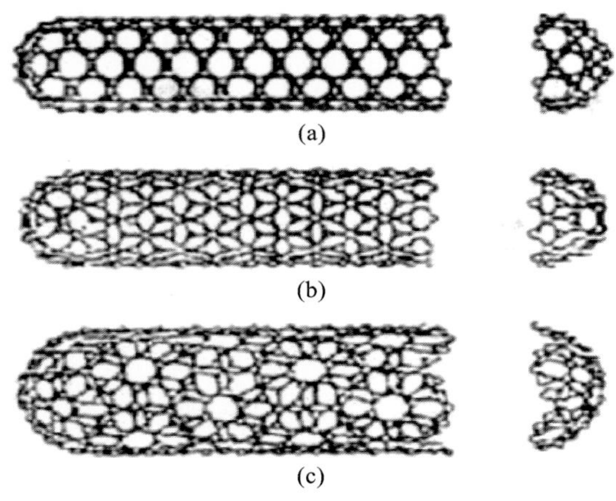


**图 9-81　SWNT 的结构示意图(廖晓霞,2011)**

(a)扶手椅形;(b)锯齿形;(c)螺旋形

单壁碳纳米角(single-wall carbon nanohorn,SWNH)是一种类似于单壁碳纳米管的新型纳米材料,直径为 2～5 nm,长度为 40～50 nm,正常状态下,多个碳纳米角会组装聚集成直径为 80～120 nm、球形、大丽菊状聚集体(林肇星,2019)。

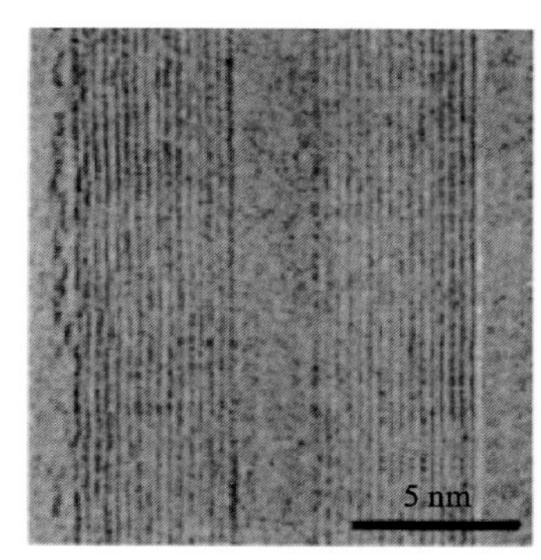


**图 9-82　MWNT 的高分辨 SEM 图(廖晓霞,2011)**

提高 PC 光稳定性及赋予其他治疗作用的有效策略可能是在碳纳米材料上负载 PC,但这方面的研究很少。研究者(Lin 等,2019;林肇星,2019)借助 PC 的生物相容性、优异的水溶性、独特的颜色、在紫外-可见光区的强吸收性及较高的荧光量子产率,采用一步法对 SWNH 进行了非共价修饰,构建得到水溶性的PC@SWNH纳米复合物(PC@SWNHs)(图 9-83)。利用 PC 通过非共价界面的协同相互作用来实现 SWNH 周围蛋白质电晕的预成型。一些研究表明,纳米材料表面的预成型蛋白电晕可以起到保护涂层的作用(Peng 等,2015;Peng 等,2013;Soo 等,2018)。因此,在 PC@SWNHs 中,预成型的 PC 电晕可以有效地改善 SWNH 的水分散性,保护其规避血浆蛋白的吸附,而 PC 良好的活性氧(ROS)产生能力弥补了 SWNH 不能产生 ROS 的不足,赋予了纳米杂化物 PDT 功能。作为一种典型的碳纳米材料,SWNH 不仅赋予了纳米杂化材料 PTT 功能,还增强了 PC 的光稳定性,理想的纳米医疗平台在诊断和治疗上应具有多模态(Chen 等,2017;Li 等,2017)。

除了多种 NIR 介导的肿瘤 PTT/PDT 外,研究者还使用 PC@SWNHs 作为肿瘤小鼠体内热成像(TI)和光声成像(PA)的对比剂。对 4T1 荷瘤 BALB/c 裸鼠在体进行 PC@SWNHs 的 PA 成像评估(图 9-84(a))。肿瘤部位的 PA 信号在注射前比较弱,而注射 100 mL PC@SWNHs 后,PA 信号强度增大([PC]=150 μg /mL,[SWNH]=305 μg /mL)。注射 PC@SWNHs 前、后肿瘤部位 PA 信号强度比接近 4.2(图 9-84(a))。因此,PC@SWNHs 可以作为一种优秀的 PA 显像剂,用于肿瘤的生物显像和指导体内治疗。用红外热像仪记录照射后肿瘤区域相应的温度变化。650 nm 激光照射后注射PC@SWNHs的肿瘤区温度迅速升高到 54 ℃、周围组织的温度升高小于 5 ℃(图 9-84(b)(c)(d))。肿瘤部位温度的升高足以杀死肿瘤细胞。用 PBS 治疗的小鼠作为对照,显示肿瘤区温度适度升高(辐照 5 min 温度升高小于 5 ℃)。这表明 PC@SWNHs 在 TI 中起着至关重要的作用。PC@SWNHs 的 PA 和 TI 特性为构建基于双模成像的诊断纳米平台提供了多种可能性。

为了评估体内光治疗的疗效,研究者进一步评价了 4T1 荷瘤 BALB/c 裸鼠的体内光治疗效果。对携带 4T1 荷瘤的 BALB/c 裸鼠进行不同处理后连续 14 天监测肿瘤体积。结果发现,空白组和对照组

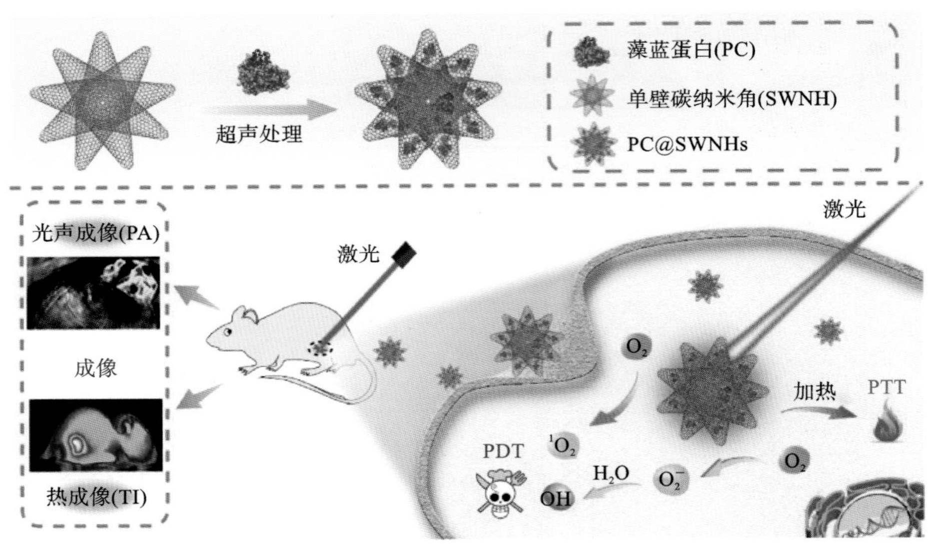


**图 9-83　PC@SWNHs 合成路线示意图及 PC@SWNHs 在双模态 TI/PA 成像指导下用于肿瘤的近红外光介导 PTT/PDT(Lin 等,2019)**

中肿瘤的体积随着检测时间的增加快速增大,表明未注射 PC 或 PC@SWNHs 而无激光照射,或仅激光照射而不注射 PC 或 PC@SWNHs 的情况下均无法抑制肿瘤生长。在 650 nm(PC 在 650 nm 处具有最大的荧光发射)处光激发后,PC 和 PC@SWNHs 组肿瘤抑制作用非常显著,并且与其他组相比,差异较大(图 9-85)。此外,与 650 nm 激光照射后的 PC 组相比,照射后的 PC@SWNHs 组的肿瘤抑制作用更显著,在 14 天后肿瘤几乎消除。这种差异是由于 PC 组仅能实现 PDT 抑制肿瘤,而 PC@SWNHs 组能够实现 PTT 和 PDT 协同消融肿瘤。

研究者对心脏、肝脏、脾脏、肺脏和肾脏进行组织学检查。14 天后,所有被检查器官的急性、慢性病理毒性和不良反应均不明显(图 9-86)。这些微小的组织学异常表明 PC@SWNHs 对器官没有明显损伤,PC@SWNHs 具有良好的体内生物相容性。SWNH 因尺寸大小合适、优异的生物相容性及独特的性质受到了研究者的关注。PC 作为一种新开发的光敏剂,可以实现对肿瘤细胞的 PDT,将广泛应用于生物医学领域中(Lin 等,2019)。

廖晓霞(2011)利用壳聚糖非共价修饰多壁碳纳米管(MWNT),制备得到水溶性复合物 MWNT-CS,并在此基础上制备得到 PC 和 MWNT-CS 的复合物 MWNT-CS-PC(图 9-87)。研究发现,在 532 nm 激光照射时,C-PC 对 MCF-7 细胞、HepG2 细胞有显著的生长抑制作用,MWNT-CS-PC 对 MCF-7 细胞、HepG2 细胞的抑制作用较小,MWNT-CS对 MCF-7 细胞、HepG2 细胞的抑制作用最小。在 808 nm 光辐照时,MWNT-CS 和 MWNT-CS-PC 对 MCF-7 细胞、HepG2 细胞的生长有极其显著的抑制作用,C-PC对 MCF-7 细胞、HepG2 细胞的抑制作用最小(图 9-88)。

APC 具有与 PC 类似的色素结构,Su 等(2001)曾经使用激光脉冲辐射技术来表征 APC 光化学和光物理的瞬态中间体,结果表明,APC 在 248 nm 波长的激光照射下,能够产生三重态和自由基阳离子,APC 可以同时进行光激发和光电离。这表明 APC 可以作为Ⅰ型和Ⅱ型光敏剂。

**2. 藻红蛋白(PE)的光敏杀伤作用**

PE 的藻胆素构成与藻蓝蛋白(PC)和别藻蓝蛋白(APC)不同,能够吸收能量更高的光波。对 PE 的研究也表明,PE 可以通过 PDT 过程中产生的 ROS 来诱导肿瘤细胞凋亡,进而达到治疗肿瘤的目的。20 世纪 80 年代末,Morcos 将浓度为 250 μg/mL 的 PC 与生长状态良好的小鼠骨髓瘤细胞共培养,经 300 J/cm²、514 nm 的激光照射一段时间,发现细胞死亡率高达 85%。但单独使用 PC 或仅经过激光照射的细胞,死亡率分别为 29%和 31%。这一研究明确了 PC 的光敏特性,且无不良作用和毒副作用,是一种应用前景良好的光敏剂(陈良华,2005)。一直到 20 世纪 90 年代后期,研究人员才展开了 PE 作为

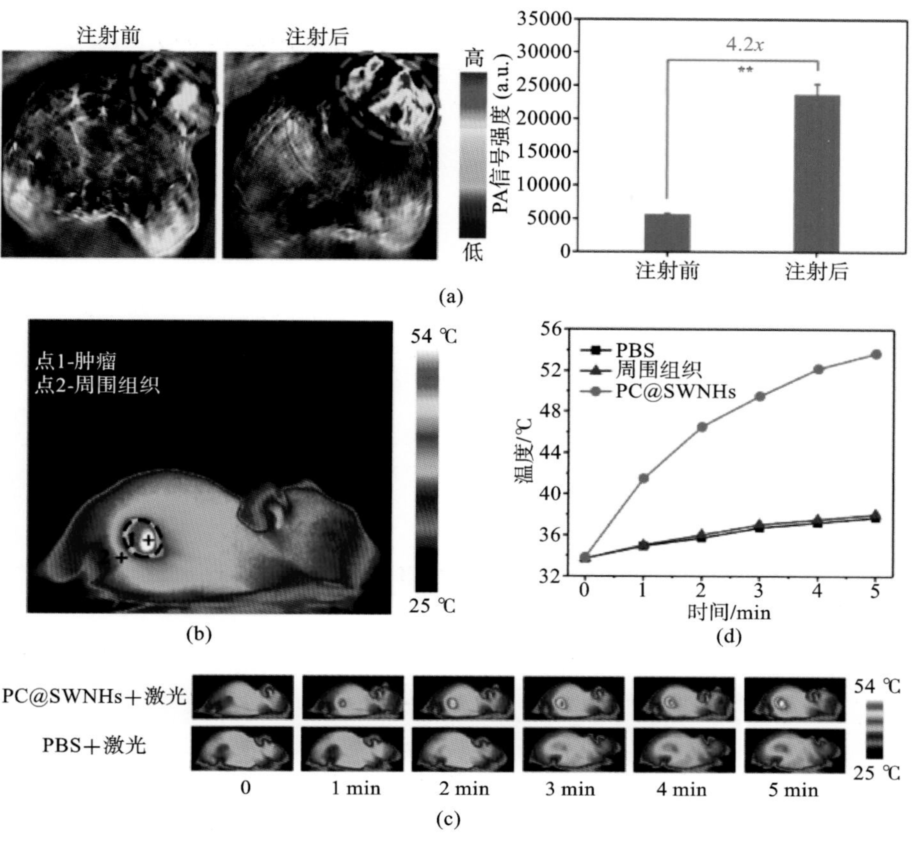


**图 9-84 体内双模成像(Lin 等,2019)**

(a)4T1 荷瘤小鼠瘤内注射 PC@SWNHs 溶液前、后的 PA 图像及相应的 PA 值(100 μL,[PC]=150 μg/mL,[SWNHs]=305 μg/mL)。(b)650 nm 激光(1.0 W/cm²)照射后持续 5min。荷瘤小鼠瘤内注射 PC@SWNHs 溶液后的全身 TI 图像(100 μL,[PC]=150 μg/mL,[SWNHs]=305 μg/mL)。棕色圆圈代表辐射区域。点 1 和点 2 分别表示肿瘤和周围组织的位置。(c)4T1 荷瘤小鼠瘤内注射 PC@SWNHs 溶液或 PBS 后不同时间段(0~5 min)肿瘤的 TI 图像。(d)对应于(b)和(c)所示样品的时间依赖性光热曲线

光敏剂应用于肿瘤治疗的研究。根据已有的研究,研究者发现,PE 分子对肿瘤细胞的亲和性取决于其自身的游离浓度及本身所带电荷的性质,溶液 pH 对二者的相互作用将产生影响(庄严等,2015)。

(1)天然态 PE 在 PDT 中的应用。

李冠武等(1997)首次将 100 μg/mL 的多管藻 R-PE 与生长状态良好的 8113 人口腔癌细胞共培养,经波长为 488 nm 的氩离子激光照射(25.6 J/cm²),发现使用光敏剂多管藻 R-PE 联合激光照射处理的细胞存活率明显下降,仅为 25%,细胞死亡率与对照组相比大大提高。而单独使用 100 μg/mL R-PE或者应用激光照射处理过的细胞存活率分别为 43%和 107%。单用激光照射处理组与正常组相比,细胞的生长速度和存活率无显著性差异。研究表明,实验中体外培养的肿瘤细胞在光敏剂 PE 的作用下,细胞死亡率大大增加。PE 的光敏作用对体外培养的肿瘤细胞具有较强的杀伤性,有望成为可靠的光敏剂,进一步提高肿瘤疗效。

研究者对 PE 的光动力学杀伤机制进行了研究(黄蓓等,2001;李冠武等,2000;2001;庄严等,2015),发现由 PE 介导的 PDT 能够有效抑制肿瘤细胞 DNA 合成并杀死肿瘤细胞,且 PE 进入肿瘤细胞后,与肿瘤细胞核的结合量与 PE 的浓度呈正相关(图 9-89)。PE 介导肿瘤 PDT 的途径之一是通过影响或改变其 DNA 构象,抑制 DNA 的合成。因此,PE 的光敏化活性是其作为光敏剂应用于 PDT 的基础。李冠武等(2002)还在体外将 SMMC-7721 人肝癌细胞与不同浓度的 PE 共培养,然后进行 PDT 处理,结果发现,光照一定时间后,PE 介导的光敏反应促进了 SMMC-7721 人肝癌细胞的凋亡(图 9-90)。

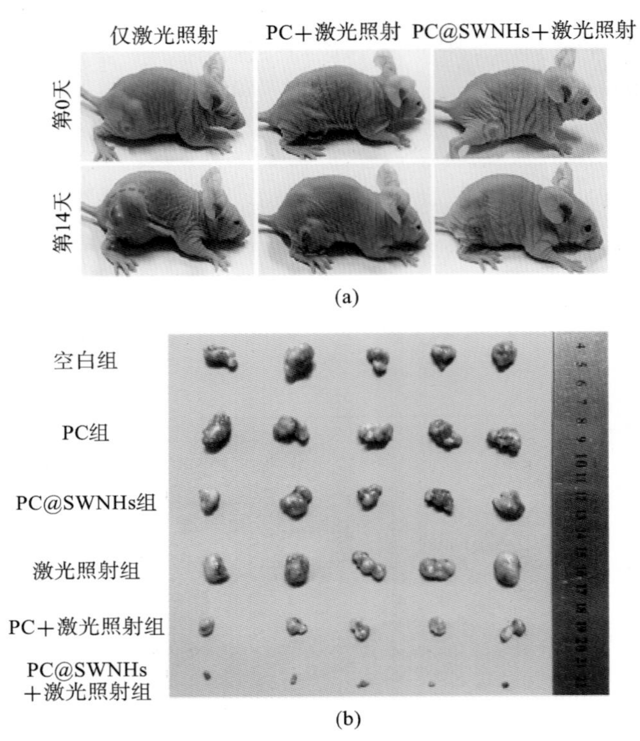


**图 9-85　PC、PC@SWNHs 与激光照射对肿瘤的影响(Lin 等,2019)**

(a)4T1 荷瘤小鼠不同处理前及处理后第 14 天的照片。(b)不同治疗后第14 天肿瘤的对应照片

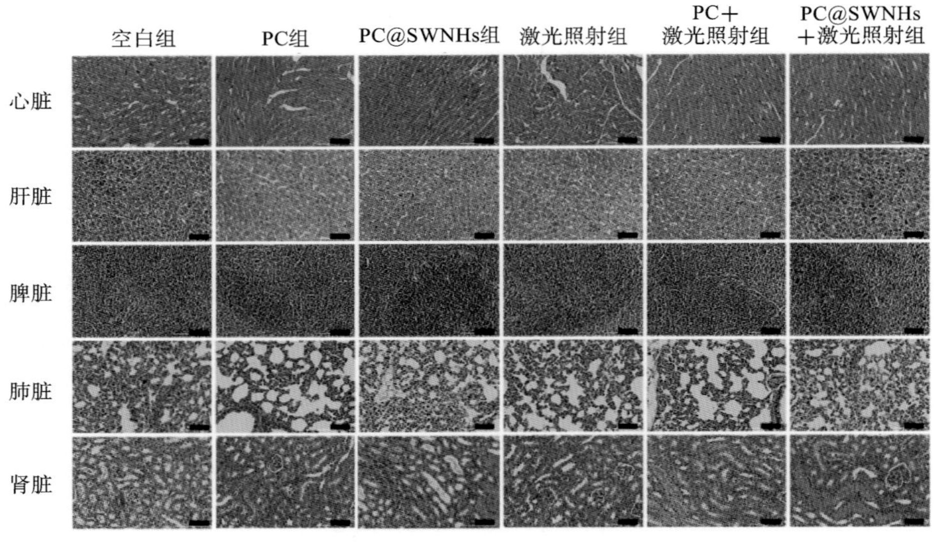


**图 9-86　不同处理 14 天后 BALB/c 小鼠主要脏器 HE 染色切片(Lin 等,2019)**

Huang 等(2002)使用 R-PE 及其亚基(α、β、γ 亚基)分别对 S180 小鼠肿瘤细胞(图 9-91)和 SMMC-7721 人肝癌细胞进行处理,然后用氩激光进行照射(496 nm,28.8 J/$cm^2$)。结果发现 R-PE 亚基比 R-PE 对 S180 细胞和 SMMC-7721 细胞具有更好的 PDT 作用,且对骨髓细胞的光毒性较低。R-PE 亚基具有分子量小、荧光吸收好等优点,在实际应用中比 R-PE 具有更大的优势。

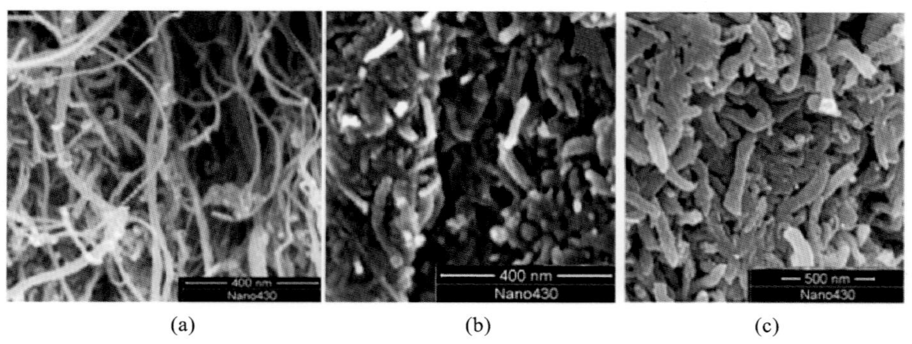


图 9-87　MWNT、MWNT-CS、MWNT-CS-PC 的场发射扫描电镜图(廖晓霞,2011)

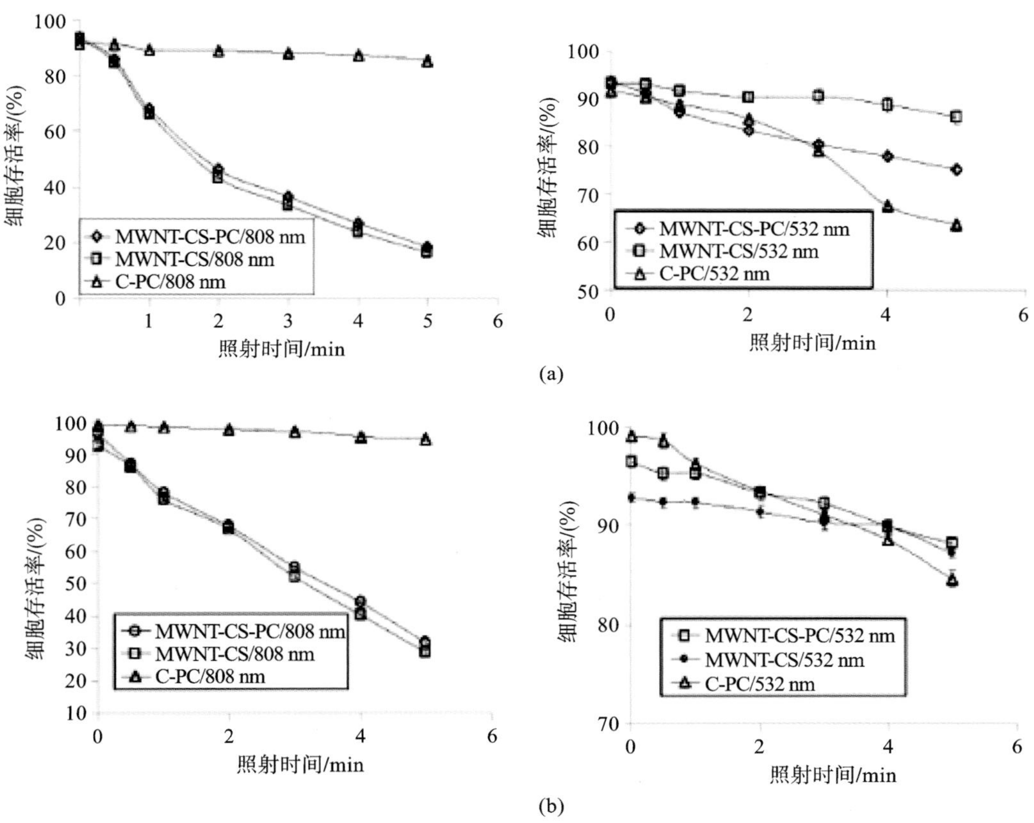


图 9-88　激光照射时药物对(a)MCF-7 细胞、(b)HepG2 细胞的抑制作用(廖晓霞,2011)

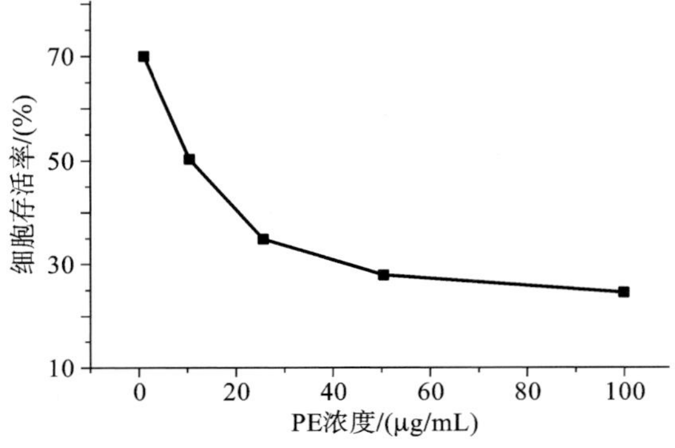


图 9-89　PE 浓度和光动力效应之间的关系曲线(李冠武等,2001)

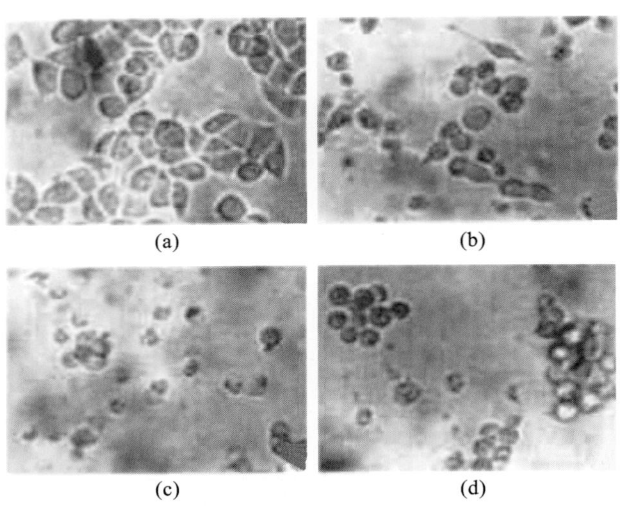


**图 9-90　R-PE PDT 诱导 SMMC-7721 人肝癌细胞出现凋亡的形态学改变(李冠武等,2002)**

(a)细胞凋亡前肿胀;(b)(c)细胞开始凋亡,细胞变圆;(d)细胞漂浮

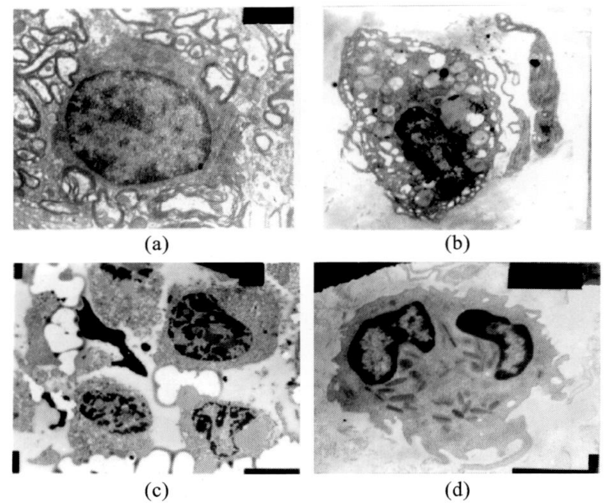


**图 9-91　β 亚基 PDT 诱导 S180 小鼠肿瘤细胞凋亡(激光照射 8 天,剂量为 150 J/cm$^2$)(Huang 等,2002)**

(a)显示正常未经治疗的 S180 细胞,其特征是细胞核球形,质膜不清,周围血管丰富(×8000);(b)显示肿瘤细胞周围有凋亡细胞核和多个小泡(×5000);(c)显示 S180 细胞凋亡的快速演变,该细胞呈现密集的异染色质网状结构,细胞膜破裂,细胞器降解(凋亡坏死)。肿瘤细胞周围的血细胞以破裂为特征(×3000);(d)显示另一种凋亡模式,不仅显示了分离的细胞核和典型的异染色质浓缩,还显示了多个核泡(×10000)

(2)PE 纳米材料在 PDT 中的应用。

上转换发光材料(upconversion material)是一种利用多光子机制在吸收近红外光后将长波辐射转换成短波辐射而发射可见光的材料。它所发射的光子能量高于吸收的光子能量,这是其主要特点,因此被称为上转换发光材料。荧光上转换以双光子或多光子的非线性发光过程为基础,是材料的发光中心吸收两个或两个以上近红外的低能量光子而辐射一个高能量可见光子的过程。上转换发光示意图如图 9-92 所示。双转换发光机制主要包括激发态吸收、直接双光子吸收、能量传递上转换、光子雪崩吸收上转换四种情况(宋凯,2010)。

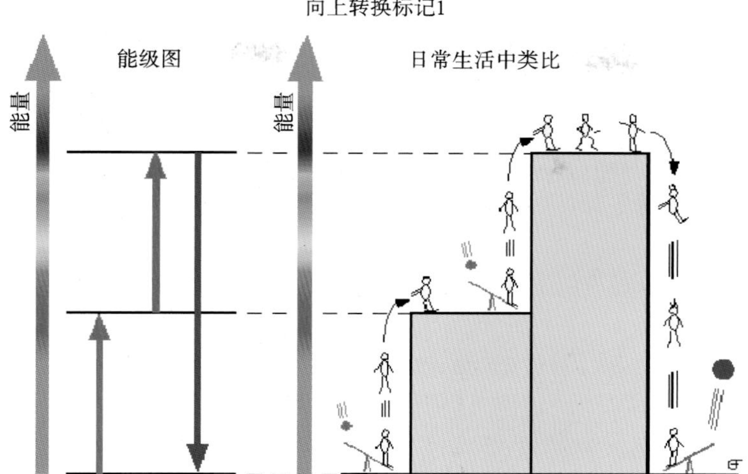


**图 9-92 上转换发光示意图(宋凯,2010)**

1×blue out of 2×red 表示一次蓝光能级跃迁中含有两次红光能级跃迁

宋凯(2010)以上转换纳米颗粒(UCNPs)作为运送载体,通过共价偶联的方式将 PE 分子偶联在其表面,利用近红外光的激发,UCNPs 将能量传递给 PE。光敏分子 PE 受到激发后,敏化周围的氧分子,启动 PDT 机制,原理图如图 9-93 所示。研究人员探究了 UCNPs-R-PE 对小鼠腹水瘤和实体瘤的 PDT 效应,从表观上看,PDT 对肿瘤的生长有一定程度的抑制作用(图 9-94),UCNPs-R-PE 光动力组抑制了小鼠体内肿瘤细胞的生长,其肿瘤体积最小(图 9-95)。PE 光敏剂与 UCNPs 载体相组合,利用红外光的激发,有效加深了组织的穿透深度,可对深层组织的病变部位进行 PDT。PE 对纳米晶体的修饰,不再需要对合成的纳米颗粒进行表面修饰,便能赋予这些无机纳米材料良好的生物相容性。

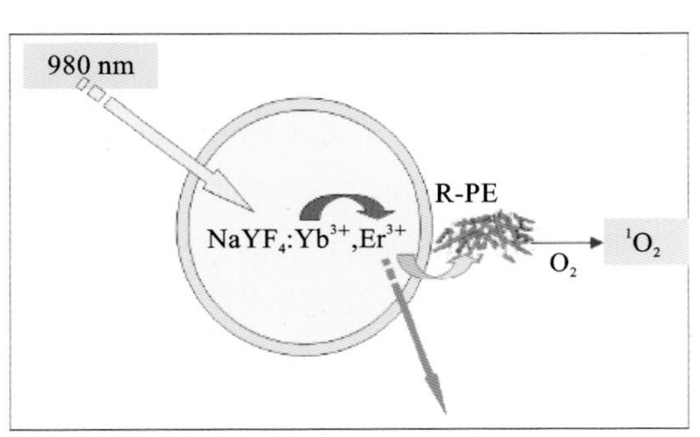


**图 9-93 光敏复合体 PDT 原理示意图(宋凯,2010)**

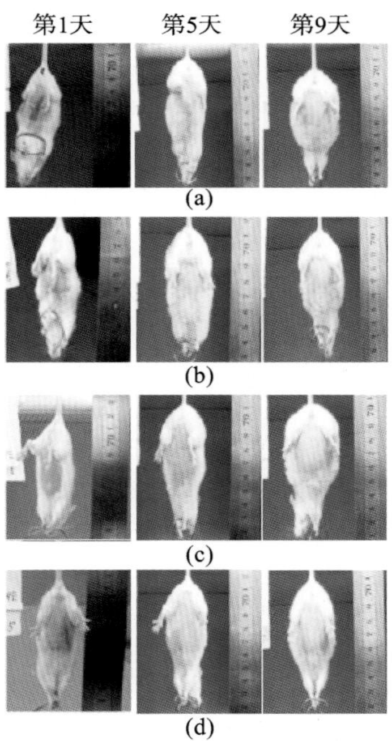


**图 9-94 各组小鼠体重随时间增长照片(宋凯,2010)**

(a)生理盐水非 PDT;(b)生理盐水 PDT;(c)UCNPs-R-PE 非 PDT;(d)UCNPs-R-PE PDT

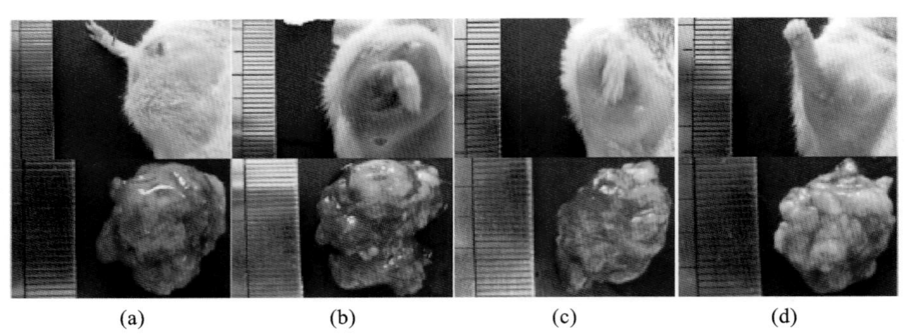


**图 9-95　各组实体瘤小鼠的瘤体组织的形态(宋凯,2010)**

(a)生理盐水非 PDT;(b)生理盐水 PDT;(c)UCNPs-R-PE 非 PDT;(d)UCNPs-R-PE PDT

(3)PBPs 及其色素的光敏杀伤作用。

彭慕华(2015)采用溶胀破裂法从微囊藻中提取得到四种 PBPs(PC、PE、PEC、APC),即从破裂细胞壁提取 PBPs。提取的 PBP 的最大紫外吸收峰和最大荧光发射峰分别在 620 nm 和 650 nm 处,其主要成分是 PC。提取的 PBPs 纯度为 0.9,达到了食品级 PBPs 的纯度要求。微囊藻 PBPs 对原核细胞的光敏杀伤研究结果表明,微囊藻 PBPs 对革兰阳性细菌有较好的光动力杀伤效果,它的光敏杀伤作用与卟啉光敏剂类似,但由于其很难透过革兰阴性菌的细胞壁,对革兰阴性菌作用不明显。另外,微囊藻 PBPs 对真核细胞也具有显著的光动力杀伤效果。

PBPs 和光敏色素在光照条件下可能会失活,可能是因为其产生自由基从而引发光毒性反应。李晴冬(2013)选取多个 PBPs 和光敏色素作为研究对象并通过光照实验,挑选出一个或多个具有显著光毒性效应的 PBP 或光敏色素。该研究者首先将 17 个不同的质粒载体进行重组,构建得到 23 个重组体系(图 9-96),并将 23 个重组体系共同转化大肠杆菌菌株 BL21,经过夜处理得到表达的重组体系细胞,并进行光毒性测定。结果发现,BL21 细胞在光照前后的细胞数目无显著变化,说明 BL21 细胞本身在光照下不会因自身因素产生光毒性反应(图 9-96(a))。含重组体系的细胞组,在光照后细胞数目未发生明显变化,只有几种细胞在光照后数量有一定的减少。其中含 PecB-CPcT-PCB 的细胞,光毒性致死率约为 22%,较低,完全没有达到预期的目标,还需继续构建其他重组体系,并进行光毒性测定,筛选出一个光毒性致死率在 50%以上的重组体系。

有效的根管消毒是根管治疗成功的关键(Pourhajibagher 等,2017)。粪肠球菌(*Enterococcus faecalis*)是口腔侵袭性病原体之一,是引起根管感染的主要原因(Pourhajibagher 等,2016)。在粪大肠杆菌的毒力因子中,群体感应系统因其生物学效应而显得尤为重要,它能调节一种参与生物膜形成的蛋白质的表达(Ali 等,2017)。由于粪肠球菌在根管间隙的生物膜形成能力增强了细菌对抗菌药物的耐药性,因此在成功治疗根管感染中迫切需要对抗这种微生物(Pourakbari 等,2018)。在目前的根管系统消毒中,化学机械技术使用的次氯酸钠(NaOCl)等根管内冲洗剂,不能完全清除微生物,可能增加根尖周组织细胞毒性和神经毒性的风险,而且在受感染的根管中很容易检测到残留的微生物(Liu 等,2019;Roshdy 等,2018)。不管化学机械技术如何,光活化消毒(PAD),也被称为光疗、光辐射疗法、光化学疗法、抗菌光动力疗法(aPDT)或光活化化疗(PACT),已作为一种无创性的新疗法来解决微生物在受感染的根管中的增殖问题(Chiniforush 等,2016;Pourhajibagher 等,2019;Shahabi 等,2017)。

尽管 C-PC 作为 PAD 抗肿瘤的光敏剂在文献中已有相关介绍,但目前还没有关于 C-PC 对 PAD 抗粪肠球菌作用的资料。因此,Pourhajibagher 等(2019)探讨了 C-PC 作为天然光敏剂的 PAD 对拔牙牙根管中微生物细胞活力、生物膜相关基因表达模式、fsrB、粪肠球菌生物膜(扫描电镜照片证实生物膜的形成,图 9-97)的影响,以及光激发 C-PC 产生细胞内 ROS 的作用。他们还对生物膜形成后随机分组的 5 个实验组(C-PC 组、半导体激光照射组、PAD 组、NaOCl 组、对照组)进行了根管生物膜结构中粪肠球

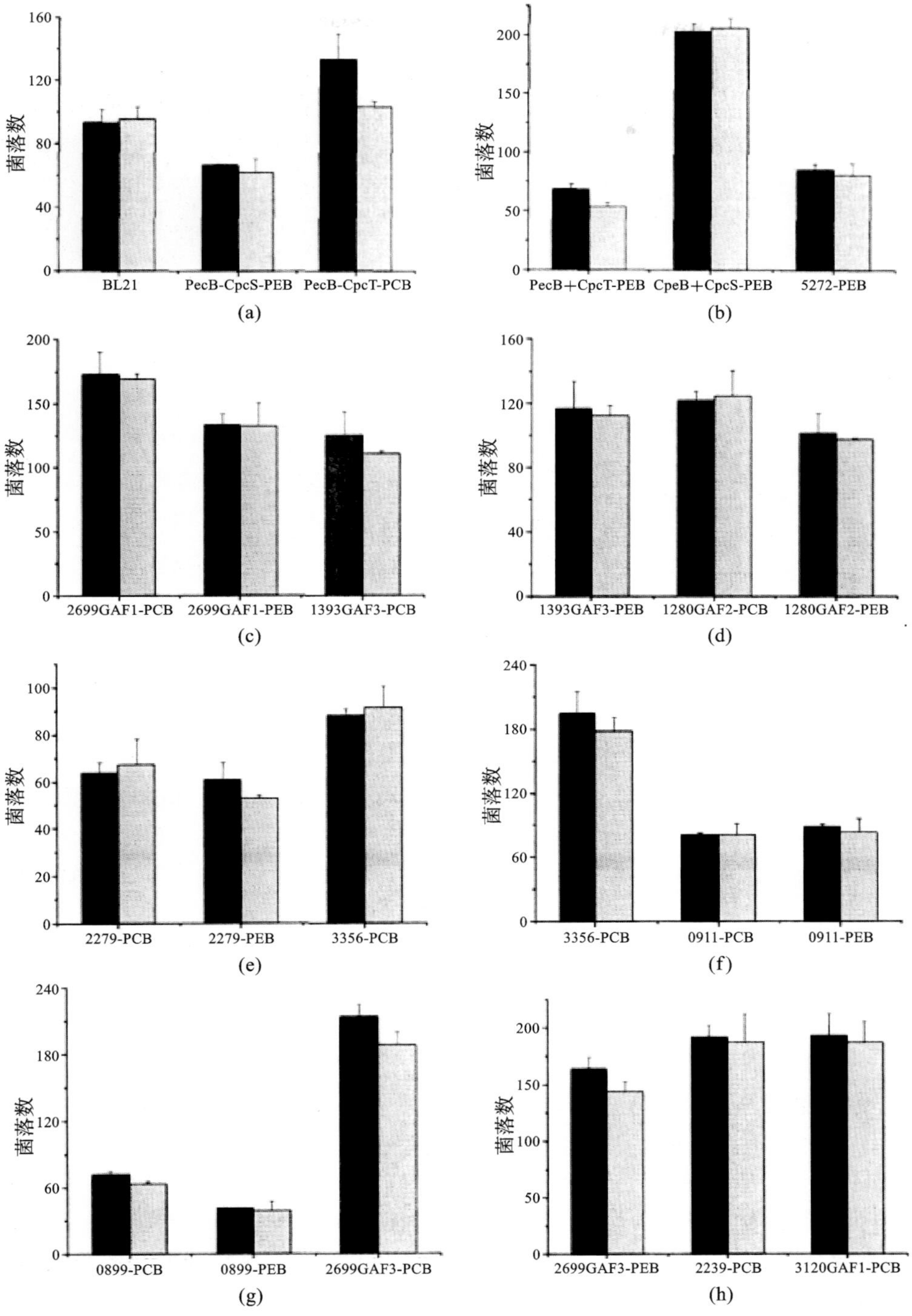

图 9-96　各种重组体系细胞在光照条件下的光毒性效应(李晴冬,2013)

菌细胞活力的定量研究(图 9-98)。结果发现,单独用 C-PC 和 C-PC-PAD 可分别使粪肠球菌细胞活力降低38.1%和 89.45%($p<0.05$)。根据 Bonferroni 事后测验,除 NaOCl 组外,C-PC-PAD 组与其他组相比,粪肠球菌计数显著下降($p<0.05$)。光激发 C-PC 可使粪肠球菌胞内 ROS 产生量增加 3.8 倍($p<0.05$)。亚显著抑制浓度的 C-PC-PAD 和亚致死剂量的 NaOCl 可使 fsrB 的表达水平降低。以上结果表明 C-PC 对根管内粪肠球菌生物膜具有良好的抑制作用,fsrB 作为粪肠球菌生物膜形成的主要毒

力因子,在PAD中受半导体激光照射时表现为下调作用。C-PC是一种可用于体内治疗根管感染的光敏剂,在根管感染的治疗中有良好的微生物还原作用和辅助治疗作用,临床可应用于根管感染的控制中。

**图9-97　拔牙牙根管内粪肠球菌生物膜形成的扫描电镜照片(Pourhajibagher 等,2019)**

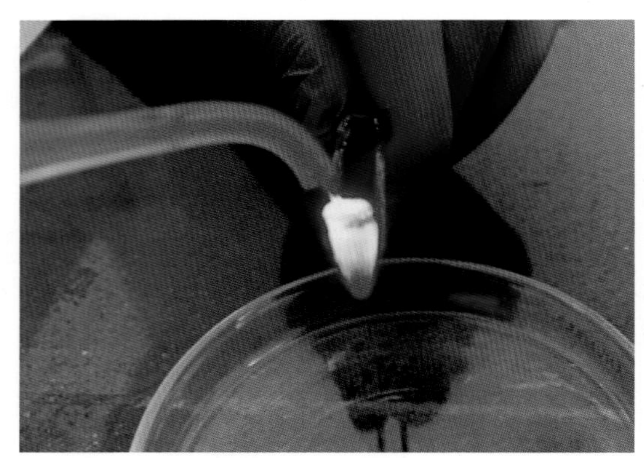

**图9-98　635 nm 半导体激光照射粪肠球菌生物膜根管(Pourhajibagher 等,2019)**

## 9.3.3　藻胆蛋白在太阳能电池中的应用

全球变暖是当今时代最具挑战性的问题,这是由于化石燃料等常规能源的大量使用而产生的。可再生能源可能是解决全球变暖问题的一个合适选择。能源研究逐渐倾向于非常规的、可再生的、环境友好的能源。此外,常规能源非常有限,开发非常规能源是目前面临的一项重要任务。在各种非常规能源中,太阳能可以提供足够的能量,这是人类所需要的。然而,最大的挑战是将这种能量转换成一种可用的形式,并创造有效的储存空间,以便在没有太阳光的情况下使用(Würfel,2005)。

### 9.3.3.1　太阳能电池的种类

**1. 微生物燃料电池**

太阳能、风能、水能等可循环再生能源,沼气等生物质能源的开发利用是当今研究者们的关注热点。这些能源在使用过程中对环境的污染较小,有的可能对环境无污染,可使化石能源的枯竭及对环境产生的严重污染等问题得到缓解。可循环再生能源的利用,也可能对自然生存环境造成一定的影响。如:风力发电产生的噪声污染;水力发电造成砂石的积聚,从而改变河道的方向;地热能收集过程中产生的热污染等。生物质能源分布较为广泛且对环境污染小,储量丰富,可实现能源的永久循环利用,替代优势极为显著(Fang 和 Liu,2002;赵媛,2000)。微生物燃料电池(MFC)可以充分利用生物质。MFC作为未来的可替代能源之一,它的研究与开发是当今的热点。

太阳能是地球上资源最丰富且对环境无污染的再生能源。太阳能与MFC的联合使用,可利用生物质的催化将太阳能转化成电能,在再生资源的开发利用方面具有巨大的发展前景(田亮,2014)。科研人员研究开发出了一种光合微生物燃料电池(PMFC)。PMFC利用藻类和光合细菌等的光合作用以及代谢作用,在光照下,能够实现光能向电能的转化。亚细胞蛋白或整个细胞对太阳能波谱的吸收范围更宽,甚至可以实现对可见光波谱的全吸收,进而使太阳能得到充分利用。因此,PMFC与其他种类的太阳能电池的最大差异是,PMFC可将提取得到的细胞色素、光合蛋白或者整个细胞作为光催化剂。植物细胞中的叶绿素和光合反应中心的光电转换效率很高,且用于制造太阳能电池的这些大分子蛋白大多是从植物中提取得到的。但是,这些大分子蛋白很难长时间保存,且对储存环境的要求较为苛刻。植物原有的生存环境一旦发生变化,大分子蛋白将会发生变性,失去其对光能的接收与传递能力。因此,很多科研人员将微藻和光合细菌的完整体作为催化剂，在MFC中将其作为生物质进行催化发电，这是未来太阳能高效转化开发利用的热门课题(Jiao 等，2013；O'Regan 和 Gratzelt，2010；Schatz 和 Kamat，2009；Wang 等，2013)。

总的来说，MFC是以完整的微生物细胞作为催化剂，利用电化学技术将本身具有的化学能转化为电能的一类装置(Park 和 Zeikus，2002)。另外，还有直接将酶作为催化剂氧化有机物的MFC。PMFC与MFC具有相似的作用机制，均利用代谢作用将有机物进行分解。此外，PMFC利用微生物的光合作用，在外部光源照射下将$H_2O$分解为自由电子和质子(Logan，2004)。与质子相比，自由电子的传递过程更为复杂，它按照光合反应中心→类囊体膜→通过酶或电子介体携带传送到细胞外→阳极的传递方向进行，而质子则可以穿过质子交换膜(PEM)直接传递到阴极。自由电子首先从阳极经外电路传递到阴极，再与外源的氧化性物质(铁氰化钾)结合，变为低价态，或者同时与质子和$O_2$发生反应形成$H_2O$。理论上PMFC要高于MFC的光电转换效率，因此PMFC在太阳能电池的应用中有很好的发展前景。

**2. 染料敏化太阳能电池**

太阳能作为一种可循环再生能源，具有其他能源所不可替代的优点：与化石燃料相比，太阳能是取之不尽用之不竭的；与核能相比，太阳能使用更为安全，在利用过程中不会对环境产生任何污染；与水能、风能相比，开发利用太阳能的成本较低，且不受地理条件制约。此外，太阳能的使用无须消耗燃料，无机械转动部件，故障率低，维护简便，不需要人工值守。这些优点都是常规发电和其他发电方式所不及的。目前太阳能电池主要包括硅系列太阳能电池、化合物薄膜太阳能电池、聚合物电解质太阳能电池、染料敏化太阳能电池(DSSC)等(赵琳，2009)。

太阳能的收集方式有多种。太阳能电池在将太阳能转化为电能方面具有巨大潜力。然而，太阳能电池的效率有限/较低是主要问题，材料成本、加工、耐久性和单位发电成本问题都是人们面临的挑战(Tan，2019)。20世纪90年代以来，太阳能电池的出现推进了研究者利用生物大分子组装DSSC的研究和应用。DSSC具有成本消耗低、对环境友好和构建操作步骤简单等优点，在太阳能电池的应用中具有较好的发展前景。迄今为止，研究人员已经开发了很多生物染料敏化层。随着超分子光合蛋白复合物纳米级精细结构的出现，利用生物大分子组装DSSC的研究逐渐被人们关注(O'Regan 和 Gratzelt，2010)。相关研究主要包括利用细菌视紫红质(BR)、细菌光反应中心复合物(RC)、光系统Ⅰ(PSⅠ)、光系统Ⅱ(PSⅡ)和光捕获复合体(LHC-Ⅱ)制造直接的光伏转换设备(Mershin 等，2012；Nagata 等，2013；Terasaki 等，2008；Thavasi 等，2009)。

DSSC主要由染料敏化的光阳极、电解质溶液以及阴极组成(图9-99)，其常见工作原理如图9-100所示(杨宏训等，2006)。DSSC中的染料分子吸收太阳能后，将半导体中的电子转换成激发态，半导体中的电子迅速到达光阳极的导电层，通过形成的电路流向阴极，与电解质溶液中的电子受体结合，最终完成能量的转移(杨宏训等，2006；于道永等，2010)。

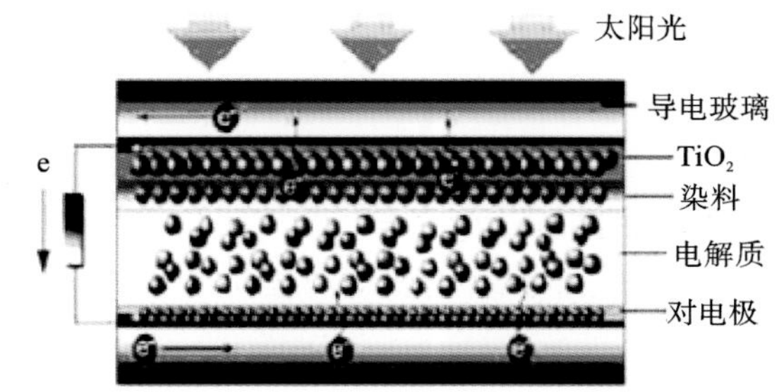


图9-99 DSSC的结构图(杨宏训等，2006)

### 9.3.3.2 藻胆蛋白在敏化太阳能电池中的应用

海洋是生命的摇篮，约占地球表面积的70%，具有广阔的开发前景。随着能源危机和环境危机的加剧，各国开始重视对海洋的开发。美国、英国及日本的未来海洋发展规划都将大力开发海洋物质资源作为国家战略的重要部分。海洋藻类是太阳能的重要捕获者，其每年利用太阳能可固定$3.7\times10^3$ kg碳，约占全球生物固定太阳能的1/2。对自然界光合作用过程分子细节的深刻理解，有助于我们转变能源消耗类型，最终缓解全球能源危机，这具有重要的战略意义(蒲洋，2013)。

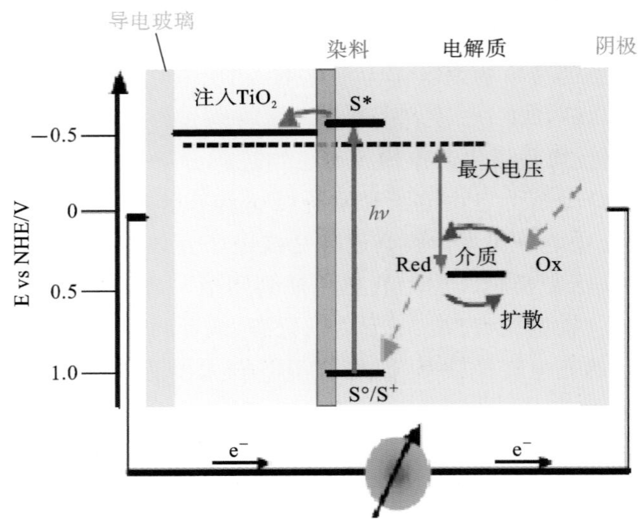


图 9-100　DSSC 的常见工作原理示意图(杨宏训等,2006)

由于藻类中存在特殊的捕光体系——藻胆体,因此可以实现对太阳能的高效利用。藻胆体具有吸光系数高、吸收波长范围广、量子转换效率高、对环境友好等优点,主要存在于蓝藻、红藻中。藻胆体受太阳能激发后,将激发能快速、高效地传递给光系统Ⅱ(PSⅡ)进行光合作用。藻胆蛋白吸收的光能,首先在藻胆蛋白的亚基之间传递,然后在不同的藻胆蛋白之间传递,最后被递送给位于类囊体膜上的光反应中心。藻胆体的作用和 DSSC 敏化剂的作用相同,均吸收太阳能并将光子转化为电子以达到促进光合作用和电池工作的目的。藻胆体是极为精巧高效的光能吸收传递装置,其内部保持着 95%以上的能量传递效率,是研究 DSSC 较为理想的材料。

有综述详细介绍了藻胆蛋白作为 DSSC 的敏化剂的优势(Ihssen 等,2014)。Sekar 等(2008)分析了来自美国、日本、欧洲等国家的 297 个国际专利,总结了基于应用(包括荧光应用、一般应用和产品在内)方面的研究。表 9-5 总结了藻胆蛋白(PBPs)在 DSSC 中的应用。

表 9-5　PBPs 在 DSSC 中的应用

| 序号 | 敏化剂 | 来源 | 光电转换效率/(%) | 短路电流/电流密度 | 优　点 | 参考文献 |
|---|---|---|---|---|---|---|
| 1 | 藻胆体 | 钝顶螺旋藻 | 0.037 | 0.33 A/cm$^2$ | 耦合二氢卟吩 $e_6$ 作为敏化染料,扩展了 DSSC 的光谱响应范围,可提高电池的光电转换效率 | 张建,2010 |
| 2 | 藻胆体 | 嗜热蓝藻和嗜温蓝藻 | 0.269,0.260 | 0.819 A/cm$^2$,0.693 A/cm$^2$ | 嗜热蓝藻比嗜温蓝藻热稳定性要高,光电转换效率也较高 | 马建飞,2015 |
| 3 | 重组 APC 三聚体 | 聚球藻 | 0.26 | 0.73 A/cm$^2$ | APC 三聚体作为光敏材料,使 $TiO_2$ 电极能够利用较低的能量甚至是红外光谱中的光子能量 | Pu 等,2013 |

续表

| 序号 | 敏化剂 | 来源 | 光电转换效率/(%) | 短路电流/电流密度 | 优　点 | 参考文献 |
|---|---|---|---|---|---|---|
| 4 | 藻蓝蛋白(PC) | — | 0.271 | 0.827 A/cm² | 构建既包含藻胆蛋白的吸收光谱又包含捕光复合体(LHCⅡ)的吸收光谱的大分子敏化剂，这样大分子敏化剂的吸收光谱便可以基本覆盖整个可见光区，提高光能的利用率和太阳能电池的光电性能 | 侯琪琪，2018 |
| 5 | 藻红蛋白(PE) | — | 0.272 | 0.836 A/cm² | | |
| 6 | B-PE | 紫球藻 | 1 | 3.236 A/cm² | 与C-PC相比，B-PE在DSSC中具有极高的光电转换效率，B-PE构建的DSSC在525 nm和570 nm具有最大光电转换效率和电流峰。在深层海水中，主要是波长范围在480～570 nm的蓝绿光，为B-PE的DSSC在水下光伏电池中的应用提供了依据 | Li等，2019；李文军，2017 |
| 7 | C-PC | 螺旋藻 | 0.25 | 0.672 A/cm² | | |
| 8 | PBPs | 螺旋藻 | — | 6.8 mA | 菁染料与藻胆蛋白复合敏化的DSSC的光阳极板，能更大限度地利用太阳能，在一定程度上能提高DSSC的开路电压和短路电流，多种敏化染料复合后的敏化效果略好于两种和单种敏化染料的敏化效果 | 赵琳，2009 |
| 9 | 藻体 | 螺旋藻 | — | 156 μA | Cy3染料敏化后的$TiO_2$电极的性能高于未敏化的，可产生最高42 μA的光电流。采用双面石墨电极后能够吸附更多的螺旋藻，产生的光电流增加1.5倍 | 田亮，2014 |
| 10 | PC | 螺旋藻 | — | 5.7 mA | 藻胆蛋白与Cy3染料复合后的DSSC的光电转换效果更强 | Dang等，2012 |

张建(2010)以钝顶螺旋藻的藻胆体耦合二氢叶吩$e_6$作为敏化染料，在二氧化钛($TiO_2$)纳米薄膜和ZnO纳米线上组装成DSSC(图9-101)，发现用藻胆体耦合二氢叶吩$e_6$之后，能够显著提高二氢叶吩$e_6$的光电性能，以$TiO_2$薄膜为光电极组装的DSSC短路电流密度和光电转换效率分别为0.33 mA/cm²和0.037%，与二氢叶吩$e_6$单独敏化的DSSC相比，分别提高至1.44倍和提高了1.6倍(图9-102)。耦合敏化扩展了DSSC的光谱响应范围，可提高电池的光电转换效率。光电极材料的物理性质和微观形貌的差别使得$TiO_2$薄膜电极的光电性能比实验室制备的ZnO纳米线的光电性能更好。

马建飞(2015)分别将嗜热蓝藻藻胆体和嗜温蓝藻藻胆体组装成$TiO_2$敏化光阳极。用嗜热蓝藻热稳定的藻胆体敏化的DSSC，最初的最高短路电流密度是嗜温蓝藻藻胆体敏化的DSSC的1.18倍，其效

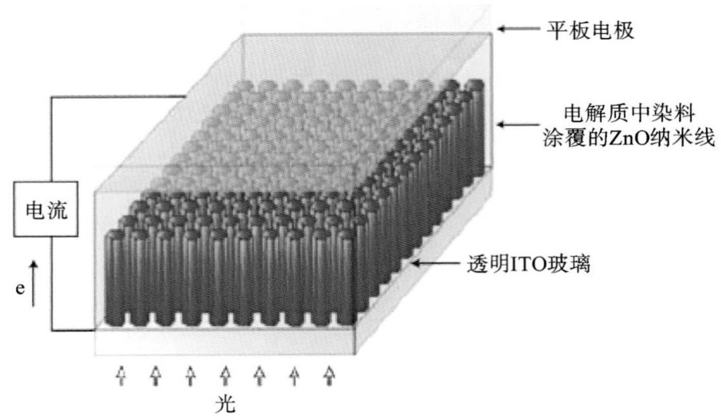


**图 9-101 ZnO 纳米线 DSSC 的结构示意图(张建,2010)**

ITO,氧化铟锡

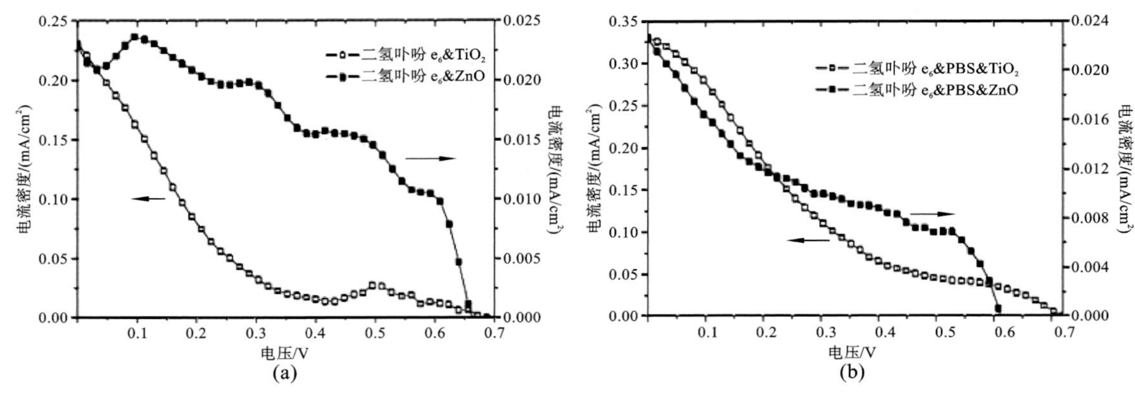


**图 9-102 DSSC 的电流-电压曲线(张建,2010)**

(a)二氢卟吩 $e_6$ 为染料,1.0 mol/L 磷酸盐溶液为电解质的 DSSC 的电流-电压曲线;(b)藻胆体耦合二氢卟吩 $e_6$ DSSC 的电流-电压曲线

率是后者的 1.03 倍。它们的开路电压几乎一致,但是嗜温蓝藻藻胆体敏化的 DSSC 的填充因子是嗜热蓝藻热稳定的藻胆体敏化的 DSSC 的填充因子的 1.14 倍。此外,马建飞发现嗜温蓝藻藻胆体敏化的 DSSC 的短路电流密度在 50 h 之内降至 0.2 mA/cm$^2$ 以下,然而嗜热聚球藻 *Thermosynechococcus vulcanus* NIES 2134 藻胆体敏化的 DSSC 的短路电流密度在 50 h 之内仍然接近 0.4 mA/cm$^2$,直至 103 h 之后才降至上述水平(图 9-103)。此外,在组装后经过 28 ℃ 10 h(−10 h 标示),进行耐热性实验(图 9-104),对嗜热聚球藻 NIES 2134)和集胞藻 PCC 6803 藻胆体敏化 DSSC 的电流-电压特征曲线进行对比可知(图 9-105),嗜热聚球藻比集胞藻热稳定性要高。根据交联处理后的嗜热聚球藻完整藻胆体敏化的 DSSC 的0.269%的光电转换效率,得出其在体外能高效捕捉和传递能量,其可用作捕捉可见光子的光敏剂材料,具有很好的开发前景。

别藻蓝蛋白(APC)三聚体是藻胆体核的主要成分。有研究表明,类似于 LHCⅡ,APC 三聚体从核心到叶绿素反应中心的光子能量转移遵循 Förster 共振机制,时间尺度为 430~440 fs,效率十分高(MacColl,2004)。Pu 等(2013)将重组 APC 三聚体作为一种染料敏化材料敏化 $TiO_2$ 电极,组装成太阳能光电池,研究发现 APC 三聚体作为敏化材料可使 $TiO_2$ 电极充分利用较低能量甚至是红外光谱中的光子能量,同时利用 CLSM、AFM 和 FE-SEM 等分析手段,证实了固定化自组装 APC 三聚体是一种非特定取向的多层膜(图 9-106)。

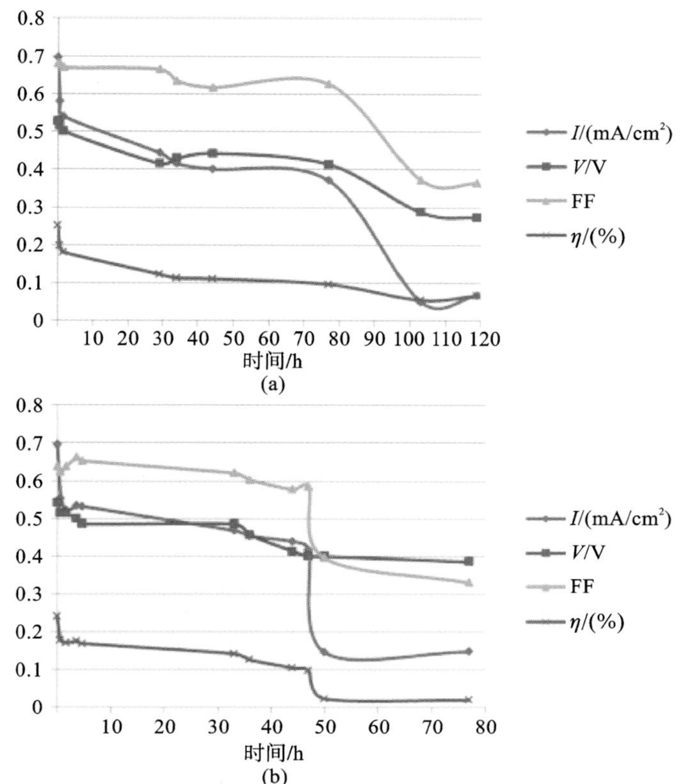


**图 9-103　相同热处理一定时间后(a)嗜热蓝藻(*T. vulcanus* NIES 2134)和(b)嗜温蓝藻(*S.* sp. PCC 6803)的藻胆体敏化 DSSC 的关键参数变化对比(马建飞,2015)**

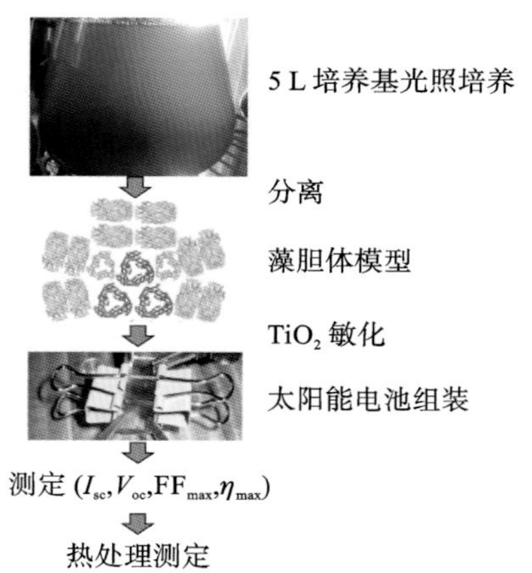


**图 9-104　敏化材料以及利用敏化材料进行热处理测定的方法(马建飞,2015)**

侯琪琪(2018)首先通过培养大肠杆菌菌株得到人工合成的叶绿素融合蛋白 LHCⅡ,再与叶绿素 a 进行体外结合(图 9-107),并将 LHCⅡ安装到太阳能电池的光电阳极(纳米 $TiO_2$)上进行表征,发现叶绿素 a 的光电性能更好(图 9-108)。其次通过基因工程手段,利用大肠杆菌工程菌株对叶绿素 a 结合蛋白/藻胆蛋白融合分子进行表达(图 9-109),再将叶绿素 a 与叶绿素结合蛋白 LHCⅡ进行体外重组,获得既包含 LHCⅡ又含有藻胆蛋白吸收光谱的敏化材料。最后采用蛋白交联的方法,成功地将藻胆蛋白分子和 LHCⅡ进行化学交联,并将交联产物组装在 DSSC 的 $TiO_2$ 电极上进行光电性能表征(图 9-110),对各种类型的交联蛋白、混合蛋白和单个蛋白的光电性能进行了比较。研究发现,单个蛋白中,PE 的光电性能更好(图 9-110)。相对于单个蛋白来说,混合蛋白和交联蛋白光电表征性能普遍较高(图 9-111、图 9-112),且 LHCⅡ与 PE 交联的表征效果也有不同程度的提高。

有研究者用 Hα、MF0、MAC、SASB、rAPC、紫球藻 B-PE、螺旋藻 C-PC 共 7 种藻胆蛋白作为敏化材料,敏化 $TiO_2$ 电极,组装成 DSSC。研究发现 B-PE 的 DSSC 光电转换效率最高,为 1%(图9-113),相比之下,用 C-PC 和人工藻胆蛋白制作的 DSSC 的光电转换效率为 0.1%~0.25%。此外,B-PE电池的开路电压和短路电流密度远高于 C-PC 电池和人工藻胆蛋白电池(图 9-114)。同时 B-PE 构建的 DSSC 在 525 nm 和 570 nm 具有最大光电转换效率和电流峰;在深层海水中,主要是波长范围在 480~570 nm 的蓝绿光(图 9-115)。所以基于 B-PE 的 DSSC 在水下光伏应用中将极具潜力(Li 等,2019;李文军,2017)。

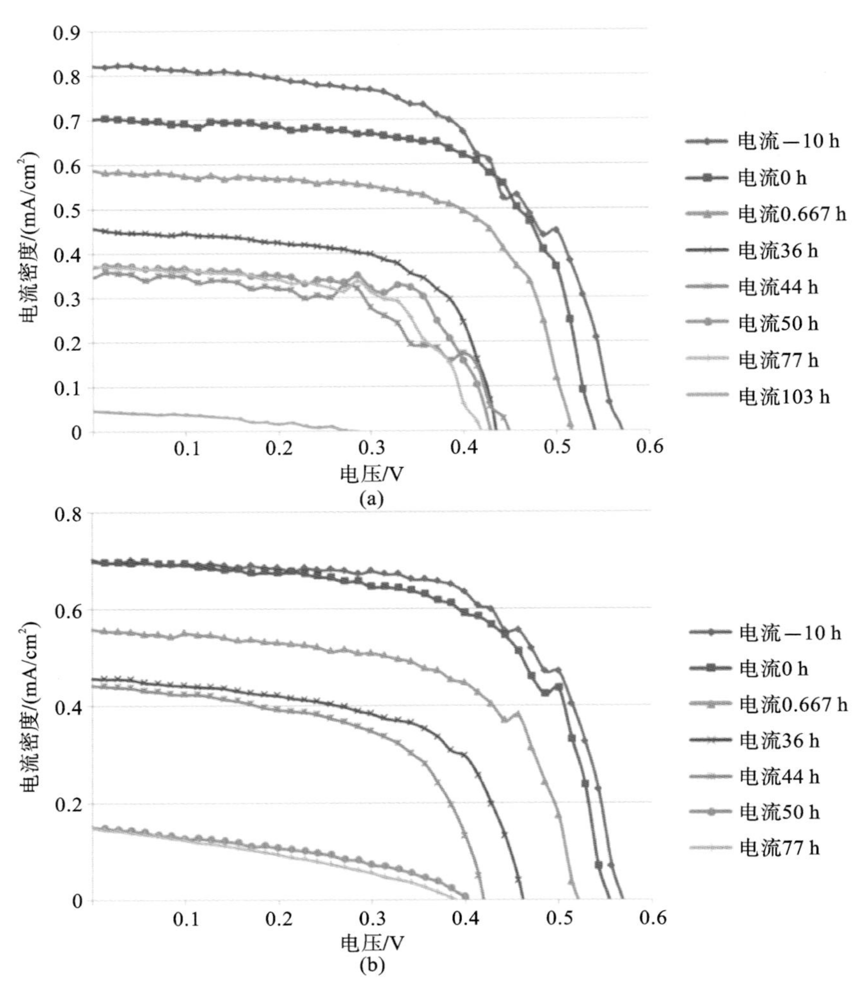


**图 9-105　嗜热聚球藻 *T. vulcanus* NIES 2134(a)和集胞藻 PCC 6803(b)的藻胆体敏化 DSSC 的电流-电压特征曲线对比(马建飞,2015)**

2013 年赵开弘课题组构建了第一个类似于天然藻胆体-光系统复合物,他们将多色基组装到高效的捕光天线复合物上,用来探索基于蛋白质的组装系统的多功能性和灵活性。这个双色基蛋白复合物包含藻胆素和叶绿素或卟啉色素结合结构域。藻胆素结合蛋白结构域基于 ApcE(1-240),是藻胆体的核膜连接蛋白 $L_{CM}$ 的 N 端的叶绿素结合结构域;叶绿素或卟啉色素结合结构域基于 HP7,是从头设计合成的四螺旋束蛋白,最初计划用于高亲和性的叶绿素结合蛋白——类似于 b 型细胞色素(图 9-116)(Zeng 等,2013)。

赵琳(2009)采用溶胶-凝胶法在导电玻璃上进行 $TiO_2$ 薄膜的涂制,在高温焙烧 60 min 后制作得到 DSSC 光阳极板。将染料敏化导电玻璃基底晶体 $TiO_2$ 薄膜作为光阳极(图 9-117),碘和碘化钾的乙腈溶液作为液态电解质,干石墨作为对电极组装得到太阳能电池(图 9-118),并对其进行了一系列性能测试。结果发现藻胆蛋白与 Cy3、Cy5 和 Cy7 三种菁染料复合敏化光阳极以及在染料敏化过程中掺杂金属离子均能提高电池性能(表 9-6 与表 9-7),12 h 持续光照下 DSSC 的开路电压和短路电流密度分别在 10 h 后和 9 h 后基本呈现直线下降趋势(图 9-119)。

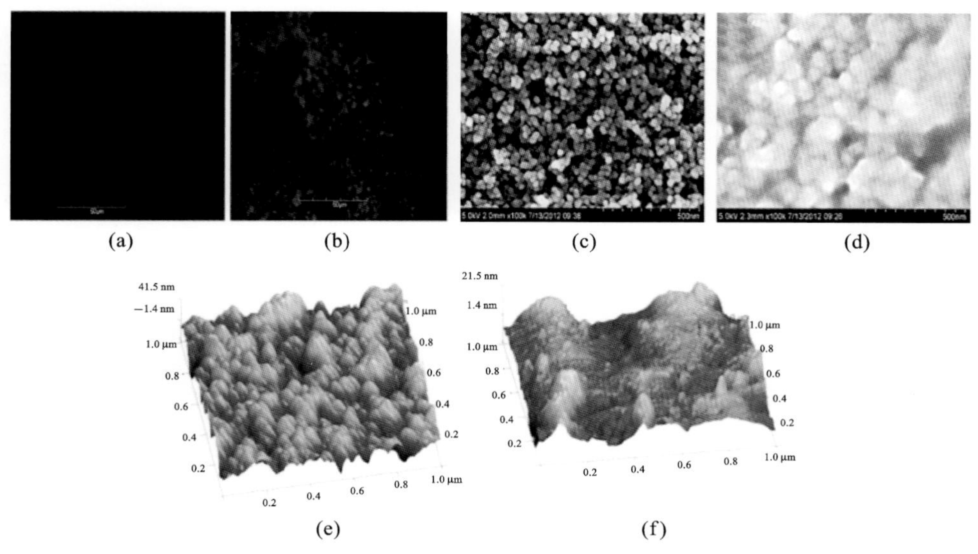


**图 9-106　敏化光电阳极表面特性的研究(Pu 等,2013)**

(a)空白对照品的共聚焦荧光图像;(b)敏化光电阳极的明亮共聚焦荧光图像,显示存在吸附,吸附的 APC 三聚体络合物具有不均匀的图案;(c)空白对照品的 FE-SEM 图像,显示 $TiO_2$ 纳米颗粒(直径约 20 nm)和不规则介孔纳米结构;(d)敏化光电阳极的 FE-SEM 图像,清晰显示较大吸附颗粒;(e)空白对照品在扫描空气模式下的三维 AFM 高度图像,确定了敏化光电阳极在扫描阶梯模式下的介孔纳米结构;(f)三维 AFM 高度图像,在敏化表面存在直径大于 50 nm 的刚性球形颗粒,确定了表面蛋白复合物多层膜

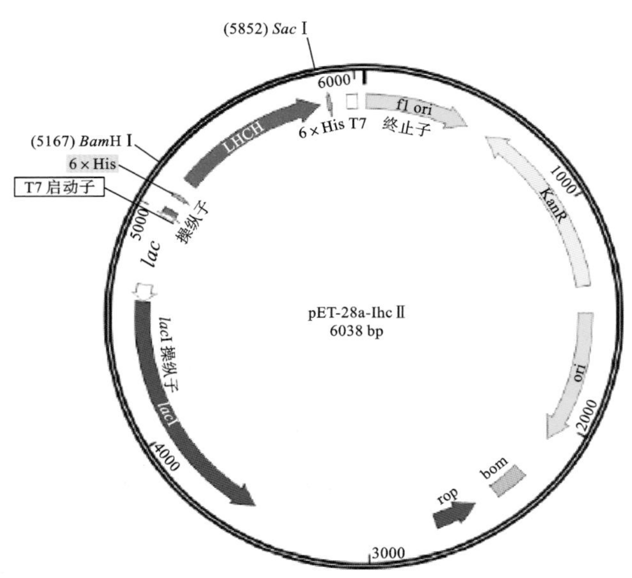


**图 9-107　质粒构建示意图(侯琪琪,2018)**

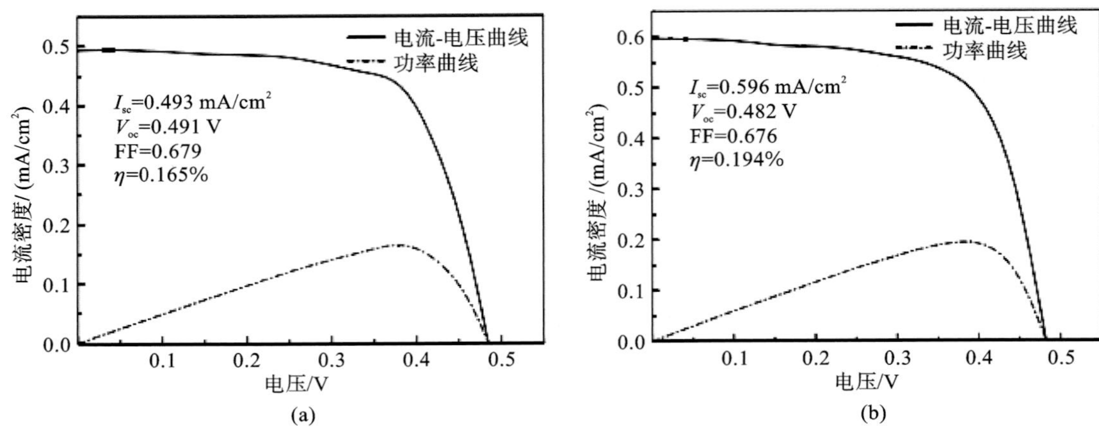


**图 9-108　LHCⅡ复合物敏化 $TiO_2$ 太阳能电池的电流-电压曲线(a)和叶绿素 a 敏化 $TiO_2$ 太阳能电池的电流-电压曲线(b)(侯琪琪,2018)**

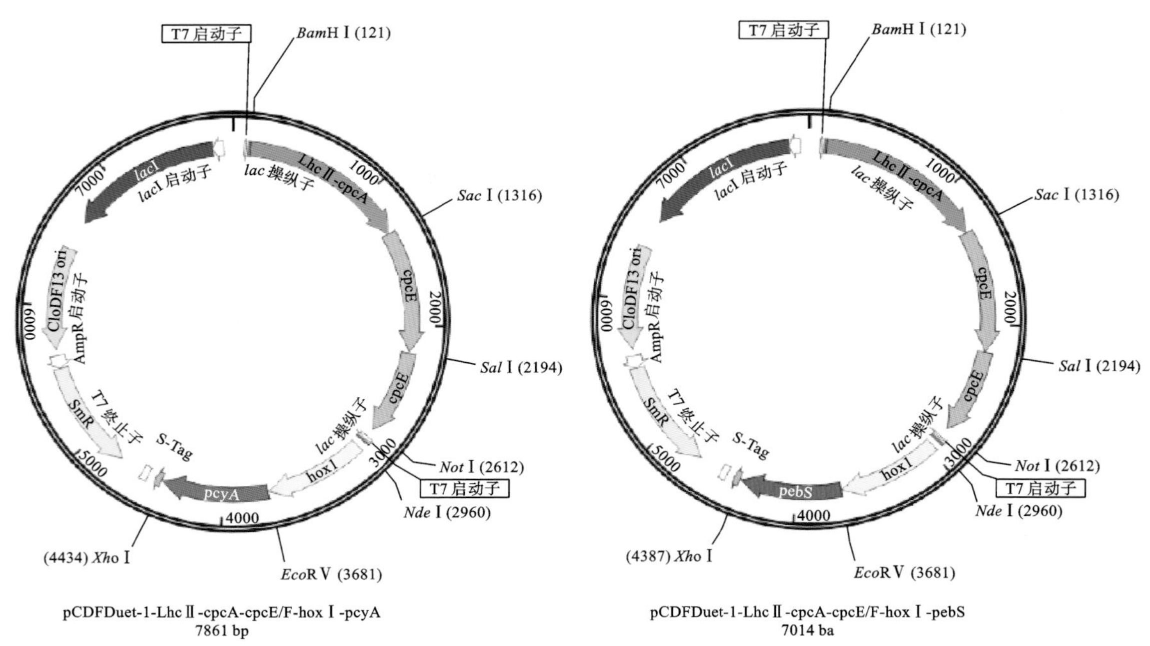


**图 9-109　质粒构建示意图(侯琪琪,2018)**

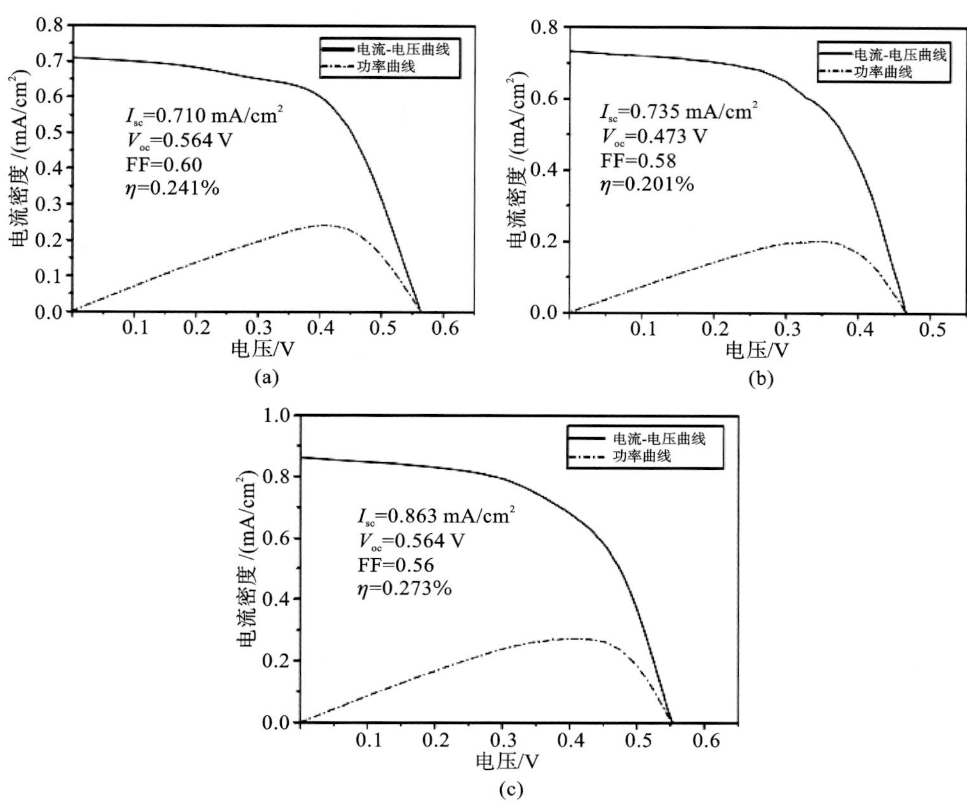


**图 9-110　LHCⅡ、PC 和 PE 的电流-电压曲线(侯琪琪,2018)**

(a)LHCⅡ;(b)PC;(c)PE

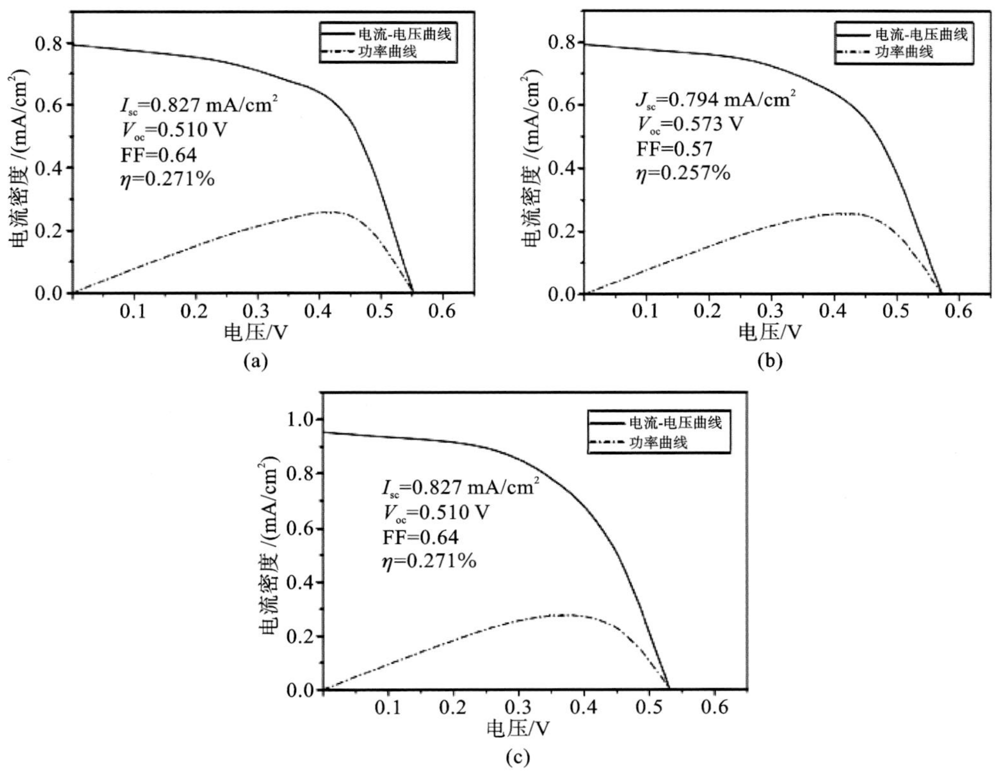


**图 9-111　混合蛋白的电流-电压曲线(侯琪琪,2018)**

(a)LHCⅡ和 PC 混合;(b)LHCⅡ和 PE 混合;(c)PC 和 PE 混合

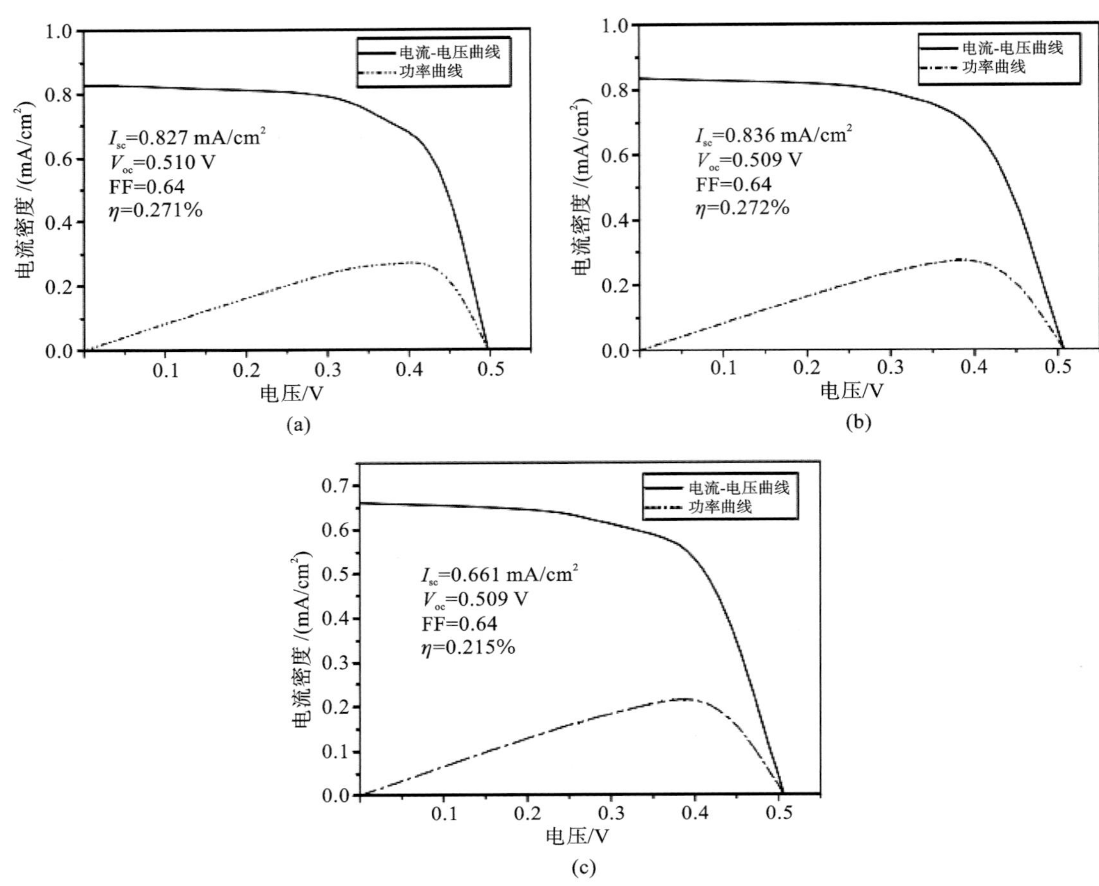


**图 9-112　交联蛋白的电流-电压曲线(侯琪琪,2018)**

(a)LHCⅡ和 PC 交联;(b)LHCⅡ和 PE 交联;(c)PC 和 PE 交联

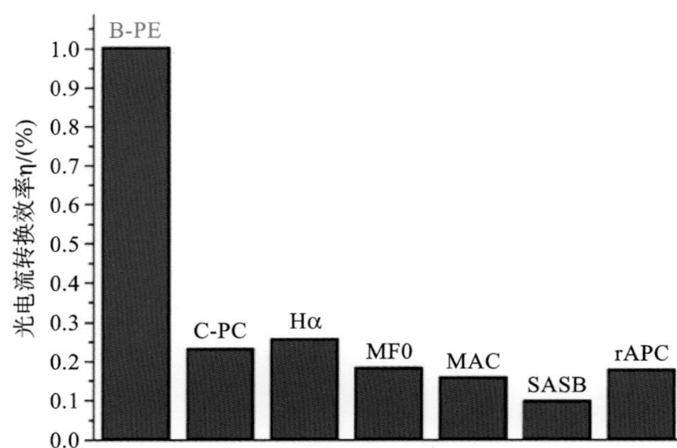


**图 9-113　在 100 mW/cm$^2$ 光照下含不同藻胆蛋白的 DSSC 的光电转换效率(Li 等,2019)**

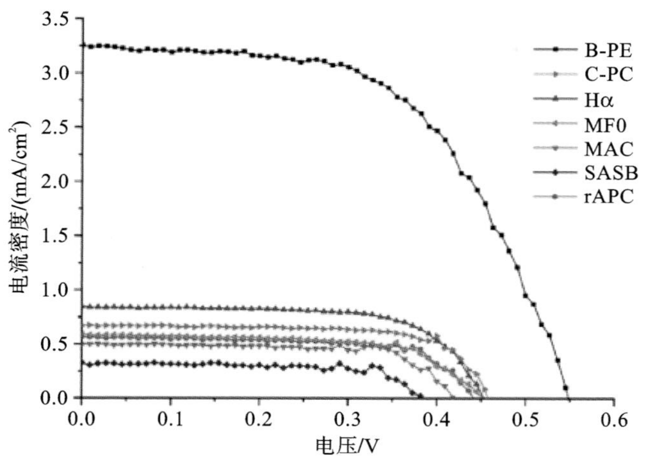


图 9-114 基于天然和人工藻胆蛋白的 DSSC 在 100 mW/cm² 光照下的电流-电压性能(Li 等,2019)

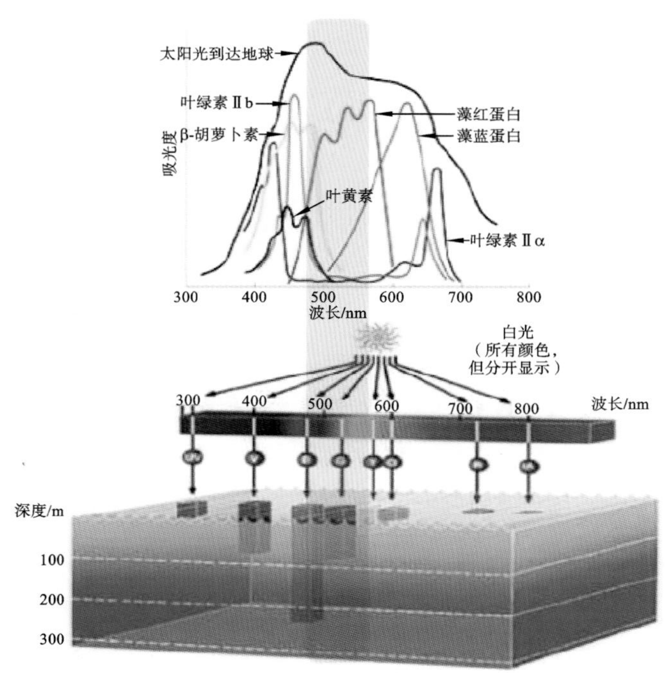


图 9-115 PE 对水下蓝绿光的吸收(李文军,2017)

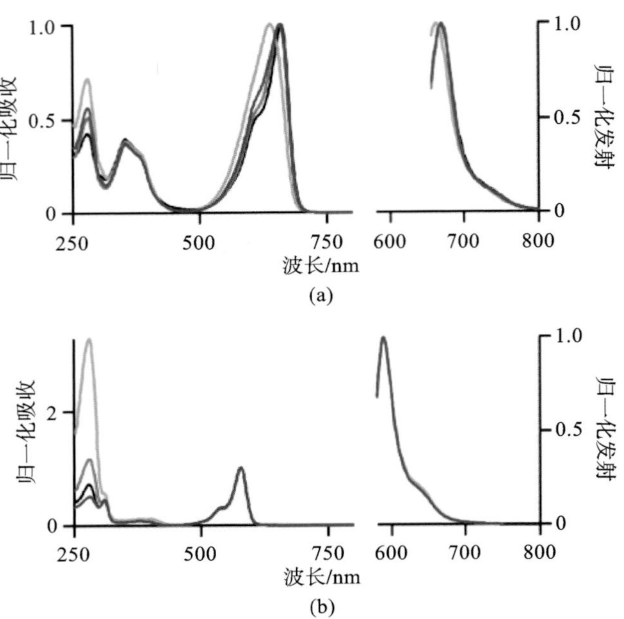


图 9-116　PCB(a)和 PEB(b)发色团化 ApcE(黑色)、HP7：ApcEΔ(红色)、ApcEΔ：HP7(蓝色)、$ApcE\Delta_N$：HP7：$ApcE\Delta_C$(绿色)的吸收(左)和发射(右)光谱(Zeng 等，2013)

图 9-117　扫描电镜下的 $TiO_2$ 晶体薄膜(赵琳，2009)

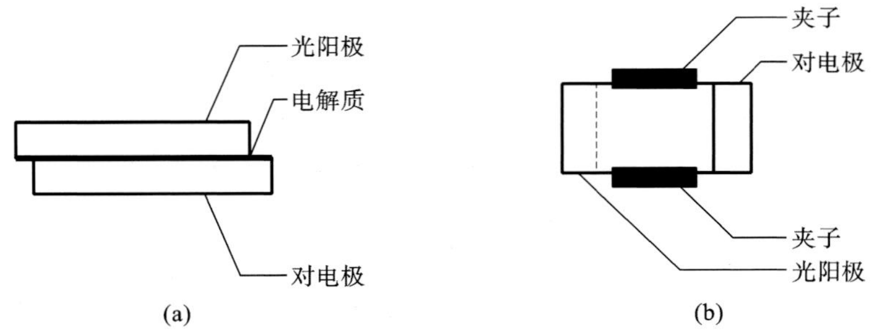


图 9-118　DSSC 的侧视图(a)和俯视图(b)(赵琳，2009)

**表 9-6 金属离子镧和钆的掺杂对 DSSC 性能的影响(赵琳,2009)**

| 指 标 | 敏化染料 | | |
|---|---|---|---|
| | PC+水 | PC+硝酸镧 | PC+硝酸钆 |
| 开路电压/mV | 151 | 274 | 255 |
| 短路电流/mA | 3.7 | 4.9 | 5.3 |

**表 9-7 藻胆蛋白与菁染料复合敏化对 DSSC 性能的影响(赵琳,2009)**

| 指 标 | 单种敏化染料 | | | |
|---|---|---|---|---|
| | PC | 对称 Cy3 | 对称 Cy5 | 对称 Cy7 |
| 开路电压/mV | 273 | 361 | 398 | 337 |
| 短路电流/mA | 4.2 | 5.4 | 5.5 | 6.1 |
| 指 标 | 两种敏化染料复合 | | | |
| | PC+水 | PC+Cy3 | PC+Cy5 | PC+Cy7 |
| 开路电压/mV | 155 | 392 | 407 | 347 |
| 短路电流/mA | 3.6 | 5.8 | 5.7 | 6.3 |
| 指 标 | 多种敏化染料复合 | | | |
| | PC+Cy3+Cy5 | PC+Cy3+Cy7 | PC+Cy5+Cy7 | PC+Cy3+Cy5+Cy7 |
| 开路电压/mV | 424 | 409 | 411 | 445 |
| 短路电流/mA | 6.1 | 6.4 | 6.6 | 6.8 |

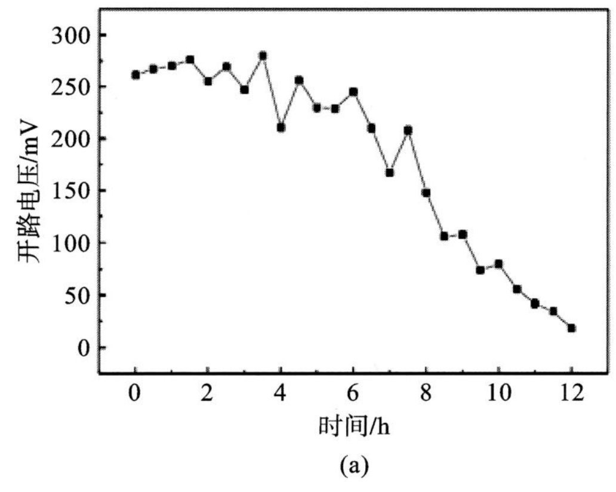


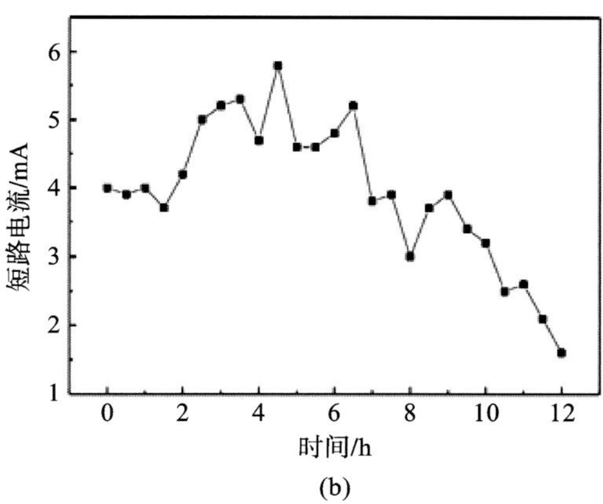


**图 9-119 开路电压-时间曲线(a)和短路电流-时间曲线(b)(赵琳,2009)**

### 9.3.3.3 基于其他生物光合作用分子的敏化太阳能电池

自然光合作用捕获太阳能,产生氧气、生物能源(乙醇和甲醇)、电能。水生光合自养生物的光生物氧化(photobiological oxidation)过程非常重要,因为该过程释放氧气,保证空气中有足够的氧,以维持生物生存和进化。有机物中储存的能量来自太阳能,例如,食物和化石燃料(煤炭、石油和其他生物燃料)的化学能起源于光合作用固定的太阳能。有机物释放能量(如化石燃料燃烧,通过呼吸作用代谢食物,化学键结合大气中的氧气分子,完成百万年尺度上的循环)的同时,释放副产物 $CO_2$,逆转大气成分。自组装的、功能性的捕光天线系统是工程设计的、模拟天然光合作用来最大化捕获太阳能的系统(Barber,2009)。

生物光合作用分子(如叶绿素 a、叶绿素 b、细菌叶绿素、细菌视紫红质(BR)、光系统Ⅰ(PSⅠ)、光系统Ⅱ(PSⅡ)和捕光复合体Ⅱ(LHCⅡ))均具有广泛的吸收光谱,因此,近年来被用来作为 DSSC 中的敏化染料。

Michel 等于 1985 年获得了紫细菌的光反应中心的结晶,引起了研究紫细菌的热潮。BR 是存在于紫细菌中,具有良好热稳定性和较宽光吸收范围的光转换分子。Bertoncello 等(2003)于 20 世纪初构建了基于 BR 色基组装的高效捕光天线复合物,用来探索基于蛋白组装系统的多功能性的 DSSC,结果表明 BR 具有良好的光电转换性质。图 9-120(a)所示为沉积在 ITO 电极上的 40 BR-LB 膜的光化学响应。在光照下,胶片的亮度增加了大约 50 mV。在 570 nm 处有最大响应,与吸收光谱中相对应的最大吸收波长的光化学响应最大,说明溶液中 BR-LB 膜保持了其光学性质,与文献报道的一致。图 9-120(b)所示为 40 BR -LB 膜的光电流瞬态。样品在光照下增加了 2 mA 以上的电流。

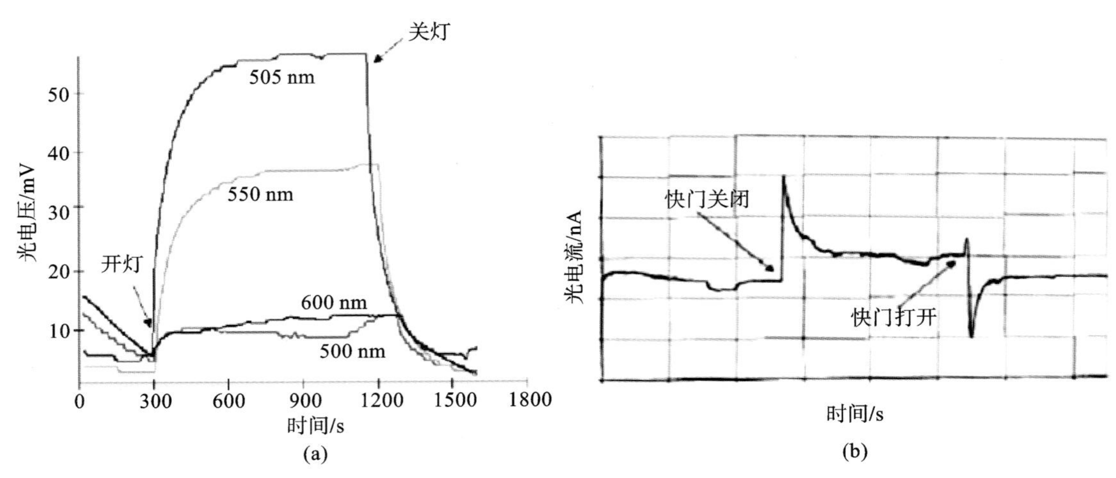


**图 9-120　40 BR-LB 膜的光化学响应随不同波长的变化情况(a)和 40 BR-LB 膜的光电流响应(b)(Bertoncello 等,2003)**

藻类和高等植物 PSⅠ的结构目前已经研究得较为充分,Ciesielski 团队(Ciesielski 等,2010;Cliffel 等,2011;Faulkner 等,2010;Scott 等,2008)基于 PSⅠ,使用金电极、纳米多孔电极、硅电极等不同的电极,构建了多种 DSSC,表明 PSⅠ具有良好的光电催化活性。Mershin 等(2012)将 PSⅠ敏化于二氧化钛($TiO_2$)电极和氧化锌纳米线电极上,短路电流密度最高可达 0.362 $mA/cm^2$,开路电压最高可达 0.5 V。2004 年,中国科学院生物物理研究所和中国科学院植物研究所联合完成了菠菜捕光复合物 LHC-Ⅱ的 2.72 Å 的结构表征,使得我国光合作用的蛋白晶体结构研究走在世界前列(Liu 等,2004)。2013 年 Nagata 等将菠菜的 LHC-Ⅱ敏化到 $TiO_2$ 薄膜电极表面,得到的短路电流密度和开路电压分别为 0.49 $mA/cm^2$ 和 0.47 V。

田亮(2014)将钝顶螺旋藻与 MFC 技术相结合,构建得到螺旋藻生物太阳能电池。螺旋藻利用本身的光合作用和呼吸代谢产生自由电子,自由电子再按照阳极→外部回路→阴极的方向进行传递,同时在阳极产生的质子穿过 Nafion 质子交换膜(proton exchange membrane,PEM),传递至阴极的表面,因此,在阳极室内,螺旋藻主要以产电体的形式存在。在阴极上,电子、质子和氧气(或其他氧化剂)三者反应生成 $H_2O$(或其他氧化剂的还原产物),构建得到一个基本的螺旋藻生物太阳能电池(图 9-121、图 9-122)。研究发现,葡萄糖、蔗糖和壳聚糖的添加可使电池电流分别增大至 80 μA、100 μA 和 84 μA,其中蔗糖的添加对电池光电流的影响最为显著,这说明,这三种糖的添加对螺旋藻的光合作用的产生有促进作用。通过探究藻自身的光电流,研究者发现葡萄糖、蔗糖和壳聚糖添加后的电池光电流分别可以提高 10 μA、30 μA 和 14 μA。该研究者又从螺旋藻中提取得到藻蓝蛋白溶液,并利用纳米二氧化钛($TiO_2$)薄膜制备得到敏化后的纳米 $TiO_2$ 薄膜光阳极,由涂覆法制备的石墨电极作为 DSSC 的对电极,即可制得 DSSC(图 9-123)。在光照强度为 100 m $W/cm^2$ 下,螺旋藻藻胆蛋白 DSSC 的光电性能测试结果(表 9-8)显示,由于藻胆蛋白与染料的复合拓宽了光谱吸收范围,DSSC 吸收更多的光能,电子传递速度大大提高,与藻胆蛋白 DSSC 相比,藻胆蛋白与 Cy3 复合的 DSSC 的效果更好。

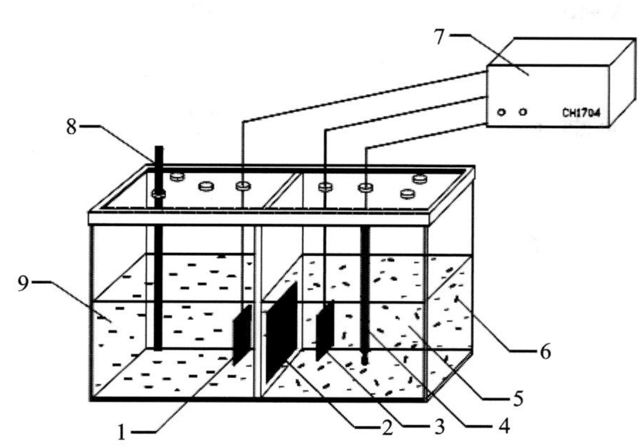

图 9-121　螺旋藻生物太阳能电池的结构示意图(田亮,2014)

1—阴极;2—质子交换膜;3—阳极;4—参比电极;5—阳极电解液;6—螺旋藻;7—电化学工作站;8—进气管;9—阴极电解液

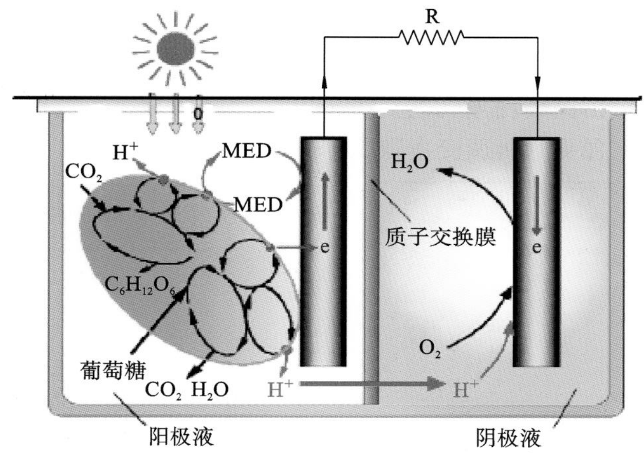

图 9-122　螺旋藻生物太阳能电池的原理图(田亮,2014)

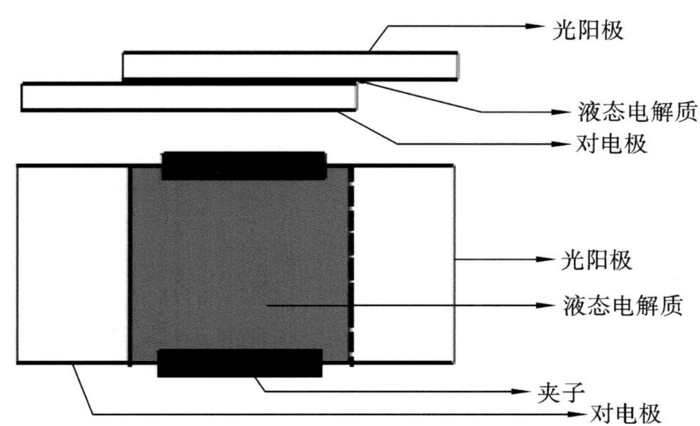

图 9-123　DSSC 组装示意图(田亮,2014)

表 9-8　螺旋藻藻胆蛋白 DSSC 的光电性能测试(田亮,2014)

| 电池名称 | 开路电压/mV | 短路电流/mA | 内阻/Ω |
|---|---|---|---|
| 藻胆蛋白敏化太阳能电池 | 273 | 4.2 | 65 |
| 藻胆蛋白敏化方酸菁太阳能电池 | 407 | 5.7 | 71.4 |

邹蕊矫(2016)利用喷涂法制备了藻蓝胆素薄膜及藻蓝蛋白薄膜,并在此基础上,成功地制备出藻蓝蛋白-5%碳纳米管复合薄膜(PC-5% SWCNT)和藻蓝胆素-5%碳纳米管复合薄膜(PCB-5% SWCNT),并对自制的各种薄膜的形貌(图 9-124)、光学和电学性能(图 9-125)等进行了表征测试。结果表明,掺入碳纳米管之后,两种复合薄膜的表面形貌都发生了变化。掺入碳纳米管使藻蓝蛋白和藻蓝胆素的导电性能明显改善。重要的是,研究者发现藻蓝蛋白的热稳定性低,这对藻蓝蛋白-碳纳米管复合材料的电学性能造成了负面影响。与之不同的是,藻蓝胆素-碳纳米管具有优良的电学稳定性。

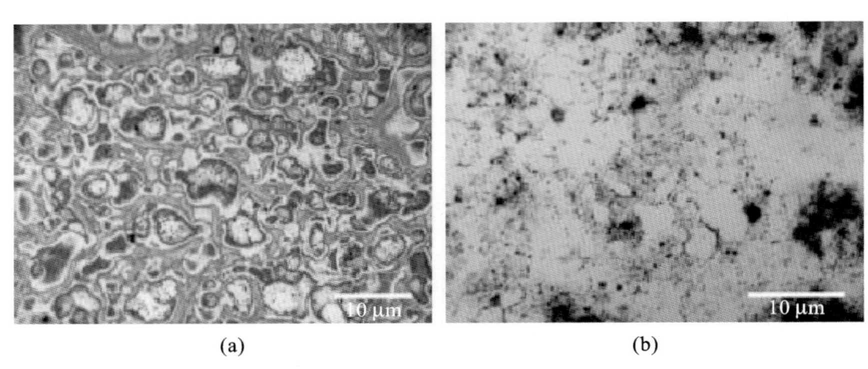


**图 9-124　各薄膜的金相显微镜形貌图(邹蕊矫,2016)**

(a)藻蓝蛋白-5%碳纳米管复合薄膜;(b)藻蓝胆素-5%碳纳米管复合薄膜

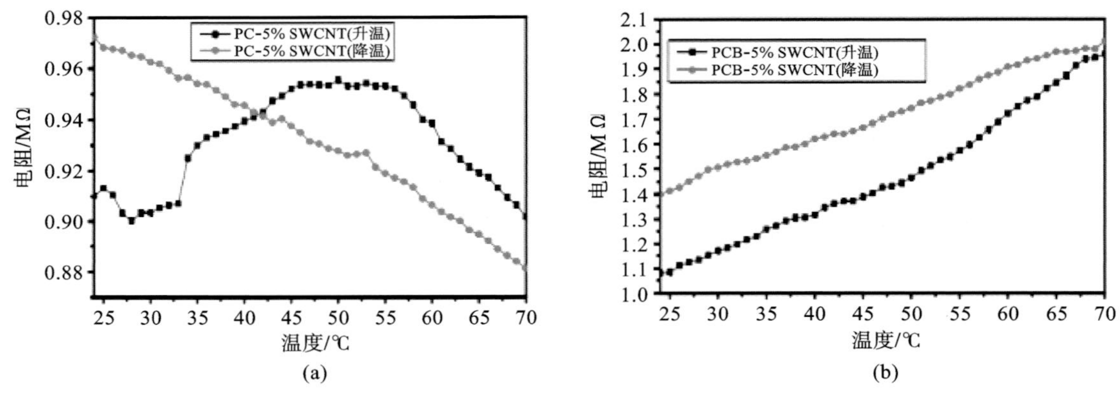


**图 9-125　两种复合薄膜的电阻温度曲线图(邹蕊矫,2016)**

(a)藻蓝蛋白-5%碳纳米管(PC-5%SWCNT)复合薄膜电阻温度曲线;(b)藻蓝胆素-5%碳纳米管(PCB-5%SWCNT)复合薄膜的电阻温度曲线

### 9.3.4　藻胆蛋白在传感器中的应用

生物传感器是由酶、抗体、抗原等固定化的生物敏化材料作为识别元件,与氧电极、光敏管、场效应管等合适的理化换能器及信号放大装置共同组成的分析工具及系统(杨一民,2006)。当待测物质与生物敏化材料通过扩散作用发生分子识别后,两种物质之间产生生物化学反应,进而发出光、电、热等信号,该信号可被物理或化学换能器转换成可以测量的电信号,再通过二次仪表进行放大输出,便可对待测物质进行定性和定量研究(李文娟等,2012)。

光养生物可利用不同的色素高效地捕获光能以进行光合作用。原核蓝藻、真核红藻、隐藻中存在一种同源性色素蛋白质,即藻胆蛋白。藻胆蛋白收集太阳光后,几乎以 100%的效率传递到叶绿素。藻胆蛋白可吸收太阳光可见部分,是由于藻胆蛋白在紫外区域的吸收光与偶氮苯类等化学物质不同,可以完成可见光的光电转换,这也是藻胆蛋白作为生物光电材料的一个突出特性(王丽萍等,2001;姚保利等,2002;庄云龙等,2002)。

近年来，具有高量子产率，良好的光稳定性和较窄发射带的多种荧光蛋白(FP)已被迅速开发，并被广泛应用于环境生物传感器中(Wang 等，2019)。R-藻红蛋白(R-PE)是一种从红藻中分离出来的稳定的低成本荧光蛋白(Ray 等，2008；Senthilkumar 等，2013)，它具有极高的红橙色荧光、极高的吸收系数以及高量子产率。R-PE 的长波长荧光发射(575 nm)使样品基质中生物分子的干扰最小化。因此，在基于荧光的检测中，R-PE 的灵敏度通常是传统有机染料的 5～10 倍。此外，R-PE 无毒且环保，这些独特的特性使 R-PE 成为设计生物传感器的理想敏化材料(Wu 等，2019)。

### 9.3.4.1 藻胆蛋白的生物传感原理

荧光分析法是一种操作便捷且具有较高灵敏度的分析方法，已广泛应用于生物传感检测中。近年来，分子印迹荧光传感器借助分子印迹聚合物(molecular imprinted polymers，MIPs)的预定识别性、高效选择性结合荧光检测的高灵敏度，成为传感领域的研究热点(王晓艳，2017)。分子印迹技术(molecular imprinting technology，MIT)是指制备对目标分子具有特异选择性的聚合物(即 MIPs)的技术(Chen 等，2011；徐守芳，2012)。

藻胆蛋白作为一种本身能发出荧光的蛋白质，在荧光纳米传感分析领域的发展前景不可估量。它既可以作为被分析物进行简单的传感分析，也可以与其他的荧光信号单元相结合，进行荧光共振能量转移，从而获得比率型荧光传感器(傅骏青，2016)。基于 MIPs 的荧光传感分析是一种利用荧光光谱作为分析方法来对不同的分析物进行检测的具有高选择性和高灵敏度的光学传感工具。依据待测分析物(模板分子)是否具有荧光特性，MIPs 荧光传感器大多用于：①荧光分析物的直接检测：对于自身具有荧光性质的待测目标物，通常直接以该目标物为模板分子进行 MIPs 的构建。②非荧光分析物借助荧光试剂进行间接检测：针对非荧光物质，通过设计合成荧光功能单体或在 MIPs 构建过程中包埋一些特定的荧光材料(如荧光染料或量子点等)，利用荧光猝灭或增强来对待测物进行分析。③荧光标记竞争物的检测：对于非荧光物质，借助目标物与荧光标记物竞争材料表面的位点来替换荧光标记物，从而根据溶液荧光的变化分析目标物(傅骏青，2016；王晓艳，2017)。

目前，分子印迹荧光传感器检测目标物的机制主要有光诱导电子转移(photo-induced electron transfer，PET)和荧光共振能量转移(fluorescence resonance energy transfer，FRET)等(王晓艳，2017)。

**1. 光诱导电子转移(PET)**

PET 是借助光的激发诱导，电子供体或受体出现电子转移现象的过程，如图 9-126 所示，该原理已广泛应用于分子印迹荧光传感器的开发研究。典型的 PET 型荧光传感器由荧光基团(完成信号的发射)、连接体(实现荧光基团和识别基团的连接)和识别基团(识别部分即客体与底物相互作用的部分)三个部分组成。在没有客体的情况下，荧光基团和识别基团之间的电子转移，会造成荧光基团的荧光猝灭(turn-off)；识别基团与客体的结合可以阻止荧光基团与识别基团之间发生电子转移，荧光基团的荧光发生逆转(turn-on)。这类传感器的设计原理十分清晰，具有明显的"关""开"状态，因此，又被称为荧光分子开关(Bichell 等，2002)。

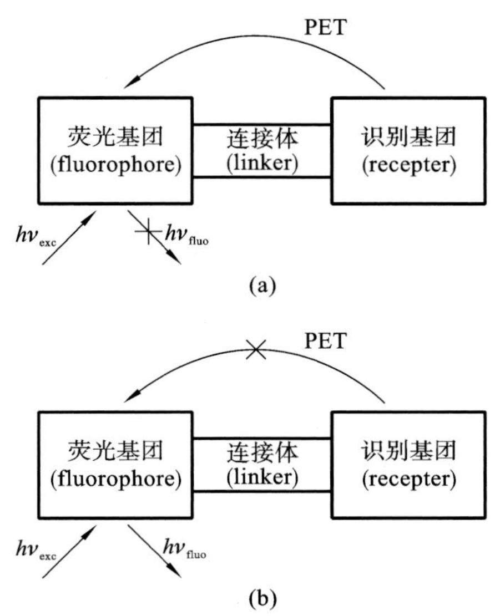


图 9-126 光诱导电子转移示意图(王晓艳，2017)

PET 原理可进一步用前线轨道理论进行解释说明。从图 9-127 可以看到，当识别基团未与客体结合时，电子可从识别基团的 HOMO 轨道转移到荧光基团的 HOMO 轨道上，导致荧光基团上的电子被激发到 LUMO 轨道上后，无法通过光辐射返回 HOMO 轨道，荧光发生猝灭，此过程说明发生了 PET 现象。识别基团与客体的结合，阻断了识别基团上的 HOMO 电子转移到荧光基团 HOMO 轨道上的通路,进而抑制了 PET 过程的发生,荧光基团的激发态电子可以径直回到基态的 HOMO 轨道上,使荧光基团的荧光发生逆转。因此,可以借助识别基团对 PET 过程进行控制,调整体系的荧光的"关""开"状态(De Silva 等,1997)。

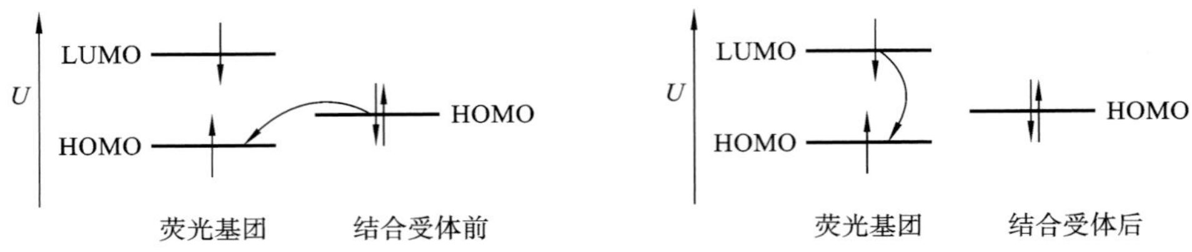


**图 9-127 光诱导电子转移机制的前线轨道理论解释**

**2. 荧光共振能量转移(FRET)**

FRET 是指当一对适当的能量供体(donor)与能量受体(acceptor)相隔距离在 1~10 nm 范围内,且供体的发射光谱能够有效地与受体的吸收光谱相重叠时,处于激发态的供体由于偶极-偶极相互作用而以非辐射的方式传递给受体,使受体发射出光子进而发生弛豫的过程(Clapp 等,2004),如图 9-128 所示。发生 FRET 有 3 个必要条件:①供体的发射光谱与受体的吸收光谱必须有一定程度的重叠;②供体的荧光量子产率要相对高一些;③能量供体与受体间的距离要在(1±0.5)$R_0$($R_0$ 为能量传递达到 50%的距离)的范围内(Dos 和 Moens,1995)。

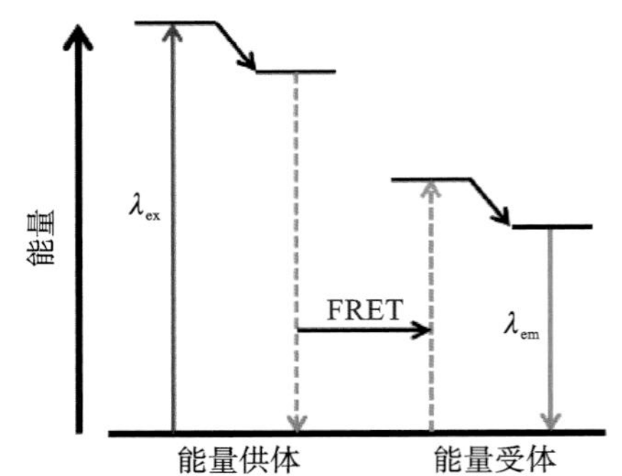


**图 9-128 FRET 原理示意图(Clapp 等,2004)**

### 9.3.4.2 藻胆蛋白在生物传感器上的具体应用

藻蓝蛋白可发射 615~640 nm 的荧光。藻蓝蛋白常作为蓝藻暴发的特征指示性蛋白,在海洋环境监测方面具有重要的意义(Nagaoka,2005)。此外,它还具有优异的生理活性,在不同的动物体内实验中抗过敏炎症效应良好(Eriksen,2008)。除潜在用于治疗外,藻蓝蛋白作为荧光标记物在生物医学中的应用也引起了越来越多研究者的关注(Tedesco 等,2013)。表 9-9 总结了藻胆蛋白在生物传感器中的应用。

**表 9-9 藻胆蛋白(PBPs)在生物传感器中的应用**

| PBPs 种类 | PBPs 来源 | 应 用 | 引 用 |
|---|---|---|---|
| R-PE | 一种多管藻 *Polysiphonia urceolata* | 荧光生物传感器中检测营养物质和酶活性 | Medintz 等,2008 |
| R-PE | *P. urceolata* | 荧光生物传感器中检测汞离子 | Wang 等,2019 |
| R-PE | *P. urceolata* | 荧光生物传感器中检测铅离子 | Wu 等,2019 |
| R-PE | *P. urceolata* | 荧光生物传感器中检测金黄色葡萄球菌 | 董晓琳,2016 |
| R-PE | *P. urceolata* | 生物传感器中监测活细胞表面分子调节 | Limsakul 等,2018 |
| C-PC | 螺旋藻 | 作为印记分子用于磁性微传感器 | Zhong 等,2015 |

Zhang 等(2015)基于介孔结构的印迹微球探针，通过溶胶-凝胶聚合法，以藻蓝蛋白为模板分子，提出了一种新颖的基于电子转移引发荧光猝灭机制的合成方法。将接枝量子点的 $SiO_2$ 纳米颗粒作为支持材料，在其表面沉积，得到具有介孔硅结构的壳层，最后构建得到一种独特的介孔结构 MIPs 微球传感系统，即 $SiO_2$@QDs@ms-MIPs。制备流程图如图 9-129 所示。该传感系统的特点是将量子点的荧光性质与印迹材料选择性联合，制备得到的印迹微球选择性较好、响应速度快、重复性好、稳定性较高。该传感系统作为一种简便且选择性高的分析工具，可以广泛应用于生理、医药、环境领域。研究者(Zhang 等，2015)还将分子印迹技术和催化微马达技术联合，以藻蓝蛋白作为印迹分子和无标记荧光标记物，过氧化氢作为催化推进物，研制了一种简单、磁性表面印迹微马达荧光传感器(制备流程图如图 9-130所示)，实现了藻蓝蛋白在海水中的快速、灵敏识别和传输。研究者以表面印迹技术和磁性纳米颗粒为基础，利用细乳液聚合法将以藻蓝蛋白为模板的分子印迹与磁敏感性和荧光性材料相联合，即得到藻蓝蛋白分子印迹聚合物的具有磁性和荧光性的复合微球。

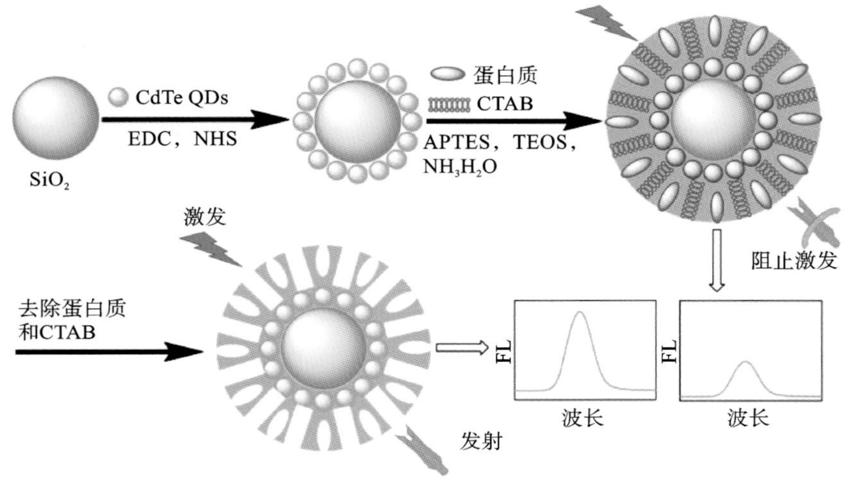


图 9-129　介孔印迹微球的制备流程图(Zhang 等，2015)

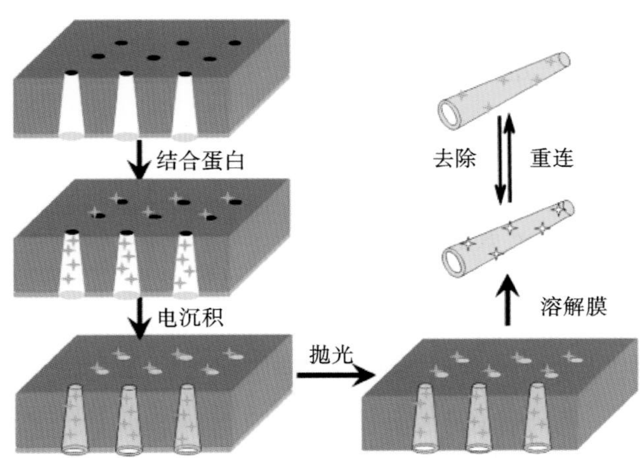


图 9-130　磁性表面印迹微马达荧光传感器制备工艺示意图(Zhang 等，2015)

由于 R-PE 是一种具有高消光系数和大斯托克斯位移的不渗透细胞的荧光染料，Limsakul 等(2018)设计合成了与 R-PE 染料结合的单体变异体(PE body)，并与细胞外表面的酶特异性肽融合后创建得到混合型生物传感器(图 9-131)。由于 R-PE 有效结合细胞表面表达的 PE body，因此 R-PE/PE body 系统可用作 FRET 生物传感器的新受体。有研究者采用固体约束转化法将 R-PE 包覆于 ZIF-8 晶体中形成 R-PE@ZIF-8 复合薄膜,并将其用于汞离子检测的荧光生物传感器。封装在 ZIF-8 晶体中的 R-PE 呈现出包括绿色(518 nm)和红色(602,650 nm)荧光的双色发射,而纯 R-PE 的原始橙色发射(578 nm)被显著抑制。R-PE@ZIF-8 在无缓冲液的大 pH 范围内对汞离子的检测具有良好的选择性和灵敏度(Wang 等,2019)。Wu 等(2019)将 Iowa Black® 修饰的 DNAzyme-底物复合物固定在 SPDP-官能化的 R-PE 表面,制备得到一种新型的检测 $Pb^{2+}$ 的荧光生物传感器。该荧光生物传感器在没有 $Pb^{2+}$ 的情况下,产生的荧光信号极小。对 $Pb^{2+}$ 的识别可以诱导底物的裂解,从而使 R-PE 的荧光恢复。该传感器根据 R-PE 荧光变化来灵敏地测量 $Pb^{2+}$,检出限为 0.16 nmol/L,线性范围为 0.5~75 nmol/L。此外,即使在其他金属离子干扰的情况下,该生物传感器对 $Pb^{2+}$ 仍具有特异的选择性。

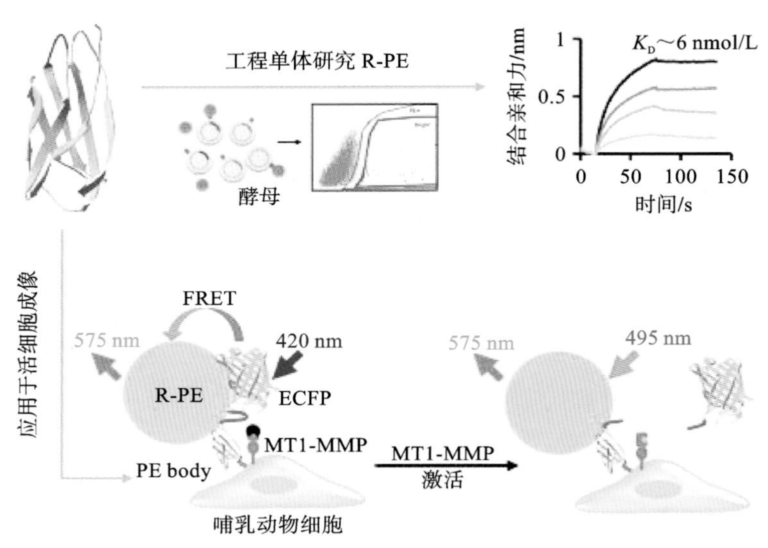


**图 9-131 混合型生物传感器的制备(Limsakul 等,2018)**

王晓艳(2017)以 FRET 为基础,对藻蓝蛋白(PC)的猝灭型比率荧光进行了测定,制备得到 $SiO_2$ 为核的核-壳结构蛋白质印迹聚合物微球传感器。模板分子和检测信号源分别采用荧光蛋白 PC 和有机荧光染料 NBD,并采用溶胶-凝胶合成法制备得到 PC 印迹的比率荧光微球 $SiO_2$@NBD@MIPs,能量供体和受体分别为 NBD 和 PC。研究发现,在共振能量转移机制的基础上,可有效排除众多变化或难以定量的因素的干扰,该方法具有很高的灵敏度,对藻蓝蛋白的检出限可低至 0.14 nmol/L(图 9-132、图 9-133)。

藻红蓝蛋白(PEC)主要来自一些蓝藻,PEC 在体内吸收和传递光能方面发挥着关键作用,但是提取分离得到的 PEC 的光吸收具有可逆性,也称为可逆光开关。尤其是将单独的 α 亚基(简称 α-PEC)从 PEC 中分离出来后,α-PEC 的可逆光开关效应更为显著。这种特性是指 α-PEC 在受到一定波长的光激发后,其吸收光谱发生可逆性转变,P566 和 P507 对应于两个光稳态(Storf 等,2001;Zhao 等,2000)。因此,探究生物光电材料的新方向是借助此类具有可逆光开关特性的辅基色素,来开发设计具有优异的光敏性能和光致电子转移以及电荷分离性能的色素蛋白质。王宇飞采用溶胶-凝胶包埋技术,利用几种不同包埋剂对天然藻红蓝蛋白 α 亚基(α-PEC)进行包埋固定,结果发现,α-PEC 在中性条件下,pH 稳定性、热稳定性和抗疲劳性均较好。琼脂糖作为 α-PEC 优异的固定化包埋剂,使 α-PEC 包埋固定后的稳定性增加,包埋工艺简单,残余光化学活性高,是开发 α-PEC 生物光电器件的理想的固定化试剂。该研究者又采用自组装成膜的方法,开发了以 L-Cys 修饰为基础的 Au 电极单分子层膜,并基于此单分子层结合藻蓝蛋白(PC),构建得到 Au-Cys-PC 自组装复合功能膜,并与光电化学手段协同使用,对 PC 光电响应特性进行分析,结果发现自组装膜受光照激发后,它的光电流明显增强。多次循环光照实验结果显示 Au-Cys-PC 自组装复合功能膜能够在"开"和"关"之间进行不断循环(图 9-134、图 9-135)(王宇飞,2004)。

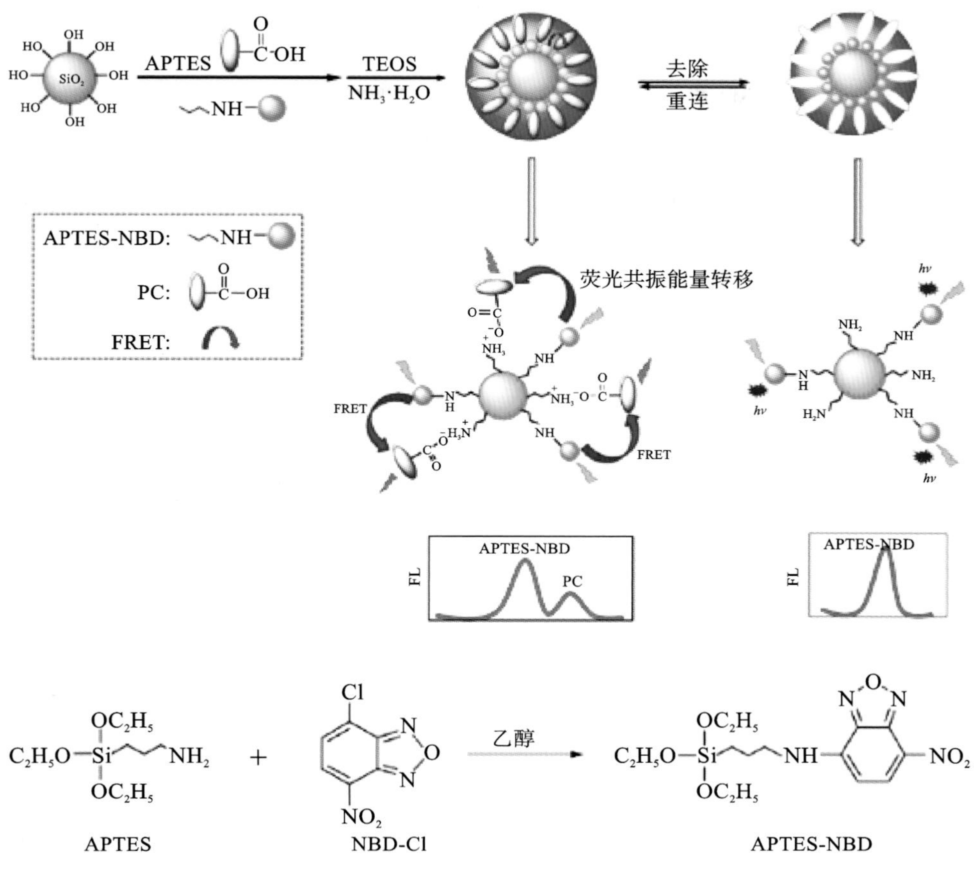


图 9-132 $SiO_2$@NBD@MIPs 的制备过程及可能的检测机制(王晓艳,2017)

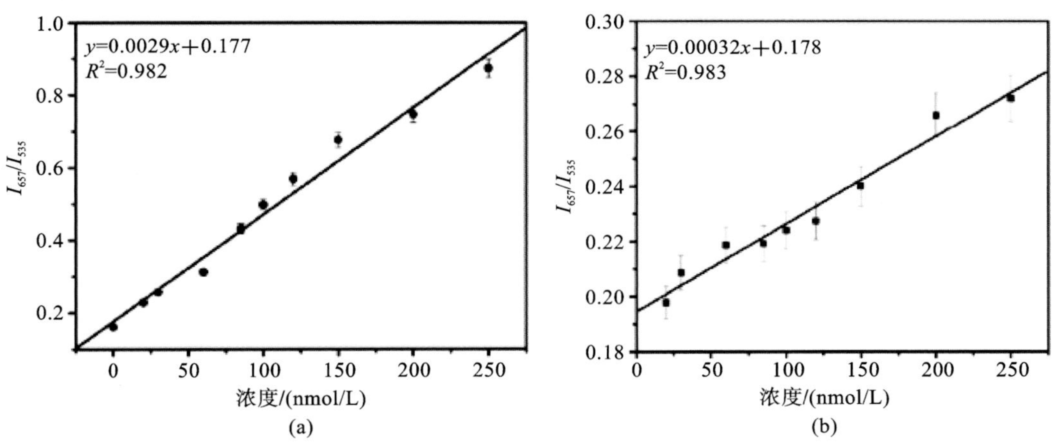


图 9-133 印迹微球(a)和非印迹微球(b)对藻蓝蛋白的响应曲线(王晓艳,2017)

江婷婷等将纳米级氧化石墨烯-低分子量壳聚糖复合物溶液和重组别藻蓝蛋白溶液共混于磷酸盐缓冲液制备得到一种纳米级生物复合物(图 9-136),利用该复合物作为一种传感器进行血糖浓度监测。该复合物的优点如下:制作再现性高,生物相容性良好,储存稳定性较强以及传感器信号具有可逆性等。纳米级生物复合物是可靠的葡萄糖传感器,能被植入体内长期监测葡萄糖的生理水平。该纳米级生物复合物的制备机制是将氧化石墨烯-低分子量壳聚糖复合物与重组别藻蓝蛋白 α 亚基结合,在体外可以引起重组别藻蓝蛋白 α 亚基的荧光猝灭(图 9-137)。葡萄糖可与麦芽糖标签进行竞争性结合,显示出更强的亲和力,从而替换壳聚糖修饰的石墨烯,恢复麦芽糖标签的荧光信号(江婷婷等,2012)。

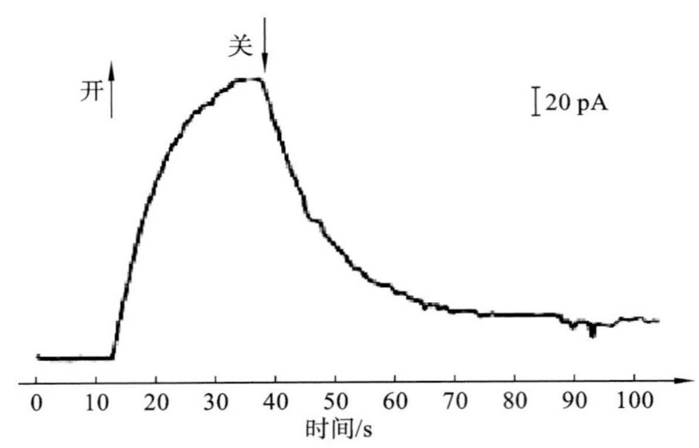


图 9-134　光诱导 Au-Cys-PC 自组装复合功能膜上电流-时间响应曲线(王宇飞,2004)

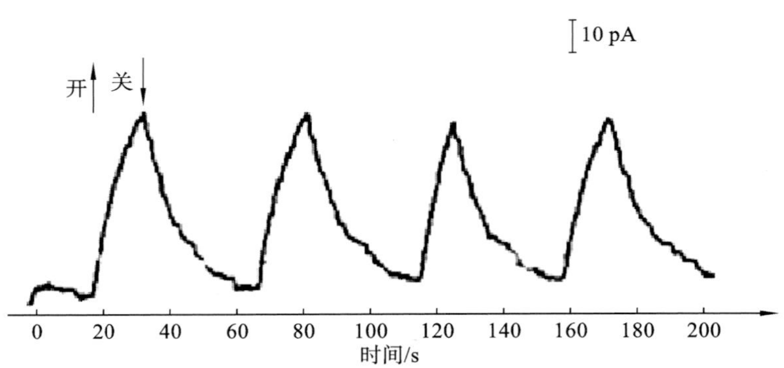


图 9-135　多循环光诱导的光电流-时间响应曲线(王宇飞,2004)

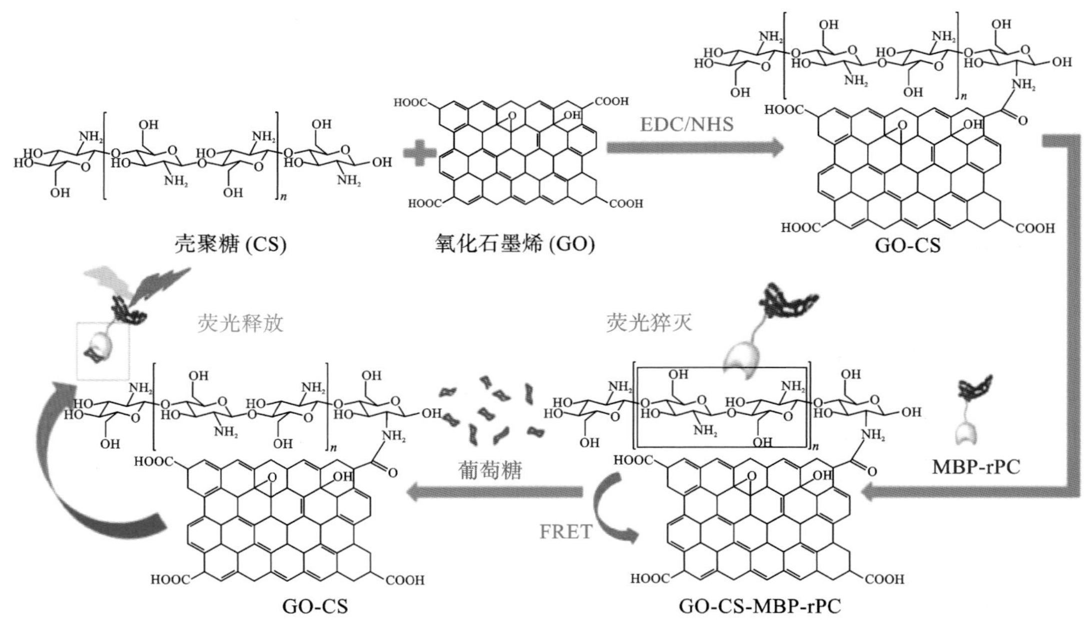


图 9-136　纳米级生物复合物作为监测血糖水平的纳米级生物传感器工作原理示意图(江婷婷等,2012)

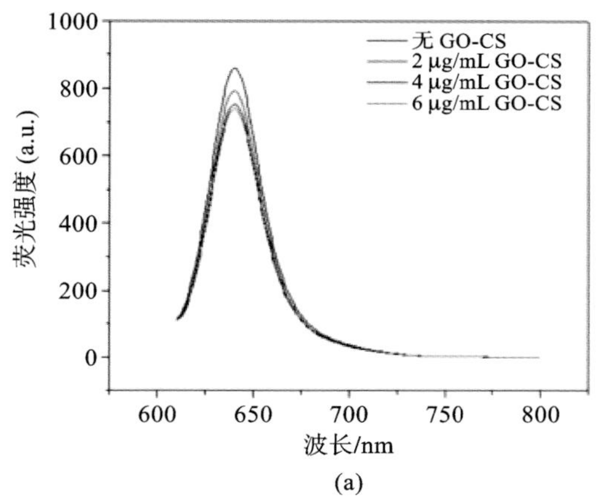


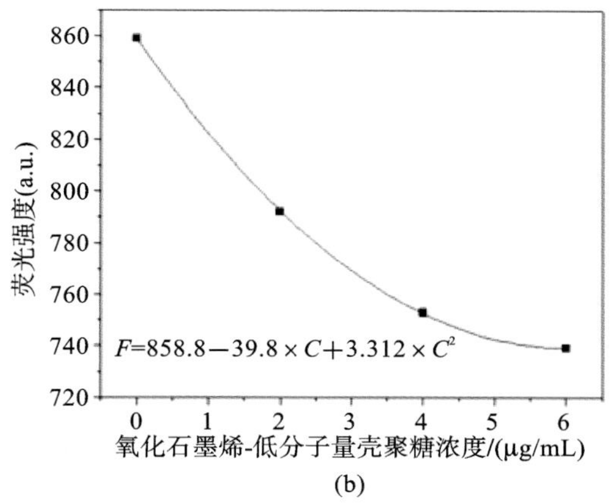


**图 9-137 添加了氧化石墨烯-低分子量壳聚糖复合物后的重组别藻蓝蛋白荧光光谱以及不同添加量影响效果图（江婷婷等，2012）**

尽管遥感技术可能充分获取蓝藻水华时空变化，但相关领域的大多数研究集中在叶绿素 a（估算全球浮游植物生物量的指标）方面（Mittenzwey 等，1992）。藻蓝蛋白是一种具有蓝藻特征的辅助色素，其浓度通常远低于叶绿素 a，因此难以追踪，很少有研究涉及藻蓝蛋白的测量问题（Li 等，2015）。目前的追踪方法基于藻蓝蛋白已知的光学性质，主要分为两类。其一，设计半经验生物物理模型，从反射光谱的变化中得出色素浓度（Dekker 和 Peters，1993；Dekker 等，2001；Simis 等，2005）。这些辐射传输模型，具有基于反射测量（原位、机载和卫星测量）提供色素浓度的机械推导估算的优点。缺点是需要大量的校准、密集的计算和高分辨率的光谱测量。此外，藻蓝蛋白在体外的光学性质并不能直接转化为反射率的变异性，许多环境因素可能会影响对其浓度的测定（Dekker 和 Peters，1993；Dekker 等，2001；Simis 等，2005）。其二，根据光学测量和实验室测量色素浓度之间的关系推导出经验统计模型。虽然这些模型的效果良好，但它们依附于统计校准，这些校准是传感器专有的，在一些情况下是湖泊所特有的。此外，以这些模型为基础的光学传感器大多是有源传感器，价格昂贵，在混浊水体中的性能较差。因此，在相关的时间和空间分辨率下跟踪蓝藻水华发展的最经济和最简单的方法将是一种依靠无源传感器从有限的光谱波段中提取相关光学信息的技术。利用经验关系或生物物理模型，这些光学信息可以用作色素浓度的代用品。然而，由于水生生态系统中可能影响光谱特性的因素众多，对有限数量的感兴趣光谱带的定义具有挑战性。确定感兴趣的波段必须基于广泛的数据集，该数据集涵盖了各种浓度和混合物的不同种类。为此，Hmimina 等（2019）采用一种综合的方法，在单一培养和混合培养的实验条件下，确定测定不同种类蓝藻、绿藻、隐藻和硅藻色素浓度的最合适波段，并开发了一种新的基于反射的传感器来估计内陆水域蓝藻浓度。

首先，以混合培养物的吸收光谱和反射光谱为预测变量，以单一培养物的吸收光谱和反射光谱为预测变量，用线性回归法估计混合培养物的种比（式（9-1））。这些回归的斜率被合并在一起，它们的中值和每个混合培养比率的置信区间如图 9-138 所示。基于反射率和吸光度估计的预测和测量比率是一致的。对于基于吸光度测量的结果，混合培养物中物种 1 的预测浓度（物种 1 和物种 2）与实验浓度相关，如预测比率和实验比率之间的线性关系如图 9-138(a)所示。在物种 2 的预测浓度和测量浓度之间也发现了类似的良好一致性（数据未显示）。此外，除两种情况外，其他情况下的估计比率都包含在实验比率的 95%置信区间内（图 9-138(a)）。对于反射率测量，预测的比率与实验比率呈明显的线性和正趋势，比率的置信区间显示重要重叠（图 9-138(b)），并且远大于使用吸光度发现的置信区间。相对误差（式（9-2））的反射估计，基于单个物种反射系数的总和乘以每个物种在大范围波长（475～750 nm）内的实验浓度，小于 2.5%（图 9-139(a)）。波长反射率相对误差的变化（式（9-3））在 450～750 nm 范围内呈现出三个凹陷的清晰图案（图 9-139(b)）。从最高到最低的相对误差，空洞出现在约 500 nm、630 nm 和 675 nm 处，分别对应于类胡萝卜素、藻蓝蛋白和叶绿素。此外，在约 550 nm 处可以看到一个峰，对应于类胡萝卜素、藻红蛋白和藻蓝蛋白吸光度之间的重叠。

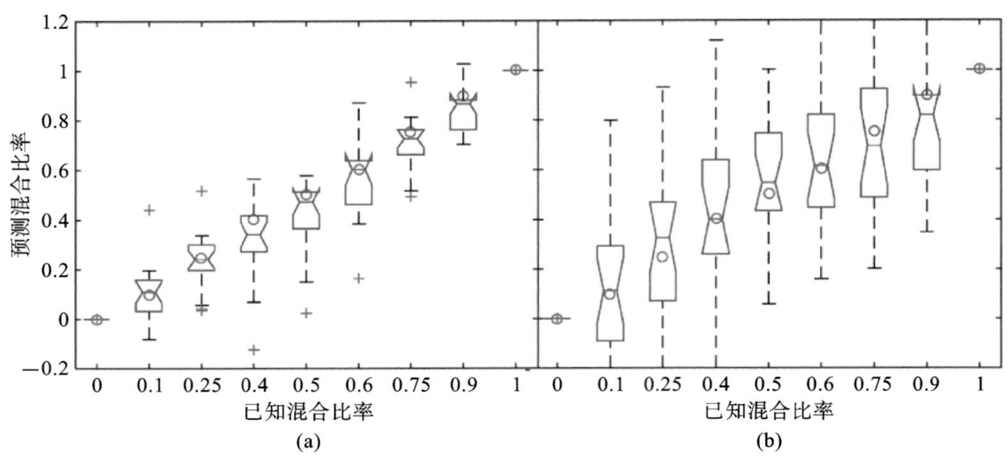


**图 9-138 根据吸光度(a)和反射率(b)预测混合培养物中物种 1 的实验比率(Hmimina 等,2019)**

红线是预测比率的中位数,缺口表示中位数周围的 95%置信区间,红点是实验混合培养物的中位数。红色十字是异常值

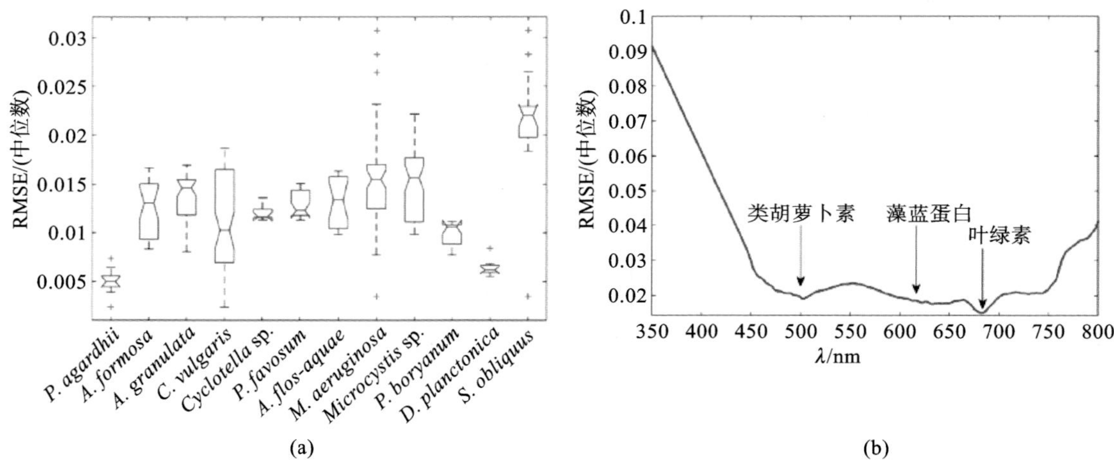


**图 9-139 基于不同种类(a)和可见光谱(b)中不同波长的实验混合比的反射率估计的相对误差(Hmimina 等,2019)**

方框代表样本中位数(红色刻度),缺口表示中位数周围的 95%置信区间,方框表示平均值±标准偏差

$$R_e(\lambda) = \sum_s p_s \times R_s(\lambda) \tag{9-1}$$

式(9-1)中,在波长 λ 处重新表示估计的混合培养物反射率(或吸光度)$R_e$,$R_s$ 表示单一培养物反射率(或吸光度),$P_s$ 表示混合培养物中物种 s 的已知比率。

$$n\text{RMSE} = \frac{\sqrt{\dfrac{\sum_i (R_m(\lambda) - R_e(\lambda))^2}{L}}}{\dfrac{\sum_i R_m(\lambda)}{L}} \tag{9-2}$$

式(9-2)中,λ 表示波长,$R_m(\lambda)$表示在波长 λ 处测量的样品反射率(吸光度)。$R_e(\lambda)$是式(9-1)中估计的反射率(吸光度)。

$$
n\mathrm{RMSE}(\lambda)=\frac{\sqrt{\dfrac{\sum_{i}^{N}(R_{\mathrm{m}}(\lambda)-R_{\mathrm{e}}(\lambda))^{2}}{N}}}{\dfrac{\sum_{i}^{N}R_{\mathrm{m}}(\lambda)}{N}} \tag{9-3}
$$

式(9-3)中,$N$ 表示样本总数(Hmimina 等,2019)。

提取液和单一培养物(图 9-140)中模拟的色素浓度与测定的色素浓度之间的关系显示,叶绿素 a($R^2=0.9955$)、叶绿素 b($R^2=0.9367$)和藻蓝蛋白($R^2=0.962$)中存在很强的线性关系,除了一些异常值(不包括回归)外。对于从藻红蛋白提取的色素,两者之间也是高度相关的($R^2=0.956$),但是在提取后估计的最低浓度范围内,这种关系表现出较低的灵敏度(图 9-140)。

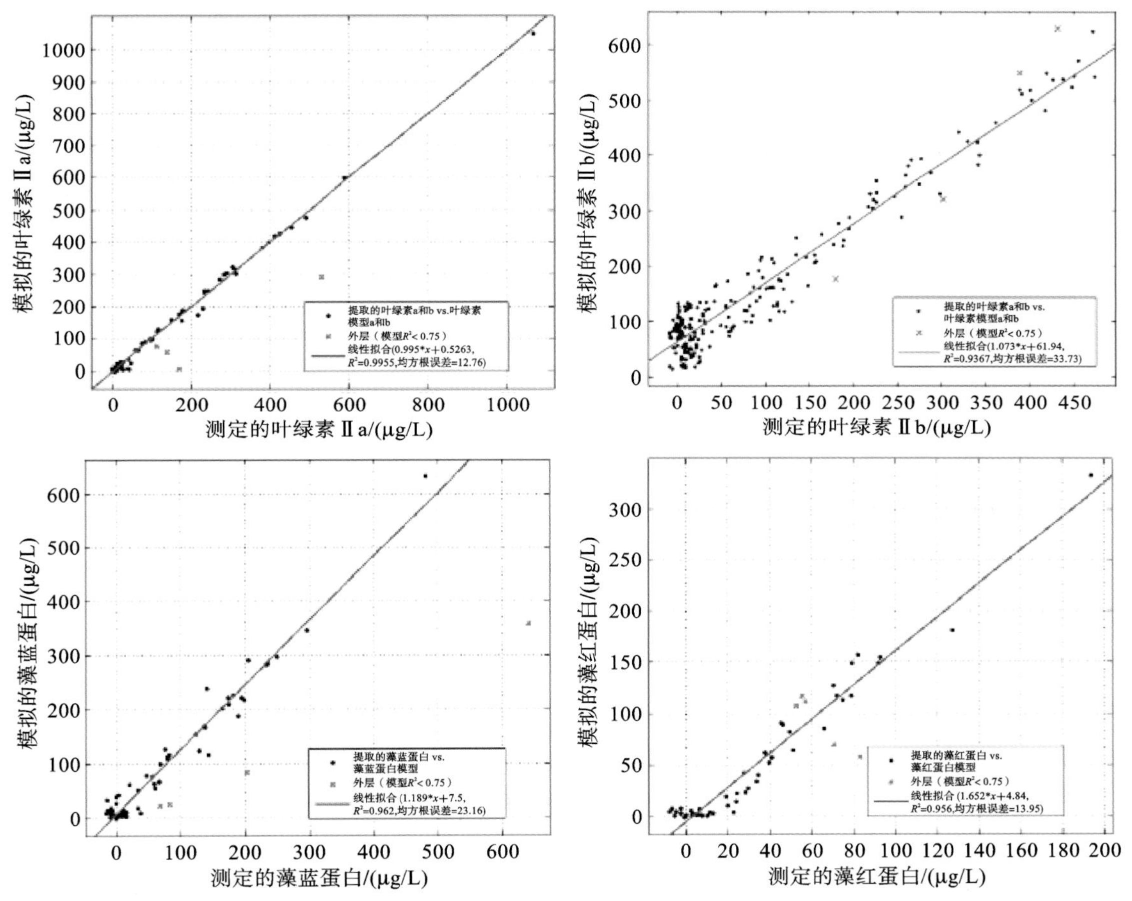


**图 9-140　提取后测定的色素(叶绿素 a、叶绿素 b、藻蓝蛋白和藻红蛋白)的浓度(Hmimina 等,2019)**

在基于反射率的光学指数分析中,首先使用积分球测量样品的反射率,使用式(9-4)计算所有可能的 NDi 指数,模拟基于反射率的预测,并使用双波段传感器配置估计色素。叶绿素 a、叶绿素 b、藻红蛋白和藻蓝蛋白的测定结果如图 9-141 所示。将所有色素获得的相关性图叠加,以提供一个复合图像,同时显示光谱指数与四种色素之间的依赖关系(图 9-142)。在约 550 nm 处可见深绿色斑点,表明 NDi 与叶绿素 a(对角线上方的颜色成分)和叶绿素 b(对角线下方的颜色成分)高度相关,与藻蓝蛋白和藻红蛋白低度相关。这一结果强调了波长约 550 nm 对叶绿素 a 和叶绿素 b 的高度和相似的敏感性。先前观察到的以 680 nm 为中心的深黄色(绿色和红色)大带表明,叶绿素与藻蓝蛋白的相关模式相似。在图的顶部和底部,625 nm 和 450 nm 附近可以看到紫色(红色和蓝色)斑点,表明与藻蓝蛋白和藻红蛋白高度相关。最后,在 700 nm 和 775 nm 之间可以看到的大条带在图的顶部呈黄色,在底部大部分呈红色,这表明它与叶绿素 a 和藻蓝蛋白都有很强的相关性,但与叶绿素 b 的相关性很低。mNDi(式(9-5))与色素浓度之间的关系如图 9-143 所示。被选为表现最佳的波段 3(或参考波段 2)以离散方式变化,表现出四种色素的大均匀图案。mNDi 与色素浓度的相关性比 NDi 表现出更大的变异性和更清晰的对比模式。叶绿素 a 和叶绿素 b 之间的相关模式具有可比性,但叶绿素 b 的相关性总体较低。藻蓝蛋白与藻红蛋白的相关模式具有一定的相似性,但后者的相关性总体较低,在 710 nm 左右,波段 1 的相关性不高。

公式计算方法(Hmimina 等,2019)如下所示。

$$\mathrm{NDi} = \frac{R_{波段1} - R_{波段2}}{R_{波段1} + R_{波段2}} \tag{9-4}$$

$$\mathrm{mNDi} = \frac{R_{波段1} - R_{波段2}}{R_{波段1} + R_{波段2} - 2 \times R_{波段3}} \tag{9-5}$$

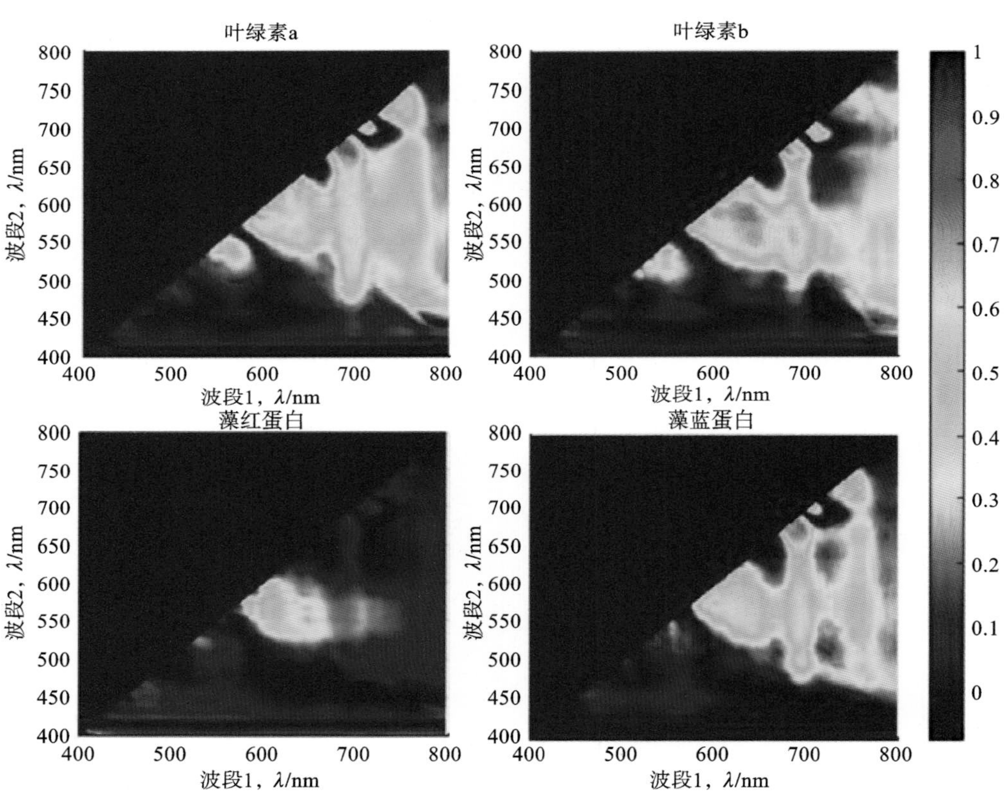


**图 9-141　可见光谱中所有波长组合的样品溶液中色素含量与 NDi 之间的关系(Hmimina 等,2019)**

右边的比例尺表示 $R^2$ 值

叶绿素 a 和叶绿素 b 与藻蓝蛋白的相关图谱组合如图 9-144 所示。虽然图左上角所示的最佳波段 3的总体图案与叶绿素 a 和叶绿素 b 以及藻蓝蛋白(图 9-143)相似,但叠加后的颜色变化很大,这意味着最佳波段 3 取决于所考虑的色素。颜色饱和区域表示波长的范围,其中波段 3 的选择使每种色素的波长非常不同。剩下的深色、灰色和透明区域表示选择相似波长作为波段 3 的波长范围。在图中对角线下方的区域,组合的相关模式显示出较低的色调变异性,但总体上是明亮的,这表明三种色素的浓度之间具有较高的相关性。颜色的变化表明不同色素的相对相关性不同。可见紫色至红色斑块(与叶绿素 b 和藻蓝蛋白相关)、橙色至红色斑块(与藻蓝蛋白相关)和绿色斑块(与叶绿素 a 相关)、小的浅蓝色斑块(与叶绿素 a 和叶绿素 b 相关)零星出现。

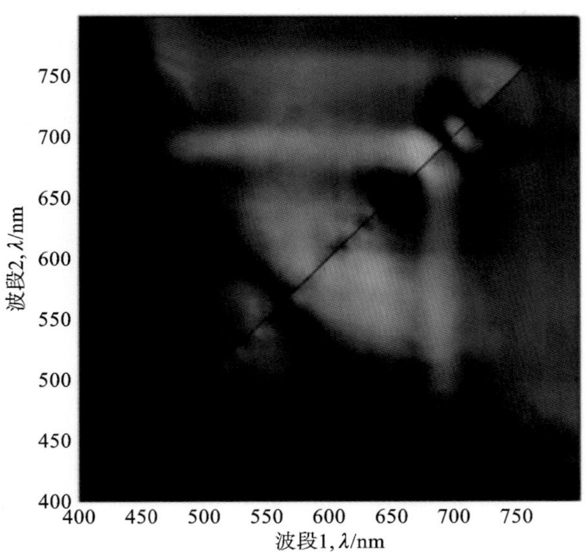


**图 9-142　RGB 合成图像显示了色素含量和按波长计算的 NDi 之间的组合相关性(Hmimina 等,2019)**

对角线(黑线)将具有不同颜色组合的两个不同图像分开。左上角:红色的藻蓝蛋白,绿色的藻蓝蛋白,蓝色的藻红蛋白。右下角:红色的藻蓝蛋白,绿色的藻蓝蛋白,蓝色的藻红蛋白

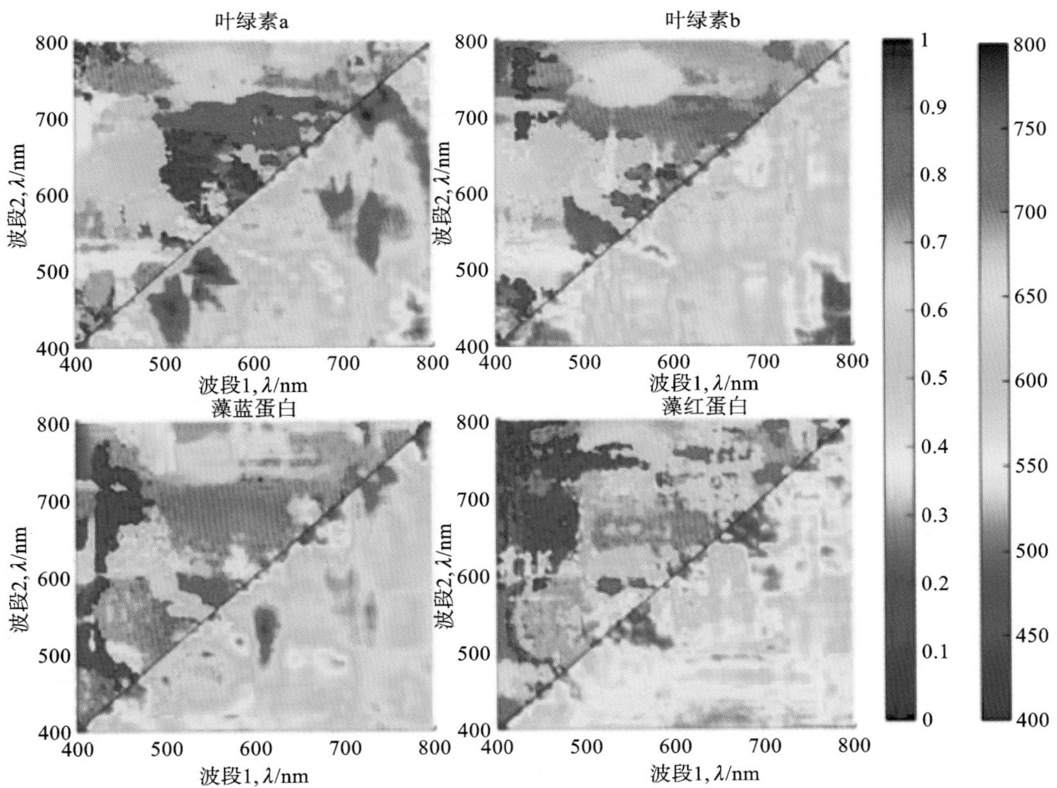


**图 9-143　在对角线和左色阶下色素含量与 mNDi 之间的关系,由波段 1 和波段 2 的波长表示(Hmimina 等,2019)**

右边的比例尺表示 $R^2$ 值。对角线上方和最右边的色阶:表现最佳的波段 3 波长(nm)

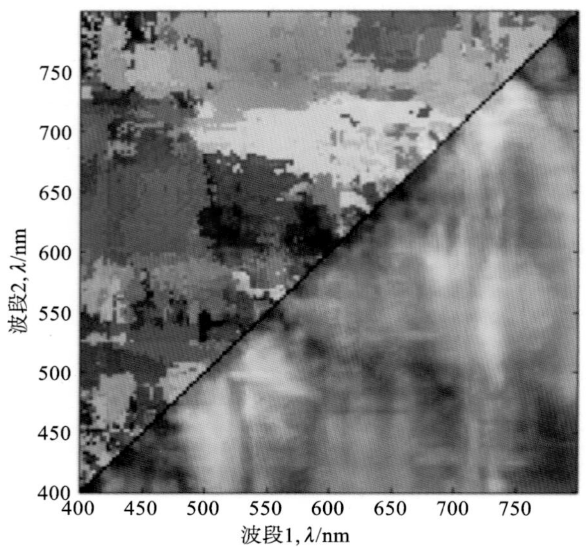


**图 9-144　合成图像,显示组合相关性作为波段波长的函数(对角线下方)(Hmimina 等,2019)**

颜色强度揭示了三波段 mNDi 与叶绿素 a 含量(绿色)、藻蓝蛋白含量(红色)和叶绿素 b 含量(蓝色)之间的相关性。对角线上方:性能最佳的参考波段 3 波长(nm)

## 9.3.5　藻胆蛋白在环境监测中的应用

水是生命之源,是社会经济可持续发展的重要因素。淡水资源的质量好坏是评价水资源的一个关键指标,同时也是人类生存和发展的必需保障,我国的淡水资源总量占全球水资源的 6%,可达 28000×$10^9$ $m^3$,位于世界第四位,但人均淡水资源占有量约 2200 $m^3$,仅占世界平均水平的 25%左右,是全球人均水资源较匮乏的国家之一(钱新等,2009)。

随着经济的不断发展,工业、农业和城市污水排放加剧,导致我国湖泊富营养化日趋严重,水质下降和水污染等问题也日渐严重,使得本就贫乏的水资源更为紧缺。目前我国有 66%以上的湖泊处于富营养化状态,致使一些湖泊蓝藻大量繁殖,水华频发。蓝藻水华暴发还导致湖泊使用功能急剧降低,由藻类死亡造成的湖泛也经常发生,藻毒素也可能通过食物链危害人类身体健康,可见水环境恶化已经对人类生活造成了困扰,经济社会发展受到限制,对水环境尤其是蓝藻水华的监测、管理与治理问题亟待解决(陈云和戴锦芳,2008)。

湖泊中常见的一种浮游植物——蓝藻,是导致湖泊水华的主要藻种,在适宜的气候条件和营养盐浓度下,蓝藻会暴发性地生长,进而形成蓝藻水华。蓝藻水华的频发是全球内陆水的主要难题(Clark 等,2017;Codd 等,2005;Kutser,2009)。世界卫生组织报道了大量有毒的蓝藻水华可导致水质严重恶化,损害公众健康(Chorus 和 Bartram,1999)。藻蓝蛋白和藻红蛋白具有独特的紫外光谱吸收峰和荧光发射峰,常作为测定蓝藻生物量的指标。

### 9.3.5.1　藻胆蛋白浓度的定量测定方法的应用

目前常用的测定水体中藻类生物量的方法主要有光学显微镜法、高效液相色谱法、流式细胞仪法、卫星遥感技术和荧光/紫外-可见分光光度法等。表 9-10 为各种藻类定量测定方法优缺点的比较。以下方法都有各自的优势,却不完全符合浮游藻群落组成的特点。荧光分析法、吸收光谱法因具有较高的检测灵敏度、获得的信息更为丰富、样品不需要提前处理、检出限较低且能实现现场检测等优点,已被国内外研究者广泛应用于蓝藻生物量的检测中。遥感技术因监测范围广、快速、可宏观反映蓝藻时空变化规律,在蓝藻生物量检测方面具有不可替代的作用(康红利,2015;赵丽娜,2016)。

**表 9-10　藻类定量测定方法的比较**

| 测定方法 | 优　　点 | 缺　　点 | 参考文献 |
|---|---|---|---|
| 光学显微镜法 | 便捷，过程直观，成本低 | 待测样品实时性较差，耗费人力和物力，效率低下且对分析人员要求较高 | Misson 等，2011 |
| 高效液相色谱法 | 可以实现藻类在线监测 | 不方便携带，现场自动测量存在局限性，蓝藻检测精确度低 | 岳舜琳，2006 |
| 流式细胞仪法 | 测量速度快；可进行多参数测量；能同时实现定性和定量测量 | 仪器操作复杂，装置较大，现场测量受限制 | |
| 紫外-可见分光光度法 | 便捷，成本较低，可自动分析 | 需建立浮游植物吸收光谱数据库进行比对 | |
| 荧光分光光度法 | 方便，成本低，多种元素可同时测量 | 很难测定复杂基体的样品，散射光易干扰测定 | 康红利，2015 |
| 卫星遥感技术 | 可自动监测藻类的强度、分类及暴发地点 | 易受环境气象条件影响 | |
| 分子探针技术 | 可鉴别常规检测方法难以判断的种类 | 过程复杂，不适合大规模的现场分析 | |

**1. 荧光分析法在测定藻类生物量中的应用**

早在 18 世纪初，人们就开始对原子吸收光谱进行研究。直至 20 世纪中期，澳大利亚物理学家瓦尔西（Walsh A）的科研成果的出现，才奠定了荧光分析法的理论基础（胡坪和朱明华，2008）。荧光分析法在 20 世纪 60 年代得到快速发展与普及（庞晓宇，2013）。在藻类研究中，荧光分析法最初主要运用于检测水体中叶绿素 a 浓度。叶绿素 a 在特定波长的光激发下会发射出一定波长的荧光，叶绿素 a 浓度不同，发射出的荧光也不同，因此可以利用检测到的荧光强度建立与叶绿素 a 浓度的线性关系。

由于红、蓝藻和部分隐藻含有的藻胆蛋白也具有良好的荧光特性，所以在一定波长的激发光源照射时，蓝藻溶液中的藻蓝蛋白、藻红蛋白等藻胆蛋白会发射出特定波长的荧光。实验发现不同的激发波长会激发出不同波长的荧光峰值，并且不同浓度的藻类溶液荧光峰值的强度也有所区别。

藻胆蛋白为蓝藻所特有的，它的荧光特性很强且对叶绿素的荧光不产生干扰作用，即使在其他种类藻类存在的情况下也能在蓝藻体内检测到藻胆蛋白（图 9-145）。以藻蓝蛋白的发射光谱测量为依据，检测速度很快且不需要对样品进行前处理（Maxwell 和 Johnson，2000）。藻蓝蛋白被特定波长的光激发后会发出该物质特征性的荧光（陈卫标等，1998），溶液在低浓度条件下，荧光的强度与溶液浓度成正比，可以利用藻胆蛋白的上述两个特性对该物质进行定性分析或定量分析。

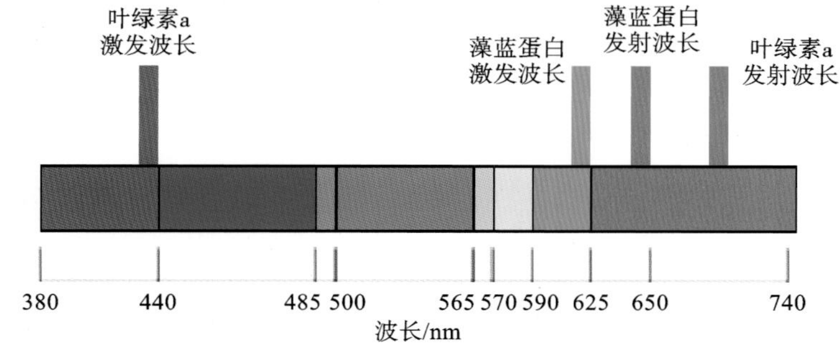


**图 9-145　藻蓝蛋白与叶绿素 a 激发/发射波长对比**

由于蓝藻的浓度在一定水平上可借助藻蓝蛋白的浓度间接反映出来,因此可采用荧光分析法对藻蓝蛋白发生荧光效应时的荧光强度进行测定而间接得出蓝藻的浓度,进而达到快速检测蓝藻生物量的目的(罗勇,2018)。荧光分析法测定浮游植物/蓝藻生物量在过去的几十年中得到了广泛的应用,目前国外对于荧光分析法测定浮游植物/蓝藻生物量的研究主要集中在以下几个方面:借助荧光分析法对蓝藻生物量进行测定,采用荧光信号对浮游植物进行测定,现场荧光检测法以及荧光技术与其他技术的协同使用。藻胆蛋白本身具有很强的荧光特性,作为光合作用的捕光色素复合体,通过对其浓度进行测定,可实现快速、高效的蓝藻生物量检测。不同的藻类含有的色素种类不同,在一定波长的光激发诱导下,产生的荧光光谱也不同。因此,在一定范围内根据荧光强度与色素含量的线性关系,计算出特征色素的含量,可间接推算出藻类的生物量。此外,将荧光分析法与其他技术结合使用,如开发和使用蓝藻浓度检测装置便携式荧光检测仪、蓝藻实时监测仪、在线荧光分析仪、生物传感器等(罗勇,2018),可大大提高检测的精密度和准确度,为藻类的监测与控制提供了一个新的研究方向(康红利,2015)。

王金霞和罗固源(2011)通过分光光度计测出了水华鱼腥藻活体荧光光谱(图 9-146),对水华鱼腥藻生物量与藻蓝蛋白(PC)特征荧光强度进行线性回归分析,证明蓝藻的浓度可以通过对 PC 荧光强度的测定来间接反映。康红利以浮游植物的荧光光谱特性为基础,明确了 PC 为蓝藻的代表性色素,荧光激发和发射波长分别位于 590 nm 和 650 nm 处,构建了实验室中通过对 PC 荧光强度的测定来计算铜绿微囊藻生物量的方法(康红利,2015)。

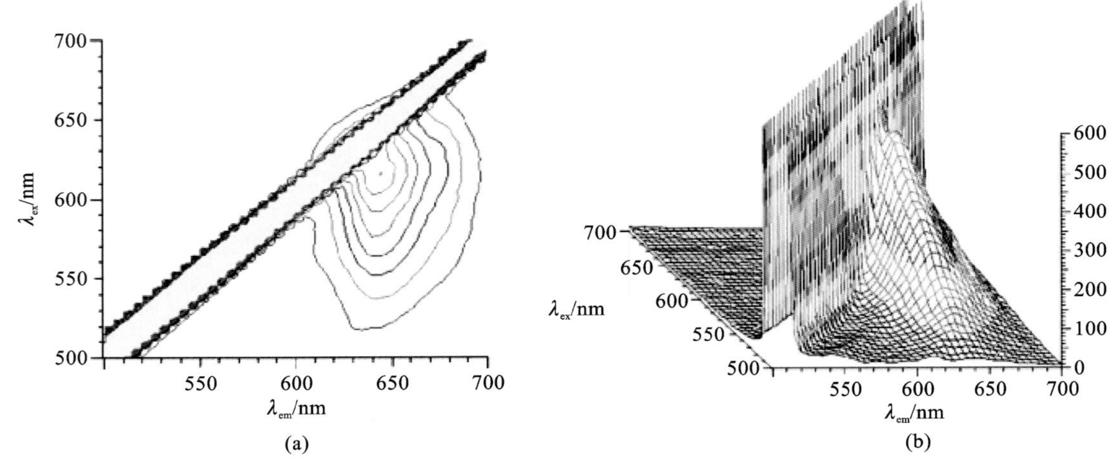


**图 9-146　水华鱼腥藻 PC 的荧光光谱图(王金霞和罗固源,2011)**

(a)水华鱼腥藻 PC 的二维荧光光谱图;(b)水华鱼腥藻 PC 的二维和三维荧光光谱图

张子墨(2017)将实验室培养的水华蓝藻以及野外水华蓝藻作为研究对象,以单位蓝藻细胞中提取藻蓝蛋白的含量为检测依据,采用冻融和冻干破碎两种不同破碎方法以及不同种类的提取剂,筛选并优化了藻蓝蛋白荧光分析法的前处理技术,对湖底沉积物中越冬蓝藻的定量方法进行探究,以提高方法的检测灵敏度和操作便捷性。研究发现:在冻融实验中,提取剂的添加顺序与冷冻温度对实验室培养的单种藻藻蓝蛋白的提取效率无显著影响(图 9-147、图 9-148)。在冻干实验中,实验室培养的四种水华蓝藻中,蓝藻被真空抽滤在滤膜上,能提高藻蓝蛋白的破碎率(图 9-149)。该研究者又继续对冻干与冻融方法对藻蓝蛋白提取效率的影响进行了对比,结果发现,对于不同浓度的铜绿微囊藻,在蓝藻浓度低于2.0 $\times 10^7$/L 时,采用反复冻融法破碎蓝藻时藻蓝蛋白的提取效率稍高于冷冻干燥法;当蓝藻浓度增加时,冷冻干燥法得到的藻蓝蛋白浓度明显高于反复冻融法。因此,若大规模提取藻蓝蛋白,冷冻干燥法优于反复冻融法(图 9-150)。采用荧光检测法对藻蓝蛋白进行测定时,高效的前处理技术不仅为湖泊环境监测实现高效、快速的蓝藻定量提供了可能,同时对蓝藻水华的预防和控制也发挥了积极作用。

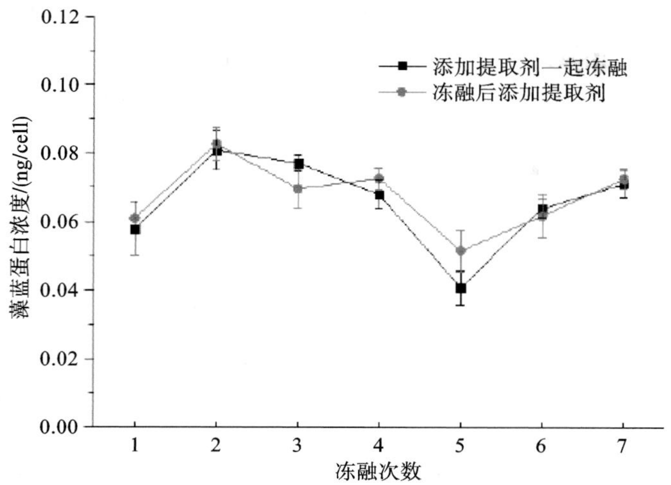


图 9-147 提取剂添加顺序对藻蓝蛋白提取效率的影响(张子墨,2017)

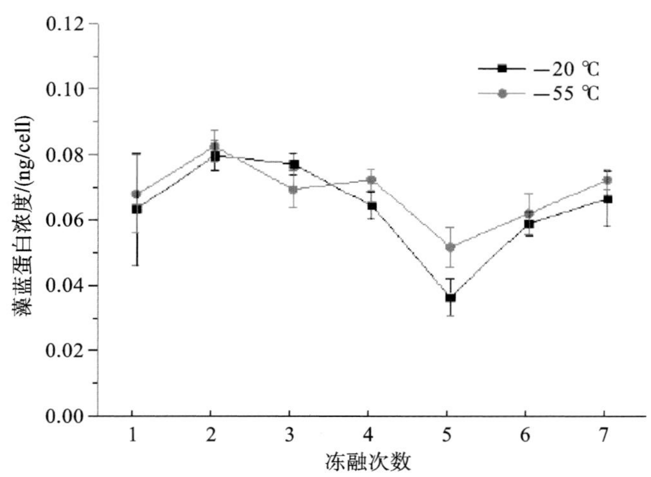


图 9-148 冷冻温度和冻融次数对藻蓝蛋白提取效率的影响(张子墨,2017)

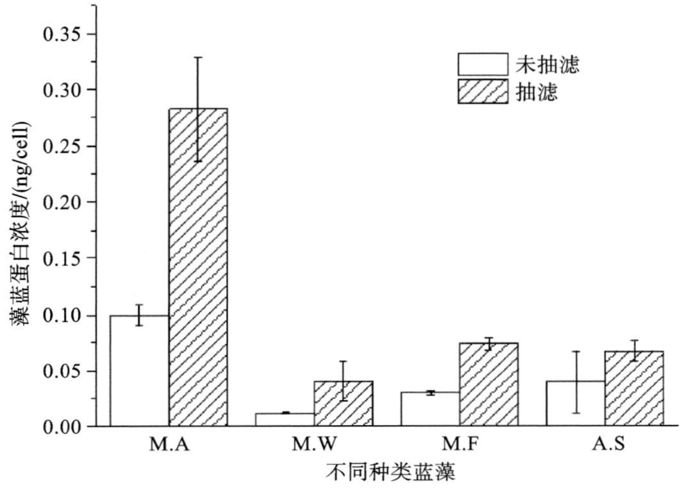


图 9-149 蓝藻前处理对藻蓝蛋白提取效率的影响(张子墨,2017)

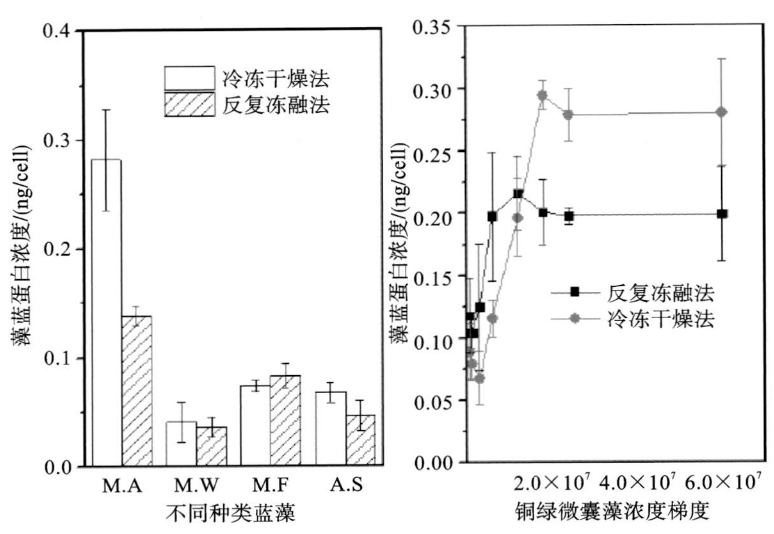


**图 9-150　对比冷冻干燥法与反复冻融法对藻蓝蛋白提取效率的影响(张子墨,2017)**

以荧光法原理为基础而开发的蓝藻浓度检测装置较成熟且应用广泛。类成龙(2017)利用藻蓝蛋白的荧光特性,以辨别蓝藻并准确测定其生物量为目的,探讨了一种蓝藻生物量检测过程中抗荧光干扰的方法,并设计了一种提高蓝藻生物量检测精密度的传感器(图 9-151)。该设计可同时实现藻蓝蛋白与叶绿素 a 的单独测量,并解除了测量时两者间的相互干扰,克服了以往研究或者已经商业化的传感器测量中藻蓝蛋白与叶绿素 a 高度关联的问题,检测数据的实时性与准确性可为蓝藻水华的预测提供实时的分析依据。

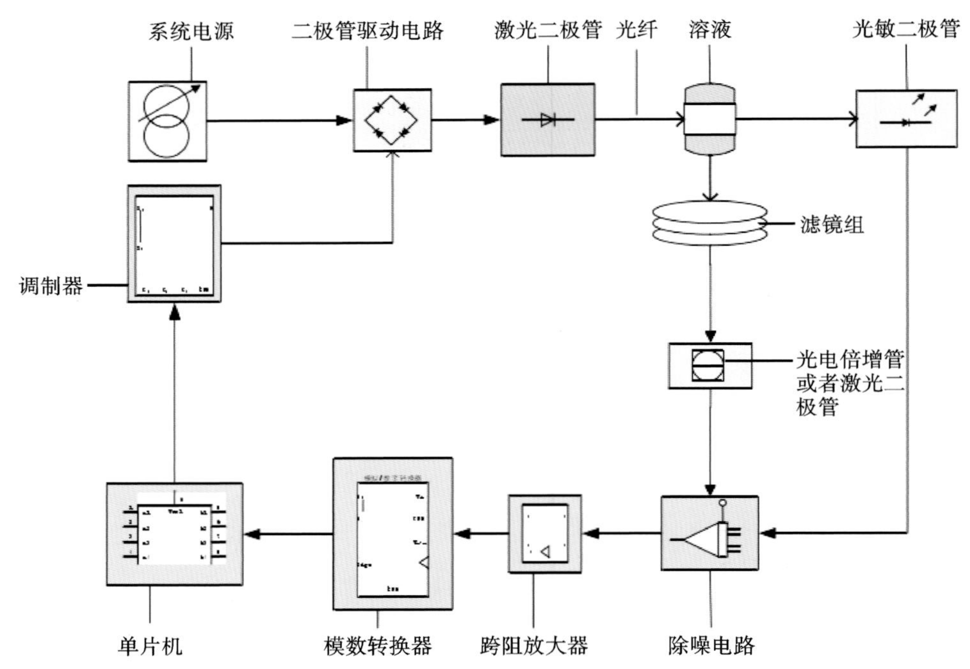


**图 9-151　系统整体方案设计原理(类成龙,2017)**

罗勇(2018)以太湖蓝藻中的色素蛋白藻蓝蛋白自身的荧光属性为基础,借助荧光光谱仪对太湖中处于生长期内蓝藻中的藻蓝蛋白荧光强度进行了探究,发现其可在 610 nm 波长的光激发下,发射波长为 660 nm 的荧光。根据朗伯-比尔定律,当激发光强度和波长固定不变时,藻蓝蛋白的荧光强度与溶液浓度成正比,可用来检测蓝藻的浓度。该研究者又利用藻蓝蛋白的荧光特性构建得到蓝藻浓度检测装置,选择合理的激发光源,设计了独特的机械结构(图 9-152)。该装置的主控器采用 MSP430,并与光电传感器、信号处理电路等协同使用来采集电压信号,构建了蓝藻浓度与电压值之间的线性关系。装置结构采用独特的模块化设计,并满足激发光源和光电传感器密闭性的需求。比色皿嵌套在黑色塑料外壳中作为待测溶液的检测池,可以有效避免自然光的干扰,滤光片的添加设计也避免了激发光源对发射出的荧光强度的干扰。因此通过监测藻类中藻胆蛋白的含量可以监测藻类的分布和发展状况,有效防止灾害的发生。定制的石英玻璃比色皿,具有足够的透光率。激发光源的安装方向须与光电传感器成直角,光电传感器才能有效检测到在一定波长的光激发下发射出的荧光。光电模块的结构为分段式的,为了方便拆卸和检测维修,各部件之间采用螺丝进行衔接,光电模块的结构如图 9-153 所示。光路结构实物图如图 9-154 所示。研究发现,蓝藻浓度检测装置的检测范围为 0～400 mg/L。但蓝藻浓度的检测范围和检测精确度还有待提高,以分析蓝藻中不同成分的光谱曲线,对蓝藻中的每个藻种做精细检测分析,建立蓝藻浓度与各藻种之间的数学模型。对光电传感器、激发光源和光路结构进行进一步优化设计,有望提高检测的范围和精确度。

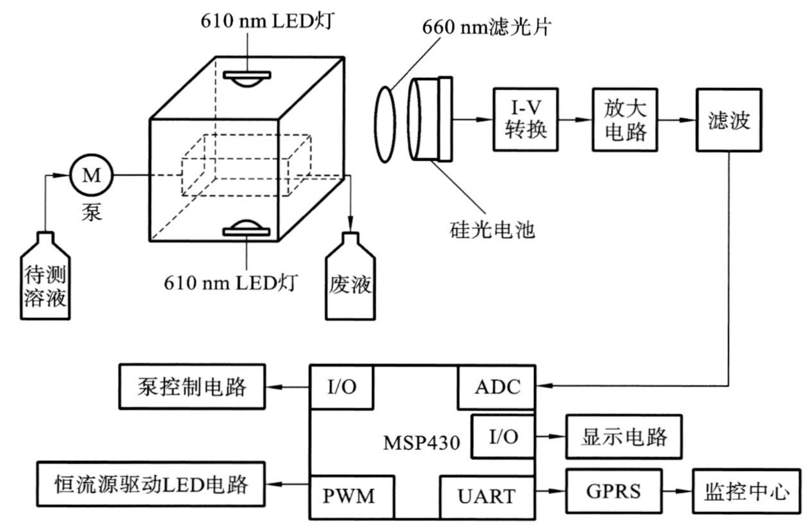


图 9-152 系统设计框图(罗勇,2018)

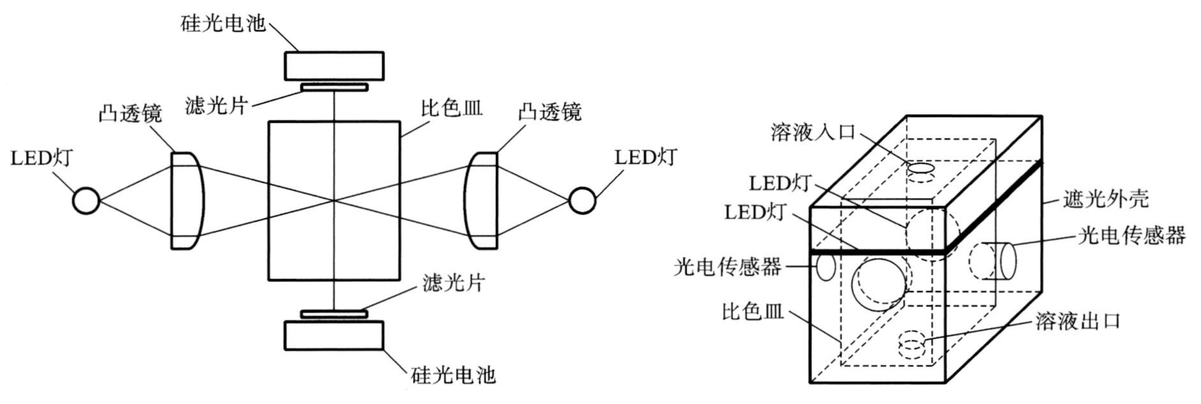


图 9-153 光电模块的结构(罗勇,2018)

图 9-154 光路结构实物图(罗勇,2018)

**2. 吸收光谱法在水环境检测中的应用**

紫外-可见分光光度法是一种以紫外-可见分光光度计为基础的分析方法,波长测定范围为 200～1000 nm。目前,对于藻胆蛋白的粗提取与浓度测定,主要采用紫外-可见分光光度法。该方法从分子水平对藻胆蛋白分子的吸收光谱进行定性和定量分析,其优势在于测定量程较大,还可以进行全波长扫描,对于粗提液这种由几种蛋白质混合的被测量物质也可根据吸收光谱的变化进行定性和定量分析(庞晓宇,2013)。

可见光吸收光谱法是指待测物质根据可见光的吸收来对测定物质本身进行定性或定量描述的方法。对于藻类的水质检测,该方法主要通过对待测水样的吸收光谱的检测来对水体中藻类色素的种类进行定性分析,又通过对物质定量分析的基本原理的研究,实现对待测物质浓度的测定分析。此光谱法在水质参数定量分析检测中的基础为朗伯-比尔定律。因藻胆蛋白在可见光波段吸收较强,这一光谱法测量藻胆蛋白主要包括两个过程:吸收光谱采集和光谱数据的处理。可见光吸收光谱法检测水质参数的基本原理见图 9-155(高明明,2014)。

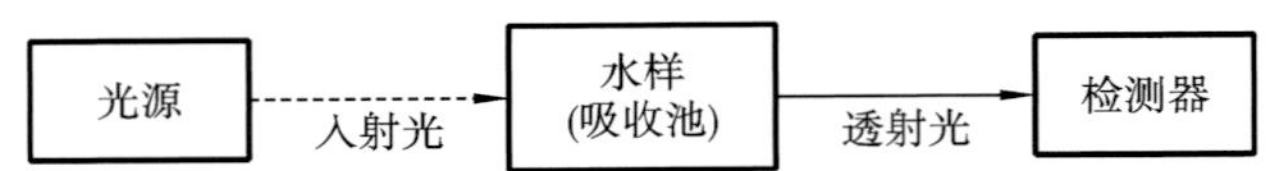


**图 9-155　可见光吸收光谱法检测水质参数原理(高明明,2014)**

工农业生产的大规模快速发展,在给人们的日常生活带来便利的同时,所带来的环境污染问题也日益凸显,特别是水质污染给人们的生存与生活环境造成了巨大的影响,含有氮、磷等物质的生活污水和工业废水大量排入湖泊与海洋,加重了水体中营养物质的负荷量,造成藻类过度繁殖,由此引发的水华和赤潮现象频繁发生(高光和孔繁翔,2005;高明明,2014)。目前国内采用的测定水体中藻类含量的标准方法为群落计数法,即将藻类采样后制成标本,通过在显微镜下计数细胞个数进行量值估计,这种方法操作简单,但误差较大,易受外界环境的影响,且耗费大量的人力物力,重复性极差,待测样品检测实时性较差等(康红利,2015)。为适应时代需求,近年来,国内外学者对藻类的快速、准确测量进行了大量的探究工作,其中研究最为广泛的为光谱法。该方法可直接或间接地测定水中大多数金属离子、非金属离子和有机污染物的含量,具有简单、快捷、消耗成本较低,可实现实时在线检测以及对多种水质参数的检测等优点,在对水体的在线监测中具有突出优势,符合现代水质检测所需仪器的微型化、便携化、现场实时、检测精密度高、稳定性好、无二次污染等要求(曾甜玲等,2013),成为国内外科研机构与主要分析仪表厂商研究开发水质监测仪器的重要发展趋势(高明明,2014)。其中,藻红蛋白是评价水体内藻类富营养化的关键指标,薛志欣等(2008)采用分光光度法对藻红蛋白和藻蓝蛋白进行了定量分析;赵志敏等(2010)利用紫外-可见分光光度计对水体中藻类的浓度进行了测定,进而判断水体的污染情况。

高明明(2014)为验证可见光吸收光谱法检测藻红蛋白含量的可行性,采集了多种不同浓度的藻红蛋白吸收光谱并结合了几种化学计量方法(偏最小二乘法、主成分回归法),确定了最佳的藻红蛋白定量分析模型,并在此基础上设计了藻红蛋白检测系统,完成了藻红蛋白光电传感系统的构建(图 9-156),并验证了该系统的稳定性与重复性。研究发现:该系统在测量过程中稳定性较好,且测量结果与真实值误差较小,8 组曲线的相关系数最低为 0.9651,最高可达 0.9989(图 9-157)。在系统重复性检验中藻红蛋白的测量结果变化较小,与真实值基本一致(图 9-158)。该监测系统的构建为探索更高效率、更高质量的藻类含量检测方法提供了基础支撑。

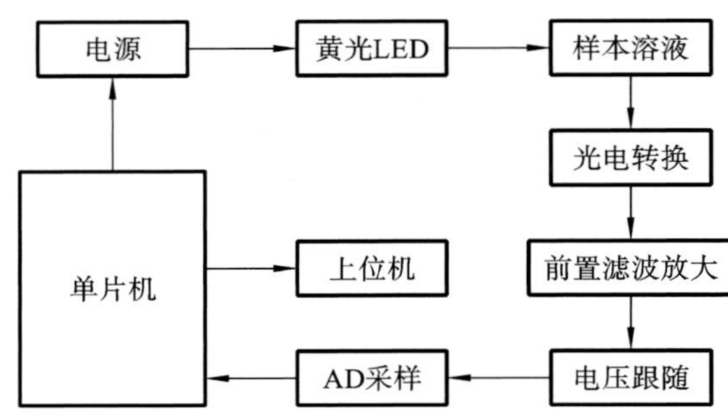


**图 9-156　光电传感系统整体框图(高明明,2014)**

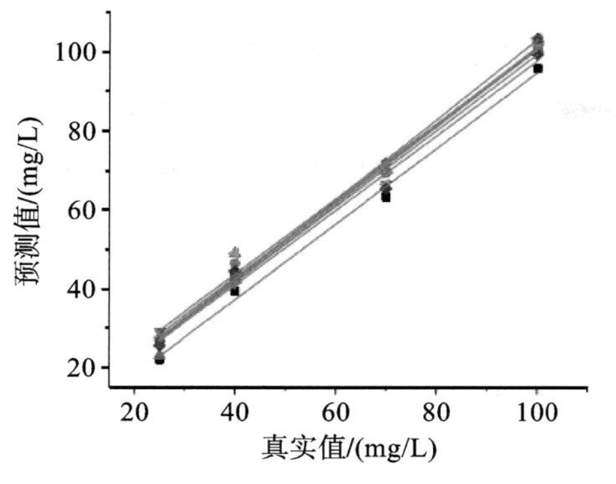


图 9-157 实际样本系统稳定性测量结果(高明明，2014)

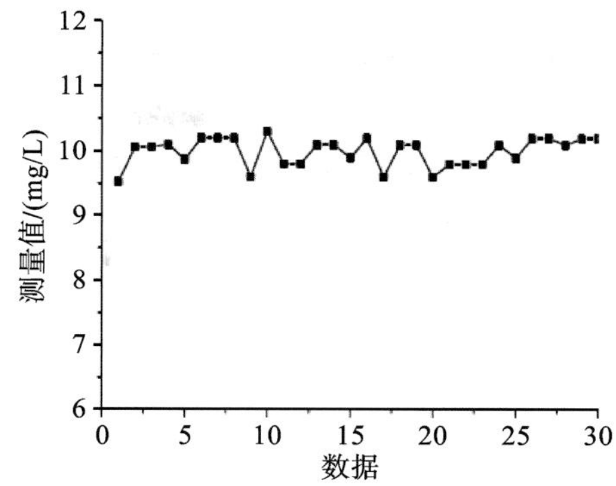


图 9-158 采集的 30 组数据的变化趋势图(高明明，2014)

### 9.3.5.2 藻类遥感技术及在水体监测中的应用

在地球上，内陆水域是非常重要的，因为它们在环境中有许多关键功能，尽管它们只覆盖地球表面相对较小的区域(Pekel 等，2016)。可利用的内陆水资源正在成为人类发展和生态稳定的数量和质量的限制因素(Corman，2017)。内陆水域为大量物种和生态系统提供关键和多样的栖息地，这对于支持生物多样性是必不可少的(Corman，2017)。此外，正如大气环流模型所示，内陆水域影响着气候系统，这些水域构成了全球水文、碳和营养循环的基本组成部分(Catalan 等，2016；Tong 等，2017；Wik 等，2016)。然而，随着人类活动和气候变化的增加，内陆水域受到了多种环境压力协同作用带来的前所未有的威胁，这些环境压力包括营养丰富、无机和有机污染以及全球变暖(Floerke 等，2017；Lian 等，2007；Paerl 和 Huisman，2008；Paerl 和 Paul，2012；Winslow 等，2018)。这些威胁的严重灾难性后果之一是，全球内陆水域蓝藻水华的频率不断增加(Codd 等，2018；Hoffmann 等，2012；Qin 等，2019)。越来越多的证据表明，近几十年来，全球范围内蓝藻的繁殖已增加，并且由于持续的富营养化，$CO_2$ 浓度上升，未来全球变暖，这些问题极有可能进一步扩展(Johnk 等，2008；Kosten 等，2012)。蓝藻水华会给内陆水域带来一系列严重的环境问题，严重影响水生生态系统的生态结构、功能(Elliott，2012；Paerl，2013)。具体来说，水华会降低水的清晰度，因此会抑制水生植被的生长和种群发展(Zhang 等，2017)。蓝藻水华的微生物降解可导致鱼类和底栖无脊椎动物缺氧而死亡(Codd 等，2018；Jüttner 等，2007)。此外，蓝藻可以产生多种毒素，当被人类、鱼类和鸟类摄入时，会诱发消化系统和神经系统疾病等(Merel 等，2013；Qin 等，2015；Sun 等，2015)。总之，蓝藻水华可能对水生生态系统、渔业等构成重大威胁。显然，及时检测和量化蓝藻水华对于控制公共健康风险和了解水生生态系统动态尤其重要。

由于蓝藻水华通常表现出很强的变异性，传统的方法不适合在区域或国家尺度上监测大量内陆水域。传统的监测方法费时费力、成本高，而且无法全面了解蓝藻水华的空间信息，因而无法大规模应用。因此，需要在区域、国家和全球范围内制定可靠和成本效益高的蓝藻水华监测方案。由于能获取大范围数据资料，遥感技术极大地促进了对内陆水域蓝藻水华的监测(Matthews 等，2012；Tyler 等，2010)。目前遥感技术已被广泛应用于研究内陆水域的生物地球化学成分，包括总悬浮物(TSM)(Nechad 等，2010；Zhang 等，2017)、发色团溶解有机物(CDOM)(Pierson 等，2005)、颗粒有机碳(POC)(Duan，2014)、营养物(Li 等，2012；Sun 等，2014)、营养状态指数(Fang 等，2019；Wang 等，2018)、水下植被(Han 等，2018；Zhang 等，2017)和藻类相关指数(如叶绿素 a、藻蓝蛋白、蓝藻优势度和藻华面积)(Kutser，2004；Matthews 等，2012；Mishra 等，2013；Shi 等，2015)。

随着卫星仪器和可用算法的发展，遥感技术正朝着蓝藻水华常规监测的方向发展(Odermatt 等，2012；Palmer 等，2015)。目前，大多数用于蓝藻定量的遥感方法依赖于针对叶绿素 a 和藻蓝蛋白(PC)浓度的算法(Li 等，2012；Kutser，2004；Mishra 等，2013)。有两种与内陆水域蓝藻相关的特征色素(Simis 等，2005)。在过去的几十年里，监测蓝藻水华的遥感技术取得了很大的进展。普遍存在的浮游植物色素叶绿素 a 被认为是判断蓝藻生物量的一个重要指标，它能快速响应环境变化。然而，叶绿素 a 定量检测并不是准确测定蓝藻丰度的最佳方法，因为这种色素存在于所有浮游植物群落中。藻蓝蛋白是淡水蓝藻的一种独特色素蛋白，在 620～630 nm 处具有独特的吸收特性，因此通常使用波长范围为 615～630 nm 的遥感数据进行量化(Simis 等，2005；Bridgeman 等，2004；Li 等，2012；Mishra 等，2013)。

此外，远程获取蓝藻生物量的算法使得卫星量化蓝藻物候学成为可能。蓝藻可以在水面上产生浮渣，因为蓝藻可以通过调节气泡迅速改变浮力。浮渣的光学特性与陆地植被相似(Shi 等，2017)。为此，研究人员建立了标准化差分植被指数(NDVI)、增强植被指数(EVI)、标准化差分峰谷指数(NDPI)、视觉蓝藻指数(VCI)和浮游藻类指数(FAI)等陆地植被指数来检测密集蓝藻水华(Hu 等，2010；Oyama 等，2015；Zhou 等，2018)。

蓝藻水华的长期记录对于制订管理策略至关重要，特别是在全球变暖和严重富营养化的背景下，如果没有持续和长期的水质监测，往往很难阐明水环境变化的原因。蓝藻生物量算法与大量多卫星数据(MODIS/Landsat/MERIS)相结合的可靠性保证了从遥感数据中成功获取蓝藻水华的长期历史记录(Hu 等，2010；Shi 等，2017；Chen 等，2017；Palmer 等，2015)。利用卫星长期记录产品，结合现场环境和气象数据，可阐明蓝藻动力学(叶绿素 a、藻蓝蛋白、物候指数和浮渣)与环境因素等之间的关系(Shi 等，2017；Duan 等，2017；Matthews 等，2012；Odermatt 等，2012；Palmer 等，2015)。全球内陆水域的气候变暖和富营养化是蓝藻水华的潜在驱动因素(Codd 等，2018；Paerl，2008)。遥感技术对湖泊水体的监测主要是通过对一些能够引起光学响应的水色参数的测定来间接实现的。在环境监测中，藻胆蛋白的浓度可真实地反映水体的初级生产力以及富营养化水平。在环境监测技术中，水环境遥感监测技术的优势突出。因此，常选取重要的水色参数(藻蓝蛋白和叶绿素)作为藻类的监测指标。反演是遥感的实质，而从反演的数学来源讲，数学模型是反演研究首先要探究的。因此，构建遥感数据与地表应用之间的关系模型是遥感反演的基础，也就是说，遥感估算模型是遥感反演研究的目标。目前关于浮游植物色素的遥感反演研究，常以叶绿素作为衡量浮游植物生物量的一个指标，对叶绿素 a 的遥感定量估测研究较多，方法、模型等也相对成熟(Duan，2010；Hong，2009)，如基于统计运用红(R)波段和近红外(NIR)波段的经验算法，以及基于生物光学模型的半分析三波段算法(Härmä，2001)。实际上藻蓝蛋白才是蓝藻的特征色素蛋白，而叶绿素 a 是所有真核藻类所共有的色素(马荣华等，2009)。因此，构建高效的藻蓝蛋白(在水色遥感领域称“藻蓝胆素”)的反演模型，对于快捷、灵活、连续、动态地定量监测湖泊水体的蓝藻生物量以及富营养化水平具有非常重要的意义。对卫星影像的解译处理可以获得目标光谱信息，再将光谱信息带入藻蓝胆素反演模型中进行计算，从而获得水体中藻蓝胆素的浓度。然而，模型的建立需要大量实测的藻蓝胆素浓度数据的支持，因此对藻蓝蛋白的提取与测定务必做到精确，才能确保应用的精度。且随着内陆湖泊和近海的水体富营养化的加重和蓝藻水华的暴发，必须强化对水体中藻蓝蛋白的高频、快速监测(冯龙庆，2011)。Turner designs 公司制造出可对水体中蓝藻进行直接检测的仪器，并已商业化应用。日本也开发出对藻胆蛋白进行现场检测的仪器。所有蓝藻体内都有藻蓝蛋白，而藻红蛋白仅存在于部分蓝藻体内，有的占细胞干重的 24%，或占细胞中总蛋白量的 1/2(Lantoine，1977；Glazer，1982)。近年来，水体的富营养化致使蓝藻中的一些种类发生异常生长，打破了水生生态系统的平衡，且这些种类在生长过程中会向水体中释放一些藻毒素(如微囊藻毒素、鱼腥藻毒素等)(黄道孝等，2004；闫海等，2002)，通过食物链的传递间接损害到人类的身体健康(杨坚波等，2004)。如何尽快熟悉蓝藻的分布，对水体中的碳、氮循环的了解，蓝藻水华或赤潮的控制，蓝藻及其毒素的生态环境风险的评估，蓝藻异常生长的原因的分析以及水质的预警系统的构建是非常重要的，对蓝藻进行遥感监测具有实际意义。许多国家(如美国、西班牙、荷兰、澳大利亚等)为蓝藻的遥感监测进行特定立项，再借助 SeaWiFs、MODIS、MERIS、TM 等卫星遥感数据源，在藻红蛋白和藻蓝蛋白的遥感算法方面已经有了一定的进展(杨顶田和潘德炉，2006)。

**1. 藻蓝蛋白的遥感反演**

传统的蓝藻监测主要是利用形态学方法通过显微镜对水体中的藻类进行观察，从而对蓝藻进行鉴

别的(汪育文等,2007)。这种实时实地采样的藻类监测方法仅适用于小型水体。而对于时空差异性较大、水体条件复杂的大型水体来说,该方法则需耗费大量的人力和物力,且效率比较低下,对水体中蓝藻的时空分布特征和变化规律的宏观反映较困难,在使用过程中具有较大的局限性(乐成峰,2010)。遥感技术的发展为内陆大面积水域提供了一种宏观、快捷且实时性较好的蓝藻监测方法,既可以宏观地反映蓝藻的时空差异性和变化规律,也提高了对特定水体的蓝藻水华监测的精确性。因此遥感技术作为监测蓝藻的关键方法,为蓝藻水华的暴发预警提供了参考。

遥感技术有助于探测和量化蓝藻水华,以管理水系统,特别是航空高光谱遥感的高空间分辨率和高光谱分辨率对于蓝藻的精确检测具有优势。精细的空间分辨率对于从河流等浅水水体中提取有价值的信息是有效的(Lee 等,2001)。此外,高光谱图像传感器有助于识别内陆浮游植物中的光学特征。许多生物光学算法已经被开发并用于藻类浓度的估计中。然而,由于内陆水的生物物理复杂性和特定位置光学特性的季节性反射,在淡水中实现最高的常规光学模型精确度仍然是一个挑战。

藻蓝蛋白作为蓝藻的特征色素蛋白,在估计蓝藻生物量方面具有实用价值。关于诊断色素荧光特性的其他研究表明,藻蓝蛋白与水生生态系统中的蓝藻生物量或微囊藻毒素浓度相关(Carpentier 等,2009;Marion,2012)。因此,蓝藻的藻蓝蛋白荧光发射对蓝藻色素的测定有相当积极的影响。此外,在藻蓝蛋白/叶绿素 a 值降低、高光强、低色素荧光的稀释藻类样品中,藻蓝蛋白提取效率与浓度的关系尤为显著。受藻蓝蛋白和叶绿素 a 影响的荧光信号可以用来区分蓝藻和其他成分,并在田间和区域尺度上估计蓝藻生物量。在准实时蓝藻监测中,荧光探针广泛应用于检测蓝藻水华的诊断色素。近年来,叶绿素 a 荧光参数可以作为判断藻类细胞光合能力的指标(Misra,2012)。具体来说,$\Delta F/F_m'$的荧光比率代表实际的生理活性,被用于藻类生存能力评估(Genty 等,1990;Wang 等,2016)。然而,在水生生态系统的浮游植物群落中,400~700 nm 范围内持续的光合有效辐射而产生的实际荧光成分、不均匀的光谱分布和高度显著的发射峰往往被忽略。此外,脉冲幅度调制(PAM)荧光测定法是一种前瞻性的分析技术,它使用浮游植物群落光化学效率的快速和无创指标(Bux 等,2011)。植物 PAM 荧光法可以根据蓝色、绿色和棕色通道的荧光比率分离蓝藻、绿藻和硅藻。在蓝藻检测方面,约 630 nm(棕色通道)处的藻蓝蛋白荧光激发非常强,而 470 nm(蓝色通道)处的叶绿素 a 荧光几乎不被激发(Gregor 等,2007)。

作为蓝藻群落的一种重要特征色素蛋白,藻蓝蛋白可通过反射光谱中的二级光谱特征被检测到,其反射峰波长接近 640 nm(Niak 等,2016)。有许多包含 640 nm 波长的卫星传感器数据,其中藻蓝蛋白对反射峰有影响。然而,蓝藻生物量的增加可能触发 620 nm 处藻蓝蛋白吸收峰的加深。因此,同时增加或减少红色反射(600~700 nm)将影响卫星多光谱图像的藻蓝蛋白反射率特性的稳定性。此外,在英国和美国的几个内陆水域测量到的 640 nm 反射峰的波长比亚洲湖泊的波长长。

早在 1993 年,国外就开始了藻蓝蛋白色素浓度的估算研究。Dekker(1993)基于对荷兰 Vecht 湖等 10 个浅水富营养化湖泊的研究提出了一种半经验基线算法,该算法模型在 600 nm 和 648 nm 两个波段之间建立一条直线,推算 624 nm 处的遥感反射率到基线的高度 $H$,并将 $H$ 作为评估藻蓝蛋白浓度的指标,建立两者之间的线性关系,从而实现对藻蓝蛋白浓度的估算,建立的线性模型反演精确度实现 $R^2$ 大于 0.99(图 9-159)。Schalles 等(2000)建立了一种单一反射比算法,该算法通过将 650 nm 和 620 nm 波段附近的遥感反射率比值作为一种参数,构建了其和藻蓝蛋白浓度之间的关系,从而完成藻蓝蛋白浓度的估算。此方法后来被多位学者应用于其他内陆水体的藻蓝蛋白反演。研究者利用调整过波长的波段比值模型对不同研究区域的藻蓝蛋白的浓度进行了估测。同样,Simis 等用 709 nm 和 620 nm 波段比值更加突显了藻蓝蛋白的吸收特性,也成功实现了藻蓝蛋白在内陆水体的反演,并在不同的研究区域进行了验证(Simis 等,2005)。遥感监测最关键的是能够充分利用卫星数据获取水质参数的信息。Vincent 等(2001)利用 TM 影像数据,提出了一种适用于美国 Erie 湖的藻蓝蛋白经验模型,实现了对藻蓝蛋白的影像估算;Qi 等(2014)利用 MERIS 数据实现了太湖藻蓝蛋白估算;因一些传感器未能覆盖 620 nm 的波段,Dash(2011)针对 OCM 传感器建立了基于 560 nm 和 611 nm 的反演模型。

$$PC \propto ((R_{rs}(600) + R_{rs}(648))/2 - R_{rs}(624)$$

**图 9-159 半经验基线算法(Dekker,1993)**

在国内藻蓝蛋白遥感估算方面的研究中,黄家柱等最先利用卫星 TM 影像,应用卫星遥感技术成功对 1998 年 8 月太湖水域的蓝藻暴发事件进行了探测。杨顶田等(2006)验证了通过高光谱遥感技术检测藻蓝蛋白的可行性;马荣华等(2008)通过 1979 年以来多时相卫星遥感数据提取了天气晴朗的条件下蓝藻水华的面积以及空间分布。另外,沙慧敏等(2009)采用卫星数据,利用色彩合成研究太湖区域蓝藻水华的遥感监测,发现 MODIS 真彩色合成图像直观地反映了太湖中藻类的宏观信息,其趋向与叶绿素 a 浓度的分布一致,说明利用 MODIS 遥感数据监测太湖蓝藻水华的分布状况是切实可行的,MODIS 还可用于监测内陆湖泊藻类水华的污染状况。李国砚等(2008)、周立国等(2008)利用数据第 2 波段与第 1 波段地表反射率的比值,运用阈值法获取了蓝藻信息。马荣华等(2009)利用某公司制造的地物波谱辐射计研究了太湖水体的反射波谱,建立了藻类叶绿素的反演模型。陈云和戴锦芳(2008)采用 CBERS-02 星 CCD 数据作为主要数据源,NDVI 值作为测试变量,运用 CART 算法确定分割阈值,研究发现采用构建决策树的方法可有效区分蓝藻水华富集区、蓝藻聚集区和水体区。研究中所使用 MODIS 影像仅有两个波段,且空间分辨率较低,因此在 GIS 技术的支持下,可较容易地获取蓝藻水华区的信息。

传统的光学算法依赖于浑水的光学复杂度,其中浮游植物、悬浮物、有色溶解有机物的浓度和固有光学性质有很大的变化(Brando 等,2012;Le,2009)。此外,由于内陆水域的生物物理复杂性,色素、物种组成的多样性以及大气干扰对光照范围的影响,经验算法的不确定性也随之产生(Allali,1997;Knyazikhin 等,2000)。

在过去的 30 年里,蓝藻色素的算法有了很大的进步。有很多算法可以通过叶绿素 a 或藻蓝蛋白对蓝藻生物量和水华进行远程量化。这些算法可以简单地分为三类:经验法、半经验法和分析法(Graham 等,2016;Ogashawara,2015)。经验法和半经验法通常建立在 $R_{rs}$(k)和蓝藻色素(叶绿素 a 或藻蓝蛋白)之间统计关系的基础上。经验法和半经验法之间的区别在于方法开发中使用的假设。经验法完全依赖于网络、最小二乘法和逐步回归等统计技术来建立 $R_{rs}$(k)与蓝藻色素之间的最佳关系,而不遵循 IOPs 的任何物理或光学原理。半经验法通常基于 $R_{rs}$(k)(三波段、波段比等)的组合,光谱波段的选择遵循一定的物理或生物光学原理。解析法求解辐射传输模型的物理方程,导出蓝藻色素对 $R_{rs}$(k)的吸收系数(Shi 等,2019)。

有研究者利用藻蓝蛋白在 615 nm 和 630 nm 波段之间的吸收,基于经验法和半经验法对藻蓝蛋白进行量化尝试(Ogashawara 等,2013)。大多数算法利用了遥感反射率的光谱形状和反射率带比与藻蓝蛋白吸收的相关性(Li 等,2012;Mishra 等,2014;Pyo 等,2018;Qi 等,2014;Simis 等,2005;Tao,2017)。算法开发和验证的工作在图 9-160 中进行了总结和描述(Tyler 等,2010;Dash 等,2011;Li 等,2012;Simis 等,2005;Sun 等,2015)。

目前,遥感的应用已获得了重要的发现和进展。但是,还有很多问题亟待解决。例如,在具有复杂光学性质的内陆水域中,目前很难开发出一种适用于获取蓝藻信息的算法。在富营养化和超富营养化水体中,能带比和三能带算法均表现出良好的性能,但在不同的内陆水体中,其参数和最优能带存在显著差异。此外,藻蓝蛋白卫星图像中的应用较少。大多数藻蓝蛋白算法是使用从野外、舰船或机载高光谱传感器获取的数据来进行开发的。因此,这些算法在大时空比例尺的卫星图像中的适用性需要进一步提高。利用卫星图像绘制小内陆水域的蓝藻信息存在很多问题。目前,还没有合适的高频卫星仪器能够准确监测内陆小水域蓝藻水华。当前的卫星数据应用仅限于揭示蓝藻信息的时间和空间分布。未来的工作应集中在扩展应用程序,以阐明蓝藻水华形成的驱动机制,并通过将数值模拟与生态系统动力学模型相结合来预测蓝藻水华的发生(Shi 等,2019)。

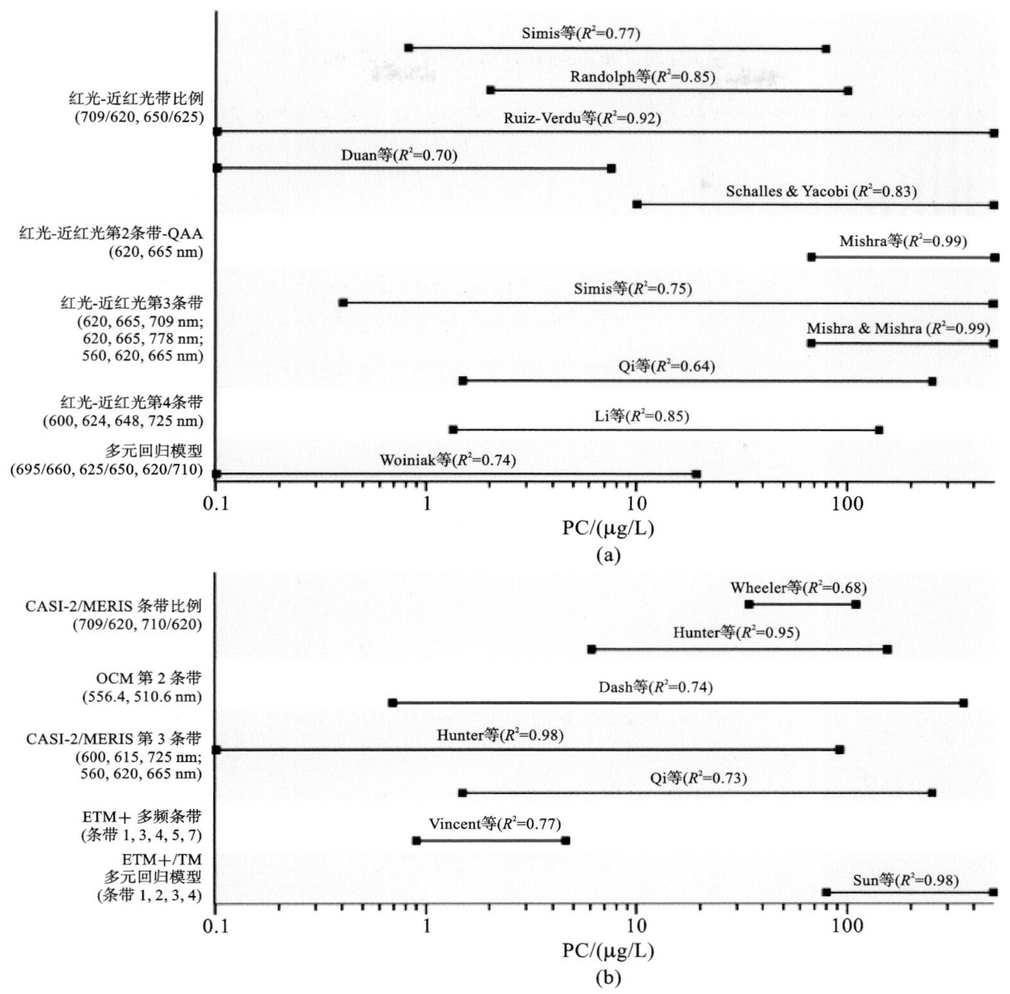


**图 9-160 先前发表的关于从野外光谱反射率测量(a)和各种卫星图像(b)中检索藻蓝蛋白的论文综述(Shi 等,2019)**

### 2. 在蓝藻水华监测的应用

郭一洋(2016)以从太湖获取的实测光谱数据(图 9-161)和水质参数数据(图 9-162)为依据,建立了基于光谱分类的太湖藻蓝蛋白浓度反演算法(图 9-163),有效提高了藻蓝蛋白反演精度。对于其他的内陆水体,在使用该反演策略的前提下,以光学特性为依据进行分类,建立反演模型,也可应用于藻蓝蛋白的反演中。郭一洋同时开发利用基于 MERIS 的图像分类反演,以实现对藻蓝蛋白浓度估算的方法和技术(图 9-164),进而实现藻蓝蛋白反演,结果证明 MERIS 影像适用于藻蓝蛋白反演,这也同时为蓝藻水华的监测打下了坚实基础,有助于借助蓝藻水华的发展趋势向社会提出警示。

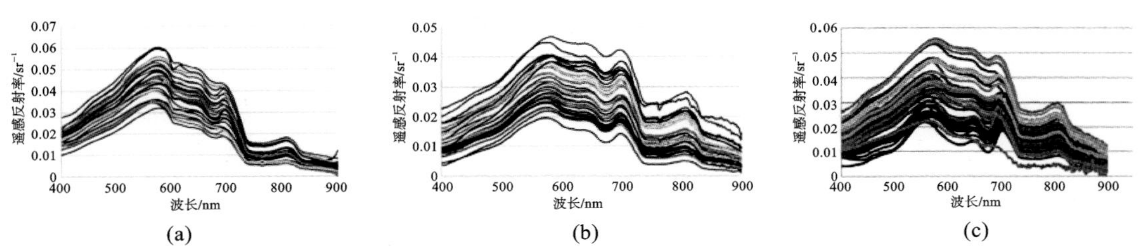


**图 9-161 实测光谱数据(郭一洋,2016)**

(a)2011 年 5 月;(b)2011 年 8 月;(c)2014 年 10 月

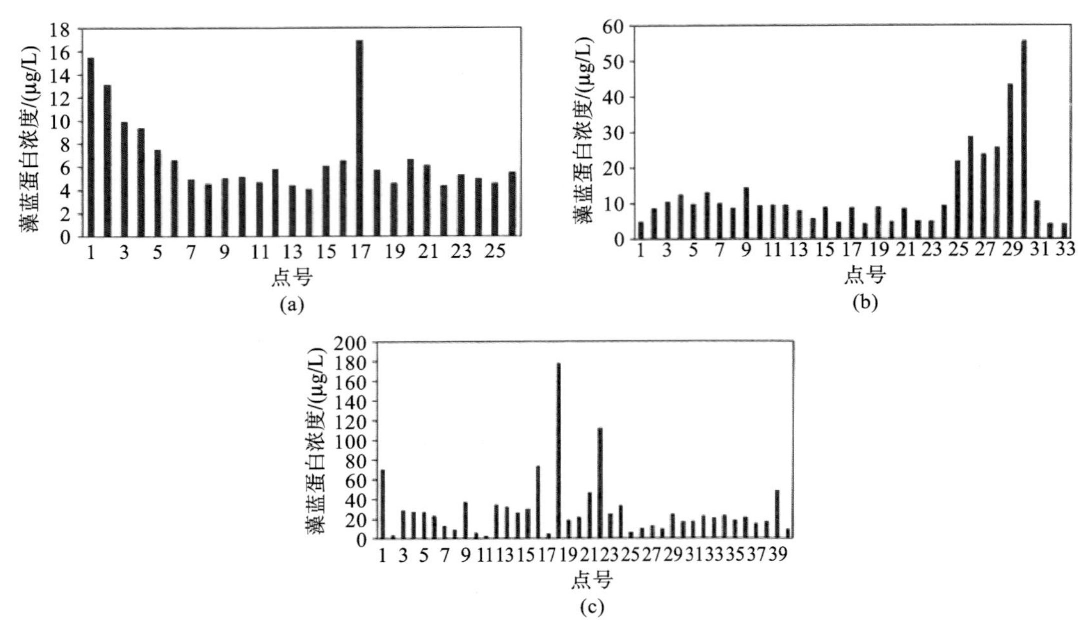


**图 9-162　水质参数数据——藻蓝蛋白浓度数据(郭一洋,2016)**

(a)2011 年 5 月;(b)2011 年 8 月;(c)2014 年 10 月

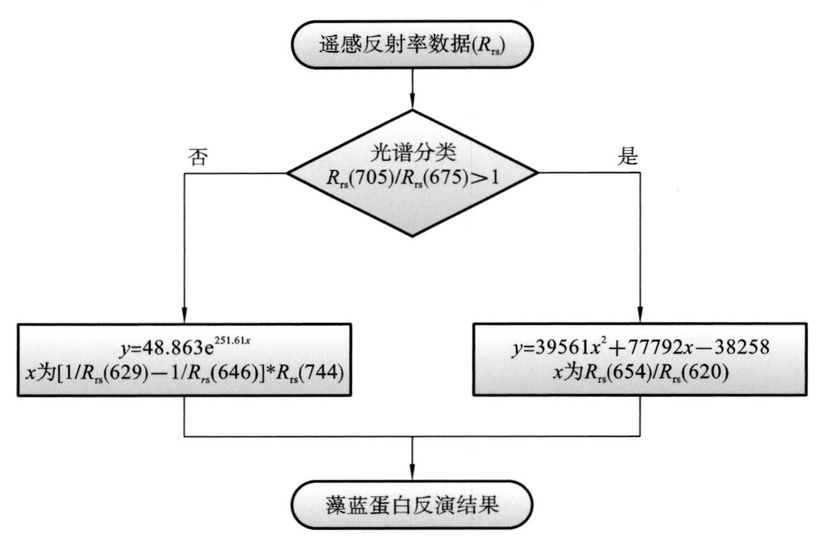


**图 9-163　基于光谱分类的藻蓝蛋白反演流程图(郭一洋,2016)**

Gitelson 等提出的适用于陆地植被叶绿素含量遥感反演的三波段算法模型(图 9-165)已被证实可用于湖泊水体中的叶绿素 a 浓度的反演,该模型被 Hunter 等进一步应用于藻蓝胆素的反演,且提取效果较好,其使用的三个波段分别为 615 nm、600 nm 和 725 nm(Hunter 等,2008)。Simis 等以反演藻蓝蛋白为基础,构建了一种嵌套的半分析算法,探讨了 MERIS 影像的波段配置,该算法能够对蓝藻中的藻蓝蛋白浓度进行较好的估算(图 9-166),并具有良好的物理意义,但是参数的获取较为复杂,易引起误差增大。美国的 Randolph 等采用半分析嵌套算法对美国 Geist 和 Morse 水库进行了适用性验证,证实了该算法可对这两个水库藻蓝蛋白的浓度进行较好的估算,也证实了其数据只是夏季中两天的数据,需要对其进行连续的监测。

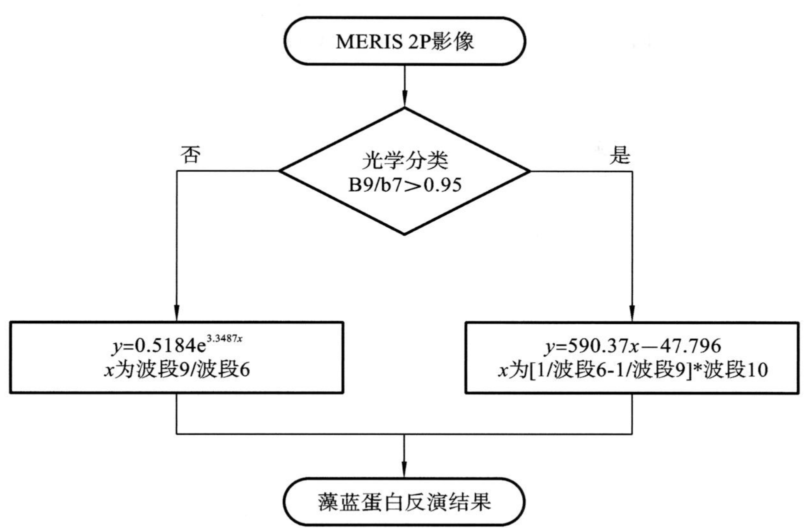


**图 9-164　基于 MERIS 数据分类的藻蓝蛋白反演流程图(郭一洋,2016)**

$$\mathrm{PC} \propto \left[R_{\mathrm{rs}}^{-1}(\lambda_1) - R_{\mathrm{rs}}^{-1}(\lambda_2)\right] \cdot R_{\mathrm{rs}}(\lambda_3)$$

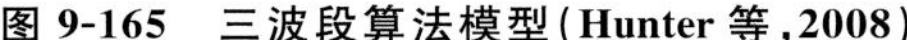

**图 9-165　三波段算法模型(Hunter 等,2008)**

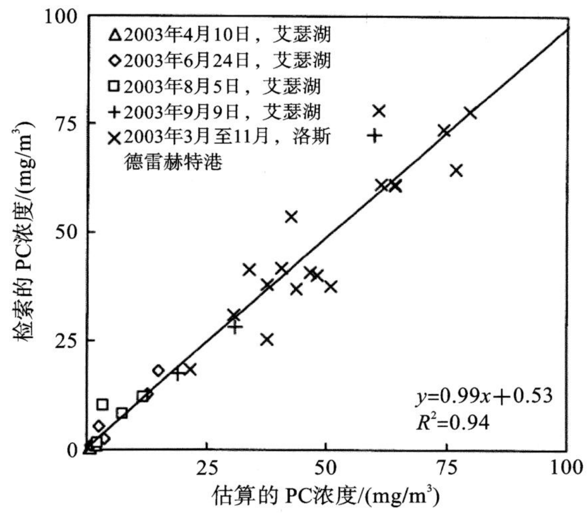


**图 9-166　藻蓝蛋白浓度的估算(Simis 等,2005)**

杨顶田等(2006)利用采集的太湖地物光谱数据,以水体的吸收系数和后向散射系数为基础构建了提取藻蓝胆素的分析算法,与以波段反射率比值为基础提取藻蓝胆素的经验统计回归算法进行了对比,发现提取藻蓝胆素的分析算法的提取精度更高。马荣华等(2009)利用太湖水体藻蓝胆素的实测数据,以蓝藻的光谱特征分析为基础,选择高分辨率的卫星遥感影像,构建了藻蓝胆素估算模型,其模型可以对新生蓝藻水华进行较为准确的识别,且藻蓝胆素的遥感估测精确度与藻蓝胆素浓度的高低以及藻蓝胆素与叶绿素的定量关系密切相关。

尹斌(2011)根据太湖水体的光学性质(实测光谱数据),结合水质参数数据和藻蓝蛋白色素的特征吸收波段和比吸收系数,建立了太湖藻蓝蛋白色素的遥感半分析浓度估算模型(图 9-167)。他还利用 MERIS 数据估算了藻蓝蛋白色素和叶绿素 a 的浓度,分析了这两种色素的空间分布规律以及比例关系,为鉴定蓝藻是否为优势藻种提供了理论依据,为预测可能发生蓝藻水华的区域提供了数据支撑。研究发现由于所有藻类中都含有叶绿素 a,而藻蓝蛋白色素是蓝藻的特征色素。因此,根据两种色素的关系图可以观察蓝藻种群相对生物量的多少,即蓝藻种群在藻蓝蛋白色素/叶绿素 a 值较大的区域是相对的优势藻种(图 9-168)。同时,在对色素比例进行研究的过程中发现,蓝藻水华的发生与藻蓝蛋白色素/叶绿素 a 值有关,有些湖区虽然叶绿素 a 和藻蓝蛋白色素的浓度都不是很高,水域也没有观察到蓝藻水华现象,但藻蓝蛋白色素与叶绿素 a 浓度的比值比较大,该湖区未来发生蓝藻水华的概率比较大。

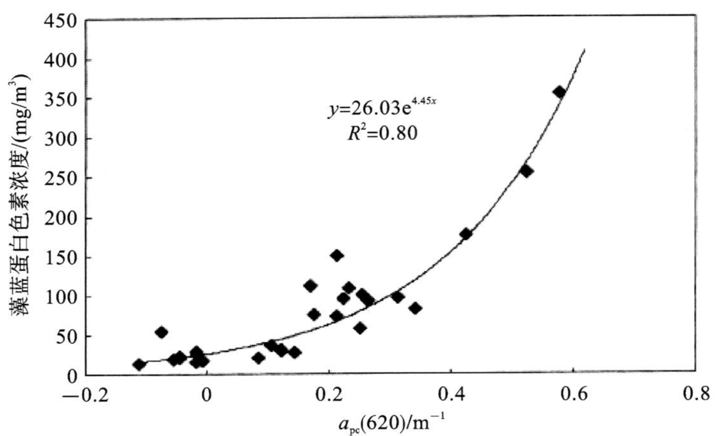


**图 9-167　藻蓝蛋白色素估算模型的构建(尹斌,2011)**

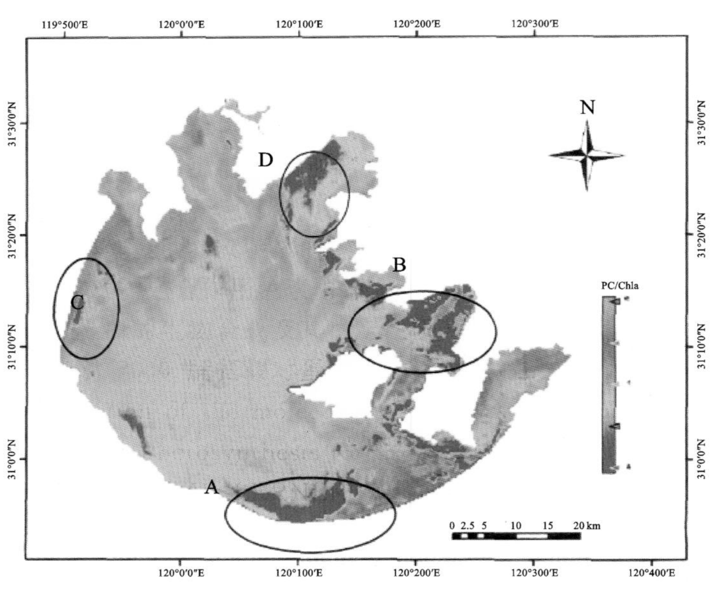


**图 9-168　太湖 2007 年 11 月 11 日藻蓝蛋白色素与叶绿素 a 浓度比值图(尹斌,2011)**

赵丽娜(2016)以微囊藻毒素释放过程的生物光学响应规律为基础、太湖作为研究区域,对叶绿素 a 和藻蓝蛋白的浓度、藻类生物量与微囊藻毒素浓度的相关性进行了分析(图 9-169),构建了用于估测微囊藻毒素浓度的综合参数并发展了遥感估算方法,协同利用两个或者多个指标对微囊藻毒素进行估算,最终得到微囊藻毒素的间接估算模型(图 9-170)。她又采用估算模型对实测值和估算值进行对比(图 9-171),发现与单独利用叶绿素 a 浓度和藻蓝蛋白浓度建模相比,协同使用的效果更好,这说明协同利用叶绿素 a 和藻蓝蛋白浓度对微囊藻毒素进行估算,微囊藻毒素浓度较高时,效果比单独利用叶绿素 a 或藻蓝蛋白浓度更好。

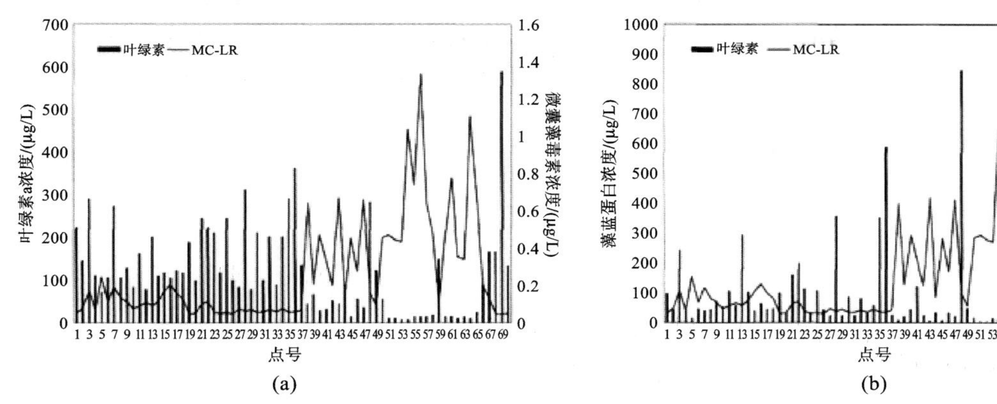


**图 9-169　微囊藻毒素(MC-LR)与叶绿素 a(a)和藻蓝蛋白(b)浓度关系图(赵丽娜,2016)**

[微囊藻毒素]=1.125−0.556lg[叶绿素]+0.061lg[藻蓝蛋白]　$R^2=0.615$

**图 9-170　微囊藻毒素的间接估算模型(赵丽娜,2016)**

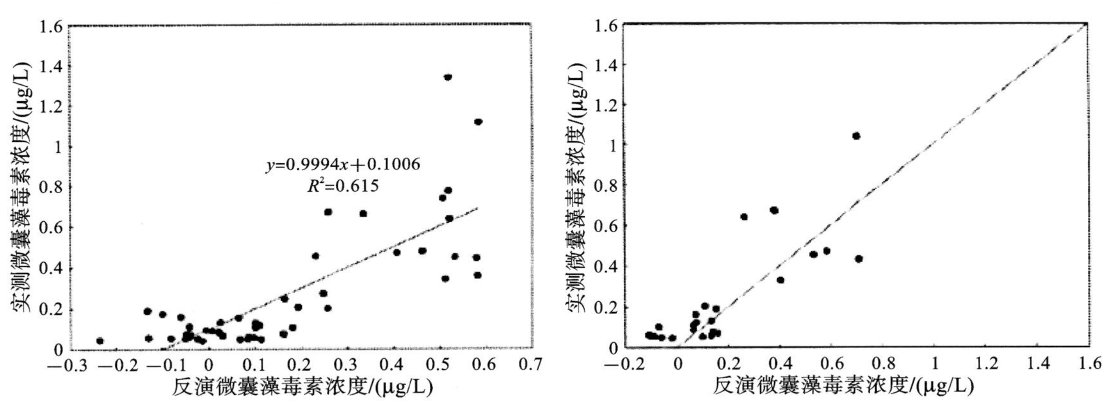


**图 9-171　叶绿素 a 与藻蓝蛋白联合估算散点图及验证(赵丽娜,2016)**

金琦(2017)通过采集的太湖的野外实测数据,对不同蓝藻丰度水样的遥感反射率、浮游植物吸收系数及水质参数的差异,以及遥感反射率、浮游植物吸收系数、藻蓝蛋白/叶绿素 a 值与蓝藻丰度之间的响应规律进行了分析,并从浮游植物吸收系数中提取得到蓝藻的吸收信息。研究发现:在 675 nm 处出现叶绿素 a 的强吸收峰,能够反映浮游藻类生物量的信息,而位于 620 nm 处的吸收峰为藻蓝蛋白,可反映蓝藻含量的信息,而位于 550 nm 附近的信息受色素和浮游藻类色素的影响均较低。因而这三个波长附近的遥感反射率与蓝藻丰度具有密切的相关性(图 9-172)。从表 9-11 中可以看出,蓝藻丰度与叶绿素 a 和藻蓝蛋白没有直接关系。可以发现,当蓝藻丰度很低($p<30\%$)时,叶绿素 a 浓度较高,藻蓝蛋白浓度却较低,说明这些水样中蓝藻的含量远远低于浮游藻类的含量。当蓝藻丰度大于 90%时,叶绿素 a 和藻蓝蛋白的浓度均相对较高,这说明水体中蓝藻的含量很高。虽然平均藻蓝蛋白/叶绿素 a 值随着蓝藻丰度的增加而增大,对于不同水平的蓝藻丰度,却没有明确的藻蓝蛋白/叶绿素 a 值边界。

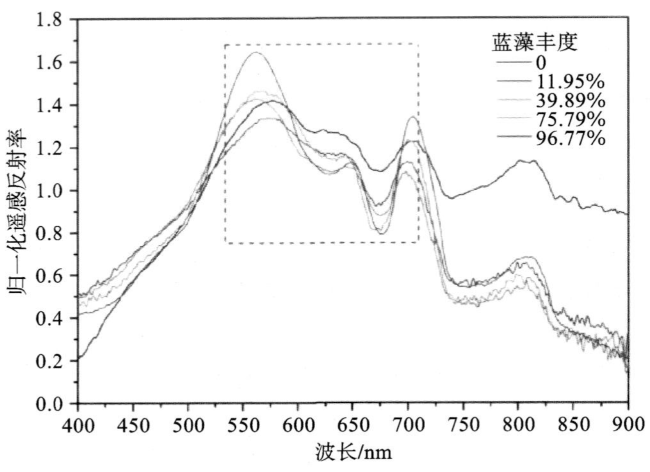


**图 9-172　不同蓝藻丰度样点的归一化遥感反射率光谱曲线(金琦,2017)**

**表 9-11　不同蓝藻丰度的叶绿素 a、藻蓝蛋白浓度和藻蓝蛋白/叶绿素 a 值(金琦,2017)**

| 蓝藻丰度/(%) | | 叶绿素 a/(μg/L) | 藻蓝蛋白/(μg/L) | 藻蓝蛋白/叶绿素 a 值 |
|---|---|---|---|---|
| 0～30 | 范围 | 11.16～97.65 | 4.40～18.76 | 0.07～0.46 |
| | 平均值 | 48.62 | 9.31 | 0.22 |
| 30～60 | 范围 | 13.40～49.85 | 3.78～20.53 | 0.12～0.93 |
| | 平均值 | 21.80 | 8.80 | 0.46 |
| 60～90 | 范围 | 5.30～64.17 | 4.83～35.64 | 0.11～1.83 |
| | 平均值 | 23.25 | 14.42 | 0.81 |
| 90～100 | 范围 | 5.58～431.52 | 3.26～804.11 | 0.11～2.55 |
| | 平均值 | 67.12 | 49.02 | 0.84 |

张静(2012)以太湖梅梁湾为研究区域,分析了不同季节梅梁湾水体的表观光学特性以及水面光谱反射率对藻蓝蛋白浓度变化规律的影响,通过回归分析建立了梅梁湾水体中藻蓝蛋白浓度的估算模型(表9-12)。该模型的建立为太湖蓝藻水华监测、内陆湖泊水色遥感的研究提供了数据支持。

**表 9-12　夏季藻蓝蛋白浓度与遥感反射比线性与非线性拟合模型(张静,2012)**

| 自　变　量 | 模 型 类 型 | 回 归 方 程 | $R^2$ |
|---|---|---|---|
| $R_{620}$ | 线性 | $y=1220.1x-22.156$ | 0.070 |
| | 一元二次 | $y=-442251x^2+23777x-303.13$ | 0.174 |
| | 指数函数 | $y=6.9542e^{-68.29x}$ | 0.016 |
| $R_{624}-L$ | 线性 | $y=24680x-21.236$ | 0.539 |
| | 一元二次 | $y=2\times10^7x^2-37542x+13.293$ | 0.7391 |
| | 指数函数 | $y=0.017e^{3680.6x}$ | 0.8634 |
| $R_{620}/R_{650}$ | 线性 | $y=-274.21x+270.87$ | 0.4554 |
| | 一元二次 | $y=3863.8x^2-7688.7x+3820.8$ | 0.8161 |
| | 指数函数 | $y=6\times10^{15}e^{-37.57x}$ | 0.6152 |
| $R_{620}/R_{709}$ | 线性 | $y=-29.375x+24.715$ | 0.204 |
| | 一元二次 | $y=119.51x^2-211.28x+81.221$ | 0.5392 |
| | 指数函数 | $y=61.312e^{-6.715x}$ | 0.7675 |

续表

| 自变量 | 模型类型 | 回归方程 | $R^2$ |
|---|---|---|---|
| $R_{620}/R_{460}$ | 线性 | $y=11.057x-8.6864$ | 0.0351 |
| | 一元二次 | $y=-80.997x^2+247.95x-174.78$ | 0.1253 |
| | 指数函数 | $y=0.0009e^{4.8982x}$ | 0.496 |

马万泉(2012)首先对微囊藻的生物光学特性进行了研究,发现与其他两种藻(普通小球藻和梅尼小环藻)相比,铜绿微囊藻最显著的差异主要是620 nm处附近的吸收峰(图9-173),这是由其特征色素蛋白藻蓝蛋白引起的,这为利用遥感技术定量识别微囊藻提供了理论依据。马万泉在此基础上建立了微囊藻的识别方法,研究发现:以590～650 nm波段作为特征波段进行多元线性回归计算,所得铜绿微囊藻的比例与实际比例的误差较小,平均相对误差为26.06%,决定系数($R^2$)较高,识别精度较高(图9-174)。该识别方法可帮助人们获取水体中微囊藻含量,进而为利用遥感技术进行微囊藻水华监测和预警提供理论基础。

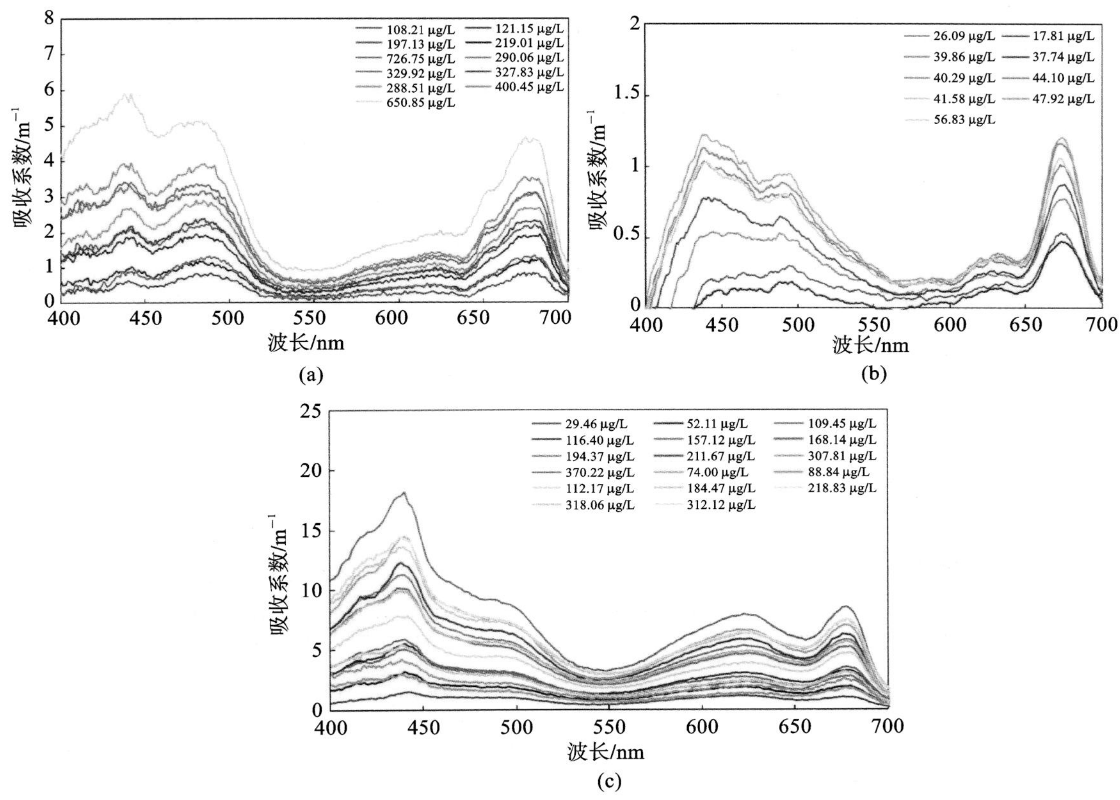


**图9-173 普通小球藻(a)、梅尼小环藻(b)和铜绿微囊藻(c)在不同浓度下的吸收光谱曲线(马万泉,2012)**

深度学习技术在处理多维图像(包括多光谱和高光谱图像)方面显示了可靠的仿真性能(Du和Zhao,2016;Huang等,2018;Zhang等,2018)。特别是,卷积神经网络(CNN)在处理和分类这些图像方面具有更高的准确性(Kellenberger等,2018;Krizhevsky等,2012)。CNN模型利用卷积层的核矩阵来捕捉输入数据的丰富特征(Li等,2016;Suzuki等,2017)。在将CNN应用于有害蓝藻的分析中,Kumar和Bhandarkar(2017)设计了一个模型,通过识别智能手机图像纹理,自动检测有害蓝藻水华。基于此,CNN可以提供一种更有效的方法来估计水质变量,如内陆水域的浮游植物色素。然而从高光谱图像中估计蓝藻的CNN的综合研究尚未实现,尽管不同领域的许多研究使用CNN来解决涉及多维图像数据的回归问题(Narihira,2015)。此外,CNN的高层次特征表示和图像理解,适用于高光谱图像的回归分析。由于计算效率很高,使用CNN进行回归分析需要一种分块的输入合成方法(Chen等,2016)。由于

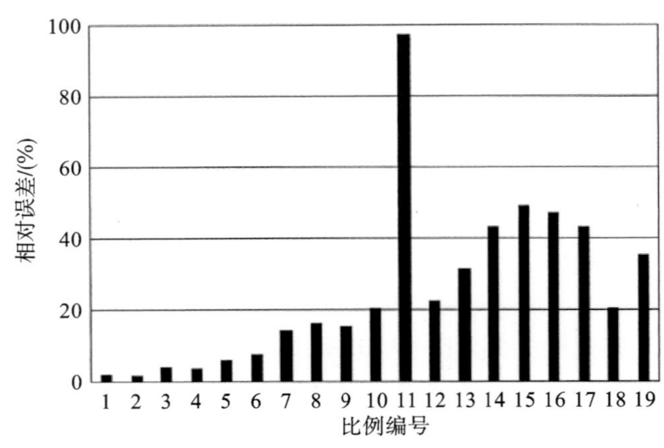


**图 9-174　590～650 nm 波段拟合比例相对误差分布图(马万泉,2012)**

多维图像像素包含高度复杂和异质性的空间和光谱特征,因此输入图片大小会影响 CNN 的特征表示(Zhang 等,2018)。也就是说,在 CNN 中,应用合适的斑块大小进行高层次特征提取,最终可揭示蓝藻分布的全貌。然而,尚未有研究揭示输入斑块大小对 CNN 回归性能的影响。

许多经验或半分析的算法已经被用来定量蓝藻色素的浓度,包括叶绿素 a(Chl-a)和藻蓝蛋白(PC)色素(Duan 等,2012;Ho 等,2017;Li 等,2015;Lunetta 等,2015)。Chl-a 是判断浮游植物生物量的典型色素,而 PC 是评估淡水中蓝藻存在情况的典型指标。Pyo 等(2019)以百济堰为研究区域(图 9-175),选取了具有代表性的原位遥感反射光谱,分析了色素组分在光学性质上的变化,发现原位反射光谱随 PC 和 Chl-a 浓度的变化而变化(图 9-176)。这一因素可能会导致利用波长限制来估计藻类色素传统光学算法的不确定性。因此利用高光谱影像的卷积神经网络(CNN)回归(PRCNN 模拟)进行 PC 和 Chl-a 的浓度估计和图谱生成(图 9-177)。研究人员研究了不同输入窗口大小对 PRCNN 模型的影响(图 9-178),与输入尺寸为 128×128(滤波器的宽×高)和 64×64(滤波器的宽×高)输入窗口的 PRCNN 模型(图 9-178(a)～(d))相比,输入尺寸为 8×8(滤波器的宽×高)的 PRCNN 模型通过合理的色素浓度水平生成了 PC 和 Chl-a 精细的空间表现(图 9-178(e)～(f))。这也就说明相对较小的 CNN 回归输入尺寸比较大输入尺寸的 CNN 更适合用于提取藻类色素的非线性空间特征而不丢失窗口内的异质信息。

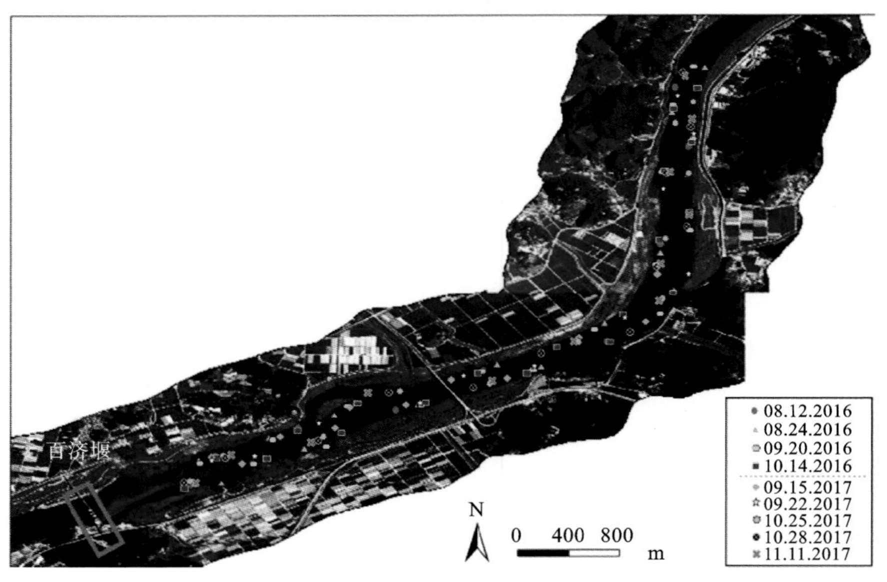


**图 9-175　研究区域:百济堰,各监测时段采样点(Pyo 等,2019)**

红色框表示堰的位置

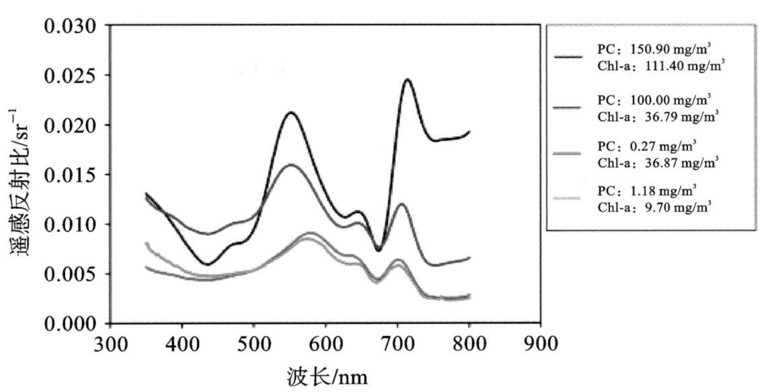


**图 9-176 蓝藻色素浓度的原位反射光谱(Pyo 等,2019)**

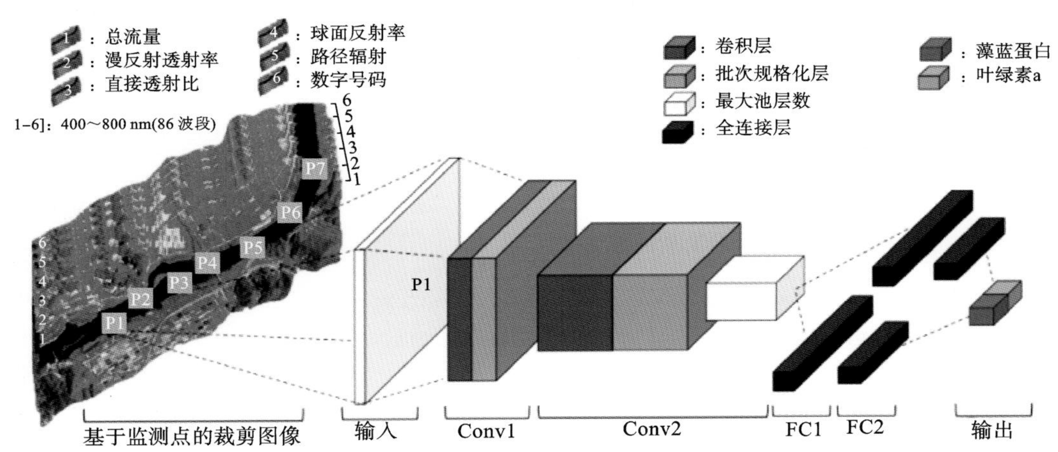


**图 9-177 卷积神经网络结构,由大气校正参数和数字组成的输入层、两个卷积层和两个全连通层用于浮游植物色素的估算(Pyo 等,2019)**

研究人员又继续对 PRCNN 模型(输入窗口为 8×8)进行了验证和性能评估,PRCNN 模型显示,来自训练和验证集的 PC 估计值与观测值之间具有高度相关性,相关系数分别为 0.90 和 0.86(图 9-179(a)(b))。在训练和验证误差方面,PC 模拟的 RMSE 值分别为 7.74 mg/m$^3$ 和 9.39 mg/m$^3$。与 PC 的训练集结果相比,PC 数据集由于季节性而有很大的变化,验证结果显示数据略高。对相对于输入窗口大小的验证误差的分析中发现:较大的窗口尺寸(即 64×64 和 128×128)比 8×8 窗口尺寸产生更大的验证误差(图 9-180)。因此,考虑到验证误差小和 CNN 结构优化,最终采用 8×8 作为输入窗口大小。将传统光学算法得到的 PC 和 Chl-a 估计值与 PRCNN 模型得到的色素浓度进行了比较,图 9-181 所示为用于 PC 和 Chl-a 估计的整个生物光学算法结果。结果发现与传统的生物光学算法相比,PRCNN 模型对 PC 和 Chl-a 的模拟精度更高,这种深度学习技术能有效地反映 PC 和 Chl-a 浓度的变化。最后,将一个 8×8 输入窗口的训练 PRCNN 模型应用于整个高光谱图像中,在每个像素上生成 PC 和 Chl-a 图。2016 年 8 月 12 日和 8 月 24 日的 PC 和 Chl-a 图如图 9-182 和图 9-183 所示,PRCNN 模型的 PC 图和 Chl-a 图基本上遵循了色素的复杂空间分布,输入窗口大小合适,足够深的光谱带能够提取色素的非线性空间特征和线性定量特征。特别是,在百济堰区附近,PRCNN 模型的 PC 和 Chl-a 图几乎与空间变化相同,在空间变化中观察到了水华的大部分动态空间特征。此外,该模型很好地再现了相对高浓度区域的 PC 和 Chl-a 浓度:图 9-182(d)中的 R-1 和图 9-183(b)(c)。该研究证明了 CNN 回归法具有高精度检测和量化蓝藻的潜力,可作为生物光学算法的替代方法。

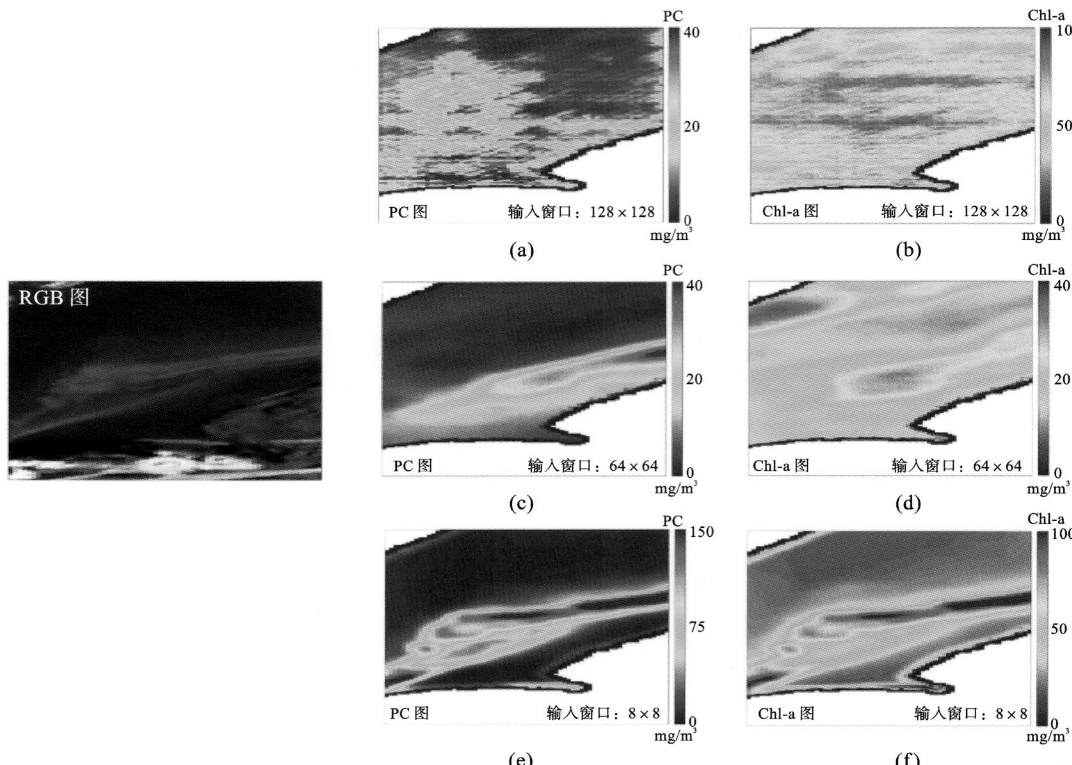


**图 9-178 不同输入窗口大小的 PC 和 Chl-a 图(Pyo 等,2019)**

(a)(b)128×128 输入窗口的 PC 和 Chl-a 图;(c)(d),64×64 输入窗口的 PC 和 Chl-a 图;(e)(f)8×8 输入窗口的 PC 和 Chl-a 图

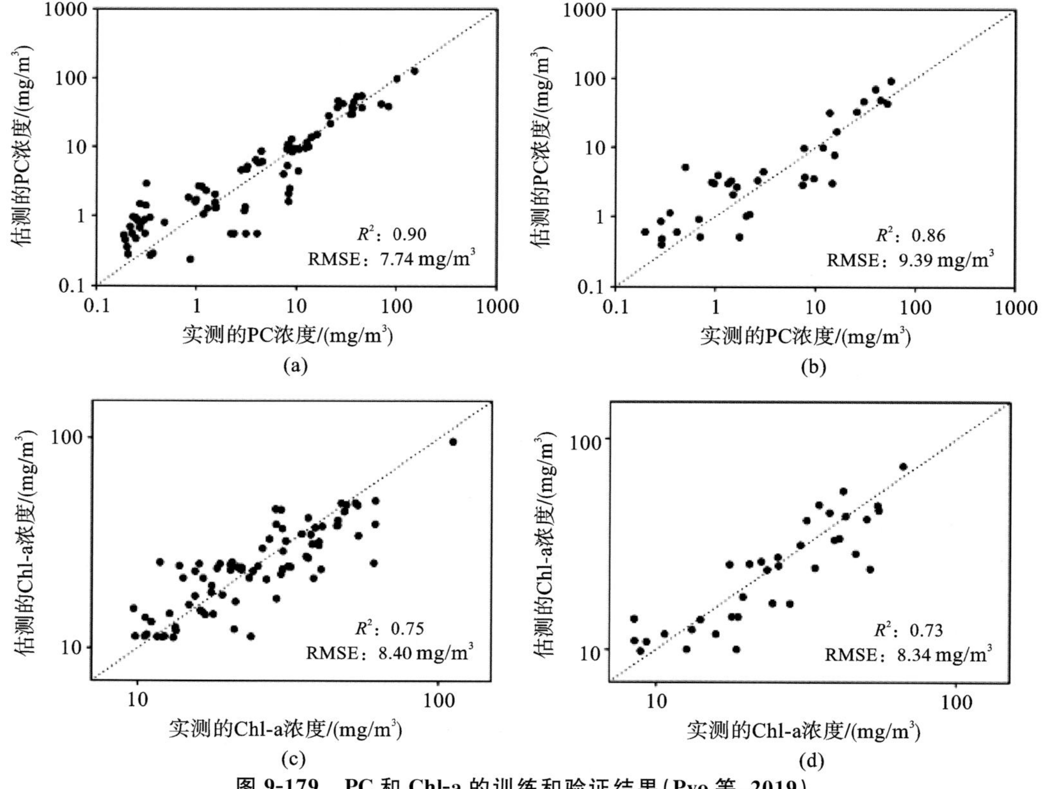


**图 9-179 PC 和 Chl-a 的训练和验证结果(Pyo 等,2019)**

(a)(b)PC 的训练和验证结果;(c)(d)Chl-a 的训练和验证结果

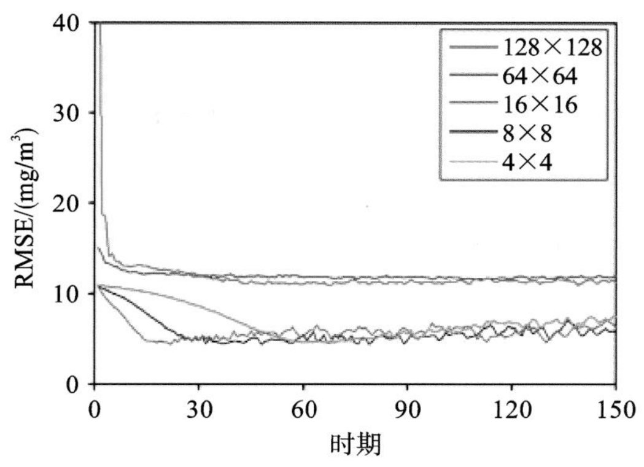


图 9-180 不同输入窗口大小的验证误差(Pyo 等,2019)

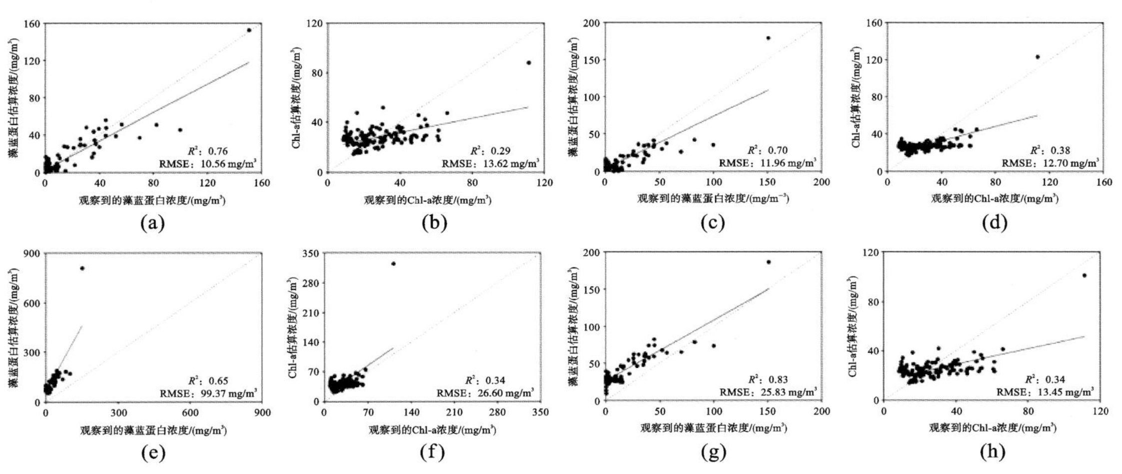


图 9-181 常规光学算法性能(Pyo 等,2019)

(a)(b)PC 和 Chl-a 的两个带比算法结果;(c)(d)三个带比算法结果;(e)(f)Li 算法结果;(g)Simis 算法结果;(h)Gons 算法结果

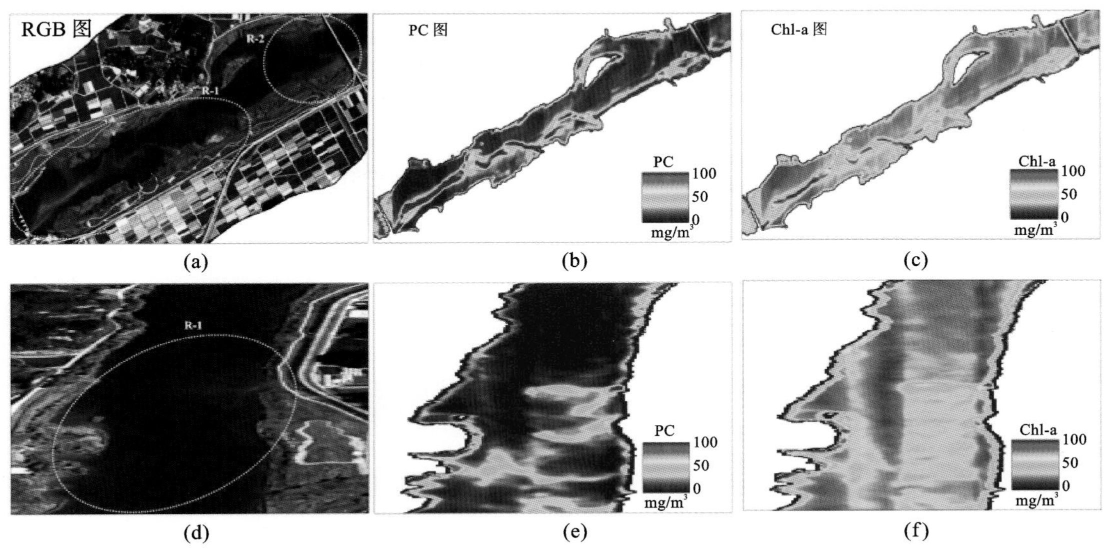


图 9-182 8 月 12 日藻类色素图(Pyo 等,2019)

(a)(d)RGB 图;(b)(e)PC 浓度图;(c)(f)Chl-a 浓度图

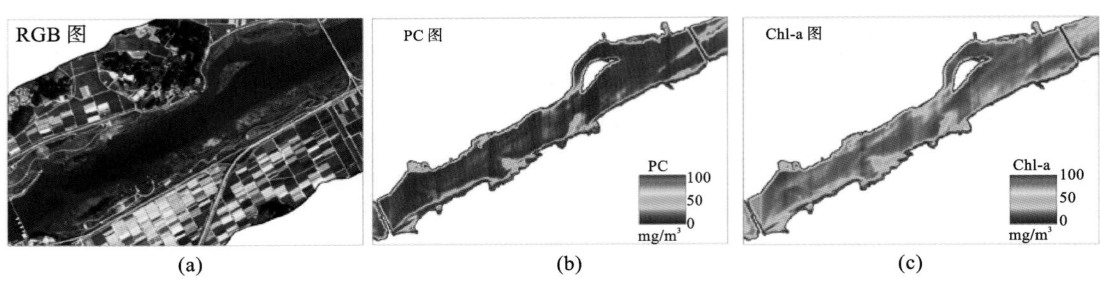


**图 9-183　8 月 24 日藻类色素图(Pyo 等,2019)**

(a)RGB 图;(b)PC 浓度图;(c)Chl-a 浓度图

相比于其他检测蓝藻生物量的方法,原位荧光计可以满足实时监测蓝藻的需要(Zamyadi,2016)。Choo 等(2019)建立校正因子,以尽量减少绿藻对荧光计测量蓝藻的影响,同时开发出定制的叶绿素 a(Chl-a)补偿校正因子,并将其应用于荧光计中,以减少测量误差。该方法将从绿藻调查中收集的叶绿素 a 和藻蓝蛋白荧光计测量值作为干扰源,评估以绿藻和浊度作为干扰源的样品中校正因子的性能。该方法依赖于荧光计的藻蓝蛋白和叶绿素 a 输出(所有荧光计都有传感器),不需要通过提取叶绿素 a 或细胞计数来测定绿藻浓度。研究者采用叶绿素 a 和藻蓝蛋白测量值校正荧光计输出的干扰偏差,利用 4 种荧光计对 3 种主要蓝藻进行测试,研究了藻蓝蛋白输出量、绿藻和蓝藻浓度之间的关系。研究发现:荧光计藻蓝蛋白的输出量与绿藻浓度的增加有很好的相关性($R^2>0.9$,$p<0.05$)。且在相同浓度的绿藻中,提高浊度浓度可提高荧光计的输出。总的来说,测量误差取决于测量蓝藻种类类型使用的荧光计(图 9-184(a)(b))。并非所有的校正方法对每一个荧光计和蓝藻种类都有相同的效果(图 9-185)。

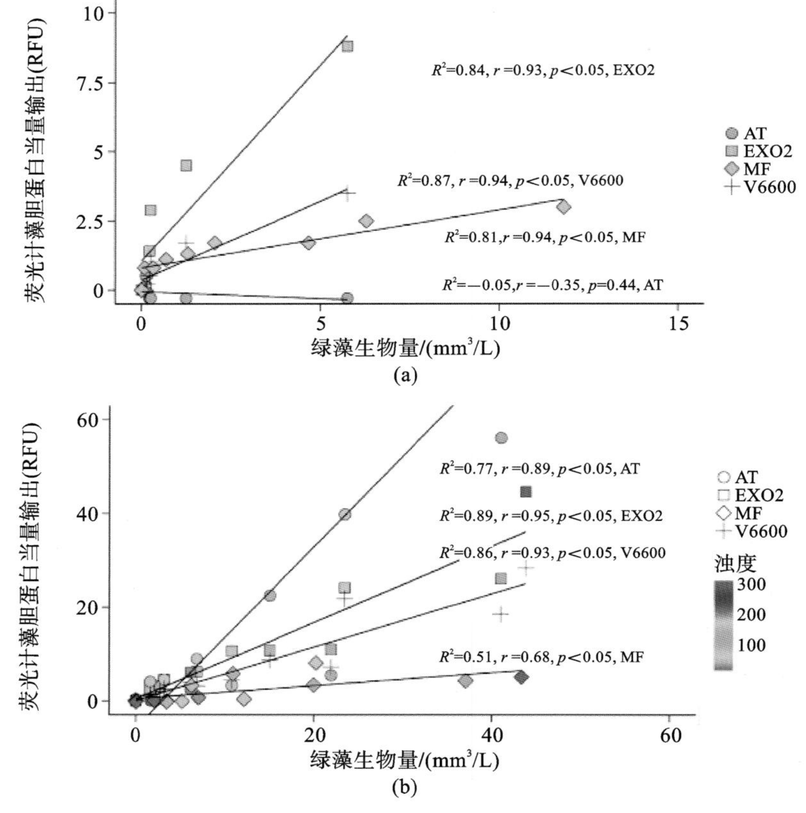


**图 9-184　绿藻生物量与荧光计藻胆蛋白当量输出的线性关系(Choo 等,2019)**

(a)仅在绿藻存在时,荧光计测量显示系统测量误差具有内在的线性;(b)在绿藻和浊度存在时,荧光计测量所显示的测量误差在一定程度上也是系统性的以铜绿微囊藻为例(图 9-186),与未校正的荧光计测量误差相比,大多数校正因子的相对测量误差均降低。在添加绿藻和浊度校正荧光计性能的比较研究中,研究者发现在绿藻浓度较低(0～10 $mm^3/L$)时,铜绿微囊藻的最佳校正方法将平均相对测量误差从 800%降至 200%(图 9-187(a))。将未校正的荧光计测量值与校正后的测量值进行比较时,浊度不会对校正系数产生不利影响。这表明校正因子可能不适用于某些荧光计物种对,在这些情况下,未校正的测量输出可以给出最接近的蓝藻估计值。图 9-187(a)(b)表明,在存在两个干扰源的情况下,研究中开发的校正因子能够减小相对测量误差。与 Chang 等(2012)开发的校正因子相比,该研究开发的校正因子产生的相对测量误差更低。现场验证表明,目前的校正因子方法对以单一蓝藻物种为主的地点比以共生或混合水华为主的地点更有效。但是由于绿藻的存在,测量结果不准确,一些校正因子还需要继续修改。

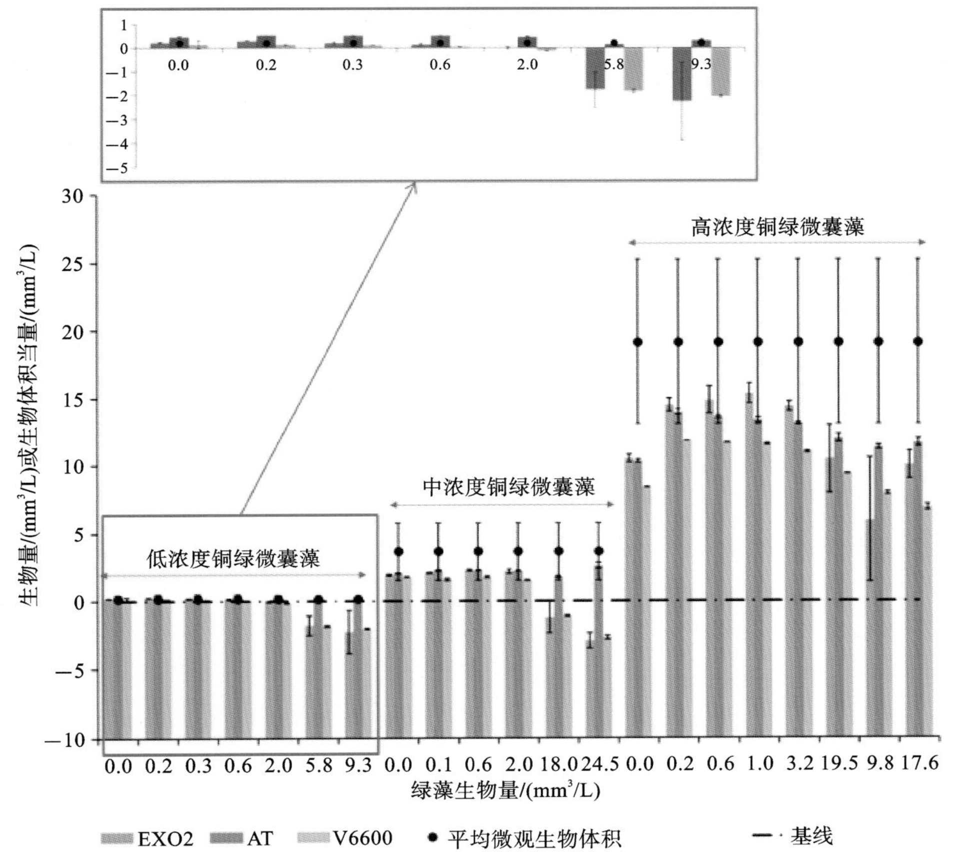


**图 9-185 校正方法 1,所有荧光计对铜绿微囊藻和三种不同的蓝藻浓度的测量(Choo 等,2019)**

低浓度:1000/mL;中浓度:30000/mL;高浓度:130000/mL

为了增强这些方法的实用性,需要进一步研究不同种类和混合种类的荧光计和其他荧光计的校正因子。此外,还应研究通过非线性回归发展校正方法和探索浊度的影响,以确定是否可以实现更精确的校正。虽然校正方法可以减小测量误差,但荧光计测量总是会有一定程度的误差。将这些校正因子纳入荧光计算法需要进一步研究。尽管实验室模拟的条件随现场条件变化很大,但上述研究的工作表明,应考虑制订现场特定的校正系数(Choo 等,2019)。

#### 9.3.5.3 藻胆蛋白在消毒副产物(DBPs)的去除中的应用

水华的范围和持续时间都在增加。水华期间,铜绿微囊藻通过堵塞膜严重影响水处理过程(Her 等,2004;Jia 等,2018;Qi 等,2016)。使用传统的饮用水处理工艺很难去除水华(Dotson 和 Westerhoff,2009;Geer 等,2017;Ridal 等,2007)。此外,水藻大量繁殖所产生的藻类和溶解的有机氮(DON)也会影响饮用水消毒副产物(DBPs)的形成(Fang 等,2010)。在铜绿微囊藻的固定相中,包含在细胞内有机质

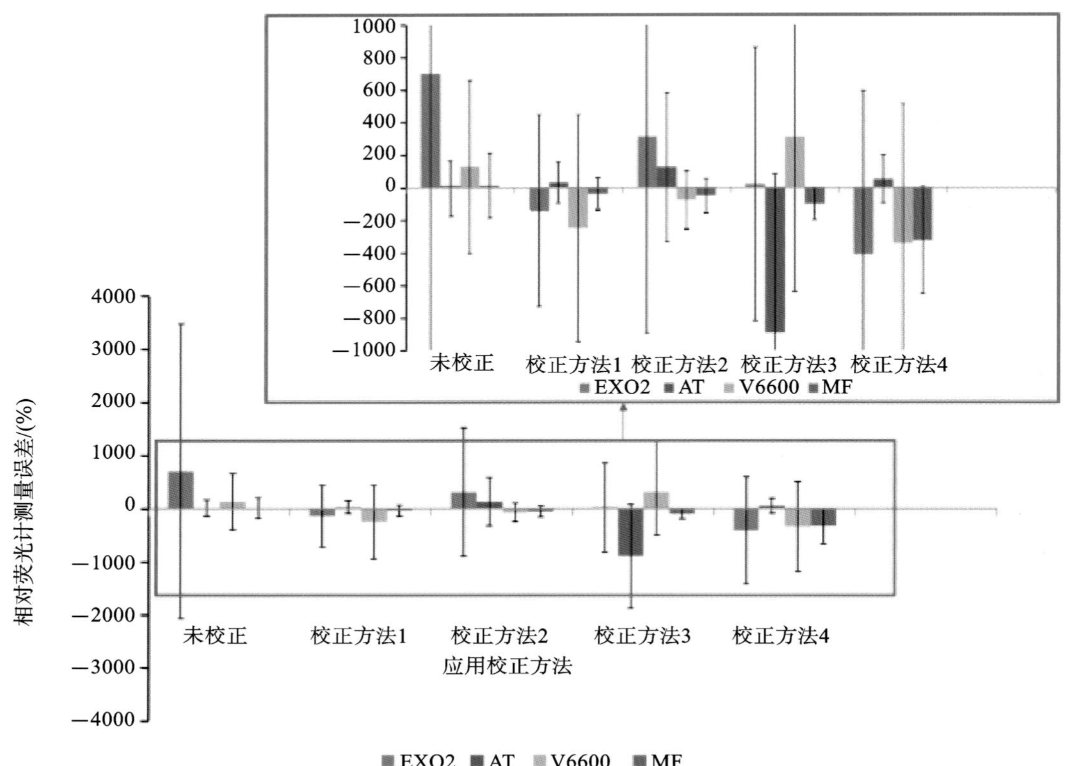


**图 9-186　在测量含有铜绿微囊藻和绿藻的样品时,对所有四个荧光计的不同校正方法的成功性进行了比较,给出的数据是该实验收集的所有数据的平均值(和标准偏差)(Choo 等,2019)**

(IOM)中的蛋白质含量高达 29.1%(Pivokonsky 等,2006)。根据之前的研究(Liu 等,2016),藻蓝蛋白被发现是 IOM 中的主要蛋白质,也是 DBPs 的重要前体之一。藻蓝蛋白的含氮量较高,容易产生氮消毒副产物(N-DBPs)。因此,研究藻蓝蛋白的去除及其对 DBPs 形成的影响具有重要意义。

目前已有化学预氧化、强化混凝、超声波处理等多种方法去除水中藻蓝蛋白,但能耗较大,可能会造成二次污染(Liu 等,2017;Ridal 等,2007;Sakai 等,2007)。零价铁(ZVI)对环境无害,具有较高的反应活性。在涉及 ZVI 的治疗中引入的化学物质较少。已有一些研究集中于 ZVI 对有机物和无机物的去除方面,特别是 ZVI 用于处理地下水和被卤化有机物或重金属污染的废水方面(Arnold 和 Roberts,1998;Rangsivek 和 Jekel,2005)。ZVI 可作为还原剂(即通过 ZVI 和表面结合的Fe(Ⅱ))处理环境污染物,作为吸附剂(即通过铁(hydr)氧化物层)处理其他金属,或作为混凝剂(即通过溶解 ZVI 表面的 Fe(Ⅱ))处理水中各种污染物(Sun 等,2016)。然而,利用 ZVI 去除蛋白质和氨基酸以实现铁的连续溶解及其絮凝作用的研究尚不多见。此外,最近发表的关于 ZVI 技术的论文主要集中在纳米 ZVI 技术上,因为纳米 ZVI 具有大的比表面积和高的表面活性(Huang 等,2018),很少有研究集中在具有较大粒径的微尺寸 ZVI(mZVI)或 ZVI 上。由于纳米 ZVI 易于聚集和氧化,也难以分离(Busch 等,2014),因此选择 mZVI 作为去除藻蓝蛋白的材料。ZVI 可以通过重力沉淀和反应后的磁选进行分离(Chandraiah,2016),并且可以通过后续的接触絮凝和过滤去除铁色。

在上述基础上,Liu 等(2019)阐明了 ZVI 对藻蓝蛋白和 DON 的去除效率以及反应条件对去除效率的影响,确定和表征了 ZVI 去除藻蓝蛋白的反应机制(图 9-188),并比较了 DBPs 的变化。研究发现:一定量的 mZVI 对藻蓝蛋白和 DON 的去除效果优于普通混凝剂,90min 内去除率分别高达 95%和 81%,所用药剂较少。在 pH 较小时,去除效果较好,pH<6 时几乎完全去除。由于前驱体的减少,DBPs 的产量也减少。大量的铁离子溶解在水中有利于反应,通过水解中间产物絮凝和氧化铁吸附去除藻蓝蛋白。

有研究者曾报道使用改性光催化剂在去除有机污染物方面的重大进展。然而,有研究表明,尽管

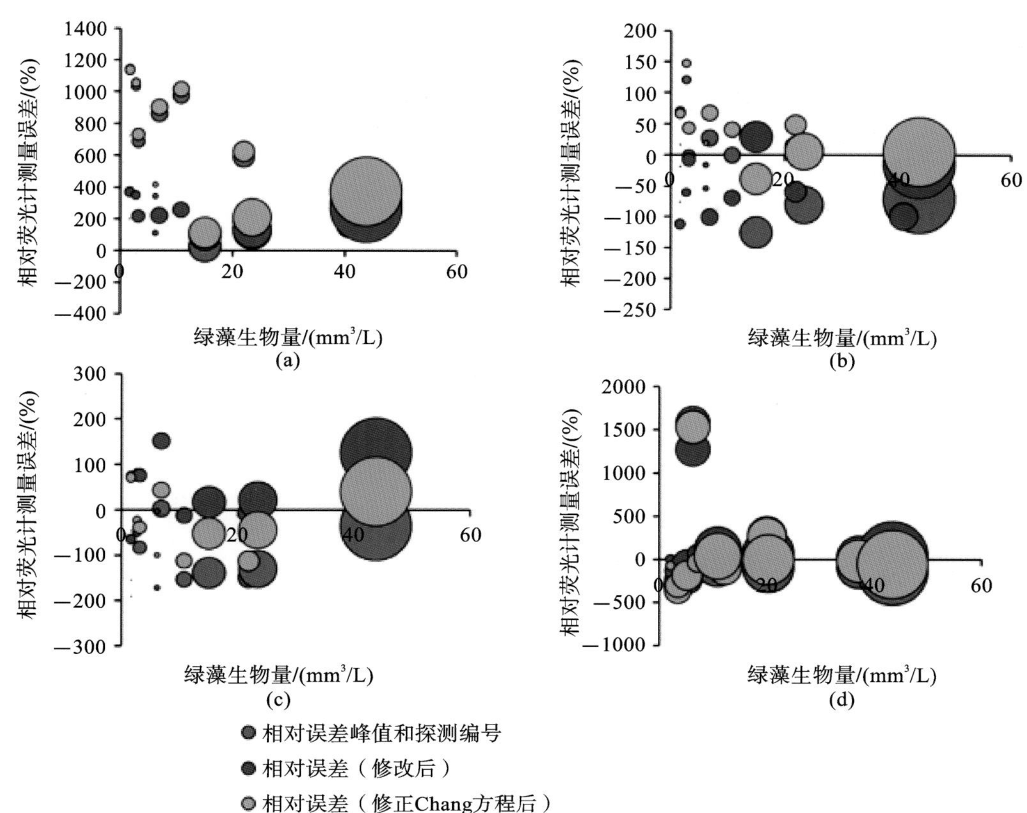


**图 9-187　铜绿微囊藻、绿藻、浊度混合物的样品的未校正和校正的相对荧光计测量误差(Newcombe 等，2019)**

气泡的大小反映了从 0 到 100 的相对浊度浓度，该浓度已从 0 到 331（NTU）。测试的荧光计分别是(a)EXO2；(b)V6600；(c)AT；(d)MF

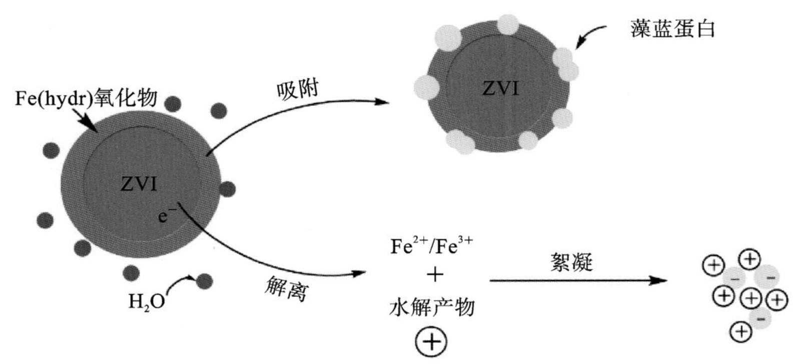


**图 9-188　ZVI 去除藻蓝蛋白的反应机制(Liu 等，2019)**

$TiO_2$ 光催化是一种可以在多种环境下使用的强大策略，但 DBPs 仍然是在光催化过程中形成的，并且在超过其初始水平时形成会加剧(Wang 等，2015；Chu 等，2012；Gerrity 等，2009；Liu，2008；Mayer 等，2014；Meng 等，2016)。有限的光催化产生不完全氧化，其中更大分子量的腐殖质有机化合物被分解成小分子量、具有更少腐殖质部分的化合物(Mayer 等，2014)。由于不同的 DOM 组分与氯的反应活性不同，DOM 分子结构的这些变化可能影响后续 DBPs 的形成。Chen 等(2016)采用磁控溅射法制备得到一种新型的 Au 修饰 $TiO_2$ 光催化剂，研究了 UV/Au-$TiO_2$ 工艺对水处理过程中特定 DON(藻蓝蛋白)的去除效果、降解机制、对后续混凝的影响以及氯化后生成的 DBPs(图 9-189)。研究发现：与游离的 $TiO_2$ 相比，Au NP 的负载提高了光催化性能，这是由于它具有较大的比表面积，在可见光区域高吸收，具有改进的导电性和表面等离子体效应。与纯 $TiO_2$ 相比,Au-$TiO_2$ 复合物明显提高藻蓝蛋白的降解性能,去除率高达 96.7%。该工艺破坏了藻蓝蛋白的结构,部分 DON 随 $N_2$ 的生成转化为无机氮,从而提高了 DON 的降解率(59%)。此外,Au-$TiO_2$ 光催化剂可显著降低 DCAN 的形成潜能,但会使 TCM 和 DCAcAm 的生成量超过初始水平。这三种 DBPs 的不同趋势是由前体材料的基本差异所致。因此,为了平衡污染物的去除和 DBPs 的缓解,光催化的使用应该被精心设计并作为水处理系统的一部分。

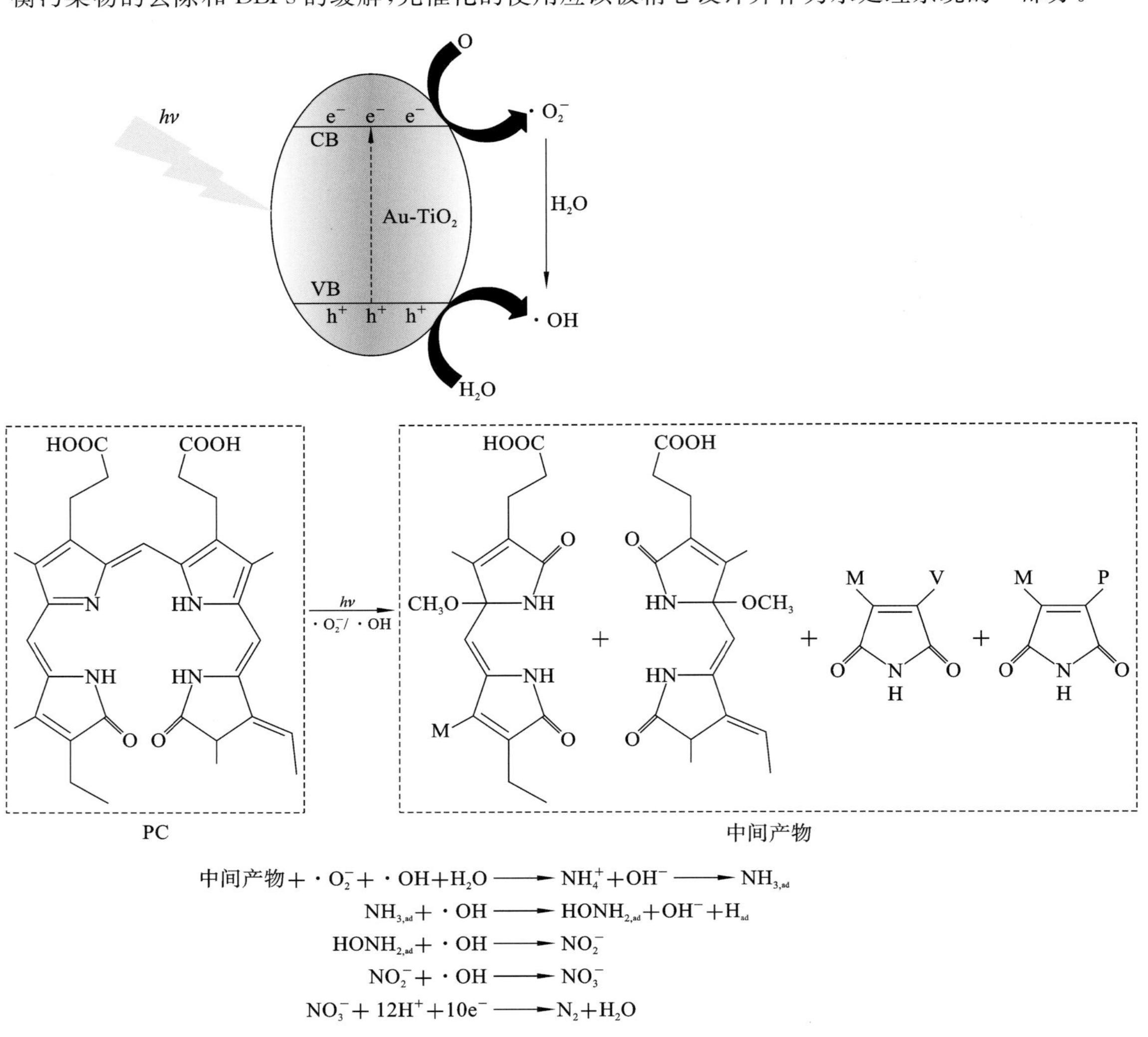


**图 9-189　Au-$TiO_2$ 催化剂光降解藻蓝蛋白的机理(Chen 等,2016)**

## 9.3.6　其他材料

### 9.3.6.1　经皮给药

蛋白质对各种疾病的治疗具有很高的潜力。此外,它们不太可能破坏正常的生物过程,而且通常耐受性好、免疫原性低(Leader 等,2008)。然而,蛋白质在靶点的传递,特别是经皮传递方面仍然面临巨大的挑战。经皮给药是一种非侵入性的蛋白质给药方式,可避免口服给药可能发生的首过效应,避免与注射相关的疼痛和副作用。经皮给药的主要挑战是皮肤的疏水屏障,即角质层(SC),它由嵌入高度组织化脂质基质中的角质细胞组成,如胆固醇、神经酰胺和游离脂肪酸等(Kezic 等,2012;Kitaoka 等,2016)。一般只有分子质量小于 500 Da 的相对较小的分子可被动递送透过完整的皮肤(Bos 和 Meinardi,2000;Kitaoka 等,2016)。由于蛋白质分子量大、亲水性强,不易渗透到皮肤中,因此,人们研究和利用多种方法和输送系统来克服 SC 的障碍,以获得更高的皮肤渗透性。由于 SC 的疏水性,油基给药系统能够增强水溶性分子对皮肤的渗透性,如油包水微乳液、胶束(Bermejo 等,2000)和油包固体

(S/O)纳米分散体(Hardiningtyas 等,2019;Kitaoka 等,2016;Tahara 等,2008)。

Hardiningtyas 等(2019)开发了一种新型的蛋白质经皮给药系统,即油包凝胶(G/O)纳米悬浮液,其中明胶水凝胶被疏水表面活性剂包裹。研究者以藻蓝蛋白(PC)为模型蛋白,制备了纳米明胶水凝胶颗粒(图 9-190)。G/O 纳米悬浮液的粒径在纳米范围内,包封率较高(EE>80%)。光谱研究表明,G/O 纳米悬浮液可在油相中保留 PC 的活性形式(图 9-191)。体外皮肤渗透性研究表明,采用 G/O 纳米悬浮液可以提高 PC 对皮肤深层的渗透性(图 9-192)。为了证实蛋白质穿过 SC 后,从 G/O 纳米悬浮液中释放并扩散到表皮或真皮层,而 G/O 纳米悬浮液的疏水表面活性剂可能位于 SC 与表皮的界面处,研究者在表面活性剂中加入荧光异硫氰酸盐标记的明胶(明胶 FITC)和罗丹明涂料(0.05%),制备了G/O纳米悬浮液,这使得可以同时检测红色和绿色荧光。结果表明,在皮肤表面和皮肤 SC(约 20 μm)观察到与罗丹明相关的红色荧光(图 9-193)。另外,明胶的绿色荧光只出现在表皮层的较深区域,说明疏水表面活性剂可以从 SC 与表皮层之间的蛋白质中分离出来。因此,G/O 纳米悬浮液将为药物领域的蛋白质透皮给药系统提供了一种新的途径。

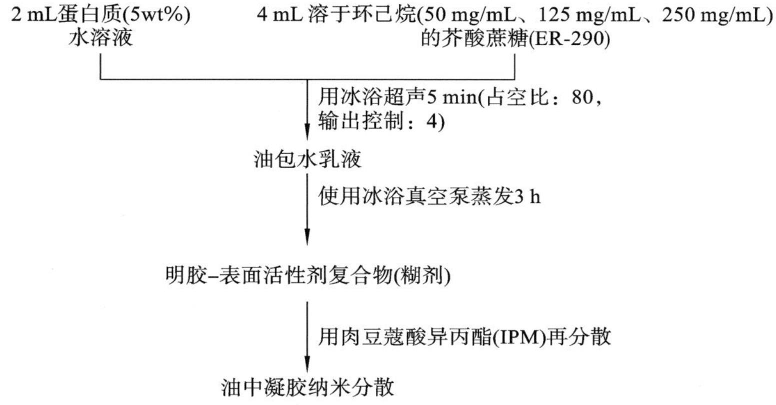


**图 9-190　油包凝胶(G/O)纳米悬浮液的制备(Hardiningtyas 等,2019)**

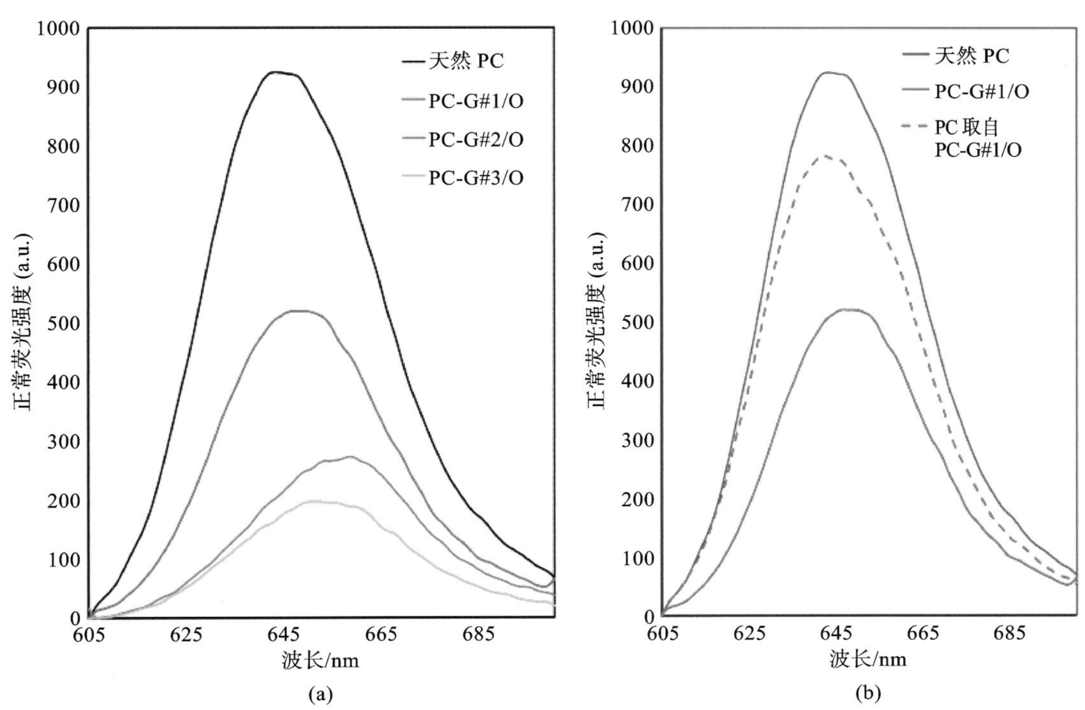


**图 9-191　明胶与 PC 三种不同配比的 PC-G/O 纳米悬浮液的荧光光谱(a)及 25 ℃下 G/O 纳米悬浮液、天然 PC 和从 PC-G/O 纳米悬浮液中提取的 PC 的荧光强度比较(b)(Hardiningtyas 等,2019)**

PC 浓度为 10 μg/mL,以总蛋白与表面活性剂的质量比为 1∶2 制备 PC-G/O 纳米悬浮液

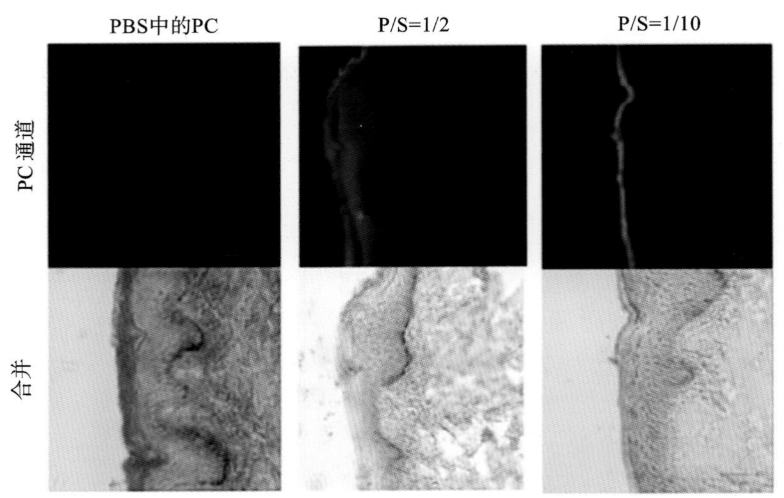


**图 9-192　PC-G/O 纳米悬浮液(蛋白质与表面活性剂的质量比(P/S)不同)与藻蓝蛋白水溶液处理 Yucatan Micropig(YMP)皮肤后的共聚焦图像(Hardiningtyas 等,2019)**

PBS 中的 PC:PC 溶于 PBS 中,pH 7.4;P/S=1/2:PC-G#1/O,P/S 为 1:2;P/S=1/10:PC-G#1/O,P/S 为 1:10

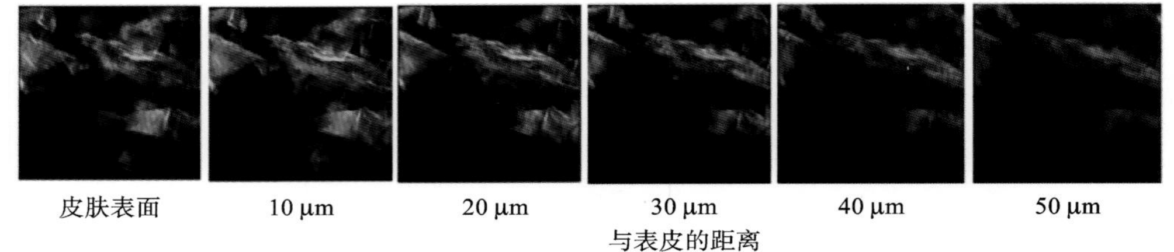


**图 9-193　不同皮肤层深度 YMP 皮肤的 CLSM 图像(Hardiningtyas 等,2019)**

红色荧光显示为罗丹明染料标记,绿色荧光显示为明胶 FITC 染料标记

### 9.3.6.2　生物活性薄膜

据报道,常规的塑料包装薄膜会对环境造成危害,在薄膜制备过程中掺入合成抗氧化剂可能给人体带来健康隐患。因此,生物聚合物(主要是多糖和蛋白质)作为可生物降解和可食用的包装膜,被认为是传统塑料的一个很有前途的替代品(Kaya 等,2018;Embuscado 等,2009)。在这些生物大分子中,明胶以其低成本和成膜性能被广泛应用于包装薄膜的开发(Jridi 等,2013;Lacroix,2014)。此外,由于其具有携带多种添加剂的能力,其可添加不同来源的活性化合物,如酚类化合物和精油、植物或种子(Chiralt 和 Atares,2016;Embuscado,2015)、维生素、类胡萝卜素和海藻中的多糖(Kadam 等,2015)或水产品中的肽和壳聚糖(Abdelhedi 等,2018;Jridi,2014)。目前已有研究将微藻中的生物活性物质与生物活性明胶相结合而得到生物活性薄膜,这种薄膜已经应用于营养、药理学和美容等领域(Barkallah 等,2017;Lucas,2018)。

Chentir 等(2019)以牛明胶(G)为基质,添加不同浓度(1.25%、2.5%、6.25%和 12.5%)的食品级藻蓝蛋白(PC)提取物,制备了生物功能膜 G-PC。PC 增强了 G 基薄膜的光阻和热阻性能,但降低了其力学性能(TS 和 EAB)。此外,随着 PC 含量的增加,不同的实验证明了生物功能膜的抗氧化活性显著增加。此外,G-PC(6.25%)和 G-PC(12.5%)对金黄色葡萄球菌、大肠杆菌和假单胞菌等均表现出良好的抗菌活性。G-PC(6.25%)和 G-PC(12.5%)薄膜具有良好的光电阻隔性和生物活性,可作为一种有前途的外着色或内(二次)封装材料。

#### 9.3.6.3　3D 打印材料

3D 打印，也称为附加制造(AM)，包含一系列从计算机辅助设计(CAD)模型到逐层添加材料来制造三维物体的技术。在过去的几十年里，人们已经开发并优化了几种 3D 打印方法，每种方法在成本、分辨率、构建尺寸、速度和材料方面都有自己的规格(Ligon 等，2017)。AM 技术正在快速发展，有可能快速和稳健地以微米级分辨率打印出具有高保真度的复杂结构(Ligon 等，2017)。此外，3D 打印机的成本随着时间的推移而显著下降，引发了 AM 方法在科学领域的一系列应用，如化学领域(Gross 等，2017)、药物递送领域(Goole 和 Amighi，2016)、微流控领域(Chen 等，2016；Urrios 等，2016)和组织工程领域(Zhu 等，2016)。3D 打印在分离科学中还没有得到广泛应用，特别是在色谱分离中(Kalsoom 等，2018)。缺乏可由 3D 打印机处理的适合色谱分离的材料是目前 3D 打印分离设备的最大障碍。尽管市场上有大量可供 3D 打印的材料(金属、陶瓷、聚合物)，但这些材料都不是用来承载特定的功能组而进行分离的。此外，大多数材料配方是固定的，并包括一系列的成分，如增塑剂、添加剂等。这极大地限制了它们功能化的尝试，使它们无法预测潜在的分离行为。

为了解决以上问题，主要有三种方法应用到 3D 打印分离设备中。最简单的一种方法是使用具有一定分离性能的商用材料。尽管该方法相对简单，但由于缺乏材料化学知识，其在其他分离方法(如依靠疏水、多峰或亲和作用的方法)中的应用受到很大限制。第二种方法涉及具有已知组成成分和化学性质的材料，这些材料在印刷后可用适当的色谱配体进行功能化。这种方法与目前色谱树脂的生产方法相似。该方法需要额外的制造步骤和增加复杂的加工线。功能性可以通过使用起始化学气相沉积(Cheng 和 Gupta，2017)或多孔金属框架(Wang 和 Liu，2015)涂覆 3D 打印结构来实现。第三种方法旨在定制设计，仅 3D 打印柱壳，柱壳随后填充商业吸附器颗粒(Sandron 等，2014)或整体结构(Thompson 等，2016)。这种方法特别新颖，可以使色谱柱的几何结构得到改善(Gupta 等，2018)，但不能视为色谱固定相的 3D 打印。

功能材料的 3D 打印最近在化学催化领域得到了证实，其中具有羧酸、胺和羧酸铜功能的催化活性结构是使用双功能单体作为构建块直接打印的。这些双功能单体提供了一个具有所需催化效应的官能团以及一个参与聚合反应的官能团。双功能单体在 IEX 中的应用已经由 Milton-Lee 等进行了探索。通过紫外线引发聚合，将交联剂 PEGDA 与含有磺酸(Chen 等，2009；Lee 等，2007)、磷酸(Chen 等，2010)、羧酸(Chen 等，2011)或氨基(Li 等，2009)的双功能单体共聚，在一步合成中制备出全功能多孔整体。反应混合物中的溶剂会产生孔隙率，所生产的单体显示出良好的蛋白质摄取性能，可与商业柱媲美。

Simon 和 Dimartino(2019)采用直接 3D 打印技术制备色谱固定相。开发的材料包含阴离子交换(AEX)部分，其配方经过调整和优化，以便在数字光处理(DLP)3D 打印机中进行 3D 打印。研究者以 Omnirad 819 为光引发剂、聚乙二醇为成孔剂，实现了 PEGDA 交联剂与含季铵基双功能单体的自由基聚合(图 9-194)。添加光吸收器是调整和控制 3D 打印模型分辨率的关键，从而能够可靠地制造厚度为 200 μm 的复杂结构。研究发现：研制的 AEX 材料对牛血清白蛋白(BSA)和 C-PC 两种模型蛋白具有良好的蛋白质吸附性能。其吸附性能与市售季铵类吸附剂相当，甚至优于市售季铵类吸附剂(图 9-195)。吸附器被设计成空心柱形并进行 3D 打印(图 9-196)，大大简化了 96 孔板形式的批量吸附实验的执行。通过在 3D 打印前调整母体配方的组成，研究者确定了蛋白质吸附的最佳配体密度。该研究首次使用一步法制备内部形态完全有序的功能性固定相，克服了目前打印材料与 3D 打印操作兼容的限制，同时也适用于色谱分离。

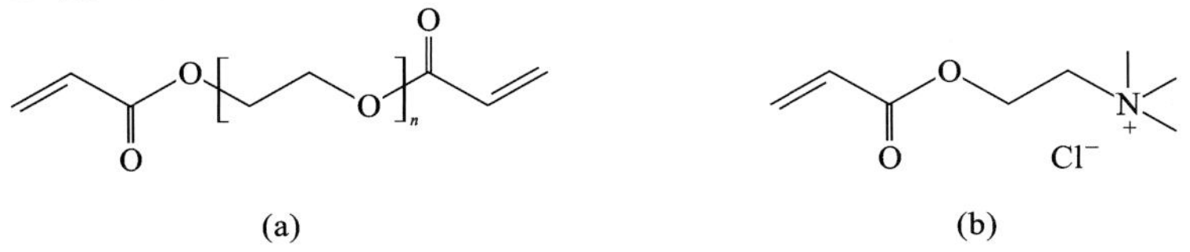

(a)　　　　(b)

**图 9-194　PEGDA 和 AETAC 的化学结构(Simon 和 Dimartino，2019)**

(a)PEGDA；(b)AETAC

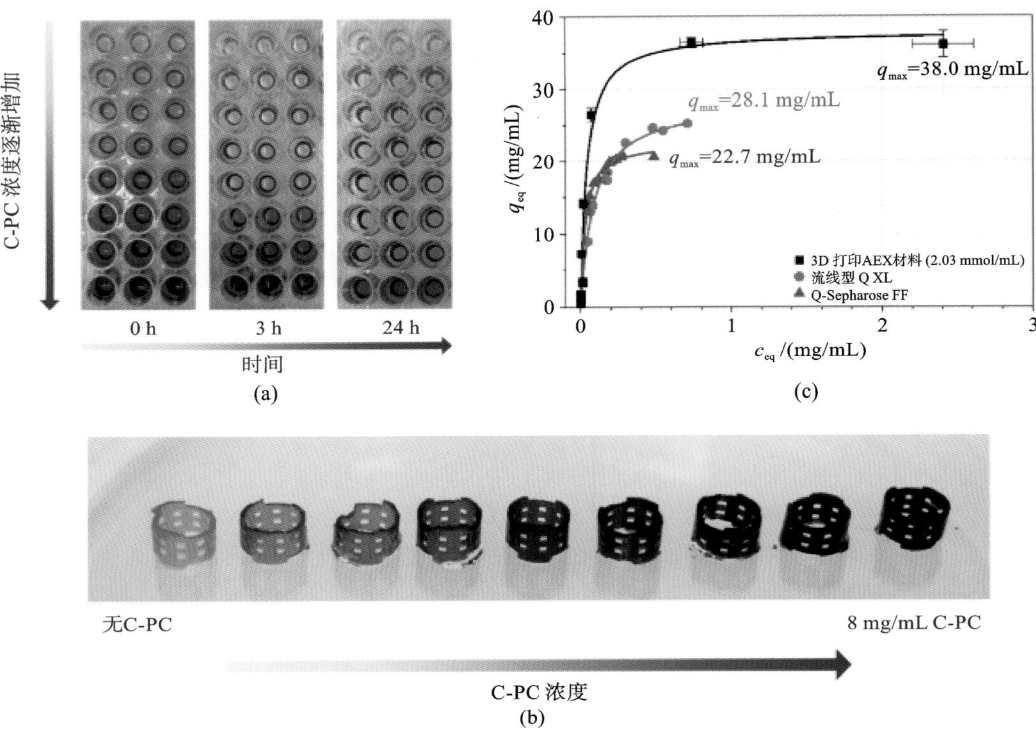


**图 9-195　3D 打印 AEX 材料对 C-PC 的吸附(Simon 和 Dimartino,2019)**

C-PC 批量吸附在配体密度为 2.03 mmol/mL 的新型 3D 打印 AEX 材料上,实验开始时 C-PC 浓度分别为 0.000 mg/mL、0.125 mg/mL、0.250 mg/mL、0.500 mg/mL、1.000 mg/mL、2.000 mg/mL、4.00 mg/mL 和 6.00 mg/mL。(a)培养后 0 h、3 h 和 24 h,浸泡在不同浓度 C-PC 溶液的多孔板中的 3D 打印圆筒。(b)在浓度增加的 C-PC 溶液中培养 24 h 后的吸附器柱。(c)3D 打印 AEX 材料(本研究)、流线型 Q XL 和 Q-Sepharose 的 C-PC 平衡吸附数据的比较。研究者观察到所有浓度 C-PC 的上清液的颜色明显下降。同时,吸附器柱体从最初的橙色变成蓝色,在较高的 C-PC 浓度下具有更强的蓝色。蛋白质吸附通过分光光度法进行定量确认,C-PC 在新开发的 AEX 材料上的平衡吸附数据显示,与 BSA 吸附实验结果相反,新型 3D 打印 AEX 材料对 C-PC 的吸附能力比商用 AEX 树脂高 1.4 倍,比流线型 Q XL 和 Q-Sepharose 的 $q_{max}$分别高 1.7 倍。三种材料对 C-PC 蛋白复合物的亲和力大小相同,与流线型 Q XL 相比,3D 打印 AEX 材料的亲和力稍好,与 Q-Sepharose 非常相似

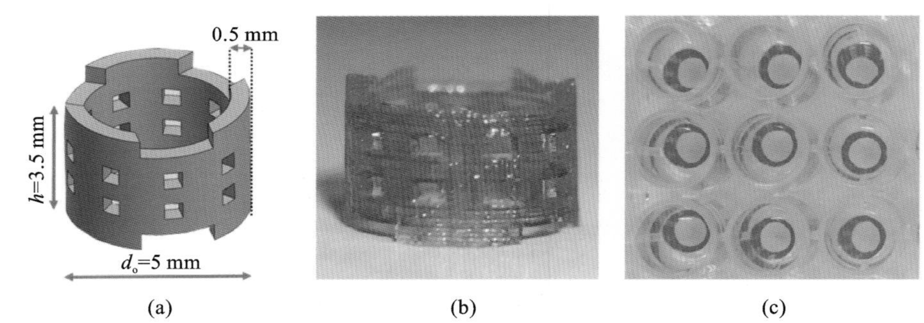


**图 9-196　空心柱形打印吸附器(Simon 和 Dimartino,2019)**

(a)CAD 模型;(b)打印圆筒的照片;(c)96 个微孔板孔中的圆筒。空心柱形允许使用平板阅读器方便地测量蛋白质浓度

### 9.3.6.4　纳米载体材料

藻蓝蛋白是一种水溶性天蓝色藻胆蛋白,存在于蓝藻捕光色素天线系统中(Figueira 等,2016;Yu 等,2017)。它具有多种功能,如抗氧化、抗癌、抗炎和免疫调节作用,还有清除自由基的特性和抗菌活性(Cuellar-Bermudez 等,2015;Minic 等,2016)。它不仅能提高人体的免疫力,还能促进动物血细胞的再

生。但由于藻蓝蛋白的纯化过程复杂，其应用受到限制。因此，提高藻蓝蛋白的纯度可以增强其在加工产品制造中的作用(Khanra 等，2018；Seo 等，2013)。近年来，纳米颗粒(NPs)由于其独特的性质(如杀菌活性)和应用(特别是利用生物活性化合物合成的纳米颗粒)，引起了人们的广泛关注(Madhumitha 等，2016)。特殊金属，如金、银、铂和锌修饰后得到的金属氧化物纳米颗粒在医学应用中发挥着重大作用。许多天然产物(如植物提取物)及酶、细菌、藻类和真菌等被用来合成不同类型的纳米颗粒。其中，微藻受到了更多的关注，因为它们可以影响有毒金属的生物修复，并将其转化为更易处理的形式(Dahoumane 等，2017；Kim 等，2018)。它们已经被证明可以产生银、金和铂的纳米颗粒。

纳米颗粒的功能化是提高其稳定性、表面功能性和生物相容性的常用策略。藻蓝蛋白作为一种色素蛋白复合物，可用于各种纳米颗粒的表面功能化。藻蓝蛋白色素负载纳米棒(NRs)可能影响细菌的致病性和细胞毒性。除抗菌作用外，其还有许多其他药理作用，如抗炎、抗氧化、抗肿瘤等。

基于以上研究，Davaeifar 等(2019)首次利用一种从自然泽丝藻 *Limnothrix* sp. KO05 中提取纯化的 C-PC 合成 PHY-ZnO-NRs。他们分析了 PHY-ZnO-NRs 对 L929 成纤维细胞和 ROS 水平的体外细胞毒作用，同时利用小鼠模型对生物合成氧化锌纳米颗粒进行体内研究。从扫描电镜(SEM)图可以发现：在 54000 倍放大率和 20 kV 加速电压下，颗粒呈棒状，平均直径为 35 nm(图 9-197(a))，与 SEM 分析估计的大多数合成纳米棒(35 nm)的平均尺寸几乎一致。TEM 图像进一步证实合成的 PHY-ZnO-NRs 具有棒状结构，宽长比小，平均直径约为 33 nm，与 SEM 分析结果吻合良好(图 9-197(b))。如图 9-198 所示，PHY-ZnO-NRs 和其他基团在低浓度下对细胞增殖没有显著影响。但当纳米材料用量达到 100 μg/mL 时，对活细胞产生毒性，明显减少 L929 成纤维细胞株的增殖。经 PHY-ZnO-NRs 处理的细胞与经 ZnO-NRs 处理的细胞具有相同的活性，但前者毒性较小，剂量分别为 100 μg/mL、200 μg/mL和 500 μg/mL 时，活细胞率分别为(71±6)%、(56±5)%和(38±3)%。藻蓝蛋白在 10 μg/mL 时对细胞活性没有显著影响，但当达到 500 μg/mL 时，细胞活性显著下降($p \geqslant 0.05$)(图 9-198(a))。在最终浓度为 100 μg/mL、200 μg/mL 和 500 μg/mL 时，经 ZnO-NRs 处理的细胞 ROS 水平显著升高。然而，在低浓度下，ROS 含量没有显著差异(图 9-198(b))。对于经 PHY-ZnO-NRs 处理的细胞，可以观察到藻蓝蛋白的保护作用，导致 ROS 水平下降。尽管如此，当浓度分别为 200 μg/mL 和 500 μg/mL 时，该处理再次提高了 ROS 水平。在图 9-199(a)至(f)中，通过微观评估，还可以看到高浓度的 ZnO-NRs 和 PHY-ZnO-NRs 的显著毒性。如图 9-199(c)和(e)所示，L929 成纤维细胞大部分不能贴附在培养板上，形态不正常，这是由于纳米材料在高浓度下对细胞造成损伤，最终导致细胞凋亡和细胞死亡所致。此外，研究者利用 Nikon 荧光显微镜监测处理细胞中的 ROS 含量(图 9-199(g)～(i))，发现与其他研究结果一致。研究表明纳米氧化锌可诱导原代星形胶质细胞和原始 264.7 和 BEAS-2B 细胞系的氧化应激。通过体内实验，研究者观察到在给药和观察期间，无论是采用静脉注射方式还是灌胃方式，所有动物均未发现不良反应。此外，所有实验动物的尸检结果均正常。治疗后测量体重(BW)的变化，治疗组和未治疗组之间无显著性差异，但给予藻蓝蛋白 21 天后，BW 达到(24.8±2.5) g，而给药前为(22.3±2.2) g ($p \geqslant 0.05$)。该研究为开发低毒的新型抗菌药物提供了有益的见解。

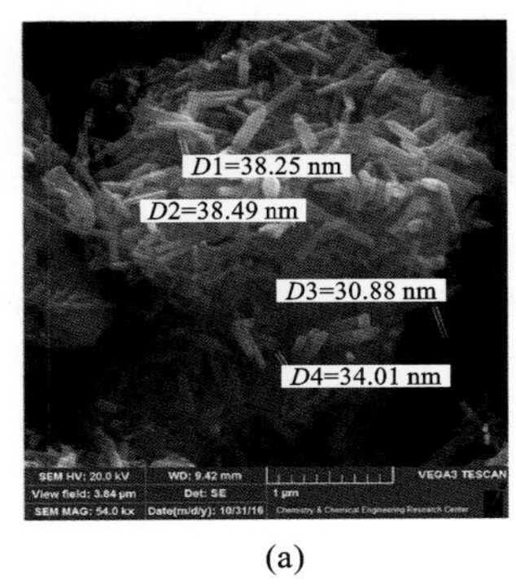


(a)

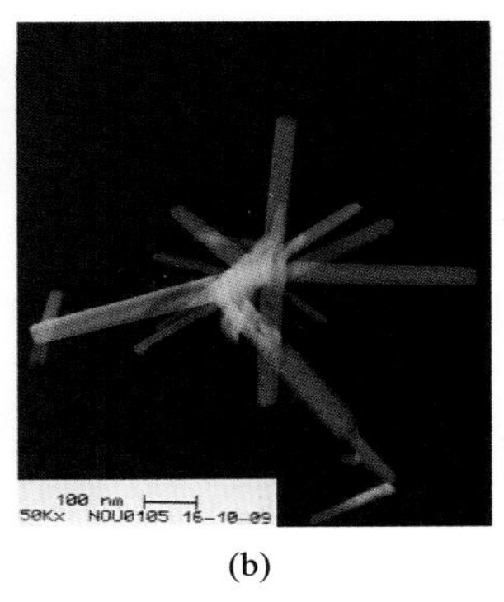


(b)

**图 9-197　PHY-ZnO-NRs 电镜图像(Davaeifar 等，2019)**

(a)PHY-ZnO-NRs(棒状 33 nm)的扫描电镜图像；(b)PHY-ZnO-NRs 的透射电镜图像

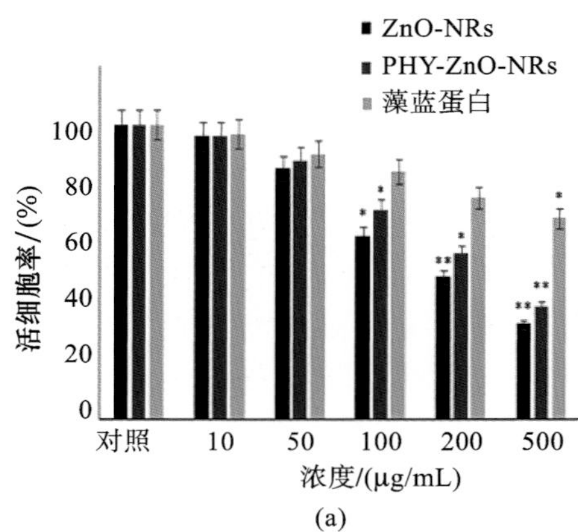


(a)

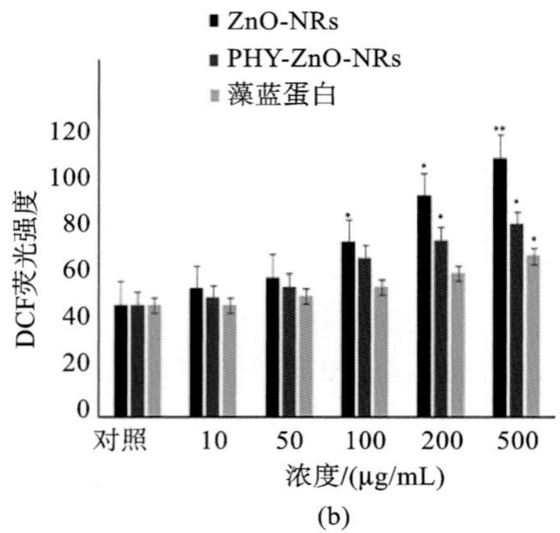


(b)

**图 9-198　不同浓度 ZnO-NRs、PHY-ZnO-NRs 和藻蓝蛋白下 L929 成纤维细胞活性和 DCF 荧光强度的影响(Davaeifar 等,2019)**

(a)基于 MTT 法测定不同浓度 ZnO-NRs、PHY-ZnO-NRs 和藻蓝蛋白对 L929 成纤维细胞活性的影响,根据每组三个重复的标准差计算误差条($N=3$);(b)L929 成纤维细胞中 ZnO-NRs 和 PHY-ZnO-NRs 诱导活性氧(ROS)生成的体内测定

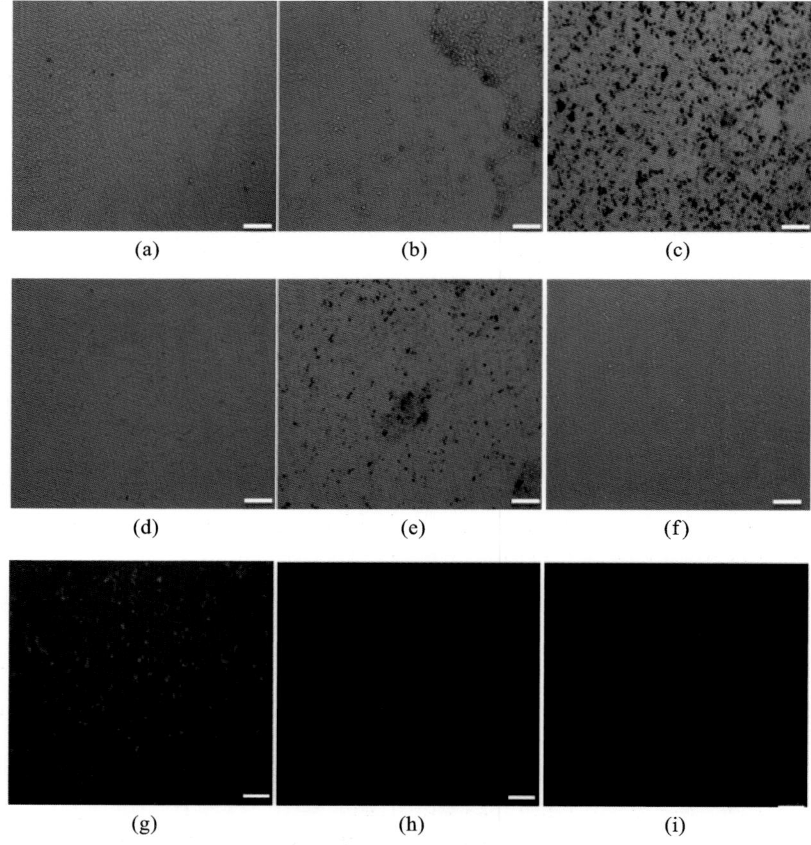

**图 9-199　不同浓度纳米材料处理后 L929 成纤维细胞的显微形态学研究(Davaeifar 等,2019)**

(a)对照组(无 ZnO-NRs);(b)ZnO-NRs(100 $\mu$g/mL);(c)ZnO-NRs(500 $\mu$g/mL);(d)对照组(无 PHY-ZnO-NRs);(e)PHY-ZnO-NRs(100 $\mu$g/mL);(f)PHY-ZnO-NRs(500 $\mu$g/mL)。这表明高浓度的 ZnO-NRs 和 PHY-ZnO-NRs 具有明显的毒性。凋亡细胞和死亡细胞可检测为黑点。用 200 $\mu$g/mL ZnO-NRs(g)、200 $\mu$g/mL PHY-ZnO-NRs(h)和藻蓝蛋白(i)处理 L929 成纤维细胞后,用 Nikon 荧光显微镜监测细胞 ROS 的产生

# 9.4　小　　结

随着一些藻类全基因组测序的完成，越来越多的藻胆蛋白(PBPs)和发色团裂解酶被鉴定出来。通过构建基因工程菌，可以生产添加分子标记的重组 PBPs，这不仅解决了荧光蛋白的制备问题，而且拓宽了其应用范围。同时，色素的荧光特性，特别是 PBPs 的荧光特性，在荧光标记剂的研究和开发领域引起了广泛的关注。蓝藻色素在医药和保健品领域的一些新应用为全球市场创造了更多的需求。代谢和基因工程方法已被用于进一步开发蓝藻色素。近年来在基因组和转录水平上对各种蓝藻菌株的研究提供了许多关于色素产生的复杂代谢途径的知识，使研究人员能够探索各种新兴技术，开发用于色素生产的潜在蓝藻菌株。通过开发可以同时生产其他工业产品的菌株，也可以减少色素的生产成本。对蓝藻色素需要进行进一步的研究，以提高其稳定性、相容性等，提高其在国际市场上的商业价值。

多种疾病的出现不断影响着人类健康，癌症是严重影响人类健康的疾病之一。虽然某些疾病已经得到了有效的治疗，但很多疾病仍然无法得到根治。基于 PC 的 PDT 方案的应用有利于癌症、细菌和病毒性疾病的氧化诱导治疗。PC 具有较强的免疫增强作用，能诱导增强患者化疗、放疗后的自愈能力。在快速研究和开发的背景下，基于 PC 的新诊疗方案对很多疾病有潜在的治疗效果。因此，PC 和其他 PBPs 组分，如 PE 和 APC，能为人类提供极好的医药和生物医学产品。PBPs 作为光敏剂，在 PDT 方案的使用过程中，克服了传统光敏剂的一些缺点，但在光动力治疗中，光敏剂须是单一的纯化合物，因此还需要不断改进 PBPs 的纯化技术，拓宽 PBPs 作为光敏剂的应用范围，也可通过两亲性多肽的设计和优化修饰，使 PBPs 在光敏剂的应用中更稳定。

在 DSSC 的应用中，与金属络合物或有机染料相比，天然色素具有环保、成本低、提取工艺简单等优点，可作为染料敏化剂替代金属络合物或有机染料。天然染料敏化 DSSC 的主要缺点是效率低、稳定性差。在进行多次尝试、效率仍然相对较低的情况下，混合染料敏化系统提供了许多可能的相互作用类型，这些相互作用有望在敏化时提供更多的电荷注入。增加光电流可以通过在混合染料体系中引入染料添加剂(作为与染料形成络合物的电子供体)或添加能够抑制电子与电解液复合从而有利于电荷注入的共吸附剂来实现。将新技术应用于 DSSC 的制备过程中，可以方便地对现有的天然色素进行简单的改性和进一步的精制纯化，从而开辟新的研究领域，提高器件的效率和稳定性。此外，天然色素染料的使用成本与其他可用染料相比是微不足道的。因此，基于天然色素的 DSSC 将是未来能源问题可持续解决方案的一个很好的候选方案。尽管生物合成的组合 PBPs 在人工生物太阳能电池设计中的应用越来越重要，但对藻胆体复合物组装过程机制的研究仍有很长的路要走。

在环境监测中，生物传感器似乎是目前各种环境监测应用分析技术的简单替代或补充。虽然人们设计了不同的生物传感器来检测环境污染物，但大多数生物传感器只能在受控的实验室环境下工作。因此，生物传感器的进一步研究和开发仍面临着众多挑战，主要包括固定化生物元件的脆弱性、含有生物组分的装置的重现性和稳定性、数据处理的电子和软件不足以及现场测量的灵敏度不足等技术问题。此外，在所有已开发的生物传感器中，只有一小部分进入了市场。因此，还需不断努力将实验室生物传感器原型转化为实际应用，并将其用于环境污染的现场监测中。

随着 PBPs 分离纯化的深入研究，加上基因工程重组得到 PBPs α 亚基、β 亚基技术的发展支持，相信 PBPs 的应用精准度会得到提高，应用的范围也会更加广泛。

## 参考文献

[1]　蔡芬芬，2010. 链霉亲和素-荧光藻胆蛋白的构建及在荧光免疫检测中的应用[D]. 武汉：华中科技大学.

[2]　陈华新，武静，赵瑾，等，2016. 抗人 AFP 单链抗体与藻胆蛋白融合蛋白的构建、表达与活性分析

[J]. 中国生物工程杂志,36(5):74-80.
[3] 陈良华,2005. 藻红蛋白荧光标记技术及在烟草花叶病毒检测上的应用[D]. 福州:福建农林大学.
[4] 陈玮,2008. 液相芯片技术的原理与应用进展[J]. 成都医学院学报,3(3):225-231.
[5] 陈卫标,吴东,张亭禄,等,1998. 海洋表层叶绿素浓度的激光雷达测量方法和海上实验[J]. 海洋与湖沼,29(3):255-260.
[6] 陈英杰,2011. 基于磁性纳米颗粒的荧光藻胆蛋白制备分离及载负应用研究探索[D]. 北京:中国科学院大学.
[7] 陈云,戴锦芳,2008. 基于遥感数据的太湖蓝藻水华信息识别方法[J]. 湖泊科学,20(2):179-183.
[8] 董晓琳,2016. 金黄色葡萄球菌的流式细胞术检测方法研究[D]. 北京:解放军军事医学科学院.
[9] 冯龙庆,2011. 基于高光谱遥感的太湖水体藻蓝素和 CDOM 浓度估算模型研究[D]. 南京:南京农业大学.
[10] 傅骏青,2016. 分子印迹新策略及其在金属离子和蛋白质印迹的应用研究[D]. 曲阜:曲阜师范大学.
[11] 高明明,2014. 基于可见光谱的海水中藻红蛋白检测系统的研究[D]. 秦皇岛:燕山大学.
[12] 高小娥,2018. R-藻红蛋白荧光标记小鼠抗人 CD4/CD8 单克隆抗体[J]. 生物化工,4(5):89-92.
[13] 顾铭,吴萍,戚艺华,等,2001. 藻胆蛋白与单克隆抗体交联试剂的探索[J]. 免疫学杂志,17(3):225-227.
[14] 郭一洋,2016. 基于光学分类的太湖藻蓝蛋白反演[D]. 阜新:辽宁工程技术大学.
[15] 何英,陆学东,2006. 液相芯片技术及其临床应用[J]. 国际检验医学杂志,27(12):1107-1108,1111.
[16] 侯琪琪,2018. 宽吸收光谱藻胆蛋白/叶绿素结合蛋白融合分子的构建及光电性能表征[D]. 青岛:青岛大学.
[17] 胡坪,朱明华,2008. 仪器分析[M]. 4 版. 北京:高等教育出版社.
[18] 黄道孝,肖军华,裴承新,等,2004. 鱼腥藻毒素(*Anatoxins*)研究进展[J]. 中国海洋药物,23(2):47-52.
[19] 金琦,2017. 内陆富营养化湖泊蓝藻丰度遥感估算方法研究——以太湖为例[D]. 南京:南京师范大学.
[20] 康红利,2015. 荧光法测定水体中的蓝藻[D]. 石家庄:河北科技大学.
[21] 孔繁翔,高光,2005. 大型浅水湖泊富营养化湖泊中蓝藻水华形成机理的思考[J]. 生态学报,25(3):589-595.
[22] 乐成峰,2010. 基于实测反射率光谱的太湖蓝藻识别与定量估算研究[D]. 南京:南京师范大学.
[23] 类成龙,2017. 蓝藻抗干扰原位检测的方法研究与系统设计[D]. 北京:清华大学.
[24] 李冠武,王广策,温博贵,等,2002. 藻红蛋白介导的光敏反应可诱导人肝癌 7721 细胞凋亡[J]. 肿瘤防治杂志,9(2):144-146.
[25] 李国砚,张仲元,郑艳芬,等,2008. MODIS 影像的大气校正及在太湖蓝藻监测中的应用[J]. 湖泊科学,20(2):160-166.
[26] 李慧真,2017. 从蓝细菌光敏色素和藻胆蛋白筛选近红外荧光蛋白生物探针的研究[D]. 武汉:华中农业大学.
[27] 李晴冬,2013. 集胞藻 PCC 6803 中未知蛋白与四吡咯色素蛋白的初步研究[D]. 武汉:华中农业大学.
[28] 李文娟,于超,王应雄,等,2012. 基于“Click”反应耦合酶的高灵敏葡萄糖生物传感器的研究[J]. 分析化学,40(11):1642-1647.
[29] 李文军,2017. 新型藻胆蛋白的制备及其在生物传感和染料敏化太阳能电池中的应用[D]. 北京:

中国科学院大学.

[30] 廖晓霞,2011.碳纳米管-壳聚糖-藻蓝蛋白复合物的抗肿瘤活性研究[D].广州:华南理工大学.

[31] 林肇星,2019.藻蓝蛋白功能化单壁碳纳米角复合物的制备及其近红外光介导的癌症光诊疗[D].桂林:广西师范大学.

[32] 刘建萍,张玉超,钱新,等,2009.太湖蓝藻水华的遥感监测研究[J].环境污染与防治,31(8):79-83.

[33] 刘婷,2019.藻红蛋白制备荧光标记物的基础与应用研究[D].厦门:集美大学.

[34] 刘亚楠,2015.凝血酶的新型适配体-悬浮芯片检测技术及作用机制研究[D].天津:天津大学.

[35] 罗荣,2019.生物素标记红细胞脱落-再标记可能性的研究[D].遵义:遵义医科大学.

[36] 罗勇,2018.蓝藻浓度在线监测装置的开发与研究[D].无锡:江南大学.

[37] 马荣华,孔繁翔,段洪涛,等,2008.基于卫星遥感的太湖蓝藻水华时空分布规律认识[J].湖泊科学,20(6):687-694.

[38] 马荣华,孔维娟,段洪涛,等,2009.基于 MODIS 影像估测太湖蓝藻暴发期藻蓝素含量[J].中国环境科学,29(3):254-260.

[39] 马万泉,2012.微囊藻生物光学特性与遥感识别研究[D].南京:南京师范大学.

[40] 庞晓宇,2013.藻蓝蛋白提取方法比较研究及其在遥感中的应用[D].西安:西北大学.

[41] 彭慕华,2015.微囊藻藻胆蛋白对微生物的光敏杀伤研究[D].合肥:安徽大学.

[42] 蒲洋,2013.重组别藻蓝蛋白三聚体结构鉴定及敏化特性的研究[J].北京:中国科学院大学.

[43] 沙慧敏,李小恕,杨文波,等,2009.MODIS 卫星遥感监测太湖蓝藻的初步研究[J].海洋湖沼通报,(3):9-16.

[44] 宋凯,2010.基于上转换纳米晶 FRET 的生物检测和 PDT 应用研究[D].长春:中国科学院研究生院(长春光学精密机械与物理研究所).

[45] 宋凯,张庆彬,赵军伟,等,2013.$NaYF_4$:$Er^{3+}$,$Yb^{3+}$ UCNPs 为供体的均相荧光分析[J].光谱学与光谱分析,33(4):1005-1008.

[46] 汤洁莉,2011.蛋膜光化学传感器的研究[D].长春:吉林大学.

[47] 田亮,2014.螺旋藻色素蛋白复合物的提取及螺旋藻生物太阳能电池研究[D].秦皇岛:燕山大学.

[48] 王春艳,2011.微囊藻藻蓝蛋白光敏作用诱导肝癌细胞凋亡机理的研究[D].合肥:安徽大学.

[49] 王金霞,罗固源,2011.应用荧光光谱法检测蓝藻生物量[J].现代科学仪器,140(6):111-113.

[50] 王祥法,2016.藻胆蛋白/链霉亲和素生物探针的研制及其在肝癌早期诊断中的应用[D].青岛:中国石油大学(华东).

[51] 王晓艳,2017.新型核壳印迹聚合物的制备及其在分析传感中的应用[D].济南:山东师范大学.

[52] 王亚丽,2012.大肠杆菌 O157:H7、金黄色葡萄球菌液相芯片同步检测方法的建立和应用[D].长春:吉林农业大学.

[53] 武静,2017.藻胆蛋白荧光探针的生物合成及其在免疫荧光检测中的应用研究[D].北京:中国科学院大学.

[54] 谢冰清,2019.蛋白 A-藻蓝蛋白 β 亚基双功能蛋白的性质及其在免疫检测中的应用[D].武汉:华中科技大学.

[55] 闫美宏,2017.基于藻蓝蛋白为荧光探针检测重金属的方法及应用[D].哈尔滨:哈尔滨工业大学.

[56] 颜世敢,朱丽萍,张玉忠,等,2009.藻红蛋白标记抗鸡 IgG 荧光抗体的高效制备[J].中国预防兽医学报,31(2):127-131.

[57] 尹斌,2011.基于 MERIS 数据的太湖蓝藻估算研究[D].南京:南京师范大学.

[58] 于道永,张建,朱国良,等,2010. 藻胆体耦合 Chlorin $e_6$ 染料敏化太阳能电池的研究[J]. 太原理工大学学报,41(5):496-500.

[59] 曾甜玲,温志渝,温中泉,等,2013. 基于紫外光谱分析的水质监测技术研究进展[J]. 光谱学与光谱分析,33(4):1098-1103.

[60] 张建,2010. 藻胆体耦合 Chlorin $e_6$ 染料敏化太阳能电池[D]. 青岛:中国石油大学.

[61] 张静,2012. 太湖梅梁湾水体中藻蓝蛋白的提取及其光学特性研究[D]. 南京:南京师范大学.

[62] 张晓平,侯林,李慧芬,等,2015. 新型基因重组藻胆蛋白对小鼠 S180 实体瘤 COX-2 表达的影响[J]. 医学研究杂志,44(1):104-106.

[63] 张子墨. 2017. 湖底表层沉积物中蓝藻定量检测方法研究[D]. 合肥:合肥工业大学.

[64] 赵宝清. 2019. 具有大斯托克位移的新型远红色荧光蛋白的分子设计与性能研究[D]. 武汉:华中农业大学.

[65] 赵丽娜,2016. 基于哨兵-2(Sentinel-2)影像的藻毒素遥感估算初步研究[D]. 南京:南京师范大学.

[66] 赵守山,颜世敢,朱丽萍,等,2011. R-phycoerythrin 标记抗猪瘟病毒荧光抗体的制备及其与 FITC 标记荧光抗体检测的比较研究[J]. 西南农业学报,24(5):1962-1966.

[67] 赵志敏,洪小芹,李鹏,等,2010. 污染水体中蓝藻叶绿素的光谱特征分析[J]. 光谱学与光谱分析,30(6):1596-1599.

[68] 庄严,谭慧心,董彦宏,等,2015. 新型光敏剂藻红蛋白在肿瘤光动力治疗中的研究进展[J]. 北京联合大学学报(自然科学版),29(4):55-59.

[69] 邹蕊娇,2016. 基于藻蓝蛋白的薄膜制备及光电特性研究[D]. 成都:电子科技大学.

[70] ABDELHEDI O,NASRI R,JRIDI M,et al,2018. Composite bioactive films based on smooth-hound viscera proteins and gelatin:physicochemical characterization and antioxidant properties[J]. Food Hydrocolloids,74:176-186.

[71] ABOELFETOH E F,EL-SHENODY R A,GHOBARA M M,2017. Eco-friendly synthesis of silver nanoparticles using green algae (*Caulerpa serrulata*):reaction optimization,catalytic and antibacterial activities[J]. Environmental Monitoring & Assessment an International Journal,189(7):349.

[72] ALI L,GORAYA M U,ARAFAT Y,et al,2017. Molecular mechanism of quorum-sensing in enterococcus faecalis:its role in virulence and therapeutic approaches[J]. International Journal of Molecular Sciences,18(5):960.

[73] BALOBAN M,SHCHERBAKOVA D M,PLETNEV S,et al,2017. Designing brighter near-infrared fluorescent proteins:insights from structural and biochemical studies[J]. Chemical Science,8(6):4546-4557.

[74] BARAD Y,EISENBERG H,HOROWITZ M,et al,1997. Nonlinear scanning laser microscopy by third harmonic generation[J]. Applied Physics Letters,70(8):922-924.

[75] BARKALLAH M, DAMMAK M, LOUATI I, et al, 2017. Effect of *Spirulina platensis* fortification on physicochemical,textural,antioxidant and sensory properties of yogurt during fermentation and storage[J]. LWT-Food Science & Technology,84:323-330.

[76] BHARATHIRAJA S,SEO H,MANIVASAGAN P,et al,2016. In vitro photodynamic effect of phycocyanin against breast cancer cells[J]. Molecules,21(11):1470.

[77] BHATTACHARJEE N, URRIOS A, KANGA S, et al, 2016. The upcoming 3D-printing revolution in microfluidics[J]. Lab on a Chip,16(10):1720-1742.

[78] BINDELS D S,HAARBOSCH L,VAN WEEREN L,et al,2017. mScarlet:a bright monomeric

red fluorescent protein for cellular imaging[J]. Nature Methods,14(1):53-56.

[79] CATALAN N, MARCE R, KOTHAWALA D N, et al, 2016. Organic carbon decomposition rates controlled by water retention time across inland waters[J]. Nature Geoscience,9(7):501.

[80] CHARLERMROJ R, MAKORNWATTANA M, PHUENGWAS S, et al, 2019. DNA-based bead array technology for simultaneous identification of eleven foodborne pathogens in chicken meat[J]. Food Control,101:81-88.

[81] CHEN C,MEHL B T,MUNSHI A S,et al,2016. 3D-printed microfluidic devices: fabrication, advantages and limitations—a mini review[J]. Analytical Methods: Advancing Methods and Applications,8(31):6005-6012.

[82] CHEN J, HE X, ZHOU B, et al, 2017. Deriving colored dissolved organic matter absorption coefficient from ocean color with a neural quasi-analytical algorithm[J]. Journal of Geophysical Research:Oceans,122(11):8543-8556.

[83] CHEN L,XU S,LI J,2011. Recent advances in molecular imprinting technology: current status, challenges and highlighted applications[J]. Chemical Society Reviews,40(5):2922-2942.

[84] CHEN S, HAN K, ZHANG L, et al, 2018. Combined phycocyanin and hematoporphyrin monomethyl ether for breast cancer treatment via photosensitizers modified $Fe_3O_4$ nanoparticles inhibiting the proliferation and migration of MCF-7 cells[J]. Biomacromolecules,19(1):31-41.

[85] CHEN X, YUNG B, FAN W, et al, 2017. Nanotechnology for multimodal synergistic cancer therapy[J]. Chemical Reviews,117(22):13566-13638.

[86] CHEN Y,JIANG H,LI C,et al,2016. Deep feature extraction and classification of hyperspectral images based on convolutional neural networks[J]. IEEE Transactions on Geoscience and Remote Sensing,54(10):6232-6251.

[87] CHENG C, GUPTA M, 2017. Surface functionalization of 3D-printed plastics via initiated chemical vapor deposition[J]. Beilstein Journal of Nanotechnology,8:1629-1636.

[88] CHENTIR I, KCHAOU H, HAMDI M, et al, 2019. Biofunctional gelatin-based films incorporated with food grade phycocyanin extracted from the Saharian cyanobacterium *Arthrospira* sp.[J]. Food Hydrocolloids,89:715-725.

[89] CHETHANA S,NAYAK C A,MADHUSUDHAN M C,et al,2015. Single step aqueous two-phase extraction for downstream processing of C-phycocyanin from *Spirulina platensis*[J]. Journal of Food Science and Technology,52(4):2415-2421.

[90] CHINIFORUSH N,POURHAJIBAGHER M,PARKER S,et al,2016. The in vitro effect of antimicrobial photodynamic therapy with indocyanine green on *Enterococcus faecalis*: influence of a washing vs non-washing procedure[J]. Photodiagnosis and Photodynamic Therapy,16:119-123.

[91] CHIRALT A,ATARES L,2016. Essential oils as additives in biodegradable films and coatings for active food packaging[J]. Trends in Food Science & Technology,48:51-62.

[92] CHOO F, ZAMYADI A, STUETZ R M, et al, 2019. Enhanced real-time cyanobacterial fluorescence monitoring through chlorophyll-α interference compensation corrections[J]. Water Research: a journal of the International Water Association,148:86-96.

[93] CLARK J M,SCHAEFFER B A,Darling J A,et al,2017. Satellite monitoring of cyanobacterial harmful algal bloom frequency in recreational waters and drinking water sources[J]. Ecological Indicators: Integrating,Monitoring,Assessment and Management,80:84-95.

[94] CODD G A, HUISMAN J, PAERL H W, et al, 2018. Cyanobacterial blooms[J]. Nature

Reviews. Microbiology,16(8):471-483.

[95] CUELLAR-BERMUDEZ S P,AGUILAR-HERNANDEZ I,CARDENAS-CHAVEZ D L,et al,2015. Extraction and purification of high-value metabolites from microalgae:essential lipids, astaxanthin and phycobiliproteins[J]. Microbial Biotechnology,8(2):190-209.

[96] DAVAEIFAR S,MODARRESI M,MOHAMMADI M,et al,2019. Synthesizing,characterizing, and toxicity evaluating of phycocyanin-ZnO nanorod composites:a back to nature approaches [J]. Colloids and Surfaces B:Biointerfaces,175:221-230.

[97] DE SOUSA J M,COUTO M T,CASSELLA R J,2018. Polyurethane foam functionalized with phenylfluorone for online preconcentration and determination of copper and cadmium in water samples by flame atomic absorption spectrometry[J]. Microchemical Journal,138:92-97.

[98] DENIZ I,OZEN M O,YESIL-CELIKTAS O,2016. Supercritical fluid extraction of phycocyanin and investigation of cytotoxicity on human lung cancer cells[J]. Journal of Supercritical Fluids, 108:13-18.

[99] DING W, MIAO D, HOU Y, et al, 2017. Small monomeric and highly stable near-infrared fluorescent markers derived from the thermophilic phycobiliprotein, ApcF2[J]. Biochimica et biophysica Acta:Molecular Cell Research,1864(10):1877-1886.

[100] DING W L,HOU Y N,TAN Z Z,et al,2018. Far-red acclimating cyanobacterium as versatile source for bright fluorescent biomarkers[J]. Biochimica et Biophysica Acta-Molecular Cell Research,1865(11):1649-1656.

[101] DONOHOE C,SENGE M O,ARNAUT L G,et al,2019. Cell death in photodynamic therapy: from oxidative stress to anti-tumor immunity[J]. Biochimica et Biophysica Acta—Reviews on Cancer,1872(2):188308.

[102] DUAN H,TAO M,LOISELLE S A,et al,2017. MODIS observations of cyanobacterial risks in a eutrophic lake:implications for long-term safety evaluation in drinking-water source[J]. Water Research,122:455-470.

[103] ELLIOTT J A,2012. Is the future blue-green? A review of the current model predictions of how climate change could affect pelagic freshwater cyanobacteria[J]. Water Research,46(5): 1364-1371.

[104] FALKEBORG M F, RODA-SERRAT M C, BURNAES K L, et al, 2018. Stabilising phycocyanin by anionic micelles[J]. Food Chemistry,239:771-780.

[105] FIGUEIRA F S,GETTENS J G,COSTA J A,et al,2016. Production of nanofibers containing the bioactive compound C-phycocyanin[J]. Journal of Nanoscience and Nanotechnology, 16 (1):944-949.

[106] FLORES E, PIZARRO J, GODOY F, et al, 2017. An electrochemical sensor for the determination of Cu(Ⅱ) using a modified electrode with ferrocenyl crown ether compound by square wave anodic stripping voltammetry[J]. Sensors and Actuators B Chemical, 251: 433-439.

[107] GAO Y, PALLISTER J, LAPIERRE F, et al, 2015. A rapid assay for Hendra virus IgG antibody detection and its titre estimation using magnetic nanoparticles and phycoerythrin[J]. Journal of Virological Methods,222:170-177.

[108] GEER T D,CALOMENI A J,KINLEY C M,et al,2017. Predicting in situ responses of taste- and odor-producing algae in a southeastern US reservoir to a sodium carbonate peroxyhydrate algaecide using a laboratory exposure-response model[J]. Water, Air and Soil Pollution, 228

(2):51-53.

[109] GOOLE J, AMIGHI K, 2016. 3D printing in pharmaceutics: a new tool for designing customized drug delivery systems[J]. International Journal of Pharmaceutics, 499 (1-2): 376-394.

[110] GROSS B, LOCKWOOD S Y, SPENCE D M, 2017. Recent advances in analytical chemistry by 3D printing[J]. Analytical Chemistry, 89(1): 57-70.

[111] GUPTA V, BEIRNE S, NESTERENKO P N, et al, 2018. Investigating the effect of column geometry on separation efficiency using 3D printed liquid chromatographic columns containing polymer monolithic phases[J]. Analytical Chemistry, 90(2): 1186-1194.

[112] GUPTA V, TALEBI M, DEVERELL J, et al, 2016. 3D printed titanium micro-bore columns containing polymer monoliths for reversed-phase liquid chromatography[J]. Analytica Chimica Acta, 910: 84-94.

[113] HARDININGTYAS S D, NAGAO S, YAMAMOTO E, et al, 2019. A nano-sized gel-in-oil suspension for transcutaneous protein delivery[J]. International Journal of Pharmaceutics, 567: 118495.

[114] HARDININGTYAS S D, WAKABAYASHI R, KITAOKA M, et al, 2018. Mechanistic investigation of transcutaneous protein delivery using solid-in-oil nanodispersion: a case study with phycocyanin[J]. European Journal of Pharmaceutics and Biopharmaceutics, 127: 44-50.

[115] HMIMINA G, HULOT F D, HUMBERT J F, et al, 2019. Linking phytoplankton pigment composition and optical properties: a framework for developing remote-sensing metrics for monitoring cyanobacteria[J]. Water Research, 148: 504-514.

[116] HO J C, STUMPF R P, BRIDGEMAN T B, et al, 2017. Using Landsat to extend the historical record of lacustrine phytoplankton blooms: a Lake Erie case study[J]. Remote Sensing of Environment, 191: 273-285.

[117] HOU Y N, DING W L, JIANG S P, et al, 2019. Bright near-infrared fluorescence bio-labeling with a biliprotein triad[J]. Biochimica et Biophysica Acta-Molecular Cell Research, 1866(2): 277-284.

[118] HUANG X, LING L, ZHANG W, 2018. Nanoencapsulation of hexavalent chromium with nanoscale zero-valent iron: high resolution chemical mapping of the passivation layer[J]. Journal of Environmental Sciences, 67: 4-13.

[119] IHSSEN J, BRAUN A, FACCIO G, et al, 2014. Light harvesting proteins for solar fuel generation in bioengineered photoelectrochemical cells[J]. Current Protein & Peptide Science, 15(4): 374-384.

[120] JENSEN R H, BIGBEE W L, 1996. Direct immunofluorescence labeling provides an improved method for the glycophorin A somatic cell mutation assay[J]. Cytometry, 23(4): 337-343.

[121] JIA P, ZHOU Y, ZHANG X, et al, 2018. Cyanobacterium removal and control of algal organic matter (AOM) release by UV/$H_2O_2$ pre-oxidation enhanced Fe (Ⅱ) coagulation[J]. Water Research, 131: 122-130.

[122] JING W, CHEN H, JIN Z, et al, 2017. Fusion proteins of streptavidin and allophycocyanin alpha subunit for immunofluorescence assay[J]. Biochemical Engineering Journal, 125: 97-103.

[123] JRIDI M, HAJJI S, AYED H B, et al, 2014. Physical, structural, antioxidant and antimicrobial properties of gelatin-chitosan composite edible films[J]. International Journal of Biological Macromolecules, 67: 373-379.

[124] KALSOOM U, NESTERENKO P N, PAULL B, 2018. Current and future impact of 3D printing on the separation sciences[J]. TrAC: Trends in Analytical Chemistry, 105: 492-502.

[125] KAYA M, KHADEM S, CAKMAK Y, et al, 2018. Antioxidative and antimicrobial edible chitosan films blended with stem, leaf and seed extracts of *Pistacia terebinthus* for active food packaging[J]. RSC Advances, 8(8): 3941-3950.

[126] KAYA M, RAVIKUMAR P, ILK S, et al, 2018. Production and characterization of chitosan based edible films from fruit extract and seed oil[J]. Innovative Food Science & Emerging Technologies, 45: 287-297.

[127] KHANRA S, MONDAL M, HALDER G, et al, 2018. Downstream processing of microalgae for pigments, protein and carbohydrate in industrial application: a review [J]. Food and Bioproducts Processing, 110: 60-84.

[128] KHOSLA C, ZAWADA R J. 1996. Generation of polyketide libraries via combinatorial biosynthesis[J]. Trends in Biotechnology, 14(9): 335-341.

[129] KIM D, SARATALE R G, SHINDE S, et al, 2018. Green synthesis of silver nanoparticles using *Laminaria japonica* extract: characterization and seedling growth assessment [J]. Journal of Cleaner Production, 172: 2910-2918.

[130] KOSTEN S, HUSZAR V L M, BÉCARES E, et al, 2012. Warmer climates boost cyanobacterial dominance in shallow lakes[J]. Global Change Biology, 18(1): 118-126.

[131] KOTZEKIDOU P, 2013. Microbiological examination of ready-to-eat foods and ready-to-bake frozen pastries from university canteens[J]. Food Microbiology, 34(2): 337-343.

[132] KUMAR V, SONANI R R, SHARMA M, et al, 2016. Crystal structure analysis of C-phycoerythrin from marine cyanobacterium *Phormidium* sp. A09DM [J]. Photosynthesis Research: an International Journal, 129(1): 17-28.

[133] LI B, GAO M H, CHU X M, et al, 2015. The synergistic antitumor effects of all-trans retinoic acid and C-phycocyanin on the lung cancer A549 cells in vitro and in vivo[J]. European Journal of Pharmacology, 749: 107-114.

[134] LI B, GAO M H, LV C Y, et al, 2016. Study of the synergistic effects of all-transretinoic acid and C-phycocyanin on the growth and apoptosis of A549 cells[J]. European Journal of Cancer Prevention, 25(2): 97-101.

[135] LI L, LI L, SHI K, et al, 2012. A semi-analytical algorithm for remote estimation of phycocyanin in inland waters[J]. Science of the Total Environment, 435-436: 141-150.

[136] LI L, LI L, SONG K, 2015. Remote sensing of freshwater cyanobacteria: an extended IOP Inversion Model of Inland Waters (IIMIW) for partitioning absorption coefficient and estimating phycocyanin[J]. Remote Sensing of Environment, 157: 9-23.

[137] LI S, CAO W, KUMAR A, 2014. Highly sensitive simultaneous detection of mercury and copper ions by ultrasmall fluorescent DNA-Ag nanoclusters[J]. New Journal of Chemistry, 38(4): 1546-1550.

[138] LI W, PU Y, GE B, et al, 2019. Dye-sensitized solar cells based on natural and artificial phycobiliproteins to capture low light underwater [J]. International Journal of Hydrogen Energy, 44(2): 1182-1191.

[139] LI W, SU H, PU Y, et al, 2019. Phycobiliproteins: molecular structure, production, applications, and prospects[J]. Biotechnology Advances, 37(2): 340-353.

[140] LI X D, TAN Z Z, DING W L, et al, 2019. Design of small monomeric and highly bright near-

infrared fluorescent proteins[J]. Biochimica et Biophysica Acta—Molecular Cell Research, 1866(10):1608-1617.

[141] LIGON S C, LISKA R, STAMPFL J, et al, 2017. Polymers for 3D printing and customized additive manufacturing[J]. Chemical Reviews, 117(15):10212-10290.

[142] LIMSAKUL P, PENG Q, WU Y, et al, 2018. Directed evolution to engineer monobody for FRET biosensor assembly and imaging at live-cell surface[J]. Cell Chemical Biology, 25(4):370-379. e4.

[143] LIN Z, JIANG B, LIANG J, et al, 2019. Phycocyanin functionalized single-walled carbon nanohorns hybrid for near-infrared light-mediated cancer phototheranostics[J]. Carbon, 143:814-827.

[144] LIU C, CAO Z, WANG J, et al, 2017. Performance and mechanism of phycocyanin removal from water by low-frequency ultrasound treatment [J]. Ultrasonics Sonochemistry, 34:214-221.

[145] LIU C, CHEN D W, REN Y Y, et al, 2019. Removal efficiency and mechanism of phycocyanin in water by zero-valent iron[J]. Chemosphere, 218:402-411.

[146] LIU C, FU Y, LI C, et al, 2017. Phycocyanin-functionalized selenium nanoparticles reverse palmitic acid-induced pancreatic beta cell apoptosis by enhancing cellular uptake and blocking reactive oxygen species (ROS)-mediated mitochondria dysfunction[J]. Journal of Agricultural and Food Chemistry, 65(22):4405-4413.

[147] LIU C, HE S, SUN Z, et al, 2016. Removal efficiency of MIEX (R) pretreatment on typical proteins and amino acids derived from *Microcystis aeruginosa* [J]. RSC Advances, 6(65):60869-60876.

[148] LIU C, WANG J, CHEN W, et al, 2015. The removal of DON derived from algae cells by Cu-doped $TiO_2$ under sunlight irradiation[J]. Chemical Engineering Journal, 280:588-596.

[149] LIU L N, CHEN X L, ZHANG X Y, et al, 2005. One-step chromatography method for efficient separation and purification of R-phycoerythrin from *Polysiphonia urceolata* [J]. Journal of Biotechnology, 116(1):91-100.

[150] LIU S, LENG X, WANG X, et al, 2017. Enzyme-free colorimetric assay for mercury (Ⅱ) using DNA conjugated to gold nanoparticles and strand displacement amplification[J]. Mikrochimica Acta, 184(7):1969-1976.

[151] LIU S, LIM M, FABRIS R, 2008. $TiO_2$ photocatalysis of natural organic matter in surface water: impact on trihalomethane and haloacetic acid formation potential[J]. Environmental Science & Technology, 42(16):6218-6223.

[152] LIU T, HUANG Z, JU Y, et al, 2019. Bactericidal efficacy of three parameters of Nd:YAP laser irradiation against *Enterococcus faecalis* compared with NaOCl irrigation[J]. Lasers in Medical Science, 34(2):359-366.

[153] LIU X, WANG L, ZHANG N, et al, 2015. Ratiometric fluorescent silver nanoclusters for the determination of mercury and copper ions[J]. Analytical Methods, 7(19):8019-8024.

[154] LIU Y, JIN J, DENG H, et al, 2016. Protein-framed multi-porphyrin micelles for a hybrid natural-artificial light-harvesting nanosystem[J]. Angewandte Chemie International Edition, 55(28):7952-7957.

[155] LU L, ZHAO B Q, MIAO D, et al, 2017. A simple preparation method for phytochromobilin [J]. Photochemistry and Photobiology, 93(3):675-680.

[156] LUCAS B F, DE MORAIS M G, SANTOS T D, et al, 2018. *Spirulina* for snack enrichment: nutritional, physical and sensory evaluations[J]. LWT-Food Science & Technology, 90: 270-276.

[157] LUNETTA R S, SCHAEFFER B A, STUMPF R P, et al, 2015. Evaluation of cyanobacteria cell count detection derived from MERIS imagery across the eastern USA[J]. Remote Sensing of Environment: an Interdisciplinary Journal, 157: 24-34.

[158] MADHUMITHA G, ELANGO G, ROOPAN S M, 2016. Biotechnological aspects of ZnO nanoparticles: overview on synthesis and its applications[J]. Applied Microbiology and Biotechnology, 100(2): 571-581.

[159] MAYER B K, DAUGHERTY E, ABBASZADEGAN M, 2014. Disinfection byproduct formation resulting from settled, filtered, and finished water treated by titanium dioxide photocatalysis[J]. Chemosphere, 117: 72-78.

[160] MENG Y, WANG Y, HAN Q, et al, 2016. Trihalomethane (THM) formation from synergic disinfection of biologically treated municipal wastewater: effect of ultraviolet (UV) irradiation and titanium dioxide photocatalysis on dissolve organic matter fractions[J]. Chemical Engineering Journal, 303: 252-260.

[161] MERSHIN A, MATSUMOTO K, KAISER L, et al, 2012. Self-assembled photosystem-Ⅰ biophotovoltaics on nanostructured $TiO_2$ and ZnO[J]. Scientific Reports, 2: 234.

[162] MIAO D, DING W, ZHAO B, et al, 2016. Adapting photosynthesis to the near-infrared: non-covalent binding of phycocyanobilin provides an extreme spectral red-shift to phycobilisome core-membrane linker from *Synechococcus* sp. PCC 7335[J]. Biochimica et Biophysica Acta—Bioenergetics, 1857(6): 688-694.

[163] MINIC S L, STANIC-VUCINIC D, MIHAILOVIC J, et al, 2016. Digestion by pepsin releases biologically active chromopeptides from C-phycocyanin, a blue-colored biliprotein of microalga *Spirulina*[J]. Journal of Proteomics, 147: 132-139.

[164] NAGATA M, AMANO M, JOKE T, et al, 2012. Immobilization and photocurrent activity of a light-harvesting antenna complex Ⅱ, LHC Ⅱ, isolated from a plant on electrodes[J]. ACS Macro Letters, 1(2): 296-299.

[165] NAKAMURA T, SHIROUZU T, KAWAI S, et al, 2019. Graft immunocomplex capture fluorescence analysis can detect intragraft anti-major histocompatibility complex antibodies in mice cardiac transplant[J]. Transplantation Proceedings, 51(5): 1531-1535.

[166] ODERMATT D, POMATI F, PITARCH J, et al, 2012. MERIS observations of phytoplankton blooms in a stratified eutrophic lake[J]. Remote Sensing of Environment, 126: 232-239.

[167] OGASHAWARA I, 2015. Terminology and classification of bio-optical algorithms[J]. Remote Sensing Letters, 6(7/9): 613-617.

[168] OYAMA Y, FUKUSHIMA T, MATSUSHITA B, et al, 2015. Monitoring levels of cyanobacterial blooms using the visual cyanobacteria index (VCI) and floating algae index (FAI)[J]. International Journal of Applied Earth Observation and Geoinformation, 38: 335-348.

[169] OYAMA Y, MATSUSHITA B, FUKUSHIMA T, 2015. Distinguishing surface cyanobacterial blooms and aquatic macrophytes using Landsat/TM and ETM plus shortwave infrared bands[J]. Remote Sensing of Environment: an Interdisciplinary Journal, 157: 35-47.

[170] PALMER S C J, KUTSER T, HUNTER P D, 2015. Remote sensing of inland waters:

challenges,progress and future directions[J]. Remote Sensing of Environment,157:1-8.

[171] PALMER S C J,ODERMATT D,HUNTER P D,et al,2015. Satellite remote sensing of phytoplankton phenology in Lake Balaton using 10 years of MERIS observations[J]. Remote Sensing of Environment:an Interdisciplinary Journal,158:441-452.

[172] PEKEL J,COTTAM A,GORELICK N,et al,2016. High-resolution mapping of global surface water and its long-term changes[J]. Nature,540:418-422.

[173] POURAKBARI B, KAZEMIAN H, CHINIFORUSH N, et al, 2018. Exploring different photosensitizers to optimize elimination of planktonic and biofilm forms of *Enterococcus faecalis* from infected root canal during antimicrobial photodynamic therapy [J]. Photodiagnosis and Photodynamics Therapy,24:206-211.

[174] POURHAJIBAGHER M, BAHADOR A, 2019. Adjunctive antimicrobial photodynamic therapy to conventional chemo-mechanical debridement of infected root canal systems: a systematic review and meta-analysis[J]. Photodiagnosis and Photodynamic Therapy,26:19-26.

[175] POURHAJIBAGHER M,CHINIFORUSH N,BAHADOR A,2019. Antimicrobial action of photoactivated C-phycocyanin against *Enterococcus faecalis* biofilms:attenuation of quorum-sensing system[J]. Photodiagnosis and Photodynamic Therapy,28:286-291.

[176] POURHAJIBAGHER M, CHINIFORUSH N, GHORBANZADEH R, et al, 2017. Photo-activated disinfection based on indocyanine green against cell viability and biofilm formation of *Porphyromonas gingivalis*[J]. Photodiagnosis and Photodynamics Therapy,17:61-64.

[177] POURHAJIBAGHER M, CHINIFORUSH N, RAOOFIAN R, et al, 2016. Evaluation of photo-activated disinfection effectiveness with methylene blue against *Porphyromonas gingivalis* involved in endodontic infection: an in vitro study [J]. Photodiagnosis and Photodynamics Therapy,16:132-135.

[178] POURHAJIBAGHER M,CHINIFORUSH N,SHAHABI S,et al,2016. Sub-lethal doses of photodynamic therapy affect biofilm formation ability and metabolic activity of *Enterococcus faecalis*[J]. Photodiagnosis and Photodynamics Therapy,15:159-166.

[179] PURVIS K,BRITTAIN K,JOSEPH A,et al,2019. Third-order nonlinear optical properties of phycobiliproteins from cyanobacteria and red algae[J]. Chemical Physics Letters,731:136599.

[180] QI J, LAN H, LIU R, et al, 2016. Prechlorination of algae-laden water: the effects of transportation time on cell integrity,algal organic matter release,and chlorinated disinfection byproduct formation[J]. Water Research,102:221-228.

[181] QI L, HU C, DUAN H, et al, 2014. A novel MERIS algorithm to derive cyanobacterial phycocyanin pigment concentrations in a eutrophic lake: theoretical basis and practical considerations[J]. Remote Sensing of Environment,154:298-317.

[182] QI Y,QU Z,WANG Q,et al,2017. Nanomolar sensitive colorimetric assay for $Mn^{2+}$ using cysteic acid-capped silver nanoparticles and theoretical investigation of its sensing mechanism [J]. Analytica Chimica Acta,980:65-71.

[183] QIN B, LI W, ZHU G, et al, 2015. Cyanobacterial bloom management through integrated monitoring and forecasting in large shallow eutrophic Lake Taihu (China)[J]. Journal of Hazardous Materials,287:356-363.

[184] QIN B,PAERL H W,BROOKES J D,et al,2019. Why Lake Taihu continues to be plagued with cyanobacterial blooms through 10 years (2007-2017) efforts[J]. Science Bulletin,64(6): 354-356.

[185] RESLOVA N, MICHNA V, KASNY M, et al, 2017. xMAP technology: applications in detection of pathogens[J]. Frontiers in Microbiology,8:55.

[186] RIDAL J J,WATSON S B,HICKEY M B C,2007. A comparison of biofilms from macrophytes and rocks for taste and odour producers in the St. Lawrence River[J]. Water Science and Technology,55(5):15-21.

[187] ROSHDY N N,KATAIA E M,HELMY N A,et al,2018. Assessment of antibacterial activity of 2.5% NaOCl, chitosan nano-particles against *Enterococcus faecalis* contaminating root canals with and without diode laser irradiation: an in vitro study[J]. Acta Odontologica Scandinavica,77(1):39-43.

[188] SHAHABI S,KHOOBI M,HOSSEINI F,et al,2017. The effect of indocyanine green loaded on a novel nano-graphene oxide for high performance of photodynamic therapy against *Enterococcus faecalis*[J]. Photodiagnosis and Photodynamics Therapy,20:148-153.

[189] SHENG J,TAO T,ZHU X,et al,2018. A multiplex PCR detection method for milk based on novel primers specific for *Listeria monocytogenes* 1/2a serotype[J]. Food Control,86:183-190.

[190] SHI K,ZHANG Y,LI Y,et al,2015. Remote estimation of cyanobacteria-dominance in inland waters[J]. Water Research,68:217-226.

[191] SHI K, ZHANG Y, QIN B, et al, 2019. Remote sensing of cyanobacterial blooms in inland waters:present knowledge and future challenges[J]. Science Bulletin,64(20):1540-1556.

[192] SHI K,ZHANG Y,ZHOU Y,et al,2017. Long-term MODIS observations of cyanobacterial dynamics in Lake Taihu: responses to nutrient enrichment and meteorological factors[J]. Scientific Reports,7:40326.

[193] SHI P,SHEN H,WANG W,et al,2015. Habitat-specific diffeRENces in adaptation to LIght in freshwater diatoms[J]. Journal of Applied Phycology,28(1):227-239.

[194] SIMON U,DIMARTINO S. 2019. Direct 3D printing of monolithic ion exchange adsorbers[J]. Journal of Chromatography A,1587:119-128.

[195] SINGH N K, HASAN S S, KUMAR J, et al, 2014. Crystal structure and interaction of phycocyanin with beta-secretase: a putative therapy for Alzheimer's disease[J]. CNS & Neurological Disorders Drug Targets,13(4):691-698.

[196] SONG K,LI L,LI Z,et al,2013. Remote detection of cyanobacteria through phycocyanin for water supply source using three-band model[J]. Ecological Informatics,15:22-33.

[197] SONG K,ZHANG Q,ZHAO J,et al,2013. Homogeneous phase fluorescence assay based on NaYF4:$Er^{3+}$, $Yb^{3+}$ UCNPs as donors[J]. Guang Pu Xue yu Guang Pu Fen Xi, 33(4): 1005-1008.

[198] STUMPF R P,DAVIS T W,WYNNE T T,et al,2016. Challenges for mapping cyanotoxin patterns from remote sensing of cyanobacteria[J]. Harmful Algae,54:160-173.

[199] SU P Z,JING X P,ZHEN H H,et al,2001. Generation and identification of the transient intermediates of allophycocyanin by laser photolytic and pulse radiolytic techniques[J]. International Journal of Radiation Biology,77(5):637-642.

[200] SUN D, HU C, QIU Z, et al, 2015. Estimating phycocyanin pigment concentration in productive inland waters using Landsat measurements:a case study in Lake Dianchi[J]. Optics Express,23(3):3055-3074.

[201] SUN D,QIU Z,LI Y,et al,2014. Detection of total phosphorus concentrations of turbid inland waters using a remote sensing method[J]. Water,Air and Soil Pollution,225(5):1951-1953.

[202] SUN Y, LI J, HUANG T, et al, 2016. The influences of iron characteristics, operating conditions and solution chemistry on contaminants removal by zero-valent iron: a review[J]. Water Research, 100: 277-295.

[203] TAN H, GAO S, ZHUANG Y, et al, 2016. R-phycoerythrin induces SGC-7901 apoptosis by arresting cell cycle at S phase[J]. Marine Drugs, 14(9): 166.

[204] TANG K, DING W L, HÖPPNER A, et al, 2015. The terminal phycobilisome emitter, L-CM: a light-harvesting pigment with a phytochrome chromophore[J]. Proceedings of the National Academy of Sciences of the United States of America, 112(52): 15880-15885.

[205] TANG Z, JILU Z, JU B, et al, 2016. One-step chromatographic procedure for purification of B-phycoerythrin from *Porphyridium cruentum* [J]. Protein Expression and Purification, 123: 70-74.

[206] TAO Y, LI Z, JU E, et al, 2013. One-step DNA-programmed growth of CpG conjugated silver nanoclusters: a potential platform for simultaneous enhanced immune response and cell imaging[J]. Chemical Communications, 49(61): 6918-6920.

[207] TOKARZ D, CISEK R, GARBACZEWSKA M, et al, 2012. Carotenoid based bio-compatible labels for third harmonic generation microscopy[J]. Physical Chemistry Chemical Physics, 14(30): 10653-10661.

[208] WAN D H, ZHENG B Y, KE M R, et al, 2017. C-phycocyanin as a tumour-associated macrophage-targeted photosensitiser and a vehicle of phthalocyanine for enhanced photodynamic therapy[J]. Chemical Communications, 53(29): 4112-4115.

[209] WANG H, ZHU Y, HU C, et al, 2015. Treatment of NOM fractions of reservoir sediments: effect of UV and chlorination on formation of DBPs [J]. Separation and Purification Technology, 154: 228-235.

[210] WANG L, QU Y Y, FU X J, et al, 2014. Isolation, purification and properties of an R-phycocyanin from the phycobilisomes of a marine red macroalga *Polysiphonia urceolata* [J]. PLoS One, 9(7): e101724.

[211] WANG L, WANG P, LIU Y, et al, 2013. Near-infrared indocyanine materials for bioanalysis and nano-$TiO_2$ photoanodes of solar cell[J]. Journal of Nanomaterials, 2013: 1-5.

[212] WANG Q F, XU Y F, HOU Y H, et al, 2016. Highly sensitive and selective fluorescence detection of Hg (Ⅱ) ions based on R-phycoerythrin from *Porphyra yezoensis* [J]. RSC Advances, 6(115): 114685-114689.

[213] WANG X, FANG Z, LI Z, et al, 2019b. R-phycoerythrin proteins@ZIF-8 composite thin films for mercury ion detection[J]. Analyst, 144(12): 3892-3897.

[214] WEN Z, SONG K, LIU G, et al, 2019. Quantifying the trophic status of lakes using total light absorption of optically active components[J]. Environmental Pollution, 245: 684-693.

[215] WIK M, VARNER R K, ANTHONY K W, et al, 2016. Climate-sensitive northern lakes and ponds are critical components of methane release[J]. Nature Geoscience, 9(2): 99-105.

[216] WOZNIAK M, BRADTKE K, DARECKI M, et al, 2016. Empirical model for phycocyanin concentration estimation as an indicator of cyanobacterial bloom in the optically complex coastal waters of the Baltic Sea[J]. Remote Sensing, 8(3): 212.

[217] WU J, CHEN H, ZHAO J, et al, 2017. Fusion proteins of streptavidin and allophycocyanin alpha subunit for immunofluorescence assay[J]. Biochemical Engineering Journal, 125: 97-103.

[218] WU J, LU Y, REN N, et al, 2019. DNAzyme-functionalized R-phycoerythrin as a cost-effective

and environment-friendly fluorescent biosensor for aqueous $Pb^{2+}$ detection[J]. SENSORS,19(12):2732.

[219] XU Q Z,HAN J X,TANG Q Y,et al,2016. Far-red light photoacclimation:chromophorylation of FR induced α- and β-subunits of allophycocyanin from *Chroococcidiopsis thermalis* sp. PCC 7203[J]. Biochimica et Biophysica Acta,1857(9):1607-1616.

[220] XU Y,HOU Y,WANG Y,et al,2019. Sensitive and selective detection of $Cu^{2+}$ ions based on fluorescent Ag nanoparticles synthesized by R-phycoerythrin from marine algae *Porphyra yezoensis*[J]. Ecotoxicology and Environmental Safety,168:356-362.

[221] YEO E L L, THONG P S P, SOO K C, et al, 2018. Protein corona in drug delivery for multimodal cancer therapy in vivo[J]. Nanoscale,10(5):2461-2472.

[222] YOUNG I C,CHUANG S T,HSU C H,et al,2016. C-phycocyanin alleviates osteoarthritic injury in chondrocytes stimulated with $H_2O_2$ and compressive stress[J]. International Journal of Biological Macromolecules,93:852-859.

[223] YU P,WU Y,WANG G W,et al,2017. Purification and bioactivities of phycocyanin[J]. Critical Reviews in Food Science and Nutrition,57(18):3840-3849.

[224] ZENG X L,TANG K,ZHOU N,et al,2013. Bimodal intramolecular excitation energy transfer in a multichromophore photosynthetic model system:hybrid fusion proteins comprising natural phycobilin-and artificial chlorophyll-binding domains[J]. Journal of the American Chemical Society,135(36):13479-13487.

[225] ZHANG N,SI Y,SUN Z,et al,2014. Rapid,selective,and ultrasensitive fluorimetric analysis of mercury and copper levels in blood using bimetallic gold-silver nanoclusters with "silver effect"-enhanced red fluorescence[J]. Analytical Chemistry,86(23):11714-11721.

[226] ZHANG Y,JEPPESEN E,LIU X,et al,2017. Global loss of aquatic vegetation in lakes[J]. Earth-Science Reviews,173:259-265.

[227] ZHANG Z,LAMBREV P H,WELLS K L,et al,2015. Direct observation of multistep energy transfer in LHCⅡ with fifth-order 3D electronic spectroscopy[J]. Nature Communications,6(1):7914.

[228] ZHANG Z,LI J,FU L,et al,2015. Magnetic molecularly imprinted microsensor for selective recognition and transport of fluorescent phycocyanin in seawater[J]. Journal of Materials Chemistry A,3(14):7437-7444.

[229] ZHANG Z,LI J,WANG X,et al,2015. Quantum dots based mesoporous structured imprinting microspheres for the sensitive fluorescent detection of phycocyanin[J]. ACS Applied Materials & Interfaces,7(17):9118-9127.

[230] ZHAO W, DU S, 2016. Spectral-spatial feature extraction for hyperspectral image classification:a dimension reduction and deep learning approach[J]. IEEE Transactions on Geoscience and Remote Sensing,54(8):4544-4554.

[231] ZHU W, MA X, GOU M, et al, 2016. 3D printing of functional biomaterials for tissue engineering[J]. Current Opinion in Biotechnology,40:103-112.

# 第10章 藻胆蛋白在色素添加剂中的应用

藻胆蛋白是一类有颜色的天然色素蛋白，主要由相对同源的 α 亚基和 β 亚基组成。α 亚基和 β 亚基相结合形成(αβ)单体，然后聚合成$(\alpha\beta)_3$三聚体，最后以$(\alpha\beta)_6$六聚体的形式存在，某些藻红蛋白还含有独特的连接蛋白 γ 亚基，聚合形成$(\alpha\beta)_6\gamma$(Eriksen，2008 年)。

目前，合成色素一直受到人们的广泛质疑，消费者越来越倾向于购买含有天然色素或标有"非人造""无污染"的食品。藻胆蛋白有良好的保健功能，具有抗氧化、免疫调节、抗癌、抗病毒、抗过敏、抗诱变、抗炎、保肝、松弛血管和降血脂等作用(Thangam 等，2013)，这使其成为功能性食品中很好的活性成分。它也被用作食品(包括口香糖、冰冻果子露、软饮料和糖果)中的天然色素，并且可以代替合成色素应用于包括口红和眼线笔在内的化妆品中(Chaiklahan 等，2011)。藻胆蛋白虽然营养全面，功能丰富，但是由于其稳定性较差，常常受到 pH、光线和温度等不稳定因素的限制，因此对藻胆蛋白的应用仍在不断探索中。本章主要介绍了藻胆蛋白作为色素添加剂在食品、化妆品等领域的应用，同时总结了提高藻胆蛋白稳定性的手段，以期为藻胆蛋白的应用提供参考。

## 10.1 色素添加剂

食品添加剂中重要的组成部分之一为色素类物质，通过色素类物质来改善食品的颜色，是食品加工过程中决定食品质量的关键一环。随着食品、化妆品及医药行业等的蓬勃发展，人们对食用色素的需求日渐增长。目前，食用色素可以分为合成色素和天然色素两大类。合成色素颜色较为鲜艳、着色力强、稳定性高、易于溶解和着色，且成本低，但是大多数合成色素具有毒性，会对人体健康产生影响，甚至致癌、致畸。而天然色素一般无毒副作用、安全性强且具有特定的营养功能。许多天然色素中含有人体所必需的营养成分，或是维生素本身，或具有维生素的性质。天然色素还具有一定的药理特性，一些天然色素具有保健和疾病预防作用，如藻蓝蛋白，不但可以用于着色，还用于肺纤维化等疾病的防治(Xie 等，2019)；同时，用天然色素进行着色更为自然，更接近物质本身的颜色(杨桂枝和孙之南，2005)。

藻胆蛋白具有天然的色彩且颜色鲜艳，适合作为天然色素添加剂。例如，紫球藻中的藻红蛋白，已成为具有较高商业价值的天然色素蛋白，它有很好的着色能力且无毒，在食品软饮料和化妆品中得到广泛应用；螺旋藻中的藻蓝蛋白营养丰富，含有人体所需的 8 种必需氨基酸，已被作为国标 GB 2760 中的蓝色可食用色素应用于各个领域(冯亚非等，2007)。目前，研究者们正致力于研究大规模制备食品级藻胆蛋白的方法，并努力将其应用于食品及化妆品行业，以发挥最大价值。

### 10.1.1 食品领域

根据各项数据,2018年底,全球天然色素的市场为38.8亿美元,到2023年,预计增长至51.2亿美元(来源于网络)。与合成色素相比,食品加工商更青睐于选择天然色素,许多合成色素供应商已转向开发天然色素。

藻胆蛋白作为一类天然色素蛋白,不仅能够增色,也可以作为营养素使用,这使其广泛应用于食品、软饮料、化妆品和纺织等行业中(顾宁琰,2001)。在21世纪初,藻蓝蛋白已经是美国食品药品监督管理局(FDA)认可使用的天然蓝色素蛋白(图10-1),也被欧盟列为彩色食品原料,目前未限制其使用量。藻蓝蛋白也是被中国列入GB 2760食品添加剂目录的天然着色剂,可以添加至糖果、果汁、风味饮料和果冻等产品中(图10-2)。

| § 73.530 | 螺旋藻提取物 | — | 2013 | 糖果和口香糖 |
|---|---|---|---|---|
| | | | 2014 | 着色糖果(包括糖果和口香糖)、糖霜、冰激凌和冷冻甜点、甜点涂层和配料、饮料混合物和粉末、酸奶油、蛋羹、布丁、软干酪、明胶、面包屑和即食谷物(不包括挤压谷物) |

§ 73.530 螺旋藻提取物

(1) 结论。

(a) 螺旋藻提取物是通过对高原节螺旋体干燥生物质的过滤水提取制备的。着色剂含有的藻蓝蛋白为主要着色成分。

(b) 用螺旋藻提取物制成的食品用着色剂混合物可能只含有适合的稀释剂,并且在本子部分中列为安全用于食品着色的着色剂混合物。

(2) 规范。螺旋藻提取物必须符合以下规范,并且必须无杂质。在某种程度上,通过良好的制造实践可以避免此类其他杂质:

(a) 铅,不超过2毫克/千克(mg/kg)(百万分之二(ppm));

(b) 砷,不超过2 mg/kg(2 ppm);

(c) 汞,不超过1 mg/kg(1 ppm);

(d) 微囊藻毒素阴性。

(3) 用途和限制。螺旋藻提取物可安全用于糖果(包括糖果和口香糖)、糖霜、冰激凌和冷冻甜点、甜点涂层和配料、饮料混合物和粉末、蛋羹、布丁、软干酪、明胶、面包屑、即食谷物(不包括挤压谷物)、膳食补充剂片剂和胶囊的涂层配方,符合良好制造规范要求,并对煮熟的鸡蛋壳进行季节性着色。根据《联邦食品、药品和化妆品法案》第401节规定,添加的颜色的使用应得到这些标准的批准,否则不得用于为已发布标识标准的食品着色。

(4) 标签要求。着色剂和由着色剂制备的任何混合物的标签必须符合本章规定。

(5) 豁免认证。该着色剂的认证对于保护公众健康来说是不必要的,因此,该着色剂的批次免于遵守《联邦食品、药品和化妆品法案》第721(c)节的认证要求。

**图10-1 FDA色素添加剂目录中的螺旋藻提取物**

**藻蓝（淡、海水）** **spirulina blue(algae blue、lina blue)**
CNS 号 08.137 INS 号 —
功能 着色剂

| 食品分类号 | 食品名称 | 最大使用量/(g/kg) | 备注 |
|---|---|---|---|
| 03.0 | 冷冻饮品(03.04 食用冰除外) | 0.8 | |
| 05.02 | 糖果 | 0.8 | |
| 12.09.01 | 香辛料及粉 | 0.8 | |
| 14.02.03 | 果蔬汁(浆)类饮料 | 0.8 | 固体饮料按稀释倍数增加使用量 |
| 14.08 | 风味饮料 | 0.8 | 固体饮料按稀释倍数增加使用量 |
| 16.01 | 果冻 | 0.8 | 如用于果冻粉，按冲调倍数增加使用量 |

**图 10-2 GB 2760 食品添加剂目录中的藻蓝蛋白**

#### 10.1.1.1 饮料

**1. 植物性蛋白饮料**

2011 年以来，植物性蛋白饮料市场的增长率高于整个饮料行业的增长率。相关数据显示，2016 年植物性蛋白饮料领域的收入为 1217.2 亿元人民币，2007 年至 2016 年的复合增长率高达 24.5%，在整个饮料行业中的份额增长了 8.79 个百分点，达到 18.69%。2016 年植物性蛋白饮料制造业市场规模占比最高，人们对健康饮食的要求越来越高。2019 年，杜邦营养与健康事业部发布了美国植物性饮食趋势变化报告。在接受调查的 1000 名美国消费者中，有 52%的美国消费者更青睐于植物性食物及饮料，超过 60%的受访者认为，植物性饮食的普及将是未来的趋势。其中更健康、更可持续的植物衍生蛋白(如螺旋藻蛋白、大米蛋白等)正在兴起。该领域的市场规模进一步扩大，将成为饮料制造业的主要发展方向。

藻蓝蛋白是一种新兴的植物性蛋白，目前市场上所用的藻蓝蛋白一般来自螺旋藻。藻蓝蛋白可用作植物性饮料的添加剂，将其添加入水溶液中，水溶液呈现明显的亮蓝色。健康诉求、移动需求、市场需求等各方面显示，藻蓝蛋白的应用具有巨大的市场潜力。国外已经有不少添加藻蓝蛋白的饮品，innocent 公司已经研发出多款使用藻蓝蛋白的饮料，并在英国持续畅销(图 10-3)。innocent 在它的几款藻蓝蛋白饮料中，只添加了不到 1%的藻蓝蛋白，饮料却呈现出蓝色。虽然添加量较少，但是藻蓝蛋白的蓝色却为 innocent 带来了大量的话题和销量。日本推出了一款底汤呈蓝色的拉面，备受好评，汤底之所以呈现出亮丽的蓝色，就是因为添加了少量的藻蓝蛋白(图 10-4)。B-Blue 和 Smart-Chimp 是两家位于法国的饮料公司，研发的饮料皆针对运动人群。与 innocent 不同的是，B-Blue 和 Smart-Chimp 将藻蓝蛋白的功能性作为主要卖点，而将蓝色放在了次要位置。藻蓝蛋白具有很强的抗氧化能力，在提高使用者免疫力、促进运动后修复方面也有显著的效果。值得一提的是，B-Blue 和 Smart-Chimp 都在饮料中加入了一些水果和植物的混合物，如龙舌兰甜味剂、百香果压榨汁等，起到遮盖藻蓝蛋白淡淡的腥味的效果(图 10-5)。除此之外，还有许多饮品添加了藻胆蛋白，如 Depura vita 是水果、蔬菜和螺旋藻的组合，可以帮助平衡肠道菌群；Water+Blue Spirulina 是柠檬汁和螺旋藻蛋白的混合物。这些饮品均因为其独特的风味受到了广泛的好评。

国内关于藻蓝蛋白植物性饮料的研究也有很多，清华大学就曾发明过一款螺旋藻饮料(107763.5)，其中添加了螺旋藻藻胆蛋白。常德炎帝生物科技有限公司和湖南炎帝生物工程有限公司共同开发了一款葛仙米奶茶(201410603950.3)，这款奶茶不仅在水乳体系中添加了葛仙米珍珠，还添加了葛仙米藻胆

图 10-3　innocent 的新品：Blue Spark

图 10-4　添加了藻蓝蛋白的日本拉面

图 10-5　B-Blue 与 Smart-Chimp 的饮料

蛋白粗提液和葛仙米多糖凝胶营养液（多糖粗提物）分别作为天然色素和稳定剂，不但提亮了奶茶的颜色，而且口感醇厚。

**2. 酸奶**

酸奶等乳制品作为食品已经存在了很长一段时间（Zottola 等，1994），酸奶在健康方面的贡献得益于两个方面，一方面是参与发酵的菌群组合，另一方面也可能是由发酵引起的底物基质的生化改变，或两者兼而有之。与发酵相关的微生物培养物具有广泛的生物多样性，并赋予了产品特定的功能特征。发酵细菌（主要是乳酸菌（LAB））的生长对食物功能有明显影响，具体取决于培养物的种类或菌株以及食物基质的组成（Pophaly 等，2018）。目前，具有潜在健康益处且颜色新奇、口味独特的酸奶更容易得到消费者的青睐。而其他功能成分（如具有重要治疗作用和抗微生物活性的成分）的添加，是对传统酸奶制备过程的一种全新的尝试（Shori 和 Baba，2012）。这些成分也可能影响酸奶中 LAB 的数量及其感官特性。Mohammadi-Gouraji 等（2019）评估了在为期 21 天的储存过程中，藻蓝蛋白对酸奶的理化性质和微生物特性的影响。研究表明酸奶是藻蓝蛋白的合适基质，它不仅可以改善酸奶的质地，同时藻蓝蛋白的颜色也能够维持稳定，且对酸奶发酵剂的生长没有负面影响。为了制备富含藻蓝蛋白的酸奶，当酸奶的 pH 达到 4.5 时，可添加纯化的藻蓝蛋白，混合后在 4 ℃下保存（Mohammadi-Gouraji 等，2019）。Izadi 等（2015）的研究显示，酸奶在储存 28 天期间内 pH 呈下降趋势（$p>0.05$），这可能是由酸奶发酵培养物的代谢活性所致，微生物可以通过摄入乳糖产生有机酸来降低 pH。乳糖来源耗尽后，微生物会消耗酸奶中存在的蛋白质来增加其 pH（Izadi 等，2015；Shahbandari 等，2016）。添加了藻蓝蛋白的酸奶表现出更高的 pH，这可能是由藻蓝蛋白本身的 pH（6.55）所致。藻蓝蛋白的存在还可能导致酸奶凝胶网络破裂，从而降低表面张力而使其黏度较低。另外，固体含量也是影响酸奶黏度的原因之一，随着藻蓝蛋白浓度的增加，总固体含量也在增加（Mohameed 等，2004）。酸奶的 pH 和酸度是影响富含藻蓝蛋白的酸奶颜色的重要因素，添加 4%藻蓝蛋白酸奶的总体可接受性与纯酸奶没有显著差异。图 10-6、图 10-7 分别显示了酸奶中嗜热链球菌和保加利亚乳杆菌在储存 21 天期间内的生长趋势。显然，在对照酸

奶和藻蓝蛋白酸奶中，两种菌株的计数分别在第21天和第14天显著下降，但均表现出相同的生长趋势。尽管未对藻蓝蛋白进行灭菌，但酸奶样品中病原体并未增加(Mohammadi-Gouraji等，2019)。由于藻蓝蛋白的添加对酸奶具有积极作用，如脱水收缩力降低、硬度增加、颜色稳定性增强且无病原体生长，因此被推荐作为生物活性着色剂。

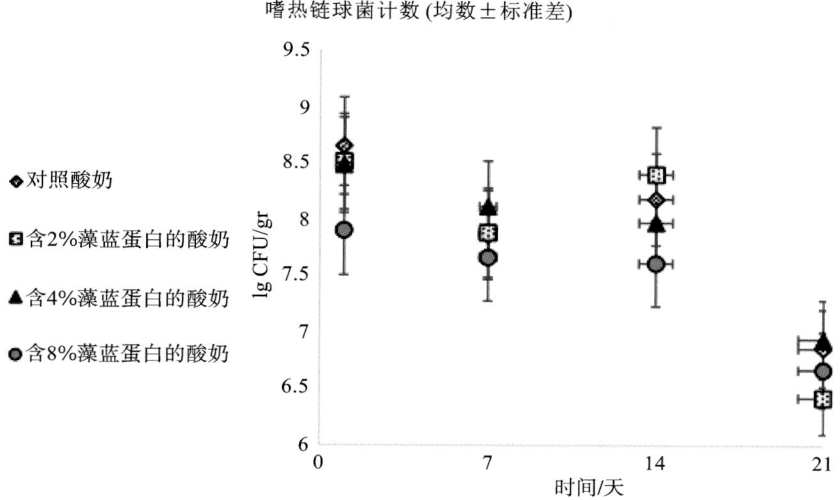


**图 10-6　嗜热链球菌在酸奶储存21天内的生长趋势**

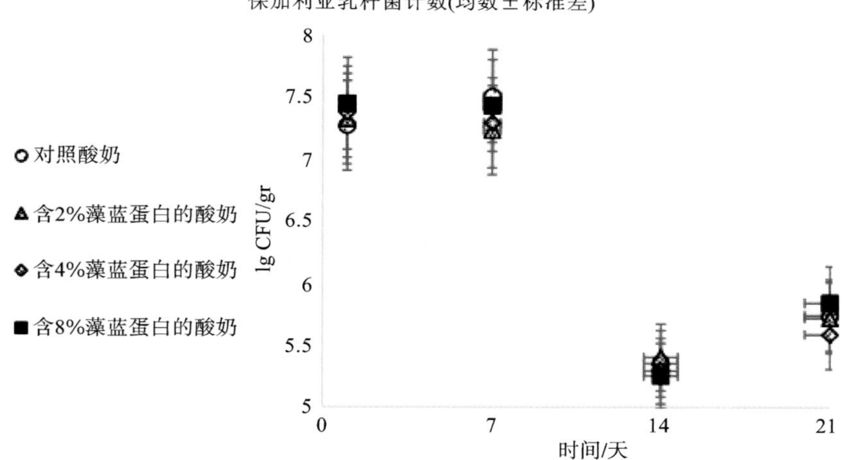


**图 10-7　保加利亚乳杆菌在酸奶储存21天内的生长趋势**

**3. 其他饮品**

泡腾片通常是有机酸、碳酸钠和碳酸氢钠混合在一起形成的干燥固体，当放入水中，这几种物质发生了酸碱反应，产生了大量气泡(二氧化碳)，由于二氧化碳的一部分被溶解在水中，所以有汽水的口感。河南科技学院提供了一种藻蓝蛋白泡腾片的制作方法(201610143988.6)，他们将少量食用级藻蓝蛋白粉作为原料制成藻蓝蛋白泡腾片，这种泡腾片易于携带、保质期长，具有调节人体免疫力、抗氧化等功能(图10-8(a))。

由于具有独特的功效，藻胆蛋白还被添加至酒类中。目前已经发明了许多添加有藻胆蛋白的药酒，如螺旋藻抗癌药酒(201510619196.7)、螺旋藻祛风湿药酒(201510619311.0)及防辐射损伤药酒(2015106192902)等。将藻胆蛋白与多种中药材按照不同比例有效结合并添加至黄酒中，人们长期饮用对健康大有裨益。赵波(201210531811.5)将螺旋藻纯多糖、螺旋藻藻蓝胆素和竹叶叶绿素按比例混合后，与食用酒精及蒸馏水搅拌，通过巴氏消毒制成藻蓝蛋白和多糖的混合液，然后将该混合液按比例添加到啤酒、白酒等酒精饮料中,得到了功能性绿啤、白酒等(图 10-8(b),表 10-1)。

藻蓝蛋白非常适合添加在各类饮品中,包括各种饮料,甚至是酒精饮料,这些饮料具有低血糖指数和低热量的优点。随着人们健康意识的苏醒,国内外与藻胆蛋白相关的产品不断涌现,预计在未来十年的时间里,世界将出现"藻胆蛋白热"。

(a)

(b)

**图 10-8 藻蓝蛋白饮品**

(a)藻蓝蛋白泡腾片;(b)藻蓝蛋白啤酒

**表 10-1 藻胆蛋白在饮料中的应用**

| 原料 | 应用 | 授权/申请 | 申请号 | 申请人/单位 |
|---|---|---|---|---|
| 螺旋藻藻胆蛋白 | 饮料 | 授权 | 107763.5 | 清华大学 |
| 葛仙米藻胆蛋白 | 固体饮料 | 申请 | 201910256950.3 | 青岛浩然海洋科技有限公司 |
| 葛仙米藻胆蛋白 | 奶茶 | 授权 | 201410603950.3 | 常德炎帝生物科技有限公司<br>湖南炎帝生物工程有限公司 |
| 螺旋藻藻胆蛋白 | 抗癌药酒 | 驳回 | 201510619196.7 | 哈尔滨华藻生物科技开发有限公司 |
| 螺旋藻藻胆蛋白 | 祛风湿药酒 | 申请 | 201510619311.0 | 哈尔滨华藻生物科技开发有限公司 |
| 螺旋藻 | 天然蓝色饮料 | 驳回 | 93111279.6 | 徐笑敏 |
| 螺旋藻藻蓝胆素 | 绿啤及酒类饮料 | 授权 | 201210531811.5 | 赵波 |
| 小球藻藻蓝蛋白 | 小球藻精藻蓝蛋白功能饮品 | 公开 | 201711054806.9 | 江西理工大学 |
| 藻蓝蛋白 | 固态酸奶制品 | 公开 | 201910308443.X | 湖北工业大学 |
| 藻蓝蛋白 | 藻蓝蛋白配制酒 | 公开 | 201710989606.6 | 北京与果酒业有限公司<br>中国食品发酵工业研究院有限公司 |
| 藻蓝蛋白 | 牛奶 | 驳回 | 200710129885.5 | 邓洁 |
| 螺旋藻藻蓝蛋白 | 螺旋藻酒 | 授权 | 201210301671.2 | 王培磊 |
| 藻蓝蛋白 | 龙岩保健牛奶 | 驳回 | 201810221434.2 | 冯文拓 |
| 螺旋藻藻蓝蛋白 | 螺旋藻乳酸菌发酵饮料 | 公开 | 201810475215.7 | 江苏芝能生物科技有限公司 |
| 藻蓝蛋白 | 荔枝牛奶 | 驳回 | 201810221426.8 | 冯文拓 |
| 藻蓝蛋白 | 猕猴桃啤酒 | 驳回 | 201110155029.3 | 山东安克生物工程有限公司 |
| 藻蓝蛋白 | 牛蒡盐藻酒 | 授权 | 201410554180.8 | 临沂大学 |

续表

| 原料 | 应用 | 授权/申请 | 申请号 | 申请人/单位 |
|---|---|---|---|---|
| 藻蓝蛋白 | 防辐射损伤药酒 | 公开 | 201510619290.2 | 哈尔滨华藻生物科技开发有限公司 |
| 藻蓝蛋白 | 螺旋藻颗粒冲剂饮料 | 驳回 | 95114278.X | 广东海洋生物食品有限公司 |
| 螺旋藻藻蓝蛋白 | 蓝色液体饮料 | 驳回 | 95114277.1 | 广东海洋生物食品有限公司 |
| 螺旋藻藻蓝蛋白 | 乳饮料 | 公开 | 201910424591.8 | 浙江康恩贝健康科技有限公司 |
| 藻蓝蛋白和维生素C | 复合泡腾片 | 公开 | 201610601173.8 | 中山大学 |
| 藻蓝蛋白 | 泡腾片 | 授权 | 201010276286.8 | 中国科学院烟台海岸带研究所 |

#### 10.1.1.2 调味品

许多藻类生物由于富含藻胆蛋白等对人体有益的活性物质，它们的保健功能已经得到了人们的广泛认可，海带酱油、绿藻酱油、裙带菜酱油及螺旋藻酱油等多种藻类保健酱油已经被研发出来(赵强强，2012)。

张丽华(2003)在酱油酿造过程中添加了海带浸提液，而后采用酶法制备了富含碘的酱油，海带浸提液使酱油的营养价值更为丰富。施安辉等(2005)在传统原料的基础上加入了海带根，并利用低盐固态技术生产了一种富含碘的新型调味品，该调味品具有传统酿造酱油的营养和风味，适用于缺碘地区的居民。杜琨(2010)开发了以豆饼、麸皮和绿藻为主要原料的绿藻酱油。孔繁东等(2008)以裙带菜茎、豆粕、麸皮和小麦为原料，采用混合菌种制曲，以低盐固态发酵法生产裙带菜茎酱油，不仅具有海鲜风味，还富含碘、钙、铁、锌等元素。2001 年，李次力等在酱油发酵过程中添加了浓缩的螺旋藻提取液，并使用低盐固态技术开发出一款螺旋藻酱油，其中螺旋藻提取液的添加量在 16%时最为适宜。王欣宏(2013)也在酱油酿造过程中添加了螺旋藻(图 10-9)，利用机械、微生物和酶的共同作用破坏螺旋藻的细胞壁，并使其中的藻胆蛋白等成分充分溶解于酱油中，以提高酱油的营养保健功能。已有的研究(邓伟和王雪青，2010；崔永舶等，2008)表明，藻蓝蛋白酶解后得到的多肽在一定程度上可以起到抑制肿瘤细胞增殖的功效，因此酱醪中的蛋白酶对溶出的藻蓝蛋白酶解后，得到的小肽能够增加酱油的保健功能。

#### 10.1.1.3 其他食品(如冰激凌等)

目前，我国《食品安全国家标准　食品添加剂使用标准》(GB 2760—2014)中仅存在三种可食用的蓝色色素，即栀子蓝色素、藻蓝蛋白(即藻蓝胆素)和靛蓝。藻蓝蛋白除了应用于各种饮品，还可以添加至其他食品中，如果冻、冰激凌、糖果、蛋糕等(表 10-2)。

过去，人们只需要用食品来满足饥饿感，而当下，除了满足口感和饱腹之外，还需要考虑食品是否营养又健康。集美大学采用加入螺旋藻粉来替代部分低筋面粉的方法(201710711658.7)，不仅保持了普通蛋糕的特点，还具有较高的硬度、咀嚼性和黏性，形成了独特而优良的口感；同时，蛋糕中还添加了藻蓝蛋白，在提高营养价值的同时，还赋予了产品蓝色的外观，可以用于掩盖螺旋藻烘焙后的不良外观，从而全面提高产品品质。中德合资的 Yumbau 公司，生产的名为"Blue Diamond Dim Sum"的饺子，将藻蓝蛋白添加至面团中得到蓝色的饺子皮，以高达 517 美元的价格销售。藻胆蛋白还可以应用于鱼汉堡中，添加在鱼汉堡中的微藻藻蓝蛋白，既可以增强汉堡本身的抗氧化性，还可以用作天然着色剂(Atitallah 等，2019)。在 10 mg/mL 的样品浓度下，含有微藻的鱼汉堡显示出比对照汉堡(40%)更高的 DPPH 清除活性(分别为 98%、66% 和 87%)，FRAP 也观察到类似趋势(López-López 等，2011；Jónsdóttir 等，2015；Barkallah 等，2017)。Jónsdóttir 等(2015)的比较研究表明，含有深海藻粉(褐藻)的海产品具有很高的抗氧化活性。自由基的清除增加可能归因于类胡萝卜素(Goiris 等，2012)、叶绿素(Roohinejad 等，2016)和藻蓝蛋白含量(Anbarasan 等，2011)的增加，类胡萝卜素、叶绿素、藻蓝蛋白在保护人体细胞和分子免受氧化应激以及癌症预防方面起着重要作用(Kim 等，1998；Okuzumi 等，1990)。

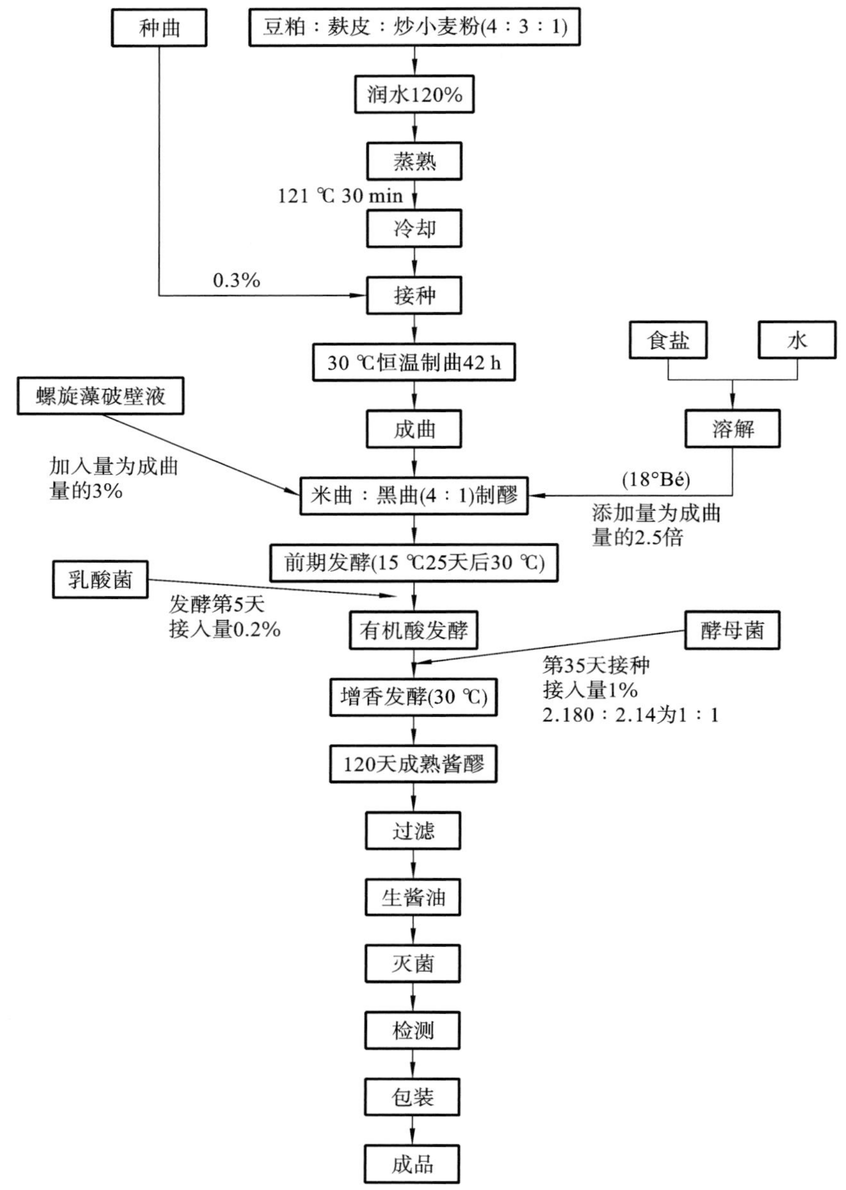


**图 10-9　螺旋藻酱油酿造工艺流程图(王欣宏,2013)**

**表 10-2　藻胆蛋白添加至其他食品中的应用**

| 原　　料 | 应　　用 | 授权/申请 | 申　请　号 | 申请人/单位 |
| --- | --- | --- | --- | --- |
| 紫菜藻胆蛋白 | 鱼糜制品 | 申请 | CN104687101. A | 福州大学 |
| 藻胆蛋白 | 肉肠 | 申请 | CN106107595. A | 青岛波尼亚食品有限公司 |
| 葛仙米藻胆蛋白 | 压片糖果 | 申请 | 201810469092. 6 | 常德炎帝生物科技有限公司<br>湖南炎帝生物工程有限公司<br>常德炎帝牧源农业发展有限公司 |
| 藻胆蛋白 | 杂粮代餐粉 | 申请 | 201910335142. 6 | 广西中医药大学 |
| 藻蓝蛋白 | 荔枝果冻 | 驳回 | 201810197585. 9 | 林锡祥 |

续表

| 原　　料 | 应　　用 | 授权/申请 | 申　请　号 | 申请人/单位 |
|---|---|---|---|---|
| 葛仙米藻胆蛋白 | 果冻 | 授权 | 201410606282.X | 常德炎帝生物科技有限公司<br>湖南炎帝生物工程有限公司 |
| 海苔藻胆蛋白 | 海苔鸡柳 | 驳回 | 201410749684.5 | 潍坊润田食品有限责任公司 |
| 海苔藻胆蛋白 | 海苔肉松 | 驳回 | 201510969735.X | 彭志成 |
| 藻蓝蛋白 | 冰激凌 | 公开 | 201810377377.7 | 中国科学院烟台海岸带研究所 |
| 螺旋藻藻蓝蛋白 | 健胃消食大米 | 驳回 | 201610488549.9 | 哈尔滨华藻生物科技开发有限公司 |
| 螺旋藻藻蓝蛋白 | 提高免疫力大米 | 驳回 | 201610488691.3 | 哈尔滨华藻生物科技开发有限公司 |
| 螺旋藻藻蓝蛋白 | 清热降火大米 | 驳回 | 201610488540.8 | 哈尔滨华藻生物科技开发有限公司 |
| 螺旋藻藻蓝蛋白 | 清热解毒大米 | 驳回 | 201610488539.5 | 哈尔滨华藻生物科技开发有限公司 |
| 螺旋藻藻蓝蛋白 | 润肠胃大米 | 驳回 | 201610488550.1 | 哈尔滨华藻生物科技开发有限公司 |
| 螺旋藻藻蓝蛋白 | 蛋糕 | 公开 | 201710711658.7 | 集美大学 |
| 藻蓝蛋白 | 蓝莓粽子糖 | 公开 | 201510533270.3 | 颍上县好圆食品有限公司 |
| 螺旋藻 | 西式火腿 | 授权 | 200810237781.0 | 青岛波尼亚食品有限公司 |

果冻被引入中国市场后，其丰富的口味和特殊的口感很快得到了消费者（尤其是青少年）的喜爱。现有果冻品种繁多，均具有一定的营养价值。传统果冻口味单一，且含有大量的膳食纤维，过多摄入会减少人体对锌、铁、钙等微量元素的吸收，且果冻在制作过程中营养成分损失较大，但是随着生活水平的提高，人们渴望买到各种食药两用型果冻，但目前市场上较少见。常德炎帝生物科技有限公司和湖南炎帝生物工程有限公司共同开发了一种葛仙米果冻（201410606282.X），这是一种采用葛仙米、葛仙米藻胆蛋白、葛仙米多糖、枸杞黄芪红枣提取物、果汁制成的果冻。葛仙米藻胆蛋白可以用作天然色素，其不但颜色鲜艳，且具有抗辐射、抗炎、促进伤口愈合、增强免疫力以及预防癌症等作用。葛仙米多糖也是一种重要的生物活性物质，不仅是优质的天然食品添加剂，如增稠剂、稳定剂、抗结晶剂、胶凝剂等，还显示出一定的增强机体免疫力、抗肿瘤等生物学效果。目前还有多种添加了藻胆蛋白的果冻（201610143989.0；201810197585.9），它们不仅口味独特，而且营养价值丰富，符合现代人的营养保健理念。

传统的压片糖果口味单一，含有大量的甜味剂，人们在制作过程中为了改善压片糖果的外观、口感以及延长食品保质期，会添加一定量的食品添加剂，这将给消费者带来一定的食用风险。随着生活水平的提高，人们渴望购买食药两用型糖果，但目前市场上较少见。浙江宾美生物科技有限公司研制了一款藻动能压片糖果，这种糖果由天然优质螺旋藻蛋白粉与菊粉、葡聚糖等按照科学配比精制而成，不仅能美容、养颜、抗衰老，还能通过均衡营养、提高免疫力、调节人体各方面的生理功能来实现自我调节和自我修复。常德炎帝生物科技有限公司、湖南炎帝生物工程有限公司和常德炎帝牧源农业发展有限公司采用葛仙米、葛仙米藻胆蛋白粉等物质组合制成的葛仙米压片糖果（201810469092.6），具有丰富的营养且方便食用，可以满足不同消费者的需求。

近几年，冰激凌市场大热，为了促进消费，各种色素的使用量越来越大，食品的卫生和健康也越来越受到人们的关注。秦松等（2018）提出了一种藻蓝蛋白冰激凌的制备方法，他们在冰激凌的制备过程中加入藻蓝蛋白，使其相比于普通冰激凌具有蓝色外观，同时具有藻蓝蛋白的一系列特有的生理功能。同时，该冰激凌除了利用柠檬酸作为防腐剂外，不再添加其他化学防腐剂，更加安全健康（图10-10）。2019年，双十一期间某品牌推出的一款“懒”上瘾冰激凌，其中便添加了藻蓝蛋白，这使雪糕呈现天然的蓝色，口味更加丰富。添加藻蓝蛋白的冰激凌的出现，解决了口感和健康难以并驾齐驱的问题。

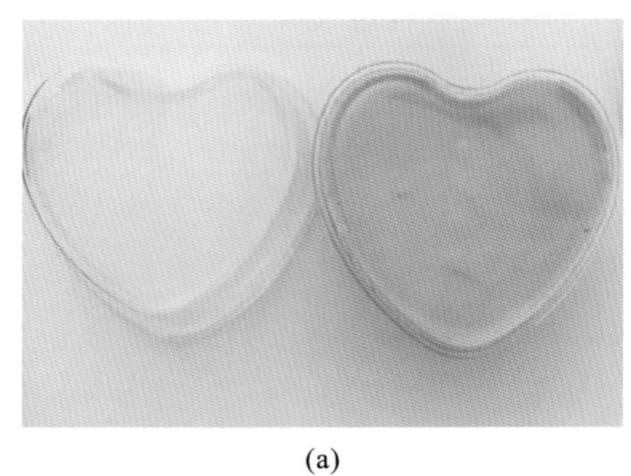
(a)

(b)

图 10-10　藻蓝蛋白冰激凌(a)和海藻蛋白凝胶软糖(b)

### 10.1.2　化妆品领域

在人类生存之初就已经有了化妆品的存在。原始社会时，一些部落在祭祀活动中给皮肤涂上动物油脂，使皮肤看起来更加有光泽。为了满足各种不同肤质人群的需求，越来越多的添加剂被添加到护肤品中，而其中很多成分可能会对皮肤产生不必要的伤害，甚至引起过敏。2010 年，零负担化妆品风靡欧美和中国台湾地区，主要目的是减少不必要的化学成分，增加纯护肤成分，最大限度发挥护肤作用。

皮肤作为人体自身的水库，含水量达到体重的 18%～20%，而皮肤的弹性与皮肤中的水分密切相关，皮肤中水分的过度流失会造成皮肤干燥粗糙，严重时会引起皮肤瘙痒(何学民，1996)。广州市科能化妆品科研有限公司开发了一种藻蓝蛋白组合物保湿化妆品(201710774879.9)，该藻蓝蛋白组合物添加了甘油、丁二醇、氯化钠以及苯甲酸钠，提高了藻蓝蛋白的稳定性，将该藻蓝蛋白添加至保湿化妆品中，化妆品能够长时间保持稳定的亮蓝色，不褪色且不暗沉，另外，藻蓝蛋白组合物也可以与保湿化妆品中的其他组分产生协同作用，从而提高保湿效果(表 10-3)。

表 10-3　藻胆蛋白在化妆品中的应用

| 原　料 | 应　用 | 授权/申请 | 申　请　号 | 申请人/单位 |
|---|---|---|---|---|
| 藻蓝蛋白 | 面膜 | — | 201811322153.2 | 福清市新大泽螺旋藻有限公司 |
| 藻蓝蛋白 | 化妆品 | 授权 | 201510538992.8 | 云南蓝钻生物科技股份有限公司 |
| 藻蓝蛋白 | 面膜 | — | 201510603981.3 | 烟台康达尔药业有限公司 |
| 藻蓝蛋白 | 保湿化妆品 | 授权 | 201710774879.9 | 广州市科能化妆品科研有限公司<br>广州市白云联佳精细化工厂<br>广东丹姿集团有限公司 |
| 螺旋藻藻蓝蛋白 | 抗衰老化妆品 | 授权 | 201510538993.2 | 云南蓝钻生物科技股份有限公司 |
| 螺旋藻属提取物 | 面霜 | 公开 | 201710031053.3 | 北京柯瑞生物科技有限公司 |
| 藻蓝蛋白 | 胶原多肽水洗面膜 | 驳回 | 201410305857.4 | 吴雪琴 |

皮肤衰老有其普遍性、多因性、进行性、退化性、内因性等。当皮肤发生衰老时，表皮厚度增加，不同部位萎缩或增生，角质形成细胞和黑色素细胞出现一定程度的核异质性。而目前已知的水溶性成分中，藻蓝蛋白不仅具有较强的抗氧化能力，能够结合超氧阴离子、羟基自由基以及过氧化物，还能够有效抑制或消除大分子物质代谢过程中产生的具有氧化能力的中间产物，与 SOD 和维生素 C 相比，其抗氧化活性更强，即藻蓝蛋白可以用于减轻年龄增长引起的衰老症状。

面膜是一种重要的护肤品，其最基本也最重要的作用是弥补卸妆和洁面产品清洁的不足。在此基础上，还可以通过其他成分发挥保湿、美白、抗衰老、平衡油脂等作用。在日常生活中，面膜被广泛用作补充性皮肤护理产品。现有的面膜产品类型繁多，大多数产品中包含许多化学元素，如各种防腐剂、香

精、色素等，护肤作用有限甚至会破坏皮肤的健康。福清市新大泽螺旋藻有限公司发明了一种应用藻蓝蛋白制作面膜的工艺(201811322153.2)，在面膜液中添加藻蓝蛋白，同时采用性能温和的谷氨酸调节面膜液(pH 为 4.0～6.0)，该面膜液 pH 与人体的体液 pH 接近，同时也能够稳定藻蓝蛋白。该面膜中的精华液能更深层次地渗入皮肤细胞中时，藻蓝蛋白也可以更好地作用于皮肤。

藻胆蛋白还具有护发功能，可以添加到洗发乳(201610719238.9)中，与人体的皮肤和头发相容性好，附着力和浸透性也强，易被皮肤细胞和发根细胞吸收，可补充皮肤和毛发中的营养成分，促进皮肤和毛发的新陈代谢，从多方面护理和保健头部皮肤和头发。藻胆蛋白还可以有效减少洗发乳对眼睛的刺激。

浙江宾美生物科技有限公司为法国欧莱雅集团和广东丹姿集团有限公司开发了一批添加有螺旋藻藻胆蛋白的化妆品(图 10-11)。法国一家公司也推出了一款基于螺旋藻的抗氧化水，其活性成分藻蓝蛋白不仅使产品呈亮丽的蓝色，也使产品具有防止细胞氧化、刺激免疫系统等功能。

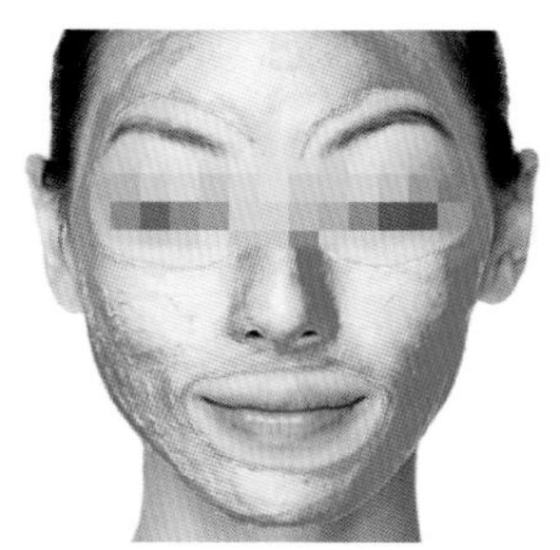
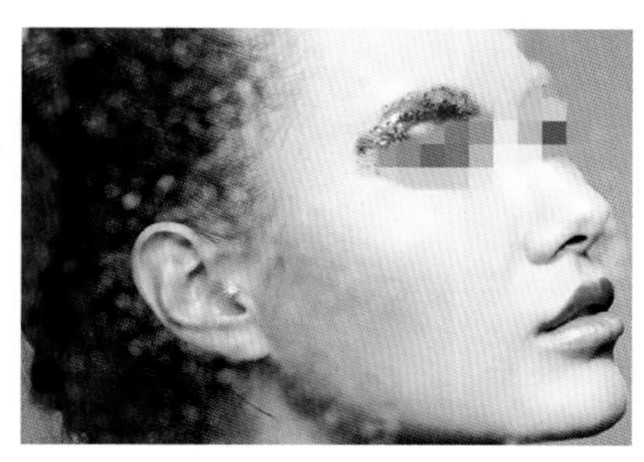

图 10-11　藻蓝蛋白应用于化妆品

### 10.1.3　营养保健品领域

医疗保健方面，藻蓝蛋白在美国和日本已经发展为一种复合药物，在英国和美国也已经应用于兽药行业。日本国民的人均寿命较长，这与其独特的饮食方式息息相关。由于四面环海，日本拥有丰富的海洋资源。除了各类海鲜外，日本人还喜欢将各种藻类产品加工成保健品，在日本，与海藻相关的食品和保健品销售量领先。据统计，日本海草食品日均消费量为 5.5 g。

藻胆蛋白中的藻蓝蛋白具有抗氧化、抗癌、抗炎和神经保护等多种生物活性。藻蓝蛋白中的发色团与血红素具有相似的结构(由四个吡咯环构成)，因此可与铁形成可溶性化合物，促进机体对铁的吸收，它还可以刺激骨髓的造血功能，并辅助治疗包括白血病在内的各种血液疾病。目前，藻胆蛋白一直是天然海洋药物中的研究热点。自 20 世纪 70 年代开始，我国已经开始了这方面的研究，经过 30 多年的发展，藻胆蛋白的应用研究虽然取得了较大进展，但大多仍处在实验室阶段。同时，基于藻蓝蛋白的功能性营养保健品尚不算多，在药品的研究开发方面仍较为空白。

目前市面上最多见的含有藻蓝蛋白的保健品是以螺旋藻的形式存在的，对藻蓝蛋白的利用并未达到极致。Guang 等(2009)发现藻蓝蛋白对多种肿瘤细胞(如 A375、U251)的生长起到抑制作用，却不影响非肿瘤细胞，这一研究充分证实了藻蓝蛋白功效的特异性。由此可见，藻胆蛋白既可以广泛应用于食品添加剂、化妆品等行业，也能够作为功能性成分应用于营养保健品领域(表 10-4)。

表 10-4　与藻胆蛋白相关的营养保健品

| 原　　料 | 应　　用 | 授权/申请 | 申　请　号 | 申请人/单位 |
|---|---|---|---|---|
| 葛仙米藻胆蛋白 | 营养粉 | 授权 | 201410604783.4 | 常德炎帝生物科技有限公司<br>湖南炎帝生物工程有限公司 |
| 藻胆蛋白 | 海洋精华漱口水 | 驳回 | 201511001697.5 | 青岛智通四海家具设计研发有限公司 |

续表

| 原　　料 | 应　　用 | 授权/申请 | 申　请　号 | 申请人/单位 |
|---|---|---|---|---|
| 藻蓝蛋白和松花粉 | 保健品 | 公开 | 201810076365.0 | 中国科学院烟台海岸带研究所 |
| 藻蓝蛋白和银杏叶提取物 | 抗氧化保健品 | 授权 | 201410546451.5 | 深圳海王药业有限公司 |
| 藻蓝蛋白 | 保健果冻 | 公开 | 201610143989.0 | 河南科技学院 |
| 藻蓝蛋白 | 防治帕金森病药物 | 公开 | 201810332315.4 | 桂林医学院 |
| 藻蓝蛋白和维生素 C | 复合泡腾片 | 公开 | 201610601173.8 | 中山大学 |
| 藻蓝蛋白 | 泡腾片 | 公开 | 201610143988.6 | 河南科技学院 |
| 螺旋藻藻蓝蛋白 | 改善营养性贫血保健食品 | 公开 | 201610911003.X | 宫成龙 |
| 藻蓝蛋白 | 促进骨生长 | 公开 | 201810919506.0 | 广州加原医药科技有限公司 |
| 藻蓝蛋白 | 中药组合物纳米制剂 | 公开 | 201810905720.0 | 广州加原医药科技有限公司 |
| 含藻蓝蛋白的藻类萃取物 | 预防/治疗牙周病 | 授权 | 201510298626.X | 远东生物科技股份有限公司 |
| 藻蓝蛋白 | 生质柔软剂 | 公开 | 201810998961.4 | 无锡德冠生物科技有限公司 |
| 藻蓝蛋白 | 保肝护肝保健食品 | 驳回 | 200410090271.7 | 青海石油管理局 |

藻胆蛋白应用的另一个热点是蛋白酶解多肽。近年来,国外关于蛋白酶解多肽的研究非常活跃。水溶液中,蛋白质在蛋白酶的作用下断裂肽键,形成不同肽链长度的多肽和少量的游离氨基酸。随着水解的进行,水解液的 pH 不断下降而溶液中可溶性蛋白质的含量逐渐增加(赵殿锋,2011)。应用于蛋白酶解过程中的检测方法一般也是基于这两个特征。在酶解过程中,选择合适的蛋白酶是生产的关键。目前蛋白酶种类众多,根据其水解蛋白质的方式不同,可分为内切酶和外切酶(张树证,1986;郭杰炎,1986)。目前,蛋白酶解多肽的相关研究主要集中在蛋白酶的选择、多肽活性的测定、多肽混合物分离、氨基酸序列鉴定等方面。一般情况下,根据酶解过程中的水解程度和所得多肽的抗氧化活性来选择蛋白酶。在大多数情况下,酶水解可以改善蛋白质的功能特性,由此产生的多肽具有蛋白质无法达到的物理和化学性质。如果将藻胆蛋白通过酶水解降解为可溶性的寡肽,则其在食品、保健品等应用中的理化性质可以得到极大改善,并且可能获得其前体不具备的生理活性。

中国科学院烟台海岸带研究所研发了一种藻蓝蛋白降血糖肽的制备方法(201611018749.4),他们向碱性的藻蓝蛋白溶液中加入碱性蛋白酶,同时微波辅助酶解,得到的蛋白降解肽对 α-葡萄糖苷酶的抑制率最高为(52.3±1.8)%,$IC_{50}$值为 0.65 mg/mL,说明其具有显著的降血糖作用。同年,中国科学院烟台海岸带研究所用木瓜蛋白酶或中性蛋白酶代替碱性蛋白酶,对螺旋藻藻蓝蛋白进行酶解(201611018464.0),得到的藻蓝蛋白多肽对 DPPH 自由基的清除率与藻蓝蛋白多肽的浓度有一定的关系,当藻蓝蛋白多肽的浓度达到 6 mg/mL 时,DPPH 自由基清除率达 70.03%。Yun 等(2009)通过研究发现,以螺旋藻藻蓝蛋白制成的活性肽具有显著的抗氧化活性,同时具有营养丰富、易吸收、无毒副作用的优良特点(表 10-5)。

表 10-5 专利中的藻胆蛋白多肽

| 原料 | 应用 | 授权/申请 | 申请号 | 申请单位 |
|---|---|---|---|---|
| 藻胆蛋白 | 藻胆蛋白多肽粉 | 公开 | 201811652074.8 | 山东好当家海洋发展股份有限公司 |
| 藻蓝蛋白 | 多肽 | 公开 | 201611018464.0 | 中国科学院烟台海岸带研究所 |
| 藻蓝蛋白 | 降血压多肽 | 驳回 | 201710544835.7 | 浦江县欧立生物技术有限公司 |
| 藻蓝蛋白 | 降血糖肽 | 公开 | 201611018749.4 | 中国科学院烟台海岸带研究所 |
| 藻蓝蛋白 | caspase-3 激活肽 | 驳回 | CN102492758.A | 天津商业大学 |
| 水华蓝藻藻蓝蛋白 | 减肥肽 | 公开 | 201910334530.2 | 南阳师范学院 |

### 10.1.4 包装材料领域

考虑到食品、制药和农业生态系统等不同领域消费者的偏好，新型可生物降解的具有生物活性且生态友好型的包装材料得到了人们的广泛关注(Musso 等，2017)。据报道，传统的塑料包装薄膜对环境有严重的负面影响，其延长食品保质期的能力有限，并且合成抗氧化剂的添加可能会对健康产生潜在危害(Boulekbache-Makhlou 等，2013)。因此，生物聚合物(基本上是多糖和蛋白质)作为可降解和可食用的包装薄膜，被视为常规塑料的有前途的替代品(Embuscado 和 Huber，2009；Kaya 等，2018)。在这些生物聚合物中，明胶因具有低成本和成膜性强等优势而被广泛用于开发包装膜(Jridi 等，2013；Lacroix 和 Vu，2014)。此外，由于其具有携带多种添加剂的强大能力，可以通过添加来自植物种子等不同来源的活性化合物(如藻蓝蛋白)来开发基于生物活性明胶的薄膜(Chentir 等，2019)。在微藻活性化合物中，藻胆蛋白是蓝、绿色蓝藻中存在的水溶性蛋白。藻蓝蛋白是螺旋藻属中的主要的藻胆蛋白，可以通过多种方法从藻细胞中将其提取(Boussiba 和 Richmond，1979；Markou 和 Nerantzis，2013)，其具有强抗氧化性且无毒、无致癌性，目前已作为天然染料用于食品、化妆品等领域。基于以上优势，Chentir 等(2019)开发了一款以明胶为主的新型薄膜(G 基膜)，该薄膜中掺入了从螺旋藻属中提取的藻蓝蛋白(PC)。G-PC 膜的可溶特性增加了其潜在用途，加快了其在热水中的溶解速度，可作为可食用的包装袋使用(Cho 等，2010)。藻蓝蛋白的添加增强了 G 基膜的光阻和热阻性能，同时降低了其机械性能(TS 和 EAB)。此外，随着 PC 含量的增加，藻蓝蛋白的抗氧化活性显著提高，G-PC(6.25%)和 G-PC(12.5%)膜还对多种细菌有抗菌活性。由于 G-PC(6.25%)和 G-PC(12.5%)具有阻光性和生物活性，它们可以用作有前景的外部彩色包装或内部(二级)包装。

研究表明，随着 PC 含量的增加，G-PC 膜的亮度趋于降低。此外，黄色/蓝色绝对值随着 PC 含量的增加而增大。因此在 G 基膜中添加 PC 会使膜的颜色从浅色转变为蓝色。另外，基于它们在 600 nm 下的吸光度，可评估所制备的膜的透明度。透明度值越高，所制备薄膜的透明度越低(López 等，2017)。因此，PC 的掺入引发了 G 基膜的不透明性，与透明度值为 1.19 的对照膜相比，PC 的比例为 12.5%时透明度值达到了 13.72。此外，该薄膜具有防止紫外线透射导致食物氧化的能力，PC 的添加极大地改善了薄膜的耐光性等光学特性。G-PC 膜在可见光区(350～800 nm)的透射率为 8.9%～88.3%，最小透射率约在 600 nm 处，对应于藻蓝蛋白的最大吸收光谱。而在 200 nm 处，紫外线透射率不超过 0.1%。此外，在 280 nm 处，随着 PC 掺入量的增加，G-PC 膜记录到较低的透射率(0.5%～11%)，仍然低于对照膜的透射率(14%)。当添加 PC 时，所有的 G-PC 膜中可观察到新的谱带，波数分别为 2914 $cm^{-1}$和 2840 $cm^{-1}$，这表明 PC 与 G 基膜结合。此外，在对照膜和所有 G-PC 膜中观察到的 1000～1080 $cm^{-1}$之间的谱带对应于作为增塑剂添加的甘油的—OH(Cerqueira 等，2012)。PC 的掺入改变了薄膜基质的分子组织和分子间相互作用(图 10-12)，尤其是在较高的 PC 浓度(6.25%和 12.5%)下，明胶和 PC 之间的相互作用形成了非共价交联键，并在一定程度上形成了更紧密的薄膜网络。

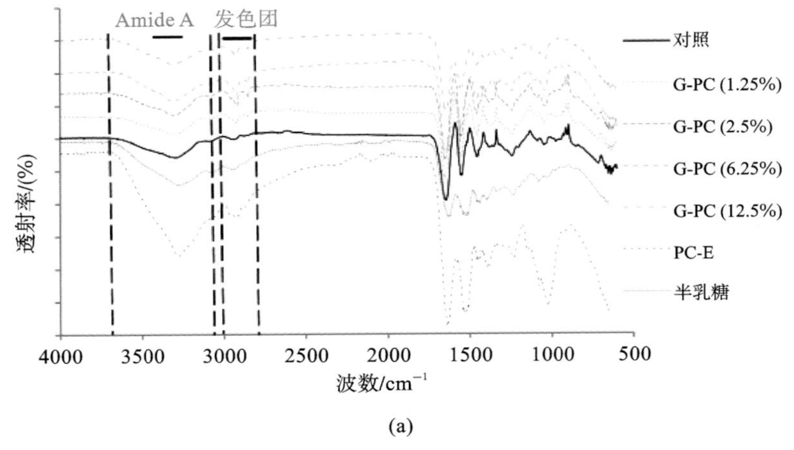


(a)

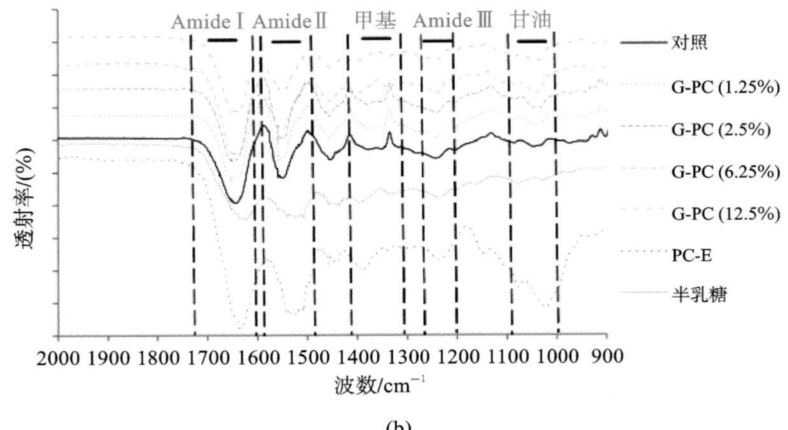


(b)

**图 10-12　在 25 ℃和 RH 为 50%的条件下测得的 G-PC 的傅里叶变换红外光谱(FT-IR)(Chentir 等,2019)**

(a)650～4000 $cm^{-1}$的 FT-IR 光谱;(b)900～2000 $cm^{-1}$的 FT-IR 光谱;Amide,酰胺

G-PC 膜还具有足够的机械强度和可延展性,且该膜的 TS(MPa)和 EAB(%)随着 PC 浓度的增加而降低,这可能是由于明胶的链间距减小且链间相互作用降低(Hammann 和 Schmid,2014),从而导致明胶链的自由体积减小、分子迁移率和柔韧性降低,因此 TS 和 EAB 降低(Friesen 等,2015;Wang 等,2012)。此外,与对照膜相比,G-PC 膜的抵抗力和弹性较低,因此膜结构的变形性小。明胶与 PC 有着稳定的相容性,在 DSC 扫描中所有 G-PC 膜均观察到单一玻璃化转变(图 10-13),其玻璃化转变温度(glass transition temperature,Tg)明显高于对照膜。在 G 基膜中添加 1.25%的 PC 可使 Tg 从 60.95 ℃显著增加到 79.97 ℃。但是,PC 含量的进一步增加并没有显著提高 Tg 值,G-PC 最终达到 82.35 ℃(12.5%)。据报道,明胶的热稳定性与某些氨基酸中所含的吡咯环以及在各自链之间建立的氢键有关,这对明胶二级结构的固定化具有重大影响(Liang 等,2017)。PC 中包含的带有吡咯环的 G 基膜富集(每个 PC 单元四个吡咯环),可能有助于明胶分子结构的稳定,防止因氢键形成而引起的热处理,从而能解释 Tg 升高了 20 ℃。明胶基薄膜的低热稳定性强烈限制了它们在工业中的应用,而添加 PC 改善了此限制并扩展了其应用的范围。另外,对于 G-PC 膜获得的单个 Tg 与微观结构的观察结果很好地证明了明胶和 PC 之间的相容性,没有发现任何分离相。

Chentir 等(2019)发现,PC 的添加还能够增加 G 基膜的抗氧化能力。与 PC 结合的 G 基膜的 $Fe^{2+}$ 螯合能力如图 10-14(a)所示,G-PC 膜能够以 PC 剂量依赖性方式螯合铁(Ⅱ)。他们还确定了 G-PC 膜将亚铁氰化钾试剂中的铁还原为亚铁的能力(图 10-14(b)),PC 的掺入以剂量依赖性方式显著改善了还原能力,与对照相比,薄膜中 PC 添加量为 12.5%时,活性提高了 3 倍,达到最大值 0.69±0.02。β-胡萝

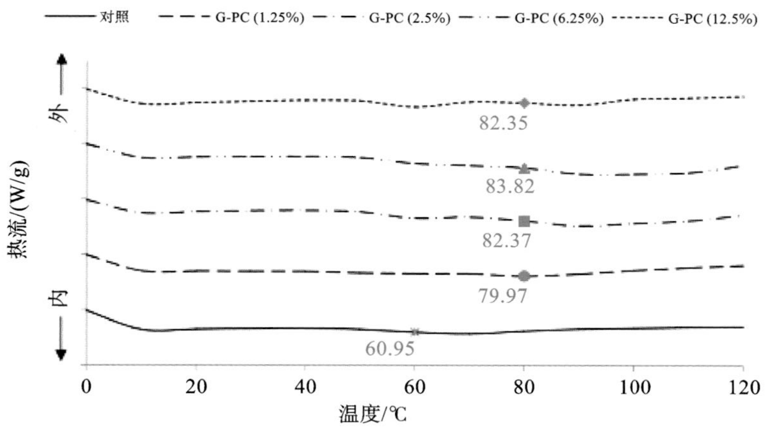


**图 10-13 G-PC 膜 DSC 热分析图:热流与温度的关系(Chentir 等,2019)**

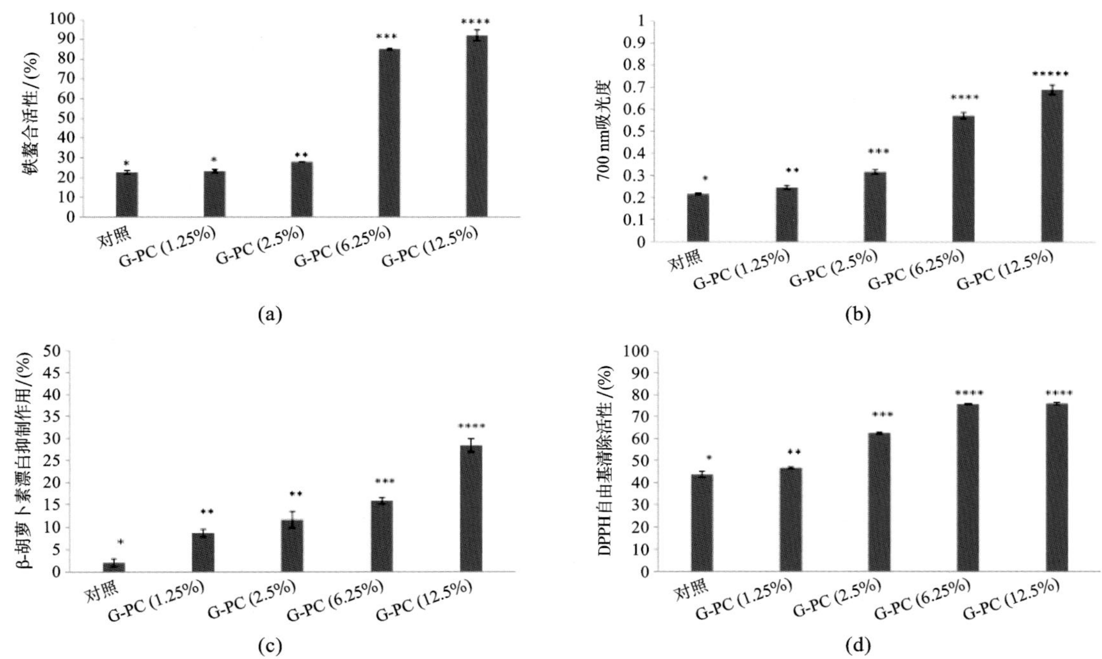


**图 10-14 G 基膜-藻蓝蛋白(G-PC)的抗氧化性能(Chentir 等,2019)**

(a)亚铁螯合活性;(b)还原能力;(c)β-胡萝卜素漂白抑制;(d)DPPH 自由基清除活性。柱中的不同星号表明存在显著差异($p<0.05$)

卜素-亚油酸酯漂白抑制试验通常用于确定有效的生物活性化合物的抗氧化活性,在没有抗氧化剂的情况下,β-胡萝卜素会迅速变色。图 10-14(c)说明了 G-PC 膜的 β-胡萝卜素漂白抑制作用。尽管 PC 的添加能够改善 β-胡萝卜素的漂白抑制活性,但其获得的活性值也被认为是较低的。此外,图 10-14(d)中显示的结果表明,随着 PC 浓度的增加,G-PC 膜的 DPPH 自由基清除活性显著提高($p<0.05$)。已知,组成 PC 的脱辅基蛋白(α 亚基和 β 亚基)和藻胆素(发色四吡咯)都可以通过稳定自由基来提供抗氧化特性(Pleonsil 等,2013)。Sharma 和 Bhat(2009)认为,蛋白质的氨基与自由基反应,将其转化为更稳定的分子,随后通过提供质子终止自由基链反应。而 Romay 等(2000)指出,自由基的稳定是通过发色团四吡咯的双键氧化而实现的。因此,含有 PC 的薄膜可能具有延长食品保质期的潜力。添加 PC 的 G 基膜还具有抗菌的性质。仅基于明胶的 FFS 不能有效对抗所有测试细菌。同样,添加了不同浓度 PC 的 FFS 对李斯特菌 *L. monocytogenes* 和沙门菌 *S. typhimurium* 无效。尽管如此,添加 PC 的 FFS 以剂量依赖的方式表现出对金黄色葡萄球菌 *S. aureus*、专性需氧菌 *M. luteus* 和大肠杆菌 *E. coli* 的有效活性,

而对假单胞菌 *Pseudomonas* sp. 则表现出一定的活性,这些抗菌活性显然是归因于 PC 的。实际上,PC 除了具有抗氧化作用外,它对 *E. coli*、*Klebsiella pneumoniae*、*P. aeruginosa* 和 *S. aureus* 均具有有效的抗菌作用(Kaushik 和 Abhishek,2008;Sarada 等,2011)。G-PC(6.25%)和 G-PC(12.5%)膜的抗氧化和抗菌性能促进了它们作为生物活性包装材料的使用,从而提高了包装产品在储存期间的质量。

## 10.1.5 农畜业上的应用

### 10.1.5.1 藻类肥料

20 世纪 50 年代,中国科学院水生生物研究所发现,稻田中施用鱼腥藻可增加水稻的分蘖数、穗数、粒数和千粒重。20 世纪 60 年代初,苏联、印度、日本等国家进行了相关的研究,在稻田中接种固氮蓝藻后,水稻产量增加,秧苗移植后能够快速返青,稻谷的产量增加了 7%~10%。在日本,蓝藻资源利用的主要措施是将藻类用作有机肥料,氮、磷、钾等元素的含量均高于豆饼、紫云英等植物性有机肥料,施肥效果远优于普通化肥,而且蓝藻中不含对作物及人体有害的重金属,不会对土壤产生污染。1992 年,日本的脱水微囊藻全部实现了肥料化,年产量达到 120~180 吨(1 吨=1000 kg)。微囊藻在实现了资源化利用后,处理费用大大降低。

目前,蓝藻水华的频繁暴发给环境带来了严重的污染。水华蓝藻被打捞后若不能及时有效处理,会产生由腐烂引起的二次污染。将蓝藻用于堆肥,成为处理蓝藻的一条有效途径。一方面,好氧堆肥处理蓝藻的量较大,一个中等规模的堆肥场年处理蓝藻量达到 1 万吨,而一个 1000 $m^3$ 的厌氧发酵罐一年处理的蓝藻量仅 3600 吨。另一方面,堆肥处理过程耗能少,费用低,只需要进行简单的机械翻堆和通风等操作,与燃烧和提取有用物质等技术相比,该技术简单且不需要过高的费用用于运行维护(崔亚青,2012)。同时,得到的肥料中仍含有藻胆蛋白等色素蛋白,对植物的肥效佳。目前,有些国家直接将蓝藻经过粗分离得到藻蓝蛋白,将其稀释后作为叶肥,用于促进大豆生长和抵抗植物病毒(图 10-15)。

**图 10-15 螺旋藻藻蓝蛋白稀释后用作叶肥**

### 10.1.5.2 藻类饲料

近几年来,国内外开展了一系列将藻胆蛋白应用于饲料行业的研究(艾春香等,2012)(表 10-6)。国内有许多直接用蓝藻来饲养家禽、鱼类的案例。王启伦等(1987)给鱼苗喂食钝顶螺旋藻,鱼苗的成活率和鱼的身长、体重均增加,说明蓝藻中营养物质能够被鱼类所吸收。戴荣衮等(1996)采用钝顶螺旋藻饲养家禽,与对照组相比,实验组仔鸡的成活率提高了 25.71%~35.71%,节约饲料 20.7%~27.9%,实验组的产蛋率也有所提高。

**表 10-6 藻类作为饲料的应用**

| 原　料 | 应　用 | 授权/申请 | 申　请　号 | 申请人/单位 |
|---|---|---|---|---|
| 藻胆蛋白 | 天然化合物饲料添加剂 | 无权 | 201510030943.3 | 东北农业大学 |
| 水华蓝藻 | 功能性饲料 | 审中 | 201710270536.9 | 苏州维淼生物工程有限公司 |

续表

| 原　料 | 应　用 | 授权/申请 | 申　请　号 | 申请人/单位 |
|---|---|---|---|---|
| 藻蓝蛋白 | 猪饲料 | 审中 | 201910606797.2 | 曾楚华 |
| 藻蓝蛋白 | 提高生猪抗病能力的猪饲料 | 审中 | 201911017785.2 | 常明 |
| 藻蓝蛋白 | 提高仔猪抗病能力的猪饲料 | 审中 | 201810709821.0 | 贵阳邦云饲料有限公司 |

藻类可以作为多种水生生物(如鱼、虾蟹、贝类等)的养殖饲料,这些生物主要分为苗种期和养成期两个阶段。目前主要研究了饲料中添加藻粉对水生生物生长、抗病能力,以及肉质和体色等的影响。Priyadarshani 等(2012)和 Hemaiswary 等(2011)分别回顾了微藻作为水产养殖中可持续饲料来源的应用,微藻能够广泛应用于水产养殖,与其中丰富的藻胆蛋白含量密切相关。藻胆蛋白中的必需氨基酸含量要明显高于肉类、鱼类、蛋类和大豆。通过营养学及毒理学研究证实,微藻可以作为饲料,其中小球藻、螺旋藻、盐藻和雨生红球藻等藻类产品已经通过美国 FDA 认证,其食用安全性得以保证。

自 20 世纪 90 年代以来,美国每年有 500 多吨的螺旋藻用于饲料加工行业。螺旋藻是一类经过大量研究并已成功应用于水产饲料中的微藻。研究表明,饲料中添加适量的螺旋藻或藻蓝蛋白,可以促进水生动物的生长,提高机体抗病能力,改善肉质或体色。Okada 等(1991)使用添加了 5%和 10%螺旋藻粉的配合饲料来喂食黄带拟鲹(*Pseudocaranx dentex*),83 天后,与投喂沙丁鱼的对照组相比,投喂含螺旋藻粉配合饲料的黄带拟鲹皮肤中的色素含量明显升高,体色得到明显改善。以螺旋藻为主要原料研制喂食亲贝的饲料,通过两次生产性实验发现,与对照组相比,其所繁殖的 D 型幼虫的成活率分别提高 40.6%和 34.7%,即螺旋藻配合饲料能够提高贝类生物的成活率和性腺发育能力,提高孵化率,缩短育成期,降低成本,使用方便,易于推广(刘惠芳,2001)。同时,给幼鲍喂食螺旋藻配合饲料后,幼鲍的成活率为 100%,相比于普通饲料,日平均增长量和增重量分别增长至 10.64%和 16.78%,相比于海藻天然饵料分别增长 54.65%和 94.66%(刘惠芳,2001)。

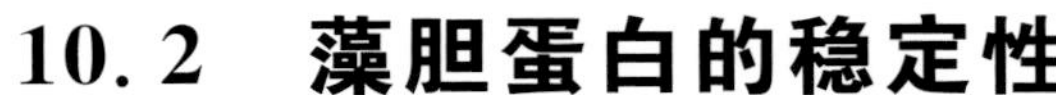

## 10.2 藻胆蛋白的稳定性

### 10.2.1 影响藻胆蛋白稳定性的因素

藻胆蛋白的相对稳定性在不同的物理、化学应激条件下有所不同(Pumas 等,2011;Chaiklahan 等,2012)。在不同气候条件下生长的藻株之间,藻胆蛋白的稳定性也有所不同。与从嗜温藻中获得的藻胆蛋白相比,在高温或明亮的栖息地中存活的藻株产生的藻胆蛋白有望在高温和光照下获得更高的稳定性。目前,有研究者已经研究了单个藻胆蛋白的稳定性(Munier 等,2014;González-Ramírez 等,2014),为其后面的应用奠定了基础。

#### 10.2.1.1 温度对藻胆蛋白稳定性的影响

从红藻和(或)蓝藻的不同种类中分离出来的藻胆蛋白在热稳定性方面有所不同(Pumas 等,2011;Chaiklahan 等,2012;González-Ramírez 等,2014;Munier 等,2014)。由于存在共价连接的线性四吡咯发色团,藻胆蛋白具有独特的荧光特性。这些发色团是暴露于不同物理、化学应激条件的藻胆蛋白的结构稳定性的基本单位。与载脂蛋白相似,每种藻胆蛋白单体的发色团也受到增加的热暴露的影响。随着温度的升高,研究者观察到所有藻胆蛋白发色团的含量逐渐降低,与藻蓝蛋白(PC)结合的发色团热稳定性更强,其次是藻红蛋白(PE)和别藻蓝蛋白(APC)。将温度升高至 60～80 ℃可以有效降解与 PE、PC 和 APC 连接的发色团。

Rajesh 等(2015)从鞘丝藻 *Lyngbya* sp. A09DM 中提取了 PE、PC 和 APC,研究发现,在 4～40 ℃,这三种藻胆蛋白显示出相似的热稳定性;但是,它们的颜色在 60～80 ℃时变淡。同时,研究者还研究了高温对这三种藻胆蛋白单体及结构稳定性的影响,在 PC 中 β 亚基更容易受到高温的影响。Munier 等(2014)从带形蜈蚣藻 *Grateloupia turuturu* 和一种紫球藻 *Porphyridium cruentum* 分离出的 R-PE 在高达 40 ℃的温度下具有良好的稳定性,并在 60 ℃时颜色显著变浅。Pumas 等(2011)从四种不同的耐热蓝藻中提取的总藻胆蛋白在 40～50 ℃时颜色也略有丧失,暴露于 50 ℃高温下 30 min 后几乎完全丧失。Pumas 等(2011)和 Rajesh 等(2015)的研究表明,PC 和 APC 在高温下比 PE 相对更稳定,PC 表现出最高的热稳定性,大约 80%的 PC 在 80 ℃下静置 1 h 仍保持稳定。研究者还发现,从嗜热聚球藻 *Synechococcus vulcanus* 中提取的 PC 对热变性的抵抗力更强(Inoue 等,2000)。Pumas 等(2011)从四个不同的耐热蓝藻中分离出的 APC 的热稳定性较弱,这是一个普遍假设,即从嗜热蓝藻比从中温性蓝藻中提取的藻胆蛋白具有更高的稳定性。此外,关于藻胆蛋白的热稳定性,有研究者已经提出了许多依赖序列的结构变化(Adir 等,2001)。

#### 10.2.1.2　pH 对藻胆蛋白稳定性的影响

研究人员发现,pH 对藻胆蛋白的稳定性有影响。在酸性条件下藻红蛋白(PE)呈紫粉色,中性条件下呈粉红色,碱性条件下红色变浅。pH 为 7 时,PE 溶液特征吸收峰的光吸收值最大,颜色最好,pH<4 或者 pH>10 时,藻红蛋白结构被破坏(刘广发等,2006);别藻蓝蛋白(APC)在 pH 为 8 时最稳定,pH<5 或 pH>9 时易变性(张少斌等,2007);而藻蓝蛋白(PC)在 pH 为 4 时,蓝色最为明显,但是在 pH 为 5～8 时,PC 结构最稳定,当 pH<4 或 pH>10 时,藻蓝蛋白都会不同程度地发生变性(张以芳等,1999)。pH 的极端变化可能会干扰静电结合和蛋白质缔合中涉及的氢键,从而导致发色团结构发生变化。

Rajesh 等(2015)获得的紫外-可见光谱数据表明,鞘丝藻 *Lyngbya* sp. A09DM 中的 PE、PC 和 APC 分别在 pH 4～10、4～8 和 6～8 的范围内具有更强的功能稳定性。来自一种席藻 *Phormidium rubidum* A09DM 的藻胆蛋白在 pH 6～8 下保持稳定。从一种紫球藻 *Porphyridium cruentum* 中获得的 B-PE 在 pH 4～10 下显示出更强的功能稳定性(González-Ramírez 等,2014)。相反的是,从铜绿微囊藻 *Microcystis aeruginosa* 中纯化的 PC 比从这种席藻 *P. rubidium* A09DM 中提取的 PC 对低 pH(2.5)更为敏感(Padgett 和 Krogmann,1987)。此外,来自这种紫球藻 *P. cruentum* 的 B-PE 在 pH 2 时浓度降低了(90±4)%,而在 pH 12 时,PE 几乎完全被降解(Munier 等,2014)。来自一种多管藻 *Polysiphonia urceolata* 的 R-PE 在 pH 3.5～9.5 时表现出良好的稳定性(Liu 等,2009),而细长聚球藻 *Synechococcus elongata* 的 R-PE 在 pH 6～8.5 时非常稳定(Rossano 等,2003)。此外,藻胆蛋白的光谱特性高度依赖于 pH。已经发现,在低 pH 条件下储存可能会导致藻胆蛋白变性或解离为单个亚基(Liu 等,2009)。

隐藻在酸性范围比在碱性范围内更稳定,这可能与隐藻藻胆蛋白所处的特殊生理环境有关。红、蓝藻藻胆蛋白附着在类囊体膜的外表面,与叶绿体基质相接触,而隐藻藻胆蛋白处于类囊体腔中。伴随着光合作用的进行,光驱动电子传递,结果使叶绿体基质 pH 升高,而类囊体腔则逐步酸化,所以对于隐藻藻胆蛋白而言,在酸性条件下维持结构和功能的稳定具有更为重要的生理意义。

天然状态下的隐藻 PC-645 在可见光区 582 nm、629 nm 和 645 nm 处存在三个特征吸收峰(MacColl 等,1983),在 540 nm 处存在一个肩峰。目前,关于其色基与吸收峰关系的观点并不统一(Wilk 等,1999;MacColl 等,1994;Zhang 等,2011;Novoderezhkin 等,1999)。随着环境中 pH 的降低,藻蓝蛋白吸光度逐渐减弱。在 pH<3 时,吸光度下降非常快,原 582 nm 和 645 nm 处吸收峰红移,在 pH<2.5 时,吸收峰融合为一个 600～700 nm 的较宽吸收峰(图 10-16(a)),可能是 α 亚基构象改变,MBV 色基暴露的结果。PC 645 的 α 亚基含有较多碱性氨基酸(Glazer 等,1995),当外界 pH 较低时,α 亚基更易受到影响,所带负电荷减少,亚基变性伸展,结合在 Cysα19 上的 MBV 色基暴露,表现为吸收峰红移。在碱性溶液中,藻蓝蛋白吸收光谱在 pH 7～10 时较为稳定(图 10-16(b)),而 pH 超过 10.25 时,吸光度下降显著。与酸性环境中相同的是,582 nm 处吸收峰红移;不同的是,虽然 645 nm 处吸收峰红移,光吸收强度出现了大幅度下降,随着 645 nm 处吸光度的迅速降低,582 nm 处吸光度的下降速度相对缓慢。

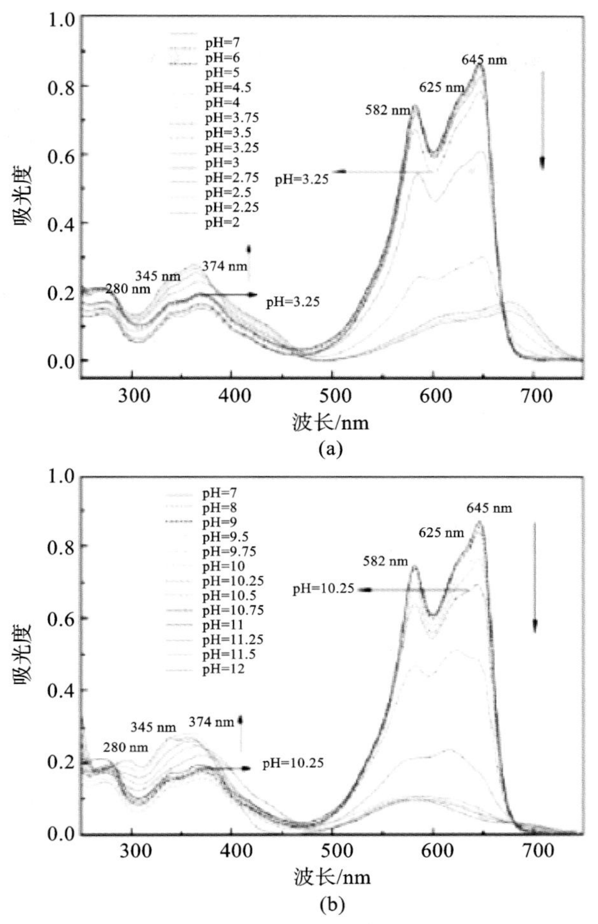


**图 10-16　pH 对 PC-645 吸收光谱的影响(李文军,2013)**

(a)pH 2～7;(b)pH 7～12

近紫外区 374 nm 和 340 nm 处,为隐藻藻胆蛋白中藻胆素的特征吸收峰,其与发色团本身的构象和状态有关。在 pH 3.25～7 和 pH 7～10.25 时,374 nm 和 340 nm 处的吸光度略有浮动,但变化幅度较小;而 pH<3.25 或 pH>10.25 时,两处峰的吸光度迅速升高。此结果说明,藻胆素色基所处的蛋白环境在 pH 3.25～10.25 时相对稳定,因而色基状态变化有限。而当处于极酸和极碱状态时,光吸收强度快速增高,可能是因为 PC-645 亚基变性伸展,处于结构内部的藻胆素逐渐暴露,也可能是因为 pH 变化对藻胆素产生了不可逆的修饰。此外,远紫外区属于芳香族氨基酸的 280 nm 吸收峰也呈现类似的变化趋势,由于疏水的芳香族氨基酸通常位于蛋白质内部疏水区,因此其吸收变化也可提示蛋白构象变化的信息。

如图 10-17 所示,pH 诱导的 PC-645 蛋白构象与功能变换可分为三个不同的区段。①稳定区:在 pH 为 3.5～7 区域,吸收光谱、荧光光谱和蛋白质二级结构都比较稳定,显示蛋白质结构、构象和功能在此区域都保持正常。②次稳定区:在 pH 为 7～10 时,荧光强度缓步下降,但吸光度依然保持平稳,说明位于亚基内部的色素基团的状态、所处的疏水微环境都没有改变。二、三级结构大部分完好,荧光传递效率降低,可能是因为亚基局部区域构象或者色素基团间的空间距离、方向等发生变化(如四级结构微扰)。③不稳定区:pH 在 2.75～3.5 和 10～11 时,吸光度和荧光强度都快速下降,二级结构 α 螺旋迅速减少,而 β 折叠则大量增加,蛋白构象处于快速崩溃期。光谱分析结果说明,隐藻 PC-645 在酸性范围比在碱性范围内更稳定。

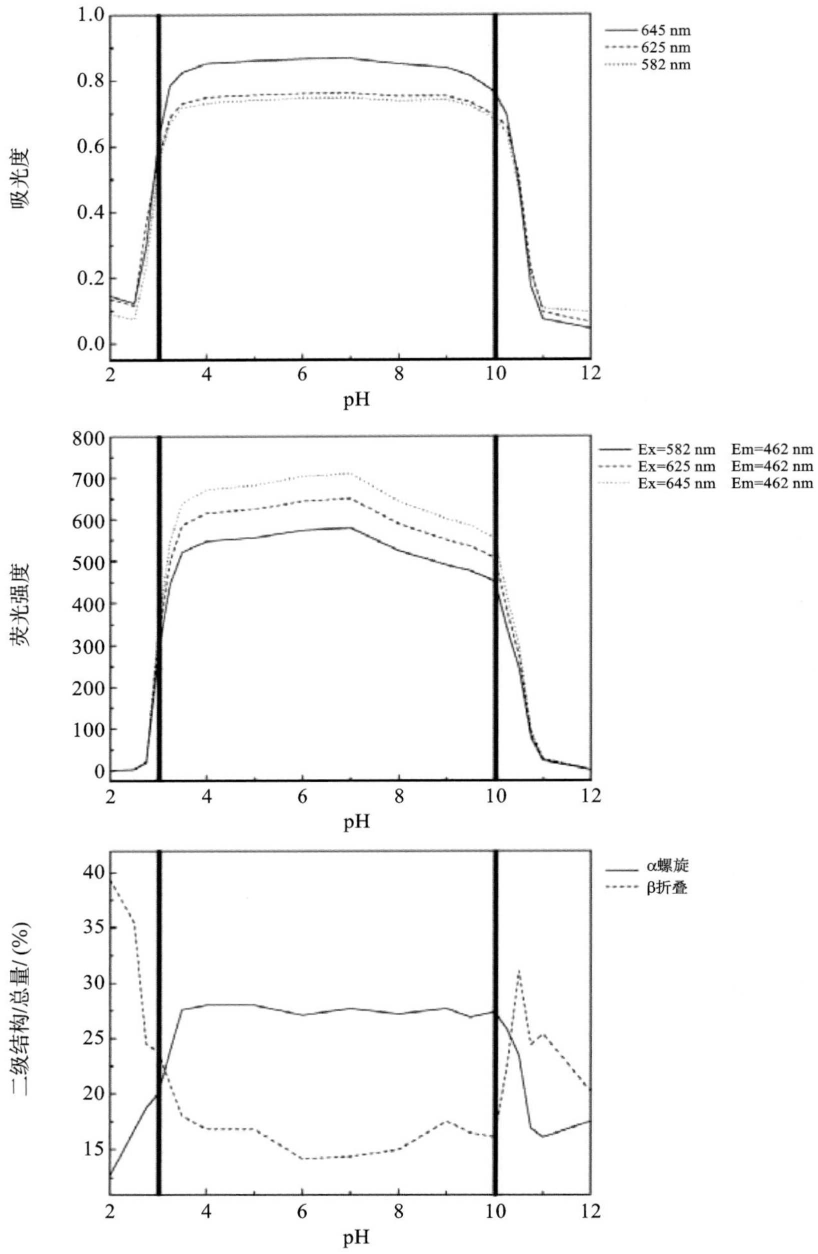

**图 10-17　pH 对 PC-645 吸收光谱、荧光光谱和二级结构的影响(李文军，2013)**

### 10.2.1.3　光照对藻胆蛋白稳定性的影响

张文怡等(2018)研究了光照对红毛菜中藻红蛋白(PE)的影响(图 10-18)。经灯光处理后，藻红蛋白的特征吸收峰的形态未发生明显变化，但峰值均有不同程度的降低。其中 557 nm 处的吸光度降低得尤为明显，48 h 后就已经低于 617 nm 处的吸光度。紫外线对藻红蛋白产生了明显的破坏作用(图 10-18)，经紫外线持续照射 8 h，500 nm 和 557 nm 波长下的吸光度分别降低了 41%、50%，617 nm 波长下的吸光度降低 46%。灯光对 557 nm 波长下的吸收峰影响大于 617 nm 处的吸收峰，经灯光持续照射 48 h 后，557 nm 和 500 nm 处的吸光度分别降低了 46%、49%，而 617 nm 波长下的吸光度值仅降低 17%。相似的现象也发生在带形蜈蚣藻的藻胆蛋白中(Muniet 等，2014)。

藻红蛋白溶液分别经可见光、紫外线、红外线短时间照射后，藻红蛋白的吸收光谱特征变化很小，蛋白条带变化也很小，溶液颜色几乎没有变化；微波加热 20 s 后，藻红蛋白的特征吸收峰消失，蛋白条带

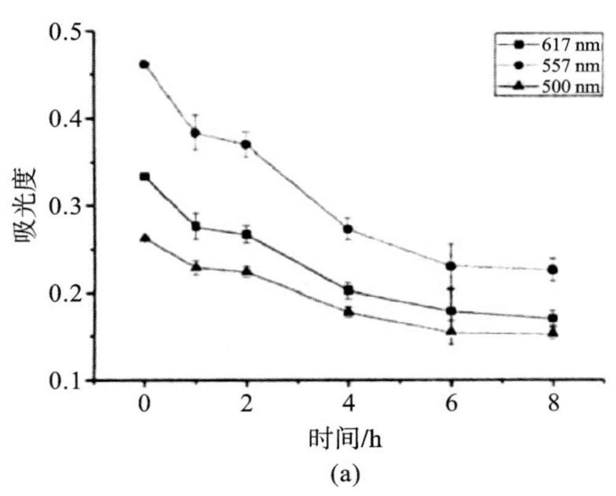


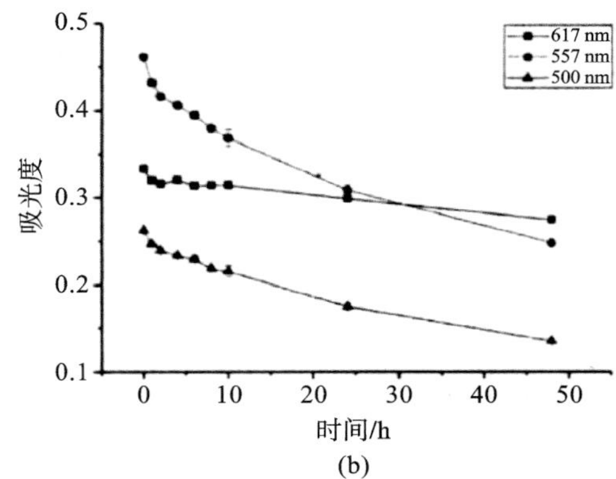


**图 10-18 光照后红毛菜来源的藻红蛋白吸光度减低趋势图(张文怡等,2018)**

(a)紫外线处理后的藻红蛋白光谱图;(b)灯光处理后的藻红蛋白光谱图

变浅,颜色也逐渐变浅甚至消失。由于缺少 γ 亚基对六聚体的稳定作用,藻蓝蛋白和别藻蓝蛋白对光照的稳定性比藻红蛋白低,不宜强光照射过长时间(Gantt 和 Lipschultz,1973;Gray 等,1973)。

#### 10.2.1.4 糖类对藻胆蛋白稳定性的影响

蔗糖与葡萄糖可能会对蛋白质的稳定性产生影响,糖的羟基可以与蛋白质形成氢键,以取代水,从而提高蛋白质的稳定性。在藻胆蛋白溶液中,添加适量的糖能够与水分子结合发生水合作用,增加溶液黏度,减缓晶体核生长,从而起到保护藻胆蛋白的作用(秦华明等,2001)。

陈德文(2005)研究了不同浓度的蔗糖对葛仙米中藻蓝蛋白稳定性的影响。当蔗糖浓度低于 3% 时,吸光度几乎没有变化,但当蔗糖浓度大于 3%时,吸光度发生较大幅度变化。总体而言,低浓度的蔗糖对藻胆蛋白的稳定性几乎没有影响,而高浓度的蔗糖会降低藻胆蛋白的稳定性。鲁轶男等(2017)也研究了糖类对藻蓝蛋白稳定性的影响,由图 10-19 和图 10-20 可知,藻蓝蛋白在四种不同质量分数的葡萄糖和蔗糖溶液中 4 ℃下放置 1 周,与对照组相比,可以保持良好的稳定性。当糖的质量分数为 4% 时,藻蓝蛋白的稳定性最好,溶液呈亮蓝色,而对照组中藻蓝蛋白纯度明显降低,颜色逐渐变淡至褪色。不同质量分数的葡萄糖和蔗糖溶液对藻蓝蛋白稳定性的影响也有所不同,按照藻蓝蛋白稳定性从强到弱,对葡萄糖和蔗糖溶液的质量分数进行排序,依次为 4%、2%、1%、8%,这表明质量分数过高或过低均会降低糖类对藻蓝蛋白的保护作用。

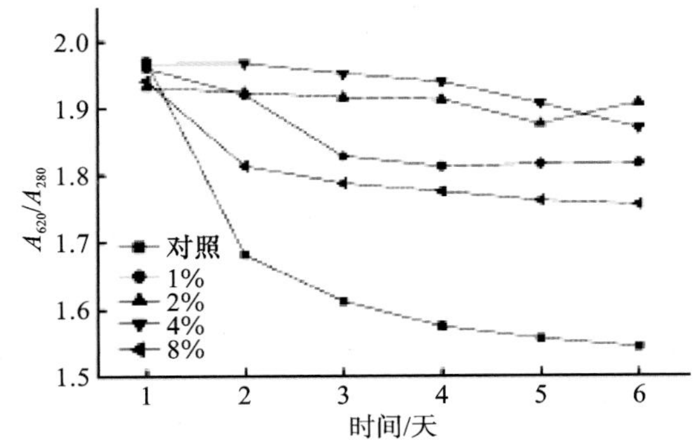


**图 10-19 不同质量分数葡萄糖溶液对藻蓝蛋白稳定性的影响(鲁轶男等,2017)**

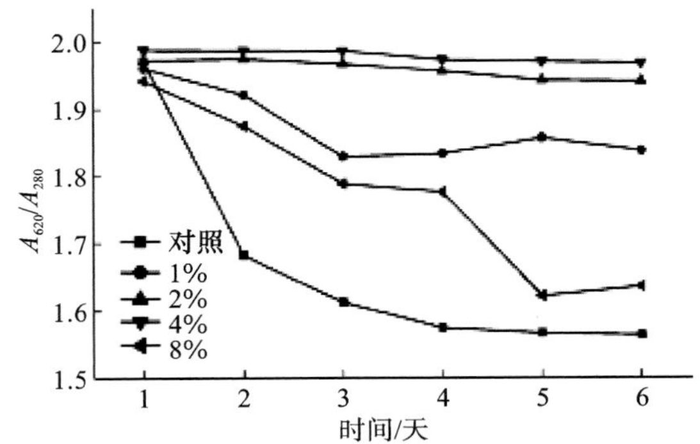


**图 10-20 不同质量分数蔗糖溶液对藻蓝蛋白稳定性的影响(鲁轶男等,2017)**

#### 10.2.1.5 金属离子对藻胆蛋白稳定性的影响

金属离子也会对藻蓝蛋白的稳定性产生影响,不同质量分数的 $Na^{+}$ 对藻蓝蛋白溶液稳定性影响不同,较高质量分数的 $Na^{+}$ 有利于藻蓝蛋白溶液的保存;$K^{+}$ 对藻蓝蛋白稳定性的影响不大;$Cu^{2+}$ 和 $Ca^{2+}$

会使藻蓝蛋白发生变性,从而出现蛋白质沉淀,造成这种现象的原因是藻胆蛋白与金属离子发生反应,破坏蛋白质结构,使蛋白质发生交联、聚集,进而形成沉淀(鲁铁男等,2017;蒋明等,2002)。

鲁铁男等(2017)研究了不同金属离子对巢湖蓝藻中藻蓝蛋白稳定性的影响。如图 10-21 所示,4 ℃下将藻蓝蛋白置于质量分数为 4%~10%的 $Na^+$ 溶液中 1 周,与对照组相比,其能够保持良好的稳定性;而将藻蓝蛋白置于质量分数为 2%的 $Na^+$ 溶液中,与对照组相比,纯度明显降低,不利于藻蓝蛋白的保存。质量分数从 4%到 10%的 $Na^+$ 对藻蓝蛋白溶液的保护程度有所差距,$Na^+$ 的质量分数越大,藻蓝蛋白溶液的稳定性越高。由此可知,$Na^+$ 可以提高藻蓝蛋白溶液的稳定性,其中 $Na^+$ 质量分数为 8%时最为适宜。陶冉等(2010)也研究了 NaCl 浓度对藻胆蛋白稳定性的影响,在浓度为 20 mg/mL 的 NaCl 溶液中,藻胆蛋白的稳定性增强。$K^+$ 溶液并不适用于藻蓝蛋白溶液的保存,如图10-22所示,在五种不同质量分数的 $K^+$ 溶液中储存 1~5 天,藻蓝蛋白纯度均低于对照组,直至第 6 天,纯度略有回升并高于对照组。其中质量分数为 2%的 $K^+$ 溶液中的藻蓝蛋白纯度下降幅度最为明显,$K^+$ 质量分数在 4%~10%之间时,对藻蓝蛋白稳定性的影响差距并不明显(鲁铁男等,2017)。藻蓝蛋白溶液在保存时还应该避免接触 $Cu^{2+}$ 和 $Ca^{2+}$,由图 10-23 可知,添加不同质量分数的 $Cu^{2+}$ 和 $Ca^{2+}$ 均会破坏藻蓝蛋白的稳定性,藻蓝蛋白的纯度随时间延长明显下降,24 h 后,溶液中的蛋白质沉淀,藻蓝蛋白纯度下降率分别为 66%和 94%(鲁铁男等,2017)。

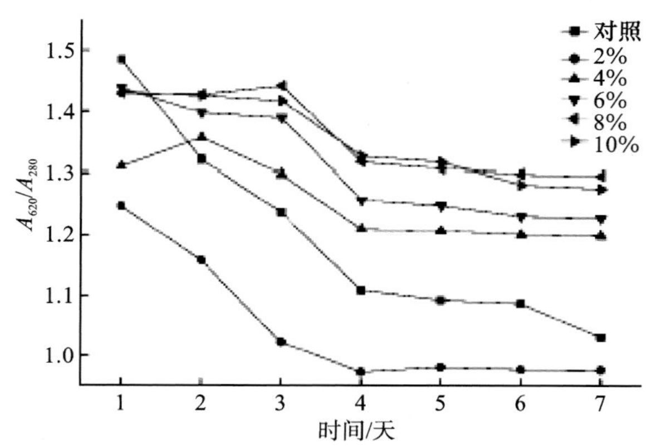


**图 10-21　不同质量分数的 $Na^+$ 对藻蓝蛋白稳定性的影响(鲁铁男等,2017)**

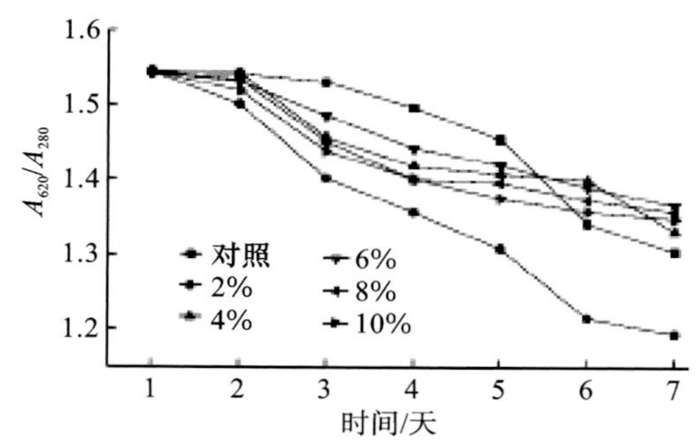


**图 10-22　不同质量分数的 $K^+$ 对藻蓝蛋白稳定性的影响(鲁铁男等,2017)**

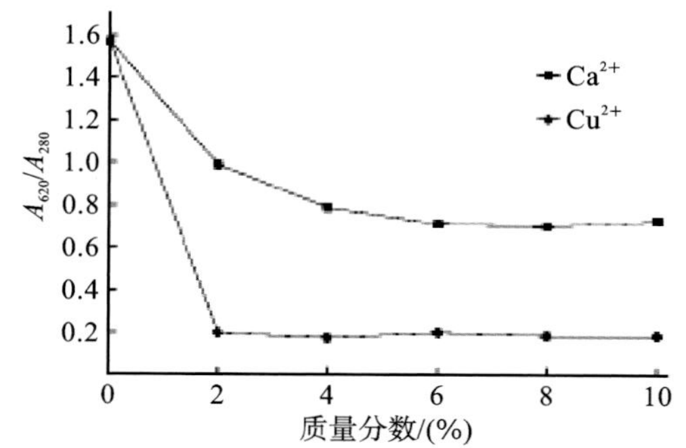


**图 10-23　不同质量分数的 $Cu^{2+}$、$Ca^{2+}$ 对藻蓝蛋白稳定性的影响(鲁铁男等,2017)**

#### 10.2.1.6　盐对藻胆蛋白稳定性的影响

根据以往报道,尿素导致的蛋白质变性的动力学过程呈现 S 形,尿素浓度高于 4 mol/L 时,蛋白质变性速度极快(MacColl 等,1995),而高浓度的尿素可使蛋白质完全变性(Thoren 等,2006)。李文军(2013)研究了尿素对 PC-645 的影响,其发现尿素变性过程中 PC-645 仅 582 nm、625 nm 和 645 nm 处的特征吸收峰吸收值下降,350~400 nm 处色基的吸收小幅度增加,但峰形基本不变,即使变性时间长达 24 h，也只有 645 nm 处吸收峰降低相对略快(图 10-24(a))。这说明低浓度尿素最初影响的只是 PC-645 的外部结构，或者亚基的聚合状态，而色基所处内部蛋白环境没有被波及，表现出一定的耐受性。透析除去尿素时，PC-645 在最初复性的 1 h 内(图 10-24(b))，特征吸收峰吸收值逐渐增加，峰形更为完整，说明藻蓝蛋白活性可逐渐恢复。但随着时间的延长，由于透析袋内的藻蓝蛋白样品被稀释，表观吸收值反而下降。

改变尿素的 pH 后发现，当用 pH 为 12 的碱性尿素变性时，其效果与单纯使用碱性溶液时相似，在 580～650 nm 范围的吸收峰大幅下降，645 nm、625 nm 和 582 nm 处吸收峰合并为一个 590～600 nm 的吸收单峰，而 350～400 nm 处色基的吸收明显增加，并且 280 nm 处芳香族氨基酸的吸收增加。但使用 pH 为 2 的酸性尿素变性时，研究者发现藻蓝蛋白变性程度反而不及单纯的酸性条件时剧烈，这可能是因为尿素氨基的质子化消耗了部分氢质子，延缓了 pH 降低的效应。在含 8 mol/L 尿素、pH 7 的中性条件下，PC-645 在 10 min 内即可完全变性，且变性的结果与碱变性所得的图谱近似。因此，可见光区吸收值降低，特征吸收峰形单峰化，以及近紫外区色基吸收明显增加等光谱特征，可以看作藻蓝蛋白完全变性、亚基构象破坏的标志。

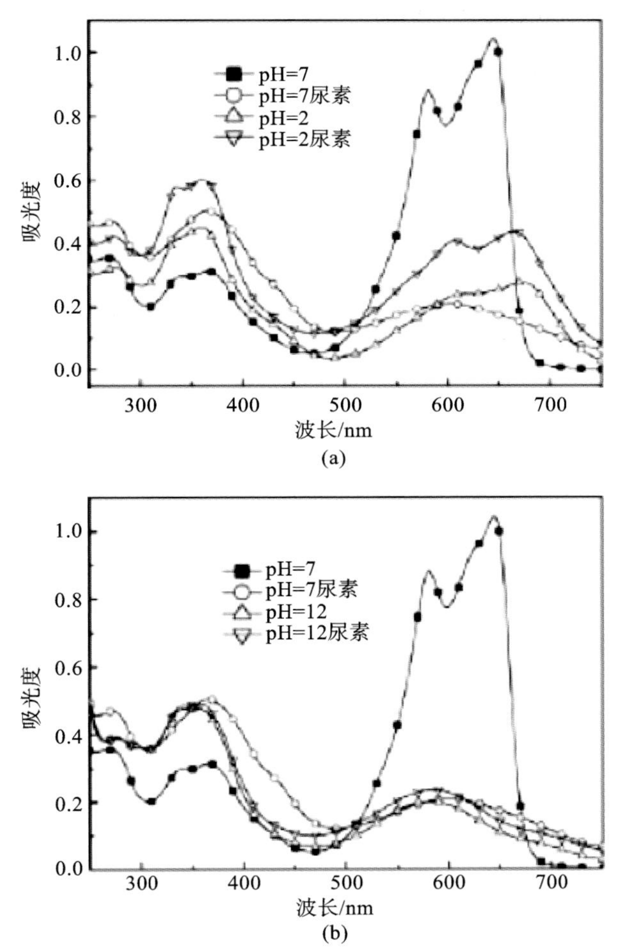


图 10-24 尿素(8 mol/L)在不同 pH 条件下对 PC-645 吸收光谱的影响

## 10.2.2 提高藻胆蛋白稳定性的方法

### 10.2.2.1 添加防腐剂

一些研究报道了添加某些食品级防腐剂(如蔗糖、氯化钠和柠檬酸)可以保证藻蓝蛋白(PC)长期的热稳定性(Chaiklahan 等，2012)。苯甲酸是一种很好的防腐剂，可以延长在 4 ℃、25 ℃和 40 ℃下储存的生物食品中藻胆蛋白的活性时间(Kannaujiya 和 Sinha,2016),这可能是因为苯甲酸是一种抗氧化剂,同时也能发挥抗菌活性抑制微生物的生长(Dong 和 Wang,2006;Lino 和 Pena,2010)。

藻蓝蛋白天然的亮蓝色使其成为化妆品中很大的一个亮点。已有研究表明,柠檬酸、糖类、苯甲酸钠可作为藻蓝蛋白溶液的稳定剂(Mishra 等,2008;Chaiklahan 等,2012),但是仍然不能满足藻蓝蛋白长期保存的要求;甘油含量高于 40%时,藻蓝蛋白的稳定性增强(波特谢,2015),但化妆品中甘油的浓度很难达到 40%,且藻蓝蛋白难以溶于甘油,操作步骤复杂。吕平平等(2019)研究了不同化妆品添加剂以及复配添加剂对藻蓝蛋白稳定性的影响。结果表明,温度和光照均对藻蓝蛋白的稳定性产生影响,光照对藻蓝蛋白稳定性的影响更大。适量的甘油、丁二醇、氯化钠和苯甲酸钠可以提高藻蓝蛋白的稳定性,其中氯化钠对藻蓝蛋白的保护作用最为明显(吕平平等,2019)。在室温避光、室温光照、40 ℃避光条件下将四种物质进行组合,藻蓝蛋白的保存率分别提高到 78.24%、57.80%和 76.02%,明显提高了藻蓝蛋白的稳定性。含有复合添加剂的藻蓝蛋白溶液可以直接应用在化妆品中。

#### 10.2.2.2 微乳剂

寻求天然色素是重要的研究领域,在食品和化妆品中使用天然色素而非合成色素已成为必然的趋势,藻胆蛋白是很好的候选者,相比于其他天然色素,藻胆蛋白的光谱特性更为突出。21 世纪初,藻蓝蛋白已广泛应用于欧美、日本等国家和地区的食品和化妆品中。藻胆蛋白的某些组合已获专利,可用于发酵乳制品(如酸奶)、饮品、化妆品等的着色(日本油墨化学工业公司,1979)。由嗜热蓝绿藻产生的具有热稳定性和 pH 稳定性的低分子量藻蓝蛋白已被用于配制眼影(日本油墨化学工业公司,1987)。Arad 和 Yaron(1992)用各种红色微藻材料制备了粉红色和紫色的化妆品。

藻胆蛋白是高度水溶性且相当稳定的蛋白质。但是,如上所述,某些应用需要将其溶解在非极性溶剂中。除此之外,当藻胆蛋白包含在微乳液中,微异质系统可以很好地模拟水-膜的界面,藻胆蛋白的荧光特性便可以提供一个通用的模型。微乳剂是光学透明的纳米级水滴,被分散在非极性溶剂中的一层表面活性剂分子包围。通过将客体蛋白质容纳在这些有组织的微聚集体中,微乳液的含水内部和表面活性剂/水界面增加了溶解度并且为结构研究提供了独特的场所。实际上,在分隔的系统中评估抗氧化能力是非常有用的。这些热力学稳定的微聚集体的大小取决于许多因素,如水与表面活性剂的物质的量比、温度、压力、一相在另一相中的溶解度(Zulauf 和 Eick,1979)、溶解物的大小和形状(Menger 和 Yamada,1979)。

Bermejo 等(2003)报道了使用 AOT/水/异辛烷微乳液在非极性介质中溶解从一种紫球藻 *Porphyridium cruentum* 中提取的 B-藻红蛋白(B-PE)。他们利用 B-PE 的荧光特性将其定位在 AOT 微乳液中。掺入微乳液中的 B-PE 保留了其荧光性质,并且与在水溶液中游离时相比,它们在时间和温度上更稳定。

#### 10.2.2.3 藻胆蛋白微胶囊

螺旋藻含有丰富的藻蓝蛋白,以前多以天然形式直接添加到各种食品中(Agustini 等,2017;Barkallah 等,2017),但它通常会产生令人不愉快的味道,使其在应用方面大打折扣。同时藻胆蛋白组分在添加过程中容易发生降解,其在应用过程中常常受到水分、光线和温度等不稳定因素的限制(Chaiklahan 等,2012)。研究表明,微囊化是一种保护天然色素免受不利条件影响的经济、有效的方法(Rocha 等,2012)。

微囊化是一种将敏感成分(称为核心材料)包裹在涂层或墙壁材料中的技术。涂层材料可保护敏感成分免受外界影响,控制成分的释放,有时还会将液体转化为易于处理的粉末(Frascareli 等,2012;Bakowska-Barczak 和 Kolodziejczyk,2011)。到目前为止,已开发出多种微囊化技术,如乳化法、凝聚法、喷雾干燥法、喷雾冷却法、冷冻干燥法、流化床包衣和挤压法(Qv 等,2011)。挤压法是其中一种简单方便的技术,其通过单个或多个途径将基质分散体直接送入连续萃取阶段。在挤出过程中,流动状态主要是层流,液滴是在将分散相引入连续相的位置直接形成的,因此需要更均匀和更好控制的微球尺寸

(Freitas 等,2005)。

Yan 等(2014)以藻酸盐和壳聚糖为涂层材料,通过挤压工艺制备了微囊藻蓝蛋白。挤压过程如图 10-25 所示,施加压力使液滴逐滴挤出。他们通过单因素实验确定了最佳工艺条件,其中包括藻酸盐 2.5%,藻蓝蛋白:藻酸盐为 1.5:1,氯化钙含量为 2.5%,壳聚糖含量为 2.0%。藻蓝蛋白/藻酸盐微胶囊(PAM)和藻蓝蛋白/藻酸盐/壳聚糖微胶囊(PACM)均为球形。PAM 显示内部为多孔结构,而 PACM 紧凑(图 10-26)。藻酸盐和壳聚糖的包封提高了藻胆蛋白抵抗不适温度的能力,而仅有藻酸盐的包封却无显著影响。体外释放研究表明,PAM 和 PACM 均能抵抗酸性环境,并且在弱碱性条件下迅速释放藻蓝蛋白。但是,PACM 中藻蓝蛋白的缓释特性优于 PAM。壳聚糖包被的藻酸盐微球可能是增强稳定性和控制藻蓝蛋白缓释的好方法。

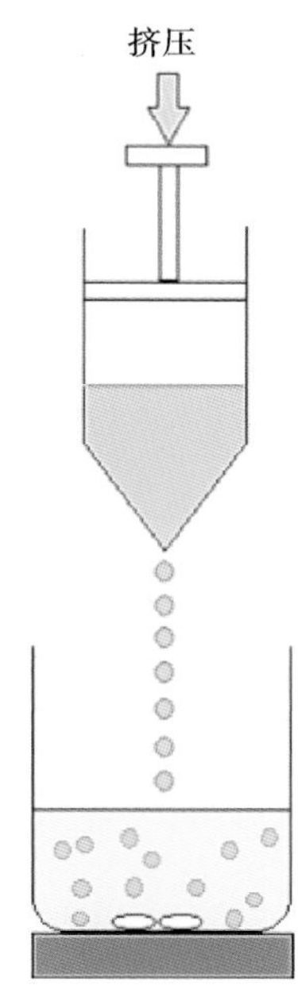


**图 10-25　制备藻蓝蛋白微胶囊的挤压工艺(Yan 等,2014)**

涂层材料必须保留并保护被包封的芯材,使其在制造、储存和处理过程中不会丢失或者被化学损坏,随后在制造或使用过程中将其释放到最终产品中(Kim 等,2006)。藻酸盐,一种线性阴离子多糖,被认为是较适合微囊化的生物聚合物之一。使用藻酸盐作为涂层材料的优势包括无毒,能够与氯化钙形成温和的基质从而捕集敏化材料,成本低,可作为食品添加剂成分并安全地用于食品中(Chávarri 等,2010)。然而,藻酸盐颗粒的稳定性较差,导致藻酸盐在微囊化中的应用受到限制。先前的研究表明,用壳聚糖包被藻酸盐微胶囊可以改善藻酸盐颗粒的稳定性(Krasaekoopt 等,2004)。壳聚糖是一种具有低毒性、亲水性、生物相容性好且可生物降解的多糖。壳聚糖的氨基与藻酸盐的羧基之间存在较强的静电相互作用,可以促使其形成藻酸盐/壳聚糖复合微胶囊(Finotelli 等,2010)。尽管藻酸盐/壳聚糖微珠在文献中已为人所知,但对其在藻蓝蛋白微囊化中应用的研究很少。藻蓝蛋白具有高分子量,可明显影响藻酸盐溶液的黏度,从而影响微胶囊的制备过程和性质。

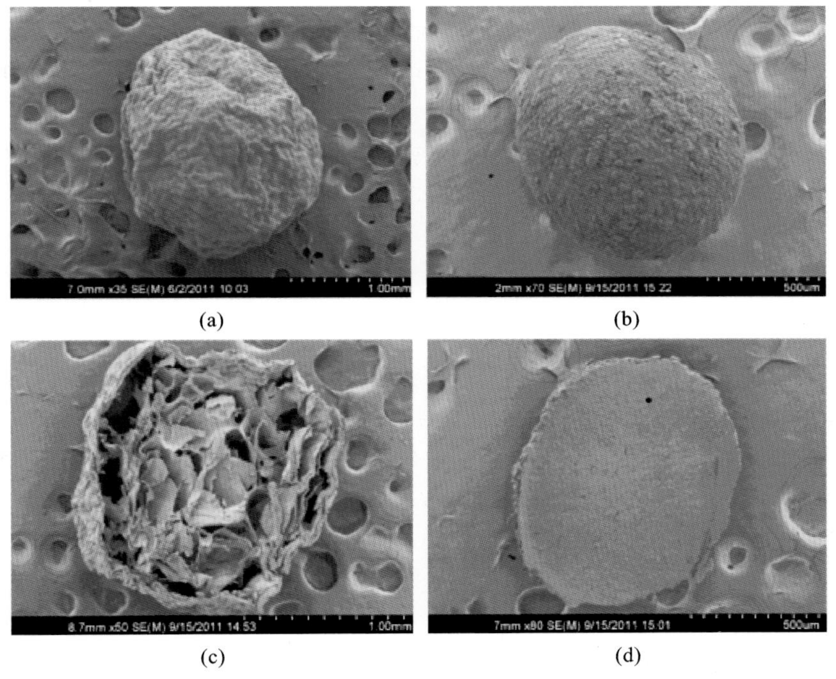


**图 10-26　藻蓝蛋白微胶囊的 SEM 图像(Yan 等,2014)**

(a)(c)由藻酸盐包被的藻蓝蛋白微胶囊的表面和横截面;(b)(d)由藻酸盐和壳聚糖包被的藻蓝蛋白微胶囊的表面和横截面

喷雾干燥是食品工业中使用较广泛的封装技术之一,可能是解决封装问题的有效方法。此外,它被认为是一种适用于连续生产的通用方法,能够实现经济工业的可持续发展(Dias 等,2015)。总体而言,封装技术有助于提高生物活性化合物的稳定性,将活性成分传递至特定部位,并避免由外部因素而导致的降解(Wen 等,2014)。麦芽糊精(MD)因具有有效性、低成本、中性风味和香气以及高水溶性,被广泛用作涂层材料(Ribeiro 等,2015;Zhang 等,2018)。当其与柠檬酸混合并加热后,由于麦芽糊精的羟基与柠檬酸的羧基发生酯化反应,从而形成交联聚合物(Castro-Cabado 等,2016)。除了能够增加耐热性和机械阻力(Castro-Cabado 等,2016)外,这些交联反应还可以保留包封剂的生物活性(Francisco 等,2018)。

da Silva 等(2019)利用测试喷雾干燥技术,以单独使用麦芽糊精或与柠檬酸交联作为涂层材料来微囊化螺旋藻,螺旋藻被成功封装,从而打破了与产品不均匀性相关的限制,并保持了螺旋藻的生物活性。他们制作了三种微球:MA(无螺旋藻),SM(螺旋藻/麦芽糖糊精)和 SMA(螺旋藻/麦芽糖糊精与柠檬酸交联),通过光学显微镜(OM)和扫描电子显微镜(SEM)对 S(螺旋藻)和三种微球进行形态分析,如图 10-27所示,S 显示出螺旋结构和碎片状图案(干燥所导致)。此外,SMA 微球比 SM 更均匀。MA 微球具有球形结构,而 SM 和 SMA 在某些情况下具有螺旋构象,这表明螺旋藻簇被麦芽糖糊精覆盖。通过 SEM 观察到的 SM 和 SMA,也可以区分出包封材料所覆盖的微藻结构以及由这些结构簇形成的微球。无论如何,最突出的形态是球形。螺旋藻微球显示出比基础材料更优良的热稳定性,并且比游离螺旋藻具有更高的抗炎活性,即使它们中螺旋藻的含量仅占 50%。对它们进行活性检测发现,在抗氧化活性方面,与微球体 SM(50%螺旋藻)和 SMA(48%螺旋藻)相比,游离形式的螺旋藻具有最高的 DPPH 清除活性和还原能力,SMA 的抗氧化活性优于 SM。而在 MD 和 MA 微球中,即使在最大测试浓度(50 mg/mL)下也未观察到抗氧化活性,而该过程中螺旋藻中的抗氧化活性主要来源于藻蓝蛋白(1. 82 mg/100 g dw)。另外,生产的微球没有显示出细胞毒性,表明它们适合于食品应用,这在功能性酸奶的开发中得到了证明。其中 SMA 形式最适合用于酸奶功能化。它能够保护螺旋藻中的营养成分(藻蓝蛋白),并在整个储存期间提高抗氧化活性。此外,基于定性分析,研究者发现,当使用微囊化包封螺旋藻时,可以明显避免螺旋藻令人讨厌的鱼腥味,并改变其绿色外观。

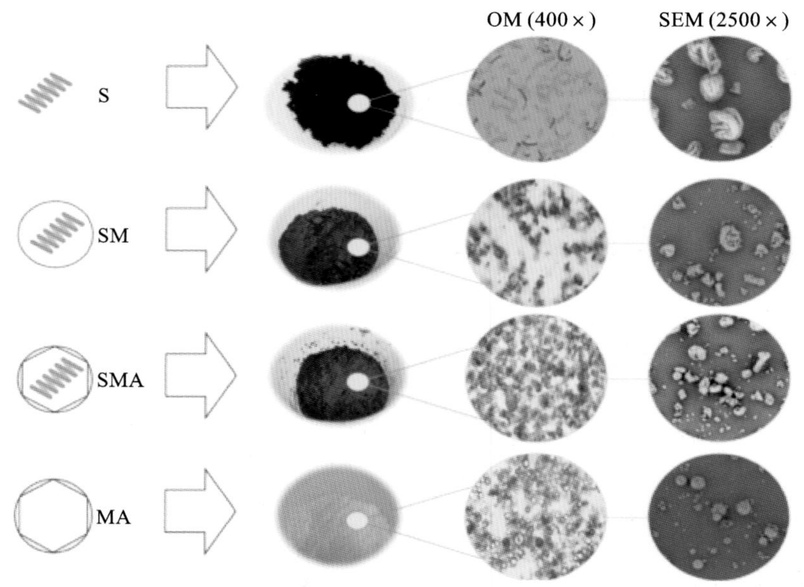


**图 10-27　通过光学显微镜(OM)(400×)和扫描电子显微镜(SEM)(2500×)对螺旋藻(S)及微球 MA(无螺旋藻)、SM(螺旋藻/麦芽糖糊精)和 SMA(螺旋藻/麦芽糖糊精与柠檬酸交联)进行形态学分析(da Silva 等,2019)**

10.2.2.4 静电纺丝

静电纺丝是用来生产直径控制在几十到几百纳米的超细纤维的有效方法(Su 等,2018)。自由表面静电纺丝是一种利用静电电荷的高生产率来生产非织造布的方法(Al-Deyab 等,2013;El-Newehy 等,2012)。自由表面工艺可以应用于大规模生产,它与喷丝板法相比,具有更高的生产能力和更简单的管道连接(Xiao 和 Lim,2018)。由于具有高表面积体积比、可控的形态以及高孔隙率等特点,静电纺丝应用范围较广,如用于控制释放和药物递送等(Agarwal 等,2011)。

由于化石资源的枯竭,以及人们对环境污染的关注,可生物降解的聚合物已成为人们关注的重点。人们迫切需要开发基于环保的自然可再生聚合物材料,尤其是用于食品包装的材料。与淀粉相比,蛋白质具有更好的阻气性和较低的水蒸气渗透性,因此它们可作为生产生物可降解化合物的基质(Kargarzadeh 等,2019)。蛋白质可以被用作生产食品包装涂层的基质(Alehosseini,2019),并可以作为抗氧化剂、抗微生物剂和氧气吸收剂等活性物质的载体。但是,蛋白质水溶液往往具有高导电性。此外,由于多肽大分子的聚电解质特性会削弱纺丝原液的电荷密度(Huang 等,2004),因此蛋白质水溶液的静电纺丝极具挑战性,需要通过添加纺丝助剂,如聚环氧乙烷(PEO),来提高其静电纺丝的能力(Moreira 等,2018)。

螺旋藻中的蛋白质含量(65%~80%)十分丰富(Morais 等,2009;Moreira 等,2016),其中的藻胆蛋白是一类应用广泛的天然色素蛋白。通常,藻蓝蛋白的含量占微藻生物质中总蛋白质含量的 20%(Vonshak,1997)。但藻蓝蛋白对氧气、水分、热和光敏感(Thangam 等,2013;Yan 等,2014),这使其在食品和(或)包装中的应用受到限制(Martelli 等,2014)。Braga 等(2016)利用静电纺丝来提高藻蓝蛋白的稳定性。同时,他们评估了防腐剂对藻蓝蛋白的影响,发现纤维包封是针对其他防腐剂(如使用山梨糖醇和葡萄糖等稳定剂)进行色素保存的最佳替代方法。Moreira 等(2019)使用自由表面静电纺丝,以 *Spirulina* sp. LEB 18/聚环氧乙烷(PEO)和藻蓝蛋白的蛋白质浓缩物为原料,开发了一种抗氧化的超细纤维。与不含色素蛋白的超细纤维相比,负载藻蓝蛋白的电纺纤维具有更高的抗氧化能力。含藻蓝蛋白的纤维使 $ABTS^+$ 降低 29.7%,DPPH 自由基抑制了 5.3%。基于 $ABTS^+$ 自由基变色的抗氧化活性测定法已被广泛用于评估亲脂性和亲水性样品对自由基的抑制能力(Kong 和 Xiong,2006)。由此可见,超细纤维有在食品包装中用作生物活性材料的潜力。此外,由于封装通常倾向于保护生物活性化合物(如蛋白质、抗氧化剂、抗微生物剂和维生素)(Mascheroni 等,2013),因此抗氧化剂评估期间生物活性化合物的总释放可能会受到阻碍。纤维中的包囊对藻蓝蛋白的保护作用更大(Braga 等,2016),而在暴露于光、温度和氧气等恶化因素的食物中则不含藻蓝蛋白。固定在聚合物结构空隙中的藻蓝蛋白倾向于以受控的方式在食物中释放,同时保持产品的特性(Moreno 等,2011)。具有抗氧化能力的化合物可以通过氢原子或电子的作用抑制或延缓自由基的氧化,从而将自由基转化为稳定的物质(Wojcik 等,2010)。因此,将抗氧化剂超细纤维用于食品包装是一种创新的方法,可清除自由基,从而延长食品的保质期,避免变质。根据 Alexis 等(2010)及 Zhang 等(2013)的研究,纳米技术涉及材料的控制,因此使用超细纤维可以增强植物中化学物质的分布,从而可以全部或部分使用在食品中。

## 10.3 藻胆蛋白的产业化应用

### 10.3.1 世界微藻市场

微藻被人类用作食物已有数千年的历史,微藻的存在可能缓解对资源需求旺盛的陆生粮食作物的压力(Milledge 等,2011)。据报道,与传统的蛋白质来源(如牛奶、大豆、鸡蛋和肉类)相比,许多微藻含有相似的蛋白质,同时其还含有多糖、维生素、矿物质、类胡萝卜素等营养物质(图 10-28)。从微藻中提取蛋白质在营养价值、生产效率和生产力方面具有多种益处。据报道,微藻中蛋白质的产量达到每年

4～15吨/公顷,而陆生作物中蛋白质的产量为每年1.1吨/公顷,小麦和大豆的产量分别为每年1～2吨/公顷和每年0.6～1.2吨/公顷(van Krimpen等,2018)。经农业生产的陆生作物所消耗的水资源约占全球淡水总量的75%(Wallace等,2018)。同时,动物蛋白源消耗的水比植物蛋白源消耗的水多100%(Pimentel等,2003)。在没有淡水和耕地的情况下,种植海洋微藻可以减少对陆生粮食作物生产过程中所需资源的占用(van Krimpen等,2018)。此外,微藻可以在极端的环境条件和光养条件下生长,当其暴露于自由基和高氧化应激环境中,微藻能够生产特有的抗氧化剂和色素(如叶绿素、胡萝卜素和藻胆蛋白)等物质。这些成分可用于人体补充营养,因为它们不是由人体内部合成的(Sampath-Wiley等,2008)。

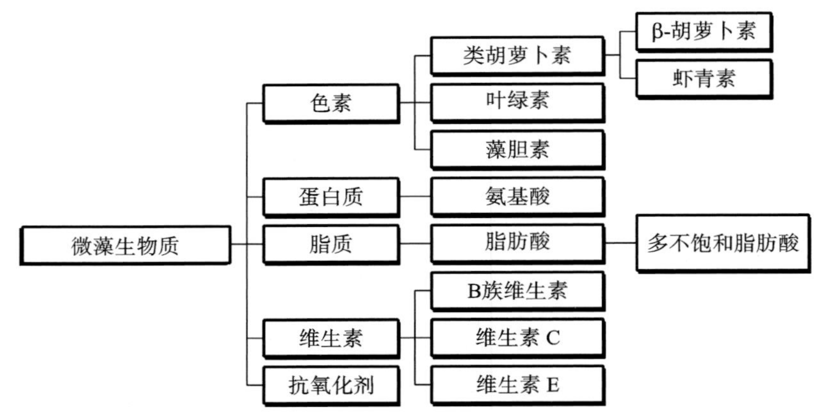


图10-28 微藻生物质中各营养组分提取示意图(Apurav等,2019)

近年来,与健康相关的问题不断增加,人们对“健康食品”或“超级食品”的消费越来越感兴趣。超级食品是营养密集的功能性食品,对健康有益,可以预防或治愈某些慢性疾病。这为评估不同来源的健康功能性食品的生产提供了新的机会(Seyidoglu等,2014)。在藻类衍生产品中,干燥螺旋藻粉的产量是最高的,每年约12000吨,其次分别是小球藻、杜氏盐藻、水华鱼腥藻 *Anabaena flosaquae*、雨生红球藻 *Haematococcus pluvalis*、寇氏隐甲藻 *Crypthecodinium cohnii* 和裂壶藻 *Schizochytrium*,分别为每年5000吨、3000吨、1500吨、700吨、500吨和20吨(García等,2017)。然而,诸如棕榈油之类的陆地作物产品,它们每年的产量约为4000万吨(Wijffels等,2010)。2018年,藻类产品市场报告指出,藻类产品的复合年增长率将超过5.2%,预计到2023年,其市场价值将达到446亿美元。由于微藻(尤其是螺旋藻)在化妆品和天然色素中的应用需求不断增加,预计全球螺旋藻市场的复合年增长率约为10%,到2026年其价值将达20亿美元。

## 10.3.2 中国的微藻市场

微藻产业是大规模生产和利用藻类生物质,以获得藻类产品和其他行业产品的产业。具体是指利用藻类生物质细胞中的各种成分,实现综合利用,形成多元化的产品体系。同时还包括服务,这是一个从研究、保护到利用的系统工程集群。

中国微藻产业的发展经历了曲折的过程(图10-29)。20世纪70年代,中国科学院水生生物研究所、南京大学生物系和中国科学院植物研究所等单位分别引进螺旋藻藻种,进行生长培养及放氢试验研究。1984年,农牧渔业部科技司成立了科研协作组,组织多家单位开展螺旋藻蛋白质资源开发可行性研究试验,并提出关于螺旋藻研究与开发的建议。1985年,国家经济贸易委员会立项,组织了微藻开发协作攻关,把螺旋藻蛋白质的开发利用列入国家第七个五年计划。在著名藻类学家曾呈奎院士和黎尚豪院士的领导下,进行了螺旋藻生理、生态、优良品系选育、养殖、加工及应用等多方面的研究,为我国螺旋藻产业发展奠定了坚实基础。

中国微藻产业正在不断进化中,从单一的螺旋藻产业,发展为螺旋藻、小球藻和雨生红球藻三种藻

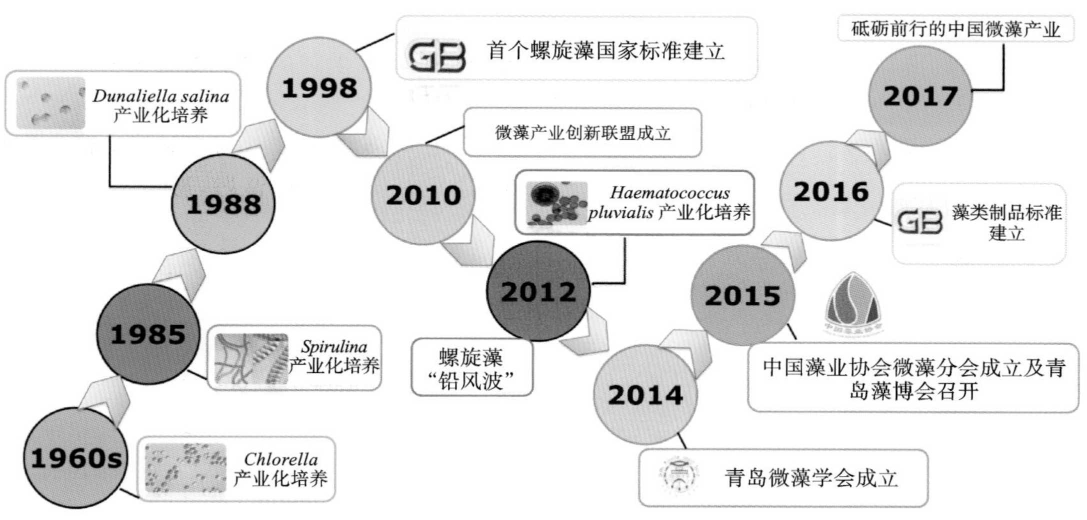


图 10-29 中国微藻产业的主要发展历程

类并行发展的产业局面，同时其他多种微藻行业也不断涌现，呈多元化的发展格局（表 10-7）。目前，中国的微藻产业主要分布在东南部，而西部地区较少。据不完全统计，中国的微藻及相关产业企业超过150 家，分布在全国 21 个省份，其中内蒙古数量最多，其次是云南、山东、广东、海南、湖北以及浙江等地。由于微藻对气候、水及阳光等环境条件具有特殊的要求，微藻产业呈现出集中分布的特点。

表 10-7 中国主要的产业化微藻种类及产量

| 微藻种类 | 主要产品 | 生产量/(吨/年) |
|---|---|---|
| 钝顶螺旋藻<br>极大螺旋藻 | 藻蓝蛋白、螺旋藻多糖、藻粉、藻片 | 10000 |
| 小球藻 | 藻粉、藻片、小球藻生长因子(CGF) | 2000 |
| 雨生红球藻 | 类胡萝卜素:虾青素 | 300 |
| 杜氏盐藻 | 类胡萝卜素:β-胡萝卜素 | 40 |

## 10.3.3 藻胆蛋白标准化

中国是螺旋藻第一生产大国，国内外螺旋藻年总产量约 9000 吨，国内约 8000 吨（多半出口）。螺旋藻是蛋白质含量非常高的物种之一，螺旋藻中的蛋白质占其干重的 60%～70%，藻胆蛋白约占总蛋白的 40%，而藻胆蛋白中含量最高的为 C-藻蓝蛋白（C-PC），因此其是生产藻蓝蛋白的理想原料。目前，国内外藻蓝蛋白市场正在快速发展，但还未就藻蓝蛋白产品形成一套严格的质量标准管控体系，以规范藻蓝蛋白市场，让消费者能够放心选购安全的藻蓝蛋白产品。

2013 年 5 月，微藻产业创新联盟第六次研讨会在江苏大丰召开。会议详细讨论了螺旋藻的营养价值及精准功能、微藻文化培育的重要性。2016 年 5 月，中国藻业协会微藻分会第一届委员会第三次会议暨第二届藻类高峰论坛在安徽合肥举行。微藻分会提出发展微藻“精准功能”产品，并进一步对接大健康和大水产行业，积极为微藻产业的转型升级提供重要的建议和方向。2017 年 3 月 31 日，食品添加剂藻蓝（淡、海水）国家标准项目启动会在沈阳召开，本次研讨会主要研讨了藻蓝蛋白标准的构建，以及接下来制定国家标准的具体工作，同时还对螺旋藻相关国家标准的制定进行了规划，重点包括：①微囊藻毒素是否需要列入国家安全标准；②微生物限量除考察菌落总数以外，是否有必要限定致病菌，如沙门菌、金黄色葡萄球菌等；③重金属限量中，是否考察汞、镉等非典型指标；④色价列入标准的前提下，是否有必要再限定纯度。2018 年 4 月 2 日和 22 日，中国石油大学（华东）组织微藻技术专家和企业技术人员讨论并起草了我国螺旋藻养殖技术规范和我国食用小球藻粉质量标准及养殖技术规范。本次会议为进一步规范中国微藻养殖技术,提升中国微藻产品质量提供了有力保障。

## 参考文献

[1] 陈德文,2005. 葛仙米藻红蛋白的分离、纯化和结构及生物活性研究[D]. 武汉:华中农业大学.

[2] 崔亚青,2012. 蓝藻堆肥资源化利用关键技术研究[D]. 南京:南京农业大学.

[3] 冯亚非,温燕梅,李先文,2007. 藻蓝-富有营养保健功能的天然色素[J]. 食品科技,(6):171-173.

[4] 蒋洁,2011. 含碲藻胆蛋白的纯化及藻蓝蛋白酶解多肽的抗氧化活性研究[D]. 广州:暨南大学.

[5] 李保珍,冯佳,谢树莲,2012. 沼泽红假单胞菌对微囊藻毒素的降解[J]. 生态学杂志,31(1):119-123.

[6] 李文军,2013. 蓝隐藻藻蓝蛋白结构及功能研究[D]. 烟台:烟台大学.

[7] 鲁轶男,张发宇,胡淑恒,等,2017. 巢湖蓝藻藻蓝蛋白稳定性的实验研究[J]. 合肥工业大学学报(自然科学版),40(11):1557-1562.

[8] 吕平平,李传茂,杨登亮,等,2019. 螺旋藻藻蓝蛋白稳定性的实验研究[J]. 广东化工,46(5):60-61.

[9] 彭卫民,商树田,刘国琴,等,1998. 螺旋藻藻胆蛋白研究进展(综述)[J]. 农业生物技术学报,6(2):73-77.

[10] 秦华明,宗敏华,梁世中,2001. 糖在蛋白质药物冷冻干燥过程中保护作用的分子机制[J]. 广东药学院学报,17(4):305-307.

[11] 王维,刘彬,邓南圣,2002. 藻类在污水净化中的应用及机理简介[J]. 重庆环境科学,24(6):41-43,49.

[12] 杨桂枝,孙之南,2005. 天然色素提取及海藻中的天然色素[J]. 海湖盐与化工,34(3):30-34.

[13] 张文怡,2018. 红藻中藻胆蛋白的分离纯化及应用[D]. 福州:福州大学.

[14] 赵殿锋,2011. 条斑紫菜(*Porphyra yezoensis*)R-藻红蛋白的生物修饰及活性保护研究[D]. 南京:南京农业大学.

[15] 周站平,陈秀兰,陈超,等,2003. 藻胆蛋白脱辅基蛋白对其抗氧化活性的影响[J]. 海洋科学,27(5):77-81.

[16] ALEHOSSEINI A, GÓMEZ-MASCARAQUE L G, MARTÍNEZ-SANZ M, et al, 2019. Electrospun curcumin-loaded protein nanofiber mats as active/bioactive coatings for food packaging applications[J]. Food Hydrocolloids,87:758-771.

[17] ATITALLAH A B, BARKALLAH M, HENTAITI F, et al, 2019. Physicochemical, textural, antioxidant and sensory characteristics of microalgae-fortified canned fish burgers prepared from minced flesh of common barbel (*Barbus barbus*) [J]. Food Bioscience,30:100417.

[18] BARKALLAH M, DAMMAK M, LOUATI I, et al, 2017. Effect of *Spirulina platensis* fortification on physicochemical, textural, antioxidant and sensory properties of yogurt during fermentation and storage[J]. LWT-Food Science and Technology,84:323-330.

[19] CASTRO-CABADO M, CASADO A L, SAN R J, 2016. Effect of CaO in the thermal crosslinking of maltodextrin and citric acid: a cooperative action of condensation and ionic interactions[J]. Journal of Applied Polymer Science,133(46):1-10.

[20] CASTRO-CABADO M, PARRA-RUIZ F J, CASADO A L, et al, 2016. Thermal crosslinking of maltodextrin and citric acid. Methodology to control the polycondensation reaction under processing conditions[J]. Polymers and Polymer Composites,24(8):643-653.

[21] CHAIKLAHAN R, CHIRASYWAN N, LOH V, et al, 2011. Separation and purification of phycocyanin from *Spirulina* sp. using a membrane process[J]. Bioresource Technology, 102

(14):7159-7164.

[22] CHANG S C, LI C H, LIN J J, et al, 2014. Effective removal of *Microcystis aeruginosa* and microcystin-LR using nanosilicate platelets[J]. Chemosphere, 99:49-55.

[23] CHENTIR I, KCHAOU H, HAMDI M, et al, 2019. Biofunctional gelatin-based films incorporated with food grade phycocyanin extracted from the Saharian cyanobacterium *Arthrospira* sp. [J]. Food Hydrocolloids, 89:715-725.

[24] CRISTHIAN R L F, SANDRINA A H, ISABEL P M F, et al, 2018. Functionalization of yogurts with *Agaricus bisporus* extracts encapsulated in spray-dried maltodextrin crosslinked with citric acid[J]. Food Chemistry, 245:845-853.

[25] DIAS M I, FERREIRA I C F R, BARREIRO M F, 2015. Microencapsulation of bioactives for food applications[J]. Food & Function, 6(4):1035-1052.

[26] DRONAMRAJU V L S, CHINNADURAI S K, RAMASAMY R, 2011. Purified C-phycocyanin from *Spirulina platensis* (Nordstedt) *Geitler*: a novel and potent agent against drug resistant bacteria[J]. World Journal of Microbiology and Biotechnology, 27(4):779-783.

[27] ELYAS M G, SABIHE S Z, MEHRAN G, 2018. Phycocyanin-enriched yogurt and its antibacterial and physicochemical properties during 21 days of storage[J]. LWT-Food Science and Technology, 102:230-236.

[28] EMILIO G R, MONTSERRAT A S, EMILIA O S, et al, 2014. Thermal and pH stability of the B-phycoerythrin from the red algae porphyridium cruentum[J]. Food Biophysics, 9(2):184-192.

[29] GARCÍA J L, DE VICENTE M, GALÁN B, 2017. Microalgae, old sustainable food and fashion nutraceuticals[J]. Microbial Biotechnology, 10(5):1017-1024.

[30] GIULIA M, CLAUDIA F, LIVIA V, et al, 2014. Thermal stability improvement of blue colorant C-phycocyanin from *Spirulina platensis* for food industry applications [J]. Process Biochemistry, 49(1):154-159.

[31] JULIANA B M, LOONG-TAK L, ELESSANDRA DA R Z, et al, 2018. Microalgae protein heating in acid/basic solution for nanofibers production by free surface electrospinning[J]. Journal of Food Engineering, 230:49-54.

[32] JULIANA B M, LOONG-TAK L, ELESSANDRA DA R Z, et al, 2019. Antioxidant ultrafine fibers developed with microalga compounds using a free surface electrospinning [J]. Food Hydrocolloids, 93:131-136.

[33] JÓNSDÓTTIR R, GEIRSDÓTTIR M, HAMAGUCHI P Y, et al, 2016. The ability of in vitro antioxidant assays to predict the efficiency of a cod protein hydrolysate and brown seaweed extract to prevent oxidation in marine food model systems[J]. Journal of the Science of Food and Agriculture, 96(6):2125-2135.

[34] KAUSHIK P, CHAUHAN A, 2008. In vitro antibacterial activity of laboratory grown culture of *Spirulina platensis*[J]. Indian Journal of Microbiology, 48(3):348-352.

[35] KAYA M, KHADEM S, CAKMAK Y S, et al, 2018. Antioxidative and antimicrobial edible chitosan films blended with stem, leaf and seed extracts of *Pistacia terebinthus* for active food packaging[J]. RSC Advances, 8(8):3941-3950.

[36] KOEN G, KOENRAAD M, ILSE F, et al, 2012. Antioxidant potential of microalgae in relation to their phenolic and carotenoid content[J]. Journal of Applied Phycology, 24(6):1477-1486.

[37] LIANG C Y, JIA M Y, TIAN D N, et al, 2017. Edible sturgeon skin gelatine films: tensile strength and UV light-barrier as enhanced by blending with esculine[J]. Journal of Functional

Foods,2017,37:219-228.

[38] LIONEL H,PAUL L,HERIBERTO B,et al,2011. Application of powdered activated carbon for the adsorption of cylindrospermopsin and microcystin toxins from drinking water supplies [J]. Water Research,45(9):2954-2964.

[39] MUNIER M, JUBEAU S, WIJAYA A, et al, 2014. Physicochemical factors affecting the stability of two pigments: R-phycoerythrin of *Grateloupia turuturu* and B-phycoerythrin of *Porphyridium cruentum*[J]. Food Chemistry,150:400-407.

[40] NAM T,PATRICK D,2013. Electrochemical removal of microcystin-LR from aqueous solution in the presence of natural organic pollutants[J]. Journal of Environmental Management,114: 253-260.

[41] PIMENTEL D,PIMENTEL M,2003. Sustainability of meat-based and plant-based diets and the environment[J]. American Journal of Clinical Nutrition,78(3 Suppl):660S-663S.

[42] RAJESH P R, RAVI R S, DATTA M, 2015. Physico-chemical factors affecting the in vitro stability of phycobiliproteins from *Phormidium rubidum* A09DM[J]. Bioresource Technology, 190:219-226.

[43] SHAHIN R,MOHAMED K,FRANCISCO J B,et al,2016. Application of seaweeds to develop new food products with enhanced shelf-life,quality and health-related beneficial properties[J]. Food Research International,99(Pt3):1066-1083.

[44] THANGAM R,SURESH V,PRINCY W A,et al,2013. C-phycocyanin from *Oscillatoria tenuis* exhibited an antioxidant and in vitro antiproliferative activity through induction of apoptosis and G0/G1 cell cycle arrest[J]. Food Chemistry,140(1-2):262-272.

[45] WOJCIK M,BURZYNSKA-PEDZIWIATR I,WOZNIAK L A,2010. A review of natural and synthetic antioxidants important for health and longevity[J]. Current Medicinal Chemistry,17 (28):3262-3288.

[46] XIAO Q,LIM L T,2018. Pullulan-alginate fibers produced using free surface electrospinning [J]. International Journal of Biological Macromolecules,112:809-817.

[47] YAN M Y,LIU B,JIAO X D,et al,2014. Preparation of phycocyanin microcapsules and its properties[J]. Food and Bioproducts Processing,92(1):89-97.

[48] YANINA S M,PABLO R S,ADRIANA N M,2017. Smart edible films based on gelatin and curcumin[J]. Food Hydrocolloids,66:8-15.

[49] ZHANG L Q,ZENG X H,NAN F,et al,2018. Maltodextrin:a consummate carrier for spray-drying of xylooligosaccharides[J]. Food Research International,106:383-393.